MONOGRAPHIEN AUS DEM GESAMTGEBIET DER PHYSIOLOGIE DER PFLANZEN UND DER TIERE

HERAUSGEGEBEN VON

F. CZAPEK-PRAG † · **M. GILDEMEISTER**-BERLIN · **R. GOLDSCHMIDT**-
BERLIN · **C. NEUBERG**-BERLIN · **J. PARNAS**-LEMBERG
W. RUHLAND-LEIPZIG

REDIGIERT VON **M. GILDEMEISTER**

SECHSTER BAND

KÖRPERSTELLUNG

VON

R. MAGNUS

SPRINGER-VERLAG BERLIN HEIDELBERG GMBH
1924

KÖRPERSTELLUNG

EXPERIMENTELL-PHYSIOLOGISCHE UNTER-
SUCHUNGEN ÜBER DIE EINZELNEN BEI DER
KÖRPERSTELLUNG IN TÄTIGKEIT TRETEN-
DEN REFLEXE, ÜBER IHR ZUSAMMENWIR-
KEN UND IHRE STÖRUNGEN

VON

R. MAGNUS

PROFESSOR AN DER REICHSUNIVERSITÄT
UTRECHT

MIT 263 ABBILDUNGEN

SPRINGER-VERLAG BERLIN HEIDELBERG GMBH
1924

COPYRIGHT 1924 BY SPRINGER-VERLAG BERLIN HEIDELBERG
URSPRÜNGLICH ERSCHIENEN BEI JULIUS SPRINGER IN BERLIN 1924
SOFTCOVER REPRINT OF THE HARDCOVER 1ST EDITION 1924

ISBN 978-3-662-23426-6   ISBN 978-3-662-25478-3 (eBook)
DOI 10.1007/978-3-662-25478-3

Vorwort.

Die in diesem Buche mitgeteilten Untersuchungen gehen von einer zufälligen Beobachtung aus, die ich im März 1909 machte. Eine decerebrierte Katze mit im Brustteil durchtrenntem Rückenmark bekam stärkeren Streckstand der Vorderbeine, als sie aus Seitenlage in Rückenlage umgelegt wurde. Bei der planmäßigen Durcharbeitung derartiger Reaktionen wurden die Gesetzmäßigkeiten der Haltungsreflexe festgestellt. Hieran schlossen sich dann in logischem Zusammenhange die anderen Arbeiten an, welche allmählich ein verwickeltes und äußerst fein zusammengestimmtes System von Körperstellungsreflexen kennen lehrten.

Im Laufe der Jahre sind aus dem Utrechter Pharmakologischen Institut eine große Zahl von Einzelveröffentlichungen über diesen Gegenstand erschienen, so daß es anderen nicht leicht wird, sich darin auszukennen. Dazu kommt, daß, als die ersten Arbeiten geschrieben wurden, vieles noch unbekannt war, was erst mit fortschreitender Einsicht der Deutung zugänglich wurde, so daß ein und derselbe physiologische Mechanismus in zeitlich auseinanderliegenden Arbeiten wiederholt durchanalysiert werden mußte.

Die ganze Untersuchung ist, wie man sich durch Lesen dieses Buches überzeugen kann, keineswegs fertig. Aber sie ist doch jetzt soweit gefördert, daß man die großen Linien übersehen kann. Daher halte ich es an der Zeit, eine einheitliche Darstellung des bisher Festgestellten zu geben in übersichtlicher Form, so daß auch Fernerstehende sich darin zurechtfinden können, und doch so ausführlich, daß der Leser die früheren Veröffentlichungen nicht nachzulesen braucht.

Es wäre mir nicht möglich gewesen, die Arbeit so weit und nach so verschiedenen Richtungen durchzuführen, wenn ich nicht von älteren und jüngeren Fachgenossen in wirksamster Weise unterstützt worden wäre. Unter ihnen seien vor allem die Namen: J. G. Dusser de Barenne, U. G. Bijlsma, J. H. de Haas, J. v. d. Hoeve, J. M. Hoffmann, D. J. Jonkhoff, J. J. Koster, G. Liljestrand, H. Oort, G. G. J. Rademaker, Ch. Socin, H. Stenvers, W. Storm van Leeuwen, C. R. J. Versteegh, W. Weiland, C. G. L. Wolf genannt. Ihnen allen gebührt mein Dank. Die Form des wissenschaftlichen Zusammenarbeitens, wie sie sich in Holland und vor allem in

Utrecht ausgebildet hat, erwies sich als die unentbehrliche Grundlage
für diese Art von Untersuchungen.

Unter den Helfern bin ich drei vor allem zu größtem Danke ver-
pflichtet:

Dr. A. de Kleijn, der kurze Zeit nach dem Beginn der Versuche
über Haltungsreflexe als Assistent am Pharmakologischen Institut eintrat und seitdem sich ununterbrochen an diesen Arbeiten beteiligte,
so daß allmählich ein immer engeres wissenschaftliches und mensch-
liches Verhältnis zwischen uns entstand. Wir haben im Laufe der
Jahre wohl alle Fragen gemeinsam durchgesprochen. Ich habe mich
bemüht, in der Darstellung dem Anteil de Kleijns an den verschiedenen Einzeluntersuchungen gerecht zu werden; aber auch an vielen
Stellen, wo sein Name nicht besonders genannt wird, ist er als Mit-
arbeiter beteiligt.

Professor C. Winkler, der aus dem großen Schatz seiner Kenntnisse
von dem feineren Bau des Zentralnervensystems stets bereitwillig
mitteilte, der trotz der großen eigenen Arbeitslast immer Zeit fand,
die Präparate der operierten Gehirne zu schneiden, zu zeichnen und zu
deuten, von dem ich zahlreiche anatomische Einzelheiten und Zusammenhänge gelernt habe, und dessen objektive Schilderung der
Operationsergebnisse uns viele Schlußfolgerungen erst möglich machte.

Dr. H. M. de Burlet, der in mühevollen Untersuchungen die Lage
und Form der einzelnen Abschnitte des Labyrinthes, vor allem der
Otolithenmaculae, bei verschiedenen Säugetieren mit seinen Mitarbeitern
festgestellt und die hierfür erforderlichen Methoden ausgebildet hat,
so daß für Theorien über Otolithenfunktion u. dgl. eine sichere anatomische Grundlage geschaffen wurde.

Zum Schlusse noch einige sachliche Bemerkungen: Körperstellungen
sind schwer zu beschreiben und schwer abzubilden. Ich habe daher
sehr viele stereoskopische Abbildungen gegeben. Wer der Darstellung
wirklich mit Verständnis folgen will, braucht ein Stereoskop. Unter-
haltungen mit verschiedenen Fachgenossen haben mich gelehrt, daß
dieser selbstverständliche Hinweis nicht überflüssig ist.

Die kursiv gedruckten Ziffern im Text, z. B. (*14*), verweisen auf
das Verzeichnis der Utrechter Arbeiten. Die übrige zitierte Literatur
ist am Schlusse in alphabetischer Ordnung zusammengestellt. Mehrere
Arbeiten desselben Verfassers sind durch Zahlen, z. B. (4), unterschieden. Eine vollständige Literaturzusammenstellung wurde nicht
beabsichtigt.

Utrecht, im Dezember 1923.   **R. Magnus.**

Inhaltsverzeichnis.

Seite

Erstes Kapitel: **Allgemeine Übersicht.** 1
  Körpergleichgewicht. S. 1. — Verhalten des Rückenmarkstieres.
  S. 1. — Enthirnungsstarre. S. 3. — Normale Tonusverteilung beim
  Mittelhirntier. S. 4. — Subjektive Analyse des Körperstellungsmechanismus unmöglich. S. 5. — Objektive Analyse. S. 6. — I. Statische Reflexe. S. 7. — A. Haltung (Stehreflexe). S. 7. — 1. Einfluß des Kopfes
  auf die Haltung. S. 7. — a) Tonische Halsreflexe auf die Glieder. S. 7.
  — b) Tonische Labyrinthreflexe auf die Körpermuskulatur. S. 7. —
  c) Zusammenwirken der tonischen Hals- und Labyrinthreflexe. S. 8. —
  d) Indirekter Einfluß der Labyrinthe auf die Gliedermuskeln. S. 9. —
  2. Sonstige direkte Einflüsse auf die Haltung. S. 9. — 3. Indirekte Einflüsse auf die Haltung. S. 10. — B. Kompensatorische Augenstellungen.
  S. 11. — 1. Tonische Labyrinthreflexe auf die Augen. S. 12. — 2. Tonische Halsreflexe auf die Augen. S. 13. — 3. Zusammenwirken der
  tonischen Labyrinth- und Halsreflexe auf die Augen. S. 14. — 4. Zusammenwirken der kompensatorischen Augenstellungen und der stato-
  kinetischen Reflexe auf die Augen. S. 15. — C. Stellreflexe. S. 16. —
  1. Labyrinthstellreflexe auf den Kopf. S. 16. — 2. Körperstellreflexe auf
  den Kopf. S. 17. — 3. Halsstellreflexe. S. 18. — 4. Körperstellreflexe auf
  den Körper. S. 18. — 5. Optische Stellreflexe. S. 19. — II. Stato-kinetische Reflexe. S. 19. — A. Drehreaktionen. S. 20. — 1. Kopfdrehreaktionen. S. 20. — 2. Augendrehreaktionen. S. 20. — 3. Drehreaktionen
  auf Extremitäten und Rumpf. S. 21. — B. Reaktionen auf Progressivbewegungen. S. 21. — C. Reaktionen auf Bewegungen einzelner Körperteile. S. 22. — Zusammenarbeiten der Reflexe. S. 23.

Zweites Kapitel: **Schaltung** 24
  Fragestellung. S. 24. — Uexkülls Erregungsgesetz. S. 26. — Jordans
  Halbtierversuch. S. 29. — Reflexumkehr beim Rückenmarkshund. S. 29.
  — Schaltung. S. 30. — Schaltung am Katzenschwanz. S. 35. — Reflek-
  torischer Ursprung der Schaltung. S. 40. — Bedeutung der Proprio-
  ceptoren. S. 42. — Schaltung nach Muskelverpflanzung. S. 44. —
  Schaltung durch andere sensible Erregungen. S. 45. — Schaltung des
  Kratzreflexes. S. 45. — Bedeutung des Drucksinnes. S. 46. — Schaltung
  beruht nicht auf Hemmung. S. 47. — Mannigfaltigkeit der Schaltung.
  S. 48. — Schaltung und Körperstellung. S. 49.

Drittes Kapitel: **Haltung.** 49
  I. Tonische Halsreflexe auf die Extremitäten. S. 49. — Drehen. S. 50.
  — Wenden. S. 51. — Heben. Senken. S. 53. — Vertebra-prominens-
  Reflex. S. 53. — Aktive und passive Halsbewegungen. S. 54. — Lage der
  Zentren. S. 54. — Afferente Bahnen. S. 55. — II. Tonische Labyrinth-

reflexe auf die Extremitäten. S. 55. — Maxima und Minima. S. 57. —
Lage der Zentren. S. 60. — Die tonischen Labyrinthreflexe auf die Gliedermuskeln nach einseitiger Labyrinthausschaltung. S. 61. — III. Allgemeiner Charakter der Tonusänderungen bei den Haltungsreflexen. S. 62. —
Beteiligung der Beugemuskeln, reziproke Innervation. S. 63. — Pikro-
toxinwirkung. S. 67. — Reaktion der Muskeln nach Hinterwurzeldurchschneidung. S. 69. — Ausschaltung der sympathischen Innervation.
S. 70. — Latenz. S. 70. — Formen der Tonusänderungen. S. 70. — Dauerreaktion, Unermüdbarkeit. S. 72. — Laufbewegungen. S. 73. — IV. Kombination von Hals- und Labyrinthreflexen. S. 74. — Verschiedene Stärke
derselben. S. 75. — 1. Rückenlage. S. 76. — 2. Normalstellung. S. 79. —
3. Seitenlage. S. 81. — 4. Hängelage mit Kopf unten. S. 83. — 5. Hängelage mit Kopf oben. S. 84. — Unterscheidung von Hals- und Labyrinthreflexen. S. 85. — V. Tonische Hals- und Labyrinthreflexe bei normalen
Tieren. S. 86. — Tonische Hals- und Labyrinthreflexe auf die Atmung
bei Enten. S. 91. — VI. Tonische Labyrinthreflexe auf die Halsmuskeln.
S. 92. — VII. Einfluß der Körperstellung auf die Bewegungen. S. 98. —
a) Bei sichtbaren Längenveränderungen in den Muskeln: Schaltung.
S. 99. — b) Bei fehlenden Längenänderungen in den Muskeln: Streck-
und Beugebereitschaft. S. 103. — Zusammenwirken beider Einflüsse.
S. 110. — Körperstellung und Laufbewegungen. S. 111. — Bedeutung
dieser Vorgänge als Fehlerquelle bei Reflexversuchen. S. 112. — VIII. To-
nische Hals- und Labyrinthreflexe beim Menschen. S. 113. — Bei Föten.
S. 113. — Bei Erkrankungen. S. 114. — Tonische Halsreflexe auf die
Glieder. S. 114. — Einfluß der Halsreflexe auf die Mitbewegungen. S. 129.
— Auf gleichseitige Extremitätenreflexe. S. 134. — Tonische Labyrinth-
reflexe beim Menschen. S. 134. — Einfluß auf die Mitbewegungen. S. 143.
— Reflexumkehr. S. 145.

Viertes Kapitel: Kompensatorische Augenstellungen 147
    I. Tonische Labyrinthreflexe auf die Augen. S. 148. — Versuchstechnik
S. 148. — Raddrehungen. S. 150. — Vertikalabweichungen. S. 154. —
Zusammenwirken derselben. S. 156. — Tonische Labyrinthreflexe auf
die einzelnen Augenmuskeln. S. 156. — Modell der Augenmuskeln. S. 158.
— Korrektionen. S. 159. — Messungsergebnisse. S. 160. — Verhalten der
einzelnen Augenmuskeln bei den tonischen Labyrinthreflexen auf die
Augen. S. 160. — Augenstellung nach doppelseitiger Labyrinthexstirpa-
tion. S. 164. — Augenstellung nach einseitiger Labyrinthexstirpation.
S. 166. — Zustandekommen der Vertikalabweichungen bei intakten Laby-
rinthen. S. 167. — Desgl. der Raddrehungen. S. 168. — Raddrehungen
nach Durchschneidung eines Obliquus. S. 170. — Schema der zentralen
Verbindungen. S. 172. — II. Tonische Halsreflexe auf die Augen. S. 173.
— Bei labyrinthlosen Tieren. S. 173. — Bei intakten Labyrinthen. S. 174.
— Afferente Nerven für die Halsreflexe auf die Augen. S. 177. — Rezi-
proke Innervation der Augenmuskeln bei den Halsreflexen. S. 177. —
III. Zusammenwirken der tonischen Hals- und Labyrinthreflexe auf die
Augen. S. 179. — Vollständigkeit der Kompensation bei Kopfbewegungen.
S. 180. — IV. Zusammenwirken der kompensatorischen Augenstellungen
mit den Bogengangsreaktionen. S. 184. — V. Kompensatorische Augen-
stellungen bei anderen Säugetieren und beim Menschen. S. 185. — Meer-
schwein. S. 185. — Katze. S. 185. — Hund. S. 186. — Affe. S. 187. —
Beim Menschen. S. 191.

Seite

Fünftes Kapitel: **Stellreflexe** 195
Technik der Großhirnexstirpation beim Kaninchen. S. 195. — Anatomische Ergebnisse. S. 196. — I. Allgemeines Verhalten der Thalamus-
und Mittelhirntiere. S. 202. — 1. Kaninchen. S. 202. — 2. Hund und
Katze. S. 208. — 3. Affe. S. 210. — II. Analyse der Stellreflexe. S. 211.
— Beobachtungen während des Schocks. S. 211. — Übersicht der Stellreflexe. S. 214. — Labyrinthstellreflexe auf den Kopf. S. 214. — Beobachtungen an labyrinthlosen Thalamuskaninchen. S. 220. — Fehlen der
Labyrinthstellreflexe nach Exstirpation der Labyrinthe. S. 221. — Labyrinthstellreflexe bei Katze und Hund. S. 225. — Beim Affen. S. 226. —
Umdrehen beim freien Fall in der Luft, Bedeutung der Labyrinthstellreflexe
dabei. S. 228. — Beteiligung von Halsstellreflexen, tonischen Halsreflexen
auf die Glieder und Progressivreaktionen. S. 229. — Körperstellreflexe
auf den Kopf. S. 231. — Bei Katzen. S. 235. — Beim Affen. S. 237. —
Stellreflexe auf den Körper. 1. Halsstellreflexe. S. 237. — 2. Körperstellreflexe auf den Körper. S. 241. — Beim Affen. S. 243. — Zusammenfassung. S. 246. — Lage der Zentren für die Stellreflexe. S. 248. — Beobachtungen am Mittelhirnkaninchen. S. 248. — Fehlen der Stellreflexe bei decerebrierten Kaninchen. S. 253. — Beteiligung von Drehreaktionen bei
der Stellfunktion. S. 260. — Stellreflexe sind Lagereflexe. S. 261. — Optische Stellreflexe. S. 261. — Einfluß der Stellreflexe auf die Haltung.
S. 270. — Schaltungen durch Stellreflexe. S. 271. —

Sechstes Kapitel: **Folgezustände der einseitigen Labyrinthexstirpation** 273
Aufgabe und Fragestellung. S. 273. — Technik der Labyrinthexstir-
pation und Labyrinthausschaltung. S. 274. — I. Folgezustände der ein-
seitigen Labyrinthexstirpation beim Kaninchen. S. 282. — Allgemeines
Verhalten. S. 282. — Die Grunddrehung. S. 284. — Die Drehung des
Rumpfes. S. 287. — Abhängigkeit derselben vom Labyrinth und vom
Halsstellreflex. S. 291. — Zusammenfassung. S. 293. — Labyrinthstell-
reflexe nach einseitiger Labyrinthexstirpation. S. 294. — Körperstell-
reflexe auf den Kopf. S. 303. — Der Tonus der Extremitäten. S. 305. —
Vorübergehender Einfluß des einseitigen Labyrinthverlustes, dauernder
Einfluß der Halsdrehung. S. 307. — Die Körperhaltung beim Sitzen.
S. 314. — Wirkung der Körperstellreflexe auf den Körper. S. 314. —
Haltung der Beine. S. 315. — Sitz mit künstlich geradegesetztem Kopf.
S. 316. — Stellungskompensationen. S. 321. — Durch Körperstellreflexe.
S. 321. — Durch die Augen. S. 321. — Zusammenfassung. S. 323. —
Die Rollbewegungen. S. 324. — Beschreibung von Ewald. S. 324. — Von
Winkler. S. 325. — Kinematographische Analyse. S. 328. — Fehlen des
Rollens nach Durchschneidung der cervicalen Hinterwurzeln. S. 343. —
Zusammenfassung. S. 345. — Augenablenkung und Nystagmus. S. 346.
— Beziehungen zwischen Kopfdrehung und Augenabweichung. S. 349. —
Zusammenfassung. S. 352. — Zentrale Kompensationen. S. 352. — Das
Entstehen von Skoliose bei wachsenden Tieren. S. 353. — Sympathicus-
lähmung am Auge der operierten Seite. S. 356. — Zusammenfassung der
Ergebnisse am Kaninchen. S. 357. — II. Versuche an Meerschweinchen.
S. 361. — Die Drehung von Kopf, Hals und Rumpf. S. 362. — Der Tonus
der Extremitäten. S. 363. — Die Körperhaltung beim Sitzen. S. 364. —
Die Rollbewegungen. 367. — Die Augensymptome. S. 368. — Zusam-
menfassung. S. 369. — III. Versuche an Katzen. S. 369. — Die Augen-

symptome. S. 372. — Sympathicuslähmung. S. 372. — Augenablenkung
und Nystagmus. S. 372. — Die Haltung von Kopf, Hals und Rumpf.
S. 373. — Der Tonus der Extremitäten. S. 376. — Körperhaltung und
Bewegung. S. 380. — Folgen des einseitigen Labyrinthverlustes bei
Katzen ohne Halsreflexe. S. 385. — Kompensationsvorgänge. S. 389. —
Zentrale Kompensation (Bechterew). S. 391. — Zusammenfassung.
S. 393. — IV. Versuche an Hunden. S. 396. — Augensymptome. S. 397.
— Haltung von Kopf, Hals und Rumpf. S. 398. — Der Tonus der Ex-
tremitäten. S. 400. — Kompensation. S. 401. — Körperhaltung und Be-
wegungen. S. 402. — Zusammenfassung. S. 403. — V. Versuche an Affen.
S. 404. — Augensymptome. S. 405. — Haltung von Kopf, Hals und
Rumpf. S. 405. — Der Tonus der Extremitäten. S. 407. — Kompensa-
tionsvorgänge. S. 407. — Zusammenfassung. S. 409. — VI. Gesamt-
ergebnis. S. 409. — Bedeutung der Halsreflexe. S. 410. — Direkte Folgen
des Labyrinthverlustes. S. 412. — Beteiligung von Reflexen vom intakten
Labyrinth. S. 412. — Abnahme des Labyrintheinflusses in der Säugetierreihe. S. 417. — Kompensationen. S. 418. — Zunehmende Bedeutung der
Körperstellreflexe und optischen Stellreflexe. S. 419. — Labyrinthtonus.
S. 420. — Vorübergehende Symptome. S. 420.

Siebentes Kapitel: **Folgen der doppelseitigen Labyrinthexstirpation** . 421
Fragestellung. S. 421. — Versuche an Katzen. S. 421. — Wirksamkeit der verschiedenen nicht labyrinthären Reflexe. S. 424. — Haltungsreflexe. S. 424. — Stellreflexe. S. 425. — Augen. S. 426. — Verhalten
beim Springen und Fallen. S. 427. — Keine allgemeine Abnahme des
Muskeltonus. S. 427. — Lernen. S. 427. — Folgen der Durchschneidung
der 3 obersten cervicalen Hinterwurzelpaare. S. 428. — Kombination
beider Eingriffe. S. 431. — Bedeutung der Körperstellreflexe und optischen Stellreflexe. S. 432. — Springen, Treppenlaufen, Tanzen. S. 432.
— Kein allgemeiner Tonusverlust. S. 433. — Gute Enthirnungsstarre
nach dem Decerebrieren. S. 435. — Versuchsbeispiel. S. 436. — Folgen
der doppelseitigen Labyrinthexstirpation beim Affen. S. 441. — Nach
Augenverschluß. S. 443. — Bedeutung der optischen Reflexe. S. 443. —
Eisenbahnnystagmus. S. 444. — Körperstellreflexe. S. 444. — Zusam-
menfassung. S. 445. — Notwendigkeit der Labyrinthe beim Fall und beim
Schwimmen. S. 446. — „Lernen" subcortical und cortical. S. 446. —
Körperstellreflexe und optische Stellreflexe. S. 447. — Muskeltonus ohne
Labyrinthe. S. 447.

Achtes Kapitel: **Labyrinthreflexe auf Progressivbewegungen**. 448
Fragestellung und Historisches. S. 448. — Progressivreaktionen bei
Meerschweinchen. S. 450. — Kaninchen. S. 454. — Katze. S. 455. —
Hund. S. 456. — Affe. S. 457. — Durchschneidung der Hinterwurzeln,
Groß- und Kleinhirnexstirpation, einseitige Labyrinthexstirpation. S. 458.
— Progressivreaktionen nach Otolithenausschaltung. S. 459. — Ihre Ab-
hängigkeit von den Bogengängen. S. 461. — Mögliche Abhängigkeit auch
von den Otolithen. S. 461. — Kann der Bogengangsapparat überhaupt
durch Progressivbewegungen erregt werden? S. 462. — Modellversuche.
S. 463.

Neuntes Kapitel: **Die Funktion der Otolithen** 464
A. Anatomische Vorbemerkungen. S. 464. — Bestimmung der Lage
und Form der Otolithenmaculae. S. 467. — Otolithenmodelle. S. 473. —

Seite

B. Die Beziehungen der labyrinthären Lagereflexe zur Stellung der Otolithen. S. 480. — Die tonischen Labyrinthreflexe auf die Körpermuskeln
abhängig von den Utriculusmaculae. S. 483. — In Maximumstellung
hängt der Otolith an der Macula. S. 484. — Keine Veränderung der
Maximumstellung nach einseitiger Labyrinthexstirpation. S. 486. —
Tonische Utriculusreflexe auf die Halsmuskeln. S. 487. — Die Labyrinthstellreflexe abhängig von den Sacculusmaculae. S. 489. — Minimum der
Erregung bei drückendem Otolithen. S. 490. — Mögliche Beteiligung der
Utriculusmaculae an den Stellreflexen. S. 492. — Tonische Labyrinthreflexe auf die Augenmuskeln. S. 494. — Vertikalabweichungen abhängig
von den Sacculusmaculae. S. 495. — Maximum der Erregung bei hängendem, Minimum bei drückendem Otolithen. S. 495. — Erklärung des Verlaufs bei Vertikalabweichungen. S. 496. — Die Auslösungsstelle der kompensatorischen Raddrehungen noch unbekannt. S. 500. — Schlußfolgerungen über die Funktion der Otolithenapparate. S. 504. — C. Isolierte
Otolithenausschaltung beim Meerschweinchen. S. 506. — Zentrifugierversuche. S. 507. — Schema der klinischen Untersuchung. S. 508. —
Histologische Kontrolle. S. 510. — Ergebnisse. S. 512. — Tiere mit intakten Lagereflexen und Otolithenmembranen. S. 512. — Tiere mit aufgehobenen Lagereflexen und ausgeschalteten Otolithenmembranen. S. 513.
— Zusammenfassung. S. 526. — D. Der Erregungszustand der Otolithenmaculae. S. 527. — Einseitige Labyrinthausschaltung durch Cocain bei
Meerschweinchen mit abzentrifugierten Otolithen. S. 528. — Dauer-
erregungszustand des Maculaepithels. Wirkung der Otolithen. S. 532. —
Labyrinthtonus. S. 533. — E. Weitere Analyse der Labyrinthtätigkeit
durch Cocain. S. 534. — Sacculuslähmung. S. 535. — Utriculuslähmung.
S. 535. — Lähmung der Bogengänge. S. 536. — Nystagmus. Erregungszustand der Bogengangscristae. S. 538. — Cocainlähmung des erhaltenen
Labyrinthes nach einseitiger Labyrinthexstirpation. S. 539. — Teilläh-
mung im Bogengangsapparat. S. 540. — Versuche im akuten Stadium
der Labyrinthexstirpation. S. 541. — Zusammenfassung. S. 541.

Zehntes Kapitel: **Die Zentren der Körperstellung** 543
Fragestellung. S. 543. — Sicherheit der Schlußfolgerungen nach ope-
rativen Eingriffen am Zentralnervensystem. S. 544. — Bei entscheidenden
Versuchen muß der zu prüfende Reflex erhalten sein. S. 545. — Keine ein-
seitigen Operationen. S. 546. — Übersicht der Versuche. S. 546. — I. La-
byrinth- und Körperstellungsreflexe nach Fortnahme des Kleinhirns.
S. 547. — Operationsmethoden. S. 547. — Anatomische Kontrollen.
S. 551. — Verhalten des Flocculus. S. 551. — Vollständigkeit der Klein-
hirnentfernung. S. 554. — Beschreibung der anatomischen Präparate.
S. 555. — Präparat I. S. 555. — Präparat II. S. 565. — Präparat III.
S. 571. — Präparat IV. S. 577. — Anatomisches Ergebnis. S. 578. —
Nicht ganz vollständige Kleinhirnexstirpation beim Hunde. Präparat V
und VI. S. 579. — Physiologische Versuchsergebnisse. S. 584. — Gesamt-
ergebnis. Alle Labyrinthreflexe nach vollständiger Kleinhirnexstirpation
erhalten. S. 590. — Enthirnungsstarre nach Kleinhirnexstirpation. S. 593.
Gegenseitige Beziehungen der Labyrinthapparate und des Kleinhirns.
S. 594. — II. Die Lage der Zentren für die Körperstellung und die Labyrinthreflexe im Hirnstamm. S. 597. — Enthirnungsstarre und normale
Tonusverteilung. S. 600. — Haltungsreflexe. S. 603. — Tonische Halsreflexe auf die Extremitäten. S. 605. — Tonische Labyrinthreflexe auf

die Extremitäten. S. 606. — Tonische Labyrinthreflexe auf die Halsmuskeln. S. 607. — Kopfdrehreaktionen und -nachreaktionen. S. 608.—
Reaktionen auf Progressivbewegungen. S. 609. — Kompensatorische Vertikalabweichungen der Augen. S. 610. — Raddrehungen. S. 610. — Bogengangsreaktionen auf die Augen mit Nystagmus. S. 611. — Labyrinthstellreflexe. S. 614. — Körperstellreflexe auf den Kopf. S. 616. — Körperstellreflexe auf den Körper. S. 617. — Halsstellreflexe. S. 617. — Kein „Stria-
tum- und Pallidumsyndrom" beim Mittelhirntier ohne Stammganglien.
S. 618. — Lage des Zentralapparates für die Körperstellung im Hirnstamm.
S. 618. — Zentren und Receptoren. S. 619. — Angewandte Forschungs-
methode. S. 620. — III. Die Bedeutung des roten Kernes für die normale
Tonusverteilung und die Stellreflexe. S. 621. — Lage der Zentren in der
ventralen Mittelhirnhälfte im Niveau des roten Kernes. S. 622. — Normale
Körperstellung, Labyrinthstellreflexe und Körperstellreflexe auf den
Körper intakt nach medialen Einstichen ins Mittelhirn, welche die Forelsche Kreuzung nicht durchtrennen; dagegen aufgehoben, wenn die Forelsche Kreuzung durchtrennt ist (dann Enthirnungsstarre). S. 624. —
Durchtrennung der Forelschen Kreuzung im akuten Versuch. S. 631. —
Zerstörung des roten Kernes durch laterale Einstiche. S. 632. — Zusammenfassung. S. 637. — Der rote Kern ist das Zentrum für die nor-
male Tonusverteilung und die Labyrinthstellreflexe. S. 637. — Zentren
und Bahnen, die hierfür bedeutungslos sind. S. 638. — Genauer Verlauf der
afferenten Bahnen noch unbekannt. S. 639. — Wirkungsweise des roten
Kernes bei der Aufhebung der Enthirnungsstarre. S. 639. — Einfluß des
Großhirns auf die Enthirnungsstarre. S. 640. — Zusammenwirken der
rubrospinalen mit der Pyramidenbahn. S. 640. — Nucleus ruber auch
Zentrum für die Körperstellreflexe auf den Körper. S. 641. — Mögliche
Beteiligung des Kleinhirns an denselben. S. 641. — Körperstellreflexe auf
den Kopf und Halsstellreflexe unabhängig vom roten Kern. S. 641. —
Schluß. Notwendigkeit symmetrischer Eingriffe. S. 642.

Elftes Kapitel: Die Wirkung von Giften 643
    Große Spezifität der Giftwirkungen. S. 644. — Narkotica der Fett-
reihe. S. 645. — Äther- und Chloroformnarkose beim Affen. S. 645. —
Äther- und Chloroformnarkose beim Kaninchen. S. 647. — Urethan.
S. 647. — Paraldehyd. S. 648. — Alkohol. S. 649. — Wirkung von Alkohol
auf die Stellreflexe. Lähmung der Halsstellreflexe. S. 649. — Strychnin. S. 653. — Tonische Hals- und Labyrinthreflexe auf die Gliedermuskeln nach Strychnin. S. 659. — Fehlen der „Reflexumkehr", Erhaltensein der reziproken Innervation bei den Haltungsreflexen. S. 661. —
Labyrinthäre Augenreflexe nach Strychnin. S. 665. — Zusammenfassung.
S. 671. — Pikrotoxin. S. 672. — Labyrinthäre Augenreflexe nach Pikrotoxin. S. 676. — Einfluß des Pikrotoxins auf die Enthirnungsstarre und
die Haltungsreflexe. S. 677. — Zusammenfassung. S. 680. — Campher.
S. 681. — Wirkung auf die calorischen Reaktionen. S. 684. — Zusammenfassung. S. 687. — Chenopodiumöl. S. 688. — Wirkung auf die calorischen Reaktionen. S. 690. — Wirkung auf die tonischen Labyrinthreflexe auf die Gliedermuskeln. S. 691. — Wirkung auf die Folgezustände
der einseitigen Labyrinthexstirpation. S. 692. — Zusammenfassung.
S. 696. — Chinin. S. 697. — Chinaketone. S. 698. — Entstehen von Rollbewegungen unabhängig von den Labyrinthen. S. 700. — Nicotin. S. 701.
— Lokalisation der Nicotinwirkung auf den vestibulären Nystagmus.

Seite

S. 702. — Augenmuskeln, Augenmuskelkerne. S. 702. — Vestibularsystem (Labyrinth und vestibuläres Kerngebiet). S. 703. — Vestibuläres
Kerngebiet allein. S. 706. — Zusammenfassung. S. 707. — Gesamtergebnis. S. 707. — Elektivität der Giftwirkungen. S. 708. — Gegenseitige Abhängigkeit der Symptome. S. 709. — Bedeutung des Hirnstammes. S. 709.

Zwölftes Kapitel: **Die Körperstellungsreflexe bei neugeborenen Tieren** 710

Arbeiten aus dem pharmakologischen Institut der Reichsuniversität Utrecht 716

Arbeiten aus dem anatomischen Institut der Reichsuniversität Utrecht. 721

Literaturverzeichnis. 722

Sachverzeichnis. 731

Erstes Kapitel

Allgemeine Übersicht.

In diesem Buche soll die Lehre von der Körperstellung, hauptsächlich bei Säugetieren, behandelt werden.

In der unbelebten Natur ist dieses Problem verhältnismäßig einfach. Wenn man die Lage des Schwerpunktes zur Unterstützungsfläche kennt, so ist hierdurch bestimmt, ob sich der Körper im Gleichgewicht befindet, und ob dieses Gleichgewicht ein stabiles oder ein labiles ist. Auch wenn Körper im Wasser schweben oder wenn sie in der Luft frei nach unten fallen, ist durch das Verhältnis des Schwerpunktes des Körpers zu dem Schwerpunkte der verdrängten Luft- oder Wassermasse und durch den Angriff des Luftwiderstandes die Lage des Körpers im Raume bestimmt. Auch bei manchen niederen Tieren wird, wie das besonders Bethe gezeigt hat, das Gleichgewicht von solchen einfachen physikalischen Gesetzmäßigkeiten beherrscht.

Es gibt Tiere ohne Statolithen, welche auch nach Ausschaltung der Augen stets in der richtigen Stellung im Wasser schwimmen, weil sie durch ihre Körperform und die Lage des Schwerpunktes von selbst richtig orientiert werden. Chloroformierte Hummeln und Libellen fallen aus der Luft stets in Normalstellung auf den Boden.

Bei den meisten Organismen und vor allem bei den höheren Tieren ist jedoch das Problem viel verwickelter. Wenn man versucht, das Skelett eines Menschen in aufrechter Stellung auf den Boden zu stellen, so klappt es einfach zusammen, und dasselbe geschieht, wenn man diesen Versuch mit der Leiche eines Menschen macht, welche noch nicht totenstarr ist. Knochen, Gelenke, Bänder und sämtliche Muskeln sind nicht imstande, den Körper in der normalen Stellung aufrecht zu erhalten. Hierzu ist nötig, daß die Muskeln sich im Leben und unter der Herrschaft des Zentralnervensystems befinden. Aber selbst die Verbindung der Muskeln mit dem Rückenmarke allein genügt hierfür nicht. Wir wissen durch die Untersuchungen von Goltz (2) und von Sherrington (5), daß, wenn man einem Hunde das Rückenmark im mittleren Brustteil durchschneidet und danach abwartet, bis alle Schockerscheinungen vorübergegangen sind, das Tier mit seinem Hinterkörper allerlei verwickelte Bewegungen ausführen kann. Läßt man es senkrecht nach unten hängen oder hält man es mit horizontaler Wirbelsäule an Kopf und Schwanz, so führen die Hinterbeine rhythmische und koordinierte Laufbewegungen aus, welche sich durch verschiedene sensible Reize hemmen lassen. Auf Kneifen einer Pfote erfolgt der gleichseitige Beugereflex, durch welchen die Pfote von dem schädlichen Reize entfernt wird, und auf der gekreuzten Seite eine Streckung des Beines. Reizt man die Bauchhaut mit dem Finger, so tritt vollständig koordiniertes Kratzen ein. Von der Mastdarmschleimhaut lassen sich die normalen Defäkationsbewegungen mit der richtigen Stellung der Hinterbeine und der Hebung des Schwanzes auslösen, und noch eine Menge anderer wohlkoordinierter Reflexbewegungen sind bei derartigen Tieren nachzuweisen. Dasselbe kann man beobachten, wenn man einer Katze nach dem Verfahren von Sherrington die vier großen Hirnarterien abbindet und danach den Kopf und das Gehirn einschließlich der Medulla oblongata entfernt. Auch ein derartiges Rückenmarkstier zeigt alle möglichen verwickelten Reflexe, welche durchaus den Bewegungen gleichen, die normale Tiere auf ähnliche Reize ausführen. Die Muskulatur eines solchen Rückenmarkpräparates ist auch keineswegs tonuslos. Bereits Brondgeest hat gezeigt, daß die Muskeln sich in einer gewissen mittleren Spannung befinden, welche reflektorisch bedingt ist. Durch Sherrington (9) wissen wir, daß die Hauptquelle dieses Tonus in proprioceptiven Erregungen gesucht werden muß, welche von den betreffenden Muskeln selber ausgehen. Es hat sich aber herausgestellt, daß außer diesen Erregungen der beteiligten Muskeln selber noch eine Reihe von anderen sensiblen Reizen auf die Zentren der Muskulatur einwirken und diese in mehr oder weniger starke Dauererregung (Tonus) versetzen.

Aber trotz alledem kann ein Säugetier nach Abtrennung seines Rückenmarkes vom Gehirn nicht stehen, sondern klappt einfach zusammen (Abb. 1a).

Freilich hat Philippson kinematographische Aufnahmen von Hunden veröffentlicht, denen er das Rückenmark im Brustteile durchtrennt hatte, und welche sowohl stehen als auch laufen und galoppieren konnten. Es hat sich aber herausgestellt, daß hierbei insofern eine Täuschung vorliegt, als die Hunde es bekanntlich nach einiger Zeit lernen, durch geeignete Haltung des Kopfes und durch starke Kontraktion ihrer Schultermuskulatur den Hinterkörper horizontal über dem Grunde schwebend zu erhalten, so daß die Füße manchmal gerade auf dem Boden aufstehen und nun gewissermaßen am Hinterkörper hängend einfache reflektorische Laufbewegungen ausführen, so daß es aussieht, als ob die Tiere mit ihren Hinterbeinen stehen könnten. Zahlreiche Beobachtungen an Hunden mit durchschnittenem Rückenmark, welche teilweise jahrelang im Leben erhalten wurden, haben aber gezeigt, daß die Hinterbeine einen wirklichen statischen Tonus nicht bekommen und nicht imstande sind, das Gewicht des Hinterkörpers selbst zu tragen.

Erst wenn, wie Sherrington (1, 5, 9) gezeigt hat, mit dem Rückenmark das obere Cervicalmark und die Medulla oblongata in Verbindung bleiben, tritt das Vermögen zu selbständigem Stehen auf. Durchschneidet man einem Säugetier den Hirnstamm in der Ebene des Tentorium cerebelli und trennt dadurch die Thalami und einen Teil des Mittelhirnes vom Rückenmarke und der Medulla oblongata ab, so tritt die sog. Enthirnungsstarre (Abb. 1 *b*) ein. Hierfür ist bereits die Medulla oblongata genügend. Nach einem Querschnitt, welcher nur wenig vor dem Eintritt der Nn. octavi durch die Medulla oblongata verläuft, wird eine kräftige Enthirnungsstarre beobachtet. Die genaue

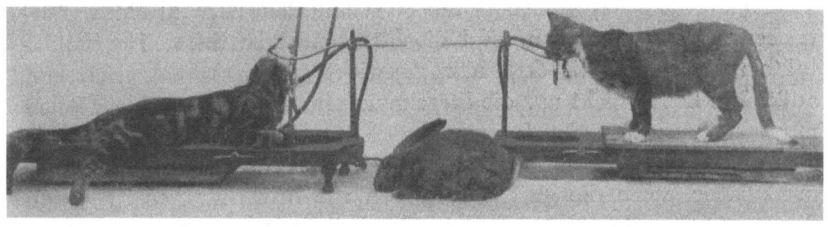

a   *c*   *b*

Abb. 1.

Lage der Zentren, welche für die Starre erforderlich sind, muß noch bestimmt werden.

Im Zustande der Enthirnungsstarre befindet sich nun eine ganz scharf umschriebene Gruppe der Körpermuskulatur in übertriebener tonischer Kontraktion. Es sind das diejenigen Muskeln, deren Funktion während des Lebens darin besteht, der Schwerkraft entgegenzuwirken, nämlich die Streckmuskeln der Gliedmaßen, die Heber des Nackens, die Strecker des Rückens, die Heber des Schwanzes und die Schließmuskeln des Unterkiefers. Im Gegensatz hierzu sind die Antagonisten dieser Muskeln schlaff und haben in vielen Fällen gar keinen, in anderen nur einen geringen Tonus.

Sherrington hat gezeigt, daß die Hauptquelle (nicht die einzige) dieses Tonus wieder in den propriozeptiven sensiblen Muskelnerven liegt, und zwar in den Proprioceptoren derjenigen Muskeln selber, welche sich im Zustande der Starre befinden. Auch in diesem Falle läßt sich zeigen, daß außer diesen Proprioceptoren noch andere sensible Nerven am Zustandekommen des Tonus bei der Enthirnungsstarre mitwirken. Aber außer den sensiblen Erregungen muß als wesentliche Bedingung für das Zustandekommen der Starre noch das Intaktsein

1*

der genannten Zentren in der Medulla oblongata dazukommen. Sherrington (9) hat den Zustand der Enthirnungsstarre geradezu als „reflektorisches Stehen" bezeichnet. Dieses Stehen ist aber ein rein passives: das Tier steht, wenn man es hinstellt, fällt aber sofort um, wenn man ihm einen Stoß gibt, und ist nicht imstande, sich aus der liegenden Stellung wieder aufzurichten.

Sobald nun aber im Hirnstamme außer der Medulla oblongata noch das gesamte Mittelhirn intakt vorhanden ist, verändert sich das Bild (Abb. 1c).

Erstens schwindet die Enthirnungsstarre, die einseitige Bevorzugung der Streckmuskeln fällt fort, und statt dessen tritt eine „normale" Tonusverteilung zwischen den Streck- und Beugemuskeln auf, gerade so, wie das beim normalen intakten Tiere der Fall ist. Während man die Enthirnungsstarre gewissermaßen als eine Karikatur des Stehens bezeichnen kann, bei welchem die Streckmuskeln sich in einem über- triebenen Tonus befinden, sind die Streckmuskeln beim Tier mit in- taktem Mittelhirn mit dem Körpergewicht genau ausbalanciert, und außerdem haben nicht nur die Streckmuskeln, sondern auch die Beuge- muskeln ihren normalen Tonus.

Es ist also jetzt die Spannungsverteilung in der gesamten Körper- muskulatur genau die gleiche geworden wie beim intakten Tier, und die übertriebene Bevorzugung der Streckmuskulatur (Stehmuskulatur) fehlt.

Aber noch eine zweite Veränderung wird durch das Intaktbleiben des Mittelhirnes bedingt. Während das decerebrierte Tier nur ein passives Stehen besitzt und nicht imstande ist, sich aus liegender Stel- lung aufzurichten, vermag das Mittelhirntier sich selbst zu stellen. Das Tier führt also jetzt dasselbe aus, was beim decerebrierten Tier der Experimentator tun mußte. Aus allen abnormen Lagen wird jeweils die Grundstellung reflektorisch und mit vollständiger Sicher- heit eingenommen. Vergleicht man ein Tier mit intaktem Mittelhirn mit einem normalen nichtoperierten Tier, so wird man bei der ersten Betrachtung kaum einen Unterschied feststellen können. Das Mittel- hirntier führt seine Lauf- und Springbewegungen mit normaler Ge- schwindigkeit und Sicherheit aus; es fehlen ihm nur die Spontan- bewegungen und es bedarf jedesmal eines äußeren Reizes, um das Tier, welches sich wie ein Automat verhält, in Bewegung zu setzen. Bei erhaltenem Großhirn können dagegen Spontanbewegungen ausgeführt werden. Weitere Unterschiede zwischen dem intakten Tier und dem Mittelhirntier, welche auf dem Vorhandensein des Großhirns beruhen, sollen später erörtert werden.

Auf Abb. 1 sieht man die drei geschilderten Typen nebeneinander. Links befindet sich ein Rückenmarkstier (a), eine Katze, welcher in

Äthernarkose nach Abbindung der Carotiden und Vertebrales der Kopf und damit das Gehirn einschließlich der Medulla oblongata entfernt worden ist. Das Präparat wird künstlich geatmet und erwärmt und zeigte bei der Untersuchung den Beugereflex, den gekreuzten Streckreflex, den Patellarreflex, Kratzbewegungen, Schwanzreflexe usw. Es ist dagegen, wie man auf der Abbildung erkennt, nicht imstande zu stehen, die Glieder besitzen allerdings einen gewissen Tonus, vermögen jedoch das Gewicht des Körpers nicht zu tragen. Rechts befindet sich ein decerebriertes Tier (b), eine Katze, welcher nach Abbindung der Carotiden der Schädel trepaniert und der Hirnstamm in der Ebene des Tentorium cerebelli durchtrennt wurde. Das Tier wurde nach der Operation erwärmt und entwickelte sehr schnell die Enthirnungsstarre. Auf der Abbildung sieht man, daß der Kopf von einem Tierhalter in die Höhe gehalten wird, daß aber der Körper des Tieres von den Vorder- und Hinterbeinen getragen wird. In anderen Fällen hat man nicht einmal nötig, den Kopf festzuhalten, und ein solches decerebriertes Tier steht mit freiem Kopf auf seinen vier Beinen, so lange es nicht das Gleichgewicht verliert und umfällt. In der Mitte befindet sich ein Tier (c) mit erhaltenem Mittelhirn, ein Kaninchen, dem am Abend vorher das Großhirn vor den Thalami exstirpiert worden war. Man läßt für derartige Versuche zweckmäßig die Thalami stehen, weil dann das Wärmezentrum erhalten bleibt und man die Tiere dadurch besser am Leben erhalten kann. Für die Steh- und Stellfunktion ist aber das Intaktbleiben des Mittelhirnes die wesentliche Bedingung. Das Kaninchen sitzt in der normalen Hockstellung, und wenn man es auf die eine oder andere Seite legt, setzt es sich sofort wieder auf und bleibt dann in der abgebildeten normalen Haltung sitzen.

Die Aufrechterhaltung der Körperstellung und des Körpergleichgewichtes wird bedingt und erhalten durch eine Reihe von sensiblen Erregungen, welche von verschiedenen Sinnesorganen ausgehen. Es fragt sich daher, ob wir diese Sinneserregungen nicht ebenso studieren können, wie wir das z. B. von den optischen und akustischen Erregungen gewöhnt sind, d. h. durch subjektive Analyse der von ihnen ausgehenden Empfindungen. Während aber dieses Verfahren in der physiologischen Optik und Akustik so außerordentlich wichtige und sichere Ergebnisse gezeitigt hat, läßt es uns beim Studium des Körpergleichgewichtes völlig im Stich. Der Grund für diesen Unterschied liegt darin, daß wir für unsere optischen und akustischen Empfindungen eigene Rindenbezirke haben, und daß wir daher mit unseren optischen und akustischen Wahrnehmungen direkt als gegebenen Einheiten arbeiten können. Im Gegensatz hierzu fehlt uns aber eine statische Rinde. Es werden uns allerdings eine ganze Reihe von sensiblen

Erregungen aus den verschiedensten Teilen unseres Körpers bewußt, und wir haben auch ein sehr sicheres Lagegefühl unserer Glieder, aber wir müssen das Urteil über unsere Körperstellung und das Gleichgewicht aus einer ganzen Reihe von verschiedenen Sinneserregungen sekundär ableiten, welche uns von den Labyrinthen, den Muskeln und Gelenken, den Tast- und Drucksinnesorganen, den Augen geliefert werden, und welche als Einzelkomponenten häufig unter der Schwelle des Bewußtseins bleiben. Daher sind wir vielen Täuschungen bloßgestellt und können keinesfalls durch subjektive Analyse direkt den Anteil der einzelnen Sinnesorgane an der statischen Gesamtfunktion erkennen.

Ein erfolgreiches Studium des Zustandekommens von Körperstellungen und Gleichgewicht ist nur objektiv, besonders an Tieren möglich. Man muß eine Reihe von objektiv untersuchbaren Reflexen ermitteln. Erst auf diese Weise ist es möglich gewesen, einen Erfolg zu erzielen und diese verwickelte Funktion in ein System gesetzmäßiger Reflexe und Reaktionen aufzulösen, welche an das Funktionieren bestimmter Zentrengruppen gebunden sind.

Bei dem näheren Studium hat sich herausgestellt, daß es sich um ein sehr verwickeltes Zusammenarbeiten handelt, daß mannigfache Sinnesorgane daran mitwirken, daß sehr verschiedene Zentrengruppen die Erregungen zusammenfassen, daß die Körpermuskulatur sich in wechselnden Kombinationen an den Reaktionen beteiligt, und daß eine ganze Reihe verschiedenartiger Reflexgruppen auseinander gehalten werden können. Um die Darstellung zu vereinfachen, soll daher zunächst eine kurze Übersicht über die wichtigsten Reflexe, welche hierbei mitwirken, gegeben werden.

Wir müssen zunächst einen Unterschied machen zwischen dem Verhalten des Körpers in Ruhe und bei Bewegung. Diejenigen Reflexe, welche die Körperstellung und das Gleichgewicht beim ruhigen Liegen, Stehen und Sitzen in den verschiedensten Stellungen bedingen und erhalten, können wir als statische Reflexe bezeichnen. Diejenigen Reflexe dagegen, durch welche der Körper auf aktive und passive Bewegungen reagiert und welche die Folgen dieser Verschiebungen teilweise kompensieren, wollen wir stato-kinetische nennen.

Die statischen Reflexe lassen sich wieder in zwei große Gruppen sondern. Bei absoluter Ruhe des Körpers nimmt dieser eine bestimmte „Haltung" an, d. h. eine durch eine gesetzmäßige Spannungsverteilung in der ganzen Körpermuskulatur bedingte Lage der einzelnen Körperabschnitte zueinander und eine bestimmte tonische Fixierung in den verschiedenen Gelenken. Diejenigen statischen Reflexe, welche die Haltung des Körpers bedingen, wollen wir als Stehreflexe bezeichnen.

Als zweite Gruppe der statischen Reflexe sollen hiervon diejenigen unterschieden werden, durch welche es dem Körper möglich wird, aus

den verschiedensten abnormen Lagen jeweils die Normalstellung einzunehmen. Es handelt sich also hier um das Vermögen des Tieres,
sich selbst zu stellen, und daher werden diese Reflexe Stellreflexe
genannt.

I. Statische Reflexe.

A. Haltung (Stehreflexe).

1. Einfluß des Kopfes auf die Haltung.

Bei der Untersuchung der Stehreflexe hat es sich als zweckmäßig
erwiesen, die Stellreflexe vorher auszuschalten und daher am decerebrierten Tiere zu arbeiten. An letzterem läßt sich nun feststellen,
daß man die Haltung des Körpers und die Spannungsverteilung in der
gesamten Körpermuskulatur dadurch beherrschen kann, daß man dem
Kopf eine bestimmte Stellung gibt. Wenn man nun bei einem Tier
dem Kopf die eine oder andere Lage gibt, so werden hierdurch zwei
verschiedene Dinge bewirkt. Man ändert erstens die Lage des
Kopfes zum Körper und zweitens die Lage des Kopfes im
Raume; durch beides werden verschiedene Gruppen von Reflexen
ausgelöst.

a) Tonische Halsreflexe auf die Glieder.

Dadurch, daß man die Stellung des Kopfes zum Körper ändert,
bewirkt man, je nachdem man den Kopf hebt, senkt, dreht oder wendet,
verschiedene Stellungsänderungen des Halses. Diese sind die Ursache
für tonische Reflexe auf die Gliedermuskeln, welche sich am decerebrierten Tiere in einer Zu- oder Abnahme des Streckmuskeltonus äußern,
und welche eindeutig ganz bestimmten Gesetzen gehorchen. Die veränderte Spannungsverteilung in den Streckmuskeln der Gliedmaßen
bleibt so lange bestehen, als der Kopf seine bestimmte Lage zum Rumpfe
beibehält, um bei Änderung der Kopfstellung zum Rumpfe sofort einer
anderen Spannungsverteilung Platz zu machen. Es hat sich herausgestellt, daß bei den meisten Änderungen der Lage des Kopfes zum
Körper entweder die Extremitäten der rechten und linken Körperseite
oder die vorderen und hinteren Extremitäten gegensinnig reagieren.

b) Tonische Labyrinthreflexe auf die Körpermuskulatur.

Wenn man dafür sorgt, daß der Kopf seine Lage zum Körper nicht
ändert, aber den Kopf in verschiedene Lagen im Raume bringt, so
werden auch hierdurch tonische Reflexe auf die Körpermuskulatur
ausgelöst, welche ebenfalls so lange andauern, als der Kopf ein und
dieselbe Lage (im Raume) beibehält. Die Änderungen des Tonus

werden dadurch hervorgerufen, daß der Kopf und, wie die genauere
Analyse ergab, daß die Labyrinthe ihre Neigung zur Horizontalebene
ändern. Am decerebrierten Tiere äußern sich diese Reflexe, gerade so
wie die tonischen Halsreflexe, hauptsächlich an denjenigen Muskeln,
welche bei der Sherringtonschen Enthirnungsstarre in Tonus geraten.
Diese haben bei einer ganz bestimmten Kopfstellung im Raume das
Maximum ihres Tonus, und bei der um 180° davon verschiedenen Kopfstellung das Minimum.

α) Tonische Labyrinthreflexe auf die Extremitätenmuskeln. An diesen tonischen Labyrinthreflexen beteiligen sich vor
allen Dingen, geradeso wie an den tonischen Halsreflexen, die Extremitätenmuskeln, und man kann durch Änderung der Kopfstellung im
Raume sehr deutliche Änderungen des Strecktonus der vier Gliedmaßen bei decerebrierten Tieren demonstrieren. Die Streckmuskeln
der vier Glieder reagieren dabei stets gleichsinnig.

β) Tonische Labyrinthreflexe auf die Muskulatur von
Hals und Rumpf. Nicht nur die Extremitätenmuskeln stehen in
bezug auf ihre Tonusverteilung unter dem Einfluß der Labyrinthe,
sondern auch die Muskulatur des Stammes. Es hat sich herausgestellt,
daß die Labyrinthe dabei den stärksten Einfluß auf die Halsmuskulatur
ausüben und daß dieser Einfluß bei bestimmten Tierarten auf den
Hals beschränkt ist, während bei anderen die Labyrinthe auch noch
einen Einfluß auf die übrige Rumpfmuskulatur besitzen. Warum es
zweckmäßig ist, diese tonischen Labyrinthreflexe auf Hals- und
Rumpfmuskulatur von denen auf die Extremitätenmuskeln zu trennen,
wird sich erst später ergeben, wenn wir den Einfluß der beiderseitigen
Labyrinthe auf die Muskulatur der beiden Körperseiten zu erörtern
haben. Es handelt sich aber bei beiden Muskelgruppen um Dauereinflüsse von durchaus ähnlichem Charakter.

c) Zusammenwirken der tonischen Hals- und Labyrinthreflexe.

Wenn man Änderungen der Kopfstellung bei verschiedenen Lagen
des Körpers im Raume vornimmt, so müssen sich die tonischen Hals-
und Labyrinthreflexe in der verschiedensten Weise miteinander kombinieren. Das wird z. B. aus folgendem Beispiel deutlich: Wenn man
Heben und Senken des Kopfes (Dorsal- und Ventralbeugung) bei Seitenlage des Körpers vornimmt, so ändert sich dabei die Lage des Kopfes
zur Horizontalebene nicht und es werden daher bei diesen verschiedenen
Kopfstellungen sich nur die Halsreflexe in einer Veränderung des
Gliedertonus äußern können. Wenn man dagegen das Heben und
Senken des Kopfes bei Normalstellung oder bei Rückenlage des Tieres
ausführt, so ändert man dabei außerdem die Lage des Kopfes zur Horizontalebene und wird daher jetzt außer den gleichen Halsreflexen wie

vorher auch tonische Labyrinthreflexe auf die Gliedermuskeln auslösen. Diese beiden Reflexgruppen, die tonischen Halsreflexe und die tonischen Labyrinthreflexe, addieren sich nun einfach algebraisch in ihrer Wirkung auf die einzelnen Muskeln, so daß ein bestimmter Muskel einen maximalen Tonus bekommt, wenn ihm sowohl durch die Hals- als durch die Labyrinthreflexe vermehrte Erregungen zufließen, daß er erschlafft, wenn er von den Hals- und Labyrinthreflexen eine Tonusverminderung bekommt, und daß unter Umständen seine Spannung vollständig unverändert bleibt, wenn sich Hals- und Labyrinthreflexe gerade entgegenwirken.

d) Indirekter Einfluß der Labyrinthe auf die Gliedermuskeln durch Vermittelung der Halsreflexe.

Wie oben erwähnt wurde, gibt es tonische Labyrinthreflexe auf die Halsmuskeln. Es erfolgt also eine Änderung der Spannung der Halsmuskulatur, wenn der Kopf seine Lage im Raume ändert. Diese Tonusänderungen der Halsmuskeln können nun ihrerseits wieder tonische Halsreflexe auf die Extremitätenmuskeln hervorrufen, und es ergibt sich dadurch ein doppelter Einfluß der Labyrinthe auf die Gliedermuskeln: 1. ein direkter durch die tonischen Labyrinthreflexe auf die Extremitäten; 2. ein indirekter, indem die Labyrinthe erst auf die Halsmuskeln wirken, hierdurch tonische Halsreflexe auf die Extremitäten auslösen und auf diese Weise die Spannung der Gliedermuskulatur beeinflussen. Auch diese beiden Einwirkungen auf die Extremitätenmuskulatur summieren sich algebraisch.

Auf diese Weise wird bereits bei Tieren, welche weder Großhirn noch Mittelhirn besitzen, eine sehr verwickelte Beziehung zwischen der Kopfstellung und der Spannungsverteilung in der gesamten Körpermuskulatur geschaffen. Man kann tatsächlich durch Änderung der Kopfstellung dem Tierkörper eine ganze Reihe der verschiedensten Haltungen geben, welche sich alle auf die oben erwähnten verschiedenen Stehreflexe zurückführen lassen. Diese Dinge werden natürlich noch viel verwickelter, wenn außerdem noch das Mittelhirn und die Großhirnrinde mitspielen, aber die Grundlagen für die so äußerst ausdrucksvollen verschiedenen Stellungen und Haltungen der Tiere und der Menschen, welche uns im natürlichen Leben entgegentreten und uns bei den Kunstwerken der Malerei und Skulptur entzücken, beruhen im letzten Grunde auf den Gesetzmäßigkeiten, welche durch das Zusammenwirken der Stehreflexe gegeben sind.

2. Sonstige direkte Einflüsse auf die Haltung.

Bei dem Studium der Stehreflexe hat sich herausgestellt, daß die wichtigsten Einflüsse auf die Spannungsverteilung in der Körpermuskulatur vom Kopfe ausgehen, und daß dem gegenüber Einflüsse von anderen Körperteilen zurücktreten. Jedoch fehlen diese nicht völlig. So hat beispielsweise Stenvers an der Utrechter Psychiatrischen Klinik in einem Falle beim Menschen feststellen können, daß sich durch Drehen des Beckens bei Rückenlage des Patienten gesetzmäßige Drehungen des Kopfes und der Augen hervorrufen lassen. Jedoch sind solche Beobachtungen bisher nur vereinzelt geblieben, und jedenfalls läßt sich sagen, daß der Einfluß von anderen Körperteilen auf die Spannungsverteilung in der Gesamtmuskulatur sehr viel geringer ist als der vom Kopfe ausgeübte.

3. Indirekte Einflüsse auf die Haltung.

Alle diejenigen Momente, welche ihrerseits die Kopfstellung beeinflussen, müssen dadurch indirekt eine Veränderung der Haltung hervorrufen. Wenn man beispielsweise einer auf dem Boden stehenden Katze eine Schüssel Milch vorsetzt, so wird das Tier mit nach unten geneigtem Kopfe sitzen und infolgedessen einen geringen Tonus in den Stehmuskeln (Streckmuskeln) der Vorderbeine zeigen, während der Tonus in den Hinterbeinen wegen des gegensinnigen Einflusses der Hals- und Labyrinthreflexe einen mittleren Grad annimmt. Die Folge wird sein, daß die Katze sich mit dem ganzen Vorderkörper dem Boden nähert und dadurch eine Haltung einnimmt, wie sie bei trinkenden Tieren gesehen wird.

Wenn man andererseits ein Stück Fleisch hoch in der Luft hält, so wird das Tier seinen Kopf nach dem Futter nach oben, d. h. dorsalwärts, bewegen und hierdurch eine tonische Streckung seiner Vorderbeine auslösen, welche zu einer Hebung des Vorderkörpers führt, während der Hinterkörper seine Stellung wenig ändert. Infolgedessen richtet sich der Tierkörper nach vorne auf und der Mund nähert sich dem Futter.

Wenn eine Katze in der Mitte des Zimmers steht und seitwärts an der Wand eine Maus läuft, so wird das Tier alsbald mit dem Kopfe eine Wendung in der Richtung des gehörten Geräusches ausführen. Die Folge hiervon ist eine Tonuszunahme derjenigen Extremitäten, nach welcher die Schnauze des Tieres gewendet wird. Durch die Kopfwendung findet eine starke Verlagerung des Schwerpunktes in der Richtung des gewendeten Kopfes statt. Trotzdem fällt das Tier nicht um, weil durch die Zunahme des Strecktonus in dem gleichseitigen Vorderbeine dieses jetzt imstande ist, die durch die Schwerpunktsverlagerung veranlaßte Belastungsvermehrung zu ertragen. Es hat sich nun weiter herausgestellt, daß, wenn das Tier im Anschluß hieran anfängt zu laufen, das entlastete Bein den ersten Schritt macht. Durch den von der Seite kommenden akustischen Reiz ist also erstens die

Kopfbewegung, zweitens die veränderte Spannungsverteilung bewirkt worden, welche sich der Verlagerung des Schwerpunktes anpaßt, und drittens die Extremitätenmuskulatur in die nötige Bereitschaft versetzt worden zum Lauf oder Sprung.

Diese Beispiele zeigen, daß Reize, welche durch die Telereceptoren: Auge, Ohr und Nase in das Zentralnervensystem eindringen, Kopfbewegungen auslösen, welche ihrerseits wieder die zugehörigen Haltungen des Gesamttierkörpers veranlassen und die Vorbedingung schaffen für die an die Sinneserregungen sich anschließenden Körperbewegungen.

Schon diese erste Übersicht zeigt also, daß es sich bei den Stehreflexen um ein außerordentlich harmonisches Zusammenarbeiten verschiedener tonischer Reflexe handelt, durch welche die Haltung der einzelnen Körperteile zueinander und des Körpers als Ganzes sich den verschiedensten Bedingungen anpassen kann.

B. Kompensatorische Augenstellungen.

Ein eigenartiger Sonderfall der Haltungsreflexe wird durch die kompensatorischen Augenstellungen gebildet. Die Spannungsverteilung in der Augenmuskulatur wird ebenfalls durch das Zusammenarbeiten von tonischen Labyrinth- und tonischen Halsreflexen beherrscht. Diese kompensatorischen Augenstellungen spielen beim Menschen und bei denjenigen Tieren, bei welchen die Augen frontal angeordnet sind, eine nur geringe Rolle, aber lassen sich auch bei ihnen mit Sicherheit nachweisen. Bei Tieren mit frontal angeordneten Augen decken sich die Gesichtsfelder zum größten Teile, und infolgedessen wird die Stellung der beiden Augen zueinander hauptsächlich optisch kontrolliert. Es sorgen also die optischen Erregungen selber (in Verbindung mit Muskelsensibilität) dafür, daß die Bilder auf den beiden Netzhäuten zueinander passen und bei Veränderung der Kopfstellung sich in der richtigen Weise zusammen einstellen. Anders ist dieses aber bei Tieren mit seitlichen Augen, wie dem Kaninchen und dem Meerschweinchen, bei welchen die Gesichtsfelder sich entweder gar nicht oder nur zum kleinen Teile decken. Bei ihnen kann das Zusammenarbeiten der Gesichtsfelder nicht auf optischem Wege gewährleistet werden, und es ist daher bei diesen Tieren ein verwickeltes System von Haltungsreflexen ausgebildet, durch welches dafür gesorgt wird, daß bei verschiedenen Lagen des Kopfes im Raume und zum Tiere die optischen Eindrücke von beiden Augen miteinander in gesetzmäßigem Einklang bleiben.

Die gleichen Reflexe lassen sich, wie gesagt, auch beim Menschen und bei Tieren mit frontalen Augen nachweisen; sie treten aber an Bedeutung völlig zurück, und es ist daher zweckmäßig, zum Studium dieser Reflexe sich an Kaninchen und Meerschweinchen zu halten.

1. Tonische Labyrinthreflexe auf die Augen.

Jeder Stellung des Kopfes im Raume entspricht eine zugehörige gesetzmäßige Stellung der Augen in der Orbita. Diese verschiedenen Augenstellungen lassen sich zurückführen auf das Zusammenwirken von Vertikalabweichungen und von Raddrehungen.

Die Vertikalabweichungen lassen sich am besten (an Kaninchen und Meerschweinchen) studieren, wenn man von der Normalstellung des Kopfes mit horizontaler Mundspalte ausgeht und nun Drehungen um die occipito-nasale Achse ausführt. Dreht man z. B. den Kopf[1]) so, daß das rechte Auge sich nach unten bewegt, so wird das rechte Auge nach oben und das linke (oben befindliche) Auge nach unten abgelenkt. Diese Ablenkung erreicht ihr Maximum, wenn sich der Kopf ungefähr in Seitenlage befindet. Bei der umgekehrten Kopfdrehung mit dem linken Auge nach unten führen die Augen die spiegelbildliche Ablenkung aus, so daß jetzt das rechte Auge nach unten und das linke Auge nach oben abgelenkt wird. Bei den übrigen Lagen des Kopfes im Raume sind wohl auch Vertikalabweichungen vorhanden, dieselben erreichen jedoch das Maximum nicht, wie es bei Seitenlage des Kopfes vorhanden ist. Da bei rechter Seitenlage des Kopfes das rechte Auge nach oben und das linke nach unten abgelenkt ist, so wird hierdurch bis zu einem gewissen Grade erreicht, daß das Auge der Änderung der Kopfstellung nicht folgt, sondern gewissermaßen seine Lage zum Horizonte beizubehalten trachtet; vollständig gelingt dieses dem Auge jedoch nicht.

Die Raddrehungen lassen sich am besten studieren, wenn man wieder von der Normalstellung ausgeht und jetzt den Kopf[1]) um die Bitemporalachse bewegt, also entweder mit der Schnauze nach oben oder nach unten. Geht die Schnauze nach oben, so findet an beiden Augen eine gleichsinnige Raddrehung statt, indem der obere Corneapol nach vorne (nasalwärts) gedreht wird. Umgekehrt geht an beiden Augen der obere Corneapol nach hinten, wenn die Schnauze nach unten bewegt wird. Auch in diesem Falle suchen also die Augen bei Änderungen der Kopfstellung ihre Lage zum Horizonte möglichst unverändert beizubehalten, was aber auch in diesem Falle nicht vollständig gelingt. Das Maximum der Raddrehungen in beiden Richtungen wird erreicht, wenn der Kopf vertikal mit der Schnauze entweder nach oben oder nach unten steht, bei allen übrigen Lagen des Kopfes im Raume finden geringere Raddrehungen statt.

Kombinationen von Vertikalabweichungen und Raddrehungen kann man am besten studieren, wenn man den Kopf zunächst in Seitenlage bringt und nun eine Drehung um die (horizontal liegende) dorso-

---

[1]) Ohne die Stellung des Kopfes zum Rumpfe zu ändern.

ventrale Achse ausführt. Bei der Ausgangsstellung (Seitenlage) ist die Vertikalabweichung maximal. Dreht man nunmehr den Kopf mit der Schnauze nach oben, so wird die Raddrehung maximal. Bei Fortsetzung der Drehung in die umgekehrte Seitenlage ist maximale Vertikalabweichung im umgekehrten Sinne vorhanden; darauf gelangt der Kopf in Vertikalstellung mit der Schnauze nach unten, bei welcher die Raddrehung im umgekehrten Sinne maximal ist, um schließlich wieder in die Ausgangsstellung mit maximaler Vertikalabweichung zurückzukehren. Bei den verschiedenen Lagen des Kopfes im Raume, welche bei dieser Drehung auftreten, nehmen die Augen also Stellungen an, welche sich aus Kombinationen von Vertikalabweichungen und Raddrehungen zusammensetzen und welche sich abwechselnd zwischen den verschiedenen maximalen Abweichungen hin und her bewegen.

Wenn man den Kopf in eine beliebige Lage im Raume bringt und nunmehr Bewegungen des Kopfes in der Horizontalebene ausführt, so ändert sich hierdurch die Lage des Kopfes und der Labyrinthe zum Horizonte nicht. Es können also durch Horizontalbewegungen des Kopfes keine tonischen Labyrinthreflexe auf die Augen ausgelöst werden. Hiermit steht im Einklang, daß bei den tonischen Labyrinthreflexen auf die Augen Horizontalabweichungen keine Rolle spielen, und daß sich bei dieser Gruppe von Reflexen auf die Augen eine Beteiligung der horizontalen Augenmuskeln, des Rectus externus und Rectus internus, nicht hat nachweisen lassen. An den kompensatorischen Augenstellungen, soweit sie von den Labyrinthen ausgelöst werden, beteiligen sich im wesentlichen nur der Rectus superior und inferior und die beiden schrägen Augenmuskeln.

Die tonischen Labyrinthreflexe auf die Augen bewirken bei verschiedenen Kopfstellungen im Raume zugehörige Augenstellungen, durch welche die Augen gewissermaßen trachten ihre Lage im Raume beizubehalten. Die quantitative Untersuchung hat aber ergeben, daß dieses Ziel durch die Labyrinthreflexe allein nicht erreicht wird. Zu diesem Zwecke muß noch eine andere Gruppe von Erregungen dazukommen.

2. Tonische Halsreflexe auf die Augen.

Diese wurden zuerst durch Bárány (1) festgestellt, ihre genauere Kenntnis und Analyse verdanken wir de Kleyn (53). Zu ihrer Beschreibung gehen wir aus von der Normalstellung des Tieres. Wird der Kopf beispielsweise nach links gewendet, so daß sich das linke Ohr der linken Schulter nähert, so gehen infolge eines tonischen Halsreflexes beide Augen nach rechts, d. h. das rechte Auge temporalwärts, das linke Auge nasalwärts. Es handelt sich hier um eine Wirkung auf den Musculus Rectus externus und internus. Wird der Kopf nach links gedreht, so daß das linke Auge zum Boden, das rechte Auge zum Himmel

sieht, so geht das untere linke Auge dorsalwärts, das obere rechte
Auge ventralwärts. Es tritt also unter diesen Bedingungen durch die
Wirkung des tonischen Halsreflexes eine Augenablenkung in dem
gleichen Sinne auf, wie sie auch von den Labyrinthen aus ausgelöst
wird. Wird der Kopf gehoben oder gesenkt, so erfolgen Raddrehungen
des Auges. Geht die Schnauze nach oben, so rollen beide Augen mit
dem oberen Corneapol nach vorne, wird die Schnauze gesenkt, so rollen
beide Augen mit dem oberen Corneapole nach hinten. Auch hier erfolgt die Reaktion der Augen in demselben Sinne, wie sie auch von den
Labyrinthen aus bewirkt wird.

Diese Augenstellungen bleiben so lange bestehen, als der Kopf sich
in der betreffenden Lage zum Rumpfe befindet. Ein Vergleich der
tonischen Halsreflexe auf die Augen mit den von den Labyrinthen
ausgelösten Reaktionen zeigt, daß bei beiden Reflexgruppen Vertikalabweichungen und Raddrehungen zustande kommen, daß dagegen
Horizontalabweichungen der Augen allein vom Halse aus vermittelt
werden[1]).

Auch die tonischen Halsreflexe auf die Augen bewirken bei Änderung
der Kopfstellung derartige Veränderungen der Augenstellung, daß die
Augen gewissermaßen ihre Lage im Raume beizubehalten trachten.
Aber auch bei den tonischen Halsreflexen hat sich herausgestellt, daß
diese für sich allein das angegebene Ziel nicht erreichen und bei Kopfbewegungen keine vollständige Kompensation der Augenstellungen
zustande bringen können.

3. Zusammenwirken der tonischen Labyrinth- und Halsreflexe auf die Augen.

Zur Untersuchung der tonischen Labyrinthreflexe auf die Augen
muß man Halsbewegungen ausschließen. Man befestigt also am besten
das zu untersuchende Tier auf einem Tierhalter und bringt diesen
letzteren in verschiedene Lagen im Raume, wobei sich natürlich die
Lage des Kopfes zum Körper nicht ändert. Zur isolierten Untersuchung
der Halsreflexe muß man das Zustandekommen der tonischen Labyrinthreflexe auf die Augen verhindern. Das kann entweder dadurch geschehen,
daß man vorher beide Labyrinthe exstirpiert, oder dadurch, daß man
bei der ganzen Untersuchung die Stellung des Kopfes im Raume konstant hält und also nur Bewegungen mit dem Körper des Tieres gegen
den feststehenden Kopf ausführt. Während der freien Bewegungen
und Stellungen des Tieres sind diese beide Bedingungen nicht verwirk-

---

[1]) Wir werden später sehen, daß bei den stato-kinetischen Labyrinthreflexen
auf die Augen die horizontalen Deviationen eine große Rolle spielen. Bei den
statischen Reflexen dagegen werden von den Labyrinthen aus keine Horizontalabweichungen verursacht.

licht, und es müssen sich daher stets die Labyrinth- und die Halsreflexe
auf die Augen addieren. Während jede von den beiden genannten
Reflexgruppen für sich allein nicht imstande ist, die ausgeführten
Kopfbewegungen vollständig zu kompensieren, gelingt dieses in gewissem Grade durch das Zusammenwirken beider. Wie de Kleyn (53, 65)
für den Fall der Raddrehungen und Vertikalabweichungen gezeigt hat,
bleiben, wenn man von der Normalstellung des Tieres ausgeht, bei
Kopfbewegungen von einem derartigen Ausmaße, wie sie das Tier
während seines Lebens ausführt, die Augen im Raume richtig orientiert,
und es ändern sich daher bei solchen Kopfbewegungen die Lagen der
Gesichtsfelder nicht. Die Netzhautbilder bleiben stehen. Das Wichtige
ist, daß dieses an beiden Augen gleichzeitig erfolgt, und daß daher bei
Tieren mit lateral angeordneten Augen die rechte und die linke Hälfte
ihrer Sehwelt auch bei Bewegungen dauernd zueinander passen. Es
wird bei derartigen Tieren durch das Zusammenwirken der Hals- und
Labyrinthreflexe dasselbe erreicht, was der Mensch und die Tiere mit
frontalen Augen durch die gegenseitige optische Kontrolle der Gesichtsfelder erreichen. Auch bei letzteren lassen sich, wie erwähnt, die tonischen Hals- und Labyrinthreflexe auf die Augen nachweisen, sie sind
aber in ihrer Bedeutung durch die optische Kontrolle der Augenstellung
zurückgedrängt worden.

4. Zusammenwirken der kompensatorischen Augenstellungen und der stato-kinetischen Reflexe auf die Augen.

Hiermit ist aber die Leistung dieses feinen Einstellapparates noch
nicht erschöpft. Wir werden später sehen, daß bei Drehungen des
Kopfes im Raume die stato-kinetischen Labyrinthreflexe auf die Augen
ausgelöst werden, die sog. Augendrehreaktionen, welche ebenfalls
zu Vertikalabweichungen, Raddrehungen und Horizontalabweichungen
führen. Diese Reaktionen erfolgen nun bei Normalstellung des Tieres
derartig, daß bei einer bestimmten Bewegung des Kopfes (Heben,
Senken, Drehen, Wenden) die Augen in derjenigen Richtung bewegt
werden, in welcher sie später durch den statischen Reflex (die tonischen
Hals- und Labyrinthreflexe auf die Augen) festgehalten werden, so daß
also bereits durch den Anfang der Bewegung die Augen in der notwendigen Richtung dirigiert werden.

Aber auch umgekehrt können die kompensatorischen Augenstellungen
einen Einfluß auf die Richtung der von den Labyrinthen ausgehenden
Augendrehreaktionen ausüben. Eben dadurch, daß bei den kompensatorischen Augenstellungen Raddrehungen und Vertikalabweichungen
zustande kommen, werden die Ansatzpunkte der Augenmuskeln am
Bulbus im Verhältnis zur Orbita verschoben, und wenn nun von den
Labyrinthen aus ein stato-kinetischer Reflex auf ein bestimmtes Augen-

muskelpaar ausgelöst wird, so kann es beispielsweise vorkommen, daß statt einer Horizontalabweichung nunmehr eine schräge oder eine vertikale Abweichung zustande kommt, einfach aus dem Grunde, weil infolge einer eingetretenen Raddrehung die Ansätze des Rectus externus und Rectus internus nicht mehr in horizontaler, sondern mehr in vertikaler Richtung in der Orbita liegen.

So ergibt sich ein außerordentlich verwickeltes Zusammenarbeiten der Labyrinth- und Halsreflexe auf die Augenmuskeln, durch welches sowohl bei Bewegungen als in der Ruhe und bei den verschiedenen physiologisch möglichen Kopfstellungen zum Körper und im Raume ein richtiges Sehen und ein gesetzmäßiges Zusammenarbeiten beider Augen gewährleistet wird. Schon hieraus wird deutlich, daß bei pathologischen Veränderungen dieses Mechanismus deutliche Störungen in der optischen Orientierung auftreten müssen, und es ist sehr wahrscheinlich, daß solches auch in der menschlichen Pathologie eine Rolle spielt.

C. Stellreflexe.

Am Anfang dieses Kapitels wurde gezeigt, daß, wenn bei Säugetieren außer den Zentren in der Medulla oblongata noch ein intaktes Mittelhirn vorhanden ist, das Tier die Fähigkeit bekommt sich selbst zu stellen. Das decerebrierte Tier steht, wenn man es hinstellt, fällt um, wenn man ihm einen Stoß gibt und kann sich nicht selbst wieder aufrichten. Das Tier mit intaktem Mittelhirne ist dagegen imstande, aus jeder abnormen Lage reflektorisch mit absoluter Sicherheit die Normalstellung einzunehmen, welche dann als Ausgangspunkt für alle möglichen willkürlichen und reflektorischen Bewegungen dienen kann. Die nähere Analyse hat ergeben, daß an dieser Stellfunktion sich eine ganze Reihe verschiedener Reflexe beteiligen, und daß verschiedene Rezeptionsorgane als Ausgang für die Stellreflexe dienen. Auch in diesem Falle sind also die Labyrinthe nicht die ausschließlichen Auslösungsstätten der Reflexe, sondern es kommen auch Erregungen aus anderen Körperteilen hinzu.

1. Labyrinthstellreflexe auf den Kopf.

Zur Untersuchung dieser Reflexe muß man das Tier frei in der Luft halten, so daß keine Berührung des Körpers mit der Unterlage stattfindet. Außerdem muß man bei Katzen, Hunden und Affen optische Erregungen ausschließen. Es kann dieses entweder durch Anlegen einer Kopfkappe oder durch Exstirpation des Großhirnes geschehen. Bei Kaninchen und Meerschweinchen ist es dagegen nicht nötig, die optischen Erregungen fernzuhalten, da sich herausgestellt hat, daß labyrinthlose Tiere mit oder ohne Kopfkappe und mit oder ohne funktionsfähigem Großhirn sich nach Labyrinthexstirpation frei in der Luft gehalten vollständig gleich verhalten.

Wenn man ein Kaninchen oder Meerschweinchen am Becken packt und in Normalstellung frei in der Luft hält, so steht der Vorderkörper und der Kopf richtig, letzterer in Normalstellung mit Scheitel oben und Mundspalte etwas unter die Horizontale gesenkt. Wenn man nun, ausgehend von dieser Stellung, das Becken so dreht, daß das Kreuzbein vertikal mit dem oralen Ende nach oben steht (Hängelage mit Kopf oben), so bleibt der Kopf in der Normalstellung stehen. Dreht man das Becken um die Bitemporalachse so, daß das Vorderende nach unten steht (Hängelage mit Kopf unten), so ändert sich die Lage des Kopfes im Raum nicht bzw. nur sehr wenig, die Mundspalte behält ihre Neigung zum Horizonte bei oder wird nur wenig nach der vertikalen Richtung zu abgelenkt. Während also die Lage des Beckens sich im Raume um 180° geändert hat, ist die Lage der Mundspalte entweder die gleiche geblieben oder hat sich nur wenig verschoben. Es geschieht das im ersteren Falle (Hängelage Kopf oben) durch Ventralbeugen, bei Hängelage Kopf unten dagegen durch starke Dorsalbeugung des Kopfes. Bringt man das Becken in Seitenlage, so wird der Kopf durch Drehung des Vorderkörpers in die Normalstellung gebracht, und man kann das Becken in der Luft aus einer Seitenlage in die andere um 180° drehen, ohne daß sich die Stellung des Kopfes im Raume ändert. Dieser wird gewissermaßen durch eine magische Kraft im Raume festgehalten: ein außerordentlich anschaulicher Versuch. Bringt man das Becken in Rückenlage, so wird ebenfalls der Kopf in die Normalstellung gebracht, und zwar entweder durch Ventralbeugung des Vorderkörpers, so daß der Kopf sich dem Bauche nähert, oder durch eine spiralige Drehung des Vorderkörpers um 180°.

Die gleichen Reflexe lassen sich nachweisen, wenn man Katzen, Hunde mit der Kopfkappe oder Affen mit vernähten Augenlidern frei in der Luft untersucht.

Nach Exstirpation beider Labyrinthe fehlen diese Reflexe. Man kann jetzt die Tiere unter den oben angegebenen Bedingungen in jeder Lage in der Luft halten, ohne daß der Kopf nach der Normalstellung bewegt wird. Man erhält dann Rückenlage, Seitenlage des Kopfes usw. Die Tiere sind im Raume vollständig desorientiert.

2. Körperstellreflexe auf den Kopf.

Hält man ein Kaninchen oder Meerschweinchen nach doppelseitiger Ausschaltung der Labyrinthe in Seitenlage frei in der Luft, so steht auch der Kopf in Seitenlage. Sowie man aber den Körper des Tieres in Seitenlage auf den Boden legt, wird der Kopf sofort gegen die Normalstellung gedreht. Dieser Reflex wird ausgelöst durch die Berührung des Körpers mit der Unterlage und beruht auf der asymmetrischen Erregung der sensiblen Körpernerven durch den Druck des Körpers auf die Unterlage. Man kann das dadurch nachweisen, daß man den asymmetrischen Druck kompensiert, indem man auf die obere Körperseite ein mit einem Gewicht beschwertes Brett legt. Hierauf geht der Kopf sofort in Seitenlage; entfernt man das Brett, so wird der Kopf wieder gegen die Normalstellung hin gedreht.

Durch diese beiden Gruppen von Reflexen, die Labyrinthstellreflexe und die Körperstellreflexe auf den Kopf, wird dafür gesorgt, daß der Kopf jeweils in die Normalstellung gebracht wird. Sobald dieses der Fall ist, der Körper aber noch nicht in Normalstellung steht, muß es zu einer Verdrehung des Halses kommen. Hierdurch werden

3. Halsstellreflexe

ausgelöst, welche dazu führen, daß zunächst der Vorderkörper und dann hieran anschließend auch der Hinterkörper des Tieres der durch den Kopf angegebenen Stellung folgt, und auf diese Weise schließlich der ganze Körper des Tieres in die Normalstellung kommt. Es handelt sich also hierbei um eine Art Kettenreflex, indem zunächst durch die Verdrehung des Halses der Vorderkörper und dann durch die Verdrehung der Lendenwirbelsäule der Hinterkörper in die richtige Stellung gebracht wird. Trotzdem soll der Einfachheit halber hierfür der gemeinsame Namen Halsstellreflex gebraucht werden.

Die bisher geschilderten Stellreflexe wirken alle zuerst auf den Kopf, welcher zunächst in die Normalstellung gebracht wird. Hieran schließt sich dann sekundär das Rechtsetzen des Körpers an.

4. Körperstellreflexe auf den Körper.

Der Körper ist jedoch für seine richtige Stellung nicht ausschließlich vom Kopfe abhängig. Wenn man ein Kaninchen in Seitenlage auf den Tisch legt und den Kopf in Seitenlage festhält, so setzt sich häufig der Körper auch unter diesen Umständen in der richtigen Weise auf. Der Reflex läßt sich besonders deutlich nachweisen, wenn eine rauhe Unterlage (z. B. eine geflochtene Matte) benutzt wird. Unter diesen Umständen erfolgt das Aufsitzen des Körpers also dem Halsstellreflexe entgegen, welcher den Körper in Seitenlage festzuhalten sucht. Die wirksamen Reize werden auch in diesem Falle durch die asymmetrische Berührung des Tierkörpers mit der Unterlage ausgelöst. Es läßt sich dieses wieder durch das Auflegen eines beschwerten Brettes auf die obere Körperseite beweisen.

Hieraus ergibt sich, daß sowohl der Kopf wie der Körper jeder durch einen doppelten Reflexmechanismus in die Normalstellung gebracht wird, der Kopf durch die Labyrinthstellreflexe und die Körperstellreflexe auf den Kopf, der Körper durch die Halsstellreflexe und durch die Körperstellreflexe auf den Körper.

5. Optische Stellreflexe.

Die Zentren für die vier bisher genannten Reflexe liegen, zu einer gemeinsamen funktionellen Gruppe vereinigt, im Mittelhirn und der Brückengegend. Bei Hunden, Katzen und Affen kommt nun aber außerdem noch eine fünfte Gruppe von Reflexen, die optischen Stellreflexe, dazu, zu deren Zustandekommen die intakte Großhirnrinde (wahrscheinlich die Sehrinde) erforderlich ist. Nach doppelseitiger Großhirnexstirpation verhalten sich Hunde, Katzen und Affen geradeso, wie das oben für Kaninchen und Meerschweinchen geschildert wurde. Ist aber das Großhirn vorhanden, so kommt noch der obengenannte Stellreflex dazu. Exstirpiert man bei diesen Tieren beide Labyrinthe und hält sie kurze Zeit nach der Operation frei in der Luft, so ist der Kopf desorientiert und wird in allen beliebigen Lagen im Raume gehalten. Nach einigen Tagen lernen die Tiere aber ihre Augen zur Orientierung benutzen, und man kann deutlich sehen, daß, wenn irgendein Gegenstand, das Futter, der Experimentator oder Gegenstände des Zimmers fixiert werden, der Kopf dabei in die Normalstellung geht. Nach einigen Tagen haben die Tiere gewöhnlich diese Fähigkeit gut entwickelt, und wenn man sie nunmehr (also mit intaktem Großhirn und offenen Augen) frei in der Luft untersucht, so wird, sobald irgendein Gegenstand fixiert wird, der Kopf alsbald in die Normalstellung gebracht. Daß es sich hierbei tatsächlich um optische Stellreflexe handelt, ergibt sich daraus, daß nach Anlegen der Kopfkappe dieses Vermögen sofort schwindet und die Tiere jetzt in der Luft genau so mit ihrem Kopfe desorientiert sind wie labyrinthlose Kaninchen und Meerschweinchen. Die optischen Stellreflexe wirken ebenfalls zunächst auf den Kopf. Hieran schließen sich dann die oben geschilderten Halsstellreflexe an, welche sekundär den Körper in die richtige Lage bringen.

Man sieht also, daß auf diese Weise die für das Tier so außerordentlich wichtige Stellfunktion durch das Zusammenarbeiten der verschiedenartigsten Reflexe gesichert wird. Aus allen abnormen Lagen im Raume nimmt der Tierkörper ganz automatisch jeweils die Grundstellung ein, so daß vor einer neuen Willkürbewegung oder Reflexbewegung wieder die normale Ausgangsstellung vorhanden ist.

II. Stato-kinetische Reflexe.

Die bisher geschilderten statischen Reflexe sind reine Reflexe der Lage. Die Haltungsreflexe dauern so lange an, als sich der Kopf in der betreffenden Lage im Raume oder zum Körper befindet. Die Stellreflexe kommen auch zustande, wenn das Tier sich vollständig ruhig in seiner abnormen Ausgangslage befindet, von welcher aus dann durch die Stellreflexe die Normalstellung erreicht wird.

Im Gegensatz hierzu werden die stato-kinetischen Reflexe durch Bewegungen ausgelöst. Soweit hierbei die Labyrinthe als Auslösungsstätten eine Rolle spielen, hat sich ergeben, daß es nicht die Bewegung als solche, sondern die Änderung der Bewegung ist, welche als Reiz wirkt. Es sind also entweder Winkelbeschleunigungen oder Progressivbeschleunigungen (und zwar sowohl positive als negative Beschleunigungen), welche die stato-kinetischen Labyrinthreflexe auslösen.

A. Drehreaktionen.

Die Labyrinthreflexe, welche durch Winkelbeschleunigungen ausgelöst werden, sind so allgemein bekannt und wegen ihrer großen klinischen Bedeutung so vielfältig studiert worden, daß sie hier nur kurz erwähnt zu werden brauchen.

1. Kopfdrehreaktionen.

Setzt man beispielsweise ein Tier in Normalstellung so auf die Drehscheibe, daß die Wirbelsäule in der Richtung des Radius und der Kopf nach außen steht, so wird bei einer Drehung des Tieres in der Richtung nach seiner rechten Körperseite der Kopf nach links gewendet (Kopfdrehreaktion). Nach Aufhören der Drehung tritt eine Kopfwendung nach rechts ein (Kopfdrehnachreaktion). Sowohl bei der Drehreaktion wie bei der Nachreaktion kann es zu Kopfnystagmus kommen, welcher mit seiner schnellen Komponente immer im umgekehrten Sinne wie die Drehreaktion schlägt. Durch Änderung der Lage des Tieres und der Drehrichtung kann man auch vertikale oder rotatorische Deviationen des Kopfes mit dem zugehörigen Nystagmus erzielen.

2. Augendrehreaktionen.

Führt man den oben geschilderten Versuch auf der Drehscheibe beispielsweise bei einem Kaninchen aus, so werden beim Drehen nach rechts die beiden Augen nach links abgelenkt, d. h. das linke Auge geht temporalwärts, das rechte Auge nasalwärts (Augendrehreaktion), wobei der Drehnystagmus im umgekehrten Sinne schlägt. Nach Aufhören der Drehung geht das linke Auge nasalwärts, das rechte Auge temporalwärts (Augendrehnachreaktion), und der Augendrehnachnystagmus schlägt mit der schnellen Komponente im umgekehrten Sinne. Rotatorische Deviationen kann man erhalten, wenn man das Tier in Seitenlage, vertikale, wenn man es bei Hängelage mit Kopf unten oder oben dreht. Ganz allgemein gilt folgende Regel: Dreht man ein Tier um eine im Raume vertikal stehende Achse, so erfolgt die Augendeviation in der **Horizontalebene**, und zwar in der Richtung, daß dabei die Augen ihre ursprüngliche Lage in dieser Ebene beizubehalten versuchen.

Die geschilderten Kopf- und Augendrehreaktionen sind im allgemeinen kompensatorisch, d. h. im Beginn der Drehung werden Kopf und Augen so bewegt, daß die optischen Bilder nach Möglichkeit erhalten bleiben. Schon oben wurde darauf aufmerksam gemacht, daß durch diese Drehreaktionen die Augen bei Normalstellung des Tieres in diejenige Stellung gebracht werden, in welcher sie später durch die statischen Reflexe (die kompensatorischen Augenstellungen) festgehalten werden.

Ferner wurde bereits darauf hingewiesen, daß die kompensatorischen Augenstellungen insofern auf die Richtung der Augendrehreaktionen von Einfluß sind, als, wenn durch die kompensatorischen Augenstellungen die Lage der Bulbi in der Orbita sich geändert hat, auch hierdurch die Richtung der Drehreaktionen beeinflußt werden kann.

3. Drehreaktionen auf Extremitäten und Rumpf.

Außer den geschilderten Drehreaktionen auf Kopf und Augen gibt es noch solche auf die Körpermuskulatur. Daß derartige Einflüsse bestehen, ergibt sich aus zahlreichen klinischen Erfahrungen. Z. B. wird beim sog. „Zeigeversuch" durch vorheriges Drehen die Richtung einer nachher ausgeführten Willkürbewegung beeinflußt. Doch sind die Bedingungen dieses Versuches ziemlich verwickelt und eignen sich daher vorläufig nicht zu einer einfachen Analyse. Ferner haben Mach (2) sowie Bárány, Reich und Rothfeld (3) bei Kaninchen nach dem Drehen Reaktionsbewegungen und Fallreaktionen beschrieben, bei denen höchstwahrscheinlich auch direkte Labyrintheinflüsse auf die Körpermuskulatur vorhanden sind. Direkt beobachten lassen sich Drehreaktionen auf die vier Extremitäten und den Rumpf beim Affen, bei welchem sich zeigen ließ, daß es sich hierbei um Reflexe handelt, welche direkt von den Labyrinthen ausgelöst werden. Daß auch beim Menschen solche Reflexe vorhanden sind, lehrt die Selbstbeobachtung beim Autofahren: bei jeder starken Kurve tritt eine sehr deutliche Reaktionsbewegung in der Lendengegend ein, welche von Kopf- und Augenbewegungen unabhängig ist und sich willkürlich kaum unterdrücken läßt.

B. Reaktionen auf Progressivbewegungen.

Stato-kinetische, von den Labyrinthen ausgelöste Reaktionen auf Progressivbeschleunigungen lassen sich nachweisen:

1. Auf den Kopf.

Diese lassen sich am besten beim Hunde bei Vertikalbewegungen nach oben und unten untersuchen.

2. Progressivreaktionen auf die Extremitäten.

Zur Veranschaulichung seien hier nur zwei dieser Reaktionen erwähnt:

a) die Liftreaktion. Man setzt das Tier auf ein Brett. Führt man jetzt eine Vertikalbewegung nach oben aus, so werden im Anfang der Bewegung die Extremitäten, hauptsächlich die Vorderbeine, gebeugt, beim Aufhören der Bewegung dagegen gestreckt. Bei Vertikalbewegungen nach unten erfolgt die Streckung im Beginn und die Beugung am Ende der Bewegung.

b) die Sprungbereitschaft. Hält man ein Meerschweinchen in Hängelage mit dem Kopf nach unten und führt eine geringe Vertikalbewegungnach unten aus, so bewegen sich die Vorderbeine in oraler Richtung und nehmen dabei eine Stellung ein, welche geeignet ist, das Gewicht des Körpers beim Auftreffen auf den Boden abzufangen. Schon eine ganz geringe Vertikalbewegung genügt zum Auslösen dieser Reaktion.

Alle geschilderten Reaktionen auf Progressivbewegungen fehlen nach Exstirpation beider Labyrinthe.

Schwache Progressivreaktionen auf die Augen sind von Fleisch beschrieben worden.

C. Reaktionen auf Bewegungen einzelner Körperteile.

Die bisher beschriebenen stato-kinetischen Reflexe wurden ausgelöst durch positive oder negative Beschleunigungen des Kopfes, welche zu Erregungen der Labyrinthe führen. Aber auch auf Bewegungen anderer Körperteile erfolgen Reaktionen, welche, insofern sie die Körperstellung beeinflussen oder aufrechterhalten, zu den stato-kinetischen gerechnet werden können. Sie werden natürlich nicht von den Labyrinthen, sondern in erster Linie von den bewegten Körperteilen selber ausgelöst.

Ein einziges Beispiel mag genügen, um zu verdeutlichen, um was es sich hierbei handelt:

Wenn ein Hund auf seinen vier Beinen steht und man die Zehen eines Hinterbeines kneift, so wird dieses durch den gleichseitigen Beugereflex angezogen. Das Tier steht nur noch auf drei Beinen, und der Hinterkörper, welcher vorher durch die beiden Hinterbeine getragen wurde, wird nun nur noch durch ein Bein gehalten. Dieses wird dadurch ermöglicht, daß gleichzeitig der Tonus in den Streckmuskeln dieses Hinterbeines zunimmt. Es tritt nämlich zusammen mit dem Beugereflex des (sagen wir linken) Beines der gekreuzte Streckreflex auf das rechte Hinterbein ein [Goltz und Freusberg, Gergens, Philippson, Sherrington (9)]. Gleichzeitig werden durch die stärkere Belastung des rechten Hinterbeines Muskelreflexe (proprioceptive Reflexe) ausgelöst, welche zu vermehrter Spannung der Streck-muskeln dieses Beines führen [Sherrington (8)]. Hierdurch wird erreicht, daß der Hinterkörper nicht einsinkt, und daß das rechte Hinter-bein imstande ist, sofort die vermehrte Belastung zu tragen und das Umfallen des Tieres zu verhindern.

Diese Reaktion wird ausgelöst und eingeleitet durch die Bewegung (Beugung) des linken Hinterbeines, kann also demnach als stato-kine-tische Reaktion aufgefaßt werden. Sie bleibt aber bestehen so lange, als das linke Hinterbein gebeugt bleibt, und es schließt sich daher an die stato-kinetische die entsprechende statische Reaktion an.

Solche Dauereinflüsse lassen sich bereits beim Rückenmarkshunde beobachten. Es kann z. B. vorkommen, daß bei einem Hunde mit durch-schnittenem Rückenmark, welcher sich anfangs in vorzüglichem Zu-stande befand und alle möglichen verwickelten Reflexe an seinem Hinterkörper zeigte, sich ein Ulcus an einem (z. B. dem linken) Hinter-fuß entwickelt. Dann wird das kranke Bein in dauernder Beugestellung angezogen, während das gesunde (rechte) Hinterbein in Streckstellung gehalten wird (Sherrington). Schon beim Rückenmarkshund tritt also durch ein derartiges Ulcus eine Haltung auf, wie sie auch der intakte Hund bei Ulcerationen zeigt. Daß es sich hierbei nicht um anatomisch bedingte Contracturen handelt, ergibt sich daraus, daß die geschilderte Zwangshaltung sofort aufhört, wenn man das Ulcus mit Cocain oder Novocain anästhesiert. Es können dann sofort wieder die normalen Laufbewegungen und andere symmetrische Reaktionen an beiden Beinen auftreten (eigene Beobachtung).

Durch derartige Dauereinflüsse wird beim intakten stehenden Hunde dafür gesorgt, daß, wenn das linke Bein sich in Beugestellung befindet, das rechte Bein die notwendige Tonuszunahme erfährt, die zum Aufrechterhalten der Körperstellung nötig ist.

Das geschilderte Beispiel wird genügen, um zu verdeutlichen, daß bei Bewegungen und bei bestimmten Stellungen einzelner Gliedmaßen Reaktionen auftreten teils stato-kinetischer, teils statischer Art, welche ihre Zentren in den zugehörigen Segmenten des Rückenmarks haben und welche ebenfalls zur Erhaltung der Körperstellung beitragen können.

Es ist bekannt, daß lebenswichtige Funktionen gewöhnlich mehr-fach gesichert sind. So sind für die Eiweißverdauung verschiedene Fermente im Magensaft, Pankreassaft und Darmsaft vorhanden, welche sich gegenseitig vertreten können; so wird die Kohlenhydratverdauung durch den Speichel und den Pankreassaft besorgt. Auch im Zentral-nervensystem sind zahlreiche Beispiele hierfür bekannt. Es sei nur an die Auslösung rhythmischer Laufbewegungen durch das Zusammenwirken zentraler [Graham-Brown (3)] und peripherer [Sherring-ton (9)] Erregungen erinnert. Die Funktion der Körperstellung gehört zu den bestgesicherten Funktionen des Zentralnervensystems. Wir kennen kaum ein anderes Beispiel dafür, daß so viel verschieden-artige Reflexe zu dem gleichen Endziele zusammenarbeiten. Stato-kinetische und statische Reaktionen stehen, wie sich das besonders an den Augen feststellen ließ, vielfach in der Weise miteinander in Be-ziehung, daß durch die kinetischen Reaktionen Bewegungen aus-geführt werden, durch welche die einzelnen Körperteile in Stellungen gebracht werden, in welchen sie durch die statischen Reflexe dann später festgehalten werden. Durch die Steh- und Stellreflexe wird die Ein-nahme der Grundstellung und die Annahme und das Aufrechterhalten einer bestimmten Haltung gewährleistet. Wichtig ist, daß bei diesen Reaktionen der Kopf, in welchem die Telereceptoren, Auge, Ohr und Geruchsorgan, liegen, eine so überwiegende (wenn auch durchaus nicht ausschließliche) Rolle spielt. So kommt es, daß bereits auf Fernreize hin der Körper die passende Stellung, welche häufig eine Verteidigungs-stellung sein wird, einnehmen kann.

Nachdem wir in dieser kurzen Übersicht die wichtigsten bei der Körperstellung beteiligten Reflexe kennengelernt haben, soll dann später das Zustandekommen jeder einzelnen Reflexgruppe genauer analysiert werden.

Zweites Kapitel.

Schaltung.

Ehe wir zur eingehenden Schilderung der verschiedenen Reflex-gruppen und der besonderen Analyse der Einzelreflexe übergehen, muß noch ein Problem von allgemeinerer Bedeutung erörtert werden, nämlich die Frage, wieso durch eine bestimmte Körperstellung und bei einer bestimmten Spannungsverteilung in der Gesamtmuskulatur die Reaktionsweise des Tierkörpers auf verschiedene Reize und der Ausfall verschiedener Reflexe gesetzmäßig bedingt wird. Denn schon die all-gemeine tägliche Erfahrung lehrt, daß ein und derselbe Reiz bei ver-schiedenen Körperstellungen und bei verschiedenen Lagen des Körpers durchaus nicht immer die gleiche Reaktion auslöst. Die Körperstellung selber bedingt also einen wechselnden Ausfall der Reaktionen auf gleiche Reize.

Bei der Erörterung dieser Verhältnisse gehen wir zweckmäßig nicht von der Fragestellung aus, warum ein im allgemeinen gesetzmäßig und gleichsinnig verlaufender Reflex bei einer bestimmten Körper-stellung plötzlich anders verläuft, sondern wir wollen uns zunächst

die Frage vorlegen, wieso es kommt, daß überhaupt auf einen lokalisierten Reiz eine lokalisierte Reaktion in bestimmtem Sinne eintritt.
Vergiftet man ein Tier mit Strychnin und wartet das Eintreten
gesteigerter Reflexerregbarkeit ab, so läßt sich durch Reizung eines
beliebigen sensiblen Nerven oder Nervenendes die gesamte Körpermuskulatur in Erregung versetzen. Im Strychninzustande ist also
jede afferente sensible Bahn mit jedem efferenten motorischen Nerven
in funktioneller Verbindung, und das Zentralnervensystem stellt sich
als ein diffuses Netz dar, in welchem einbrechende Erregungen nach
sämtlichen motorischen Zentren hingelangen können. Geht man von
dieser Tatsache aus, so erhebt sich die Frage, wieso es kommt, daß
unter normalen Bedingungen die Erregungen sich im Zentralnervensystem der höheren Tiere nicht diffus ausbreiten, sondern daß
bei den gewöhnlichen Reflexen immer nur einzelne Bahnen benutzt
werden und nur eine begrenzte Anzahl der Körpermuskeln in Tätigkeit tritt.

Über die Gesetze, welche hierbei obwalten, sind wir durch die älteren
Untersuchungen von Goltz und besonders durch die neueren Forschungen von Sherrington unterrichtet. Es ist nicht die Aufgabe dieses
Buches, diese Gesetzmäßigkeiten im einzelnen zu schildern. Sherrington hat das in seiner Monographie „The integrative action of
the nervous system" in eingehender Weise getan. Dort wird gezeigt,
daß Hemmungsvorgänge eine große Rolle spielen, um die Ausbreitung
der Erregung im Zentralnervensystem einzuschränken. Bei der Erregung bestimmter Zentrengruppen wird durch „simultane Induktion"
die Erregbarkeit benachbarter Zentrengruppen vermindert und durch
„sukzessive Induktion" nach Ablauf eines bestimmten Reflexes die
Erregbarkeit im umgekehrten Sinne beeinflußt. Aus dem „Prinzip
der gemeinsamen Strecke" folgt, daß ein und dieselbe motorische Bahn
immer nur gleichzeitig für einen einzelnen Reflextypus benutzt werden
kann, und daß daher an einem Beine immer nur gleichzeitig entweder
der Kratzreflex oder der dauernde Beugereflex oder der gekreuzte
Streckreflex usw. auftreten können. Sobald die letzte gemeinsame
Strecke durch einen bestimmten Reflex in Benutzung genommen ist,
wird sie gleichzeitig für die anderen teilweise antagonistischen Reflexe
blockiert. Eine große Bedeutung hat auch die refraktäre Periode,
durch welche ein Zentrum, wenn es in Erregung gerät, unerregbar
wird, um erst nach Abklingen des Erregungsvorganges auf neue Reize
ansprechen zu können. Gerade für rhythmische Bewegungen ist diese
refraktäre Periode wichtig. Alle diese und noch viele andere Einrichtungen ermöglichen eine gesetzmäßige Ausbreitung der Erregungen
im Zentralnervensystem, verhindern es, daß auf einen Einzelreiz unter
normalen Bedingungen alle motorischen Zentren in Erregung geraten,

und ermöglichen die Benutzung des gleichen Zentralnervensystems für sehr verschiedene Reaktionen.

Aus der großen Fülle von Gesetzmäßigkeiten sei hier nur ein einzelner Sonderfall näher behandelt, welcher für die Körperstellung von Bedeutung ist. Es hat sich nämlich herausgestellt, daß der Zustand der Körperperipherie auf die Erregbarkeitsverteilung im Zentralnervensystem zurückwirkt, m. a. W. daß die jeweilige Haltung und Lage des Körpers die Reaktionsweise des Zentralorgans in gesetzmäßiger Weise beherrscht. Unsere Erfahrungen auf diesem Gebiete knüpfen an an Versuche, welche v. Uexküll und Jordan an Wirbellosen ausgeführt haben. Bei einer Reihe von einfach gebauten Wirbellosen hat sich ergeben, daß die Erregung in den diffus gebauten Nervennetzen sich nach verhältnismäßig einfachen Gesetzen ausbreitet

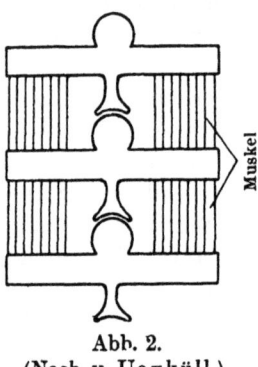

Abb. 2.
(Nach v. Uexküll.)

und daß die Erregbarkeitsverteilung in den Zentren durch die Dehnung der zugehörigen Muskulatur beeinflußt wird. Die Zentren der gedehnten Muskeln sind, wie Uexküll es ausdrückt, für den Reiz „eingeklinkt", und ein beliebiger sensibler Reiz wird daher bei den betreffenden Tieren nur die gedehnten Muskeln zur Kontraktion bringen.

v. Uexküll (1) beschreibt hierfür den folgenden Versuch am Schlangenstern:

Die Schlangensterne gehören zu den Seesternen. Fünf lange, drehrunde, sehr bewegliche Arme sitzen strahlenförmig an einer runden Scheibe, die den Mittelkörper bildet und die Ernährungsorgane enthält.

Die Arme bestehen im wesentlichen aus zahlreichen, gleichartigen, knöchernen Wirbelstücken, die nach Art einer Geldrolle aneinander sitzen. Die einzelnen Wirbel sind mit ihren zentralen Partien gegeneinander eingelenkt und durch Muskeln verbunden (Abb. 2).

Die Hauptexkursionen sind seitliche, daher darf man jedes Wirbelgelenk als einen zweiarmigen Hebel auffassen. Diese zahlreichen Hebel spielen so gegeneinander, daß das Zusammenneigen der Hebelarme auf der einen Seite ein Auseinanderfahren der Hebelarme auf der anderen Seite zur Folge hat. Es werden demnach bei jeder seitlichen Beugung des Armes die Hebelarme der konkaven Seite sich nähern und die der konvexen Seite auseinander fahren. Das hat die Dehnung der Muskeln auf der konvexen Armseite zur Folge, während die Muskeln auf der konkaven Seite sich verkürzen können.

Das nervöse Netz ist nicht über den ganzen Arm gebreitet, sondern zu einem gesonderten strangförmigen Gebilde zusammengerollt, das alle Armwirbel an ihrer Unterseite miteinander verbindet, dem Achsenstrang.

Die fünf Achsenstränge der fünf Arme münden in den **Nervenring**, der im Mittelkörper gelegen ist und den Mund umschließt.

Der Grundversuch wird folgendermaßen ausgeführt: Man beraubt einen Schlangenstern aller Arme bis auf einen. Dann legt man den Nervenring bloß

und schneidet ihn quer durch, und zwar an der dem übriggebliebenen Arm gegenüber liegenden Seite. Dadurch erhält man einen Achsenstrang, der sozusagen
von zwei Zügeln gehalten wird. Einer führt von links und der andere von rechts
an ihn heran. Die Reizung des Nervenringes mit Induktionsschlägen gibt bei
normaler Lage des Armes (d. h. wenn der Arm senkrecht nach unten hängt) stets
eine Kontraktion des Armes nach der gereizten Seite hin. Dadurch erfahren wir,
daß alle Muskeln der gleichen Armseite unter sich besonders gute nervöse Verbindungen haben.

Jetzt befestigt man den Mittelkörper des Schlangensternes an ein Stativ und
läßt den Arm seitlich herabhängen, so daß er durch sein eigenes Gewicht gebeugt
wird (Abb. 3). Die Wirbelmuskeln
sind jetzt auf der konvexen Seite,
die nach oben schaut, gedehnt und
auf der unteren konkaven Seite
verkürzt.

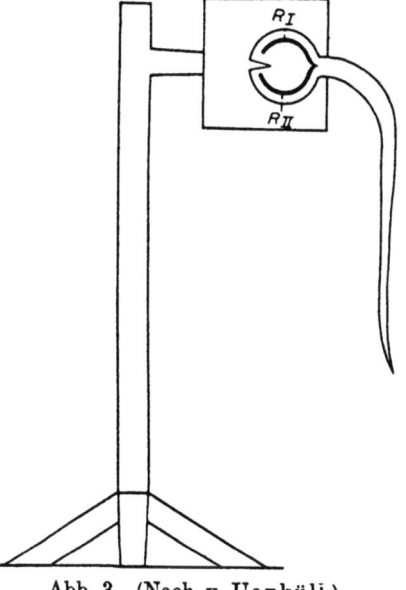

Auf einen solchen Arm hat die
Reizung eine ganz andere Wirkung.
Die Richtung, aus der die Erregung
kommt, ist nicht mehr die einzige
Komponente, welche die Muskelkon-
traktion beeinflußt. Es antworten bei
Reizung, gleichgültig welcher Hälfte
des Nervenringes (R_I oder R_{II}), jetzt
mit Vorliebe die gedehnten Muskeln,
und der Arm schlägt nach oben.

Die Dehnung der Muskeln hat
also den Erregungsablauf beeinflußt,
indem sie die Erregung aus ihrem
eingeschlagenen Wege ablenkte und
zu den gedehnten Muskeln hinleitete.

Das Grundgesetz für den Er-
regungsverlauf lautet demnach:
Die Erregung fließt in einem
Nervennetz immer zu den gedehnten Muskeln hin. Für die

Abb. 3. (Nach v. Uexküli.)

Schlangensterne reicht die Anwendung dieses Gesetzes aus, um ihre
rhythmischen Gehbewegungen hervorzurufen, es läßt sich die Fortbewegung des ganzen Sternes und das Fliehen vor einem bestimmten
Reiz hieraus ableiten.

Dieser Versuch gelingt, wie v. Uexküll (2) mitteilt, nicht in 100%
der Fälle, weil der Reizerfolg hier durch das Gegeneinanderwirken
von zwei Komponenten bedingt wird: 1. dem leichteren Ansprechen
der Muskulatur auf der gereizten Seite, und 2. dem leichteren Ansprechen der Muskulatur auf der gedehnten Seite.

Als weiteres Beispiel wird von v. Uexküll das Verhalten des Seeigelstachels
gegeben. Die Seeigel bestehen aus einer kugeligen Kalkschale, die die Eingeweide
birgt. Auf der Außenseite der Schale befinden sich zahlreiche kugelrunde Er-
hebungen, die als Gelenkköpfe für die Stacheln dienen. Diese tragen an ihren
Basen kleine Gelenkpfannen, die auf dem Gelenkkopf sehr ausgiebige Bewegungen

machen können. Ein Kranz von Muskeln umgibt jedes dieser Kugelgelenke. In der Oberhaut dicht über den Muskeln liegt ein Ring von Ganglienzellen, welche kurze zentrifugale Nerven zu den darunterliegenden Muskeln senden. Der Ganglienzellenring ist an zahlreiche Nervennetze angeschlossen, die sich über die ganze Oberhaut des Seeigels ausbreiten. Für eine raschere Verbindung sorgen besondere Bahnen, die innerhalb der Schale liegend die Nervennetze der verschiedenen Seiten direkt miteinander verbinden, die Radialnerven.

Zum Experimentieren bedient man sich am besten eines kleinen Glasröhrchens, das man an beliebiger Stelle zwischen die Stacheln drückt, die es ruhig festhalten.

Setzt man nun auf einer beliebigen abliegenden Stelle der Oberhaut einen Reiz, am besten durch leichtes Klopfen, so wandert das Glasröhrchen auf dem kürzesten Wege zum Reizort hin, und dabei sind, was sehr bemerkenswert ist, nur die jeweils direkt vom Glasrohr berührten Stacheln in Bewegung; alle anderen verharren in Ruhe.

Aus anderen Versuchen wissen wir, daß die Nervennetze so angeordnet sind, daß immer die nach der gleichen Richtung schauenden Muskeln der Stacheln an das gleiche Nervennetz angeschlossen sind. Wir sind demnach imstande, uns die Verhältnisse bei der Röhrchenwanderung im Schema klarzumachen.

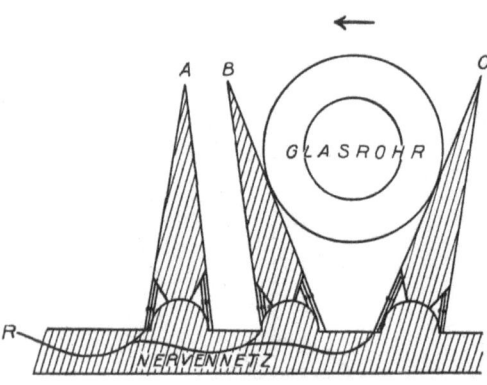

Abb. 4. (Nach v. Uexküll.)

Nebenstehende Abb. 4 zeigt uns drei Seeigelstacheln (A, B und C). Ein Nervennetz ist andeutungsweise eingezeichnet, es verbindet die (vom Beschauer aus gesehen) linken Stachelseiten miteinander. In dieses Nervennetz sei die Erregung (von den Radialnerven herkommend) eingebrochen. Die Erregung stamme von einem Reizort (R), der in der Verlängerung des Nervennetzes nach links liegt. Das Glasröhrchen liegt zwischen B und C. Die Erregung läßt A und B völlig unberührt, ihre Wirkung offenbart sich erst bei C. Die durch den Druck des Glasröhrchens gedehnten Muskeln von C kontrahieren sich und der Stachel C preßt jetzt das Glasrohr an B. B gibt, wie das die allgemeine Regel ist, einem sanften Druck nach, biegt sich fort und verschafft dadurch dem Glasrohr die Möglichkeit, weiter vorzurücken. Das Glasrohr gelangt, von C geschoben, über B hinweg nach A hin. Nun richtet sich B wieder auf und befindet sich jetzt in der Lage von C am Anfang des Versuches. B preßt nun seinerseits das Glasrohr auf A und dasselbe Spiel wiederholt sich, bis das Glasrohr am Reizort angelangt ist. Dabei sind immer nur diejenigen Stacheln am Fortschieben beteiligt, deren gedehnte Muskeln von der Erregung getroffen werden. Wiederum fließt die Erregung nach den gedehnten Muskeln hin, wiederum sind nur die gedehnten Muskeln für die Erregung eingeklinkt und geben der direktionslosen Erregung die Richtung an, die sie einschlagen muß.

Befindet sich der Seeigel auf dem Erdboden und trifft ihn irgendwo ein Reiz, so wird er den Erdboden, wie vorher das Glasröhrchen, dem Reizort zuschieben, d. h. er wird selbst vor dem Reiz fliehen, indem er rhythmische Stachelbewegungen ausführt.

Diese beiden Beispiele zeigen, worum es sich bei dem v. Uexküllschen Dehnungsgesetz handelt und wie der Erregungsablauf in derartigen diffusen Nervensystemen durch den Dehnungszustand der Muskulatur und die Stellung des betreffenden Körperteiles beherrscht wird.

v. Uexküll und Jordan nehmen an, daß den Seeigeln und Seesternen afferente sensible Muskelnerven fehlen und daß die beschriebenen Reaktionen sich abspielen in dem einfachen System: Zentrum, Muskelnerv, Muskel. Daß bei derartigen Tieren tatsächlich die Dehnung der Muskulatur auf das Zentrum zurückwirkt, ergibt sich am deutlichsten aus dem sog. Halbtierversuch von Jordan. Halbiert man eine Schnecke (Helix) der Länge nach, so daß das Tier aus einer rechten und linken Körperhälfte besteht, welche nur noch durch das Pedalganglion (P) miteinander in Verbindung stehen (Abb. 5), dehnt man die rechte Körperhälfte R durch ein angehängtes leichtes Gewicht und verbindet die linke Körperhälfte L mit einem geeigneten Registrierapparat, so läßt sich zeigen, daß auf Dehnung von R eine Erschlaffung von L erfolgt, wobei gleichzeitig eine Änderung der Reflexerregbarkeit von L eintritt. Die Änderung der Länge und der Reflexerregbarkeit von L beweist uns, daß in dem zugehörigen Zentrum P eine Veränderung ausgelöst worden ist, und diese kann nur durch Dehnung von R verursacht worden sein. Da die beiden Körperhälften ausschließlich durch das Zentrum P miteinander in Verbindung stehen, so ergibt sich hieraus, daß tatsächlich Dehnung der Muskulatur bei diesen Tieren auf den Zustand des Zentrums zurückwirken kann.

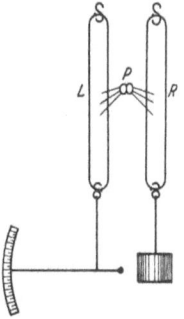

Abb. 5.

Es ist klar, daß, wenn ähnliche Gesetzmäßigkeiten wie bei den Wirbellosen sich auch im Zentralnervensystem der höheren Wirbeltiere nachweisen lassen, dieses für den Einfluß der Körperstellung auf die Reaktionsweise der Tiere von entscheidender Bedeutung sein muß. Tatsächlich haben sich nun auch bei Säugetieren entsprechende Verhältnisse nachweisen lassen (1). Einige Beispiele hierfür sollen im folgenden gegeben werden:

Legt man einen Hund, dem das Rückenmark im unteren Brustteil durchtrennt ist und der sich von dem Schock der Operation vollständig erholt hat, auf den Rücken und schlägt ihm mit einem Gegenstand, z. B. dem Rücken des Taschenmessers, auf die Kniesehne, so erhält man außer dem Patellarreflex der gereizten Seite auch noch Bewegungen des gekreuzten Beines, die gewöhnlich als gekreuzter Patellarreflex bezeichnet werden. Dieser besteht in vielen Fällen in einer Streckung des Knies und manchmal auch der Hüfte. Es hat sich nun herausgestellt, daß die Bewegungen des gekreuzten Beines bei diesem

Reflex in ganz gesetzmäßiger Weise abhängen von der
Lage und Stellung, welche dieses Bein bei Auslösung des
Reflexes einnimmt. Ist das Bein in Hüfte, Knie und Fußgelenk
gebeugt, so erfolgt Streckung. Abb. 6 zeigt eine Reihe kinematographi-
scher Aufnahmen, welche von einem Hunde 7 Wochen nach der Operation gewonnen wurden. Auf dem ersten Bilde liegt der Hund mit dem
Rücken auf dem Schoß des Dieners. Die linke Hand des Experimentators hält das rechte (vordere) Hinterbein in allen drei Gelenken gebeugt. Die rechte Hand ist erhoben, um den Schlag auf das linke (hintere)
Knie auszuführen. Dieser erfolgt auf dem zweiten Bilde; auf dem dritten
Bilde sieht man bereits den Beginn der Reaktion, Streckung der Hüfte.
Das vierte, fünfte und sechste Bild zeigen dann das weitere Zustandekommen der vollständigen Streckung. Bei diesem Versuche wird das
rechte Bein natürlich nur ganz leicht mit der Hand in der Ausgangsstellung fixiert, so daß die eintretende kräftige Reflexbewegung den
Widerstand leicht überwinden kann.

Genau der entgegengesetzte Erfolg tritt ein, wenn das Bein vorher
gestreckt gehalten wird. Die Bilderserie Abb. 7 zeigt, daß nunmehr
als Reflexbewegung Beugung des Beines erfolgt. Man sieht, wie nach
dem Reiz (Schlag auf die linke Kniesehne) das rechte Bein in Hüfte,
Knie und Fußgelenk gebeugt wird.

Wie man sieht, erfolgt also auf ein und denselben Reiz eine ganz
verschiedene Reaktion, je nach der Stellung, welche das Glied vorher
einnahm („Reflexumkehr"). Durch die Untersuchungen Sherringtons (9) sind wir über die Muskelbewegungen, welche zur Beugung
und Streckung der Beine führen, unterrichtet. Bei der Beugung erfolgt
Kontraktion eines Systems verschiedener Muskelgruppen, der „Beuger",
während die Antagonisten, die „Strecker", gleichzeitig erschlaffen
(reziproke Innervation). Bei der Streckung erfolgt umgekehrt Kontraktion der „Strecker" und Hemmung der „Beuger". Wenn also auf
ein und denselben sensiblen Reiz das eine Mal Beugung, das andere Mal
Streckung erfolgt, so muß dazu jedesmal eine ganz bestimmte Schaltung in den Zentren des Rückenmarks eingetreten sein. Diese Schaltung ist durch die veränderte Stellung des Gliedes bewirkt worden.
Abb. 8 gibt ein einfaches Schema, in welchem die Zentren der Strecker
und Beuger jeweils als ein Ganzes eingezeichnet sind.

Für den Erfolg der Versuche ist es nicht wesentlich, daß das reagierende Bein künstlich in seiner Stellung fixiert ist. Hält das Tier zufällig sein Bein in gestreckter oder gebeugter Stellung ruhig, so erhält
man genau dieselben Resultate.

Abb. 9 und 10 geben graphische Aufzeichnungen wieder, welche
ich an von Sherrington operierten Hunden in dessen Liverpooler
Laboratorium aufgenommen habe. Die Pfote war durch einen um-

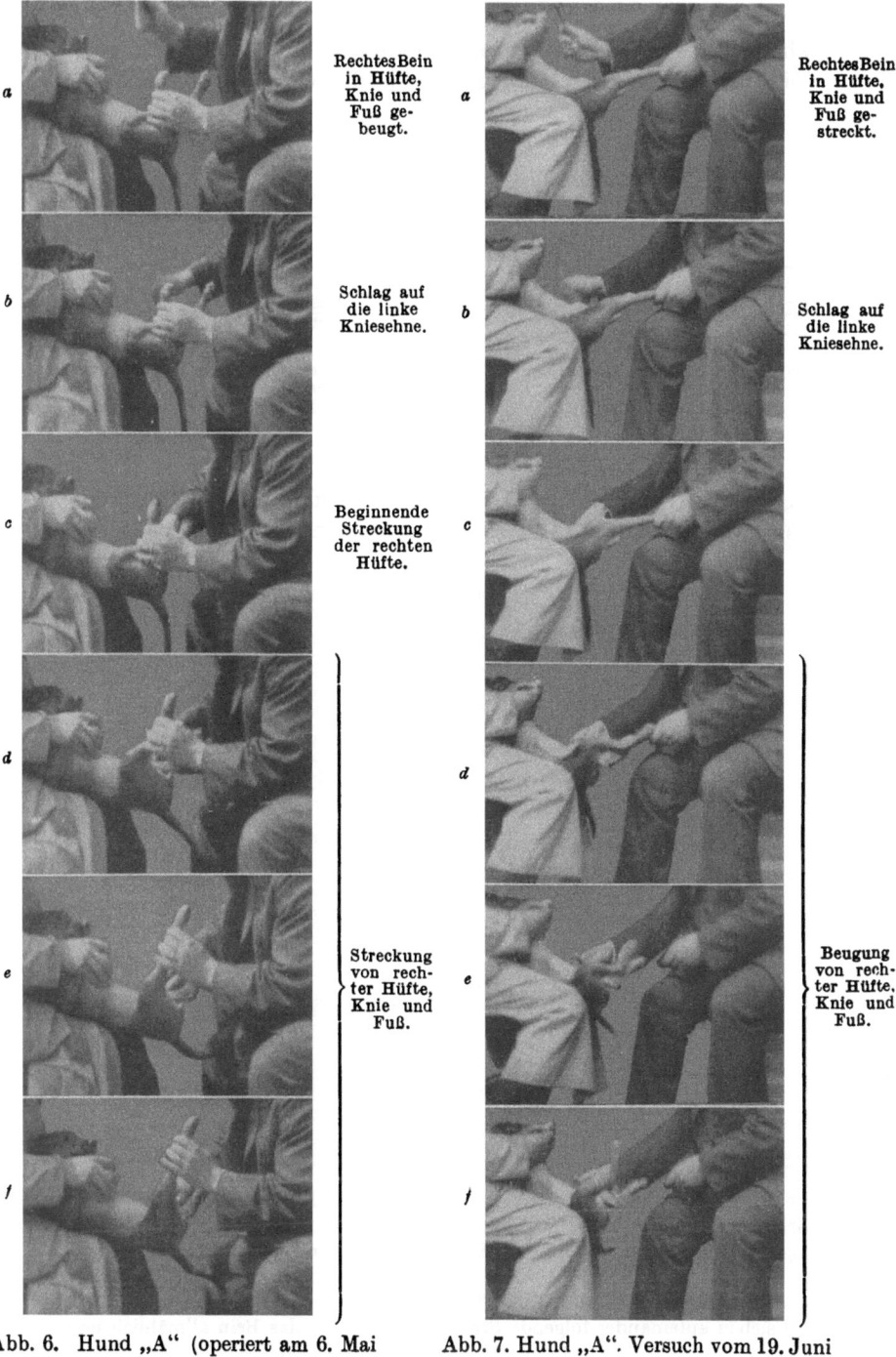

Abb. 6. Hund „A" (operiert am 6. Mai 1909. Durchtrennung des Rückenmarkes am zwölften Brustwirbel). Versuch vom 23. Juni 1909: Streckung des gebeugten rechten Beines bei Schlag auf die linke Kniesehne.

Abb. 7. Hund „A". Versuch vom 19. Juni 1909. Beugung des gestreckten rechten Beines bei Schlag auf die linke Kniesehne.

gebundenen Faden mit einem Schreibhebel in Verbindung gesetzt. Bei Streckung des Beines bewegte sich der Hebel nach oben, bei Beugung

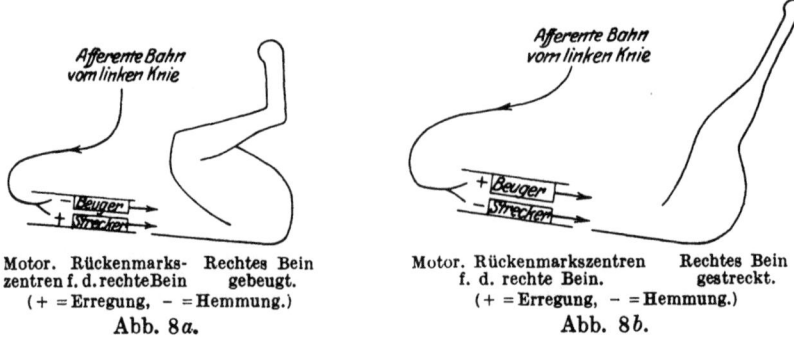

Motor. Rückenmarks- Rechtes Bein
zentren f. d. rechte Bein gebeugt.
(+ = Erregung, – = Hemmung.)
Abb. 8 a.

Motor. Rückenmarkszentren Rechtes Bein
f. d. rechte Bein. gestreckt.
(+ = Erregung, – = Hemmung.)
Abb. 8 b.

nach unten. Abb. 9 zeigt sieben aufeinanderfolgende Streckreflexe des gebeugten Beines, Abb. 10 acht aufeinanderfolgende Beugereflexe

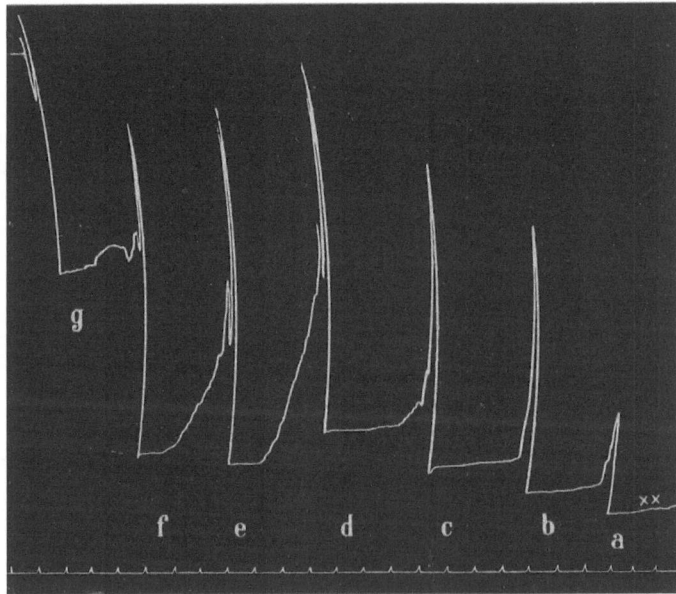

Abb. 9. Hund „Spot" (operiert 3. Oktober 1904. Durchtrennung des Rücken-markes am 10.—11. Thorakalsegment). Versuch vom 26. März 1908. Registrie-rung der Bewegungen des linken Beines. Bei Streckung geht der Hebel nach oben. bei Beugung nach unten. Reiz: Schlag auf die rechte Kniesehne. Kurve von rechts nach links zu lesen. Zeit in Sekunden. — Bein in Beugestellung (× ×). — a—g sieben aufeinander folgende Streckreflexe, wobei das Bein allmählich immer mehr in Streckstellung übergeht.

des gestreckten Beines. Der Reiz ist in jedem Falle: Schlag auf die rechte Kniesehne.

Auf Abb. 9 sieht man, daß bei jedem einzelnen Reflex das Bein aus der Ruhelage (Beugung) sofort eine kräftige Streckung ausführt, auf Abb. 10, daß das Bein aus der Ruhelage (Streckung) sofort als erste Bewegung eine kräftige Beugung ausführt. Die beschriebene Reflexumkehr kommt also nicht dadurch zustande, daß etwa bei maximal gestrecktem Beine erst noch eine kleine, mit dem bloßen Auge nicht sichtbare Streckung eintritt, an welche sich dann sekundär eine Beugung

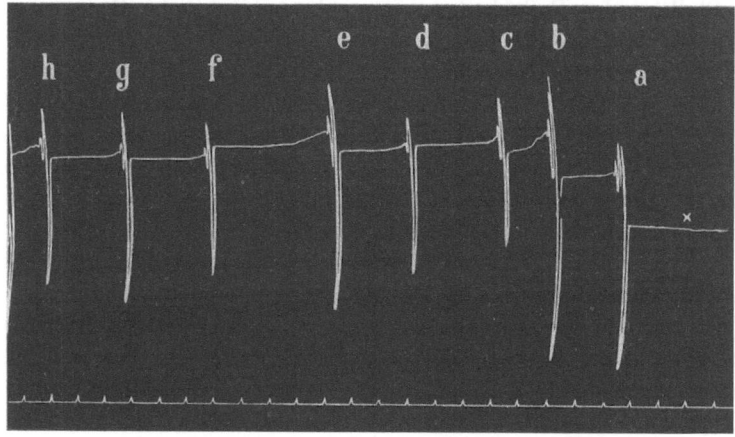

Abb. 10. Hund „Spot". Versuch vom 26. März 1908. Registrierung der Bewegungen des linken Beines. Bei Streckung geht der Hebel nach oben, bei Beugung nach unten. Reiz: Schlag auf die rechte Kniesehne. Kurve von rechts nach links zu lesen. Zeit in Sekunden. — Bein in Streckstellung (X). a—h acht aufeinanderfolgende Beugereflexe.

anschlösse. Dasselbe lehrt auch die Messung der Latenzzeiten. Dieselbe ist bei gestrecktem Beine sicherlich nicht kürzer als wenn die Ausgangsstellung des Beines maximale Beugung oder mittlere Beugestellung ist.

Da die Muskulatur des Hundehinterbeines eine ziemlich verwickelte Anordnung besitzt, so ist es von Wichtigkeit, daß man die geschilderte Beeinflussung der Reflexrichtung auch hervorrufen kann, wenn man die Stellung des in Knie und Fußgelenk gestreckten Beines nur in der Hüfte verändert. Wird das gestreckte Bein in der Hüfte maximal gebeugt, so erfolgt Streckung der Hüfte, wird das Bein in der Hüfte gestreckt, so erfolgt Beugung. Bei Adduction des Beines im Hüftgelenk erfolgt Abduction, bei abduziertem Beine Adduction. Es werden also bei wechselnder Stellung des Hüftgelenkes die Zentren von vier verschiedenen Muskelgruppen für ein und denselben afferenten Impuls ein- bzw. ausgeklinkt. Diese Folge von vier verschiedenen Reaktionen am Hüft- gelenk eignet sich ganz besonders zur Demonstration der hier geschil- derten Gesetzmäßigkeit, weil sie für das Hinterbein zweifellos den ein- fachsten und übersichtlichsten Fall darstellt.

Kombiniert man bei der Ausgangsstellung des Beines Beugung und Streckung in den drei großen Gelenken in verschiedener Weise, so ergibt sich, daß für die resultierende Bewegung vom größten Einfluß die Stellung des Oberschenkels zum Rumpfe (Hüftgelenk) ist, daß die Stellung des Kniegelenks erst in zweiter Linie von Einfluß ist, und daß die Stellung des Fußgelenkes keine sehr beträchtliche Bedeutung be- sitzt. In den meisten Fällen vermag alleinige Stellungsänderung der Hüfte eine wesentliche Umkehr der Reflexbewegungen hervorzurufen.

Auch bei anderen gekreuzten Reflexen ließ sich die gleiche Um- kehr nachweisen. So beim gekreuzten Streckreflex, beim gekreuzten Extensorstoß, Kratzreflex und bei proprioceptiven Muskelreflexen. Abb. 11 gibt das Schema für die Umkehr des gekreuzten (Streck-) Reflexes durch veränderte Stellung des Beines.

Während beim gekreuzten Kniesehnenreflex der Reizerfolg durch die Ausgangsstellung des Beines so gut wie eindeutig bestimmt ist, ist die zentrale Verknüpfung zwischen dem gleichseitigen Beuge- und dem gekreuzten Streckreflex eine etwas festere, so daß sich dieser letztere nicht in allen Fällen durch veränderte Ausgangsstellung des Erfolgsbeines umkehren läßt; doch tritt die Schaltung an gut erreg- baren Tieren in der Mehrzahl der Fälle mit großer Deutlichkeit ein. Diese letztere Beobachtung zeigt, daß die Ursache der veränderten Reaktion des Erfolgsbeines bei verschiedenen Ausgangsstellungen nicht in einer anatomisch präformierten Verknüpfung gesucht werden kann, sondern daß es sich um funktionelle Veränderungen im Zentralorgan handeln muß. Dasselbe ergibt sich aus der Tatsache, daß die beschriebene Reflexumkehr nur bei Tieren zu beobachten ist, welche sich im Zustande vollständigster Gesundheit befinden. Kleine Ulcerationen an den Extremitäten genügen bereits, um das Phänomen zu unterdrücken. Ebenso ist es nötig, daß das Tier nach der Rückenmarksdurchschneidung den Schock vollständig überwunden hat. Hierzu sind bei erwachsenen Tieren häufig 4 Wochen erforderlich, während bereits wenige Tage nach der Operation die gekreuzten Reflexe kräftig auszulösen sind. Während der ersten Wochen läßt sich aber meistens keine Spur von einer derartigen durch die Ausgangsstellung des Gliedes bedingten Umkehr der Reflexrichtung nachweisen.

Sherrington (2) hatte schon früher den Einfluß der Ausgangs- stellung auf den Reizerfolg bei ungekreuzten Reflexen beobachtet, jedoch ist der Nachweis hier viel schwieriger und im allgemeinen

nicht mit solcher Regelmäßigkeit zu führen wie bei den gekreuzten
Reflexen.

Das geschilderte Phänomen beruht nicht auf den mechanischen
Bedingungen der Gliedmaßen selbst, sondern auf einem veränderten
Zustande des nervösen Zentralorgans (des Rückenmarks). Die veränderte Lage und Stellung der Gliedmaßen bewirkt eine völlig veränderte
Schaltung der motorischen Zentren für die Einzelmuskeln und Muskelgruppen, deren Erregbarkeit ebensowohl verändert wird wie der Sinn
(das Vorzeichen der Reaktionen, ob Erregung ob Hemmung), womit
sie ansprechen. Diese Regulation ist eine außerordentlich feine. Wir
erfahren dabei, daß das Rückenmark gleichsam in jedem
Momente ein anderes ist und in jedem Momente die Lage

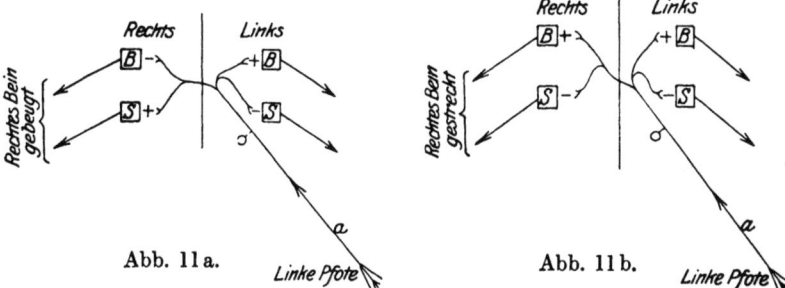

Abb. 11 a.   Abb. 11 b.

Abb. 11. Diagramm zur Veranschaulichung der zentralen Schaltung bei der Auslösung des linksseitigen Beugereflexes, während: a das rechte Bein gebeugt,
b das rechte Bein gestreckt ist. — a afferente Bahn von der linken Pfote. —
B Zentren der Beugemuskeln der Hinterbeine mit zugehörigen efferenten Bahnen.
S Zentren der Streckmuskeln der Hinterbeine mit zugehörigen efferenten Bahnen.
„+“ bedeutet, daß der auf der afferenten Bahn zuströmende Reiz das betreffende
        Zentrum erregend, „—“ hemmend beeinflußt.

und Stellung der verschiedenen Körperteile und des ganzen
Körpers widerspiegelt. Jeder Körperhaltung entspricht
eine bestimmte Verteilung der Erregbarkeiten und der
leichtest zugänglichen Bahnen im Zentralnervensystem.
Der Körper stellt sich selbst sein Zentralorgan in der richtigen Weise ein.

Trotzdem man auch am Hundebein mit seiner verwickelt angeordneten Muskulatur die Schaltung demonstrieren und ihre zentrale Entstehung beweisen kann, ist es doch wünschenswert, ein Objekt mit
einfacherer anatomischer Anordnung zu besitzen. Ein solches ist der
Katzenschwanz (2). Dieser ist ein allseitig beweglicher und gegliederter
Stab, dessen einzelne Teilstücke, die Schwanzwirbel, durch vier Reihen
von Muskeln miteinander verbunden sind, welche als Heber (Extensoren
oder Levatoren), als Beuger (Flexoren oder Depressoren) und als Seit-

wärtszieher (Abductoren) funktionieren. Die ersten Schwanzwirbel und damit die Schwanzwurzel stehen durch Muskeln dieser vier Gruppen mit dem Stamm in Verbindung, welche sich am Becken, am Kreuzbein und der Lendenwirbelsäule ansetzen. Die Schwanzwurzel ist bei der Katze von außen nicht sichtbar, der fünfte Schwanzwirbel befindet sich vertikal über dem After, und erst der sechste Wirbel liegt in dem frei sich von außen abhebenden beweglichen Schwanz des Tieres. Die Zentren für die Schwanzbewegungen liegen im Sakralmark und den unmittelbar angrenzenden lumbalen und coccygealen Rückenmarkssegmenten.

Um lebhafte Schwanzreflexe demonstrieren zu können, wird eine Katze zuerst in tiefer Äther- oder Chloroformnarkose durch Durchschneidung des Hirnstammes in der Ebene des Tentorium cerebelli decerebriert. Hierauf wird die Narkose beendet. Nachdem sich die Enthirnungsstarre gut entwickelt hat, und an den Extremitäten gleichseitige und gekreuzte Reflexe nachweisbar werden, wird das Rückenmark in der Höhe des 12. Brustwirbels durchtrennt. Sherrington hat gezeigt, daß, wenn man diese Operation an decerebrierten Tieren ausführt, kein Schock auftritt. Sofort nach der Durchschneidung lassen sich Reflexe der Hinterbeine und des Schwanzes nachweisen, welche in den ersten Stunden gewöhnlich noch an Lebhaftigkeit zunehmen. Dieses Präparat eignet sich vorzüglich zum Anstellen der im folgenden beschriebenen Versuche.

Hält man die Katze in Hängelage mit dem Kopfe nach oben frei in der Luft, so daß der Schwanz senkrecht nach unten hängt, so werden durch Berührung der Schwanzspitze reflektorische Schwanzbewegungen ausgelöst, welche regellos nach allen Seiten schlagen. Es macht auch keinen Unterschied, ob man den Reiz an der Schwanzspitze mehr nach rechts oder links, mehr nach vorne oder hinten anbringt. Die Richtung des Reizerfolges ist bei dieser Lage vollständig unbestimmt.

Dieses wird sofort anders, sobald man das Tier in Seitenlage auf den Tisch legt und den Schwanz über den Tischrand nach unten hängen läßt, so daß die Schwanzwurzel stark nach einer Seite gekrümmt ist und der Schwanz selbst nahezu senkrecht nach unten hängt. Nunmehr löst Berührung der Schwanzspitze ganz regelmäßig Nachobenschlagen des Schwanzes aus. Abb. 12a und b zeigt zwei Reihen von Kinematogrammen in rechter und linker Seitenlage, welche von demselben Tier unmittelbar nacheinander gewonnen wurden und diesen Vorgang veranschaulichen. In beiden Fällen sieht man, wie die Bewegung an der Schwanzwurzel, d. h. dem am meisten gedehnten Segment, beginnt und dann in der Weise weiterschreitet, daß in jedem folgenden Moment der Teil des Schwanzes nach oben bewegt wird, welcher im vorhergehenden Moment die stärkste Krümmung aufweist. Die Richtung der Bewegung ist immer nach der Seite der stärksten Krümmung. Bei stark erregbaren Präparaten schlägt der Schwanz sehr oft über die Horizontale hinaus in die Höhe. Hierbei ist es ganz gleichgültig, ob man nur die Haare der Schwanzspitze mit dem Finger berührt, ob man die

Schwanzspitze in dorsoventraler Richtung oder in seitlicher Richtung kneift, stets erfolgt als Reaktion Aufwärtsbewegung der Schwanzwurzel. Dieselbe Gesetzmäßigkeit läßt sich nachweisen, wenn man vorher die Depressoren des Schwanzes durchschnitten hat, welche bei Seitenlage des Tieres ja ebenfalls den Schwanz gegen die Medianstellung hin bewegen müssen.

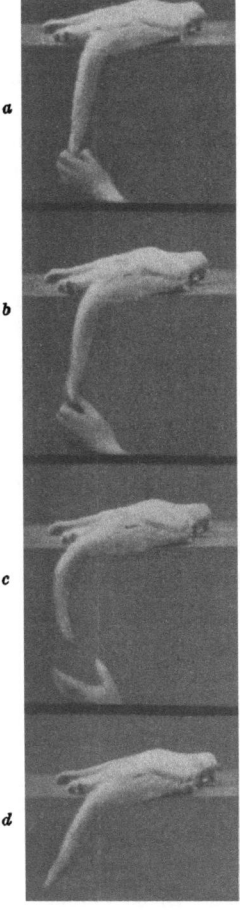

a Reizung der Schwanzspitze durch seitliches Kneifen.

b Beginnende Reaktion: Hebung der Schwanzwurzel durch Kontraktion der linksseitigen Abductoren. Stärkste Krümmung im proximalen Drittel.

c Schwanzwurzel weiter gehoben, proximales Drittel des Schwanzes gehoben (d. h. nach links, bewegt). Stärkste Krümmung in der Mitte.

d Schwanz gestreckt und in toto nach links geschlagen, indem jetzt auch die Beugung der Schwanzmitte erfolgt ist.

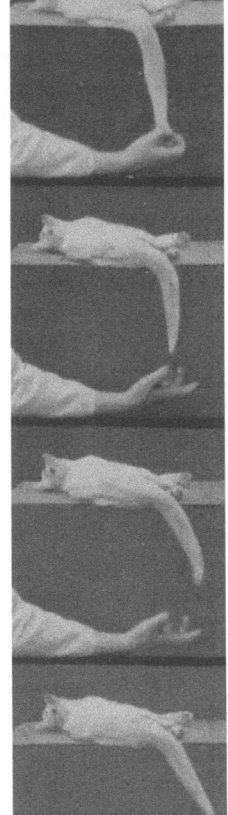

a Reizung der Schwanzspitze durch dorsoventrales Kneifen.

b Beginnende Reaktion: Hebung der Schwanzwurzel durch Kontraktion der rechtsseitigen Abductoren. Stärkste Krümmung bei einem Drittel d. Schwanzlänge.

c Schwanzwurzel weiter gehoben. Schwanzmitte ebenfalls gehoben. Krümmung an der Schwanzspitze.

d Schwanz gestreckt und in toto nach rechts geschlagen.

Abb. 12a.   Abb. 12b.

Abb. 12. Katze decerebriert. Durchschneidung des Rückenmarkes am 12. Brustwirbel. 2 Stunden später Versuch. Kinematographische Aufnahmen. (An demselben Tiere wurde auch das Chronophotogramm der Abb. 14 gewonnen.) — Abb. 12a. Rechte Seitenlage, Schwanz hängt über den Tischrand nach unten, so daß die linke Seite der Schwanzwurzel gedehnt ist. — Abb. 12b. Linke Seitenlage, Schwanz hängt über den Tischrand nach unten, so daß die rechte Seite der Schwanzwurzel gedehnt ist.

Hebt man bei Seitenlage des Tieres den Schwanz in der durch Abb. 13 angedeuteten Weise mit dem Finger nach oben, so sind an der Schwanzwurzel die rechten Abductoren, in der Schwanzmitte die linken Abductoren gedehnt. Infolgedessen ist der Reizerfolg auf Berühren der Schwanzspitze jetzt nicht mehr eindeutig bestimmt, es kann entweder die Schwanzwurzel nach unten oder die distale Schwanzhälfte nach oben schlagen. Legt man den Schwanz in seiner ganzen Länge auf ein Brett und hebt ihn auf diese Weise über die Horizontalebene hinaus, wobei die Schwanzwurzel freibleibt, so erfolgt auf Berühren der Schwanzspitze kräftiges Abwärtsschlagen der Wurzel (Rechtswendung). Letzterer Versuch zeigt, daß die beschriebene Schaltung nicht durch die Seitenlage des Tieres, d. h. durch die asymmetrische Reizung der sensiblen Körpernerven durch den Druck der Unterlage zustande kommt, sondern daß es wirklich die veränderte Stellung des Schwanzes ist, welche den Reizerfolg gesetzmäßig bedingt.

Dasselbe wird durch folgende Versuchsanordnung bewiesen: Man setzt das Tier in Normalstellung auf den Tisch und läßt den Schwanz

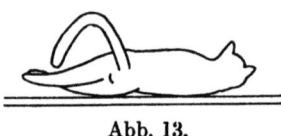

Abb. 13.

über den Tischrand nach unten hängen. Die Hinterbeine stehen symmetrisch in Beugestellung. Nunmehr dreht man den Vorderkörper in Seitenlage, so daß er mit der einen Schulter auf dem Tische liegt. Da das Rückenmark am 12. Brustwirbel durchschnitten ist, so fehlt jede nervöse Verbindung dieses in Seitenlage gebrachten Vorderkörpers mit den Zentren für die Schwanzbewegung. Es wird aber durch die Drehung des Vorderkörpers eine asymmetrische Dehnung der beiderseitigen Abductoren des Schwanzes hervorgerufen, und diese genügt, um die Richtung des Schwanzreflexes zu bestimmen. Derselbe schlägt immer nach derjenigen Seite, nach welcher die Vorderbeine des Tieres gerichtet sind. Abb. 14 gibt zwei Reihen von Kinematogrammen bei rechter und linker Seitenlage des Vorderkörpers. Bei dieser Katze war über der Lendenwirbelsäule bis zur Schwanzwurzel mit Tinte eine schwarze Linie auf den Rücken gezeichnet, an welcher man erkennt, daß die Abductoren der Schwanzwurzel an der dem Vorderbeine zugekehrten Seite sich im Zustande der Dehnung befinden. Nach dieser Seite erfolgt gesetzmäßig die Reaktion des Schwanzes. Diese Versuchsanordnung zeigt, daß wohl nur die asymmetrische Dehnung der Schwanzmuskulatur die beschriebene Schaltung veranlassen kann.

Hält man das Tier mit senkrechter Wirbelsäule und dem Kopf nach unten, so erfolgt, wenn der Schwanz ventral herübergeklappt ist, reflektorische Hebung des Schwanzes, wenn der Schwanz nach der dorsalen Seite herüberliegt dagegen Ventralbewegung des Schwanzes.

Es läßt sich also ein von der Schwanzspitze ausgehender Reiz je nach der Ausgangsstellung, die man dem Schwanze gibt, in die Zentren von vier verschiedenen Muskelgruppen hineinlenken.

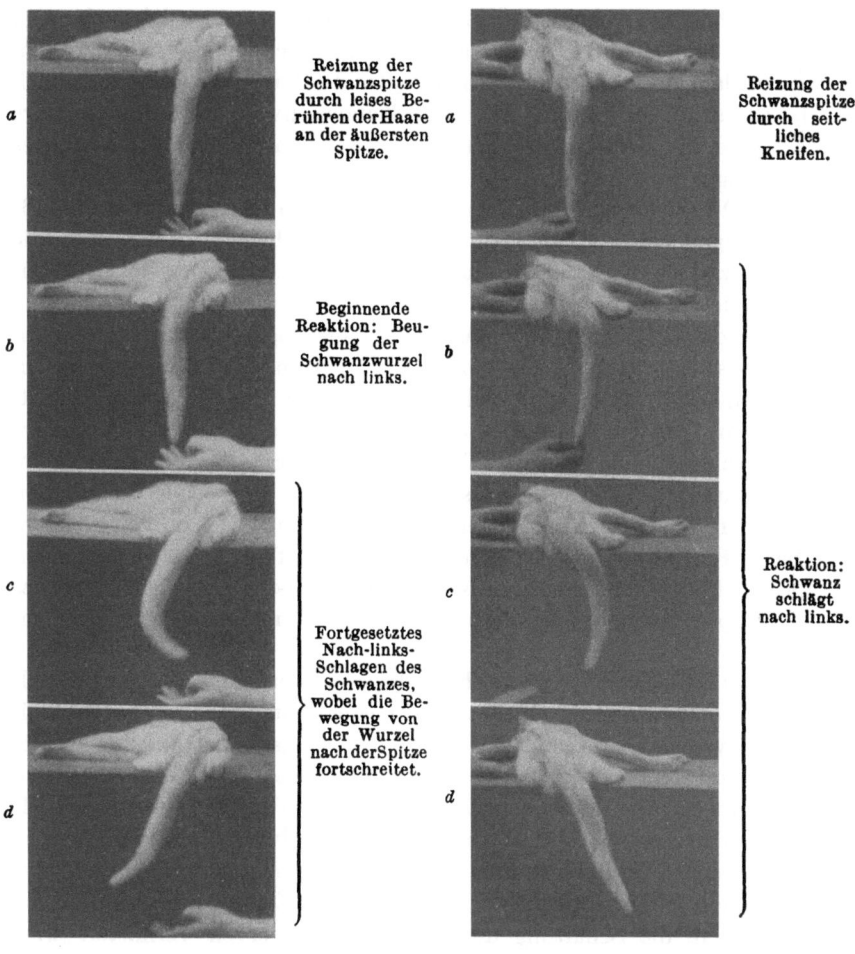

Reizung der Schwanzspitze durch leises Berühren der Haare an der äußersten Spitze.

Reizung der Schwanzspitze durch seitliches Kneifen.

Beginnende Reaktion: Beugung der Schwanzwurzel nach links.

Reaktion: Schwanz schlägt nach links.

Fortgesetztes Nach-links-Schlagen des Schwanzes, wobei die Bewegung von der Wurzel nach der Spitze fortschreitet.

Abb. 14a. Abb. 14b.

Abb. 14. Dieselbe Katze wie Abb. 12. 2 Stunden nach Durchschneidung des Rückenmarkes. Kinematographische Aufnahmen. — Abb. 14a. Der Schwanz hängt über die Tischkante nach unten, der Hinterkörper des Tieres ruht auf den beiden Hinterpfoten und mit dem Bauch auf dem Tische, der Vorderkörper ist gedreht, so daß das rechte Schulterblatt auf dem Tische liegt und die Vorderpfoten nach links gerichtet sind. Dadurch Dehnung der linken Abductoren des Schwanzes. — Abb. 14b. Dieselbe Lage wie Abb. 14a, nur ist der Vorderkörper nach rechts gedreht und liegt mit dem linken Schulterblatt auf dem Tische. Dadurch Dehnung der rechten Abductoren des Schwanzes.

In denjenigen Fällen, in welchen auf Reiz der Schwanzspitze nur Schwanzbewegungen erfolgen, und sich die Hinterbeine nicht in starker Weise an dem Reflexe beteiligen, ist die Richtung der Schwanzbewegung durch die beschriebene Schaltung vollständig eindeutig bestimmt und tritt in 100% der Fälle ein. Der Katzenschwanz ist daher ein noch besseres Objekt zur Demonstration dieser Erscheinungen als der Arm des Schlangensternes, bei welchem außer der Lagerung des Armes noch die Reizseite von Einfluß ist. Beim Katzenschwanz fällt dieses letztere fort, und die Reaktion ist nur von der Ausgangsstellung des Gliedes abhängig.

Die Versuche am Katzenschwanz führen also zu den gleichen Schlußfolgerungen wie die am Hundebein beschriebenen. Reizt man die Schwanzspitze, so kann die durch die sensiblen Bahnen ins Rückenmark einströmende Erregung die verschiedensten Wege einschlagen, wie das die Versuche mit symmetrischer Lagerung des Schwanzes zeigten. Sobald aber letzterer nach einer Seite gekrümmt wird, so erfolgt im Zentralnervensystem eine Schaltung, welche die Erregung zwingt, nunmehr von den verschiedenen möglichen Bahnen nur eine einzige einzuschlagen, und zwar den Weg zu den Zentren derjenigen Muskeln, welche am stärksten gedehnt sind. Man kann ganz nach Willkür den Reiz den verschiedenen Zentren der Schwanzmuskeln zufließen lassen. Dieser Einfluß dauert so lange, als sich das Tier in der betreffenden Lage befindet, die Schaltung ist also eine tonische durch die Lage des Tierkörpers bedingte Veränderung des Zustandes im Zentralnervensystem.

Es fragt sich nun, auf welchem Wege die veränderte Lage und Stellung eines bestimmten Gliedes die Erregbarkeitsverteilung im Zentralnervensystem beeinflußt, m. a. W. wie es das Zentralnervensystem gleichsam „erfährt", daß in der Peripherie eine Veränderung vor sich gegangen ist (3). Wie oben schon erwähnt wurde, nehmen v. Uexküll und Jordan an, daß bei Wirbellosen die Schaltung ohne Vermittelung von sensiblen Nerven zustande kommt und sich in dem System Zentrum-Muskelnerv-Muskel abspielt. Beim Säugetier hat sich dagegen zeigen lassen, daß die Schaltung durch sensible Nerven vermittelt wird und also reflektorischen Ursprung besitzt. Um dieses zunächst für das Hundebein nachzuweisen, wurden bei intakten Hunden zunächst intradural die lumbalen und sakralen Hinterwurzeln einseitig durchschnitten. Nach der Heilung wurde gewartet, bis sich in dem asensiblen Beine wieder eine vorzügliche aktive Motilität entwickelt hatte und das Bein sich an den verschiedensten Reflexen und Bewegungen beteiligte. Auch ein gewisser Tonus entwickelte sich in dem asensiblen Beine. Die genaue Sensibilitätprüfung ergab, daß das ganze Hinterbein der betreffenden Seite asensibel war, außerdem die zugehörige Hälfte

des Schwanzes, Dammes, Rückens und Bauches in einer derartigen
Ausdehnung, daß bei dem einen dieser Hunde nach den Erfahrungen
von Winkler[1]) die zweite Lumbalwurzel mit Sicherheit, die erste
wahrscheinlich, bei dem anderen Hunde die erste Lumbalwurzel mit
Sicherheit, die 13. Thorakalwurzel wahrscheinlich die oberste durch-
schnittene Wurzel war. In dem ganzen asensiblen Bezirke ließen
sich keine Inseln erhaltener Sensibilität nachweisen, so daß also bei
den Tieren das gesamte Hinterbein und die angrenzenden Partien
des Rumpfes wirklich desensibilisiert worden waren. Da sich nach den
Erfahrungen von Sherrington (12) die erste Lumbalwurzel nicht
mehr an der motorischen Innervation des Beines beteiligt, und nach
demselben Autor die motorischen und sensiblen Muskelnerven durch
die Vorder- und Hinterwurzeln des gleichen Segmentes austreten,
so ergibt sich, daß durch die Operation auch die gesamte Muskulatur
des Beines desensibilisiert worden war. Nachdem auf diese Weise
der Erfolg der ausgeführten Hinterwurzeldurchschneidung bei intaktem
Rückenmarke sichergestellt worden war, wurde nunmehr die Rückenmarksdurchschneidung am 11. bzw. 13. Brustwirbel vorgenommen
und darauf längere Zeit gewartet, bis alle Schockerscheinungen vorübergegangen waren, die Hunde mit beiden Hinterbeinen Laufbewegungen
ausführten, und von den sensiblen Körperstellen sich alle möglichen
Beuge- und Streckreflexe auf das asensible Bein auslösen ließen. Nunmehr wurden an den beiden Hunden im Verlaufe von 4—5 Monaten
mehrere Hunderte von Einzelversuchen ausgeführt in derselben Weise,
wie sie oben für intakte Rückenmarkshunde beschrieben wurden. Das
Ergebnis war, daß in keinem einzigen Falle sich ein Einfluß der Ausgangsstellung auf die Richtung der Reflexbewegung dieses asensiblen
Beines nachweisen ließ. Sämtliche Schaltungsphänomene waren endgültig geschwunden.

Dasselbe ließ sich am Katzenschwanz nachweisen. Zu diesem Zwecke
wurde bei mehreren intakten Katzen der Duralsack geöffnet und die
Hinterwurzeln beiderseits vom 5. Lumbalsegment abwärts durchtrennt,
wobei nach Möglichkeit die allerletzten coccygealen Wurzelfäden geschont wurden. Da Sherrington (12) bei Katzen unter Umständen
noch bei Reizung der 7. lumbalen Wurzel (als oberer Grenze) Bewegung
der Schwanzwurzel nach der Reizseite auftreten sah, kann mit Sicherheit angenommen werden, daß durch diese Operation die gesamte
Muskulatur der Schwanzwurzel asensibel gemacht wird. Nachdem
die Wunde geheilt war und sich die Beweglichkeit des Schwanzes wieder
vollständig hergestellt hatte, wurde der Sensibilitätsausfall genau bestimmt. Derselbe betraf in drei Versuchen Damm, Vulva, Anus und die

---

[1]) Mündliche Mitteilung, siehe auch Winkler und van Rynberk (5).

angrenzenden Partien von Bauch, Rücken und Oberschenkel sowie die proximale Hälfte des Schwanzes. Bei zwei Tieren waren auch beide Pfoten asensibel. Übereinstimmend mit den Versuchsergebnissen von Merzbacher am Hunde stellte sich auch der Tonus des Schwanzes deutlich wieder her, derselbe wurde aktiv getragen und nach allen Seiten mit Kraft bewegt. In einem weiteren Versuche war der ganze Schwanz einschließlich der Spitze asensibel, in einem anderen dagegen nur die Schwanzwurzel gefühllos geworden. Nachdem sich dieser Zustand herausgebildet hatte, wurden die Tiere decerebriert und ihnen darauf das Rückenmark in der beschriebenen Weise am 12.—13. Thorakalwirbel durchtrennt. Darauf wurden die oben beschriebenen Schaltungen auf den Schwanz untersucht mit dem Ergebnis, daß der Schwanz bei den Reflexen kräftig nach allen Seiten bewegt wurde, daß aber die Richtung der Bewegung ganz regellos war und es nicht möglich war, wie in den Normalversuchen die Richtung der eintretenden Reflexbewegung mit Sicherheit vorauszusagen. In dem Versuche, in welchem nur die Schwanzwurzel asensibel war, war Veränderung der Lage der Schwanzwurzel ohne jeden Einfluß auf den Reizerfolg, während Veränderung der Lage der Schwanzmitte eine deutliche Schaltung hervorrief. Auch am Katzenschwanze wird also durch Durchschneidung der zugehörigen Hinterwurzeln der schaltende Einfluß der Ausgangsstellung vollständig aufgehoben, trotzdem die Motilität der untersuchten Gliedmaßen durch die Operation der Hinterwurzeldurchschneidung nicht beeinträchtigt worden war.

Um nun weiter zu untersuchen, welche sensiblen Nerven dem Zentralnervensystem die für die Schaltung nötigen Impulse übermitteln, kann man dieselben in drei funktionelle Gruppen einteilen: die Hautsensibilität, die Gelensensibilität und schließlich alle übrigen sensibelen Fasern. Zur Ausschaltung der Gelenksensibilität wurden beim Rückenmarkshunde an einem Hinterbein die drei großen Gelenke (Hüftgelenk, Kniegelenk und Fußgelenk) mit Stovain oder Novocain unter Adrenalinzusatz injiziert. Hiernach waren sämtliche Schaltungen unverändert erhalten. In anderen Versuchen wurde die Haut des ganzen Hinterbeines (mit Ausnahme der Zehenballen) sowie die Bauch-, Rücken- und Dammhaut durch ausgiebige Infiltration mit Novocain-Suprarenin anästhetisch gemacht. Auch hiernach blieben die Schaltungsreaktionen auf das deutlichste nachweisbar. Auch die Kombination von Hautanästhesie mit Injektion der drei großen Gelenke ändert hieran nichts. In anderen Versuchen wurde nur das Hüftgelenk und die bei Änderung der Stellung des Hüftgelenks beteiligte Haut injiziert, ohne daß die Schaltungsreaktion bei Änderung der Stellung des Beines im Hüftgelenke verändert wurde. Aus allen diesen Versuchen ergibt sich, daß weder die Gelenk- noch die Hautsensibilität zum Zustandekommen der Schaltung erforderlich ist. Man kommt also per exclusionem zu dem Schluß, daß es im wesentlichen die proprioceptiven Nerven sein müssen, d. h. die sensiblen Nerven der Muskeln, Sehnen und Fascien. Die größte Rolle werden vermutlich die sensiblen Muskelnerven spielen. Es handelt sich also bei den Schaltungen um Reflexe, welche von den Muskeln selber ausgelöst und auf dem Wege der sensiblen Muskelnerven dem Zentralorgan übermittelt werden. So lange diese Bahnen funktionsfähig sind, so lange ist die Schaltung in den bisher beschriebenen Fällen möglich; werden sie durchtrennt, so hört das geschilderte Phänomen auf. Hierdurch wird zugleich die oben gezogene Schlußfolgerung bestätigt, daß der Sitz der Schaltung im Zentralnervensystem gesucht werden muß.

Der Einfluß der Lage und Stellung des Gliedes auf den Ausfall späterer Reflexe ist ein tonischer; er dauert so lange an, als das Tier oder die betreffenden Gliedmaßen in der angegebenen Stellung gehalten werden, und es ist ganz einerlei, ob man den Reflex sofort oder nach 5 Minuten oder nach einer halben Stunde auslöst. Die durch die Lage des Gliedes ausgelösten Erregungen brauchen ihrerseits gar nicht den Eintritt irgendwelcher Reflexbewegungen zu veranlassen. Die Einflüsse, um die es sich hier handelt, bewirken nur, daß ein nachfolgender Impuls eine bestimmte Bahn einschlägt und bestimmte Zentren in Erregung versetzt, andere Zentren, denen er auch zufließen könnte, dagegen vermeidet. Es handelt sich nicht um Bewegungen oder Tonusänderungen der Muskulatur, sondern ausschließlich um „Schaltungen" im Zentralorgan. Um ein naheliegendes Bild zu gebrauchen: es werden auf dem Rangierbahnhof nur die Weichen gestellt, damit der nächste Zug richtig passieren kann. Diese Weichenstellungen haben den Charakter von Dauerreaktionen.

Sherrington (9) hat die Bedeutung der obengeschilderten Schaltungsreaktionen für das Zustandekommen der rhythmischen Laufbewegungen erörtert. Er kommt zu dem Schlusse, daß die Schaltungen die rhythmischen Bewegungen unterstützen, aber nicht die ausschließliche Ursache für ihr Zustandekommen sind. Das ergibt sich schon aus der Tatsache, daß nach Durchschneidung der Hinterwurzeln beim Rückenmarkshund noch alternierende Laufbewegungen möglich sind. Es ist aber klar, daß wenn bei den Laufbewegungen das eine Bein in Streckstellung kommt, es schon hierdurch für die demnächst erfolgende Beugebewegung „eingeklinkt" wird, während umgekehrt, wenn die Beugebewegung vollständig ausgeführt ist, das Bein dadurch schon in die Bereitschaft für die folgende Streckbewegung gerät. Es müssen also die Schaltungen bei den alternierenden rhythmischen Reflexen das Abwechseln der Erregung zwischen den antagonistischen Muskelgruppen unterstützen.

Ferner müssen sie aber als unterstützende Sicherungen funktionieren bei allen Arten von Gleichgewichtsreaktionen des
Körpers. Droht z. B. der Körper nach einer Seite umzufallen, so werden
im allgemeinen die Muskeln der gegenüberstehenden Seite gedehnt
werden. Setzt nun, um das Umfallen zu verhindern, irgendeine Gleich-
gewichtsreaktion ein, bei der sich diese gedehnten Muskeln kontrahieren,
so findet der Reflex die Zentren der Muskeln, die er in Erregung versetzen muß, bereits in „eingeklinktem" Zustande vor. Auch hier handelt
es sich aber nur um einen unterstützenden Mechanismus.

Von den hier beschriebenen Schaltungen macht die praktische
Orthopädie bei ihren Sehnenüberpflanzungen Gebrauch. Es ist bekannt,
daß hierbei häufig die Funktion eines gelähmten Muskels durch die seines
Antagonisten ersetzt werden muß. Ja man kann einen Muskel bzw.
seine Sehne operativ der Länge nach spalten, wonach dann die eine
Hälfte die alte Funktion behält, die andere die des Antagonisten bekommt (Funktionsteilung), z. B. am Tibialis anticus, am Extensor
digitorum und am Wadenmuskel. Am besten sieht man diesen Vorgang, wenn man einen Anteil der Tricepssehne auf den Biceps brachii
überpflanzt. Codivilla sah nach Luxation der Peronealsehnen, daß
die Muskeln als Extensoren des Fußes wirkten. Sobald sie operativ
in ihre normale Lage zurückgebracht waren, wurden sie ohne weiteres
als Flexoren innerviert. Manchmal beginnt der überpflanzte Muskel
sofort nach der Verbandabnahme in der neuen Weise zu funktionieren.
Ähnliche Ergebnisse erzielte Marina bei Augenmuskeltransplan-
tationen am Affen. Er transplantierte den Rectus superior mit seinem
Ansatz an die Stelle des durchtrennten Rectus internus, oder den Obliquus
superior an Stelle des Internus, oder vertauschte die Ansätze von
Externus und Internus. Danach blieben die Willkürbewegungen und
die Richtung des Drehnystagmus normal, trotzdem Muskeln, die vom
Oculomotorius, Trochlearis und Abducens innerviert werden, vertauscht wurden. Es ist sehr wahrscheinlich, daß alles dieses auf Schal-
tungsvorgängen beruht, indem der Muskel in seiner neuen Lage unter
anderen Verhältnissen arbeitet wie vorher, dementsprechend mit Hilfe
seiner eigenen afferenten Nerven die Erregbarkeit seines motorischen
Zentrums von Anfang an in der richtigen, durch die neuen Verhältnisse
geforderten Weise beeinflußt, und so teils direkt seinem Zentrum
eine andere funktionelle Rolle aufzwingt, teils die Bedingungen schafft,
durch welche im Verlaufe der Nachbehandlung das Großhirn und
die höheren Sinnesorgane diesen Mechanismus durch Übung verbessern
können.

Die bisher beschriebenen Fälle von Schaltung gehorchten sämtlich
der Uexküllschen Regel, nach welcher die Zentren der gedehnten Muskeln

für die nächstfolgende Erregung „eingeklinkt" sind und bei dem nächst-
folgenden Reflex am leichtesten ansprechen. Das hochentwickelte
Zentralnervensystem der Säugetiere ist nun aber keineswegs an diese einfache Regel gebunden. Die nachfolgenden
Beobachtungen zeigen, daß es eine Reihe von Schaltungen gibt, welche
nicht an die Muskeldehnung gebunden sind.

Ein gutes Beispiel hierfür ist das Verhalten des Kratzreflexes beim
Rückenmarkshund (4). Der Kratzreflex ist von Goltz und seinen
Schülern (s. Freusberg) beschrieben und vor allem von Sherrington (7) zum Gegenstand eingehender Studien gemacht worden. Bei
Hunden, denen das Rückenmark im unteren Brustteil durchtrennt
worden ist, läßt sich der Reflex durch Reiben der Haut am Rumpfe
leicht auslösen. Bei einzelnen Hunden geht die reflexogene Zone sogar
auf die beiden Hinterbeine bis zum Fußgelenke über. Auch durch
leichte faradische Reizung der Haut läßt sich der Reflex mit Leichtigkeit hervorrufen.

Bringt man einen derartigen Hund in symmetrische Rückenlage,
so erfolgt der Reflex gleichseitig. Auf Reiben der rechten Bauchseite kratzt das rechte, auf Reiben der linken Bauchseite das linke
Hinterbein. Nur manchmal tritt unter bestimmten beherrschbaren
Bedingungen doppelseitiges Kratzen bei Rückenlage des Tieres auf.

Wird das gleichseitige Bein gestreckt und abduziert, so kratzt
das gekreuzte Bein. Wenn man also bei Rückenlage des Tieres das
rechte Bein streckt und abduziert und dann die rechte Bauchseite
reibt, so erfolgt der Kratzreflex mit dem linken Hinterbein. Der Einfluß
der Streckung und Abduction des rechten Hinterbeines erlischt, wenn
die Hinterwurzeln rechtsseitig im Lumbal- und Sakralmark durchtrennt
werden, bleibt dagegen erhalten, wenn man die Gelenke und die Haut
durch Novocain anästhetisch macht. Die Schaltung wird also durch
die sensiblen Muskelnerven hervorgerufen. Der Kratzreflex beginnt
im allgemeinen mit tonischer Beugung des vorher gestreckten Beines,
wobei vor allen Dingen das Hüftgelenk gebeugt wird. Durch Streckung
und Abduction des Beines werden nun gerade diejenigen Muskeln,
welche beim Kratzreflex zuerst ansprechen müssen, gedehnt, und
trotzdem ist das betreffende Bein für den Kratzreflex „ausgeklinkt".
In diesem Falle gehorcht also die Schaltung nicht der Uexküllschen
Regel, die Zentren der gedehnten Muskeln werden nicht für die Erregung zugänglicher, sondern werden im Gegenteil ausgeschaltet.

Die beschriebene Reaktion spielt höchstwahrscheinlich beim normalen Kratzen der Tiere eine Rolle. Sherrington hat gezeigt, daß
beim Kratzreflex das kontralaterale Bein gewöhnlich gestreckt und abduziert wird. Schon hierdurch wird es also für den Reflex ausgeschaltet,
so daß das Kratzen fast stets einseitig erfolgen muß.

Bringt man den anfangs in Rückenlage befindlichen Hund, bei welchem also der Kratzreflex gleichseitig erfolgt, in Seitenlage, so ändert sich dieses Verhalten. Wie schon Gergens im Laboratorium von Goltz beobachtet hat, kratzt jetzt unter allen Umständen stets das obere Bein, einerlei ob der Reiz an der rechten oder linken Körperseite angebracht wird; das unten befindliche Bein ist für den Kratzreflex ausgeschaltet. Je nach der Reizseite erhält man also einen gleichseitigen oder einen gekreuzten Kratzreflex. Gergens hatte angenommen, daß das untenbefindliche Hinterbein einfach wegen der mechanischen Behinderung den Kratzreflex nicht ausführen kann. Daß dieses nicht der Fall ist, lehrt die Beobachtung, daß sich an dem unten befindlichen Hinterbeine alle möglichen anderen Reflexe mit Leichtigkeit auslösen lassen, so der Beugereflex, der Patellarreflex, der Extensorstoß und verschiedene gekreuzte Reflexe, gelegentlich sogar Laufbewegungen. Nur gerade der Kratzreflex kommt an diesem unteren Hinterbeine nicht zustande. Der Sitz dieser Schaltung ist im Zentralnervensystem gelegen. Das ergibt sich schon aus folgender Überlegung: Befindet sich das Tier z. B. in rechter Seitenlage, so kratzt stets das linke Hinterbein, ganz gleichgültig, welche Hautstelle der rechten oder linken Körperseite man reibt. Es läßt sich also das linke Hinterbein von allen überhaupt in Betracht kommenden sensiblen Bahnen aus zum Kratzen veranlassen. Wenn man andererseits eine bestimmte Hautstelle *A* reibt, so kann man von hier aus, je nachdem man das Tier in rechte oder linke Seitenlage bringt, das eine oder das andere Bein zum Kratzen veranlassen. Schon hieraus folgt, daß der Ort der Schaltung an der Stelle gelegen sein muß, wo sich alle diese Bahnen kreuzen, also im Rückenmarke selbst. Dasselbe ergibt sich aus verschiedenen anderen Beobachtungen. So ist es ohne jeden Einfluß auf die Schaltung des Kratzreflexes, welche verschiedenen Ausgangsstellungen man dem oberen oder unteren Hinterbeine gibt. Nur darf man sie nicht strecken und abduzieren, dann sind sie für den Kratzreflex ausgeschaltet; sonst aber spielt es keine Rolle, ob man sie in Beugestellung, Streckstellung und dergleichen bringt, stets gilt die obenangegebene Regel für die Schaltung des Kratzreflexes. Ebenso ist es nicht von Bedeutung, welche Krümmung die Wirbelsäule bei der betreffenden Seitenlage hat, ob sie nach unten oder oben konvex ist, was man leicht durch untergelegte Kissen u. dgl. hervorrufen kann.

Die Schaltung kommt zustande durch die einseitige Berührung des Tierkörpers mit der Unterlage. Hat man einen Hund in rechter Seitenlage auf dem Tisch oder dem Schoße des Dieners liegen, so kratzt unter allen Umständen das obenbefindliche linke Hinterbein. Packt man jetzt das Tier am Schwanz, so ändert sich hieran nichts. Beginnt man es in die Höhe zu heben und krümmt dabei die

Wirbelsäule nach der anderen Seite, so bleibt die Schaltung unverändert bestehen. Sowie man aber die hintere Körperhälfte des Tieres von der Unterlage abgehoben hat, hört die Schaltung auf, und es erfolgt jetzt der Kratzreflex wieder (wie in Rückenlage) streng gleichseitig. Daß es tatsächlich der Druck der Unterlage auf die eine Rumpfseite ist, ergibt sich daraus, daß, wenn man das Tier an Schultern und Schwanz in der Luft hält, man durch Druck auf die obenbefindliche Körperseite mit der flachen Hand genau die umgekehrte Schaltung hervorrufen kann, bei welcher das obere Bein „ausgeklinkt" ist und der Kratzreflex stets am unteren Beine zustande kommt. Es genügt auch, wenn man eine Hautfalte abhebt und mit der Hand drückt. Sehr schön läßt sich diese umgekehrte Schaltung demonstrieren, wenn man das Tier an den Schultern und an einer Hautfalte der Lendengegend in Seitenlage in der Luft hält. Letztere Beobachtung zeigt, daß jedenfalls die Drucknerven der Haut an der Auslösung der Reaktion beteiligt sind. Anästhesieren der Haut mit Novocain hebt aber diese Schaltung nicht vollständig auf, so daß außerdem wohl noch die Nervenenden des tieferen Drucksinnes daran beteiligt sind.

Die hier beschriebene Schaltung wird also nicht von dem Erfolgorgane selber ausgelöst und vor allen Dingen nicht von den Muskeln. Dehnung oder Entspannung der Muskeln spielt bei ihrer Auslösung keine Rolle. Durchschneidung der Hinterwurzeln an der einen Seite hebt diese Schaltung aus, und zwar in der Weise, daß Druck auf die asensible Seite ohne jeden Einfluß auf die Schaltung des Kratzreflexes ist, während umgekehrt sich die Schaltung a u f d a s a s e n s i b l e B e i n mit absoluter Sicherheit hervorrufen läßt. Die Sensibilität des Erfolgbeines spielt also keine Rolle, nur die Sensibilität der auf der Unterlage aufliegenden Körperseite.

Bei der beschriebenen Schaltung handelt es sich nicht um einfache Hemmungen. Man könnte ja annehmen, daß, wenn das Tier sich in rechter Seitenlage befindet und man die Haut der rechten Körperseite reizt, aus irgendeinem Grunde eine Hemmung des rechtsseitigen Kratzreflexes eingetreten sei, und man nun unwillkürlich den Reiz so lange verstärkt, bis es zum gekreuzten Reflexe kommt. Dagegen läßt sich erstens geltend machen, daß man bei Verstärkung des Hautreizes in Rückenlage des Tieres niemals ein gekreuztes Kratzen, sondern stets nur Verstärkung des gleichseitigen Kratzens auslösen kann. Außerdem hat aber die genaue Bestimmung der Reizschwelle mit abgestuften faradischen Reizen gezeigt, daß bei den verschiedenen Seitenlagen des Tieres von ein und derselben Hautstelle aus sich der gleichseitige und der gekreuzte Kratzreflex bei genau derselben Reizschwelle hervorrufen lassen. Es sind also von ein und demselben Reizpunkte aus die Bahnen zum rechten und zum linken Bein für die gleichen Schwellenreize wegsam. Es handelt sich eben in diesen Fällen allein um „Schaltung", d. h. um die Direktion der Erregung in die eine oder in die andere Bahn, nicht aber um das Wegfallen des einen Reizerfolges infolge von Hemmung und um das Auftreten eines anderen infolge von Verstärkung des Reizes und Ausbreitung dieses stärkeren Reizes im Zentralorgan. Derartige Bestimmungen der Reizschwelle sind überhaupt von Wichtigkeit, wenn man in einem gegebenen Falle entscheiden will, ob es sich um Schaltungen handelt oder nicht.

Auch die hier geschilderte Schaltung ist eine Dauerreaktion. Es macht keinen Unterschied, ob man den Kratzreflex sofort oder eine halbe Stunde später auslöst, nachdem man das Tier in Seitenlage gebracht hat.

Von den beschriebenen beiden schaltenden Einflüssen auf den Kratzreflex ist die Streckung und Abduction des Beines die stärkere. Wenn man bei Seitenlage des Tieres das obere Bein, welches eigentlich kratzen müßte, streckt und abduziert, so kratzt das untere Bein. Dieser Versuch zeigt also, daß das untere Bein keineswegs an der Ausführung des Kratzreflexes mechanisch gehindert ist, und daß man es unter bestimmten Umständen wirklich zum Kratzen bringen kann.

Diese Schaltungen des Kratzreflexes am Rückenmarkshunde sind eindeutig und gelingen in 100% der Fälle. Es ist also in diesem Falle, wo auf einen bestimmten Reiz hin verschiedene Reaktionen auftreten können, gelungen, geradeso wie bei den Reflexen des Katzenschwanzes die Regeln vollständig aufzufinden, von denen diese Verschiedenheiten bedingt werden. Die Regel ist aber im beschriebenen Falle nicht mehr die Uexküllsche Dehnungsregel. Die schaltenden Einflüsse gehen in diesem Falle überhaupt nicht von dem Gliede aus, welches die Reflexbewegungen ausführt, sondern von einer entfernten Körperstelle, und Muskeldehnungen spielen dabei keine Rolle. Es lehren also die beschriebenen Versuche, daß das Rückenmark der Säugetiere sehr viel mehr verschiedene Schaltungsmöglichkeiten besitzt, als sie an den einfacheren Nervensystemen der Wirbellosen bisher aufgefunden worden sind. Nicht nur die afferenten Muskelnerven, welche durch Dehnung der Muskeln erregt werden, sondern auch andere sensible Bahnen von entfernten Körperstellen werden durch Lagerung, durch Druck, wahrscheinlich auch noch durch viele andere Einflüsse erregt und wirken schaltend auf das Zentralnervensystem, d. h. sie bestimmen den Weg, welchen später eintretende Erregungen hier nehmen werden. Das Zentralnervensystem spiegelt auf diese Weise in jedem Augenblick die Zustände des Körpers, seine Lage, die Stellung seiner Glieder, die Berührung mit der Außenwelt wieder, und es wird verständlich, wieso das Nervensystem unter verschiedenen Bedingungen so verschiedenartig und doch gesetzmäßig reagieren kann.

Sowohl in denjenigen Fällen, in welchen die Schaltung zustande gebracht wurde durch eine verschiedene Ausgangsstellung des reagierenden Gliedes wie auch in dem zuletzt beschriebenen Falle, wo die Schaltung abhängt von der Lage des Tierkörpers und seine Berührung mit der Grundfläche, wird deutlich, welchen großen Einfluß die Körperstellung auf den Ablauf von verschiedenen Bewegungen haben muß. Jeder bestimmten Körperstellung entspricht eine verschiedene Erregbarkeitsverteilung im Zentralnervensystem und eine Einstellung der Weichen auf dem Rangierbahnhofe, welche die später einbrechenden Erregungen in bestimmte Bahnen zwingt und sie zu bestimmten Erfolgorganen hinlaufen läßt. Schon jetzt wird also deutlich, wie die Körperstellung als solche schaltend wirken muß, und wir werden uns im Laufe der späteren Auseinandersetzungen wiederholt zu fragen haben, ob bei verschiedenen Reflexen, welche bei bestimmten Körperstellungen eintreten, schaltende Einflüsse am Werke sind. Es war deshalb nötig, die Lehre von den Schaltungen vorher genauer zu erörtern, ehe die einzelnen Reaktionen geschildert werden können.

Drittes Kapitel.

Haltung.

Nachdem zunächst ein kurzer Überblick über das ganze Gebiet gegeben wurde und über einige grundlegende Begriffe Klarheit geschafft worden ist, wollen wir nunmehr die einzelnen zur Körperstellung führenden Reflexe genauer studieren. Dabei soll zunächst die Haltung des Körpers erörtert werden.

Schon in der Einleitung wurde auseinandergesetzt, daß die wichtigsten Haltungs- oder Stehreflexe durch die Stellung des Kopfes veranlaßt werden. Es handelt sich dabei um zwei konkurrierende Einflüsse, um die tonischen Hals- und Labyrinthreflexe. Wir beginnen mit den tonischen Halsreflexen auf die Extremitäten (7, 9).

I. Tonische Halsreflexe auf die Extremitäten.

Diese Reflexe lassen sich, wie wir später sehen werden, auch bei Tieren mit intakter Großhirntätigkeit untersuchen. Wenn man aber ihre Gesetzmäßigkeiten genau feststellen will, ist es besser, die Möglichkeit jeder Willkürbewegung auszuschließen und außerdem die Tiere in Enthirnungsstarre zu versetzen. Man untersucht daher die tonischen Halsreflexe am besten an decerebrierten Tieren. Um nun aber bei verschiedenen Stellungen des Kopfes nicht durch Labyrinthreflexe gestört zu werden, muß die Labyrinthtätigkeit ausgeschaltet sein. Es geschieht dieses am besten durch doppelseitige chirurgische Labyrinthexstirpation. Man kann dann die Untersuchung entweder sofort nach dem Eingriff oder beliebig lange Zeit nachher vornehmen.

Für die Technik der Labyrinthexstirpation ist es bei der Untersuchung der Halsreflexe von größter Wichtigkeit, daß dabei die Ansatzpunkte der Halsmuskeln am Schädel nicht verletzt werden. Zu diesem Zwecke ist von de Kleyn (8) eine Methode ausgearbeitet worden, um bei Meerschweinchen, Kaninchen, Katzen und Hunden das Labyrinth von der Bulla aus zu erreichen, einem halbkugeligen Vorsprunge an der Schädelbasis, bei dessen Eröffnung man direkt ins Mittelohr gelangt. Man kann von einem Hautschnitt medial vom Unterkieferwinkel aus stumpf auf die Schädelbasis zu vordringen und die Bulla freilegen, ohne irgendeinen Muskel zu verletzen oder abzutrennen und ohne die Innervation der Halsmuskeln irgendwie zu beeinträchtigen. Nach Ablauf der Operation ist die Motilität von Kopf und Hals vollständig ungeändert. Beim Affen dagegen wird die Labyrinthexstirpation ebenso wie beim Menschen vom Mastoid aus vorgenommen.

Statt der chirurgischen Operation kann man auch 20 proz. Cocain durch das Foramen ovale ins Vestibulum einspritzen und dadurch die Labyrinthtätigkeit reizlos ausschalten. Die Injektion erfolgt entweder von einer Öffnung der Bulla aus oder bei Katzen und (weniger bequem) auch beim Kaninchen durch das Trommelfell hindurch; bei einiger Übung gelangt die Spitze der Nadel ins Foramen ovale. Hierbei wird natürlich die Funktion des Labyrinthes endgültig geschädigt. Beim Meerschweinchen (61) kann man aber die Labyrinthtätigkeit vorübergehend ausschalten, wenn man Cocain nur ins Mittelohr einspritzt; dann diffundiert das Gift in das Labyrinth hinein und schaltet dieses für die Zeit von mehreren Stunden vollständig aus. Am folgenden Morgen ist dann meistens die Tätigkeit des Labyrinthes auf der injizierten Seite wieder vollständig normal.

Bei der Untersuchung decerebrierter Tiere nach doppelseitiger Labyrinthausschaltung findet man, daß der Tonus der Gliedermuskeln vollständig unabhängig von der Lagerung des Kopfes im Raume geworden ist. Unter diesen Umständen kann man die tonischen Halsreflexe auf die Körpermuskeln und in unserem Spezialfalle auf die Extremitäten isoliert untersuchen.

Bei den verschiedenen Änderungen der Kopfstellung erhält man nunmehr ganz gesetzmäßige und eindeutige Reaktionen.

———————

Kopfdrehen: Bei Meerschweinchen, Kaninchen, Katzen und Hunden bezeichnet man als Drehung des Kopfes eine Bewegung um die Achse Schnauze—Hinterhauptsloch, beim Menschen und Affen dagegen eine Drehung um die Achse Scheitel—Hinterhauptsloch. Das Gemeinsame bei allen Tierarten ist, daß die Drehung im Atlanto-Epistropheal-Gelenk ausgeführt wird und um den Dorn des Epistropheus als Achse erfolgt. Einige Schwierigkeiten macht die Bezeichnung der Drehrichtung. Bei den gebräuchlichen Versuchstieren, an welche der Experimentator von vorne herantritt, bezeichnet man gewöhnlich als Rechtsdrehung eine Drehung des Kopfes, bei welcher sich das rechte

Ohr in ventraler Richtung bewegt. Wenn dagegen ein Mensch Rechtsdrehung des Kopfes ausführt, bei welcher die Nase der rechten Schulter
genähert wird, so bewegt sich das linke Ohr in ventraler Richtung.
Es besteht daher die Möglichkeit von Mißverständnissen, wenn man die
Ergebnisse der Tierexperimente auf die Klinik übertragen will, und es
ist deshalb in jedem Falle notwendig genau anzugeben, was man unter
Rechts- oder Linksdrehung versteht. Zur Vermeidung von Verwechse-
lungen hat sich uns im Laboratorium eine Bezeichnungsweise bewährt,
welche Mißverständnisse ausschließt: Wir bezeichnen die Extremitäten
derjenigen Seite, nach welcher der Unterkiefer oder die Nase des Tieres
bzw. des Patienten hingedreht wird, als ,,Kieferbeine'', während die
Extremitäten der Gegenseite, nach welcher der Hinterkopf gedreht wird,
als ,,Schädelbeine'' bezeichnet werden.

Nun gilt für sämtliche Tierarten und für den Menschen die einfache
Regel, daß bei Kopfdrehen der Tonus der Streckmuskulatur in den
Kieferbeinen zu- und in den Schädelbeinen abnimmt, und zwar reagieren
die Vorderbeine und die Hinterbeine hierbei stets gleichsinnig. Dreht
man also bei einer decerebrierten Katze nach doppelseitiger Labyrinthexstirpation den Kopf nach rechts, d. h. so, daß das rechte Ohr sich in
ventraler Richtung bewegt, so sind die linken Extremitäten Kieferbeine,
und es nimmt der Tonus der Streckmuskulatur im linken Vorderbeine
und linken Hinterbeine zu, während der Streckmuskeltonus im rechten
Vorderbein und rechten Hinterbein abnimmt. Dreht man bei einem
menschlichen Patienten, welcher tonische Halsreflexe zeigt, den Kopf
nach links, so daß sich die Nase der linken Schulter nähert, so werden
die linken Extremitäten Kieferbeine, die rechten Extremitäten Schädelbeine, und es nimmt daher der Strecktonus im linken Arm und linken
Beine zu, im rechten Arm und rechten Beine ab.

Bei den verschiedenen Versuchstieren kann man feststellen, daß
es keinen Unterschied macht, ob der Kopf vor Beginn der Drehung
sich in Mittelstellung oder in starker Dorsal- oder Ventralbeugung befindet. Man kann die Querfortsätze des 4. und 5. Halswirbels mit der
Hand fixieren und die Drehung ausschließlich im obersten Teil der
Halswirbelsäule ausführen, die Reaktion wird ausgelöst durch die
Drehung des Atlas gegen den Epistropheus.

Kopfwenden: Als Kopfwenden bezeichnet man eine Bewegung,
welche in der Halswirbelsäule um eine dorsoventrale Achse ausgeführt
wird. Bei Meerschweinchen, Katzen, Kaninchen und Hunden bewegt
sich der Kopf dabei um eine dorsoventrale Achse, beim Affen und
Menschen dagegen um eine Achse, welche der Linie Glabella—Hinter-
hauptshöcker parallel verläuft (Kopfneigen). Die Bezeichnung der
Richtung der Wendung ist bei allen Tieren eindeutig, bei Linkswendung
nähert sich das linke Ohr der linken Schulter, bei Rechtswendung das

rechte Ohr der rechten Schulter. Bei Meerschweinchen, Kaninchen, Hunden und Katzen kann man bei Rechtswendung die rechtsseitigen Extremitäten als Kieferbeine und die linksseitigen als Schädelbeine bezeichnen; beim Menschen und Affen führt dieses zu Mißverständnissen.

Wird bei decerebrierten Tieren der Kopf nach rechts gewendet, so erfahren die Streckmuskeln des rechten Vorder- und Hinterbeines eine Tonuszunahme, während die Streckmuskeln des linken Vorder- und Hinterbeines Tonusabnahme zeigen. Bei Linkswendung ist das Verhalten das spiegelbildlich entgegengesetzte. Bei Kaninchen, Katzen, Hunden und Meerschweinchen kann man bei Rechtswendung die rechtsseitigen Extremitäten als Kieferbeine, die linksseitigen als Schädelbeine bezeichnen, und man bekommt dann für die Wendung genau die gleiche Regel wie für die Drehung, daß die Kieferbeine gestreckt werden und die Schädelbeine eine Abnahme des Tonus zeigen. Es ist dieses mnemotechnisch von einiger Bedeutung. Beim Affen läßt sich aber diese Bezeichnung ohne Zwang nicht durchführen. Hier kann man nur sagen, daß auf der Seite der Wendungsrichtung Zunahme des Strecktonus der Extremitäten eintritt.

Führt man bei einem stehenden Tiere (Katze) Kopfwenden z. B. nach rechts aus, so wird durch die Ablenkung des schweren Kopfes der Schwerpunkt des ganzen Tieres nach rechts verlegt. Die mit der Kopfwendung nach rechts gesetzmäßig verknüpfte Zunahme des Strecktonus im rechten Vorderbeine entspricht dieser Schwerpunktsverlegung, und das rechte Vorderbein ist imstande, das Mehrgewicht zu tragen. Gleichzeitig wird durch die vermehrte Streckung des rechten Vorderbeines der Rumpf nach links (nach der Schädelseite) verschoben und auf diese Weise die Schwerpunktsverlegung mehr oder weniger ausgeglichen.

Sinkt beim decerebrierten Tiere, welches in Normalstellung auf seinen vier Beinen steht, infolge von Kopfwenden der Strecktonus der Gliedmaßen auf der Schädelseite zu stark, so kann das Tier nach dieser Seite hin umfallen.

Es macht keinen Unterschied in der Reaktionsweise, wenn die Wendung bei maximal dorsal- oder ventralgebeugtem Kopfe vorgenommen wird. Man kann die Wirbelsäule in ihrer Mitte mit der Hand fixieren und die Wendung allein im vorderen Teile des Halses ausführen.

Wie notwendig es ist, in jedem Einzelfalle anzugeben, was man mit Drehen und Wenden und mit rechts und links meint, ergibt sich aus folgendem: Bei der oben gewählten Bezeichnungsweise wirken z. B. Rechtsdrehen und Rechtswenden bei Hund, Katze, Kaninchen und Meerschweinchen auf den Extremitätentonus im entgegengesetzten

Sinne, denn bei Rechtsdrehen werden die linken Beine Kieferbeine, bei Rechtswenden die rechten Beine Kieferbeine.

Heben und Senken des Kopfes: Beim Heben und Senken wird der Kopf um die bitemporale Achse gedreht. Beim Heben findet eine Beugung des Kopfes in dorsaler, beim Senken in ventraler Richtung statt.

Bei allen untersuchten Tierarten nimmt beim Kopfsenken der Strecktonus beider Vorderbeine ab, beim Kopfheben dagegen zu. Wirksam ist hierbei die Bewegung in der Mitte der Halswirbelsäule. Wird das Kopfheben und -senken ausschließlich im Atlanto-Occipital-Gelenk ausgeführt, so fehlt in den meisten Fällen jeder Einfluß auf den Strecktonus, nur bei Hunden ließ sich in einigen Fällen eine deutliche Reaktion hervorrufen.

Bei Katzen, Hunden, Meerschweinchen und Affen reagieren die Hinterbeine im umgekehrten Sinne, d. h. sie werden beim Kopfheben gebeugt und beim Kopfsenken gestreckt. Nur das Kaninchen verhält sich anders; bei ihm reagieren die Hinterbeine in demselben Sinne wie die Vorderbeine.

Die Reaktion der Hinterbeine ist bei Hunden und Kaninchen häufig stärker als die der Vorderbeine, bei Katzen dagegen meistens schwächer.

Von dem Einfluß des Kopfhebens und -senkens muß bei den meisten untersuchten Tierarten der sog. Vertebra-prominens-Reflex scharf unterschieden werden. Man löst diesen entweder durch Druck auf die Dornfortsätze des untersten Hals- und obersten Brustwirbels aus, oder man verschiebt den ganzen Hals in den untersten Halsgelenken ventralwärts gegen den Rumpf. Dieses führt zu gleichmäßiger Erschlaffung aller vier Beine, meistens der Vorderbeine stärker als der Hinterbeine, und das Ergebnis ist, wenn man von der Normalstellung des Tieres ausgeht, daß dieses schließlich mit dem Kopf, der Brust und dem Bauche platt auf dem Boden liegt. Der Unterschied des Vertebra-prominens-Reflexes gegenüber dem Einfluß des Kopfsenkens liegt darin, daß bei Katze, Hund, Meerschweinchen und Affe auf Kopfsenken in der Mitte der Halswirbelsäule die Hinterbeine gestreckt werden, während beim Vertebra-prominens-Reflex die Hinterbeine gleichzeitig mit den Vorderbeinen erschlaffen.

Die Frage, ob die geschilderten tonischen Halsreflexe auf die Extremitäten von den Muskeln oder Gelenken des Halses ausgelöst werden, hat sich bisher nicht entscheiden lassen, weil man bei der verwickelten anatomischen Anordnung der Halsmuskulatur und der Halsgelenke diese beiden am lebenden reaktionsfähigen Tiere präparativ nicht voneinander trennen kann. Dagegen lassen sich die afferenten Bahnen ermitteln. Nach Durchschneidung der beiderseitigen cervicalen Hinterwurzeln des 1. bis 3. Halsnervenpaares ist Drehen, Wenden, Heben und Senken des Kopfes bei der Katze unwirksam auf den Gliedertonus, während sich bei derartigen Tieren der Vertebra-prominens-Reflex noch sehr gut auslösen läßt. Beim Kaninchen war dagegen in einem Falle nach Durchtrennung der drei obersten cervicalen Hinterwurzelpaare auf Kopfdrehen noch eine schwache Reaktion vorhanden, so daß bei diesen Tieren wahrscheinlich auch noch die Hinterwurzeln des 4. Halsnervenpaares bei der Auslösung der tonischen Halsreflexe mitwirken können.

Es macht keinen Unterschied in der Stärke und in dem Sinne der Reaktionen, ob die Halsbewegungen passiv ausgeführt werden oder ob das Tier seinen Kopf aktiv in derselben Richtung bewegt. Dieses wurde zuerst durch Dusser de Barenne (1) gezeigt, welcher bei der Katze ein sog. doppelseitiges Vastocrureuspräparat herstellte, indem er die motorische Innervation sämtlicher zu den Hinterbeinen gehenden Muskeln ausschaltete bzw. diese selber durchschnitt und nur beiderseits den Vastocrureus, d. h. denjenigen Anteil des Quadriceps, welcher am Oberschenkel entspringt und am Unterschenkel inseriert, intakt ließ. Beim Erwachen aus der Narkose führte die Katze aktive Kopfbewegungen aus, und es ergab sich, daß der rechte und linke Vastocrureus auf Drehen, Wenden, Heben und Senken des Kopfes in der typischen Weise reagierte.

Dasselbe läßt sich auch beim Menschen feststellen. Es wird unten zu schildern sein, daß die Halsreflexe sich in geeigneten Fällen bei gehirnkranken Menschen in typischer Weise auslösen lassen. Bei einem derartigen Falle aus der Utrechter Kinderklinik konnte Dr. Stenvers durch kinematographische Aufnahmen festlegen, daß bei aktivem Drehen des Kopfes der Kieferarm sich streckte und der Schädelarm gebeugt wurde, geradeso wie dieses beim passiven Kopfdrehen der Fall war.

Die Zentren für die tonischen Halsreflexe liegen im obersten Cervicalmark (18). Führt man bei einer decerebrierten Katze nach Exstirpation des Kleinhirns einen Frontalschnitt unmittelbar hinter dem Octavuseintritt durch die Medulla oblongata, so bleibt zunächst eine vorzügliche Enthirnungsstarre bestehen. Da aber die Octavi abgetrennt sind, können keine tonischen Labyrinthreflexe auf die Extremitäten mehr zustande kommen. Bei derartigen Präparaten läßt sich das Vorhandensein der tonischen Halsreflexe auf Drehen, Wenden, Heben und Senken noch mit der größten Deutlichkeit nachweisen. Dasselbe ist der Fall, wenn man den Querschnitt weiter kaudal durch den Calamus scriptorius legt. Auch dann führt Drehen und Wenden des Kopfes und die Auslösung des Vertebra-prominens-Reflexes zum typischen Erfolg.

Legt man den Querschnitt unmittelbar hinter den Eintritt des 1. Cervicalnervenpaares, so sind Drehen und Wenden allerdings noch deutlich wirksam, aber die Reaktion ist etwas schwächer geworden. Dasselbe ist der Fall, wenn der Querschnitt ungefähr in der Mitte zwischen den 1. und 2. Cervicalnervenwurzeln durch das Halsmark gelegt wird. Dagegen ist nach einem Querschnitt unmittelbar hinter dem Eintritt des 2. Cervicalnervenpaares die Reaktion auf Drehen und Wenden fast stets vollständig verschwunden. Nur in einem unter sieben Versuchen war noch eine minimale unsichere Grenzreaktion vorhanden, die dann erst nach einem Schnitt hinter C 3 schwand. In der großen Mehrzahl der Fälle ist aber ein Querschnitt hinter C 2 hinreichend, um die Halsreflexe auf Kopfdrehen und -wenden zum Verschwinden zu bringen.

Die Zentren für die tonischen Halsreflexe auf die Extremitäten liegen also in den zwei obersten Halssegmenten. Die afferenten Bahnen laufen bei der Katze (mit Ausnahme der Bahnen für den Vertebra-prominens-Reflex) durch die drei obersten cervicalen Hinterwurzeln.

II. Tonische Labyrinthreflexe auf die Extremitäten (7, 9).

Zur isolierten Untersuchung der tonischen Halsreflexe mußten die Labyrinthreflexe ausgeschaltet sein. Umgekehrt muß man zur Untersuchung der tonischen Labyrinthreflexe die Halsreflexe ausgeschaltet haben.

Dieses wird erreicht:

1. einfach dadurch, indem man bei den Lageänderungen, die man mit dem Tiere ausführt, alle Halsbewegungen vermeidet, also z. B. beim Umlegen des Tieres aus der Bauch- in die Rückenlage sorgfältig darauf achtet, daß die Mundspalte ihre Achse zum Rumpfe des Tieres nicht ändert. Dieses Verfahren wird in der gewöhnlichen Laboratoriumspraxis sehr viel angewendet und läßt sich um so leichter ausführen, je kleiner das zu untersuchende Tier ist. Bei den ursprünglichen Untersuchungen über die Eigenschaften der tonischen Labyrinthreflexe genügte dasselbe aber nicht, weil natürlich stets kleine Halsbewegungen unvermeidlich bleiben.

2. Man kann deshalb nach den oben angegebenen Versuchsresultaten bei Katzen die drei obersten cervicalen Hinterwurzelpaare durchschneiden (bei Kaninchen ist dieses wie gesagt nicht sicher genügend). Man schaltet dann die durch Drehen und Wenden und durch Heben und Senken des Kopfes ausgelösten Halsreflexe auf die Extremitäten aus, dagegen bleibt der Vertebra-prominens-Reflex erhalten, und auch das kann, wenn man nicht sorgfältig darauf achtet, zu Versuchsfehlern Anlaß geben.

3. Am besten ist es, wenn man bei decerebrierten Tieren Kopf, Hals und Thorax fest eingipst, so daß keine Halsbewegungen mehr möglich bleiben.

Zu diesem Zwecke wird das Tier, wenn die Enthirnungsstarre sich gut entwickelt hat und das Rückenmark im untersten Brustteil durchtrennt ist, mit dem
Rücken auf einer Bleiplatte von passender Breite gelagert, welche von den Frontalhöckern des Schädels bis etwa zum 10. Brustwirbel reicht. Auf dieser Platte wird
das Tier mit einer Gipsbinde fixiert, welche den Thorax, Hals und Kopf einhüllt
und die Trachealkanüle sowie die Vorderbeine bis zu den Schultern freiläßt. Nunmehr wird kontrolliert, ob der Kopf richtig symmetrisch zum Rumpfe steht, und
dann eine zweite Gipsbinde angelegt, durch welche zwei schmalere Bleiplatten
rechts und links an Brustkorb, Hals und Kopf so befestigt werden, daß sie ungefähr senkrecht auf der ersten dorsalen Platte stehen. Die biegsamen Bleiplatten
können vorher den Körperformen genau angepaßt werden. Mit einer dritten
Binde wird dieser ganze Verband dann nochmals eingehüllt. Bei diesem Verfahren
wird die Atmung des Tieres nicht behindert, da die Zwerchfell-Bauchwand-Exkursionen frei vor sich gehen können. Nach dem Erstarren des Gipses ist die vordere
Körperhälfte des Tieres dann so vollkommen immobilisiert, daß man sicher ist,
bei jeder Lageänderung des Tieres nicht die geringste Bewegung in den Halsgelenken auszulösen. Mit einem einfachen Winkelmaß und einer Wasserwage
läßt sich die Neigung der Ebene der Mundspalte gegen die Horizontale messen.
Sollen auch Versuche an den Hinterbeinen angestellt werden, so wird das Rückenmark nicht durchtrennt und die dorsale Bleiplatte so lang genommen, daß sie bis
zum Schwanzansatz reicht. Einige Touren der letzten Gipsbinde befestigen dann
die Platte an der Beckengegend und den Hüften. Man muß dann sorgfältig darauf
achten, daß der Bauch freibleibt, weil sonst die Atmung behindert wird. Daß
die Extremitäten ganz frei aus dem Gipspanzer hervorragen müssen, ist selbstverständlich. Auffallend und unerwartet war, daß dieser Verband, der doch einer
so großen Hautfläche des Tieres aufliegt, die Enthirnungsstarre so wenig hemmt.
Meist ist ein sehr guter Strecktonus der Vorderbeine bei den eingegipsten Tieren
vorhanden.

Das gleiche Verfahren wurde mit Erfolg bei Hunden, Kaninchen und Affen
angewendet.

Man kann unter Umständen an den Pfoten der Extremitäten, welche infolge
der Enthirnungsstarre stark gestreckt sind, Gummizüge befestigen, welche um den
Rücken des Tieres herumgehen und die Extremitäten zu beugen streben. Es
müssen sich dann Tonusänderungen in den Streckmuskeln der Glieder gegen diesen
(konstanten) Gummizug besonders deutlich äußern (Abb. 16).

Die Regeln für die tonischen Labyrinthreflexe auf die Gliedermuskeln
lassen sich kurz und einfach zusammenfassen. Die vier Extremitäten
reagieren hierbei stets gleichsinnig. Es gibt eine und nur eine Lage
des Kopfes im Raume, bei welcher der Strecktonus der vier Gliedmaßen
maximal ist, und eine und nur eine Lage des Kopfes im Raume, bei
welcher er minimal ist. Die Maximum- und die Minimumstellung
sind um 180° voneinander verschieden. Bei den bisher untersuchten
Säugetierarten war der Maximumstand in den meisten Fällen bei
Rückenlage des Kopfes mit etwas gehobener Mundspalte.

Über die Bezeichnung der verschiedenen Lagen des Tierkörpers und
des Kopfes im Raume sei folgendes gesagt:

Rückenlage, Bauchlage oder Fußstellung, rechte und linke Seitenlage sind
eindeutige Bezeichnungen. Bei Hängelage mit Kopf unten steht die Wirbelsäule
vertikal, ebenso bei Hängelage mit Kopf oben. Im ersteren Falle bildet der Kopf

das untere, im letzteren Falle das obere Ende des Körpers. Zur Beschreibung
der Lage des Kopfes im Raume bestimmt man den Winkel, welchen die Ebene
der Mundspalte mit der Horizontalebene bei geschlossener Schnauze bildet. Bei
Drehung um die bitemporale Achse bekommt man dann, ausgehend von Rückenlage des Kopfes mit horizontaler Mundspalte (0°), die in Abb. 15 wiedergegebenen
Kopfstellungen mit den zugehörigen Winkelgraden. Beim Heben der Schnauze
werden der Reihe nach die Stellungen +45°, +90° und +135° durchlaufen.
Dann kommt der Kopf in die Stellung 180° mit horizontaler Mundspalte und
Scheitel oben; daran schließt sich dann −135°, das ist die Stellung, in welcher
die Katze den Kopf gewöhnlich während des Lebens trägt, −90° ist mit vertikal
nach unten gerichteter Mundspalte, und bei weiterer Drehung kehrt der Kopf
über −45° in die Ausgangsstellung zurück. Von jeder dieser Stellungen ausgehend kann man den Kopf um eine bestimmte Anzahl Winkelgrade in Seitenlage drehen. Es ist ersichtlich,
daß man auf diese Weise die
verschiedenen Lagen des Kopfes
im Raume zahlenmäßig bestimmen kann. Eine gleiche Figur
kann man sich auch für Kaninchen und andere Tierarten
machen. Die Mundspalte hat
sich als ein sehr bequemer Zeiger
für die Bestimmung der Kopfstellung erwiesen.

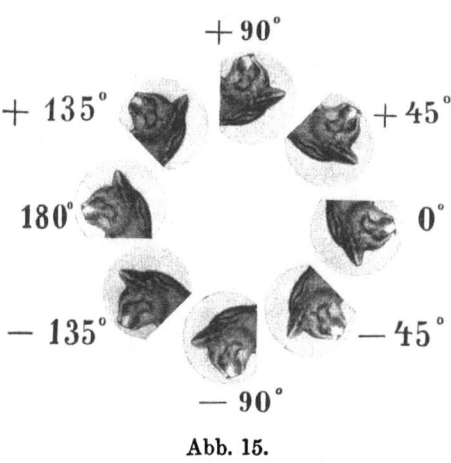

Abb. 15.

Bei den meisten Tieren
liegt der Maximumstand für
die tonischen Labyrinth-
reflexe auf die Extremitäten
in der Gegend zwischen 0°
und + 45°, meistens bei
+ 45°. Dementsprechend
ist der Minimumstand zwischen 180° und −135° meistens −135°.

Geht man bei Katzen von Rückenlage des Kopfes (0°) aus und hebt
nun das Kopfende, bis die Mundspalte 45° erreicht hat, so erfolgt eine
maximale Streckung der Glieder, welche ganz steif werden. Wird die
Bewegung dann fortgesetzt, so daß die Schnauze senkrecht nach oben
kommt (+ 90°), so nimmt der Tonus wieder etwas ab und sinkt weiter,
wenn die Stellungen + 135° und 180° erreicht werden. Bei − 135°
liegt das Minimum des Tonus. Die Beine lassen sich in dieser Stellung
leicht beugen und sind oft völlig schlaff. Jetzt befindet sich der Rücken
oben, der Bauch unten, das Schwanzende des Tieres höher als der Kopf.
Wird nun dieselbe Drehung fortgesetzt, so steigt der Tonus allmählich
wieder an, was gewöhnlich bei − 90° deutlich wird. Bei − 45° ist
gewöhnlich schon wieder ein kräftiger Strecktonus vorhanden, der bei
Erreichung der Ausgangsstellung (Rückenlage) weiter steigt und bei
+ 45° wieder sein Maximum erreicht.

Von den beiden intermediären Stellungen (+ 135° und − 45°) ist in der letzteren der Tonus deutlich höher als in der ersteren. Im allgemeinen kann man sagen, daß in den Stellungen von − 80° über 0° nach + 90° der Strecktonus größer ist als in den Stellungen von + 100° über 180° nach − 100°. Bei + 90° ist der Tonus immer deutlich höher als bei − 90°. Abb. 16 veranschaulicht die Streckung der Vorderbeine einer eingepipsten Katze beim Übergang von der Kopfstellung − 110° nach + 55°.

Nimmt man als Ausgangsstellung die Seitenlage des Tieres, bei welcher ein mittlerer Tonus vorhanden ist, und dreht man das Tier

a

nun um eine der Wirbelsäule parallele Achse, bis es in Rückenlage liegt, so steigt der Tonus; dreht man es in Bauchlage, so sinkt er. Je nach der Ausgangsstellung, die man dem Kopfe zur Achse der Wirbelsäule gibt, wird hierbei die Maximum- und Minimumstellung des Kopfes für die tonischen Labyrinthreflexe passiert oder nicht.

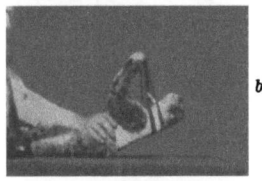

b

Abb. 16. Aus einer kinematographischen Serienaufnahme. Katze in Chloroformnarkose decerebriert. ½ Stunde später Durchschneidung des Rückenmarkes am 12. Brustwirbel. Danach Eingipsen des Vorderkörpers bis zum 9. Brustwirbel. Mundspalte etwa 30° gegen die Wirbelsäule ventralwärts gebeugt. — Auf Abb. 16*a* sieht man das Tier frei in der Luft gehalten. Kopf, Hals und Thorax sind im Gipsverband, aus dem die Vorderbeine frei hervorsehen. Die beiden Vorderpfoten sind durch Gummibänder gegen den Hals hingezogen. Der Strecktonus der Vorderbeine äußert sich also in der Spannung dieser Gummibänder und läßt sich durch den Winkel des Ellbogens messen. Auf Abb. 16*a* ist das Kopfende

c

Abb. 16.

des Tieres gesenkt, so daß die Mundspalte in der Stellung −110° steht. Das Tier befindet sich schon längere Zeit in dieser Stellung; der Tonus der Vorderbeine ist gering, der Ellbogenwinkel beträgt etwa 100°. Darauf wird das Tier in der Luft um die Frontalachse herumgedreht, bis sich der Rücken unten befindet, das Kopfende gehoben ist und die Mundspalte sich in der Stellung +55°, also nahezu in der Maximumstellung der Labyrinthreflexe, befindet. 3 Sekunden später ist Abb. 16*b* aufgenommen. Der Tonus der Vorderbeinstrecker hat sich nicht geändert, der Ellbogenwinkel beträgt 95°. 3,3 Sekunden danach beginnt eine langsame kräftige Streckung der Arme, welche im ganzen 5 Sekunden dauert, bis das Tonusmaximum erreicht ist. Dieses wird danach so lange beibehalten, als das Tier in unveränderter Lage gehalten wird. Abb. 16*c* ist ½ Sekunde nach Vollendung der Streckbewegung aufgenommen. Durch die Tonuszunahme der Streckmuskeln sind die Gummibänder gedehnt, die Zehen stehen viel höher als in Abb. 16*b* und der Ellbogenwinkel beträgt 150°. — Sehr charakteristisch ist die lange Latenz der Reaktion, welche 7½ Sekunden nach Vollendung der Drehung einsetzt und erst 12½ Sekunden nach Beginn der Drehung vollendet ist.

Besondere Kontrollversuche zeigten, daß es wirklich die Lage des Kopfes im Raume ist, welche diese Reaktionen beherrscht. Ebenso läßt sich zeigen, daß die Reaktionen nicht etwa durch die veränderte Lage der Extremitäten ausgelöst werden.

Wird bei den verschiedenen Bewegungen die Lage des Kopfes zur Horizontalebene nicht geändert, so erfolgen auch keine tonischen Labyrinthreflexe. Man kann also bei Bauchlage oder Rückenlage des Tieres eine Drehung um die (senkrecht stehende) Dorsoventralachse, bei Seitenlage des Tieres eine Drehung um die (dann ebenfalls senkrecht stehende) Frontalachse ohne jeden Einfluß auf den Gliedertonus ausführen. Ebenso sind bei decerebrierten Katzen alle reinen Progressivbewegungen ohne jeden Einfluß auf den Tonus. Da, wie in der Einleitung auseinandergesetzt wurde, man durch Progressivbewegungen Labyrinthreflexe auf die Glieder auslösen kann, so beruht dieses offenbar darauf, daß, wie auch aus anderen Versuchen bekannt ist, die Reflexe auf Progressivbewegung sehr empfindlich gegen den Schock der Operation sind. Für unsere Zwecke hat das den Vorteil, daß man bei der Untersuchung der tonischen Labyrinthreflexe an decerebrierten Tieren durch diese Reaktionen nicht gestört wird.

Werden bei eingegipsten Tieren die Labyrinthe mit Cocain oder chirurgisch ausgeschaltet, so sind danach alle Reaktionen auf Lageänderungen erloschen. Der Tonus nimmt dann meistens eine mittlere Höhe ein, welche geringer ist als das frühere Maximum, aber beträchtlich höher als das frühere Minimum. Bei solchen Tieren sind ebensowohl die Hals- wie die Labyrinthreflexe auf die Gliedermuskeln aufgehoben.

Die hier beschriebenen Reaktionen werden durch die Lage des Kopfes im Raume bedingt. Sie sind nicht durch die Winkelbeschleunigungen bei den Drehungen hervorgerufen, denn sonst müßte es zum mindesten eine Körperlage geben, bei welcher durch Drehung in einer horizontalen Ebene sich eine Reaktion auslösen ließe. Dieses ist aber sicherlich nicht der Fall. Daß es sich um wirkliche Lagereflexe handelt, ergibt sich ferner daraus, daß es für den schließlichen Tonuszustand der Gliedmaßen gleichgültig ist, ob eine bestimmte Lage des Kopfes im Raume durch Drehung in der saggitalen, frontalen oder einer anderen Ebene erreicht wird, und ob die zu der endgültigen Lage führende Drehung in einem oder im umgekehrten Sinne erfolgte. Drehreaktionen sind hierbei also unbeteiligt. Ferner läßt sich zeigen, daß der jeweilige Tonuszustand der Glieder (auch bei den eingegipsten Tieren) so lange andauert, als der Kopf seine Lage im Raume beibehält.

Bei der Bestimmung der Maxima und Minima stellte sich bei den verschiedenen Versuchstieren heraus, daß nicht unbeträchtliche individuelle Variationen vorkommen. Man kann an gut erregbaren Tieren die Lage des Maximums und Minimums etwa mit einer Genauigkeit von 5° (manchmal 10°) feststellen. Die tatsächlich beobachteten Variationen fallen aus dieser Fehlerzone heraus.

Zahl der Versuche	Maximum	Minimum
Katze (18 Versuche).		
15 Versuche	+45°	−135°
1 Versuch	0° bis +40°	+135° bis −135°
1 „	+10°	−170°
1 „	0° bis −10°	180° bis +170°
Kaninchen (9 Versuche.)		
4 Versuche	0°	180°
1 Versuch	+20°	−160°
1 „	0° bis +45°	180° bis −135°
3 Versuche	+45°	−135°
Hund (4 Versuche).		
2 Versuche	+45°	−135°
1 Versuch	0°	180°
1 „	+90°	− 90°
Affe (2 Versuche).		
2 Versuche	+45°	−135°

Unter diesen 39 Versuchen wurde das Maximum einmal bei der Katze zwischen 0° und −10° gefunden, einmal beim Hunde bei +90°. In den übrigen 37 Fällen lag es zwischen 0° und 45°, und in 20 Fällen genau bei +45° (±5°). Die Variationen liegen (mit einer Ausnahme beim Hunde) alle in der Richtung nach 0° hin. Wir werden auf diese Verhältnisse zurückkommen müssen, wenn von der Abhängigkeit der tonischen Labyrinthreflexe von bestimmten Teilen des Vestibularapparates (Otolithen) die Rede sein wird.

Der afferente Nerv für die tonischen Labyrinthreflexe ist natürlich der Nervus octavus. Labyrinthexstirpation oder Octavusdurchschneidung hebt die Reflexe endgültig auf. Schrittweise Durchschneidungsversuche am Zentralnervensystem decerebrierter Tiere haben gezeigt, daß man das Mittelhirn und das Kleinhirn vollständig entfernen kann, ohne das Zustandekommen dieser Reflexe zu stören, und daß sie auch noch vorhanden sind, wenn man den Querschnitt durch die Medulla oblongata dicht vor der Eintrittsebene der Nervi octavi legt. Die Zentren für die tonischen Labyrinthreflexe auf die Extremitäten liegen also caudalwärts vom Octavuseintritt in die Medulla oblongata. Es ergab sich dieses in drei übereinstimmenden Versuchen bei der Katze (*18*) und drei beim Kaninchen (*37*).

Da bei den tonischen Halsreflexen die Extremitäten meistens gegensinnig reagieren (Ausnahmen sind nur der Vertebra-prominens-

Reflex und die Reaktion auf Kopfheben und -senken beim K a n i n c h e n), während bei den tonischen L a b y r i n t h r e f l e x e n die vier Extremitäten stets gleichsinnig reagieren, so kann man dieses im Zweifelsfalle zur Unterscheidung zwischen Hals- und Labyrinthreflexen benutzen.

Die tonischen Labyrinthreflexe auf die Gliedermuskeln nach einseitiger Labyrinthausschaltung (7, 9, 15).

Man sollte a priori erwarten, daß nach einseitiger Labyrinthausschaltung die geschilderten Labyrinthreflexe verändert sein müßten, indem entweder nur noch die Extremitäten der einen Körperseite reagierten oder doch wenigstens die Reaktion auf der einen Seite schwächer ausfällt als auf der anderen. Bei den Experimenten hat es sich aber herausgestellt, daß ein Labyrinth genügt, um die Extremitäten der rechten und der linken Körperseite im gleichen Sinne und mit gleicher Stärke zu beeinflussen. Es ergab sich dieses als konstantes Resultat in fünf Versuchen an Katzen, denen 17, 21, 28, 31 und 140 Tage vorher das Labyrinth der einen Seite exstirpiert worden war und die nach der Decerebrierung eingegipst wurden. Die Tiere waren in der Zwischenzeit genau beobachtet worden und hatten alle für einseitigen Labyrinthausfall charakteristischen Erscheinungen gezeigt. Nach dem Decerebrieren trat gute Enthirnungsstarre ein, welche auf beiden Körperseiten mit gleicher Stärke vorhanden war. Darauf wurden sie, nachdem das Rückenmark im untersten Brustteil durchtrennt war, eingegipst. Die Reaktionen auf Lageänderungen im Raume waren danach genau dieselben, wie sie oben für Tiere mit zwei intakten Labyrinthen geschildert worden sind. Insbesondere ließ sich niemals ein Unterschied in der Stärke der Reaktionen des rechten und linken Vorderbeines entdecken, trotzdem natürlich hierauf besonders geachtet wurde.

In einem weiteren Versuche wurde eine normale Katze decerebriert und nach Durchtrennung des Rückenmarkes eingegipst. Sie zeigte darauf alle Reaktionen, die im vorigen Abschnitt geschildert worden sind, die Maximumstellung war bei $+45°$, die Minimumstellung bei $-135°$. Darauf wurde durch ein Fenster im Gipsverband das linke Labyrinth mit Cocain ausgeschaltet. Der Tonus des linken Vorderbeines war danach deutlich etwas geringer als der des rechten. Dieses linke Bein reagierte aber auf jede Lageänderung des Tieres im Raume in genau derselben Weise und ebenso stark wie das rechte.

Es genügt also ein Labyrinth, um den Gliedertonus auf beiden Körperseiten gleichmäßig zu beeinflussen.

Dieselbe Beobachtung wurde bei fünf Kaninchen angestellt 5, 7, 7, 18 und 24 Tage nach der einseitigen Labyrinthexstirpation und ferner an einem decerebrierten Hunde, bei welchem ein Labyrinth mit Cocain ausgeschaltet wurde. Auch beim Affen läßt sich dasselbe Verhalten feststellen.

Beachtenswert ist, daß das übrigbleibende Labyrinth an den Extremitäten beider Körperseiten Tonusänderungen vom gleichen Ausmaße hervorruft, einerlei ob der Ausgangstonus der rechten und linken Extremitäten der gleiche ist (längere Zeit nach der Labyrinthexstirpation), oder wenn die Extremitäten auf der Seite der Labyrinthexstirpation etwas schlaffer sind (direkt nach der Labyrinthexstirpation). Schon hieraus ergibt sich, daß die vorübergehende einseitige Gliedererschlaffung nach einseitiger Labyrinthexstirpation nicht auf den Fortfall der tonischen Labyrinthreflexe auf die Extremitätenmuskeln bezogen werden kann.

III. Allgemeiner Charakter der Tonusänderungen bei den Haltungsreflexen.

Sowohl bei den tonischen Hals- als bei den Labyrinthreflexen erfolgt, wenn eine Tonuszunahme eines Gliedes eintritt, meistens eine kräftige wirkliche Streckung der Extremitäten, bei welcher beträchtliche Widerstände überwunden werden können. Wird die ganze Extremität oder ein isolierter Streckmuskel derselben mit einem konstanten Gewicht belastet, so sieht man eine deutliche Verkürzung der Streckmuskeln eintreten. Andererseits ist die Belastung mit einem größeren Gewichte nötig, um den Muskel wieder auf seine Anfangslänge zurückzubringen. Es tritt also bei konstanter Belastung eine Verkürzung und bei konstanter Länge eine erhöhte Spannung ein.

Bei der Tonusabnahme läßt sich das Umgekehrte feststellen. Der Tonus in den Streckmuskeln sinkt, indem bei gleicher Belastung der Muskel sich verlängert und bei gleicher Länge eine geringere Spannung bekommt. Unter Umständen kann es zu völliger Erschlaffung der Streckmuskeln kommen.

Die stärkste Reaktion tritt stets im Schulter- und Ellbogengelenk des Armes und im Hüft- und Kniegelenk des Beines ein. Die Fuß- und Zehengelenke sind weniger beteiligt, aber auch hier läßt sich gelegentlich Streckung, Spreizung der Zehen und bei Katzen Heraustreten der Krallen feststellen.

Bei Tieren mit schwächerer Enthirnungsstarre kann man die Bestimmung auch so vornehmen, daß man zunächst die Extremität (z. B. den Arm) im Ellbogen streckt und dann denjenigen Winkel bestimmt, bei welchem zuerst bei passiver Beugung ein Widerstand zu fühlen ist. Man erhält dann sehr genaue Werte, weil man bei der passiven Beugung plötzlich bei einer gegebenen Stellung gleichsam ein Einschnappen des Streckmuskels fühlt, worauf dann bei weiterer Beugung ein gewisser Widerstand zu überwinden ist. Beispielsweise kann man gelegentlich am Ellbogen bei maximalem Tonus das Einschnappen bei einem Winkel von 160°, bei minimalem Tonus bei 90° fühlen. Ist die Tonusabnahme hochgradig, dann fühlt man bei minimalem Tonus manchmal überhaupt keinen Widerstand mehr.

Bei gut entwickelter Enthirnungsstarre sind an den Gliedern nur die Streckmuskeln im Tonus, die Beugemuskeln sind unbeteiligt. Daher äußert sich der Erfolg einer veränderten Kopfstellung bei solchen Präparaten auch am auffälligsten an den Streckmuskeln. Bei graphischer Aufzeichnung der Längeänderungen von Beuge- und Streckmuskeln der gleichen Gliedmaßen sieht man dann auch nur Ausschläge an der Kurve der Strecker, während die Kurve der Beuger unverändert bleibt. Am decerebrierten Tiere sind also häufig nur die Streckmuskeln für die geschilderten tonischen Hals- und Labyrinthreflexe „eingeklinkt". Gelegentlich erhält man aber auch Resultate, welche eine Beteiligung der Beugemuskeln an den hier geschilderten Reflexen zeigen. Wenn man nämlich bei Tieren mit sehr hochgradigen Tonusänderungen durch eine geeignete Kopfbewegung ein Minimum des Strecktonus herbeiführt, bei welchem die Extensoren wirklich völlig erschlaffen, so tritt dabei manchmal eine aktive Beugung auf. Diese läßt sich dann nachweisen durch den Widerstand, den das betreffende Glied einer passiven Streckung entgegensetzt. In einem besonders deutlichen Versuche wurde das Tier in Bauchlage in der Luft gehalten und dann der vorher gehobene Kopf ventralwärts gesenkt. Dieses bewirkte ein sofortiges Nachlassen des vorher vorhandenen Strecktonus, aber die Beine hingen nun nicht einfach der Schwere folgend schlaff nach unten herab, sondern wurden durch aktive Beugung an den Leib heraufgezogen. Auch diese Beugungen sind im Ellbogen stärker ausgesprochen als im Handgelenk. Es gilt demnach auch für die hier besprochenen Reflexe das Gesetz der reziproken Innervation [Sherrington (5)]. Eine Hemmung des Strecktonus geht einher mit Kontraktion der Beuger, und wenn der Strecktonus zunimmt, werden die Beuger gehemmt. Die Beteiligung der Beuger läßt sich in geeigneten Fällen sowohl für die Labyrinth- wie für die Halsreflexe nachweisen.

Auf Abb. 17 sieht man die graphische Aufzeichnung der reziproken Innervation bei den tonischen Hals- und Labyrinthreflexen auf die Muskeln des Oberarmes. Der Versuch wurde von Beritoff im Utrechter Pharmakologischen Institut angestellt. Die obere Kurve wird vom Caput laterale und mediale des Triceps, die mittlere Kurve vom Caput longum des Triceps geschrieben, also beide von Streckern des Ellbogens. Die untere Kurve rührt vom Brachialis, dem Beuger des Ellbogens, her. Die Muskeln waren isoliert und mit Schreibhebeln verbunden. Der Versuch beginnt bei Mittelstellung des Kopfes. Darauf wird der Kopf so gedreht, daß das schreibende Bein Kieferbein wird (*KB*). Darauf tritt die zugehörige Kontraktion in den verschiedenen Teilen des Triceps ein, welche vorübergehend von einer teilweisen Erschlaffung unterbrochen wird. Gleichzeitig damit erfolgt aber Hemmung des Brachialis.

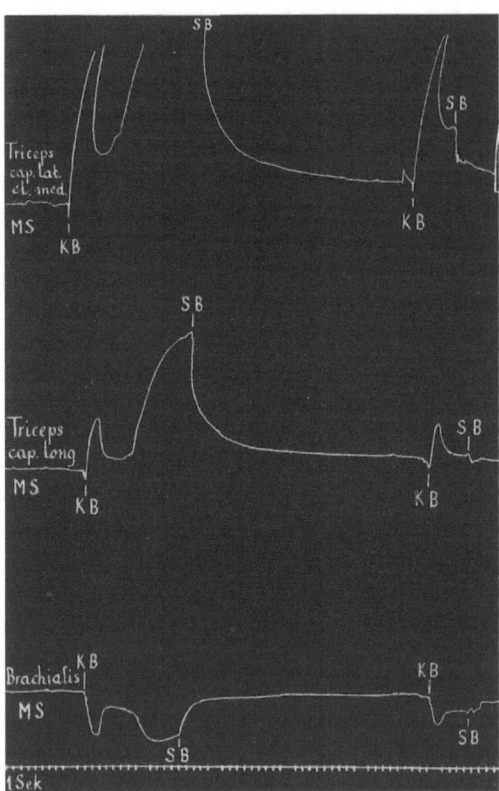

Abb. 17. (Nach einem Versuche von Beritoff.) Katze, Äthernarkose. Durchtrennung sämtlicher Muskeln, welche Scapula und Humerus mit dem Körper verbinden, und sämtlicher Nerven des Brachialplexus mit Ausnahme des Nervus radialis und musculo-cutaneus. Am Ellbogen werden außerdem der M. anconaeus und der Muskelzweig des Nervus radialis durchschnitten. Der Nervus radialis superficialis wird zur Reizung präpariert. Amputation des Unterarmes im Ellbogengelenk. Fixation des Schulterblattes sowie des Kopfes und des distalen Endes vom Humerus. Darauf Decerebrieren. Ende der Äthernarkose. Die oberste Kurve rührt vom Caput laterale und mediale, die mittlere vom Caput longum des Triceps her, die untere vom M. brachialis. Die Katze befindet sich in Seitenlage, das registrierende Bein oben. Zu Beginn der Kurve befindet sich der Kopf in Mittelstellung. Bei *KB* wird der Kopf mit dem Scheitel nach unten, dem Unterkiefer nach oben gedreht, das registrierende Bein wird Kieferbein. Es erfolgt Kontraktion des Triceps (obere und mittlere Kurve) und Erschlaffung des Biceps, entsprechend einer Streckung des registrierenden Beines. Diese wird vorübergehend durch eine halbe Beugung unterbrochen (Hemmung des Triceps und Verkürzung des Brachialis). Nach etwa 13 Sekunden wird der Kopf mit dem Scheitel nach oben gedreht (*SB*), darauf erfolgt Erschlaffung des Triceps und Kontraktion des Brachialis, welcher allmählich in die Ausgangsstellung zurückkehrt. Bei *KB* wird der Kopf wieder mit dem Scheitel nach unten gedreht, was Kontraktion des Triceps und Hemmung des Biceps zur Folge hat; bei *SB* wird der Kopf mit dem Scheitel nach oben gedreht, auf der obersten Kurve sieht man die Erschlaffung des Triceps, auf der untersten Kurve die Rückkehr des Brachialis in die Ausgangsstellung. Zeit in Sekunden.

Abb. 17.

Nach etwa 13 Sekunden wird der Kopf so gedreht, daß das registrierende Bein Schädelbein wird (*SB*). Darauf erfolgt Erschlaffung des Triceps und Kontraktion des Brachialis, welcher in seine Ausgangsstellung zurückkehrt. Nach einiger Zeit wird nochmals der Kopf so gedreht, daß das registrierende Bein Kieferbein wird (*KB*); man erkennt deutlich die Kontraktion des Triceps und die Erschlaffung des Biceps. Bei der nochmaligen Drehung in Schädelbeinstellung (*SB*) erschlafft der Triceps (besonders gut erkennbar auf der obersten Kurve), und der Brachialis kehrt in seine Ausgangsstellung zurück.

Bei der Fortsetzung seiner Versuche in St. Petersburg hat Beri - toff (1) eine große Reihe schöner Kurven gewonnen. In seinen Ver-

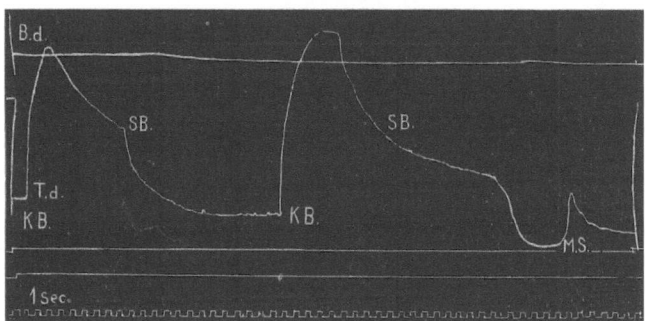

Abb. 18. (Nach Beritoff.) Katze. Decerebrierung und Entfernung des Kleinhirns. Versuch $2^{1}/_{2}$ Stunden nach der Operation. Das Tier liegt auf der linken Seite. Die obere Kurve entspricht dem Brachialis dext., die untere Kurve dem Triceps dext. Bei *KB* wird der Kopf mit dem Scheitel nach unten gedreht, das registrierende Bein wird dadurch Kieferbein, und es erfolgt Kontraktion des Triceps, während der Brachialis ruhig bleibt. Bei *SB* wird der Kopf mit dem Scheitel nach oben gedreht; darauf erschlafft der Triceps. Derselbe Versuch wird nochmals wiederholt. Schließlich wird bei *MS* der Kopf wieder in Mittelstellung zurückgedreht. Während des ganzen Versuches ändert sich nur die Länge des Triceps, während der Brachialis (Beuger) sich an der Reaktion nicht beteiligt

suchen war gewöhnlich in den ersten Stunden nach dem Decerebrieren eine sehr hochgradige Enthirnungsstarre vorhanden, bei welcher die Streckmuskeln kontrahiert waren und die Beugemuskeln völlig schlaff. Bei der Auslösung der tonischen Hals- und Labyrinthreflexe auf die Extremitätenmuskeln reagierten dann nur die Streckmuskeln, während die Beugemuskeln im Zustande der Erschlaffung verharrten. Hiervon gibt Abb. 18 ein Beispiel.

Unter den Versuchsbedingungen von Beritoff (wahrscheinlich sehr hohe Decerebrierung) änderte sich dieses Verhalten im Laufe der folgenden Stunden. Der Strecktonus nahm ab, und es trat gleichzeitig damit

ein mehr oder weniger ausgesprochener Beugetonus auf. In diesem
Zustande beteiligten sich dann sowohl die Beuger wie die Strecker an
den Reaktionen auf Kopfdrehen. Ein derartiges Verhalten veranschaulicht Abb. 19.

Aber auch in denjenigen Fällen, in welchen nach dem Decerebrieren
die Starre deutlich entwickelt ist, und infolgedessen die tonischen Laby-
rinth- und Halsreflexe sich nur an den Streckern äußern, kann man
die reziproke Innervation dadurch demonstrieren, daß man durch
Reizung eines (meistens gleichseitigen) sensiblen Nerven an der registrierenden Pfote einen Beugereflex hervorruft. Dieses wird durch
Abb. 20 nach einem Versuche Beritoffs im Utrechter Laboratorium
veranschaulicht. Die obere Kurve wird vom isolierten Triceps (Strecker),

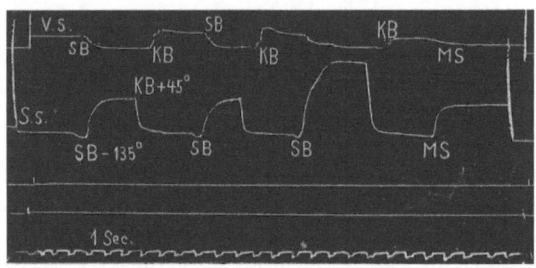

Abb. 19. (Nach Beritoff.) Rechte Seitenlage. 13 Stunden nach dem Decerebrieren. Bei diesem Tiere sind am linken Hinterbeine der Vastocrureus (Knie-
strecker) und der Semitendinosus (Kniebeuger) präpariert. Die obere Kurve
entspricht dem Vastocrureus, die untere dem Semitendinosus. Bei *SB* wird der
Kopf mit dem Scheitel nach oben, bei *KB* mit dem Scheitel nach unten gedreht,
und zwar so, daß jeweils die Maximum- bzw. Minimumstellung für die Labyrinthreflexe erreicht wird. Man sieht, daß bei *SB* jedesmal der Strecker erschlafft und
der Beuger sich kontrahiert, bei *KB* dagegen der Strecker sich kontrahiert und
der Beuger erschlafft. Am Ende des Versuches wird der Kopf in Mittelstellung (*MS*)
zurückgeführt.

die untere vom isolierten Brachialis (Beuger) geschrieben. Der Kopf
befindet sich in Mittelstellung. Darauf wird der zentrale Stumpf
des N. radialis superficialis des registrierenden Beines mit 100 Kron-
eckereinheiten faradisch gereizt. Es erfolgt darauf (*a*) der gleichseitige Beugereflex, welcher den Brachialis zur Kontraktion bringt
und eine sehr geringe Erschlaffung des Triceps hervorruft. Darauf
wird der Kopf des Tieres stark dorsalwärts gebeugt (*b*). Dieses führt
zu einem tonischen Halsreflex der Vorderbeine, welche dadurch beide
gestreckt werden. Man sieht dieses auf der Kurve durch die starke
Kontraktion des Triceps und die gleichzeitig damit eintretende Hemmung des kontrahierten Brachialis. Von den beiden konkurrierenden

Einflüssen scheint der faradische Nervenreiz allmählich die Überhand zu gewinnen, so daß die Kontraktion des Triceps wieder zurückgeht, und ebenso die Hemmung des Brachialis. Schließlich wird der Kopf wieder in die Ausgangsstellung zurückgebracht (c) und die faradische Nervenreizung beendet (d).

In einzelnen Versuchen von Beritoff ging die Streckstarre vollständig zurück, und es entwickelte sich im Laufe des vielstündigen Versuches eine Beugestarre. Dann beteiligten sich die Streckmuskeln überhaupt nicht mehr an den tonischen Labyrinth- und Halsreflexen, sondern die Reaktion trat nur in den Beugemuskeln auf.

Nach den Versuchen, welche Jonkhoff (70) im hiesigen Laboratorium ausgeführt hat, kann man diesen letzteren Zustand nach Willkür bei jedem decerebrierten Tier durch Pikrotoxinvergiftung hervorrufen. Pikrotoxin hat die Eigenschaft, nach dem Decerebrieren die Streckstarre in eine Beugestarre zu verwandeln. Man erkennt dieses auf Abb. 21a und b.

Abb. 22 und 23 (nach Jonkhoff) geben nun graphisch das Verhalten des Biceps (obere Kurve) und des Triceps (untere Kurve) wieder. Zeit in Sekunden. Auf Abb. 22 sieht man das normale Verhalten. Bei Kopfdrehen mit dem Scheitel nach unten (KB) gerät der Triceps des bei Seitenlage des Tieres oben befindlichen Armes in Kontraktion, während der Biceps schwache Hemmung zeigt. Beim Zurückdrehen in Mittelstellung (MS) hört die Kontraktion des Triceps wieder auf.

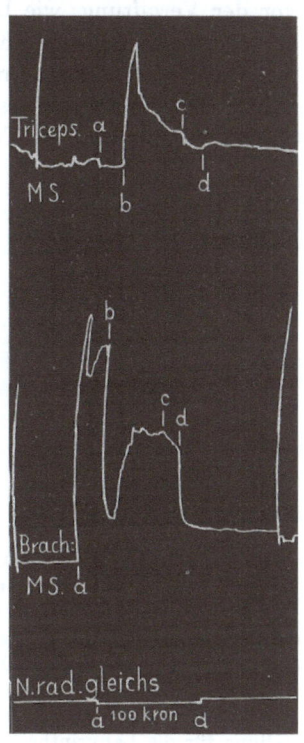

Abb. 20.

Nach Einspritzung von 1 mg pro kg Pikrotoxin intravenös hat sich das Bild vollkommen geändert. Entsprechend dem oben geschilderten maximalen Beugetonus bei der Pikrotoxinvergiftung beteiligt sich nunmehr (Abb. 23) der erschlaffte Triceps an den Reaktionen auf Kopfdrehen überhaupt nicht mehr. Dagegen treten nun die Erregungen des Biceps in den Vordergrund. Während vorher bei Drehen mit dem Scheitel nach unten (KB) eine starke Streckung erfolgte, tritt jetzt bei dieser Kopfstellung überhaupt keine Reaktion mehr ein. Dagegen ist nun das Maximum des Ausschlages vorhanden, wenn der Kopf mit dem Scheitel nach oben gedreht wird (SB). Nunmehr erfolgt eine maximale Kontraktion des M. biceps, welche so lange andauert, als der Kopf in der betreffenden Lage gehalten wird. Besonders deutlich ist dieses bei der zweiten Kopfdrehung. Wird dann der Kopf wieder in Mittelstellung (*MS*) gebracht, so hört die Kontraktion des Biceps sofort auf. Auf der Bicepskurve sind außerdem 6 Krampfzuckungen infolge der Pikrotoxinvergiftung zu sehen.

Interessant ist der Vergleich vor und nach der Vergiftung. Während vor der Vergiftung, wie bei allen normalen decerebrierten Tieren, bei Maximumstellung des Kopfes (+45°) eine Kontraktion des Triceps mit Ruhe oder leichter Erschlaffung des Biceps erfolgte, tritt nunmehr bei Minimumstellung des Kopfes (−135°) eine maximale Kontraktion des Biceps mit Ruhe des Triceps ein. M. a. W.: Während anfangs sich die

Abb. 21 a.

Abb. 21 b.

Abb. 21. a. 10 Uhr 40 Min. Die decerebrierte Katze wird in Rückenlage mit ungefähr horizontaler Mundspalte gehalten, also nahezu in der Maximumstellung für die Labyrinthreflexe auf die Extremitätenmuskeln. Die Vorderbeine zeigen deutlich starken aktiven Strecktonus, die Hinterbeine beteiligen sich nicht an der Reaktion. — b. 12 Uhr 30 Min. Nach Einspritzung von 1,2 mg pro kg Pikrotoxin ist der Strecktonus der decerebrierten Katze in Beugetonus verwandelt. Das Tier wird in Bauchlage in der Luft gehalten, also ungefähr in der Minimumstellung für die Labyrinthreflexe. Die Vorderbeine sind stark gebeugt gegen die Wirkung der Schwerkraft. Man sieht einen starken aktiven Beugetonus der Vorderbeine, welche im Ellbogen und in den Zehengelenken stark gebeugt sind.

tonischen Hals- und Labyrinthreflexe in Veränderungen des Strecktonus äußerten, treten nunmehr ausschließlich die Veränderungen des Beugetonus zutage, und dieser Beugetonus hat sein Maximum in denjenigen Stellungen des Kopfes im Raume und zum Körper, in welchen der Strecktonus sein Minimum hat und umgekehrt, so daß also bei Minimumstellungen des Kopfes die stärksten Reaktionen auf den Kurven hervortreten.

Alle diese geschilderten Beobachtungen dürfen aber die Grundbeobachtung nicht verschleiern, daß nämlich beim decerebrierten Tiere überwiegend die Streckmuskeln an den Reaktionen teilnehmen. Daß diese auch unter physiologischen Bedingungen als die wichtigsten Erfolgsorgane bei den tonischen Hals- und Labyrinthreflexen angesehen werden müssen, ergibt sich schon aus der Tatsache, daß sie eben die „Stehmuskeln" sind, welche hauptsächlich die Stellung und Haltung des Körpers herbeiführen und aufrecht erhalten. Der Einfluß der Kopfstellung auf die Haltung des Körpers wird also im wesentlichen durch die Abhängigkeit des Tonus der Streckmuskeln (Stehmuskeln) von den Receptoren der Labyrinthe und des Halses bedingt.

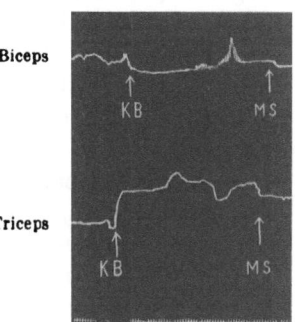

Abb. 22.

Die tonischen Hals- und Labyrinthreflexe sind auf die Gliedermuskeln noch wirksam, wenn die zugehörigen Hinterwurzeln durchtrennt sind. Bei einer Katze wurde in tiefer Chloroformnarkose der Rückenmarkskanal am Nacken eröffnet und extradural auf der linken Seite die Hinterwurzeln von C. 5 bis Th. 2 einschließlich durchtrennt. Die Sektion bestätigte später die Vollständigkeit der Durchschneidung. Darauf wurde decerebriert und 35 Minuten später das Rückenmark am 11. Brust-

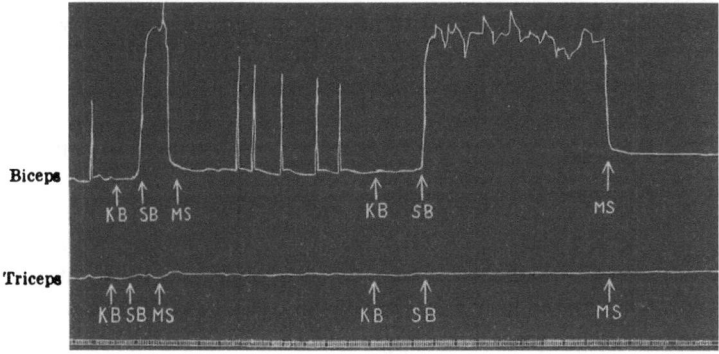

Abb. 23.

wirbel quer durchschnitten. Das rechte Vorderbein zeigte starke Starre, das linke war sehr viel schlaffer. Auf Heben und Senken des Kopfes bei Rückenlage des Tieres reagierten aber beide Beine im gleichen Sinne. Befand sich die Mundspalte um 45° über die Horizontale gehoben, so war in beiden Armen der Tonus, besonders des Ellbogens, maximal (wobei er aber im linken stets viel geringer war als im rechten). Wurde der Kopf aus dieser Stellung in dorsaler oder ventraler Richtung entfernt, so sank der Tonus. Im wesentlichen handelte es sich hierbei um Labyrinthreflexe. Bei der Enthirnungsstarre kann man also den Tonus eines Beines, dessen afferente Bahnen durchtrennt sind, noch durch veränderte Kopfstellung beeinflussen. Dasselbe konnte Sherrington (11) am isolierten Vastocrureuspräparat der dekapitierten Katze feststellen, bei dem ebenfalls die zugehörigen Hinterwurzeln durchtrennt waren. Es erfolgte auf Kopfdrehen die typische Reaktion. Die durch eine bestimmte Kopfstellung ausgelösten Erregungen müssen demnach als eine selbständige Quelle für den Tonus der Glieder angesehen werden.

Auch die sympathische Innervation der quergestreiften Muskeln kann man aufheben, ohne den Erfolg der tonischen Hals- und Labyrinthreflexe zu verändern. Das ergibt sich aus einer Beobachtung von Dusser de Barenne (1), welcher bei Katzen 3—6 Wochen vorher einseitig den Bauchsympathicus von L. 1 bis L. 7 oder S. 1 exstirpiert hatte und danach beiderseits ein Vastocrureuspräparat herstellte. An beiden Seiten ließ sich der Einfluß der tonischen Hals- und Labyrinthreflexe auf den Vastocrureus gleich gut auslösen.

Bei den decerebrierten Tieren sind die Latenzzeiten für die tonischen Halsreflexe kurz und liegen meistens zwischen $^1/_3$ und 1 Sekunde. Nur ausnahmsweise werden Latenzen bis zu 6 Sekunden beobachtet. Dagegen haben die Labyrinthreflexe sehr wechselnde Latenzen, welche zwischen $^1/_4$ und 23 Sekunden schwankten. In dem auf Abb. 16 wiedergegebenen Versuche betrug die Latenz der Labyrinthreflexe $7^1/_2$ Sekunden.

Um die Form der Tonusänderungen zu verdeutlichen, sollen noch einige Kurven wiedergegeben werden.

Abb. 24 zeigt die Bewegungen des rechten Vorderbeines bei einer (nicht eingegipsten) Katze in Rückenlage. Der rechte Oberarm ist mit einer Klemme in senkrechter Stellung fixiert, der rechte Unterarm frei beweglich, an der rechten Pfote hängt ein Gewicht von 100 g, welches das Bein im Ellbogengelenk zu beugen strebt. Die Pfote ist mit einem leichten Schreibhebel verbunden, Streckung des Beines bewirkt Abwärtsbewegung des Hebels. Im Beginn der Kurve ist die Mundspalte um 30° über die Horizontale gehoben, der Kopf befindet sich also nahe der Maximumstellung der Labyrinthreflexe. Bei 1 wird der Kopf stark ventralwärts gebeugt (140°), so daß die Schnauze zwischen den Vorderbeinen steht. Der Erfolg ist ein Nachlassen des Tonus, das zuerst sehr schnell, dann langsamer erfolgt, bis schließlich die Linie sich der Horizontalen nähert. Man sieht, daß es sich um eine reine Dauerreaktion handelt, welche so lange bestehen bleibt, als der Kopf sich in dieser Stellung befindet (1½ Minuten). Darauf wird der Kopf wieder in die Maximumstellung zurückgeführt (2), worauf sofort der Strecktonus zurückkehrt und 2¾ Minuten lang bestehen bleibt. Bei 3 wird der Kopf in dorsale Richtung aus der Maximumstellung entfernt (Mundspalte — 20° unter die Horizontale gesenkt), und alsbald sinkt der Tonus wieder ab, aber nicht so stark wie vorhin bei (1) auf stärkste Ventralbeugung des Kopfes. Die Kurve zeigt also, wie auf veränderte Stellung des Kopfes das Bein ohne weiteres seine neue tonische Ruhelage annimmt.

Es gibt aber noch einen anderen Reaktionstypus, der ungefähr ebenso häufig zu beobachten ist, und den Abb. 25 veranschaulicht.

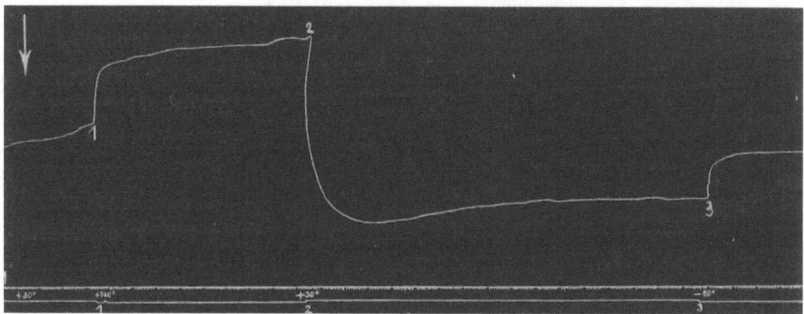

Abb. 24. Versuch 62. Katze in Chloroformnarkose decerebriert. Eine halbe Stunde später Durchschneidung des Rückenmarkes am 12. Brustwirbel. Das Tier liegt in Rückenlage auf einem erwärmten Tisch, die Hinterbeine sind festgebunden, der Kopf in einen Kopfhalter eingespannt, durch den er in verschiedenen Stellungen fixiert werden kann. Der Oberarm ist durch eine Klemme so an einem Stativ fixiert, daß Beugung und Streckung des Ellbogens ungehindert vor sich gehen können, und daß der Oberarm vertikal steht. Die rechte Pfote ist durch 100 g belastet, welche das Ellbogengelenk zu beugen streben. Außerdem ist die rechte Pfote durch einen Faden mit einem Schreibhebel verbunden. Hebelvergrößerung dreifach, Hebelbelastung 1½ g. Streckung des Ellbogens bewirkt Abwärtsbewegung des Hebels. Zeit in Sekunden. Beschreibung des Versuches im Text.

Die Katze befindet sich in rechter Seitenlage. Es werden die Bewegungen des oben befindlichen linken Armes registriert. Streckung bewirkt eine Bewegung des Hebels nach oben. Zu Beginn des Versuches steht der Kopf in symmetrischer Stellung zum Rumpf (9). Bei 10 wird der Kopf nach links gewendet, so daß die Schnauze nach oben sieht, und das registrierende Bein zum Kieferbein wird. Infolgedessen tritt eine hochgradige Tonuszunahme ein. Diese erfolgt aber im Gegensatz zu dem vorher geschilderten Versuche nicht so, daß das Bein sofort eine neue tonische Gleichgewichtslage annimmt, sondern es wird zuerst eine sehr kräftige Streckung ausgeführt, so daß der Hebel seinen

oberen Anschlag erreicht. Danach geht der Tonus wieder langsam
zurück, und das Bein hat sich erst nach etwa 2 Minuten auf eine Tonus-
lage eingestellt, welche sehr viel höher liegt als die Ausgangsstellung.
Diese Form der Reaktion charakterisiert sich also dadurch, daß das Bein
zuerst eine übertriebene Bewegung ausführt, gewissermaßen über das
Ziel hinausschießt und erst danach seinen endgültigen Stand gewinnt.
In diesem Falle wurde die Kopfstellung 5 Minuten beibehalten. Dann
wurde die umgekehrte Kopfwendung ausgeführt, welche zu einem
starken Tonusverlust führt, der in diesem Falle aber in ähnlicher Weise
eintrat wie in dem Versuche, dem Abb. 24 entstammt. Beide Formen

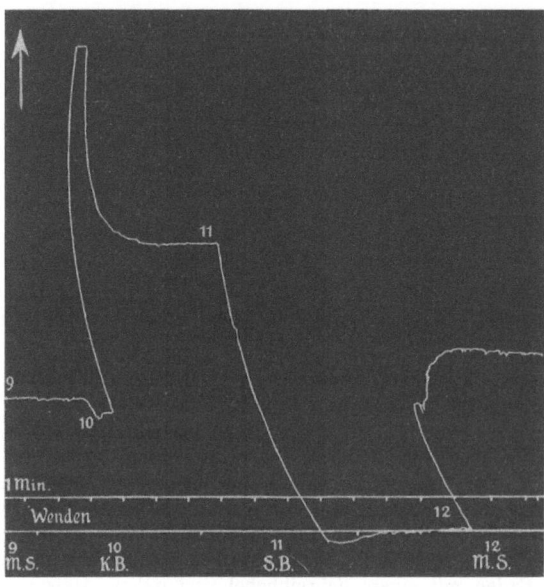

der Reaktion lassen
sich also manchmal
in demselben Ver-
suche beobachten.
Bei 12 wird der Kopf
dann wieder in die
Mittelstellung zu-
rückgebracht, und
das Bein nimmt
ungefähr seine Aus-
gangsstellung wie-
der an.

Wie in diesem
letzten läßt es sich
in vielen Versuchen

Abb. 25.   Versuch 68.
Katze in Chloroform-
narkose decerebriert.
Eine   Viertelstunde
später   Durchschnei-
dung des Rückenmar-
kes am 12. Brustwirbel.
Das Tier liegt in rechter

Abb. 25.

Seitenlage. Der linke Oberarm ist mit einer Klemme fixiert. Die linke Pfote
wird durch ein Gewicht von 100 g belastet, das den Ellbogen zu beugen strebt.
Streckung macht Aufwärtsbewegung des Hebels. Hebelvergrößerung 1½fach.
Zeit in Minuten. Beschreibung des Versuches im Text.

feststellen, daß, wenn der Kopf 5—10 Minuten in einer bestimmten Stellung festgehalten wird, auch der Gliedertonus ebensolange ein hoher oder
niedriger bleibt. Wird die betreffende Kopfstellung dann wieder rückgängig
gemacht, so geht auch die zugehörige Tonusreaktion wieder zurück.
Häufig (nicht immer) kann man dann sehen, daß das Bein danach wieder
genau die ursprüngliche Länge wiedergewinnt. Gelegentlich läßt sich
feststellen, daß die Extremität eine volle Stunde lang ihren Tonus

bei unveränderter Kopfstellung ganz unverändert beibehält, und der Hebel bei stillstehender Kymographiontrommel seinen Stand nicht ändert, um darauf bei Änderung der Kopfstellung prompt in der gesetzmäßigen Weise zu reagieren. Es handelt sich also bei den beschriebenen Reflexen um tonische Dauerreaktionen von sonst nicht bekannter Stärke und Dauer.

Schon hierbei fällt auf, daß die beschriebenen Reaktionen nur sehr wenig ermüdbar sind. Es wird später gezeigt werden, daß diese Unermüdbarkeit noch viel weiter geht, wie das hier geschildert wurde, und sich über Tage, Wochen und Monate erstrecken kann. Die gewöhnlichen phasischen Reflexe und Spontanbewegungen, wie letztere z. B. mit dem Mossoschen Ergographen aufgezeichnet werden, ermüden außerordentlich schnell, ebenso nach den Feststellungen Sherringtons (5, 7) viele Rückenmarksreflexe, wie z. B. der Kratzreflex. Die hier beschriebenen Reaktionen können aber als praktisch unermüdbar aufgefaßt werden.

Auch wenn man die Antagonisten ausschaltet und also nur an einem isolierten Streckmuskel, beispielsweise dem Triceps, arbeitet, haben die vom Halse und den Labyrinthen hervorgerufenen Tonusänderungen den Charakter von Dauerreaktionen. Dieses wird z. B. durch Abb. 26 veranschaulicht.

Auf der Abbildung sieht man die Bewegungen des isolierten rechten Triceps einer in linker Seitenlage befindlichen decerebrierten Katze. Zu Beginn der Abbildung (1) ist ein mittlerer Tonus des Triceps vorhanden. Bei (2) wird der Kopf gedreht, so daß sich der Scheitel unten und der Unterkiefer oben befindet. Darauf erfolgt sofort eine tonische Streckung des Ellbogens durch Kontraktion des Triceps, die so lange anhält, als der Kopf in dieser Lage festgehalten wird (etwa 70 Sekunden). Bei (3) wird der Kopf so gedreht, daß sich der Scheitel oben und der Unterkiefer unten befindet. Sofort erschlafft der Triceps, und der Hebel erreicht den oberen Rand des Papiers. Alle die hier wiedergegebenen Kurvenbeispiele zeigen übereinstimmend, daß bei den tonischen Hals- und Labyrinthreflexen der Muskel bei gleichbleibendem Gewicht verschiedene dauernde Längen annimmt. Es handelt sich jeweils um Ruhelagen.

Bei Versuchen mit sehr lebhaften Reflexen kann es vorkommen, daß der tonische Zustand der Extremitäten unterbrochen wird durch Anfälle von sehr heftigen alternierenden Laufbewegungen (7, 19). Diese erfolgen niemals bei minimalen, sondern nur bei mittlerem bis maximalem Gliedertonus. Sie lassen sich, auch wenn sie noch so hochgradig sind, jederzeit sofort hemmen, indem man durch geeignete Änderung der Kopfstellung den Strecktonus herabsetzt. Wird der maximale Tonus allein oder überwiegend von den Labyrinthen aus veranlaßt, wobei die beiden Vorderbeine gleichmäßig gestreckt werden, so ist das Bein, das mit den Laufbewegungen beginnt, nicht eindeutig bestimmt. Sowie aber durch Drehen oder Wenden eine ungleichmäßige Beeinflussung der Beine stattfindet, so gilt als ausnahmslose Regel, daß immer das „Schädelbein", d. h. das Bein mit dem geringeren Tonus, den ersten Schritt nach vorne macht, wobei dann der Ellbogen gebeugt wird.

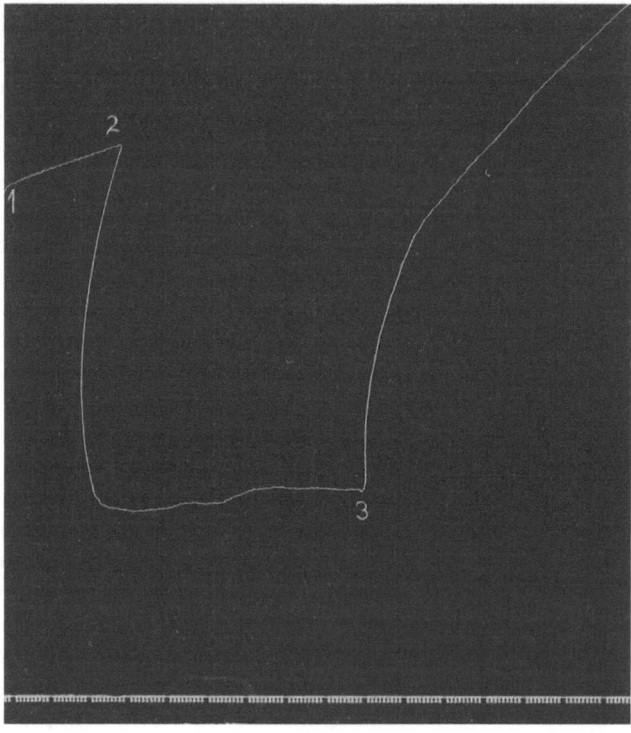

Abb. 26. Versuch 11. Katze decerebriert. Isolierung des rechten Triceps. Belastung der rechten Pfote mit 20 g, die den Ellbogen zu beugen streben. Hebelvergrößerung dreifach. Streckung des Ellbogens macht Abwärtsbewegung des Hebels. Zeit in Sekunden. Tier in linker Seitenlage. Künstliche Atmung. Beschreibung des Versuches im Text.

IV. Kombination der Hals- und Labyrinthreflexe.

Wie oben geschildert, muß man zur Untersuchung der Labyrinthreflexe die Halsreflexe ausschalten und zur Untersuchung der Halsreflexe das Zustandekommen der Labyrinthreaktionen verhindern. Wenn man dieses nicht tut, so hat man stets mit dem Zusammenwirken der Hals- und Labyrinthreflexe zu rechnen. Wie sich dieses im einzelnen darstellt, soll im nachfolgenden geschildert werden.

Die Analyse ist vollständig durchgeführt für die decerebrierte Katze (7), bei welcher die Gliederstellungen bei sämtlichen möglichen Kopfstellungen bei den verschiedenen Lagen des Körpers im Raume untersucht wurden. Die in vielen tausend Fällen beobachteten Reaktionen waren sämtlich erklärbar und ließen sich restlos auf das Zusammenwirken der Hals- und Labyrinthreflexe zurückführen. Das hierbei waltende Gesetz lautet: daß die Erregungen, die vom Halse und den Labyrinthen ausgehen, sich in ihren Wirkungen auf die verschiedenen Muskelgruppen algebraisch summieren; daß also eine starke Erregung eintritt, wenn der Tonus eines bestimmten Muskels sowohl vom Halse wie von den Labyrinthen gesteigert wird, daß dieser Muskel erschlafft, wenn sein Tonus sowohl vom Hals wie von den Labyrinthen vermindert wird und daß er sich nicht ändert, wenn er z. B. von den Labyrinthen gesteigert und vom Halse aus ebenso stark vermindert wird.

Tonische Labyrinthreflexe auf die Extremitäten kommen nur zustande, wenn der Kopf seine Lage zur Horizontalebene ändert. Daher kann man bei jeder Lage des Körpers im Raume eine Bewegungsart des Kopfes ausfindig machen, bei welcher keine Labyrinthreflexe, sondern nur Halsreflexe auftreten, wenn nämlich dabei der Kopf seine Lage zur Horizontalebene nicht ändert. Wenn man also z. B. bei Seitenlage des Tieres Heben und Senken des Kopfes ausführt, oder Kopfwenden bei Rückenlage und Normalstellung des Tieres mit horizontaler Mundspalte, oder Kopfdrehen bei Hängelage mit dem Kopfe nach oben bzw. nach unten.

Andererseits wurde gezeigt, daß Heben und Senken des Kopfes im Atlanto-Occipital-Gelenk (bei Fixation der Halsmitte und der unteren Halswirbel) keine oder wenigstens bei der Katze nicht wahrnehmbare Halsreflexe hervorruft, so daß also bei dieser Bewegung nur Labyrinthreflexe auftreten.

Führt man Heben und Senken des Kopfes im Atlanto-Occipital-Gelenk bei Seitenlage des Tieres aus, so treten weder Hals- noch Labyrinthreflexe auf, und man kann daher diese Kopfbewegung benutzen, um im Zweifelsfalle festzustellen, ob noch andere Reflexe bei dem Tiere z. B. durch Anfassen des Kopfes, durch Zerren der Haut usw. den Versuchserfolg stören.

Bei allen übrigen Kopfbewegungen und Körperlagen handelt es sich stets um die Kombination von Hals- und Labyrinthreflexen.

In Wirklichkeit wird die Untersuchung und Erklärung dadurch verwickelt, daß bei den einzelnen Tieren die Hals- und Labyrinthreflexe in verschiedener Stärke entwickelt sind, so daß bei einzelnen Tieren die Halsreflexe, bei anderen die Labyrinthreflexe überwiegen, während wieder bei anderen diese beiden Reflexgruppen ungefähr mit gleicher Stärke vertreten sind. Es bezieht sich das nicht nur auf decerebrierte Tiere, sondern dieselben Unterschiede haben sich auch bei intakten Tieren mit funktionsfähigem Großhirn feststellen lassen (*16*).

In diesem Buche sollen nun nicht sämtliche überhaupt beobachteten Kombinationen beschrieben werden. Hierzu sei auf das Studium der Originalarbeiten (*7, 9*) verwiesen. Es mag genügen, hier die wichtigsten Unterschiede namhaft zu machen. Die Darstellung beschränkt sich im wesentlichen auf die Befunde an der Katze.

1. Rückenlage.

a) **Heben, Senken.** Bei alleiniger Wirksamkeit der Labyrinthreflexe liegt das Maximum für den Tonus der vier Gliedmaßen bei der Kopfstellung $+ 45°$ (Rückenlage des Kopfes, Mundspalte etwas über die Horizontale gehoben), oder bei wechselnden Kopfstellungen zwischen $+ 45°$ und $0°$.

Durch die Halsreflexe wird bei Dorsalbeugung des Kopfes Zunahme des Strecktonus der Vorderbeine und Abnahme in den Hinterbeinen bewirkt, während Ventralbeugen des Kopfes Abnahme des Strecktonus der Vorderbeine und Zunahme in den Hinterbeinen veranlaßt.

Die kombinierte Wirkung der Labyrinth- und Halsreflexe auf die Vorder- und Hinterbeine decerebrierter Katzen ersieht man aus nachfolgender Tabelle (Versuch 86):

Kopfstellung	Vorderbeine	Hinterbeine
$+135°$	Tonus minimal; aktive Beugung	Tonus etwas gesunken
$+ 90°$	Tonus minimal; aktive Beugung	Tonus stark
$+ 45°$	Tonus maximal	Tonus maximal
$- 45°$	Tonus noch stark	Tonus minimal; aktive Beugung
$- 90°$	Tonus gesunken	Tonus minimal; aktive Beugung

Bei der Kopfstellung $+45°$ ist der Tonus in den Vorder- und Hinterbeinen maximal, der Kopf befindet sich in der Maximumstellung für die Labyrinthreflexe. Wird nun die Mundspalte unter die Horizontale gesenkt und dabei der Kopf dorsalwärts gebeugt, so nehmen allerdings die Labyrinthreflexe ab, aber die Halsreflexe für die Vorderbeine zu, während sie für die Hinterbeine abnehmen. Der Erfolg ist, daß bei der Kopfstellung $-45°$ der Vorderbeintonus noch stark ist, während die Hinterbeine minimalen Strecktonus und aktiven Beugetonus zeigen. Bei der Kopfstellung $-90°$, wobei die Mundspalte vertikal nach unten gerichtet wird, sinkt auch der Tonus in den Vorderbeinen, weil die Labyrinthreflexe abnehmen, aber doch lange nicht so stark wie in den Hinterbeinen, weil eben die Vorderbeine vom Halse aus noch tonisiert werden. Das Umgekehrte tritt ein bei Ventralbeugen des Kopfes. Wird der Kopf so stark ventral gebeugt, daß die Schnauze vertikal steht ($+90°$), dann addiert sich die Tonusabnahme von den Labyrinthen zu der Tonusabnahme vom Halse aus an den Vorderbeinen, bei denen der Strecktonus minimal wird und aktive Beugung auftritt. Da aber die Hinterbeine hierbei vom Halse aus noch tonisiert werden, so bleibt ihr Strecktonus noch stark, um erst etwas zu sinken, wenn der Kopf maximal ventral gebeugt wird ($+135°$), weil jetzt die Labyrinthreflexe zu stark gesunken sind.

Dieses Versuchsbeispiel zeigt das durchschnittliche Verhalten. Tiere, welche überwiegende Labyrinthreflexe haben, zeigen ein mehr gleichsinniges Verhalten der Vorder- und Hinterbeine, während je mehr die Halsreflexe überwiegen, um so mehr der Gegensatz in dem Verhalten der Vorder- und Hinterbeine hervortritt. In dem hier wiedergegebenen Falle waren bei der Kopfstellung + 90° (Schnauze vertikal nach oben) die Vorderbeine aktiv gebeugt, die Hinterbeine aktiv gestreckt, während bei − 45° (Mundspalte unter die Horizontale gesenkt) genau das umgekehrte Verhalten vorhanden war.

Das Verhalten einer decerebrierten Katze mit überwiegenden Labyrinthreflexen und im Brustteil durchschnittenem Rückenmark ersieht man aus der kinematographischen Aufnahme Abb. 27.

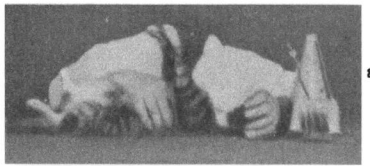

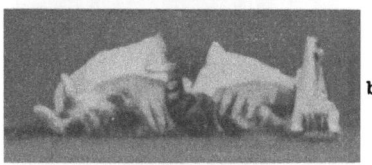

Bei der Maximumstellung für die Labyrinthreflexe (+ 45°) auf Abb. 27a und c sind die Vorderbeine maximal gestreckt. Sowohl bei stärkster Ventralbeugung (Abb. 27b) als auch bei Dorsalbeugung (Abb. 27d) nimmt der Strecktonus der Vorderbeine ab. In diesem Falle sind also die Halsreflexe von sehr viel schwächerer Wirkung als die Labyrinthreflexe, denn sonst müßte auf Abb. 27d Streckung der Vorderbeine erfolgt sein.

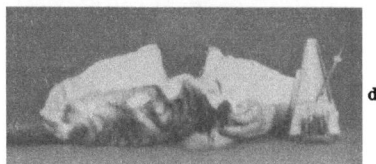

Abb. 27a, b, c, d. Aus einer kinematographischen Reihenaufnahme. Katze in Chloroformnarkose decerebriert. 3½ Std. später Durchschneidung des Rückenmarkes am 12. Brustwirbel. ½ Stunde später Kinoaufnahme. Das mitphotographierte Metronom macht 60 Schläge in der Minute.

Abb. 27.

— Abb. 27a. Rückenlage, Kopfstellung +45°. Streckstellung der Vorderbeine. Darauf stärkste Ventralbeugung des Kopfes, bis dieser in der Stellung +135° steht. 0,4 Sekunden danach beginnt die Erschlaffung der Vorderbeine. 5 Sekunden später ist Abb. b aufgenommen: Beugestand der Vorderbeine. ½ Sekunde später beginnt die Dorsalbeugung des Kopfes, durch welche dieser wieder in die Maximumstellung der Labyrinthreflexe (+45°) gebracht wird. 0,3 Sekunden später beginnen sich die Vorderbeine zu strecken. 7 Sekunden später ist Abb. c aufgenommen: Maximale Streckung der Vorderbeine. 1 Sekunde später beginnt eine weitere Dorsalbeugung des Kopfes, durch welche dieser in die Stellung −45° gebracht wird. 0,4 Sekunden danach beginnen die Vorderbeine zu erschlaffen. 2 Sekunden später ist Abb. d aufgenommen, auf welcher die stärkste Beugung der Vorderbeine zu sehen ist.

b) **Wenden.** Bei Kopfwenden in Rückenlage ändert sich die Lage der Mundspalte zur Horizontalebene nicht. Es können infolgedessen keine Labyrinthreflexe auftreten, sondern nur Halsreflexe. Das Ergebnis des Kopfwendens ist also ein eindeutiges, stets werden beide Kieferbeine stärker gestreckt, und der Strecktonus der Schädelbeine sinkt.

c) **Drehen.** Bei Rückenlage befindet sich der Kopf in der Maximumstellung für die Labyrinthreflexe. Beim Kopfdrehen wird der Kopf aus dieser Lage entfernt. Es muß infolgedessen von den Labyrinthen aus stets eine Abnahme des Strecktonus in allen vier Gliedmaßen auftreten. Die Halsreflexe dagegen bewirken, daß in den beiden Kieferbeinen der Strecktonus zu-, in den Schädelbeinen dagegen abnimmt.

Mittel-stellung

Drehen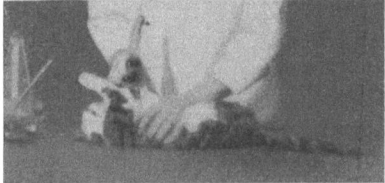

Wenden

Abb. 28.

Abb. 28. Aus einer kinematographischen Serienaufnahme. Katze in Chloroformnarkose decerebriert. Rückenmark nicht durchschnitten. 1½ Std. später photographiert. — Abb. 28a: Rückenlage, symmetrische Kopfstellung. Mundspalte ungefähr +30°. Vorderbeine gleichmäßig gestreckt. Abb. 28b: Kopf gedreht, so daß der Scheitel gegen den Beschauer gerichtet ist (Rechtsdrehung). Das vorne befindliche rechte Bein ist „Schädelbein" und wird daher gebeugt, das linke Bein ist stärker gestreckt. Abb. 28c: Kopf gewendet, so daß die Schnauze vom Beschauer weggewendet ist (Linkswendung). Das vorne befindliche rechte Bein ist „Schädelbein" und wird daher gebeugt, das linke Bein ist „Kieferbein" und wird gestreckt. (Die weißen Pfoten sind, um sie besser gegenüber dem weißen Hintergrund sichtbar zu machen, mit schwarzen Konturlinien retuschiert.)

Bei der Kombination von Hals- und Labyrinthreflexen addieren sich die Wirkungen der Hals- und Labyrinthreflexe auf die Schädelbeine, und infolgedessen sinkt in ihnen stets der Strecktonus. In den Kieferbeinen dagegen ist das Verhalten verschieden. Bei gleich starken Hals- und Labyrinthreflexen bleibt der Strecktonus unverändert, bei überwiegenden Labyrinthreflexen nimmt er ab, bei überwiegenden Halsreflexen nimmt er zu.

2. Normalstellung.

a) Heben — Senken. Bei Normalstellung mit etwas unter die Horizontalebene gesenkter Mundspalte befindet sich der Kopf in der Minimumstellung für die Labyrinthreflexe, beim Kopfheben muß daher der Tonus in allen 4 Beinen durch Labyrinthreflexe zunehmen. Für die Vorderbeine addiert sich hierzu der Einfluß der tonischen Halsreflexe, so daß es zu stärkster Streckung der Vorderbeine kommt, die um so stärker ist, je mehr der Kopf dorsalwärts gebeugt wird. Beim Kopfsenken gelangt der Kopf wieder in die Minimumstellung für die Labyrinthreflexe, außerdem bewirkt Ventralbeugen des Halses durch Halsreflexe Abnahme des Vorderbeintonus, und das Ergebnis ist, daß Kopfsenken zu einer Erschlaffung der Streckmuskeln der Vorderbeine führen muß.

An den Hinterbeinen wirken sich Hals- und Labyrinthreflexe entgegen. Bei überwiegenden Labyrinthreflexen richtet sich nach Kopfheben das Tier auf den Hinterbeinen auf (wenn auch weniger als auf

Kopfsenken  a

Kopfheben  b

Abb. 29.

Abb. 29. Aus einer kinematographischen Serienaufnahme. Derselbe Versuch wie Abb. 27. — Abb. 29 a: Fußstellung, das Gewicht des Vorderkörpers ruht auf den Vorderbeinen, der Kopf wird mit der Hand nur ganz leicht gestützt, die andere Hand des Experimentators hält den Hinterkörper an der Lendenwirbelsäule. Kopfstellung —135°, Strecktonus der Vorderbeine gering, Vorderkörper nahe dem Boden. Darauf wird der Kopf dorsalwärts gebeugt, bis er in die Stellung +105° kommt. Dauer der Kopfbewegung 1,3 Sekunden. 1 Sekunde später beginnen sich die Vorderbeine kräftig zu strecken und erreichen binnen 2,5 Sekunden den maximalen Streckstand. 1 Sekunde später ist Abb. 29 b aufgenommen: Der Vorderkörper ist hoch erhoben, die Vorderbeine sind gestreckt, der Kopf wird nur mit dem Zeigefinger in seiner Lage fixiert, so daß seine ganze Last mit von den Vorderbeinen getragen wird.

den Vorderbeinen), und beim Kopfsenken sinkt es etwas ein. Dagegen „setzt" sich das Tier bei überwiegenden Halsreflexen beim Kopfheben und richtet sich beim Kopfsenken mit den Hinterbeinen auf. Der Schwanz reagiert häufig im gleichen Sinne wie die Hinterbeine. Halten sich Hals- und Labyrinthreflexe gerade das Gleichgewicht, so bleibt bei Kopfheben und -senken die Stellung des Hinterkörpers unverändert, und die Haltungsänderungen beschränken sich ausschließlich auf den Vorderkörper.

Bei Tieren mit deutlich entwickelten Hals- und Labyrinthreflexen kann man nach Willkür die verschiedenen Stellungen erzielen, je nachdem man die Bewegung des Kopfes im Atlanto-Occipital-Gelenk oder in den mittleren Halsgelenken ausführt. Im ersteren Falle bekommt man ausschließlich Labyrinthreflexe, in letzterem eine Kombination derselben mit den Halsreflexen.

Führt man die Bewegung in den untersten Halsgelenken aus oder verschiebt die gesamte Halswirbelsäule gegen den Thorax in ventraler Richtung, was man auch durch Druck auf die Gegend der Vertebra prominens hervorrufen kann, so bekommt man eine maximale Tonusabnahme sämtlicher 4 Beine, so daß das Tier schließlich mit schlaffen Extremitäten platt auf dem Bauche liegt (Vertebra-prominens-Reflex).

b) Wenden. Bei Kopfwenden in Normalstellung ändert die Mundspalte ihre Lage zur Horizontalebene nicht, es kann infolgedessen nur zum Auftreten von Halsreflexen kommen, und der Erfolg des Kopfwendens auf den Gliedertonus ist infolgedessen eindeutig bestimmt. Der Tonus in den Kieferbeinen nimmt zu, in den Schädelbeinen ab, die Vorderbeine reagieren stärker als die Hinterbeine.

Beim Kopfwenden (beispielsweise nach rechts) führt das Herüberbewegen des schweren Kopfes nach der rechten Seite zu einer Schwerpunktsverlegung nach rechts. Dazu paßt, daß der Strecktonus des rechten Vorderbeines zunimmt und infolgedessen imstande ist, der größeren Belastung zu widerstehen. Die Streckung des rechten Vorderbeines unterstützt außerdem ein Herüberbiegen des Thorax nach links. Durch diese Krümmung der Wirbelsäule, welche teilweise eine sekundäre Folge der Halsbewegung ist, wird dieser Schwerpunktsverlegung entgegengearbeitet. Wenn nun ein derartiges Tier im Anschluß an die Kopfbewegung anfängt zu laufen, so ist dasjenige Bein, welches den ersten Schritt macht, eindeutig bestimmt, es ist stets das Schädelbein, während das Kieferbein die Rolle des Standbeines erfüllt.

c) Drehen. Bei Normalstellung befindet sich der Kopf im Minimumstand für die Labyrinthreflexe. Beim Kopfdrehen wird der Kopf aus dieser Lage entfernt, es müssen also durch Labyrinthreflexe die vier Extremitäten stärker gestreckt werden. Die Halsreflexe wirken in dem Sinne, daß die Kieferbeine zunehmenden, die Schädelbeine abnehmenden Strecktonus zeigen. An den Kieferbeinen addiert sich also die Wirkung der Hals- und Labyrinthreflexe, und es tritt in jedem Falle starke Streckung ein. An den Schädelbeinen wirken sich beide Reflexgruppen entgegen und heben sich mehr oder weniger auf. Bei überwiegenden Halsreflexen nimmt der Strecktonus ab, bei überwiegenden

Labyrinthreflexen dagegen zu. Sinkt der Tonus in den Schädelbeinen stark, so kann es zum Umfallen des Tieres kommen.

Das oben geschilderte Verhalten gilt, wenn die Ausgangsstellung für Kopfdrehen und Kopfwenden bei Normalstand des Tieres die gewöhnliche Kopfhaltung mit nahezu horizontaler Mundspalte ist. Wird dagegen der Kopf maximal dorsalwärts gebeugt, so daß die Schnauze senkrecht nach oben steht, so wird bei Kopfdrehen der Kopf in seiner Lage zur Horizontalebene nicht verändert, und es treten nur Halsreflexe auf, während beim Kopfwenden nunmehr eine Kombination von Hals- und Labyrinthreflexen bewirkt wird. Hierbei nimmt der Tonus in den Schädelbeinen stets ab, während in den Kieferbeinen sich Hals- und Labyrinthreflexe entgegenwirken.

3. Seitenlage.

a) Heben—Senken. Heben—Senken in Seitenlage veranlaßt keine Labyrinthreflexe. Diese Bewegung kann also zur Prüfung der Halsreflexe auf Dorsal- und Ventralbeugen dienen. Führt man die Bewegung ausschließlich im Atlanto-Occipital-Gelenk aus, so treten meistens keine Halsreflexe auf, und es kann daher diese Bewegung benutzt werden, um sich davon zu überzeugen, daß Anfassen des Kopfes und Hin- und Herbewegen auf der Unterlage keine Reaktionen des Tieres vortäuschen. Führt man die Bewegungen dagegen in der Halsmitte aus, so erfolgt auf Dorsalbeugen Streckung und auf Ventralbeugen Erschlaffung der Vorderbeine. An den Hinterbeinen tritt umgekehrt Tonusabnahme der Streckmuskeln beim Dorsalbeugen und Zunahme des Strecktonus beim Ventralbeugen auf. Die Reaktionen sind nicht in allen Fällen stark ausgesprochen.

Drückt man auf die Dornfortsätze der untersten Halswirbel und verschiebt diese dadurch ventralwärts, so tritt der Vertebra-prominens-Reflex ein, und es erfolgt Erschlaffung aller vier Extremitäten, stärker an den Vorder- als an den Hinterbeinen.

b) Drehen. Da sich auf Kopfdrehen in Seitenlage die Vorder- und Hinterbeine gleichmäßig verhalten, so sollen hier nur die Veränderungen an den Vorderbeinen besprochen werden. Dreht man bei Seitenlage des Tieres den Kopf mit dem Scheitel nach unten, so bringt man diesen dadurch in die Maximumstellung für die Labyrinthreflexe, und beide Vorderbeine werden von den Labyrinthen aus gestreckt. Dreht man dagegen den Kopf mit dem Scheitel nach oben, so bringt man den Kopf in die Minimumstellung für die Labyrinthreflexe, und beide Vorderbeine werden von den Labyrinthen aus zur Erschlaffung gebracht. Dieses Verhalten findet man denn auch tatsächlich bei Tieren mit überwiegenden Labyrinthreflexen. Unter diesen Umständen ist also das Entscheidende, ob der Kopf mit dem Scheitel nach oben oder nach

unten kommt, und man versteht daher, daß ein und dieselbe Kopfdrehung (z. B. Rechtsdrehung) bei rechter und linker Seitenlage des
Tieres genau die entgegengesetzte Wirkung auf die Extremitäten
haben muß. Die Halsreflexe haben dagegen eine gegensinnige Wirkung
auf die beiden Vorderbeine. Bei Drehung mit dem Scheitel nach unten
ist das obere Bein Kieferbein und wird gestreckt, das untere Bein ist
Schädelbein und erschlafft. Bei Drehung mit dem Scheitel nach oben
ist das obere Bein Schädelbein und erschlafft, das untere Bein Kieferbein und wird gestreckt. In diesem Falle ist also die Reaktion abhängig
von der Stellung des Kopfes zum Körper, und daher muß bei überwiegenden Halsreflexen ein und dieselbe Kopfdrehung (z. B. Rechtsdrehung) bei beiden Seitenlagen denselben Erfolg haben. Das geschilderte Verhalten findet sich denn auch tatsächlich bei Tieren mit
überwiegenden Halsreflexen.

Besitzt dagegen das zu prüfende Tier ungefähr gleich starke Hals-
und Labyrinthreflexe, so addieren sich dieselben für das obere und untere
Bein in der Weise, wie in nachstehender Tabelle angegeben ist.

	Rechte Seitenlage	
	Oberes (linkes) Bein	Unteres (rechtes) Bein
	Kopfdrehung: Scheitel unten.	
Labyrinthe	+	+
Hals	+	−
Resultat	Streckung	Unverändert
	Kopfdrehung: Scheitel oben.	
Labyrinthe	−	−
Hals	−	+
Resultat	Erschlaffung	Unverändert

Wird also bei rechter Seitenlage des Tieres der Kopf mit dem Scheitel
nach unten gedreht, so erfolgt am linken oberen Beine durch das Zusammenwirken von Hals- und Labyrinthreflexen Streckung, während
der Tonus des unteren Beines sich nicht ändert. Wird der Kopf dagegen
mit dem Scheitel nach oben gedreht, so erfolgt durch Zusammenwirken der Hals- und Labyrinthreflexe am oberen Beine Erschlaffung,
und der Tonus des unteren Beines ändert sich nicht. Auf diese Weise
wird es verständlich, daß bei gleich starken Hals- und Labyrinthreflexen
auf Kopfdrehen in Seitenlage immer nur das jeweils oben befindliche
Bein reagiert, während das untere Bein keine oder nur geringe Tonusänderungen zeigt. Je nachdem man das Tier also in rechte oder linke
Seitenlage bringt, kann man den Erfolg der Kopfdrehung am linken
oder rechten Vorderbeine deutlich werden lassen.

Dieses Verhalten hat nichts mit „Schaltung" zu tun. Es handelt
sich in diesem Falle nicht darum, daß die Erregung bei einem Reflex

gezwungen wird, die eine oder die andere Bahn im Rückenmark einzuschlagen, sondern einfach um die algebraische Summe von Tonuszunahme und Tonusabnahme, die sich in den Zentren für die betreffenden Extremitätenmuskeln treffen und sich dabei entweder summieren
oder subtrahieren.

Wenn man bei Seitenlage des Tieres den Kopf mit dem Scheitel
nach unten dreht, so kann man bei dieser Lage entweder die Mundspalte horizontal stellen oder über die Horizontalebene erheben. In
letzterem Falle wird bei den meisten Tieren erst das Maximum für die
Labyrinthreflexe erreicht. Wenn man die Kopfdrehung also so ausführt, daß die letztere Stellung eintritt, so hat man eine größere Wahrscheinlichkeit, stärkere Labyrinthreflexe zu bekommen, als wenn man
die Kopfdrehung einfach bei horizontaler Mundspalte ausführt.

Kopfdrehen in Seitenlage ist das beste Mittel, um sich bei decerebrierten Tieren schnell davon zu überzeugen, ob die Hals- oder die
Labyrinthreflexe überwiegen. Bei gegensinniger Reaktion der Vorderbeine überwiegen die Halsreflexe, bei gleichsinniger die Labyrinthreflexe, während, wenn beide Reflexe etwa gleich stark sind, nur das
obenliegende Bein reagiert und der Tonus des unteren Beines unverändert
bleibt.

c) Wenden. Die Reaktionen auf Wenden sind die gleichen wie die
auf Drehen, sind jedoch etwas schwächer.

4. Hängelage mit dem Kopf nach unten.

a) Drehen. Hängt das Tier mit der Schnauze vertikal nach unten,
so treten auf Kopfdrehen keine Labyrinthreflexe, sondern nur die
typischen Halsreflexe auf.

b) Wenden. Hängt der Kopf mit der Schnauze vertikal nach unten,
so befindet er sich nicht weit von der Minimumstellung für die Labyrinthreflexe entfernt. Kopfwenden muß daher zu einer Zunahme des Strecktonus in den vier Gliedmaßen durch Labyrinthreflexe führen. Durch
Halsreflexe werden die Kieferbeine gestreckt, während die Schädelbeine
erschlaffen. Das Ergebnis ist, daß hierbei die Kieferbeine stets gestreckt
werden, während die Schädelbeine ein wechselndes Verhalten zeigen.
Bei überwiegenden Labyrinthreflexen steigt, bei überwiegenden Halsreflexen sinkt ihr Strecktonus.

Nimmt man bei Hängelage mit Kopf unten die Wendung des Kopfes
bei maximaler Dorsalbeugung desselben vor, so werden natürlich nur
Halsreflexe ausgelöst, weil jetzt der Kopf seine Lage zur Horizontalebene nicht ändert.

c) Heben—Senken. Es soll hier nur das Verhalten der Vorderbeine
besprochen werden. Hängt der Kopf mit der Schnauze nach unten,
so ist der Strecktonus der Extremitäten von den Labyrinthen aus

6*

nahezu minimal. Bei Dorsalbeugung des Kopfes gerät derselbe zunächst
in die Minimumstellung für die Labyrinthreflexe (— 135°), bei stärkerem
Dorsalbeugen muß der Tonus aber wieder zunehmen, was gewöhnlich
deutlich wird, sobald die Schnauze sich über die Horizontalebene hebt.
Bei Ventralbeugen des Kopfes tritt ebenfalls Streckung von den Labyrinthen aus ein, sobald die Schnauze über die Horizontalebene gehoben
wird. Bei überwiegenden Labyrinthreflexen erhält man also in dieser
Lage das merkwürdige Ergebnis, daß maximalste Ventralbeugung
des Kopfes Zunahme der Vorderbeinstreckung bewirkt. Sind außerdem
deutliche Halsreflexe vorhanden, so verstärken dieselbe die geschilderte
Reaktion bei Dorsalbeugung des Kopfes und schwächen sie bei Ventralbeugen.

Tonuszunahme bei maximaler Ventralbeugung in Hängelage mit
Kopf unten beweist demnach das Vorhandensein von kräftigen tonischen
Labyrinthreflexen auf die Extremitäten.

5. Hängelage mit Kopf oben.

Decerebrierte Tiere vertragen diese Lage gewöhnlich schlecht, es
tritt leicht Anämie der Medulla oblongata mit Atemstörungen auf.
Man tut gut, die Untersuchung schnell vorzunehmen und der Kopf-
anämie durch Anlegen einer festen Bauchbinde entgegenzuwirken.

Ist die Schnauze vertikal nach oben gerichtet, so treten in dieser
Lage auf Kopfdrehen nur Halsreflexe ein. Wird dagegen der Kopf in der
Normalstellung gehalten, so erfolgen auf Kopfwenden nur Halsreflexe.

Wird aber Kopfwenden bei vertikal nach oben gerichteter Schnauze
vorgenommen, so erfolgt stets Erschlaffung der Schädelbeine, weil
sich Hals- und Labyrinthreflexe gegenseitig verstärken, während das
Verhalten der Kieferbeine verschieden ist, je nachdem die Erschlaffung
von den Labyrinthen oder die Tonuszunahme vom Halse aus überwiegt.

Mit verschwindenden Ausnahmen fügen sich alle Befunde, welche
an weit über hundert Versuchstieren und in Tausenden von Einzelbeobachtungen gewonnen worden sind, in die oben angegebenen Regeln.
Die bisher untersuchten anderen Tierarten, Hund, Meerschweinchen,
Affe folgen genau den gleichen Gesetzen, wie sie oben für die Katze
entwickelt worden sind. Nur beim Kaninchen findet sich ein abweichen-
des Verhalten, indem Kopfheben und -senken auf die Hinterbeine
genau die gleichen Halsreflexe hervorruft wie auf die Vorderbeine,
während bei den übrigen Tieren hierbei die Hinterbeine gegensinnig
zu den Vorderbeinen reagieren.

Aus dem Geschilderten ergibt sich, daß bei den verschiedenen
Körperstellungen durch jede Lage des Kopfes die Körpermuskulatur

in einer zur Kopfstellung passenden Weise eingestellt wird, und daß dabei jeweils der Kopf die Führung hat, während der Körper folgt. Wir kennen kaum einen anderen nervösen Regulationsmechanismus, durch welchen die Gesamtmuskulatur des Tieres in so einheitlicher Weise zusammengefaßt wird wie durch die geschilderten Reflexe. Da es sich hierbei um Dauerreaktionen handelt, kommt es zu charakteristischen Körperstellungen, bei welchen der Kopf und die einzelnen Abschnitte des Körpers in harmonischer Weise sich zu den verschiedenen Gesamthaltungen einstellen, wie sie aus der täglichen Beobachtung bekannt sind und wie sie sich nach den obigen Schilderungen beim decerebrierten Tiere gesetzmäßig hervorrufen lassen.

Falls ein gewisser Grad der Enthirnungsstarre gegeben ist und sobald bekannt ist, ob bei den betreffenden Tieren die Hals- oder Labyrinthreflexe überwiegen oder ob sie sich gerade das Gleichgewicht halten, so ist in einer gegebenen Körperlage durch jede Kopfstellung die Tonusverteilung in der Gliedermuskulatur (und übrigens auch in der gesamten Körpermuskulatur) eindeutig bestimmt.

Wir werden später sehen, daß, wenn zu den Zentren für die tonischen Hals- und Labyrinthreflexe im oberen Halsmark und der Medulla oblongata noch die Zentren des Mittelhirnes dazu kommen, die Verhältnisse wesentlich komplizierter liegen. Aber auch hier haben sich die verwickelten Gesetzmäßigkeiten noch entwirren lassen. Es ist selbstverständlich, daß, wenn sich außerdem noch der Einfluß der Willkürbewegungen von der Großhirnrinde geltend macht, die Dinge noch schwerer zu verstehen sind und sich bis heute kaum übersehen lassen.

Unterscheidung von Hals- und Labyrinthreflexen.

An dieser Stelle soll noch einmal zusammengefaßt werden, auf welche Weise man bei der Untersuchung der verschiedenen Tiere im Einzelfalle Hals- und Labyrinthreflexe voneinander unterscheiden kann. Es ist dieses vor allem in Hinblick auf die klinische Untersuchung des Menschen von Wichtigkeit.

Zunächst muß man sich davon überzeugen, daß es sich überhaupt um tonische Reflexe, um Reflexe der Lage handelt und nicht etwa um Reflexe, welche durch die Bewegung als solche ausgelöst werden. Man muß also nach jeder Lageänderung des Kopfes längere Zeit warten und sehen, ob die dadurch hervorgerufene Stellungsänderung eine vorübergehende oder dauernde ist. Nur im letzteren Falle darf man von Lagereflexen sprechen.

Das Vorhandensein von isolierten Labyrinthreflexen läßt sich am besten nachweisen bei decerebrierten Tieren, welche eingegipst sind (siehe oben S. 56), bei denen also in den verschiedenen Lagen im Raume keine Änderungen der Kopfstellung zum Körper zustande kommen können.

Ein sicheres Mittel zur Unterscheidung von Hals- und Labyrinthreflexen und zur Feststellung, ob ein Tier überwiegende Hals- oder überwiegende Labyrinthreflexe hat, ist Kopfdrehen in Seitenlage. Verhalten sich hierbei beide Vorderbeine gleichsinnig, so sind überwiegende Labyrinthreflexe vorhanden, verhalten sie sich gegensinnig, so überwiegen die Halsreflexe, reagiert dagegen nur das obere Bein, während das untere unverändert bleibt, so halten sich Hals- und Labyrinthreflexe gerade das Gleichgewicht.

Starke Labyrinthreflexe sind auch dann vorhanden, wenn bei Hängelage mit dem Kopfe nach unten maximale Ventralbeugung des Kopfes Streckung der Vorderbeine bewirkt.

Besonders bei kleinen Tieren ist es möglich, Kopf und Körper ohne Veränderung ihrer gegenseitigen Lage aus Bauchlage in Rückenlage zu bringen. Wenn hierbei eine Zunahme des Strecktonus der Glieder auftritt, handelt es sich um Labyrinthreflexe. Dieses Verfahren eignet sich zu orientierenden Versuchen, für wirklich beweisende Beobachtungen ist Eingipsen vorzuziehen.

Bei jeder Lage des Körpers im Raume gibt es eine Kopfbewegung, bei welcher die Mundspalte ihre Lage zur Horizontalebene nicht ändert, und bei welcher daher keine Labyrinthreflexe eintreten. Etwaige Tonusänderungen der Glieder beruhen dann allein auf Halsreflexen. Diese Bewegungen sind: Bei Rückenlage: Kopfwenden; bei Normalstellung ebenfalls Kopfwenden. Ist aber bei Normalstellung der Kopf durch stärkste Dorsalbeugung mit der Schnauze vertikal nach oben gerichtet, so löst jetzt Kopfdrehen keine Labyrinth-, sondern nur Halsreflexe aus. Bei Hängelage mit dem Kopf nach unten: Kopfdrehen; bei Seitenlage: Heben und Senken des Kopfes. Ferner läßt sich bei Seitenlage durch Druck auf die untersten Halswirbeldornen der Vertebra-prominens-Reflex isoliert auslösen.

Halsreflexe kommen ferner dadurch isoliert zur Anschauung, daß man den Kopf fixiert, ihn seine Lage im Raume überhaupt nicht ändern läßt und die Bewegungen allein mit dem Körper ausführt.

V. Tonische Hals- und Labyrinthreflexe bei normalen Tieren.

Die bisher beschriebenen Beobachtungen wurden an decerebrierten Tieren ausgeführt. Es fragt sich, inwieweit dieselben Reflexe sich auch bei normalen Tieren mit erhaltenem Hirnstamm und Großhirn nachweisen lassen. Daß dieses tatsächlich der Fall ist, lehren die folgenden Beobachtungen (*14*).

Abb. 30 zeigt ein normales Kaninchen in der gewöhnlichen hockenden Stellung. Der Kopf ist mit der Mundspalte etwas unter die Horizontale gesenkt, die Vorderbeine gebeugt.

Abb. 31 zeigt, daß, wenn man den Kopf des Tieres dorsalwärts beugt (Kopfheben), die Vorderbeine automatisch in Streckstand gehen, so daß der Vorderkörper gehoben wird und der Kopfstellung „folgt".

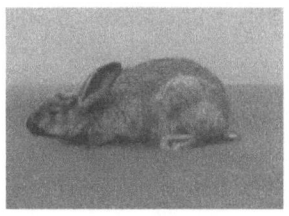

Abb. 30. Normales Kaninchen, freisitzend mit gesenktem Kopfe und gebeugten Vorderbeinen.

Dasselbe zeigen die beiden folgenden Abbildungen bei der Katze (16).

Auf Abb. 32 sieht man, daß das Tier nach dem am Boden gehaltenen Fleische sieht und den Kopf ventralwärts beugt. In Übereinstimmung damit ist der Beugestand der Vorderbeine, so daß der Vorderkörper nahe dem Boden ist. Das Tier nimmt auch eine ebensolche Haltung an, wenn es aus einer am Boden stehenden Schüssel Milch

Abb. 31. Dasselbe Kaninchen mit gehobenem Kopfe. Die Vorderbeine sind gestreckt, die vordere Körperhälfte aktiv gehoben, der Rücken steigt von vorne nach hinten an. Der Daumen des Experimentators liegt gegen den Unterkieferwinkel an, um den Kopf in seiner Lage zu halten, die Körperlast ruht aber allein auf den Extremitäten des Tieres.

trinkt und sich dabei zur Schüssel herabbeugt. Auf Abb. 33 wird das Fleisch hoch in der Luft gehalten, das Tier hat den Kopf gehoben, und infolgedessen ist eine starke Streckung der Vorderbeine mit Hebung des Vorderkörpers eingetreten. Die Stellung der Hinterbeine hat sich wenig geändert, weil hier Hals- und Labyrinthreflexe sich entgegenwirken, während sie sich an den Vorderbeinen unterstützen. Wir können aus dieser Abbildung schließen, daß bei der verwendeten Katze deutliche Halsreflexe auf die Hinterbeine bei Heben und Senken vorhanden sein müssen.

Die gleichen Reflexe sieht man, wenn man laufende Hunde auf der Straße beobachtet. Richten die Tiere ihren Kopf nach dem Boden hin,

Abb. 32. Normale Katze. Reaktion der Vorderbeine auf Kopfsenken (Fleisch wird am Boden gehalten).

so sind die Vorderbeine in Schulter und Ellbogen gebeugt. Hebt das Tier seine Schnauze in die Luft, so läuft es mit gestreckter Schulter und Ellbogen und hocherhobenem Vorderkörper. Dasselbe kann man bei stehenden und laufenden Pferden und Kühen beobachten, man darf

Abb. 33. Normale Katze. Reaktion der Vorderbeine auf Kopfheben (Fleisch wird hoch in der Luft gehalten).

dabei nur nicht vergessen, daß die tonischen Hals- und Labyrinthreflexe auf die Gliedermuskeln am stärksten im Schulter- und Ellbogengelenk auftreten, während das Fußgelenk sich weniger daran beteiligt, und daß bei den genannten Tieren Schulter und Ellbogen hoch am Rumpfe liegen, während die sichtbar freiliegenden Gelenke Fuß- und Zehengelenke sind. Auch im zoologischen Garten kann man zahlreiche

Beobachtungen über Hals- und Labyrinthreflexe bei den verschiedensten Tierarten machen.

Wenn eine Katze unter einen Schrank kriechen will, dann legt sie ihren Kopf flach auf den Boden und löst dabei durch Ventralverschiebung ihres Halses gegen den Thorax den Vertebra-prominens-Reflex aus, bei welchem alle vier Beine erschlaffen und das Tier platt mit dem Bauch auf dem Boden liegt.

Es wurde schon oben erwähnt, daß, wenn eine in Normalstellung stehende Katze ihren Kopf beispielsweise nach rechts wendet und dabei ihren Schwerpunkt nach rechts verlegt, die Streckung des rechten Vorderbeines deutlich wird und dieser Schwerpunktsverlegung entgegenwirkt, während das linke Vorderbein eine Abnahme des Strecktonus zeigt, häufig vom Boden gehoben wird, und wenn das Tier dann läuft, stets den ersten Schritt macht. Ähnliches ist bei Eisbären zu sehen, wenn sie im Käfig hin und her laufen.

Es wird später zu schildern sein, daß bei Kaninchen und anderen Tierarten nach einseitiger Labyrinthexstirpation eine gesetzmäßige Drehung (und Wendung) des Kopfes auftritt. Es wird dann weiter zu zeigen sein, daß durch diese Kopfdrehung der typische Halsreflex auf die Extremitäten ausgelöst wird, welcher zu einer Tonuszunahme in den Gliedmaßen auf der Seite des erhaltenen und einer Tonusabnahme auf der Seite des fehlenden Labyrinthes führt. Dieser Tonusunterschied schwindet, wenn man die Kopfstellung korrigiert und ist daher ein tonischer Halsreflex auf die Extremitäten, welcher bei den Tieren mit erhaltenem Großhirn in vollständig typischer Weise eintritt und unter Umständen monate- und jahrelang bestehen bleibt[1].

Auf Abb. 34 sieht man dasselbe Kaninchen wie auf Abb. 30 und 31 in Rückenlage. Der Kopf ist nach rechts gedreht, d. h. das rechte Auge sieht aufwärts und nach der Ventralseite des Tieres. Infolgedessen ist durch den tonischen Halsreflex das linke Vorderbein Kieferbein und wird gestreckt, während das rechte Vorderbein Schädelbein ist und gebeugt wird. Der Tonusunterschied der Hinterbeine ist nicht zu sehen. Die umgekehrte Kopfdrehung ist auf Abb. 35 ausgeführt. Jetzt sieht das linke Auge des Tieres nach oben und nach der Ventralseite des Tieres. Infolgedessen ist jetzt das rechte Vorderbein Kieferbein und wird gestreckt, während das linke Vorderbein Schädelbein ist und gebeugt wird. Es läßt sich also beim intakten Kaninchen mit erhaltenem Großhirn der tonische Halsreflex durch Drehen auf die Extremitäten mit großer Deutlichkeit und Sicherheit zur Anschauung bringen.

---

[1] Von dem gleichzeitig auftretenden vorübergehenden Tonusverlust der Extremitäten auf der Seite der Labyrinthausschaltung, welcher eine direkte Labyrinthausfallsfolge ist, wird hier abgesehen.

An normalen Meerschweinchen mit intaktem Großhirn läßt sich manchmal beim Umlegen aus Bauch- in Rückenlage, ohne daß dabei die Stellung des Kopfes zum Körper geändert wird, eine tonische Streckung der Vorderbeine nachweisen (Labyrinthreflexe). Es ist dieses aber bei normalen Tieren nur in einer Minderzahl der Fälle auszulösen, während bei decerebrierten Meerschweinchen diese Reaktion stets mit besonderer Stärke erfolgt.

Die bisher beschriebenen Beobachtungen zeigen, daß sich bei den genannten Tierarten sowohl tonische Hals- wie Labyrinthreflexe auch bei erhaltenem Großhirn nachweisen lassen. Schon beim Affen (59) wird dieses schwieriger. Während der decerebrierte Affe sehr lebhafte tonische Hals- und Labyrinthreflexe auf die Extremitäten zeigt, die den

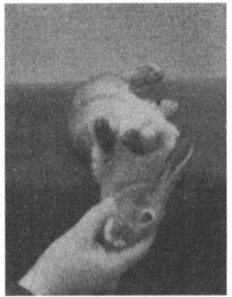 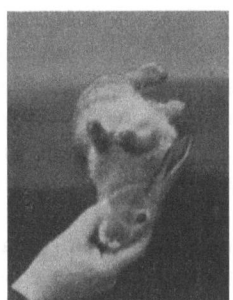

Abb. 34. Dasselbe Kaninchen wie Abb. 30 und 31 wurde auf den Rücken gelegt, so daß Kopf, Thorax und Becken mit der Dorsalseite genau nach unten gerichtet sind. Darauf wird der Kopf nach rechts gedreht, d. h. das rechte Ohr wird ventralwärts bewegt, das rechte Auge sieht nach oben. Der Thorax bleibt in seiner früheren Lage liegen. Das linke Vorderbein ist Kieferbein und wird gestreckt, das rechte Vorderbein ist Schädelbein und wird gebeugt. Das Becken dreht sich in umgekehrter Richtung wie der Kopf, so daß die rechte Hinterbacke unten liegt, das linke Hinterbein sich oben befindet. Der Körper des Tieres ist infolgedessen schraubenförmig gedreht. Der Tonusunterschied der Hinterbeine ist auf dieser Aufnahme nicht zu erkennen.

oben beschriebenen Gesetzmäßigkeiten folgen, und während auch in Narkose sich diese Reaktionen leicht auslösen lassen, zeigt das normale wache Tier dieselben meistens nicht, weil sie durch die Reaktionen der höheren Teile des Hirnstammes, durch die lebhaften Spontanbewegungen, durch die Reaktionen von optischem Ursprung usw. verdeckt werden. Doch hat sich z. B. an einem Affen nach doppelseitiger Labyrinthexstirpation bei verschlossenen Augen durch Dorsalbeugung des Kopfes die typische Streckung der Arme auslösen lassen, welche beim sitzenden Tiere zu einer Art „Adorantenstellung" der erhobenen Arme führte. Diese Beobachtung zeigt, daß der Affe mit intaktem Großhirn die genannten Reflexe besitzt, trotzdem sie meistens durch einfache Beobachtung nicht zu erkennen sind. Wir werden später sehen, daß beim Menschen ein ähnliches Verhalten herrscht und daß beim Erwachsenen die tonischen Hals- und Labyrinthreflexe nur in pathologischen Fällen deutlich werden, in welchen die Tätigkeit der höheren Hirnteile mehr oder weniger beeinträchtigt ist.

Tonische Hals- und Labyrinthreflexe auf die Atmung bei Enten.

Eine höchst interessante hierher gehörige Beobachtung verdanken wir Huxley und Noel Paton (1, 2). Diese untersuchten den Atemstillstand, welcher bei Enten beim Tauchen eintritt und mit starker Pulsverlangsamung gepaart geht. Entsprechend älteren Beobachtungen

Abb. 35. Dasselbe Kaninchen wurde auf den Rücken gelegt, so daß Kopf, Thorax und Becken mit der Dorsalseite genau nach unten gerichtet sind. Darauf wird der Kopf nach links gedreht, d. h. das linke Ohr wird ventralwärts bewegt, das linke Auge sieht nach oben. (Der Kopf ist hier durch die Hand des Experimentators verdeckt.) Der Thorax bleibt in seiner früheren Lage liegen. Das rechte Vorderbein ist Kieferbein und wird gestreckt, das linke Vorderbein ist Schädelbein und wird gebeugt. Das Becken dreht sich in umgekehrter Richtung wie der Kopf, so daß die linke Hinterbacke unten liegt und das rechte Hinterbein mehr nach oben kommt. Der Körper des Tieres ist infolgedessen schraubenförmig gedreht. Der Tonusunterschied der Hinterbeine ist auf dieser Aufnahme nicht zu erkennen. Die ganze Körperstellung ist das spiegelbildliche Gegenstück zu der Stellung auf Abb. 34.

fanden auch sie, daß reflektorischer Atemstillstand beim Untertauchen durch Berühren der Oberfläche des Kopfes mit dem Wasser ausgelöst wird. Sie entdeckten aber weiter, daß dieses durch tonische Hals- und Labyrinthreflexe sehr wesentlich unterstützt wird. Die Beobachtungen wurden teils an decerebrierten, teils an durch Verbinden der Augen „hypnotisierten" Enten angestellt.

a) Tonische Labyrinthreflexe. Bei Normalstellung des Kopfes mit horizontaler Schnabelspalte läßt sich bei Tieren mit guten Labyrinthreflexen überhaupt keine Apnöe auslösen, dagegen wohl bei Rückenlage des Kopfes und benachbarten Stellungen. Bei Tieren mit überwiegenden

Labyrinthreflexen genügt diese Lage schon allein zur Auslösung des Atemstillstandes. In Kopfstellungen, welche zwischen den beiden Extremen in der Mitte liegen, hindern die Labyrinthe den Eintritt des reflektorischen Atemstillstandes nicht. Dieser Labyrintheinfluß wird durch Exstirpation oder Cocainisieren der Labyrinthe aufgehoben.

b) Tonische Halsreflexe. Wird der Hals der Enten aus der normalen gekrümmten Stellung nach vorn gestreckt, so daß Hals und Kopf die Fortsetzung der Körperachse bilden, oder wird von hier aus noch weitere Dorsalbeugung vorgenommen, so erfolgt durch tonische Halsreflexe reflektorischer Atemstillstand. Die Reaktion ist von allen Teilen des Halses, dem Atlanto-Occipital-Gelenk, der Halsmitte oder dem thorakalen Teile des Halses auslösbar. Nach Ausschaltung der Labyrinthe läßt sich bei allen Lagen des Kopfes im Raume durch Streckung des Halses reflektorischer Atemstillstand hervorrufen; bei wirksamen Labyrinthreflexen dagegen nicht, wenn der Kopf sich in Normalstellung befindet, dagegen mit Leichtigkeit bei Rückenlage des Kopfes und auch noch deutlich in den intermediären Kopfstellungen.

Noel Paton hat ferner festgestellt, dass bei den meisten Enten die Labyrinthreflexe überwiegen, daß aber bei vielen außerdem noch wirksame Halsreflexe vorhanden sind, welche bei einigen Tieren ebenso stark sind wie Labyrinthreflexe. Es ergab sich also, daß auch bei den Enten geradeso wie bei den Säugetieren individuelle Unterschiede in der verhältnismäßigen Stärke der Hals- und Labyrinthreflexe vorkommen. Beim natürlichen Tauchen der Tiere muß die Berührung des Kopfes mit dem Wasser, die Lage des Kopfes im Raume und die Stellung des Halses zusammenwirken, um den für das Leben des Tieres so wichtigen Atemstillstand beim Tauchen zu gewährleisten.

Diese interessanten Beobachtungen zeigen, daß bei dem Tauchen der Vögel genau derselbe receptorische Apparat (Labyrinthe und Hals) benutzt wird und ganz in derselben Weise arbeitet wie bei den Säugetieren. Nur ist der Reflexerfolg ein ganz anderer. Die gleichen Receptoren sind bei den genannten Vögeln mit dem Atem- und Vaguszentrum verbunden, bei den Säugetieren dagegen mit den Zentren für die Körpermuskulatur. Man sieht also, wie ein und derselbe receptorische Apparat bei verschiedenen Tiergruppen zu ganz verschiedenen Reflexwirkungen benutzt werden kann.

VI. Tonische Labyrinthreflexe auf die Halsmuskeln (10).

Wir kehren nunmehr wieder zum Säugetier zurück. Bisher wurde der Einfluß der tonischen Hals- und Labyrinthreflexe ausschließlich auf die Extremitätenmuskulatur beschrieben. Außerdem läßt sich aber ein Einfluß der Labyrinthe auf die Halsmuskulatur (und bei einigen Tierarten auch auf die übrige Stammesmuskulatur) nachweisen. Die Untersuchung geschieht am besten an decerebrierten Tieren, bei welchen man den Widerstand gegen passive Bewegungen des Halses in den verschiedenen Richtungen prüft.

Nach doppelseitiger Labyrinthexstirpation finden sich keine Tonusunterschiede in der Halsmuskulatur abhängig von den verschiedenen Lagen des Kopfes im Raume. Sind aber wirksame Labyrinthreflexe vorhanden, so ergibt sich, daß der Tonus der Nackenheber, d. h. derjenigen Muskeln, welche Dorsalbeugung des Kopfes bewirken, maximal ist bei Rückenlage des Kopfes mit etwas über die Horizontale gehobener Mundspalte, und zwar ist dieser starke Tonus in den Nackenhebern des ganzen Halses, sowohl an der Basis wie am Kopfende vorhanden. Bei decerebrierten Tieren haben die Nackenbeuger bei dieser Kopflage gewöhnlich keinen Tonus.

In der umgekehrten Kopfstellung, d. h. Normalstellung des Kopfes mit etwas unter die Horizontale gesenkter Mundspalte haben die Nackenheber das Minimum ihres Tonus, der aber bei decerebrierten Tieren meistens noch immer deutlich ist, während jetzt die Nackenbeuger deutlichen Tonus bekommen haben, welcher sich durch den Widerstand gegen Dorsalbeugen des Kopfes ohne weiteres fühlen läßt.

Die Lage der Maxima und Minima für die tonischen Labyrinthreflexe auf die Halsmuskeln ist also genau die gleiche wie die für die Labyrinthreflexe auf die Gliedermuskeln und zeigt auch dieselben individuellen Variationen zwischen $0°$ und $+45°$ und zwischen $180°$ und $-135°$, wobei bei jedem Einzeltiere die Lage des Maximums und Minimums für die Reflexe auf die Gliedermuskeln und auf die Halsmuskeln die gleiche ist.

In allen übrigen Lagen des Kopfes im Raume nimmt der Tonus der Nackenmuskeln Werte an, welche zwischen den genannten beiden Extremen liegen. Man kann also sagen, daß sich der Tonus der Nackenheber gerade so verhält wie der Tonus der Streckmuskeln der Gliedmaßen. Nur ein charakteristischer Unterschied zwischen den beiden Reflexgruppen ist vorhanden.

Wie früher ausführlich auseinandergesetzt wurde, ist ein Labyrinth imstande, den Tonus der beiderseitigen Extremitätenmuskeln reflektorisch zu beeinflussen. Exstirpiert man bei einem decerebrierten oder normalen Tier ein Labyrinth, so findet man häufig (aber nicht immer) die Beine der Körperseite, auf welcher das Labyrinth fehlt, schlaffer als die Beine der anderen Seite. Dieser Tonusunterschied ist vorübergehend und kann auch ganz fehlen. Ob er aber vorhanden ist oder nicht, in beiden Fällen kann das noch anwesende Labyrinth bei Veränderung der Stellung des Kopfes im Raume den Tonus aller Extremitäten in gleichem Sinn und in gleicher Stärke beeinflussen. Ein Labyrinth wirkt also auf den Extremitätentonus beider Körperseiten.

Bei den Versuchen über tonische Labyrinthreflexe auf die Halsmuskeln hat es sich aber mit größter Deutlichkeit herausgestellt, daß das Verhältnis der Labyrinthe zu den Halsmuskeln ein anderes ist. Ein Labyrinth steht ausschließlich oder wenigstens ganz überwiegend zu den Halsmuskeln nur einer Körperseite in Beziehung.

Exstirpiert man einem decerebrierten Tier ein Labyrinth oder schaltet es mit Cocain aus, so stellt sich alsbald die bekannte Kopfabweichung her; der Kopf wird nach der Seite des fehlenden Labyrinthes gedreht und gewendet. Unmittelbar nach der Operation überwiegt bei Katzen und Hunden stets die Wendung des Kopfes, während bei Kaninchen häufig die Drehung stärker ausgesprochen ist (einige Tage nach der Operation überwiegt bei nichtdecerebrierten Katzen und Hunden ebenfalls die Drehung). Wir wollen diese Drehung des Kopfes nach einseitiger Labyrinthexstirpation, welche sich auch am decerebrierten Tier nachweisen läßt, und welche von Zentren abhängig ist, die hinter der Eintrittsebene des Nervus octavus in die Medulla oblongata liegen, aus später zu besprechenden Gründen als „Grunddrehung" bezeichnen. Untersucht man ein derartiges einseitig labyrinthloses Tier auf das Verhalten des Tonus seiner Nackenmuskeln, so kann man zunächst feststellen, daß in der Maximumstellung des Kopfes (0° bis + 45°) noch immer Beugen und Ventralverschieben des Kopfes auf größeren Widerstand stößt als in der Minimumstellung des Kopfes. Dieser Unterschied ist sowohl deutlich, wenn man die Labyrinthabweichung des Kopfes bestehen läßt, als auch wenn man die Drehung und Wendung korrigiert und den Kopf in symmetrische Stellung zum Rumpfe bringt.

Versucht man die Drehung oder Wendung des Kopfes zu korrigieren, so stößt man dabei auf einen deutlichen muskulären Widerstand. Ist z. B. das rechte Labyrinth exstirpiert worden und der Kopf infolgedessen nach rechts gedreht und gewendet, so kann man beim Linksdrehen oder -wenden des Kopfes einen starken Widerstand der tonisch verkürzten Rechtsdreher und Rechtswender des Nackens fühlen, dagegen stößt Rechtswendung auf keinen und Rechtsdrehung auf meist nur geringen Widerstand. Es ist also ein Tonusunterschied der Nackenmuskeln an den beiden Halsseiten aufgetreten.

Wenn man nun ein solches Tier in verschiedene Lagen im Raume bringt, so kann man feststellen, daß der Tonus der vorher erschlafften Muskeln (bei rechtsseitiger Labyrinthexstirpation der Linksdreher und Linkswender) sich dabei nicht ändert. Sowohl bei Maximum- wie bei Minimumstellung des Kopfes bleibt ihr Tonus minimal (bei unserem Beispiel stößt Rechtswenden und Rechtsdrehen bei allen Kopfstellungen im Raume auf keinen Widerstand).

Anders verhält sich der Tonus der Muskeln, welche nach Labyrinthexstirpation in Kontraktion geraten sind (Rechtsdreher und Rechtswender unseres Beispiels). Es hat sich in zahlreichen Versuchen an Katzen, Hunden und Kaninchen zeigen lassen, daß der Tonus dieser Muskeln in der Maximumstellung des Kopfes (0° bis + 45°) deutlich größer ist als in der Minimumstellung (180° bis — 135°). Bei Rückenlage des Tieres stößt also die Korrektion der Kopfabweichung nach Labyrinthexstirpation auf größeren Widerstand als in Fußstellung. Die hierbei festzustellenden Tonusänderungen sind niemals so groß, wie sie für die Heber und Senker des Nackens bei Anwesenheit beider Labyrinthe oben geschildert worden sind. Sie sind aber in gut gelungenen Versuchen so deutlich, daß an der Richtigkeit dieser Angabe nicht gezweifelt werden kann. Bei der Minimumstellung des Kopfes verschwindet der einseitige Tonus der Wender und Dreher des Nackens niemals ganz, die Kopfabweichung bleibt also auch in Fußstellung des Tieres bestehen. Nur die Differenz im Tonus der beiderseitigen Nackenmuskeln ist in der Maximumstellung viel größer als in der Minimumstellung, da die Spannung der Muskeln, welche nach einseitiger Labyrinthexstirpation schlaff bleiben, sich bei verschiedener Stellung des Kopfes im Raume nicht nachweislich ändert. Man kann dieses Verhalten nicht nur bei decerebrierten Tieren, sondern auch bei einseitig labyrinthlosen Tieren mit erhaltenem Großhirn feststellen. Bei einseitig labyrinthlosen Kaninchen, bei welchen die Kopfdrehung stark ausgesprochen ist, kann man sich das beschriebene Phänomen dadurch am deutlichsten machen, daß man das Tier in Rückenlage in der Luft hält, mit der einen Hand die Wirbelsäule faßt und mit der anderen Kopf und Hals umgreift und dabei dafür sorgt, daß sich die Beugung (dorsoventral) von Kopf und Hals gegen den Rumpf nicht ändert; nunmehr sucht man die Drehung des Kopfes zu korrigieren und dreht so lange, bis man auf einen deutlichen elastischen Widerstand stößt. Wenn man nunmehr, ohne irgend etwas an der Haltung des Tieres zu ändern, dieses langsam durch die Seitenlage in die Fußstellung dreht, so fühlt man, wie der elastische Widerstand am Halse schon bei Seitenlage abnimmt und bei Fußstellung ein Minimum erreicht. Dreht man das Tier in Rückenlage zurück, so fühlt man den elastischen Widerstand zurückkehren. Das Untersuchungsergebnis sieht man aus nachfolgender Tabelle.

Decerebriertes Kaninchen. Linkes Labyrinth mit 20% Cocain ausgeschaltet.

Widerstand des Kopfes gegen	Rückenlage +45°	Seitenlage	Fußstellung —135°
Dorsalverschieben . . .	Null	—	deutlich
Ventralverschieben . . .	stark	—	schwach
Linkswenden	Null	Null	Null
Rechtswenden	stark	mittel	schwach
Linksdrehen	schwach	—	schwach
Rechtsdrehen	deutlich	—	schwächer

Es ist bisher nicht möglich gewesen, die einzelnen Muskeln des Halses, welche für Heben, Senken, Drehen und Wenden in den verschiedenen Richtungen in Tätigkeit treten, besonders zu bestimmen. Wenn wir im vorhergehenden der Einfachheit der Darstellung halber von Heber, Senker, Dreher und Wender des Kopfes gesprochen haben, als ob es sich dabei jedesmal um verschiedene Muskeln handelt, so müssen wir doch darauf hinweisen, daß bei diesen Bewegungen häufig die gleichen Muskeln in Tätigkeit treten.

Hieraus ergibt sich also ein einseitiger Einfluß jedes Labyrinthes auf die Halsmuskeln. Nach einseitiger Labyrinthexstirpation verlieren bestimmte Halsmuskelgruppen ihren Tonus und bekommen denselben bei Tieren mit erhaltenem Großhirn auch nach Wochen und Monaten nicht wieder zurück. Auch nach längerer Zeit bleibt also der Einfluß eines Labyrinthes auf die Halsmuskeln ein einseitiger, und es tritt im Laufe der Zeit keine Kompensation dadurch ein, daß das eine Labyrinth die Funktion des exstirpierten übernimmt.

Nach einseitiger Labyrinthexstirpation ist nicht nur der Hals, sondern auch der Rumpf spiralig gedreht. Setzt man den Kopf gegen den Thorax gerade und hebt also die Halsdrehung auf, so schwindet beim Meerschweinchen, Hunde und Affen diese spiralige Rumpfdrehung, welche also sekundär von der Halsdrehung abhängig ist. Bei Kaninchen und Katzen bleibt dagegen nach Geradesetzen des Kopfes die Rumpfdrehung noch teilweise bestehen. Hier ist also außer einem Halsreflex noch ein direkter Einfluß des übriggebliebenen Labyrinthes auf die Rumpfmuskulatur übriggeblieben. Bei diesen Tieren erstreckt sich also der Einfluß der Labyrinthe nicht nur auf die Halsmuskulatur, sondern auf die Muskulatur des gesamten Körperstammes.

Die Kopfdrehung nach einseitiger Labyrinthexstirpation erfolgt auch nach Durchschneidung der drei obersten cervicalen Hinterwurzelpaare. Proprioceptive Reflexe sind also hierbei unbeteiligt, und es handelt sich um einen direkten Einfluß der Labyrinthe auf die Muskulatur.

Die Zentren für die tonischen Labyrinthreflexe auf die Halsmuskeln liegen hinter der Eintrittsebene der Octavi in die Medulla oblongata und sind nach einem Querschnitt direkt vor dem Octavuseintritt noch in funktionsfähigem Zustand.

Aus diesen Beobachtungen ergibt sich, daß jedes Labyrinth mit den Hals- (bei einigen Tieren auch mit den Rumpf-) Muskeln einer Körperseite funktionell verbunden ist. Unter „Halsmuskeln einer Körperseite" dürfen hierbei jedoch nicht die Muskeln der rechten oder linken Körperseite verstanden werden, sondern Muskeln, welche Rechtsdrehung und -wendung bzw. Linksdrehung und -wendung hervorrufen, wobei es zunächst unentschieden bleibt, auf welcher anatomischen

Körperseite diese Muskeln gelegen sind, und ob vielleicht Rechtswender sowohl auf der rechten als auf der linken Seite des Halses liegen. Sind beide Labyrinthe intakt, so ändert sich der Tonus der Rechts- und Linkswender und -dreher am Halse gleichsinnig. Es wird dieses höchstwahrscheinlich zu Zu- und Abnahme der Fixation des Halses, vielleicht auch zur Dorsalbeugung bzw. Ventralbeugung führen müssen.

Die verschiedene Verknüpfung der Labyrinthe mit den Extremitäten und mit den Halsmuskeln kann man sich vielleicht durch folgenden Vergleich anschaulich machen: Vor einen Wagen sind zwei Pferde gespannt, welche die Extremitätenmuskeln der rechten und linken Körperseite veranschaulichen. Auf dem Bock sitzen zwei Kutscher, entsprechend den beiden Labyrinthen; jeder Kutscher hat ein vollständiges Paar Zügel für beide Pferde in der Hand. Ebenso wie die beiden Labyrinthe bei verschiedenen Lagen des Kopfes stets ihre Lage zur Horizontalebene in gleicher Weise ändern, so führen auch die beiden Kutscher stets dieselben Bewegungen mit den Zügeln aus, und das Gespann bleibt daher vollständig in Ordnung. Wird ein Kutscher vom Bocke entfernt, so vermag der andere das Doppelgespann in ganz normaler Weise weiterzulenken.

Zur Verdeutlichung der tonischen Labyrinthreflexe auf die Nackenmuskeln müssen wir dagegen annehmen, daß der linke Kutscher das linke Pferd und der rechte Kutscher das rechte Pferd jedes an einem Paar Zügel hält. Ebenso wie beide Labyrinthe bei verschiedenen Kopfstellungen ihre Lage zur Horizontalebene stets in gleicher Weise ändern, wird jeder Kutscher auch stets sein Pferd in genau derselben Weise lenken wie sein Kamerad. Wird aber ein Kutscher entfernt, so läuft sein Pferd nunmehr ohne Zügel, kann vom Bocke aus nicht mehr beeinflußt werden und folgt passiv den Bewegungen seines Partners, während der übrigbleibende Kutscher sein Pferd in der normalen Weise weiterlenkt.

Aus obigen Feststellungen ergibt sich eine neue Beziehung zwischen den Labyrinthen und der Körpermuskulatur. Die Labyrinthe haben nicht nur einen direkten Einfluß auf die Tonusverteilung in den Extremitätenmuskeln, sondern sie wirken auch auf den Hals, und vom Halse aus werden wieder sekundär tonische Halsreflexe auf die Extremitäten- und Rumpfmuskulatur ausgelöst. Jede Tonusänderung der Nackenmuskulatur muß eine zugehörige reflektorische Änderung im Tonus der Gliedermuskeln hervorrufen. Hierdurch ergibt sich ein sehr verwickelter Zusammenhang des Kopfes mit den Gliedern (und auch mit dem Rumpfe), wodurch ein inniger Kontakt zwischen der Tonusverteilung in der gesamten Körpermuskulatur und der Kopfstellung gewährleistet wird.

VII. Einfluß der Körperstellung auf die Bewegungen.

Wir haben nunmehr die Gesetzmäßigkeiten kennengelernt, durch welche die Kopfstellung die Tonusverteilung in der gesamten Körpermuskulatur durch Vermittlung von Zentren, welche hinter der Eintrittsebene der Nervi octavi liegen, beherrscht. Die auf diese Weise zustande gebrachte „Körperstellung" muß ihrerseits wieder den Ablauf der Willkürbewegungen und der reflektorisch hervorgerufenen Bewegungen in gesetzmäßiger Weise beeinflussen. Jeder Körperstellung entspricht eine bestimmte Reflexbereitschaft und eine bestimmte Verteilung der Erregbarkeit im gesamten Zentralnervensystem für verschiedene Reflexe, so daß unter den wechselnden Bedingungen der Körperstellung bald der eine, bald der andere Reflex mit größerer oder geringerer Leichtigkeit ausgelöst werden kann, und auf ein und denselben Reiz verschiedene Reaktionen des Tieres eintreten können.

Will man die hierbei herrschenden Gesetzmäßigkeiten untersuchen, so ist es zweckmäßig, zunächst die Versuchsbedingungen zu vereinfachen, und die Änderungen der Reflextätigkeit bei verschiedenen Kopfstellungen an einem einzelnen Muskel oder an einer isolierten Muskelgruppe zu untersuchen.

Derartige Experimente sind zuerst von Socin und Storm van Leeuwen (19) systematisch durchgeführt worden. Hierbei wurden die Reflexe am isolierten Musc. triceps, dem Streckmuskel des Ellbogens bei der decerebrierten Katze untersucht.

Hierbei wurden sämtliche Muskeln, welche das Schulterblatt mit dem Rumpfe verbinden, durchtrennt, und im Plexus brachialis alle Nerven mit Ausnahme des Radialis durchschnitten. Nur der Musc. triceps, der Ellbogenstrecker, blieb in nervöser Verbindung mit dem Zentralnervensystem. Sämtliche übrigen Armmuskeln wurden entweder durchschnitten oder es wurden ihre zugehörigen motorischen Nerven durchtrennt. Der sensible Ast des N. radialis diente zur reflektorischen Reizung. Das Tier befand sich in Seitenlage, das registrierende Vorderbein lag oben, so daß bei Kopfdrehen durch Kombination von Hals- und Labyrinthreflexen besonders starke Reaktionen auftreten mußten. Untersucht wurde der Einfluß des Kopfdrehens und des Vertebra-prominens-Reflexes. Auf den Kurven ist mit SB (Schädelbein) diejenige Kopfdrehung bezeichnet, bei welcher der Scheitel sich oben und der Unterkiefer unten befindet, also die Minimumstellung für die Labyrinthreflexe. Mit KB (Kieferbein) diejenige Kopfstellung, bei welcher sich der Scheitel unten und der Kiefer oben befindet, also die Maximumstellung für die Labyrinthreflexe auf die Streckmuskeln.

Entsprechend den Erfahrungen von Sherrington (10) tritt bei Reizung des Nervus radialis mit schwachen Strömen ein gleichseitiger Streckreflex, bei stärkerer Reizung des Radialis ein Beugereflex ein. In geeigneten Versuchen kann man eine dazwischenliegende Reizstärke auffinden, bei welcher, je nach den äußeren Umständen, entweder Beuge- oder Streckreflexe ausgelöst werden. Beritoff (1, 2) hat diese Versuche weiter ausgebaut, indem er gleichzeitig mit dem Streckmuskel auch den antagonistischen Beugemuskel isolierte und seine Längenänderungen registrieren ließ. Er verwendete am Hinterbein das Paar Vastocrureus als Strecker, Semitendinosus als Beuger, am Vorderbein den Triceps als Strecker, den Biceps bracchi als Beuger, und benutzte zur Auslösung der Reflexe sowohl einen sensiblen Nerven desselben als des gekreuzten Beines. Beritoff dehnte seine Versuche über viele Stunden aus und beobachtete hierbei, daß im Laufe der Zeit an seinen decerebrierten Tieren ein aktiver Beugetonus auftrat, so daß er den Erfolg des Kopfdrehens sowohl bei überwiegendem Strecktonus wie bei überwiegendem Beugetonus und bei dazwischenliegenden Zuständen untersuchen konnte.

Die Erfolge des Kopfdrehens auf den Reflexerfolg sind sehr vielfältig, es ist aber gelungen auch hier die hauptsächlichen Gesetzmäßigkeiten aufzufinden. Das Ergebnis ist nämlich verschieden, je nachdem bei Änderung der Kopfstellung in den registrierenden Muskeln wirklich Tonusänderungen auftreten oder nicht.

a) Einfluß der Kopfstellung auf den Reflexerfolg, wenn sichtbare Längenänderungen in den Muskeln durch tonische Hals- und Labyrinthreflexe ausgelöst werden.

Wenn bei Änderungen der Kopfstellung Längenänderungen in den registrierenden Muskeln ausgelöst werden, so müssen hierdurch in der früher angegebenen Weise Schaltungen zustande kommen, welche der Uexküllschen Regel folgen, nach welcher die Zentren der gedehnten Muskeln für den reflektorischen Reiz „eingeklinkt" werden. Mit anderen Worten: Am maximal gestreckten Gliede werden Beugereflexe, am gebeugten Gliede Streckreflexe mit größerer Sicherheit auszulösen sein.

Dementsprechend ergab sich in den Versuchen von Socin und Storm van Leeuwen, daß bei starkem Strecktonus die reflektorische Hemmung des Triceps stark ausgesprochen, die reflektorische Erregung dagegen gering ist, während umgekehrt bei schwachem Strecktonus die reflektorische Hemmung schwach, dagegen die Erregung sehr stark ausgesprochen ist. Zur Veranschaulichung mögen die folgenden Kurven aus ihrer Arbeit dienen.

In dieser und allen folgenden Kurven sind homolaterale Reflexe registriert am isolierten M. triceps des linken Vorderbeines einer sich in rechter Seitenlage befindenden decerebrierten Katze. Die Hebelanordnung ist immer so gewählt, daß eine Bewegung des Hebels nach unten eine Kontraktion des M. triceps und eine Hebelbewegung nach oben eine Erschlaffung des M. triceps bedeutet. In Übereinstimmung damit stellt sich der Hebel bei starkem Tonus im M. triceps auf ein niedrigeres Niveau ein als bei geringerem Tonus. Werden die Tonusänderungen durch Kopfdrehung hervorgerufen, so bedeutet die Bezeichnung *KB*, daß der Kopf so gedreht wird, daß das obere Bein (dessen Reflexe registriert werden) „Kieferbein" wird, also gesteigerten Strecktonus bekommt, während bei *SB* das obere Bein „Schädelbein" wird, also verminderten Strecktonus bekommt. —

Werden die Tonusveränderungen durch Auslösen des Vertebra-prominens-Reflexes hervorgerufen, so ist dieses jedesmal unter den betreffenden Figuren bemerkt. — Alle Reflexe werden ausgelöst durch Reizung eines homolateralen Radialisastes. Es wird faradisch oder mit Einzelinduktionsschlägen gereizt. Die Intervalle zwischen zwei aufeinanderfolgenden Reizen betragen immer genau 1 Minute. Kurz vor dem Auftreten des Reizes wurde meistens am Kymographion schneller Gang eingeschaltet. Der Moment des Reflexbeginnes auf den Kurven ist mit einem ↑ markiert und außerdem meistens auf der unteren Signallinie zu sehen.

Auf Abb. 36 sind sechs aufeinanderfolgende gleichseitige Streckreflexe verzeichnet, bei der Streckung geht der Schreibhebel nach unten. Anfangs ist der Kopf in Maximumstellung (*KB*), der Triceps ist verkürzt, die Streckreflexe sind nur klein, trotzdem der Muskel noch zu weiterer Verkürzung befähigt war. Bei *SB* wird der Kopf in Minimumstellung gebracht, der Triceps erschlafft, und nunmehr werden die Streckreflexe viel größer. Bei dem letzten Reflex hat sich der Muskel inzwischen wieder verkürzt und der Streckreflex ist kleiner geworden.

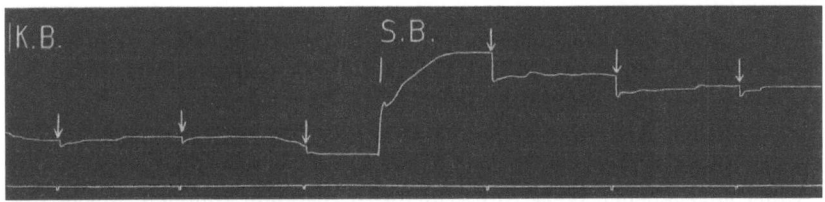

Abb. 36. Versuch 17. (Auf $^3/_4$ verkleinert.) Decerebrierte Katze. Isolierter Triceps. Tier zeigt vorwiegend Halsreflexe. Reizung jede Minute mit Einzelinduktionsschlag. Reizstärke 2500 K. Im primären Kreis ein Akkumulator, im sekundären Kreis ist 20 000 Ohm eingeschaltet. Bei *KB* ist ein ziemlich starker Strecktonus im Triceps vorhanden (tiefes Niveau); es werden drei kleine reflektorische Kontraktionen ausgelöst. Bei *SB* wird der Kopf so gedreht, daß das Versuchsbein Schädelbein wird. Der Tonus des Triceps nimmt ab, die erste reflektorische Kontraktion ist viel größer als die bei *KB*-Stellung ausgelösten. Nach dem Reiz nimmt der Tonus nicht wieder ab, die Kurve stellt sich vielmehr auf ein niedriges Niveau ein. Infolgedessen ist der nächste Reflex kleiner. das Niveau bleibt wieder niedrig, der übernächste Reflex wird daher noch kleiner.

Auf Abb. 37 sind fünf aufeinander folgende gleichseitige Beugereflexe registriert: die ersten drei bei Maximum-, die letzten zwei bei Minimumstellung des Kopfes. Man erkennt ohne weiteres, daß die Beugereflexe um so größer werden, je stärker die Verkürzung des Triceps vorher war. Bei Kieferbeinstellung nehmen sie mit zunehmender Erschlaffung des Triceps ab, bei Schädelbeinstellung nehmen sie mit zunehmender Verkürzung des Triceps an Höhe zu. Der Unterschied in der Reflexgröße je nach der Ausgangsstellung des Muskels ist deutlich zu sehen. Auch hierbei erschlaffte der Muskel bei den Reflexen nicht maximal, es ist noch weitere Erschlaffung möglich gewesen.

Auf Abb. 38 werden gleichseitige Beugereflexe registriert. Zunächst ist bei Kieferbeinstellung der Triceps verkürzt und die Beugereflexe daher sehr deutlich, bei Schädelbeinstellung tritt Erschlaffung des Triceps auf und nunmehr lassen sich überhaupt keine Hemmungsreflexe an denselben mehr auslösen, trotzdem der Muskel noch sehr gut weiter erschlaffen konnte.

Auf Abb. 39 ist die Reizstärke so gewählt, daß entweder Streckungs- oder Beugungsreflexe auftreten können. Im Anfang der Kurve ist bei Schädelbeinstellung der Triceps schlaff und es treten Streck-reflexe auf, darauf wird bei Kieferbeinstellung der Triceps kontrahiert und nunmehr erfolgen auf denselben Reiz Beugereflexe, schließlich wird der Kopf wieder in Schädelbeinstellung gebracht, der Triceps erschlafft und es treten Streckreflexe auf (Reflexumkehr, abhängig von der Muskellänge).

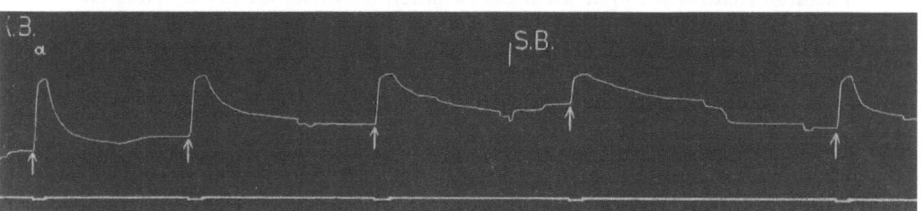

Abb. 37. Versuch 12. (Auf ¹/₂ verkleinert.) Decerebrierte Katze. Isolierter Triceps. Jede Minute kurze faradische Reizung. Reizstärke 500 K. Im primären Kreis ein Akkumulator, im sekundären Kreis kein Extrawiderstand. Das Tier zeigt vorwiegend Labyrinthreflexe. Bei *KB* große reflektorische Hemmungen. Nach dem Reflex erhält der Muskel nicht wieder seinen vollen Strecktonus, und der Hebel stellt sich auf ein etwas höheres Niveau ein. Der nächste Reflex ist infolgedessen etwas kleiner, der übernächste Reflex ist noch kleiner. Bei *SB* läßt dann infolge der Kopfdrehung der Tonus im Triceps noch mehr nach; der erstfolgende Reflex ist sehr klein. Der Tonus nimmt dann nach jedem Reflex wieder etwas zu; im Anschluß daran werden die Reflexe dann wieder etwas größer.

Auf Abb. 40 ist eine Reflexumkehr durch den Vertebra-prominens-Reflex wiedergegeben. Im Anfang ist der Triceps verkürzt, auf Reizung des Radialis erfolgt gleichseitiger Beugereflex. Bei *b* wird durch Druck auf die Vertebra prominens eine Erschlaffung des Triceps ausgelöst. Reflektorische Reizung des Radialis ruft nunmehr bei *c* einen Streckreflex hervor. Bei *d* wird der Druck auf die Vertebra prominens beendet, der Triceps bekommt wieder Tonus und nunmehr erfolgt bei *e* eine reflektorische Hemmung des Tricepstonus (Beugereflex).

Alle diese Kurven veranschaulichen dasselbe Gesetz: nämlich daß die Haltung des betreffenden Gliedes einen schaltenden Einfluß auf

den Reflexerfolg je nach der Muskellänge ausübt. Ist der Streckmuskel kontrahiert, so lassen sich an ihm nur schwache Erregungen,

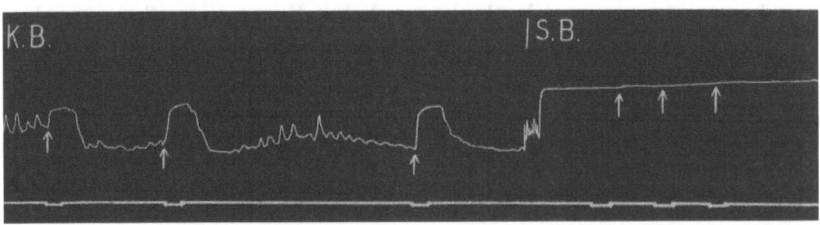

Abb. 38. (Auf $^3/_4$ verkleinert.) Versuch 14. Decerebrierte Katze. Isolierter
Triceps. Jede Minute kurze faradische Reizung. Das Tier zeigt vorwiegend
Labyrinthreflexe. Bei *KB* werden dreimal deutliche reflektorische Hemmungen
registriert. Bei *SB* reagiert das Bein deutlich mit Tonusabnahme; auf die drei
nächsten Reize tritt so gut wie keine Reaktion im Versuchsbein auf. Nach Änderung der Kopfstellung (nicht mehr auf der Kurve ersichtlich) trat wieder eine
starke Tonuszunahme ein und infolgedessen wurden wieder deutliche reflektorische
Hemmungen von derselben Größe wie vorher erzielt. In *KB* Stellung treten
Laufbewegungen auf, welche durch Kopfdrehen gehemmt werden.

aber starke Hemmungen auslösen. Ist der Streckmuskel schlaff, so
treten an ihm starke Erregungen, aber schwache Hemmungen auf.

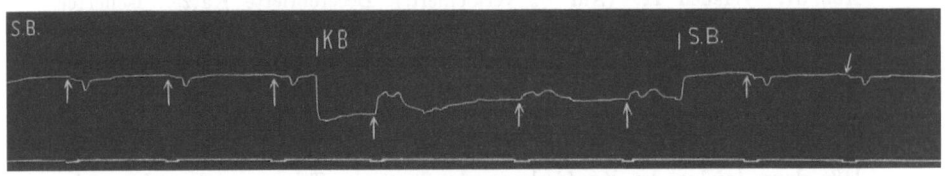

Abb. 39. Versuch 9. (Auf $^1/_2$ verkleinert.) Decerebrierte Katze. Isolierter
Triceps. Das Tier zeigt vorwiegend Labyrinthreflexe. Jede Minute kurze
faradische Reizung. 2500 K. Im primären Kreis ein Akkumulator, im sekundären Kreis ist ein Widerstand von 20 000 Ohm eingeschaltet. Bei *SB*
erfolgt auf faradische Reizung dreimal deutlich eine reflektorische Kontraktion (Hebel nach unten). Bei *KB* wird der Tonus im Triceps stark gesteigert; auf denselben Reiz wie vorher erfolgt dann eine deutliche reflektorische
Hemmung (Hebel nach oben). Nach jedem Reflex nimmt der Tonus etwas
ab; der folgende Reflex ist dann etwas kleiner als der vorhergehende. Bei
SB erfolgt dann wieder eine starke Tonusabnahme im Triceps; die nächsten
drei Reflexe sind wieder reflektorische Kontraktionen.

Bei starkem Strecktonus eines Gliedes sind die Beugereflexe, bei schwachem Strecktonus die Streckreflexe bevorzugt.

b) Einfluß der Kopfstellung auf den Reflexerfolg, wenn durch tonische Hals- und Labyrinthreflexe keine sichtbaren Veränderungen im Tonus der Körpermuskeln veranlaßt werden.

Wenn bei Änderungen der Kopfstellung keine sichtbaren Tonusänderungen in der Gliedermuskulatur zustande kommen, dann können auch keine Schaltungen auftreten. Fehlt die Stellungsänderung, so müssen auch alle durch dieselbe sekundär bedingten reflektorischen Einflüsse von der Peripherie fortfallen. Man kann unter diesen Bedingungen am besten studieren, welche Einflüsse durch die Kopfstellung als solche auf die Reflexerregbarkeit der Zentren im Rückenmark und übrigen Zentralnervensystem selber ausgeübt werden. Diejenigen Versuche, in welchen auf Änderung der Kopfstellung keine Änderungen des Gliedertonus auftreten, sind vom versuchstechnischen Standpunkte

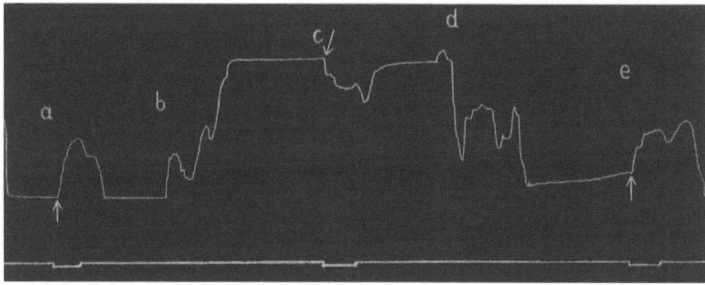

Abb. 40. Versuch 7. (Unverkleinert.) Versuchsbedingungen wie in Abb. 39. Bei *a* erfolgt bei Mittelstellung des Kopfes auf faradischen Reiz eine deutliche reflektorische Hemmung. Bei *b* wird ein deutlicher Vertebra-prominens-Reflex ausgelöst (Hebel nach oben). Bei *c* erfolgt auf faradischen Reiz von derselben Intensität wie bei *a* eine sehr deutliche reflektorische Kontraktion (Hebel nach unten). Bei *d* wird der Druck auf die Vertebra prominens aufgehoben; der nächste Reflex bei *e* ist wieder eine Hemmung.

aus als mißglückte Versuche zu betrachten. Sie geben uns aber gerade dadurch, daß keine Schaltungen erfolgen, besonders lehrreiche Aufschlüsse über den Einfluß, welchen die tonischen Hals- und Labyrinthreflexe direkt auf die Erregbarkeitsverteilung im Zentralnervensystem ausüben.

Unter diesen Umständen hat sich nun folgendes herausgestellt: Wenn durch Änderung der Kopfstellung die erwartete Reaktion nicht eintritt, und keine Tonusänderungen in den Extremitätenmuskeln erfolgen, so kann man durch nachfolgende sensible Erregungen häufig die ursprünglich zu erwartende Tonusänderung noch auslösen. Hat man z. B. eine Kopfstellung eingestellt, welche eigentlich zu Streckung des zu untersuchenden Beines hätte führen müssen, so kann man durch einen nachfolgenden sensiblen Reiz häufig mit besonderer Leichtigkeit einen Streckreflex auslösen. Durch Änderung der Kopfstellung ist gewissermaßen im Zentralnervensystem eine Streckbereitschaft oder Strecktendenz eingestellt worden, welche sich bei einem nachfolgenden Reflexe äußert. Gibt man dem Kopfe eine solche Stellung, daß das zu untersuchende Bein erschlaffen müßte, so werden die Zentren auf Beugebereitschaft oder Beugetendenz eingestellt und das nachträgliche Auslösen von Beugereflexen erleichtert.

Die folgenden Kurvenbeispiele machen das Gesagte deutlich.

Auf Abb. 41 befindet sich der Kopf anfangs in Minimumstellung und wird bei *KB* in Maximumstellung gedreht. Eine Längenänderung des Triceps tritt hierbei nicht ein. Man kann deutlich sehen, daß der gleichseitige Beugereflex bei Minimumstellung des Kopfes, bei welchem also nach dem oben Gesagten eine Beugetendenz im Zentral

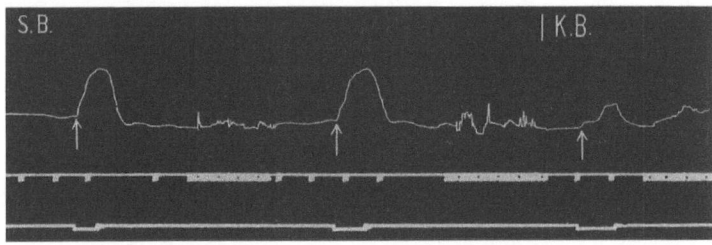

Abb. 41. Versuch 15. (Unverkleinert.) Decerebrierte Katze. Isolierter Triceps. Tier zeigt vorwiegend Halsreflexe. Reizung jede Minute mit kurzdauerndem faradischem Reiz. Reizstärke 100 K. Im primären Kreis ein Akkumulator, im sekundären Kreis kein Extrawiderstand. Bei *SB* werden zwei reflektorische Hemmungen registriert. Bei *KB* wird das Versuchsbein Kieferbein. Es tritt zunächst keine sichtbare Tonusänderung auf. Der erste Reflex in dieser Stellung ist kleiner als der vorherige bei *SB*-Stellung. Obere Signallinie = Zeit in Sekunden. Vor dem Beginn der Reizung ist jeweils schneller Gang des Kymographions eingeschaltet.

nervensystem zustande kommt, sehr viel stärker ist als bei Maximumstellung des Kopfes, bei welcher eine Strecktendenz herrscht.

Der Einfluß, der in diesem Falle durch Kopfdrehen ausgeübt wird, ist gerade umgekehrt, wie er bei eintretender Schaltung erfolgen müßte. Würde bei *KB*, wenn der Kopf in Maximumstellung gedreht wird, der Triceps sich tatsächlich verkürzen, so würde hierdurch der Beugereflex verstärkt werden müssen, da aber keine Verkürzung des Triceps eintritt, wird nunmehr dieser umgekehrte Einfluß auf das Zentralnervensystem erst deutlich.

Dieses Sichentgegenwirken von Schaltung und Beugetendenz ist auf Abb. 42 deutlich zu sehen. Hier befindet sich im Anfang des Ver-

suches der Kopf in Maximumstellung (*KB*) und es werden drei gleichseitige Beugereflexe ausgelöst, welche klein sind, weil durch die Kopfstellung eine Strecktendenz bewirkt worden ist. Bei *SB* wird der
Kopf in Minimumstellung für den Strecktonus gedreht, und man sieht
bei *c*, daß nunmehr infolge der Beugetendenz der Beugereflex auf genau
den gleichen Reiz sehr viel stärker geworden ist. Bei *c* hat nämlich der
Triceps seine ursprüngliche Länge wiederbekommen. Bei *a* und auch
noch bei *b* ist der Triceps dagegen erschlafft. Infolge der hierdurch
bewirkten Schaltung sind die Beugereflexe *a* und *b* deutlich kleiner
als der bei *c*. Bei *a* ist also der Einfluß der Beugetendenz durch die
infolge der Änderungen der Muskellänge eintretende Schaltung gerade
etwa kompensiert worden.

Im zweiten Teil der Kurve auf Abb. 43 befindet sich der Kopf in
Maximumstellung (*KB*) und es herrscht infolgedessen Strecktendenz.

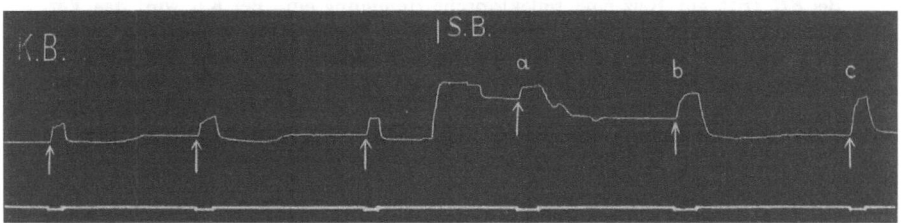

Abb. 42. (Auf ³/₄ verkleinert.) Versuch 13. Decerebrierte Katze. Isolierter
Triceps. Tier zeigt vorwiegend Halsreflexe. Reizung jede Minute mit kurzan-
dauerndem faradischem Reiz. Reizstärke 1500 K. Im primären Kreis ein Akkumulator. Auf Änderung der Kopfstellung treten sichtbare Tonusänderungen im
Triceps auf. Bei *KB* sind drei Hemmungen von ungefähr gleicher Intensität
ausgelöst. Auf Drehen des Kopfes erfolgt nun bei *a* bei höherem Niveau des
Hebels eine kleinere Hemmung, bei *b* ist das Niveau etwas abgesunken und die
reflektorische Hemmung größer geworden. Bei *c* ist das Niveau noch immer etwas
höher als bei *KB*, trotzdem ist der hier ausgelöste Reflex fast zweimal so groß
wie bei *KB*-Stellung.

Der gleichseitige Streckreflex bei *c* ist stark, bei *b*, wo der Muskel etwas
mehr kontrahiert ist, etwas geringer, und bei *a*, wo noch stärkere Kontraktion des Triceps vorhanden ist, ist der Streckreflex gleich Null.
In diesem Falle macht sich der Einfluß der Schaltung deutlich geltend.
Im Anfang der Kurve befindet sich der Kopf in Minimumstellung
(*SB*) und es herrscht infolgedessen Beugetendenz. Die Länge des
Muskels entspricht dabei derjenigen, welche zwischen *a* und *b* eingenommen wird. Es wäre also, wenn der Kopf in Maximumstellung
stände, ein schwacher Streckreflex zu erwarten. Statt dessen tritt nunmehr auf genau den gleichen Reiz ein Beugereflex ein. In diesem Falle
ist es also durch Kopfdrehen zu einer Umkehr des Reizerfolges gekommen

dadurch, daß im Zentralnervensystem Beuge- bzw. Streckbereitschaft eingestellt worden ist.

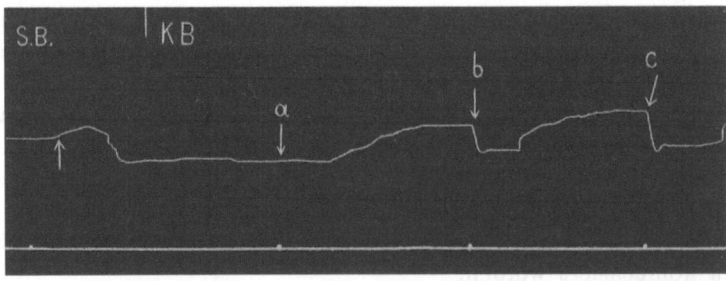

Abb. 43. (Unverkleinert.) Versuch 5. Decerebrierte Katze. Isolierter Triceps. Jede Minute kurzdauernde faradische Reizung. Im primären Kreis ein Akkumulator, im sekundären Kreis ist 20 000 Ohm eingeschaltet. Reizstärke 1250 K. Bei *SB* tritt auf Reiz eine reflektorische Hemmung ein. Bei *KB* wird das Versuchsbein Kieferbein. Der Triceps bekommt etwas mehr Tonus, das Niveau sinkt ab. Der nächste Reiz hat gar keine Reaktion zur Folge. Der Tonus im Triceps läßt nun allmählich nach und wird gleich bzw. noch etwas schwächer als zuvor bei *SB*-Stellung. Der nächste Reflex ist nun eine deutliche reflektorische Kontraktion. Das Niveau steigt wieder an, und der dritte Reflex in *KB*-Stellung ist abermals eine Kontraktion.

Abb. 44 zeigt neun aufeinander folgende Streckreflexe. Wird der Kopf in Maximumstellung gedreht (*KB*), so sind diese Streckreflexe außer-

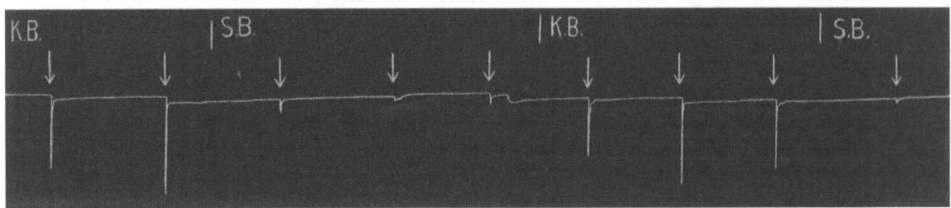

Abb. 44. Versuch 3. Decerebrierte Katze. Isolierter Triceps. Tier hat vorwiegend Halsreflexe. Jede Minute Reizung mit Einzelinduktionsschlag. Reizstärke 2500 K. Im primären Kreis ein Akkumulator, im sekundären Kreis 20 000 Ohm. Bei *KB* erfolgen auf Einzelinduktionsschlag deutliche reflektorische Kontraktionen. Bei *SB* ist die Kopfstellung so geändert, daß das Versuchsbein „Schädelbein" wird. Hierbei tritt keine registrierbare Tonusänderung im Tricepsmuskel auf. Daher sind die nächsten Reflexe minimal. Bei *KB* wird das Versuchsbein „Kieferbein"; es tritt abermals keine sichtbare Tonusänderung auf, aber die Reflexe werden wieder sehr viel größer. Bei *SB* werden dieselben dann wieder minimal.

ordentlich stark, während sie bei Minimumstellung des Kopfes (*SB*) sehr schwach sind. Hier wird also die Strecktendenz bei Maximumstellung des Kopfes besonders deutlich. In diesem Versuche treten beim Kopfdrehen überhaupt keine Längenänderungen des Triceps auf. Der hier besprochene Fall: Auftreten von Streck- und Beugetendenz durch Kopfdrehen bei Fehlen von Längenänderungen des Muskels ist besonders durch Beritoff ausgearbeitet worden, in dessen sehr langdauernden Versuchen im Verlaufe von Stunden die decerebrierten Präparate alle Zustände von Strecktonus, Mittelzustand und Beugetonus zeigten, und bei denen meistens die Reflexe gleichzeitig an Beuge- und Streckmuskeln registriert wurden. Einige Beispiele aus der Arbeit von Beritoff (2) mögen hier noch folgen.

Auf Abb. 45 sind vier aufeinanderfolgende gekreuzte Streckreflexe des rechten Musc. triceps der Katze registriert. Bei A befindet sich der Kopf in Mittelstellung, bei B und D in Maximumstellung für die Labyrinthreflexe, es herrscht daher Strecktendenz und der Streckreflex ist deutlich vergrößert und verlängert. Bei C befindet sich der Kopf

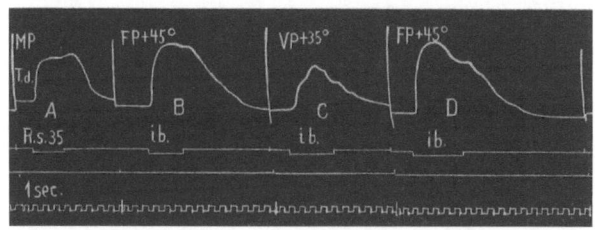

Abb. 45. (Nach Beritoff.) Präparat 32. Linke Seitenlage 3¹/₂ Stunde nach dem Decerebrieren. In Abständen von 4—5 Minuten wird jedesmal derselbe Reiz am Nervus radialis der gekreuzten Seite appliziert. Im Versuch A befindet sich der Kopf in Mittelstellung, in Versuch B und D in Maximumstellung für den Strecktonus des Triceps, im Versuch C in Minimumstellung für den Strecktonus des Triceps. Die oberste Reihe gibt die Kontraktionen des isolierten Triceps dexter wieder. Der Reizerfolg bei A ist kleiner als bei B und D, aber größer als bei C.

in Minimumstellung und der Streckreflex ist daher stark verkleinert. In der Maximumstellung ist die Strecktendenz am größten, in der Minimumstellung am kleinsten.

Auf Abb. 46 sind oben die Längenänderungen des Vastocrureus, unten die des Semitendinosus verzeichnet. Im Anfang (A) befindet sich der Kopf in Maximumstellung für den Strecktonus. Es herrscht Strecktendenz. Auf Reizung des gekreuzten Nervus peroneus erfolgt eine kräftige Kontraktion des Streckmuskels, des Vastocrureus, welche den Reiz beträchtlich überdauert, während der Semitendinosus in Ruhe bleibt. Darauf wird der Kopf in die Minimumstellung für den Strecktonus gedreht (VP). Der Vastocrureus erschlafft, der Semitendinosus zeigt eine vorübergehende Kontraktion. Auf Reizung des rechten

Peroneus erfolgt nunmehr eine sehr viel geringere Kontraktion des Vastocrureus, welche mit Beendigung des Reizes sofort aufhört. Der Semitendinosus bleibt während der Reizung in Ruhe, zeigt aber nach Aufhören des Reizes eine sehr starke tonische Kontraktion, welche lange andauert. Im Versuch *A* tritt die Strecktendenz, in Versuch *B* die Beugetendenz des Präparates deutlich zutage. Bei *A* ist die lange Nachdauer der Kontraktion des Vastocrureus nach Aufhören des Reizes deutlich, der Muskel kehrt überhaupt nicht zu seiner ursprünglichen Länge zurück, bis der Kopf bei *VP* eine andere Stellung erhält.

Beritoff hat noch eine ganze Reihe von Kurven veröffentlicht, in denen deutlich zu sehen ist, daß bei vorhandener Strecktendenz die Streckmuskeln eine lange tonische Nachwirkung zeigen, während umgekehrt bei vorhandener Beugetendenz diese tonische Nachwirkung

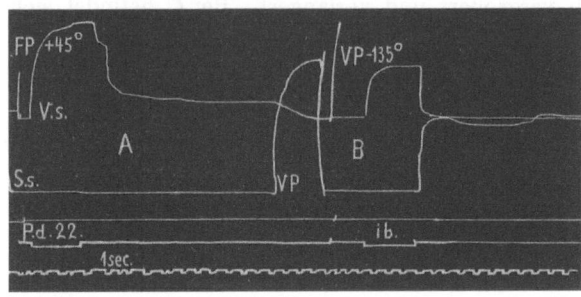

Abb. 46. (Nach Beritoff.) Decerebrierte Katze Nr. 58. Rechte Seitenlage 12¹/₄ Stunde nach der Operation. Die obere Kurve: linker Vastocrureus, die zweite Kurve: linker Semitendinosus. Reizung des rechten Nervus peroneus. Zeit in Sekunden. Bei *A* befindet sich der Kopf in der Maximumstellung für den Strecktonus, bei *B* in der Minimumstellung für den Strecktonus. Bei *B* tritt langnachdauernde tonische Beugung auf.

an den Streckern fehlt, und unter Umständen an den Beugern deutlich zutage tritt.

Auf Abb. 47 ist das Verhalten des Brachialis (oben) und des Triceps (unten) bei Reizung der beiderseitigen Nervi radiales registriert. Bei *A* befindet sich der Kopf in der Minimumstellung für den Strecktonus, es herrscht infolgedessen Beugebereitschaft. Während der Reizung des gekreuzten Nervus radialis (Streckreflex) erfolgt nur geringe Bewegung. Sowie die Reizung des gleichseitigen Radialis dazutritt, erfolgt kräftige Kontraktion des Beugers. Das umgekehrte Verhalten sieht man bei *B*, wo Streckbereitschaft des Präparates herrscht. Nunmehr ist Reizung des gekreuzten Nervus radialis wirksam und führt zu kräftiger Kontraktion des Streckers, während die kontralaterale Reizung nur von geringem Einfluß auf die Beugemuskulatur ist.

Auch ganz indifferente Reize können je nach der Kopfstellung auf die Beuger oder Strecker einwirken (Abb. 48).

Auf Abb. 48 ist ein Versuch wiedergegeben, in welchem das Präparat rhythmische Armbewegungen synchron mit der Atmung ausführte. Wird der Kopf in Minimumstellung für den Strecktonus gebracht, so daß Beuge-bereitschaft herrscht (*A*), dann treten rhythmische Kontraktionen nur im Biceps ein, während umgekehrt in der Maximum-stellung des Kopfes für den Strecktonus (*B*) der Biceps ruhig bleibt und der Triceps die rhythmischen Bewegungen ausführt. Abb. 47. (Nach Beritoff.) Präparat 28. Linke Seitenlage $10^{1}/_{2}$ Stunde nach dem Decerebrieren. Obere Kurve: rechter Brachialis; zweite Kurve: rechter Triceps. Erstes Reizsignal: Reizung des rechten Nervus radialis; zweites Reizsignal: Reizung des linken Nervus radialis. Zeit 0,2 Se-kunden. Bei *A* befindet sich der Kopf in Mini-mumstellung für den Strecktonus, bei *B* in Maxi-

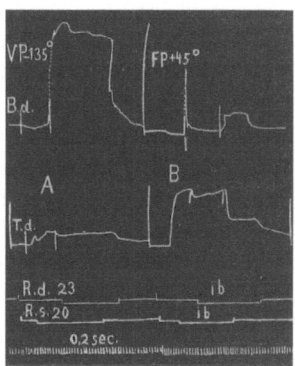

Abb. 47.

mumstellung für den Strecktonus. In beiden Fällen wird zuerst der gekreuzte Radialis gereizt, dann bei fortdauernder Reizung desselben die gleichseitige Ra-dialisreizung hinzugefügt. Der Reiz des ersteren endet vor dem des letzteren. Die Reizung wurde jedesmal 6 Minuten nach der zugehörigen Kopfdrehung ausgeführt.

In diesem Versuche waren die Labyrinthe ausgeschaltet, so daß es sich ausschließlich um den Einfluß der tonischen Halsreflexe handelt.

Alle diese Beobachtungen zeigen das gleiche, daß nämlich bei Ver-änderung der Kopfstellung in den Zentren der Körpermuskulatur eine bestimmte Bewegungstendenz einge-stellt wird, welche derjenigen gleich-gerichtet ist, die durch die Kopf-stellung eigentlich zustande kommen Abb. 48. (Nach Beritoff). Decerebriertes Präparat 35. Die Labyrinthe sind exstir-piert und mit Cocain ausgeschaltet. Linke Seitenlage 3 Stunden nach der Operation. In Versuch *A* befindet sich der Kopf in der Minimumstellung für den Strecktonus, das Präparat hat Beugetendenz. Bei *B* befindet sich der Kopf in der Maximum-

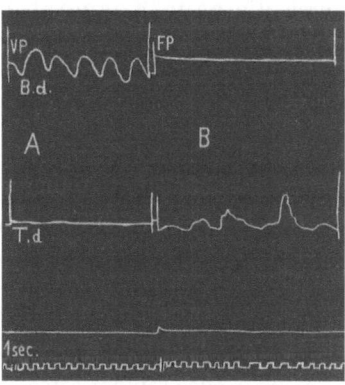

Abb. 48.

stellung für den Strecktonus, das Präparat hat Strecktendenz. Im ersteren Falle befindet sich der Triceps (untere Kurve) in Ruhe und der Biceps (obere Kurve) kon-trahiert sich rhythmisch synchron mit der Atmung. Bei *B* ist der Biceps in Ruhe und der Triceps zeigt rhythmische Kontraktionen gleichzeitig mit der Atmung.

müßte. Ein nachfolgender sensibler Reiz findet dann die Zentren in
einer bestimmten Bereitschaft, so daß der Reizerfolg entweder erleichtert oder erschwert wird. Jede Körperstellung geht also
mit einer bestimmten Verteilung der Reflexbereitschaften
im Zentralnervensystem gepaart.

Diese experimentellen Ergebnisse lehren folgendes über den Einfluß der Körperstellung auf die Bewegungen.
Wenn durch die tonischen Hals- und Labyrinthreflexe wirklich eine
neue Körperstellung ausgelöst wird, so schaltet diese, und zwar erstens
dadurch, daß bei der neu eingenommenen Körperstellung bestimmte
Muskelgruppen sich im Zustande der Dehnung und infolgedessen ihre
zugehörigen Zentren nach der Uexküllschen Regel sich im Zustande
erhöhter Reflexerregbarkeit befinden. Zweitens wird aber der Körper
bei jeder neu eingenommenen Stellung an bestimmten Stellen in Berührung mit dem Boden kommen, und hierdurch schaltende Einflüsse
ausgelöst werden, geradeso wie früher gezeigt wurde, daß am Rückenmarkshund bei Seitenlage durch Erregungen der Nerven des Drucksinnes der Kratzreflex umgeschaltet werden kann. In allen diesen
Fällen wird also bei einer bestimmten Körperstellung eine Summe von
sensiblen Erregungen, teils proprioceptiver teils exteroceptiver Art
ausgelöst werden, welche im Zentralnervensystem schaltend wirken,
neu zuströmende Erregungen zwingen, bestimmte Bahnen einzuschlagen
und bestimmten Zentren zuzufließen, und verschiedene Zentren in
wechselnde Grade von Reflexbereitschaft versetzen. Es handelt sich
in allen diesen Fällen um den Einfluß sensibler Erregungen, welche
durch die neue Körperstellung bedingt werden.
Außerdem beeinflussen aber die tonischen Hals- und Labyrinthreflexe die Erregbarkeitsverteilung im Zentralnervensystem direkt.
Das wird vor allem dann deutlich, wenn aus irgendwelchen Gründen
bei einer bestimmten Kopfstellung die zugehörige Körperstellung nicht
zustande kommt und daher die oben erwähnten Schaltungen nicht
erfolgen können. Dann sind diese zentralen Einflüsse allein vorhanden.
Es kommt dann zu einer der Kopfstellung entsprechenden veränderten
Erregbarkeitsverteilung im Zentralnervensystem. Einzelne Gliedmaßen
bzw. deren Zentra bekommen Beugetendenz, andere Strecktendenz usw.
Bricht nun ein beliebiger Reiz in das Zentralnervensystem ein, so findet
er bestimmte Zentren hierdurch „eingeklinkt“, andere „ausgeklinkt“
bzw. mehr oder minder erregbar, und kann daher eine Reaktion hervorrufen in demselben Sinne, wie er eigentlich durch die tonischen Hals-
und Labyrinthreflexe hätte erfolgen müssen. Auf diese Weise kommt es,
daß auf den gleichen Reiz je nach der Körperstellung entweder starke
oder schwache Reaktionen oder sogar eine Reaktionsumkehr erfolgen

kann. So können dann selbst indifferente Reize, welche sonst gar nicht zu Stellungsänderungen zu führen brauchen, neue Körperstellungen auslösen.

Beritoff (2) hat versucht, auch diese letztgenannten Vorgänge auf Schaltungen zurückzuführen. Es scheint mir dieses jedoch nicht hinreichend sichergestellt zu sein; es könnte sich bei einem bestimmten Einzelzentrum einfach um die algebraische Summierung von Erregungen handeln, welche teils vom Labyrinthe und dem Halse, teils von den anderen afferenten Nerven herkommen.

Bei verschiedenen Körperstellungen wirken daher periphere, schaltende Einflüsse und zentrale Erregbarkeitsänderungen zusammen, um Veränderungen in der Verteilung der Reflexerregbarkeit im Zentralnervensystem zustande zu bringen, und dadurch veränderte Reaktionen, welche zu den jeweils eingenommenen Körperstellungen passen, zu bedingen. Auch in diesem Falle ergibt sich also, daß das Zentralnervensystem keine starre Verbindung bestimmter Reflexzentren darstellt, sondern sich den jeweiligen Zuständen des Körpers in zweckentsprechender Weise anpaßt, so daß jeder Körperstellung eine bestimmte Reflexbereitschaft und Verteilung der Reflexerregbarkeiten entspricht. Die grundlegenden hierbei geltenden Gesetzmäßigkeiten haben sich, wie oben gezeigt wurde, bisher aufklären lassen, es wird aber noch mühevoller Detailarbeit bedürfen, um zu untersuchen, wie sich diese Dinge im Einzelfalle gestalten.

Nur ein Punkt muß noch besprochen werden, der im vorhergehenden gelegentlich schon berührt wurde, nämlich die Gesetzmäßigkeiten beim Auftreten von Lauf- und Gehbewegungen.

Wenn ein Tier sich in Normalstellung befindet und den Kopf wendet, so wird das vordere Kieferbein Standbein, und das vordere Schädelbein macht stets den ersten Schritt. Der Anfang der Lokomotion erfolgt also in der Extremität, welche den geringsten Strecktonus hat. Wenn man sich bei einer decerebrierten Katze in der oben geschilderten Weise ein isoliertes Tricepspräparat herstellt und das Tier in Seitenlage mit dem isolierten Triceps nach oben bringt, während das untenliegende Bein intakt bleibt, so kann man bei derartigen Präparaten manchmal spontane Laufbewegungen auftreten sehen. Bei Tieren mit überwiegenden Halsreflexen macht es hierbei keinen Unterschied, in welcher Stellung sich der Kopf befindet. Sowohl wenn sich der Scheitel oben als wenn er sich unten befindet, wird eins der beiden Vorderbeine maximalen und das andere Vorderbein minimalen Tonus haben und infolgedessen den ersten Schritt machen können. Anders ist dieses bei Tieren mit überwiegenden Labyrinthreflexen. Dreht man bei ihnen den Kopf mit dem Scheitel nach oben, dann haben beide Beine minimalen Strecktonus und die Laufbewegungen werden sofort gehemmt.

Dreht man den Kopf mit dem Scheitel nach unten, so wird der Strecktonus in beiden Vorderbeinen maximal, und es treten daraufhin sofort
lebhafte Laufbewegungen auf (Abb. 49).

In diesem Falle treten also die Laufbewegungen nur dann auf, wenn
beide Vorderbeine maximalen Tonus haben. Dasselbe kann man häufig
beobachten, wenn man die Tiere in Rückenlage bringt. Befindet sich
der Kopf in der Maximumstellung für den Strecktonus der Vorderbeine,
so treten häufig starke Laufbewegungen an diesen auf, welche sich sofort
hemmen lassen, sobald man den Kopf auf irgendeine Weise in eine Stellung bringt, bei welcher der Strecktonus der Vorderbeine abnimmt.

Der hier geschilderte Einfluß der Körperstellung auf die Bewegungen
ist von größter Bedeutung für die Beurteilung aller Versuche über
Reflexe an Tieren, bei welchen das obere Halsmark und die Medulla
oblongata mit oder ohne Labyrinthe in funktioneller Verbindung mit

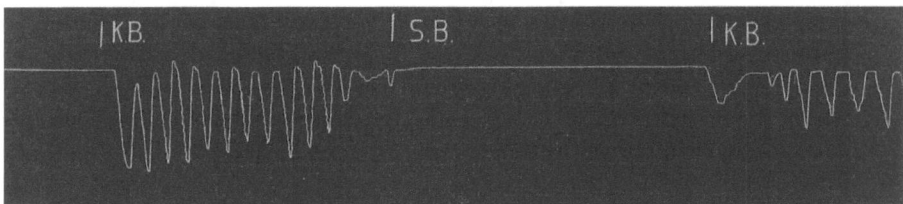

Abb. 49. Versuch 7. Decerebrierte Katze. Isolierter Triceps. Tier zeigt vorwiegend Labyrinthreflexe. Bei *KB*-Stellung zeigen sich deutlich alternierende
Laufbewegungen in den beiden Vorderbeinen. Die des oberen Beines sind registriert.
Durch Drehung des Kopfes. so daß das obere Bein „Schädelbein" wird (bei *SB*),
werden die Laufbewegungen in beiden Beinen gehemmt.

dem Rückenmark geblieben ist, also vor allen Dingen auch bei allen
Versuchen an decerebrierten Tieren. Man hat bei der Beurteilung der
Reflexfolgen bei solchen Präparaten vielfach nicht auf die gleichzeitig
eintretenden Veränderungen des Kopfstandes geachtet. Auch wenn
man den Erfolg der Reizung des Hirnstammes, der Großhirnrinde usw.
untersuchen will, muß man stets etwaige Kopfreaktionen berücksichtigen
Bei dem Studium der einschlägigen Literatur trifft man vielfach
Untersuchungen, in welchen Reaktionen beschrieben werden, welche
einfach sekundäre Folgen der veränderten Kopfstellung sind, und gar
nicht direkt durch die vom Experimentator ausgeführte Reizung
als solche bedingt werden. Oder man liest, daß durch einen bestimmten
Reiz Bewegungen der Extremitäten hervorgerufen werden, und gleichzeitig Änderungen des Kopfstandes eintreten. Daß diese Dinge in ur-
sächlichem Zusammenhang miteinander stehen können, ist oft den

Untersuchern noch nicht bekannt. Es dürfte sich empfehlen, in Zukunft mehr auf diese Dinge zu achten; man wird dann finden, daß vielfach die beobachteten Änderungen der Körperstellung und der Körperbewegungen sekundäre Folgen der gleichzeitig ausgelösten Hals- und Labyrinthreflexe sind.

Daß man bei Berücksichtigung dieser Verhältnisse komplizierte Bewegungsvorgänge als einfache Folgen bestimmter Kopfstellungen verstehen kann, hat kürzlich Simonelli (1) bei einer Analyse der Zwangsbewegungen nach Exstirpation des Lobus posterior im Kleinhirn gezeigt.

VIII. Tonische Hals- und Labyrinthreflexe beim Menschen
(7, 12, 22).

Tonische Hals- und Labyrinthreflexe sind im gewöhnlichen Leben bei gesunden Erwachsenen nicht zu sehen. Es wurde ja schon oben erwähnt, daß diese Reflexe auch beim normalen Affen meistens nicht zu beobachten sind, und daß man nur in Ausnahmefällen (Labyrinthexstirpation, Vernähen der Augenlider) tonische Halsreflexe zu sehen bekommt. Daß beim erwachsenen Menschen die Dinge auch viel verwickelter liegen müssen als bei den bisher untersuchten vierfüßigen Tieren, ergibt sich schon daraus, daß beim Menschen mit dem Gewinnen des aufrechten Ganges andere Gesetzmäßigkeiten auftreten, denn die Balance auf einem oder zwei Füßen stellt ganz andere Anforderungen, als das Stehen auf 4 Extremitäten. Beim Menschen sind außerdem die Arme lange nicht so an der Körperstellung beteiligt wie beim Tier und werden vielmehr als Greiforgane benutzt.

Dagegen sind beim menschlichen Foetus vielleicht tonische Halsreflexe beobachtet worden. Minkowski (2) hat an menschlichen Föten im dritten bis fünften Monat (8,5 bis 23 cm Länge), welche durch Kaiserschnitt unter Lokalanästhesie gewonnen wurden, Reaktionen beim Drehen des Kopfes gegen den Rumpf beobachtet. Die Arme reagierten dabei gegensinnig, wenn auch ziemlich unregelmäßig. Es waren Dauerreaktionen, welche so lange bestehen blieben, als der Kopf seine Lage beibehielt. Z. B. trat bei Drehen des Kopfes nach rechts eine Abduction des rechten und eine Adduction des linken Armes auf. Es handelt sich also wahrscheinlich um tonische Halsreflexe. Tonische Labyrinthreflexe auf die Körpermuskeln konnte Minkowski beim Foetus bisher nicht beobachten, dagegen traten bei Bewegungen des Kopfes im Raume, z. B. beim Umlegen in Rückenlage oder umgekehrt beim Aufsitzen vorübergehende symmetrische Bewegungen der Arme und Beine, manchmal von rhythmischem Charakter, auf, welche vermutlich, wie später auseinanderzusetzen sein wird, Bogengangsreaktionen darstellen. Die Bogengangs- und Otolithenapparate sind bei Föten des untersuchten Alters bereits gut entwickelt.

In eigenen Beobachtungen an 26 Neugeborenen, welche teils wenige Stunden nach der Geburt, teils bis zu $3^{1}/_{2}$ Monat später untersucht wurden, ließen sich niemals tonische Halsreflexe auf Kopfdrehen beobachten. Die Untersuchung wird auch durch die zahlreichen Spontanbewegungen derartiger Neugeborener außerordentlich erschwert.

Deutlich werden die tonischen Hals- und Labyrinthreflexe beim Menschen nur unter pathologischen Bedingungen. Bisher liegen zahlreiche Beobachtungen über tonische Halsreflexe vor. Sichere tonische Labyrinthreflexe waren bis vor kurzem nur in wenigen gut studierten Fällen festgestellt worden. Kürzlich hat Walshe (1) ausgedehntere Beobachtungen hierüber mitgeteilt. Man muß diese tonischen Labyrinthreflexe stets sorgfältig von den Bogengangsreaktionen auf die Glieder unterscheiden und sich in jedem Einzelfalle davon überzeugen, daß es sich wirklich um Reflexe der Lage, um Dauerreaktionen handelt, und daß die betreffenden Reflexe nicht durch Bewegungen ausgelöst werden.

Tonische Halsreflexe auf die Glieder.

Zunächst seien als Beispiele einige klinische Beobachtungen ausführlicher wiedergegeben.

Die erste Beobachtung wurde in der Utrechter neurologischen Klinik (Prof. Heilbronner) gemacht (7).

Es handelte sich um ein 6jähriges Mädchen, aufgenommen am 12. Januar 1910. Klinische Diagnose: Hydrocephalus, wahrscheinlich sekundär nach Tumor cerebelli.

Das Kind war bis zum 4. Jahre normal gewesen, erkrankte danach unter Krämpfen und Anfällen von Bewußtlosigkeit, mit 5 Jahren trat Lähmung auf, Verlust der Sprache, später des Hörens. Seit einem halben Jahre ist die Vergrößerung des Kopfes deutlich geworden.

Hochgradiger Hydrocephalus. Atrophische Stauungspapillen. Das Kind reagiert in keiner Weise. Der kalorische Nystagmus bei Ausspritzen der Ohren ist normal. Bei der gewöhnlichen Lage im Bette sind die Arme und Beine hypertonisch. Die Reflexe von Babinski und Oppenheim sind vorhanden. Das Kind muß mit der Schlundsonde gefüttert werden.

19. Januar. Das Kind liegt auf dem Rücken, Kopf nach rechts gedreht. Auf Abb. 50 sieht man von hinten auf den enormen Hydrocephalus, das Gesicht befindet sich nach rechts gedreht, die beiden Oberarme werden unterstützt, so daß sie senkrecht stehen, die Unterarme hängen schlaff nach unten, die Hände liegen auf dem Thorax auf. Nunmehr wird der Kopf um die Achse: Scheitel—Halswirbelsäule passiv mit dem Gesicht nach links gedreht. Darauf erfolgt eine langsame kräftige tonische Streckung des linken Ellbogens (Abb. 51).

Der Unterarm steht senkrecht in die Höhe, die Hand wird aktiv dorsalwärts hyperextendiert.. Passive Beugung des Ellbogens stößt nunmehr auf erheblichen Widerstand. Gleichzeitig kommt es zu Strecktonus des linken Knies.

Beim Zurückdrehen des Kopfes in die ursprüngliche Stellung (Abb. 50) fällt der linke Unterarm alsbald wieder schlaff auf die Unterlage herab. Diese Reaktion tritt mit maschinenmäßiger Regelmäßigkeit ein und läßt sich in der Klinik demonstrieren.

20. Januar. Genauere Untersuchung, wobei Strecktonus jedesmal dann angenommen wird, wenn ein deutlicher Widerstand gegen die passive Beugung vorhanden ist; Beugetonus bei Widerstand gegen die passive Streckung. Das Kind liegt auf dem Rücken, Kopf etwas nach rechts gewendet. Augen sehen nach rechts unten. Rechtes Knie und Hüfte tonuslos, ebenso linke Hüfte. Linkes Knie und linker Ellbogen haben geringen aber deutlichen Strecktonus. Linke Schulter und ganzer linker Arm schlaff.

Abb. 50.

Drehen des Kopfes nach links ergibt: tonische Streckung des linken Ellbogens mit Pronation und Strecktonus der Hand („Kieferarm"), schwächere Streckung des rechten Ellbogens. Nunmehr wird der Kopf 5 Minuten in seiner Stellung mit dem Gesichte nach links gelassen; der Tonus im rechten Ellbogen schwindet nach $^1/_2$ bis 1 Minute, der linke Arm bleibt aber dauernd kräftig gestreckt, nur nach 4 Minuten erfolgt eine kurze Beugebewegung, worauf der Arm sofort wieder in seinen Streckstand zurückgeht. Nach 5 Minuten wird der Kopf wieder in die Mittelstellung zurückgedreht. Sofort fällt der linke Unterarm schlaff herab. Linke Hand und Schulter werden ebenfalls schlaff. Drehen des Kopfes nach rechts ist wirkungslos. Wenden des Kopfes (um die sagittale Achse) nach der rechten oder linken Schulter ist beiderseits wirkungslos, ebenso Beugen des Kopfes in ventraler Richtung.

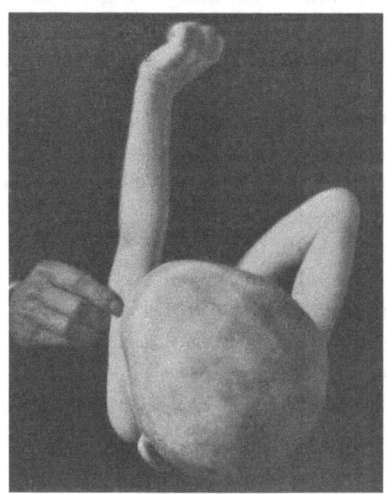

Nach 5 Minuten dauernder linker Seitenlage hat der linke Arm deutlichen Strecktonus, bis nach 5 Minuten der Kopf allein zurückgedreht wird, so daß das Hinterhaupt aufliegt (der Rumpf bleibt auf der linken Seite liegen); darauf läßt der Strecktonus des linken Armes sofort nach. Jetzt wird bei stilliegendem Kopf der Körper auf den Rücken gedreht, dabei geht der linke Arm wieder in Streckstand.

22. Januar. Fortsetzung. Kind in Rückenlage, Beine tonuslos.

Abb. 51.

Verhalten der Beine: Drehung des Kopfes mit dem Gesichte nach links bewirkt das Auftreten eines deutlichen Strecktonus im linken Quadriceps (Kieferbein), der „plastisch" im Sinne von Sherrington (8) ist. Einige Zeit danach erfolgt spontane Streckung des linken Armes und Beines. Als darauf der Kopf

8*

wieder in Mittelstellung zurückgedreht wird, schwindet diese Streckung und der plastische Quadricepstonus. Kopf nach rechts gedreht: unsichere Reaktion, vielleicht etwas Beugetonus der Kniee. Kopf in Mittelstellung zurückgedreht: kurze, aber starke Streckung des linken Knies, das danach wieder schlaff wird. Kopf nach links gedreht: zuerst geringe, aber deutliche Zunahme des Quadricepstonus, nach einiger Zeit Streckung des linken Knies. Beim Zurückdrehen in Mittelstellung schwindet der Tonus wieder.

Verhalten der Arme: Kopf nach links gedreht: Streckung des linken Ellbogens mit „plastischem" Tonus. Beim Zurückdrehen in Mittelstellung Erschlaffung des linken Ellbogens. Kopf nach rechts gedreht: in beiden Ellbogen geringer Beugetonus, der beim Zurückdrehen des Kopfes wieder schwindet.

27. Januar. Ausführung des Balkenstiches, wobei 15 ccm Flüssigkeit entfernt werden (Prof. Laméris).

2. Februar. Wenn man das Kind auf den Rücken legt, so wird der Kopf spontan nach rechts gedreht und gewendet. Danach geht der linke Arm in Supination; daran schließt sich Beugung und Beugetonus im Ellbogen und Beugung der Finger an. Drehen des Kopfes nach links bewirkt Hemmung des Beugetonus im linken Arm, tonische Streckung im linken Ellbogen, während der rechte Ellbogen zugleich tonisch gebeugt wird.

Vom 8. Februar an werden die Reaktionen der Glieder auf Kopfdrehen inkonstant. Das Kind wird am 14. Juni von den Eltern nach Hause geholt und stirbt am 25. November. Keine Sektion.

Zusammenfassung. Es handelt sich um ein Kind mit einem hochgradigen Hydrocephalus, bei dem die Tätigkeit des Großhirns so gut wie vollständig ausgeschaltet ist. Drehen des Kopfes mit dem Gesicht nach links veranlaßt kräftige tonische Streckung des linken Armes und Beines, am stärksten ausgesprochen im linken Ellbogen. Manchmal (nicht immer) läßt sich gleichzeitig eine Beugung des rechten Armes nachweisen. Die Reaktion dauert auch bei einer 5 Minuten fortgesetzten Prüfung so lange, wie der Kopf in dieser Stellung gelassen wird; beim Zurückdrehen des Kopfes hört der Strecktonus auf der linken Seite sofort auf. Dieser Reflex ist ein tonischer Halsreflex, denn er tritt unabhängig von der Lage des Kopfes im Raume auf und erfolgt jedesmal, wenn die Stellung des Kopfes gegen den Rumpf oder die Stellung des Rumpfes gegen den Kopf in der angegebenen Richtung geändert wird. Die Reaktion gehorcht der Regel für die Halsreflexe, wonach immer das „Kieferbein" bzw. der „Kieferarm" Zunahme des Strecktonus aufweisen müssen. Sehr deutlich war in diesem Falle auch zu sehen, daß Hemmung des Strecktonus häufig mit dem Auftreten eines aktiven Beugetonus gepaart geht.

Ein zweiter Fall aus derselben Klinik kann zur Ergänzung herangezogen werden (7).

v. d. B., Junge von 3 Jahren. Aufgenommen 27. Oktober 1910.

Klinische Diagnose: Tumor cerebelli? Hydrocephalus.

Das Kind wurde normal geboren, lernte normal laufen und begann zu sprechen. Erkrankte im Februar mit Erbrechen, Verschlechterung des Laufens, wurde wieder unreinlich. Danach spastische Parese der Beine und Zunahme des Kopfumfanges.

27. Oktober: Hochgradiger Hydrocephalus (Umfang 55,1 cm). Läuft sehr schlecht und ataktisch. Muß beim Laufen gestützt werden, da er sonst in die Knie sinkt oder nach verschiedenen Richtungen umfällt. Kniereflexe gesteigert. Ataktische stoßende Willkürbewegungen der Arme. Intellekt gering. Beiderseits atrophische Stauungspapille. Ausspritzen der Ohren mit kaltem Wasser führt zu den charakteristischen Nystagmusbewegungen der Augen.

3. November. Rückenlage. Strecktonus beider Knie, beim Aufheben der Oberschenkel werden die Unterschenkel steif in der Luft gehalten. Bei passiven Bewegungen fällt der Unterschenkel herunter und wird dann mehrmals wieder aktiv gestreckt.

Am rechten Bein findet sich schwacher Widerstand der Flexoren, stärkerer der Extensoren. Im Quadriceps ist plastischer Tonus vorhanden, welcher bei schnellforcierter Beugung schwindet, und danach langsam wieder zurückkehrt. Das Bein „schnappt" in jeder Stellung ein, worauf der Unterschenkel in dieser Stellung durch die Streckmuskeln in der Luft ruhig weiter gehalten wird.

Wird der rechte Oberschenkel unterstützt, so daß man die Bewegungen des Unterschenkels sehen kann, so bewirkt Drehen des Kopfes mit dem Gesichte nach links eine Abnahme des rechtsseitigen Quadricepstonus (Schädelbein). Drehen des Kopfes mit dem Gesichte nach rechts bewirkt Zunahme des rechtsseitigen Quadricepstonus (Kieferbein), beides mit auffallend langer Latenz. Außerdem bewirkt, wenn die Beine ruhig auf der Unterlage aufliegen, Drehen des Gesichtes nach rechts Adduktion des rechten Oberschenkels und Drehen nach links Adduction des linken Oberschenkels.

4. November. Balkenstich, wobei sich 75 ccm Flüssigkeit unter Druck entleeren.

Zusammenfassung. Bei einem Kinde mit hochgradigem Hydrocephalus besteht spastische Parese beider Beine. Besonders das rechte Bein zeigt deutlichen Extensortonus und plastischen Tonus des Quadriceps. Beim Kopfdrehen wird der Quadricepstonus des rechten Beines, wenn es Kieferbein ist, gesteigert, wenn es Schädelbein ist, gehemmt. Außerdem erfolgt beim Kopfdrehen Adductionsbewegung im Kieferbein. Es handelt sich in diesem Falle um Halsreflexe.

Im Gegensatz zu dem zuerst beschriebenen Falle treten diese Reflexe hier bei einem Kinde auf, welches noch Willkürbewegungen ausführt und gewisse Reste von Intelligenz besitzt.

Fall 3. Geburtshilfliche Klinik in Utrecht von Prof. Kouwer (7)

M. v. B., neugeborenes Mädchen. Gewicht 3,5 kg.

Klinische Diagnose: Cerebrale Blutungen infolge künstlicher Geburt.

Geboren 11. September 1911. Placenta praevia, Nabelschnurvorfall, kombinierte Wendung nach Braxton Hicks, Extraktion. Erst nach $^3/_4$ Stunden beginnt es gut zu atmen, danach fehlen die Schluck- und Saugreflexe, das Kind wird mit der Sonde durch die Nase gefüttert. Ausgesprochener Strecktonus aller 4 Extremitäten mit sehr auffallendem Zittern. Zeitweise werden mit den Armen alternierende Streck- und Beugebewegungen ausgeführt; auch diese sind zum Teil zitternd. Es besteht Kieferklemme.

20. September 1911. Rückenlage (Abb. 52).

Abb. 52 zeigt das Kind von oben photographiert. Man sieht die Streckung der Glieder, besonders ist der Streckstand der Beine für einen Neugeborenen ganz abnorm. Alle vier Gliedmaßen setzen der passiven Beugung einen deutlichen Widerstand entgegen (Strecktonus). Wird der Kopf mit dem Gesichte nach links gedreht (Abb. 53 zeigt das Kind von der Seite, Abb. 54 mehr von oben photographiert), so wird der linke Arm stärker gestreckt und ganz steif gehalten (Kieferarm), der rechte Arm (Schädelarm) geht in Beugestellung, besonders im Ellbogen; der Strecktonus (Widerstand gegen passive Beugung) schwindet, statt dessen tritt starker Beugetonus auf, und schließlich wird die rechte Hand bis hinter das rechte Ohr geführt. Das linke Bein (Kieferbein) bleibt gestreckt, das rechte Bein (Schädelbein) wird in Hüfte und Knie (Abb. 53) und im Fußgelenk (Abb. 54) leicht gebeugt. Die Reaktion ist tonisch und dauert so lange an, wie

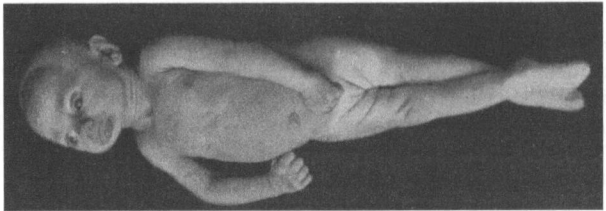

Abb. 52.

der Kopf nach links gedreht bleibt. Zurückdrehen in Mittelstellung läßt die Glieder wieder die Ausgangsstellung annehmen.

Wird der Kopf nach rechts gedreht (Abb. 55 von oben photographiert), so ändert sich an den Beinen wenig. Am linken Arm nimmt der Strecktonus ab, statt dessen tritt Beugetonus (Widerstand gegen Streckung) auf, der Arm geht in Beugestellung (Schädelarm), während der rechte Arm (Kieferarm) tonisch

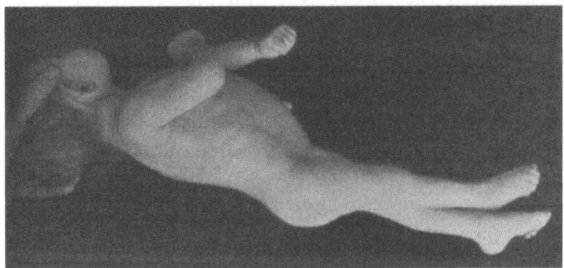

Abb. 53.

gestreckt wird. Die Reaktion auf Rechtsdrehen des Kopfes ist schwächer als die auf Linksdrehen.

Der Erfolg des Kopfdrehens ist genau der gleiche, wenn sich das Kind in rechter Seitenlage oder in Hängelage mit dem Kopf unten befindet. Abb. 56 zeigt das Kind in letzterer Stellung. Man sieht, daß das Gesicht aktiv nach rechts gedreht und der rechte Arm in maximalen Streckstand geraten ist. Diese Reaktionen sind also unabhängig von der Stellung des Kopfes im Raume, sie sind keine Labyrinthreflexe, sondern werden durch veränderte Stellung des Kopfes zum Rumpfe ausgelöst, sie sind Halsreflexe. Auch in diesem Falle gehorchen sie der im Tierversuch gefundenen Regel, daß die Schädelbeine Abnahme und die Kieferbeine Zunahme des Strecktonus zeigen.

Außer diesen sicheren tonischen Halsreflexen zeigt das Kind noch eine andere Reaktion. Wenn man es nämlich aus der sitzenden in die liegende Stellung um-legt, oder wenn man diese Bewegung bei Rückenlage des Körpers allein mit dem

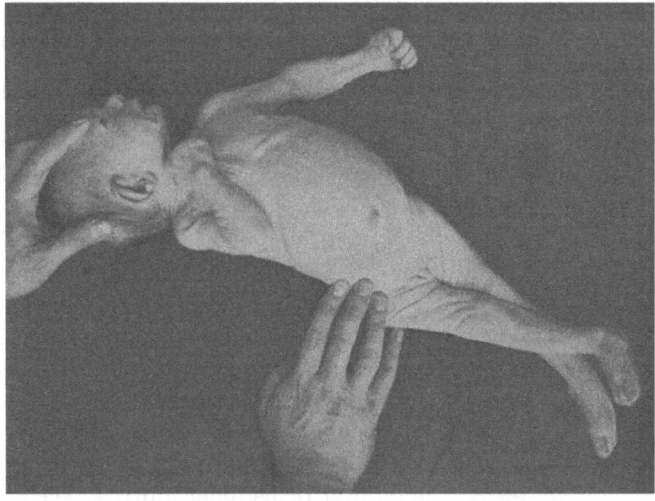

Abb. 54.

Kopfe ausführt, so erfolgt ein symmetrisches Ausfahren mit beiden Armen, wobei die Oberarme abduziert, die Ellbogen gestreckt und manchmal auch die Finger gespreizt werden. Die Reaktion hat anfangs tonischen Charakter, geht aber nach kurzer Zeit vorüber. Dieser Reflex ist unabhängig von der Veränderung der Stel-

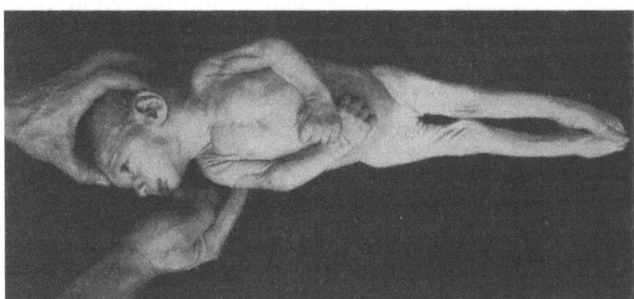

Abb. 55.

lung des Kopfes gegen den Rumpf und wird ausgelöst durch Veränderung der Stellung des Kopfes im Raume. Er ist aber kein Reflex der Lage, kein tonischer Labyrinthreflex, sondern ist abhängig von der Bewegung des Umlegens und hat vorübergehenden Charakter. Dieser letztere Reflex ließ sich auch an normalen Säuglingen nachweisen, nur mit dem Unterschiede, daß die Reaktion hier noch schneller vorüberging als bei dem genannten Kinde. Dieser Reflex ist von Moro und Freudenberg in letzter Zeit eingehender studiert worden. Es handelt sich mit großer Wahrscheinlichkeit um eine von den Bogengängen ausgelöste Reaktion. Die tonischen Halsreflexe auf die Extremitäten ließen sich auch am 27. September, 11. Oktober und 8. November 1911 nachweisen. Danach verschlechterte sich der Zustand des Kindes. Exitus am 20. Dezember 1911. Nach dem Tode Lumbalpunktion, wobei sich 20 ccm Flüssigkeit unter Druck entleeren. Einspritzung von Formol in den Lumbalsack.

Sektion: Beide Ventrikel stark erweitert. Beiderseits Erweichungsherde in der Linsenkerngegend, in deren Abstrich sich mikroskopisch Körnchenzellen nachweisen lassen. In den Herden liegen Flecken, die wie alte Blutungen aussehen.

Zusammenfassung. Bei einem neugeborenen Kinde mit beider-seitigen Blutungen, später Erweichungsherden in den Linsenkern-

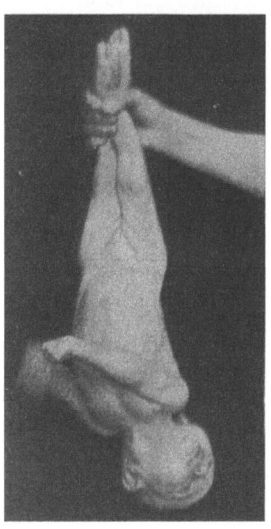

Abb. 56.

gegenden, kommt es zu spastischen Erscheinungen an den Gliedmaßen, Störungen des Schluckens und anderen cerebralen Symptomen. Das Kind zeigt ausgesprochene Halsreflexe auf Kopfdrehen, wobei Kieferarm und Kieferbein starken Strecktonus bekommen, während im Schädelarm und Schädelbein der Strecktonus gehemmt wird und dafür Beugetonus auftritt. Die Reaktion erfolgt unabhängig von der Lage des Kopfes im Raume und wird ausgelöst durch die betreffende Änderung der Stellung des Kopfes gegen den Rumpf. Bei zahlreichen normalen Neugeborenen wurden diese Reflexe niemals gefunden.

Außerdem zeigte das Kind Bogengangs-reaktionen (vorübergehende Labyrinthreflexe auf Bewegung), wenn der Kopf aus der vertikalen in die horizontale Lage gebracht wurde. Der Reflex besteht in einem Auseinanderfahren der beiden Arme. Diese Reaktion ließ sich auch bei zahlreichen normalen Säuglingen in den ersten Lebensmonaten nachweisen, während sie bei einigen Frühgeburten fehlte.

Fall 4. R. de G., 9 Jahre alt. [Idiotenanstalt 's Heerenloo, Dr. Scheurer und Dupont (12).]

2. Oktober 1912. Anamnese: Normale Geburt. Beim Neugeborenen deutliche Muskelschwäche. Lichtperzeption nicht nachweisbar. Das Kind reagierte nie auf psychische Reize. Seit 1 Jahr in der Anstalt. Schwaches, hilfsbedürftiges Kind mit spastisch-paretischen Extremitäten und unkoordinierten Augenbewegungen. Reagiert auf keinerlei psychische Reize, auch nicht auf Licht und nicht auf gewöhnliche Geräusche. Es liegt ruhig ausgestreckt und gibt keine artikulierten Laute von sich, ist unreinlich und muß gefüttert werden. Das Kind ist anscheinend vollkommen amaurotisch. Pupillenreaktion auf Licht fehlt, Papillen atrophisch. Spontaner horizontaler, manchmal rotatorischer Nystagmus. Parese

des rechten Abducens. Anscheinend taub, keine Reaktion auf Stimmgabel, An-
rufen usw.

Kalorische Labyrinthreflexe nicht auszulösen. Bei Bewegungen des Kopfes
keine deutliche Augendeviation. Übergang von liegender in sitzende Stellung
oder von Seiten- in Rückenlage hat keinen Einfluß auf den Tonus der Extremi-

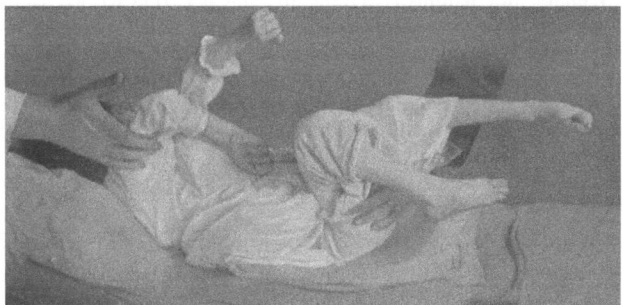

Abb. 57.

täten, wenn man dabei die Stellung des Kopfes gegen den Rumpf nicht ändert.
Greifreflex vorhanden.

Die folgenden Halsreflexe können unabhängig von der Körperlage ausgelöst
werden:

Beim Drehen des Kopfes nach links nimmt der Strecktonus im linken Knie
und Ellbogen (Kieferbeine) zu, in den rechten (Schädelbeine) ab, wie in Abb. 57
zu sehen ist.

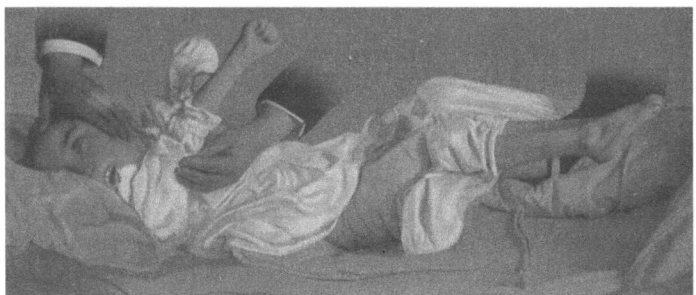

Abb. 58.

Beim Drehen des Kopfes nach rechts findet gerade das Umgekehrte statt,
hier nimmt der Strecktonus im rechten Knie und Ellbogen zu, im linken ab.
Auf Abb. 58 ist dieses besonders an den Armen, auf Abb. 59 an den Beinen sichtbar. Bei der Untersuchung dieser Tonusänderungen an den Extremitäten konnte
man deutlich fühlen, daß bei der Streckbewegung der Tonus der Strecker zu-
und zu gleicher Zeit der der Beuger abnahm, während bei der umgekehrten Reaktion, wenn die Extremitäten erschlafften, der Tonus der Strecker abnahm und
gleichzeitig eine aktive Kontraktion der Beugemuskeln auftrat. Um dieses festzustellen, wurde der Widerstand gegen passive Beugung als Maß für den Tonus

der Streckmuskeln, der Widerstand gegen passive Streckung als Maß für den
Tonus der Beugemuskeln benutzt. Auf gleichzeitig aufgenommenen kinematographischen Aufnahmen, während welcher die Oberarme und Oberschenkel unterstützt waren, kann man sehen, wie bei abwechselndem Links- und Rechtsdrehen
des Kopfes die Unterarme und Unterschenkel sich ganz maschinenmäßig auf
und ab bewegen.

Beim Wenden des Kopfes (Drehung um die sagittale Kopfachse, wobei sich
das eine Ohr der Schulter nähert) nach rechts und links treten ebenfalls Reaktionen auf. Beim Wenden nach rechts, d. h. wenn das rechte Ohr der Schulter
genähert wird, strecken sich die linksseitigen Extremitäten und die rechten erschlaffen. Beim Wenden nach links, d. h. wenn das linke Ohr der Schulter genähert wird, findet gerade das Umgekehrte statt, die rechtsseitigen Extremitäten
werden gestreckt und die linken erschlaffen.

Heben und Senken des Kopfes hat keinen deutlichen Einfluß auf den Tonus
der Extremitäten.

Zusammenfassung. Bei einem hochgradig idiotischen Kind, bei
dem von höheren Hirnfunktionen nichts mehr nachzuweisen ist, das

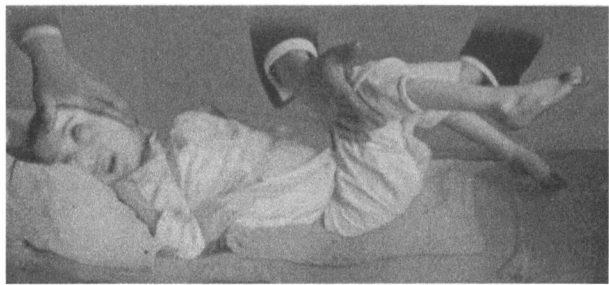

Abb. 59.

blind und taub ist, lassen sich durch Veränderung der Stellung des
Kopfes im Raume keine Änderungen des Gliedertonus nachweisen.
Dagegen lassen sich solche Reaktionen auslösen durch Veränderung
der Stellung des Kopfes zum Rumpf unabhängig von der Körperlage.
Diese Halsreflexe sind Dauerreaktionen.

Die Reaktionen auf Kopfdrehen erfolgen in diesem Falle genau in
derselben Weise wie bei den bisher beschriebenen Fällen und wie im
Tierversuch. Der Fall ist aber auch deshalb interessant, weil in ihm
auf Kopfwenden tonische Reflexe auf die Glieder auftraten. Beim
Rechtswenden trat Strecktonus auf der linken und Erschlaffung auf
der rechten Seite auf. Bei Tieren dagegen erfolgt auf Rechtswenden
Zunahme des Strecktonus rechts und Abnahme desselben links.

Dieselbe Reaktion auf Kopfwenden wurde noch in einem weiteren
Falle, den Brouwer (1) veröffentlicht hat, beschrieben.

Fall 5. Es handelt sich um ein am 5. Oktober 1913 normal geborenes Mädchen, bei dem nach dem dritten Lebensmonat die normalen Bewegungen all-

mählich schwanden, nach einiger Zeit Arme und Beine steifer wurden, und welches am 26. November 1913 genauer untersucht werden konnte. Die Pupillen reagieren auf Licht, das Kind ist nicht blind, Arme und Beine sind adduziert und fast ganz gestreckt, die Vorderarme sind übertrieben proniert, die Füße stark dorsalflektiert, hochgradige Rigidität in allen Extremitäten mit starkem Adductionsspasmus. Nackensteifheit und Opisthotonus. Kniereflexe gesteigert. Babinski und Oppenheim positiv.

Das Kind zeigt typische tonische Halsreflexe auf Arme und Beine beim Kopfdrehen. Beim Wenden des Kopfes, d. h. wenn der Kopf in der Weise bewegt wird, daß sich das eine Ohr der Schulter nähert, treten ganz analoge reflektorische Bewegungen auf. Wenn das rechte Ohr der Schulter genähert wird, so strecken sich die linksseitigen Extremitäten und erschlaffen die rechten, beim Wenden nach links findet gerade das Umgekehrte statt. Beim Heben und Senken des Kopfes tritt kein Beugen oder Strecken der Extremitäten auf.

Die ausführliche anatomische Untersuchung durch Brouwer lehrt, daß bei diesem Kinde eine Meningo-encephalitis bestanden hatte. durch welche unter anderem der Großhirnmantel und die Kleinhirnrinde fast ganz außer Funktion gesetzt waren. Außerdem fanden sich Herde im ventralen Teile der Brücke. Für die genaue anatomische Beschreibung sei auf die Originalarbeit verwiesen.

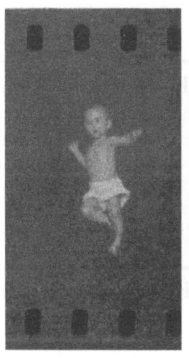 

Abb. 60a.   Abb. 60b.

Es wird weiter unten zu schildern sein, daß Simons in einzelnen seiner Fälle gerade den umgekehrten Einfluß des Kopfwendens beim Menschen beobachtet hat. Auch beim Affen und den übrigen bisher untersuchten Säugetieren fand sich das umgekehrte Verhalten. Es sind daher noch weitere Beobachtungen erforderlich, um festzustellen, warum die Reaktionen beim Menschen auf Kopfwenden (Neigen des Kopfes zur Schulter) so wechselnd sind.

Fall 6. Kind von 5 Monaten. (Universitätskinderklinik Utrecht, Prof. Haverschmidt.)

Das Kind wurde normal geboren, erkrankte mit $2^1/_2$ Monaten an einer fieberhaften Krankheit mit Krämpfen. Es trat vorübergehend rechtsseitige Parese auf.

Abb. 60a aus einer kinematographischen Aufnahme von Dr. Stenvers zeigt das Kind in Rückenlage schräg von oben links photographiert. Das Kind hat den Kopf spontan nach links gedreht, infolgedessen ist der linke Arm gestreckt, der rechte Arm gebeugt. Ebenso ist das linke Bein gestreckt und das rechte Bein gebeugt. Auf Abb. 60b sieht man, daß das Kind seinen Kopf aktiv nach rechts gedreht hat; infolgedessen ist jetzt der linke Arm gebeugt, der rechte gestreckt. Beide Beine sind in Streckstand.

Das Interessante bei diesem Falle ist, daß hier die typischen Reaktionen der Arme auf Kopfdrehen bei spontanen Kopfbewegungen des Kindes nach rechts und links erfolgen, also bei aktiven Bewegungen

Nr.	Autor	Diagnose	Ton. Halsreflexe	Labyrinthreflexe u. a.
7	Magnus-de Kleyn, PflügersArch. f. d. ges. Physiol. **145**, 539. 1912	Kind (Krankenhaus Dr. Boscha, Utrecht). 9 Monate. Eiterige Encephalitis	Typische Halsreflexe auf Arme u. Beine (Beuger u. Strecker reziprok)	Bogengangsreflex beim Umlegen (in Rückenlage bleibt rechtwinklige Abduction der gestreckten Arme als Dauerreaktion bestehen: tonischer Labyrinthreflex
8	Weiland, Münch. med. Wochenschr. 1912, S. 2539	Gumma cerebri (u. Paralyse?). — Med. Klin., Kiel	Im Koma (paralyt. Anfall?) typische Halsreflexe auf die Arme, die mit Rückkehr des Bewußtseins schwinden	—
9	Magnus-de Kleyn, PflügersArch. f. d. ges. Physiol. **160**, 429. 1915	Kind (Neurol. Klinik Prof. Heilbronner, Utrecht), 16 Monate. Amaurot. Idiotie	Typische Halsreflexe auf Arme u. Beine auf Kopfdrehen (mit reziproker Innervation)	Bogengangsreaktion beim Umlegen. Typische tonische Labyrinthreflexe auf Arme und Beine. Labyrinthe stark übererregbar
10	De Bruin, Ned. maandschr. v. verlosk. en vrouwenziekten **3**, 593	Kind, 15 Monate. Amaurot. Idiotie	Typische Halsreflexe auf Kopfdrehen in verschiedenen Lagen auf die Arme (weniger deutlich Beine). — Wenden unwirksam. — Dorsalbeugen des Kopfes in Rücken- und Seitenlage macht Strecktonus beider Arme als Dauerreaktion	In Rückenlage haben Arme und Beine mehr Tonus als im Sitzen (Labyrinthrefl.?). Dorsalbeugen des Kopfes macht refl. Nackensteifheit u. Opisthotonus (Labyrinthrefl.?) — es ist nicht deutlich, ob dieses allein in Rückenlage eintritt
11	Boehme u. Weiland, Zeitschr. f. d. ges. Neurol. u. Psychiatrie **44**, 94. 1918	78 jähr. Mann. Arteriosklerose. Fast vollständig Stenose beider Carotiden. Thrombose der Carotis interna dextra und Arter. fossae Sylvii. Erweichung des Hirnstamms u. Großhirnmantels (Sektion)	Typische Halsreflexe auf Kopfdrehen am rechten Arm und beiden Beinen	—

Nr.	Autor	Diagnose	Ton. Halsreflexe	Labyrinthreflexe u. a.
12	Dieselben	56jähr. Frau. Links subdurales Hämatom. Blutung in den l. Hinterhauptslappen und in alle drei Schädelgruben (Sektion)	Typische Halsreflexe auf Kopfdrehen an beidenArmen (Auftreten und Verschwinden von aktivem Beugetonus)	Kopf ventral beugen macht Beugung beider Beine, manchmal auch des rechten Armes (Halsoder Lab.-Reflex?)
13	Dieselben	39jähr. Mann. Rechts Hemiplegie nach Lues. Apoplexie	Rechte Extremitäten spastisch und unbeweglich. Kopfdrehen nach r. und l. macht typische Halsreflexe (Beugen und Strecken) am r. Arm und Bein. Kopfbeugen in Rückenlage wirkungslos	Aufsitzen des Rumpfes u. Ventralbeugen des Kopfes macht Beugetonus, Zurücklegen Strecktonus in den rechten Extremitäten (Lab.-Reflex)
14	Dollinger, Zeitschr. f. Kinderheilk. 22, 167. 1919	Knabe (Augusta-Viktoria-Haus, Berlin, Prof.Langstein), 5 Monate. Amaurotische Idiotie	Halsreflexe aufKopfdrehen an Armen u. Beinen mit aktiver Beugung und Strekkung	(In Rückenlage auf sensibl. Reiz typische steife Stellung [Abb.] — Lab.-Reflex??)
15	Briefl. Mitteilung von Prof. L. Bouman u. Dr. T. M. Mesdag	Frau. Autounfall. Glatte quereDurchreißung des Mittelhirns vor d. Brücke (Sektion)	Typische Halsreflexe auf Kopfdrehen. Koma	—
16	Jonkhoff, Ned. tijdschr. v. geneesk. 1920, I, S. 307	17jähr. Mädchen. Status epilepticus. Sektion: Blutungen in die Zentralwindungen und den r. Seitenventrikel	Während und nach den epileptischen AnfällenHalsreflexe auf Kopfdrehen, die bei freiem Bewußtsein fehlen	—
16a	Walshe, Lancet 1923. II. 611.	23 jähriges Mädchen. Medial. Tumor zwischen den Hirnschenkeln über der Hypophyse (Sektion).	Dopp. Hemiplegie. Enthirnungsstarre. Typische Halsreflexe auf Kopfdrehen an allen vier Extremitäten. Abhängigkeit des Babinski-Reflexes vom Kopfstande	—

und nicht nur bei passiven. Die Reaktionen der Arme erfolgen dann in genau dem gleichen Sinne wie bei passiven Kopfbewegungen. Die Reaktionen der Beine waren bei dem geschilderten Kinde nicht so regelmäßig wie die der Arme und wurden durch zahlreiche Strampelbewegungen gestört.

Im ganzen waren mir bis vor kurzem aus der Literatur 14 beschriebene Fälle bekannt (davon 6 mit Sektionsbericht), in denen sich die tonischen Halsreflexe auf die Extremitäten nachweisen ließen. Nach freundlicher Mitteilung von Dr. Stenvers aus der Utrechter Psychiatrischen und Nervenklinik (Prof. Winkler) sind aber derartige Reflexe in sehr viel mehr Fällen beobachtet worden.

Die Tabelle auf S. 124 und 125 vereinigt die in der Literatur beschriebenen Fälle, soweit sie nicht schon oben ausführlich beschrieben worden sind, und mit Ausschluß von Beobachtungen von Simons und Walshe, die besonders besprochen werden sollen.

An der Winklerschen Klinik sind ferner in den letzten Jahren noch folgende nicht veröffentlichte Fälle zur Beobachtung gekommen, die ich der freundlichen Mitteilung von Dr. Stenvers verdanke.

Nr.	Patient	Diagnose	Halsreflexe
17	G. S., ♀, 29 Jahre	Rechtsseitige Hemiplegie nach Exstirpation eines großen Endothelioms am l. Parietale	Sehr deutliche Halsreflexe an der gelähmten Seite
18	J. W. M., ♂, 31 Jahre	Linksseitige Hemiplegie. Posttraumat. Encephalitis	Sehr deutliche Halsreflexe an der gelähmten Seite (Kinoaufnahme)
19	T. G., ♀, 28 Jahre	Rechtsseitige Hemiplegie. Glioma cerebri (operiert)	Sehr deutliche Halsreflexe an der gelähmten Seite
20	J. V., ♀, 48 Jahre	Linksseitige Hemiplegie. Gliosarkom (operiert)	Deutliche Halsreflexe an der gelähmten Seite
21	E. C. S., ♂, 76 Jahre	Rechtsseitige Hemiplegie. Blicklähmung nach oben. Herd unbekannt. †. (Keine Sektion)	Deutliche Halsreflexe an beiden Seiten (Patient war somnolent, aber nicht ganz bewußtlos)
22	A. B., ♀, 14 Jahre	Tumor in der Medianlinie oberhalb des Tentoriums, sich besonders nach links ausdehnend	Sehr deutliche Halsreflexe beiderseits
23	A. D., ♀, 14 Jahre	Tumor in der Epiphysengegend	Wechselnd. Bei Verschlimmerung zeitweise deutlich
24	J. d. S., ♀, 12 Jahre	Tumor in der Medianlinie (Ventrikel?)	Während Insult mit Bewußtseinsstörung deutlich
25	J. C., ♂, 17 Jahre	Athetose nach Encephalitis	Vorhanden (häufige interkurr. Bewegungen stören)

Nr.	Patient	Diagnose	Halsreflexe
26	A. H., 3 Jahre	Encephalitis	Während postepileptischer Bewußtseinsstörung
27	C. V., 12 Jahre	Encephalitis	Auf der Kinoaufnahme während des Anfalls zu sehen
28	L. Z., 6 Jahre	Diffuse Hirnerkrankung. Tumoren (Bourneville?)	Während der Anfälle typische Stellungen

Aus dieser Zusammenstellung ergibt sich, daß das Auftreten der tonischen Halsreflexe auf die Extremitäten beim Menschen nicht für eine bestimmte Erkrankungsform charakteristisch ist. Das Wesentliche dabei scheint die Ausschaltung gewisser Hirnbahnen oder gewisser höherer Hirnteile zu sein (Decerebrierung). Um welche Bahnen es sich dabei handelt, läßt sich zur Zeit wohl noch nicht mit völliger Sicherheit entscheiden. Simons glaubt auf Grund seiner Beobachtungen (siehe S. 130), daß die Ausschaltung der Pyramidenbahnen das Wesentliche ist. Die bisherigen Beobachtungen machen es wahrscheinlich, daß die Zentren für die tonischen Halsreflexe ungefähr da liegen, wo sie sich auch beim Tiere haben feststellen lassen, das heißt im oberen Halsmark. Jedenfalls lehrt die Beobachtung von Brouwer, daß das Großhirn für die Reflexe nicht nötig ist, der Fall 16a von Walshe, daß das Zwischenhirn fehlen kann, der Fall Nr. 15, daß die Reflexe vorhanden sind nach Querdurchtrennung des Hirnstammes in der Ebene des Tentorium cerebelli, die Beobachtung von Brouwer (Nr. 5), daß die ganze Kleinhirnrinde fehlen kann, und dieselbe Beobachtung, daß auch Herde in der Brückengegend das Auftreten dieser Reflexe nicht hindern.

Der Fall Nr. 8 von Weiland zeigt, daß bei einem Falle von Hirnlues im Koma nach (paralytischem?) Anfall tonische Halsreflexe vorhanden waren und danach mit dem Koma und bei Rückkehr des Bewußtseins schwanden. Ähnliche Beobachtungen haben auch Stenvers und Jonkhoff gemacht, daß die Reflexe bei Bewußtseinsstörungen und bei „Anfällen" vorhanden waren, und dann mit Besserung des Allgemeinzustandes, des Bewußtseins und beim Schwinden der „Anfälle" nicht mehr nachweisbar waren.

Die Kliniker haben sich bisher zur Auslösung der Halsreflexe fast ausschließlich des Kopfdrehens bedient. Hierbei reagieren in ausgesprochenen Fällen alle vier Extremitäten, manchmal aber auch nur ein Teil derselben oder nur eine einzige Extremität. Wenn sich nicht alle Glieder an der Reaktion beteiligen, dann sind es gewöhnlich die mehr oder weniger spastischen Gliedmaße, welche die Reflexe zeigen. Unter Umständen kommen die Spasmen an diesen Extremitäten dann nur bei bestimmten Kopfstellungen.

Wie die Beobachtungen an Fall 2 zeigen, brauchen Willkürbewegungen nicht ausgeschlossen zu sein, um die Reflexe deutlich hervortreten zu lassen. Es ist aber aus leicht begreiflichen Gründen für die Entscheidung, ob es sich wirklich um tonische Halsreflexe handelt, besser, wenn keine Willkürbewegungen die Beobachtung stören.

Charakteristisch für Halsreflexe ist, daß die Reaktionen unabhängig von der Lage des Kopfes im Raume sind; also daß sie bei Rückenlage, beim Aufrechtsitzen und -stehen, bei Seitenlage, unter Umständen auch in Bauchlage, in genau der gleichen Weise auftreten, und daß sie abhängig sind von der Lage des Kopfes zum Rumpfe, unter Umständen also auch bei feststehendem Kopf durch Bewegungen des Rumpfes allein ausgelöst werden können.

Wenn bei Kopfdrehen in Rückenlage die rechten Extremitäten die umgekehrte Reaktion zeigen wie die linken, dann handelt es sich um sichere Halsreflexe. Wenn die Reaktion nur an einer Extremität deutlich ist und bei Rückenlage des Patienten auf Rechtsdrehen die umgekehrte Reaktion wie auf Linksdrehen erfolgt, dann handelt es sich ebenfalls um sichere Halsreflexe. Stets muß darauf geachtet werden, daß die Reaktionen Dauerreaktionen sind und so lange anhalten, als der Kopf in der betreffenden Lage gelassen wird. Vorübergehende Reflexe sind nicht hierher zu rechnen. Von der Art des klinischen Falles hängt es ab, ob die Reflexe sich hauptsächlich an den Beugern oder an den Streckern oder an beiden Muskelgruppen äußern. Gewöhnlich treten die tonischen Halsreflexe in denjenigen Muskeln am deutlichsten hervor, welche schon vorher den stärksten Tonus besitzen. In Extremitäten mit Streckspasmen äußern sie sich daher hauptsächlich als Änderungen des Strecktonus, bei Beugecontracturen als Änderungen des Beugetonus, während bei einem mittleren Verhalten der Gliedmaßen bei der einen Kopfstellung überwiegende Streckspasmen, bei der umgekehrten Kopfstellung dagegen Beugespasmen auftreten können.

In vielen Fällen läßt sich bei bestimmten Kopfstellungen ein plastischer Tonus im Sinne Sherringtons (8) in bestimmten Muskelgruppen nachweisen. Ist z. B. die betreffende Extremität Kieferbein, so zeigen ihre Streckmuskeln plastischen Tonus, wobei dann die betreffenden Muskelgruppen in jeder beliebigen Lage „einschnappen" und das zugehörige Gelenk in dieser Lage fixieren können, während, wenn der Kopf nach der anderen Seite gedreht wird, der Tonus schwindet und die Fixation des Gelenkes nicht mehr zustande kommt.

Wie erwähnt liegen hauptsächlich klinische Beobachtungen über den Erfolg des Kopfdrehens vor. Sehr viel spärlicher sind die Berichte über den Erfolg des Kopfwendens. Wir bekamen in zwei Fällen am Menschen die umgekehrte Reaktion wie beim Tier, während Simons in einzelnen seiner Fälle den Erfolg des Kopfwendens gleich dem bei unseren experimentellen Beobachtungen festgestellten fand, was wir kürzlich in einem dem Simonsschen ähnlichen Falle bestätigen konnten. Es müssen noch weitere Erfahrungen am Menschen abgewartet werden, ehe wir etwas Sicheres über die Bedingungen aussagen können, welche die Richtung der tonischen Halsreflexe auf Kopfwenden beim Menschen beherrschen.

Viel geringer sind unsere Erfahrungen über den Einfluß des Hebens und Senkens des Kopfes. De Bruyn hat in seinem Falle (Nr. 10) von amaurotischer Idiotie auf Dorsalbeugen des Kopfes Strecktonus beider Arme erhalten, welche in der Sagittalebene nach vorne geführt wurden und so lange stehenblieben, als die Kopfstellung unverändert gelassen wurde. Er gibt an, daß diese Reaktion sowohl bei Rückenlage wie bei Seitenlage des Patienten eintrat. Hieraus wäre zu schließen, daß es sich um tonische Halsreflexe gehandelt hat. Auch Simons hat bei Dorsalbeugen des Kopfes Halsreflexe beobachtet. Von einigen Autoren (Böhme und Weiland, Freudenberg) wird angenommen, daß auch das Brudinskische Zeichen (Beugung der Arme und Beine beim Vornüberbeugen des Kopfes in Rückenlage) ein tonischer Halsreflex ist. Nach den Feststellungen von Freudenberg ist dieser Reflex bei Säuglingen in den ersten Lebensmonaten normal. Später läßt er sich nur bei Meningitis, Encephalitis, Rachitis usw. beobachten. Simons glaubt nicht, daß es sich hier um einen tonischen Halsreflex handelt, ohne jedoch bisher hierfür Gründe anzugeben.

A priori kann man wohl sagen, daß Ventralbeugen des Kopfes durch tonischen Halsreflex eine Reaktion wie bei dem Brudzinskischen Nackenzeichen hervorrufen kann, wobei jedoch nicht behauptet wird, daß in allen Fällen von positivem Brudzinski-Reflex das Auslösende wirklich der tonische Halsreflex ist.

Dagegen hat das Kernigsche Zeichen (Beugung der Beine bei Aufrichten des Rumpfes) nichts mit einem tonischen Halsreflex zu tun, da es auch nach Querdurchtrennung des Rückenmarkes (Böhme und Weiland) und beim Beugen der Hüfte gegen den liegenden Rumpf zustande kommt.

Auch die von Bondi beschriebenen Reaktionen der Extremitäten auf Bewegungen des Kopfes sind keine tonischen Halsreflexe, da sie nur vorübergehende und kurzdauernde Bewegungen sind.

––––––––––

Ein neuer Gesichtspunkt wurde in die Frage nach der Bedeutung der tonischen Halsreflexe beim Menschen gebracht durch die Untersuchungen von Simons (1, 2). Dieser beobachtete zunächst an Kriegsverwundeten, und zwar an Hemiplegikern, welche Mitbewegungen an der gelähmten Seite zeigten, je nach der Kopfstellung verschiedene

Reaktionen der paretischen Glieder. Ausgedehnte Untersuchungen an 250 Hemiplegikern und zahlreichen anderen neurologischen Fällen zeigten, daß man bei Mitbewegungen häufig einen deutlichen Einfluß der Kopfstellung konstatieren kann. Man muß bei derartigen Patienten zunächst einmal feststellen, ob überhaupt Mitbewegungen vorhanden sind, am besten dadurch, daß man irgendwelche Aktivbewegungen an der gesunden Seite oder mit einem der paretischen Gliedmaßen ausführen läßt, z. B. kräftigen Druck auf ein Dynamometer. Die Prüfung geschieht dann in der Weise, daß man derartige Mitbewegungen hervorruft bei verschiedenen Stellungen des Kopfes: Drehen, Wenden, Heben und Senken. Die Prüfung wird im Liegen, Sitzen, Stehen oder beim Gehen vorgenommen.

Es ergab sich, daß je nach der Stellung des Kopfes die Mitbewegungen in den paretischen Gliedern verschieden ausfallen, indem entweder Beugung oder Streckung, Adduction oder Abduction, Zu- oder Abnahme des Beuge- oder Strecktonus beobachtet werden konnten.

Bei dieser Art der Prüfung erhält man sehr viel häufiger positive Ergebnisse, als wenn man einfach passive Lageänderungen des Kopfes, z. B. Kopfdrehen, bei dem Patienten vornimmt. Im allgemeinen fand Simons einen Einfluß der Kopfstellung auf die Mitbewegungen nur bei Hemiplegikern und bei Rückenmarkskranken mit Beschädigung der Pyramidenbahnen. Hierunter war bei $^1/_4$ der Fälle ein positiver Erfolg festzustellen. Falls bei diesen Patienten durch passive Änderungen der Kopfstellung direkte tonische Halsreflexe auszulösen waren, so waren diese stets schwächer als bei den Mitbewegungen. Die Reaktionen fehlten bei allen extrapyramidalen Erkrankungen, so z. B. bei Paralysis agitans. Sie sind nach Simons an eine Beschädigung der Pyramidenbahnen gebunden. Auch im epileptischen Anfall ließ sich mehrfach ein Einfluß der Kopfstellung auf die Gliedmaßen feststellen.

Simons beobachtete bei derartigen Prüfungen, daß auf Drehen des Kopfes bei Mitbewegungen im Kieferbein und im Kieferarm Streckung bzw. Zunahme des Strecktonus auftrat, meist mit Adduction, während im Schädelbein und Schädelarm Beugung bzw. Zunahme des Beugetonus und Abduction zu sehen war (Abb. 60$^\mathrm{I}$ a—c). Bei Ventralbeugen des Kopfes erfolgte in den meisten Fällen Zunahme des Strecktonus der Arme, bei Dorsalbeugen des Kopfes: Zunahme des Beugetonus in den Armen. In der Minderzahl der Fälle trat dagegen die auch im Tierversuch beobachtete Reaktion ein: Streckung der Arme bei Dorsalbeugen, Beugung der Arme bei Ventralbeugen des Kopfes, ohne daß sich ein Grund für diese Unterschiede fand. Bei Wenden des Kopfes erfolgte auf der Seite, auf welcher das Ohr der Schulter genähert worden war, Streckung, auf der entgegengesetzten Seite Beugung bzw. Zunahme

des Beugetonus, also genau dasselbe Verhalten, wie es in den Tier-
experimenten zutage getreten war (siehe das umgekehrte Verhalten
bei zwei klinischen Fällen am Menschen, S. 122). In den Simonsschen
Fällen war die Reaktion der Arme meist stärker als die der Beine.

Die Ausgangslage des Gliedes ist für die Reaktion bei den Mitbewegungen von geringerer Bedeutung, wenigstens macht es meistens keinen
Unterschied, ob das Glied vorher gebeugt oder gestreckt war, dagegen
ließ sich in bezug auf Abduction und Adduction ein schaltender Einfluß
der Ausgangsstellung feststellen.

Die beschriebenen Reaktionen sind Halsreflexe und unabhängig
von der Lage des Kopfes im Raume.

Außer bei Hemiplegikern nach Kriegsverwundungen kamen diese
Reflexe auch bei Spastikern nach Lues, Embolie, Encephalitis, Hals-

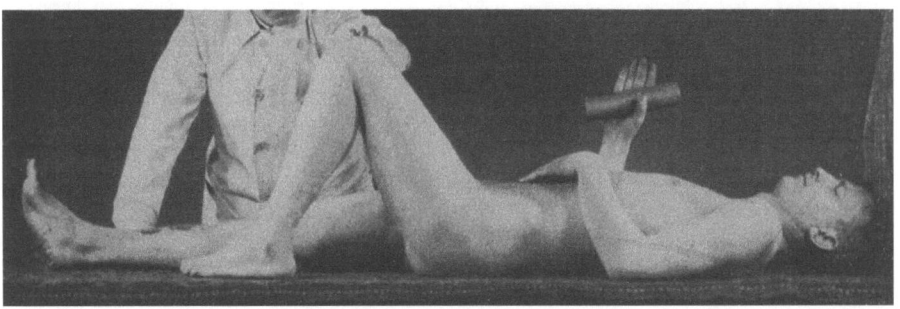

Abb. 60^{I} a. (Nach Simons.)
Linksseitige schwere Hemiparese durch Hirnschuß. (Aus einer Kinoaufnahme.)
Ausgangsstellung. Die rechte Hand hält lose eine elastische Metallhülse. Dem
linken paretischen Bein ist passiv diese Haltung gegeben, um den Strecktonus
durch den dabei zurückgelegten weiteren Weg anschaulicher zu machen. Das
linke Bein sinkt ohne Halt infolge Lähmung und schwerer Parese der entsprechenden Muskeln in der hier gegebenen Ausgangsstellung in der Hüfte nach außen um.
Der Untersucher stützt daher bis zum Einsetzen der reflektorischen Tonusver-
schiebung leicht das Knie in der Sagittalebene. Die Ausgangsstellung vor
den folgenden Versuchen entspricht ganz der Abb. a.

markverletzung usw. zur Beobachtung, und zwar ohne grobe doppelseitige Hirnschädigung oder Großhirnausschaltung (Decerebrierung).

Sehr deutlich war auch der Einfluß der Kopfstellung in derartigen
Fällen auf Gang und Haltung. Ein Einfluß auf die Rumpfmuskulatur
trat dagegen zurück.

Aktive und passive Kopfbewegungen wirkten im gleichen Sinne,
letztere meist schwächer.

In allerletzter Zeit sind diese Feststellungen über den Einfluß der
Kopfstellung auf die Mitbewegungen durch unabhängige Beobachtungen

von Walshe (1) an spastischen Hemiplegikern bestätigt und erweitert worden. Nach seinen Angaben treten die Mitbewegungen nur an den spastischen Gliedern auf. Der wirksamste Reiz zu ihrer Auslösung ist starke tonische Willkürkontraktion, z. B. Faustschluß, auch wenn dabei keine stärkere Bewegung erfolgt. Die Latenz beträgt $^1/_4$ bis 2 Sekunden. Kopfdrehen löst im Anfang der Untersuchung des Patienten meistens keine direkten Tonus- und Stellungsänderungen der Gliedmaßen aus, wohl aber in fast allen Fällen, wenn der Patient etwa $^1/_2$ Stunde untersucht worden ist.

Diese Beobachtungen von Simons und Walshe sind von großer theoretischer und praktischer Bedeutung: letzteres deshalb, weil hier-

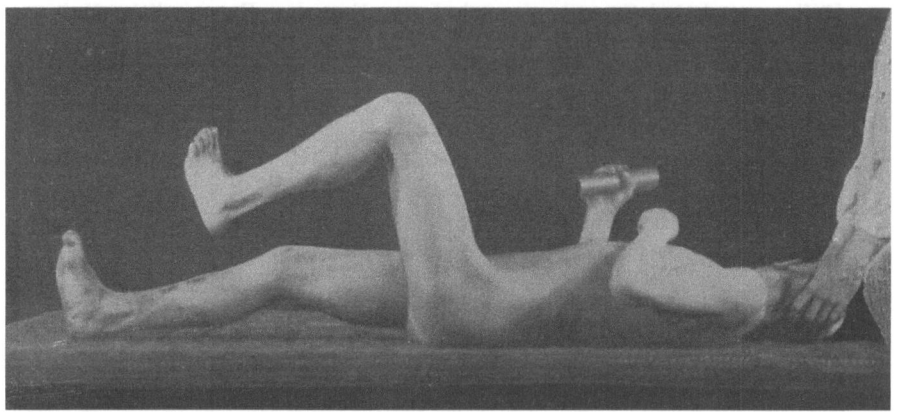

Abb. 601 b.

Der Kopf ist nach rechts gedreht. Auslösung der hemiplegischen Mitbewegung durch stärksten Faustschluß um die Metallhülse. Der Arm verläßt die Ruhehaltung (Abb. a) unter seitlicher Abduction des Oberarms, spitzwinkliger Beugung im Ellbogen, Hebung der Hand, Faustschluß. Der Beugetonus des Armes ist außerordentlich stark, man sieht die gleichzeitige Anspannung des Triceps. Im Bein starke Knie- und Hüftbeugung unter leichter Einwärtsdrehung der Hüfte; der Beugetonus ist besonders im Knie gegenüber passiver Streckung, die in den folgenden nicht wiedergegebenen Kinematogrammen ausgeführt wird, unüberwindlich. Hebung und Adduction des Fußes unter Supination, Zehenhebung. Man sieht deutlich die Mitbewegung des gesunden Beines.

durch die Zahl der Fälle, in welchen tonische Halsreflexe nachweisbar werden, außerordentlich erweitert worden ist. Theoretisch aber aus folgendem Grunde: Es handelt sich meiner Meinung nach bei den Simonsschen Beobachtungen um genau dieselben Verhältnisse, wie sie in den Versuchen von Socin und Storm van Leeuwen (19) und von Beritoff zutage getreten sind. In den genannten Tierversuchen wurden Reflexreihen am isolierten Triceps, Biceps, Semitendinosus und Vastocrureus unter dem Einfluß verschiedener reflektorischer Erregungen untersucht und festgestellt, daß, wenn bei Änderungen der Kopfstellung die zugehörigen Tonusänderungen infolge von Hals- und Labyrinthreflexen in den registrierenden Gliedmaßen nicht zustande kamen und daher schaltende Einflüsse nicht störend dazwischentreten konnten, dann doch die Zentren im Rückenmark in bestimmter Weise auf Strecktendenz oder Beugetendenz eingestellt werden. Genau dasselbe erfolgt bei der Simonsschen Versuchsanstellung. Auch hier wird bei den betreffenden Patienten durch Änderung der Kopfstellung eine Haltungsveränderung der spastisch-paretischen Gliedmaßen zunächst nicht ausgelöst. Wenn aber jetzt auf irgendeine Weise in diesen Gliedmaßen eine Mitbewegung hervorgerufen wird, z. B. dadurch, daß mit einer

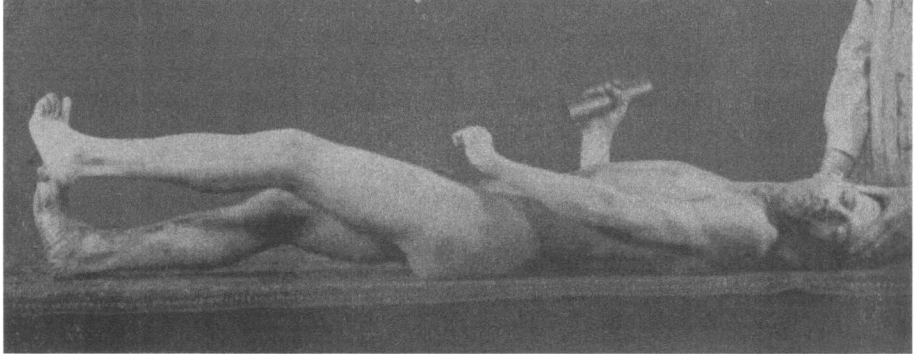

Abb. 60Ic.

Der Kopf ist nach links gedreht. Ausgangsstellung wie in Abb. a. Man beachte die Facialisanspannung, Strecktonus, Adduction und leichte Einwärtsdrehung des Armes, Handstreckung, Faustschluß. Das Handgelenk kommt in die Nähe der Symphyse. Starke Streckung des Beines in Knie und Hüfte mit kräftiger Innenrotation, Fußsenkung, etwas stärkere Zehenhebung. Die gleichzeitige Anspannung des Biceps ist am Oberarm durch Bogenlicht bei der Aufnahme weggeleuchtet.

anderen Extremität eine kräftige Willkürbewegung ausgeführt wird, dann findet diese Mitbewegung in dem Sinne statt, wie sie durch die vorher eingestellte und unwirksam gebliebene Kopfstellung hervorgerufen sein müßte, mit anderen Worten, die Willkürinnervation hat das getan, was eigentlich die Kopfstellung vorher hätte tun müssen. Durch die bestimmte Einstellung des Kopfes ist in den verschiedenen Gliedmaßen eine Strecktendenz, Beugetendenz, Adductions- oder Abductionstendenz hervorgerufen worden, welche sich nun bei den nachfolgenden Mitbewegungen tatsächlich äußert.

   Socin und Storm van Leeuwen und Beritoff haben afferente sensible Extremitätennerven gereizt, aber schon Beritoff konnte zeigen, daß gelegentlich auch Erregungen, welche z. B. vom Atemzentrum ausgehen, die Reaktionen hervorrufen. Bei den klinischen Beobachtungen von Simons handelt es sich um Willkürinnervationen auf die nichtgelähmten Gliedmaßen, bei welchen Mitbewegungen an den spastisch-paretischen Extremitäten auftreten, und diese letzteren werden durch bestimmte Einstellungen des Kopfes in gesetzmäßiger Weise beeinflußt. Walshe nimmt an, daß die Mitbewegungen dabei ausgelöst werden durch proprioceptive Reflexe von den willkürlich (z. B. beim Faustschluß) kontrahierten Muskeln aus. Der Beweis hierfür ist aber noch zu liefern.

Eine hierhergehörige Beobachtung hat Stenvers vor kurzem an der hiesigen Psychiatrisch-neurologischen Klinik machen können. Es handelte sich um ein Kind mit Hirntumor. Kopfdrehen bewirkte keine spontanen Änderungen der Armstellung. Sowie aber bei rechts- oder links gedrehtem Kopfe ein starker sensibler Reiz an der Fußsohle angebracht wurde, erfolgte, wenn der betreffende Arm Schädelarm war, Beugung, wenn er Kieferarm war: Streckung. Auch in diesem Falle trat also je nach der Kopfstellung auf denselben sensiblen Reiz der umgekehrte Reflexerfolg ein. Durch die Kopfstellung war der reagierende Arm auf Strecktendenz oder Beugetendenz eingestellt worden.

Bei dem auf S. 125 angeführten Fall von Zwischenhirntumor hat Walshe (2) einen deutlichen Einfluß des Kopfdrehens auf den Babinski-Reflex gefunden, wobei dieselben Regeln gelten. Auch Umkehr des homolateralen Beugereflexes durch Kopfdrehen hat Walshe (3) neuerdings bei einem hemiplegischen Patienten beobachtet.

Es ist zu erwarten, daß sich auf die geschilderte Weise noch zahlreiche Beobachtungen über den Einfluß der tonischen Halsreflexe auf die Reflexbereitschaft der Extremitäten werden machen lassen.

Tonische Labyrinthreflexe beim Menschen.

Während über tonische Halsreflexe beim Menschen nunmehr ein großes Beobachtungsmaterial vorliegt, verfügen wir bisher nur über wenige gut untersuchte Fälle von einwandfreien, direkten tonischen Labyrinthreflexen auf die Körpermuskulatur beim Menschen.

Wenn man diese Reflexe sicherstellen will, so muß man erstens ausschließen, daß es sich um tonische Halsreflexe handelt, und zweitens muß man nachweisen, daß die beobachteten Tonusänderungen in der Muskulatur Dauerreaktionen sind, und daß sie hervorgerufen werden durch eine bestimmte Lage des Kopfes bzw. der Labyrinthe im Raume, und nicht abhängig sind von Bewegungen.

Die erste genauere Beobachtung konnte an einem Kinde der Utrechter Psychiatrisch-neurologischen Klinik (Prof. Heilbronner) angestellt werden (22).

Fall 1. Amaurotische Idiotie. (Siehe oben S. 124, Nr. 9.) M. K., 16 Monate alter Junge, ist normal geboren und hat sich in den ersten Monaten bei Brustnahrung normal entwickelt; konnte anfangs sehen. Im Alter von 3 Monaten wurde er anders als normale Kinder, lag stets still, spielte nicht. Danach hat er sich in geistiger Hinsicht nicht weiter entwickelt, lernt nicht stehen und laufen, spricht nicht. In körperlicher Beziehung entwickelt sich das Kind ungefähr ebensogut wie normale Kinder. Die Mutter weiß nicht mit Sicherheit anzugeben, ob es zur Zeit sehen kann. Das Kind hat noch fünf normale Schwestern und einen normalen Bruder, frühgeborene Zwillinge sind bei der Geburt gestorben, ein Kind ist vor 8 Jahren jung gestorben, gelähmt und blind, gerade so wie dieses Kind. Kein Abortus.

Vater und Mutter sind gesund, nicht blutsverwandt, beide Israeliten. Großeltern mütterlicherseits stammen aus Deutschland, väterlicherseits aus Holland. Alle Brüder des Vaters und deren Kinder sind gesund.

Status: 19. Mai bis 1. Juli 1914. — Ophthalmologisch: Der Augenhintergrund bietet beiderseits das typische Bild der amaurotischen Idiotie dar, einen dunkelroten runden Fleck in der Maculagegend, umgeben von einem breiten weißgrauen Saum. Sonst im Augenhintergrund nichts Abnormes. Pupillen sind nicht vollkommen rund, reagieren auf Licht, auch konsensuell. Rechte Pupille stets etwas weiter als linke. Augenbewegungen intakt. Das Kind sieht zweifellos, auf Vorhalten eines glänzenden Gegenstandes öffnet es den Mund und macht Saugbewegungen. Horizontaler Nystagmus beider Augen beim Sehen nach rechts und nach links. Der Nystagmus hat eine langsame und eine schnelle Komponente, letztere meist nach links, seltener nach rechts. Die Stärke des Nystagmus wechselt an verschiedenen Tagen, manchmal fehlt er beim ruhigen Geradeaussehen vollkommen. Kurz vor den unten zu beschreibenden Anfällen wird er stets stärker. Cornealreflex beiderseits schwach positiv.

Interner Befund: Das Kind ist klein für sein Alter. Leichte rachitische Knochenveränderungen. Fronto-occipitaler Kopfumfang 45½ cm. Herz normal. Harn ohne Eiweiß und Zucker. Wassermannreaktion negativ. Temperatur normal, an einzelnen Tagen leichte Temperatursteigerungen bis 38° C. Das Kind ist inkontinent, Stuhlgang normal. Ronchi über beiden Lungen, keine deutliche Dämpfung. Patient liegt still, apathisch, schreit und weint nicht, wie das normale Kinder tun. Das einzige Zeichen von Anteilnahme, das an ihm wahrzunehmen ist, ist manchmal ein kaum erkennbares Lachen. Flüssige, in den Mund gebrachte Nahrung wird gut heruntergeschluckt. Trotz guten Appetites nimmt das Kind doch stets ab. Unter Temperatursteigerung, stets schlechterem Puls und sehr schneller Atmung stirbt es am 1. Juli 1914. Sektion verweigert.

Neurologisch: An den Extremitäten sind leichte Spasmen wechselnden Grades wahrzunehmen. Chvostek beiderseits positiv, links stärker als rechts, vor allem an den mentalen Facialisästen. Alle drei Bauchreflexe beiderseits vorhanden. Patellarreflexe und Achillesreflexe lebhaft, kein Klonus. Fußsohlenreflexe vom medialen Fußrande aus plantar, vom lateralen Fußrande aus manchmal auch dorsal. Oppenheim plantar. Links sind alle diese Reflexe stärker als rechts. Das Gesicht ist in der Ruhe symmetrisch.

Während des Aufenthaltes in der Klinik bekommt das Kind mehrere epileptiforme Anfälle, die von Erbrechen eingeleitet werden. Dieselben charakterisieren sich als klonische, meist rhythmische Zuckungen im Gesicht und in den Extremitäten, bei denen nur selten das Glied als Ganzes bewegt wird, so daß der Eindruck von Willkürbewegungen entsteht. Meistens handelt es sich vielmehr um Zuckungen in einzelnen Muskelgruppen, von denen jede ihren eigenen Rhythmus besitzt. Die Muskelgruppen geraten in den verschiedensten Kombinationen in

Tätigkeit, ruhen dann wieder, wenn andere von den Krämpfen ergriffen werden, so daß ein sehr wechselvolles Bild entsteht. Selbst einzelne Muskelgruppen des Facialisgebietes bewegen sich gleichzeitig mit verschiedenen Rhythmen. Einer dieser Anfälle dauerte mit kurzen Zwischenpausen 3 Stunden. Das Kind ist während der Anfälle bleich, manchmal leicht cyanotisch, Puls stark beschleunigt, 140—160 in der Minute. Atmung nicht beschleunigt. Nach dem Anfall bekommt das Kind wieder seine gewöhnliche Gesichtsfarbe, sieht gut aus und schläft ruhig ein.

Otologisch: Trommelfelle normal. Starke Hyperakusis. Bei starken Geräuschen streckt Patient plötzlich alle vier Extremitäten. Die scheinbar spontanen Bewegungen treten auch fast ausschließlich auf akustische Reize ein. Diese Hyperakusis nimmt bis an den Tod stark zu. Beim Auslösen von kalorischem und Drehnystagmus erweist sich das Labyrinth als stark übererregbar; es kommt zu heftigem rototarischen und horizontalen Nystagmus in typischer Richtung.

Rhinologisch: Nichts Abnormes.

Es handelt sich um einen typischen Fall von amaurotischer Idiotie bei einem 16 Monate alten Knaben, der progredient verlief, und bei dem es zu einer so gut wie vollständigen Ausschaltung der normalen Großhirnfunktion gekommen war. Krampfanfälle, wahrscheinlich corticalen Ursprunges traten zeitweise auf. Die Reflexe vom Labyrinth auf die Augen waren vorhanden und abnorm stark. An den Gliedmaßen waren leichte Spasmen nachweisbar.

Die Untersuchung des kleinen Patienten ergab am 18. und 26. Juni folgende Befunde, die durch zwei kinematographische Aufnahmen festgelegt werden konnten:

Das Kind zeigt bei Kopfdrehen in Rückenlage typische tonische Halsreflexe auf Arme und Beine beider Körperseiten. Ferner zeigt es den gleichen Bogengangsreflex beim Umlegen aus sitzender in liegende Stellung, wie er oben S. 119 bei Fall 3 beschrieben worden ist.

Das Kind zeigt in Rückenlage Streckstand der vier Extremitäten. Wird es aus der Rückenlage in Seitenlage oder Bauchlage gebracht, wobei sorgfältig darauf geachtet wird, daß die Stellung des Kopfes zum Rumpfe sich nicht ändert, so verschwindet die Streckung der Gliedmaßen. Wird dagegen das Kind aus Bauch- oder Seitenlage in Rückenlage umgelegt, so erfolgt wieder die kräftige Streckung der vier Extremitäten.

Diese Reaktionen sind nicht abhängig von Änderungen der Stellung des Kopfes zum Rumpf, sondern von Änderungen der Stellung des Kopfes im Raume, sie sind Labyrinthreflexe. Sie ließen sich bei dem Kinde mit vollständiger Regelmäßigkeit und Sicherheit hervorrufen.

Nach diesen Feststellungen erhob sich nun die Frage, ob, geradeso wie bei unseren früheren Tierversuchen, sich eine und nur eine Stellung des Kopfes im Raume feststellen ließe, bei der der Streckstand der Gliedmaßen maximal, und nur eine Stellung im Raume, bei der er minimal ist. War das der Fall, so mußte sich die Lage dieses Maximums und Minimums ermitteln lassen. Bei den Tierversuchen war zur Prüfung dieser Verhältnisse in der Weise vorgegangen worden, daß, um alle Halsreflexe durch Bewegungen des Kopfes gegen den Rumpf mit Sicherheit auszuschalten, Kopf, Hals und Rumpf des Tieres fest eingegipst wurden und nun der Körper als Ganzes in verschiedene Lagen im Raume gebracht wurde, wobei sich dann der Strecktonus der Extremitäten in gesetzmäßiger Weise änderte (vgl. S. 56). Dieses Verfahren verbot sich natürlich aus Rücksicht auf den kleinen Patienten. Wir erreichten aber dasselbe Ziel, indem wir ein genügend großes Brett sorgfältig polsterten, das Kind in Rückenlage darauf legten und den Kopf und den Thorax mit Bindentouren darauf fixierten. Auf diese Weise wurde eine bequeme Lagerung erreicht, bei welcher der Kopf gegen den Rumpf sicher festgestellt war, ohne den Patienten zu belästigen und seine Atmung usw. zu behindern.

Wird das Brett mit dem Kopfende gehoben, bis die Wirbelsäule vertikal steht (Abb. 61 und 62), so erfolgt keine aktive Bewegung der Gliedmaßen. Passive Beugung im Ellbogen (Abb. 61) oder in Hüfte und Knie (Abb. 62) stößt auf keinen deutlichen Widerstand. Wird nunmehr das Kopfende sehr langsam und allmählich gesenkt, wobei immer zwischendurch die jeweilige Stellung eine Zeitlang beibehalten wird (um alle Reflexe, die etwa durch Winkelbeschleunigungen im Labyrinth ausgelöst werden könnten, zu vermeiden), so kommt es, noch ehe die Wirbelsäule horizontal steht, zur Abduction und Streckung der Arme, während die tonisch gestreckten Beine durch leichte Beugung im Hüftgelenk von der Unterlage abgehoben werden. Bei horizontaler Lage der Wirbelsäule wird die Streckung der Extremitäten stärker (Abb. 63). Passive Beugung im Ellbogen und Kniegelenk stößt nunmehr auf starken Widerstand. Wird das Kind längere Zeit in dieser Rückenlage gehalten, so geht nach einiger Zeit der Strecktonus deutlich zurück, ohne jedoch völlig zu schwinden. Vielmehr bleibt immer noch eine dauernde tonische Streckung im linken Ellbogen und in beiden Knien nachweisbar. Wird das Kopfende des Brettes nun weiter gesenkt (Abb. 64), bis die Wirbelsäule mit der Horizontalen einen Winkel von 45° bildet, so wird die tonische Streckung der Glieder maximal. Das Kind kann aber nicht dauernd in dieser Stellung gelassen werden, weil es dabei unruhig wird.

Nunmehr wird das Kopfende wieder gehoben. Sobald der Kopf etwa 45° über die Horizontale gehoben ist, läßt die Streckung der Extremitäten nach, Beugung im Kniegelenk stößt aber immer noch auf merklichen Widerstand. Beim Fortsetzen der Drehung des Brettes nimmt der Strecktonus weiter ab und ist völlig verschwunden, nachdem die Wirbelsäule die Vertikale um 20—30° überschritten hat (Abb. 65). In dieser Stellung ist aktive Beugung des Ellbogens vorhanden.

Um die Lage der Maximum- und Minimumstellung noch genauer zu bestimmen, wird mit dem Kinde durch Drehen um die bitemporale Achse ein vollkommener Zirkel beschrieben. Dabei wird der **Streck-**

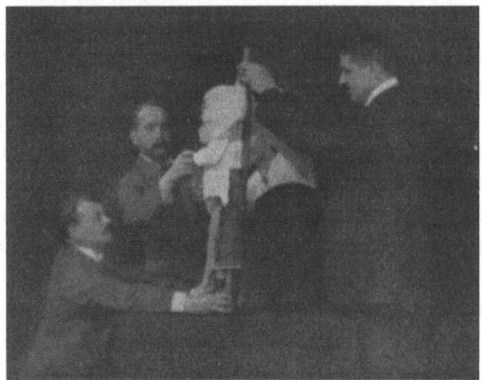

Abb. 61.

tonus der vier Extremitäten **maximal,** wenn das Kopfende bei Rückenlage des Patienten um 45° unter die Horizontale gesenkt wird (Abb 64). Er bleibt noch stark, wenn der Kopf senkrecht nach unten steht. Bei Fortsetzung der Drehung nimmt er dann ab und erreicht anscheinend das **Minimum,** wenn der Körper mit dem Kopfe nach oben steht und das Kopfende 0—45° nach vorn gesenkt ist (Abb. 65).

Wird das Kind aus der Rückenlage um die Wirbelsäule als Achse in Bauchlage gedreht, so nimmt der Strecktonus der Glieder dabei

Abb. 62.

schrittweise ab. Wird dagegen aus der Bauch- in die Rückenlage gedreht, so erfolgt wieder die tonische Streckung.

Bei allen diesen Bewegungen wird dauernd kontrolliert, daß sich der Stand des Kopfes zum Rumpfe nicht ändert.

Durch diese Versuche, die mehrfach mit dem gleichen Resultat wiederholt wurden, ist festgestellt worden, daß für die bei unserem Patienten nachweisbaren Labyrinthreflexe auf die Extremitäten eine und nur eine Stellung des Kopfes im Raume existiert, bei der der Tonus der Streckmuskel aller vier Gliedmaßen maximal, und eine, bei der er minimal wird. Beide Stellungen sind um 180° voneinander verschieden. Es gelten also hier dieselben Gesetze wie bei den untersuchten Tieren. Es fragt sich, ob die Lage des Maximums und Minimums bei unserem Patienten auch mit der bei den Tieren gefundenen übereinstimmt. Bei diesen wird nach den früheren Feststellungen der Strecktonus der Glieder maximal, wenn bei Rückenlage des Tieres die Mundspalte um etwa 45° über die Horizontale gehoben wird. Ein Blick auf Abb. 64 zeigt, daß, wenn man die Lage der Mundspalte als Orientierungslinie benutzt, auch beim Menschen dieselbe Lage für das Maximum sich findet. Ebenso lehrt ein Blick auf Abb. 65, daß auch beim Menschen,

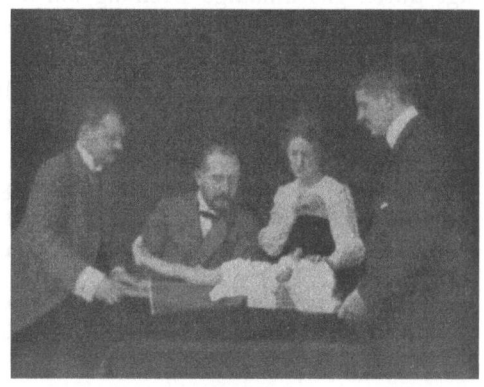

Abb. 63.

geradeso wie beim Tier, in der Minimumstellung die Mundspalte um etwa 45° unter die Horizontale gesenkt ist.

Aus den Beobachtungen an dem Patienten ergibt sich ferner, daß die geschilderten Reflexe wirklich Reflexe der Lage sind und nicht etwa durch Winkelbeschleunigungen ausgelöst werden. Das folgt erstens aus der Tatsache, daß zur Auslösung der Reaktionen die Bewegungen des Kopfes oder Körpers durchaus nicht schnell sein müssen, sondern daß dieselben im Gegenteil am allerschönsten zu studieren sind, wenn sie ganz langsam und mit Unterbrechungen ausgeführt werden. Mit Sicherheit

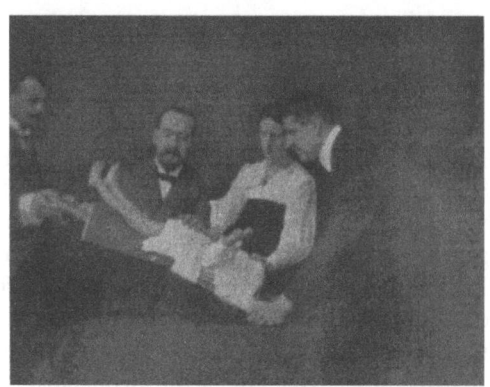

Abb. 64.

folgt es aber daraus, daß die zu jeder Kopfstellung zugehörige Tonusreaktion der Glieder ganz in derselben Weise erfolgt, von welcher Seite her auch diese Kopfstellung erreicht wird. Ob man sich der Maximumstellung (Abb. 64) durch Drehung um die Bitemporalachse aus der Rückenlage oder aus der Bauchlage nähert, oder ob man sie von der Bauchlage aus durch Drehung um die Wirbelsäule als Achse erreicht, immer wird die maximale Streckung der Gliedmaßen erfolgen. Umgekehrt wird der ganze Zyklus von Streckung und Beugung der Extremitäten durchlaufen, wenn man aus der Rückenlage durch gleichmäßige Drehung um die Bitemporalachse einen vollständigen Zirkel mit gleichförmiger Geschwindigkeit und Richtung beschreibt.

Daraus ergibt sich, daß es tatsächlich die Lage des Kopfes bzw. der Labyrinthe im Raume ist, die die beschriebenen Tonusreaktionen veranlaßt.

Wenn in diesem Falle das Kind in die geschilderte Maximumstellung für den Strecktonus der Glieder gebracht wurde, so trat anfangs eine sehr starke tonische Streckung von Armen und Beinen auf. Der Streck-

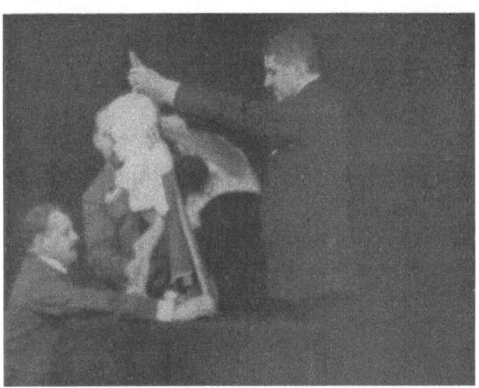

Abb. 65.

tonus nahm nach einiger Zeit an Intensität ab, ohne jedoch völlig zu schwinden. Vielmehr blieb im linken Ellbogen und in beiden Knien noch eine nachweisbare tonische Streckung erhalten. Es war unsere Absicht gewesen, das Kind für längere Zeit in Rückenlage in einem Bett zu lagern, dessen Fußende erhöht war, um festzustellen, ob bei dieser Lagerung die Glieder einen stunden- bzw. tagelang andauernden Strecktonus zeigen würden. Leider ließ sich diese Absicht nicht verwirklichen, weil dem kleinen Patienten diese Lage deutlich unangenehm war und weil der progrediente Krankheitsverlauf eine derartige Prüfung verbot. Es konnte daher nur festgestellt werden, daß, als das Fußende des Bettes eine Minute lang hochgestellt wurde, der Strecktonus der Extremitäten eine Minute lang nachweisbar gesteigert blieb.

Aus diesem Grunde ist die Beobachtung an dem folgenden Falle von Wichtigkeit, in welchem sich zeigen ließ, daß auch bei länger unverändert beibehaltener Lagerung die zugehörigen Tonusänderungen in der betreffenden Extremität bestehen blieben.

Fall 2. [Klinik Prof. Haverschmidt[1]).] (Siehe S. 123, Nr. 6.)

Es handelt sich um ein am 1. Juni 1921 geborenes Kind, das in den ersten 2 Monaten gesund war, mit $2^{1}/_{2}$ Monaten fieberhaft erkrankte, 3 Wochen später

---

[1]) Der Fall wird von Dr. Carstens und Dr. Stenvers ausführlich veröffentlicht werden.

Krämpfe bekam, welche sich wiederholten. Danach trat eine vorübergehende rechts-seitige Hemiparese auf. Bei der Untersuchung fiel die Kleinheit des Schädels auf.

Das Kind zeigt typische Halsreflexe beim Kopfdrehen auf beide Arme, welche in der gleichen Weise bei aktiven und passiven Kopfbewegungen auftraten.

Bei der Untersuchung am 6. November fand sich positive Augendrehreaktion und Drehnystagmus nach beiden Seiten, ebenso positive Kopfdrehreaktion. Tonische Halsreflexe auf die Augen fehlten.

Das Kind wurde in derselben Weise wie bei Fall 1 beschrieben, auf einem gepolsterten Brett fixiert, wobei durch Kissen dafür gesorgt wurde, daß der Kopf seine Lage zum Rumpfe nicht ändern konnte.

Befand sich das Kind auf dem horizontal stehenden Brette in Rücken-lage, so waren beide Arme gebeugt, und auch die Beine zeigten manch-mal spontane Beugung. Wurde nunmehr das Fußende des Brettes um 70° gehoben, so erfolgte nach 10—15 Sekunden eine starke tonische Streckung des rechten Armes, wobei die Hand dorsal flektiert wurde. Im linken Arm und in beiden Beinen trat keine Ver-änderung auf.

Darauf wurde das Brett wieder horizontal gelegt, nach einigen Sekunden hatte der rechte Arm wieder den ursprünglichen Beugestand eingenommen.

Brett vertikal gestellt, Kopf oben: darauf waren beide Arme in Beugestand, die Hände am Kinn und blieben so 5 Minuten lang bei unveränderter Stellung des Brettes (Photo). Darauf wurde das Fußende wieder um 70° gehoben, ohne daß zunächst eine Tonus-änderung der Extremitäten eintrat; das Kind war nämlich eingeschlafen und die Gliedmaßen erschlafft. Sobald das Kind jedoch erwachte, nahm der Arm sofort wieder den typischen Streckstand an und blieb in demselben unverändert 6 Minuten lang bei konstanter Lage des Brettes (Photo).

Bei horizontaler Rückenlage trat alsbald wieder Beugung der Arme mit deutlichem aktiven Beugetonus in beiden Ellbogen auf.

Nunmehr wurde das Fußende um 60° gehoben: Links bleibt der Beugetonus bestehen, rechts dagegen schwindet der Beugetonus, und es tritt sehr starker Strecktonus im Ellbogen und in der Hand auf, welche stark zur Faust geballt ist. Im Ellbogen ist kräftiger Widerstand gegen passive Beugung vorhanden. In den Beinen keine deutliche Veränderung.

Dieser Fall ergänzt den vorigen in erwünschter Weise und zeigt, daß es sich bei diesen Labyrinthreflexen auf die Extremitäten wirklich um sichere Dauerreaktionen handelt. Von Interesse ist, daß die Maximum- und Minimumstellungen in beiden Fällen ungefähr die gleichen sind.

Im Anschluß hieran seien noch einige Fälle aus der Literatur re-feriert, in welchen wir mit mehr oder weniger großer Wahrscheinlichkeit das Vorhandensein von tonischen Labyrinthreflexen annehmen können, ohne daß eine so ausführliche Untersuchung angestellt wurde wie in den beiden zuerst genannten Fällen.

Fall 3. (Siehe oben S. 125, Nr. 14.) Kind mit amaurotischer Idiotie (Dollinger).

In Rückenlage erfolgt auf beliebigen sensiblen Reiz eine typische steife Stellung, wobei die Beine gestreckt und die Arme ganz langsam und zitternd in einer fast sagittalen Ebene bis zur Senkrechten oder darüber hinaus erhoben werden, worauf sie dann wie tetanisch erstarren, steif gehalten werden oder geringe Oszillationen zeigen. Nach $^1/_2$—2 Minuten sinken sie dann langsam herab, und das Kind kehrt in seinen lethargischen Zustand zurück.

Wie mir der Autor mitteilte, traten die Streckspasmen der Arme im wesentlichen bei Rückenlage oder bei Erhöhung des Fußendes des Bettes um 45° auf, nicht dagegen bei Bauchlage. Es wird dadurch wahrscheinlich, daß auch hier tonische Labyrinthreflexe auf die Extremitäten eine Rolle spielen, durch welche die Gliedmaßen bei Rückenlage in eine Art von Streckbereitschaft geraten, wodurch ein beliebiger sensibler Reiz dann imstande ist, die genannten Streckspasmen auszulösen. Das Kind war akustisch sehr übererregbar.

Fall 4. (Siehe oben S. 124, Nr. 7.) Kind aus dem städtischen Krankenhaus (Dr. Bosscha). Eitrige Meningitis. Beim Umlegen aus sitzender in liegende Stellung tritt der mehrfach beschriebene Bogengangsreflex ein, bei welchem die Arme auseinanderfahren und in Streckstellung gebracht werden. Läßt man das Kind nunmehr in Rückenlage liegen, so bleibt die beschriebene Stellung der Arme als rechtwinkl'ge Abduction der stark tonisch gestreckten Extremitäten bestehen, und man findet das Kind daher stets im Bett in Rückenlage in dieser Stellung liegen. Beim vertikalen Aufsitzen dagegen erfolgt auch erst eine Bogengangsreaktion, danach fallen die Arme aber schlaff herab.

Es scheint also auch hier ein tonischer Einfluß der Labyrinthe vorhanden zu sein, durch welchen bei Rückenlage dauernde Streckung und Abduction der Arme unterhalten wird, während dieselben beim Aufrechtsitzen erschlaffen.

Fall 5. (Siehe Böhme und Weiland.) 48jähriger Mann. Blutung in den rechten Thalamus mit Durchbruch in den rechten Seitenventrikel. Alle Ventrikel mit Blut gefüllt. Alter Herd im rechten Kleinhirn. (Sektion.)

Der Patient zeigt stärkste Enthirnungsstarre in allen vier Gliedmaßen. Keine deutlichen Halsreflexe. Ventralbeugen des Kopfes in Rückenlage ist wirkungslos. Wird der Patient aber im Bett aufgesetzt und nunmehr der Kopf vornüber gebeugt, so erfolgt eine deutliche Abnahme der Streckspasmen in Armen und Beinen, so daß nunmehr passive Beugung derselben leicht möglich ist. In Rückenlage kommen die Streckspasmen wieder.

In diesem Falle läßt sich also zeigen, daß Ventralbeugen des Kopfes keine Halsreflexe auslöst, weil die Bewegung bei Rückenlage des Patienten wirkungslos ist. Diese selbe Kopfbeugung führt aber bei aufrechtsitzender Stellung zu Erschlaffung der Gliedmaßen. Hierbei gelangt der Kopf in die oben geschilderte Minimumstellung für die tonischen Labyrinthreflexe auf die Streckmuskeln der Glieder, und in Übereinstimmung damit läßt der Streckspasmus in Armen und Beinen nach.

Fall 6. (Böhme und Weiland.) (Siehe S. 125, Nr. 13.) 39jähriger Mann. Apoplexie nach Lues. Rechtsseitige Hemiplegie. Halsreflexe auf den rechten Arm und das rechte Bein.

Kopfbeugen in Rückenlage ist wirkungslos. Beim Aufsitzen des Rumpfes und Ventralbeugen des Kopfes erfolgt Beugetonus im rechten Arm und rechten Bein. Beim Zurücklegen in Rückenlage tritt dagegen Strecktonus in beiden genannten Extremitäten auf.

Auch in diesem Falle kann also durch Ventralbeugen des Kopfes in Rückenlage kein Halsreflex ausgelöst werden, während bei Stellungsänderung des ganzen Oberkörpers die genannte Bewegung Beugetonus hervorruft. Sobald der Kopf in die Minimumstellung für die tonischen Labyrinthreflexe kommt, gehen rechter Arm und rechtes Bein in Beugestand, während umgekehrt bei Rückenlage, wobei sich der Kopf der Maximumstellung nähert, Streckspasmen auftreten.

Fall 7. (Brouwer.) (Siehe S. 122, Nr. 5.) 1jähriges Mädchen. Meningoencephalitis mit Ausschaltung des Großhirns und der Kleinhirnrinde. Enthirnungsstarre, Halsreflexe auf Drehen und Wenden.

Das Kind zeigt in Rückenlage Nackensteifigkeit und Opisthotonus. Dieselben schwinden beim Aufsitzen, wobei dann der Kopf vornüber fällt.

In diesem Falle lassen sich also typische tonische Labyrinthreflexe auf die Halsmuskeln nachweisen, wobei die Minimumstellung mit der bei den tonischen Labyrinthreflexen auf die Gliedermuskeln gefundenen übereinstimmt.

Brunner hat neuerdings mehrere Fälle von akuter einseitiger Labyrintherkrankung beschrieben, wobei es zum Auftreten von Schiefhals durch einseitige Contractur des Sterno-cleido-mastoideus kam. Diese Contractur trat entweder gleichseitig oder gekreuzt auf, was von dem Autor auf Reizungs- bzw. Lähmungserscheinungen des erkrankten Labyrinthes bezogen wird. Quix (1) hatte schon früher auf einen Fall von kongenitalem Caput obstipum hingewiesen, bei welchem das Labyrinth einer Seite nicht reizbar war.

Diese Fälle machen es wahrscheinlich, daß auch beim Menschen der Einfluß der Labyrinthe auf die Halsmuskulatur gerade so ein einseitiger ist, wie das oben bei Tieren beschrieben wurde.

In allerletzter Zeit sind durch Walshe (1) unsere Kenntnisse auch auf diesem Gebiete erweitert worden. Zunächst fand er bei einem Hemiplegiker in Bauchlage aktiven Beugetonus im Ellbogen, der in Rückenlage schwand, und bei einem anderen Hemiplegiker das Auftreten von starker Ellbogenstreckung, sobald der Patient in Rückenlage umgelegt wurde.

Ferner fand Walshe aber auch einen Einfluß der Lage des Kopfes im Raume auf die Mitbewegungen. Z. B. erfolgte hierbei im

spastischen Arme, wenn der Patient stand: Beugung des Ellbogens;
bei Rückenlage: Streckung, Pronation und geringe Vorwärtsbewegung;
in Bauchlage: ausgiebige Beugung im Ellbogen und Abduction in der
Schulter.

Sehr schön ließ sich auch die Kombination von tonischen Hals- und
Labyrinthreflexen nachweisen:

Mitbewegung des spastischen rechten Armes.
B = Beugung. St = Streckung.

Kopfstand	Im Stehen	Rückenlage	Bauchlage	Rechte Seitenlage	Linke Seitenlage
Rechts gedreht .	St	St	(St)	St	St
Mittelstellung .	(B)	(St)	B	B	B
Links gedreht .	B	B	B	St	B

Man beachte, daß bei Mittelstellung des Kopfes in Rückenlage
Streckung, in Bauchlage Beugung erfolgt, und daß bei linksgedrehtem
Kopfe in rechter Seitenlage Streckung, in linker Seitenlage Beugung
eintritt. Die Erklärung ist nach den Regeln für die Hals- und Labyrinthreflexe ohne weiteres gegeben.

In demselben Falle ergab die Untersuchung an verschiedenen Tagen,
daß manchmal die Hals- und manchmal die Labyrinthreflexe überwogen.

Aus dem Vorstehenden ergibt sich, daß sich auch beim Menschen
das Vorhandensein der tonischen Labyrinthreflexe unter geeigneten
Bedingungen mit Sicherheit beweisen läßt.

Auch beim Menschen gibt es eine Stellung des Kopfes im Raume,
bei welcher die tonischen Labyrinthreflexe auf die Streckmuskeln ihr
Maximum haben, und eine Stellung, welche um 180° hiervon verschieden ist, bei welcher sie ihr Minimum haben. Interessant ist, daß
hierbei die Ebene der Mundspalte ähnlich liegt wie beim Tier. Gebraucht
man dieselbe Bezeichnungsweise wie beim Tier, so ist auch beim Menschen die Maximumstellung bei + 45°, die Minimumstellung bei — 135°.
Diese Angaben sind bisher nur annäherungsweise, die genauere Bestimmung kann erst vorgenommen werden, wenn mehr Fälle genau
untersucht worden sind.

Es handelt sich auch beim Menschen um reine Reflexe der Lage.
Der tonische Einfluß der Labyrinthe dauert so lange an, als der Kopf
sich in der betreffenden Lage im Raume befindet. Ausdrücklich muß
auch hier darauf hingewiesen werden, daß man bei der Untersuchung
die tonischen Labyrinthreflexe nicht mit den Reflexen auf Bewegung
(den Bogengangsreaktionen) verwechseln darf.

Der Einfluß der Labyrinthe beim Menschen erstreckt sich auf die
4 Extremitäten, auf die Halsmuskeln und speziell auch auf den Sterno-

cleido-mastoideus. Nicht in allen Fällen läßt sich aber dieser Einfluß
auf alle diese Muskeln nachweisen; gerade wie bei den tonischen Halsreflexen kommt es vor, daß nur eine oder zwei Extremitäten reagieren,
und es sind dann vorzugsweise diejenigen, welche vorher schon spa-
stisch waren.

Diese Beobachtungen können vielleicht praktische Bedeutung gewinnen. Es ist möglich, daß sich bei geeigneten Fällen vorhandene
Spasmen durch zweckmäßige Lagerung des Patienten vermindern oder
beseitigen lassen, und daß z. B. bei vorhandenen Streckspasmen gerade
die Rückenlage ungünstig wirkt, während bei anderer Lagerung diese
Spasmen zurückgehen. Auch in der Arbeit von Simons (2) wird auf
derartiges hingewiesen.

Ob bei gesunden Menschen und bei intaktem Zentralnervensystem
die geschilderten tonischen Labyrinthreflexe überhaupt einen Einfluß
auf Körperstellung und Tonusverteilung in der Muskulatur besitzen
oder ob diese Einflüsse nur bei Erkrankungen hervortreten, bedarf
noch weiterer Untersuchung.

Beim Tiere sind nach symmetrischer Durchschneidung des Hirnstammes die tonischen Hals- und Labyrinthreflexe auf die Extremitäten
stets eindeutig bestimmt. Bei den Beobachtungen an kranken Menschen,
bei welchen die anatomischen Veränderungen im Zentralnervensysteme
nicht so einfache sind, wurden, wie oben erwähnt, einige Beobachtungen
gemacht, in welchen der Reflexerfolg gerade umgekehrt war als erwartet wurde. Beispielsweise fand sich beim Wenden in mehreren
Fällen (Fall 4, S. 120, und Fall 5, S. 122), daß die Extremitäten auf der
Seite, auf welcher sich das Ohr der Schulter näherte, gebeugt, und die
Extremitäten der anderen Seite gestreckt wurden, während bei den
Beobachtungen von Simons die Extremitäten auf der Seite, auf
welcher das Ohr sich der Schulter näherte, gestreckt und die ander-
seitigen Gliedmaßen gebeugt wurden. Ferner gibt Simons an, daß in
der Mehrzahl der Fälle beim Ventralbeugen des Kopfes die Arme gebeugt,
beim Dorsalbeugen des Kopfes dagegen gestreckt werden, während
gelegentlich die Extremitäten sich gerade umgekehrt verhalten.

Kürzlich kam an der Winklerschen Klinik ein Fall von großem
Tumor in der Epiphysengegend zur Beobachtung, bei welchem tonische
Labyrinthreflexe auf die Gliedmaßen vorhanden waren und Dr. Stenvers und de Kleyn feststellten, daß bei der Maximumstellung, entsprechend Abb. 64 (S. 139), ein Beugetonus der Arme auftrat, während,
wenn das Kopfende des Brettes über die Horizontale gehoben wurde,
die Arme in Streckstand gingen. Dieser Befund war aber nicht konstant,
wenige Tage später waren keine tonischen Labyrinthreflexe mehr
nachzuweisen.

Man muß also damit rechnen, daß gelegentlich beim Menschen unter pathologischen Umständen Reflexumkehr der tonischen Hals- und Labyrinthreflexe vorkommt. Es ist nicht ohne Interesse darauf hinzuweisen, daß ähnliche Beobachtungen auch am Tiere vorliegen. Minkowski (1) hat bei einem Affen zuerst linkerseits die aufsteigende und obere Parietalwindung der Großhirnrinde zerstört, ein Jahr später auf der rechten Seite dieselbe Operation ausgeführt und dabei auch den Gyrus supramarginalis entfernt. 22 Monate später wurde bei dem Tier dann die rechte aufsteigende Frontalwindung und die angrenzende Partie des Frontallappens exstirpiert. Vom 10. Tage nach der Operation ab wurde eine Synergie zwischen Kopfstellung und Haltung der Extremitäten beobachtet, welche danach mindestens 6 Monate lang konstant blieb. Drehte das Tier auf irgendeinen Reiz hin den Kopf so, daß das Gesicht zur linken Schulter sah, so erfolgte Beugung und Adduction des linken (gelähmten) Armes und in schwächerem Grade auch des Beines. Bei Drehung des Kopfes zur rechten Schulter trat eine leichte Streckung des linken Armes ein. Hier war also die Reaktion auf Kopfdrehen gerade umgekehrt, wie sie erwartet werden konnte, und zwar nach einer asymmetrischen Verletzung der Großhirnrinde beim Affen.

Während es sich hier um eine zentrale Verletzung handelt, gibt Rothfeld (6) an, daß man beim Kaninchen durch partielle Durchschneidung der Nackenmuskeln abnorme Reflexe durch veränderte Kopfstellung erhält. Er gibt an, daß beim Kaninchen nach Durchschneidung der dorsalen Halsmuskeln der Kopf ventralwärts auf die Unterlage herabsinkt und im Zusammenhang damit die Vorderbeine tonisch nach vorn gestreckt werden. Durchschneidet man außer den dorsalen Halsmuskeln noch beiderseits die seitlichen Muskeln (hauptsächlich die Scaleni), dann wird der Kopf stark ventral gebeugt und führt dabei pendelnde Seitwärtsbewegungen aus. Hierbei kommt es außer zu einer Spiraldrehung des Körpers noch zu einer merkwürdigen Haltung der 4 Beine, welche gerade umgekehrt ist, wie sie nach dem üblichen Halsreflex sein müßte. Die Extremitäten werden auf der Schädelseite gestreckt und auf der Kieferseite gebeugt. Die Angabe von Rothfeld, daß man auch beim normalen Kaninchen auf Drehen des maximal gebeugten Kopfes diese Reflexumkehr erhält, habe ich nicht bestätigen können.

In beiden Fällen handelt es sich um tonische Halsreflexe. Die Beobachtungen zeigen, daß auch beim Tier unter bestimmten experimentellen Bedingungen der Erfolg der tonischen Halsreflexe auf die Glieder umgekehrt werden kann. Eine genauere Analyse ist noch nicht vorgenommen worden, und wir können daher nicht sagen, welches die wesentlichen Bedingungen hierfür sind; aber man versteht, daß unter pathologischen Umständen am Menschen, wo die Zerstörungen im Zentralnervensystem häufig asymmetrisch sind und an anderen Stellen sitzen, als wir sie bei unseren gewöhnlichen experimentellen Eingriffen machen, derartige Reflexumkehren vorkommen können.

Viertes Kapitel.

Kompensatorische Augenstellungen.

Kompensatorische Augenstellungen sind bei allen bisher untersuchten Säugetierarten und auch beim Menschen vorhanden[1]). Sie sind aber stark ausgesprochen und daher quantitativ genauer untersuchbar nur bei Tieren mit seitlichen Augen, und am besten bei solchen, welche keine oder nur geringe aktive Blickbewegungen ausführen [Bartels (3)]. Sie lassen sich daher am besten bei Kaninchen und Meerschweinchen untersuchen.

Die kompensatorischen Raddrehungen der Augen sind beim Kaninchen durch Albrecht von Graefe genauer untersucht worden, welcher allerdings noch keine scharfe Scheidung zwischen Drehreaktionen und Lagereflexen machte. Er fand sie auch bei blinden Tieren und ebenso nach Durchschneidung der geraden Augenmuskeln erhalten, während sie nach Durchschneidung der schrägen Augenmuskeln verschwanden. Der erste, welcher die kompensatorischen Augenstellungen scharf von den Augendrehreaktionen unterschieden hat und welcher die Abhängigkeit beider Reaktionen von den Labyrinthen erkannte, war Breuer (1). Er fand bei blinden Menschen kompensatorische Vertikalabweichungen und machte darauf aufmerksam, daß die zugehörige kompensatorische Augenstellung unverändert eintritt, von welcher Richtung aus man auch eine bestimmte Kopfstellung erreicht. In der folgenden Arbeit (2) führt er sie auf Otolithen- (Utriculus-) Tätigkeit zurück. Högyes beschrieb dann die Augenabweichungen nach einseitiger Labyrinthexstirpation und leitete die normale Augenstellung von der Summe der tonischen Einflüsse ab, welche den Muskeln jedes Auges von beiden Labyrinthen zufließen. Die Vertikalabweichung bei Seitenlage des Kopfes wird auf die Tätigkeit des unten befindlichen Labyrinthes bezogen, jedoch keine scharfe Trennung der Dauerstellungen der Augen von den Drehreaktionen vorgenommen. Messende Bestimmungen für verschiedene charakteristische Kopfstellungen sind von Högyes und von Kubo ausgeführt worden. Rothfeld (4) hat innerhalb eines Quadranten (90°) bei Ventral-

---

[1]) Auch die übrigen Wirbeltiere von den Fischen aufwärts haben kompensatorische Augenstellungen.

beugen des Kopfes die Raddrehungen messend bestimmt, aber bei einem
Teil der Versuche offenbar Halsreflexe auf die Augen dabei gehabt. Die
erste vollständige messende Untersuchung der kompensatorischen
Augenstellungen ist von van der Hoeve und de Kleyn (27) vorgenommen worden.

Auch bei den kompensatorischen Augenstellungen handelt es sich
um ein Zusammenwirken von tonischen Labyrinth- und Halsreflexen.
Will man die Labyrinthreflexe isoliert untersuchen, so muß man die
Halsreflexe ausschalten, und außerdem muß man dafür sorgen, daß
alle Reaktionen auf Bewegungen, d. h. alle Augendrehreaktionen, abgeklungen sind, ehe man die Bestimmung der Dauerstellung des Auges,
welche zu einer bestimmten Kopfstellung im Raume gehört, vornimmt.

I. Tonische Labyrinthreflexe auf die Augen (27, 38).

Durch die Untersuchung von v. d. Hoeve und de Kleyn sollte
festgestellt werden, ob auch bei den kompensatorischen Augenstellungen jeder Lage des Kopfes im Raume eine bestimmte Stellung
des Auges in der Orbita entspricht, ferner ob es ein oder mehrere
Maximum- und Minimumstellungen für diese Dauerreflexe auf die
Augen gibt, und drittens, welches der Einfluß eines Labyrinthes auf
beide Augen ist.

Die Technik war folgende: Das Auge des zu untersuchenden Kaninchens wurde
cocainisiert und auf die Cornea ein Kreuz eingebrannt, welches an dem einen
Schenkel einen Querstrich, an dem anderen einen runden Punkt trägt, so daß
man die Lage des Kreuzes auch nach Drehungen jederzeit wiedererkennen kann (⋅┼).
Will man nur eine einmalige Beobachtung anstellen, dann ist es am zweckmäßigsten,
dieses Kreuz mit einem erhitzten Messingstempel durch leichte Berührung einzu-
brennen; das ist so gut wie reizlos, die Beobachtung an den Augen kann sofort
vorgenommen werden, und die Verschorfung der Cornea ist so oberflächlich, daß
das Kreuz nach wenigen Tagen verschwindet, ohne eine Schädigung des Auges
zu hinterlassen. Will man dagegen dauernde Beobachtungen an dem gleichen
Tiere vornehmen und daher dem Kreuz ein- für allemal eine feste Stellung auf
der Hornhaut geben, dann ist es besser, dieses mit einem Krystall von Bleiacetat
einzuätzen. Danach tritt eine vorübergehende Reizung des Auges auf, so daß
die Beobachtungen erst nach einigen Tagen gemacht werden können. Dafür
hat man aber den Vorteil, daß das Kreuz unverändert auf der Hornhaut
bleibt.

Um keine Halsreflexe auf die Augen auszulösen, darf während der ganzen
Dauer der Untersuchung die Stellung des Kopfes zum Körper nicht geändert
werden. Man befestigt daher das Kaninchen auf einem Brett mit Kopfklemme,
wobei außerdem der Körper auf dem Brette durch Binden möglichst unbeweglich
fixiert wird. An der Kopfklemme (Abb. 66) ist ein quadratischer Rahmen
befestigt, welcher gerade vor dem zu untersuchenden Auge steht und an zwei
Seiten mit feinen Drähten versehen ist, welche als festes Koordinatensystem
mitphotographiert werden. Das Auge selbst wird mit einem Lidhalter geöffnet
gehalten. Photographiert man nun das Auge, so bekommt man das folgende Bild
(Abb. 67).

Durch die Bestimmung des Winkels α und der Distanzen ab und ac kann man die Lage des Auges genau feststellen (siehe Abb. 68).

Die photographische Auf-
nahme des Auges bei den
verschiedenen Stellungen geschah mit dem kleinen Kino
von Ernemann, welcher auf
dem gleichen Brette wie das
Kaninchen unbeweglich fi-
xiert war, so daß während
der ganzen Reihe von Auf-
nahmen der Abstand des
Apparates vom Auge und

Abb. 66.

vom Koordinatensystem un-
verändert blieb. Nur auf diese Weise kann man zu genauen Messungen kommen. Bei jeder Aufnahme wurde ein Zettel mit einer Nummer neben das Auge ge-

halten, so daß man später die zu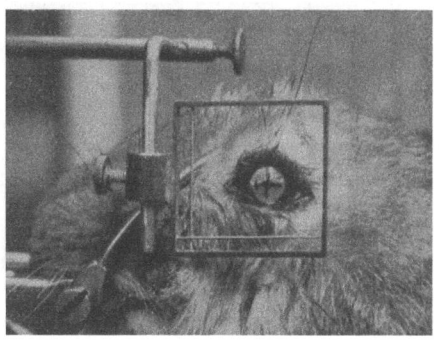
jeder Aufnahme gehörige Stellung
des Tieres im Raume wußte. Die
Bilder wurden dann nachher mit
dem Projektionsapparat auf eine
weiße Fläche vergrößert projiziert
und gemessen.

Dadurch, daß das Tier und
der photographische Apparat unbeweglich auf dem Brett fixiert
waren, war es möglich, die Aufnahmen, welche man bei verschiedenen Stellungen des Brettes
(d. h. des Kopfes) im Raume
bekam, direkt miteinander zu vergleichen. Um nun das Tier in

Abb. 67.

jede erforderliche Stellung im
Raume bringen zu können, wurde in folgender Weise vorgegangen: Das Brett (siehe Abb. 69) $pqrs$ wurde so in den Rahmen $PQRS$ gefaßt, daß das Brett um die Achse tu und Brett und Rahmen zusammen um die Achse vw im äußeren Rahmen $ABCD$ drehbar waren;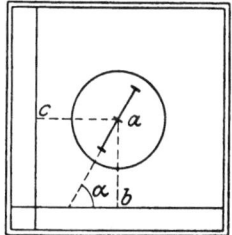
sowohl am Rahmen $PQRS$ wie am Rahmen $ABCD$ war
ein Gradbogen angebracht, so daß man die Größe der
Drehung um beide Achsen sofort ablesen konnte.

Wenn nun das Tier in Bauchlage auf dem Brett
fixiert ist, gibt Drehung um die Achse des Rahmens vw
eine Drehung des Tieres um die bitemporale Achse,
während Drehung um die Achse des Brettes tu eine
Drehung des Tieres um die occipito-caudale Achse
bewirkt.

Abb. 68.

Bringt man das Tier hingegen durch Drehung des
Brettes von 90° um tu in Seitenlage und fixiert es in dieser Stellung im Rahmen $PQRS$, so gibt Drehung des Rahmens um Achse vw eine Drehung des Tieres um die dorsoventrale Achse. Durch Kombination von Drehungen um die Achsen tu und vw kann man nun das Tier in jede erforderliche Stellung im Raum bringen.

Bei den folgenden Versuchen heißt nun:

Drehung I: Tier in Bauchlage, Mundspalte horizontal, Drehung des Tieres um die bitemporale Achse; Richtung der Drehung: Kopf nach unten, Schwanz nach oben.

Drehung II: Tier in Bauchlage, Mundspalte horizontal, Drehung des Tieres um die occipito-caudale Achse; Richtung der Drehung: zu untersuchendes Auge nach unten.

Drehung III: Tier in Seitenlage, zu untersuchendes Auge nach oben, Mundspalte vertikal; Richtung der Drehung: Schnauze nach unten.

Bei den Versuchen wurden nun im Verlaufe von jeder Drehung 25 Aufnahmen gemacht.

Die erste Aufnahme gibt die Ausgangsstellung (z. B. bei Drehung I das Tier in Bauchlage), dann wurde nach 15° Drehung (bei Drehung I Mundspalte 15° unter der Horizontallinie) die zweite, nach 30° die dritte usw. gemacht, bis bei Aufnahme 25 nach einer Drehung von 360° wieder die Ausgangsstellung erreicht war. So bekommt man schon von einem Auge nach obengenannten dreierlei Drehungen 75 Aufnahmen, und da auch intermediäre Stellungen aufgenommen werden mußten, betrug die Zahl der Aufnahmen von jedem Auge ungefähr 100.

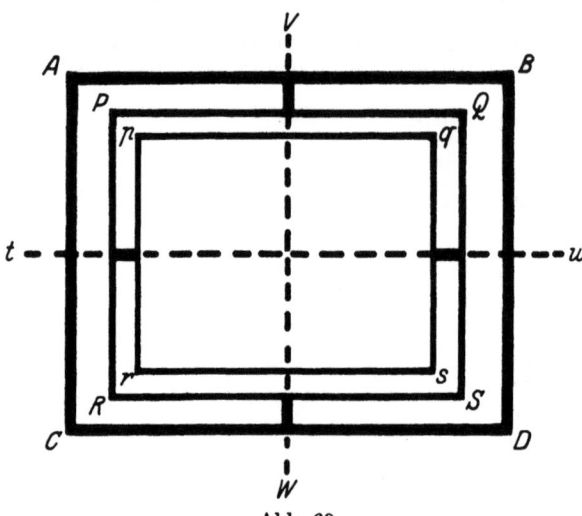

Abb. 69.

Nach jeder Lageveränderung des Tieres muß natürlich gewartet werden, bis die Drehreaktionen abgeklungen sind, aber doch ließ sich diese ganze Reihe von Aufnahmen am gleichen Tiere hintereinander ausführen, ohne dasselbe zu sehr zu ermüden.

Abb. 70 zeigt eine stereoskopische Aufnahme der ganzen Versuchsaufstellung.

Bei der Ausmessung der Aufnahmen und der kurvenmäßigen Darstellung der Ergebnisse stellte es sich heraus, daß bei den verschiedenen Lagen des Kopfes im Raume keine regelmäßigen Horizontalabweichungen der Augen auftreten, dagegen ergaben sich sehr deutliche Kurven für die Raddrehungen und die Vertikalabweichungen, welche nunmehr getrennt besprochen werden sollen.

Raddrehungen.

Abb. 71 gibt das Verhalten der Raddrehungen des Auges bei einem Kaninchen. Der Abstand zwischen zwei horizontalen Linien entspricht einer Raddrehung von 10°. Erhebung der Kurve nach oben bedeutet Drehung des Auges mit dem oberen Pol nach hinten. Bei Drehung I wird zunächst von der Normalstellung des Kopfes mit horizontaler Mundspalte aus die Schnauze nach unten gesenkt, dabei rollt das Auge nach hinten und erreicht das Maximum der Rollung, wenn der Kopf vertikal nach

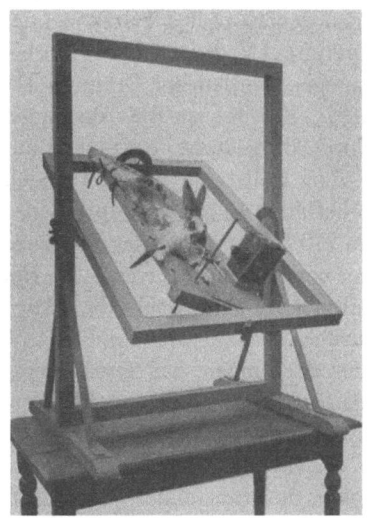 

Abb. 70.

unten hängt. Bei weiterer Drehung gegen die Rückenlage zu bleibt dieser Rollstand zunächst bestehen (bis etwa 150°); sobald dann aber der Kopf sich der Rückenlage nähert, findet ein sehr schnelles Umschlagen der

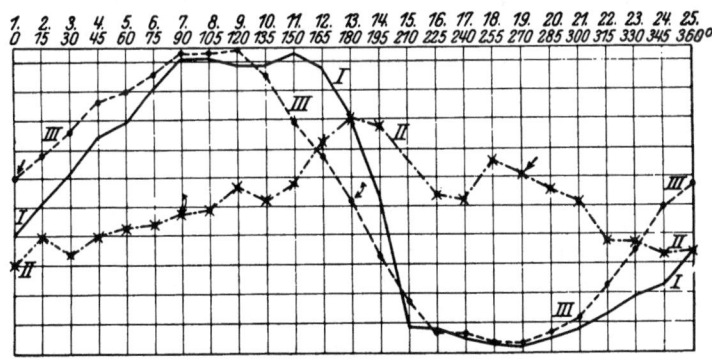

Abb. 71.

Rollstellung statt, so daß zwischen den Stellungen 165° und 210° das Auge von der maximalen Rollstellung nach hinten in die maximale Rollstellung nach vorn übergeht. In diesem Rollstande bleibt das Auge bei Drehung durch den Vertikalstand mit Schnauze nach oben, um danach

bei der Rückkehr in die Normalstellung langsam wieder in die Ausgangslage zurückzukehren. Charakteristisch ist die starke Asymmetrie der
Kurve, welche zeigt, daß bei Drehung durch die Normalstellung der
Augenstand sich allmählich, bei Drehung durch die Rückenlage dagegen
sehr plötzlich ändert. Dreht man dagegen den Kopf des Tieres aus der
Normalstellung um die sagittale Achse (Drehung II), dann sind die hierbei
auftretenden Rollungen sehr gering. Dagegen werden bei Drehung III
wieder sehr starke Rollungen beobachtet. Hierbei ist die Ausgangsstellung Seitenlage. Von da wird der Kopf 90° gedreht, bis er mit der
Schnauze nach unten steht, dann ist der Rollstand maximal nach
hinten. Bei weiterer Drehung um 90° befindet sich der Kopf in der
umgekehrten Seitenlage. Bei Drehung um 270° steht er mit der Schnauze
nach oben und nunmehr ist das Auge maximal nach vorn gerollt. Bei
Rückkehr in die Ausgangsstellung (Seitenlage) geht auch das Auge
wieder in die ursprüngliche Stellung zurück.

Beim Durchlaufen der verschiedenen Stellungen bei Drehung I,
II und III führen beide Augen stets gleichsinnige Rollungen aus,
drehen sich also immer zusammen entweder nach vorn oder nach
hinten.

Aus den Kurven auf Abb. 71 ergibt sich, daß tatsächlich jeder Stellung des Kopfes im Raume eine ganz gesetzmäßige zugehörige Raddrehung entspricht, und zwar ist es die Lage des Kopfes im Raume,
welche die betreffende Augenstellung bedingt. Es ist ganz gleichgültig, von welcher Seite her man eine bestimmte Kopfstellung erreicht,
stets wird dieselbe gesetzmäßige Augenstellung eingenommen. Schon
hieraus ergibt sich, daß hier Reflexe auf Bewegung keine störende
Rolle spielen können. Aus diesem Grunde ist es auch möglich, daß
wenn bei den verschiedenen Drehungen die gleichen Kopfstellungen
erreicht werden, stets auch die gleichen Augenstellungen festzustellen
sind. Es ist dieses sehr wichtig für die Kontrolle der Aufnahmen, weil
an verschiedenen Punkten der Kurven die gleichen Augenstellungen
auftreten müssen. So z. B. ist Normalstellung des Kopfes vorhanden
bei Drehung I, Aufnahme 1 und 25, und bei Drehung II, Aufnahme 1
und 25. Man sieht, daß hierbei nahezu die gleichen Raddrehungen
herrschen. Rückenlage des Kopfes ist vorhanden bei Drehung I, Aufnahme 13, und Drehung II, Aufnahme 13. Der Kopf steht mit der
Schnauze vertikal nach unten bei Drehung I, Nr. 7, und Drehung III,
Nr. 7. Der Kopf steht vertikal mit der Schnauze nach oben bei Drehung I, Nr. 19, und Drehung III, Nr. 19. Seitenlage mit dem photographierten Auge nach oben ist vorhanden bei Drehung II, Nr. 19,
und Drehung III, Nr. 1; Seitenlage mit dem photographierten Auge
nach unten bei Drehung II, Nr. 7, und Drehung III, Nr. 13. Man
sieht, daß die genannten Punkte fast völlige Übereinstimmung der

Raddrehung ergeben, so daß an der Zuverlässigkeit der Kurven wohl nicht gezweifelt werden kann. Wurde eine Aufnahme kurze Zeit nach der Drehung (natürlich nach Abklingen der Drehreaktion) und eine zweite Aufnahme bei unveränderter Stellung des Tieres 10 Minuten später aufgenommen, so ergab sich der gleiche Augenstand.

Im ganzen sind sechs gelungene Versuche ausgeführt worden. Abb. 72 gibt die Mittelwerte aus fünf bzw. sechs der Versuche[1]) wieder. Wie man sieht, stimmt diese Mittelkurve (60) so gut wie völlig mit der auf Abb. 71 wiedergegebenen Einzelkurve überein. Vor allem ist die Lage der Maxima und Minima die gleiche, und die Asymmetrie bei Drehung I ist deutlich vorhanden.

Es ergibt sich also aus diesen Bestimmungen, daß für die Raddrehungen des Auges tatsächlich zwei Kopflagen im Raume vorhanden

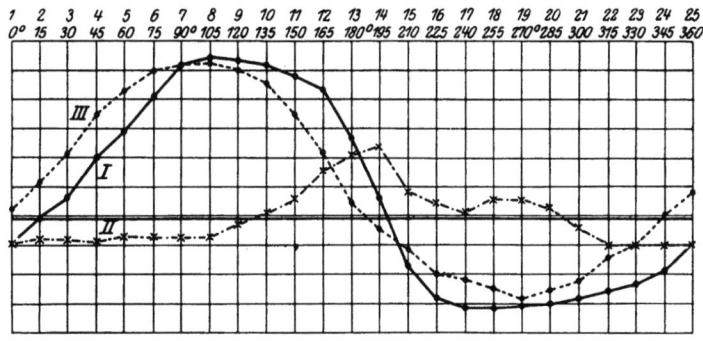

Abb. 72.

sind, bei denen die Raddrehung nach vorn bzw. nach hinten ihr Maximum besitzt. Das Auge ist maximal nach hinten gedreht, wenn sich der Kopf mit der Schnauze nach unten befindet, und zwar bleibt diese maximale Raddrehung innerhalb eines ziemlich großen Bezirkes bestehen, der sich ausstreckt bei Drehung I von 90° bis 135°, d. h. von einer Lage, bei welcher die Schnauze vertikal nach unten steht bis zu einer Lage, welche um 45° davon verschieden ist nach der Rückenlage des Kopfes hin. Auch wenn die Stellung mit der Schnauze nach unten von der Seitenlage des Kopfes aus erreicht wird (Drehung III), bleibt diese maximale Raddrehung eine Zeitlang unverändert bestehen (von 75° bis 120°).

Die maximale Drehung des Auges mit dem oberen Corneapol nach vorn findet sich, wenn der Kopf vertikal mit der Schnauze nach oben steht, und zwar ebenfalls wieder innerhalb eines ziemlich weiten Be-

---

[1]) Drehung I ist das Mittel aus sechs, Drehung II und III aus fünf Versuchen.

zirkes, der sich bei Drehung I von 225° bis 300° ausdehnt mit einem absoluten Maximum bei etwa 255°. Bei Drehung III wird das Maximum nicht vollständig erreicht (bei 270°).

Die absolute Größe der Raddrehungen, d. h. der Unterschied zwischen den beiden Maxima, betrug in sechs Versuchen 87°, 87°, 88°, 91°, 99° und 100°. Von derselben Größenordnung ist die Raddrehung beim Meerschweinchen. Bestimmungen der Raddrehung an beiden Augen desselben Tieres ergaben am gleichen Tage 91° und 99°. An verschiedenen Tagen waren die absoluten Werte etwas verschieden, dagegen ist die Form der Kurven stets dieselbe, und die Maxima werden auch immer an der gleichen Stelle gefunden.

Unmittelbar nach der Markierung der Cornea mit Bleiacetat kann kein Versuch gemacht werden, da der durch die Markierung verursachte Reizzustand des Auges einen großen Hemmungseinfluß auf die Rollung desselben hat. Bei einem Versuch unmittelbar nach der Markierung betrug die maximale Rollung des Auges nur 26°, während ungefähr 14 Tage später dasselbe Auge 99° zeigte. Daher wurden die endgültigen Versuche immer erst einige Tage nach der Markierung mit Bleiacetat gemacht, wenn alle Reizerscheinungen des Auges vollkommen verschwunden waren.

Vertikalabweichungen.

Es wurde der Abstand der Mitte der Cornea bis zum Rahmen, also die Distanz $a\,b$ (Abb. 68) gemessen. Diese soll im folgenden als „Höhendifferenz" bezeichnet werden. Sie ist groß, wenn das Auge nach oben, klein, wenn es nach unten abgelenkt wird, bei der „Normalstellung" hat sie einen mittleren Wert.

Bei der Markierung muß man sehr darauf achten, das Kreuz genau in der Mitte der Cornea anzubringen, denn wenn dies nicht der Fall ist, bekommt man schon bei einer einfachen Raddrehung Differenzen in der Distanz (wie in Abb. 73 $a\,d$ und $c\,e$ ersichtlich ist).

Deshalb wurde auch nicht nur ein einfaches Kreuz, sondern die auf S. 148 angedeutete Figur angebracht. Wenn man nur immer die Distanzen von a, b und c bzw. a', b', c' bis zum Rahmen mißt, bemerkt man sofort, ob der Punkt b in der Mitte der Cornea angebracht worden ist oder nicht.

Als Beispiel für das Verhalten der Vertikalabweichungen mögen die Kurven auf Abb. 74 dienen.

Man sieht, daß die Kurven für die Vertikalabweichungen vollständig anders verlaufen als die für die Raddrehungen. Während bei Drehung I die Raddrehung maximal war, ist die Vertikalabweichung hierbei sehr gering. Dagegen treten maximale Vertikalabweichungen bei Drehung II auf, welche fast keine Raddrehungen entstehen läßt.

Geht man von der Normalstellung des Kopfes mit horizontaler Mundspalte aus und dreht den Kopf mit dem untersuchten Auge nach unten,
so wird dieses in der Orbita nach oben abgelenkt und erreicht ein Maximum bei Seitenlage des Kopfes (90°). Dieses Maximum bleibt nahezu
unverändert bestehen bis 150°, d. h. bis der Kopf sich von der Seitenlage aus 60° der Rückenlage genähert hat. Nunmehr erfolgt beim
Drehen über die Rückenlage ein schneller Umschlag,
so daß die umgekehrte Abweichung des Auges in
der Orbita nach unten bei 210° nahezu erreicht
wird und bis 285° bestehen bleibt. Darauf kehrt das
Auge in die Ausgangsstellung zurück. Bei Drehung
II findet sich also eine starke Asymmetrie. Bei Drehung III ist das Auge in der Ausgangsstellung bereits
maximal abgelenkt. Wird es aus der Ausgangsstellung

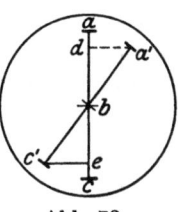

Abb. 73.

(Seitenlage) durch die Vertikalstellung mit der Schnauze nach unten
in die umgekehrte Seitenlage gedreht, so wird hierbei das andere absolute Maximun erreicht. Bei Drehung III findet sich das eine Maximum
bei 345° bis 45° und das andere Maximum bei 150° bis 240°. Auch
in diesem Falle ergibt sich also, daß es eine Lage des Kopfes im Raume
gibt, bei welcher das Auge maximal nach oben, und eine andere Lage

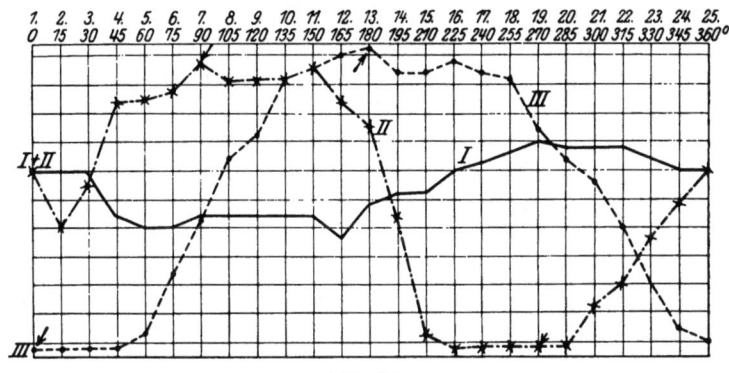

Abb. 74.

des Kopfes im Raume, bei welcher es maximal nach unten abgelenkt
ist. Es sind dieses die beiden Seitenlagen des Kopfes. Ebenso wie bei
den Raddrehungen ergibt sich aber, daß die Maxima der Ablenkung
nicht an eine einzelne scharf umschriebene Stellung des Kopfes im
Raume gebunden sind, sondern gewissermaßen an Gegenden. So
kommt es, daß die Kurven nicht ein spitzes Maximum haben, sondern ein
Plateau zeigen, auf welchem sich das absolute Maximum nur wenig abhebt.

Die Genauigkeit der Messung ergibt sich aus den übereinstimmenden
Ergebnissen an folgenden Kontrollpunkten: Normalstellung: Drehung I,

Nr. 1 und 25, Drehung II, Nr. 1 und 25. Schnauze nach unten: Drehung I, Nr. 7, Drehung III, Nr. 7. Schnauze nach oben: Drehung I,
Nr. 19, Drehung III, Nr. 19. Rückenlage: Drehung I, Nr. 13, Drehung II,
Nr. 13. (Hier findet das Zusammentreffen der Kurven nicht genau
bei 180°, sondern etwa bei 190° statt.) Seitenlage mit dem untersuchten
Auge oben: Drehung II, Nr. 19, Drehung III, Nr. 1. Seitenlage mit dem
untersuchten Auge unten: Drehung II, Nr. 7, Drehung III, Nr. 13.

Die Lage der Maxima für die Vertikalabweichungen ist also eine
ganz andere als die für die Raddrehungen. Bei den Vertikalabweichungen
ist es die Seitenlage des Kopfes, bei den Raddrehungen die Vertikalstellung des Kopfes mit Schnauze oben oder unten. Es handelt sich
also um zwei unabhängige Variable, welche auf das Auge einwirken,
und welche sich nun bei jeder Lage des Kopfes im Raume in verschiedener Weise miteinander kombinieren müssen. Jeder Stellung des
Kopfes entspricht eine bestimmte Kombination von Raddrehung
und Vertikalabweichung, während seitliche Abweichungen des Auges
bei den kompensatorischen Augenstellungen, soweit sie von den Labyrinthen aus hervorgerufen werden, keine gesetzmäßige Rolle zu spielen
scheinen.

Vergleicht man die Vertikalabweichungen beider Augen bei den
verschiedenen Stellungen des Kopfes im Raume miteinander, so findet
man, daß sie gegensinnig verlaufen. Wenn bei einer bestimmten
Stellung das rechte Auge nach unten abgelenkt ist, steht das linke
Auge nach oben, und umgekehrt. Dieses ist also anders als bei den Raddrehungen, welche an beiden Augen stets gleichsinnig verlaufen. Auch
hierdurch ergibt sich ein eigenartiges Zusammenspiel der beiderseitigen
Augenstellungen. Bei asymmetrischen Kopfstellungen findet man das
eine Auge nach unten, das andere nach oben abgelenkt, aber beide
zugleich nach vorn (oder nach hinten) gerollt. Aber alle diese verwickelten Stellungen lassen sich restlos auf das Zusammenwirken der
beiden geschilderten Deviationen zurückführen.

Tonische Labyrinthreflexe auf die einzelnen Augenmuskeln.

Durch die bisher beschriebenen Messungen erfährt man natürlich
nur die Abhängigkeit der Stellung des Auges von den Labyrinthen.
Für das Verständnis der Labyrinthfunktion ist es aber nötig, den Einfluß
der Stellung des Kopfes im Raume, d. h. den Einfluß der Labyrinthe
auf jeden einzelnen Augenmuskel zu kennen (38).

Da sich nun bei den verschiedenen Lagen des Kopfes im Raume
häufig Vertikal- und Rollbewegungen kombinieren und sich dabei die
Insertionspunkte der Muskeln in zunächst unübersichtlicher Weise
verschieben, ist es a priori nicht selbstverständlich, daß, wenn der
Augapfel maximal nach oben oder unten verschoben ist oder wenn er

maximal gerollt ist, dann auch die entsprechenden Augenmuskeln (die
Recti und Obliqui) das Maximum ihrer Verkürzung erreicht haben.

Es muß daher noch untersucht werden, in welcher Lage des Kopfes
im Raume die einzelnen Augen m u s k e l n ihre maximale und minimale
Verkürzung erreichen. Erst dann kann die Abhängigkeit der tonischen
Labyrinthreflexe auf die Augenmuskeln von bestimmten Strukturen
des Vestibularorganes erörtert werden, und können die verschiedenen
kompensatorischen Augenstellungen durch das Zusammenwirken bestimmter Labyrinthreflexe auf die einzelnen Augenmuskeln erklärt
werden.

Da durch die Untersuchungen von v. d. H o e v e und de K l e y n
für jede Lage des Kopfes im Raume die zugehörige Augenstellung
genau festgestellt worden war, so war hierfür weiter nichts nötig als
ein geeignetes Augenmodell zu konstruieren, an diesem Modell den
Augapfel in die verschiedenen Stellungen zu bringen, und nun die
Länge der sechs Augenmuskeln für jede einzelne Augenstellung genau
zu messen.

Die anatomische Anordnung der Augenmuskeln beim Kaninchen
ist von W e s s e l y (2) unter Beigabe einer Abbildung geschildert worden.
Es werden jedoch hier keine zahlenmäßigen Angaben gemacht. Wir
haben daher bei verschiedenen Kaninchen die Lage der Augenmuskeln
und ihre Länge genau bestimmt. Für die Konstruktion des Augen-
modells wurden folgende Werte zugrunde gelegt:

Der Augapfel hat einen Durchmesser von 17,5 mm, der Hornhautrand bildet
einen Kreis mit einem Durchmesser von 14,5 mm; dieser Kreis liegt etwa 4 mm
hinter dem Hornhautscheitel. Die Linie, welche die Ursprungsstelle der geraden
Augenmuskeln mit dem Hornhautscheitel verbindet, bildet mit der Augenachse
einen Winkel von 15°, der nach hinten offen ist. Der Insertionsmittelpunkt des
oberen und unteren geraden Augenmuskels liegt 3 mm hinter dem Hornhautrand.
Der Insertionsmittelpunkt der beiden seitlichen Augenmuskeln (Rectus externus
und Rectus internus) liegt 7 mm hinter dem Hornhautrand. Der Insertionsmittelpunkt des oberen schrägen Augenmuskels liegt 5 mm hinter dem Hornhautrand und etwa 3,5 mm weiter occipitalwärts als der Insertionsmittelpunkt des
Rectus superior. Die Länge des Obliquus superior beträgt etwa 15,5 mm von der
Trochlea bis zu seiner Insertion. Dieser Muskel bildet mit der Augenachse einen
Winkel von 62°. Der Obliquus inferior inseriert 4,5 mm hinter dem Cornearande
und 4 mm occipitalwärts von der Medianlinie; die Länge dieses Muskels beträgt
19,5 mm; er bildet einen Winkel von 72° mit der Augenachse.

Da gelegentlich von einem Kollegen Zweifel an der Richtigkeit unseres Augen-
modells geäußert und besonders dem Obliquus superior eine andere Lage zugeschrieben wurde, haben wir neuerdings diese Messungen an drei weiteren Augen
kontrolliert und die Richtigkeit des Modells dabei bestätigen können. So fanden
sich für den Winkel zwischen Obliquus superior und Rectus superior an drei Augen
die Werte von 78—83°, 74°, 77°. Der Insertionsmittelpunkt des Rectus superior
lag hinter dem Hornhautrande 2,7 mm, 3 mm, 2 mm. Zwei von diesen Messungen
wurden am toten Tier, eine am narkotisierten Tier vorgenommen. Die ursprüngliche Lage des Auges wurde durch Einbrennen eines Kreuzes auf die Cornea fixiert.

Also gibt nach unseren Erfahrungen unser Modell die tatsächlichen Verhältnisse am Kaninchenauge richtig wieder. Wird dagegen der Bulbus bei der Präparation stark nach außen gezogen, so wird der Winkel zwischen Obliquus superior
und Rectus superior viel spitzer.

Nach den ursprünglichen Messungen wurde vom Institutsmechaniker
F. A. C. Imhof das in beifolgender Abbildung (Abb. 75) wiedergegebene Augenmodell vom rechten Auge des Kaninchens konstruiert.

Der Augapfel wird durch eine Holzkugel dargestellt. Diese ist drehbar in
einer Pfanne, welche am Ende eines horizontalen Stabes sitzt, der in der Verbindungslinie des Ursprungs der geraden Augenmuskeln mit dem Augenmittel-
punkt liegt und an ein vertikales Brett festgeschraubt ist. Parallel damit ist
auf der Fußplatte des Modells eine punktierte Linie gezeichnet; die ausgezogene
Linie auf der Fußplatte gibt die Lage der Augenachse beim Normalstand des
Auges wieder.

Die Augenmuskeln sind in dem Modell durch starke Fäden dargestellt. Sie
haben ihren festen Ansatzpunkt am Bulbus. Entsprechend ihren Ursprungsstellen

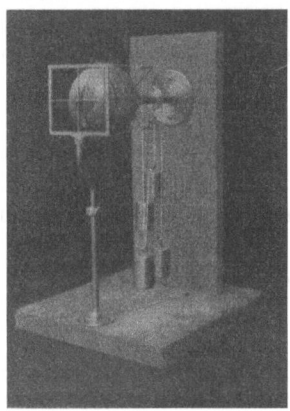 

Abb. 75.

laufen sie durch Ösen und werden durch angehängte Gewichte gespannt gehalten.
Der Musculus obliquus superior ist nur von der Trochlea bis zum Bulbus dargestellt. Alle Augenmuskeln (Fäden) sind in Viertel Zentimeter geteilt, und zwar
mit abwechselnden Farben, so daß man die ganzen Zentimeter leicht ablesen
kann. Die Länge der Fäden läßt sich bei den verschiedenen Augenstellungen bis
auf einen Millimeter genau bestimmen (gleich $^1/_5$ mm der Wirklichkeit).

Der Hornhautrand ist durch einen schwarzen Kreis wiedergegeben, der eine
Gradeinteilung von $10°$ besitzt. Außerdem ist der senkrechte und wagerechte
Hornhautmeridian aufgezeichnet und durch Striche von 3 mm Abstand eingeteilt.

Vor der Hornhaut steht, fest mit der Grundplatte verbunden, ein quadratischer
Rahmen, in dem ein feines Kreuz gespannt ist.

Will man mit dem Modell arbeiten, so wird zunächst der horizontale Hornhautmeridian horizontal eingestellt, darauf die Augenachse parallel mit der schwarzen
Linie auf der Grundplatte (Augenachse bei Normalstand) gerichtet. Das Auge
befindet sich nun in Normalstellung. Darauf wird der Rahmen so eingestellt,
daß das Kreuz sich mit den Hornhautmeridianen deckt. Nunmehr wird für jede
Stellung des Kopfes im Raume der Bulbus nach den oben gegebenen Kurven

(Abb. 71 für die Raddrehungen, Abb. 74 für die Vertikalabweichungen) in die dazugehörige Stellung gebracht. Auf Abb. 71 entspricht jede Horizontallinie einer Raddrehugg von 10°, auf Abb. 74 jede Horizontallinie einer Vertikalverschiebung um einen Teilstrich der Hornhautmeridiane des Modells. Darauf wird die Länge der sechs Augenmuskeln abgelesen und in einer Tabelle verzeichnet.

Bei jeder der drei vorgenommenen Drehungen im Raume sind von v. d. Hoeve und de Kleyn 25 Einzelbestimmungen im Abstande von je 15° Drehung ausgeführt worden. Im ganzen also 75 verschiedene Bestimmungen. Diese 75 Stellungen wurden bei dem Modell tatsächlich eingestellt und jedesmal die zugehörige Länge der sechs Augenmuskeln gemessen. Die Ergebnisse wurden in Tabellen vereinigt, welche sich in Pflügers Arch. f. d. ges. Physiol. Bd. 178, S. 183. 1920, in extenso finden, und hier nicht nochmals abgedruckt zu werden brauchen. Es müssen nämlich an den gewonnenen Zahlen, um aus ihnen Schlüsse auf den Einfluß der Labyrinthe machen zu können, noch bestimmte Korrekturen angebracht werden, deren Notwendigkeit sich aus folgendem ergibt:

Wenn das Auge von der Normalstellung ausgehend durch Kontraktion der schrägen Augenmuskeln Raddrehungen ausführt ohne Vertjkalverschiebungen, so wird durch die Raddrehung des Augapfels der Ansatzpunkt der geraden Augenmuskeln am Bulbus verschoben und damit die Länge der geraden Augenmuskeln passiv geändert. Wenn sich nun mit einer bestimmten Raddrehung eine Vertikalverschiebung des Bulbus kombiniert, so erfolgt die Kontraktion der geraden Augenmuskeln nicht von derjenigen Länge aus, welche sie bei der Normalstellung des Bulbus haben, sondern von der veränderten Länge aus, welche sie durch die Raddrehung (Kontraktion der schrägen Augenmuskeln) bekommen haben. Wenn daher das Auge eine Raddrehung ausgeführt hat, so müssen die dabei gemessenen Längen der geraden Augenmuskeln korrigiert werden um denjenigen Betrag, welcher der Länge der passiven Dehnung oder Verkürzung durch die Raddrehung entspricht. Um diese Werte am Modell festzustellen, wurde der Augapfel zunächst in Normalstellung gebracht und dann derartige Raddrehungen ausgeführt, daß sich die Länge des Obliquus superior schrittweise von 4—11 cm änderte. Die dadurch ohne Vertikalverschiebung des Bulbus zustande gebrachten Längenänderungen des Rectus superior und Rectus inferior wurden gemessen und die Differenz mit der Länge dieser Muskeln bei Normalstellung des Bulbus in einer Tabelle vereinigt. Diese Tabelle findet sich auf Seite 185 der genannten Arbeit und lehrt, um welche Beträge man die Länge des Rectus superior und des Rectus inferior vermehren oder vermindern muß, wenn der Obliquus superior durch Raddrehung wechselnde Längen angenommen hat.

In genau derselben Weise müssen nun die Messungsergebnisse für den Obliquus superior und inferior bei verschiedenen Vertikalabweichungen des Auges korrigiert werden. Wenn nämlich der Bulbus ohne Raddrehungen Vertikalverschiebungen durch Kontraktion des oberen und unteren geraden Muskels ausführt, so werden dadurch die Ansatzpunkte der schrägen Augenmuskeln passiv verlagert und die Anfangslängen der schrägen Augenmuskeln dadurch geändert. Ausgehend von der Normalstellung wurden deshalb am Modell Vertikalverschiebungen des Bulbus ohne Raddrehungen ausgeführt, und die zugehörigen Längen der schrägen Augenmuskeln gemessen. Die erhaltenen Werte finden sich auf Seite 186 der genannten Arbeit.

Auf Grund dieser Tabellen wurden nun die Messungsergebnisse für den oberen und unteren geraden Augenmuskel und für die beiden schrägen Augenmuskeln korrigiert und die Ergebnisse dieser Korrektur in Kurvenform dargestellt (Abb. 76 bis 79.)

Eine Darstellung der Längenänderungen des Rectus internus und externus ist nicht nötig, weil bei Lageänderungen des Kopfes im Raume keine gesetzmäßigen seitlichen Verschiebungen des Auges festgestellt werden konnten.

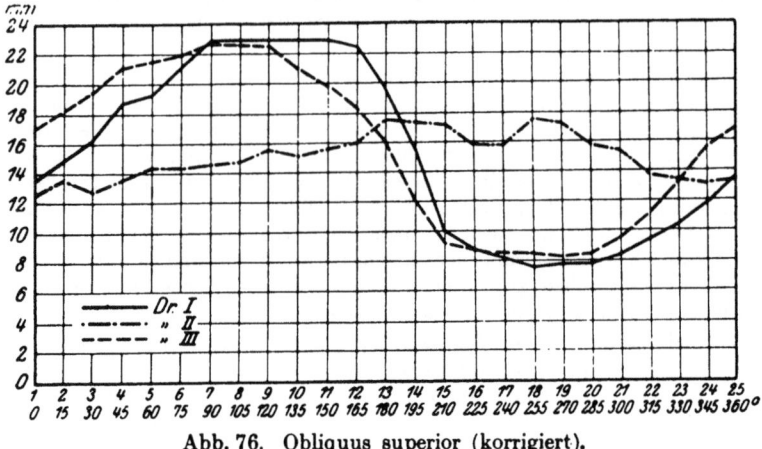

Abb. 76. Obliquus superior (korrigiert).

Die Kurven (Abb. 76—79) geben die korrigierten Längen des Rectus sup. und inf. und der beiden Obliqui in Millimetern bei den drei von v. d. Hoeve und de Kleyn ausgeführten Drehungen des Kopfes im

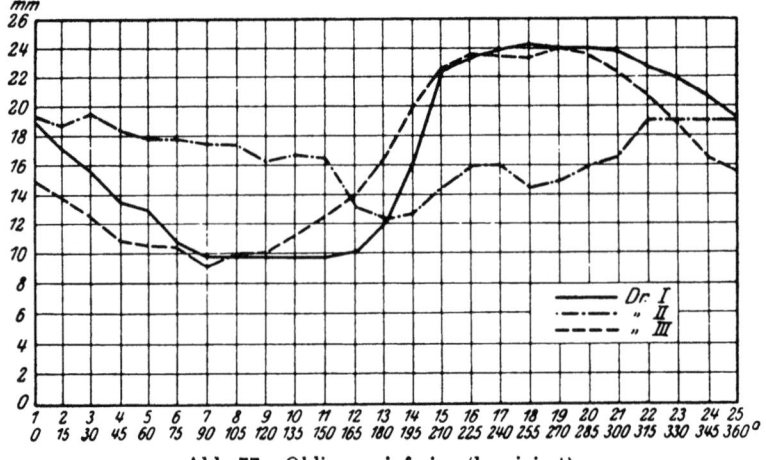

Abb. 77. Obliquus inferior (korrigiert).

Raume wieder. Für den Obliquus superior ist nur der Abstand von der Trochlea zu seinem Ansatzpunkt am Bulbus wiedergegeben. Aus diesen Kurven ergibt sich nun folgendes:

Die Kurven für den Obliquus superior (Abb. 76) stellen fast genau das Spiegelbild von denen für den Obliquus inferior (Abb. 77) dar. Das heißt, daß die beiden Muskeln als reine Antagonisten funktionieren und, wenn der eine sich verlängert, der andere sich verkürzt, und umgekehrt.

Ebenso stellen die Kurven für den Rectus inferior (Abb. 78) fast genau das Spiegelbild von denen für den Rectus superior (Abb. 79)

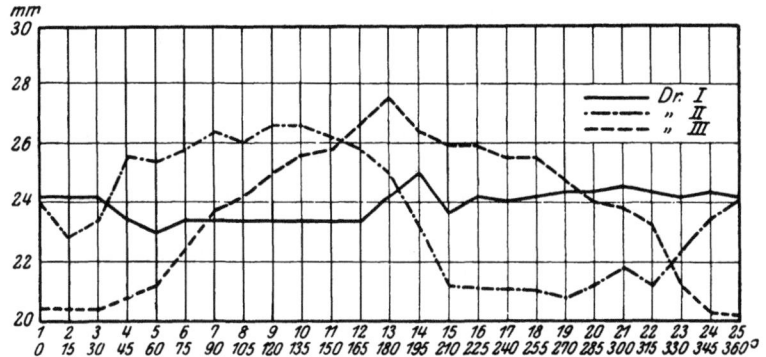

Abb. 78. Rectus inferior (korrigiert).

dar, so daß auch diese beiden Muskeln bei den tonischen Labyrinthreflexen auf die Augen als reine Antagonisten funktionieren.

Vergleicht man die Kurven für die schrägen Augenmuskeln (Abb. 76 und 77) mit den Kurven, welche v. d. Hoeve und de Kleyn für die Raddrehungen des Auges erhalten haben (Abb. 71), so stellt sich heraus, daß sie in den hauptsächlichen Punkten übereinstimmen. Vor allem

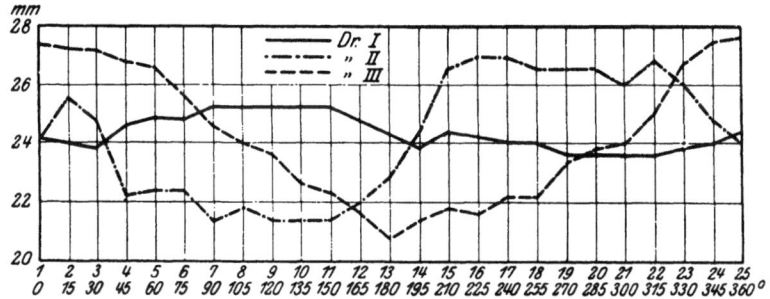

Abb. 79. Rectus superior (korrigiert).

ist die Lage der Maxima und Minima nicht wesentlich verändert; die Raddrehungen des Auges und die Verkürzungen der schrägen Augenmuskeln sind ungefähr am größten, wenn der Kopf vertikal mit der Schnauze entweder nach oben oder nach unten steht.

Ebenso stimmen die Kurven für die geraden Augenmuskeln (Abb. 78 und 79) mit den Kurven überein, welche v. d. Hoeve und de Kleyn für die Vertikalverschiebungen des Auges gefunden haben (Abb. 74).

Nur für Drehung III ergibt sich in Abb. 78 und 79 eine etwas spitzere
Form der Kurve als bei v. d. Hoeve und de Kleyn. Die Lage der
Maxima und Minima ist jedoch nicht wesentlich verändert. Das Maximum der Kontraktion des oberen und unteren geraden Augenmuskels
ist ungefähr bei Seitenlage des Kopfes.

Vergleicht man nun die Kurven für die Obliqui mit denen für die
Recti, so ergibt sich folgendes: Bei Drehung I (————————) reagieren die
Obliqui sehr stark, während die Recti fast gar keine Bewegungen ausführen. Es kommt bei dieser Drehung also überwiegend zu Raddrehungen
des Auges ohne Vertikalverschiebungen. Umgekehrt reagieren bei Drehung II (—·—·—·) die Obliqui fast gar nicht, während die Recti
superior und inferior starke Bewegungen ausführen. Bei dieser Drehung
kommt es demnach überwiegend zu Vertikalverschiebungen des Auges
ohne Raddrehung. Nur bei Drehung III (— — — —) beteiligen sich
sowohl die schrägen als auch die geraden (superior und inferior) Muskeln
an den tonischen Reflexen auf die Augen. Es ergibt sich also daß
bei Drehung I die Labyrinthe fast ausschließlich auf die Obliqui, bei
Drehung II fast ausschließlich auf Rectus superior und inferior und
bei Drehung III auf alle vier Augenmuskeln wirken.

Auf den genauen Verlauf der Kurven braucht an dieser Stelle nicht
eingegangen zu werden, das soll erst geschehen, wenn die Abhängigkeit
der tonischen Labyrinthreflexe auf die Augen von bestimmten Labyrinth-
strukturen und vor allen Dingen von den Otolithen erörtert wird.

Die Genauigkeit der Messungen ergibt sich durch den Vergleich
der auf S. 152 und 156 angegebenen Kontrollpunkte auf den verschiedenen Kurven. In allen diesen Stellungen haben die hier gemessenen Augenmuskeln fast genau die gleiche Länge.

Fassen wir nunmehr die Ergebnisse der Messungen der Augenmuskel-
längen und der Bestimmungen des Augenstandes in der Orbita zusammen, so läßt sich über die tonischen Labyrinthreflexe auf die Augenmuskeln folgendes aussagen:

Beim Kaninchen entspricht jeder Stellung des Kopfes im Raume
ein bestimmter Kontraktionszustand seiner Augenmuskeln und damit
eine bestimmte Augenstellung, welche so lange andauert, als der Kopf
seine Stellung im Raume behält.

An diesen tonischen Labyrinthreflexen auf die Augen beteiligen sich
beim Kaninchen der Rectus externus und internus nicht in nennens-
wertem Grade. Im wesentlichen handelt es sich um die Wirkung des
Rectus superior und inferior, welche die Vertikalabweichungen der
Augen bedingen, und der beiden Obliqui, welche die Raddrehungen
veranlassen. Beide Recti verhalten sich hierbei als Antagonisten; wenn
der eine sich verkürzt, wird der andere verlängert. Ebenso verhalten
sich die Obliqui als Antagonisten. Dagegen können sich Längen-

änderungen der Recti mit denen der Obliqui in wechselndem Grade kombinieren. Diese beiden Muskelgruppen funktionieren also unabhängig voneinander (wenn auch natürlich zusammen abhängig von den Labyrinthen).

Wenn sich der Kopf vertikal mit der Schnauze nach oben befindet, so sind die beiden Obliqui superiores (rechts und links) im Zustande größter Verkürzung, beide Obliqui inferiores im Zustande größter Länge. Beide Augen sind dann mit dem oberen Hornhautrande nach vorn gerollt.

Wenn sich der Kopf vertikal mit der Schnauze nach unten befindet, so sind die beiden Obliqui superiores im Zustande größter Länge, beide Obliqui inferiores im Zustande größter Verkürzung. Beide Augen sind dann mit dem oberen Hornhautrande nach hinten gerollt.

Bei allen anderen Lagen des Kopfes im Raume nehmen die schrägen Augenmuskeln Verkürzungsgrade an, welche zwischen diesen Extremen liegen. Stets reagieren hierbei beide Augen mit gleichsinnigen Rollungen.

Wenn sich der Kopf in linker Seitenlage befindet, so ist der rechte Rectus inferior und der linke Rectus superior im Zustande der größten Verkürzung, der rechte Rectus superior und der linke Rectus inferior im Zustande größter Länge. Das rechte Auge ist dann maximal nach unten, das linke Auge maximal nach oben abgelenkt.

Wenn sich der Kopf in rechter Seitenlage befindet, so ist der linke Rectus inferior und der rechte Rectus superior im Zustande der größten Verkürzung, der linke Rectus superior und der rechte Rectus inferior im Zustande größter Länge. Das rechte Auge ist dann maximal nach oben, das linke Auge maximal nach unten abgelenkt.

Bei allen anderen Lagen des Kopfes im Raume nehmen die Recti sup. und inf. Verkürzungsgrade an, welche zwischen diesen Extremen liegen. Stets reagieren beide Augen mit gegensinnigen Vertikalabweichungen. Der Rectus superior der einen und der Rectus inferior der anderen Seite reagieren dabei gleichsinnig.

Befindet sich der Kopf anfangs in Normalstellung und wird dann um die bitemporale Achse um 360° gedreht, so reagieren dabei hauptsächlich die Obliqui, und die Augen führen (gleichsinnige) Rollungen aus.

Befindet sich der Kopf anfangs in Normalstellung und wird dann um die occipito-nasale Achse um 360° gedreht, so reagieren dabei hauptsächlich die Recti sup. und inf., und die Augen führen (gegensinnige) Vertikalabweichungen aus.

Befindet sich der Kopf anfangs in Seitenlage und wird dann um die ventro-dorsale Achse um 360° gedreht, so reagieren beide Muskelgruppen und die Augenstellungen sind die Resultante von gleichsinnigen Rollungen und gegensinnigen Vertikalabweichungen.

11*

Wenn man nun erklären will, in welcher Weise die geschilderten
tonischen Reflexe auf den Rectus sup. und inf. und auf die beiden
Obliqui zustande kommen, dann muß man kennen: 1. den „Nullstand"
der Augen, d. h. diejenige Stellung, welche die Augen ohne jeden
Labyrintheinfluß einnehmen; und 2. das Verhalten der kompensatorischen Augenstellungen unter der Einwirkung nur eines Labyrinthes, d. h. nach einseitiger Labyrinthexstirpation.

Erst wenn man über diese Daten verfügt, kann man die Frage
beantworten, wie sich durch das Zusammenwirken der beiden Labyrinthe
die bisher geschilderten Augenstellungen ergeben.

Augenstellung nach doppelseitiger Labyrinthexstirpation.

Nach doppelseitiger Labyrinthexstirpation fehlen die kompensatorischen Augenstellungen bei Änderungen der Lage des Kopfes im Raume
vollständig. Solange die Stellung des Kopfes zum Körper sich nicht
ändert, ist dann die Ruhelage des Bulbus in der Orbita unveränderlich.
Es läßt sich dieses beim Kaninchen, welches fast keine Blickbewegungen
ausführt, mit besonderer Leichtigkeit feststellen.

Nach doppelseitiger Labyrinthexstirpation stehen die beiden Augen
symmetrisch; das eine steht nicht höher als das andere, und beide haben
weder eine Vertikalabweichung nach oben noch nach unten. Man kann
diese Tatsache besonders dann sehr deutlich erkennen, wenn man
zuerst ein Labyrinth exstirpiert hat, worauf eine sehr starke Vertikalabweichung beider Augen erfolgt. Wird dann das andere Labyrinth
später exstirpiert, und wartet man danach so lange, bis die ersten akuten
Erscheinungen nach der Labyrinthexstirpation abgeklungen sind, so
stehen beide Augen wieder in der ursprünglichen Mittelstellung. Dieses
Verhalten entspricht auch durchaus der Erwartung.

Wie es mit dem Rollstand der Augen nach doppelseitiger Labyrinthexstirpation steht, läßt sich a priori nicht mit Sicherheit entscheiden.
Man hat wohl angenommen, daß der Nullstand der Augen bei maximaler
Rollung nach vorn oder nach hinten sei, oder daß er in einer Mittelstellung zwischen diesen beiden Extremen liege. Tatsächlich hat sich
herausgestellt, daß das letztere der Fall ist. Um dieses festzustellen (50),
wurden bei drei Kaninchen in beide Augen unter Lokalanästhesie Kreuze
in die Hornhaut eingebrannt, deren einer Schenkel durch einen Querstrich kenntlich gemacht worden war. Die Augenstellung wurde nun
vor und nach doppelseitiger Labyrinthexstirpation bei verschiedenen
Lagen des Kopfes im Raume photographiert. Abb. 80 veranschaulicht
das Ergebnis.

Nach diesen Messungen kennen wir also die Ruhestellung des Auges,
welche dasselbe einnimmt, wenn es dem Einfluß der Labyrinthe entzogen ist. Es ist dieses die symmetrische Augenstellung bei Normal-

stand des Kopfes mit etwas unter die Horizontale gesenkter Mundspalte. Von dieser Nullstellung aus werden durch Erregungen von den Labyrinthen her bei den anderen Lagen des Kopfes im Raume die kompensatorischen Augenstellungen zustande gebracht.

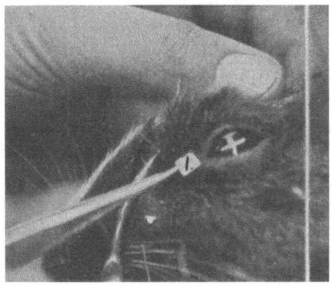

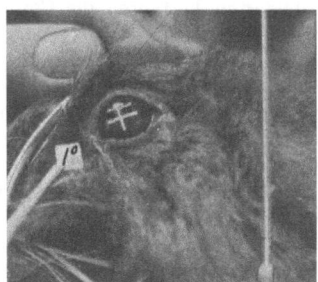

Abb. 80a.   Abb. 80b.

Abb. 80a. Linkes Auge vor der Labyrinthexstirpation, Kopf in Normalstellung (−175°). Auf dieser und den folgenden Aufnahmen ist ein freihängender gewichttragender Faden als Richtlot mitphotographiert.

Abb. 80b. Dasselbe 2 Tage nach doppelseitiger Labyrinthexstirpation. Die Augenstellung ist genau die gleiche. Eine Raddrehung nach Labyrinthexstirpation hat nicht stattgefunden.

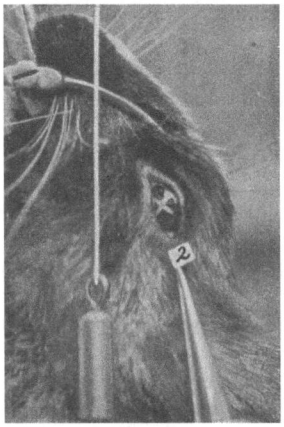

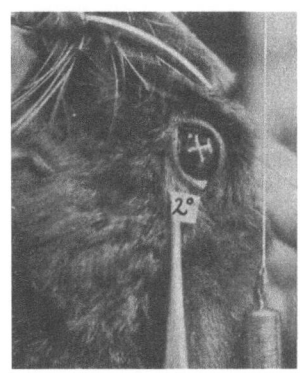

Abb. 80c.   Abb. 80d.

Abb 80c. Vor der Labyrinthexstirpation. Kopf mit der Schnauze nach oben. Der Vergleich mit Abb. 80a lehrt, daß das Auge mit dem oberen Corneapol nasalwärts gerollt ist (Verkürzung des Obliquus sup.).

Abb. 80d. Dasselbe 2 Tage nach doppelseitiger Labyrinthexstirpation. Das Auge ist in seiner Normalstellung (vgl. Abb. 80a und b) stehengeblieben. Der Vergleich mit Abb. 80c lehrt, daß bei intakten Labyrinthen der Obliquus sup. verkürzt wird.

Augenstellung nach einseitiger Labyrinthexstirpation (15, 27, 50).

Nach einseitiger Labyrinthexstirpation kommt es bei bestimmten Stellungen des Kopfes im Raume zu sehr starken Deviationen der Augen, so daß gelegentlich die Cornea fast verschwindet, und nur das Weiße des Auges sichtbar bleibt. Unter diesen Umständen müssen die photographischen Aufnahmen nach dem oben geschilderten Verfahren die Cornea und das darauf angebrachte Kreuz in sehr starker Verkürzung wiedergeben, und die Messungen sind daher mit größeren Fehlern behaftet als die Messungen bei Tieren mit intakten Labyrinthen. Dazu kommt ferner, daß Kaninchen nach einseitiger Labyrinthexstirpation eine starke Drehung des Kopfes zeigen, welche beim Aufspannen der Tiere zum Zwecke der photographischen Aufnahme korrigiert wird. Hierbei wird dem Tiere eine unbequeme Kopfhaltung aufgedrungen, gegen welche es sich gelegentlich sträubt, so daß die Aufnahmen durch interkurrente Spontanbewegungen des ganzen Tieres gestört werden. So kommt es, daß die Messungen nach den photographischen Aufnahmen mit Fehlerquellen behaftet sind und daher die tatsächlichen Verhältnisse nur annähernd wiedergeben können. Trotzdem läßt sich das Wesentliche

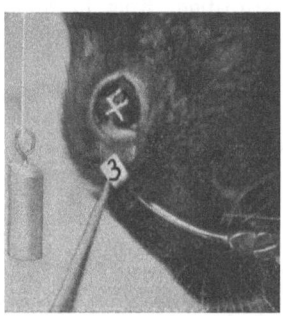

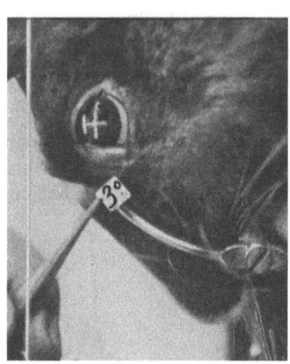

Abb. 80e. Abb. 80f.

Abb. 80e. Vor der Labyrinthexstirpation. Kopf mit der Schnauze nach unten. Der Vergleich mit Abb. 80a lehrt, daß das Auge mit dem oberen Corneapol occipitalwärts gerollt ist (Verkürzung des Obliquus inf.).

Abb. 80f. Dasselbe 2 Tage nach doppelseitiger Labyrinthexstirpation. Das Auge ist in seiner Normalstellung (vgl. Abb. 80a und b) stehengeblieben. Der Vergleich mit Abb. 80e lehrt, daß bei intakten Labyrinthen der Obliquus inf. verkürzt wird.

Genau dieselbe Augenstellung wie in Abb. 80b, d, e nach der Labyrinthexstirpation fand sich beim gleichen Tiere nach dem Tode. Das rechte Auge verhielt sich gerade so wie das linke. Die Versuche an den beiden anderen Kaninchen hatten das gleiche Ergebnis.

der Gesetzmäßigkeit aus diesen Aufnahmen erkennen. Um zu wirklich absoluten Zahlen zu kommen, müssen die Bestimmungen mit einer verbesserten Methode wiederholt werden.

Exstirpiert man einem Kaninchen ein Labyrinth, beispielsweise das rechte, und wartet einige Zeit, bis die ersten akuten Folgen der Operation und vor allem der starke Nystagmus abgeklungen sind und die Augendeviation etwas zurückgegangen ist, so findet man folgenden Dauerzustand:

Sitzt das Tier frei auf dem Boden, so hat es den Kopf mehr oder weniger (häufig um 90°) nach rechts gedreht. Hierbei zeigt das linke Auge, welches nach oben sieht, keine oder höchstens eine minimale Vertikalabweichung dorsalwärts; das untere rechte Auge ist häufig noch etwas nach der Ventralseite abgelenkt. Dieselbe Augenstellung findet sich auch, wenn man die Kopfdrehung gegen den Körper ausgleicht, und also das ganze Tier (Kopf und Körper) in rechte Seitenlage bringt. Bei dieser Lage des Kopfes im Raume ist die Vertikalabweichung nach rechtsseitiger Labyrinthexstirpation minimal. Bei allen anderen Lagen des Kopfes im Raume werden größere Abweichungen gefunden.

Bringt man dagegen den Kopf in die umgekehrte (linke) Seitenlage, so bekommt man eine maximale tonische Vertikalabweichung beider Augen, welche auf der Seite des fehlenden Labyrinthes stärker ist. In dem gewählten Beispiel ist dann das rechte Auge stark ventralwärts und etwas nach vorn, das linke Auge stark dorsalwärts abgelenkt. Die Abweichung kann so stark sein, daß die Lidspalte größtenteils nur die weiße Sclera zeigt. Beide Augen zeigen also gegensinnige Deviation, das eine ist ventralwärts, das andere dorsalwärts abgelenkt. Hieran ändert sich fast nichts, wenn man auch den Körper in dieselbe Seitenlage bringt wie den Kopf (60). Hieraus ergibt sich, daß, wenn man von der Mittelstellung der Augen ausgeht, nach einseitiger Labyrinthexstirpation bei den verschiedenen Lagen des Kopfes im Raume überhaupt nur vertikale Augendeviation in einer Richtung auftritt. Wenn der Kopf sich in einer derartigen Seitenlage befindet, daß das erhaltene Labyrinth oben steht, so ist diese Augenablenkung null bzw. minimal. Befindet sich dagegen der Kopf in einer Seitenlage, so daß das erhaltene Labyrinth nach unten liegt, so ist die Augenabweichung maximal, und zwar so, daß der Rectus sup. der gleichen und der Rectus inf. der gekreuzten Seite das Maximum der Verkürzung zeigen. In allen anderen Lagen des Kopfes im Raume sind Vertikalabweichungen vorhanden, welche zwischen diesen beiden Extremen liegen. Stets zeigen hierbei das rechte und das linke Auge gegensinnige Abweichungen von der Nullstellung aus.

Augenstellung bei intakten Labyrinthen.

Diese Feststellungen genügen, um das Verhalten der Vertikalabweichungen beider Augen bei intakten beiderseitigen Labyrinthen zu erklären (38, 50). Betrachten wir beispielsweise die Verhältnisse bei Drehung II um die Sagittalachse (Normalstellung — rechte Seitenlage — Rückenlage — linke Seitenlage — Normalstellung). Bei rechter Seitenlage befindet sich das linke Labyrinth oben und hat daher keinen oder nur einen minimalen Einfluß auf Rectus sup. und inf. beider Augen. Das rechte Labyrinth befindet sich unten und hat infolgedessen einen maximalen Einfluß, durch welche der rechte Rectus sup. und der linke Rectus inf. maximal verkürzt werden. Das rechte Auge ist also maximal nach oben, das linke maximal nach unten abgelenkt. Bringen wir jetzt den Kopf in Normalstellung oder in Rückenlage, so nimmt der Erregungszustand des rechten Labyrinthes ab, der des linken zu, bis sie sich beide gerade das Gleichgewicht halten, und durch ihren symmetrischen Einfluß auf die beiderseitigen Recti (sup. und inf.) das Auge in Mittelstellung kommt. Wird der Kopf in linke Seitenlage gebracht, so ist das rechte Labyrinth ganz oder nahezu wirkungslos, das linke maximal erregt; infolgedessen ist jetzt der linke Rectus sup. und der rechte Rectus inf. maximal kontrahiert. Das linke Auge ist demnach dorsalwärts, das rechte Auge ventralwärts abgelenkt.

Bei Drehung I um die Bitemporalachse kommen fast keine Vertikalabweichungen vor, weil hierbei die beiden Labyrinthe dauernd symmetrisch stehen, und sich daher an beiden Augen gerade das Gleichgewicht halten. Bei Drehung III (Ausgangsstellung Seitenlage, Drehung um die dorso-ventrale Achse) müssen dagegen maximale Vertikalabweichungen zustande kommen, weil in der Ausgangsstellung der Kopf in Seitenlage steht, danach mit der Schnauze nach unten gedreht wird, wobei beide Labyrinthe symmetrisch stehen, dann wieder der Kopf in Seitenlage kommt mit maximaler Augenabweichung, danach der Kopf mit der Schnauze nach oben gerichtet wird, wobei wieder die Labyrinthe sich gerade das Gleichgewicht halten und der Kopf schließlich in Seitenlage mit maximaler Augenabweichung zurückkehrt.

Hieraus ergibt sich, daß es tatsächlich gelingt, die Vertikalabweichungen beider Augen bei erhaltenen beiden Labyrinthen zurückzuführen auf die Summe der Erregungen, welche auf den Rectus sup. und inf. beider Augen von beiden Labyrinthen ausgeübt werden. Auf die Erklärung feinerer Einzelheiten in den Kurven kann erst eingegangen werden, wenn die Abhängigkeit der Vertikalabweichungen von bestimmten Otolithen erörtert wird.

Verhalten der Raddrehungen: Während nach einseitiger Labyrinthexstirpation eine einseitige Deviation der Augen in vertikaler Richtung zustande kommt, tritt keine Rolldeviation auf. Bei Anwesenheit nur eines Labyrinthes zeigen beide Augen bei den verschiedenen Lagen des Kopfes im Raume stets gleichsinnige Raddrehungen, nur ist die Größe der Exkursionen etwa die Hälfte von denen, welche bei erhaltenen beiden Labyrinthen zur Beobachtung kommen (27). Ein Labyrinth ist also imstande, beide Augen im gleichen Sinne zu beeinflussen, und zwar so, daß bei manchen Tieren das gleichseitige, bei anderen das gekreuzte Auge stärker beeinflußt wird, oder sich ein

Unterschied in der Größe der Raddrehungen der beiderseitigen Augen
nicht feststellen läßt. Die Maxima für die Raddrehungen nach vorn
und hinten liegen bei den gleichen Stellungen des Kopfes im Raume,
wie sie auch bei erhaltenen beiden Labyrinthen festgestellt werden
können.

Bestimmt man auf Grund der Messungen, welche v. d. Hoeve
und de Kleyn (27) für die Raddrehungen bei einseitig labyrinthlosen
Kaninchen ausgeführt haben, den Einfluß, welchen jedes einzelne
Labyrinth auf ein Auge bei den verschiedenen Lagen des Kopfes im
Raume ausübt, so kann man den vom rechten und linken Labyrinth
ausgehenden Einfluß superponieren, und erhält dann Kurven, welche
befriedigend mit denen auf Abb. 71 übereinstimmen.

Einmal wurde auch bei ein und demselben Kaninchen die Raddrehung
vor und nach einseitiger Labyrinthexstirpation photographisch be-

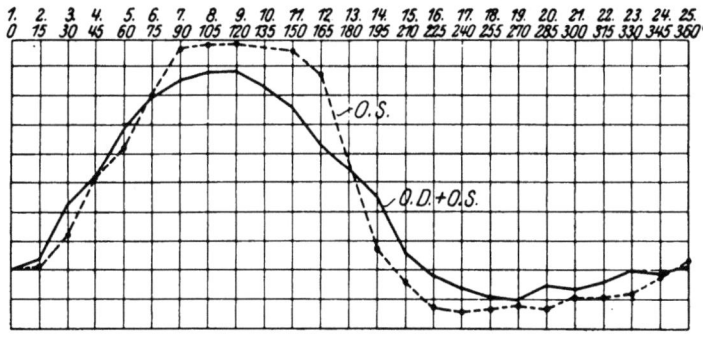

Abb. 81.

stimmt. In Abb. 81 gibt die (..........) Linie die Raddrehung des
linken Auges bei Drehung I vor, die (— · ——) Linie die Raddrehung
eines Auges, wie sie durch die Addition der Einflüsse des rechten und
linken Labyrinths in einem Versuche nach einseitiger Labyrinthexstirpation gefunden wurden. Man sieht, daß auch diese zwei Kurven überraschend übereinstimmen.

Es gelingt also auch hier die tatsächlich bei intakten Kaninchen
beobachteten Raddrehungen der Augen restlos zurückzuführen auf
die Superposition der Einflüsse, welche von jedem einzelnen Labyrinth
auf beide Augen ausgeübt werden.

Da nach den oben angeführten Beobachtungen die Nullstellung des
Auges auch bei den Raddrehungen die Mittelstellung ist, und da ein
Labyrinth genügt, um Raddrehungen nach beiden Richtungen, nach
vorn und nach hinten, an beiden Augen auszulösen, so folgt, daß
jedes Labyrinth mit dem Obliquus sup. und dem Obliquus inf. beider
Seiten in Verbindung sein muß. Ein Labyrinth ruft an beiden Augen

die größte Rollung durch Kontraktion der beiden Obliqui inferiores
hervor, wenn der Kopf sich vertikal mit der Schnauze nach unten
befindet. Umgekehrt ruft ein Labyrinth an beiden Augen die größte
Rollung durch Kontraktion beider Obliqui sup. hervor, wenn der Kopf
sich vertikal mit der Schnauze nach oben befindet. Das Ausmaß der
Kontraktionen der schrägen Augenmuskeln ist beim Vorhandensein
nur eines Labyrinthes etwa halb so groß, als wenn beide Labyrinthe
intakt sind. Bei Normalstand des Kopfes halten sich die Erregungen
des Oliquus sup. und inf. gerade das Gleichgewicht.

Gegen diese Auffassung erscheint nur noch ein Einwand möglich.
Wir haben bisher immer die kompensatorischen Raddrehungen an
Augen untersucht, bei welchen sowohl der Obl. sup. wie der inf. intakt
waren. Es ist von vornherein nicht ausgeschlossen, daß, wenn man
den Einfluß der Labyrinthe auf einen Obliquus allein nach Ausschluß
seines Antagonisten untersucht, die Lage der Maxima eine andere wird;
mit anderen Worten, daß der Grad der Raddrehung nicht durch Kontraktion eines Obliquus mit gleichzeitiger proportionaler Erschlaffung
seines Antagonisten bestimmt wird, sondern daß bei bestimmten Kopfstellungen vielleicht beide Obliqui gleichzeitig sich kontrahieren. Daß
dieses in Wirklichkeit nicht der Fall ist, wird in aller Schärfe bewiesen
durch Versuche, in denen wir beim selben Tier am rechten Auge den
Obliquus sup. und am linken Auge den Obliquus inf. vom Ursprung
(bzw. der Trochlea) bis zum Ansatz am Bulbus exstirpiert haben (50).
Am Tage nach der Operation wurde auf beide anästhesierte Corneae
ein Kreuz eingebrannt, das Tier auf dem oben abgebildeten Drehbrett
mit Orientierungsrahmen (Abb. 70, S. 151) aufgespannt, die Drehung I
ausgeführt und in Abständen von 30° die Raddrehung an beiden Augen
gemessen. Danach wurde das Tier getötet, und bei der Sektion das
Fehlen der exstirpierten Augenmuskeln bei Intaktsein der übrigen
sichergestellt[1]).

Das Ergebnis der Messungen war folgendes (siehe Tabelle auf S. 171).

Bringt man diese Raddrehungen in Kurven, so ergibt sich sowohl
für den Obliquus sup. wie für den inf. derselbe Verlauf, wie er für das
Auge mit intakten beiden schrägen Muskeln oben (Abb. 71, S. 151,
und Abb. 72, S. 153, Drehung I) abgebildet worden ist und wie er
(auf Abb. 76 und 77, S. 160, Drehung I) für die beiden schrägen
Augenmuskeln, wenn sie beide intakt erhalten sind, angegeben
wurde.

Das Ergebnis dieser Versuche läßt also keinen Zweifel. Das Maximum

---

[1]) Als Grundlage dieser Versuche kann man die alte Feststellung von v. Graefe
benutzen, daß beim Kaninchen nach vollständiger Exstirpation der zwei Obliqui
bei erhaltenen Recti die Raddrehungen aufgehoben, dagegen nach vollständiger
Exstirpation der vier Recti bei intakten Obliqui erhalten sind.

Linkes Auge Obl. sup. intakt, inf. durchschnitten		Rechtes Auge Obl. inf. intakt, sup. durchschnitten	
Kopfstellung	Raddrehung des Auges	Kopfstellung	Raddrehung des Auges
0°	87°	0°	87°
30°	65°	30°	82°
60°	57°	60°	55°
90°	44°	90°	29°
120°	40°	120°	27°
150°	40°	150°	31°
180°	53°	180°	73°
210°	89°	210°	93°
240°	92°	240°	97°
270°	93°	270°	97°
300°	93°	300°	97°
330°	87°	330°	92°
360°	86°	360°	87°

der Kontraktion liegt für den Obliquus sup., wenn sich der Kopf ungefähr mit der Schnauze nach oben, und für den Obliquus inf., wenn sich der Kopf ungefähr mit der Schnauze nach unten befindet.

Interessant ist in diesem Versuche, daß sich nach Fortfall des Obl. sup. das Auge doch mit dem oberen Corneapol nach vorn, und nach Fortfall des Obl. inf. mit dem oberen Corneapol nach hinten drehen kann, und daß beide Augen bei allen Kopfstellungen gerade solche Raddrehungen zeigen, als wenn beide schrägen Muskeln erhalten wären.

Die kompensatorischen Augenstellungen sind beim Kaninchen erhalten nach einem Querschnitt durch den Hirnstamm am Vorderrande des Mittelhirnes, welcher gerade die Augenmuskelkerne intakt läßt. Die zentralen Bahnen, welche beim Kaninchen zur Erklärung des geschilderten Verhaltens der tonischen Labyrinthreflexe auf die Augen mindestens vorhanden sein müssen, sind auf Abb. 82 schematisch dargestellt. Die (————) Linien stellen die Bahnen für die Recti sup. und inf., die (— — — —) Linien die für die Obliqui dar. Die Bahnen vom rechten Labyrinth sind dick, die vom linken dünn gezeichnet. Jeder der vier Obliqui wird von beiden Labyrinthen, jeder der beiden Recti (sup. und inf.) von nur einem Labyrinth beeinflußt. Ein Labyrinth wirkt auf alle vier Obliqui, dagegen nur auf den Rectus sup. der gleichen und auf den Rectus inf. der gekreuzten Seite. Der Internus und Externus werden bei den tonischen Labyrinthreflexen nicht wesentlich in Tätigkeit gesetzt.

Es handelt sich also hier um zwei miteinander interferierende Bewegungssysteme, von denen das eine die Vertikalabweichungen, das andere die Raddrehungen hervorruft.

Bei den verschiedenen Kopfstellungen, bei welchen der Kopf im Vergleich mit der Normalstellung eine andere Lage zur Horizontalebene bekommt, werden durch von den Labyrinthen ausgehende tonische Erregungen die Augen jeweils so gestellt, daß sie die Lage der Retina zur Umwelt unverändert beizubehalten trachten. Es wird aber dieses Ziel durch die tonischen Labyrinthreflexe auf die Augenmuskeln niemals vollständig erreicht.

Dreht man z. B. von der Normalstellung ausgehend den Kopf um die Bitemporalachse um 60° mit der Schnauze nach unten, so werden die Augen, wie Abb. 71, S. 151, lehrt, um 38° mit dem oberen Cornea-pol nach hinten gerollt. Der horizontale Netzhautmeridian wird also immer noch 22° gegen den Horizont gedreht. Die Kompensation ist eine unvollständige.

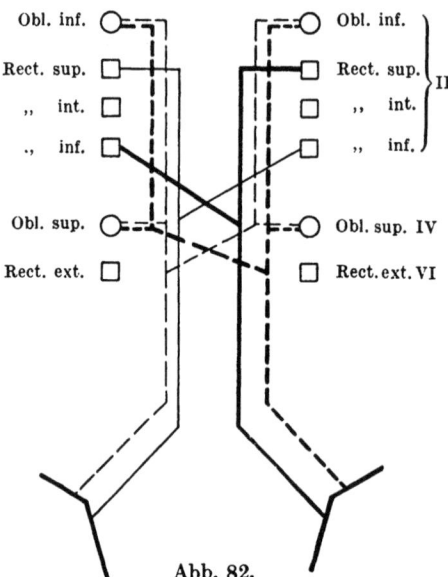

Abb. 82.

Dasselbe findet man bei den Vertikalabweichungen. Dreht man beispielsweise von der Normalstellung aus den Kopf um die naso-occipitale Achse (Drehung II) um 45° seitlich, so daß das linke Auge nach oben zu liegen kommt, so wird dieses um etwa 20° in der Orbita nach unten, d. h. ventralwärts gedreht. Auch hier ist die Kompensation unvollständig, und die Gesichtslinie hebt sich um etwa 25° über den Horizont.

Wird von der Normalstellung ausgehend der Kopf in der Horizontalebene nach rechts oder links gewendet, so führen die Augen überhaupt keine von den Labyrinthen ausgehenden kompensatorischen Stellungsänderungen aus.

Der labyrinthäre Mechanismus ist also beim Kaninchen für sich allein nicht imstande, bei von der Normalstellung ausgehenden verschiedenen neuen Kopfstellungen die Augen in unveränderter Stellung zum Raume zu halten. Hier treten die tonischen Halsreflexe auf die Augen ergänzend ein.

II. Tonische Halsreflexe auf die Augen (53).

Daß Veränderungen der Stellung des Kopfes zum Körper Änderungen der Augenstellung auslösen können, hat schon Stevenson (1892) im Laboratorium von Ewald beim Hunde gesehen, konnte aber seine Beobachtung nicht deuten.

Entdeckt wurden diese Reflexe erst 1907 von Bárány (1) beim Kaninchen, welcher bei feststehendem Kopf durch Bewegungen des Rumpfes Änderungen der Augenstellung erzielte. Da jedoch die Reaktionen je nach der ursprünglichen Kopfstellung verschieden ausfielen, konnte Bárány seine Vermutung, daß es sich hier um Halsreflexe handelt, nicht endgültig beweisen. Eine befriedigende Aufklärung wurde erst durch die Versuche von de Kleyn (53) gegeben, welcher zeigte, daß es sich in den Beobachtungen von Bárány um eine Superposition von tonischen Hals- und Labyrinthreflexen auf die Augen handelte.

Das Studium der tonischen Halsreflexe auf die Augen geht am besten aus von Versuchen an labyrinthlosen Tieren, bei welchen die von den Labyrinthen ausgelösten kompensatorischen Augenstellungen die Befunde nicht trüben können. Unter diesen Bedingungen treten bei Kaninchen die Halsreflexe ganz konstant und unabhängig von der Lage des Kopfes im Raume auf. Die Versuche ergaben, daß jeder Stellung des Kopfes zum Rumpfe eine bestimmte Stellung des Augapfels in der Orbita entspricht.

Geht man von. dem in Bauchlage aufgespannten Kaninchen mit Kopf in Normalstellung aus, so lassen sich durch Bewegung des Körpers gegen den feststehenden Kopf folgende tonische Augenstellungsänderungen beobachten:

1. Bewegt man den Körper des Tieres in der Horizontalebene um die Dorsoventralachse (Rumpfwenden), so sieht man, daß das Auge, nach welchem der Rumpf hin bewegt wird, nach vorn (nasal), das andere Auge nach hinten (occipital) abgelenkt wird. Es handelt sich um eine Reaktion des Rectus externus und internus. Auf der Seite der Rumpfwendung kontrahiert sich der Internus, auf der gegenüberliegenden Seite der Externus. (Gegensinnige Reaktion der Augen.)

2. Bewegt man den Rumpf in der Sagittalebene und dreht ihn dabei um die Frontalachse (Rumpfheben, -senken), so wird, wenn man den Rücken des Tieres dem Scheitel nähert, der obere Corneapol von beiden Augen nach vorn gerollt. Wird dagegen der Bauch dem Unterkiefer genähert, so rollen beide Augen mit dem oberen Corneapol nach hinten. Beide Augen führen also eine gleichsinnige Bewegung aus, wobei der Obliquus sup. und inf. in Tätigkeit treten.

3. Dreht man den Rumpf um die Wirbelsäule als Achse (R u m p f - d r e h e n), so wird das Auge, nach welchem der Rücken zu gedreht wird, vertikal nach unten, das Auge, nach welchem der Bauch zugedreht wird, vertikal nach oben abgelenkt. In diesem Falle bewegen sich also die beiden Augen gegensinnig, es handelt sich um eine Reaktion des Rectus sup. und Rectus inf.

Die auf diese Weise hervorgerufenen Augenabweichungen sind nicht sehr hochgradig und nehmen erst bei exzessiven Drehungen des Rumpfes gegen den Kopf ein größeres Ausmaß an.

Die beschriebenen Beobachtungen lassen sich in folgende allgemeine Regeln zusammenfassen:

1. Die Augen bewegen sich stets in derselben Ebene, in welcher der Rumpf bewegt wird.

2. Die Richtung der Bewegung der Augen ist dieselbe wie die der Rumpfbewegung.

Es ist also so, als ob der Körper ein Hebel wäre, mit dem man die Augen in dem feststehenden Kopf in einer bestimmten Richtung bewegt.

Dieselben Reflexe kann man natürlich auch auslösen, wenn man bei labyrinthlosen Kaninchen den Kopf gegen den Körper bewegt. Dann sind die Augenbewegungen, wie leicht zu begreifen ist, k o m - p e n s a t o r i s c h, denn der Rumpf steht ja im Raume fest; also t r a c h t e n die Augen auch ihre Stellung im Raume festzuhalten, was ihnen jedoch nur teilweise gelingt.

Beim Drehen und Wenden reagieren die entsprechenden Musculi recti der beiden Augen stets gegensinnig, beim Heben und Senken des Kopfes die Obliqui dagegen stets gleichsinnig.

Während bei den tonischen L a b y r i n t h reflexen auf die Augen jederseits nur vier Augenmuskeln (beide Obliqui sowie Rectus sup. und inf.) mitspielen, sind es bei den tonischen H a l s reflexen auf die Augen alle sechs Augenmuskeln, also auch der Rectus externus und internus. Diese beiden letzteren Muskeln werden also bei den k o m - p e n s a t o r i s c h e n A u g e n s t e l l u n g e n nur vom Halse aus beeinflußt.

T o n i s c h e H a l s r e f l e x e b e i K a n i n c h e n m i t i n t a k t e n L a - b y r i n t h e n. B á r á n y hatte beobachtet, daß Rumpfwenden bei Normalstellung des Kopfes Augendeviation in der Richtung der Lidspalte hervorruft, während dieselbe Bewegung des Körpers, wenn der Kopf vertikal mit der Schnauze nach unten hängt, die Augendeviation vertikal zur Lidspalte hervorruft.

De K l e y n (53) konnte die Erklärung für diese zunächst paradox erscheinende Beobachtung geben. Abb. 83a gibt die Stellung des linken Auges wieder, während das Tier sich in Bauchlage mit horizontaler Mundspalte und symmetrischer Kopfstellung in bezug auf den Rumpf befindet. Wird nun der Rumpf um seine dorso-ventrale Achse in der

Horizontalebene in der Richtung des linken Auges gewendet, so geht das linke Auge in der Richtung der Lidspalte nach der Nase zu, weil eine Kontraktion des Musculus rectus internus erfolgt. Demzufolge erreicht das Auge durch eine Bewegung in der Richtung des Pfeils seine in Abb. 83b dargestellte neue Stellung. Wird nun aber die Stellung des Kopfes so verändert, daß die Schnauze sich senkrecht nach unten befindet, so ändert sich durch tonischen Labyrinthreflex die Stellung des Auges in der Orbita, und dieses macht eine starke Raddrehung mit seinem oberen Pol in occipitaler Richtung (Abb. 83c). Hierdurch müssen sich die Insertionen der Musculi internus und externus in der Orbita verschieben. Führt man

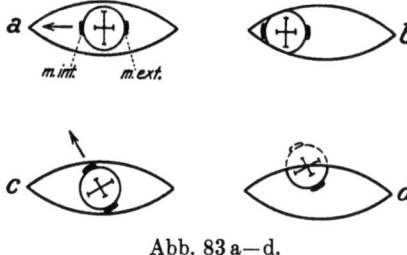

Abb. 83 a—d.

nun mit dem Rumpf genau dieselbe Bewegung gegen den Kopf aus wie vordem, so tritt auch genau derselbe Reflex, Kontraktion des Musc. internus und Erschlaffung des Musc. externus, ein. Das Resultat der Augenbewegung in bezug auf die Orbita ist jedoch ein vollständig

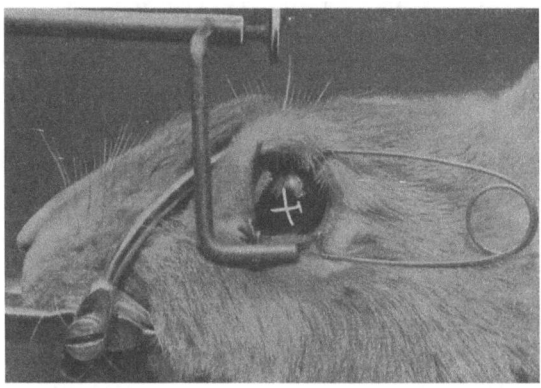

Abb. 84 a.

Abb. 84 a. Tier in Bauchlage, Mundspalte horizontal, Rumpf symmetrisch in bezug auf den Kopf. Linkes Auge photographiert. Auf der Cornea ein Kreuz. Querstrich am Hinterende des horizontalen Schenkels.

anderes. Das Auge bewegt sich jetzt nicht in der Richtung der Lidspalte, sondern nahezu senkrecht zu ihr (Abb. 83d). Das linke Auge erreicht seine neue Stellung durch eine Bewegung nach vorn oben, das rechte infolge desselben Mechanismus durch eine Bewegung nach hinten unten.

Abb. 84a-e gibt photographische Aufnahmen von den oben beschriebenen verschiedenen Augenstellungen bei einem normalen Kaninchen wieder.

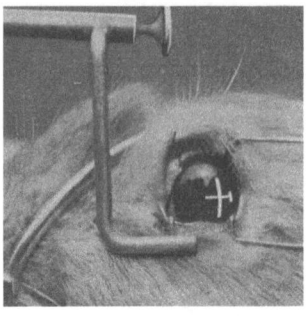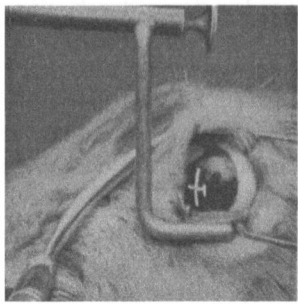

Abb. 84 b   Abb. 84 c.

Abb. 84 b. Dieselbe Kopfstellung. Rumpf soweit wie möglich um seine dorsoventrale Achse in der Richtung des rechten Auges gewendet. Linkes Auge nach rückwärts in der Richtung der Lidspalte (Bewegung in der Richtung des kurzen Armes des auf der Cornea angebrachten Kreuzes).

Abb. 84 c. Dieselbe Kopfstellung. Rumpf soweit wie möglich um seine dorsoventrale Achse in der Richtung des linken Auges gewendet. Linkes Auge nach vorne in der Richtung der Lidspalte (Bewegung ebenfalls in der Richtung des kurzen Armes des angebrachten Kreuzes).

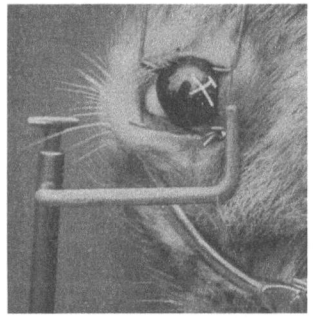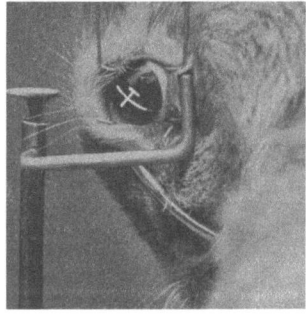

Abb. 84 d.   Abb. 84 e.

Abb. 84 d. Kopf mit der Schnauze vertikal nach unten. Rumpf soweit wie möglich um seine dorso-ventrale Achse in der Richtung des rechten Auges gewendet. Die Bewegung des Auges erfolgt nun wieder in der Richtung des kurzen Armes des Kreuzes auf der Cornea, jedoch diesmal nicht nach rückwärts in der Richtung der Lidspalte, sondern infolge der durch die tonischen Labyrinthreflexe verursachten Raddrehung nach unten-rückwärts.

Abb. 84 e. Kopf mit der Schnauze vertikal nach unten. Rumpf soweit wie möglich um seine dorso-ventrale Achse in der Richtung des linken Auges gewendet. Die Bewegung des Auges erfolgt wieder in der Richtung des kurzen Armes des Kreuzes auf der Cornea, jedoch nun nicht nach vorne in der Richtung der Lidspalte, sondern nach oben-vorn.

Da die tonischen Labyrinthreflexe manchmal in demselben und manchmal in entgegengesetztem Sinne wirken wie die tonischen Halsreflexe, gegebenenfalls auch in umgekehrter Richtung wirken als letztere, steht man einem scheinbar ganz unregelmäßigen Komplex von Reflexen gegenüber, den es auf den ersten Blick sehr schwierig ist zu entwirren, doch ließen sich die Beobachtungen in der oben angegebenen Weise vollständig durch das Zusammenwirken von tonischen Hals- und Labyrinthreflexen erklären. Das Ergebnis der Superposition dieser beiden Reflexgruppen ist denn auch ein ganz konstantes.

Um die **afferenten Nerven** für die tonischen Halsreflexe auf die Augenmuskeln festzustellen, wurden beim Kaninchen zunächst beide Labyrinthe exstirpiert und darauf nach einigen Tagen die Halsreflexe auf die Augen untersucht. Dann wurden beiderseits die Hinterwurzeln der beiden obersten Cervicalnerven durchschnitten. Unter drei Versuchen waren hiernach einmal die Halsreflexe auf die Augen vollständig verschwunden, in zwei anderen Fällen waren dieselben sehr geschwächt, aber doch noch spurweise auszulösen. Hieraus kann geschlossen werden, daß der Reflexbogen für die tonischen Halsreflexe auf die Augen hauptsächlich durch die sensiblen Wurzeln der Nn. cervicales 1 und 2 verläuft, daß jedoch bei manchen Kaninchen auch der N. cervicalis 3 noch zentripetale Fasern für diese Reflexe enthält. Oben S. 53 wurde mitgeteilt, daß Bahnen für die tonischen Halsreflexe auf die Gliedermuskeln durch die Hinterwurzeln von C. 1 bis C. 3 verlaufen, beim Kaninchen können noch geringe Anteile durch C. 4 gehen. Die Ursprungsbahnen für die tonischen Halsreflexe auf die Körpermuskeln und auf die Augenmuskeln entspringen also ungefähr aus denselben Partien des Halses.

Reziproke Innervation. Bekanntlich hat Sherrington (5) nachgewiesen, daß bei Blickbewegungen reziproke Innervation der antagonistischen Augenmuskeln erfolgt, d. h. daß mit der Kontraktion des Agonisten die Erschlaffung seines Antagonisten gepaart geht Dasselbe konnte Bartels (1) bei Bogengangsreaktionen der Augen und dem damit verbundenen Nystagmus nachweisen.

Dasselbe läßt sich bei den tonischen Halsreflexen auf die Augenmuskeln mit besonderer Leichtigkeit zeigen, weil man ja hierbei den Kopf fixieren kann, während bei der Registierung der tonischen Labyrinthreflexe der Kopf immer wieder in andere Stellungen im Raume gebracht werden muß.

Zu diesem Zwecke wurden beim Kaninchen in Äthernarkose die Carotiden abgebunden, die Vagi durchschnitten, der Musc. rectus internus und externus eines Auges präpariert, an ihrem Bulbusansatz mit Fäden versehen und die Muskeln darauf vom Bulbus losgeschnitten. Nun wurden der Bulbus und die übrigen Augenmuskeln exstirpiert und die Fäden mit Schreibhebeln verbunden

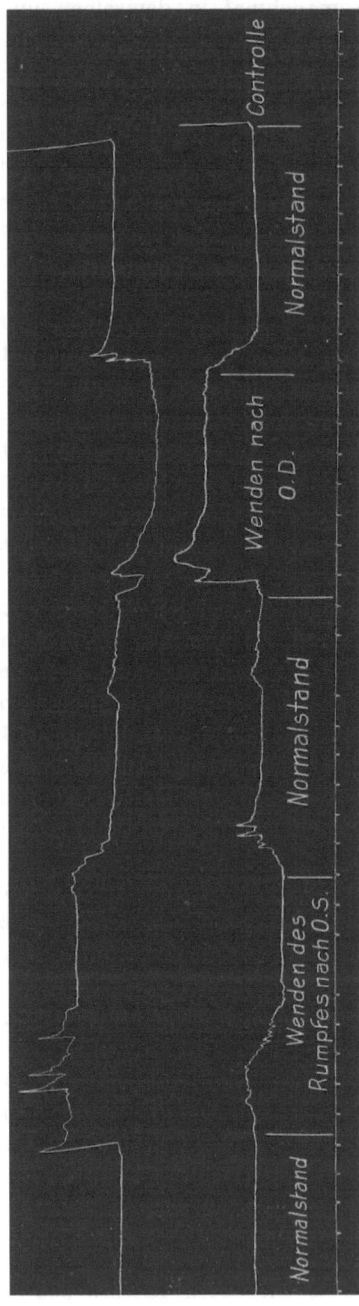

Abb. 85.
Obere Kurve: Rectus internus.
Untere Kurve: Rectus externus.

wie das auch Topolanski und Bartels
in ihren Versuchen getan haben. Die
Versuche wurden teils in Äthernarkose
fortgesetzt, teils wurde die Exstirpation
beider Großhirnhemisphären ausgeführt
(Thalamustier). Ein Versuchsbeispiel
sieht man auf Abb. 85.

Oben sind die Kontraktionen des Musc.
rectus internus, unten die des externus
vom linken Auge aufgezeichnet.

1. Ausgangsstellung: Tier in
Bauchlage, Mundspalte horizontal,
Rumpf symmetrisch in bezug auf
den Kopf (Normalstellung).

2. Danach wurde der Rumpf um
seine dorsoventrale Achse soweit
wie möglich nach dem linken Auge
zu gewendet (Wenden des Rumpfes
nach OS). Hierbei tritt eine deutliche Kontraktion des Internus und
eine deutliche Erschlaffung des Externus auf. Diese bleiben so lange
bestehen, als der Rumpf seine
Stellung beibehält.

3. Der Rumpf wird wieder zurückgebracht in die Normalstellung,
wobei eine Erschlaffung des Internus und Kontraktion des Externus
auftritt.

4. Der Rumpf wird um seine dorsoventrale Achse soweit wie möglich
nach dem rechten Auge zu gewendet
(Wenden des Rumpfes nach OD),
dabei tritt eine weitere Erschlaffung
des Musc. internus und Kontraktion
des Externus auf, deren tonischer
Charakter deutlich zu sehen ist.

5. Rumpf wieder in Normalstellung. Kontraktion des Internus und
Erschlaffung des Externus, so daß
die Muskeln sich wieder in demselben Zustand befinden wie zu
Beginn des Versuches.

Der Versuch wurde fünfmal mit
prinzipiell dem gleichen Ergebnis

wiederholt. Die Experimente zeigen, daß die reziproke Innervation auch bei diesen Dauerreaktionen der kompensatorischen Augenstellungen erfolgt.

III. Zusammenwirken der tonischen Hals- und Labyrinthreflexe auf die Augen.

Auf Abb. 86 sind die Bahnen für die tonischen Hals- und Labyrinthreflexe auf die Augen schematisch wiedergegeben. Die Bahnen für die tonischen Labyrinthreflexe sind dick, die für die Halsreflexe dünn gezeichnet. Zur Vereinfachung sind nur die Verbindungen von einer Seite eingezeichnet. Die Bahnen für die Vertikalabweichungen sind mit ———, die für die Raddrehungen mit — — — —, die für die Horizontalabweichungen mit ·············· angegeben. Man erkennt auf dem Schema, daß die Verbindungen von den Labyrinthen und den Halsreceptoren zu den Muskeln für die Vertikalabweichungen nach dem gleichen Prinzip angeordnet sind, ebenso die Bahnen vom Labyrinth und dem Hals nach den schrägen Augenmuskeln. Dagegen werden die Muskeln für die Horizontalabweichung (Rectus externus und internus) nur vom Halse aus innerviert [1]).

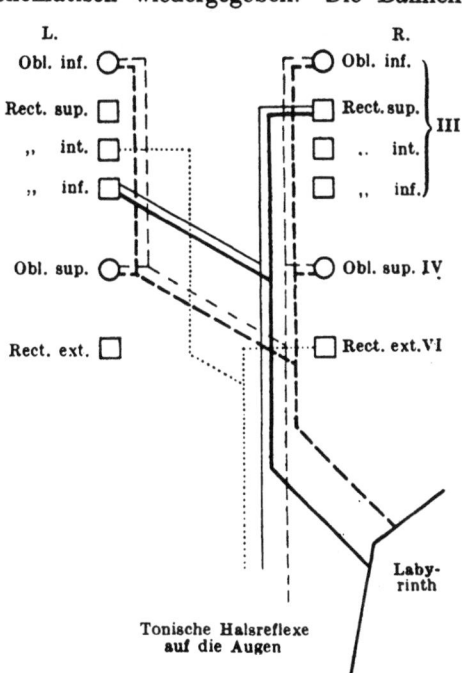

Abb. 86. Schema der zentralen Verbindungen bei den kompensatorischen Augenstellungen des Kaninchens. Dicke Linien: Labyrinthreflexe. Dünne Linien: Halsreflexe. ———————: Vertikalabweichungen. — — — —: Raddrehungen. ·············· : Horizontalabweichungen.

In den früheren Abschnitten wurde gezeigt, daß (bei Normalstellung des Körpers) sowohl die tonischen Labyrinthreflexe, als die

---

[1]) Das Schema gibt die tatsächlichen Verhältnisse nur in grober Annäherung wieder. Zunächst sind sowohl von den Labyrinthen wie vom Halse aus nur Verbindungen zu denjenigen Muskeln gezeichnet, deren zugehörige Muskeln bei den betreffenden Reflexen in Kontraktion (nicht in Hemmung) geraten. Zweitens sind die nervösen Verbindungen bei den Halsreflexen sicherlich in Wirklich-

tonischen Halsreflexe auf die Augenmuskeln jede für sich allein be-
strebt sind, bei Bewegungen des Kopfes im Raume oder zum Rumpfe
die Stellung des Auges im Raume festzuhalten, daß dieses aber weder
von den Labyrinthen, noch vom Halse aus allein gelingt. Es muß
nun untersucht werden, was durch das Zusammenwirken dieser
beiden Reflexgruppen erreicht wird.

Es ist dieses zunächst von de Kleyn (53) für die Raddrehungen
untersucht worden, welche auftreten, wenn man, ausgehend von der

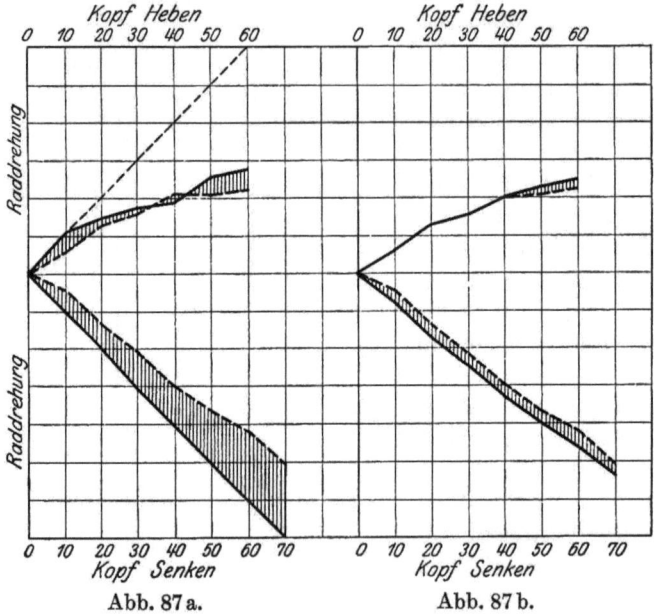

Abb. 87a.   Abb. 87b.

Normalstellung des Tieres, den Kopf um die bitemporale Achse hebt
oder senkt.

Dann treten beide Reflexgruppen gleichzeitig auf, tonische Labyrinthreflexe, weil die Stellung des Kopfes im Raume geändert wird, und
tonische Halsreflexe, weil die Stellung des Kopfes zum Rumpfe eine
andere wird.

Abb. 87 veranschaulicht einen derartigen Versuch.

keit viel komplizierter. Wenn wir z. B. den Hals nach rechts drehen, dann werden
nicht nur die Receptoren auf der einen Halsseite in Erregung geraten, sondern
sicherlich auf beiden Seiten. Trotzdem sind in dem Schema nur einseitige Verbindungen angegeben. Die Kreuzungen der Bahnen können in Wirklichkeit viel
verwickelter sein, als sie auf dem Schema angegeben worden sind. Trotzdem
genügt diese Zeichnung, um die wichtigsten physiologischen Tatsachen zu verdeutlichen.

Auf der Cornea des Kaninchens war nach vorhergegangener Cocainisierung ein Kreuz eingebrannt. Vor dem Auge wurde der auf Abb. 66 wiedergegebene kleine Rahmen befestigt, und das Auge mit dem Rahmen in verschiedenen Stellungen photographiert.

In der Kurve entspricht jede horizontale Linie einer Raddrehung von 10°.

In Abb. 87a gibt die (———)-Linie die Raddrehung beim Heben und Senken des Kopfes an, die (⋯⋯⋯)-Linie gibt die nur infolge der tonischen Labyrinthreflexe auftretenden Raddrehungen, die in der früher (S. 148) angegebenen Weise auf dem Drehbrette bestimmt wurden. Das schraffierte Stück in der Kurve stellt also diejenigen Raddrehungen dar, deren Auftreten allein dem Einfluß der Halsreflexe zugeschrieben werden muß.

Später wurden bei diesem selben Versuchstiere die sensiblen Wurzeln der Nn. cervicales 1 und 2 durchschnitten. In Abb. 87b sieht man, daß die jetzt bei Heben und Senken des Kopfes auftretenden Raddrehungen ungefähr dieselben sind, wie die bei den tonischen Labyrinthreflexen (Abb. 87a) gefundenen. Das kleine schraffierte Stückchen, welches in dieser Kurve noch zu sehen ist (Halsreflexe), beweist, daß bei diesem Versuchstier auch die sensiblen Wurzeln von C. 3 bei den Halsreflexen noch eine schwache Rolle spielen.

Bei näherer Betrachtung von Abb. 87a sieht man folgendes:

Anfang des Versuches 0°. Tier in Bauchlage, Mundspalte horizontal.

Senken des Kopfes: Kopfsenkung 10°: Raddrehung 10°

,, 20°: ,, 20° usw. bis

,, 70°: ,, 70°

Man sieht also, daß bei Senken des Kopfes bis 70° unter die Horizontale die Stellung des Auges im Raume vollständig unverändert bleibt. Das Auge macht eine Raddrehung von ebensoviel Graden (mit dem obersten Pol nach hinten), als die Senkung des Kopfes unter die Horizontalebene Grade beträgt.

Heben des Kopfes: Kopfhebung 10°: Raddrehung 10°

,, 20°: ,, 15° usw. bis

,, 60°: ,, 37°

Hieraus folgt, daß bei Hebung des Kopfes die Stellung des Auges im Raume nur bis 10° über der Horizontalebene konstant bleibt.

In diesem Versuche mit photographischer Aufnahme wurde die Kopfsenkung nur bis 70°, das Kopfheben nur bis 60° ausgeführt. In fünf anderen Versuchen wurde die Senkung bis zu 90° und die Hebung bis zu ungefähr 80° (ausgehend von horizontaler Mundspalte) ausgeführt, und dabei die Raddrehungen mit Hilfe eines Gradbogens mit freiem Auge bestimmt.

Konstant wurde hierbei gefunden, daß das Auge seine Stellung im Raume unverändert beibehält bis zu einer Senkung des

Kopfes von 90° unter die Horizontalebene und bis zu einer Hebung von 10° über die Horizontalebene.

Berücksichtigt man nun, daß Kaninchen beim normalen Sitzen ihren Kopf ungefähr 35° unter die Horizontale gesenkt halten, so ergibt sich, daß die Tiere im täglichen Leben, ausgehend von dieser Kopfstellung, ihrem Kopf in der Vertikalebene innerhalb ziemlich weiter Grenzen (nach unten ungefähr 55° und nach oben ungefähr 45°) verschiedene Stellungen geben können, ohne daß die Stellung des Auges im Raume und folglich auch das Gesichtsfeld eine Änderung erfährt.

Diese Tatsache hat bereits Bárány (5) festgestellt. Er meinte jedoch, daß es sich dabei ausschließlich um Labyrinthreflexe handelte, während tatsächlich die tonischen Halsreflexe, wie Abb. 87a zeigt, nicht unwesentlich daran mitwirken. Das Unverändertbleiben des Gesichtsfeldes bei verschiedenen Stellungen des Kopfes ist dem Zusammenwirken der tonischen Labyrinth- und tonischen Halsreflexe und nicht den tonischen Labyrinthreflexen allein zu danken.

Grundsätzlich das gleiche Verhalten wurde von de Kleyn auch beim Kopfdrehen und Kopfwenden gefunden (65). Zu diesem Zwecke wurde auf der cocainisierten Cornea ein metallenes Näpfchen von ungefähr der gleichen Krümmung wie die Hornhaut, mit drei Löchern versehen, durch feine Seidennähte auf der Cornea befestigt. Das Näpfchen trägt auf der Außenseite in senkrechter Stellung einen feinen leichten Draht von 24 mm Länge, der an seinem Ende rechtwinklig abgebogen ist. An dem Hauptteil dieses Drahtes sieht man die Vertikalabweichungen, an dem umgebogenen Ende die Raddrehungen. Das an den Pfoten ungefesselte, in Normalstellung befindliche Kaninchen wird mit seinem Kopfe im Czermakschen Halter so befestigt, daß die Mundspalte etwa 35° unter die Horizontale gesenkt ist. An der Stange des Kopfhalters, welche ungefähr die Fortsetzung der occipito-nasalen Kopfachse des Tieres bildet, befindet sich fest verbunden ein Gradbogen, vor welchem ein mit einem Gewicht beschwerter Faden als Lot spielt, so daß jeder Grad der Kopfdrehung an dem Gradbogen abgelesen werden kann. Bei Normalstellung des Kopfes wird nunmehr zwischen dem Beobachter und dem Tiere (das Gesicht des Beobachters ist gegenüber der Nase des Tieres) ein Draht in einem Stativ befestigt, welcher vom Beobachter genau parallel mit dem Hornhautstäbchen eingestellt wird. Werden nunmehr Drehungen des Kopfes nach rechts oder links ausgeführt, so kann man unschwer erkennen, bis zu welchem Grade man den Kopf drehen kann, ohne daß das Hornhautstäbchen seine Parallelität zur Visierlinie verliert. Auf diese Weise ergab sich, daß man in sieben Versuchen den Kopf um 17° bis 25° nach rechts oder links drehen mußte (Mittel 21°), um noch gerade eben das Auge in unveränderter Stellung im Raume zu erhalten.

Auf dieselbe Weise wurde das Stehenbleiben der Augen beim Kopfwenden (Rechts- und Linkswenden in der Horizontalebene) in fünf Versuchen festgestellt. Hierbei fand sich, daß die Augen beim Wenden nach rechts oder links um 12° bis 24° gerade noch stehenblieben (Mittel 17°).

Wenn also das Kaninchen von der Normalstellung aus den Kopf hebt, senkt, dreht oder wendet, so bleiben seine Augen im Raume richtig orientiert, solange die Kopfbewegungen gewisse Grenzen nicht überschreiten. Diese sind: für Kopfheben 45°, für Kopfsenken 55°, für Kopfwenden 17° und Kopfdrehen 21° nach jeder Seite. Im ganzen kann das Kaninchen also Kopfbewegungen nach oben und unten im Ausmaß von 100°, Drehbewegungen im Ausmaß bis zu 50° und Wendebewegungen im Ausmaß von im ganzen 44° ausführen, ohne daß das Gesichtsfeld sich ändert.

Die Bestimmungen für Kopfdrehen und Kopfwenden ergeben Minimalwerte, denn durch das Anbringen des Stäbchens auf der Hornhaut erfolgt bei den verschiedenen Versuchen in wechselndem Grade Reflexhemmung, so daß beim freisitzenden Tiere mit unverletzten Augen die Werte in Wirklichkeit noch etwas größer sein werden.

Dieses feine Zusammenarbeiten der tonischen Labyrinth- und Halsreflexe auf die Augenmuskeln zu dem Endergebnis, daß bei Kopfbewegungen die Gesichtsfelder der beiden Augen im Raume gewissermaßen stehenbleiben, findet sich vor allem bei Normalstellung des Tieres. In anderen Lagen können sich die beiden Reflexgruppen geradezu entgegenarbeiten. Befindet sich beispielsweise das Kaninchen in Rückenlage und dreht seinen Kopf so in Seitenlage, daß sich das rechte Auge (im Raume) oben befindet, so bewirkt der Halsreflex, daß das Auge seine Lage zum Horizont möglichst beibehält, also dorsalwärts abgelenkt wird, während umgekehrt der tonische Labyrinthreflex das Auge ventralwärts bewegt. Wie die beiden Einflüsse bei den verschiedenen möglichen Lagen des Tieres im Raume die Augen hin und her ziehen, und in welchen Lagen noch Kompensation der Kopfabweichungen durch tonische Reflexe auf die Augen eintritt, bedarf noch näherer Ausarbeitung.

Durch das Zusammenwirken der Hals- und Labyrinthreflexe werden bei den verschiedenen Lagen des Kopfes im Raume Ruhestellungen (Grundstellungen) des Auges erreicht. Das Kaninchen führt, wie erwähnt, sehr geringe Blickbewegungen aus. Bei anderen Tierarten spielen diese Blickbewegungen eine größere Rolle, und diese werden von den zu den entsprechenden Kopfstellungen gehörigen Grundstellungen aus vorgenommen. Nach ihrem Ablauf kehrt das Auge jeweils in die zur Kopfstellung gehörige Grundstellung zurück. Der Tatsache, daß durch die tonischen Hals- und Labyrinthreflexe Ruhestellungen der Augen bewirkt werden, entspricht die allseitige Erfahrung, daß durch die zu kompensatorischen Augenstellungen führenden Bewegungen kein Nystagmus (schnelle Phase) ausgelöst wird. Im Gegensatz dazu stehen die Reaktionen der Augen auf Drehen des Kopfes oder Ausspülen mit kaltem bzw. warmem Wasser. Hierbei wird das Auge von seiner Grundstellung entfernt (Drehreaktion bzw. calorische Reaktion) und federt dann gleichsam bei der schnellen Phase des Nystagmus mehr oder weniger vollständig in die Ruhelage zurück, um alsbald wieder von den Bogengängen aus in eine von der Grundstellung verschiedene Augenstellung gebracht zu werden (langsame Phase). Ebenso entfernt sich beim optischen (Eisenbahn-) Nystagmus das Auge fortwährend von seiner Ruhelage. Da die kompensatorischen Augenstellungen Grundstellungen sind, fehlt der Zwang für die schnelle Phase des Nystagmus.

IV. Zusammenwirken der kompensatorischen Augenstellungen mit den Bogengangsreaktionen.

Wenn ein Tier Kopfbewegungen ausführt, so bringt es dadurch den Kopf aus der einen Ruhestellung in die andere. Beiden Kopfstellungen entsprechen bestimmte kompensatorische Augenstellungen. Zwischendurch wird aber eine (Dreh-) Bewegung mit dem Kopfe gemacht, welche eine (vorübergehende) Drehreaktion der Augen veranlaßt. Während und unmittelbar nach der Bewegung müssen also kompensatorische Augenstellungen und Drehreaktionen miteinander interferieren.

Wenn ein Kaninchen in Normalstellung sitzt und den Kopf hebt, so wird durch diese Drehung des Kopfes um die Bitemporalachse eine Bogengangsreaktion ausgelöst, durch welche das Auge mit dem oberen Hornhautrand nach vorn gedreht wird, d. h. in derselben Richtung, in welcher es nachher durch die Kombination von tonischen Hals- und Labyrinthreflexen festgehalten wird. Ebenso wird beim Kopfsenken durch Bogengangsreaktion eine Augenrollung im umgekehrten Sinne ausgelöst, wodurch ebenfalls das Auge in die Stellung gebracht wird, die der nachherigen kompensatorischen Augenstellung entspricht.

Das gleiche gilt für Drehung des Kopfes um die naso-occipitale Achse; hierbei wird von den Bogengängen aus das eine Auge nach oben, das andere nach unten bewegt in derselben Richtung, in welcher es nachher durch die kompensatorischen Augenstellungen festgehalten wird.

Führt das Tier eine Wendung mit dem Kopfe aus, so bewirken die Bogengänge Bewegungen der Augen in der Richtung der Lidspalte, und zwar in der gleichen Richtung, in welcher das Auge durch den tonischen Halsreflex festgehalten wird.

Für diejenigen Kopfbewegungen also, welche von der Normal-stellung des Tieres ausgehen, arbeiten die Bogengangsreflexe mit den tonischen Hals- und Labyrinthreflexen harmonisch zusammen. Drehbewegung des Kopfes löst eine Bogengangsreaktion aus, durch welche das Auge in derjenigen Richtung geführt wird, in der es nachher durch den tonischen Hals- und Labyrinthreflex festgehalten wird. Wir haben hier einen Einstellungsapparat von außerordentlicher Feinheit und Schnelligkeit vor uns.

Nach dem, was soeben über das Zusammenarbeiten der Hals- und Labyrinthreflexe gesagt wurde, ist selbstverständlich, daß diese Harmonie nicht für alle Ausgangsstellungen im Raume gilt. Bogengangsreaktionen und tonische Halsreflexe wirken allerdings bei allen Körperlagen zu-sammen, dagegen verlaufen beispielsweise bei Kopfbewegungen, welche das Tier in Rückenlage ausführt, die Bogengangsreaktionen im um-gekehrten Sinne wie die tonischen Labyrinthreflexe auf die Augen-muskeln.

Wie die drei Reflexgruppen bei anderen Ausgangsstellungen des Körpers zusammenarbeiten, muß noch im einzelnen ermittelt werden.

V. Kompensatorische Augenstellungen bei anderen Säugetieren und beim Menschen.

Die kompensatorischen Augenstellungen sind bei Fischen, Amphi-bien, Reptilien und Vögeln vielfach untersucht worden; besonders bei den erstgenannten Tierarten sind sie sehr ausgesprochen und bei-spielsweise in jüngster Zeit bei Fischen mit photographischen Methoden von Benjamins festgelegt worden. Erwähnung verdient, daß Lyon bereits im Jahre 1899 bei Fischen feststellen konnte, daß Beugen des Rumpfes gegen den feststehenden Kopf zu Augenabweichungen führt. Trotzdem die Fische bekanntlich keinen Hals besitzen, hat man hierin zweifellos ein Analogon zu den tonischen Halsreflexen auf die Augen zu sehen. An dieser Stelle soll jedoch nur berücksichtigt werden, was wir über die kompensatorischen Augenstellungen bei den anderen Säugetieren wissen.

I. Die Verhältnisse beim Meerschweinchen liegen genau so wie beim Kaninchen. Sowohl die Richtung der Augenabweichung wie ihr Ausmaß und die Lage der Maxima und Minima ist ziemlich genau die gleiche wie beim Kaninchen. Bartels(3) hat darauf hingewiesen, daß auch bei Meerschweinchen tonische Halsreflexe auf die Augen vorhanden sind.

II. Sehr viel weniger Sicheres wissen wir beispielsweise von den Verhältnissen bei der Katze, bei welcher die Augen ziemlich frontal im Schädel liegen. Quantitative Untersuchungen fehlen vollkommen, und auch qualitativ besitzen wir nur sehr spärliche Kenntnisse.

Nach einseitiger Labyrinthexstirpation (*15*) läßt sich in den ersten
1—2 Tagen eine geringe Horizontalabweichung und Rollung des Auges
mit dem oberen Corneapol nach der operierten Seite feststellen. Außerdem ist das Auge der operierten Seite ventralwärts, das andere dorsalwärts abgelenkt. Die Augenabweichung ist auf der operierten Seite
meistens stärker. Außerdem zeigen die Augen Nystagmus in der umgekehrten Richtung der Ablenkung, der aber ebenfalls schnell schwindet.
Da es sich um so bald vorübergehende Erscheinungen handelt, ist es
aus leicht begreiflichen Gründen nicht sicher, ob diese Augenabweichungen nach einseitiger Labyrinthexstirpation wirklich auf kompensatorischen Augenstellungen beruhen.

Nach Analogie der gleich zu schildernden Beobachtungen am Hunde
kann man vielleicht die Vertikalabweichung auf derartige kompensatorischen Augenstellungen beziehen. Außerdem deutet noch folgendes
in dieselbe Richtung:

Bringt man eine Katze nach einseitiger Labyrinthexstirpation in
Normalstellung, und dreht nunmehr den Kopf um 90° nach der Seite
der Operation, so beobachtet man Abnahme der Augendeviation und
sehr starken Nystagmus. Dagegen tritt auf Kopfdrehen nach der
anderen Seite eine Zunahme der Deviation und sehr geringer Nystagmus
auf; alles dieses natürlich nur in den ersten Tagen nach der Operation.
Hier hat also die Kopfstellung einen deutlichen Einfluß auf die Augenabweichung und auf das Zustandekommen oder Nichtzustandekommen
des Nystagmus. Dagegen ist es nicht sicher, ob es sich hierbei um tonische Labyrinth- oder Halsreflexe handelt[1]).

Diese Verhältnisse bedürfen erneuter Untersuchung auf Grund
unserer jetzigen Kenntnisse über den Unterschied zwischen tonischen
Hals- und tonischen Labyrinthreflexen einerseits und tonischen Labyrinthreflexen und Bogengangsreaktionen andererseits. Man sieht aber hieraus, wie schwierig es ist, aus gelegentlichen Beobachtungen, z. B.
nach einseitiger Labyrinthexstirpation, Schlüsse auf das Vorhandensein
tonischer Hals- und Labyrinthreflexe auf die Augen zu machen.

Am intakten wachen Tier kann man diese Augenstellungen überhaupt nicht untersuchen, weil Katzen viel zu lebhafte Spontanbewegungen der Augen nach allen Seiten ausführen. Hier müßte man also
entweder in Narkose oder nach Großhirnexstirpation beobachten.

III. Beim Hunde sind die kompensatorischen Augenstellungen
jedenfalls etwas deutlicher als bei der Katze.

Bringt man einen normalen Hund in Seitenlage, so sieht man, daß
das oben befindliche Auge ventralwärts abgelenkt ist. Dieses ist bei

---

[1]) Die entsprechenden Beobachtungen am Hunde sprechen für tonische
Labyrinthreflexe.

Seitenlage des Kopfes die normale Blickrichtung des Tieres. Aber auch wenn man die Augen mit der Hand abdeckt oder sie durch eine Röhre, welche dem Hunde das Blicken unmöglich macht, von oben betrachtet, sieht man die geschilderte Ablenkung auftreten. Ebenso ist sie beim Thalamushund (nach vollständiger doppelseitiger Großhirnexstirpation) vorhanden, und derartige Tiere besitzen nicht mehr das Vermögen der optischen Einstellung ihrer Augen.

Nach einseitiger Labyrinthexstirpation (15) sind für die Dauer von 3—4 Tagen beide Augen nach der Seite der Operation abgelenkt (operierte Seite stärker). Außerdem ist das Auge der Operationsseite ventralwärts, der anderen Seite dorsalwärts deviiert. Diese Vertikalabweichung ist maximal bei derjenigen Seitenlage des Kopfes, in welcher sich das intakte Labyrinth unten befindet.

Die Beobachtungen über die Augenstellung bei Seitenlage des Kopfes und die Augendeviation nach einseitiger Labyrinthexstirpation stimmen in bezug auf die Vertikalabweichung gut überein. Jedes Labyrinth bewirkt Vertikalabweichung des kontralateralen Auges nach unten und des gleichseitigen Auges nach oben, und zeigt das Maximum seiner Erregung, wenn es bei Seitenlage des Kopfes sich unten befindet. Die nach einseitiger Labyrinthexstirpation beobachtete Horizontalabweichung der Augen nach der Seite der Operation wird dagegen kaum auf tonische Labyrinthreflexe auf die Augen bezogen werden dürfen, da bei letzteren ja keine Horizontalabweichungen auftreten. Es wird sich wohl um die Folgen der Durchtrennung von Bogengangsnerven handeln.

Außerdem sind beim Hunde tonische Halsreflexe auf die Augen festgestellt. Wie erwähnt, hat bereits Stevenson im Laboratorium von Ewald beim Hunde, welcher sich in Normalstellung auf dem Tisch befand, auf Biegen (! Wenden?) des Kopfes nach rechts Linksbewegung der Augen auftreten sehen. Es wurden jedoch bei den damaligen Versuchen diese Reaktionen noch nicht als Halsreflexe gedeutet.

Man kann wohl als sicher annehmen, daß beim Hunde kompensatorische Augenstellungen vorhanden sind, und daß sowohl tonische Labyrinth- wie Halsreflexe hierbei mitwirken. Genauere quantitative Bestimmungen fehlen, vor allem muß auch noch auf Raddrehungen geachtet werden.

IV. Beim Affen (59) sind die kompensatorischen Augenstellungen wenigstens qualitativ vollständig untersucht worden. Allerdings läßt sich, wenn man einen intakten normalen Affen mit seinen außerordentlich lebhaften Blickbewegungen beobachtet, von kompensatorischen Augenstellungen nichts feststellen. Erst genauere Untersuchung hat ergeben, daß auch der Affe diese Reflexe besitzt.

a) **Tonische Labyrinthreflexe auf die Augen** lassen sich am besten während des Erwachens aus tiefer Äther- oder Chloroformnarkose untersuchen. Sie sind in bestimmten Stadien der Narkose mit großer Sicherheit nachzuweisen[1]).

1. **Vertikalabweichungen.** Wenn man das Tier, ohne die Stellung des Kopfes zum Körper zu ändern, langsam in Rückenlage umlegt, so sieht man, daß beide Bulbi gleichsinnig caudalwärts abgelenkt werden durch Kontraktion der Recti inferiores. Bringt man dagegen umgekehrt das Tier in Bauchlage, so daß das Gesicht nach unten sieht, so werden die Bulbi gleichsinnig stirnwärts abgelenkt durch Kontraktion der Recti superiores. In beiden Fällen kontrahieren sich die gleichnamigen Muskeln des rechten und linken Auges gleichzeitig und gleichsinnig. Die beiden angegebenen Lagen des Kopfes im Raume, bei welchen einmal die Mundspalte vertikal nach oben, das andere Mal vertikal nach unten steht, sind die ungefähren Maximumstellungen für die Vertikalabweichung der Augen beim Affen.

2. **Raddrehungen.** Die Raddrehungen sind am stärksten ausgesprochen bei Seitenlage des Kopfes. Ihr Ausmaß ist gering, so daß man sie kaum wahrnehmen kann, wenn nicht vorher ein Kreuz auf die Cornea gebrannt ist. Beim Affen liegen die Verhältnisse ähnlich wie beim Menschen.

Bringt man den Kopf aus der Normalstellung in Seitenlage, so erfolgt die kompensatorische Raddrehung an beiden Augen gleichsinnig, und zwar so, daß der obere Hornhautrand gegen die Decke des Zimmers zu gedreht wird. Aus der anatomischen Anordnung der schrägen Augenmuskeln folgt, daß sich hierbei am oberen Auge der Obliquus inf., am unteren Auge der Obliquus sup. kontrahiert; also reagieren am rechten und linken Auge die gleichnamigen Obliqui gegensinnig, wodurch die beiden Augen gleichsinnige Raddrehungen ausführen.

Aus dem Gesagten ergibt sich, daß der Affe mit frontal angeordneten Augen andere Verbindungen seiner afferenten labyrinthären Bahnen mit den Augenmuskelkernen hat als das Kaninchen. Befindet sich bei beiden Tieren der Kopf mit der Schnauze vertikal nach unten, so werden beim Kaninchen die Obliqui beider Augen gleichsinnig beeinflußt, beim Affen dagegen der Rectus sup. und inf. beider Augen gleichsinnig.

Dagegen beeinflussen die Labyrinthe in Seitenlage des Kopfes beim Kaninchen die Recti (superior und inferor) gegensinnig und beim Affen die Obliqui gegensinnig.

Es haben also beim Kaninchen und Affen die beiden Obliqui und die Recti (sup. und inf.) gewissermaßen ihre Rollen vertauscht. Da-

---

[1]) Bei den kürzlich von Graham Brown (4) beschriebenen Augenabweichungen in Narkose hat es sich vermutlich nicht um kompensatorische Augenstellungen, sondern um Drehreaktionen gehandelt.

gegen findet man bei denselben Kopfstellungen im Raume beim Kaninchen sowohl wie beim Affen jeweils gleichsinnige (Kopf + 90° oder
Kopf − 90°) oder gegensinnige (Kopf in Seitenlage) Reaktion.

Diese Unterschiede kann man auch erkennen durch Vergleich der dick
gezeichneten Verbindungsbahnen auf den Schemata von Abb. 86 und 88.

Von den Labyrinthen aus lassen sich auch beim Affen
keine Horizontalabweichungen als tonische Dauerreflexe (kompensatorische Augenstellungen)
auslösen.

Nach einseitiger Laby-
rinthexstirpation sind auch
beim Affen die Augen wenige
Tage lang nach der operierten
Seite abgelenkt. Wie schon
oben bei Katze und Hund
erwähnt, handelt es sich hier
wohl nicht um einseitige
tonische Labyrinthreflexe
auf die Augen, sondern um
die vorübergehenden Folgen
der Durchschneidung von
Bogengangsnerven.

Bartels beobachtete ein-
mal nach einseitiger Labyrinthexstirpation beim Affen
Vertikaldifferenz der Augen.
Auch bei einem meiner Versuchstiere stand das Auge
der operierten Seite zwei
Tage lang etwas tiefer als
das andere. Es ist möglich,
daß dieses auf tonischen
Labyrinthreflexen beruht.

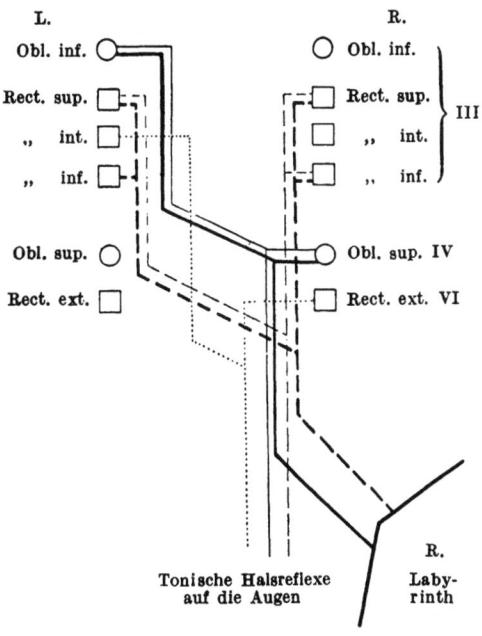

Abb 88. Schema der zentralen Verbindungen
bei den kompensatorischen Augenstellungen
des Affen. Dicke Linien: Labyrinthreflexe.
Dünne Linien: Halsreflexe. — — —: Vertikalabweichungen. ————: Raddrehungen.
············: Horizontalabweichungen.

b) Tonische Halsreflexe auf die Augen: 1. Vertikalabweichungen. Bringt man das Tier in aufrechte Körperstellung mit dem
Kopf nach oben und fixiert den Kopf in Normalstellung, so lassen
sich durch Bewegungen des Rumpfes um die Bitemporalachse in der
Sagittalebene Vertikalabweichungen der Augen hervorrufen. Wird der
Rücken des Tieres dem Scheitel genähert, so gehen beide Augen gleich-
sinnig ventralwärts, wird der Bauch des Tieres der Nase genähert, so
gehen beide Augen stirnwärts. Es handelt sich um eine Reaktion des
Rectus sup. und inf., die gleichnamigen Muskeln reagieren an beiden
Augen gleichsinnig.

Während es sich hierbei ausschließlich um tonische Halsreflexe auf die Augen handelt, lassen sich bei den entsprechenden Kopfbewegungen am sitzenden Tier Kombinationen von Hals- und Labyrinthreflexen beobachten. Sitzt das Tier in aufrechter Haltung mit dem Kopf oben, so gehen bei Ventralbeugen des Kopfes (Kopfsenken) beide Augen nach oben, bei Dorsalbeugen des Kopfes (Kopfheben) beide Augen nach unten. Die Augendeviation ist also in diesem Falle kompensatorisch für die Kopfbewegung.

2. Raddrehungen. Wir bringen den Affen wieder in aufrechtsitzende Haltung mit dem Kopf oben und fixieren den Kopf in Normalstellung. Nunmehr lassen sich Raddrehungen der Augen durch Bewegungen des Körpers um die Dorsoventralachse in der Frontalebene auslösen (Rumpfwenden). Wendet man beispielsweise den Rumpf so, daß sich die rechte Schulter dem rechten Ohr nähert, so rollen die beiden Augen gleichsinnig mit dem oberen Hornhautrande nach links. Sie haben also dieselbe Drehrichtung wie der Rumpf. Am rechten Auge kontrahiert sich der Obl. sup., am linken Auge der Obl. inf., die gleichnamigen schrägen Augenmuskeln reagieren also an den beiden Augen gegensinnig. Das Ausmaß dieser Raddrehungen ist nicht sehr groß, aber doch immerhin so, daß man es mit Sicherheit erkennen kann.

Eine Kombination der tonischen Hals- und Labyrinthreflexe auf die Raddrehungen erhält man, wenn man das Tier in aufrechte Körperstellung mit Kopf oben bringt und nunmehr den Kopf zur rechten oder linken Schulter neigt. Dabei treten dann Raddrehungen auf, welche der Drehrichtung des Kopfes entgegengesetzt erfolgen. Es handelt sich auch hier um Dauerstellungen. Das Ausmaß ist gering.

3. Horizontalabweichungen der Augen als Dauerstellung lassen sich nur vom Halse aus hervorrufen. Nach meinen bisherigen Erfahrungen gelingt das weniger gut in Narkose, wohl aber ließ es sich mit größter Deutlichkeit bei zwei Thalamusaffen (nach vollständiger doppelseitiger Großhirnexstirpation) feststellen. Bei dem einen dieser Tiere waren vorher beide Labyrinthe entfernt worden. In den beschriebenen Fällen war der Kopf in Normalstellung fixiert. Im Gegensatz zu dem oben für die Raddrehungen Geschilderten war der Körper aber nicht mit der Wirbelsäule vertikal, sondern horizontal gestellt worden, so daß die Ausgangsstellung des Affen etwa der Normalstellung des Kaninchens glich. Nunmehr wurde der Rumpf in der Horizontalebene um die Dorsoventralachse gedreht. In diesem Falle war also die Ausgangsstellung eine andere wie für die Raddrehungen. Nähert man nunmehr die rechte Schulter dem rechten Ohr, so gehen beide Augen horizontal nach links. Hierbei kontrahiert sich der linke Rectus externus und der rechte Rectus internus. Die gleichnamigen Augen-

muskeln rechts und links führen also gegensinnige Reaktionen aus. Es handelte sich in beiden Fällen um sehr deutliche Augenabweichungen, welche so lange bestehen blieben, als der Körper seine Lage zum Kopf nicht änderte[1]).

Das Diagramm Abb. 88 gibt die Verbindung eines Labyrinthes und der vereinfachten einseitigen Bahnen für die tonischen Halsreflexe mit den Augenmuskelkernen beim Affen wieder und muß daher mit dem entsprechenden Diagramm Abb. 86 vom Kaninchen verglichen werden. Bei beiden Tiergruppen werden die tonischen Horizontalabweichungen der Augen ausschließlich vom Halse aus durch gegensinnige Beanspruchung des Rectus externus und internus ausgelöst. Bei beiden Tierarten verlaufen die Bahnen von dem Labyrinthe und dem Halse zu den Obliqui sowie zu Rectus sup. und inf. der beiden Augen nach demselben Prinzip, und sind daher in den Schemen als parallele Linien gezeichnet worden. Beim Affen ist die Verteilung der Bahnen auf Obl. sup. und Obl. inf. dieselbe wie beim Kaninchen für Rectus sup. und Rectus inf., während andererseits die nervösen Verbindungen von Rectus sup. und inf. beim Affen denen mit Obl. sup. und inf. beim Kaninchen entsprechen.

Während des Lebens haben diese Reflexe beim gesunden Affen nur eine geringe Bedeutung. Die richtige Einstellung der Augen wird hauptsächlich dadurch kontrolliert, daß die Augen in einer Frontalebene liegen und die Sehfelder sich zum größten Teile decken. Die Augenstellung wird also hauptsächlich optisch reguliert. Die kompensatorischen Augenstellungen dienen höchstwahrscheinlich nur dazu, das Konstantbleiben des Gesichtsfeldes bei Kopf- und Körperbewegungen in sehr geringem Ausmaße zu unterstützen.

V. Auch beim Menschen sind tonische Hals- und Labyrinthreflexe auf die Augen zweifellos vorhanden, sie sind aber ebenso wie beim Affen sehr gering und überdies bisher nur unvollständig untersucht worden.

In den meisten Fällen wurden von den Beobachtern die Hals- und Labyrinthreflexe nicht unterschieden, weil die Kopfbewegungen gegen den ruhenden Körper ausgeführt wurden.

---

[1]) Wird der Kopf in Normalstellung fixiert und steht die Wirbelsäule vertikal, so bewirkt Rumpfwenden Raddrehung der Augen; steht dagegen die Wirbelsäule horizontal, so treten Horizontalabweichungen auf. In beiden Fällen werden verschiedene Halsbewegungen ausgeführt, und schon aus diesem Grunde könnten die hierdurch ausgelösten tonischen Reflexe auf die Augenmuskeln verschieden sein. Vielleicht spielen auch noch „Schaltungen" dabei eine Rolle. — Beim Kaninchen liegen die Verhältnisse einfacher. Hier bewirkt Rumpfwenden stets Horizontalabweichungen und Rumpfdrehen stets Vertikalabweichungen, einerlei ob bei Normalstand des fixierten Kopfes die Wirbelsäule ursprünglich horizontal oder vertikal gerichtet war.

Ferner ist von den älteren Beobachtern meistens kein Unterschied zwischen den Drehreaktionen und den kompensatorischen Dauerstellungen gemacht worden.

1. **Raddrehungen.** John Hunter scheint der erste gewesen zu sein, welcher bei Neigen des Kopfes zur Schulter Augenrollungen beobachtet hat. Hier hat es sich wohl hauptsächlich um optische Reaktionen und um labyrinthäre Drehreaktionen gehandelt. Einen scharfen Unterschied zwischen den kompensatorischen Augenstellungen, welche bleiben, und den Drehreaktionen, welche vorbeigehen, macht Breuer (1). Er sowie A. Nagel zeigten ferner, daß kompensatorische Veränderungen der Augenstellung bei Änderung der Kopflage im Raume auch dann eintreten, wenn die Stellung des Kopfes zum Körper nicht geändert wird. Es spielen hierbei also sicher Labyrinthreflexe eine Rolle. Ob beim Menschen Halsreflexe im gleichen Sinne wirken, muß noch festgestellt werden.

Die Größe der (dauernden) kompensatorischen Augenrollung bei Neigen des Kopfes zur Schulter sieht man aus nachfolgenden Tabellen.

Tabelle 1. (Nach Zoth.)

Kopfneigung	15°	25°	35°	45°	55°	65°
Rollung nach:						
Mulder	3°	4°	5°	5,5°	5,5°	6°
Küster	4°	6°	6,5°	7°	8°	9°
Skrebitzky	2°	2,6°	4,2°	5,5°	6,8°	7,7°

Tabelle 2. [Nach W. Nagel (2).]

Kopfdrehung	10°	20°	30°	40°	50°	60°	70°	80°	90°	100°
Raddrehungswinkel . . .	1,3°	3,8°	5,2°	5,4°	6,3°	6,7°	6,8°	8,0°	8,1°	8,6°
Kompensiert wurden so-)	1	1	1	1	1	1	1	1	1	1
mit von der Kopfdrehung∫	7,7	5,2	5,8	7,4	7,9	9	10,3	10	11,1	11,8

Es wird also beim Menschen, selbst bei Kombination von tonischen Hals- und Labyrinthreflexen, die Kopfdrehung beim Neigen des Kopfes zur Schulter **nur zum kleinsten Teile kompensiert.** Nach den Feststellungen von Angier rollen beide Augen dabei gleich stark; sie bewegen sich mit dem oberen Hornhautrande in der gleichen Richtung, die gleichnamigen Obliqui reagieren also dabei gegensinnig. Das Verhalten der kompensatorischen Raddrehungen ist genau das gleiche wie beim Affen.

2. **Vertikalabweichungen.** Breuer hat bereits beobachtet, daß bei Blinden auf Heben und Senken des Kopfes kompensatorische Vertikalabweichungen der Augen erfolgen, und zwar ebenso wie bei den Raddrehungen nur um einen geringen Bruchteil der Neigung des

Kopfes. Der Rectus sup. und inf. beider Augen reagieren dabei, gerade wie beim Affen, gleichsinnig. W. Nagel gibt an, daß diese Vertikalabweichung auch bei kleinen Kindern beobachtet ist, und daß er sie bei Erwachsenen im Dunkelzimmer mit Hilfe von Momentbeleuchtung feststellen konnte. Er macht ferner folgende Angabe: ,,Wechselt man bei geschlossenen Augen zwischen aufrechter und vornübergebeugter Haltung und betastet währenddessen mit leicht aufgelegten Fingern die Lider, so fühlt man deutlich, wie bei der Neigung nach vorn die Hornhaut nach oben, bei der Aufrichtung nach abwärts rollt.''

Klinische Beobachtungen zeigen, daß bei diesen Reaktionen sicherlich tonische Halsreflexe eine Rolle spielen. De Kleyn und Stenvers (67) haben einen Fall beobachtet, in welchem auf Heben und Senken des Kopfes kompensatorische Vertikalabweichungen der Augen auftraten, welche bei ausschließlichem Auslösen von tonischen Labyrinthreflexen fehlten, wobei der Patient auf einer Tragbahre fest fixiert war und in verschiedene Lagen im Raume gebracht wurde. Aktive optische Blickbewegungen waren durch Vorsetzen einer stark bikonvexen Brille unmöglich gemacht worden. In diesem Falle war auch ausdrücklich darauf geachtet worden, daß es sich nicht um Drehreaktionen, sondern um wirkliche Dauerstellungen handelte. Hierdurch ist also mit Sicherheit der tonische Halsreflex auf die Augen bei vertikalen kompensatorischen Augenstellungen nachgewiesen worden. Inwieweit bei derartigen Vertikalreaktionen auch tonische Labyrinthreflexe mitwirken, bedarf noch weiterer Untersuchung.

3. Horizontalabweichungen. Bárány (6) hat bei Neugeborenen in den ersten zwei Tagen nach der Geburt und an Frühgeburten vom 7.—8. Monat beobachtet, daß, wenn man bei Rückenlage den Kopf fixiert und darauf den Körper um die Wirbelsäule als Achse um 90° (nicht weniger!) beispielsweise nach links dreht, eine horizontale Deviation beider Augen nach links als Dauerreaktion eintritt. In diesem Falle muß es sich um reine Halsreflexe handeln.

In einem unveröffentlichten Falle (Kind mit großem Hirntumor) haben de Kleijn und Stenvers ebenfalls horizontale Augendeviationen durch Rumpfdrehen bei fixiertem Kopfe auslösen können (Abb. 88 I a und b).

Auf Abb. 88 I a sieht man das Kind in rechter Seitenlage. Das rechte Auge steht in Mittelstellung, das linke im inneren Augenwinkel.

Während nunmehr der Kopf unverändert in rechter Seitenlage festgehalten wurde, ist der Körper des Kindes in Rückenlage gedreht (Abb. 88 I b). Das rechte Auge steht nunmehr im inneren Augenwinkel, das linke Auge in Mittelstellung. Beide Augen haben sich also bei feststehendem Kopf in derselben Richtung in der Orbita bewegt, in welcher der Rumpf gedreht worden ist. Es handelt sich um Dauerreaktionen durch tonische Halsreflexe auf beide Augen.

Das ist alles, was man bisher über kompensatorische Augenstellungen beim Menschen weiß, aber schon diese spärlichen Feststellungen zeigen, daß der Mensch dieselben Reflexe hat wie der Affe und daß sicher sowohl tonische Labyrinth- wie Halsreflexe auf die Augen vorhanden sind. Beim erwachsenen gesunden, wachen Menschen lassen sich nur Raddrehungen bei Seitwärtsneigen des Kopfes nachweisen.

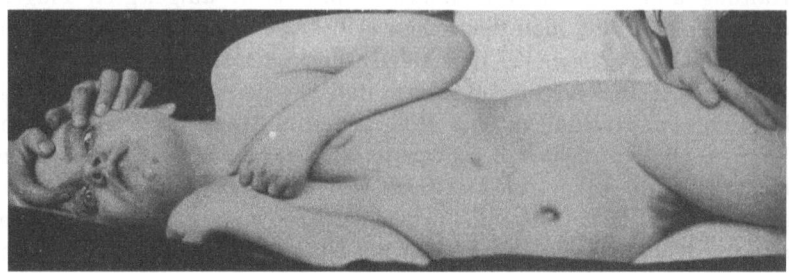

Abb. 88^{I} a.

Nach Nagel treten Vertikalabweichungen auch im Dunkeln auf, also wenn der Zwang zur optischen Einstellung der Augen fehlt.

Sichere Labyrinthreflexe sind nachgewiesen bei den Raddrehungen in Seitenlage des Kopfes. Sichere Halsreflexe sind nachgewiesen bei den Vertikalabweichungen auf Heben und Senken des Kopfes und bei

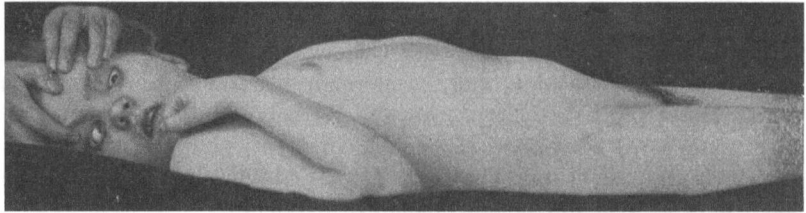

Abb. 88^{I} b.

den Horizontalabweichungen, welche bei Neugeborenen und Kranken auf Rumpfdrehungen erfolgen.

Die ganze Frage bedarf erneuter systematischer Untersuchung. Die sichersten Beobachtungen wird man wahrscheinlich gelegentlich chirurgischer Narkose bei Kindern machen können, welche ohne Schwierigkeiten in die verschiedenen Lagen im Raume gebracht werden können. Die Untersuchung muß dann so vollständig ausgeführt werden, wie das oben für die Affen geschildert worden ist.

Die in diesem Kapitel mitgeteilten Tatsachen zeigen, daß bei allen bisher untersuchten Säugetieren die tonischen Hals- und Labyrinthreflexe in grundsätzlich der gleichen Weise vorhanden sind, daß die verschiedenen Tierarten aber je nach der anatomischen Anordnung der Augen im Kopfe und je nach der Ausbildung des optischen Einstellapparates der Augen sehr verschiedenen Gebrauch von diesen Reflexen machen.

Fünftes Kapitel.

Stellreflexe.

Wie im dritten Kapitel bereits kurz beschrieben wurde, wird die Körperstellung beim decerebrierten Tier ausschließlich beherrscht durch die Haltungsreflexe, d. h. durch die tonischen Hals- und Labyrinthreflexe auf die Körpermuskulatur, durch welche die Spannungsverteilung in den einzelnen Körperabschnitten in harmonischer Weise in Einklang mit der Stellung des Kopfes gebracht wird. Sobald nun außer den für diese Reflexe notwendigen Zentren im oberen Halsmark und der Medulla oblongata noch ein funktionsfähiges Mittelhirn vorhanden ist, so baut sich auf diese Grundlage ein neues System von Reflexen auf, das der Stellreflexe, welche das Tier befähigen, selbständig die Normalstellung einzunehmen und zu bewahren.

Daß ein Tier ohne Großhirn und mit mehr oder weniger intaktem Hirnstamm imstande ist, zu stehen und zu laufen, ergab sich bereits aus den alten Beobachtungen von Magendie, Longet, Schiff, Vulpian, Christiani und Munk (1) am Kaninchen und aus den berühmten Untersuchungen von Goltz an seinem großhirnlosen Hunde, welche noch in jüngster Zeit von Rothmann und von Dusser de Barenne (3) bestätigt werden konnten. Auf welche Weise ein derartiges Tier imstande ist, seine normale Körperstellung zu gewinnen und zu erhalten, ließ sich am besten am Kaninchen analysieren, weil dieses nach der vollständigen Großhirnexstirpation nur sehr wenig Schockerscheinungen zeigt und außerdem keine optischen Stellreflexe besitzt. Im Anschluß hieran ließen sich dann dieselben Stellreflexe bei Katze, Hund, Affe und außerdem am intakten Meerschweinchen beobachten.

Technik der Großhirnexstirpation beim Kaninchen.

Bei Kaninchen verwendet man zweckmäßig eine Methode (24), welche sich an ein von Morita (1) beschriebenes Verfahren anlehnt, bei welchem der Schädel rechts und links trepaniert wird, worauf man beiderseits das Schädeldach entfernt, aber in der Mitte eine Knochenspange stehen läßt. Diese schützt den darunter verlaufenden Sinus longitudinalis, der unverletzt bleibt, und später Vierhügel und Sehhügel vor Druck und Beschädigung. Vorne und seitlich wird die Öffnung so groß als irgend möglich gemacht, nach hinten darf man nur so weit gehen, daß man den Sinus transversus nicht verletzt. Danach wird zuerst auf der einen Seite die Dura eröffnet, die Großhirnhemisphäre von der Seite und von hinten durch kleine Wattebäuschchen oder durch einen schmalen, passend gebogenen stumpfen Spatel vom Schädel abgedrängt und schließlich durch die Öffnung nach außen luxiert, wobei der Fornix sich vom Thalamus nach vorne abhebt. Der Hirnstamm wird dadurch seiner ganzen Länge nach von der Seite freigelegt, man sieht die Oberfläche der Thalami und trennt nun Großhirn und Streifenhügel durch einen Schnitt ab, der dorsal in der Furche zwischen Thalamus und Corpus striatum, ventral dicht vor dem Tractus opticus von vorne medial nach hinten lateral verläuft. Darauf läßt sich das ganze Großhirn einschließlich der Riechlappen und der Streifenhügel in einem oder zwei Stücken entfernen. Dieselbe Operation wird dann ebenso an der anderen Seite ausgeführt. Die beiden Schnitte treffen sich in der Lamina terminalis. Die Sehnerven kann man, wenn man will, unter Kontrolle des Auges ohne Mühe durchtrennen. Will man die Optici dagegen erhalten, so empfiehlt es sich, an der Ventralseite des Tractus opticus jederseits ein etwa halbkirschkerngroßes Stück Großhirn stehenzulassen, welches dem medialen Teil des Gyrus piriformis angehört, und das Ende des Ammonshorns und das Subiculum cornu Ammonis, vielleicht auch noch die Verbindung der Taenia semicircularis mit dem Mandelkern enthält [vgl. Winkler (2) und Potters Atlas, Taf. 12]. Die genannten Großhirnteile gehören zum Riechapparat, der bei den operierten Tieren wegen der Entfernung der Bulbi olfactorii nicht in Tätigkeit tritt. Daher stört, wie auch die Beobachtung der Tiere lehrt, ihre Anwesenheit das funktionelle Ergebnis der Operation nicht. Man schützt dadurch den Tractus opticus. In der Mehrzahl der Versuche wurde übrigens das Großhirn total entfernt.

Nach Schluß der Operation liegt der Hirnstamm unverletzt auf der Schädelbasis. Man tupft etwaige Blutgerinnsel weg, kann (doch ist dieses nicht nötig) die entstandene Höhlung durch sterile Watte verkleinern und schließt die Haut. Die Blutung ist meistens sehr gering. Von den Hirnnerven wird der Olfactorius und (bei absichtlicher Durchtrennung) der Sehnerv zerstört. Die anderen Hirnnerven bleiben unverletzt. Will man die Tiere länger am Leben halten, so empfiehlt es sich wegen der Gefahr der Nachblutung die erste Untersuchung erst am folgenden Tage vorzunehmen.

Nach diesem Verfahren operierte Tiere blieben bis zu 11 Tagen am Leben. Da sie spontan keine Nahrung nehmen, wurde ihnen täglich 50—100 ccm Milch mit der Schlundsonde eingeflößt. Nach dem Tode wurde stets die Sektion ausgeführt. Das Gehirn war stets reizlos. Die Präparate wurden zur anatomischen Untersuchung in Formol bewahrt.

Zur Veranschaulichung des anatomischen Befundes seien die stereoskopischen Photographien von zwei bei der Sektion erhaltenen Präparaten abgedruckt.

Versuch 29. Kaninchen 800 g. 3. Mai 1915. Äther-Chloroform-Narkose. Großhirnexstirpation vor den Thalamis nach der Methode von Morita. Das Tier lebt 2 Tage und geht im Anschluß an eine längere Untersuchung ein.

Sektion: Großhirn fehlt vollständig. Linker Opticus durchtrennt. Rechter Opticus intakt. Hirnnerven Nr. 3—12 beiderseits intakt. Vierhügel und Thalami unverletzt erhalten. Stammganglien fehlen. Vor den Thalamis ist in der Mitte an den Fornixsäulen etwa 3 mm stehengeblieben. In der Schädelhöhle nur eine minimale Blutung. Präparat reizlos. Bei der Herausnahme wird der laterale Teil der rechten Kleinhirnhemisphäre abgerissen. Abb. 89 zeigt das Präparat von oben. Man sieht das Kleinhirn, davor die schmalen hinteren und die mächtigen vorderen Vierhügel. Die Thalami enden seitlich in den Corpora geniculata lateralia und lassen in der Mitte den dritten

Abb. 89.

Abb. 89. *1* Klein-hirnwurm. *2* Klein-hirnhemisphären. *3* Hintere Vierhügel. *4* VordereVier-hügel. *5* Corpus ge-niculatum mediale. *6* Thalami optici. *7* Dritter Ventrikel. *8* Corpus genicula-tum laterale. *9* La-mina terminalis.

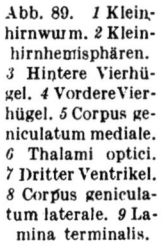 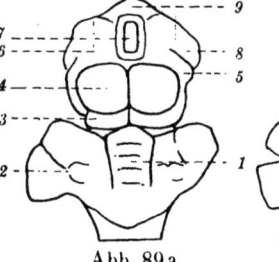 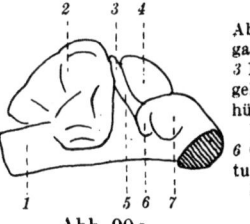

Abb. 90. *1* Oblon-gata. *2* Kleinhirn. *3* Hinterer Vierhü-gel. *4* VordererVier-hügel. *5* Hinterer Vierhügelarm. *6* Corpus genicula-tum mediale. *7* Tha-lamus opticus.

Abb. 89a.   Abb. 90a.

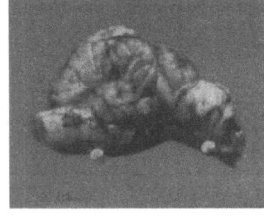 

Abb. 90.

Ventrikel zwischen sich, in den man von oben hineinsieht. Vor demselben ist ein schmales Stück aus der Gegend der Lamina terminalis stehengeblieben. Seit-lich vom Vorderrand des linken vorderen Vierhügels ist das linke Corpus genicu-latum mediale sichtbar.

Abb. 90 zeigt dasselbe Präparat von der Seite. Man erkennt die Medulla oblongata, das Kleinhirn, den hinteren und vorderen Vierhügel und den Thalamus. Vom hinteren Vierhügel zieht unterhalb des vorderen Vierhügels der hintere Vierhügelarm zum medialen Corpus geniculatum. Die Schnittfläche vor dem Thalamus ist zum Teil sichtbar.

Abb. 91 gibt die Ansicht des Präparates von der Ventralseite. Man sieht die Medulla oblongata, das Corpus trapezoides mit den Pyramiden, davor die Brücke, seitlich davon die Kleinhirnhemisphären. Vor der Brücke sieht man die Hirnschenkel herauskommen. Zwischen ihnen das Corpus mammillare und davor das Infundibulum. Vorne verläuft der Tractus opticus beiderseits zum Chiasma, von

Abb. 91.

Abb. 91. *1* Medulla oblongata. *2* Corpus trapezoides. *3* Pyramide. *4* Brücke. *5* Kleinhirnhemisphäre. *6* Hirnschenkel. *7* Corpus mammillare. *8* Infundibulum. *9* Tractus opticus. *10* Chiasma. *11* Nervi optici. *12* Rest aus der Gegend der Lamina terminalis.

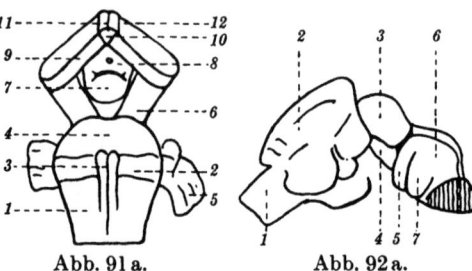

Abb. 91 a.   Abb. 92 a.

Abb. 92. *1* Medulla oblongata. *2* Kleinhirn. *3* Vorderer Vierhügel. *4* Hinterer Vierhügelarm. *5* Corpus geniculatum mediale. *6* Thalamus opticus. *7* Corpus geniculatum laterale.

Abb. 92.

dem die Stümpfe der Nervi optici ausgehen. Vor dem Chiasma steht noch ein Rest aus der Gegend der Lamina terminalis.

Versuch 49. 17. Mai 1915. Kaninchen. Tracheotomie. Chloroformnarkose mittels der künstlichen Atmung. Großhirnexstirpation nach der Methode von Morita direkt vor dem Thalamus. Optici in die Höhe gehoben und durchtrennt. Trachea vernäht. Das Tier lebt zwei Tage und geht an Pneumonie ein.

Sektion: Gehirn reizlos. Thalami und Vierhügel intakt. Großhirn fehlt total. Optici durchtrennt. Hirnnerven Nr. 3—12 intakt. Der Schnitt geht auf der Dorsalseite beiderseits genau am Vorderrand der Thalami; in der Mitte ist nur sehr wenig von der Lamina terminalis stehengeblieben. Ventral geht der Schnitt rechts direkt vor dem Tractus opticus, links 1 mm davor. In der Mitte geht er 1 mm vor dem Chiasma.

Abb. 92 zeigt das Präparat von der Seite. Man sieht die Medulla oblongata, das Kleinhirn, die vorderen Vierhügel. Darunter zieht der rechte Vierhügelarm zum medialen Corpus geniculatum. Vor letzterem liegt das laterale Corpus geniculatum als seitlicher Ausläufer des Thalamus opticus, der intakt ist. Ein Teil der Schnittfläche ist sichtbar.

Von diesem Tiere wurden während des Lebens die als Abb. 98 und Abb. 115 wiedergegebenen Photographien genommen (siehe S. 215 und 235).

Von dem Präparat eines Tieres, welches nach der Operation fünf Tage lang lebte und fortlaufend beobachtet wurde, hat Prof. Winkler die mikroskopische Untersuchung in Serienschnitten ausgeführt. Dabei ergab sich folgendes:

Versuch 20a. 24. März 1915. Kaninchen. Äthernarkose. Exstirpation des Großhirns und der Stammganglien nach der Methode von Morita. Thalami und Vierhügel intakt. Sehnerven geschont.

Das Tier lebte fünf Tage und ging schließlich an Pneumonie ein. Es zeigte alle im nachfolgenden zu schildernden Reflexe, besonders alle Stellreflexe, in vorzüglicher Weise. Pupillenreaktion und reflektorischer Lidschluß auf Belichtung war nur links deutlich vorhanden.

Sektion: Präparat reizlos. Großhirn fehlt total. Hirnnerven Nr. 2—12 beiderseits intakt. Vierhügel und Thalami erhalten. Stammganglien fehlen.

Mikroskopische Untersuchung: Die Großhirnhemisphären fehlen total, auch die ventralen Lappen. Vom Großhirn ist allein noch vorhanden der unter der Commissura anterior gelegene Hypothalamusanteil des Prosencephalon. Vom Fornix steht nur noch ein Stückchen von der Commissura fornicis anterior. Vom Nucleus caudatus ist beiderseits noch der medialste Teil erhalten.

Der Thalamus steht beiderseits. Rechts ist er vollständig und unverletzt erhalten. Links geht der Schnitt durch den lateralen Thalamusteil, so daß in der Ebene der Tafel 14 von Winkler-Potters Atlas (2) der laterale Anteil des Corpus geniculatum laterale entfernt ist und in der Ebene von Tafel 15 des genannten Atlasses der Pes pediculi und die Regio subthalamica bis an die Lamina medullaris ventralis eingekerbt ist. Dadurch ist die Radiatio optica links verletzt und das Ausbleiben der Pupillenreaktion und des Lidkneifens auf Belichtung des rechten Auges erklärt.

Degeneriert sind die dem Schnitt benachbarten Teile der Gitterschicht (Tafel 12, F. r. a. und F. r. b.) und die Zellen in den vordersten Thalamuskernen (Tafel 12, A. b., weniger stark A. a.), links stärker als rechts.

Alle übrigen Bestandteile des Zwischenhirns sind unverletzt erhalten.

Das Mittelhirn und die dahinter gelegenen Hirnteile sind vollständig intakt.

In denjenigen Versuchen, in welchen das Gehirn bis zu den Vierhügeln entfernt wurde, bediente ich mich desselben Verfahrens nach Morita wie bei den Großhirnexstirpationen vor den Thalamis. Nur wird hierbei der Hirnstamm durch einen Schnitt durchtrennt, der an der Dorsalseite 0—2 mm vor dem Vorderrand der Vierhügel lateral vor, durch oder hinter dem Corpus geniculatum mediale, und an der Ventralseite durch die Hirnschenkel am Hinterrand des Corpus mammillare oder durch dasselbe verläuft. Der Schnitt trifft den Hirnstamm in einer Ebene, die zwischen den Tafeln 16 und 17 des Winkler-Potterschen Atlasses liegt. Die Schnittrichtung ist ungefähr dieselbe wie in den genannten Abbildungen. Durch diesen Schnitt werden unter Umständen noch die hintersten Zwischenhirnteile (caudales Ende des Corpus mammillare, Corpus geniculatum mediale ganz oder im caudalen Teil) geschont, der rote Kern der Haube bleibt bis zu seinem

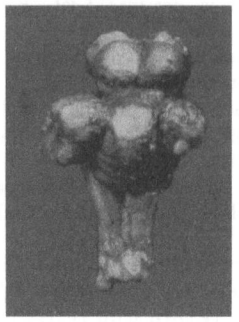 

Abb. 93.

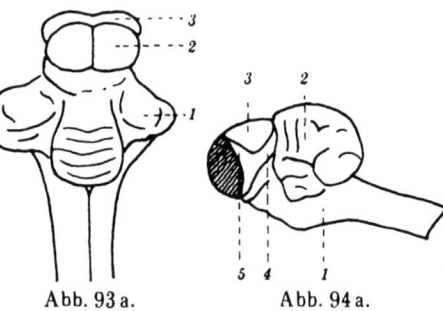

Abb. 93 zeigt das Präparat von der Dorsalseite. Man sieht das Kleinhirn (*1*), die vorderen Vierhügel (*2*) und davor den 1—2 mm breiten Rest des Hinterrandes der Thalami (*3*).

Abb. 93 a.   Abb. 94 a.

Abb. 94 ist von der linken Seite aufgenommen. Medulla oblongata (*1*), linke Kleinhirnhemisphäre (*2*), vorderer Vierhügel (*3*), darunter der hintere Vierhügelarm (*4*), der zum Corpus geniculatum mediale zieht, dessen hintere Hälfte (*5*) stehengeblieben ist, sind deutlich zu erkennen.

 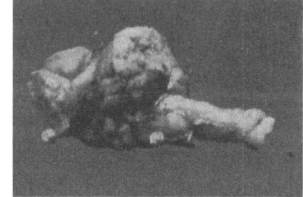

Abb. 94.

Vorderrand erhalten. Es handelt sich im wesentlichen um ein Präparat, in welchem das Mittelhirn vollständig und vom Zwischenhirn nur die caudalsten Abschnitte in wechselnder Ausdehnung stehenbleiben.

Der Erfolg der Operation wird durch die stereoskopischen Aufnahmen Abb. 93—95 veranschaulicht.

Versuch 31. 5. Mai 1915. Kaninchen, 1000 g. Chloroformnarkose. Carotiden abgebunden, Vagi durchtrennt. Exstirpation des Großhirns und der Thalami nach dem Verfahren von Morita. Der Schnitt geht dicht vor den Vierhügeln schräg nach vorne und unten. Fast keine Blutung. Das Tier bleibt zwei Tage am Leben.

Sektion: An der Schnittfläche einige Blutgerinnsel. Sonstige Schädelhöhle leer. Olfactorii und Optici fehlen, Oculomotorii und sonstige Hirnnerven intakt. Der Schnitt geht an der Dorsalseite (Abb. 93) symmetrisch 1—2 mm vor den vorderen Vierhügeln, an der Ventralseite (Abb. 95) direkt hinter dem Hinterrand des Corpus mammillare durch die Hirnschenkel. An der linken Seite (Abb. 94) verläuft er 2 mm vor dem Hinterrand des Corpus geniculatum mediale, an der rechten Seite genau am Hinterrand des Corpus geniculatum mediale.

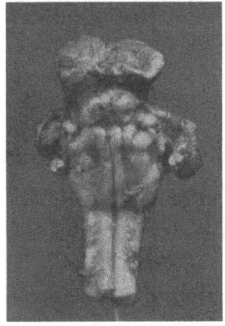 

Abb. 95.

Abb. 95 zeigt das Präparat von der Ventralseite. Man sieht die Medulla oblongata (1), Corpus trapezoides (2) mit Pyramide(3), Brücke(4), Kleinhirnhemisphären (5). Vor der Brücke stehen die Hirnschenkel (6). Das Corpus mammillare fehlt. Siehe zum Vergleich Abb. 91.

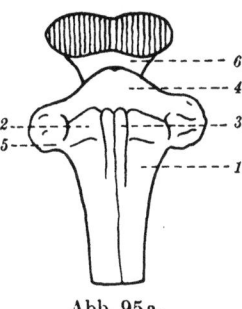

Abb. 95 a.

Beide Operationen sind, wenn man einmal durch die Sektion genau kontrollierte Versuche gemacht hat, leicht auszuführen, und man sieht dabei genau, was man tut.

Zur Nomenklatur: Bei den früheren Untersuchungen handelte es sich meistens um decerebrierte Tiere; nur zu besonderen Zwecken wurde in einzelnen Versuchsreihen das Kleinhirn oder die Medulla oblongata abgetragen. Bei den hier und später zu beschreibenden Experimenten werden verschiedene höhere und niedere Hirnteile in funktioneller Verbindung mit Rückenmark und Medulla oblongata gelassen. Zur Bezeichnung der jeweils ausgeführten Operation ist eine kurze und deutliche Nomenklatur erwünscht, um Irrtümer oder umständliche Beschreibungen zu vermeiden. Ich schlage daher vor, das Präparat nach dem am meisten oralwärts gelegenen Teile des Zentralnervensystems zu benennen, der in funktioneller Verbindung mit den tiefer gelegenen Teilen geblieben ist. Demnach wäre das dekapitierte Tier als Halsmarktier, das decerebrierte als Kleinhirn-Oblongata-Tier bzw. als Kleinhirn-Brücken-Tier zu bezeichnen. Je nach Bedarf kann man auch von einem kleinhirnlosen Oblongatatier usw. reden. Die in dem folgenden Abschnitt beschriebenen Experimente sind am Zwischenhirn- oder Thalamuskaninchen und am Vierhügelkaninchen angestellt. (Statt Vierhügelkaninchen kann man auch Mittelhirnkaninchen sagen, wenn man nur nicht vergißt, daß dabei meistens die caudalsten Zwischenhirnanteile erhalten bleiben.)

I. Allgemeines Verhalten der Thalamus- und Mittelhirntiere.

1. Kaninchen. Kurze Zeit nach dem Erwachen aus der Narkose beginnt das Tier mit Versuchen, sich aufzusetzen. Nach einer halben bis mehreren Stunden, jedenfalls aber am nächsten Tage, sitzt es völlig normal da wie ein intaktes Tier und nimmt jedesmal, wenn man es aus dieser Lage z. B. in Seitenlage oder Rückenlage bringt, die normale Körperhaltung und -stellung wieder ein. Kopf und Körper stehen symmetrisch, der Kopf wird frei getragen, wobei die Mundspalte meist in einem Winkel von 20—40° nach vorne gesenkt ist, der Bauch befindet sich oberhalb des Bodens, die Vorder- und Hinterbeine sind in normaler Weise gebeugt, das Tier sitzt in Hockstellung. Spontanbewegungen, die zu Ortsveränderungen führen, werden fast niemals ausgeführt. Treten sie auf, so läßt sich auch oft der äußere Reiz feststellen, der sie ausgelöst hat. Man findet das Tier meist nach Stunden noch an derselben Stelle des Käfigs sitzen. Bei oberflächlicher Beobachtung kann man keinen Unterschied mit einem normalen Tier feststellen.

Da die Zentren für die Regelung der Körpertemperatur im Zwischenhirn liegen (Isenschmid und Krehl, Isenschmid und Schnitzler), so wird die Körpertemperatur aufrechterhalten; man kann Temperaturen zwischen 37,8° und 38,2° im Rectum messen.

Bei Tieren mit intakten Sehnerven läßt sich die Pupillenreaktion mit der größten Deutlichkeit wahrnehmen. Ebenso tritt bei starker Belichtung, besonders in der Sonne, kräftiges reflektorisches Zukneifen der Augenlider ein. Dieses sind aber auch die einzigen optischen Reflexe, welche man bei den Tieren hervorrufen kann. Auch durch lebhafteste Belichtung lassen sich keine Ortsbewegungen, keine Reflexe auf Hals-, Rumpf- und Gliedermuskeln hervorrufen. Auch schnelles Annähern der Hand gegen das Auge oder schnelles Bewegen der Hand im Gesichtsfeld löst keine Reaktion der Tiere aus. Wenn die Tiere aus irgendwelchen Gründen Ortsbewegungen ausführen, so sind sie nicht imstande, Hindernissen auszuweichen, wie das auch Munk bereits früher angegeben hat.

Bei Thalamuskaninchen, denen die Nn. optici durchtrennt sind, fehlen natürlich Pupillen- und Lidkneifreflex. Sonst aber läßt sich kein Unterschied im Verhalten der Tiere mit erhaltenen und durchtrennten Sehnerven feststellen. Das Vermögen zur normalen Körperhaltung, das aktive Aufsitzen aus abnormen Lagen sind bei Kaninchen unabhängig von den optischen Bahnen und werden von Tieren mit durchtrennten Opticis nicht weniger prompt ausgeführt als bei intakten Sehnerven. Ebenso treten alle übrigen, nachstehend zu schildernden Reaktionen bei durchtrennten Opticis in unveränderter Weise auf.

Auch durch passive Bewegungen der Augen lassen sich keine Reflexe auf die Hals- und Körpermuskulatur auslösen. Am besten befestigt man zu diesem Zwecke am Hornhautscheitel mit einer feinen Nadel beiderseits ohne Verletzung der Vorderkammer je einen feinen Seidenfaden. Mit diesen Fäden lassen sich dann ein- und doppelseitige konjugierte, konvergierende oder divergierende Augenbewegungen ausführen. Hat man die Hornhaut vorher mit Cocain anästhesiert, um auf diese Weise mögliche Trigeminusreflexe auszuschalten, so treten keine Reaktionen des Tieres auf derartige Augenbewegungen auf. Ebensowenig glückt es, durch Zug an den einzelnen Augenmuskeln Reflexbewegungen der Tiere hervorzurufen. Proprioceptive Reflexe von den Augenmuskeln auf die übrige Körpermuskulatur sind also bisher wenigstens nicht nachzuweisen gewesen.

Bei Berühren der Cornea oder des vorderen Augenwinkels erfolgt lebhafter Lidreflex.

Die Augenbewegungen selbst sind völlig normal. Gelegentlich, wenn auch selten, treten scheinbar spontane Augenbewegungen auf. Man kann diese Verhältnisse aber am besten bei der Untersuchung der bekannten Labyrinthreflexe auf die Augen studieren. Dabei ließ sich feststellen, daß sowohl Heben und Senken, Einwärts- und Auswärtsbewegungen sowie alle Raddrehungen der Augen genau so ausgeführt werden wie von normalen Tieren.

Schallreaktionen (auf Händeklatschen aus größerem Abstand) lassen sich vielfach beobachten. Sie waren: Zucken mit den Ohren, Zucken mit dem Kopf, Heben des Kopfes mit anschließenden Beinbewegungen, ein oder mehrere normale Schritte des vorher ruhig sitzenden Tieres, Ausführung eines richtigen Sprunges, eventuell mit anschließendem Weglaufen, Zukneifen der Augenlider usw. Es sprechen also die verschiedensten motorischen Apparate auf Erregung des Hörnerven beim Thalamuskaninchen an, und man kann auf diese Weise mit Hilfe eines Telereceptors (Gehörorgan) das Thalamustier in Bewegung setzen, was, wie oben geschildert, vom Auge aus nicht gelingt.

Sehr schön sind die Reflexe der Nahrungsaufnahme zu beobachten. Allerdings kommt es niemals zur spontanen Nahrungsaufnahme, weil der Olfactorius zerstört ist und die Tiere mit den Augen keine Objekte erkennen können. Sobald man aber mit einem beliebigen Gegenstand (Finger, Rübe) die Unterlippe eines gut erregbaren Tieres von vorneher berührt, wird der Kopf durch eine Halsbewegung kräftig nach vorne gestoßen und dadurch die Zähne gegen den drückenden Gegenstand gepreßt. Wird eine Rübe mit der Hand gegen die Schneidezähne gedrückt, so nagt und beißt das Tier davon ab, woran sich dann normales Kauen und Schlucken schließt. Sobald ein Stück Rübe in den Mund gelangt, setzen kräftige Kaubewegungen ein, die so lange dauern, bis alles gekaut und geschluckt ist. Dabei wird nichts aus dem Munde verloren. Beim Kauen wird manchmal die Zunge vorgestreckt, um die Schnauze zu lecken. Wird ein Stück Rübe in eine Backentasche gestopft, so gelangt es schnell zwischen die Zähne, wird gekaut und geschluckt. Kräftige Kaubewegungen lassen sich jedesmal dadurch auslösen, daß man den Finger in den Mund zwischen Ober- und Unterkiefer schiebt. Die Kaubewegungen sind so kräftig, daß man sich hüten muß, nicht gebissen zu werden. Manchmal sind auch spontane Kaubewegungen bei ruhig dasitzenden Tieren zu beobachten. Einmal setzte sich ein Tier auf den Hinterbeinen auf und putzte sich mit beiden Vorderpfoten die Schnauze.

Schon den älteren Untersuchern sind die starken „pseudoaffektiven" Reflexe [Sherrington (5)] der großhirnlosen Kaninchen aufgefallen. Die Neigung zu derartigen Reflexen wechselt bei den verschiedenen Tieren sehr. Auf jeden einigermaßen starken sensiblen Reiz beginnen die Tiere heftig zu strampeln, fortzulaufen, bekommen reflektorischen Atemstillstand oder verlangsamte, keuchende Stenoseatmung mit Larynxstridor oder beginnen heftig zu schreien, was häufig außerordentlich lange andauert. Manche Tiere werden durch diese „pseudoaffektiven" Reflexe so erschöpft, daß man die Untersuchung eine Zeitlang unterbrechen muß.

Das gewöhnlich ruhig sitzende Tier kann durch Reize zu Laufen und Springen veranlaßt werden. Hierzu sind alle möglichen Reize verwendbar, wie z. B. akustische, oder symmetrischer Druck auf beide Hinterpfoten oder Kneifen des Schwanzes. Darauf führt das Tier einen oder mehrere ganz normale hüpfende Schritte aus und bleibt dann, auch ohne daß es an ein Hindernis stößt, wieder ruhig sitzen. Erregbare Tiere laufen auch zehn und mehr Meter weit. Auf stärkere Reize kommt es zu richtigen Sprüngen durch die Luft, wobei das Tier jedesmal mit der größten Sicherheit durch die Luft auf den Boden kommt, nicht umfällt und gut symmetrisch die Stellung im Raume einzuhalten imstande ist. Läßt man das Tier vom Käfig oder vom Tisch auf den Boden springen, so kommt es auch hierbei richtig mit den Pfoten auf den Boden und fällt nicht. Das Vermögen, das Gleichgewicht aufrechtzuerhalten, ist also nicht nur beim Sitzen, sondern auch beim Laufen und Springen vorhanden.

Wenn der Körper des Tieres passiv nach vorne oder hinten bewegt wird, so führen die Extremitäten auf dem Boden die richtigen Gehbewegungen aus, und zwar sowohl mit den Vorder- wie den Hinterbeinen.

Einer der auffallendsten Unterschiede zwischen dem Thalamuskaninchen und dem decerebrierten Kaninchen (Oblongata- und Brückenkaninchen) ist, daß bei ersterem die Enthirnungsstarre fehlt. Beim decerebrierten Tiere befinden sich diejenigen Muskeln, welche beim Stehen der Schwerkraft entgegenwirken, also die Strecker der Glieder und des Rückens sowie die Heber des Halses und des Schwanzes, im Zustand tonischer Kontraktion [Sherrington (1)], während ihre Antagonisten, die Beuger der Glieder, und die Muskeln, welche Hals, Rumpf und Schwanz ventralwärts krümmen, entweder gar keinen oder höchstens sehr geringen Tonus besitzen. Diese Enthirnungsstarre tritt beim Thalamuskaninchen höchstens während des Erwachens aus der Narkose, wo sie auch beim Normaltier zu beobachten ist, und auch da nur angedeutet auf. Sobald das Tier sich einigermaßen erholt hat, ist der Zustand seiner Muskulatur so, daß man ihn am einfachsten als „normal" beschreiben kann. Das heißt: die Muskeln, welche der Schwerkraft entgegenwirken, haben wohl Tonus, und zwar gerade so viel, daß sie das Tier beim Stehen tragen, aber sie sind nicht einseitig bevorzugt, und ihre Antagonisten sind ebenfalls tonisch innerviert. Man fühlt bei passiven Bewegungen ebensogut einen Widerstand gegen Streck- wie gegen Beugebewegungen, die Glieder und der Rücken sind nicht wie beim decerebrierten Tiere steif, sondern verhalten sich wie die Glieder intakter Tiere. Auch die charakteristische Haltung der decerebrierten Tiere mit maximal gestreckten Gliedern, Opisthotonus und Retraktion des Nackens gegen den Rücken fehlt dem Thalamustier.

Daraus folgt, wie auch schon Thiele gezeigt hat, daß beim Kaninchen die Enthirnungsstarre nicht auf der Abtrennung der in der Medulla oblongata gelegenen Zentren vom Großhirn beruht, sondern daß sie eintritt, wenn diese Zentren von Apparaten geschieden werden, die im Hirnstamm vor der Brücke gelegen sind.

Die genauere Lage dieser Zentren wird später noch erörtert werden (Kapitel X). Die reziproke Innervation der Muskulatur ist beim Thalamustier gut zwischen den Antagonistengruppen „ausbalanciert", während beim decerebrierten Tier die Strecker auf Kosten der Beuger bevorzugt sind. Man kann daher wohl mit Sherrington (9) die Enthirnungsstarre als „reflektorisches Stehen" bezeichnen, aber es ist nur eine Karikatur des Stehens infolge der einseitigen Bevorzugung einer Muskelgruppe. Das Thalamustier dagegen steht normal.

Die tonischen Hals- und Labyrinthreflexe auf Rumpf- und Gliedermuskeln (Haltungsreflexe), welche sich bei decerebrierten Tieren durch Änderung der Stellung des Kopfes zum Rumpf und im Raum nachweisen lassen, sind, wie oben gezeigt wurde, auch beim intakten Kaninchen wirksam. Es ist daher selbstverständlich, daß sie auch beim Thalamuskaninchen vorhanden sind. Da die Tonusverteilung beim letzteren durchaus der beim normalen Tiere gleicht, ist das Verhalten der Hals- und Labyrinthreflexe auch genau das gleiche wie bei letzterem. Bei Hebung des Kopfes richtet sich das Tier auf den Vorderbeinen auf, bei Senkung des Kopfes sinken die Vorderbeine ein. Auf Kopfdrehen in Rückenlage werden die Kieferbeine gestreckt und die Schädelbeine gebeugt. Beim Thalamustier ist viel besser als beim decerebrierten Tiere festzustellen, daß, wenn der Tonus der Strecker abnimmt, der der Beuger zunimmt, und umgekehrt. Die reziproke Innervation bei diesen Reflexen ist also hier sehr deutlich. Gibt man dem Kopf eine solche Stellung, daß der Tonus der Streckmuskeln eines Gliedes abnimmt, so kann man sehr häufig eine starke aktive Beugung wahrnehmen. Besonders deutlich ist dieses beim Kopfdrehen in Seitenlage. Dreht man den Kopf mit dem Kiefer nach unten, so werden meistens die Vorderbeine aktiv gebeugt und unter den Vorderkörper gezogen (Labyrinthreflex); dieser Reflex spielt bei dem später genauer zu schildernden Aufsitzen der Tiere aus Seitenlage eine Rolle.

Hierher gehört auch eine Reaktion, die man als Sprungreflex bezeichnen kann. Hebt man bei einem sitzenden Thalamuskaninchen den Kopf und beugt ihn stark gegen den Rücken, oder hebt man den Vorderkörper des Tieres, bis die Wirbelsäule senkrecht nach oben steht, und beugt zugleich den Kopf dorsalwärts, so führt das Tier häufig durch gleichzeitige kräftige Streckung beider Hinterbeine einen richtigen Sprung aus. Der Reflex tritt dann auf, wenn durch geeignete Kombination von Hals- und Labyrinthreflexen die Hinterbeine einen starken Strecktonus bekommen. Das ist der Fall, wenn der Kopf im Sitzen stark dorsalwärts gebeugt wird; denn dann addiert sich der Halsreflex auf Kopfheben zum Labyrinthreflex, da der Kopf in die Maximumstellung für Strecktonus gebracht wird. Bei Tieren mit überwiegenden Halsreflexen und bei Tieren mit doppelseitiger Labyrinthexstirpation

tritt der Sprungreflex in allen Lagen im Raume gleichgut auf Dorsalbeugen des Kopfes auf. Bei Tieren mit überwiegenden Labyrinthreflexen dagegen ist er am deutlichsten, wenn der Kopf dorsalgebeugt
wird bei sitzenden oder mit dem Vorderkörper hochgehobenen Tieren,
weil bei diesen der Kopf sich dann der Maximumstellung nähert; in
Seitenlage ist der Reflex dann schwächer, in Rückenlage fehlt er ganz.
Erleichtert wird der Reflex zweifellos dadurch, daß die Hinterbeine
gebeugt und belastet sind, doch kann der Reflex auch bei unbelasteten
Hinterbeinen eintreten. Aus letzterer Tatsache folgt, daß der Sprungreflex nicht ohne weiteres identifiziert werden kann mit dem Extensorstoß, den Sherrington (5) beim Rückenmarkshunde auf Druck gegen
die Zehen des stark gebeugten Hinterbeines eintreten sah. Denn beim
Thalamuskaninchen kann der Sprungreflex auch ohne Reizung der Sohle
erfolgen.

Häufig beschränkt sich der Reflex nicht auf die kräftige Streckung
der Hinterbeine, sondern es treten gleichzeitig alternierende Laufbewegungen der Vorderbeine ein. Der Sprungreflex läßt sich noch viel
besser an Thalamuskatzen studieren, bei denen häufig sehr hohe
Sprünge durch die Luft ausgeführt werden.

Aus dem Vorstehenden ergibt sich, daß man durch einfache
Änderung der Kopfstellung imstande ist, das ruhig da-
sitzende Thalamustier in Bewegung zu versetzen. Beim
decerebrierten Tier konnten, wie oben S. 73 beschrieben wurde, Laufbewegungen beobachtet werden, wenn der Strecktonus der Gliedmaßen
durch eine geeignete Kopfstellung maximal gemacht wird. Zum wirklichen Laufen kommt es dabei natürlich nie, weil das Körpergleichgewicht nicht aufrechterhalten wird und das Tier daher sofort umfällt. Beim Thalamustier dagegen läßt sich dadurch, daß man die
Zentren der Extremitätenstrecker „mit Tonus lädt", wirkliches Springen,
Laufen und Hüpfen auslösen. Das gelingt durch die genannten Kopfstellungen.

Hierdurch erklärt sich auch die alte Beobachtung von Christiani,
daß Thalamuskaninchen „Anhöhen erspringen" können. Nach den
Angaben von H. Munk erfolgt das nur, wenn die Tiere im vollen Lauf
gegen ein Hindernis anrennen. Dann wird der Kopf passiv durch das
Hindernis gehoben, und es erfolgt der Sprungreflex.

Außerordentlich lebhaft sind die Drehreaktionen auf Kopf
und Augen beim Thalamuskaninchen. In Übereinstimmung mit den
älteren Angaben von Flourens, Högyes, Ewald, Bárány (2),
Bauer und Leidler und im Gegensatz zu Bartels und Rosenfeld
ist auch die schnelle Komponente des Kopf- und Augennystagmus mit
großer Lebhaftigkeit auszulösen; sie tritt unabhängig vom Großhirn ein.

Ebenso sind beim Thalamuskaninchen die kompensatorischen Augenstellungen in normaler Weise auszulösen.

Die vorstehende Schilderung zeigt, zu wie vielfältigen und verwickelten Leistungen das Thalamuskaninchen befähigt ist. Dieselben kommen erstens dadurch zustande, daß mit Ausnahme des zerstörten Riechnerven alle Gehirnnerven sich an den Reaktionen beteiligen, und zweitens dadurch, daß die vor der Brücke gelegenen Zentren des Hirnstammes eine normale Tonusverteilung in der Körpermuskulatur sowie die Einnahme und die Erhaltung der Körperstellung in der Ruhe und bei Bewegungen gewährleisten.

Die Beschreibung des Verhaltens vom Vierhügelkaninchen läßt sich in wenigen Worten abmachen. Diese Tiere haben, abgesehen von dem Pupillenreflex und dem Lidkneifen, auf starke Belichtung sowie von der Wärmeregulation die Fähigkeit zu sämtlichen Leistungen, wie sie oben für das Thalamuskaninchen geschildert worden sind. Insbesondere ist das Vermögen zur normalen Körperstellung noch durchaus erhalten. Enthirnungsstarre fehlt bzw. ist nur unmittelbar beim Erwachen aus Narkose und Schock nachzuweisen. Der Tonus der Körpermuskeln wird sehr bald wieder „normal". Die Strecker der Gliedmaßen sind den Beugern gegenüber nicht bevorzugt. Sitz und Haltung gleichen dem des intakten Tieres. Der Kaureflex ist nachweisbar, wenn man einen Finger in den Mund schiebt. Die starken pseudoaffektiven Reflexe (Schreien auf Pfotenkneifen, hörbare Stenosenatmung) sind häufig auszulösen. Auf akustische Reize (Händeklatschen) erfolgt deutliche Reaktion. Der Lidreflex ist vorhanden. Auf starkes Dorsalbeugen des Kopfes erfolgt der Sprungreflex. Die tonischen Hals- und Labyrinthreflexe auf Hals- und Gliedermuskeln verhalten sich beim Vierhügelkaninchen geradeso, wie es für das Thalamustier geschildert wurde. Ebenso sind Augen- und Kopfdrehreaktionen sowie Augen- und Kopfdrehnystagmus und Nachnystagmus vorhanden. Das gleiche gilt für die kompensatorischen Augenstellungen.

Sowohl beim Thalamus- wie beim Mittelhirnkaninchen läßt sich eine leichte Störung des Lagegefühls der Vorderbeine nachweisen. Wenn eine der Vorderpfoten mit dem Fußrücken auf den Boden gesetzt wird, wird dieses nicht so schnell korrigiert wie bei normalen Tieren. Meistens aber wird doch schließlich die Pfote richtig mit der Sohle aufgesetzt. Fußrückstand der Hinterpfoten wird dagegen fast immer sofort korrigiert.

2. Thalamushund und Thalamuskatze. Die bekannten Beobachtungen von Goltz (3) am großhirnlosen Hunde, welche in allen

wesentlichen Zügen von Rothmann bestätigt worden sind, und von deren Richtigkeit ich mich selbst an einem großhirnlosen Hund von Dusser de Barenne (3) überzeugen konnte, von dessen Hirnstamm die Photographien in Pflügers Archiv Bd. 180, S. 78, 1920 abgebildet sind, zeigen, daß das Verhalten des großhirnlosen Hundes im wesentlichen mit dem des Thalamuskaninchens übereinstimmt. Das gleiche gilt, wie Dusser de Barenne (2) gezeigt hat, für die Thalamuskatze. Beide Tiere können bald nach der Operation aus Seitenlage aufsitzen und bereits kurze Zeit nach dem Erwachen aus der Narkose auch laufen. Jedoch dauert bei beiden Tierarten der Schock länger als beim Kaninchen, so daß noch 10—14 Tage nach der Operation Verbesserungen des Zustandes festgestellt werden können. Die Tiere sitzen in normaler Haltung, laufen auf Reizung, aber im Gegensatz zum Kaninchen läßt sich auch „spontanes" Laufen bei ihnen feststellen, besonders wenn sie hungrig sind. Hier wird also wohl die Auslösung der Laufbewegungen auf innere Reize zurückgeführt werden müssen. Die Körpertemperatur ist normal, Pupillenreaktion und Lidkneifen auf Belichtung sind vorhanden, sonst aber keine einzige optische Reaktion. Durch die verschiedensten optischen Eindrücke lassen sich außer den erwähnten beiden Reflexen keine Reaktionen des Tieres auslösen. Besonders die Katzen sind nach einiger Zeit imstande, Hindernissen mit großem Geschick auszuweichen. Es läßt sich aber hier feststellen, daß dieses durch schon ganz geringes Berühren der Schnurrhaare mit den betreffenden Hindernissen ausgelöst wird, welches zu Kopfbewegungen und den damit übereinstimmenden Bewegungen des Körpers führt. Ebenso wie beim Kaninchen lassen sich durch passive Bewegungen der Augen bzw. der Augenmuskeln keine Reflexe auf Kopf oder Körper auslösen. Die Augenbewegungen sind nach allen Richtungen hin normal, wie sich bei der Untersuchung der Drehreaktionen feststellen läßt.

Auf akustische Reize erfolgen Ohrbewegungen, seltener auch Laufen, so daß man also auch bei diesen Tieren von dem genannten Telereceptor aus den Bewegungsmechanismus bei fehlendem Großhirn in Gang setzen kann. Die Reflexe der Nahrungsaufnahme sind gut ausgebildet. Eine Katze kann beispielsweise, wenn der Vorgang durch Eintauchen der Schnauze in die Schüssel eingeleitet wird, sehr gut trinken, wobei sie normale Zungenbewegungen ausführt, sich die Nase leckt und, wenn der Kopf aus der Schüssel entfernt ist, diesen nach einiger Zeit wieder selbst eintauchen kann. Die Tiere lecken sich auch die Pfoten, können sich kratzen, aber es kommt vor, daß sie statt der Pfoten den Tisch lecken, und daß sie bei Kratzbewegungen andere Körperteile treffen als die, welche gereizt sind.

Pseudoaffektive Reflexe sind sehr deutlich ausgesprochen; Schreien,

Schmerzmimik, Abwehrbewegungen, Veränderungen der Atmung sind häufig festzustellen.

Der besonders bei Katzen sehr starke Sprungreflex wurde schon oben erwähnt.

Ebenso wie bei dem Kaninchen ist auch beim Thalamushund und der Thalamuskatze keine Enthirnungsstarre vorhanden, der Tonus der Körpermuskulatur zeigt normale Verteilung.

Das Laufen erfolgt ziemlich normal, die Tiere zeigen nur manchmal etwas Hahnentritt, nach einigen Wochen fallen sie auch nicht mehr über Hindernisse. An Störungen läßt sich nachweisen: das Fehlen der Munkschen Berührungsreflexe, das Fehlen einer richtigen Lokalisation auf der Haut, wie man durch Schmerzreize, durch Auslösen des Kratzreflexes usw. feststellen kann. Auch diese Tiere korrigieren abnorme Pfotenstellung langsamer als normale.

Im ganzen ergibt sich also, wie schon bekannt ist, bei Kaninchen, Hund und Katze nach vollständiger Entfernung des Großhirns ein sehr großes Vermögen zur Ausführung auch verwickelter Bewegungskomplexe. Die Tiere verhalten sich aber wie reine Automaten und eignen sich daher besonders gut zum Studium derjenigen Reflexe, welche zur Einnahme und zur Aufrechterhaltung der Körperstellung führen.

3. Thalamusaffe. Während es bei den drei genannten Tierarten möglich ist, sich ein hinreichendes Urteil über die Leistungen des Hirnstammes nach Entfernung des Großhirns zu bilden, ist dieses beim Affen leider nicht der Fall. Noch niemand hat einen schockfreien Thalamusaffen beobachtet. Die ausführlichsten Versuche sind von Karplus und Kreidl ausgeführt worden, welche Affen nach doppelseitiger Großhirnexstirpation bis 26 Tage lang am Leben erhalten konnten. Ich selbst verfüge nur über zwei Beobachtungen im akuten Versuch, bei welchen das eine Tier länger als 36 Stunden lebte. In beiden Fällen wurden etwa dieselben Leistungen wie in den Versuchen der Wiener Forscher festgestellt.

Das Tier kann sich aus Seitenlage aufsetzen, kann stehen, wenn es an einer Hand gehalten wird, ist aber nicht imstande zu laufen oder zu klettern. Seine Körpertemperatur ist normal. Auf Lichtreiz tritt nur Pupillenreaktion, aber sonst keine einzige andere optische Reaktion auf. Normale koordinierte Augenbewegungen sind vorhanden. Auf akustische Reize erfolgen Ohrmuschelreflexe, Augen- und Lidbewegungen, Zusammenfahren des ganzen Körpers usw. Von den Reflexen der Nahrungsaufnahme sind der Kaureflex und das Schlucken vorhanden. Auch pseudoaffektive Reflexe lassen sich auslösen. Die Tonusverteilung in der Muskulatur ist normal, Enthirnungsstarre fehlt. Die

Tiere können sich kratzen, zeigen, wenn der Finger in die Hand gelegt wird, einen kräftigen Greifreflex und können, wenn sie an zwei Händen gehalten werden, Kopf und Körper durch kräftigen Klimmzug der Arme in Normalstellung bringen und darin erhalten. Außerdem besitzen sie, wie später zu schildern sein wird, sehr ausgeprägte Stellreflexe.

Da aber der Schock bei diesen Tieren bisher nicht vermieden werden konnte, ist es unbekannt, ob der Affe aus diesen Einzelleistungen, welche mit denen bei Hund, Katze und Kaninchen beobachteten übereinstimmen, auch verwickeltere Bewegungskomplexe zusammensetzen kann, wie das für die genannten Tierarten geschildert wurde, und was ein Thalamusaffe tatsächlich beim Gehen, Laufen, Springen und Klettern zu leisten imstande sein wird.

Vollständige Großhirnexstirpationen bei Anthropoiden sind meines Wissens bisher nicht ausgeführt worden. Wenn auch beim Menschen einzelne Beobachtungen an pathologischen Fällen nach vollständigem Großhirnverluste vorliegen, so sind wir doch nicht berechtigt, aus derartigen pathologischen Fällen weitgehende Schlüsse über die Maximalfunktion des Hirnstammes beim Menschen zu ziehen. Diese Frage ist also noch offen.

II. Analyse der Stellreflexe (24).

Wie erwähnt, besitzt das Thalamuskaninchen, wenn der Schock nach der Operation vollständig überwunden ist, das Vermögen, die normale Körperstellung einzunehmen und dieselbe jedesmal wieder herzustellen, wenn es daraus entfernt wird. Auch beim Laufen und Springen wird die richtige Stellung aufrechterhalten, so daß das Tier nicht umfällt oder nach einem Fall schnell sich wieder aufrichtet. Im folgenden soll versucht werden zu analysieren, wie das zustande kommt, welche Rezeptionsorgane und welche Zentralteile dabei in Tätigkeit treten und wie die verschiedenen Mechanismen zusammen wirken.

Bereits Longet hat angegeben, daß Kaninchen nach der Exstirpation des Großhirns noch imstande sind zu stehen und — auf Reiz — normal zu laufen und zu springen. Schiff bestätigte dieses und fand außerdem, daß großhirnlose Kaninchen auch nach Exstirpation der Augen gut laufen können. Vulpian bemerkte, daß, wenn man die Tiere auf die Seite oder den Rücken legt, sie sich sofort wieder in die normale Stellung aufsetzen.

Beobachtungen während des Schocks.

Wenn man ein Thalamustier längere Zeit nach der Operation untersucht, so erfolgt das Aufsitzen und das Erhalten der Körperstellung mit solcher Geschwindigkeit und Sicherheit, daß man durch einfache Beobachtung nicht viel über den Mechanismus dieser Reaktionen feststellen kann. Sehr viel lernt man dagegen, wenn man zusieht, wie sich während des Erwachens aus der Narkose und während des Schwindens des Schocks das Vermögen, die richtige Körperstellung einzunehmen, allmählich ausbildet.

Direkt nach der Operation liegt das Tier in Seitenlage da und ist auch durch keinen Reiz zum Aufsitzen zu bringen. Nach einiger Zeit sieht man, daß auf irgendeinen beliebigen Reiz (z. B. Schwanzkneifen) der Kopf aus der Seitenlage gedreht wird, zuerst nur wenig, schließlich immer besser, bis er die „Normalstellung" im Raume (Scheitel oben, Unterkiefer unten, Mundspalte etwa 30° nach vorne gesenkt) annimmt. Dabei bleibt zunächst der Körper ruhig in Seitenlage liegen. Nach Aufhören des Reizes sinkt auch der Kopf wieder in Seitenlage zurück.

Einige Zeit später bleibt es nicht bei einer Reaktion des Kopfes allein. Auf Reizung des Tieres geht zuerst der Kopf durch Drehung in die „Normalstellung", daran schließt sich dann aber das Aufsitzen des Rumpfes an. Manchmal kann man feststellen, daß auch dieses letztere schrittweise geht, indem bei fortgesetzter Reizung sich zuerst der Brustkorb mit den Vorderpfoten aufsetzt und erst danach das Hinterteil mit den Hinterbeinen (manchmal mit einer Art Ruck) folgt. Gewöhnlich bleibt das Tier nach Aufhören des Reizes sitzen.

Allmählich sind zum Auslösen dieser Reaktionen immer schwächere Reize nötig, und schließlich braucht der Experimentator gar keine künstlichen Reizungen mehr anzuwenden. Auch hierbei läßt sich feststellen, daß zuerst ein Stadium kommt, in welchem das in Seitenlage auf dem Boden liegende Tier nur den Kopf durch Drehung in die Normalstellung bringt, während der Körper noch liegen bleibt.

Schließlich tritt dann der endgültige Zustand ein, daß sich das Tier aus der Seitenlage jedesmal „spontan" in die Normalstellung mit Kopf urd Körper aufsetzt (Abb. 96).

Auch hier ist gelegentlich festzustellen, daß in einem Zwischenstadium nur das Aufsitzen von Kopf und Vorderkörper erfolgt, während der Hinterkörper erst auf einen Reiz (Schwanz- oder Pfotenkneifen) nachfolgt, oder daß die Reaktion noch so langsam eintrat, daß man erkennen kann, daß zuerst die Einstellung des Kopfes erfolgt, an die sich die Reaktion des Rumpfes anschließt.

Die ganze hier geschilderte Entwicklung spielt sich in einigen Stunden ab und ist spätestens am folgenden Tage abgelaufen.

Diese Beobachtungen lehren, daß das Aufsitzen im wesentlichen so zustande kommt, daß zunächst der Kopf in die Normalstellung gebracht wird, und daß sich dann hieran das Aufsitzen des Rumpfes anschließt.

Daß tatsächlich beim Thalamustier das Richtigsetzen des Kopfes im Raume reflektorisch ein Aufsitzen des Rumpfes auslöst, läßt sich

leicht zeigen. Wenn aus irgendeinem Grunde, z. B. im Schock, bei
Seitenlage des Tieres der Kopf nicht in die „Normalstellung" gedreht
wird, so genügt es häufig, den Kopf mit der Hand zu packen und passiv
in diese Stellung zu bringen, um sofort den Rumpf aufsitzen zu sehen.
(Tritt dieses nicht spontan ein, so kann man es durch Schwanzkneifen
unterstützen.) Umgekehrt kann man ein richtig dasitzendes Thalamus-

Abb. 96. Dasselbe Thalamuskaninchen wie Abb. 99. Normaler Sitz.

tier dadurch in Seitenlage bringen, daß man den Kopf packt und ihn
90° um die Sagittalachse dreht (Abb. 97).

Wenn man bei einem decerebrierten Tier (Kleinhirn-Brücken-Tier, Kleinhirn-
Oblongata-Tier, kleinhirnloses Oblongatatier), das sich im Zustand der Enthirnungsstarre befindet, aus der Seitenlage den Kopf in die Normalstellung dreht, so erfolgt
kein Aufsitzen des Körpers. Es kommt nur zu den früher beschriebenen Tonusänderungen der Beine. Der Strecktonus des oberen Vorderbeines sinkt, der des
unteren Vorderbeines verhält sich verschieden, je nachdem die Hals- oder Labyrinthreflexe überwiegen. Eine Drehung des Vorderkörpers ist nicht deutlich

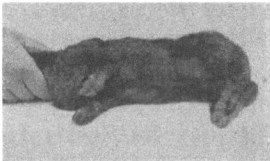

Abb. 97. Dasselbe Thalamustier wie Abb. 99. Das Tier hatte vorher in Normalstellung gesessen (vgl. Abb. 96). Darauf war der Kopf mit der Hand nach
rechts gedreht, der Körper folgte und nahm ebenfalls rechte Seitenlage an.

nachzuweisen. Beim Thalamustier, das keine Enthirnungsstarre hat, tritt auf
Drehen des Kopfes in die Normalstellung zunächst aktive Beugung beider Vorder-
beine ein (Labyrinthreflex), die unter den Vorderkörper gezogen werden. Dieses
ist eine Folge der anderen, mehr „normalen" Tonusverteilung auf Beuge- und
Streckmuskeln der Vorderbeine. Außerdem kommt aber eine Drehung des Vorder-
körpers hinzu, die sich reflektorisch an die Drehung des Halses anschließt. —
Ähnliches gilt für die anschließende Drehung der Lendenwirbelsäule und die
Reaktion der Hinterbeine.

Diese ersten einfachen Beobachtungen haben also bereits gelehrt,
daß beim Erwachen aus Narkose und Schock das Tier zunächst

versucht, seinen Kopf in die Normalstellung zu bringen, und daß sich daran das Aufsitzen des Rumpfes anschließt.

Übersicht über die Stellreflexe.

Wie bereits oben Seite 16 erwähnt wurde, beruht das Vermögen der Thalamuskaninchen, die normale Körperstellung einzunehmen und aufrechtzuerhalten, auf dem Zusammenwirken folgender Reflexe:

1. Labyrinthstellreflexe auf den Kopf. In jeder Lage des Körpers wird durch einen Reflex von den Labyrinthen aus der Kopf nach der Normalstellung hin bewegt.

2. Stellreflexe auf den Kopf durch asymmetrische Reizung der Körperoberfläche. Liegt der Körper in einer asymmetrischen Lage, z. B. Seitenlage auf dem Boden, so wird durch asymmetrische Erregung der sensiblen Körpernerven reflektorisch eine Drehung des Kopfes zur Normalstellung zustande gebracht.

3. Halsstellreflexe. Sobald der Kopf in der Normalstellung steht, der Körper aber noch nicht, so wird durch die abnorme Haltung (Drehung, Streckung, Beugung) des Halses ein Reflex ausgelöst, durch den der caudal gelegene Teil der Wirbelsäule in die richtige und symmetrische Stellung zum Kopfe gebracht wird. Dieser Reflex setzt sich von vorne nach hinten längs der Wirbelsäule fort.

4. Stellreflexe auf den Körper durch asymmetrische Reizung der Körperoberfläche. Die bisher genannten drei Reflexgruppen sind sehr kräftig und leicht nachweisbar. Außerdem fand sich noch ein unter den eingehaltenen Versuchsbedingungen weniger konstanter Reflex, durch welchen, auch wenn der Kopf sich nicht in der Normalstellung befindet, der Körper doch richtig gestellt werden kann. Die Erregungen, die diesen Reflex auslösen, kommen durch asymmetrische Reizung der Körperoberfläche zustande.

5. Optische Stellreflexe spielen beim Kaninchen keine Rolle.

Nunmehr sind diese einzelnen Reflexe genauer zu schildern.

Die Labyrinthstellreflexe auf den Kopf.

Da nach der soeben gegebenen Übersicht beim Thalamustier durch die Berührung mit dem Boden eine Reihe von Stellreflexen ausgelöst werden, als deren Receptoren die sensiblen Körpernerven anzusehen sind, kann man die von den Labyrinthen ausgehenden Stellreflexe am besten dann ungestört untersuchen, wenn jede Berührung des Tieres mit dem Boden vermieden wird, das heißt wenn man es frei in der Luft hält. Einige stereoskopische Photographien werden die unter diesen Umständen zu beobachtenden Erscheinungen deutlicher machen als lange Beschreibungen.

Auf Abb. 98 und 99 sieht man, daß wenn der Hinterkörper des Thalamuskaninchens in Seitenlage in der Luft gehalten wird, der Kopf in die Normalstellung gedreht wird.

Diese Reaktion ist bei allen Thalamustieren sehr deutlich. Meistens schließt sich daran dann der Halsreflex an, durch den auch der Thorax,

 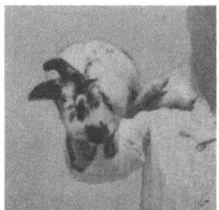

Abb. 98. 17. Juni 1915. Kaninchen, Großhirnexstirpation vor dem Thalamus, Optici durchtrennt. — 18. Juni. Das Tier wird mit der Hand am Becken frei in die Luft gehalten, so daß der Hinterkörper sich in rechter Seitenlage befindet. Durch Drehung der Wirbelsäule, hauptsächlich in der Körpermitte, wird der Kopf und die vordere Körperhälfte in die Normalstellung gebracht (Labyrinthstellreflex auf den Kopf mit anschließendem Halsstellreflex). Sektion: Vierhügel und Thalami intakt, Schnitt gerade vor den Thalamis, Großhirn fehlt total, Optici durchtrennt. Hirnnerven Nr. 3—12 beiderseits intakt. Stereoskopische Abbildung des Präparates Abb. 92, S. 198.

Abb. 99. Versuch 27. Mai 1915. Kaninchen, Großhirnexstirpation vor den Thalamis (siehe auch Abb. 96 und 97). — 29. Mai. Tier wird mit der Hand am Becken frei in der Luft gehalten, so daß der Hinterkörper sich in rechter Seitenlage befindet. Durch Drehung der Wirbelsäule, hauptsächlich in der Körpermitte, wird der Kopf und die vordere Körperhälfte in die Normalstellung gebracht (Labyrinthstellreflex auf den Kopf mit anschließendem Halsstellreflex). Sektion: Vierhügel und Thalami intakt. Schnitt gerade vor den Thalamis. Vom Großhirn steht nur links ventral am Tractus opticus noch ein kleiner Rest des Gyrus piriformis. Augenmuskelnerven und Optici intakt.

dem Kopf folgend, in die richtige Stellung gedreht wird. Manchmal erfolgt dann sogar auch die anschließende Drehung des Beckens, so daß sich das Tier gegen den Widerstand der haltenden Hand „herumreißt", bis der ganze Körper richtig in der Luft steht.

Der Zwang, den Kopf im Raume richtig zu stellen, ist so stark, daß man das Becken des Tieres (über den Bauch) in der Luft aus der einen Seitenlage in die andere hinüberdrehen kann, ohne daß sich die Stellung des Kopfes im Raume dabei ändert. Man dreht dann das Tier gewissermaßen um seinen in der Luft durch den Labyrinthstellreflex festgehaltenen Kopf, eine außerordentlich anschauliche Demonstration.

Der Kopf wird dabei meistens so gehalten, daß die Ebene der Mundspalte etwa 30° unter die Horizontalebene gesenkt ist.

Der Vergleich von Abb. 98 mit Abb. 99 lehrt, daß die Reaktion in genau derselben Weise eintritt, einerlei ob die Optici intakt oder durchtrennt sind. Es entspricht das der oben mitgeteilten Tatsache, daß das

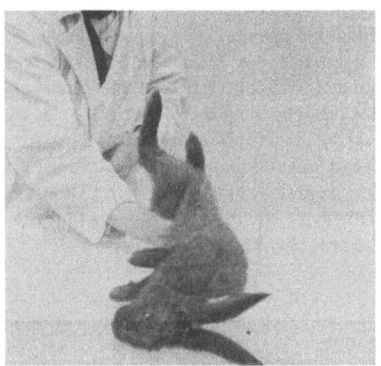 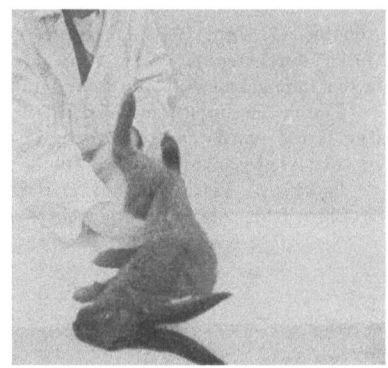

Abb. 100. Dasselbe Thalamuskaninchen wie auf Abb. 99. 29. Mai 1915. Das Tier wird mit der Hand am Becken in Rückenlage gehalten. Der Kopf dreht sich in (linke) Seitenlage. Daran schließt sich die Drehung der vorderen Körperhälfte (Labyrinthstellreflex auf den Kopf mit anschließendem Halsstellreflex).

Thalamuskaninchen keine optischen Reaktionen besitzt (außer Pupillenreaktion und Lidkneifen auf Belichtung).

Wird das Tier am Becken in Rückenlage in der Luft gehalten, so dreht sich der Kopf nach der Seite. Diese Drehung beträgt in den meisten Fällen 90°, kann aber auch 135° und selbst 180° betragen, so daß der Kopf vollständig in Normalstellung gelangt. Manchmal wird der Kopf um 90° gedreht und darauf durch Wendung nach oben noch mehr der Normalstellung genähert.

An die Drehung des Kopfes schließt sich (Abb. 100) meistens die entsprechende Drehung des Vorderkörpers an.

Hat das Tier bei Rückenlage des Beckens eine Haltung angenommen, wie sie auf Abb. 100 zu sehen ist (linkes Ohr nach unten gedreht), und man dreht nun das Becken in der Luft im umgekehrten Sinne (rechte Hinterbacke nach unten), so wird der Kopf zunächst in seiner Lage im

Raume festgehalten, bis die Drehung der Körperachse zu stark wird. Dann fährt plötzlich der Kopf mit einem Ruck herum, so daß das rechte Ohr nach unten kommt. Auch diese Reaktion ist sehr demonstrabel und kann zum Nachweis des Vorhandenseins des Labyrinthstellreflexes benutzt werden.

Häufig erfolgt das Geradesetzen des Kopfes aus Rückenlage noch in anderer Weise. Es wird nämlich durch starke Ventralbeugung des Halses der Kopf aus der Rückenlage in die Normalstellung gebracht, und hieran schließt sich Ventralbeugen des Vorderkörpers an, so daß der Thorax mit dem Kopfe ventralwärts herüberklappt und dadurch der Kopf völlig in die Normalstellung gelangt (Abb. 101).

Wenn man das Tier in Rückenlage auf den Tisch legt, so wirken auf die sensiblen Nerven des Rumpfes keine asymmetrischen Erregungen ein. Der Labyrinthstellreflex auf den Kopf kann daher auch

Abb. 101. Dasselbe Thalamuskaninchen wie auf Abb. 99. 29. Mai 1915. Das Tier wird mit der Hand am Becken frei in der Luft gehalten, so daß die Wirbelsäule in Rückenlage fast (30°) horizontal steht. Der Kopf ist in die Normalstellung gebracht und die Wirbelsäule so stark ventralwärts gebeugt, daß auch der Thorax richtig steht (Labyrinthstellreflex auf den Kopf mit anschließendem Halsstellreflex).

bei Rückenlage auf dem Tisch untersucht werden. Durch denselben gelangt zunächst der Kopf, dann der Vorderkörper und im Anschluß daran auch der Hinterkörper in Seitenlage. Aus dieser richtet sich dann das Tier in Normalstellung auf.

Wird das Tier mit senkrechter Wirbelsäule und dem Kopfende nach oben in der Luft gehalten, so erfolgt Ventralbeugung des Kopfes, bis dieser in der Normalstellung steht. Hieran schließt sich, wenn man das Tier am Becken gepackt hat, eine Ventralbeugung der Brust- und der Lendenwirbelsäule an, so daß auch der Vorderkörper richtig steht. Abb. 101 zeigt, daß diese Reaktion so wirksam ist, daß selbst, wenn das Kreuzbein nicht senkrecht, sondern fast horizontal (in Rückenlage) gehalten wird, der Kopf noch in die Normalstellung im Raume gelangt.

Ob, wenn man das Becken des Tieres in Rückenlage in der Luft hält, diese Ventralbeugung oder die obengeschilderte Drehung von Kopf und Vorderkörper (Abb. 100) eintritt, hängt von „zufälligen" Nebenumständen ab.

Wird das Tier am Becken gepackt und in Hängelage mit dem Kopfe nach unten bei senkrechter Wirbelsäule gehalten (Abb. 102), so wird der Kopf durch Dorsalflexion in die Normalstellung gebracht.

Kurze Zeit nach der Operation gelingt dieses meist noch nicht vollständig, so daß die Mundspalte dann noch einen Winkel von 45° mit der Horizontale bildet; allmählich aber wird der Reflex immer wirksamer, bis schließlich der Kopf bei dieser Körperlage in der Normalstellung mit um 10—20—30° gesenkter Mundspalte steht.

 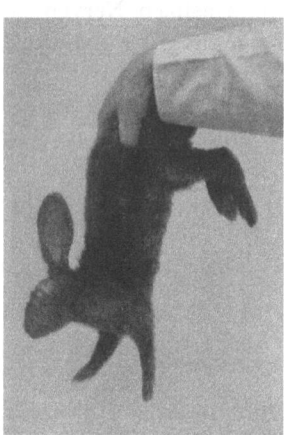

Abb. 102. Dasselbe Thalamuskaninchen wie auf Abb. 99. 29. Mai 1915. Das Tier wird mit der Hand am Becken frei in der Luft gehalten, so daß die Wirbelsäule senkrecht und das Kopfende nach unten steht. Der Kopf wird durch Dorsalflexion in die Normalstellung gebracht (Labyrinthstellreflex auf den Kopf).

Die Dorsalflexion des Kopfes veranlaßt durch tonischen Halsreflex eine Streckung der Vorderbeine. Man sieht auf dieser Photographie, wie bei einem Sprung in die Tiefe durch das Zusammenwirken der genannten Reflexe der Kopf in die richtige Stellung gebracht und die Vorderbeine zugleich befähigt werden, das Gewicht des Körpers aufzufangen.

Hält man das Tier zuerst in Hängelage mit dem Kopfe nach oben (Abb. 101) und dreht dann das Becken allmählich um die Querachse um 180°, bis die Hängelage mit dem Kopfe nach unten (Abb. 102) erreicht ist, so kann man beobachten, daß der Kopf diese Drehung des Hinterkörpers nicht oder nur wenig mitmacht. In manchen Fällen senkt sich die Schnauze dabei um 30°, in anderen überhaupt nicht. Auch hierbei kann man also den Körper in der Luft um den im Raume gleichsam feststehenden Kopf herumdrehen.

Alle diese Stellungen in der Luft, wie sie bisher geschildert worden sind[1]), kann man auch untersuchen, wenn man das Tier nicht am Becken, sondern an den Hinterfüßen distal vom Fußgelenk packt. Dann beteiligt sich gewöhnlich auch die hintere Körperhälfte am Stellreflex. Das letztere Verfahren ist aber nicht allgemein anwendbar, weil viele Tiere, wenn man sie an den Hinterfüßen zu halten versucht, Zappel- und Sprungbewegungen ausführen.

Abb. 103 zeigt ein an den Hinterfüßen in der Luft gehaltenes Tier, bei dem sich Kopf und Körper in Normalstellung befinden.

Die bisher geschilderten Labyrinthstellreflexe in der Luft, durch welche der Kopf jedesmal in die Normalstellung gebracht wird, worauf dann der Körper der vom Kopfe angegebenen Richtung folgt, lassen es verständlich erscheinen, daß das Thalamustier imstande ist, beim Sprunge durch die Luft (beim Laufen, beim Springen aus dem Käfig

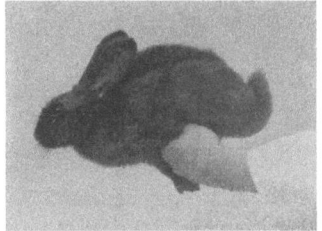 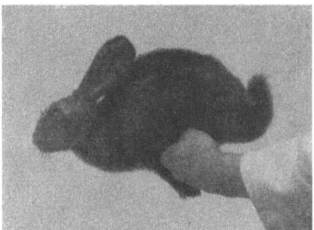

Abb. 103. Dasselbe Thalamuskaninchen wie auf Abb. 99. 29. Mai 1915. Das Tier wird mit der Hand an den Hinterfüßen frei in der Luft gehalten. Kopf und Körper befinden sich in Normalstellung.

oder vom Tisch auf den Boden) stets in der richtigen Stellung auf den Boden zu kommen. Labyrinthlose Tiere verlieren dieses Vermögen direkt nach der Operation und müssen es erst unter Zuhilfenahme anderer Mechanismen in mühsamer Weise wieder lernen. Abb. 102 zeigt, wie das Thalamuskaninchen bei Hängelage mit dem Kopf unten durch den Labyrinthstellreflex auf den Kopf und den daran anschließenden Hals- reflex auf die Vorderbeine in dieselbe Körperhaltung gebracht wird, wie sie das Tier beim Sprunge durch die Luft nach unten annehmen muß. Der Kopf ist vor dem Aufschlagen auf den Boden geschützt, und die Vorderbeine sind durch die tonische Streckung befähigt, das Gewicht des Körpers bei der Ankunft auf dem Boden aufzufangen.

Den Beweis, daß die bisher geschilderten Labyrinthstellreflexe auf den Kopf wirklich von den Labyrinthen ausgehen, wird dadurch ge-

---

[1]) Schöne photographische Abbildungen von Labyrinthstellreflexen bei Schild- kröten und Tauben finden sich bei Trendelenburg und Kühn.

liefert, daß sie, wie im nächsten Abschnitt zu schildern sein wird, nach Entfernung der Labyrinthe verschwinden.

Beobachtungen an labyrinthlosen Thalmuskaninchen.

Alle Labyrinthexstirpationen wurden von De Kleyn ausgeführt. Bei zwei Tieren wurde die Entfernung beider Labyrinthe am Tage vorher vorgenommen; die Tiere blieben danach ruhig sitzen, um sich von dem Eingriff zu erholen. Nach 24 Stunden exstirpierte ich dann das Großhirn vor den Thalamis. Bei den acht übrigen Tieren wurde die Großhirnexstirpation unmittelbar an die Labyrinthexstirpation angeschlossen. In einem weiteren Falle wurde die Labyrinthausschaltung nicht chirurgisch, sondern durch Cocaineinspritzung von der Bulla aus vorgenommen.

Das allgemeine Verhalten der labyrinthlosen Thalamuskaninchen weicht von dem der „normalen" Thalamustiere, wie es oben geschildert wurde, nicht sehr wesentlich ab. Die Tiere besitzen noch das Vermögen, die richtige Körperstellung einzunehmen, sitzen in Hockstellung auf

Abb. 104. 1. Juni 1915. Kaninchen. Doppelseitige Labyrinthexstirpation. Großhirnexstirpation vor den Thalamis.

Aufnahme 4 Stunden nach der Operation. Sitz auf dem Tisch, Kopf richtig gehalten.

Sektion: Vierhügel und Thalami intakt, Stammganglien fehlen. Der Schnitt geht dorsal gerade vor den Thalamis, in der Mitte ist etwa 2 mm von der Gegend der Lamina terminalis stehengeblieben. Ventral geht der Schnitt gerade vor dem Chiasma. Auf der rechten Seite ist ein ganz kleines Stück des Lobus piriformis auf dem Tractus opticus stehengeblieben. Sonst ist das Großhirn vollständig entfernt. Nervi optici durchtrennt. Augenmuskelnerven intakt.

der Erde, wenn auch kurze Zeit nach der Operation der Tonus ihrer Nackenmuskeln wegen der Entfernung der Labyrinthe geringer ist als bei intakten Labyrinthen. Doch erlangen sie nach einiger Zeit die Fähigkeit wieder, den Kopf aufrecht zu tragen (Abb. 104).

Enthirnungsstarre fehlt, die Tonusverteilung in der Körpermuskulatur ist „normal". Wird der Finger in den Mund gesteckt, so treten Kaubewegungen ein. Der Lidreflex und andere Reflexe auf den Facialis fehlen meist, weil bei der Labyrinthoperation am Kaninchen gewöhnlich der Facialis zerstört wird. Kann er dagegen erhalten werden, so ist der Lidreflex usw. vorhanden. Der Sprungreflex auf starkes Dorsalbeugen des Kopfes läßt sich deutlich nachweisen. Nur ist er bei den labyrinthlosen Tieren von der Lage im Raume unabhängig. In jeder

Körperlage erfolgt, wenn der Kopf stark gegen den Rücken zu gebeugt wird, kräftige Sprungbewegung der Hinterbeine und Laufbewegung der Vorderbeine.

Sämtliche Labyrinthreflexe fehlen natürlich vollkommen. Durch Änderung der Stellung des Kopfes im Raume lassen sich keine Tonusänderungen der Hals- und Gliedermuskulatur mehr auslösen. Ebenso sind alle Drehreaktionen erloschen.

Für unsere Zwecke ist nun von Wichtigkeit, daß nach Entfernung beider Labyrinthe die im vorigen Abschnitt geschilderten Labyrinthstellreflexe vollständig erloschen sind. Das mögen die folgenden stereoskopischen Abbildungen beweisen.

Auf Abb. 105 sieht man, daß, wenn der Hinterkörper des labyrinthlosen Thalamuskaninchens in Seitenlage in der Luft gehalten wird, der Kopf nicht in die Normalstellung gedreht wird. Infolgedessen

Abb. 105. Dasselbe labyrinthlose Thalamuskaninchen wie Abb. 104. Das Tier wird mit der Hand am Becken frei in der Luft gehalten, so daß der Körper sich in rechter Seitenlage befindet. Vorderkörper und Kopf (vgl. die Ohren) sind auch in rechter Seitenlage, die vordere Körperhälfte, Hals und Kopf sind, der Schwere folgend, nach unten gesunken. — Kopf und vordere Körperhälfte haben also nicht die Normalstellung im Raume angenommen.
Der Vergleich mit Abb. 98 und Abb. 99 (S. 215) lehrt, daß nach der Labyrinthexstirpation der Labyrinthstellreflex auf den Kopf fehlt. Infolgedessen bleibt auch der sich daran anschließende Halsreflex aus.

kommt die charakteristische Stellung, wie sie Abb. 98 und 99 vom Thalamuskaninchen mit intakten Labyrinthen bei Seitenlage in der Luft zeigt, nicht zustande. Kopf und Vorderkörper sinken vielmehr, einfach der Schwere folgend, nach unten. Dreht man den Hinterkörper in der Luft von der einen Seitenlage in die andere, so folgt der Kopf passiv dieser Bewegung und wird nicht, wie bei intakten Labyrinthen, in der Normalstellung zwangsweise festgehalten.

Da der Labyrinthstellreflex auf den Kopf fehlt, tritt auch der sich hieran anschließende Halsstellreflex, durch den sich der Thorax in der durch den Kopf angegebenen Richtung einstellt, nicht ein.

Abb. 106 zeigt, daß, wenn man das labyrinthlose Thalamustier in Rückenlage am Becken festhält, wobei es keinen Unterschied macht,

ob das in der Luft oder auf dem Tische geschieht, Kopf und Vorderkörper nicht nach der Seite gedreht werden.

Versuche, sich aus völlig symmetrischer Rückenlage aufzusetzen,
werden nicht mehr gemacht. Dreht man das Tier aus der Rückenlage nach
der einen oder anderen Seite, so folgt der Kopf passiv dieser Bewegung.

Bringt man das labyrinthlose Thalamuskaninchen in Hängelage
mit dem Kopfe nach oben (Abb. 107), so wird der Kopf nicht, wie bei
intakten Labyrinthen (vgl. Abb. 101), durch Ventralbeugung in die
Normalstellung gebracht, sondern er sinkt einfach nach hinten und wird
dorsalwärts gebeugt.

Infolgedessen fehlt auch die entsprechende Ventralbeugung des
Vorderkörpers, und das Tier bleibt in seiner abnormen Haltung, ohne
dieselbe korrigieren zu können.

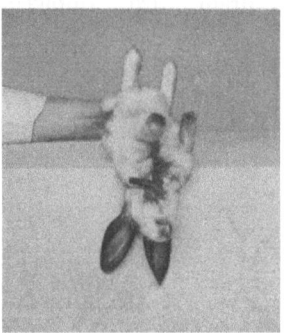 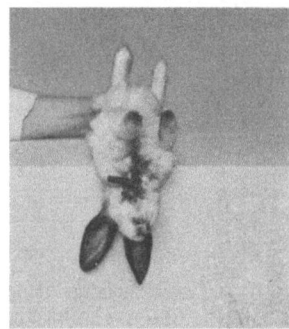

Abb. 106. 25. Juni 1915. Kaninchen. Chloroformnarkose. Carotiden abgebunden,
Vagi durchtrennt. Doppelseitige Labyrinthexstirpation, danach Exstirpation
des Großhirns vor den Thalamis. Optici in die Höhe gehoben und durchtrennt.
Photographische Aufnahme $5^1/_2$ Stunden nach der Operation. Das Tier wird
mit der Hand am Becken in Rückenlage auf dem Tisch gehalten. Kopf und
vordere Körperhälfte befinden sich ebenfalls in Rückenlage, haben sich also nicht
auf die Seite gedreht.
    Der Vergleich mit Abb. 100 (S. 216) lehrt, daß nach der Labyrinthexstirpation
der Labyrinthstellreflex auf den Kopf fehlt. Infolgedessen bleibt auch der sich
daran anschließende Halsstellreflex aus.
    Sektion: Fast keine intrakranielle Blutung. Optici durchtrennt, Augen-
muskelnerven intakt. Vierhügel und Thalami intakt. Schnitt geht dorsal gerade
vor den Thalamis, hinter der Lamina terminalis. Ventral geht er gerade vor
dem Chiasma. Beiderseits sitzt dem Tractus opticus je ein kleines Stück des
Lobus piriformis auf, das aber keinen Zusammenhang mit dem übrigen Präparat
                              mehr besitzt.

Bei Hängelage mit Kopf nach unten (Abb. 108) wird der Kopf nicht,
wie bei Tieren mit intakten Labyrinthen (vgl. Abb. 102), durch Dorsalflexion in die Normalstellung gebracht, sondern hängt einfach, der
Schwere folgend, mit der Schnauze senkrecht nach unten.

Bringt man labyrinthlose Thalamuskaninchen zuerst in Hängelage mit dem Kopfe nach oben und dreht darauf das Becken um die Querachse um 180°, bis das Tier sich in Hängelage mit dem Kopfe nach unten befindet, so folgt der Kopf rein passiv dieser Bewegung, und man kann keine Versuche nachweisen, die Lage des Kopfes im Raume beizubehalten.

Abb. 107. Dasselbe labyrinthlose Thalamuskaninchen wie Abb. 104. Das Tier wird mit der Hand an der Wirbelsäule, mit dem Kopfende nach oben, frei in der Luft gehalten. Der Kopf ist nach hinten gesunken, mit dem Scheitel nach unten. Kopf und vordere Körperhälfte haben nicht die Normalstellung im Raume angenommen.

Der Vergleich mit Abb. 101 (S. 217) lehrt, daß der Labyrinthstellreflex auf den Kopf und infolgedessen auch der daran anschließende Halsreflex fehlt.

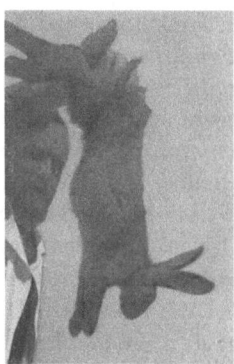

Abb. 108. Dasselbe labyrinthlose Thalamuskaninchen wie Abb. 104. Das Tier wird mit der Hand am Becken frei in der Luft gehalten, so daß die Wirbelsäule senkrecht und das Kopfende nach unten steht. Der Kopf hängt einfach mit der Schnauze vertikal nach unten, wird also nicht in die Normalstellung gebracht, der Labyrinthstellreflex fehlt, wie ein Vergleich mit Abb. 102 (S. 218) lehrt. Da der Kopf ruhig nach unten hängt, tritt auch keine tonische Streckung der Vorderbeine ein, die „Sprungstellung" fehlt.

Hält man das labyrinthlose Thalamustier nicht am Becken, sondern an den Hinterfüßen in den verschiedenen möglichen Lagen in der Luft, so fehlen ebenfalls alle Labyrinthstellreflexe und die anschließenden Halsstellreflexe auf die vordere Körperhälfte.

Das geschilderte Verhalten war in sämtlichen Versuchen mit Exstirpation beider Labyrinthe stets dasselbe. Daraus folgt, daß die bisher geschilderten Stellreflexe auf den Kopf, welche bei Beobachtung der Tiere in der Luft sich nachweisen lassen, wirklich von den Labyrinthen ausgehen.

Alle die bisher geschilderten Beobachtungen an Thalamuskaninchen über Labyrinthstellreflexe auf den Kopf lassen sich in genau der gleichen Weise auch an normalen Kaninchen mit intaktem Großhirn anstellen, und ferner läßt sich auch an normalen Kaninchen zeigen, daß nach doppelseitiger Labyrinthexstirpation die Labyrinthstellreflexe auf den Kopf bei Untersuchung in der Luft vollständig fehlen. Das läßt sich nicht nur unmittelbar nach der Operation zeigen, sondern bleibt auch dauernd unverändert. Noch kürzlich konnte ich Beobachtungen an einem Kaninchen anstellen, bei welchem von De Kleyn vor 5$\frac{1}{2}$ Wochen die doppelseitige Labyrinthexstirpation[1]) ausgeführt worden war. Gewöhnlich gehen Kaninchen nach dieser Operation zugrunde, weil dabei beiderseits der Facialis zerstört wird und die Tiere daher nicht fressen können. Bei dem letzterwähnten Tiere war aber beiderseits der Facialis erhalten geblieben, und es konnte infolgedessen fressen. Bei demselben fehlten sämtliche Labyrinthstellreflexe auf den Kopf geradeso, wie das oben für labyrinthlose Thalamuskaninchen geschildert wurde (vgl. Abb. 105—108). Abb. 109 zeigt dieses Tier in Rückenlage in der Luft. Hieraus ergibt sich die für unsere späteren Auseinandersetzungen wichtige Tatsache, daß dem Kaninchen mit intaktem Großhirn optische Stellreflexe fehlen und daß die Tiere auch nach völligem Abklingen des Schockes und nach wochenlanger Beobachtung nicht lernen, ihre Augen für die Orientierung des Kopfes im Raume zu benutzen. Man kann also intakte Kaninchen ohne Kopfkappe, wenn man sie frei in der Luft hält, zur Demonstration der Labyrinthstellreflexe auf den Kopf ohne Fehler benutzen.

Beim Meerschweinchen verhalten sich die Labyrinthstellreflexe genau so wie beim Kaninchen.

---

[1]) Die Operation war auf der einen Seite nicht ganz vollständig, so daß noch schwache Bogengangsreaktionen vorhanden waren. Dagegen fehlten alle Otolithenreaktionen und damit auch die Labyrinthstellreflexe, um welche es sich hier handelt, dauernd.

Labyrinthstellreflexe bei Katze und Hund.

Eine Thalamuskatze, welche von Dusser de Barenne zweizeitig operiert worden war, machte bereits eine halbe Stunde nach der letzten Operation einige Schritte mit nach links gewendetem Kopf. Nach vier Stunden saß sie im Käfig, aus linker Seitenlage saß sie gut auf, wobei der Kopf voran ging; am folgenden Morgen erfolgte aus rechter Seitenlage wohl Rechtsetzen des Kopfes, aber noch kein Aufsitzen des Körpers. Etwa 22 Stunden nach der letzten Operation war Aufsitzen aus rechter Seitenlage nachzuweisen, das Tier lief einige Schritte ohne Reiz. Nach zwei Tagen saß das Tier mit geradem Kopf, aus rechter und linker Seitenlage erfolgte promptes Aufsitzen des Körpers, wobei der Kopf voranging. Nach einer Beobachtungszeit von sechs bis sieben Wochen war der Schock vollständig geschwunden und das Maximum der Leistungen erreicht [vgl. das ausführliche Protokoll bei Dusser de Barenne (2)].

Abb. 109. Kaninchen, $5^1/_2$ Wochen nach doppelseitiger Labyrinthexstirpation. Großhirn intakt. Das Tier wird in Rückenlage in der Luft gehalten, der Kopf steht in Rückenlage. Fehlen der Labyrinthstellreflexe. Keine optischen Stellreflexe.

Bei dem von Dusser de Barenne operierten großhirnlosen Hund (41) war 21 Stunden nach der Entfernung der zweiten Hemisphäre aus rechter und linker Seitenlage auf Reiz Rechtsetzen des Kopfes auszulösen, aus der linken Seitenlage auch Aufsitzen des Vorderkörpers. Der Hund konnte stehen, auch laufen, fiel aber noch öfters nach rechts um, worauf er aber sofort wieder aufstand. Er lief gegen alle Hindernisse und ging im Kreisbogen nach links herum. Vier Tage später erfolgte promptes Aufstehen aus beiden Seitenlagen. Die Kreisbewegungen hörten auch bald auf.

Sowohl bei der Thalamuskatze wie bei dem Thalamushunde ließ sich bei der Untersuchung frei in der Luft feststellen (41), daß gerade so, wie es oben für das Kaninchen geschildert wurde, aus allen beliebigen Lagen im Raume der Kopf in die Normalstellung gebracht wurde. Man kann dann den Körper um den im Raume feststehenden Kopf nach allen Seiten bewegen. Nach Exstirpation beider Labyrinthe fallen die Labyrinthstellreflexe fort. Bei der Thalamuskatze und dem Thalamushund sind keine optischen Stellreflexe vorhanden.

Untersucht man jedoch Hund und Katze mit intaktem Großhirn, so treten bei ihnen, wie unten zu schildern sein wird, optische Stellreflexe hinzu. Man muß diese durch Anlegen einer Kopfkappe ausschalten. Dann zeigt sich, daß Hund und Katze sich in der Luft gerade so verhalten wie das Thalamuskaninchen. Nach doppelseitiger Labyrinthexstirpation fehlt ihnen jedes Vermögen, den Kopf im Raume richtig zu setzen, sie sind dann völlig desorientiert (siehe Abb. 127—131, S. 264—267).

Labyrinthstellreflexe beim Affen (59).

Auch beim Affen sind die optischen Stellreflexe stark entwickelt. Man muß also, wenn man Affen mit erhaltenem Großhirn frei in der Luft auf Labyrinthstellreflexe untersuchen will, die Augen verschließen, was am besten durch Anlegen einiger oberflächlicher Knopfnähte durch die Augenlider in leichter Chloräthylnarkose gelingt. Dann lassen sich sämtliche Labyrinthstellreflexe mit größter Deutlichkeit nachweisen. Eine genaue Schilderung erübrigt sich und kann in Pflügers Archiv Bd. 193, S. 415. 1922, nachgelesen werden. Das Verhalten ist genau das gleiche wie beim Kaninchen.

Die Labyrinthstellreflexe wurden auch bei drei Thalamusaffen untersucht. Bei diesen stellte sich heraus, daß, nachdem der erste Schock nach der Operation verschwunden war, sich schon am Tage der Operation die Labyrinthreflexe deutlich nachweisen ließen:

Hält man die Tiere in Normalstellung am Becken in der Luft, so wurde der Kopf in Normalstellung gebracht. Aus der Seitenlage wurde der Kopf mehr oder weniger vollständig gegen die Normalstellung hin gedreht (Abb. 110), so daß dieselbe bei zwei Tieren vollständig, bei einem anderen bis auf 45° erreicht wurde. Drehte man den Körper des Tieres in der Luft aus einer Seitenlage in die andere, so ließ sich deutlich sehen, daß der Kopf durch den geschilderten Reflex mit mehr oder weniger gutem Erfolg in der Normalstellung festgehalten wurde. Bei aufrechter Körperstellung in der Luft wurde der Kopf in Normalstellung gehalten. Beim Hängen mit dem Kopfe nach unten war die Dorsalbeugung des Kopfes deutlich, die Mundspalte stand entweder vertikal nach unten oder wurde von hier aus noch um 10° gegen die Normalstellung hin gedreht. Beim Übergang aus der Hängelage mit Kopf oben in Hängelage mit Kopf unten, bei welchem also das Becken um 180° gedreht wurde, führte der Kopf nur eine Drehung von 45° aus. Wurden die Tiere in Rückenlage gehalten, so wurde der Kopf durch Ventralbeugen in die Normalstellung gebracht, wobei die Mundspalte entweder horizontal oder etwas über die Horizontale gehoben stand. Da der Thalamusaffe keine optischen Stellreflexe besitzt, kann man diese Untersuchung ohne Verschluß der Augen ausführen.

Aus dem Gesagten ergibt sich, daß beim Thalamusaffen die Labyrinthstellreflexe auf den Kopf mit außerordentlich großer Deutlichkeit vorhanden sind.

Hält man dagegen einen labyrinthlosen Thalamusaffen in Seitenlage in der Luft, so steht der Kopf in Seitenlage (Abb. 111), so daß

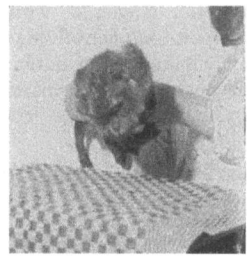 

Abb. 110. Macacus Cynomolgus. Thalamusaffe, $4^1/_2$ Stunden nach Operationsschluß. Das Becken wird in rechter Seitenlage in der Luft gehalten (die Hinterbeine hängen passiv nach unten). Thorax 45°, Kopf 60—70° gegen Normalstellung gedreht. Labyrinthstellreflex.

also die oben erwähnte Drehung des Kopfes aus der Seitenlage gegen die Normalstellung zu nicht etwa durch Schwerkraftswirkung vorgetäuscht wird.

Auch bei Affen mit erhaltenem Großhirn läßt sich zeigen, daß nach doppelseitiger Labyrinthexstirpation die Labyrinthstellreflexe auf den

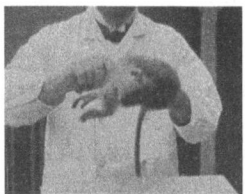 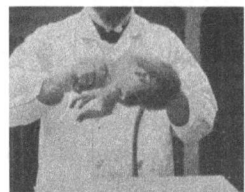

Abb. 111. Macacus Rhesus. Vollständige Großhirnexstirpation 34 Tage nach doppelter Labyrinthexstirpation. Das Tier wird am Becken und den Vorderbeinen in linker Seitenlage in der Luft gehalten. Der Kopf steht in linker Seitenlage und ist nur, der Schwere folgend, etwas nach unten gesunken. Fehlen der Labyrinthstellreflexe auf den Kopf.

Kopf vollständig fehlen. Man untersucht dieses am besten bei Tieren mit geschlossenen Augen. Dieses wurde bei einem labyrinthlosen Affen 14 Tage und $1^1/_2$ Monate nach der Exstirpation des zweiten Labyrinthes ausgeführt. Hält man ein solches Tier in verschiedenen Stellungen in der Luft, so ergibt sich, daß der Kopf jetzt keine feste Lage im Raume mehr einnimmt.

Z. B. kann bei Normalstellung in der Luft der Kopf mit der Schnauze senkrecht nach unten hängen oder sich in rechter oder linker Seitenlage befinden oder sogar dorsal gebeugt gehalten werden. Wird das Tier in Seitenlage in der Luft gehalten, so steht der Kopf in Seitenlage ohne Drehung und hängt, nur der Schwerkraft folgend, etwas mit dem unteren Ohr nach unten. In aufrechter Stellung in der Luft gehalten kann der Kopf entweder in Normalstellung gehalten werden oder sich in rechter oder linker Seitenlage befinden, ohne daß diese Stellung korrigiert wird. Läßt man das Tier mit dem Kopf nach unten hängen, so wird meist der Kopf ventral gebeugt gehalten, so daß die Mundspalte horizontal oder sogar etwas nach oben steht, oder der Kopf hängt mit der Schnauze nach unten. Hält man das Tier in Rückenlage in der Luft, so befindet sich der Kopf entweder in Rückenlage oder in rechter oder linker Seitenlage. Meistens wird er jedoch in Rückenlage gehalten.

Hieraus ergibt sich also, daß nach Verlust der Labyrinthe und Verschluß der Augen der frei in der Luft gehaltene Affe seinen Kopf nicht mehr orientieren kann.

––––––––

Die geschilderten Beobachtungen zeigen, daß die Labyrinthstellreflexe auf den Kopf bei Kaninchen, Meerschweinchen, Katze, Hund und Affe sich genau in derselben Weise nachweisen lassen und daß sie bei den genannten Tierarten genau den gleichen Gesetzen gehorchen.

Umdrehen beim freien Fall.

Diese Labyrinthstellreflexe auf den Kopf spielen beim freien Fall (66) die entscheidende Rolle. Wenn man Katzen, Kaninchen oder Affen in Rückenlage frei in der Luft hält und nach unten fallen läßt, so drehen sie sich bekanntlich in der Luft und kommen mit den Beinen richtig auf den Boden. Die Reaktion erfolgt mit außerordentlicher Schnelligkeit und Sicherheit. Sie ist an die Intaktheit der Labyrinthe gebunden. Sowohl bei der intakten Katze wie bei der Thalamuskatze und beim intakten Affen ließ sich zeigen, daß nach doppelseitiger Labyrinthexstirpation den Tieren das Umdrehen in der Luft unmöglich geworden ist. Sie plumpsen wie ein Sack auf den Boden, sei es in Rückenlage oder Seitenlage, und vermögen sich nicht mehr in der Luft so umzudrehen, daß sie mit den Extremitäten richtig unten anlangen. Die Reaktion fehlt ebenfalls dem decerebrierten Tier mit intakten Labyrinthen. Schon hierdurch wird es wahrscheinlich, daß das Mittelhirn für die Reaktion notwendig ist. Dieses wird zur Sicherheit durch die Beobachtung, daß das Thalamustier noch das Vermögen zum Umdrehen besitzt, wie Beobachtungen an einer Thalamuskatze von Dusser de Barenne (41) zeigten. Da also sowohl die Labyrinthe wie das Mittelhirn für den Reflex notwendig sind, liegt der Schluß nahe, daß es sich um die Wirkung der Labyrinthstellreflexe auf den Kopf handelt. Daß das tatsächlich der Fall ist, ergibt sich aus dem Studium der kinematographischen Aufnahmen. Bekanntlich hat Marey bereits Reihenphotographien von Katzen und Kaninchen angefertigt. Diese zeigen, daß die Reaktion durch Drehen des Kopfes eingeleitet wird. Man kann dasselbe deutlich an einer Reihe von kinematographischen Aufnahmen verfolgen, welche ich von fallenden Katzen genommen habe. Abb. 112 gibt zwei Beispiele hierfür. Auf Reihe A sieht man auf dem ersten Bilde das Tier in Rückenlage in der Luft gehalten. Auf Bild 2 wird es losgelassen, auf Bild 3 sieht man, daß der Kopf, vom Beschauer aus gesehen, nach hinten gedreht wird, während der Thorax und die Vorderbeine noch in Rückenlage stehen. Auf Bild 4 hat sich der Kopf um 90° gedreht, und jetzt beginnt auch die Drehung des Thorax, während das Becken noch unverändert stehengeblieben ist. Die Drehung des Kopfes und Vorderkörpers setzt sich auf den folgenden Aufnahmen fort. Auf Aufnahme 5 und 6 sieht man, daß sich an die Drehung des Vorderkörpers die des Beckens anschließt, welche auf Aufnahme 9 vollendet ist. Dasselbe zeigt die Reihenaufnahme B. Auf dem zweiten Bilde wird das Tier losgelassen, und man sieht bereits hier die beginnende Drehung des Kopfes nach dem Beschauer zu, welche auf der dritten, vierten und fünften Aufnahme allmählich stärker wird. Auf der zweiten bis vierten Aufnahme, auf welcher man die Drehung des Kopfes deutlich sieht, steht der Thorax mit den Vorderbeinen noch in Rückenlage, und erst auf der fünften Aufnahme dreht sich auch der Brustkorb nach vorne. Auf dem siebenten Bilde sieht man, daß Kopf und Thorax sich bereits stark gedreht haben, während das Becken noch deutlich zurückgeblieben ist und erst auf der letzten Aufnahme ebenfalls die Normalstellung gegen den Boden zu erreicht.. Es handelt sich also bei der Reaktion im freien Falle um den Labyrinthstellreflex auf den Kopf, durch welchen der Kopf gegen die Normalstellung gedreht wird. Hieran schließt sich der Halsstellreflex an, durch welchen der Körper dem Kopfe folgt, und zwar erst mit dem Thorax, dann mit dem Becken. Es kommt gewissermaßen zu einer schraubenförmigen Bewegung des Tieres durch den Raum, welche vom Kopfe her eingeleitet wird.

Die Drehung des Kopfes gegen den Körper muß nun außerdem tonische Halsreflexe hervorrufen. Diese sieht man in der Reihe A auf Abb. 7, 8 und 9, wo man die infolge der Kopfdrehung eingetretene Streckung des vorderen Kieferbeines erkennt, dasselbe sieht man auf der siebenten bis neunten Aufnahme der Reihe B[1]).

Ferner muß die geradlinige Verschiebung des Kopfes im Raume beim freien Falle zu einem Labyrinthreflex auf Progressivbewegung

---

[1]) Der beim Fall mit Kopf unten infolge des Labyrinthstellreflexes ausgelöste tonische Halsreflex auf die Vorderbeine wurde schon im Anschluß an Abb. 102 (S. 218) besprochen.

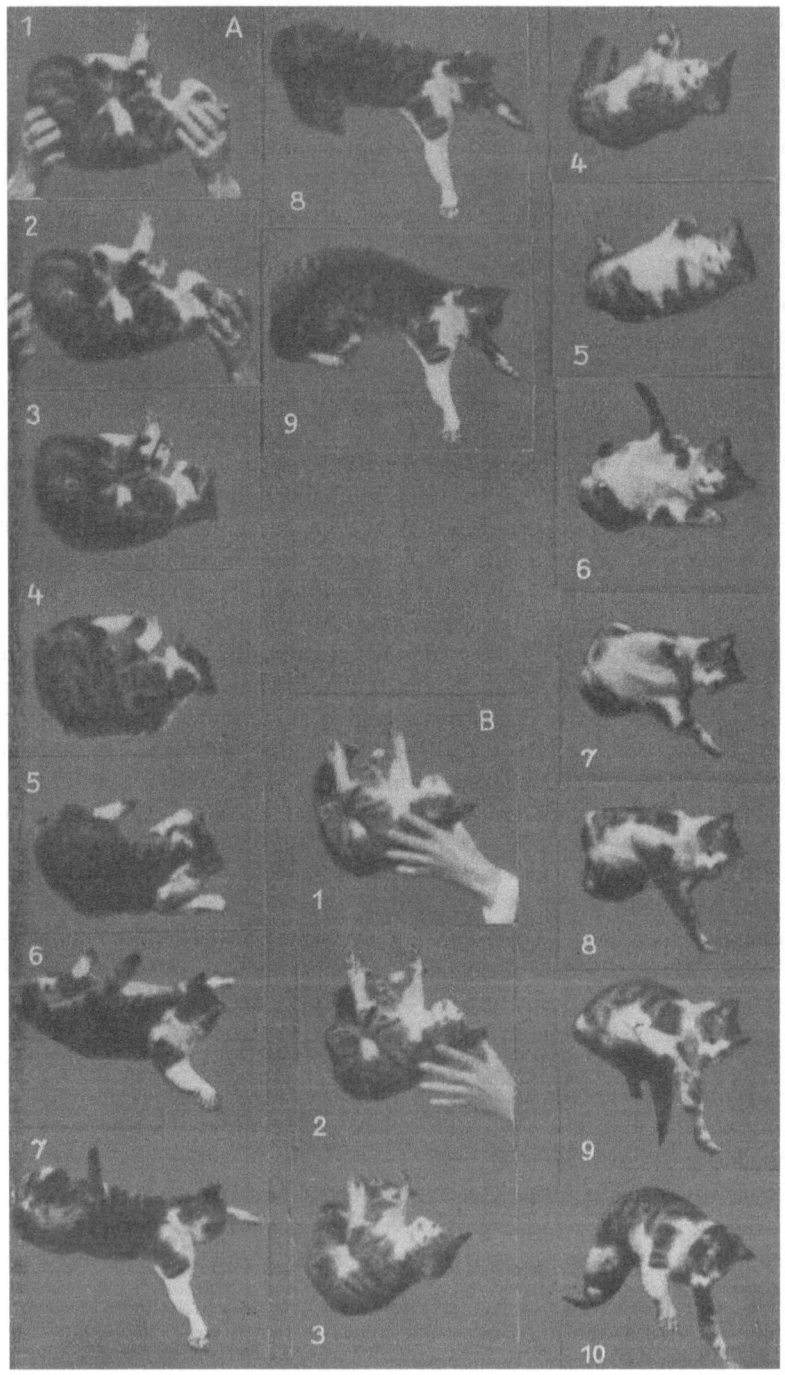

Abb. 112.

führen. Wie weiter unten (Kapitel VIII) ausführlich zu schildern sein wird, bewirkt eine Beschleunigung des Labyrinthes in der Richtung nach dem Rücken zu Beugung der Vorderbeine, während eine Beschleunigung des Labyrinthes in ventraler Richtung Streckung der Vorderbeine verursacht. In Übereinstimmung damit steht, daß im Beginn der Bewegung, wo der Kopf ganz oder nahezu in Rückenlage steht, eine Beugung der Vorderbeine eintritt, wie man dieses auf Abb. 2 und 3 von Reihe A und auf Abb. 3, 4 und 5 von Reihe B deutlich sieht. Sobald aber der Kopf seine Drehung im Raume vollendet hat, werden die Labyrinthe bei fortgesetztem freien Falle in umgekehrter Richtung verschoben, und der Erfolg ist die entsprechende Streckung der Vorderbeine, welche man auf Abb. 6—9 der Reihe A und auf Abb. 7—10 der Reihe B erkennen kann.

Aus dem Geschilderten ergibt sich, daß die Reaktion beim freien Falle im wesentlichen beruht auf dem Labyrinthstellreflex auf den Kopf, an welchen sich der zugehörige Halsstellreflex auf den übrigen Körper anschließt. Außerdem sind tonische Halsreflexe auf die Extremitäten und Reaktionen auf Progressivbewegungen zu sehen. Letztere führen am Ende der Bewegung dazu, daß die Extremitäten tonisch gestreckt und daher imstande sind, das Gewicht des Körpers beim Auftreffen auf dem Boden in zweckmäßiger Weise abzufangen.

Man sieht, daß es gelingt, diese merkwürdige Fähigkeit der Tiere, beim freien Falle in Normalstellung auf den Boden anzukommen, auf das Zusammenarbeiten bekannter Reflexe zurückzuführen[1]).

Körperstellreflexe auf den Kopf (24).

Wir kehren für unsere Darstellung zu den Beobachtungen am labyrinthlosen Thalamuskaninchen zurück. Wie oben geschildert, ist das labyrinthlose Thalamustier nicht mehr imstande, in der Luft die richtige Körperstellung einzunehmen. Sobald das Tier jedoch in Berührung mit der Unterlage (Fußboden) kommt, ändert sich dieses Verhalten.

Hält man ein labyrinthloses Thalamuskaninchen zunächst in Seitenlage am Becken in der Luft, so bleibt, wie das oben auf Abb. 105 (S. 221) zu sehen ist, Kopf und Vorderkörper ebenfalls in Seitenlage, und es werden keine Versuche gemacht, den Kopf in die Normalstellung zu bringen.

---

[1]) An dieser Stelle ist nur ein Teil des ganzen Problems behandelt, nämlich die Frage, welche aktiven Bewegungen das Tier ausführt, und durch welche Reflexe dieselben veranlaßt werden. Die rein physikalische Frage, warum der Körper des Tieres, wenn er diese Bewegungen macht, sich beim freien Falle umdreht, wird hier nicht besprochen (vgl. die Ausführungen von Guyon und Levy im Anschluß an Mareys Mitteilung. Cpt. rend. hebdom. des séances de l'acad. des sciences Bd. 119, S. 717. 1894).

Sobald man aber das Tier bei unveränderter Seitenlage
des Beckens auf den Tisch legt, wird sofort der Kopf in die
Normalstellung gebracht. Das geschieht entweder durch einfache
Drehung, oder die Schnauze wird zuerst durch Ventralbeugung zwischen
die Vorderpfoten gebracht und danach in die Normalstellung gedreht.
An diese Bewegung des Kopfes schließt sich dann der gewöhnliche
Halsstellreflex an, durch welchen, während das Becken noch in Seitenlage festgehalten wird, der Vorderkörper sich ebenfalls in die Sitzstellung dreht[1]). Auf Abb. 113 ist das Endergebnis zu sehen.

Diese Reaktion tritt sofort auf, nachdem der Körper des Tieres die
Unterlage berührt hat. Auf Abb. 113 sieht man, daß sie auch erfolgt,
wenn nicht der Kopf, sondern nur der Körper auf dem Tische aufliegt.
Es drängt sich daher der Schluß auf, daß es sich hierbei um einen Reflex
handelt, der durch die einseitige Erregung der sensiblen
(Druck-) Nerven des Tierkörpers ausgelöst wird.

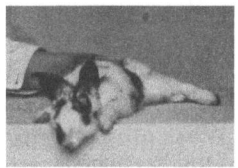 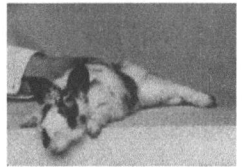

Abb. 113. Dasselbe labyrinthlose Thalamuskaninchen wie Abb. 106. Das Tier
war zunächst am Becken in rechter Seitenlage in der Luft gehalten worden. Kopf
und Vorderkörper hatten sich dabei ebenfalls in Seitenlage befunden (vgl. Abb. 105),
weil der Labyrinthstellreflex fehlt. Danach war es in rechter Seitenlage auf den
Tisch gelegt worden. Der Kopf ragte über den Tischrand. Darauf drehte sich
zuerst der Kopf nach links, d. h. in die Normalstellung (Wirkung des einseitigen
Druckes der Unterlage auf den Körper). Darauf folgte der Vorderkörper, während
der Hinterkörper mit der Hand in rechter Seitenlage festgehalten wird.

Die Richtigkeit dieser Überlegung läßt sich leicht beweisen. Wenn
die Drehung des Kopfes in die Normalstellung durch den einseitigen
Druck der Unterlage auf die Körperwand ausgelöst wird, so muß man
dieselbe verhindern können, wenn man auf die oben befindliche Körperwand einen ungefähr ebenso starken Druck ausübt. Dieses ist nun
tatsächlich der Fall. Legt man nämlich, während das labyrinthlose
Thalamustier sich in Seitenlage auf dem Tische befindet, auf die oben
befindliche Körperseite ein Brettchen, beispielsweise den Deckel einer
Zigarrenkiste, und beschwert dasselbe mit einem Gewicht von 1 kg,
so wird der Kopf nicht mehr in die Normalstellung gedreht,

---

[1]) Unterstützt wird die Drehung des Vorderkörpers noch durch den später
zu schildernden Reflex, der durch einseitige Reizung der Körperoberfläche auf
den Körper selber ausgelöst wird.

sondern bleibt ebenso in Seitenlage, wie wenn man das Tier frei in der Luft hielte. (Dieser einfache und sehr anschauliche Versuch soll im folgenden kurzweg als „Brettversuch" bezeichnet werden.) Abb. 114 veranschaulicht dieses Ergebnis.

Sobald man aber das beschwerte Brett wieder fortnimmt, geht der Kopf alsbald durch Drehung in die Normalstellung, und der Körper folgt dieser Drehung.

Hierdurch haben wir nun einen neuen Faktor kennengelernt, durch welchen reflektorisch das am Boden liegende Tier zum Aufsitzen gebracht wird. Im Gegensatz zum Labyrinthstellreflex, der die richtige Orientierung des Tieres auch in der Luft besorgt, ist für diesen Stellreflex (Stellreflex auf den Kopf durch asymmetrische Reizung der Körperoberfläche, kurz „Körperstellreflex auf den Kopf") die Berührung mit der Unterlage nötig.

 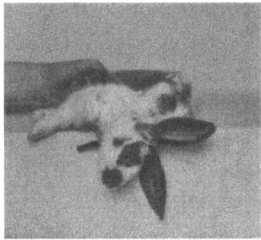

Abb. 114. Dasselbe labyrinthlose Thalamuskaninchen wie Abb. 106 und 113. Das Tier liegt in linker Seitenlage auf dem Tisch. Der Kopf ragt über den Tischrand. Auf die oben befindliche rechte Körperseite ist ein mit einem flachen Gewicht von 1 kg beschwertes Brett gelegt, das mit der Hand festgehalten wird („Brettversuch"). Der Kopf bleibt darauf in linker Seitenlage liegen und wird nicht in die Normalstellung gedreht. (Die Wirkung des einseitigen Druckes der Unterlage ist durch den Druck des Brettes kompensiert.)

Beim näheren Studium stellte es sich nun heraus, daß es sich um eine Reaktion von recht weitgehender Wirksamkeit handelt. Sehr verschiedene einseitige Reize sind imstande, beim labyrinthlosen Thalamustier eine Drehung oder Wendung des Kopfes nach der anderen Seite auszulösen. So erfolgt auf Berührung einer Cornea oder eines Augenwinkels Wegwenden des Kopfes nach der anderen Seite. Hält man das Tier am Becken in Normalstellung in der Luft und kneift eine Vorderpfote, so wird der Kopf nach der anderen Seite gedreht oder gewendet. Denselben Versuch kann man auch mit dem Brettversuch kombinieren. Legt man das (labyrinthlose) Tier in Seitenlage auf den Tisch und belastet die obere Körperseite mit einem beschwerten Brettchen, so bleibt der Kopf in Seitenlage (Abb. 114). Kneift man jetzt das untere Vorderbein, so wird der Kopf alsbald in die Normalstellung gedreht und geht nach Aufhören des Reizes wieder in Seitenlage zurück. Kneift man dagegen das obere Vorderbein, so dreht sich der Kopf mit dem Scheitel nach unten. In diesem Falle ist der Druck der Unterlage durch das aufgelegte Brett kompensiert, und es kann daher der einseitige Pfotenreiz seinen richtenden Einfluß auf den Kopf ungestört entfalten. Hält man das Tier am Becken in Normalstellung in der Luft, so kann man die Haut der einen Körperseite breit mit der Hand packen und kneifen und drücken: der Kopf wird daraufhin nach der anderen Seite gedreht und gewendet.

Der Versuch mit Pfotenkneifen lehrt zugleich, daß es nicht erforderlich ist, daß der R u m p f des Tieres einseitig gereizt wird, sondern daß auch asymmetrische Reize a n d e n E x t r e m i t ä t e n einen richtenden Einfluß auf den Kopf haben. Es ist das für das Verständnis des Gleichgewichts beim s t e h e n d e n Tiere von Wichtigkeit.

Wenn die Berührung mit der Unterlage keine asymmetrische, sondern eine symmetrische ist, so erfolgt unter gewöhnlichen Bedingungen[1]) keine Drehung oder Wendung des Kopfes. Daher kommt es, daß, wenn man ein labyrinthloses Thalamustier in R ü c k e n l a g e auf den Tisch legt (Abb. 106), der Kopf ebenso ruhig in Rückenlage mit dem Scheitel nach unten bleibt, als ob man das Tier in der Luft hielte. Aus der Rückenlage erfolgt die Kopfdrehung nur, wenn der L a b y r i n t h stellreflex wirksam ist.

Inwiefern nun der geschilderte „Körperstellreflex auf den Kopf" beim labyrinthlosen Thalamuskaninchen imstande ist, die richtige Körperstellung zustande zu bringen, erkennt man am besten durch Beobachtung dieser Tiere, wenn sie aus dem Schock nach der Operation erwachen und allmählich sich aufzurichten versuchen.

Direkt nach der Operation liegt das Tier auf der Seite und macht auf Reize aller Art keine Versuche, den Kopf in die Normalstellung zu bringen. Nach einiger Zeit erfolgt auf symmetrischen Reiz (Schwanzkneifen) einfaches Zappeln in Seitenlage; wird dagegen das untenliegende (nicht das obere!) Vorderbein gekniffen, so wird der Kopf in die Normalstellung gedreht. Anfangs reagiert nur der Kopf auf Reizung des unteren Vorderbeins, später schließt sich daran das Aufsitzen des Vorderkörpers und schließlich auch des Hinterkörpers an, so daß das Tier entweder zum richtigen Sitz in Normalstellung kommt oder über den Bauch nach der anderen Seite hin überrollt. Sobald es dann in die Seitenlage gekommen ist, rollt es über den Bauch wieder auf die ursprüngliche Seite zurück, und so kann es kommen, daß das Tier eine Zeitlang über den Bauch von der einen Seitenlage in die andere hin und her rollt.

---

[1]) Nach einseitiger Labyrinthexstirpation ist das anders (s. u. S. 304).

Niemals erfolgt das Rollen über den Rücken; immer geht der Kopf zuerst in die Normalstellung, und der Körper rollt dann über den Bauch nach. In einem weiteren Stadium des Erwachens aus dem Schock erfolgt dann diese Reaktion nicht nur auf Kneifen des unteren Vorderbeines, sondern es genügt der symmetrische Reiz des Schwanzkneifens, um, zusammen mit dem einseitigen Druck der Unterlage, Drehen des Kopfes in Normalstellung und Rollen über den Bauch nach der anderen Seite zu veranlassen. Schließlich ist überhaupt keine künstliche Reizung mehr erforderlich. Sobald das Tier in Seitenlage gelangt, wird der Kopf in Normalstellung gedreht, und der Körper folgt. Anfangs tritt dabei noch das geschilderte Hin- und Herrollen über den Bauch ein, das gewöhnlich schließlich zum richtigen symmetrischen Sitzen in Normalstellung führt. Schließlich aber kann sich das Tier aus der Seitenlage auf dem Tisch direkt aufsetzen und fällt nicht mehr um. Bleibt es in diesem Stadium noch einmal in Seitenlage liegen, so genügt

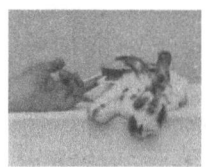 

Abb. 115. Dasselbe Thalamuskaninchen mit durchtrennten Opticis und intakten Labyrinthen wie Abb. 98. Das Tier liegt in linker Seitenlage auf dem Tisch, der Kopf ragt über den Tischrand. Auf die oben befindliche rechte Körperseite ist ein mit einem flachen Gewicht beschwertes Brett gelegt, das mit dem Finger unterstützt wird. Der Kopf ist nach rechts, d. h. in die Normalstellung gedreht. (Trotzdem die Wirkung des einseitigen Druckes der Unterlage durch den Druck des Brettes kompensiert ist, bleibt der Labyrinthstellreflex wirksam.)

meist ein leichtes Klopfen auf den Tisch, um das Aufsitzen auszulösen. Nach dem Aufsitzen schwankt das Tier häufig noch etwas mit dem Kopf oder Körper hin und her, wie das auch Kaninchen mit intaktem Großhirn in den ersten Tagen nach der doppelseitigen Labyrinthexstirpation tun. Sobald bei Seitenlage auf dem Tisch das beschwerte Brett auf die obere Körperseite aufgelegt wird, sind alle die genannten Reaktionen, durch welche Kopf und Körper nach der Normalstellung hin bewegt werden, erloschen. Nach dem Entfernen des Brettes tritt die Aufsitzreaktion dagegen sofort wieder ein.

Der Brettversuch muß natürlich beim Thalamuskaninchen mit intakten Labyrinthen einen anderen Erfolg haben. Legt man ein solches Tier in Seitenlage auf den Tisch und kompensiert den asymmetrischen Reiz der Unterlage durch ein aufgelegtes beschwertes Brett (Abb. 115), so wird der Kopf mit Sicherheit in die Normalstellung gedreht, weil der Labyrinthstellreflex wirksam geblieben ist.

Aus diesem Versuche ersieht man außerdem, daß das Auflegen des Brettes keine allgemeine Hemmung der Stellreflexe bewirkt, daß daher das Ausbleiben des Stellreflexes beim Brettversuch am labyrinthlosen Tier (Abb. 114) nicht auf eine allgemeine Reflexhemmung bezogen werden darf.

Alle Beobachtungen am labyrinthlosen Thalamustier lassen sich auch an Kaninchen mit intaktem Großhirn nach Exstirpation beider Labyrinthe anstellen. Die Tiere sind in der Luft vollkommen desorientiert; sowie sie aber den Boden berühren, sind sie imstande, den Kopf in die Normalstellung zu bringen und im Anschlusse hieran in normaler Weise aufzusitzen und zu laufen.

Auch bei der Katze lassen sich die Körperstellreflexe auf den Kopf mit größter Deutlichkeit nachweisen. Als Beispiel hierfür mögen Beobachtungen (41) dienen, welche an den beiden Thalamuskatzen von Dusser de Barenne nach Exstirpation der Labyrinthe angestellt werden konnten.

Katze I. Nach $1/_2$ Stunde versucht das Tier aus linker Seitenlage auf dem Boden den Kopf durch Wenden in Normalstand zu bringen; aus rechter Seitenlage bringt es den Kopf durch Drehen in Normalstellung, darauf sitzt der Körper auf und fällt dann nach links um.

Nach 4 Stunden: Kopf nach links gedreht, Tier fällt auf dem Boden nach links um, worauf es den Kopf durch Rechtswenden in Normalstand bringt, und Aufsitzen des Körpers erfolgt. Aus rechter Seitenlage dasselbe Ergebnis wie $1/_2$ Stunde nach der letzten Operation. Das Tier rollt mehrmals über den Bauch abwechselnd nach rechts und links, wobei der Kopf stets vorangeht.

Nach 24 Stunden: Beim Brettversuch auf dem Boden in rechter und linker Seitenlage bleibt der Kopf in der betreffenden Seitenlage, wird aber das Brett fortgenommen, so geht der Kopf sofort in Normalstellung, und danach sitzt der Körper auf. In rechter und linker Seitenlage in der Luft steht der Kopf in Seitenlage, sobald aber das Tier in einer der beiden Seitenlagen auf den Boden gelegt wird, geht der Kopf sofort in die Normalstellung.

Katze II. Nach 5 Stunden: Das Tier fällt mehrmals nach links um und sitzt dann aus linker Seitenlage wieder auf. In rechter Seitenlage auf dem Tisch ist der Kopf bis 45° nach der Normalstellung gedreht. Während der Kopf bei Seitenlage des Tieres in der Luft sich in Seitenlage befindet, wird er sofort in Normalstand gebracht, wenn das Tier auf den Tisch niedergelegt wird. Beim Brettversuch in beiden Seitenlagen auf der Unterlage steht der Kopf in Seitenlage, um aber sofort in Normalstellung gebracht zu werden, sobald das Brett entfernt wird.

Nach 24 Stunden: Das Tier wird auf den Boden gesetzt, fällt dann nach links um, steht aber aus dieser Seitenlage sofort wieder auf, wobei der Kopf vorangeht, um dann, sobald es den Normalstand eingenommen hat, in rechte Seitenlage umzufallen. Hieraus sitzt es wieder unter Vorangehen des Kopfes auf, gelangt somit wieder in Normalstellung, fällt dann aber wieder in die linke Seitenlage um; so geht es mehrmals hintereinander, d. h. das Tier rollt fortwährend über den Bauch von der einen Seitenlage in die andere, wobei es

jedesmal durch die Normalstellung hindurchgeht und der Kopf
stets vorangeht.

Nach 48 Stunden: In allen Versuchen genau dasselbe Verhalten wie gestern.

Beim Affen (*59*) dagegen sind die Labyrinthstellreflexe auf den
Kopf nur schwach entwickelt.

Beim Erwachen aus der Narkose kann man beim Affen gelegentlich ein Stadium feststellen, in welchem die Labyrinthstellreflexe in der Luft noch nicht vorhanden sind, dagegen sofort der Kopf gegen den Normalstand gedreht wird,
sobald man das Tier in Seitenlage auf den Tisch legt. Ähnliches ließ sich am
Thalamusaffen $1^3/_4$ Stunden nach der Operation nachweisen; der Labyrinthstellreflex war zu dieser Zeit noch negativ, während bei Seitenlage auf dem Tische
der Kopf fast völlig zur Normalstellung hin gedreht wurde. Bei einem labyrinthlosen Affen mit intaktem Großhirn und verschlossenen Augen wurde bei Seitenlage auf dem Tische der Kopf gegen den Normalstand zu gedreht.

Alle diese Beobachtungen sind aber nur Gelegenheitsbefunde. Im
großen und ganzen sind beim Affen die Körperstellreflexe auf den Kopf
sehr viel schwächer entwickelt als seine übrigen Stellreflexe und spielen
bei dem Aufrechterhalten der Körperstellung nur eine untergeordnete
Rolle.

Die bisher mitgeteilten Beobachtungen an Tieren mit intakten
Labyrinthen, wenn sie in der Luft gehalten werden, und an labyrinthlosen Tieren in der Luft und auf dem Tische (sowohl mit intaktem
als fehlendem Großhirn) haben also zunächst gelehrt, daß zwei verschiedene Gruppen von Reflexen zusammenwirken, um dem Kopfe
„die Normalstellung" im Raume zu geben. Das ist erstens der Labyrinthstellreflex und zweitens der Körperstellreflex, welcher durch asymmetrische Reizung der Körperoberfläche ausgelöst wird. Frei in der
Luft können richtende Einflüsse nach Ausschaltung optischer Eindrücke
nur von den Labyrinthen auf den Kopf ausgeübt werden. Sobald das
Tier aber in Berührung mit der Unterlage ist, treten zu den von den
Labyrinthen ausgehenden Erregungen noch Reize von den Drucknerven
des Rumpfes und der Extremitäten hinzu. Beide stellen den Kopf
im Raume richtig. Der Körper folgt dann der durch den Kopf angegebenen Richtung und gelangt dadurch ebenfalls zum normalen Sitz.
Über die hierbei mitspielenden Faktoren soll im folgenden Näheres
berichtet werden.

Stellreflexe auf den Körper.

1. Halsstellreflexe (*24*).

Bei der Schilderung des Verhaltens von Thalamuskaninchen mit
intakten Labyrinthen beim allmählichen Erwachen aus der Narkose
und dem Schock wurde oben schon darauf hingewiesen (siehe S. 212),
daß dabei zuerst immer der Kopf in die Normalstellung gebracht

wird, und daß sich erst an dieses „Richtigstellen" des Kopfes das Aufsitzen des Rumpfes anschließt. Die Abhängigkeit der Körperstellung von der Normalstellung des Kopfes ließ sich dadurch beweisen, daß man den Körper eines in Seitenlage nach der Operation auf dem Tische liegenden Thalamustieres dadurch zum Aufsitzen bringen kann, daß man den Kopf passiv mit der Hand in die Normalstellung dreht. Sitzt andererseits ein Thalamustier in der richtigen Normalstellung da (Abb. 96, S. 213), so kann man den Körper alsbald in Seitenlage bringen, indem man den Kopf mit der Hand in Seitenlage dreht (Abb. 97, S. 213).

Beim Erwachen aus dem Schock kann man feststellen, daß dieser Einfluß des Kopfes auf den Rumpf von vorne nach hinten fortschreitet. In einem gewissen Stadium wird, wenn der Kopf aus der Seitenlage aktiv oder passiv in die Normalstellung gedreht wird, nur der Vorderkörper zum Aufsitzen gebracht, während der Hinterkörper in Seitenlage liegen bleibt. Allmählich mit Verbesserung des Zustandes des Tieres setzt sich aber der Reflex auch auf den Hinterkörper fort, und das ganze Tier kommt zum normalen Sitz.

Dieser Reflex tritt auch ein, wenn Kopf und Körper des Tieres die Unterlage nicht berühren. Auf Abb. 98 und Abb. 99 (S. 215) sieht man, daß, wenn das Becken in Seitenlage frei in der Luft gehalten wird, sich nicht nur der Kopf durch den Labyrinthstellreflex in die Normalstellung dreht, sondern daß auch der Vorderkörper mit den Vorderbeinen dieser Drehung folgt und in der Luft ebenfalls die Normalstellung einnimmt. Es bleibt hierbei dann eine Drehung des Rumpfes in der Gegend der Lendenwirbelsäule übrig, weil das Becken mit der Hand festgehalten wird. Sehr kräftige Tiere können aber auch in der Luft diese Reaktion noch weiter durchführen und den Hinterkörper mit einem Ruck gegen den Widerstand der haltenden Hand in die Normalstellung „herumreißen".

Denselben Reflex sieht man auf Abb. 100 (S. 216), wo das Tier aus der Rückenlage den Kopf auf die Seite gedreht hat und der Vorderkörper dieser Drehung gefolgt ist und ebenfalls auf der Seite liegt, während das Becken in Rückenlage festgehalten wird.

Die geschilderte Reaktion wird, wie man sich leicht überzeugen kann, nicht ausgelöst durch Drehbewegung (Winkelbeschleunigung) des Kopfes, sondern durch seine Lage. Sie tritt mit derselben Schnelligkeit ein, wenn der Kopf schon längere Zeit in der gegen den Rumpf gedrehten Lage gehalten worden ist und man den vorher festgehaltenen Rumpf dann losläßt. Es kann sich also um keine Bogengangsreaktionen handeln.

Nimmt man dazu die Tatsache, daß dieselbe Reaktion des Vorder- und Hinterkörpers eintritt, einerlei, ob man den Kopf aus der Normalstellung in die Seitenlage oder aus der Seitenlage in die Normalstellung oder aus der Rückenlage in die Seitenlage dreht, so ergibt sich, daß es sich überhaupt nicht um einen tonischen Labyrinthreflex handeln kann. Dasselbe wird bewiesen dadurch, daß das labyrinthlose Thalamustier denselben Reflex hat. Man kann es aus der Normalstellung durch Seitwärtsdrehen des Kopfes in Seitenlage bringen und aus der Seitenlage durch Drehung des Kopfes in die Normalstellung zum sofortigen Aufsitzen veranlassen. Auch hierbei läßt sich feststellen, daß in einem früheren Stadium nach der Operation auf Richtigstellen des Kopfes zunächst nur Aufsitzen des Vorderkörpers erfolgt, während später der ganze Rumpf mit Vorder- und Hinterbeinen in richtige Hockstellung übergeht.

Alle diese Beobachtungen nötigen zu dem Schlusse, daß es die Drehung des Halses ist, welche die nachfolgende Drehung des Vorder- und dadurch die des Hinterkörpers auslöst. Daher wurde der Reflex als „Halsstellreflex" bezeichnet. Durch ihn wird es erreicht, daß, wenn der Kopf die Normalstellung angenommen hat, was durch den Labyrinthstellreflex und durch den asymmetrischen Druck der Unterlage veranlaßt wird, der Körper dem Kopfe folgt und ebenfalls die Normalstellung annimmt.

Diesen durch Kopfdrehen ausgelösten Halsstellreflex kann man bei intakten Tieren leicht dadurch hervorrufen, daß man das Kopfdrehen in Rückenlage ausführt. Dann bekommt man außer den zugehörigen tonischen Halsreflexen auf die Extremitäten eine deutliche Drehung des Rumpfes durch den Halsstellreflex. Abb. 116 zeigt ein Tier, das auf dem Rücken liegt und bei dem der Kopf nach rechts gedreht ist (d. h. das rechte Ohr ist nach der ventralen Körperseite zu gedreht). Der Tonusunterschied der Vorderbeine ist deutlich zu erkennen, das linke Bein ist Kieferbein und wird stärker gestreckt gehalten als das rechte Schädelbein. Außer dem tonischen Halsreflex auf die Extremitäten sieht man nun aber eine Drehung des Rumpfes. Infolge der Kopfdrehung erfolgt eine typische Stellungsänderung des Beckens, welche durch Tonusänderungen der Stammesmuskulatur, insbesondere an der Lendenwirbelsäule, zustande kommt. Der Hinterkörper wird hierdurch im entgegengesetzten Sinne wie der Hals gedreht. Während das rechte Auge nach oben sieht, befindet sich die rechte Hinterbacke unten und liegt dem Tische auf, während das linke Hinterbein sich oben befindet. Diese Reaktion ist auch nach Exstirpation der beiden Labyrinthe noch deutlich nachweisbar. Die Lendenwirbelsäule setzt die vom Halse angefangene Drehung des Rumpfes fort, so daß die ganze Wirbelsäule eine spiralige Drehung annimmt. Würde das Becken festgehalten werden, so würde der Thorax infolge der Drehung der Lendenwirbelsäule der Halsdrehung folgen.

Dieser Halsstellreflex spielt eine wichtige Rolle bei der Körperstellung und den Rollbewegungen des Kaninchens nach einseitiger
Labyrinthexstirpation, wo er durch die nach der Operation dauernd
vorhandene Kopfdrehung ausgelöst und durch Korrektion dieser
abnormen Kopfstellung jederzeit rückgängig gemacht werden kann,
wie später ausführlich geschildert werden soll. Dieser selbe Reflex
beteiligt sich nun auch bei der Einnahme der normalen Körperstellung
aus Seiten- und Rückenlage.

Auf die übrigen Halsstellreflexe braucht hier nur kurz hingewiesen
zu werden. Es ergibt sich ganz allgemein die Regel, daß beim Thalamuskaninchen der Körper der durch den Kopf bei der Einnahme der Normalstellung eingeschlagenen Richtung folgt. So sieht man beispielsweise

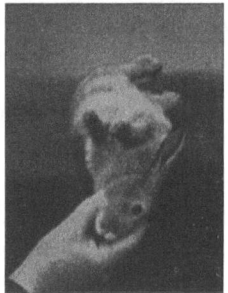 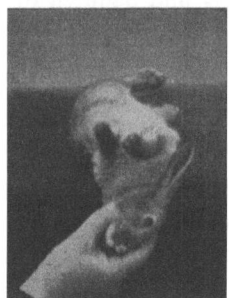

Abb. 116. Kaninchen in Rückenlage, so daß Kopf, Thorax und Becken mit der
Dorsalseite genau nach unten gerichtet sind. Darauf wird der Kopf nach rechts
gedreht, d. h. das rechte Ohr wird ventralwärts bewegt, das rechte Auge sieht
nach oben. Der Thorax bleibt in seiner früheren Lage liegen. Das linke Vorderbein ist Kieferbein und wird gestreckt, das rechte Vorderbein ist Schädelbein
und wird gebeugt. Das Becken dreht sich in umgekehrter Richtung wie der Kopf,
so daß die rechte Hinterbacke unten liegt, das linke Hinterbein sich oben befindet.
Der Körper des Tieres ist infolgedessen schraubenförmig gedreht. Der Tonusunterschied der Hinterbeine ist auf dieser Aufnahme nicht zu erkennen.

auf Abb. 101, S. 217, wo das Becken mit der Rückenseite nach unten
gehalten wird, daß nicht nur der Kopf durch Ventralbeugung in die
Normalstellung bewegt wird, sondern daß der Vorderkörper dieser
Bewegung folgt, indem eine starke Ventralkrümmung der Lendenwirbelsäule ausgeführt wird. Vergleicht man hiermit Abb. 102, S. 218, so
sieht man, daß bei Drehung des Beckens um die Querachse, bis das
Tier mit dem Kopf nach unten hängt, nicht nur durch eine Dorsalflexion des Halses der Kopf in der Normalstellung festgehalten wird,
sondern auch die starke Ventralkrümmung der Lendenwirbelsäule
sich löst und einer leichten Dorsalkrümmung im Brustteile Platz macht.

Die Halsstellreflexe nehmen unter den Stellreflexen insofern eine
Sonderstellung ein, als ihre Zentren etwas weiter nach hinten im Hirn-
stamm liegen als die für die übrigen Stellreflexe. Während die Zentren
für die letzteren alle bis an den Vorderrand des Mittelhirnes reichen,
sind die Halsstellreflexe häufig noch nach Fortnahme eines großen
Teils des Mittelhirnes vorhanden. Rademaker (siehe Kapitel X) fand
Halsstellreflexe noch bei einem Kaninchen nach Schnitt durch den
Hinterrand der Corpora quadrigemina posteriora bis in die Mitte der
Brücke. Doch zeigt sich auch hier, daß die Zentren für die Halsstellreflexe durchaus verschieden sind von den Zentren für die tonischen
Halsreflexe auf die Extremitäten, welche, wie früher angegeben wurde,
im oberen Cervicalmark liegen.

Genau dieselben Reflexe lassen sich auch bei der Thalamuskatze
und beim Thalamushund (41) nachweisen, so daß eine genauere
Schilderung sich erübrigt. Auch beim intakten Affen (59) im wachen
Zustande und in bestimmten Stadien der Narkose sowie beim Thalamusaffen lassen sich die Halsstellreflexe nachweisen. Nimmt man die
Untersuchung durch Kopfdrehen in Rückenlage vor, so sieht man, daß
auch der Schwanz sich an der Reaktion des Beckens beteiligt. Bei
Katze und Affe ließ sich zeigen, daß die Halsstellreflexe auch nach
doppelseitiger Labyrinthexstirpation vorhanden sind.

Oben (S. 229) wurde genau geschildert, daß diese Halsstellreflexe
eine wichtige Rolle beim Umdrehen der Tiere beim freien Fall in der
Luft spielen.

2. Körperstellreflexe auf den Körper.

Die bisher geschilderten Stellreflexe, durch welche das Kaninchen
befähigt wird, die normale Körperstellung einzunehmen, haben insofern
einen gleichartigen Mechanismus, als stets zunächst der Kopf in die
Normalstellung gebracht wird (sei es von den Labyrinthen aus oder
durch asymmetrische Reizung der Körperoberfläche) und sich dann
hieran der entsprechende Halsstellreflex anschließt, durch den auch
der Körper zum richtigen Sitz gebracht wird.

Die alltägliche Erfahrung bei der Beobachtung normaler Tiere lehrt,
daß damit unmöglich die Gesamtheit der wirksamen Stellreflexe erschöpft sein kann. Denn das sitzende Tier ist imstande, seinen Kopf
nach allen Seiten frei zu bewegen und ihm verschiedene Stellungen im
Raume zu geben, ohne daß es dabei umfällt. Es muß also noch ein
Mechanismus vorhanden sein, durch den der Körper zum Sitzen gebracht
oder im Sitzen erhalten wird, auch wenn der Kopf sich nicht in
der Normalstellung befindet.

Daß ein derartiger Mechanismus vorhanden ist, sieht man besonders
anschaulich an Kaninchen nach einseitiger Labyrinthexstirpation, bei

denen der Kopf dauernd nach der Seite des fehlenden Labyrinthes gedreht ist und die doch mit ihrem Körper richtig (wenn auch in etwas verdrehter Haltung) sitzen. Die Fähigkeit zum Sitzen ist bei ihnen auch nach Verschluß der Augen nicht aufgehoben.

Beim Thalamuskaninchen läßt sich nun tatsächlich ein derartiger vom Kopf unabhängiger Stellreflex nachweisen.

Wenn man Thalamuskaninchen längere Zeit nach der Operation, wenn sie den Schock gut überwunden haben, aus dem normalen Sitz durch passive Drehung des Kopfes in Seitenlage bringt (Abb. 97, S. 213), so kann man gelegentlich sehen, daß der Körper diese Seitenlage nicht dauernd beibehält. Besonders wenn man den Kopf mit der Hand in Seitenlage nicht direkt am Boden festhält, sondern etwas oberhalb desselben fixiert (Abb. 117), erfolgt häufig promptes Aufsitzen des Rumpfes, trotzdem der Kopf sich nicht in der Normalstellung, sondern in Seitenlage befindet.

 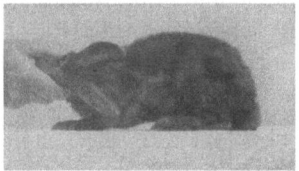

Abb. 117. Dasselbe Thalamuskaninchen wie Abb. 99. Das Tier hatte zunächst in Normalstellung dagesessen (Abb. 96, S. 213). Darauf war es durch Linksdrehen des Kopfes in linke Seitenlage gebracht worden (Abb. 97, S. 213). Der Kopf wurde in linker Seitenlage festgehalten und zugleich etwas gehoben. Darauf wurde der Körper des Tieres (durch Schwanzkneifen) gereizt. Der Körper nahm darauf normale Sitzstellung ein, während der Kopf in linker Seitenlage fixiert blieb.

Der Reiz hierfür wird geliefert durch die asymmetrische Reizung der sensiblen Körpernerven durch den Druck der Unterlage. Das ergibt sich erstens daraus, daß die geschilderte Reaktion auch beim labyrinthlosen Thalamuskaninchen zur Beobachtung kommt, und zweitens daraus, daß man ihr Eintreten mit Sicherheit verhindern kann, wenn man auf die obenbefindliche Körperseite ein mit 1 kg beschwertes Brett auflegt und dadurch den einseitigen Druck der Unterlage auf die untenbefindliche Körperseite kompensiert.

Je nach dem Grade, in dem sich die Tiere vom Schock erholt haben, tritt der Reflex auf verschiedene Reizstärken ein. Häufig ist es, wenn man das Tier durch Seitwärtsdrehen des Kopfes in Seitenlage gebracht hat, erforderlich, den einseitigen Reiz der untenliegenden Körperseite dadurch zu verstärken, daß man noch das untenbefindliche Vorder- oder Hinterbein kneift. Dann setzt sich der Rumpf auf, während auf

Kneifen einer der beiden obenbefindlichen Beine nur Zappeln des Körpers in Seitenlage erfolgt. In anderen Fällen, wie z. B. bei dem auf Abb. 117 abgebildeten Thalamuskaninchen, bleibt der Körper ungereizt in Seitenlage liegen, es genügt aber eine einfache symmetrische Reizung (Schwanzkneifen), um den einseitigen Druck der Unterlage zur Wirkung zu bringen. In günstigen Fällen ist überhaupt kein Extrareiz erforderlich, und der Körper setzt sich trotz der seitlichen Drehung des Kopfes direkt richtig in Normalstellung auf.

Der Grund, weshalb dieser Reflex nicht konstant oder nur auf besondere Reizung in Wirksamkeit tritt, liegt zum Teil sicherlich darin, daß er bei dem geschilderten Versuchsverfahren sich gegen den Halsstellreflex durchsetzen muß, der den Körper in Seitenlage festzuhalten strebt. Daher läßt er sich nur bei gut erregbaren Tieren demonstrieren.

Beim normalen Kaninchen mit erhaltenem Großhirn läßt sich dieser Reflex fast immer mit größter Deutlichkeit nachweisen.

Aus dem Vorhergehenden sieht man, daß bei einem in Seitenlage auf dem Boden liegenden Tiere der einseitige Druck der Unterlage auf den Körper eine doppelte Wirkung ausübt. Erstens wird dadurch reflektorisch der Kopf in die Normalstellung gedreht, und diese Kopfdrehung veranlaßt ihrerseits durch Vermittlung des Halsstellreflexes ein Aufsitzen des Rumpfes. Zweitens aber wird durch einen direkten Reflex der Körper selber zum Aufsitzen gebracht.

Der gleiche Reflex läßt sich mit großer Deutlichkeit bei Thalamuskatze und Thalamushund nachweisen (41). Auch bei der labyrinthlosen Thalamuskatze war er prompt auszulösen.

Auch beim Affen (59) ist der Körperstellreflex auf den Körper sehr stark entwickelt. Die leiseste Berührung mit dem Boden oder dem Gitterdach des Käfigs beim Klettern genügt, um einen richtenden Einfluß auf den Körper auszuüben, der besonders beim labyrinthlosen Tiere deutlich sichtbar wird.

Auf die Beobachtungen am Affen muß etwas näher eingegangen werden, da sich beim Thalamusaffen im Zustande des Schocks die Entwicklung dieses Reflexes (welcher dem decerebrierten Affen fehlt) mit großer Deutlichkeit beobachten ließ.

Legt man ein solches Tier in Seitenlage auf den Tisch, so wird das untenliegende Hinterbein gestreckt, das oben liegende gebeugt, und es erfolgt gleichseitig eine Drehung des Beckens gegen die Normalstellung zu, wie das auf den beiden stereoskopischen Photographien Abb. 118 und 119 deutlich zu sehen ist.

Bei dem Cercopithecus beteiligt sich außerdem der Schwanz an dem Körperstellreflex, indem er nach der Ventralseite herübergeschwungen wird und auf diese Weise den Schwerpunkt in der nötigen Dreh-

16*

richtung verlegt. Bei dem Macacus dagegen erfolgt die Schwanzreaktion nicht; es steht das damit im Einklange, daß der Macacus auch in intaktem Zustande von seinem Schwanz wenig Gebrauch macht zur Einnahme und zur Erhaltung der normalen Körperstellung. Die genannte Reaktion ist beim decerebrierten Affen nicht vorhanden, dagegen beim

Abb. 118. Cercopithecus pentaurista. Thalamusaffe. 4³/₄ Stunden nach Operationsschluß. Beginnendes Aufsitzen aus linker Seitenlage auf dem Tisch. Linkes Hinterbein gestreckt, rechtes Vorder- und Hinterbein gebeugt, Schwanz nach rechts herübergeklappt. Drehung des Körpers zur Normalstellung. Kopf noch ziemlich in Seitenlage.

Thalamusaffen. Wir werden also auch hier die Lage der Zentren in das Mittelhirn lokalisieren dürfen. Die Reaktion ist unabhängig von der Lage des Kopfes im Raume und tritt sowohl bei Seitenlage als auch bei Normalstellung des Kopfes ein. Die Receptoren für den Reflex liegen an der Seite des Rumpfes und der Oberschenkel, und zwar

 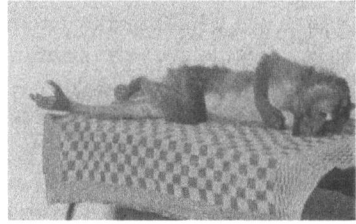

Abb. 119. Macacus Cynomolgus. Thalamusaffe, 4¹/₂ Stunden nach Operationsschluß. Beginnendes Aufsitzen aus linker Seitenlage auf dem Tisch. Linkes Hinterbein gestreckt, rechtes Vorder- und Hinterbein gebeugt. Körper- und Kopf zur Normalstellung herübergedreht. Der Schwanz beteiligt sich nicht an der Aufsitzreaktion.

ist eine ziemlich ausgedehnte asymmetrische Erregung der Receptoren nötig. Einfacher Druck auf den Oberschenkel oder allein auf die Körperflanke genügt nicht.

Beim Erwachen aus der Narkose läßt sich anfangs bei Seitenlage auf dem Tische überhaupt keine Aufsitzreaktion des Affen nachweisen. Dann tritt als erstes die Streckung des einen und die Beugung des anderen Hinterbeines auf, ohne daß im übrigen sich die Lage des Körpers auf dem Tische ändert. Bei weiterem Abklingen der Narkose wird dann das Becken gegen die Normalstellung gedreht, während die Schultern noch liegenbleiben. Manchmal ist in diesem Stadium auch schon eine Drehung des Kopfes gegen die Normalstellung, sei es von den Labyrinthen aus oder durch Körperstellreflex, vorhanden. Dann schließt sich an die anfängliche Reaktion der Hinterbeine eine Stellungsänderung der Vorderbeine an, und schließlich erfolgt ein Hinüberdrehen des ganzen Körpers in die Normalstellung, also eine Aufsitzreaktion, die aber dann noch so langsam und allmählich erfolgt, daß man ohne weiteres das schrittweise Ablaufen in verschiedenen Tempos erkennen kann. Je mehr nun das Tier aus der Narkose erwacht, desto schneller spielt sich der ganze Vorgang ab, so daß man schließlich beim Aufsitzen des nicht festgehaltenen Tieres die einzelnen Akte nicht mehr auseinanderhalten kann. Legt man ein solches Tier in Seitenlage auf den Tisch und hält den Kopf in Seitenlage fest, dann sitzt nunmehr der Körper mit großer Geschwindigkeit auf; aber man kann meist auch hier noch erkennen, daß die Reaktion am hinteren Körperende beginnt, daß also die Hinterbeine die Bewegung einleiten. Schließlich erfolgt beim normalen Tier das Aufsitzen des Körpers, auch wenn der Kopf in Seitenlage festgehalten wird, blitzartig, so daß sich dann nicht mehr das Zustandekommen dieser Reaktion erkennen läßt Außer der beim Thalamusaffen so genau geschilderten Reaktion der Hinterbeine kommt nun aber beim Affen mit erhaltenem Großhirn auch noch die umgekehrte Reaktion vor, indem nämlich zuerst das untere Hinterbein gebeugt und unter den Leib gezogen wird; hierdurch erfolgt eine Beckendrehung. Das obere Hinterbein wird gestreckt und seitlich abduziert, kommt dadurch mit der Fußsohle auf den Boden, und das Tier schiebt jetzt mit aufstehendem Fuß das Becken hinüber, während das ursprünglich unten liegende Hinterbein mehr gestreckt wird und dadurch das Becken in die Normalstellung kommt. Man kann bei normalen Tieren diese beiden Reaktionen abwechselnd nebeneinander auftreten sehen, ohne daß sich bisher eine Ursache feststellen ließ, durch welche die eine oder die andere Reaktionsweise bevorzugt wird.

Auch nach doppelseitiger Labyrinthexstirpation ist natürlich der geschilderte Körperstellreflex auf den Körper unverändert erhalten, und auch Verschluß der Augen bedingt keinen Unterschied. Am doppelseitig labyrinthlosen Affen mit geschlossenen Augen ließ sich noch folgender schöne Stellreflex nachweisen: 14 Tage nach der Labyrinthexstirpation wurden die Augen vernäht. Wurde das Tier nunmehr am Schwanze mit dem Kopfe nach unten in der Luft gehalten, so hing der Körper vertikal nach unten, und der Kopf wurde meistens in Rückenlage gehalten. Bewegte man das Tier jetzt vertikal nach unten, so trat keine Reaktion auf Progressivbewegungen ein. Sobald jedoch das Tier mit dem Scheitel den Boden berührte, ging sofort Kopf und Körper in Normalstand, und zwar in der Weise, daß zunächst eine Hand gestreckt wurde und den Boden berührte, worauf sich dann die Reaktion des übrigen Körpers anschloß. Die genauere Beobachtung am folgenden Tage ergab, daß wenn das Tier mit dem Scheitel den Boden berührte, zunächst eine, beispielsweise die rechte, Hand gegen den Boden hin gestreckt wurde; sobald die Hand den Boden berührte, erfolgte der Aufsitzreflex, indem der Kopf nach dieser rechten Seite gedreht und gewendet wurde, worauf das Tier dann den Körper nach dieser Seite überneigte und der andere, linke Arm eine Schrittbewegung machte. Es erfolgte also zunächst Streckung des rechten Armes, Berührung des Bodens mit der Hand, Dorsalbeugung des Kopfes, Übergang des Kopfes in Normalstellung, Rechtsdrehung und Wendung des Kopfes, erste Schrittbewegung mit dem linken Arme, Rechtsumkehrt des Tieres. Diese Reflexfolge ließ sich mehrmals in gesetzmäßig gleicher Weise auslösen. Das Entscheidende dabei ist zweifellos die asymmetrische Erregung, welche von der Berührung der einen Hand mit dem Boden ausgeht.

Sehr deutlich ist auch die Rolle der Körperstellreflexe zu erkennen, wenn der labyrinthlose Affe im Käfig beobachtet wird. Während das Tier frei in der Luft gehalten vollständig desorientiert ist, bewegt es sich auf dem Boden des Käfigs mit großer Sicherheit und Geschicklichkeit, aber noch viel größer ist die Geschicklichkeit des Tieres, wenn es am Gitterdach des Käfigs klettert. Offenbar genügen die Erregungen, welche von den vier Händen ausgehen, um den Körper und den Kopf des Tieres genau zu orientieren. Allerdings ist in diesem Falle (Klettern am Dach) der Kopf nicht in Normalstellung, sondern um 180° davon verschieden, und wird fast ausnahmslos in Rückenlage gehalten, aber die Bewegungen des Tieres sind außerordentlich sicher und prompt, und es kommt unter diesen Umständen, wenn einige Zeit nach der Operation verflossen ist, auch niemals vor, daß das Tier dabei strauchelt oder fällt.

Zusammenfassung.

Aus den vorhergehenden Abschnitten ergibt sich, daß bei sämtlichen bisher untersuchten Thalamustieren eine Reihe von verschiedenen Reflexen zusammenwirken, um dem Tiere die Einnahme und die Erhaltung der normalen Körperstellung zu ermöglichen. Optische Erregungen spielen dabei keine wesentliche Rolle. Vielmehr sind es zwei Gruppen von Reizen, welche hauptsächlich die geschilderten Reaktionen auslösen; erstens Labyrintherregungen und zweitens Erregungen, welche von asymmetrischer Reizung der sensiblen Körpernerven' durch die Unterlage abhängig sind, wenn der Körper aus der Normalstellung entfernt wird.

Durch diese beiden verschiedenen „Lagereize" wird reflektorisch
der Kopf in die Normalstellung eingestellt. Um den Rumpf mit den
Extremitäten in die Normalstellung zu bringen, wirken wieder zwei
Faktoren zusammen. Erstens wird, wenn der Kopf sich in der Normal-
stellung befindet, der Körper aber noch nicht, durch die hierbei vorhandene abnorme Halsstellung ein Reflex ausgelöst, der den Körper
in die Normalstellung bringt; und zweitens zwingt die asymmetrische
Reizung der sensiblen Körpernerven durch die Unterlage direkt den
Körper, die Normalstellung einzunehmen. Der einseitige Druck der
Unterlage auf den Körper wirkt also in zweifacher Weise auf das Annehmen der Normalstellung hin: erstens indem er Richtigstellung des
Kopfes bewirkt, und zweitens, indem er direkt den Körper zum Aufsitzen bringt.

Man sieht, daß in diesem Falle wie in vielen anderen, wo es sich
um wirklich lebenswichtige Verrichtungen des Körpers handelt, dafür
gesorgt ist, daß das Aufrechterhalten der Funktion doppelt gesichert
ist, und daß bei Erkrankung oder Ausfall des einen Mechanismus noch
ein anderer vorhanden ist, der die Leistung, in unserem Falle die normale
Körperstellung, gewährleistet.

Befindet sich das Thalamustier frei in der Luft, so sind allein die
Labyrinthe imstande, die normale Körperstellung aufrechtzuerhalten.
Befindet sich das Thalamustier auf dem Boden, so wirken alle oben-
genannten Reflexe zusammen, um die Normalstellung zu sichern.

Die genannten vier Stellreflexe wirken bei Thalamustieren mit
intakten Labyrinthen zusammen und befähigen das Tier, unter allen
Umständen die Normalstellung einzunehmen und zu bewahren.

Es erhebt sich nunmehr die Frage, ob die bisher geschilderten vier
Gruppen von Stellreflexen, welche in den beschriebenen Versuchen
beim Thalamustier gefunden wurden, auch wirklich die einzigen wesentlichen sind, welche zur Normalstellung des Tieres zusammenarbeiten,
oder ob wir erwarten können, daß sich noch andere Stellreflexe bei
großhirnlosen Tieren werden auffinden lassen. Folgende Überlegung
spricht dafür, daß tatsächlich die Stellreflexe des Thalamustieres durch
die bisherigen Untersuchungen im wesentlichen erschöpft sind.
Es ist bekannt, daß labyrinthlose Tiere im Wasser vollständig
desorientiert sind, auch wenn sie unter gewöhnlichen Bedingungen
(also wenn sie mit der Unterlage in Berührung sind) ihre Körperstellung
mit der größten Sicherheit aufrechterhalten können. Das Wasser
umgibt den ganzen Körper mit einem gleichmäßig auf seine Oberfläche
einwirkenden Mantel, in welchem eine asymmetrische Erregung der
sensiblen Körpernerven bei verschiedenen Lagen im Raume nicht mehr
zustande kommen kann. Ein labyrinthloses Tier wird unter diesen

Umständen jeder Möglichkeit beraubt, die Normalstellung einzunehmen, und ertrinkt rettungslos. Hieraus geht mit großer Wahrscheinlichkeit hervor, daß nach Ausschaltung der Reize von den Labyrinthen und der asymmetrischen Erregungen, die durch Berührung mit der Unterlage ausgelöst werden, tatsächlich keine anderen Mechanismen von erheblicher Wirksamkeit mehr vorhanden sind, welche die normale Körperstellung garantieren.

Es wurde schon mehrfach darauf hingewiesen, daß das intakte Kaninchen mit erhaltenem Großhirn sich in bezug auf seine Stellreflexe geradeso verhält wie das Thalamuskaninchen, so daß also die obengegebene Schilderung auch für das normale Tier gilt. Das intakte Kaninchen hat keine optischen Stellreflexe und benutzt die Eindrücke mit seinen Augen nicht, um die Körperstellung einzunehmen und zu bewahren. Das ist bei den höheren Tierarten anders.

Lage der Zentren für die Stellreflexe.

Die Mehrzahl der bisher geschilderten Beobachtungen wurden an Thalamuskaninchen angestellt, weil bei diesen die Wärmeregulation erhalten ist, und sie sich daher ohne Schwierigkeit mehrere Tage am Leben erhalten lassen, so daß man ihre Leistungen nach dem Abklingen des Schocks längere Zeit und bei jedem Versuchstier zu wiederholten Malen studieren kann. Es erhebt sich aber nun die Frage, ob für alle bisher am Thalamustier geschilderten Reflexe, vor allem für die Stellreflexe, das Vorhandensein des ganzen Zentralnervensystems bis zum Vorderrand der Thalami notwendig ist oder ob bereits mehr caudalwärts gelegene Zentralteile für ihr Zustandekommen genügen. Zur Entscheidung wurden Versuche an Vierhügelkaninchen (Mittelhirntier) und decerebrierten Kaninchen (Kleinhirn-Brücken-Tier und Kleinhirn-Oblongata-Tier) angestellt, über die im folgenden berichtet werden soll.

Es stellte sich heraus, daß für das Zustandekommen der Stellreflexe im wesentlichen das Mittelhirn verantwortlich zu machen ist.

1. Beobachtungen an Mittelhirnkaninchen.

Im ganzen wurden von mir früher sieben Versuche ausgeführt (24), in denen der Hirnstamm am Vorderrande des Mittelhirns durchtrennt wurde. Operationsmethode und Schnittverlauf wurde oben, S. 200, geschildert, das Präparat eines Versuches auf Abb. 93—95 abgebildet. Die meisten Tiere wurden nur am Tage der Operation beobachtet. An einem Tier konnten zwei Tage lang Untersuchungen angestellt werden. Zahlreiche weitere Versuche sind in letzter Zeit von Rademaker angestellt worden.

Zur Vereinfachung der Darstellung sollen zunächst die abgekürzten Protokolle der beiden am besten gelungenen älteren Versuche gegeben werden. Die Beobachtungen an den übrigen Tieren stimmten im wesentlichen damit überein.

Versuch 31. 5. Mai 1915. Kaninchen, 1000 g. Chloroformnarkose. Carotiden abgebunden, Vagi durchtrennt. Exstirpation des Großhirns und der Thalami. Der Schnitt geht dicht vor den Vierhügeln schräg nach vorne und unten. Blutung minimal.

10 Uhr 45 Min. Ende der Operation. Kurz darauf Spontanatmung.

11 Uhr 45 Min. Sitzt symmetrisch, hebt den Kopf vom Boden. In Seitenlage gebracht bleibt es liegen und macht nur schwache Versuche, den Kopf in die Normalstellung zu drehen. Wird der Kopf passiv in Normalstellung gebracht, so bleibt der Rumpf in Seitenlage liegen. Wird aber nun eines der vier Beine gekniffen, so setzt sich der Rumpf auf. Wird das Tier in Hängelage mit Kopf oben oder Kopf unten in der Luft gehalten so wird der Kopf nach der Normalstellung hin bewegt. Wird das Tier auf den Boden gesetzt und an beiden Hinterpfoten gekniffen, so macht es einige normale Sprünge und bleibt dann gut sitzen. Auf der Drehscheibe sehr feine Kopfdrehreaktion und Kopfdrehnachreaktion, Augendrehreaktion je nach der Drehrichtung kaudal-, nasal-, dorsal- und ventralwärts. Kompensatorische Augenstellungen bei verschiedenen Lagen des Kopfes im Raume. Lidreflex beiderseits. Auf Kopfheben erfolgt Streckung, auf Kopfsenken erfolgt Beugung der Vorderbeine. Temperatur 34° C. Trachealkanüle entfernt, Trachea vernäht. Auf Pfotenkneifen starkes Schreien.

2 Uhr 30 Min. Das Tier sitzt gut im Käfig. Ruhige Atmung. Auf den Fußboden gesetzt, springt es auf Reiz durch den halben Experimentiersaal und bleibt dann ruhig sitzen, schreit lange, hat hörbare Stenoseatmung und wird darauf wieder normal. Auf der Drehscheibe, außer den um 11 Uhr 45 Min. beobachteten Reaktionen, Augendrehnystagmus und Augendrehnachnystagmus.

In der Luft wird bei Hängelage mit Kopf oben und Kopf unten der Kopf vollständig in die Normalstellung gebracht. In Seitenlage gelingt das noch nicht vollständig.

Auf dem Boden sitzt das Tier tadellos mit Kopf und Bauch oberhalb des Bodens. Aus der Seitenlage setzt es sich jetzt spontan auf.

Wird bei Seitenlage auf dem Tisch ein beschwertes Brett auf die oben befindliche Körperseite gelegt, so geht der Kopf trotzdem in die Normalstellung.

Wird es an den Hinterfüßen frei in der Luft in Fußstellung oder Seitenlage gehalten, so setzt sich der Kopf im Raume richtig. Keine Enthirnungsstarre. Die Tonusverteilung an den Gliedermuskeln ist „normal".

4 Uhr. Wird das Tier am Becken frei in der Luft gehalten (Fußstellung, beide Hängelagen, Seitenlage), so geht der Kopf in die Normalstellung. Aus der Rückenlage wird der Kopf seitlich gedreht. Kaureflex schwach positiv, wenn der Finger in den Mund gesteckt wird.

4 Uhr 30 Min. Setzt sich aus der Seitenlage spontan auf. Erfolgt das Aufsitzen einmal ausnahmsweise nur unvollständig (d. h. nur mit Kopf und Vorderbeinen), so gehen die Hinterbeine auf irgendeinen beliebigen Reiz in Sitzstellung.

Hüpft auf Reiz durchs Zimmer. Fällt es dabei einmal auf die Seite, so setzt es sich sofort spontan wieder auf.

Das Tier lebt am folgenden Tage noch und zeigt im wesentlichen die gleichen Reaktionen. Am Morgen des 7. Mai ist es tot.

Sektionsbefund siehe S. 201. Abbildung des Präparates Abb. 93—95. Der Schnitt geht dorsal 1—2 mm vor den vorderen Vierhügeln, ventral direkt hinter dem Hinterrand des Corpus mammillare, an der linken Seite 2 mm vor dem Hinterrand des Corpus genicul. mediale, an der rechten Seite genau am Hinterrand des Corpus genicul. mediale. — Die Ebene des Schnittes fällt zwischen Tafel 16 und 17 des Winkler - Potterschen Atlasses (2).

Versuch 36. 12. Mai 1915. Kaninchen, 1200 g. Chloroformnarkose. Carotiden abgebunden, Vagi intakt. Exstirpation des Großhirns und der Thalami. Der Schnitt geht 1—2 mm vor den Vierhügeln schräg nach vorne unten. Geringe Blutung.

9 Uhr 50 Min. Ende der Operation. Spontanatmung. Enthirnungsstarre nur angedeutet. Trachealkanüle entfernt. Trachea vernäht.

10 Uhr 35 Min. Guter Zustand. Keine Enthirnungsstarre. Tonusverteilung in der Körpermuskulatur „normal".

Bei Seitenlage des Tieres auf dem Tisch erfolgt entweder spontan oder nach dem Anfassen Richtigstellen des Kopfes, manchmal auch Aufsitzen des Vorderkörpers. Wird es in Seitenlage in der Luft gehalten, so erfolgt ebenfalls leichte Drehung des Kopfes nach der Normalstellung zu. Bei Rückenlage wird der Kopf seitlich gedreht.

Wird bei Seitenlage auf dem Tisch der Kopf passiv in die Normalstellung gebracht, so setzt sich der Rumpf zuerst vorne, dann hinten auf. Auf Kopfheben erfolgt Streckung, auf Kopfsenken Beugung der Beine. Kopfdrehen in Rückenlage bewirkt deutliche tonische Halsreflexe auf die Vorderbeine; Kopfdrehen in Seitenlage tonische Labyrinthreflexe auf die Vorderbeine.

Bei passiver Drehung des Kopfes um die Sagittalachse treten die zugehörigen kompensatorischen Augenstellungen ein. Auf der Drehscheibe sehr feine Kopfdrehreaktion und -nachreaktion, Augendrehreaktion und -nachreaktion, Augendrehnystagmus und -nachnystagmus. Starke pseudoaffektive Reflexe (Schreien). Lidreflex beiderseits vorhanden.

10 Uhr 50 Min. Wird das Tier am Becken oder den Hinterbeinen frei in Seitenlage in der Luft gehalten, erfolgt Richtigstellen des Kopfes jetzt sehr deutlich.

Wird der Kopf in Seitenlage auf dem Tische festgehalten, so bleibt der Rumpf in Seitenlage; wird der Kopf losgelassen, so erfolgt Richtigstellen des Kopfes und Aufsitzen des Vorderkörpers.

11 Uhr 10 Min. Die Labyrinthstellreflexe sind bei allen Lagen in der Luft jetzt deutlich vorhanden.

Kaureflex tritt ein, wenn der Finger in den Mund des Tieres gesteckt wird.

11 Uhr 40 Min. Wird das Tier auf den Boden gesetzt und an den Hinterbeinen gekniffen, so läuft es tadellos durch das Zimmer und bleibt dann ruhig sitzen.

Setzt sich spontan aus der Seitenlage mit Vorder- und Hinterkörper auf.

2 Uhr 15 Min. Sehr gutes spontanes Aufsitzen aus der Seitenlage. Labyrinthstellreflexe bei allen verschiedenen Lagen des Körpers in der Luft jetzt vollständig ausgebildet. Aus der Rückenlage wird der Kopf mehr als bloß seitlich gedreht.

Wird bei Seitenlage auf dem Tisch der Kopf in Seitenlage festgehalten, so bleibt der Rumpf in Seitenlage. Wird jetzt eines der Hinterbeine gekniffen, so setzt sich (trotz der Seitenlage des Kopfes) der Rumpf auf; Kneifen des unteren Hinterbeines wirkt dabei sicherer als Kneifen des oberen.

Kopfheben und Kopfsenken ist stark wirksam auf den Tonus der Vorderbeine. Kopfdrehen in Rückenlage führt zu starken tonischen Halsreflexen auf die Vorderbeine. Kopfdrehen in Seitenlage bewirkt Kombination von tonischen Hals- und Labyrinthreflexen, wobei letztere überwiegen. Wird bei Seitenlage der Kopf mit dem Kiefer nach unten gedreht, so erfolgt aktive Beugung der Vorderbeine.

Wird bei Seitenlage auf dem Tisch die obere Körperseite mit einem beschwerten Brette belastet, so geht der Kopf trotzdem in Normalstellung, und zwar auch, wenn der Kopf dabei frei über den Tischrand ragt.

Wird das Tier am Becken in Seitenlage frei in der Luft gehalten, so steht der Kopf in Normalstellung, während der Thorax um 45° gedreht ist; vorderes „Kieferbein" dabei mehr gestreckt als vorderes „Schädelbein".

4 Uhr. Wird das Tier in Rückenlage auf den Boden gelegt, so dreht es sich sofort zum normalen Sitz herum. Tonusverteilung in der Gliedermuskulatur „normal". Temperatur 35° C.

Resultat: Verhalten genau wie beim Thalamustier (abgesehen von den optischen Reflexen und der Wärmeregulation).

Der Versuch wird fortgesetzt, indem das Tier durch Abtrennen des Mittelhirns decerebriert wird.

Sektion: Der erste Schnitt geht auf der Dorsalseite links 1 mm, rechts 1^1/$_2$ mm vor dem Vorderrande der Vierhügel. Auf der Ventralseite geht er 2 mm vor dem Hinterrand des Corpus mammillare. Seitlich geht er rechts 1^1/$_2$ mm, links direkt vor dem Vorderrand des Corpus geniculatum mediale. Der Schnitt in diesem Versuch liegt also etwas weiter oralwärts als im Versuch 31. Er fällt ungefähr in die Ebene der Tafel 16 des Winkler - Potterschen Atlasses.

Die beiden mitgeteilten Versuchsprotokolle und die bei den übrigen Versuchen gemachten Beobachtungen lehren übereinstimmend, daß das Vierhügelkaninchen, abgesehen von den optischen Reflexen und der Wärmeregulation, noch zu denselben Leistungen befähigt ist, wie sie oben für das Thalamuskaninchen geschildert worden sind. Insbesondere ist das Vermögen zur normalen Körperstellung noch durchaus erhalten.

Im einzelnen hat sich folgendes ergeben:

Direkt nach der Operation liegt das Tier in Seitenlage, bald aber beginnt es den Kopf in die Normalstellung zu drehen, zuerst nur auf Reiz, später spontan, zuerst nur unvollständig, später mit vollem Erfolg. Daran schließt sich nach einiger Zeit dann das Aufsitzen des Körpers an, das anfangs nur auf Reiz, später spontan erfolgt. In einem Zwischenstadium tritt häufig nur Geradesetzen des Kopfes und Aufsitzen des Vorderkörpers ein, während der Hinterkörper noch in Seitenlage liegenbleibt und erst auf Reizung auch mit aufsitzt.

Schließlich sitzt das Tier ganz normal da, der Kopf ist in Normalstellung, die Nackenmuskeln tragen den Kopf, die Beine haben so viel Tonus, daß der Bauch in normaler Weise über dem Boden steht.

Spontanbewegungen des ruhig dasitzenden Tieres sind ebenso selten wie beim Thalamustier. Auf beliebige Reizung (Schwanz- oder Pfotenkneifen) führt das Vierhügeltier entweder einen Schritt oder eine Reihe von richtigen Sprüngen aus, läuft eine verschieden lange Strecke, bis es, auch ohne an ein Hindernis zu kommen, ruhig sitzenbleibt. Beim

Springen und Laufen kann das Körpergleichgewicht vollständig aufrecht erhalten werden. Auch beim Sprung vom Tisch auf den Boden
kam eines der Tiere richtig auf seine Beine und lief gleich weiter.

Die Labyrinthstellreflexe sind beim Vierhügeltier genau so
gut entwickelt wie beim Thalamustier. Hält man das Tier in den verschiedenen Lagen in der Luft, so wird der Kopf stets nach der Normalstellung hin bewegt. Eine nochmalige Schilderung erübrigt sich, und es
genügt, auf die Abb. 98—103 zu verweisen. Hält man das Vierhügeltier am Becken oder den Hinterbeinen in Seitenlage in der Luft und
dreht es darauf von der einen Seitenlage in die andere, so bleibt der
Kopf im Raume feststehen. Ebenso wenn man das Tier in der Luft
aus der Hängelage mit Kopf oben in die Hängelage mit Kopf unten
dreht. Wird das Tier in Seitenlage auf den Tisch gelegt und die oben
befindliche Körperseite mit einem beschwerten Brettchen belastet, so
geht der Kopf ebenfalls in die Normalstellung, genau so, wie es auf
Abb. 115 (S. 235) für das Thalamustier zu sehen ist.

Auch der Körperstellreflex auf den Kopf durch asymmetrische
Reizung der Körperoberfläche ist beim Vierhügeltier deutlich nachzuweisen. Liegt das Tier kurze Zeit nach der Operation in Seitenlage
auf dem Tische, so genügt Kneifen des untenliegenden Vorderbeines,
um Drehung des Kopfes nach der Normalstellung auszulösen. Ebenso
erfolgt, wenn man das Tier in Normalstellung in der Luft hält und dann
eines der Vorderbeine kneift, Drehung des Kopfes nach der andern Seite[1]).

An das Richtigstellen des Kopfes schließt sich durch Vermittlung
der Halsstellreflexe die Normalstellung des Körpers an. Die Halsstellreflexe sind am besten bei der Untersuchung des Tieres in der
Luft zu sehen. Hält man zum Beispiel ein Vierhügelkaninchen in
Seitenlage in der Luft, so steht der Kopf in der Normalstellung, und
der Vorderkörper wird um ca. 45° oder mehr nach der Normalstellung
zu gedreht (vgl. Abb. 99, S. 215). Wenn kurze Zeit nach der Operation
die Labyrinthstellreflexe auf den Kopf noch fehlen und das Tier ruhig
in Seitenlage auf dem Tische liegt, so genügt es häufig, den Kopf passiv
in die Normalstellung zu bringen, um sofort Aufsitzen des Vorderkörpers
oder des ganzen Tieres zu bewirken.

Auch der Stellreflex auf den Körper durch asymmetrische
Reizung der Körperoberfläche ist beim Vierhügeltier nachzuweisen. Bringt man das ruhig in Normalstellung sitzende Tier durch
Seitwärtsdrehen des Kopfes in Seitenlage (Abb. 97, S. 213), so kann
man häufig durch Kneifen des unteren Vorderbeines trotz der Seitenlage des Kopfes Aufsitzen des Rumpfes auslösen (Abb. 117, S. 242).

---

[1]) Die volle Wirksamkeit der Körperstellreflexe auf den Kopf kann man
bei labyrinthlosen Mittelhirntieren feststellen (Rademaker).

Hieraus ergibt sich, daß beim Vierhügeltier alle beim Thalamuskaninchen aufgefundenen Stellreflexe nachweisbar
sind und in derselben Weise zum Zustandekommen und der
Erhaltung der normalen Körperstellung zusammenarbeiten.
Bei den Einzelversuchen sieht man gewöhnlich, daß beim Vierhügeltier
die Stellreaktionen etwas weniger prompt und sicher erfolgen als beim
Thalamustier. Ich glaube aber nicht, daß man daraus schließen darf,
daß sich das Zwischenhirn beim Kaninchen am Zustandekommen der
Stellreflexe mit beteiligt. Denn die Thalamustiere wurden immer
mehrere Tage lang beobachtet, während die Vierhügeltiere mit einer
Ausnahme (Versuch 31, S. 249) nur am Tage der Operation untersucht
werden konnten; und am Operationstage zeigen auch die Thalamustiere kein besseres Verhalten. Übrigens zeigt Versuch 36 (S. 250), bis
zu welcher Präzision die Stellreflexe auch beim Vierhügeltier sich entwickeln können.

Die Versuche berechtigen demnach zu dem Schluß, daß die Fähigkeit, die normale Körperstellung einzunehmen und zu
bewahren, beim Kaninchen erhalten bleibt, wenn das
Gehirn bis zum Vorderrande des Mittelhirns entfernt wird.

Hierdurch wird die Ansicht von Longet und Christiani, daß
die Zentren für die Erhaltung des Körpergleichgewichts beim Kaninchen
im Zwischenhirn liegen, widerlegt. Über Versuche zur genaueren
Lokalisation der Zentren wird in Kapitel X berichtet.

2. Beobachtungen an decerebrierten Kaninchen (Kleinhirn-Brücken-Tier und Kleinhirn-Oblongata-Tier).

Nach der Abtrennung des Mittelhirns von der Medulla
oblongata und der Brücke ist die Fähigkeit, die Körperstellung einzunehmen und aufrechtzuerhalten, erloschen.
Nach Abtrennung des Mittelhirnes zeigen die Tiere erstens die Enthirnungsstarre, zweitens die in Kapitel III geschilderten tonischen
Hals- und Labyrinthreflexe auf die Körpermuskulatur, die Drehreaktionen auf den Kopf, gelegentlich auch Kopfdrehnystagmus.

Dagegen fehlen ihnen die Stellreflexe: das Vermögen, die normale
Körperstellung einzunehmen und aufrechtzuerhalten, ist erloschen.
Man kann ein decerebriertes Tier wohl auf seine tonisch gestreckten
Beine hinstellen, worauf es eine Zeitlang stehenbleibt, bis es von selbst
oder auf irgendeinen leichten Anstoß umfällt und liegenbleibt. Es
kann dem Falle nicht durch Bewegungen oder Stellungsänderungen
entgegenwirken und ihn verhindern. Aus der Seitenlage oder anderen
abnormen Lagen sucht es sich nicht zu befreien und bleibt in ihnen,
bis es daraus entfernt wird. Laufen und Springen ist unmöglich, weil
zwar geordnete Bewegungen der vier Extremitäten auszulösen sind

und die Glieder infolge der Enthirnungsstarre das Körpergewicht tragen
können, aber das Tier nach dem ersten Schritt oder Sprung umfällt
und nun in Seitenlage fruchtlose Zappelbewegungen ausführt.

Bei der näheren Untersuchung stellt sich heraus, daß dieses Verhalten dadurch bedingt ist, daß dem decerebrierten Kaninchen
die Stellreflexe fehlen.

Das soll im nachfolgenden näher begründet werden.

a) Labyrinthstellreflexe.

Das Verhalten decerebrierter Kaninchen, die in verschiedenen Lagen
frei in der Luft gehalten werden, sieht man aus folgenden Abbildungen.

Auf Abb. 120 sieht man, daß, wenn der Hinterkörper des decerebrierten Kaninchens in Seitenlage in der Luft gehalten wird, der Kopf

Abb. 120. Versuch 45. Decerebriertes Kaninchen (Kleinhirn - Oblongata -
Tier). Das Tier wird mit der Hand am Becken in Seitenlage frei in der Luft
gehalten. Kopf und Vorderpfoten sind auch in rechter Seitenlage. Kopf und
Hals sind, der Schwere folgend, nach unten gesunken.

Kopf und vordere Körperhälfte haben also nicht die Normalstellung im Raume angenommen.

Der Vergleich mit Abb. 98 und Abb. 99 (S. 215) lehrt, daß nach der
Decerebrierung der Labyrinthstellreflex auf den Kopf fehlt.
Die Stellung ist dieselbe, wie auf Abb. 105 (S. 221) von einem labyrinthlosen
Thalamustier abgebildet wurde.

Sektion: Nach Längsspaltung des Kleinhirns sieht man, daß die Vierhügel
ganz fehlen. Der Schnitt geht dorsal beiderseits vor den mittleren Kleinhirnstielen. Ventral geht er vor dem Corpus trapezoides. Rechts fehlt die Brücke
ganz; links steht der hintere Teil derselben in einer Breite bis zu 3 mm. Nervi
octavi intakt.

nicht in die Normalstellung gedreht wird. Infolgedessen kommt die
charakteristische Haltung, wie sie das Thalamuskaninchen (Abb. 98
und Abb. 99, S. 215) bei der gleichen Lage in der Luft zeigt, nicht

zustande. Kopf und Vorderkörper sinken, der Schwere folgend, einfach nach unten. Dreht man den Hinterkörper von der einen Seitenlage in die andere, so folgt der Kopf passiv dieser Bewegung und wird nicht, wie beim Thalamustier, zwangsweise in der Normalstellung festgehalten.

Abb. 121 lehrt, daß wenn man ein decerebriertes Kaninchen in Rückenlage in der Luft oder auf dem Tische untersucht, der Kopf und Vorderkörper in Rückenlage bleiben und nicht, wie beim Thalamustier (vgl. Abb. 100, S. 216), auf die Seite gedreht werden. Es fehlt eben der Labyrinthstellreflex auf den Kopf. Dreht man ein decerebriertes Tier aus der Rückenlage nach der einen oder anderen Seite, so folgt der Kopf passiv dieser Bewegung.

Abb. 122 zeigt ein decerebriertes Kaninchen in Hängelage mit dem Kopfe nach oben. Das Tier wird am Becken in der Luft gehalten. Der Kopf ist nach hinten gesunken und dorsalwärts gebeugt. Der Labyrinth-

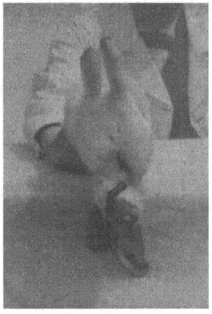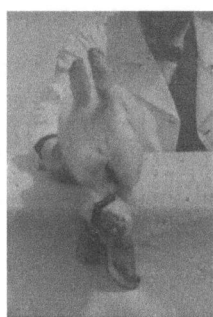

Abb. 121. Dasselbe decerebrierte Kaninchen (Kleinhirn-Oblongata-Tier) wie Abb. 120. Das Tier wird mit der Hand am Becken in Rückenlage gehalten. Kopf und vordere Körperhälfte befinden sich ebenfalls in Rückenlage, haben sich also nicht auf die Seite gedreht.
Der Vergleich mit Abb. 100 (S. 216) lehrt, daß nach der Decerebrierung der Labyrinthstellreflex auf den Kopf fehlt. Die Stellung ist dieselbe, wie auf Abb. 106 (S. 222) von einem labyrinthlosen Thalamustier abgebildet wurde.

stellreflex, der beim Thalamustier (vgl. Abb. 101, S. 217) den Kopf in die Normalstellung bringt, fehlt.

Abb. 123 zeigt ein vor den hinteren Vierhügeln und vor der Brücke decerebriertes Kaninchen in Hängelage mit Kopf unten. Der Kopf hängt mit der Schnauze senkrecht nach unten und wird nicht, wie beim Thalamustier (siehe Abb. 102, S. 218), in die Normalstellung gebracht. Der Labyrinthstellreflex fehlt.

Dreht man ein decerebriertes Kaninchen aus der Hängelage mit Kopf oben (Abb. 122) in die Hängelage mit Kopf unten (Abb. 123), so folgt der Kopf passiv dieser Bewegung und wird nicht in der Normalstellung festgehalten.

Die Abb. 120—123 zeigen, daß dem decerebrierten Kaninchen die Labyrinthstellreflexe fehlen. Vergleicht man diese Figuren mit Abb. 105—108, welche vom labyrinthlosen Thalamustier stammen, so sieht man, daß nach den beiden Operationen bei der Unter-

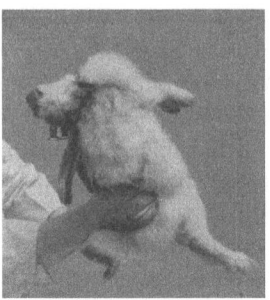

Abb. 122. Dasselbe decerebrierte Kaninchen (Kleinhirn - Oblongata - Tier) wie Abb. 120.

Das Tier wird mit der Hand am Becken, mit dem Kopfende nach oben, frei in der Luft gehalten. Der Kopf ist nach hinten gesunken, mit dem Scheitel nach unten, wird also nicht in Normalstellung gehalten.

Der Vergleich mit Abb. 101 (S. 217) lehrt, daß nach der Decerebrierung der Labyrinthstellreflex auf den Kopf fehlt. Die Stellung ist dieselbe, wie auf Abb. 107 (S. 223) von einem labyrinthlosen Thalamustier abgebildet wurde.

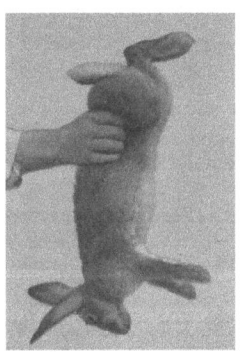

Abb. 123. Versuch 44. Kaninchen, vor den hinteren Vierhügeln decerebriert.

Das Tier wird mit der Hand an der Lendenwirbelsäule, mit dem Kopfende nach unten, frei in der Luft gehalten.

Der Kopf hängt, der Schwere folgend, nach unten, wird also nicht in die Normalstellung gebracht. Der Vergleich mit Abb. 102 (S. 218) lehrt, daß nach der Decerebrierung der Labyrinthstellreflex auf den Kopf fehlt. Die Stellung ist dieselbe, wie auf Abb. 108 (S. 223) von einem labyrinthlosen Thalamustier abgebildet wurde.

Sektion: Der Schnitt geht an der Dorsalseite vor den hinteren Vierhügeln (rechts steht noch ein minimaler Streifen des vorderen Vierhügels), an der Ventralseite am Vorderrand der Brücke. Nervi octavi intakt.

suchung in der Luft sich genau das gleiche Verhalten zeigt; die Abbildungen in den sich entsprechenden Körperlagen sind so gut wie identisch[1]). Die Ursache ist die gleiche: das Fehlen der Labyrinthstellreflexe auf den Kopf. Nur ist dieses beim labyrinthlosen Thalamustier durch die Fortnahme der Rezeptionsorgane, beim decerebrierten Tiere durch die Fortnahme der für den Reflex notwendigen Zentren bedingt. Die Zentren für die Labyrinthstellreflexe liegen im Mittelhirn.

b) Körperstellreflexe auf den Kopf.

Legt man ein labyrinthloses Thalamuskaninchen, das in der Luft keine Stellreflexe mehr zeigt, auf den Tisch, so bringt es infolge der asymmetrischen Reizung der Körperoberfläche den Kopf alsbald in die Normalstellung (Abb. 113, S. 232) und sitzt dann auf. Erst wenn man den einseitigen Reiz der Unterlage durch ein aufgelegtes Brett kompensiert, bleibt der Kopf und der Körper in Seitenlage (Abb. 114, S. 233).

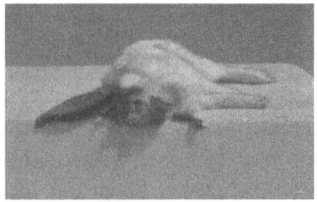 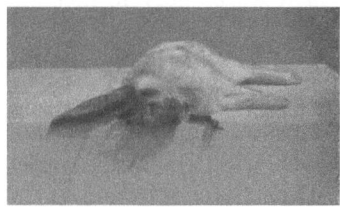

Abb. 124. Dasselbe decerebrierte Kaninchen (Kleinhirn - Oblongata - Tier) wie Abb. 120.
Das Tier liegt in rechter Seitenlage auf dem Tisch. Kopf und Vorderkörper befinden sich ebenfalls in rechter Seitenlage, sind also nicht in der Richtung zur Normalstellung gedreht. Der Stellreflex fehlt. Die Lage ist dieselbe wie auf Abb. 114 (S. 233), wo bei einem Thalamustier der Labyrinthstellreflex durch die Labyrinthexstirpation, der Reflex von asymmetrischer Reizung der Körperoberfläche durch den Brettversuch aufgehoben ist. Im Falle der Abb. 124 handelt es sich dagegen um Fortfall des Stellreflexes, weil die Zentren im Mittelhirn entfernt wurden.

Legt man dagegen ein decerebriertes Tier in Seitenlage auf den Tisch, so bleibt es ruhig so liegen und macht keinen Versuch, den Kopf in die Normalstellung zu drehen (Abb. 124).

Es fehlt der Körperstellreflex auf den Kopf durch asymmetrische Reizung der Körperoberfläche.

Daraus ergibt sich, daß der Körperstellreflex auf den Kopf an das Vorhandensein des Mittelhirnes gebunden ist.

---

[1]) Nur ist auf Abb. 120—123 die Enthirnungsstarre des decerebrierten Tieres an der Streckung der Vorderbeine deutlich, während das Thalamustier (Abb. 105—108) die Vorderbeine mehr gebeugt hält.

Nach Ausschaltung des Mittelhirnes vermag ein Kaninchen nicht mehr aus der Seitenlage auf dem Tische den Kopf in die Normalstellung zu drehen. Auch auf symmetrische Reizung (Schwanzkneifen) wird der Reflex nicht zum Vorschein gerufen. Kneifen des unteren Vorderbeines bewirkt Drehen oder Wenden des Kopfes nach der anderen Seite noch, wenn nur die hintersten Mittelhirnanteile oder selbst der Vorderrand der Brückengegend erhalten sind. Nach Schnitten hinter dem Vorderrand der Brücke ist auch dieser Reflex erloschen.

Nimmt man das Ergebnis dieses mit dem des vorigen Abschnittes zusammen, so ergibt sich, daß im Mittelhirn ein Apparat vorhanden ist, der die Spannung der Halsmuskulatur regelt und dadurch dafür sorgt, daß der Kopf in der Normalstellung gehalten und, wenn er daraus entfernt wurde, wieder in dieselbe zurückgebracht wird. Hierzu können zwei afferente Erregungen: Reize von den Labyrinthen und von den sensiblen Körpernerven, den Anstoß geben.

c) Körperstellreflexe auf den Körper.

Wie auf Abb. 117, S. 242, zu sehen ist, kann das Thalamus- und Mittelhirntier seinen Körper zum richtigen Sitz bringen, auch wenn der Kopf sich nicht in der Normalstellung befindet, sondern beispielsweise um 90° nach der Seite gedreht ist. Die Reaktion wird ausgelöst durch asymmetrische Reizung der Körperoberfläche durch den Druck der Unterlage.

Beim decerebrierten Kaninchen habe ich in keinem einzigen Falle diesen Reflex nachweisen können, auch nicht, wenn das Tier durch Kneifen des Schwanzes oder einer Pfote gereizt wurde.

Trotzdem dieser Reflex auch beim Thalamustier nicht ganz konstant auftritt, so ist man doch bei der hinreichenden Anzahl von Beobachtungen an vielen decerebrierten Tieren berechtigt zu schließen, daß auch das Eintreten des Körperstellreflexes auf den Körper durch asymmetrische Reizung der Körperoberfläche an das Vorhandensein des Mittelhirns gebunden ist.

d) Halsstellreflexe.

Wenn durch das Zusammenwirken der verschiedenen Stellreflexe beim Thalamus- oder Vierhügeltier der Kopf aus irgendeiner abnormen Lage in die Normalstellung gebracht ist, so schließt sich hieran ein Halsreflex, durch welchen der Körper dem Kopfe folgt und so auch in die Normalstellung gelangt. Dieser Halsreflex läßt sich gut studieren beim Aufsitzen des Tieres aus der Seitenlage. Dann wird zuerst der Kopf in die Normalstellung (d. h. mit dem Kiefer nach unten)

gedreht, dadurch wird eine aktive Beugung der beiden Vorderbeine
ausgelöst (tonischer Labyrinthreflex auf die Gliedermuskeln, unterstützt für das obere Vorderbein durch den tonischen Halsreflex auf
die Gliedermuskeln), und zugleich wird eine Drehung der Wirbelsäule
bewirkt, durch welche der Vorderkörper nach der Normalstellung
zu gedreht wird (Abb. 98 und 99, S. 215). Beides zusammen führt
dann zum Aufsitzen des Vordertieres, und hieran schließt sich das
Aufsitzen des Hinterkörpers, häufig mit einem schnellen Ruck, an.
Die aktive Beugung der Vorderbeine auf Drehen des Kopfes in die Normalstellung aus der Seitenlage beruht auf den gewöhnlichen tonischen
Labyrinth- (und Hals-) Reflexen auf die Gliedermuskeln, die durch
Zentren caudalwärts von der Eintrittsebene der Nervi octavi vermittelt
werden. Beim Thalamus- und Mittelhirnkaninchen führen diese Reflexe
zur aktiven Beugung der Vorderbeine, weil die Tonusverteilung
in ihnen eine „normale" ist, und die Beugemuskeln nicht auf Kosten
der Streckmuskeln benachteiligt sind. Beim decerebrierten Tiere
dagegen befinden sich die Gliederstrecker im Zustand der Enthirnungsstarre, die Beuger sind tonuslos oder tonusarm; und wenn man aus
der Seitenlage den Kopf passiv in die Normalstellung dreht, so wird
wohl der Strecktonus des oberen, manchmal auch des unteren Vorderbeines vermindert, aber die beiden Beine bleiben doch meist gestreckt
und verhindern eben dadurch jedes Aufsitzen des Vorderkörpers. (Nur
in Ausnahmefällen erfolgt auch beim decerebrierten Tiere auf Kopfdrehen aus der Seitenlage aktive Beugung der Vorderbeine, die aber auch
dann nie vollständig ist.)

Das Verhalten der Vorderbeine beim Aufsitzen aus der Seitenlage
ist also beim Thalamus- und Vierhügeltier prinzipiell das gleiche wie
beim decerebrierten Tier, es handelt sich um die gewöhnlichen „Haltungs"-Reflexe, die nur im letzteren Falle wegen der starken Enthirnungsstarre dem Aufsitzen des Tieres entgegenwirken müssen, statt es, wie
beim Thalamustier, zu befördern. Besondere Stellreflexe sind zur
Erklärung dieser Reaktion nicht nötig.

Es fragte sich daher, ob auch die Drehung der Wirbelsäule, welche
durch eine vorhergehende Drehung des Kopfes gegen den Rumpf ausgelöst wird, ein einfacher „Haltungs"-Reflex ist, der auch beim decerebrierten Tiere vorhanden ist, oder ob es sich um einen besonderen
„Stellreflex" handelt.

In allen früheren Versuchen an decerebrierten Katzen und Kaninchen ließ sich niemals eine Drehung der Wirbelsäule auf Kopfdrehen
hervorrufen. Eine hochgradige Reaktion wäre schon bei den damaligen
Beobachtungen sicherlich aufgefallen. Schwächere Bewegungen hätten
uns vielleicht entgehen können. Es wurde oben, S. 239, erwähnt, daß
bei normalen nicht decerebrierten Kaninchen und Katzen auf Kopf-

drehen in Rückenlage eine Drehung der Wirbelsäule eintritt, die zur Beckendrehung im umgekehrten Sinne führt und mit dem Halsstellreflex identisch ist. Ferner wurde schon oben darauf hingewiesen, daß die Halsstellreflexe nach Abtrennung des Mittelhirnes beim Kaninchen noch vorhanden sein können und daß sie ihre Zentren unmittelbar hinter den hinteren Vierhügeln haben, also jedenfalls beträchtlich weiter oralwärts als die Zentren für die tonischen Halsreflexe auf die Extremitäten. Hieraus folgt, daß die Halsstellreflexe von den letzteren Reflexen scharf geschieden sein müssen, daß ihre Zentren aber andererseits etwas weiter caudalwärts angeordnet sind als die Zentren für die übrigen Stellreflexe und bis in die Brückengegend hinein reichen.

Die mitgeteilten Befunde lassen es verständlich erscheinen, warum das decerebrierte Tier die normale Körperstellung nicht einnehmen und aufrechterhalten kann und weshalb es nicht imstande ist zu laufen und zu springen. Es fehlen ihm alle geschilderten Stellreflexe, deren Zentren im Mittelhirn liegen (die Zentren für die Halsstellreflexe in der Brückengegend).

Nur ein Punkt muß noch erwähnt werden. Das decerebrierte Tier hat, wie oben erwähnt, sehr lebhafte und prompte Drehreaktionen. Trotzdem kann es sein Gleichgewicht nicht erhalten. Diese Reflexe können das Tier nicht vor dem Umfallen schützen, sind also für die Erhaltung der normalen Körperstellung nicht von entscheidender Bedeutung.

Wohl aber ist es wahrscheinlich, daß die Drehreaktionen die Stellfunktion unterstützen. Wenn ein Tier in Normalstellung auf dem Boden steht und durch irgendeine Einwirkung nach rechts zum Umfallen gebracht wird, so wird durch die Fallbewegung nach rechts eine Drehreaktion des Kopfes nach links ausgelöst, welche also den Kopf in der Normalstellung zu erhalten sucht; d. h. die Drehreaktion bewirkt eine Kopfbewegung in der Richtung, in welcher der Kopf durch einen späteren Stellreflex festgehalten wird (entweder Labyrinthstellreflex oder Körperstellreflex auf den Kopf). Wir haben hier also dasselbe Verhalten, wie wir es früher bei den Augenstellungen kennengelernt haben. Drehreaktionen bewegen den Kopf nach einer bestimmten Richtung hin und bringen ihn dadurch in eine Lage, welche der durch den Stellreflex einzustellenden Lage entspricht. Auch hier wieder sehen wir, daß bestimmte Reflexe der Lage durch korrespondierende Drehreaktionen eingeleitet werden können.

Die Drehreaktionen allein sind aber, wie die Beobachtungen am decerebrierten Tier zeigen, für sich allein nicht imstande, die Stellfunktion zustande zu bringen.

Im Gegensatz zu den Drehreaktionen sind die Stellreflexe wahre Reflexe der Lage. Es macht keinen Unterschied, ob man das Tier in eine abnorme Lage bringt oder ob es sich längere Zeit in einer abnormen Lage befindet und ob es in derselben vorher längere Zeit ruhig festgehalten worden war. Sobald man das Tier losläßt, erfolgt das Aufsitzen. Die Stellreflexe werden also durch die abnorme Lage ausgelöst.

Optische Stellreflexe (43).

Wie schon mehrfach erwähnt, fehlen die optischen Stellreflexe bei allen Thalamustieren und außerdem beim Kaninchen mit intaktem Großhirn. Dagegen sind sie bei intakten Katzen, Hunden und Affen vorhanden. Bei ihnen wirken die Augen mit, um den Tieren die Einnahme der Normalstellung zu ermöglichen.

Will man diese Verhältnisse untersuchen, so muß man die Tiere frei in der Luft halten, denn nur dann wird eine Berührung mit der Unterlage vermieden, und die Körperstellreflexe auf den Kopf und auf den Körper können nicht zustande kommen. Das Tier ist unter diesen Umständen zunächst nur auf seine Labyrinthstellreflexe angewiesen, und wenn man die Labyrinthe exstirpiert, ist beim großhirnlosen Hund und der großhirnlosen Katze und beim Kaninchen mit und ohne Großhirn die Auslösung sämtlicher Stellreflexe unmöglich geworden. Bei der Untersuchung labyrinthloser, aber im Besitze des Großhirns sich befindender Hunde und Katzen, die frei in der Luft gehalten wurden, ergab sich nun, daß diese Tiere noch Stellreflexe besitzen, durch welche sie imstande sind, ihren Kopf im Raume in die richtige Stellung zu bringen. Diese Stellreflexe werden von den Augen ausgelöst.

Zur Veranschaulichung dieser Tatsache sollen zunächst die Beobachtungen an einem kleinen Hunde ausführlich mitgeteilt werden.

Das Tier wurde in intaktem Zustande, vor Exstirpation der Labyrinthe, an verschiedenen Tagen frei in der Luft gehalten und auf das Vorhandensein von Labyrinthstellreflexen untersucht. Dabei wurden zunächst die Augen mit einer Kopfkappe verschlossen.

Wird das Tier in Normalstellung am Becken in der Luft gehalten, so steht auch der Kopf in Normalstellung. Bei rechter und linker Seitenlage des Beckens wird der Kopf nahezu (etwa bis auf 30°) nach der Normalstellung hin gedreht. Bei Rückenlage des Beckens wird der Kopf in die Normalstellung gebracht dadurch, daß der Vorderkörper des Tieres, besonders der Hals und obere Thorax, stark ventralwärts gebeugt werden; in anderen Fällen wird der Kopf dadurch normal gesetzt, daß der Vorderkörper des Tieres eine Spiraldrehung von 180° beschreibt. Bei Hängelage mit Kopf oben steht der Kopf in Normalstand. Bei Hängelage Kopf unten hängt der Kopf mit der Schnauze senkrecht nach unten, der Hals ist aber deutlich dorsalwärts gebeugt.

Bei der Untersuchung ohne Kopfkappe nimmt das Tier mit seinem Kopf ungefähr dieselben Stellungen ein, nur wenn das Becken in Seitenlage gehalten wird, wird der Kopf vollständig in Normalstellung gedreht.

Die Stellreflexe dieses Tieres in der Luft werden sowohl mit als ohne Kopfkappe kinematographisch aufgenommen.

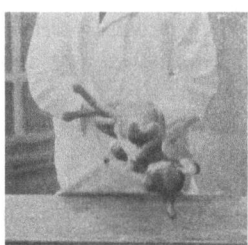 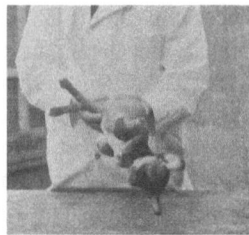

Abb. 125. Kleiner Hund am Tage nach doppelseitiger Labyrinthexstirpation. Becken in Seitenlage frei in der Luft gehalten. Kopf steht in Seitenlage. Stellreflex auf den Kopf fehlt.

Am 22. IX. 1919 wird die doppelseitige Labyrinthextirpation von de Kleyn ausgeführt.

Am 23. IX., 9 Uhr vormittags, hält das Tier seinen Kopf gerade und zeigt keinen Nystagmus.

Abb. 126. Derselbe Hund am Tage nach doppelseitiger Labyrinthexstirpation. Becken in Rückenlage frei in der Luft gehalten. Kopf steht in Rückenlage. Stellreflex auf den Kopf fehlt.

Untersuchung auf Stellreflexe in der Luft ohne Kopfkappe (also mit offenen Augen) ergibt, daß das Tier in der Luft keine Stellreflexe besitzt. Bei Hängelage Kopf oben steht der Kopf in rechter Seitenlage, bei Hängelage mit Kopf unten steht der Kopf in Rückenlage, bei Seitenlage des Beckens wird der Kopf ebenfalls in Seitenlage gehalten (Abb. 125), bei Rückenlage steht der Kopf ebenfalls in Rückenlage (Abb. 126).

Die Untersuchung ergibt also, daß am Tage nach der Labyrinthexstirpation das Tier in der Luft keine Stellreflexe besitzt,
und daß auch die Augen hierbei nicht mitwirken.
Bereits nach zwei Tagen, am 25. IX., ist dieses jedoch anders.
Es ist deutlich, daß das Tier in der Luft jetzt imstande ist,
seinen Kopf, wenn auch noch nicht völlig richtig zu setzen, so doch
gegen den Normalstand hinzudrehen. Bei der Untersuchung
ist es nun deutlich, daß das Tier dieses durch Fixieren mit seinen Augen
bewirkt. Vor allem wird der Kopf jedesmal gegen die Normalstellung
hin bewegt, wenn das Tier irgendeinen Gegenstand erblickt. Bei Hängelage mit Kopf unten steht allerdings der Kopf noch in Rückenlage,
bei Hängelage mit Kopf oben werden dagegen schon Versuche gemacht,
den Kopf ventral zu beugen und richtigzustellen. In Rückenlage
werden Versuche gemacht, durch Ventralbeugung den Kopf in die
Normalstellung zu bringen, und bei Seitenlage wird der Kopf gegen
den Normalstand hingedreht, kann aber noch nicht richtiggestellt werden.

Am 29. IX. hält das Tier beim Sitzen seinen Kopf vollkommen
gerade und zeigt keinen Nystagmus. Es läuft, wie das nach doppelseitiger Labyrinthexstirpation die Regel ist, in großen Zirkeltouren
rechts- oder linksherum durch den Käfig. Die Untersuchung auf Stellreflexe in der Luft ohne Kopfkappe, also mit offenen Augen, ergibt
nun das Folgende: Bei rechter Seitenlage wird der Kopf durch Linkswenden oder Linksdrehen im Raume richtig gesetzt, bei linker Seitenlage wird der Kopf durch Rechtsdrehen richtig gesetzt. Das Ergebnis
ist aber noch etwas wechselnd. Bei Hängelage mit Kopf unten befindet
sich der Kopf zuerst in Rückenlage und wird darauf durch Linkswenden
in Seitenlage und manchmal auch völlig in Normalstellung gebracht.
Bei Hängelage mit Kopf oben sieht das Tier nach links oder rechts,
wobei der Kopf häufig in Mittelstellung gerade steht und bei Rechts-
oder Linkswendung fast richtig im Raume gestellt wird.

Auch bei dieser Untersuchung wird es deutlich, daß das Tier dadurch
seinen Kopf in die richtige Stellung bringt, daß es jeden Gegenstand,
den es in sein Gesichtsfeld bekommt, fixiert, wie z. B. die Hand des
Experimentators, einen Bleistift, Nahrung usw.

Das Vermögen des Tieres, nach Labyrinthexstirpation
seinen Kopf im Raume richtigzusetzen, wenn es frei in der
Luft gehalten wird, verschwindet nun sofort und endgültig, wenn die Augen mit einer Kopfkappe geschlossen
werden. Nunmehr steht bei rechter Seitenlage der Kopf in rechter
Seitenlage, bei linker Seitenlage der Kopf in linker Seitenlage oder
Rückenlage, bei Rückenlage der Kopf in Rückenlage, bei Hängelage
mit Kopf unten der Kopf in Rückenlage, bei Hängelage mit Kopf
oben der Kopf in rechter oder linker Seitenlage.

8. Oktober. Das Tier hat nunmehr gelernt, mit Hilfe seiner Augen, wenn es in der Luft frei gehalten wird, seinen Kopf bei sämtlichen Lagen des Körpers im Raume in die Normalstellung zu bringen.

Es werden zwei Reihen von Stereoaufnahmen gemacht, die eine mit, die andere ohne Kopfkappe. Mit Kopfkappe ist das Tier im Raume vollkommen desorientiert, das Ergebnis der Untersuchung ist das gleiche wie am 29. September: in rechter Seitenlage steht der Kopf in rechter

Abb. 127. Derselbe Hund 16 Tage nach doppelseitiger Labyrinthexstirpation mit Kopfkappe. Das Tier wird in rechter Seitenlage frei in der Luft gehalten. Kopf steht in Seitenlage. Stellreflex auf den Kopf fehlt.

Seitenlage (Abb. 127), bei linker Seitenlage steht der Kopf in linker Seitenlage, bei Rückenlage steht der Kopf in Rückenlage (Abb. 128), bei Hängelage mit Kopf unten steht der Kopf ebenfalls in Rückenlage. Wird nunmehr die Kopfkappe abgenommen, so ergibt sich ein

Abb. 128. Derselbe Hund 16 Tage nach doppelseitiger Labyrinthexstirpation mit Kopfkappe. Becken in Rückenlage frei in der Luft gehalten. Kopf steht in Rückenlage. Stellreflex auf den Kopf fehlt.

völlig anderes Bild. In Seitenlage wird der Kopf vollkommen in die Normalstellung gebracht (Abb. 129). Bei Hängelage mit Kopf unten erfolgt starke Dorsalbeugung des Kopfes, die Schnauze wird gehoben und der Kopf kommt in Normalstellung. Besonders ist dieses der Fall, wenn das Tier irgendeinen Gegenstand fixiert. Bei Hängelage mit Kopf oben steht der Kopf nunmehr genau in Normalstellung, bei Rückenlage ist der Vorderkörper des Tieres ventralwärts gebeugt, der Kopf steht in Normalstand und das Tier fixiert die Umgebung mit großer Lebhaftigkeit (Abb. 130).

Dieser Versuch hat also ergeben, daß der Hund direkt nach der Labyrinthexstirpation in der Luft vollkommen desorientiert ist, daß er aber im Laufe weniger Tage lernt, von seinen Augen Gebrauch zu machen und mit ihrer Hilfe den Kopf in die Normalstellung zu bringen. Dieser Prozeß beginnt bereits nach zwei bis drei Tagen. Er ist nach einer

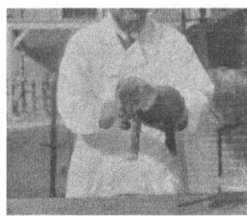 

Abb. 129. Derselbe Hund 16 Tage nach doppelseitiger Labyrinthexstirpation ohne Kopfkappe. Hinterkörper in rechter Seitenlage frei in der Luft gehalten. Der Kopf ist durch Drehung vollständig in Normalstellung gebracht. Der Vorderkörper ist der Drehung des Kopfes gefolgt. Optischer Stellreflex auf den Kopf mit anschließendem Halsstellreflex.

Woche noch nicht ganz vollendet, nach etwas über 14 Tagen vermag das Tier jedoch in der Luft seinen Kopf vollständig in Normalstellung zu bringen. Genau dasselbe wurde an mehreren anderen Hunden wahrgenommen.

Abb. 130. Derselbe Hund 16 Tage nach doppelseitiger Labyrinthexstirpation ohne Kopfkappe. Hinterkörper in Rückenlage frei in der Luft gehalten. Der Kopf ist in Normalstellung gebracht, das Tier fixiert den Photographen. Der Vorderkörper ist dem Kopfe gefolgt und ventralwärts herüber geklappt. Optischer Stellreflex auf den Kopf mit anschließendem Halsstellreflex.

Erwähnung verdient, daß auch bei einem Hunde, bei welchem Dr. Dusser de Barenne am 4. Dezember 1918 den größten Teil des Kleinhirns exstirpiert hatte, so daß bei der späteren Sektion nur der Vorderteil des Wurmes und seitlich von der Medulla oblongata kleinere Reste gefunden wurden, sich ebenfalls die Entwicklung der optischen Stellreflexe nachweisen ließ. Diesem Tiere wurde am 3. März 1919 das rechte und am 4. April 1919 das linke Labyrinth von de Kleyn exstirpiert. Das Tier zeigte bei den Untersuchungen am 23. April und am 2. und 26. Mai, daß es mit verbundenen Augen in der Luft gehalten keine Spur von Stellreflexen hatte, dagegen war mit offenen Augen das Verhalten dieses Tieres das gleiche wie bei dem vorher geschilderten Hunde. In beiden Seitenlagen, in Hängelage mit Kopf oben und in Rückenlage wurde der Kopf vollkommen recht gesetzt, in Hängelage mit Kopf unten wurde die Halswirbelsäule stark dorsalwärts flektiert, so daß der Kopf gegen die Normalstellung hin bewegt wurde. Die Entwicklung der optischen Stellreflexe beim Hunde findet also auch nach Ausschaltung des größten Teiles des Kleinhirnes statt.

Auch bei der Katze lassen sich dieselben Beobachtungen über optische Stellreflexe machen wie beim Hund. Man muß sich zu diesen Versuchen kleine zahme Tiere aussuchen, weil die meisten Katzen, wenn sie in den verschiedenen Lagen frei in der Luft gehalten werden, zu ungebärdig sind und aus diesem Grunde die Beobachtungen stören.

Folgendes Versuchsbeispiel möge zur Veranschaulichung dienen: Kleine Katze zeigt bei Untersuchung mit der Kopfkappe frei in der Luft gehalten deutliche Labyrinthstellreflexe auf den Kopf. Bei Hängelage mit Kopf unten wird der Hals stark dorsalwärts gebeugt und die Mundspalte steht vertikal nach unten. Bei Hängelage Kopf oben steht der Kopf vollständig in Normalstellung. Bei Rückenlage wird der Kopf durch Ventralbeugung des Vorderkörpers in die Normalstellung gebracht. Bei Seitenlage wird der Kopf durch Drehen in die Normalstellung gebracht, und zwar sowohl aus rechter wie aus linker Seitenlage. Am 23. Oktober werden von allen diesen Stellungen stereoskopische Aufnahmen mit Kopfkappe in der Luft gemacht. An demselben Tage doppelseitige Labyrinthexstirpation durch de Kleyn.

Schon nach zwei Tagen läßt sich nachweisen, daß sich optische Stellreflexe ausgebildet haben. Bei der Untersuchung mit Kopfkappe steht der Kopf bei Rückenlage und bei Hängelage Kopf unten und oben in Rückenlage, bei Seitenlage steht der Kopf in Seitenlage. Wird dagegen ohne Kopfkappe, also mit offenen Augen, in der Luft untersucht, so wird bei Seitenlage des Beckens der Kopf gegen den Normalstand hin gedreht, den er aber nicht vollständig erreicht. Bei Rückenlage findet starke Ventralbeugung des Vorderkörpers statt oder es wird der Kopf und der Vorderkörper spiralig gedreht, so daß der Kopf ungefähr in Normalstand kommt. Bei Hängelage mit Kopf unten wird der Kopf durch Dorsalbeugung gegen den Normalstand hin bewegt, bei Hängelage Kopf oben steht der Kopf ungefähr normal.

Am 3. November ergibt die Untersuchung auf Stellreflexe in der Luft mit Kopfkappe dasselbe wie am 25. Oktober. Ohne Kopfkappe mit offenen Augen wird bei Seitenlage des Körpers der Kopf in Normalstellung gebracht, wenn das Tier einen Gegenstand mit den Augen fixiert. Auch bei Rückenlage und bei Hängelage Kopf oben und unten kommt der Kopf vollständig in Normalstellung[1]). Am 5. November dasselbe Ergebnis: keine Stellreflexe in der Luft

---

[1]) Bei Hängelage Kopf unten glückt dieses nicht bei allen normalen und labyrinthlosen Tieren. Der Hals wird dann dorsal gebeugt, aber die Mundspalte kommt nicht völlig in Normalstellung.

mit Kopfkappe, deutliche Stellreflexe in der Luft ohne Kopfkappe bei offenen Augen, wobei deutlich ist, daß hauptsächlich durch Fixieren von Gegenständen mit den Augen die optischen Stellreflexe ausgelöst werden. Wird das Tier zuerst mit Kopfkappe in Seitenlage in der Luft gehalten, dann steht der Kopf in Seitenlage. Wird jetzt die Kopfkappe fortgenommen, so wird der Kopf durch Drehen oder Wenden sofort in die Normalstellung gebracht. Abb. 131 zeigt die Katze bei Hängelage Kopf unten mit Kopfkappe; man sieht, daß der Kopf in halber Rückenlage steht.

Abb. 131. Katze, 13 Tage nach doppelseitiger Labyrinthexstirpation mit Kopfkappe. Hängelage Kopf unten in der Luft. Kopf steht in halber Rückenlage. Stellreflex auf den Kopf fehlt.

Auf Abb. 132 ist dasselbe Tier in der gleichen Lage ohne Kopfkappe photographiert; der Kopf ist jetzt stark dorsalwärts gebeugt, und man kann auf der Abbildung erkennen, wie das Tier die vorgehaltene Hand des Experimentators fixiert.

Diese Beobachtungen wurden an einer Reihe von Katzen und Hunden wiederholt und hatten stets das gleiche Ergebnis.

Abb. 132. Dieselbe Katze am gleichen Tage ohne Kopfkappe. Hängelage Kopf unten in der Luft. Dorsalbeugung des Halses (und Linksdrehung), wodurch der Kopf sich der Normalstellung nähert. Das Tier fixiert die vorgehaltene Hand des Experimentators. Optischer Stellreflex auf den Kopf.

Auch beim Affen (59) sind lebhafte optische Stellreflexe vorhanden. Schon die einfache Beobachtung der Tiere lehrt, daß fortwährend Blickbewegungen mit dem Kopfe gemacht werden, daß hierbei der Kopf zu den gesehenen Gegenständen, z. B. dem Experimentator, in bestimmter Weise orientiert wird, und daß hieran sich Stellungsänderungen des ganzen Körpers anschließen. Die Bedeutung dieser

optischen Stellreflexe läßt sich nun besonders gut erkennen, wenn man
das Verhalten **doppelseitig labyrinthloser Affen in der Luft
bei offenen und geschlossenen Augen** vergleicht. Bei geschlossenen Augen ist das Tier vollständig desorientiert und nimmt jede beliebige Lage im Raume ein. Werden dagegen die Augen geöffnet,
so ist in der Ruhelage, wenn das Tier nicht irgendeinen bestimmten
Gegenstand erblickt oder betrachtet, ebenfalls keine bestimmte Lage
des Kopfes vorhanden. Sobald aber irgendein Gegenstand die Aufmerksamkeit des Tieres erregt, sei es nun der Experimentator oder eine
in das Zimmer hereintretende Person, eine Fliege oder das Futter, so
erfolgt sofort eine Reaktion des Kopfes, welche, wenn das Tier frei
in der Luft gehalten wird, in der Drehung des Kopfes gegen die Normalstellung besteht. Auf diese Weise kann in Seitenlage, in Hängelage mit
dem Kopf nach unten, in Rückenlage usw. der Kopf in Normalstellung
gedreht werden, auch wenn die Labyrinthstellreflexe ausgeschlossen
sind. Es ist aber immer zu beobachten, daß diese Reaktion **nur so
lange dauert**, als die optische Aufmerksamkeit des Tieres im Spiele
ist; sobald diese aufhört, geht der Kopf wieder in die ursprüngliche
Ausgangsstellung zurück, die dann bei fehlenden Labyrinthstellreflexen
entweder Seitenlage oder Rückenlage oder irgendeine andere abnorme
Lage ist.

Zusammenfassend ergibt sich aus diesen Beobachtungen folgendes:

Großhirnlose Katzen, Hunde und Affen haben dieselben vier
Gruppen von Stellreflexen, wie sie für das Kaninchen ausführlich geschildert worden sind. In der Luft sind dieselben ausschließlich auf
die Labyrinthstellreflexe auf den Kopf und die sich daran anschließenden Halsstellreflexe angewiesen. Exstirpiert man derartigen Tieren
beide Labyrinthe, so sind sie in der Luft vollständig desorientiert.

Katzen, Hunde und Affen, welche sich im **Besitz ihres Großhirns**
befinden, verhalten sich dagegen anders. Sie haben die Möglichkeit,
die Augen zur Orientierung im Raume mit heranzuziehen. Man kann
dieses dadurch nachweisen, daß man sie nach doppelseitiger Labyrinthexstirpation frei in der Luft untersucht. Die Tiere lernen ihre Augen
mitzubenutzen, und nach mehr oder weniger langer Zeit bildet sich ein
Zustand aus, in welchem sie auch ohne Labyrinthe bei den verschiedenen
Lagen im Raume ihren Kopf vollständig in die Normalstellung bringen
können. Die direkte Beobachtung lehrt, daß die Tiere hierbei ihre
Augen benutzen, und daß die optischen Stellreflexe sich an das Fixieren
von Gegenständen der Außenwelt mit den Augen anschließen. Untersucht man solche Tiere mit und ohne Kopfkappe, so kann man die
optischen Stellreflexe mit Sicherheit ausschalten und wieder auftreten
lassen.

Aus der Tatsache, daß die geschilderten optischen Stellreflexe sich nur bei Tieren mit erhaltenem Großhirn entwickeln, geht hervor, daß die optischen Stellreflexe an das Vorhandensein der Rinde gebunden sind. Es ist dieses auch notwendig, da großhirnlose Katzen, Hunde und Affen außer dem Pupillenreflex und dem Lidkneifen auf Belichtung keine optischen Reaktionen zeigen.

Interessant ist der Gegensatz von Hund, Katze und Affe gegenüber dem Kaninchen. Das intakte, im Besitze seines Großhirns befindliche Kaninchen hat keine optischen Stellreflexe und unterscheidet sich in seinem Verhalten, was die Stellreaktionen betrifft, in keiner Weise vom Thalamuskaninchen. Beim Kaninchen ist also der Steh- und Stellapparat ausschließlich auf den Hirnstamm beschränkt, bei Hund, Katze und Affe dagegen spielen Verbindungen mit der Großhirnrinde, und zwar wahrscheinlich mit der optischen Rinde, eine Rolle. Ob tatsächlich das Vorhandensein der Sehrinde allein zum Zustandekommen der optischen Stellreflexe genügt, muß natürlich noch durch besondere Versuche festgestellt werden. Aus der Tatsache, daß direkt nach der Labyrinthexstirpation Katzen und Hunde in der Luft zunächst mehr oder weniger desorientiert sind, ergibt sich, daß diese Tiere während ihres Normallebens, solange sie intakte Labyrinthe besitzen, wesentlich diese Sinnesorgane zur Orientierung im Raume (in der Luft) benutzen, und daß sie erst die Augen zur Orientierung heranziehen, wenn die Labyrinthe versagen. Man kann deutlich das Erlernen dieses Vorganges im Laufe der ersten Tage nach der Operation verfolgen. Die Erfahrungen reichen bisher nicht aus, um zu entscheiden, wie diese Dinge beim Affen liegen. Einer der von mir beobachteten Affen zeigte bereits am Tage nach der Exstirpation des zweiten Labyrinthes optische Stellreflexe. Dieselben verbesserten sich aber im Laufe der nächsten Tage deutlich. Es ist daher nicht zu entscheiden, ob beim intakten Affen mit erhaltenen Labyrinthen die optischen Stellreflexe eine große Rolle spielen, doch ist dies immerhin bei den lebhaften Blickbewegungen der Tiere wahrscheinlich; um so mehr, als sich auch beim Affen nach einseitiger Labyrinthexstirpation beobachten läßt, daß die optischen Stellreflexe die typische Kopfstellung, welche nach einseitiger Labyrinthexstirpation in den verschiedenen Lagen des Körpers in der Luft eintritt, stören. Sobald die Aufmerksamkeit des Tieres erregt wird, geht der Kopf mehr oder weniger aus der betreffenden Ausgangsstellung in die Normalstellung zurück. Auch dieses spricht dafür, daß der Affe optische Stellreflexe benutzt, auch wenn er noch nicht der beiden Labyrinthe beraubt ist.

Während die Zentren für sämtliche bisher geschilderten Reflexe der Haltung und Stellung im obersten Halsmark und im Hirnstamm liegen, bilden die optischen Stellreflexe hiervon eine Ausnahme, sie gehen über die Rinde. Sie werden vermutlich bei späteren Untersuchungen, welche sich mit der Frage beschäftigen, inwieweit man den Steh- und Stellapparat von der Rinde aus in Tätigkeit setzen kann, eine wichtige Rolle spielen.

Einfluß der Stellreflexe auf andere Reaktionen.

Beim decerebrierten Tier mit gegebener Intensität der Hals- und Labyrinthreflexe ist die Haltung des Körpers bei einer bestimmten Kopfstellung und Körperlage eindeutig bestimmt. Das intakte Tier kann dagegen auch andere Haltungen annehmen. Daher müssen durch die Anwesenheit der höheren Hirnteile die Reaktionsmöglichkeiten verwickelter werden. Eine derartige Komplikation wird nun beispielsweise durch das Hinzukommen der Stellreflexe geschaffen. Die genauere Analyse der Veränderungen in den einzelnen Reflexen, Bewegungen und Stellungen, welche hierdurch bedingt werden, soll hier nicht gegeben werden. Es möge genügen, an einem einzelnen Beispiel zu zeigen, wie sich diese Komplikation äußert.

Auf Abb. 122, S. 256, sieht man ein decerebriertes Kaninchen in Hängelage mit dem Kopfe nach oben. Der Kopf ist dorsalwärts gebeugt und dadurch in die Maximumstellung für die tonischen Labyrinthreflexe gelangt; infolgedessen sind die Nackenheber tonisch innerviert, der Kopf also in dieser Lage fixiert, die Vorder- und Hinterbeine haben starken Strecktonus, der noch durch tonischen Halsreflex (infolge Dorsalbeugung des Kopfes) verstärkt wird. Das Tier muß in dieser Stellung bleiben, so lange es mit der Hand in der Hängelage festgehalten wird. Auf Abb. 101, S. 217, sieht man im Gegensatz dazu ein Thalamuskaninchen, das in derselben Lage in der Luft gehalten wurde. Hier ist der Labyrinthstellreflex in Tätigkeit getreten, hat den tonischen Labyrinthreflex auf die Nackenstrecker überwunden, den Kopf ventral gebeugt und in die Normalstellung gebracht, und dazu ist dann der Halsstellreflex gekommen, der den ganzen Vorderkörper des Tieres in die Normalstellung gebracht hat. Das Endresultat ist also eine völlig andere Stellung als beim decerebrierten Tier, indem der Stellreflex den tonischen Labyrinthreflex auf den Hals aufhebt. Nach Exstirpation der Labyrinthe dagegen (Abb. 107, S. 223) nimmt auch das Thalamuskaninchen in der Luft eine ähnliche Stellung an wie das decerebrierte Tier, nur daß die Extremitäten keine Enthirnungsstarre zeigen und daher gebeugt sind.

Dieses Beispiel zeigt, wie durch die Anwesenheit des Mittelhirns und der Stellreflexe die Reaktionsweise des decerebrierten Tieres verändert und verwickelt wird.

Noch eine weitere Gruppe von Komplikationen läßt sich am Thalamus- und Vierhügelkaninchen gut studieren.

Im zweiten Kapitel wurde am Rückenmarkshund und der Rückenmarkskatze gezeigt, daß je nach der Lage und Stellung, die man dem ganzen Tier oder einem seiner Glieder (Bein, Schwanz) gibt, ein und derselbe Reiz ganz verschiedene Reaktionen auslöst. Durch verschiedene sensible Dauerreize (proprioceptive Erregungen, Drucksinnesreize) kann man Veränderungen des Zentralorgans zuwege bringen, durch welche eine bestimmte Erregung gezwungen wird, einmal dem einen, ein anderes Mal einem ganz anderen Zentrum zuzufließen. Beispielsweise kann man durch verschiedene Lagerung eines Rückenmarkshundes bewirken, daß der Kratzreflex nach Willkür gleichseitig oder gekreuzt auftritt. Derartige zentrale Veränderungen wurden als „Schaltungen" bezeichnet.

Ähnliches läßt sich auch beim Thalamus- oder Vierhügelkaninchen beobachten. Kneift man ein solches Tier, wenn es in Normalstellung auf dem Boden sitzt, kräftig in dorsoventraler Richtung in den Schwanz, übt also einen genau symmetrischen Reiz aus, so beginnt es zu laufen und zu springen. Es erfolgt also rhythmische Bewegung der Extremitäten. Liegt aber einmal das Tier aus irgendeinem Grunde auf der Seite, ohne sich aufzusetzen, so löst genau derselbe Reiz keine Laufbewegungen der Beine, sondern Drehung des Kopfes in die Normalstellung aus, d. h. bei rechter Seitenlage des Tieres werden die Linksdreher, bei linker Seitenlage die Rechtsdreher des Nackens innerviert. Ein und derselbe Reiz hat also je nach der Lage und Stellung des Tieres die Zentren ganz verschiedener Muskeln in Erregung versetzt.

Noch auffallender ist folgender Versuch. Wenn ein Thalamus- oder Vierhügelkaninchen noch so weit im Schock ist, daß es sich nicht von selber aufsetzt und auch den Kopf nicht in die Normalstellung dreht, so kann man durch Reizung des unteren Vorderbeines die Drehung des Kopfes in die Normalstellung auslösen. Untersucht man das Tier in Seitenlage in der Luft oder kompensiert man bei Lage auf dem Tisch den Druck der Unterlage durch ein aufgelegtes beschwertes Brett, so bewirkt Reizung des oberen Vorderbeines stets Drehung des Kopfes mit dem Scheitel nach unten. Liegt das Tier aber ohne Brett auf dem Tisch, so erfolgt auf Kneifen des oberen Vorderbeines häufig (nicht immer) Drehung des Kopfes in die Normalstellung. In diesem Falle hat die asymmetrische Reizung der Körperoberfläche durch den Druck der Unterlage es zustande gebracht, daß selbst auf einen so kräftigen Reiz, wie starkes Kneifen einer Vorderpfote, genau die umgekehrte Reaktion erfolgt als beim Fehlen des asymmetrischen Dauerreizes.

Durch eine bestimmte Lage des Tieres wird also ein Zustand in seinem Zentralnervensystem geschaffen, in welchem beliebige Reize, welche

sonst nicht als „Stellreize" wirken können, die Stellapparate in Tätigkeit setzen. Das Tier ist also durch seine vorherige Lage in eine gewisse
„Stellbereitschaft" gebracht worden, in welcher nun ein beliebiger
indifferenter Reiz genügt, die Stellfunktion auszulösen. In bestimmten
Fällen kann es sich hierbei einfach um die algebraische Summierung
zweier an sich unwirksamer Erregungen handeln. Der zuletzt beschriebene
Versuch, in welchem auf Kneifen des oberen Vorderbeines Drehen des
Kopfes in die Normalstellung erfolgte, zeigt aber, daß auch Schaltungen
hierbei eine Rolle spielen müssen. Der angewandte Reiz löst in diesem
Falle genau die umgekehrte Reaktion aus, als wenn das Tier nicht durch
seine Lagerung in eine bestimmte Stellbereitschaft versetzt worden ist.
Die Erregung wird gezwungen, im Zentralnervensystem anderen Zentren zuzufließen als unter normalen Bedingungen.

Eine genauere Analyse aller dieser Dinge, welche noch vorgenommen
werden muß, verspricht reizvolle Aufschlüsse. Schon jetzt aber läßt
sich wenigstens folgendes sagen: Durch das Vorhandensein des Mittelhirns und der Stellreflexe werden die einfachen Haltungsreflexe der
Zentren des oberen Halsmarkes und der Medulla oblongata verändert
und in bestimmten Fällen unterdrückt. Hat das Tier durch die Wirkung
seiner Stellreflexe eine bestimmte Stellung und Lage eingenommen,
so muß die hierdurch zustande gebrachte Spannungsverteilung in seiner
Körpermuskulatur schaltend wirken und die nachfolgenden Reaktionen
beeinflussen. Dasselbe muß durch die bei einer bestimmten Körperstellung infolge der Berührung mit der Unterlage zustande gebrachten
Erregungen der oberflächlichen und tiefen Körpersensibilität bewirkt
werden. Befindet sich der Körper des Tieres aus irgendeinem Grunde
noch nicht in der Normalstellung, so ist trotzdem eine gewisse „Stellbereitschaft" vorhanden, durch welche es bewirkt wird, daß nunmehr
indifferente Reize oder sogar Reize, welche eigentlich die umgekehrte
Reaktion auslösen müßten, einerlei ob sie an sich schwach oder sehr
kräftig sind, die Stellfunktion auslösen und das Tier zum normalen Sitz
und daran anschließend vielleicht zum Laufen und Springen veranlassen.

Alle diese Beobachtungen zeigen einmal wieder mit Deutlichkeit,
daß die Reaktionsmöglichkeiten des Zentralnervensystems außerordentlich vielfältig sind und von den vorhergegangenen Reaktionen, von der
Körperhaltung und von dem Verhältnis des Tieres zu seiner Umgebung
in entscheidender Weise mitbestimmt werden.

Sechstes Kapitel.
Folgezustände der einseitigen Labyrinthexstirpation.

Die in den vorstehenden Kapiteln geschilderten Tatsachen genügen als Grundlage für die Erforschung der Folgezustände einseitiger Labyrinthexstirpation.

Diese Operation wurde früher fast ausschließlich ausgeführt, um etwas über die Labyrinthtätigkeit zu erfahren. Abgesehen davon, daß es grundsätzlich bedenklich ist, die Funktion von etwas erforschen zu wollen, das man zerstört, sind die Folgen des Eingriffes derartig verwickelt, daß man vielfach zu unrichtigen Schlüssen kam.

Nimmt man ein Labyrinth fort, so läßt man in jeder der früher geschilderten Reflexgruppen die nicht von den Labyrinthen abhängigen Reflexe beiderseits bestehen. Außerdem machen sich der einseitige Einfluß des übriggebliebenen Labyrinthes und ferner die Folgen der Halsdrehung geltend, welche sich als asymmetrische Haltungsreflexe, Halsstellreflexe und tonische Halsreflexe auf die Augen äußern können. Dazu kommt, daß die normalen doppelseitigen Reflexe nichtlabyrinthären Ursprunges sich an einem Körper äußern müssen, der durch den einseitigen Labyrinthverlust verdreht ist. Berücksichtigt man ferner, daß die genannten Einzelkomponenten des Symptomenbildes bei den verschiedenen Tierarten und zu verschiedenen Zeiten nach der Operation nicht gleichstark entwickelt sind, und daß im unmittelbaren Anschluß an die Operation sich zu den Ausfallserscheinungen noch Reizsymptome gesellen können, so begreift man, daß es erst einer eingehenden experimentellen Analyse bedarf, ehe es gelingt diesen verwickelten Symptomenkomplex zu entwirren und zu begreifen.

Beispielsweise hat sich herausgestellt, daß man bei allen untersuchten Tierarten einen Teil der Folgezustände der Fortnahme eines Labyrinthes dadurch sofort beseitigen kann, daß man die aborme Stellung des Kopfes gegen den Rumpf korrigiert. Ein anderer Teil dieser Folgezustände bleibt aber auch bei geradegesetztem Kopfe erhalten. Hierdurch wurde es möglich, in einfacher Weise die Halsreflexe von den direkten Labyrinthausfallsfolgen zu sondern.

Ferner muß man, um die Rolle der Labyrinthstellreflexe von den Körperstellreflexen auseinanderzuhalten, die Tiere abwechselnd in der Luft und auf dem Boden untersuchen usw.

Die in nachstehendem zu schildernden Beobachtungen sind an Kaninchen, Meerschweinchen, Katzen, Hunden und Affen angestellt. Bei jeder dieser Tierarten kombinieren sich die obengenannten Gruppen

von Erscheinungen in verschiedener Weise: Halsreflexe, Labyrintheinflüsse, Körperstellreflexe, optische Eindrücke usw. sind bei ihnen
von ungleicher Bedeutung für die Körperstellung. Daher war es
nötig, die Beobachtungen zunächst bei jeder Tierart gesondert vorzunehmen und erst durch den Vergleich zu allgemeinen Ergebnissen
zu kommen.

Die Analyse der nach einseitiger Labyrinthexstirpation auftretenden
Störungen soll in diesem Kapitel so vollständig gegeben werden, wie
das nach den heutigen Kenntnissen möglich erscheint; auf die Gefahr
hin, daß die Darstellung lang wird und sich stellenweise scheinbar in
Einzelheiten verliert. Aber es muß einmal an einem einzelnen Beispiele
gezeigt werden, wie verwickelt die Verhältnisse liegen, wie es aber
andererseits jetzt möglich ist, ein derartiges Symptomenbild zu entwirren. Für manche klinische Fragestellungen wird sich hierdurch
vielleicht ein Wegweiser ergeben.

Da die einseitig labyrinthlosen Tiere zum Teil monatelang beobachtet
wurden, so kann über die Folgezustände der Fortnahme eines Labyrinthes bei den verschiedenen Tierarten ein ziemlich vollständiger Überblick gegeben werden. Für das Verständnis muß das Symptomenbild
jedesmal genauer beschrieben werden, trotzdem schon eine Reihe von
sorgfältigen Untersuchungen vorliegen, die nur in einzelnen Punkten
ergänzt werden müssen.

Am eingehendsten soll das Verhalten des Kaninchens geschildert
werden; bei den übrigen Tieren werden dann nur die hauptsächlichsten
Unterschiede beschrieben werden müssen.

Im Laufe der letzten zwölf Jahre sind im Utrechter Laboratorium
immer wieder Beobachtungen an einseitig labyrinthlosen Tieren angestellt worden, wobei je nach dem Fortschritt der Kenntnis der normalen Labyrinth-, Hals- und anderen Körperstellungsreflexe natürlich
auch das Verständnis für das Verhalten der operierten Tiere zunahm.
Während demnach in den ursprünglichen Veröffentlichungen die schrittweise vorgenommene Analyse dargestellt werden mußte, erscheint es
zweckmäßig, bei der hier zu gebenden Darstellung mehr synthetisch
vorzugehen und das Symptomenbild aus den in den früheren Kapiteln
beschriebenen Reflexen aufzubauen. Die Schilderung wird dadurch
verständlicher werden. Wer sich dafür interessiert, wie die Erkenntnis
allmählich durch das Experiment gewonnen wurde, sei auf die Originalarbeiten verwiesen.

Methodik.

Wenn man die Folgen der Labyrinthexstirpation auf die Körperstellung
untersuchen will, so ist vor allen Dingen zu fordern, daß durch die Operation die
Ansätze der Halsmuskeln am Kopfe nicht geschädigt, und daß durch die Opera-

tion an sich keine Änderungen der Kopfstellung hervorgerufen werden. Unter
diesem Gesichtspunkte ist die Technik der Labyrinthexstirpation bei verschiedenen Tieren im Utrechter Pharmakologischen Institut durch de Kleyn (8)
ausgearbeitet worden. Im folgenden sollen die von ihm verwendeten Verfahren
kurz geschildert werden. Am einfachsten liegen die anatomischen Verhältnisse
bei der Katze[1]).

Das Tier wird mit Äther narkotisiert, in Rückenlage aufgespannt, die Haare
am Halse kurzgeschnitten und das Operationsfeld mit Jodtinktur eingerieben.
Der Hautschnitt ist 2 cm lang und verläuft parallel der Wirbelsäule über die
Kuppe der Bulla ossea, die leicht zu tasten ist (halbkugelförmig, medial und
caudal vom Kieferwinkel). Der Schnitt beginnt oral in der Höhe des Kiefer-
winkels.

Im Hautschnitt wird sofort die V. maxillaris externa sichtbar, in welche von
der medialen Seite ein oder zwei Äste einmünden. Man geht stumpf an der
medialen Seite der Vene und oral von den Seitenästen in die Tiefe und gelangt
in den Spalt zwischen Submaxillardrüse und M. digastricus. Letzterer verläuft
mit breitem Bauch über die Bulla und wird nun vorsichtig mit dem Finger medialwärts verschoben. Dadurch wird die Teilungsstelle der Carotis freigelegt, und
man sieht die Carotis externa quer über die Bulla pulsierend verlaufen. Caudal
von letzterer geht man durch das Gewebe stumpf auf die Bulla und legt diese
frei. Das Periost auseinanderziehend kann man auf diese Weise ohne jede Blutung
eine breite Öffnung erhalten, auf deren Grund der größte Teil der Bulla freiliegt.
Stumpfe Haken halten das Operationsfeld, das medial durch den M. digastricus,
lateral durch die Submaxillardrüse und oral durch die Carotis externa begrenzt
wird, während der ganzen Zeit der Operation frei. Die Benutzung einer Stirnlampe ist sehr zu empfehlen, damit man am sichersten eine Verletzung der Carotis
vermeiden kann. Findet eine solche trotzdem statt, so wird die blutende Stelle
mit einem Tupfer komprimiert und die Carotis communis neben der Trachea
von einem kleinen Hautschnitt aus aufgesucht und unterbunden, worauf die
Blutung steht. Bei dieser Methode der Freilegung bekommt man weder die
V. jugularis interna noch den Vagus, Glossopharyngeus und Halssympathicus
zu Gesicht.

Jetzt kommt die eigentliche Labyrinthexstirpation, welche am besten durch
die beigefügten stereoskopischen Photographien veranschaulicht wird. Die Bulla
wird mit einem kleinen Meißel in der Mitte eröffnet und die Öffnung mit einem
Papageienschnabel erweitert, bis man einen guten Überblick über den Inhalt der
Bulla bekommt.

Zu Abb. 133[2]). Nach Eröffnung der Bulla liegt das Foramen rotundum frei,
mehr oder weniger bedeckt von einer knöchernen Scheidewand, welche bei Katzen
(nicht bei Kaninchen und Hunden) angetroffen wird und das Mittelohr in zwei
Teile teilt. Der Teil des Foramen rotundum, welcher durch die Scheidewand
bedeckt wird, ist verschieden groß; öfters liegt das Foramen beinahe ganz frei,
dann wieder ist nur ein kleiner Teil sichtbar. Darum wird mit dem Meißel und
Papageienschnabel[3]) soviel von der Scheidewand weggenommen, bis das ganze

---

[1]) Die Methode ist eine Abänderung des Ewaldschen Verfahrens (siehe
Ewald, S. 196. Operationsmethode bei Hunden).

[2]) Mit Rücksicht auf die aufzunehmenden Photographien ist von der Bulla
mehr entfernt, als für die Operation notwendig war. Die photographischen Aufnahmen sind alle von demselben Katzenschädel gemacht, an welchem die Operation schrittweise ausgeführt wurde. Zeiss-Drünersche Lupe. Objektiv (55). Vergrößerung ungefähr dreifach.

[3]) Ewald, a. a. O. S. 198.

Foramen rotundum freiliegt und man einen freien Überblick ins Mittelohr bekommen kann.

Die Scheidewand nimmt ihren Ursprung von der Wand der Bulla ossea und reicht dorsalwärts zum Mittelohr, läßt hier aber noch eine kleine Spalte frei. Wenn man bei der Operation von diesem Septum nur soviel wegnimmt als not-

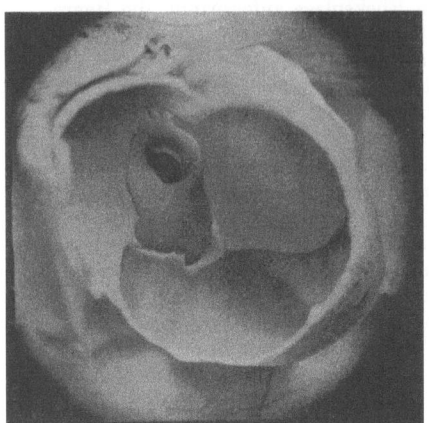 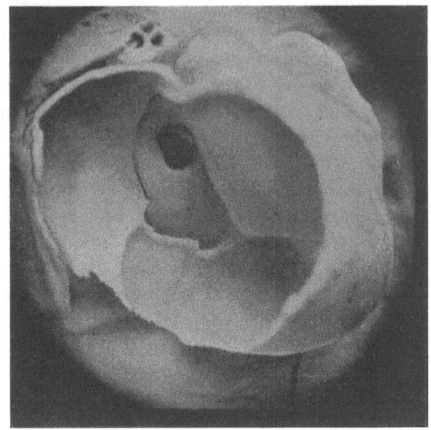

Abb. 133.

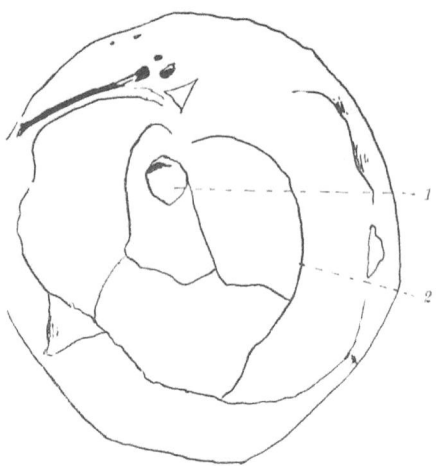

Abb. 133a. *1* Foramen rotundum. *2* Scheidewand.

wendig ist, um das Foramen rotundum gut zu übersehen, hat man den großen Vorteil, daß gerade durch dieses Septum das Trommelfell und die Gehörknöchelchen während der Operation verdeckt werden und dadurch die letztere ohne Verletzung des Trommelfelles sehr leicht möglich wird.

Zu Abb. 134. Jetzt wird der dem Foramen rotundum benachbarte Teil des Promontoriums mit dem Meißel abgetragen und auf diese Weise die Cochlea und das Vestibulum eröffnet. Auf der Abbildung sieht man sehr deutlich die Cochlea

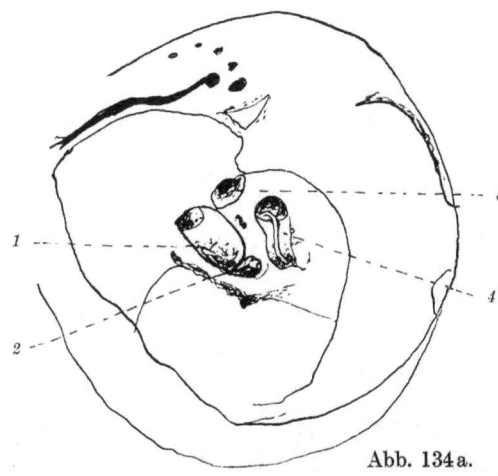

1 Scala tympani.
2 Scala vestibuli.
3 Vestibulum.
4 Cochlea.

Abb. 134a.

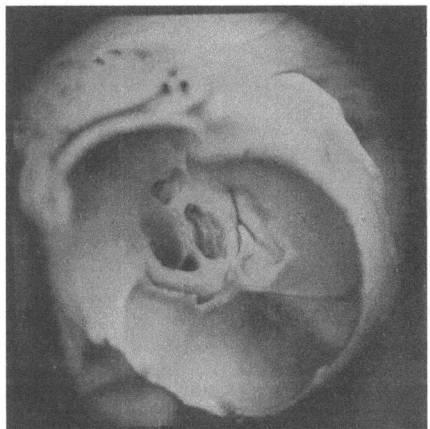 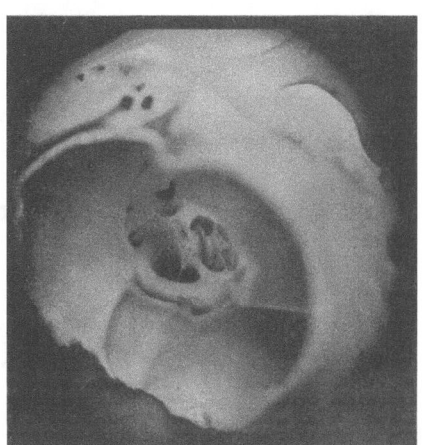

Abb. 134.

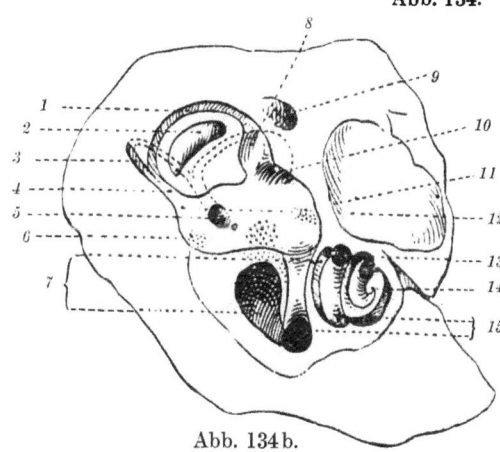

Abb. 134b.

1 Can. semicircul. extern. 2 Fossa für den Stapedius. 3 Can. semicircul. post. 4 Can. semicircul. extern. 5 Vereinigte obere und hintere Bogengänge. 6 Vestibulum. 7 Scala tympani. 8 Äußere Ampulle. 9 Aquaeductus Fallopii. 10 Obere Ampulle. 11 Wand zwischen Tensor tympani, Fossa und Vestibulum. 12 Hintere Ampulle. 13 Cochlea. 14 Hamulus. 15 Scala Vestibuli.
Nach H. Jayne: Mammalian anat. Part I. 1898.

mit den basalen Öffnungen der Scala tympani und Scala vestibuli und das er-
öffnete Vestibulum (vgl. auch Abb. 134b).

Zu Abb. 135. Jetzt kommt die Hauptsache der Operation. Mit einer Pinzette
werden das Vestibulum und die Ampullen der Bogengänge, welche gut sichtbar
sind, ausgeräumt. Die ganze Cochlea wird am besten mit einem scharfen Instru-

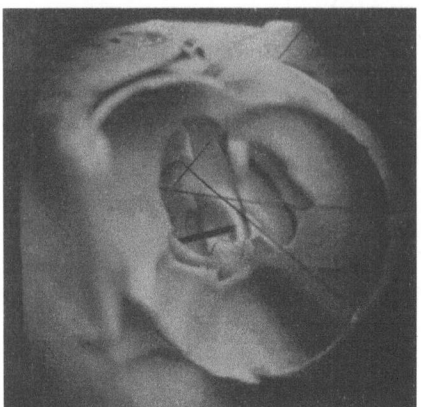 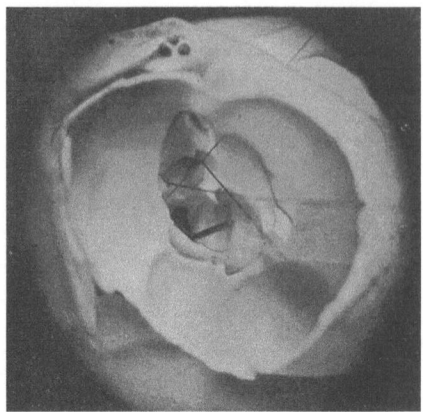

Abb. 135.

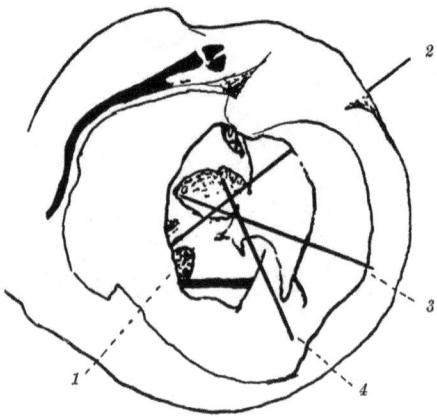

Abb. 135a. *1* Porus acusticus int. mit Sonde. *2* Sonde im Aquaeductus cochleae.
3 Sonde in dem vereinigten oberen und hinteren Bogengang. *4* Sonde in der
äußeren und oberen Ampulle.

ment ausgeräumt, die knöcherne Wand zwischen Scala tympani und Vestibulum
mit einem Meißel so weit abgetragen, bis zum Schluß das ganze Labyrinth in
eine Höhle verwandelt ist.

Man muß sehr gut darauf achten, daß das häutige Labyrinth ganz entfernt
wird und man überall die knöcherne Wand glänzend hervortreten sieht, was nur
bei einer stark leuchtenden Stirnlampe möglich ist. Auf dem Boden dieser Höhle
findet man nun den Porus acusticus internus, verschlossen durch den N. octavus.

Im Anfang wurde nun der Porus aufgemeißelt und mit einem kleinen Haken der N. octavus selbst gründlich zerstört. Diese Methode ist nicht zu empfehlen. Bei der Aufmeißelung des Porus blutet es meistens sehr stark, und es wurden auch später bei der Obduktion öfters subdurale Blutungen angetroffen. Zweitens zer-

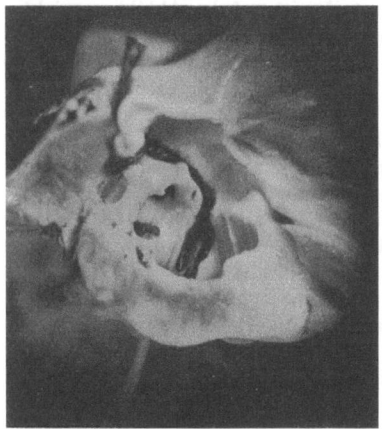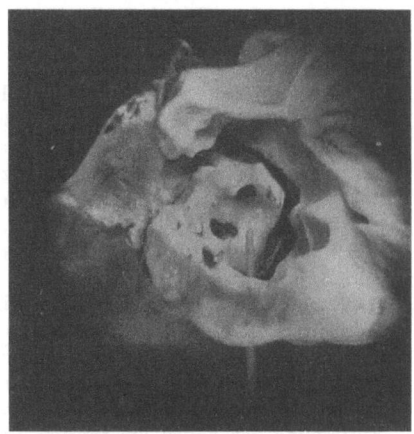

Abb. 136.

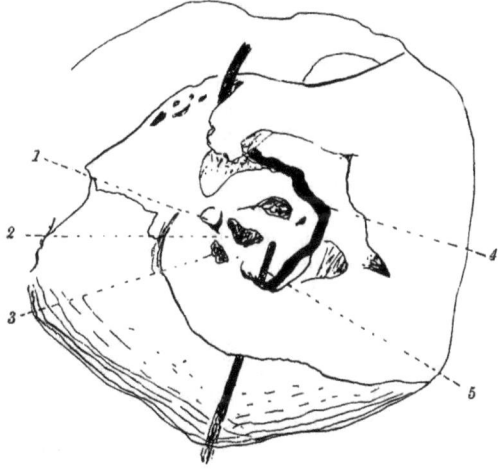

Abb. 136a. *1* Hintere Ampulle. *2* Vereinigte obere und hintere Bogengänge. *3* Aquaeductus cochleae. *4* Verlauf des N. facialis. *5* Sonde im Porus acusticus int.

splittert öfters die ganze Umgebung bei dieser Aufmeißelung, dadurch sind Neben-verletzungen kaum zu vermeiden. Später wurde immer nur der Porus aufgesucht und freigelegt und nun vorsichtig mit einem Haken der N. octavus im intakten Porus umgangen. Auf diese Weise ist es möglich, die Operation beinahe ganz ohne Blutung auszuführen.

Aus der Abb. 135 sind die topographischen Verhältnisse zu entnehmen. Im Porus acusticus befindet sich eine dickere Sonde. In eine Öffnung direkt oberhalb des Porus (Aquaeductus cochleae), ebenso wie in zwei Öffnungen von Bogengängen (die gemeinschaftliche Öffnung der Canales semicirculares superior et posterior und die Ampulle des Canalis superior und Canalis externus) sind Borsten gesteckt worden. Die Ampulle des Canalis posterior ist auf der Abbildung nicht sichtbar, weil es nicht möglich war, alle Einzelheiten zu gleicher Zeit zu photographieren. In Wirklichkeit ist diese Ampulle auch sehr gut zu sehen; dieselbe befindet sich etwas lateral- und caudalwärts von der gemeinschaftlichen Öffnung des Canalis superior und Canalis posterior.

Zu Abb. 136. Von großer Wichtigkeit ist die Tatsache, daß man bei Labyrinthexstirpationen bei Katzen eine Verletzung der N. facialis vermeiden kann. Man sieht auf der Abbildung den Verlauf dieses Nerven ohne weiteres. Im Porus steckt wieder eine dicke Borste; die in Abb. 135 mit Borsten angedeuteten Öffnungen sind mit schwarzer Tinte gefärbt. Der Verlauf des Canalis facialis wird durch einen schwarzen Faden markiert.

Nach Vollendung der Operation wird zunächst eine tiefe Naht gelegt, die den M. digastricus an den lateralen Teil der Wunde annäht. Dabei muß man es vermeiden, die Speicheldrüse anzustechen. Bei der Hautnaht faßt man am besten die oberflächlichste Schicht der Halsmuskulatur mit, achtet aber dabei darauf, daß die Fäden nicht die Vene komprimieren. Betupfen der Fäden mit Jodtinktur. Entfernung der Fäden am fünften Tage.

Bei diesem Verfahren werden also ausgeräumt: die Cochlea, das Vestibulum und die Ampullen der Bogengänge. Freigelegt wird im Porus acusticus internus der N. octavus und mit einem Haken genau umgangen. Dagegen werden die Bogengänge selbst nicht exstirpiert. Trommelfell und Facialis werden nicht verletzt, die Halsbewegungsmuskeln bleiben unberührt[1]).

Beim Hunde ist die Technik genau die gleiche wie bei der Katze. Der einzige Unterschied ist, daß dem Hunde die knöcherne Scheidewand in der Bulla fehlt, welche bei der Katze das Mittelohr in zwei Teile teilt. Das Trommelfell bleibt, im Gegensatz zu der Ewaldschen Methode, unverletzt.

Auch beim Kaninchen ist das Verfahren ungefähr dasselbe. Es erfordert aber etwas größere Übung, weil man ziemlich in der Tiefe arbeiten muß. Nur gelingt es bei diesem Vorgehen nicht, den Facialis zu schonen; bei der Ausräumung des Vestibulums wird er regelmäßig verletzt, wenn man die Einmündungsstellen der Bogengänge und den Stumpf des N. octavus ganz freilegen will, was zur Kontrolle einer vollständigen Wegnahme des Labyrinthes notwendig ist. In allen Fällen wurden die Cochlea, das Vestibulum und die Ampullen der Bogengänge fortgenommen und der Stamm des Octavus freigelegt. Auch beim Kaninchen fehlt die bei der Katze vorhandene knöcherne Scheidewand in der Bulla. Das Trommelfell bleibt unverletzt, die Heilung verläuft aseptisch. Will man den Facialis schonen, so empfiehlt sich die von Winkler (1) ausgearbeitete Technik, bei welcher ein großer Hautschnitt gemacht und der Ansatz des M. biventer durchtrennt wird.

Auch beim Meerschweinchen läßt sich genau in derselben Weise wie beim Kaninchen die Labyrinthexstirpation von der Bulla ossea aus vornehmen.

---

[1]) Bei der Obduktion fand sich jedesmal bei Tieren, die längere Zeit nach der Operation am Leben geblieben waren, eine deutliche Atrophie des N. octavus. Besonders deutlich sieht man diese Atrophie, wenn man bei einseitig operierten Tieren die beiden Seiten vergleicht.

Der Affe besitzt im Gegensatz zu den bisher genannten Tieren keine Bulla. Man muß daher die Operation in derselben Weise vornehmen, wie das beim Menschen geschieht, d. h. vom Mastoid aus. Eine nähere Schilderung erübrigt sich, da die Verhältnisse denen beim Menschen sehr ähnlich sind.

Statt der chirurgischen Operation kann man auch die Labyrinthausschaltung im Anschluß an die Versuche von König durch Einspritzung von Cocain vornehmen. Bei decerebrierten Katzen eröffnet man zu diesem Zweck auf die schon angegebene Weise die Bulla ossea. Die Labyrinthexstirpation wird aber nicht weiter ausgeführt, als in Abb. 134 angegeben wurde, d. h. als bis zur Abmeißelung des dem Foramen rotundum benachbarten Teiles des Promontoriums mit Eröffnung der Cochlea und des Vestibulums. Nun spritzt man einfach mit einer Pravazspritze ein paar Zehntel Kubikzentimeter einer 20 proz. Cocainlösung in das Vestibulum und die Cochlea, oder man spritzt nach Eröffnung der Bulla durch das Foramen rotundum die Lösung direkt ins Labyrinth. Die Cocainlösung wurde zu diesem Zwecke mit Methylenblau gefärbt. Bei der Obduktion stellte sich immer heraus, daß die blaue Flüssigkeit nur im Labyrinth angetroffen wurde, nie wurde dieselbe sub- oder epidural gefunden. Fast unmittelbar nach der Einspritzung treten die Erscheinungen der Labyrinthausschaltung hervor. Manchmal kommt es zu einer kurz vorübergehenden Reizung des injizierten Labyrinthes, bevor die Lähmung einsetzt. Die totale Ausschaltung des Labyrinthes dauert nach der Einspritzung mehrere Stunden, was für die meisten Zwecke genügt.

Auch an nicht decerebrierten Katzen kann man das Labyrinth für längere Zeit mit Cocain ausschalten, hierzu ist aber Übung notwendig. Man spritzt in Narkose mit einer Pravazspritze unter guter Beleuchtung und bei Benutzung eines Ohrtrichters vom Gehörgang aus die Cocainlösung ins Labyrinth. Hierbei sticht man durch das Trommelfell, geht von dem hinteren dorsalen Rand des knöchernen Gehörganges aus und sucht mit der Nadel das Foramen ovale; dann stößt man durch das Foramen ins Labyrinth und injiziert. Beim Erwachen aus der Narkose zeigt das Tier die typischen Erscheinungen wie nach Labyrinthexstirpation. Eine Restitutio ad integrum findet hierbei aber meistens nicht mehr statt, da man auf diese Weise natürlich das Labyrinth mehr oder weniger bleibend schädigt.

Sehr viel einfacher kann man nach dem Vorgange von van Rossem bei Meerschweinchen das Labyrinth durch Cocaineinspritzung ins Mittelohr vorübergehend ausschalten. Man geht mit der Nadel der Injektionsspritze durch den äußeren Gehörgang bis zum Trommelfell, wozu etwas Übung erforderlich ist. Dann durchsticht man das Trommelfell und fühlt darauf die Berührung der Spitze der Injektionsnadel mit der knöchernen Wand des Mittelohres. Nunmehr injiziert man 0,1 ccm 5 proz. Cocain ins Mittelohr. Kurze Zeit danach ist die Tätigkeit des Labyrinthes auf der injizierten Seite ausgeschaltet. Manchmal gehen vorübergehende Reizerscheinungen der Lähmung voraus. Die Ausschaltung dauert den ganzen Tag über an und ist meistens am folgenden Morgen vollständig geschwunden. Das Verfahren eignet sich also sehr gut zur vorübergehenden Ausschaltung, und man kann am gleichen Tier nacheinander erst das rechte, dann das linke Labyrinth ausschalten, und nachher wieder normale Labyrinthfunktion beiderseits zurückbekommen. Bei Kaninchen ist dieses Verfahren nicht brauchbar.

In manchen Fällen wurde auch beim Meerschweinchen nach dem Verfahren von Brown - Séquard die Labyrinthausschaltung mit Chloroform vorgenommen. Hierbei wird der äußere Gehörgang mehrmals mit Chloroform gefüllt, worauf man nach einiger Zeit die motorischen Folgeerscheinungen der Labyrinthausschaltung auftreten sieht. Das Verfahren gelingt in den meisten Fällen, aber nicht immer. Die Labyrinthausschaltung ist vollständig, bleibt aber nicht in allen Fällen dauernd bestehen, weil bei vielen Tieren nach einiger Zeit wieder einzelne Labyrinthreflexe auftreten.

I. Folgezustände der einseitigen Labyrinthexstirpation beim Kaninchen.

Allgemeines Verhalten der Kaninchen nach einseitiger Labyrinthausschaltung (15).

Das Verhalten einseitig labyrinthloser Kaninchen ist am eingehendsten von Winkler (1) studiert und beschrieben worden. Auf dessen Darstellung sei daher hier verwiesen. Als ein typisches Beispiel soll hier das abgekürzte Protokoll eines unserer Versuchstiere gegeben werden.

30. November 1912. Kaninchen XV. In Äthernarkose linksseitige Labyrinthexstirpation. Cochlea und Vestibulum ausgeräumt, Öffnungen der Bogengänge und Porus acusticus internus freigelegt.

Beim Erwachen aus der Narkose ist das linke Auge ventralwärts, das rechte Auge dorsalwärts abgelenkt, es besteht starker Nystagmus, wobei die schnelle Komponente am rechten Auge ventralwärts, am linken Auge dorsalwärts gerichtet ist. Läßt man das Tier mit dem Kopfe nach unten hängen, so ist der Kopf nach links gewendet und gedreht, der Thorax ist ebenfalls gegen das Becken um etwa 30° gedreht. Etwas später ist bei derselben Körperlage die untere Thoraxapertur gegen das Becken um 45°, die obere Thoraxapertur 70°, der Kopf 90° nach links gedreht, der Kopf außerdem 45—70° nach links gewendet. Die beiden rechten Beine, besonders das rechte Vorderbein, sind stark gestreckt und abduziert, die beiden linken Beine haben viel geringeren Strecktonus. Das Tier rollt in typischer Weise nach links durch das ganze Zimmer.

2. Dezember. Das Tier sitzt aufrecht in seinem Käfig, der Kopf ist 45° nach links gedreht (linkes Ohr ventralwärts), das rechte Vorderbein ist gestreckt und abduziert, das linke schlaff und gebeugt. Im Käfig rollt das Tier nicht, wird es aber aus dem Käfig genommen und dabei gereizt, so rollt es, nachdem es auf den Grund gesetzt ist, durch das Zimmer. Danach sitzt es auf, macht einige Schritte, die ihm gut gelingen, fällt aber dazwischen mehrmals auf die linke Seite, ohne danach wieder zu rollen. Beim Hängen mit dem Kopfe nach unten ist die untere Thoraxapertur 45°, die obere Thoraxapertur 90°, der Kopf 120° gegen das Becken nach links gedreht, der Kopf 30° nach links gewendet. Die Abweichung der Augen ist unverändert, der Nystagmus ist noch vorhanden.

4. Dezember. Das Tier rollt nicht mehr. Im Käfig sitzt es mit um 45° gedrehtem Kopfe. Bei dieser Kopfstellung ist die Augendeviation nur noch wenig an dem obenbefindlichen rechten Auge zu sehen. Der Nystagmus fehlt. Die rechten Beine, besonders das rechte Vorderbein, sind gestreckt und abduziert. Der Kopf kann nach beiden Seiten gewendet werden (wobei er stets nach links gedreht bleibt). Das Tier kann nach rechts und links laufen, läuft aber doch meist nach links und beschreibt dabei manchmal Uhrzeigerbewegungen.

7. Dezember. Beim Sitzen ist der Kopf 70° gedreht, nicht mehr gewendet. Die Augenabweichung ist bei dieser Kopfstellung nicht mehr sichtbar oder gering, kein Nystagmus.

14. Dezember. Beim Sitzen ist der Kopf 90° gedreht und befindet sich daher links neben dem Tier. Bei dieser Kopfstellung keine Augenabweichung, kein Nystagmus. Die rechte Vorderpfote ist deutlich gestreckt und abduziert, die linke gebeugt. Der Thorax hängt beim Sitzen etwas nach links über. Der ganze Körper ist auf dem Tische leichter nach links als nach rechts zu verschieben. Wirft man dabei das Tier auf die linke Seite, so rollt es manchmal danach noch einmal über seinen Rücken, um dann wieder aufrecht zu sitzen; doch kann es sich auch direkt aus der linken Seitenlage aufsetzen. Beim Hängen mit dem Kopfe nach unten ist die untere Thoraxapertur 45°, die obere Thoraxapertur 90°, der Kopf 160° gegen das Becken nach links gedreht, der Kopf 30° nach links gewendet, die rechte Vorderpfote stark gestreckt.

14. Januar 1913. Beim Sitzen ist der Kopf über 90° gedreht. Die Augendeviation ist dabei gering oder fehlt; kein Nystagmus. Die beiden rechten Beine sind gestreckt und abduziert. Manchmal nimmt die Kopfdrehung noch weiter zu; erreicht sie 135°, so fällt das Tier durch das Übergewicht des Kopfes auf seine linke Seite und rollt dann einmal über seinen Rücken. Doch kann sich das Tier auch aus der linken Seitenlage direkt wieder aufsetzen. Beim Hängen mit dem Kopfe nach unten ist die untere Thoraxapertur 45°, die obere Thoraxapertur 90°, der Kopf 170° gegen das Becken nach links gedreht, 45° gewendet, das rechte Vorderbein gestreckt. Das Tier kann gut durch das ganze Zimmer laufen.

18. Februar. Der Zustand ist im wesentlichen unverändert, nur sitzt das Tier jetzt meistens mit symmetrischen Vorderpfoten, so daß die Streckung und Abduction der rechten Beine jetzt gewöhnlich nicht mehr zu sehen ist. Dagegen ist beim Hängen mit dem Kopfe nach unten die Streckung der rechten Vorderpfote sehr deutlich. Der Thorax hängt jedoch beim Sitzen etwa 20° nach links über.

12. März. Beim Hängen mit dem Kopfe nach unten ist die untere Thoraxapertur 30°, die obere Thoraxapertur 60°, der Kopf 110—135° nach links gegen das Becken gedreht, der Kopf 45° gewendet, das rechte Vorderbein stark gestreckt. Beim Sitzen werden dagegen die Beine gut symmetrisch gehalten, der Thorax hängt etwas nach links über.

Danach ändert sich der Zustand nicht weiter, das Tier läuft im Mai im Freien umher, sucht sich sein Futter selber, die Drehung des Kopfes und des Thorax gegen das Becken bleibt bestehen, die Streckung des rechten Vorderbeines ist beim Hängen mit dem Kopfe nach unten sehr deutlich, wird aber beim Sitzen gut kompensiert. Rollbewegungen kommen nicht mehr vor, das Tier läuft richtig geradeaus.

Überblickt man den Ablauf der Erscheinungen nach einseitiger Exstirpation des Labyrinthes beim Kaninchen, so kann man mit Winkler zwei Gruppen von Symptomen auseinanderhalten, die direkten Folgen der Operation und die Dauerfolgen.

Als direkte Folgen, welche nur kurze Zeit nach der Operation nachweisbar sind, müssen, außer dem Schock nach dem offenbar recht schweren Eingriff, der Nystagmus und die Rollbewegungen betrachtet werden. Je besser und vorsichtiger die Operation ausgeführt wird, um so kürzere Zeit dauern diese beiden Symptome an. In den meisten Fällen waren sie nur 1—2 Tage lang zu beobachten, nach einigen besonders glatt verlaufenen Operationen waren die spontanen Rollbewegungen nur wenige Stunden lang festzustellen; ja sie können ganz fehlen. Einige Male dagegen war starkes Rollen drei Tage lang, der Nystag-

mus sogar 4—8 Tage zu sehen. Wie auch Winkler angibt, hören beide
Phänomene nicht plötzlich auf, sondern sind, wenn sie auch spontan
nicht mehr auftreten, noch eine Zeitlang durch Erregung des Tieres,
z. B. wenn man es in eine abnorme Lage bringt, hervorzurufen. Besonders gilt dieses für die Rollbewegungen.

Als Dauerfolgen sind zu betrachten: erstens die spiralige Drehung
des ganzen Körpers, vor allem des Kopfes, gegen den Thorax, dann
aber auch des Thorax gegen das Becken. Diese Drehung läßt sich am
reinsten beobachten, wenn man das Tier mit dem Kopfe nach unten
hängen läßt. In den ersten Tagen oder Wochen nach der Operation
nimmt diese Drehung deutlich zu und bleibt dauernd als hochgradigste
Erscheinung bestehen. Ferner gehört zu den Dauerfolgen der Tonusunterschied der rechten und linken Extremitäten. Die Beine auf der
Seite, auf welcher das Labyrinth fehlt, sind dauernd schlaffer, die Beine
der anderen Seite dagegen deutlich gestreckt. Dieser Tonusunterschied
ist stets nachweisbar, wenn man das Tier bei nach unten hängendem
Kopfe oder in Rückenlage untersucht. Beim Sitzen lernt das Tier
jedoch nach einigen Monaten diese abnorme Haltung auszugleichen,
so daß sie nur bei bestimmten Maßnahmen wieder hervortritt. Das
Zustandekommen dieser Kompensation (denn um eine solche handelt
es sich) wird später zu erörtern sein. Auch die Augendeviation gehört
zu den Dauerfolgen der Operation. Aus dem oben angeführten Versuchsprotokoll ergibt sich, daß die Deviation beim frei mit gedrehtem Kopfe
sitzenden Tiere nach einiger Zeit zurückgeht und nur noch inkonstant
und schwach zu sehen ist. Jedoch läßt sie sich jederzeit bei veränderter
Kopfstellung wieder hervorrufen und demonstrieren.

Es erhebt sich nunmehr die Frage nach dem inneren Zusammenhang
der Symptome und nach ihrer gegenseitigen Abhängigkeit. Welche
Erscheinungen sind direkte Folgen des Labyrinthverlustes, welche werden sekundär, vor allem durch die Drehung des Halses, hervorgebracht,
was ist als Kompensationsreaktion des Tieres gegen die abnorme Körperhaltung, die ihm aufgezwungen ist, aufzufassen? Welche Rolle spielen
bei diesen Kompensationen die nicht labyrinthären Stellreflexe? Inwiefern beteiligen sich die Augen an der Kompensation usw. Mit der
Beantwortung dieser Frage sollen sich die folgenden Abschnitte befassen.

Die Grunddrehung.

Wenn ein Kaninchen direkt nach der Exstirpation eines Labyrinthes aus der Narkose erwacht, so ist sein Kopf nach der Seite des
exstirpierten Labyrinthes gedreht und gewendet. Nach linksseitiger
Labyrinthexstirpation ist also der Kopf so gedreht, daß das linke Ohr
ventralwärts, das rechte Ohr dorsalwärts steht. Gleichzeitig nähert
sich die Schnauze der linken Schulter.

Ist das Tier imstande, sich gleich nach der Operation aufzusetzen,
so sieht man meistens eine Drehung des Kopfes um ca. 45°, doch lassen
sich auch Drehungen von 20° und solche von 90° beobachten. Die Kopfwendung zeigt wechselnde Grade; manchmal kann sie ganz fehlen,
manchmal kann sie 110° und mehr betragen.

Beim sitzenden Tier mit erhaltenem Großhirn beteiligen sich am
Zustandekommen dieser Kopfstellung die Körperstellreflexe auf den
Kopf und die Labyrinthstellreflexe. Die Drehung und Wendung bleibt
aber auch erhalten, wenn man das Tier nachher decerebriert, und tritt
auch auf, wenn man die einseitige Labyrinthexstirpation am vorher
decerebrierten Tier ausführt. Da hierbei das Mittelhirn und damit
die Zentren für die Stellreflexe fortgenommen werden, so ergibt sich,
daß Drehung und Wendung auch unabhängig von den Stellzentren
zustande kommt, und zwar durch die Wirkung der von dem übrigbleibenden Labyrinth ausgehenden einseitigen tonischen Labyrinthreflexe auf die Halsmuskeln. Wie in Kapitel III (S. 94—97)
ausführlich auseinandergesetzt wurde, übt das übrigbleibende Labyrinth
einen einseitigen Einfluß auf den Tonus der Nackenmuskeln aus. Nach
Entfernung eines Labyrinthes erleiden diejenigen Halsmuskeln, welche
den Hals nach einer Seite drehen und wenden, einen Tonusverlust.
Der tonische Einfluß des übriggebliebenen Labyrinthes auf die zugehörigen Nackenmuskeln ist in allen Lagen des Kopfes im Raume vorhanden, er ist aber am stärksten, wenn sich der Kopf in Rückenlage
befindet und die Schnauze 0—45° gegen die Horizontale gehoben ist
(Kopfstellung 0° bis + 45°). Am schwächsten ist er, wenn sich der
Kopf in Normalstellung befindet und die Schnauze 0—45° gegen die
Horizontale gesenkt ist (Kopfstellung — 180° bis — 135°). Diese
„Grunddrehung" (und Wendung) des Kopfes ist in genau derselben
Weise vorhanden, wenn man die Labyrinthexstirpation zuerst ausführt,
und bleibt erhalten, wenn man dann das Tier nach Tagen, Wochen
oder Monaten decerebriert. Sie ist auch ganz unabhängig von den Augen.
Die Zentren für diesen tonischen Reflex liegen in der Medulla oblongata
und reichen nicht weiter nach vorn als die Eintrittsebene der Nn. octavi.
Kopfdrehung nach einseitiger Labyrinthexstirpation oder nach einseitiger
Octavusdurchschneidung ist also noch nachweisbar nach Entfernung
von Mittelhirn, Brücke, Kleinhirn und vorderer Hälfte der Medulla
oblongata.

Zum Verständnis des Folgenden ist es zweckmäßig, wenn zuerst
das Verhalten der Kopfstellung in den verschiedenen Körperlagen
beim decerebrierten Kaninchen geschildert wird, dem das Mittelhirn und damit die Stellreflexe fehlen, und das nur die „Grunddrehung" des Kopfes zeigt. Folgendes Beispiel diene zur Veranschaulichung:

8. April 1918. Kaninchen. Rechtsseitige Labyrinthexstirpation durch
de Kleyn. Das Tier wird am Tage der Operation und am 25. April untersucht
und zeigt normale Stellreflexe, wie sie bei Tieren mit nur einem Labyrinth beobachtet werden (siehe unten). Am 25. April ist der Kopf beim Sitzen auf dem
Boden um 90°, bei Normalstellung des Tieres in der Luft um 180°, bei Hängelage mit dem Kopfe nach unten um 180° nach rechts gedreht.

26. April 1918. 10 Uhr 20 Min. In leichter Chloroformnarkose werden die
Carotiden abgebunden und die Vagi durchschnitten. Decerebrierung, wonach
ziemlich starke Blutung. Das Tier wird mit dem Becken in die Höhe gehalten,
um das Herabfließen des Blutes nach der Medulla zu verhindern. Sofort gute
Enthirnungsstarre aller vier Beine. Spontanatmung. Blutung steht.

Das Tier wird kurze Zeit nach der Operation und um 10 Uhr 55 Min. untersucht. Dabei ergibt sich folgendes:

In Normalstellung in der Luft: Kopf 90° nach rechts gedreht.

In rechter Seitenlage in der Luft: Kopf 90° nach rechts gedreht.

In linker Seitenlage in der Luft: Kopf 90° nach rechts gedreht.

In Hängelage mit Kopf oben: Kopf in rechter Seitenlage.

In Hängelage mit Kopf unten: Kopf 90° nach rechts gedreht. Mundspalte
und Sagittalachse des Kopfes 45° gegen die Horizontale geneigt.

In Rückenlage in der Luft: Kopf 45° nach rechts gedreht (durch die Schwerkraft wird die volle Drehung um 90° verhindert). Das Tier macht keine Versuche, den Kopf in Seitenlage auf den Bauch zu bringen.

Kopfdrehen in Rückenlage bewirkt starke Halsreflexe auf die Extremitäten,
aber keine Halsstellreflexe auf das Becken.

Kopfdrehen in Seitenlage bewirkt deutliche Labyrinthreflexe auf die Vorderbeine.

Seitenlage auf dem Tisch: Kein Körperstellreflex auf den Kopf. Auf Rechtsetzen des Kopfes bleibt der Körper liegen.

Umlegen aus Fußstellung in Rückenlage ohne Änderung der Stellung des
Kopfes zum Rumpf bewirkt deutliche Tonuszunahme der Vorderbeine.

Rückenlage mit rechtgesetztem Kopf: Rechtes Vorderbein etwas schlaffer
als linkes.

Kopfdrehreaktion, Kopfdrehnachreaktion, horizontale Augendrehreaktion und
-nystagmus, Augendrehnachreaktion und -nachnystagmus sind vorhanden und
zeigen das nach rechtsseitigem Labyrinthverlust typische Verhalten.

Das Tier wird getötet. Bei der Sektion findet sich ein glatter, symmetrischer
Schnitt quer durch das Mittelhirn, dorsal mitten durch die vorderen Vierhügel,
ventral 2 mm vor dem Vorderrand der Brücke, lateral durch die hinteren Vier-
hügelarme.

Zusammenfassung. Bei einem decerebrierten Kaninchen fehlen
sämtliche Stellreflexe. Die tonischen Hals- und Labyrinthreflexe auf
die Gliedermuskeln sind vorhanden, ebenso die Drehreaktionen von
Kopf und Augen. Infolge des einseitigen Labyrinthverlustes ist der
Kopf nach der Seite der Operation gedreht („Grunddrehung"). Diese
Drehung ist bei allen Lagen des Tieres im Raume ungefähr von demselben Grade. Nur bei Rückenlage in der Luft ist sie durch den Einfluß
der Schwerkraft auf den Kopf etwas vermindert.

Dieses Verhalten ist typisch für decerebrierte Kaninchen mit einseitigem Labyrinthverlust. In manchen Fällen kann die Drehung
noch stärker ausgesprochen sein. Gewöhnlich läßt sich auch nach-

weisen, daß der Widerstand gegen Rechtsetzen des Kopfes größer ist, wenn sich der Kopf in Rückenlage befindet, als wenn er in Normalstellung ist.

Diese „Grunddrehung" nach einseitiger Labyrinthexstirpation hat nun die Eigentümlichkeit, daß sie im Laufe der Zeit zunimmt. Entfernt man einem Kaninchen mit erhaltenem Großhirn ein Labyrinth, so ist sofort nach dem Eingriff der Kopf bei wechselnder Wendung meist nur 45° (20—90°) gedreht. Nach verschieden langer Zeit, manchmal schon nach einigen Tagen, in anderen Fällen erst nach 3—4 Wochen, erreicht die Kopfdrehung ihr Maximum von 90—135°, ja manchmal ist der Kopf sogar um 180° gedreht. Ähnliche Verhältnisse fand Ewald bei Tauben, auch hier nimmt die Kopfdrehung im Laufe von Wochen zu (siehe bei Ewald, Abb. 4—11).

Die „Grunddrehung" ist unabhängig von den Augen. Sie ändert sich nicht bei Verschluß der Augen, erfolgt auch noch nach dem Decerebrieren oder nach Exstirpation der Bulbi. Ebensowenig ist sie von anderen Teilen des Körpers außer den Labyrinthen abhängig. Wir haben es also hier mit einer primären dauernden Ausfallserscheinung nach Verlust des einen Labyrinthes zu tun. Die Grunddrehung des Kopfes tritt auch nach vorheriger Durchschneidung der drei obersten cervicalen Hinterwurzelpaare ein.

Das geschilderte Verhalten bleibt nun im wesentlichen ungeändert. Auch nach 6 Monaten stößt z. B. nach rechtsseitiger Labyrinthexstirpation Linksdrehen des Kopfes bei Rückenlage des Tieres auf sehr viel größeren Widerstand als bei Bauchlage, während der Widerstand gegen Rechtsdrehen bei allen Lagen des Kopfes im Raume gleich und gering ist. Auch nach längerer Zeit also bleibt der Einfluß eines Labyrinthes auf die Halsmuskeln ein einseitiger.

Diese Grunddrehung ist mit allen ihren Besonderheiten auch bei Kaninchen mit intaktem Zentralnervensystem vorhanden.

Die Drehung des Rumpfes.

Außer der Drehung des Kopfes kann man nach einseitiger Labyrinthexstirpation beim sitzenden Kaninchen häufig (nicht immer) eine Drehung des Rumpfes nachweisen, indem bei aufrechtsitzendem Becken der Thorax des Tieres nach der operierten Seite überhängt oder sogar das Schulterblatt der operierten Seite dem Boden aufliegt (vgl. z. B. Abb. 150 und 151 auf S. 317 und 318). Beim sitzenden Tier ist es jedoch schwer zu beurteilen, ob diese abnorme Haltung auf einer Drehung des Rumpfes oder auf einem Tonusverlust des Vorderbeines der operierten Seite beruht. Die Drehung des Rumpfes wird daher besser auf andere Weise untersucht.

Zu diesem Zwecke packt man das Tier an der Lendenwirbelsäule in der Höhe der Schenkelbeugen und läßt es mit dem Kopfe nach unten hängen. Dann kann man die nach Labyrinthverlust eingetretenen Haltungsänderungen des Rumpfes, Halses und Kopfes rein studieren, und wird nicht durch den Einfluß des Extremitätentonus auf die Stellung gestört. Die Schwerkraft wirkt auf Bauchteil, Brust, Hals und Kopf im gleichen Sinne und hat daher keinen störenden Einfluß, wie er eintreten muß, wenn man das Tier etwa am Thorax packen und bei „Hängelage mit Kopf oben" untersuchen wollte[1]).

Bei dieser Haltung des Tieres wird die Rumpfdrehung auch durch die Stellreflexe nicht nachweislich gestört.

Wie ein Blick auf Abb. 137—139 zeigt, sieht man bei Hängelage mit Kopf unten die spiralige Drehung des ganzen Körpers mit der größten Deutlichkeit.

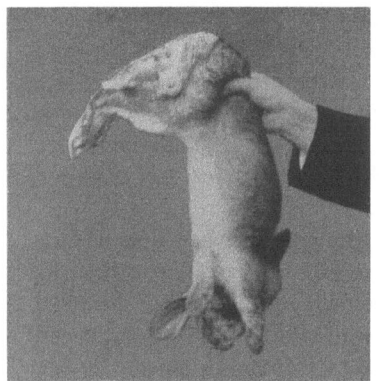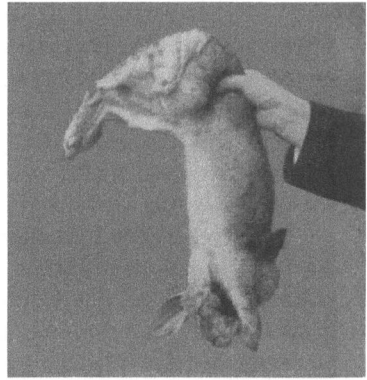

Abb. 137. Kaninchen III. Linksseitige Labyrinthexstirpation am 23. Oktober 1912. Photographiert am 2. November, d. h. 10 Tage nach der Operation. Das Tier wird in Hängelage mit dem Kopf nach unten gehalten, die Hand hat die Lendenwirbel-säule in der Höhe der Schenkelbeugen gepackt. Man erkennt bei stereoskopischer Betrachtung die spiralige Drehung des ganzen Körpers. Das Becken sieht mit seiner Dorsalseite nach rechts, die Hinterbeine nach links. Der Thorax dagegen ist mit der Ventralseite nach vorne und etwas nach links gerichtet, das rechte Vorderbein ist gestreckt, das linke gebeugt. Der Kopf sieht mit seiner Ventral-seite (Unterkieferseite) nach rechts und vorne, so daß die linke Backe mehr nach dem Beschauer zu gedreht ist. Außerdem ist der Kopf deutlich nach links ge-wendet. Das linke Ohr hängt nach unten (Facialislähmung).

Auf Abb. 139 sieht z. B. die Dorsalseite des Beckens nach rechts, die Dorsalseite des Kopfes nach links. Auf allen drei Abbildungen erkennt man, daß die Drehung bereits in der Lendenwirbelsäule beginnt und sich bis zum Kopfe fortsetzt. Der Thorax nimmt daher ungefähr eine mittlere gedrehte Lage zwischen Becken und Kopf ein.

---

[1]) Die bei dieser letzteren Stellung des Tieres erfolgenden Haltungsanomalien von Kopf und Hals sind von Winkler [(1), S. 22 ff.] eingehend beschrieben worden.

Um eine genauere Schilderung dieser Stellungsanomalie zu geben, ist es zweckmäßig, die Drehung zu messen, welche die Dorsoventralachse des Körpers im Brust-, Hals- und Kopfteil gegen die dorsoventrale Beckenachse erleidet. Die dorsoventrale Beckenachse kann man bei dem in der Luft gehaltenen Tier direkt nach dem Stande der Schwanzwurzel, des Afters und der Hinterbeine erkennen. Danach tastet man an der Ventralseite den Schwertfortsatz, an der Dorsalseite den Dornfortsatz des letzten Brustwirbels; ihre Verbindungslinie gibt die Dorsoventralachse der unteren Thoraxapertur. Dieselbe Achse kann man an der oberen Thoraxapertur feststellen, wenn man das Manubrium Sterni und den ersten Brustwirbeldorn tastet. Die dorsoventrale Kopfachse ist ebenfalls leicht direkt festzustellen. Bestimmt man außerdem dann noch den Grad der Wendung des Kopfes, d. h. den Winkel, den die sagittale Kopfachse (Schnauze—Hinterhauptsloch) mit der Vertikalen bildet, so kann man eine hinreichend genaue Beschreibung von der abnormen Körperhaltung jedes Tieres in dieser Körperlage geben und die Befunde an verschiedenen Tieren und zu verschiedenen Zeiten miteinander vergleichen.

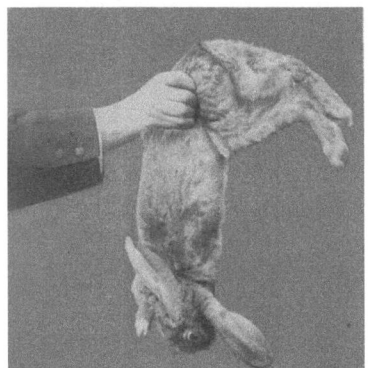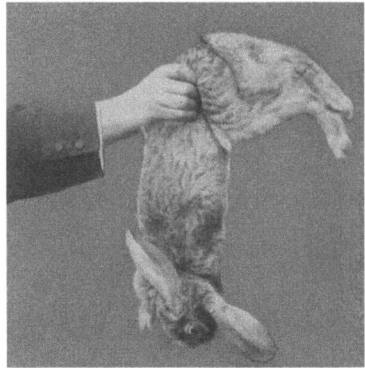

Abb. 138. Dasselbe Kaninchen wie Abb. 137 von der anderen Seite aufgenommen. Linksseitige Labyrinthexstirpation am 23. Oktober 1912. Photographiert am 2. November, d. h. 10 Tage nach der Operation, unmittelbar nach der Aufnahme von Abb. 137. Das Tier wird in Hängelage mit dem Kopf nach unten gehalten. Das Becken sieht mit seiner Dorsalseite nach links, die Hinterbeine nach rechts. Der Thorax ist mit seiner Dorsalseite nach vorne gerichtet, man sieht das (gestreckte) rechte Vorderbein. Der Kopf ist noch mehr gedreht, so daß die rechte Backe gegen den Beschauer zu gerichtet ist. Außerdem ist der Kopf gewendet, so daß die linke Backe des Tieres der linken Schulter genähert ist, die rechts Backe nach unten sieht. Das linke Ohr (Facialislähmung) hängt nach abwärts. Die Deviation des rechten Auges dorsalwärts ist deutlich zu erkennen, der untere weiße Skleralrand ist sichtbar.

Bei Beobachtungen an zahlreichen Tieren bis zu einem halben Jahre nach der Operation hat sich folgendes ergeben:

Was zunächst die Wendung des Kopfes anlangt, so ist diese, wie erwähnt, beim sitzenden Tier nur in den ersten Tagen nach der Operation nachzuweisen. Beim hängenden Kaninchen dagegen ist sie stets, auch nach einem halben Jahr, deutlich. Sie beträgt gewöhnlich 30—45°, seltener mehr. Es ist deshalb wahrscheinlich,

daß beim Sitzen die Wendung des Kopfes durch das Tier korrigiert wird.

Für die Drehung des Körpers haben sich folgende Werte ergeben:
Direkt nach der Operation ist die untere Thoraxapertur meistens 30—45°
gegen das Becken gedreht, die obere Thoraxapertur 45—70°, der Kopf
80—135° gegen das Becken gedreht. Diese Drehung nimmt im Laufe
der nächsten Tage und Wochen zu und erreicht allmählich ein Maximum.
Bei einzelnen Tieren tritt dieses schon nach wenigen Tagen ein, bei
anderen kann es bis zu 4 Wochen dauern. Wenn dieses Maximum
erreicht ist, beträgt die Drehung der unteren Thoraxapertur zwischen
45 und 90°, die der oberen Thoraxapertur zwischen 60 und 135°, die des
Kopfes zwischen 110 und 180°. Diese Werte schwanken innerhalb der

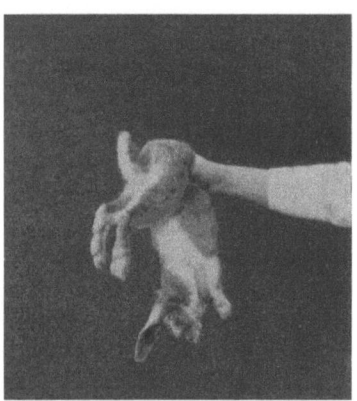 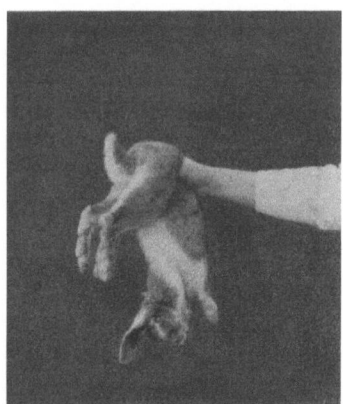

Abb. 139. Kaninchen II. Linksseitige Labyrinthexstirpation am 19. Oktober 1912.
Photographiert am 20. Januar 1913, d. h. 3 Monate nach der Operation. Hänge-
lage mit dem Kopf nach unten. Das Becken sieht mit seiner Dorsalseite nach
rechts und etwas nach hinten, die Hinterbeine nach links und etwas nach vorne.
Das Epigastrium ist nach vorne gerichtet, die Ventralseite des Thorax sieht nach
vorne und rechts. Die stärkere Streckung der rechten Vorderpfote ist auf dieser
Aufnahme nicht zu erkennen. Der Kopf ist noch stärker gedreht, so daß die
Ventralseite (Unterkieferseite) nach rechts, der Scheitel nach links gerichtet ist.
Außerdem ist der Kopf gewendet, so daß die Schnauze sich dem Beschauer genähert hat und die linke Backe nach oben gerichtet ist. Das linke Auge ist ventralwärts abgelenkt, so daß fast ausschließlich der obere Scleralrand in der Lidspalte
sichtbar ist, die Nickhaut ist vorgezogen. Das linke Ohr (Facialislähmung) hängt
nach unten.

oben gezogenen Grenzen von Tier zu Tier und von Tag zu Tag. Die
länger fortgesetzte Beobachtung zeigt, daß diese hochgradige Drehung
des ganzen Körpers eine Dauerfolge der Operation darstellt, welche
nicht wieder zurückgeht und bei der Untersuchung in Hängelage sich
auch nicht graduell wieder zurückbildet. Vielmehr wird das erreichte

Maximum innerhalb der erwähnten Schwankungen unverändert beibehalten. Wenn also das sitzende Tier im Laufe der Monate allmählich die Drehung des Kopfes und Rumpfes verringert, so handelt es sich hierbei nicht um eine Verminderung des Labyrintheinflusses, denn die Untersuchung in Hängelage ergibt, daß dieser unverändert besteht, sondern es werden im Laufe der Zeit andere Reflexgruppen kompensatorisch wirksam, von welchen die Körperstellreflexe auf Kopf und Körper die größte Rolle spielen.

Auf Seite 239 ist gezeigt worden, daß man bei normalen Kaninchen reflektorisch durch Drehen des Halses eine spiralige Drehung des Rumpfes hervorrufen kann, welche auch nach Exstirpation beider Labyrinthe auftritt und auf einen Halsstellreflex bezogen werden muß. Die Richtung der Rumpfdrehung stimmt überein mit der Drehung, wie sie bei Kaninchen nach einseitiger Labyrinthexstirpation eintritt. Es ist daher schon von vornherein sehr wahrscheinlich, daß dieser Halsstellreflex auch bei der Stellungsanomalie nach Labyrinthverlust mitspielt, ja es erhebt sich die Frage, ob die Rumpfdrehung nach Verlust eines Labyrinthes beim Kaninchen überhaupt etwas mit den Labyrinthen zu tun hat und nicht vielmehr sekundär durch die Drehung des Halses hervorgerufen ist. Wenn die Rumpfdrehung allein vom Halse ausgelöst wird, so muß sie rückgängig gemacht werden können, indem man den Hals geradesetzt. Es wird später gezeigt werden, daß beim Meerschweinchen und beim Hunde die Rumpfdrehung tatsächlich verschwindet, wenn man den Kopf gegen den Thorax geradesetzt; beim Kaninchen ist dieses jedoch nicht vollständig der Fall. Vielmehr addiert sich hier eine Grunddrehung des Rumpfes zu den genannten Halsstellreflexen.

Wenn man ein Kaninchen nach einseitiger Labyrinthexstirpation mit dem Kopf nach unten hängen läßt und die Drehung der unteren und oberen Thoraxapertur und des Kopfes gegen das Becken bestimmt hat, so sieht man, sobald man die Drehung des Kopfes gegen den Thorax korrigiert hat, die Drehung des Rumpfes abnehmen, aber nur in der Minderzahl der Fälle ganz verschwinden. Meist bleibt der Thorax gegen das Becken um 20—45° gedreht.

Die einzelnen Kaninchen verhalten sich bei diesen Versuchen verschieden. Manche Tiere zeigen nach Korrektur der Kopfstellung nur eine geringe oder auch gar keine Rumpfdrehung mehr, andere dagegen bleiben mit ihrem Thorax gegen das Becken um 45° gedreht, nachdem der Kopf gegen den Thorax geradegesetzt worden ist. Bei den einen Tieren ist der Einfluß der Halsstellreflexe, bei den anderen der der labyrinthären Grunddrehung deutlicher ausgesprochen. Diese Beobachtung stimmt mit den auf S. 75 angeführten Erfahrungen an decerebrierten Tieren gut überein, und auch Noel Paton (1) hat bei Enten ähnliche Unterschiede angetroffen.

Häufig findet sich, daß in den ersten Tagen bzw. Wochen nach der Operation bei geradegesetztem Kopf die Rumpfdrehung ganz oder nahezu verschwindet, während nach Wochen und Monaten sich durch Geradesetzen des Kopfes die Drehung des Rumpfes nicht mehr vollständig aufheben läßt. Das stimmt überein mit der obenerwähnten Beobachtung, daß überhaupt die Grunddrehung nach der Operation an Stärke zunimmt, um allmählich ein Maximum zu erreichen.

Wenn man bei einem einseitig labyrinthlosen, nach unten hängenden Kaninchen den Kopf gegen den Thorax geradegesetzt hat und danach noch eine Drehung des Thorax gegen das Becken bestehen bleibt, kann man den Kopf noch weiter drehen und dadurch den Kopf in den entgegengesetzten Drehstand gegen den Thorax bringen. Hierdurch erregt man einen Halsstellreflex auf die Rumpfmuskeln in umgekehrtem Sinne, der imstande ist, die übrigbleibende Grunddrehung zu kompensieren, so daß der Thorax nunmehr gegen das Becken geradegesetzt ist. In den meisten Fällen ist hierzu eine Drehung des Kopfes um 30—45° im umgekehrten Sinne nötig. Man kann auf diese Weise den Grad der Halsdrehung, welcher nötig ist, um den Thorax gerade zu setzen, benutzen, um die Größe des Labyrintheinflusses, der dadurch kompensiert wird, zu messen. Dreht man dann den Kopf noch weiter, so erfolgt eine Drehung des Rumpfes in umgekehrter Richtung. Man kann demnach bei jedem einseitig labyrinthlosen Kaninchen durch mehr oder weniger ausgiebiges Drehen des Kopfes in dem der spontanen Drehrichtung entgegengesetzten Sinne sowohl die Rumpfdrehung aufheben, wie die umgekehrte Rumpfdrehung hervorrufen. Wenn also auch der Hals nicht ausschließlich für die Rumpfdrehung verantwortlich gemacht werden kann, so ist er doch in entscheidender Weise daran beteiligt. Dieser Einfluß dauert Wochen und Monate an. Es handelt sich also um außerordentlich tonische Reflexe.

Andererseits ergibt sich, in Bestätigung des früher Auseinandergesetzten, daß der direkte Labyrintheinfluß beim Kaninchen nicht allein auf die Halsmuskulatur beschränkt ist, sondern daß sich eine gleichartige Wirkung des einseitigen Labyrinthausfalles wie auf die Muskeln des Halses auch (bei diesen Tieren wenigstens) auf die Muskeln des Rumpfes durch eine Grunddrehung nachweisen läßt. Auch hier handelt es sich um Dauerfolgen, um tonische Innervationen.

Die im vorhergehenden geschilderten Beobachtungen an hängenden Kaninchen werden bestätigt und erweitert durch ähnliche Experimente bei Rückenlage der Tiere.

Legt man ein einseitig labyrinthloses Kaninchen auf den Rücken, und zwar so, daß die dorsoventrale Thoraxachse vertikal steht, und hält man den Thorax in dieser Lage mit der Hand fest, so wird die Drehung sowohl des Kopfes wie des Beckens gegen den Thorax deutlich. Nach rechtsseitiger Labyrinthexstirpation sieht dann das rechte Auge nach oben, der Scheitel nach rechts. Dagegen liegt die rechte Hinterbacke dem Tische auf, die linke ist nach oben gerichtet. Das Tier hat also eine ähnliche Haltung, wie sie auf Abb. 116, S. 240, abgebildet worden ist. Diese letztere Abbildung stellt ein normales Kaninchen dar, dem in Rückenlage der Kopf nach rechts gedreht worden ist. Hierdurch wurde ein Halsstellreflex ausgelöst, der die Beckendrehung veranlaßte. Schon hierdurch wird deutlich, daß auch beim einseitig labyrinthlosen Kaninchen die Halsdrehung eine solche Beckendrehung veranlassen muß. Setzt man nun beim einseitig labyrinthlosen Tiere den Kopf gegen den mit der Hand fixierten Thorax gerade, so sieht man, daß die Drehung des Beckens gegen den Thorax zurückgeht, aber im Gegensatz zum Tier mit intakten Labyrinthen in der Mehrzahl der Fälle nicht ganz verschwindet. Meist bleibt eine Beckendrehung von 20—45° bestehen. Um diese vollständig auszugleichen, muß der Kopf 20—45° in umgekehrter Richtung (bei rechtsseitiger Labyrinthexstirpation nach links) gedreht werden. Dreht man den Kopf noch weiter, so tritt eine Drehung des Beckens in umgekehrter Richtung auf. Auf diese Weise kann man es erreichen, daß z. B. nach rechtsseitiger Labyrinthexstirpation bei Rückenlage des Thorax durch Linksdrehen des Kopfes die linke Hinterbacke nach unten zu liegen kommt.

Auch diese Versuche führen also zu dem Schlusse, daß die Rumpfdrehung beim Kaninchen nach einseitigem Labyrinthverlust die Resultante zweier Einflüsse ist, die sich zueinander addieren, nämlich erstens des beschriebenen Halsstellreflexes, und zweitens einer direkten einseitigen Einwirkung des übrigbleibenden Labyrinthes auf die Rumpfmuskulatur.

Die Versuche in Rückenlage sind deshalb so besonders anschaulich, weil man bei ihnen den Thorax bequem in seiner Lage fixieren und daher die Drehung sowohl des Kopfes wie des Beckens gegen den feststehenden Thorax messen kann.

Auch bei der Untersuchung in Rückenlage ergibt sich, daß bei einigen Kaninchen die Labyrinthe, bei den anderen die Halsstellreflexe einen größeren Einfluß auf die Rumpfdrehung besitzen.

Die bisher mitgeteilten Beobachtungen führen zu nachstehenden Schlußfolgerungen:

Einseitiger Labyrinthausfall beim Kaninchen führt primär zu einer einseitigen Beeinflussung der Muskulatur des Stammes, die eine Dauerwirkung darstellt und nach der Operation an Intensität zunimmt.

Hierdurch kommt zustande:

1. eine sehr hochgradige Grunddrehung des Halses;

2. eine (schwächere) Wendung des Halses;

3. eine nicht sehr hochgradige Grunddrehung des Rumpfes bis zum Becken, wodurch der ganze Körper des Tieres spiralig gedreht wird. Die Drehung des Halses veranlaßt ihrerseits wieder sekundär eine starke Drehung des Rumpfes in demselben Sinne, wie die von den Labyrinthen abhängige Rumpfdrehung, wodurch diese letztere beträchtlich verstärkt wird (Halsstellreflex).

Die Drehung des Rumpfes kann durch Geradesetzen des Kopfes gegen den Rumpf in den meisten Fällen nur teilweise rückgängig gemacht werden. Zur vollständigen Aufhebung derselben muß der Kopf noch weiter nach der anderen (d. h. der Spontandrehung entgegengesetzten) Seite gedreht werden. Eine noch stärkere Drehung des Kopfes nach der anderen Seite veranlaßt eine Drehung des Rumpfes im umgekehrten Sinne.

Das übriggebliebene Labyrinth beherrscht, wie früher gezeigt wurde, je nach seiner Stellung im Raume reflektorisch den Spannungszustand der Halsmuskulatur einer Seite, die Halsmuskulatur der anderen Seite[1]) gelangt auch lange Zeit nach der Operation nicht unter die Herrschaft des übriggebliebenen Labyrinthes.

Labyrinthstellreflexe auf den Kopf nach einseitiger Labyrinthexstirpation (32).

Wir haben bisher als eine primäre Folgeerscheinung der einseitigen Labyrinthexstirpation die Grunddrehung des Kopfes kennengelernt, welche durch Vermittlung von Zentren im hinteren Teile der Medulla oblongata zustandekommt. Dazu gesellt sich Grunddrehung des Rumpfes und außerdem der Halsstellreflex, welcher die Grunddrehung verstärkt und durch Zentren in der Brückengegend vermittelt wird.

Bei Tieren mit unverstümmeltem Zentralnervensystem ist aber außerdem noch das Mittelhirn intakt, und es müssen daher die Stellreflexe mitwirken. Die wichtigste Rolle spielen hierbei natürlich in unserem Falle die Labyrinthstellreflexe, welche von dem übriggebliebenen Labyrinth ausgehen. Für das Verständnis des ganzen Symptomenkomplexes ist es also nötig, zunächst die von dem einen übriggebliebenen Labyrinth ausgehenden Stellreflexe isoliert herauszuschälen.

Das Ergebnis dieser Analyse ist folgendes: Während bei intakten beiden Labyrinthen die Labyrinthstellreflexe den Kopf stets in Normalstellung bringen, ist nach einseitiger Labyrinthexstirpation die von den Labyrinthstellreflexen erstrebte Ruhelage: Seitenlage des Kopfes

---

[1]) Unter Halsmuskulatur der einen und der anderen Seite wird hier der Teil der Halsmuskeln verstanden, welcher nach einseitiger Labyrinthexstirpation in tonische Spannung gerät bzw. erschlafft.

mit dem intakten Labyrinth nach oben. Das Studium dieses
Labyrinthstellreflexes wird nun aber dadurch verwickelt, daß derselbe
nicht auf einen Kopf einwirkt, welcher sich in Normalstellung befindet,
sondern auf einen Kopf, der sich infolge der besprochenen Grunddrehung
bereits in wechselndem Grade gedreht hat. Auf diese Grunddrehung
setzt sich der Einfluß des Labyrinthstellreflexes nach einseitiger Labyrinthexstirpation auf und verstärkt oder vermindert dieselbe je nach
der Ausgangsstellung, welche der Körper des Tieres im Raume einnimmt.

Will man den Einfluß der Labyrinthstellreflexe auf den Kopf besonders deutlich zur Anschauung bringen, so ist es hiernach verständlich, daß man die Beobachtungen am besten in den ersten Tagen nach
der Labyrinthexstirpation anstellt, da dann die Grunddrehung noch
nicht zu stark entwickelt ist und durch die Stellreflexe leichter überwunden werden kann, während später die hochgradige Grunddrehung
häufig den Erfolg der Stellreflexe vermindert.

Die Untersuchung der Stellreflexe konnte ich seinerzeit an zwölf
Kaninchen ausführen, bei denen von De Kleyn die rechtsseitige Laby-
rinthexstirpation vorgenommen worden war. Die Tiere zeigten nach der
Operation das typische Verhalten; außerdem wurde die Vollständigkeit
der Operation jedesmal bei der Sektion kontrolliert. Nur eines dieser
Tiere zeigte bei wiederholter Untersuchung einige etwas abweichende
Stellungen; bei demselben fand sich bei der Sektion eine Eiterung in
der rechten Bulla, wodurch die Abweichungen erklärt werden. Dieses
Tier ist in der folgenden Darstellung nicht mit berücksichtigt.

Bei sämtlichen Tieren wurde zunächst das Verhalten bei intaktem
Großhirn fortlaufend untersucht und bei vier derselben photographisch
festgelegt. Zwei Tiere wurden dabei mit verbundenen Augen untersucht, um ihr Verhalten bei Ausschluß optischer Bilder festzustellen.
Bei fünf Kaninchen wurde am 5., 11., 28. und 30. Tage nach der Labyrinthexstirpation das Großhirn entfernt. Darauf wurde die Untersuchung
am Thalamustier fortgesetzt. Die Vollständigkeit der Operation wurde
durch die Sektion kontrolliert.

Es stellte sich heraus, daß das Verhalten der Stellreflexe beim
Tier mit intaktem Großhirn und beim Thalamustier im wesentlichen
das gleiche ist, so daß das Ergebnis beider Beobachtungsreihen im folgenden zusammen dargelegt werden kann. Kleine Abweichungen
werden unten erwähnt werden. Ebenso macht es bei Kaninchen mit
intaktem Großhirn keinen wesentlichen Unterschied, ob man ihre
Stellreflexe bei offenen oder geschlossenen Augen untersucht; die Augen
spielen bei dieser Tierart für die Aufrechterhaltung der normalen Körperstellung nur eine geringe, später noch näher zu besprechende Rolle.
Sobald nur das Mittelhirn mit dem übrigen Hirnstamm in funktionieren-

der Verbindung steht, treten die Labyrinthstellreflexe in typischer Weise auf. Um die übrigen Stellreflexe auszuschalten, müssen die Tiere frei in der Luft untersucht werden.

Das Verhalten der Labyrinthstellreflexe soll an der Hand einiger stereoskopischer Aufnahmen geschildert werden, welche von einem Kaninchen 3 Tage nach der rechtsseitigen Labyrinthexstirpation gemacht wurden. Wie erwähnt, ist das Gesamtergebnis der Beobachtungen, daß der Labyrinthstellreflex den Kopf immer so zu stellen strebt, daß das intakte Labyrinth sich oben befindet und der Kopf in Seitenlage liegt. Je nach der Lage des Tieres im Raume kombiniert sich dieser Reflex in verschiedener Weise mit der „Grunddrehung".

1. Normalstellung in der Luft. Wird das Tier mit der Hand am Becken in Normalstellung frei in der Luft gehalten (Abb. 140), so sieht man, daß der Kopf um etwa 90° nach rechts gedreht ist und in

Abb. 140.

rechter Seitenlage mit dem linken Auge nach oben gehalten wird. In dieser Stellung wirken Grunddrehung und Labyrinthstellreflex zusammen.

In der Mehrzahl der Fälle wird in der ersten Zeit nach der Operation der Kopf genau um 90° gedreht. Später, wenn die Grunddrehung zunimmt, kann der Kopf stärker gedreht sein, manchmal um 135°, manchmal sogar um 180°, so daß er sich in Rückenlage befindet. Einige Male wurde beobachtet, daß zunächst der Kopf infolge der Grunddrehung um 135—160° gedreht stand und sich dann langsam infolge des Labyrinthstellreflexes in Seitenlage (Drehung 90°) zurückbewegte, in welcher er dann stehenblieb.

Wenn die Grunddrehung stark ausgesprochen ist, findet sich meist auch eine Drehung des Brustkorbes gegen das Becken. Will man den Einfluß derselben auf den Kopfstand ausschalten, so hält man das Tier an der Rückenhaut in der Luft. Dann beträgt die Kopfdrehung gewöhnlich auch bei starker Grunddrehung nur 90°, in seltenen Fällen bis 135°.

Das Thalamustier verhält sich genau so, wie das Tier mit intaktem Großhirn. Verschluß der Augen ändert an der Kopfstellung nichts.

2. Rückenlage in der Luft. In Rückenlage wirken Grunddrehung und Labyrinthstellreflexe einander entgegen. Durch die Grunddrehung wird (nach rechtsseitigem Labyrinthverlust) der Kopf in linke Seitenlage gebracht. Der Labyrinthstellreflex sucht den Kopf in rechte Seitenlage zu bringen. Das Ergebnis ist, daß diese Lage für das Tier außerordentlich unangenehm ist und daß es sich durch lebhafte Bewegungen aus derselben zu befreien sucht. Sowohl das intakte wie das Thalamustier führen in dieser Lage kreisende Bewegungen mit dem Vorderkörper und Kopf aus, und zwar immer Linksdrehungen[1]), die so lange andauern, bis es dem Tier gelingt, eine sehr merkwürdige Ruhelage zu erreichen, welche beiden Reflexen gerecht wird.

Auf Abb. 141 sieht man das Ergebnis. Der Thorax ist im Sinne der Grunddrehung gegen das Becken gedreht, so daß die Vorderbeine nach links gerichtet sind, und der Kopf ist durch stärkste Seitwärtswendung

Abb. 141.

des Halses auf die Ventralseite des Tieres herübergeklappt, so daß er in rechter Seitenlage auf dem Bauche aufliegt. Das linke Auge ist nach oben gerichtet, die Mundspalte steht nahezu vertikal, die Ohren hängen nach der rechten Körperseite.

Sobald das Tier diese Ruhelage verliert, beginnt sofort wieder das Linkskreisen des Vorderkörpers, das so lange andauert, bis der Kopf wieder in rechter Seitenlage auf dem Bauche ruht. Dieses Verhalten ließ sich ausnahmslos bei allen untersuchten Tieren mit und ohne Großhirn feststellen, unabhängig davon, zu welcher Zeit nach der Labyrinthexstirpation man die Untersuchung vornimmt.

3. Rechte und linke Seitenlage in der Luft. Wird ein Tier, dem das rechte Labyrinth fehlt, in rechter Seitenlage (d. h. mit der rechten Körperseite nach unten) in der Luft gehalten, so befindet sich der Kopf, falls keine Kopfdrehung vorhanden ist, in der richtigen Lage, in die ihn der Labyrinthstellreflex bringen würde. Die Grunddrehung dreht den Kopf aber aus dieser Lage heraus und sucht ihn in Rückenlage (oder sogar darüber hinaus) zu drehen. Beide Reflexe wirken sich also

---

[1]) Also Drehungen in umgekehrter Richtung, als bei den Rollbewegungen auf dem Fußboden (siehe unten).

entgegen. Der Labyrinthstellreflex vermindert die Grunddrehung und kann sie unter Umständen sogar ganz aufheben, kann aber niemals den Kopf weiter zurückdrehen als zur rechten Seitenlage.

Das Umgekehrte erfolgt bei linker Seitenlage. Die Grunddrehung dreht den Kopf gegen die Normalstellung zu. Der Labyrinthstellreflex sucht den Kopf ebenfalls aus der linken Seitenlage zu befreien; beide

Abb. 142.

Reflexe summieren sich also, und es ergibt sich eine besonders starke Kopfdrehung.

Dieses ist auf Abb. 142 und 143 zu sehen.

Auf Abb. 142 wird das Tier an den vier Beinen in rechter Seitenlage in der Luft gehalten. Der Kopf ist etwas nach unten gesunken, aber doch im ganzen nicht mehr als 45° nach rechts gedreht, so daß das rechte Auge nach oben sieht. In anderen Fällen, welche ebenfalls photographisch festgelegt werden konnten, steht der Kopf genau in der

Abb. 143.

Ebene des Tieres in rechter Seitenlage, so daß jede Drehung des Kopfes gegen den Körper fehlt.

Auf Abb. 143 wird das Tier an den vier Beinen in linker Seitenlage in der Luft gehalten. Der Kopf ist so stark nach rechts gedreht und gewendet, daß das rechte Auge (genau wie auf Abb. 142) nach oben sieht. Die Schnauze ist etwas nach unten gesunken. Letzteres ist kein regelmäßiges Verhalten. Bei kräftigen, nicht ermüdeten Tieren kann die Schnauze auch fast bis zur Horizontalen gehoben sein.

Vergleicht man Abb. 142 und Abb. 143, so erkennt man, daß trotzdem der Körper des Tieres in beiden Fällen eine um 180° verschiedene

Lage hat, der Kopfstand nur etwa 45—60° verschieden ist. Es kommt das daher, daß der Labyrinthstellreflex in einem Falle die Grunddrehung vermehrt, im anderen sie vermindert.

Der Vergleich der Kopfstellung bei rechter und linker Seitenlage in der Luft bildet (neben der Untersuchung in Rückenlage) das beste Mittel, sich von dem Vorhandensein wirksamer Labyrinthstellreflexe nach einseitiger Labyrinthexstirpation zu überzeugen.

Im einzelnen ergeben sich nun verschiedene Bilder, je nachdem die Grunddrehung schwach oder stark entwickelt ist. Ist die Grunddrehung nur schwach ausgesprochen, wie das meist in den ersten Tagen nach der Operation der Fall ist, so findet man bei rechter Seitenlage eine Kopfdrehung von 45—0°, weil es dem Labyrinthstellreflex gelingt, die Grunddrehung ganz oder größtenteils aufzuheben. In linker Seitenlage ist dann eine Kopfdrehung von 90—135°, nur ausnahmsweise von 180° vorhanden. Ist die Grunddrehung dagegen stark, wie das meist nach 2—4 Wochen der Fall ist, so findet man in rechter Seitenlage eine Kopfdrehung von 90° (Kopf in Rückenlage), in linker Seitenlage dagegen eine Kopfdrehung von 180° (Kopf in rechter Seitenlage). Dazwischen sind alle Übergänge vorhanden. Stets läßt sich aber ein deutlicher Unterschied im Grade der Kopfdrehung zwischen rechter und linker Seitenlage nachweisen.

Manchmal kann man auch beobachten, daß, wenn man ein Tier in rechte Seitenlage in der Luft gebracht hat, zuerst infolge der Grunddrehung sich eine Kopfdrehung von etwa 45° einstellt, und daß dann langsam sich infolge des Labyrinthstellreflexes der Kopf bis zur vollen Seitenlage zurückdreht.

Ein Unterschied zwischen Tieren mit und ohne Großhirn hat sich nicht feststellen lassen. Auch nach Verbinden der Augen ändert sich die Reaktion der Tiere nicht.

Hält man die Tiere nicht, wie auf Abb. 142 und 143, an den vier Beinen, sondern am Becken in Seitenlage in der Luft, so kann man feststellen, daß, als Folge der starken oder schwachen Kopfdrehung, in rechter Seitenlage der Thorax nur wenig, dagegen in linker Seitenlage sehr stark gegen das Becken gedreht ist (Halsstellreflex).

4. Hängelage mit Kopf oben. Packt man das Tier an der Rückenhaut und hält es mit senkrechter Wirbelsäule mit dem Kopfende nach oben, so sinkt der Kopf nach der rechten Seite herüber und bleibt in rechter Seitenlage mit dem linken Auge nach oben, vertikaler Mundspalte und horizontaler Sagittalachse stehen (Abb. 144).

Diese Kopfstellung ließ sich bei fast allen Tieren nachweisen. Sie kommt durch das Zusammenwirken von Grunddrehung und Labyrinthstellreflex zustande. Der letztere sorgt dafür, daß der Kopf in rechter Seitenlage stehenbleibt. Nur wenn die Grunddrehung sehr stark ist, wird der Kopf mehr als 90° zur Seite geneigt; in Ausnahmefällen kann diese Drehung 3—4 Wochen nach der Operation fast 180° betragen. Diese Lage ist aber dem Tiere unangenehm; es führt nicht selten Kreisbewegungen mit dem Kopfe aus und macht Versuche, den Kopf in rechte Seitenlage zu bringen.

5. Hängelage mit Kopf nach unten. Diese Lage ist die einzige, in welcher beim Kaninchen der Labyrinthstellreflex nicht recht zur Geltung kommen kann und gegenüber der Grunddrehung an Wirksamkeit zurücktritt. Daher ist auch diese Lage am besten geeignet, das Verhalten der Grunddrehung beim nichtdecerebrierten Tiere zu untersuchen.

Packt man das Tier am Becken und läßt es mit dem Kopfe nach unten hängen, so ist der ganze Körper des Tieres, wie das oben Seite 288

Abb. 144.

eingehend geschildert wurde, spiralig nach der Seite des fehlenden Labyrinthes gedreht, und zwar je nach dem Grade der Grunddrehung um 90—180°. Außerdem ist der Kopf bis zu 45° nach der Seite des fehlenden Labyrinthes gewendet, und die Sagittalachse des Kopfes steht etwa 45° nach unten. Abbildungen dieser Stellung siehe oben Abb. 137—139, S. 288—290.

Nach rechtsseitiger Labyrinthexstirpation steht also der Kopf halb in Rückenlage, halb in linker Seitenlage, mit dem rechten Auge höher.

Diese Lage ist für das Tier außerordentlich unangenehm, und es fängt meistens sofort an, mit dem Vorderkörper heftige kreisende Bewegungen nach links auszuführen, bis es schließlich ermüdet.

Wenn das Tier seinen Kopf aus dieser für den Labyrinthstellreflex so ungünstigen Lage befreien will, so bleiben ihm dafür zwei Wege, welche beide tatsächlich benutzt werden. Entweder das Tier verstärkt die Rechtswendung des Kopfes, bis schließlich das linke Auge nicht mehr nach unten, sondern nach der Seite sieht. Das erfordert eine beträcht-

liche Muskelanstrengung, und die Lage läßt sich nur kurze Zeit aufrechterhalten. Tatsächlich habe ich diese Reaktion einigemal bei
Kaninchen, besonders bei Thalamustieren, beobachten können; auch
bei der Thalamuskatze ist sie nachweisbar. Häufiger dagegen äußert
sich der Labyrinthstellreflex nur in der Weise, daß die Rechtswendung
des Kopfes vermindert wird. Zu einer wirklichen Linkswendung
kommt es nur selten und auch dann nur vorübergehend. Häufig
dagegen ist in den ersten Tagen nach der Labyrinthexstirpation, wenn
die Grunddrehung noch gering ist, bei Hängelage mit Kopf unten die
Rechtswendung nicht ausgesprochen, und das Tier läßt seinen Kopf
ziemlich vertikal nach unten hängen (Abb. 145).

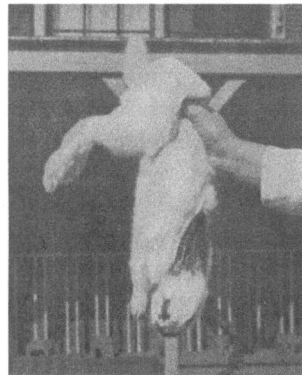

Abb. 145.

Wenn der Kopf wirklich in rechte Seitenlage gebracht werden sollte,
so müßte das Tier in Hängelage mit Kopf unten seinen Kopf nach
links wenden, und das kann offenbar gegenüber der Grunddrehung
nicht geleistet werden; um so weniger, als die Grunddrehung gerade bei
Rückenlage des Kopfes am kräftigsten ausgesprochen ist, weil der
betreffende tonische Labyrinthreflex auf die Nackenmuskeln in dieser
Lage sein Maximum hat.

Es ist dieses die einzige Lage beim Kaninchen, in welcher der Labyrinthstellreflex nur wenig zur Geltung kommt.

In allen übrigen Lagen aber wird bei der Anwesenheit nur eines
Labyrinthes durch den Labyrinthstellreflex der Kopf immer in eine
derartige Lage gebracht bzw. einer derartigen Lage genähert, daß sich
das intakte Labyrinth oben befindet. Bleiben wir bei dem Beispiel
der rechtsseitigen Labyrinthexstirpation, so strebt der Labyrinthstellreflex den Kopf in rechte Seitenlage zu bringen, in welcher sich das
intakte linke Labyrinth oben befindet. In dieser Lage kommt der Kopf
und das Tier zur Ruhe. Die von den Labyrinthen ausgehenden Stell-

reize haben also in dieser Lage ihr Minimum. In allen anderen Lagen des Kopfes im Raume sind die Stellerregungen stärker und haben ihr Maximum, wenn das intakte Labyrinth sich bei Seitenlage des Kopfes unten befindet. Unter diesen Bedingungen werden kräftige Stellreflexe auf den Kopf ausgelöst, welche dazu führen, daß der Kopf in die Ruhelage (in unserem Falle rechte Seitenlage) zurückgebracht wird. Kann das aus irgendwelchen Gründen nicht erreicht werden (Hängelage Kopf unten, Festhalten des Tieres), so erfolgen heftige Abwehrreaktionen, meist Kreisbewegungen des Vorderkörpers.

Zu den Labyrinthstellreflexen, welche durch das Mittelhirn vermittelt werden, steht die Grunddrehung, deren Zentren weiter caudalwärts liegen, die bei einer anderen Lage des Kopfes im Raume ihr Maximum hat und die nicht wie die Labyrinthstellreflexe dem Kopfe eine bestimmte Stellung im Raume, sondern eine bestimmte Stellung zum Rumpfe gibt, im Gegensatz. Allerdings ist die Intensität der Drehung von der Lage des Kopfes im Raume abhängig, aber die Grunddrehung führt doch immer zu einer gleichsinnigen Drehung des Kopfes gegen den Rumpf. Beide Reflexe müssen sich also je nach der Lage des Tieres im Raume in ganz verschiedener Weise summieren oder subtrahieren, so daß das Endergebnis ein ziemlich verwickeltes ist. Da beide Reflexe vom Labyrinth ausgelöst werden, so war es nur dadurch möglich, sie auseinanderzuhalten, daß nachgewiesen werden konnte, daß ihre Zentren verschiedene Lage im Zentralnervensystem haben, und daß man sie daher dort operativ trennen kann.

Dadurch, daß die endgültige Kopfstellung des Tieres in der Luft durch das Zusammenwirken zweier Reflexe bestimmt wird, von denen die Grunddrehung bei verschiedenen Tieren und zu verschiedenen Zeiten nicht dieselbe Intensität hat, kommt es, daß sich die Maximum- und Minimumstellung für die Labyrinthstellreflexe nicht auf wenige Winkelgrade genau angeben lassen. Nur im allgemeinen läßt sich sagen, daß sich in der Minimumstellung der Kopf in Seitenlage mit dem intakten Labyrinth nach oben befindet, in der Maximumstellung dagegen in der umgekehrten Seitenlage. Ob die wahren Maximum- und Minimumstellungen aber genau in Seitenlage oder um 20—30° nach verschiedenen Richtungen davon abweichend liegen, läßt sich durch die Beobachtung einseitig labyrinthloser Tiere nicht mit Sicherheit feststellen.

Wie dem auch sei, die in diesem Abschnitt beschriebenen Beobachtungen lehren, daß, wenn der Körper des Tieres sich in Normalstellung im Raume befindet, durch den einseitigen Labyrinthstellreflex ein Einfluß vorhanden ist, der den Kopf nach der Seitenlage hin dirigiert, bei welcher das intakte Labyrinth sich oben befindet. Das Endergebnis ist also ein ähnliches, wie wenn eine Grunddrehung mittleren Grades

allein vorhanden wäre. Befindet sich dagegen der Körper in anderen
Lagen als in der Normalstellung, so müssen häufig Grunddrehung und
einseitiger Labyrinthstellreflex nicht harmonisch miteinander, sondern
gegeneinander wirken. Hierdurch wird es verständlich, weshalb einseitig labyrinthlose Tiere bei verschiedenen Körperlagen im Raume so
durchaus abweichende Kopfstellungen und davon abhängige Gesamthaltungen annehmen.

Körperstellreflexe auf den Kopf.

Wenn das einseitig labyrinthlose Kaninchen nicht frei in der Luft
untersucht wird, sondern auf dem Boden sitzt oder liegt, so gesellen
sich zu den bisher geschilderten Einflüssen Körperstellreflexe, von
welchen hier zunächst die Körperstellreflexe auf den Kopf besprochen
werden sollen. Wie im vorhergehenden Kapitel gezeigt wurde, bewirkt
asymmetrische Erregung der sensiblen Körpernerven eine Drehung
des Kopfes zur Normalstellung. Derselbe Reflex läßt sich auch nachweisen, wenn man einseitig labyrinthlose Tiere in Seitenlage zuerst in
der Luft hält, den Grad ihrer Kopfdrehung bestimmt und sie dann auf
den Tisch legt. Legt man ein Tier, dem das rechte Labyrinth fehlt,
in linker Seitenlage auf den Tisch, so wird die schon in der Luft sehr
starke Kopfdrehung noch weiter verstärkt, und der Kopf kann, wenn
er es in der Luft noch nicht war, vollständig um 180° in rechte Seitenlage herübergedreht werden. Legt man das Tier dagegen in rechter
Seitenlage auf den Tisch, so wird häufig (nicht immer) die Grunddrehung noch weiter vermindert als dieses schon durch den Labyrinthstellreflex der Fall war, und es kann vorkommen, daß der Kopf
jetzt nach links gedreht wird, was der Labyrinthstellreflex allein
in dieser Lage niemals zuwege bringen kann, und sich daher der Normalstellung nähert (Abb. 146). Das Tier war vorher in rechter Seitenlage in der Luft gehalten worden. Durch den Labyrinthstellreflex war
die Grunddrehung gerade vollständig kompensiert worden, so daß das
Tier in der Luft seinen Kopf genau in rechter Seitenlage hielt, also der
Kopf nicht mehr gegen den Körper gedreht war. Sobald nun das
Tier in rechter Seitenlage auf den Tisch gelegt wurde, wurde der Kopf
nach links gedreht (Abb. 146) und näherte sich bis auf 45° der Normalstellung. Wie gesagt, tritt dieser Reflex in rechter Seitenlage auf dem
Tisch nicht ausnahmslos ein, ließ sich aber bei einer Reihe von Tieren
mit Sicherheit feststellen.

Packt man ein rechtsseitig labyrinthloses Tier an der rechten Körperseite und hält es frei in der Luft, so wird durch diesen asymmetrischen
Reiz die Rechtsdrehung des Kopfes vermindert, und das Tier hält sich
ruhig. Packt man es dagegen an der Haut der linken Körperseite, so
wird die Rechtsdrehung des Kopfes vermehrt, und das Tier führt im

Anschluß daran lebhafte kreisende Bewegungen mit seiner vorderen Körperhälfte aus, die man sofort dadurch beenden kann, daß man die Haut der rechten Körperseite packt.

Interessant ist auch folgende Beobachtung, die bei zahlreichen Tieren zu verschiedenen Zeiten nach der Operation gemacht werden konnte. Auf Abb. 140 wird das rechtsseitige labyrinthlose Tier am Becken in Normalstellung in der Luft gehalten. Der Kopf ist gegen

 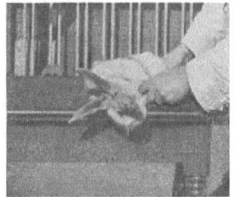

Abb. 146.

den Thorax 90° gedreht und steht in rechter Seitenlage. Das Tier wird darauf auf den Tisch gesetzt, worauf die Kopfdrehung langsam abnimmt und schließlich nur 45° beträgt (Abb. 147).

Der Versuch kann auch in der Weise angestellt werden, daß man zunächst das Tier an der Rückenhaut in der Luft in Normalstellung hält, um sicher zu sein, daß auch in der Luft der Thorax symmetrisch in Normalstellung steht, und nach Bestimmung der Kopfdrehung das Tier auf den Boden setzt. Auch dann sieht man sehr häufig eine Verminde-

Abb. 147.

rung der Kopfdrehung eintreten. Ist die Grunddrehung nur schwach ausgesprochen, so kann es vorkommen, daß das Tier beim Sitz auf dem Boden den Kopf überhaupt nicht mehr gedreht hält. Auch bei stark ausgesprochener Grunddrehung, bei welcher das Tier in der Luft den Kopf um 180° gedreht hält, sieht man häufig beim Sitz auf dem Boden eine Verminderung der Drehung bis auf 90° eintreten. Der Versuch gelingt auch am Thalamustier und wird beim Tier mit intaktem Großhirn nicht aufgehoben, wenn man die Augen verbindet.

Die Körperstellreflexe nehmen im Laufe der Zeit an Stärke zu. Auf ihnen beruht es, daß nach verschieden langer Zeit, manchmal nach 1—3 Tagen, manchmal auch erst nach 1—4 Wochen, beim Sitzen die Kopfwendung vollständig schwindet, während dieselbe bei Hängelage mit dem Kopfe nach unten dauernd nachweisbar bleibt. Ebenso geht die Kopfdrehung im weiteren Verlaufe häufig zurück. Oben wurde erwähnt, daß die Grunddrehung nach der Labyrinthexstirpation allmählich zunimmt. Sie wird auch nach Monaten, wie sich bei der Untersuchung in Hängelage mit dem Kopfe nach unten nachweisen läßt, nicht geringer. Beim Sitzen auf dem Boden kann man aber beobachten, daß häufig im Verlaufe von etwa 3—4 Monaten die Kopfdrehung wieder geringer wird, so daß sie nach dieser Zeit niemals über 90°, häufig auch nur 45° und weniger, beträgt. Die Erklärung hierfür liegt in einer allmählich zustande gekommenen Verstärkung der Körperstellreflexe auf den Kopf.

Dieser Reflex wird dadurch ausgelöst, daß das Tier mit seinen vier Pfoten den Boden berührt. Die im vorigen Kapitel beschriebenen Körperstellreflexe auf den Kopf wurden beobachtet bei Tieren, welche entweder beide Labyrinthe intakt hatten oder bei denen beide Labyrinthe fehlten. Bei ihnen steht der Kopf symmetrisch. Die Stellreflexe werden bei ihnen ausgelöst durch asymmetrische Reizung der Körpernerven bei symmetrischem Kopfstand. In den hier beschriebenen Versuchen wird dagegen der Reflex ausgelöst durch symmetrische Reizung der Körpernerven bei asymmetrischem (gedrehtem) Kopfstande. Es handelt sich in diesem Falle um eine „Schaltung", deren Vorkommen bei den Stellreflexen schon im vorigen Kapitel nachgewiesen wurde. Infolge der Drehung des Kopfes befinden sich die Muskeln der beiden Halsseiten in verschiedenem Spannungszustand und infolgedessen in verschiedener Reflexbereitschaft. Fließen jetzt von den beiderseitigen Extremitäten, sobald diese den Boden berühren, Erregungen zu, so erfolgt Kontraktion derjenigen Halsmuskeln, welche infolge der Drehung sich im Zustande stärkerer Dehnung befinden, und die Kopfdrehung wird vermindert.

Der Versuch ist deshalb von Wichtigkeit, weil er zeigt, daß zu Stellreaktionen führende Erregungen nicht nur dann in das Zentralnervensystem gelangen, wenn die Körpernerven asymmetrisch erregt werden, sondern auch, wenn symmetrische Reize einwirken. Letztere können allerdings bei symmetrischem Kopfstande, also bei normalen Tieren, keine Stellreaktionen auslösen.

Der Tonus der Extremitäten (15).

Allen Untersuchern, welche sich bisher mit den Folgen der einseitigen Labyrinthexstirpation beim Kaninchen beschäftigt haben, ist der beträchtliche Unterschied im Tonus und in der Stellung zwischen den Extremitäten der beiden Körperseiten aufgefallen. Nach linksseitigem Labyrinthverlust sind beispielsweise beim sitzenden Tier die beiden linken Beine schlaff und gebeugt, die beiden rechten Beine tonisch gestreckt, und besonders das rechte Vorderbein nimmt eine charakteristische gestreckt-abduzierte Stellung ein, die auf Abb. 150 a—c und Abb. 151 a zu sehen ist.

Wie schon oben auseinandergesetzt wurde, erhebt sich die Frage, ob diese Tonusunterschiede der Gliedmaßen direkt durch den Ausfall eines Labyrinthes verursacht werden, oder ob sie sekundär durch die Drehung des Halses bedingt sind. Denn wie früher gezeigt wurde, muß die nach der Labyrinthexstirpation auftretende Kopfdrehung gerade einen solchen Tonusunterschied der Beine veranlassen, wie er tatsächlich zu beobachten ist. Im nachfolgenden wird gezeigt werden, daß beim Kaninchen sich die beiden Einflüsse, die des Labyrinthverlustes und die der Halsdrehung, miteinander kombinieren, und daß ihre Beteiligung an dem Endresultat zu verschiedenen Zeiten nach der Operation eine verschiedene ist.

Wenn man das Verhalten des Extremitätentonus rein und ungestört untersuchen will, so tut man gut, nicht von Beobachtungen am sitzenden Tier auszugehen, da bei diesem der Extremitätenstand nicht allein vom Tonus der Gliedermuskeln, sondern auch noch von der Stellung des Rumpfes, der Lage des Schulterblattes und anderem mehr beeinflußt wird. Es ist besser, das Tier zu diesem Zwecke in Rückenlage zu bringen. Dann kann man den Tonus der Streckmuskeln an Vorder- und Hinterbeinen direkt sehen, und kann den Strecktonus an dem Widerstand gegen passive Beugung, den Beugetonus an dem Widerstand gegen passive Streckung für das ganze Glied oder für ein einzelnes Gelenk ohne Schwierigkeit messen.

Zur Vereinfachung der Darstellung soll das Verhalten der Tiere im nachstehenden geschildert werden, wie es sich nach Exstirpation des linken Labyrinthes ausbildet. Nach rechtsseitigem Labyrinthverlust finden sich spiegelbildlich die umgekehrten Veränderungen.

Legt man ein derartiges Kaninchen auf den Rücken, so ist sein Kopf nach links gedreht, d. h. sein linkes Auge sieht nach oben, der Unterkiefer nach rechts (Abb. 148 auf S. 308). Die Haltung des Rumpfes ist im vorigen Abschnitte beschrieben worden. Das rechte Vorderbein und das rechte Hinterbein sind gestreckt, die beiden linken Beine sind weniger gestreckt und werden manchmal sogar aktiv gebeugt gehalten. In manchen Fällen ist der Tonusunterschied zwischen rechts und links an den Vorderbeinen stärker ausgesprochen, in manchen Fällen an den Hinterbeinen. Derselbe Unterschied bleibt bestehen, wenn man das Tier, ohne die Stellung des Kopfes gegen den Rumpf zu ändern, auf die rechte oder linke Seite hinüberdreht, ist also von der Lage des Kopfes im Raume unabhängig. Der geschilderte Tonusunterschied ist schon direkt nach der Operation deutlich, er ist auch nach Monaten noch sehr stark nachweisbar.

Wenn man nunmehr den Rumpf dieses Tieres in seiner Rückenlage festhält und den Kopf gegen den Thorax geradesetzt, so daß der Scheitel nach unten, der Unterkiefer nach oben sieht, wobei man einen ziemlich starken Widerstand der Nackenmuskeln zu überwinden hat, so wird der Tonusunterschied zwischen den rechten und den linken Extremitäten in jedem Falle geringer. Unmittelbar nach der Operation bleiben auch bei geradegesetztem Kopfe gewöhnlich die linken Beine noch viel weniger gestreckt als die rechten. Aber schon nach einem oder wenigen Tagen kann man durch Geradesetzen des Kopfes den Tonusunterschied sehr beträchtlich vermindern, ohne daß jedoch dieser Unterschied ganz schwände. Daraus folgt, daß in diesem Stadium die Streckung der rechten Beine, die Beugung bzw. geringere Streckung der linken Beine nur zum Teile durch einen Halsreflex bedingt wird, da nach Aufhebung der Halsdrehung noch ein, wenn auch verminderter, Tonusunterschied zwischen rechts und links bestehen bleibt. Daneben handelt es sich um eine direkte Folge des Labyrinthausfalles. Dieser wirkt in dem Sinne, daß die Beine auf der Seite des Labyrinthverlustes einen geringeren Strecktonus haben als auf der Seite mit intaktem Labyrinthe. Auf diesen Einfluß superponiert sich nun der Effekt der Halsdrehung, welche nach der früher angegebenen Regel wirkt, daß die Kieferbeine (rechts) vermehrten, die Schädelbeine (links) verminderten Strecktonus bekommen.

Wenn man diesen Versuch (Geradesetzen des Kopfes in Rückenlage) anfangs täglich, später wöchentlich bei demselben Tiere wiederholt, so beobachtet man, daß nach Aufhebung der Kopfdrehung der Tonusunterschied zwischen rechts und links allmählich immer geringer wird. Bei manchen Tieren wird er zuerst an den Hinterbeinen, bei anderen an den Vorderbeinen unmerklich, und nach verschieden langer Zeit, die im Durchschnitt etwa 8 Wochen beträgt, verschwindet er ganz. In einem Falle dauerte es 10 Wochen, bis dieser Zustand erreicht war, in einem anderen dagegen nur $5^{1}/_{2}$ Wochen. Nach dieser Zeit ist in Rückenlage bei geradegesetztem Kopfe kein Tonusunterschied zwischen den rechten und linken Extremitäten mehr nachzuweisen. Nunmehr beruht die stärkere Streckung der rechten Extremitäten, wie sie als Dauerfolge der Operation stets nachweisbar bleibt, wenn man das Tier auf den Rücken legt und seine Kopfdrehung nicht korrigiert, ausschließlich auf dem erwähnten Halsreflex.

Hieraus ergibt sich, daß beim Kaninchen nach einseitigem Labyrinthverlust die Drehung des Halses einen tonischen Reflex auf die Extremitäten zur Folge hat, welche nach der früher ermittelten Regel einen verminderten Strecktonus der Extremitäten auf der Seite der

Operation und einen vermehrten Strecktonus der Glieder auf der entgegengesetzten Körperseite veranlaßt. Dieser Einfluß bleibt dauernd (bis über 1 Jahr beobachtet!) bestehen. Es handelt sich also um einen wirklichen Dauerreflex. Hierauf superponiert sich ein direkter Einfluß des einseitigen Labyrinthverlustes (bzw. des übriggebliebenen Labyrinthes), der in demselben Sinne wirkt, aber allmählich an Intensität abnimmt, um nach durchschnittlich 2 Monaten ganz zu schwinden. Während also der direkte Einfluß des Labyrinthausfalles auf die Hals- und Rumpfmuskeln ein dauernder ist, ist derselbe auf die Gliedermuskeln von beschränkter Dauer. Es wird später für andere Tierarten zu zeigen sein, daß bei diesen der direkte Einfluß des Labyrinthausfalles auf die Gliedmaßen noch viel kürzer andauert.

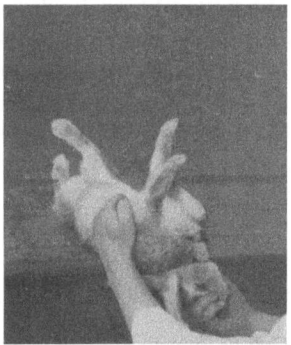 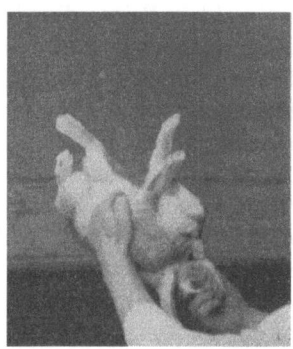

Abb. 148. Kaninchen XV. (Abgekürztes Versuchsprotokoll siehe S. 282.) Linksseitige Labyrinthexstirpation am 30. November 1912. Photographische Aufnahme am 20. Januar 1913, also $7^1/_2$ Wochen nach der Operation. Das Tier liegt in Rückenlage, der Kopf ist infolge der Labyrinthexstirpation nach links gedreht, so daß das linke Auge nach oben sieht, der Scheitel nach links, der Unterkiefer nach rechts gerichtet ist. Die rechten Beine sind also „Kieferbeine", die linken „Schädelbeine". Man erkennt deutlich, daß sowohl vorne als hinten die linken Beine viel weniger gestreckt sind als die rechten.

Diese Schlußfolgerungen werden bestätigt durch die Ergebnisse, die man erhält, wenn man bei Rückenlage des Tieres dem Kopf die umgekehrte Drehung gegen den Thorax gibt.

Abb. 149 zeigt das Ergebnis eines derartigen Versuches $7^1/_2$ Wochen nach der Labyrinthexstirpation an demselben Kaninchen, von dem unmittelbar vorher Abb. 148 aufgenommen wurde. Die Hand des Experimentators hat dem Kopf die umgekehrte Richtung gegen den Rumpf gegeben, das rechte Auge sieht nach oben, der Unterkiefer nach links, der Scheitel nach rechts. Man sieht, daß infolge der veränderten Stellung des Kopfes sich die Tonusunterschiede zwischen den rechten und linken Extremitäten

gerade umgekehrt haben. Die beiden linken Beine sind gestreckt,
die rechten gebeugt. Das Tier, dem das linke Labyrinth fehlt, verhält
sich also jetzt mit seinen Gliedmaßen genau so wie ein Tier, dem das
rechte Labyrinth entfernt worden ist. Durch Vergleich der beiden
Aufnahmen Abb. 148 und Abb. 149 erkennt man, daß die umgekehrte
Drehung des Kopfes (Abb. 149) eine mindestens so starke Streckung
der linken Gliedmaßen bedingt hat, als auf Abb. 148 mit linksgedrehtem
Kopfe die rechten Extremitäten gestreckt sind. Man sieht also, daß
in diesem Stadium der Tonusunterschied der Beine auf der rechten und
linken Körperseite allein durch die Halsreflexe beherrscht wird.

Anders ist es unmittelbar nach der Operation, wenn der direkte
Einfluß des einseitigen Labyrinthverlustes noch stark ausgeprägt ist.
Legt man unmittelbar nach der Operation, beim Erwachen aus

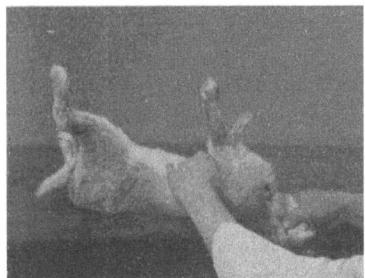 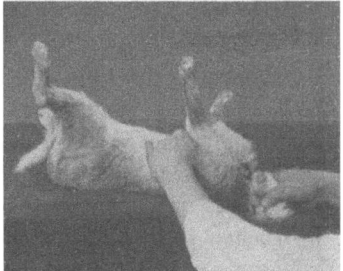

Abb. 149. Dasselbe Kaninchen unmittelbar danach (Aufnahme etwas mehr von
links). Das Tier liegt in Rückenlage, der Kopf ist aber nun nach der anderen Seite
gedreht, was gegen einen deutlichen Widerstand der Halsmuskeln erfolgte. Nunmehr sieht der Unterkiefer nach links, der Scheitel nach rechts, die linken Beine
sind „Kieferbeine" geworden, die rechten „Schädelbeine". Infolgedessen sind
jetzt das linke Vorder- und Hinterbein stark gestreckt, die beiden rechten Beine
dagegen, welche auf Abb. 148 gestreckt waren, stark gebeugt. (Bei geradegesetztem
Kopfe [Scheitel unten, Unterkiefer oben] war kein Unterschied in der Streckstellung und im Tonus zwischen den rechten und den linken Extremitäten nachzuweisen.)

der Narkose, ein Kaninchen auf den Rücken, so sind nach linksseitiger
Operation die linken Extremitäten schlaff. Auf Geradesetzen des Kopfes
ändert sich hieran, wie oben gezeigt wurde, noch nicht sehr viel. Dreht
man den Kopf nach rechts, so gelingt es in einer Reihe von Fällen
durch die Halsdrehung den direkten Labyrintheinfluß überzukompensieren, so daß sich die linken Extremitäten stärker strecken als die
rechten. In anderen Fällen wird nach dem Rechtsdrehen des Kopfes
der Tonus der beiderseitigen Glieder ungefähr gleich, manchmal bleibt
auch bei maximaler Rechtsdrehung des Kopfes der Gliedertonus auf der
linken Seite geringer als auf der rechten. Direkt nach der Operation
ist also der direkte Einfluß des Labyrinthverlustes noch so groß, daß er

dem entgegengesetzt wirkenden Halsreflex auf Rechtsdrehen des Kopfes
die Wage halten kann oder ihn sogar an Stärke übertrifft. Das ändert
sich aber sehr schnell; häufig schon am folgenden Tage, spätestens nach
6 Tagen ist der direkte Labyrintheinfluß soweit abgeschwächt, daß
auf Rechtsdrehen des Kopfes die linken Extremitäten stärker gestreckt
werden als die rechten, daß also die Halsreflexe die Oberhand gewinnen
und sie von da an dauernd behalten.

In einigen Versuchen ließ sich dieser Vorgang in seinem allmählichen Verlaufe
besonders gut beobachten. Bei maximaler Rechtsdrehung des Kopfes waren unmittelbar nach der Operation die linken Beine schlaffer, am zweiten Tage hatten
die Gliedmaßen auf beiden Seiten gleichen Tonus, am dritten Tage war der Tonus
der Hinterbeine noch gleich, während vorne bereits eine stärkere Streckung links
festzustellen war, und am fünften Tage war die Überkompensation vollständig
und die linken Extremitäten wurden sowohl vorne wie hinten bei rechtsgedrehtem
Kopfe stärker gestreckt als die rechten. In einer Reihe von Versuchen ist aber,
wie erwähnt, diese Überkompensation bereits unmittelbar nach der Operation
nachzuweisen.

Hieraus ergibt sich, daß bereits wenige Tage nach der Operation die
Halsreflexe bei weitem das Übergewicht gewinnen über den direkten
Einfluß des Labyrinthverlustes auf den Gliedertonus. Dieser Labyrintheinfluß nimmt in den ersten Tagen besonders stark ab, um, wie sich
aus den Beobachtungen bei geradegesetztem Kopfe ergibt, nach zirka
8 Wochen ganz zu schwinden. Die entscheidende Herrschaft auf die
Spannung der Extremitäten gewinnt aber schon sehr bald nach der
Operation der Hals, von dessen Drehung sie im wesentlichen bestimmt
wird. Von diesem Verhalten wurde keine Ausnahme beobachtet.

Wie im Kapitel III (S. 52) gezeigt worden ist, wirkt Wenden
des Kopfes (um die Achse Scheitel-Schädelbasis) in der Weise, daß
die Kieferbeine, nach denen die Schnauze zugewendet wird, gestreckt,
die „Schädelbeine" (der anderen Körperseite) dagegen gebeugt werden.
Der Einfluß des Wendens ist aber sehr viel geringer als der des Kopfdrehens. Das kann man auch an Tieren nach einseitiger Labyrinthexstirpation erkennen. Legt man ein Kaninchen einige Monate nach
der linksseitigen Labyrinthexstirpation auf den Rücken, setzt zunächst
seinen Kopf gegen den Thorax gerade und bewirkt dadurch, daß seine
Glieder auf der rechten und linken Körperseite gleichen Strecktonus
haben, so kann man durch Wenden des Kopfes (nach rechts oder links)
die Beine der „Kieferseite" zur Streckung, die der „Schädelseite" zur
Beugung bringen. Die Reaktionen sind aber stets schwächer als die
durch Drehung des Kopfes zu erzielenden. Wenn man denselben Versuch kürzere Zeit nach der Operation ausführt, wenn bei geradegesetztem
Kopfe die linken Beine noch etwas schlaffer sind als die rechten, so gelingt es manchmal, diesen Unterschied durch Linkswenden des Kopfes
verschwinden zu lassen oder sogar überzukompensieren. Dieses gelingt

aber nicht stets, weil die Reaktionen auf Kopfwenden eben ziemlich schwach ausgebildet zu sein pflegen. Oben, S. 289, wurde angegeben, daß unmittelbar nach einseitiger Labyrinthexstirpation beim Kaninchen häufig eine kräftige Kopfwendung nach der operierten Seite auftritt, welche aber schnell zurückgeht, beim sitzenden Tiere nach wenigen Tagen verschwindet und nur bei Hängelage mit dem Kopfe nach unten dauernd nachweisbar bleibt. Da diese Wendung also an sich schon der Drehung gegenüber zurücktritt und außerdem auch eine kräftige Wendung des Kopfes nur einen geringen Einfluß auf den Gliedertonus auszuüben vermag, so ergibt sich, daß der Einfluß der Kopfwendung auf den Gliedertonus nach einseitigem Labyrinthverlust praktisch vernachlässigt werden kann.

Höchstens kann unmittelbar nach der Operation, wenn die Drehung des Kopfes noch nicht so stark ist, die hochgradige Wendung nach der Seite des Labyrinthverlustes der Erschlaffung der Glieder auf dieser Seite etwas entgegenwirken. Doch handelt es sich auch hierbei immer nur um sehr geringe Einflüsse, wie sich ergibt, wenn man die Wendung des Kopfes korrigiert.

In den vorhergehenden Abschnitten ist gezeigt worden, daß ein Teil der Folgezustände nach einseitiger Labyrinthexstirpation rückgängig gemacht werden kann, wenn man den Kopf gegen den Thorax geradesetzt. Daraus wurde die Schlußfolgerung gezogen, daß dieser Teil der Folgezustände durch Halsreflexe bedingt sei. Wenn z. B. 8 Wochen nach der (linksseitigen) Operation in Rückenlage bei linksgedrehtem Kopf die linken Beine schlaffer sind als die rechten, während bei geradegesetztem Kopfe der Extremitätentonus beiderseits gleich ist, so wurde es als bewiesen angenommen, daß in diesem Stadium der Unterschied des Gliedertonus auf den beiden Seiten ausschließlich durch einen Halsreflex verursacht wird.

Hiergegen wäre folgender Einwand möglich: Nach der linksseitigen Labyrinthexstirpation wird der Kopf dauernd kräftig nach links gedreht gehalten. Wenn man den Kopf gegen den Thorax geradesetzen will, so ist dieses nur gegen einen starken Widerstand möglich, während Linksdrehen des Kopfes nur auf geringen Widerstand stößt. Es wäre daher möglich, daß Linksdrehen des Kopfes einen schwachen, Rechtsdrehen einen starken Halsreflex auslöste, und daß bereits beim Geradesetzen des Kopfes beim Überwinden des starken muskulösen Widerstandes ein Halsreflex ausgelöst würde, der übereinkäme mit dem Effekte des Rechtsdrehens bei einem normalen Tiere. Wenn danach trotzdem der Tonus der rechten und linken Beine gleich würde, so könnte das dadurch zustande kommen, daß ein Labyrinthreflex im umgekehrten Sinne wirksam wäre, der durch den (hypothetischen) Halsreflex gerade kompensiert würde. Wenn diese Annahme richtig wäre, so würde also noch nach 8 Wochen ein direkter Labyrintheinfluß vorhanden sein, während wir oben den Schluß gezogen haben, daß er in diesem Stadium fehle.

Abgesehen davon, daß es sehr merkwürdig wäre, wenn die beiden Reflexe sich nach 8 Wochen immer gerade so genau das Gleichgewicht hielten, daß der Gliedertonus bei geradesetztem Kopfe genau gleich wird, läßt sich auch objektiv nachweisen, daß dieser Einwand nicht berechtigt ist. Wenn nämlich bei geradegesetztem Kopfe noch ein Halsreflex auf die Extremitäten vorhanden wäre, der durch Überwindung des Widerstandes der einseitig gespannten Halsmuskeln ausgelöst würde, so müßte seine Intensität sich ändern, wenn die einseitige Spannung der Halsmuskeln verändert würde. Nun hat sich aus den S. 95 beschriebenen Versuchen ergeben, daß diese Spannung der Halsmuskeln nach Verlust eines Labyrinthes abhängig ist von der Stellung des Kopfes im Raume. Es müßte sich also die Intensität des hypothetischen Halsreflexes durch Änderung der Lage des Kopfes im Raume beeinflussen lassen. Dagegen bleibt nach den S. 61 angeführten Erfahrungen der Tonusunterschied der Gliedmaßen nach einseitigem Labyrinthverlust bei verschiedenen Lagen des Kopfes im Raume ungeändert. Hieraus ergibt sich die Möglichkeit, die Berechtigung des genannten Einwandes experimentell zu prüfen. Wenn nämlich z. B. bei Rückenlage des Tieres die beiden Reflexe sich gerade die Wage hielten, so dürfte dieses z. B. bei Fußstellung nicht der Fall sein. Wir haben diesen Versuch zu wiederholten Malen ausgeführt. Das Kaninchen wurde, nachdem 8 Wochen nach der Operation vergangen waren, in Rückenlage gebracht und sein Kopf gegen den Thorax geradegesetzt; dann war der Tonus der rechten und linken Gliedmaßen genau gleich. Wurde nunmehr das ganze Tier, ohne die Stellung des Kopfes gegen den Thorax zu ändern, aus der Rückenlage in die Fußstellung gedreht (Rücken oben, Wirbelsäule horizontal), so änderte sich daran nichts, und der Gliedertonus blieb auf beiden Körperseiten genau gleich. Hieraus folgt mit Sicherheit, daß der oben besprochene Einwand nicht zu Recht besteht, und daß wirklich in diesem Stadium der Unterschied des Extremitätentonus allein durch Halsreflexe bedingt ist. Hierdurch wird überhaupt die Berechtigung des Schlusses erwiesen, diejenigen Labyrinthverlustfolgen, welche durch Geradesetzen des Halses rückgängig gemacht werden können, als Folgen der Drehung (resp. Wendung) des Kopfes aufzufassen.

Auf Abb. 148 und 149 (Rückenlage) und auf Abb. 139 (Hängelage mit Kopf unten), Abb. 140 (Normalstellung in der Luft) und Abb. 144 (Hängelage mit Kopf oben) erkennt man übereinstimmend, daß, wenn das Tier nicht auf dem Boden sitzt, sondern seine Extremitäten frei in der Luft hält, eine Abduction und Adduction der Gliedmaßen gegen den Thorax oder das Becken nicht vorhanden ist. Eine solche tritt weder als direkte Labyrinthausfallsfolge noch durch Halsreflexe ein. Wenn das sitzende Tier, wie später zu zeigen sein wird, die Glieder der einen Seite ab-, und die der anderen adduziert, so beruht das auf sekundären Einflüssen, nämlich der Drehung des Thorax gegen die Bodenfläche.

Während die beschriebenen Haltungsänderungen nach einseitiger Labyrinthexstirpation an Kopf, Rumpf und Gliedmaßen sich sämtlich erklären und zurückführen ließen auf die bekannten Hals- und Labyrinthreflexe, ist dieses für den vorübergehenden einseitigen Tonusverlust der Extremitäten, welcher als direkte Labyrinthausfallsfolge eintritt, bisher nicht möglich gewesen. Wie oben Seite 61 gezeigt worden ist, genügt ein Labyrinth, um die tonischen Haltungsreflexe auf die Gliedermuskeln beider Körperseiten in gleicher Weise auszulösen. Es ließ sich dieses durch Versuche an decerebrierten Tieren mit völliger Sicherheit feststellen. Dabei ist es einerlei, ob die Glieder hierbei auf der rechten und linken Körperseite gleichen Tonus oder einen Tonusunterschied besitzen. In beiden Fällen treten auf Änderung der

Lage des Kopfes im Raume gleichsinnige und gleichstarke Tonusänderungen in den Streckmuskeln der Gliedmaßen beider Körperseiten
ein. Es kann also durch den Fortfall dieser tonischen Labyrinthreflexe
auf die Gliedermuskeln kein Tonusunterschied an den rechts- und
linksseitigen Extremitäten hervorgerufen werden. Auf welche Weise
dieser nach einseitiger Labyrinthexstirpation zustande kommt, ist
bisher völlig dunkel. Auffallend ist schon, daß es sich um einen vorübergehenden Einfluß handelt. Beim Kaninchen und beim Affen dauert
der Tonusunterschied nach einseitiger Labyrinthexstirpation immerhin
eine Reihe von Wochen, bei der Katze und vor allem beim Hunde
aber nur wenige Stunden und ist überdies nur inkonstant nachweisbar.
Beim Meerschweinchen ist er nach chirurgischer Entfernung des Labyrinthes einige Tage nachweisbar, fehlt dagegen nach Ausschaltung des
einen Labyrinthes durch Cocain. Keiner der bisher bekannten Labyrinthreflexe kann für das Auftreten dieses Tonusunterschiedes verantwortlich gemacht werden. Es muß weiteren Forschungen überlassen
bleiben, festzustellen, ob es sich überhaupt um die Folge des einseitigen
Fortfalles von Otolithen- oder Bogengangstätigkeit handelt, oder ob
die Durchtrennung bzw. Schädigung des Octavusstammes dafür verantwortlich zu machen ist, oder ob es sich vielleicht um andere
Einflüsse als um vestibuläre handelt.

Über das Verhalten des Extremitätentonus bei einseitig
labyrinthlosen Kaninchen läßt sich zusammenfassend
folgendes aussagen:
Das Vorder- und das Hinterbein auf der Seite des Labyrinthverlustes
haben dauernd einen geringeren Strecktonus als die Extremitäten der
anderen Seite. Dieser Tonusunterschied ist von zwei verschiedenen
Faktoren abhängig, deren Wirkungen sich zueinander addieren:
1. einem Halsreflex, der durch die Drehung des Kopfes gegen
den Rumpf ausgelöst wird und durch Geradesetzen des Kopfes rückgängig gemacht werden kann. Da die Kopfdrehung eine Dauerfolge
der Operation darstellt, so ist auch dieser Halsreflex ein dauernder;
2. einer direkten Folge des Labyrinthausfalles, wodurch die
Glieder auf der operierten Seite einen geringeren Strecktonus bekommen.
Dieser Einfluß ist kurz nach der Operation sehr stark, wird bald geringer
und ist nach durchschnittlich 8 Wochen verschwunden.
Daher kommt es, daß beim Geradesetzen des Kopfes gegen den
Thorax anfangs ein Tonusunterschied der Gliedmaßen beider Körperseiten nachweisbar ist, während nach längerer Zeit sich der Tonusunterschied der Glieder durch Geradesetzen des Kopfes vollständig
aufheben läßt.

Durch Drehen des Kopfes in der umgekehrten Richtung kann man den Extremitäten auf der Seite des Labyrinthverlustes einen höheren Tonus verleihen und also die Tonusunterschiede der Glieder auf den beiden Körperseiten gerade umkehren.

Schon sehr bald nach der Operation ist also der Einfluß der Halsreflexe auf den Gliedertonus bei weitem der überwiegende.

Während Drehung des Halses einen so starken Einfluß auf den Gliedertonus ausübt, ist der Einfluß des Wendens sehr viel geringer und kommt praktisch bei den Folgen einseitiger Labyrinthexstirpation nur wenig in Betracht.

Die Körperhaltung beim Sitzen (*15*).

Die bisher mitgeteilten Tatsachen geben uns die Möglichkeit, die Körperhaltung beim sitzenden Tiere einer Analyse zu unterziehen. Hierbei sollen die Verhältnisse nach linksseitiger Labyrinthexstirpation geschildert werden.

Unmittelbar nach der Operation beim Erwachen aus der Narkose liegt das Tier, wenn es nicht gerade Rollbewegungen ausführt, auf der Seite des Labyrinthverlustes, der linken Seite. Häufig schon nach $^1/_2$ Stunde, spätestens am folgenden Tage sitzt es aber bereits aufrecht in seinem Käfig, falls es nicht durch das Rollen oder durch die Untersuchung vorübergehend erschöpft ist.

Hat das Tier vorher auf der rechten Seite gelegen, so ist die Fähigkeit zum Aufsitzen verständlich, da ja zunächst Linksdrehung des Kopfes eintritt, wodurch der Kopf gegen die Normalstellung hin bewegt wird, woran sich infolge des Halsstellreflexes dann das Aufsitzen des Körpers anschließen kann. Bei linker Seitenlage müssen aber sämtliche Stellreflexe auf den Kopf mit dem anschließenden Halsstellreflex versagen[1]. Wenn trotzdem das Aufsitzen des Körpers erfolgt, so beruht dieses auf dem **Körperstellreflex auf den Körper**.

Wie oben Seite 242 beschrieben wurde, kann man am Thalamus- oder Mittelhirntier mit intakten Labyrinthen oder nach doppelseitiger Labyrinthexstirpation nachweisen, daß auch, wenn der Kopf sich nicht in der Normalstellung befindet, der Körper zum normalen Sitz gebracht werden kann, wenn (durch den Druck der Unterlage u. dgl.) eine asymmetrische Erregung der sensiblen Körpernerven erfolgt. Es wurde z. B. in Abb. 117 ein Thalamuskaninchen abgebildet, dessen Kopf in linker Seitenlage festgehalten wurde, und dessen Körper sich trotzdem aufgesetzt hatte.

---

[1] Wenigstens, wenn nicht der Körperstellreflex auf den Kopf so stark ausgebildet ist, daß er Grunddrehung und Labyrinthstellreflex überwindet und für sich allein imstande ist, den Kopf in Normalstellung zu bringen. Das ist nur in seltenen Ausnahmefällen zu beobachten.

Dieser Reflex ist der wichtigste, durch welchen das Kaninchen nach einseitigem Labyrinthverlust trotz der gedrehten Stellung seines Kopfes mit seinem Körper aufsitzen kann. Nach linksseitigem Labyrinthverlust ist das Tier bei linker Seitenlage, wenn die Grunddrehung nicht besonders schwach ausgebildet ist und daher der auf Abb. 146 abgebildete Mechanismus den Kopf der Normalstellung nähern kann, allein auf diesen Stellreflex auf den Körper angewiesen.

Bei manchen Tieren läßt es sich schon 24 Stunden nach einer schonend ausgeführten Labyrinthexstirpation nachweisen, daß der Körper aufsitzt, wenn der Kopf in rechter oder linker Seitenlage festgehalten wird, und nach wenigen Tagen ist dieses Vermögen bei allen Tieren voll ausgebildet. Nach der Entfernung des Großhirns läßt sich meist wenige Stunden nach der Operation der Reflex in voller Wirksamkeit nachweisen.

Die beim Sitzen eingenommene Stellung ist bereits mehrfach beschrieben worden [z. B. von Winkler (1) S. 29], Abb. 150a—c und Abb. 151, welche 8 bzw. 9 Tage nach der (linksseitigen) Operation aufgenommen sind, geben eine gute Vorstellung. Der Kopf ist nach der Seite der Operation gedreht, in den ersten Tagen der Operation auch gewendet. Nach Exstirpation des linken Labyrinthes sieht das rechte Auge nach der Decke; der Kopf liegt entweder zwischen den Pfoten oder links neben dem Tiere. Das rechte Vorderbein ist maximal gestreckt, hat starken Strecktonus, besonders im Schulter- und Ellbogengelenk, und wird in abduzierter Stellung gehalten. Das rechte Hinterbein ist gewöhnlich auch etwas abduziert und gestreckt. Das linke Vorderbein ist schlaff, wird manchmal sogar aktiv gebeugt gehalten und liegt meist unter dem Tiere. Manchmal liegt das Vorderteil geradezu auf dem linken Schulterblatt.

Kurze Zeit nach der Operation, häufig schon am folgenden Tage, kann der Kopf wieder aktiv gehoben werden. Beide Vorderbeine gewinnen dadurch, genau so, wie das auch beim normalen Tiere eintritt, eine Zunahme des Strecktonus: es bleibt aber der Tonusunterschied zwischen dem rechten und linken Vorderbein bestehen; das rechte ist gestreckt und abduziert, das linke wird stärker gebeugt gehalten.

Diese abnorme Haltung des Vorderkörpers kommt durch folgende Faktoren zustande:

1. durch die spiralige Drehung des Rumpfes (s. S. 287 ff.). Dieselbe nimmt, wie erwähnt, in der ersten Zeit nach der Operation an Stärke zu, um nachher ziemlich konstant zu bleiben. Der Effekt dieser Drehung kann sich besonders dann stark äußern, wenn, wie auf Abb. 150, bereits das Becken infolge der stärkeren Streckung des rechten Hinterbeines deutlich nach links überhängt. Dann kann der Thorax eine

Drehung bis 45° und mehr erfahren. Dadurch wird der Ansatz des rechten Vorderbeines nach rechts oben verlegt und schon dadurch die Abduktionsstellung desselben zustande gebracht. Die linke Schulter gelangt dadurch nach unten.

Die spiralige Rumpfdrehung ist, wie erwähnt, teilweise eine direkte und dauernde Folge des Labyrinthausfalles, teilweise eine Folge der Halsdrehung. Beim Geradesetzen des Kopfes gegen den Thorax wird demnach die Rumpfdrehung vermindert, bleibt aber meistens noch deutlich bestehen. Der Grad der Rumpfdrehung beim sitzenden Tier ist, da er ja auch vom Stande der Extremitäten mitbedingt ist, Schwankungen unterworfen. Die hintere Thoraxapertur ist meistens 10—30°, die vordere Thoraxapertur 20—45° nach links gedreht.

2. Durch die direkte Wirkung des Labyrinthverlustes auf den Extremitätentonus, indem der Strecktonus der linken Beine geringer ist als der der rechten. Dieser Einfluß ist unmittelbar nach der Operation am stärksten, nimmt in den ersten Tagen beträchtlich ab, um nach etwa 2 Monaten zu verschwinden.

Man kann diesen Einfluß beim sitzenden Tiere dadurch feststellen, daß man den Kopf gegen den Thorax geradesetzt und den Widerstand gegen passive Beugung im Ellbogengelenk auf der rechten und linken Seite miteinander vergleicht. Kurz nach der Operation ist er links viel geringer als rechts; nach wenigen Tagen wird der Unterschied bereits weniger ausgesprochen; nach längerer Zeit verschwindet er völlig.

3. Durch die tonischen Halsreflexe, welche durch die Drehung und Wendung des Halses ausgelöst werden. Die Linkswendung, durch welche die linken Extremitäten zu „Kieferbeinen" werden, verleiht diesen letzteren stärkeren Strecktonus und wirkt daher der oben geschilderten Körper- und Gliederstellung entgegen. Doch ist, wie erwähnt, der Einfluß der Wendung des Kopfes auf den Gliedertonus zu gering, um das Endergebnis wesentlich beeinflussen zu können. Außerdem wird bereits wenige Tage nach der Operation der Kopf beim Sitzen nicht mehr gewendet gehalten. Dieses Verschwinden der Wendung beruht jedenfalls teilweise auf einem Körperstellreflex auf den Kopf, weil, wie oben erwähnt, bei Hängelage mit Kopf unten die Wendung des Kopfes dauernd nachweisbar bleibt.

Ein dauernder und kräftiger Einfluß wird dagegen durch die Drehung des Kopfes ausgeübt. Hierdurch bekommen die linken Extremitäten eine Verminderung, die rechten eine Vermehrung ihres Strecktonus. Dieser Einfluß ist ein dauernder. Er läßt sich in seiner Bedeutung untersuchen, indem man den Kopf gegen den Rumpf geradesetzt und sieht, welche Stellungsanomalien man dadurch rückgängig machen kann.

Hierbei ergibt sich, daß der Einfluß dieser durch die Kopfdrehung ausgelösten tonischen Halsreflexe bei weitem den größten Anteil an der Haltungsanomalie sitzender einseitig labyrinthloser Kaninchen besitzt. Es ist ein überraschender Anblick, wenn man sieht, wie ein Kaninchen, welches eben noch in der auf Abb. 150 a—c und Abb. 151 a veranschaulichten Weise dasitzt, auf Geradesetzen des Kopfes sofort eine nahezu normale Körperhaltung annimmt (Abb. 150 d und 151 b). Das Tier zieht dann die abduzierten rechten Beine an; besonders schwindet der abnorme Stand des rechten Vorderbeines, die Schultern

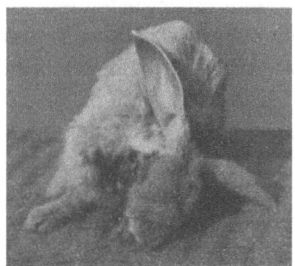

Abb. 150 a.   Abb. 150 b.

Abb. 150 a—d. Kaninchen I. Linksseitige Labyrinthexstirpation am 10. Oktober 1912. Photographische Aufnahmen am 18. Oktober, d. h. 8 Tage nach der Operation.
Abb. 150 a. Das Tier sitzt frei. Linksdrehung des Kopfes, der zwischen den Pfoten liegt. Das Becken hängt infolge der Streckung des rechten Hinterbeines nach links; die Drehung des Rumpfes bewirkt, daß die linke Schulter nach unten, die rechte nach oben kommt. Streckung und starke Abduction des rechten Vorder-
beines; linkes Vorderbein liegt unter dem linken Ohr.
Abb. 150 b. Ähnliche Stellung wie auf Abb. 150 a. Kopf liegt links neben dem Tier. Hinter dem gestreckten und abduzierten rechten Vorderbein ist die gestreckte rechte Hinterpfote sichtbar.

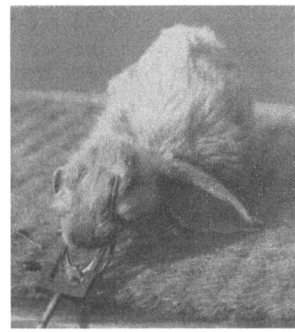

Abb. 150 c.   Abb. 150 d.

Abb. 150 c. Dem Tier ist der Czermaksche Kopfhalter angelegt worden. Drehung des Kopfes und Streckung und Abduction des rechten Vorderbeines sind deutlich.
Abb. 150 d. Mit Hilfe des Czermakschen Kopfhalters ist die Kopfdrehung korrigiert worden. Der Kopf steht nunmehr gegen den Rumpf gerade. Infolge-dessen ist die abnorme Haltung des Körpers und der Gliedmaßen verschwunden; das Tier sitzt wie ein normales.

stehen symmetrisch, kurz, das Tier sitzt ganz wie ein normales, und es bedarf genauerer Untersuchung, um überhaupt festzustellen, daß noch Stellungsanomalien vorhanden sind. Sobald man dann aber den Kopf freigibt, wird auch das rechte Vorderbein wieder kräftig gestreckt und abduziert und alle die übrigen Haltungsanomalien werden sofort wieder deutlich.

Dieser einfache stets gelingende Versuch ist besonders geeignet, um den überwiegenden Einfluß zu demonstrieren, welchen die Halsreflexe am Zustandekommen der Haltungsanomalie nach einseitiger Labyrinthexstirpation besitzen.

Hat man einem derartigen Kaninchen den Kopf geradegesetzt, dann sind noch die folgenden Abweichungen an ihm nachweisbar.

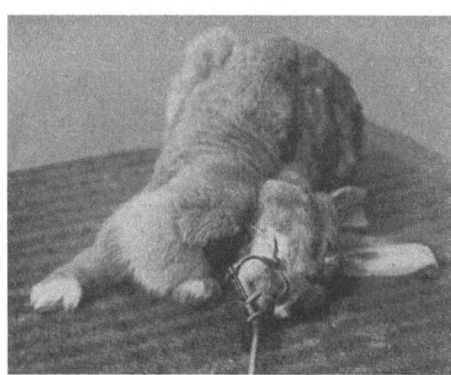

Zunächst hängt häufig der Thorax noch etwas nach der linken Seite herüber (siehe S. 316). Sodann ist besonders in den ersten Tagen nach der Operation der Strecktonus der Glieder auf der linken Seite etwas geringer als auf

Abb. 151 a.

Abb. 151 a—b. Kaninchen III. (Dasselbe Tier wie auf Abb. 137 und 138.) Linksseitige Labyrinthexstirpation am 23. Oktober 1912. Photographische Aufnahme am 1. November, d. h. 9 Tage nach der Operation.

Abb. 151 a. Tier frei sitzend mit angelegtem Czermakschen Kopfhalter. Das Becken hängt infolge der stärkeren Streckung des rechten Hinterbeines etwas nach links über. Der Vorderkörper des Tieres liegt auf der linken Schulter, die rechte Schulter sieht nach oben. Das rechte Vorderbein ist gestreckt und abduziert, das linke gebeugt. Die spiralige Drehung des ganzen Rumpfes ist gut sichtbar. Der Kopf ist mehr als 90° nach links gedreht und links neben dem Tiere; das rechte Auge sieht nach der Decke.

der rechten. Das rechte Vorderbein oder Hinterbein kann noch etwas gestreckt und abduziert bleiben, und bei der direkten Prüfung des Strecktonus im Ellbogengelenk findet man etwas mehr Tonus auf der rechten Seite. Wie oben (S. 307) erwähnt, wird dieser Unterschied immer geringer und schwindet nach einiger Zeit ganz. Beim sitzenden Tier mit geradegesetztem Kopfe lassen sich also die direkten Folgen des Labyrinthverlustes auf Rumpf und Glieder ebenfalls nachweisen. Auf den Rumpf handelt es sich um Dauerfolgen, auf die Glieder um vorübergehende Erscheinungen. Man sieht aber, daß dieselben gegenüber dem übermächtigen Einfluß der Halsreflexe beim sitzenden Tiere ganz in den Hintergrund treten.

Wie schon oben erwähnt, ist die Adduction der Gliedmaßen auf der linken und die Abduction der Gliedmaßen auf der rechten Seite lediglich die Folge der Drehung des Thorax bzw. des Beckens und ist keine direkte Folge des Labyrinthausfalles. Sowie das Becken oder der Thorax geradestehen, fehlt auch die Adduction und Abduction der Gliedmaßen.

Auch wenn ein Tier direkt oder in den ersten Tagen nach der Operation auf der linken Seite liegt, kann man es durch Geradesetzen des Kopfes sofort zum Aufsitzen bringen.

Eine gute Methode, um sich beim frei sitzenden Tiere ein ungefähres Urteil über den Strecktonus und das Widerstandsvermögen der Extremitäten zu verschaffen, besteht darin, daß man das Tier auf eine rauhe Unterlage, z. B. eine Strohmatte, setzt und nun versucht, seinen Körper mit den Händen nach rechts

Abb. 151b. Ohne an dem Tier sonst irgend etwas zu ändern, ist nur mit Hilfe des Kopfhalters der Kopf geradegesetzt worden. Darauf hat das Tier sofort eine normale Körperhaltung angenommen, die Streckung und Abduction der rechten Vorderpfote ist verschwunden, der Körper sitzt aufrecht und gerade, die beiden Schultern stehen symmetrisch. Die Aufnahme ist mehr von der rechten Seite gemacht, um das Verhalten der beiden rechten Beine besser zu zeigen.

oder nach links zu verschieben. Beim frei sitzenden Tiere findet man dann stets, daß die Verschieblichkeit nach links deutlich größer ist als nach rechts, weil die rechten Beine durch ihre Streckung und Abduction der Seitwärtsbewegung des Rumpfes kräftig entgegenarbeiten. Macht man diesen Versuch bei geradegesetztem Kopfe, so findet man, daß in den ersten Tagen nach der Operation auch bei geradegesetztem Kopfe sich das Tier leichter nach links als nach rechts verschieben läßt. Nach einiger Zeit aber wird, wie es nach dem Vorhergehenden zu erwarten ist, dieser Unterschied bei geradegesetztem Kopfe geringer, um schließlich ganz zu schwinden, weil nunmehr der direkte Einfluß des Labyrinthverlustes auf die Glieder vorübergegangen ist.

Die überwiegende Rolle, welche die Halsreflexe bei der Haltung einseitig labyrinthloser Kaninchen spielen, erhellt auch daraus, daß es gelingt, durch die umgekehrte Kopfdrehung genau die entgegengesetzte Körperstellung hervorzurufen.

Abb. 152c und d veranschaulicht diesen Versuch. Auf Abb. 152c
hat das Tier, dem vor 5 Monaten das linke Labyrinth entfernt worden
war (bei geschlossenen Augen), die charakteristische Stellung mit Linksdrehung des Kopfes und Streckung und Abduction des rechten Vorderbeines. Auf Abb. 152d ist der Kopf gegen starken Widerstand der

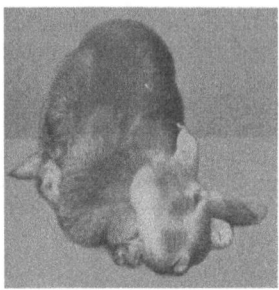
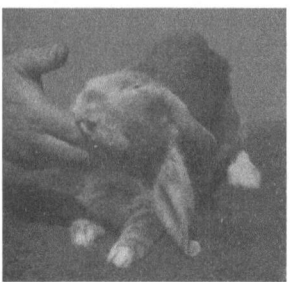

Abb. 152a.   Abb. 152b.

Abb. 152a—d. Kaninchen XV. (Dasselbe Tier wie auf Abb. 148 und 149.) Linksseitige Labyrinthexstirpation am 30. November 1912. Aufnahmen am 29. April
1913, also etwa 5 Monate nach der Operation.

Abb. 152a. Tier frei sitzend, keine Streckung und Abduction der rechten
Vorderpfote trotz starker Linksdrehung des Kopfes.
Abb. 152b. Der Kopf des Tieres wird mit dem Finger etwas gehoben, um
den Stand der Vorderbeine zu zeigen. Man sieht, daß die rechte Vorderpfote
nicht gestreckt und abduziert ist. Das Tier, welches täglich im Garten frei herum-
hüpft, ist imstande, seinen Kopf auch ohne Unterstützung in dieser Stellung zu
halten.

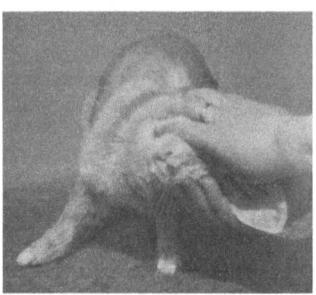
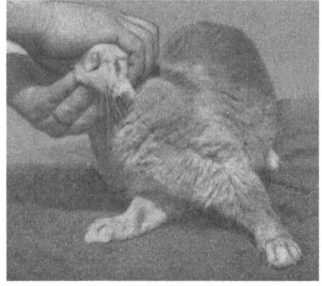

Abb. 152c.   Abb. 152d.

Abb. 152c. Dem Tiere werden mit der Hand die Augen geschlossen. Sofort
kehrt die für den einseitigen Labyrinthverlust charakteristische Streckung und
Abduction der rechten Vorderpfote zurück.
Abb. 152d. Der Kopf wird nunmehr mit geschlossenen Augen nach rechts
gedreht, was gegen einen starken Widerstand der Halsmuskeln erfolgt. Darauf
wird das linke Vorderbein gestreckt und abduziert, das rechte gebeugt, und das
Tier nimmt eine Haltung an, als ob ihm das rechte Labyrinth exstirpiert worden
wäre.

Halsmuskeln nach rechts gedreht worden und hat also die Stellung
erhalten, wie sie bei einem Tiere nach rechtsseitiger Labyrinthexstirpation sein müßte. Man sieht, daß infolgedessen auch die Vorderbeine
den entsprechenden Stand angenommen haben, daß jetzt das linke
Vorderbein gestreckt und abduziert und das rechte Bein gebeugt gehalten wird.

Stellungskompensationen.

In den vorhergehenden Abschnitten ist bereits verschiedentlich
darauf hingewiesen worden, daß die Kaninchen im Laufe der Zeit lernen,
beim Sitzen einen Teil der Störungen nach einseitigem Labyrinthverlust zu kompensieren. Es handelt sich hierbei überwiegend um eine
stärkere Benutzung der Körperstellreflexe auf Kopf und Körper. So
halten die Tiere beim Sitzen nach einigen Tagen den Kopf nicht mehr
gewendet (S. 289), während die Kopfwendung bei Hängelage mit dem
Kopfe nach unten dauernd nachweisbar bleibt (Körperstellreflex auf
den Kopf)[1]. Nach 3—4 Monaten nimmt auch die Kopfdrehung beim
Sitzen etwas ab (S. 304), während sie in der Hängelage unverändert
stark vorhanden ist (Körperstellreflex auf den Kopf). Die besonders
in den ersten Tagen nach der Operation sehr auffällige Verbesserung
des Sitzens mit dem Körper, während der Kopf gedreht bleibt, beruht
auf dem Wirksamwerden des Körperstellreflexes auf den Körper.

Wie schon bei Besprechung der optischen Stellreflexe (S. 261)
erwähnt wurde, ist der Einfluß der Augen auf die Erhaltung der Körperstellung des einseitig labyrinthlosen Kaninchens auffällig gering. Daher ist auch die Stellung des Kopfes bei Tieren mit offenen und
geschlossenen Augen in den verschiedenen Lagen des Körpers im Raume
grundsätzlich die gleiche. Die Thalamuskaninchen, welche außer
dem Pupillenreflex und dem reflektorischen Lidkneifen bei starker Belichtung überhaupt keine optischen Reflexe zeigen, bieten in ihren Stellreflexen keinen Unterschied gegenüber Tieren mit intaktem Großhirn
und offenen Augen.

In einigen wenigen Fällen ließ sich beobachten, daß einseitig labyrinthlose Kaninchen, welche in kleinen, runden Käfigen mit geschlossenen Seitenwänden saßen, ihren Kopf etwas stärker gedreht hielten,
als wenn sie frei in der Mitte des Zimmers auf dem Boden saßen und also
optische Bilder bekamen. Groß war aber der Unterschied nicht, er war
auch nur in einer Minderzahl der Fälle zu sehen. Es wäre möglich,
daß es sich hierbei um einen geringen richtenden Einfluß der Augen
auf den Kopf handelt, doch wage ich es nicht mit Sicherheit zu entscheiden. Dagegen läßt sich zeigen, daß einseitig labyrinthlose Kaninchen

---

[1] Eine weitere Ursache für die Abnahme der Kopfwendung kann erst im
neunten Kapitel besprochen werden.

längere Zeit nach der Operation lernen, den abnormen Stand ihrer Vorderbeine mit Hilfe der Augen zu korrigieren.

Während, wie oben geschildert wurde, in den ersten Monaten nach der Operation das Tier beim freien Sitzen seinen Kopf gedreht hat und das Vorderbein auf der Seite des intakten Labyrinthes gestreckt und abduziert hält, kann man im Verlaufe der Zeit beobachten, daß, trotzdem die Drehung des Halses sehr hochgradig ist und häufig 90° beträgt, die Vorderbeine nicht mehr so abnorm gehalten werden wie früher. Manchmal kann man beobachten, daß das Tier beim Sitzen das abduzierte (rechte) Vorderbein anzieht und eine Zeitlang in dieser Stellung sitzt. Schließlich wird diese Stellung die Regel, und man kann dann ein solches Tier mit gedrehtem Hals und symmetrischen Vorderbeinen sitzen und umherhüpfen sehen. Bei einem der von uns beobachteten Tiere trat dieser Zustand nach 75, in einem anderen nach 102 Tagen ein und blieb danach dauernd unverändert. Bei einem dritten Tiere war nach 2 Monaten die Kompensation nahezu ausgebildet.

Die genauere Prüfung ergab, daß es sich hier um einen Kompensationsvorgang handelt, zu welchem das Tier seine Augen benutzt. Es genügt nämlich, dem Tiere die Augen zu schließen, um sofort den alten Stand der Extremitäten wieder hervorzurufen. Abb. 152 veranschaulicht diesen Vorgang.

Die Aufnahme ist 5 Monate nach der Operation gemacht und veranschaulicht einen Versuch, der zu dieser Zeit und später täglich mit vollständig konstantem Ergebnis wiederholt werden konnte. Auf Abb. 152a und b sitzt das Tier mit stark, etwa 90° nach links gedrehtem Kopfe, hält aber seine Vorderbeine ganz gut symmetrisch; jedenfalls fehlt jede Streckung und Abduction des rechten Vorderbeines. Abb. 152b zeigt, daß man auch den Kopf des Tieres angreifen kann, ohne daran etwas zu ändern. Auch starkes Anpacken hat keinen anderen Einfluß. Sobald man aber die Augen des Tieres verschließt, tritt alsbald die charakteristische Stellung wieder ein. Auf Abb. 152c ist die Streckung und Abduction des rechten Vorderbeines bei geschlossenen Augen deutlich zu sehen. Daß Rechtsdrehen des Kopfes genau die spiegelbildliche Haltung der Vorderbeine hervorruft, wurde bereits oben erwähnt.

Wenn man durch Schließen der Augen die typische Stellung der Vorderbeine hervorgerufen hat (Abb. 152c), so genügt es, die Hände von den Augen zu entfernen, um sofort wieder das Tier seine rechte Vorderpfote anziehen zu sehen, worauf es die Stellung von Abb. 152a oder b annimmt.

Daß das Tier bei geradegesetztem Kopfe und geschlossenen Augen seine Extremitäten ebenfalls ganz symmetrisch hält, wurde in jedem Falle noch ausdrücklich festgestellt.

Bringt man nun ein solches Tier, welches beim Sitzen mit offenen Augen seine Vorderbeine ganz symmetrisch hält, in Hängelage mit dem Kopfe nach unten, also in eine dem Tiere ungewohnte Stellung, so wird, wie früher schon erwähnt wurde, die rechte Vorderpfote wieder kräftig gestreckt, auch wenn die Augen offen bleiben.

In einem einzigen Falle ließ sich eine solche Kompensation mit Hilfe der Augen bereits in den ersten Tagen nach der Operation nachweisen; es handelte sich um ein besonders vorsichtig operiertes Tier, das am folgenden Tage bereits keinen Nystagmus mehr zeigte, nur geringe Kopfdrehung beim Sitzen, dagegen starke bei Hängelage hatte und beim Sitzen mit offenen Augen auf nicht zu glattem Fußboden mit symmetrischen Vorderbeinen dasaß, während auf glattem Fußboden oder mit geschlossenen Augen die typische Stellung der Vorderbeine deutlich wurde. Die später vorgenommene Sektion bestätigte die Vollständigkeit der Operation. Es handelte sich hier um einen Ausnahmefall; bei allen anderen Tieren trat die geschilderte Kompensation erst nach mehreren Monaten ein.

Da das Thalamustier außer Pupillen- und Lidkneifreflex keine optischen Reaktionen besitzt, so folgt, daß diese Kompensation mit Hilfe der Großhirnrinde eintritt. Es handelt sich hierbei um einen der sehr seltenen Fälle, in denen man einen Einfluß der Augen auf die Körperstellung des Kaninchens nachweisen kann. Sonst spielen optische Stellreflexe auch bei der Haltung des einseitig labyrinthlosen Kaninchens keine oder jedenfalls nur eine vollständig unbedeutende Rolle. Die wichtigsten Kompensationen kommen beim Kaninchen mit Hilfe der Stellreflexe zustande, also mit Ausschluß der Großhirnrinde, allein unter der Herrschaft des Hirnstammes.

In einigen Fällen wurde an jungen Kaninchen beobachtet, daß schon 1—2 Tage nach einseitiger Labyrinthexstirpation das Vorderbein der gekreuzten Seite nicht mehr abduziert und gestreckt gehalten wurde. Dieses änderte sich nicht bei Verschluß der Augen. Da die Kompensation nur beim Sitzen auftrat, wird sie wohl durch die Berührung der Extremität mit der Unterlage ausgelöst worden sein.

Zusammenfassung.

Die Haltung, welche einseitig labyrinthlose Kaninchen beim Sitzen einnehmen, läßt sich zurückführen auf die in den vorigen Abschnitten ausführlich geschilderten Tonusveränderungen der Rumpf- und Gliedermuskeln und auf die Stellreflexe.

Den Haupteinfluß auf die Körperstellung übt die Halsdrehung aus. Diese ist die Resultante der Grunddrehung und des Labyrinthstellreflexes auf den Kopf und wird beim Sitzen durch den Körperstellreflex auf den Kopf vermindert.

Wird die Halsdrehung rückgängig gemacht, so sitzt das Tier nahezu normal. Durch die umgekehrte Halsdrehung läßt sich dem Tiere eine Körperstellung geben, als ob ihm das andere Labyrinth entfernt worden wäre.

Die Halsdrehung wirkt auf die Haltung des Körpers:

1. durch die tonischen Halsreflexe auf die Gliedermuskeln;
2. durch die Halsstellreflexe auf Thorax und Becken.

Einen geringeren Einfluß auf die Haltung beim Sitzen haben:

1. die direkt durch den Labyrinthverlust hervorgerufene dauernde Drehung des Rumpfes;
2. der direkt durch den Labyrinthverlust bedingte vorübergehende Tonusunterschied der beiderseitigen Extremitäten;
3. der tonische Halsreflex, welcher durch Wendung des Kopfes in den ersten Tagen nach der Operation hervorgerufen wird.

Sehr wesentlich für die Haltung des Körpers beim Sitzen ist der Körperstellreflex auf den Körper, welcher den Körper nach der Normalstellung bringt, trotzdem der Kopf so stark gedreht ist.

Längere Zeit nach der Operation kann die abnorme Stellung der Vorderbeine optisch korrigiert werden. Hierzu wirkt die Großhirnrinde mit.

Im übrigen steht die Stellung des einseitig labyrinthlosen Kaninchens unter der Herrschaft der im obersten Halsmark und im Hirnstamm gelegenen Zentren.

Die Rollbewegungen.

Allen Untersuchern, welche die einseitige Labyrinthexstirpation beim Kaninchen ausgeführt haben, sind die heftigen Rollbewegungen, welche das Tier nach der operierten Seite hin ausführt, ein Hauptgegenstand des Interesses gewesen. An Versuchen zu einer genaueren Analyse hat es auch nicht gefehlt. Als die wichtigsten seien hier die Ausführungen von Ewald und von Winkler (1) wörtlich angeführt.

Ewald (a. a. O. S. 195) geht nur kurz auf seine Erfahrung beim Kaninchen ein:

„Im ganzen eignen sich diese Tiere nicht sehr gut zur Untersuchung der Labyrinthstörungen. Ich erwähne sie hier nur, weil sie ein Symptom allerdings so ausgesprochen zeigen, wie man es weder beim Hund noch bei der Katze sehen kann. Es sind dies die Rollungen kurze Zeit nach der Fortnahme eines Labyrinthes. Legt man ein solches Tier auf den Boden, so rollt es durch das ganze Zimmer hindurch, und man kann bei ihm mit größter Schärfe den Grund für dieses Rollen feststellen. Wie bei allen einseitig labyrinthlosen Tieren werden die gekreuzten Extremitäten gestreckt und abduziert gehalten, sind aber dabei beweglich. Die gleichseitigen Extremitäten sind flektiert und adduziert, d. h. sie werden an den Körper angelegt. Zu gleicher Zeit sind sie unbeweglich. Setzt man daher das Kaninchen auf den Boden, so neigt der Körper infolge der Streckung der Beine der gekreuzten Seite zur operierten Seite hinüber und fällt, da er hier an den angezogenen Beinen keine Stütze findet, nach dieser Seite um. Auf dem Rücken liegend benutzt das Kaninchen allein die Beine der gekreuzten Seite, um sich wieder umzuwenden, wobei es dieselben unter dem Körper durchzieht und daher die rollende Bewegung in derselben Richtung fortsetzt. Diese selben Beine werden aber sofort wieder gestreckt, wenn die Bauchlage erreicht ist, und damit wiederholt sich das Spiel immer von neuem. Wenn man aufmerksam zusieht, bemerkt man leicht, daß die gleichseitigen Beine bei den Rollbewegungen überhaupt nicht bewegt werden, sondern stets ruhig am Körper angezogen bleiben. Es sind also die gekreuzten Beine, welche diese Bewegungen ausführen."

Sehr viel eingehender hat sich Winkler mit dem Studium der Rollbewegungen befaßt. Er gelangte dabei zu Ergebnissen, welche sich in einigen der wichtigeren Punkte bestätigen ließen:

"As soon as the animal (that hitherto was bound, and was therefore constrained to keep its head straight) has been loosened and set on its legs, or laid down on the operated side, a new tempest of unvoluntary movements does follow. The head is turned with extreme vigour towards the operated side, in such a manner, that the cheek on that side is put down to the ground. Sometimes even the turning of the head is so excessive, that the dorsal part of the head — turning towards the operated side — touches the ground. Simultaneously with the movements of the head, the upper limb opposite to the operated side is extended and abduced as far as possible from the body. With this limb the animal is scratching the ground, as if trying to support itself by its leg in order to prevent further rolling. Generally however it does not succeed in this.

The animal is beating the air desperately with the foreleg opposite to the amoved labyrinth. This fore-leg, still abduced and extended as far as possible, rises and rises, until at last it has got into a vertical stand. The dorsal part of the head touches the ground, at this moment, for the turning upward and the lifting of the opposite shoulder, subsequent to the turning of the head, is the cause of the motion of the foreleg. As soon as the foreleg has crossed the vertical level, another movement appears. The animal cannot maintain the hind part of the body in the habitual attitude, now that the fore-part of the body is so far turned. It has done so, until the fore-leg had reached the vertical level (or until the dorsal part of the head had touched the ground), but the turning of the head still continues. Now at once the animal subverts the hind-part of the body and also turns it to the operated side.

Doing so the animal has then rolled round its longitudinal axis in the direction of the operated side, and it is not rare to see this movement repeated several times.

Every revolution is accomplished in two tempos, or rather it may be decomposed into two semi-revolutions. By the first of these, head and neck are turned towards the operated side, the opposite shoulder is turned upward, subsequently the crossed fore-leg is extended and abduced and turned upward also. The turning of the head and neck goes on until a position is attained, that does not allow of maintaining the hind-part of the body in its original position towards the distorted fore-part. This first part of the revolution apparently does not depend on the will of the animal, but seems rather to be involuntary, as an inevitable automatisme. Head and neck (and subsequently the opposite fore-leg is rised) are forced in their position to the side of the operation. But the second part of the revolution movement has another origine. It is impossible for the animal with its fore-part so turned, to maintain the original position of the hind-part, and it seems, that this movement depends from the animal's willing. Voluntarily the hind-part is thrown towards the operated side.....

... For the extremities on the operated side remain inactive during the revolution round the longitudinal axis. They are lax.....

... We will therefore commence with the rolling of the body around its longitudinal axis in the direction of the operated side.

I have demonstrated already, that neck and head, shortly after the operation, have been turned round in such a manner that for a normal animal it becomes impossible to remain seated on the ground with its lower extremities, its fore-part having assumed a forced attitude, exceeding a certain degree. All the more so, because of the fact that this position does not retain permanently the same intensity, but is at intervals suddenly intensified.

If the rabbit, like the pigeon, did possess a long and easily movable neck, that could be laid down on the ground and find a support there, whilst the head was being turned upward, then the turning might perhaps, as it is in pigeons, still be checked, and the turning of the head only might occur until 270° or even 360°.

Now this is impossible in rabbits. Therefore the animal rolls. This rolling of the body round its longitudinal axis is therefore always accomplished in two tempos. The first automatic tempo of the rolling is the same as it is observed in pigeons. The head is thrown vigorously towards the operated side, turned so far, that its dorsal cranial plane touches the ground. The head then turns 180°. As is described already, at this moment the upper extremity of the opposite side, drawn by the movement of head and neck, is extended and abduced as far as possible from the body, and by scratching the ground tries to prevent a further turning of the head. But if once the head has been turned further, if its dorsal plane touches the ground, if the turning surpasses 180°, the aid of the upper extremity becomes useless. The extremity is itself turned upward, and the moment, when it does arrive in the vertical plane (the turning of the head then reaches 270°), the second tempo of the rolling sets in with a vigorous jerk, and the hind part of the body is thrown round by the animal by an energetic voluntary movement. The fact, that the rolling of the body round ist longitudinal axis is always preceded by a very intense turning of head and neck, supports the probability that the mechanism of the revolution may be a consequence of the automatic initial turning of neck and head. ...

... The fact, that the revolutions cease, when the deviation of the anterior part of the body is corrected so far that sitting is made possible again, offers a strong argument for the presumption, that the revolution is quite dependent on the intensity of the turning of neck and head.   .

Still there is another, very important argument for this opinion. The animal, though rolling with the utmost violence, can be released immediately from these revolutions, if the other labyrinth is also removed. By this second operation the turned position of head and neck has likewise ceased as by enchantment, and also has the deviation of the eyes disappeared in consequence of it."

Wie man sieht, leitet Ewald die Rollbewegungen hauptsächlich ab von der Stellung und den Bewegungen der tonisch gestreckten gekreuzten Extremitäten. Diese Vorstellung ist zweifellos viel zu einfach. Winkler dagegen zerlegt die Rollbewegung in zwei Phasen: in der ersten dreht das Tier seinen Kopf und Hals bis um ca. 180° und nimmt dabei das gestreckte Vorderbein der gekreuzten Seite mit. Diese Bewegung wird so lange fortgesetzt, bis das Tier sein Gleichgewicht nicht

Abb. 153—158. Kaninchen, linksseitige Labyrinthexstirpation, 29. Juni 1912. Kinematographische Aufnahmen der Rollbewegungen kurze Zeit nach dem Erwachen aus der Äthernarkose. Von jedem Negativfilm wurde ein Positiv angefertigt und dann das Negativ und das zugehörige Positiv nebeneinander mit dem Projektionsapparat auf einen großen Bogen Zeichenpapier projiziert. Darauf wurde das Negativ sorgfältig nachgezeichnet und dabei das daneben projizierte Positiv als stete Kontrolle benutzt. Bildgröße der Originalaufnahmen 10:15 mm.

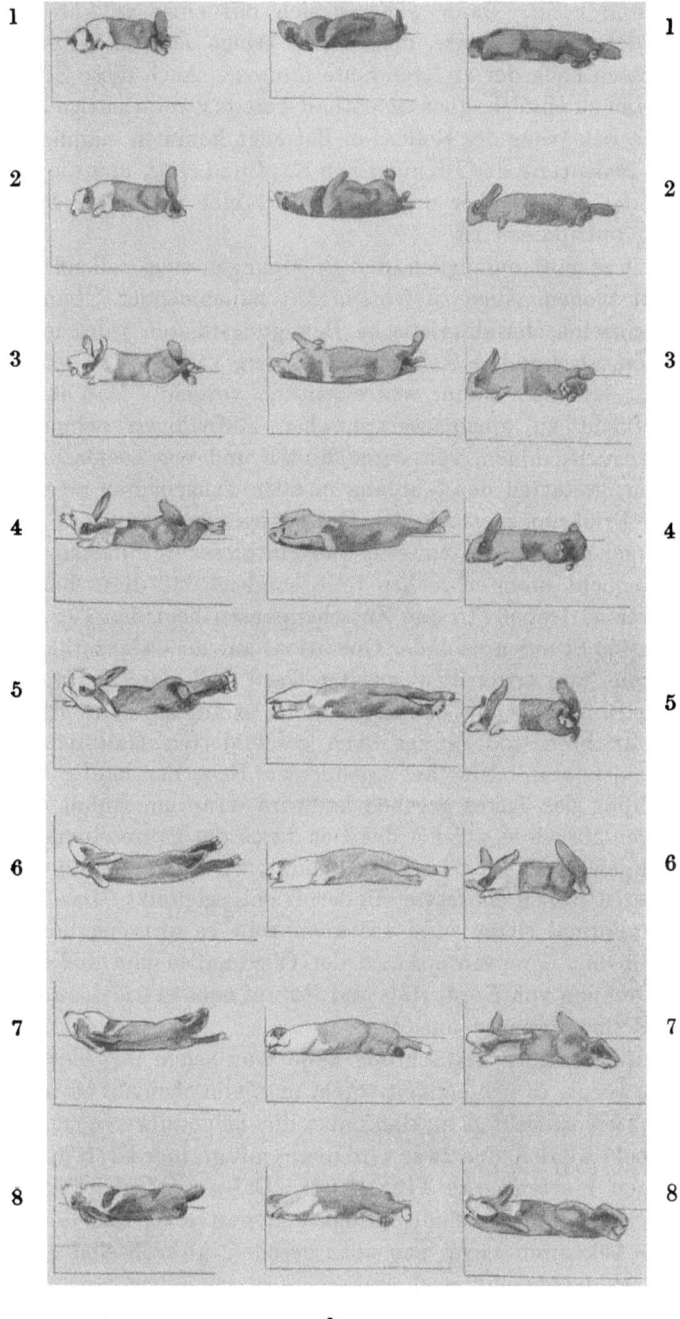

Abb. 153.

Abb. 153—158. Kaninchen, linksseitige Labyrinthexstirpation, 29. Juni 1912.
Kinematographische Aufnahmen der Rollbewegungen kurze Zeit nach dem
Erwachen aus der Äthernarkose.

mehr halten kann. Dann wirft es sich mit einer willkürlichen Bewegung, der zweiten Phase, herum und bringt dadurch seine hinteren
Extremitäten nach der anderen Seite hinüber. Auch diese Schilderung
ist noch viel zu einfach, aber sie enthält bereits zwei wichtige Elemente,
die für die Erklärung des Rollens in Betracht kommen, nämlich die ur-
sächliche Bedeutung der Drehung von Kopf und Hals, und die Erkenntnis, daß das Rollen über den Rücken als eine besondere Reaktionsbewegung aufzufassen ist.

Nun ist es ganz unmöglich, den Bewegungen eines rollenden Kaninchens mit bloßem Auge zu folgen. Mit zunehmender Übung gelingt
es wohl einzelne charakteristische Bewegungsphasen jedesmal wieder-
zuerkennen, aber andere Teile der Bewegung verlaufen so schnell, daß
man nicht erkennen kann, was eigentlich vorgeht. Man muß daher
seine Zuflucht zu kinematographischen Aufnahmen nehmen. Derartige Serienaufnahmen, von vorne, hinten und von beiden Seiten aufgenommen, gestatten den Vorgang in allen Einzelheiten zu studieren.

Jeder Erklärungsversuch der Rollbewegungen muß von der Tatsache ausgehen, daß ein einseitig labyrinthloses Kaninchen nach der
Operation nicht ununterbrochen rollt, sondern daß diese Bewegungen
anfallsweise auftreten. In den Zwischenpausen liegt das Tier entweder
(in den ersten Stunden nach der Operation) auf der labyrinthlosen Seite
oder es kann (am ersten bzw. zweiten Tage nach der Operation) ruhig
aufrecht sitzen und kann sich sogar, wenn es auf die Seite gefallen ist,
wieder aufrichten und in der oben geschilderten Haltung dasitzen.
Entweder „spontan" oder auf irgendeinen Reiz, der häufig durch die
Untersuchung des Tieres gegeben ist, wird dann ein Anfall von Rollbewegungen ausgelöst, welcher das Tier durch das ganze Zimmer treiben
kann und gewöhnlich erst zu Ende kommt, wenn die eine Zimmerwand
dem weiteren Rollen ein festes Hindernis entgegensetzt. Das Tier kann
also ganz normal sitzen, und trotzdem rollt es zwischendurch. Also
muß außer dem Tonusunterschied der Gliedmaßen und außer der abnormen Drehung von Kopf, Hals und Rumpf noch etwas dazu kommen,
das die Rollbewegungen auslöst.

Bei aufmerksamer Betrachtung kann man schon mit bloßem Auge
erkennen, worum es sich handelt. Sieht man von oben auf ein am Boden
rollendes Tier, so sieht man, daß dabei die Beine abwechselnd gebeugt
und gestreckt werden, und zwar wird dieses mit größter Kraft ausgeführt.
Mit anderen Worten: das Tier läuft. Dabei wird gleichzeitig auch
die Wirbelsäule abwechselnd gebeugt und gestreckt, und der Körper
des Tieres bekommt dabei, von oben gesehen, abwechselnd eine Kon-
vexität nach rechts und nach links.

Tatsächlich hat sich nun beim Studium der Kinematogramme ergeben, daß hierin die eigentliche Erklärung der Rollbewegungen liegt.

Abb. 154.

Es handelt sich um sehr starke Laufbewegungen eines
Tieres, dessen Körper spiralig gedreht ist, und welches
infolgedessen nicht vorwärts kommt, sondern sich beim
Laufen durch den Raum schraubt.

Wie dieses im einzelnen vor sich geht, wird am besten an der Hand
der Abbildungen deutlich gemacht.

Auf Abb. 153 (S. 327) sieht man ein linksseitig operiertes Kaninchen,
welches auf den Beschauer zurollt. Bild a 1 zeigt das Tier mit dem Vorderkörper in sitzender Stellung, während der Hinterkörper auf der rechten
Seite liegt. Eine vollständige Rollung ist in 20 Bildern aufgenommen
(bis Bild c 4). Wenn man zunächst das Verhalten der Hinterbeine betrachtet, so sieht man, daß dieselben dabei zweimal vollständig gestreckt und gebeugt werden. Die erste Streckung beginnt auf a 3 und
erreicht ihr Maximum auf a 5. Darauf werden die Hinterbeine wieder
gebeugt (a 8 und b 1). Die zweite Streckung beginnt auf b 2 und erreicht ihr Maximum auf b 4 und b 5. Von b 7 an werden die Hinterbeine
wieder gebeugt, bis c 3. Von c 4 ab beginnt die Streckung für die nächste
Rollung (Maximum auf c 8). Die Vorderbeine verhalten sich ganz
ähnlich. Die erste Beugung ist auf a 1, die erste Streckung auf a 4
und a 5, die zweite Beugung auf a 8 und b 1, die zweite Streckung auf b 5
zu sehen; auf c 1 und c 2 sind die Vorderbeine wieder gebeugt, danach
beginnt die nächste Rollung. Sieht man sich dabei das Verhalten der
Wirbelsäule an, so ist diese im Anfang (a 1) gebeugt, das Tier ist in
Hockstellung. Gleichzeitig mit der Streckung der Beine erfolgt auch
eine maximale Streckung (Dorsalflexion) der Wirbelsäule, welche ihr
Maximum auf a 4 und a 5 erreicht. Auf a 8 und b 1 ist die Wirbelsäule
wieder ventralwärts gebeugt, auf b 4 und b 5 gestreckt, auf c 3 gebeugt
usw. Mit anderen Worten: das Tier hat, um einmal um seine Längsachse zu rollen, zwei vollständige Sprünge ausgeführt. Der eine Sprung
hat es aus der rechten Seitenlage über den Bauch in die linken Seitenlage,
der zweite Sprung aus dieser über den Rücken wieder zurück in die
rechte Seitenlage gebracht.

Wenn ein normales Kaninchen derartige Sprünge ausführt, so kommt
es dabei vorwärts. Das einseitig labyrinthlose Tier kommt dagegen
nur wenig vorwärts und rollt statt dessen um seine Längsachse. Wie
dieses zustande kommt, erkennt man am besten aus den Serienaufnahmen, auf denen das Tier von vorne photographiert ist (Abb. 154,
S. 329). Man sieht dann, daß das Tier die Zwischenpausen zwischen
den einzelnen Sprüngen, also die Zeit, während welcher es sich in einer
der beiden Seitenlagen befindet, dazu benutzt, um die spiralige Drehung
seines Körpers wieder herzustellen, welche beim Sprunge ganz oder
teilweise aufgehoben gewesen war. Erst wenn die spiralige Drehung
sich wieder ausgebildet hat, erfolgt der nächste Sprung.

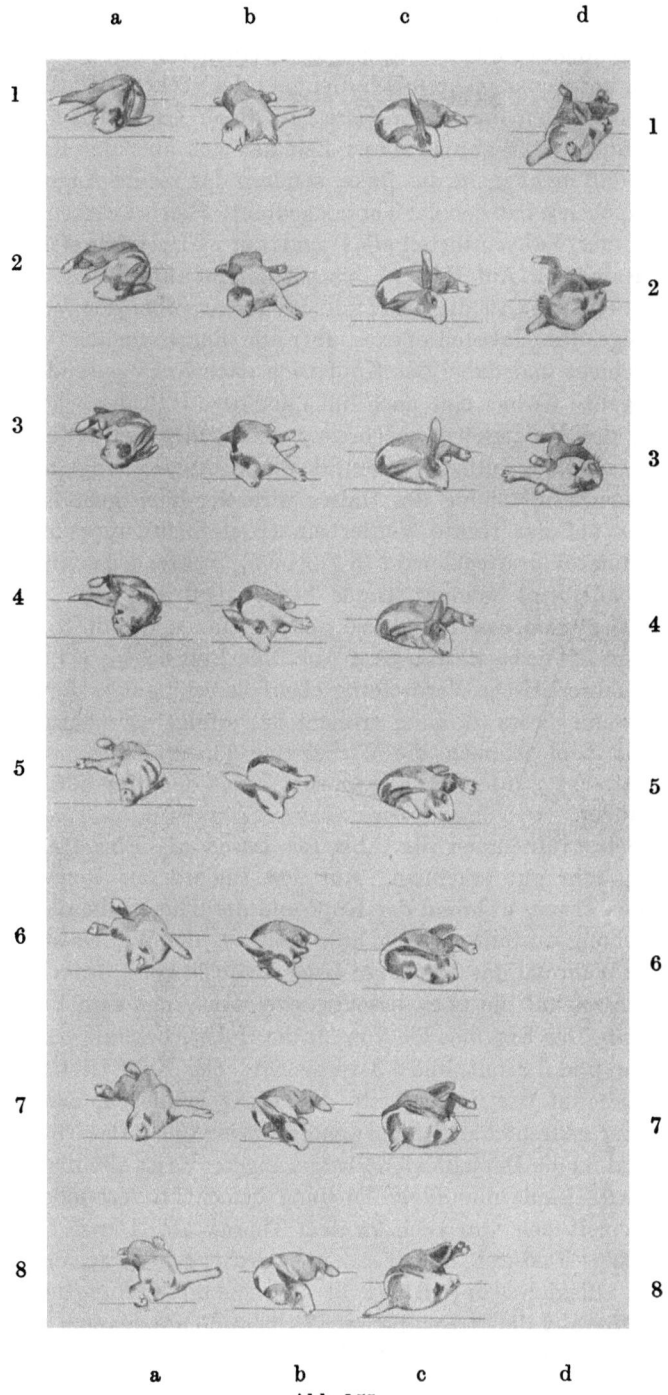

Abb. 155.

Auf Bild a 5 der Abb. 154 hat das Tier die rechte Seitenlage erreicht, nachdem es auf a 1 bis a 4 über seinen Rücken gerollt war. Es
liegt nun auf seiner rechten Schulter und der rechten Hinterbacke, die
Hinterbeine liegen links vom Tiere. In dieser Lage bleiben sie bis zu
Bild c 3 und c 4. Während dieser Zeit hat sich aber der Kopf so weit
gedreht, daß nicht mehr das linke, sondern das rechte Auge nach oben
sieht, und ebenso hat sich der Thorax gedreht. Hierbei wirken die Grunddrehung, der Labyrinthstellreflex und der Körperstellreflex auf den
Kopf zusammen. Auf Bild a 8 bis b 4 kommt infolgedessen der Kopf
aus der Seitenlage in die aufrechte Stellung, wobei der Vorderkörper
sich infolge des Halsstellreflexes über die linksliegenden Vorderbeine
hinüberschiebt und dabei der Kopf auch nach links gewendet wird, so
daß der ganze Körper eine nach links konkave Haltung bekommt. Die
Drehung des Vorderkörpers schreitet aber ruhig weiter fort (Grunddrehung und Labyrinthstellreflex), das linke Auge gelangt nach unten,
und infolge der Drehung des Halses wird der dazu gehörige tonische
Halsreflex auf das rechte Vorderbein (Kieferbein) ausgelöst, welches
dadurch tonisch gestreckt wird (b 7 bis c 5), während das linke Vorderbein (Schädelbein) weniger Tonus besitzt (c 2 und c 3). In diesem
Stadium liegt also das Tier vorne mit der linken Schulter, hinten mit
der rechten Hinterbacke auf. Auf Abb. 155, Bild c 5 bis c 7, kann man
diese charakteristische Verdrehung ebenfalls sehr gut erkennen.

Erst wenn dieses Stadium erreicht ist, erfolgt der nächste Sprung,
indem der Kopf gehoben, die Wirbelsäule dorsalflektiert und alle vier
Beine gestreckt werden. Dieser Sprung wirft das Tier auf die andere
Seite hinüber.

Die Serienaufnahmen der Abb. 154 lassen die Einzelheiten dieser
Bewegung sehr gut erkennen. Auf den Bildern der Reihe b ist der
Körper des Tieres, während der Kopf und der Thorax die oben geschilderte Drehung ausführen, nach links konkav, die Wirbelsäule ventralflektiert. Während das Tier diese Lage zunächst ruhig beibehält, dreht
sich der Kopf auf die oben beschriebene Weise mit dem linken Auge
nach unten. Das Ergebnis hiervon für die Halswirbelsäule erkennt man,
wenn man Bild b 3 mit Bild c 3 vergleicht. Der Kopf ist während der
ganzen Zeit auf der linken Seite des Tieres geblieben, dadurch, daß
er sich aber gedreht hat, ist notwendigerweise die Halswirbelsäule aus
der Ventral- in die Dorsalflexion übergegangen. Es ist also die Streckung
der Halswirbelsäule mit dieser Drehung ursächlich verbunden. Genau
dasselbe spielt sich nun auch an dem Thorax ab. Dieser bleibt nach
links konkav. Dadurch, daß er sich aber dreht, geht er aus der Ventralin die Dorsalflexion über (b 6 bis c 5). Also sind die Drehung der vorderen
Körperhälfte und die Streckung der Wirbelsäule miteinander verknüpft,
so lange die Linkskonkavität des Tieres erhalten bleibt. Die Drehung

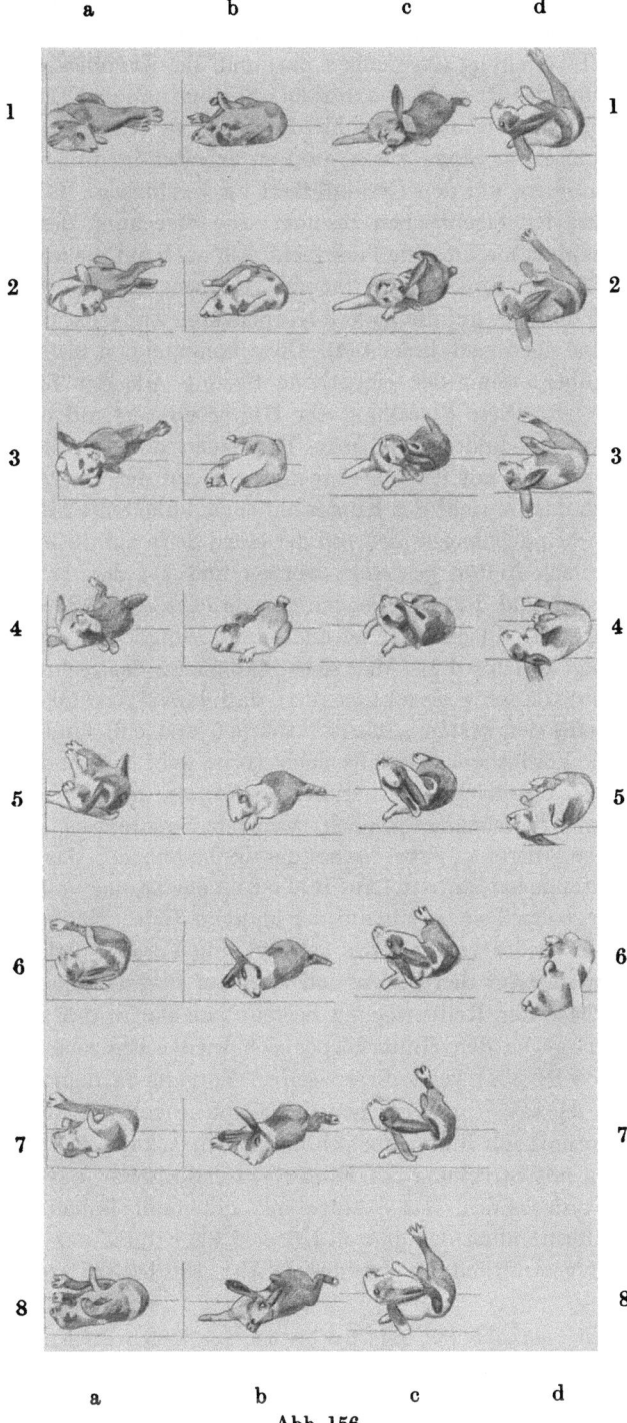

Abb. 156.

des Halses ist, wie oben gezeigt wurde, eine direkte Folge des Labyrinthausfalles. Dasselbe gilt für die Drehung des Rumpfes. Aber wenn einmal die Halsdrehung angefangen hat, muß sie, wie oben gezeigt wurde, die Drehung des Rumpfes verstärken. Springt nun das Tier und streckt dabei seine Wirbelsäule, so ist hierdurch ein weiteres Moment gegeben, das in demselben Sinne wirkt, und so arbeitet in diesem Augenblick alles zusammen, um den Gesamteffekt zu verstärken. Bild c 4 bis d 2 zeigen nun den eigentlichen Sprung. Die Streckung der Wirbelsäule wird allmählich maximal und erstreckt sich auch auf die hintere Körperhälfte. Da die Linkskonkavität des Körpers beibehalten ist, dreht sich dabei das Tier auf die andere Körperseite. Zunächst liegen aber die Hinterbeine noch nach links (c 4). Diese kommen erst nach der anderen Seite hinüber, wenn der eigentliche Sprung mit der Streckung der Beine erfolgt. Diese Streckung der Hinterbeine ist auf c 4 bis c 8 zu sehen. Auf c 8 bildet das ganze Tier einen dorsalkonkaven Bogen; es liegt nur noch mit der Oberbauchgegend auf der Unterlage auf und muß durch das Gewicht des Kopfes auf seine linke Seite hinüberfallen[1]). Die Hinterbeine gelangen also von der einen Seite auf die andere, indem sie stark nach hinten gestreckt werden und bei der darauffolgenden Beugung (d 1 und d 2) das Becken bereits nach der anderen Seite herübergefallen ist. Gleichzeitig ist auch die Sprungbewegung der Vorderbeine erfolgt (c 4 bis d 2). Man sieht, daß zuerst das rechte Vorderbein (Kieferbein) tonisch gestreckt ist (c 4), daß darauf das linke Vorderbein (Schädelbein) den ersten „Schritt" tut (c 5 und c 6), und daß danach das rechte Vorderbein ebenfalls nach vorne geht (c 7 und c 8). Diese Reihenfolge entspricht den früher (S. 74) an decerebrierten Tieren gemachten Erfahrungen, wonach, wenn bei gedrehtem Kopfe Laufbewegungen auftreten, dabei immer das „Schädelbein", das den geringeren Strecktonus hat, antritt. Auf Bild c 8 ist der Sprung voll ausgebildet. Auf d 1 liegt das Tier bereits auf der anderen Seite. Nunmehr wird die Wirbelsäule wieder ventralwärts gebeugt, die Vorder- und Hinterbeine kommen wieder auf den Boden und sind auf Bild d 4 gebeugt, und die nächste Phase der Rollbewegung besteht nun darin, daß die Drehung des Vorder- gegen den Hinterkörper sich wieder von neuem ausbildet.

Abb. 155 (S. 331) zeigt diesen selben Vorgang in deutlicher Weise. Besonders ist das Hinüberdrehen des Kopfes nach der anderen Seite, die von vorne nach hinten fortschreitende Streckung der Wirbelsäule, der Sprung mit Streckung der Hinterbeine, die tonische Streckung des rechten Vorderbeines, das „Antreten" mit dem linken Vorderbein und das Herumfallen des ganzen Körpers nach links auf den Bildern c 3 bis d 3 vortrefflich zu erkennen. Abb. 156 (S. 333) zeigt auf den

---

[1]) Dasselbe auf Abb. 158, Bild b 6 bis b 8, von hinten aufgenommen.

a   b   c   d   e

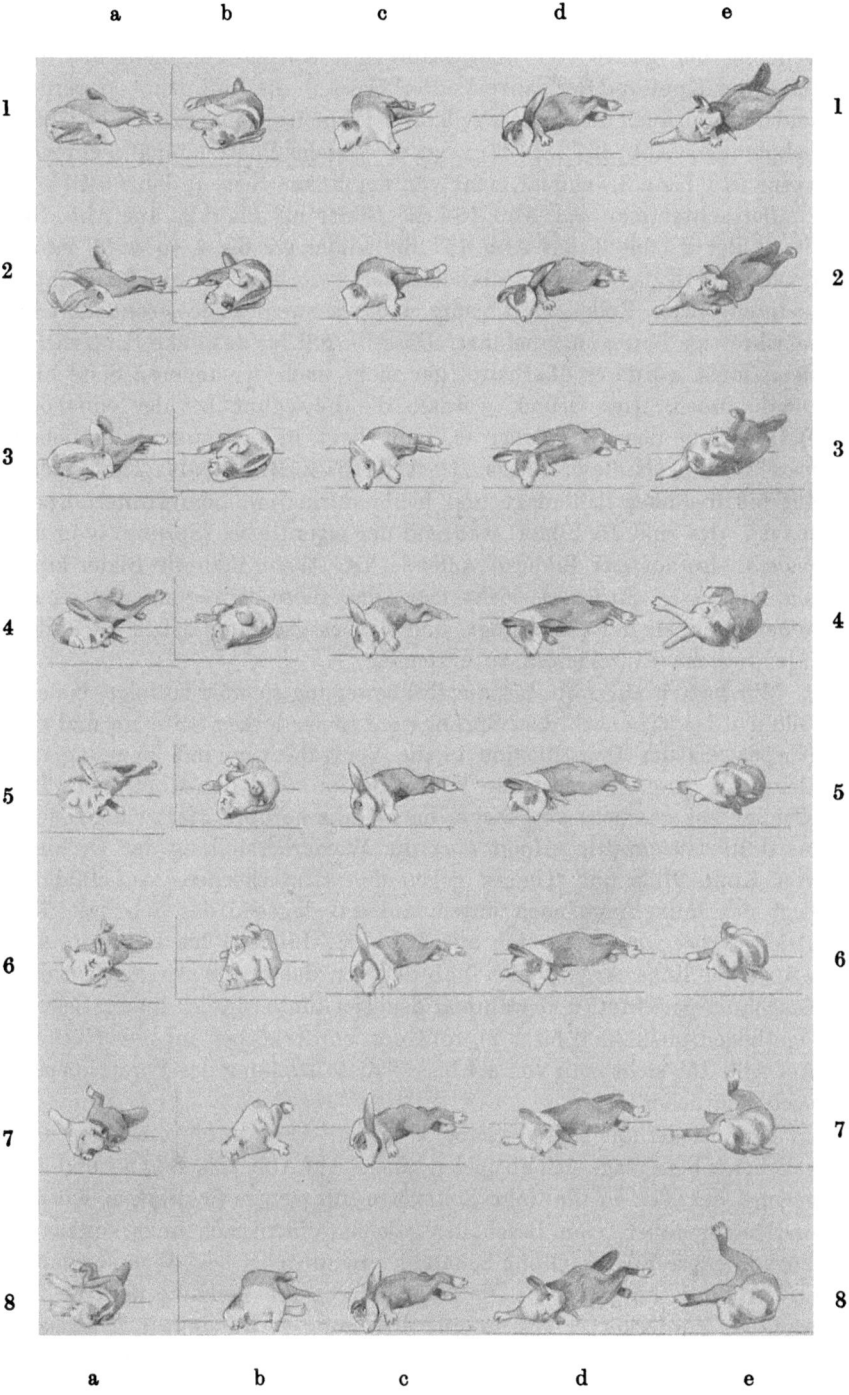

a   b   c   d   e

Abb. 157.

Bildern b 5 bis c 2 ungefähr das gleiche, nur schließt sich hieran die Ventralbeugung der gestreckten Wirbelsäule mit solcher Vehemenz an, daß
dabei der Kopf und der ganze Vorderkörper in die Luft gehoben werden
und dadurch auch diese Phase (c 3 bis d 1) einen sprungartigen Charakter
bekommen. Abb. 157 (S. 335) zeigt die gleiche Phase einmal mehr von
vorne (a 1 bis a 8), einmal mehr von der linken Seite (c 1 bis e 4).

Betrachtet man auf Abb. 154 die Bilder c 3 bis d 2, auf Abb. 155
die Bilder d 1 bis 3, auf Abb. 157 die Bilder e 2 bis 4, so wird sofort
deutlich, daß das linke Vorderbein nicht, wie die früheren Beobachter
meinten, beim Rollen ganz ruhig und unbewegt bleibt, sondern eine
sehr kräftige Bewegung ausführt. Dasselbe gilt für das linke Hinterbein;
denn sonst würde es überhaupt gar nicht nach der anderen Seite hin-
überkommen. Der Grund, weshalb die Bewegung bei der einfachen
Betrachtung dem Beschauer entgeht, liegt in der außerordentlichen
Geschwindigkeit dieser Phase. In Abb. 157 z. B. liegt das Tier bereits
auf b 8 in linker Seitenlage und bleibt darin (mit dem Hinterkörper)
bis d 7, das sind 16 Bilder, während der eigentliche „Sprung" von d 8
bis e 3, also auf vier Bildern, vollendet ist. Wenn man die Bilder kinematographisch projiziert, sieht man, daß diese Bewegung mit einem
äußerst schnellen Ruck erfolgt, und daß es ganz unmöglich ist, dabei
irgendwelche Einzelheiten zu erkennen.

Wir hatten auf Abb. 154 die Rollbewegung so weit verfolgt, bis auf
Bild d 4 das Tier nach dem Sprunge auf seiner linken Seite lag und der
Körper aus der Dorsalflexion in die Ventralflexion mit Beugung der
Beine überging. Durch diese Ventralflexion wird der Kopf (vom Beschauer aus gesehen) von rechts nach links herüber geschwungen (d 2
bis d 6). Gleichzeitig erfolgt aber die Wiederherstellung der Drehung
von Kopf, Hals und Thorax gegen den Hinterkörper. Auf Bild d 2
liegt das linke Auge nach unten, auf d 6 dagegen der Scheitel. Die
gleiche Bewegung spielt sich auf Abb. 153, Bild a 5 bis b 2, ab. Auf
a 5 ist das linke Auge, von a 7 ab dagegen das rechte Auge gegen den
Beschauer gerichtet, und während das Tier hinten in der linken Seitenlage liegen bleibt (a 6 bis b 2), rollt der Vorderkörper auf den Rücken.
Auf Abb. 156 sieht man von a 4 bis a 8 diese Drehung des Vorderkörpers
noch deutlicher.

Nun wiederholt sich derselbe Vorgang, den wir oben bei der umgekehrten Seitenlage sich abspielen sahen. Auf Abb. 156, Bild a 4 und a 5,
gelangt das Tier in die linke Seitenlage mit ventralflektiertem Körper
und bildet daher, vom Beschauer gesehen, einen nach links konkaven
Bogen. Diese Bogenstellung behält es nun zunächst bei. Wenn es daher
seinen Vorderkörper dreht, so muß dadurch die Beugung der Wirbelsäule im Vorderkörper sich in eine Streckung verwandeln (a 7, a 8 und
b 1). Damit ist der Anfang zu der nächsten Sprungbewegung gegeben,

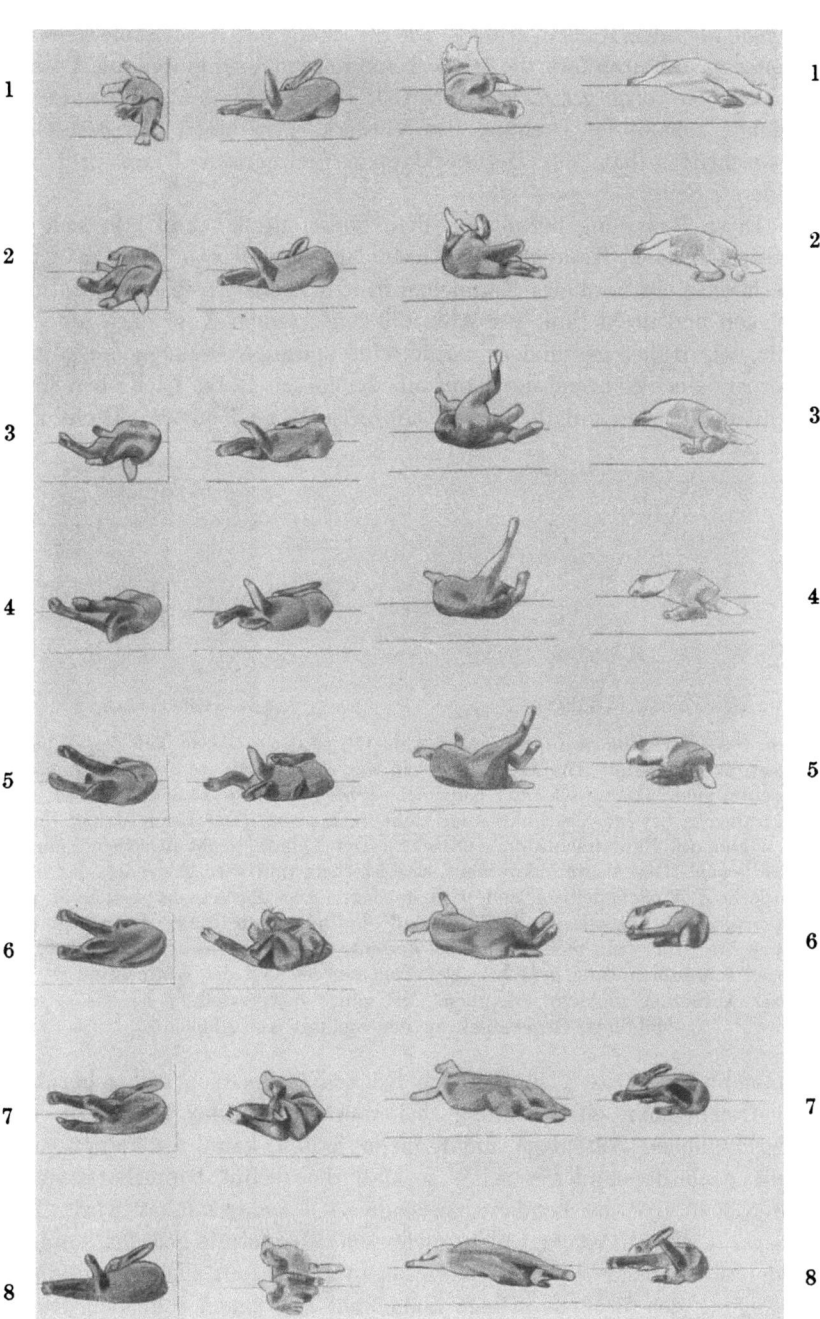

welche über den Rücken erfolgt. Die Streckung der Wirbelsäule schreitet weiter nach hinten fort, die Hinterbeine werden nach hinten, die Vorderbeine nach vorne gestreckt (Abb. 153, Bild b 3 bis b 5), und nunmehr erfolgt, sobald die Drehung des Vorderkörpers einen gewissen Grad überschritten hat, ein Herüberklappen des ganzen Tieres nach der anderen Seite.

Diese Bewegung beruht auf dem Halsstellreflex und läßt sich bei jedem normalen Kaninchen in Rückenlage hervorrufen. Legt man beispielsweise ein normales Kaninchen in symmetrischer Haltung auf den Rücken und dreht ihm, wie Abb. 159 zeigt, seinen Kopf nach links, so tritt, wie früher geschildert wurde, eine spiralige Drehung des ganzen Körpers ein. Während der Kopf mit der linken Backe nach oben sieht, sieht das Becken mit der linken Hinterbacke nach unten. Dreht man

Abb. 159. Dasselbe Kaninchen wie Abb. 116 (S. 240) wurde auf den Rücken gelegt, so daß Kopf, Thorax und Becken mit der Dorsalseite genau nach unten gerichtet sind. Darauf wird der Kopf nach links gedreht, d. h. das linke Ohr wird ventralwärts bewegt, das linke Auge sieht nach oben. (Der Kopf ist hier durch die Hand des Experimentators verdeckt.) Der Thorax bleibt in seiner früheren Lage liegen. Das rechte Vorderbein ist Kieferbein und wird gestreckt, das linke Vorderbein ist Schädelbein und wird gebeugt. Das Becken dreht sich in umgekehrter Richtung wie der Kopf, so daß die linke Hinterbacke unten liegt und das rechte Hinterbein mehr nach oben kommt. Der Körper des Tieres ist infolgedessen schraubenförmig gedreht. Der Tonusunterschied der Hinterbeine ist auf dieser Aufnahme nicht zu erkennen. Die ganze Körperstellung ist das spiegelbildliche Gegenstück zu der Stellung auf Abb. 116.

nunmehr das ganze Tier über den Rücken etwas nach rechts herüber, so erreicht man eine Stellung, bei welcher sich das Becken in der ursprünglichen Seitenlage nicht mehr halten kann, es klappt nunmehr nach der anderen Seite, so daß die rechte Hinterbacke nach unten sieht und die Lendenwirbelsäule nach rechts konkav wird. Der Körper des Tieres ist jetzt nicht mehr schraubenförmig gedreht, sondern bildet einen nach rechts offenen Bogen (Abb. 160). Die geschilderte Bewegung des Beckens erfolgt manchmal mit einem schnellen Ruck. Wird die Drehung des Tierkörpers noch weiter fortgesetzt, so liegt schließlich das Tier auf seiner rechten Seite. Das Herumschwingen des

Beckens erfolgt in der gleichen Weise, ob die Hinterbeine des Tieres gestreckt oder gebeugt sind. Auch nach Exstirpation beider Labyrinthe tritt genau dieselbe Bewegung ein.

Bestimmt man die Stellung der dorsoventralen Thoraxachse, bei welcher dieser Übergang von der einen in die andere Beckenstellung erfolgt, so ergibt sich, daß solange bei linksgedrehtem Kopfe und bei Rollen über den Rücken sich das linke Schulterblatt unten befindet, das Becken im entgegengesetzten Sinne gedreht ist wie der Kopf. Der Übergang findet bei einigen Tieren statt, wenn die dorsoventrale Thoraxachse die Vertikale passiert, bei anderen dagegen etwas später, wenn die dorsoventrale Thoraxachse bereits einen Winkel von 30—45° mit der Vertikale bildet.

Das Herumschwingen des Beckens bei diesem Übergang ist eine außerordentlich kräftige Reaktion. In manchen Fällen kann das Becken

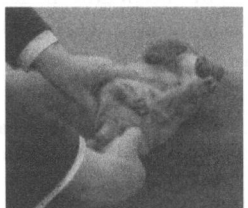 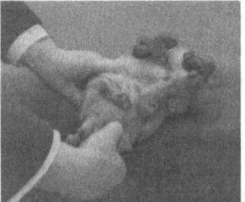

Abb. 160. Dasselbe Kaninchen in Rückenlage mit nach links gedrehtem Kopf (linkes Auge oben). Die Lage des Tieres unterscheidet sich von der auf Abb. 159 abgebildeten nur dadurch, daß das Tier als ganzes etwas nach rechts herübergedreht worden ist, so daß die dorso-ventrale Thoraxachse jetzt nicht mehr senkrecht steht, wie auf Abb. 159, sondern schräg; das rechte Schulterblatt liegt daher auf dem Tische, das linke ist etwas mehr nach oben gerichtet. Infolge dieser Lageänderung hat sich der Stand des Beckens geändert. Dasselbe ist nach der anderen Seite hinübergeschwungen, die rechte Hinterbacke liegt jetzt eher etwas tiefer, und die Lendenwirbelsäule ist nach rechts (der Kieferseite) konkav. Der Körper des Tieres ist infolgedessen nicht mehr schraubenförmig gedreht, sondern bildet einen nach der Kieferseite offenen Bogen. Die Tonusunterschiede der Extremitäten sind die gleichen wie auf Abb. 159. Das rechte Vorderbein (Kieferbein) ist maximal gestreckt, das linke (Schädelbein) ist stark gebeugt. Auf dieser Abbildung ist auch der Tonusunterschied der Hinterbeine gut sichtbar. Das rechte Hinterbein ist stark gestreckt, das linke gebeugt.

dabei eine Drehung von beinahe 180° ausführen. Vergleicht man Abb. 159 und 160, dann sieht man, daß der Beckenstand etwa um 90° verschieden ist.

Genau dieselbe Beobachtung kann man auch machen, wenn man ein einseitig labyrinthloses Kaninchen beliebig lange Zeit nach der Operation, auch wenn die Periode der Rollbewegungen längst vorüber ist, auf den Rücken legt und nach der Seite des normalen Labyrinthes über den

Rücken herüberrollen läßt. Nur hat man hier nicht mehr nötig, den Kopf in die gedrehte Stellung gegen den Thorax zu bringen, da diese schon infolge der Operation von selber eingetreten ist. Bei dieser Bewegung bleibt zunächst die spiralige Drehung des Rumpfes bestehen. Nach linksseitigem Labyrinthausfall ist also der Kopf nach links gedreht, das linke Ohr ventralwärts, die linke Hinterbacke liegt auf dem Tische. Sobald aber der Thorax mit seiner dorsoventralen Achse die Vertikale passiert hat, bei vielen Tieren erst, wenn sie 30—45° die Vertikale überschritten hat, schwingt das Becken herum, die rechte Hinterbacke kommt nach unten, und die Wirbelsäule wird nach rechts konkav. Die Bewegung ist genau die gleiche, wie sie bei normalen Kaninchen mit erzwungenem Drehstande des Kopfes beobachtet wird. In beiden Fällen scheint es, daß diese Reaktion rein mechanisch bedingt ist, indem das Becken, von einem bestimmten Stande des Vorderkörpers an, seine spiralige Drehung gegen den Thorax nicht mehr beibehalten kann und dann der Schwerkraft und dem Zuge der einseitig gespannten Stammesmuskeln folgend, herumklappt, um dann die nach der Kieferseite konkave Krümmung anzunehmen.

Wenn man bei einem linksseitig labyrinthlosen Tiere den Kopf stark nach rechts dreht, so kann man dadurch, wie früher erwähnt, auch die umgekehrte Drehung des Beckens gegen den Thorax hervorrufen. In diesem Falle gelingt es, genau das Spiegelbild der soeben geschilderten Reaktion des Beckens hervorzurufen, wenn man das Tier von rechts nach links über seinen Rücken rollen läßt. Dann ist zunächst der Rumpf spiralig gedreht, so daß die rechte Hinterbacke unten liegt, um dann der Drehung des Thorax folgend nach links hinüberzuklappen, worauf die Lendenwirbelsäule nach links konkav wird.

Genau dieselbe Bewegung erfolgt nun auch bei den Rollbewegungen, wenn das Tier über den Rücken rollt. Sie ist am übersichtlichsten zu erkennen auf den Serienaufnahmen, auf welchen das Tier von hinten aufgenommen ist (Abb. 158, S. 337). Doch wird sie auch auf den Abb. 153 bis 157 deutlich. Auf Abb. 158 ist das Tier bei c 1 durch den „Sprung" über den Bauch in die linke Seitenlage gekommen. Bei c 2 beginnt bereits die Drehung des Vorderkörpers. Auf c 3 hat das rechte Vorderbein die Vertikale passiert, auf c 6 sind beide Vorderbeine sichtbar, und die dorsoventrale Thoraxachse hat die Vertikale passiert. Auf c 6 liegt die linke Hinterbacke noch auf dem Tische, auf c 7 und c 8 erfolgt das Herumschwingen des Beckens, und auf d 2 liegt die rechte Hinterbacke unten, das Tier hat die rechte Seitenlage erreicht. Die Hinterbeine sind auf c 2 noch gebeugt. Auf c 3 wird das rechte Hinterbein (Kieferbein) im Knie- und Fußgelenk gestreckt, das andere Hinterbein folgt, auf c 5 beginnt die Streckung der Hüfte, auf c 6 die der Lendenwirbelsäule, und das Tier rollt dann (c 7 und c 8) in ganz gestrecktem Zustand über seinen Rücken. Diese Bewegung erfolgt wieder mit einem schnellen Ruck. Beim Herumklappen der Lendenwirbelsäule handelt es sich um

eine rein passive Bewegung des gedrehten Beckens, welches einfach
durch die Schwerkraft und den Muskelzug der anderen Seite herüber-
gezogen wird. Unterstützt wird diese Bewegung aber beim Rollen
durch die kräftige Streckung der Beine und der Wirbelsäule. Auch
Winkler hat bereits diese Phase der Rollbewegung als etwas Besonderes
herausgehoben und faßt sie als eine Willkürreaktion des Tieres auf,
wenn es durch das Rollen in eine unmögliche Körperstellung hinein-
gebracht wird.

Ich stimme im Prinzip mit Winkler überein, nur braucht man
nach den oben angeführten Erfahrungen an normalen Tieren in dieser
Bewegung keine Willkürreaktion zu sehen. Auch Thalamustiere mit
vollständiger Großhirnexstirpation zeigen, wenn sie nach einseitiger
Labyrinthexstirpation rollen, diese Phase gerade so gut wie einseitig
labyrinthlose Kaninchen mit intaktem Großhirn.

Wir wollen nun nochmals zu derjenigen Lage zurückkehren, welche
das Tier einnimmt, ehe es über den Rücken rollt, also bei unserem Beispiel die linke Seitenlage Abb. 155, a 1. Ein Kaninchen, welches keine
Rollbewegungen ausführt und welches die Labyrinthexstirpation schon
mehrere Tage hinter sich hat, ist imstande, aus dieser Lage mit Hilfe
des Körperstellreflexes auf den Körper aufzusitzen. Unmittelbar nach
der Operation ist dieser Reflex häufig noch nicht kräftig ausgebildet,
und das Tier bleibt, wenn es nicht rollt, in linker Seitenlage liegen,
was der Ruhelage des Labyrinthstellreflexes auf den Kopf entspricht.

Beim Rollen über den Rücken dagegen kombiniert sich in der beschriebenen eigenartigen Weise das allmähliche Zunehmen der Grunddrehung des Kopfes mit anschließendem Halsstellreflex und die Sprungbewegung, welche zur Dorsalbeugung von Kopf und Vorderkörper
führt und das Tier schließlich in rechte Seitenlage herüberwirft, welche
auf Abb. 155, b 1 und auf Abb. 158, b 2 erreicht ist. Von dieser Stellung
ging oben S. 332 die Schilderung der Rollbewegungen aus. Es beginnt
nunmehr die folgende Rollung in genau der gleichen Weise, indem das
Tier zunächst die Drehung seines Vorderkörpers wiederherstellt, darauf
durch einen „Sprung" über seinen Bauch in die andere Seitenlage kommt,
danach wieder die Drehung des Vorderkörpers herstellt und danach
wieder durch einen „Sprung" über seinen Rücken rollt; und so geht
es weiter, bis irgendein äußeres Hindernis oder die Ermüdung dem Rollen
ein Ziel setzt.

Da in den beiden Seitenlagen das Tier seine Wirbelsäule ventralwärts krümmt, so erhält man, wenn man auf ein am Boden rollendes
Tier von oben herabsieht, einen sehr merkwürdigen Anblick, da der
ganze Körper fortwährend hin und her schwingt, indem er bald nach
rechts, bald nach links konkav wird. Der Übergang zwischen diesen
beiden Stellungen erfolgt jedesmal durch eine der beiden „Sprung-

phasen", welche beide mit sehr großer Geschwindigkeit ausgeführt werden, so daß man mit bloßem Auge nur die Krümmungen erkennen kann, nicht aber die Art, wie sie zustande kommen.

Nach der hier gegebenen, auf kinematographische Aufnahmen gestützten Darstellung sind also die Rollbewegungen einseitig labyrinthloser Kaninchen Lauf- und Springbewegungen von Tieren, deren Körper infolge dieses Eingriffes spiralig gedreht ist und die infolgedessen sich dabei durch den Raum hindurchschrauben. Diese Lauf- und Sprungbewegungen sind zum Zustandekommen des wirklichen Rollens unerläßlich. Vor allem kann das Rollen über den Bauch nur dann erfolgen, wenn dabei die Wirbelsäule und die Hinterbeine gestreckt werden. Denn sonst können die Hinterbeine nicht nach der anderen Seite hinübergebracht werden. Wohl kann es vorkommen, daß ein ruhig dasitzendes Tier aus irgendeinem Grunde einmal auf seine labyrinthlose Seite umfällt, danach seinen Vorderkörper dreht und infolgedessen einmal über seinen Rücken rollt. Wenn es aber auf die andere Seite kommt, so setzt es sich danach gewöhnlich wieder auf; in anderen Fällen dient diese abnorme Lage dann als Reiz für die Auslösung einer richtigen Sprungbewegung[1]).

Durch diese Auffassung des Rollens wird auch die alte Streitfrage gegenstandslos, ob das Rollen als eine Reiz- oder Ausfallserscheinung aufzufassen sei. In Wahrheit ist sie beides. Die spiralige Drehung des Körpers ist eine Ausfallserscheinung, teilweise direkt verursacht durch den Labyrinthverlust, teilweise sekundär verursacht durch die Drehung des Halses, welche ihrerseits wieder eine direkte Ausfallserscheinung ist. Die Lauf- und Sprungbewegungen treten dagegen, wie bei jedem normalen Tiere, auf Reiz ein. Daher sind die Rollbewegungen auch um so heftiger und dauern um so länger an, je mehr bei der Labyrinthexstirpation der Octavusstamm mißhandelt worden ist, je mehr Blutung dabei aufgetreten ist usw. Mit zunehmender Übung bei der Operation wird das Rollen danach immer geringer; man kann Tiere operieren, welche nach der Operation nur wenige oder gar keine Rollbewegungen

---

[1]) So haben wir mehrmals gesehen, daß einseitig labyrinthlose Kaninchen 1—2 Monate nach der Operation, wenn die Periode der Rollbewegungen längst vorüber ist, aber die Kopfdrehung ihr Maximum erreicht hat, wieder anfangen, über ihren Rücken zu rollen. Setzt man ein solches Tier auf den Boden, so nimmt seine Kopfdrehung langsam zu und erreicht nach 1—2 Minuten 135°. Dabei wird das vordere „Kieferbein" stark gestreckt und abduziert. Hierdurch und durch das Übergewicht des Kopfes fällt das Tier dann auf die Seite des Labyrinthverlustes. Jetzt rollt es einmal über seinen Rücken auf die andere Seite und setzt sich dann ruhig auf. Nunmehr kann die Kopfdrehung wieder zunehmen und dasselbe Spiel sich mehrmals wiederholen. Stets aber wird nur je eine Rollung über den Rücken ausgeführt und das Tier sitzt danach wieder (vgl. das Protokoll S. 283).

ausführen und schon nach wenigen Stunden ruhig dasitzen; zu diesem Zwecke muß man nach Fortnahme des Vestibulums den Stamm des Oktavus möglichst unberührt lassen. Bei den späteren Operationen war es gewöhnlich möglich, vorherzusagen, ob das Tier stark oder schwach rollen würde. Der Hauptreiz für die Auslösung der Lauf- und Sprungbewegungen liegt also in der Operationswunde. Doch kann dieser Reiz auf die verschiedenste Weise von anderen Körperstellen aus verstärkt werden. Jedes Anfassen oder Untersuchen der Tiere ist imstande, einen Anfall von Rollungen auszulösen. Durch das Gesagte wird es verständlich, warum ein Tier manchmal ruhig dasitzen, dann aber kurz darauf mit der größten Heftigkeit durch das ganze Zimmer rollen kann.

Daß beim Rollen eine wenn auch geringere Vorwärtsbewegung des ganzen Körpers zustande kommt, lehrt ein Vergleich von Bild a 5 und c 8 auf Abb. 153 und von Bild a 1 und d 7 auf Abb. 154.

Wenn wirklich, wie im vorhergehenden gezeigt wurde, die Rollbewegungen aufzufassen sind als Lauf- und Sprungbewegungen von Tieren, deren Körper spiralig gedreht ist, so muß man das Rollen nicht nur dadurch verhindern bzw. einschränken können, daß man alle Reize fernhält und die Operation am Octavus so schonend als möglich ausführt, sondern auch dadurch, daß man die spiralige Drehung des Körpers aufhebt oder vermindert. Das ist nun auch tatsächlich der Fall. Man kann jeden, auch den heftigsten Anfall von Rollbewegungen dadurch unterbrechen, daß man den Kopf gegen den Thorax geradesetzt. Dann setzt sich das Tier in den meisten Fällen gerade auf und rollt nicht mehr. Oder es fährt in seinen Lauf- und Strampelbewegungen fort; dieselben führen aber nicht mehr zu Rollungen, sondern lassen das Tier symmetrisch nach vorn springen. Läßt man den Kopf wieder frei, so beginnen sofort wieder die stärksten Rollbewegungen.

Wie oben gezeigt worden ist, wird durch das Geradesetzen des Kopfes zugleich auch die Drehung des Thorax gegen das Becken vermindert und außerdem der Tonusunterschied zwischen den Extremitäten der beiden Körperseiten verringert. Alles dieses wirkt in demselben Sinne wie die Aufhebung der Kopfdrehung selber mit dem Ergebnis, daß nunmehr Lauf- und Sprungbewegungen kein Rollen mehr veranlassen können.

Hierzu stimmt die Beobachtung, daß Kaninchen, denen die oberen cervicalen Hinterwurzeln durchtrennt sind, nach einseitiger Labyrinthexstirpation keine Rollbewegungen ausführen, wie folgendes Versuchsbeispiel (16) zeigt.

Kaninchen. 25. September 1913. Durchschneidung der drei oberen cervicalen Hinterwurzelpaare. Das Tier sitzt am nächsten Tage tadellos aufrecht mit nur wenig Kopfschwanken. Es läuft in den nächsten Tagen täglich einige Stunden im Hof herum und zeigt dabei wenig Störungen. Nach 25 Tagen (20. Oktober) wurde folgender Befund erhoben: Das Tier sitzt normal, manchmal werden die

Vorderbeine noch gestreckt gehalten. Beim Laufen und Springen geringe Ungeschicklichkeit, in Normalstellung sind durch passives Heben und Senken des Kopfes keine deutlichen tonischen Halsreflexe auf die Vorderbeine auszulösen, welche das Tier jedoch sehr gut aktiv strecken und beugen kann. In Rückenlage sind auf Kopfdrehen schwache, aber zweifellos tonische Halsreflexe auszulösen (Abnahme des Strecktonus im vorderen „Schädelbein", Zunahme im „Kieferbein"). Hinterbeine reagieren nur sehr schwach. Dagegen ist ein Einfluß des Kopfdrehens auf den Rumpf (Halsstellreflexe) nicht nachzuweisen.

Bei diesem Kaninchen hatte also die Durchschneidung der drei oberen cervicalen Hinterwurzelpaare nicht hingereicht, um die tonischen Halsreflexe auf die Extremitäten vollständig zum Verschwinden zu bringen. Dieselben waren nur deutlich abgeschwächt; durch Drehen ließ sich noch ein Einfluß auf den Tonus der Vorderbeine ausüben, während auf Kopfheben und -senken keine nachweisbaren Halsreflexe mehr eintraten. Die Halsstellreflexe auf die Rumpfmuskulatur waren dagegen vollständig aufgehoben.

Am 31. Oktober wurde das linke Labyrinth durch de Kleyn exstirpiert. Hierbei wurde nach Freilegung und Ausräumung der Bogengangsöffnungen der N. octavus im Porus acusticus internus mit der Pinzette umgangen und dabei absichtlich etwas malträtiert. Nach unseren zahlreichen Erfahrungen führt ein normales Kaninchen nach einer derartigen Operation mit Sicherheit die heftigsten Rollbewegungen aus. Dieselben fehlten dagegen bei diesem Tiere mit abgeschwächten Halsreflexen.

1 Stunde nach der Operation sitzt das Tier gut aufrecht auf dem Boden, Kopf 45° nach links gedreht und ebensoviel gewendet, horizontaler Kopfnystagmus, rechtes Vorderbein gestreckt abduziert, bei Geradesetzen des Kopfes ändert sich dieses nicht. Das Tier ist seit dem Erwachen aus der Narkose dauernd beobachtet worden und hat kein einziges Mal gerollt. Wohl macht es anfallsweise heftige Lauf- und Springbewegungen, aber diese führen niemals zu Rollungen, sondern das Tier kommt entweder dadurch vorwärts oder fällt auf die Seite und setzt sich darauf sofort wieder auf. Es kann sich aus der rechten Seitenlage ohne Schwierigkeiten aufsetzen.

Am nächsten Tage ergibt sich im wesentlichen dasselbe. Der Kopf ist jetzt um 90° nach links gedreht. Beim Sitzen ist das rechte Vorderbein gestreckt abduziert. Beim Geradesetzen des Kopfes und beim Überdrehen des Kopfes (bis zu 45°) nach rechts ändert sich die Stellung des rechten Vorderbeines nicht. Das Tier rollt nicht. Wenn es auf die linke Seite fällt, kann es sich ohne Schwierigkeiten wieder aufsetzen. In Hängelage mit dem Kopfe nach unten ist der Thorax 30°, die obere Thoraxapertur 45°, der Kopf 60° gegen das Becken gedreht. Bei Geradesetzen des Kopfes bleibt die Drehung des Thorax unvermindert. In Rückenlage hat das linke Vorderbein viel geringeren Strecktonus als das rechte. Beim Geradesetzen des Kopfes bleibt dieser Unterschied unverändert. Das Tier ging 6 Tage nach der Labyrinthexstirpation ein. Die Aufhebung des Halsstellreflexes durch die cervicale Hinterwurzeldurchschneidung hat also genügt, um das Entstehen von Rollbewegungen bei diesem Tiere zu verhindern.

Sehr viel schwieriger ist es, nach einseitiger Labyrinthexstirpation bei sonst intakten Kaninchen durch Drehen des Kopfes nach der anderen Seite das Tier dazu zu bringen, nach der anderen Seite zu rollen. Dieses gelingt nur in einer Minderzahl der Fälle. Der Grund hierfür ist leicht zu erkennen. Da in den ersten Tagen nach der Operation durch Geradesetzen des Kopfes die Rumpfdrehung und der Tonusunter-

schied der Extremitäten nur zu einem Teile rückgängig gemacht
werden können, so ist erst ein gewisser Grad von Überdrehung des
Kopfes nach der anderen Seite nötig, um die Stellungsanomalie vollständig zu kompensieren. Daher wird auch bei stärkerer Drehung
des Kopfes nach der anderen Seite die umgekehrte Rumpf- und Thoraxdrehung immer nur in geringem Grade auftreten können, so daß dieses
nicht genügend ist, um das Rollen nach der anderen Körperseite zustande
kommen zu lassen.

Zum Schlusse ist noch die Frage zu erörtern, ob es gelingt, ein
normales Kaninchen, das sich im Besitze seiner beiden Labyrinthe
befindet, durch Drehen seines Kopfes zu Rollbewegungen zu veranlassen. Wie oben Seite 338 gezeigt wurde, kann man jedes normale
Kaninchen, dem man den Kopf gedreht hat, aus der Seitenlage über den
Rücken in die andere Seitenlage rollen lassen, wobei das Tier genau
die gleichen Bewegungen ausführt wie ein rollendes Labyrinthkaninchen.
Wenn das normale Tier aber über den Rücken gerollt ist, setzt es sich
gewöhnlich sofort wieder auf und befindet sich dann in normaler Hockstellung. Nur wenn man es zufällig so trifft, daß das Kaninchen gerade
Sprung- oder Strampelbewegungen macht, so rollt es auch über seinen
Bauch und kann dann mehrere vollständige Rollungen hintereinander
ausführen. Es ist uns dieses verschiedene Male bei normalen Kaninchen
in der deutlichsten Weise gelungen, doch kann man dieses Zusammentreffen nicht jedesmal nach Willkür hervorrufen, und dieser Versuch
eignet sich daher nicht zu Demonstrationen.

In dem vorstehenden Abschnitte konnte auf Grund einer Reihe von
Serienaufnahmen eine Analyse der Rollbewegungen einseitig labyrinthloser Kaninchen gegeben werden. Es handelt sich um Sprung- oder
Laufbewegungen bei Tieren, deren Körper infolge der Operation eine
spiralige Drehung bekommen hat, und die daher nicht vorwärts springen,
sondern sich durch den Raum schrauben. Eine ganze Rollung um die
Längsachse kommt durch zwei Sprünge zustande, von denen der eine
das Tier über seinen Bauch, der andere über seinen Rücken dreht. Dabei
werden jedesmal Extremitäten und Wirbelsäule gestreckt. Durch diese
Sprünge kommt das Tier abwechselnd in die rechte und linke Seitenlage,
wobei es seine Beine beugt und die Wirbelsäule ventralflektiert. Sobald
die eine oder die andere Seitenlage erreicht ist, beginnt sich der Vorderkörper zu drehen, wodurch sich die während des Sprunges verloren-
gegangene Drehung des Rumpfes wiederherstellt.

Das Rollen erfolgt anfallsweise, zwischen den einzelnen Anfällen
kann das Tier ruhig dasitzen.

Das Rollen über den Rücken kann man bei normalen Kaninchen
dadurch nachahmen, daß man sie mit gedrehtem Kopfe aus der einen

Seitenlage über den Rücken in die andere bewegt. Dabei erfolgt dann genau dasselbe Herumschwingen des Beckens und der Hinterbeine wie bei rollenden Labyrinthkaninchen.

Durch Geradesetzen des Kopfes kann man die Rollungen sofort unterbrechen.

Die zum Zustandekommen des Rollens erforderliche spiralige Drehung des Körpers ist nach den Ergebnissen der früheren Abschnitte als Ausfallserscheinung, die Anfälle von Laufbewegungen sind als Reizerscheinung aufzufassen.

Augenablenkung und Nystagmus (15, 27, 38, 82b).

Sobald nach der einseitigen Labyrinthexstirpation die tiefe Narkose zurückgeht, wird die von allen Autoren festgestellte Augenabweichung deutlich. Das Auge der operierten Seite wird ventralwärts (nach unten) und etwas nach vorne abgelenkt, das Auge der anderen Seite dorsalwärts (nach oben) und manchmal etwas nach hinten. Gleichzeitig beginnt ein heftiger Nystagmus, indem die Augen, wenn sie das Maximum der Ablenkung erreicht haben, durch einen schnellen Ruck zurück gegen die Mittelstellung zu bewegt werden. Danach geht das Auge wieder mit einer langsameren Bewegung in die abgelenkte Stellung über, um alsbald durch eine neue Nystagmusbewegung zurückgeworfen zu werden. Die Augenablenkung erfolgt also beiderseits nach der Seite der Labyrinthexstirpation, die schnelle Nystagmusbewegung nach der nichtoperierten Seite. Diese Schilderung gilt für Kaninchen, wenn sie nach der Operation auf der Seite liegen oder wenn sie sich, aus der Narkose erwacht, aufgesetzt haben. Dann halten sie den Kopf nach der Seite der Operation gedreht und gewendet, d. h. die Schnauze ist nach der operierten Seite gekehrt, und das Ohr der operierten Seite ist durch Drehung des Kopfes ventralwärts bewegt worden. Beim sitzenden Tier sieht dann das Auge der operierten Seite nach dem Boden, das Auge der normalen Seite nach der Decke.

Die Augendeviation geht im Lauf der ersten Tage etwas zurück, bis zu einem Grade, der dann als Dauerfolge unverändert bestehen bleibt. Dieser Zustand ist bereits oben Seite 166 genau beschrieben worden. Wenn einige Zeit nach der Operation das Tier frei im Käfig sitzt und seinen Kopf 70—90° nach der operierten Seite gedreht hält, so steht das nach oben zur Decke gerichtete Auge der nichtoperierten Seite entweder ganz normal oder es ist noch etwas nach oben (dorsalwärts) abgelenkt. Das nach dem Fußboden gerichtete Auge der operierten Seite ist dagegen meistens auch in diesem Stadium noch deutlich, wenn auch nicht sehr stark, ventralwärts abgelenkt. Überhaupt ist, wie schon verschiedene Untersucher sahen, die Ablenkung des Auges der operierten Seite gewöhnlich stärker als die der anderen Seite. In dieser Seitenlage des Kopfes mit dem intakten Labyrinth nach oben hat die vertikale Augendeviation ihr Minimum. Sobald man aber den Kopf in die umgekehrte Lage im Raume bringt (Sagittalachse horizontal, intaktes Labyrinth nach unten), so wird die Augenabweichung maximal und kann so weit gehen, daß nur noch die weiße Sclera in der Lidspalte sichtbar bleibt. Das Auge auf der operierten Seite ist dann maximal ventralwärts und etwas nach vorne abgelenkt, das andere Auge maximal dorsalwärts (manchmal etwas nach vorne, manchmal etwas nach hinten). In allen übrigen Lagen des Kopfes im Raume nimmt die vertikale Augenabweichung Werte an, welche zwischen diesen beiden Extremen liegen. Die Deviation der Augen wird jeweils so lange beibehalten, als sich der Kopf in der betreffenden Stellung befindet.

In dem Abschnitt über kompensatorische Augenstellungen (siehe oben Seite 166) ist die Augenabweichung nach einseitiger Labyrinthexstirpation bereits auf die Wirksamkeit der von dem übrigbleibenden Labyrinthe ausgehenden tonischen Labyrinthreflexe auf die Augenmuskeln zurückgeführt worden.

Das übrigbleibende Labyrinth wirkt auf die gleichnamigen Obliqui beider Augen und daher auf die Rollungen derselben gleichsinnig, dagegen auf den Rectus sup. des gleichseitigen und den Rectus inf. des gekreuzten Auges, und beeinflußt daher die Vertikalabweichungen der beiden Augen gegensinnig.

Das übrigbleibende Labyrinth ruft an beiden Augen die größte Vertikalabweichung von der Normalstellung hervor, wenn es sich bei Seitenlage des Kopfes unten befindet; dann ist der Rectus sup. der gleichen und der Rectus inf. der gekreuzten Seite im Zustande größter Verkürzung. Wenn sich dagegen das intakte Labyrinth bei Seitenlage des Kopfes oben befindet, ist sein Einfluß auf die genannten beiden Muskeln gering, und das Auge ist entweder gar nicht oder minimal in vertikaler Richtung abgelenkt.

Das übrigbleibende Labyrinth ruft an beiden Augen die größte Rollung durch Kontraktion der beiden Obliqui inferiores hervor, wenn der Kopf sich vertikal mit der Schnauze nach unten befindet, umgekehrt ruft ein Labyrinth an beiden Augen die größte Rollung durch Kontraktion beider Obliqui superiores hervor, wenn der Kopf sich vertikal mit der Schnauze nach oben befindet. Das Ausmaß der Rollungen ist beim Vorhandensein nur eines Labyrinthes etwa halb so groß, als wenn beide Labyrinthe intakt sind (durchschnittlich etwa 45°).

Da die beiden Labyrinthe die vertikalen Augenmuskeln beider Augen gegensinnig beeinflussen, muß es nach dem Fortfall eines Labyrinthes zu der beschriebenen vertikalen Abweichung kommen.

Dagegen werden die schrägen Augenmuskeln von beiden Labyrinthen gleichsinnig beeinflußt, und es ist daher nach dem Fortfall eines Labyrinthes kein Grund zu einer rotatorischen Deviation gegeben.

Während die bleibende Augen deviation nach einseitiger Labyrinthexstirpation in ihrer Hauptrichtung konstant ist, kommen in der Richtung des in den ersten Tagen nach der Operation vorhandenen vorübergehenden Nystagmus individuelle Unterschiede vor. In der Mehrzahl der Fälle ist die Hauptrichtung der schnellen Phase des Nystagmus am Auge der operierten Seite nach oben, am Auge der gekreuzten Seite nach unten. Manchmal schlägt der Nystagmus mit der schnellen Phase am Auge der operierten Seite nach oben vorne, am Auge der gekreuzten Seite nach unten hinten, ja es kann auch vorkommen, daß die schnelle Phase des Nystagmus auf der operierten Seite horizontal nach vorne, am gekreuzten Auge horizontal nach hinten geht. Wovon diese Unterschiede abhängen, läßt sich bisher noch nicht mit voller Sicherheit sagen. Ein Moment wird jedenfalls durch die Kopfstellung und die dadurch hervorgerufenen Raddrehungen gegeben. Wenn nämlich beispielsweise bei der Kopfstellung a der Nystagmus vertikal nach unten schlägt, kann bei der Kopfstellung b, wenn hierdurch eine Raddrehung von 45° ausgelöst worden ist, derselbe Nystagmus schräg nach unten und hinten schlagen usw. Weitere Ursachen für dieses Verhalten können erst später besprochen werden (s. u. S. 368 und 534 ff.).

Wie dem auch sei, jedenfalls hat sich herausgestellt, daß man die Größe des Nystagmus beherrschen kann, je nach der Stellung, welche man dem Kopfe im Raume gibt. Sobald man nämlich den Kopf oder das ganze Tier so in Seitenlage dreht, daß sich das intakte Labyrinth unten befindet, und infolgedessen die vertikale Augenabweichung maximal wird, so schwindet der Nystagmus ganz oder fast ganz. Umgekehrt ist der Nystagmus am stärksten, wenn die Ablenkung des Auges ihr Minimum erreicht, d. h. bei derjenigen Seitenlage des Kopfes, bei welcher sich das intakte Labyrinth oben befindet. Bei allen anderen Stellungen des Kopfes im Raume sind Augenabweichung und Nystagmus von intermediärer Größe. Setzt man z. B. beim sitzenden Tiere den Kopf gegen den Körper gerade, so daß sich der Scheitel oben befindet und die beiden Augen seitwärts gerichtet sind, so nimmt in jedem Falle der Nystagmus ab, in einzelnen Fällen kann er sogar ganz verschwinden. Dreht man den Kopf weiter, bis sich das Auge der operierten Seite oben befindet, so ist in einer Reihe von Fällen der Nystagmus ganz aufgehoben, in anderen Fällen ist er noch ganz schwach angedeutet vorhanden.

Bekanntlich schwindet der Nystagmus nach verschieden langer Zeit. Manchmal ist er bereits nach 24 Stunden, in der Mehrzahl der Fälle nach 48 Stunden nicht mehr vorhanden. In einem Falle war er am dritten, in einem anderen sogar am vierten Tage noch zu sehen. Er läßt sich dann meistens noch eine Zeit lang wieder vorübergehend hervorrufen, wenn man das Tier reizt, ihm verschiedene Lagen gibt usw. Schließlich läßt sich dann aber bei einem solchen Tiere dieser Spontannystagmus nicht mehr hervorrufen.

Beziehungen zwischen Kopfdrehung und Augenabweichung.

Wir haben bisher als direkte Folgen des einseitigen Labyrinthausfalles unter anderem die vertikale Augenabweichung und die Kopfdrehung kennengelernt. Es erhebt sich nunmehr die Frage, inwieweit diese beiden Symptome voneinander abhängig sind und sich gegenseitig beeinflussen.

Drehung des Kopfes führt, wie oben Seite 174 gezeigt wurde, durch tonische kompensatorische Halsreflexe zu Vertikalabweichungen der Augen. Sitzt das Tier nach rechtsseitiger Labyrinthexstirpation in Normalstellung und hat seinen Kopf nach rechts, d. h. nach rechter Seitenlage gedreht, so wird hierdurch das linke Auge nach unten, das rechte Auge nach oben abgelenkt. Bringt man das Tier in verschiedene Lagen im Raume, so nimmt, wie oben gezeigt wurde, der Grad der Kopfdrehung entweder zu oder ab. Es fragt sich, ob hierdurch die primär durch den Labyrinthausfall bedingte Augenabweichung wesentlich verstärkt oder vermindert wird. Hierauf geben die folgenden Versuchsprotokolle (*60*) eine deutliche Antwort.

1. Graues Kaninchen. 19. November 1921 rechtsseitige Labyrinthexstirpation. — 22. November. Bei Hängelage mit dem Kopfe nach unten Grunddrehung von über 90°. — Beim Sitzen ist der Kopf nur wenig (0—20°) nach rechts gedreht. Steht der Kopf in Normalstellung im Raume, so ist das linke Auge etwas nach oben vorne, das rechte Auge etwas nach unten abgelenkt. Das linke Auge hat Nystagmus horizontal nach hinten (ohrwärts), das rechte Auge nach vorne.

a) Kopf genau in rechter Seitenlage, Körper in Normalstellung: Linkes Auge etwas nach vorne, aber keine Spur nach oben oder unten abgelenkt.

b) Kopf in rechter Seitenlage, Körper gleichfalls in rechter Seitenlage: Auge steht wie bei a.

c) Kopf in rechter Seitenlage, Körper von rechter Seitenlage aus in Rückenlage gedreht: Linkes Auge etwas nach oben abgelenkt, der Unterrand der Cornea ist aber noch nicht frei.

d) Kopf in rechter Seitenlage, Körper von Normalstand aus in linke Seitenlage gedreht: Linkes Auge geht etwas nach unten, Sclera nicht frei. Dieses erfolgt erst, wenn der Körper 270° gegen den Kopf in Rückenlage gedreht wird

Ergebnis: Geht man von der Spontanhaltung des Tieres nach einseitiger Labyrinthexstirpation aus, so ist der Einfluß der Halsdrehung auf die Augenstellung bis 90° Null oder sehr gering. Erst Halsdrehungen von 180—270° haben stärkeren Einfluß.

2. Schwarzes Kaninchen. 19. November 1921 rechtsseitige Labyrinthexstirpation. — 22. November. Sitzt von Zeit zu Zeit auf oder liegt in rechter Seitenlage; manchmal Rollbewegungen nach rechts. Kein Nystagmus.

a) Kopf in rechter Seitenlage (Mundspalte vertikal, naso-occipitale Achse horizontal), Körper in Normalstellung: In der Lidspalte ist auch bei voller Öffnung nichts von Sclera zu sehen. Bei Öffnung der Augenlider sieht man das linke Auge eine Spur nach oben abgelenkt.

b) Kopf in rechter Seitenlage, Körper ebenfalls in rechter Seitenlage: Augenstellung kaum verändert.

c) Kopf in rechter Seitenlage, Körper weiter gedreht, so daß er in Rückenlage kommt: Jetzt erst wird der Halsreflex auf die Augen deutlich und das Auge geht nach oben.

d) Kopf in rechter Seitenlage, Körper nunmehr in umgekehrter Richtung gedreht bis in linke Seitenlage: Augenstellung im Vergleich mit a kaum geändert. Erst wenn der Körper in Rückenlage kommt (also gegen den Kopf um 270° gedreht ist), geht das Auge nach unten, aber auch dann noch nicht stark.

e) Photo: Tier sitzt frei, Körper in Normalstellung am Becken gehalten, spontane Kopfhaltung (Kopf in rechter Seitenlage), Lidspalte spontan geöffnet. Aufnahme vertikal von oben: Auge nicht abgelenkt.

Ergebnis: Halsdrehungen nach beiden Richtungen von der Spontanhaltung aus sind bis 90° ohne deutlichen Einfluß; erst Drehungen von 180—270° bewirken merkliche Augenablenkung.

Hieraus folgt, daß die Halsdrehung als solche die Vertikalabweichung der Augen nur sehr wenig beeinflußt, und daß daher die Augenstellungen nach einseitigem Labyrinthausfall im wesentlichen auf die Tätigkeit des übrigbleibenden Labyrinthes bezogen werden müssen.

Es fragt sich nun umgekehrt, ob nicht die Kopfdrehung ihrerseits von den Augen aus beeinflußt wird. A priori könnte dieses auf zwei verschiedene Weisen geschehen, erstens dadurch, daß die Kopfdrehung mit Hilfe der Augen korrigiert wird, und zweitens dadurch, daß die Kopfdrehung durch die Augenablenkung hervorgerufen bzw. verstärkt wird.

Was den ersten Punkt, Korrektion der Kopfdrehung von den Augen aus anlangt, so wurde bereits oben gezeigt, daß beim Kaninchen optische Stellreflexe keine Rolle spielen, und daß die Kopfdrehung nach einseitiger Labyrinthexstirpation sich beim Kaninchen nach Verschluß der Augen nicht ändert. Setzt man Kaninchen in enge Käfige, in welche das Licht nur von oben einfällt, so halten sie in einer Minderzahl der Fälle den Kopf etwas mehr gedreht, als wenn sie frei im Zimmer sich bewegen können. Dieser inkonstante Einfluß ist aber nur minimal. Eine wesentliche Korrektion der Kopfdrehung mit Hilfe optischer Eindrücke findet beim Kaninchen demnach nicht statt.

Die umgekehrte Frage, ob nämlich die Kopfdrehung eine sekundäre Folge der Augenablenkung sei, konnte nur zu einer Zeit aufgeworfen werden, als das Zustandekommen der Kopfdrehung noch nicht auf die einseitigen tonischen Labyrinthreflexe auf die Halsmuskeln und die Halsstellreflexe zurückgeführt worden war. Trotzdem ist es nicht ohne Interesse, auf diese Frage noch kurz einzugehen.

Wenn man einem einseitig labyrinthlosen Kaninchen, welches ruhig dasitzt, seine abnorme Kopfstellung korrigiert, so wird dadurch, wie oben auseinandergesetzt wurde, eine deutliche Augenabweichung hervorgerufen. Läßt man nunmehr den Kopf los, so daß dieser in seinen gedrehten Stand zurückkehren kann, so wird die Augendeviation geringer oder schwindet ganz. Infolgedessen hat Winkler (1) seinerzeit die Frage aufgeworfen, ob nicht die Drehung von Hals und Kopf von dem Tiere ausgeführt würde, um die Augendeviation zu kompensieren. Nach dieser Ansicht wäre also nur die Augendeviation eine primäre Folge des Labyrinthverlustes, die Kopfdrehung aber sekundär durch den abnormen Stand der Augen hervorgerufen. Winkler selbst hat auch versucht, diese Frage damals schon experimentell zu entscheiden, indem er bei Kaninchen durch Durchschneidung von verschiedenen Augenmuskeln die entsprechende Deviation der Bulbi hervorzurufen suchte, um zu sehen, ob dann auch die zugehörige Kopfdrehung erfolgen würde. Jedoch führten diese Experimente nicht zu dem beabsichtigten Ziele, weil sich auf diese Weise die gewünschten Augendeviationen nicht hervorrufen ließen.

Daß die Kopfdrehung und die übrigen abnormen Haltungen und Bewegungen des Körpers unabhängig sind von der Augendeviation und daher nicht von diesen letzteren abgeleitet werden können, erhellt aus folgendem:

Zunächst kann, wie schon erwähnt, es nicht die Verschiebung der optischen Bilder sein, welche eine etwaige kompensatorische Kopfdrehung verursacht, denn man kann einem einseitig labyrinthlosen Kaninchen beide Augen zuhalten, ohne daß sich die Kopfdrehung ändert.

Ferner tritt, wie oben S. 94 beschrieben ist, auch bei decerebrierten Kaninchen nach einseitiger Labyrinthexstirpation die typische Drehung und Wendung des Kopfes auf. Hierbei werden die Verbindungen der optischen Bahnen mit Brücke, Kleinhirn, Medulla oblongata und Rückenmark aufgehoben. Trotzdem tritt aber nach Labyrinthexstirpation die typische Kopfabweichung auf.

Auch die Rollbewegungen kommen nach Ausschluß der optischen Verbindungen in typischer Weise zustande, wie sich aus Versuchen von Weiland (9) an Kaninchen mit Durchtrennung des Hirnstammes ergibt.

Bei einem Kaninchen, bei welchem in tiefer Narkose nach linksseitiger Labyrinthexstirpation beide Bulbi enucleiert worden waren, war der Kopf nach dem Erwachen aus der Narkose um 90° nach links gedreht und nach links gewendet. Das rechte Vorderbein hatte starken Strecktonus, das linke Vorderbein deutlichen Beugetonus. Beim Hängen mit dem Kopf nach unten zeigte sich auch, daß der Thorax 45—90° gegen das Becken gedreht war. Das Tier zeigte außerdem sehr lebhafte Rollbewegungen, welche kinematographisch aufgenommen wurden. Die Aufnahmen zeigten, daß die Rollbewegungen genau in der gleichen Weise erfolgen wie bei labyrinthlosen Tieren mit normalem Sehvermögen und intakten Bulbi. Bei diesem Versuche ließen sich also alle Haltungs- und Bewegungsanomalien, speziell auch die Kopfdrehung, genau so feststellen, wie das oben für sehende Tiere geschildert wurde.

Aus diesen Beobachtungen ergibt sich nochmals mit Sicherheit, daß die Kopfdrehung und die anderen Haltungs- und Bewegungsanomalien von Kopf, Hals, Rumpf und Gliedmaßen nicht sekundär durch die Augendeviation hervorgerufen werden, daß sie demnach keine kompensatorischen Reaktionen gegen die Augenabweichung sind und auch nicht durch die Augenabweichung wesentlich verstärkt oder abgeschwächt werden.

Bei der Besprechung der Augensymptome hat sich demnach ergeben:

Daß die Augenablenkung nach einseitiger Labyrinthexstirpation eine Folge ist der von dem übrigbleibenden Labyrinth ausgehenden tonischen Labyrinthreflexe auf Rectus superior und inferior, während die tonischen Reflexe auf die schrägen Augenmuskeln keine Deviation hervorrufen.

Daß die Größe der vertikalen Augenablenkung von der Lage des Kopfes im Raume in gesetzmäßiger Weise abhängt.

Daß sie maximal ist, wenn bei Seitenlage des Kopfes das intakte Labyrinth unten, und minimal, wenn dasselbe oben steht.

Daß sie durch die Halsdrehung nur unwesentlich bzw. nur bei hochgradiger Drehung beeinflußt wird.

Daß sie ihrerseits die Kopfdrehung, die Rollbewegungen und die anderen Haltungsanomalien nicht wesentlich beeinflußt.

Daß sie eine Dauerfolge der Labyrinthexstirpation darstellt.

Daß der Nystagmus dagegen nur vorübergehend auftritt und ebenfalls von der Lage des Kopfes im Raume abhängt, indem er bei maximaler Deviation verschwindet und bei minimaler Deviation sein Maximum erreicht.

Zentrale Kompensationen.

Wenn man bei Tieren beide Labyrinthe gleichzeitig entfernt, so tritt weder Kopfdrehung noch Augendeviation und Nystagmus auf. Bechterew (1) hat beim Hunde entdeckt, daß, wenn man die beiden Labyrinthe zweizeitig entfernt und eine genügend lange Zeit zwischen beiden Operationen verstreichen läßt, nach der Entfernung des zweiten Labyrinthes Kopfdrehung, Augendeviation und Nystagmus auftritt, und zwar nach derselben Richtung wie nach Exstirpation des zweiten Labyrinthes, wenn das erste Labyrinth überhaupt nicht entfernt worden wäre. Es handelt sich hierbei nach der übereinstimmenden Ansicht sämtlicher Untersucher um eine zentrale Kompensation, welche nach der Exstirpation des ersten Labyrinthes allmählich eintritt. Über das Zustandekommen und das Wesen dieser Kompensation wird weiter unten bei der Besprechung der Folgezustände einseitiger Labyrinthexstirpation bei Katzen ausführlicher gesprochen werden. Hier braucht nur mitgeteilt zu werden, daß dieser Vorgang auch beim Kaninchen eintritt, und zwar genügt beim Kaninchen ein Zwischenraum von 5 Tagen zwischen beiden Operationen, um nach der Entfernung des zweiten Labyrinthes mit Sicherheit einen deutlichen Nystagmus auftreten zu lassen in derselben Richtung, wie er nach der Entfernung des gleichen Labyrinthes bei einem vorher intakten Tiere auftreten würde. Dieser Nystagmus bleibt nach vollständiger Großhirnexstirpation bestehen. Ob diese zentrale Kompensation auch beim Kaninchen eine wesentliche Rolle beim allmählichen Ausgleich der Störungen nach einseitiger Labyrinthexstirpation spielt, läßt sich bisher noch nicht mit Sicherheit beurteilen.

Das Entstehen von Skoliose bei wachsenden Tieren.

Exstirpiert man bei Kaninchen kurze Zeit nach der Geburt ein Labyrinth und läßt die Tiere dann wachsen, so kommt es infolge der dauernd verkrümmten Haltung zum Auftreten von Skoliose.

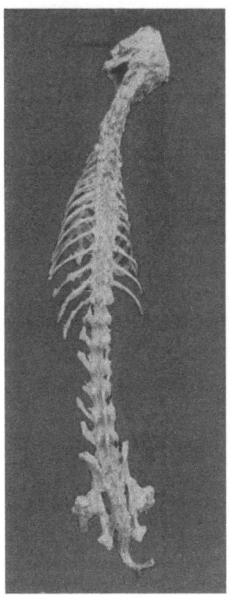 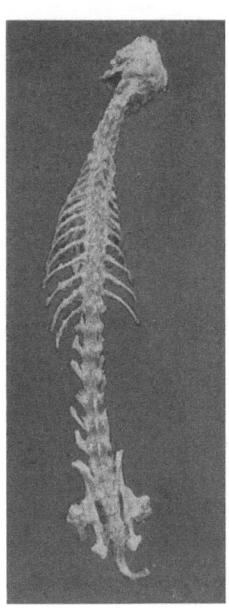

Abb. 161. Skelett eines erwachsenen Kaninchens, welchem in jugendlichem Alter das rechte Labyrinth exstirpiert worden war. Erklärung im Text.

Einem Kaninchen wurde im Alter von wenigen Wochen durch de Kleyn das rechte Labyrinth exstirpiert. Das Tier blieb nach diesem Eingriff 8 Monate am Leben, bis es erwachsen war, und ging darauf im Anschluß an die linksseitige Labyrinthexstirpation zugrunde. Das Tier wurde nach dem Tode durch Dr. B. Brand in Utrecht enthäutet und ausgeweidet und dann in einem großen Glasgefäß in Formalin an der Nase aufgehängt, so daß es vollständig frei in der Flüssigkeit schwebte. Das Skelett wurde darauf sorgfältig herauspräpariert. Über die Befunde hat Dr. Brand bereits eine kurze Mitteilung gemacht. Die auffallendsten Veränderungen am Skelett waren folgende: Packt man das Skelett am Becken und läßt es mit dem Kopf nach unten hängen,

so findet sich eine deutliche Drehung nach rechts. Ebenso ist die ganze
Wirbelsäule nach rechts gewendet (rechtskonkav). Die Wendung
nimmt von hinten nach vorne an Stärke zu (Abb. 161).

Sehr stark ist die Skoliose des Brustkorbes ausgesprochen. Der
Brustkorb ist in schräger Richtung abgeplattet (Abb. 161 und 162).
Sieht man von hinten auf den Thorax, so sind die Rippen an der linken
Seite lateral von der Wirbelsäule abgeknickt, während sie an der rechten
Seite flacher verlaufen. Die Ansätze der mittleren Rippenknorpel

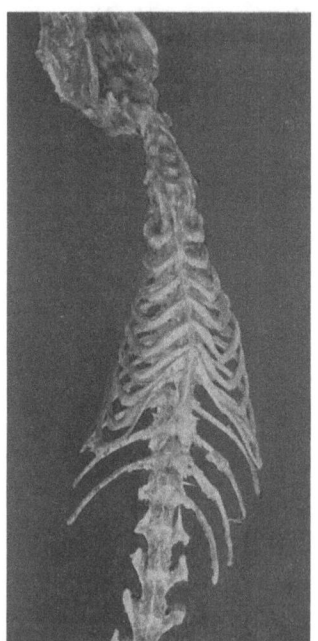 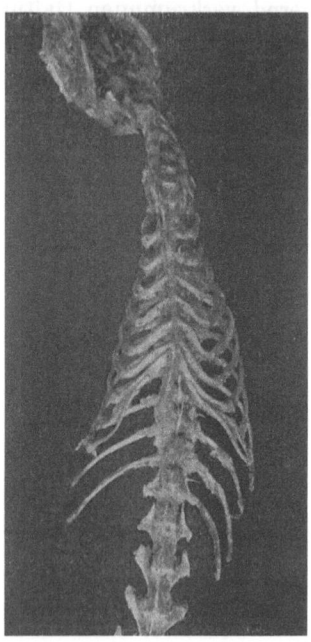

Abb. 162.   Brustkorb desselben Kaninchens von der Ventralseite.

am Brustbein bilden an der linken Seite einen nach hinten offenen
spitzen Winkel, während an der rechten Seite die Rippenknorpel mehr
senkrecht zum Brustbein gestellt sind. Das ganze Sternum ist nach
rechts konkav. Die Intercostalräume, besonders zwischen den mittleren Rippen, sind an der linken Seite viel weiter als an der rechten.

Die ganze Halswirbelsäule ist nach rechts konkav, besonders ist
eine scharfe Rechtswendung des Epistropheus gegen den dritten Halswirbel ausgebildet (Abb. 161—163). Wie Abb. 163 zeigt, ist der ganze
Schädel verkrümmt und bei der Betrachtung von oben stark nach rechts
konkav. Hält man den Schädel so, daß die Verbindungslinie des Hinter-
hauptskondylen horizontal steht, so verlaufen die Nasescheidewand
und die oberen Schneidezähne schräg von links oben nach rechts unten

(Abb. 164). Der linke Unterkiefer ist länger als der rechte, der ganze Unterkiefer ist ebenfalls nach rechts konkav. Der Horizontaldurchmesser der rechten Orbita ist kleiner als der der linken. Die Querfortsätze des Atlas sind asymmetrisch, der rechte ist lang und schmal, der linke kurz und breit. Sie fallen auch beide nicht in dieselbe Ebene.

Auch das Becken ist asymmetrisch (Abb. 161 und 165). Die vordere orale Beckenpartie ist gegen die hintere caudale nach rechts gedreht, d. h. rechte Seite ventralwärts. Die Symphyse verläuft schräg von links vorne nach rechts hinten. Das Foramen obturatum ist in sagittaler Richtung auf der rechten Seite länger als auf der linken.

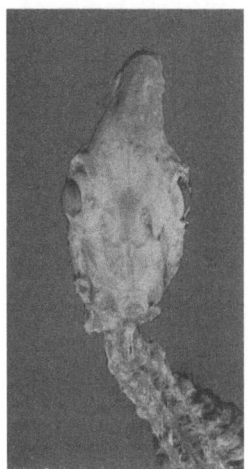 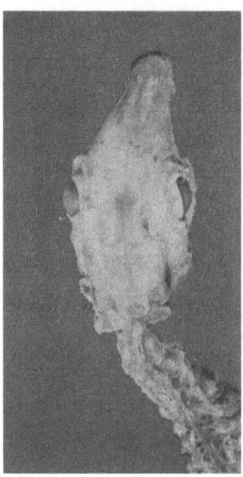

Abb. 163. Halswirbelsäule und Schädel desselben Kaninchens von oben.

Zusammengefaßt finden sich folgende Veränderungen: 1. Eine spiralförmige Rechtsdrehung des gesamten Tieres vom Becken angefangen durch die ganze Wirbelsäule durch bis in den Schädel hinein. 2. Eine Rechtswendung der Wirbelsäule, die sich ebenfalls auf den Kopf fortsetzt und an welcher sich gleichfalls das Becken beteiligt. 3. Skoliotische Abplattung des Brustkorbes.

Diese Beobachtung muß natürlich noch an mehreren Tieren wiederholt und außerdem die Skelettveränderung im einzelnen studiert werden. Soviel ergibt sich aber schon aus den Befunden an dem einen Tier, daß das wachsende Skelett auf die Haltungsanomalie nach einseitiger Labyrinthexstirpation und die abnormen Muskelspannungen mit ganz typischen skoliotischen Veränderungen reagiert. Diese Skoliose infolge der labyrinthären Zwangshaltung beim Kaninchen findet ihre Analogie in der Schiefhalsskoliose des Menschen. Auch hier kommt es zur Verkrümmung der Wirbelsäule und zu typischen Asymmetrien

des Schädels, welche, wie die von Joachimsthal in Eulenburgs Realenzyklopädie gegebenen Abbildungen zeigen, große Ähnlichkeit mit
den beim Kaninchen gefundenen Veränderungen besitzen. Diese ganze
Analogie muß noch genauer durchgearbeitet werden. Ferner ist noch
festzustellen, ob auch bei der Schiefhalsskoliose des Menschen einseitige
Labyrintherkrankungen eine ätiologische Rolle spielen können. Soviel
ist aber bereits sicher, daß wir in der einseitigen Labyrinthexstirpation
beim jungen Kaninchen ein einfaches Verfahren besitzen, um bei diesen
Tieren hochgradige Skoliose hervorzurufen.

 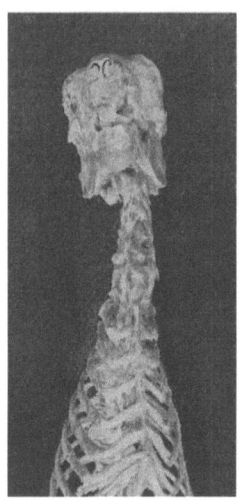

Abb. 164. Vorderteil des Körpers von demselben Kaninchen mit Schädel von vorn.

Sympathicuslähmung am Auge der operierten Seite.

Nach der Labyrinthexstirpation beobachtet man beim Kaninchen am
Auge der operierten Seite die Symptome einer Sympathicuslähmung:
Verengerung der Lidspalte, vorgezogene Nickhaut und Verengerung
der Pupille. Die Pupillenverengerung ist bereits von Camis (3), die
Verengerung der Lidspalte von Winkler (1) beschrieben, die vorgezogene Nickhaut von Winkler (a. a. O. S. 19, Abb. 6) abgebildet
worden. Diese selbe Folge der Labyrinthexstirpation tritt auch bei
Katzen auf (Camis). Bei diesen letzteren Tieren hat de Kleyn (11)
nachgewiesen, daß die Sympathicuslähmung nichts mit der Labyrinthexstirpation selber zu tun hat, sondern auf einer Durchtrennung der
postganglionären Sympathicusbahn beruht, welche nach den Feststellungen von de Kleyn, Socin (20) und de Burlet (21) durch das
Mittelohr verläuft und daher bei der Operation mehr oder weniger
stark verletzt wird. Man wird daher nicht fehlgehen, wenn man den-

selben Zusammenhang auch bei Kaninchen annimmt, und die Sympathicuslähmung am Auge, wozu sich noch eine Gefäßerweiterung am Ohre der operierten Seite gesellt, nicht zu den eigentlichen Labyrinthausfallsfolgen rechnet.

Zusammenfassung.

Der verwickelte Symptomenkomplex, welcher beim Kaninchen nach einseitiger Labyrinthexstirpation auftritt, setzt sich nach den bisherigen Kenntnissen aus folgenden Teilfaktoren zusammen:

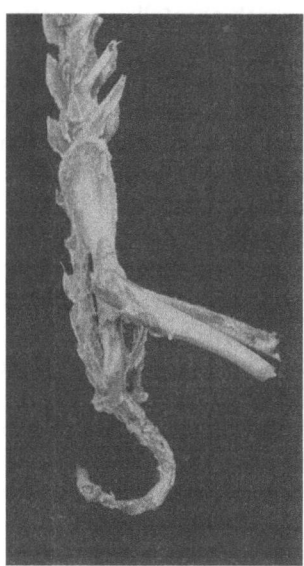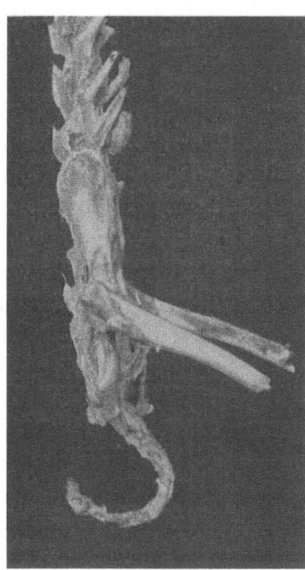

Abb. 165. Becken desselben Kaninchens von rechts.

I. Dauerwirkungen, welche von dem übrigbleibenden Labyrinthe ausgehen:
A. Symmetrische Wirkungen.
  1. Die tonischen Labyrinthreflexe auf die Extremitätenmuskeln sind auf beiden Körperseiten gleichmäßig vorhanden.
  2. Die kompensatorischen Raddrehungen der Augen sind an beiden Augen gleichmäßig und in unveränderter Richtung erhalten, aber in ihrem Ausmaß auf etwa die Hälfte reduziert.
B. Asymmetrische Wirkungen.
  1. Die tonischen Labyrinthreflexe auf die Halsmuskeln führen zur „Grunddrehung" des Halses nach der

Seite des Labyrinthverlustes, deren Grad von der Stellung des Kopfes im Raume abhängt: sie ist maximal, wenn der Scheitel nach unten, minimal, wenn er nach oben sieht, ist aber noch bei der letzteren Kopfstellung sehr deutlich ausgesprochen. Sie läßt sich am besten bei Hängelage mit dem Kopfe nach unten untersuchen und nimmt im Laufe der Zeit nach der Operation zu.

2. Dieselben Reflexe beteiligen sich an der Wendung des Halses nach der Seite des Labyrinthverlustes, die in den ersten Tagen nach der Operation abnimmt, aber nicht ganz schwindet. Die Wendung läßt sich ebenfalls am besten bei Hängelage mit Kopf unten untersuchen.

3. Der Labyrinthstellreflex auf den Kopf vermehrt oder vermindert die Grunddrehung, indem er den Kopf bei den verschiedenen Lagen des Körpers im Raume immer in diejenige Seitenlage zu bringen sucht, in welcher sich das intakte Labyrinth oben befindet.

4. Die tonischen Labyrinthreflexe auf die Rumpfmuskeln führen zu einer im Laufe der Zeit stärker werdenden „Grunddrehung" des Rumpfes nach der Seite des Labyrinthverlustes. Dieselbe erscheint als eine Fortsetzung der Halsdrehung. Durch beide zusammen bekommt der ganze Körper eine spiralige Drehung.

5. Die Vertikalabweichung der Augen nach der Seite des Labyrinthverlustes beruht auf dem tonischen Labyrinthreflex auf Rectus superior der gleichen und Rectus inferior der gekreuzten Seite. Sie ist maximal bei der Seitenlage des Kopfes, in welcher sich das intakte Labyrinth unten, Null bzw. minimal, wenn sich das intakte Labyrinth oben befindet, d. h. bei derjenigen Kopfstellung, welche das Tier beim Sitzen annimmt.

II. Vorübergehende Folgen des einseitigen Labyrinthausfalles.

1. Die Abnahme des Strecktonus der Gliedmaßen an der Seite des Labyrinthverlustes, welche kurz nach der Operation stark ausgesprochen ist, schon nach wenigen Tagen deutlich geringer wird und nach etwa 8 Wochen ganz schwindet. Dieselbe läßt sich bisher nicht auf einen bekannten einseitigen Labyrinthreflex zurückführen. Es ist unsicher, ob sie auf der Wirksamkeit des intakten Labyrinthes oder auf dem operativen Eingriff auf der anderen Seite beruht.

2. Der in wenigen Tagen vorübergehende Nystagmus der Augen, welcher am stärksten ist, wenn sich bei Seitenlage

des Kopfes das intakte Labyrinth oben befindet und demnach die Augendeviation minimal ist, und bei der umgekehrten Seitenlage, in welcher die Augendeviation ihr Maximum erreicht, schwindet. Die Richtung des Nystagmus ist nicht bei allen Tieren die gleiche.

III. Dauerfolgen der Halsdrehung.

A. Die Halsdrehung bewirkt:

1. Durch den Halsstellreflex eine beträchtliche Verstärkung der Rumpfdrehung.

2. Durch die tonischen Halsreflexe auf die Gliedermuskeln eine Streckung der Beine auf der Seite des intakten Labyrinthes und einen verminderten Strecktonus auf der Seite der Operation. Dieser Tonusunterschied wird in den ersten Wochen nach dem Eingriff verstärkt durch die unter II. 1. aufgeführte vorübergehende Erschlaffung der Beine auf der Seite der Operation. Wenn diese direkte Labyrinthausfallsfolge geschwunden ist, beruht der dauernde Tonusunterschied der Beine allein auf dem tonischen Halsreflex.

3. Durch die tonischen Halsreflexe auf die Augenmuskeln eine Verminderung der vertikalen Abweichung, welche aber bei Halsdrehungen bis zu 180° quantitativ nicht in Betracht kommt und daher bei den natürlichen Stellungen und Lagen des Tieres ohne wesentliche Wirkung ist.

4. Die Kopfwendung hat nur einen verhältnismäßig geringen Einfluß auf die Körperstellung.

B. Man kann die Wirkung der Halsreflexe jederzeit dadurch ausschalten, daß man den Kopf gegen den Thorax geradesetzt. Dann hat man von den asymmetrischen Einflüssen nur noch die direkten Labyrinthausfallsfolgen (bzw. die Reflexe vom intakten Labyrinth) über. Geradesetzen des Kopfes hat die folgenden Wirkungen:

1. Die Rumpfdrehung wird vermindert, aber nicht vollständig aufgehoben (I. B. 4.).

2. Der Strecktonus der Glieder wird (falls längere Zeit nach der Operation verstrichen ist) auf beiden Körperseiten gleich. Kurze Zeit nach der Operation wird durch Geradesetzen des Kopfes der Tonusunterschied zwischen den beiderseitigen Gliedmaßen nur vermindert (II. 1.).

3. Die abnorme Körperhaltung beim Sitzen wird nahezu vollständig korrigiert; es bleibt nur eine geringe Rumpfdrehung und in der ersten Zeit nach der Operation ein

geringer Tonusunterschied der beiderseitigen Gliedmaßen übrig.

4. Die Rollbewegungen werden sofort unterbrochen.

5. Dreht man einem Kaninchen nach einseitigem Labyrinthverlust seinen Kopf nach der anderen Seite, so dreht sich auch der Rumpf nach der anderen Seite (wenn auch weniger als die ursprüngliche Rumpfdrehung betrug). Kurz nach der Operation wird der Tonusunterschied zwischen den beiderseitigen Extremitäten aufgehoben, dagegen wird später sogar der umgekehrte Tonusunterschied der Gliedmaßen hervorgerufen, und beim Sitzen tritt die umgekehrte abnorme Körperhaltung ein.

IV. Kompensationen.

Die abnorme Stellung wird korrigiert:

A. Beim Sitzen auf dem Boden.

1. Durch den Körperstellreflex auf den Kopf. Hierdurch wird die Kopfdrehung. vermindert und kann in seltenen Fällen ganz fehlen. Die Kopfwendung schwindet dagegen meistens vollständig.

2. Durch den Körperstellreflex auf den Körper. Dieser bewirkt Aufsitzen des Rumpfes, trotzdem der Kopf mehr oder weniger stark gedreht ist (bis zu 180°). Er ermöglicht dem Tiere das Aufsitzen, wenn es auf der operierten Seite liegt.

3. Manchmal wird schon auf Berühren des Bodens mit den Extremitäten der abnorme Gliederstand korrigiert.

4. Längere Zeit nach der Operation werden auch die Augen zu diesem Zwecke benutzt.

5. Abgesehen hiervon spielen optische Korrektionen beim Kaninchen keine wesentliche Rolle.

B. Durch zentrale Kompensationen.

Einige Zeit nach der Operation entwickelt sich die Bechterewsche zentrale Kompensation. Entfernt man nunmehr das zweite Labyrinth, so erfolgt Kopfdrehung und Augenabweichung nach der anderen Seite. Es ist noch nicht zu übersehen, welche quantitative Rolle dieser zentrale Vorgang beim Kaninchen spielt.

V. Rollbewegungen.

Die Erregungen, welche kurze Zeit nach der Operation von der Wunde, wahrscheinlich vom Oktavusstamm, ausgehen, veranlassen, verstärkt durch andere sensible Reize, Anfälle von sehr heftigen Lauf- und Sprungbewegungen. Da der Körper der Tiere spiralig gedreht ist, so erfolgt hierbei keine Progression, sondern das

Tier schraubt sich durch den Raum. Dieses sind die Rollbewegungen. Zu einer vollständigen Umdrehung sind zwei Sprünge erforderlich. Nach jedem Sprung stellt sich die spiralige Drehung des Tieres wieder her. Die Beteiligung der einzelnen Reflexe an dem Vorgang konnte mit Hilfe von Bewegungsphotographien untersucht werden. Einmaliges Rollen über den Rücken kann auch ohne Sprungbewegung zustande kommen.

VI. Entfernt man bei jungen Kaninchen ein Labyrinth und läßt die Tiere wachsen, so entwickelt sich infolge der abnormen Körperhaltung eine typische Skoliose.

VII. Verengerung der Lidspalte, Vortreten der Nickhaut und Miose auf der Seite der Operation haben mit der Zerstörung des Labyrinthes nichts zu tun, sondern beruhen auf der Durchtrennung der postganglionären sympathischen Bahnen, welche durch das Mittelohr verlaufen (de Kleyn).

Von allen bisher untersuchten Säugetierarten sind die direkten Labyrinthausfallsfolgen beim Kaninchen am stärksten ausgesprochen. Bei den anderen Tierarten liegen die Verhältnisse einfacher, daher wird die Darstellung kürzer sein können.

II. Versuche an Meerschweinchen (15, 82b).

Eine eingehende Schilderung der Folgen einer einseitigen Labyrinthexstirpation bei Meerschweinchen hat Dreyfuß (1) aus dem Ewaldschen Laboratorium gegeben. Er sah direkt nach der Operation sehr heftige Symptome auftreten, welche bereits am folgenden Tage zum größten Teile geschwunden waren. Als Dauerfolge war vor allem eine Drehung des Kopfes nach der operierten Seite festzustellen. Van Rossem sah dagegen infolge der Ätzpaste (Arsen-Lysol), welche er in das Labyrinth eingebracht hatte, die stürmischen Symptome bis zum Tode (längstens nach 9 Tagen) andauern. Unsere Erfahrungen decken sich in den wesentlichen Punkten mit denen von Dreyfuß.

Als Beispiel diene das abgekürzte Protokoll des am längsten im Leben gebliebenen Tieres:

3. Dezember 1912. Meerschweinchen IV. Exstirpation des linken Labyrinthes in Äthernarkose. Nach dem Erwachen aus der Narkose ist der Kopf 45° nach links gedreht, der Kopf und der ganze Rumpf sind stark nach links gewendet, so daß die Wirbelsäule nach links konkav ist und die Schnauze das linke Hinterbein berührt. Deutliche Deviation der Augen nach der operierten Seite, starker Nystagmus. Das Tier rollt nach links.

4. Dezember. Nystagmus noch vorhanden. Kopf beim Sitzen 30° nach links gedreht, in wechselndem Grade gewendet. Konkavität des Körpers viel geringer. Kein Rollen, dagegen Manègebewegungen nach links. In Hängelage mit dem Kopfe nach unten Thorax 45°, Kopf über 90° gegen das Becken nach links gedreht, 20—30° nach links gewendet. Rechte Vorderpfote gestreckt.

5. Dezember. Beim Sitzen Kopf 30° gedreht, nicht mehr gewendet, das Tier kann im runden Käfig nach beiden Seiten an der Wand entlang laufen, kein Nystagmus.

7. Dezember. Sitzt so gut wie normal, nur ist der Kopf 20° nach links gedreht. Bei dieser Kopfstellung ist die Augendeviation sehr gering. Kein Nystagmus. Kein Rollen. Aus der Rückenlage kann das Tier sich rechts und links herum in die normale Hockstellung bringen. Beim Hängen mit dem Kopfe nach unten ist die untere Thoraxapertur 30°, die obere 45°, der Kopf 90° gegen das Becken gedreht, aber nicht mehr gewendet.

12. Dezember. Kopf beim Sitzen 60° gedreht, rechtes Vorderbein gestreckt und abduziert, Hinterpfoten normal gehalten. Sehr geringe Augendeviation. Tier kann im Käfig rechts- und linksherum laufen.

18. Februar. Beim Sitzen ist der Kopf 45°, der Thorax 20° nach links gedreht. Das rechte Auge ist etwas nach oben, das linke etwas nach unten abgelenkt. Die Vorderpfoten werden symmetrisch gehalten, werden aber die Augen geschlossen, so wird das rechte Vorderbein gestreckt abduziert. Verschieblichkeit des ganzen Tieres auf der Unterlage ist nach links leichter möglich als nach rechts. Läuft lebhaft nach allen Seiten umher, frißt gut, ist sehr stark gewachsen. Beim Hängen mit dem Kopfe nach unten ist die untere Thoraxapertur 30° die obere 60°, der Kopf 90° gegen das Becken nach links gedreht, nicht gewendet. Rechtes Vorderbein gestreckt.

Von da an wird das Tier alle 14 Tage untersucht, ohne daß sich in seinem Verhalten bis zum 1. Juli 1913 etwas ändert.

Als unmittelbare Folgen der Operation sind der Nystagmus, das Rollen, die starke Wendung des ganzen Körpers nach der Seite des Labyrinthverlustes, Manegebewegungen, bei einigen Tieren auch Kopfnystagmus anzusehen. Zur Demonstration der Dauerfolgen läßt man am besten das Tier mit dem Kopf nach unten hängen, dann wird Augendeviation, Drehung des Kopfes und des ganzen Rumpfes nach der operierten Seite und die Streckung des rechten Vorderbeines deutlich.

Die Analyse der gegenseitigen Abhängigkeit dieser Symptome voneinander hat ergeben, daß im wesentlichen die Verhältnisse gerade so liegen wie beim Kaninchen. Nur in einzelnen Punkten fanden sich Abweichungen, auf welche im folgenden näher eingegangen werden muß.

Die Drehung von Kopf, Hals und Rumpf.

Untersucht man ein einseitig labyrinthloses Meerschweinchen einige Tage, Wochen oder Monate nach der Operation in Hängelage mit dem Kopf nach unten, so ist sein Körper geradeso wie beim Kaninchen spiralig gedreht. Die untere Thoraxapertur steht 20—45° (im Mittel 30°) gegen das Becken gedreht, die obere Thoraxapertur 30—70° (im Mittel 45°), der Kopf ist meistens 90° gegen das Becken gedreht. Dabei ist das Vorderbein der nichtoperierten Seite gestreckt. Der Kopf hängt gewöhnlich mit der Schnauze gerade nach unten, eine Wendung ist nur in den ersten Tagen nach der Operation zu sehen, sie kann bis zu 30° betragen. Wenn man nun den Kopf gegen den Thorax gerade-

setzt, so wird die spiralige Drehung des Rumpfes aufgehoben, und der Körper des Tieres hängt vollkommen
symmetrisch nach unten. Auch bei Untersuchung in Rückenlage
kann man nachweisen, daß auf Geradesetzen des Kopfes gegen den
Thorax die spiralige Drehung des Rumpfes verschwindet und der Körper
des Tieres vollständig symmetrisch daliegt.

Nur bei zwei Tieren wurde am ersten und zweiten Tage nach der
Operation gesehen, daß beim Geradesetzen des Kopfes noch ein Rest
von Rumpfdrehung erhalten blieb. Bei den übrigen Tieren war dieses
auch am ersten Tage nach der Operation nicht der Fall.

Es ergibt sich also ein wichtiger Unterschied gegenüber dem Kaninchen. Während bei letzterem nach Geradesetzen des Kopfes noch eine
deutliche Beckendrehung erhalten bleibt, ist dieses beim Meerschweinchen nicht der Fall. Bei ihm fehlen einseitige tonische Labyrinthreflexe
auf die Rumpfmuskulatur. Nur die Drehung des Halses ist eine direkte
Folge der Fortnahme eines Labyrinthes bzw. der Wirksamkeit des
übrigbleibenden Labyrinthes. Die Drehung des übrigen Rumpfes
ist dagegen keine direkte Wirkung des Labyrinthverlustes, sondern
wird ausschließlich sekundär durch die Drehung des Halses zustande
gebracht (Halsstellreflex).

Der Tonus der Extremitäten.

Legt man ein einseitig labyrinthloses Kaninchen auf den Rücken,
ohne die Kopfdrehung zu korrigieren, so haben die Beine auf der Seite
des Labyrinthverlustes geringeren Strecktonus als die Beine der anderen Körperseite. Der Tonusunterschied ist meistens an den Vorderbeinen größer als an den Hinterbeinen, ist aber auch an den letzteren
zu erkennen; er ist noch 7 Monate nach der Operation nachzuweisen.

Korrigiert man die Kopfdrehung, indem man den Kopf gegen
den Thorax geradesetzt, so ist der Erfolg ein verschiedener, je nachdem
man kurz nach der Operation oder einige Tage später untersucht. Kurz
nach der Operation bleibt auch bei geradegesetztem Kopfe der Tonusunterschied zwischen den beiderseitigen Extremitäten bestehen, wenn
er auch durch Geradesetzen des Kopfes verringert wird. Man muß
dann, um den Strecktonus der Glieder auf beiden Seiten gleich zu machen,
den Kopf mehr oder weniger stark nach der anderen Seite drehen, also
die Kopfdrehung überkorrigieren. Dieses ändert sich aber schon
nach wenigen Tagen; frühestens am zweiten, spätestens
am sechsten Tage ist bei geradegesetztem Kopfe der Gliedertonus beider Seiten gleich. Dieses Verhalten bleibt danach monatelang bestehen. Dreht man dann den Kopf nach der anderen Seite, so
kehrt sich der Tonusunterschied der Extremitäten um, und die Beine

der operierten Seite bekommen größeren Strecktonus. In diesem Stadium ist also der Tonusunterschied der Extremitäten des einseitig labyrinthlosen Meerschweinchen ausschließlich durch die Kopfdrehung bedingt.

Während also beim Kaninchen die direkte Wirkung des einseitigen Labyrinthverlustes auf den Tonus der Gliedmaßen etwa 2 Monate lang deutlich ist, handelt es sich beim Meerschweinchen nur um einen schnell vorübergehenden Effekt, der nur wenige Tage nach der Operation nachzuweisen ist. Nach dieser Zeit beruht der (dauernde) Tonusunterschied der beiderseitigen Gliedmaßen ausschließlich auf dem tonischen Halsreflex auf die Gliedermuskeln.

Die Körperhaltung beim Sitzen.

Auch bei Meerschweinchen wird die Körperhaltung beim Sitzen durch die Stellreflexe wesentlich beeinflußt. Die Wirksamkeit des Labyrinthstellreflexes auf den Kopf kann man am besten untersuchen, wenn man das Tier in beiden Seitenlagen in der Luft frei hält. Nach rechtsseitiger Labyrinthexstirpation wird bei rechter Seitenlage in der Luft die Grunddrehung durch den Labyrinthstellreflex vermindert, und der Kopf kann unter Umständen sogar in rechter Seitenlage stehen. Bei Untersuchung in linker Seitenlage in der Luft verstärkt dagegen der Labyrinthstellreflex die Grunddrehung, und es kann infolgedessen die Kopfdrehung bis zu 180° betragen. Die Wirksamkeit des Körperstellreflexes auf den Kopf läßt sich dadurch am besten demonstrieren, daß man ein Meerschweinchen zuerst in Normalstellung in der Luft hält. Hat dieses beispielsweise dann seinen Kopf um 90° gedreht, so sieht man, wenn man das Tier auf den Boden setzt, diese Kopfdrehung mehr oder weniger, im Mittel bis auf etwa 45°, zurückgehen. Der Körperstellreflex auf den Körper wird ohne weiteres deutlich, wenn das Tier beispielsweise nach rechtsseitiger Labyrinthexstirpation schon kurze Zeit nach der Operation imstande ist, sich trotz der starken Rechtsdrehung seines Kopfes aus rechter Seitenlage aufzusetzen.

Für die weitere Beschreibung der Haltung des sitzenden Tieres ist es zweckmäßig, die verschiedenen Stadien nach der Operation getrennt zu besprechen.

Direkt nach der Operation und noch am folgenden Tage ist das Tier bereits imstande, aus beiden Seitenlagen aufzusitzen (Körperstellreflex auf den Körper), der Kopf ist 45° oder mehr nach der operierten Seite gedreht (Zusammenwirken von Grunddrehung, Labyrinthstellreflex und Körperstellreflex auf den Kopf), der Thorax hängt nach derselben Seite über (Halsstellreflex, Tonusunterschied der Extremitäten). Außerdem ist der Kopf und der ganze Rumpf nach der Seite der Operation gewendet, so daß die Schnauze das Hinterbein berührt. Das Vorderbein der gesunden Seite ist stark gestreckt und abduziert (tonischer Halsreflex auf die Gliedermuskeln, verstärkt durch vorübergehende Labyrinthausfallsfolge, Überhängen des Thorax).

Bereits in diesem Stadium kann man durch Geradesetzen des Kopfes die Stellungsanomalie des Tieres aufheben, sie kommt also überwiegend durch die Kopfabweichung zustande. Die Rumpfdrehung ist, wie oben gezeigt, fast ausschließlich eine Folge der Halsdrehung. Der Tonusunterschied der Vorderbeine ist in diesem Stadium nicht ausschließlich von der Kopfdrehung beherrscht, die direkte Wirkung des Labyrinthverlustes spielt auch noch mit, ist aber, wie auch der Erfolg des Kopfgeradesetzens beweist, von untergeordneter Bedeutung.

Es ist schon Dreyfuß aufgefallen, daß direkt nach der Operation wohl das Vorderbein der gesunden Seite gestreckt und abduziert ist, nicht aber das Hinterbein der gesunden Seite. Dieses liegt manchmal geradezu unter dem Leibe, ja es kann sogar das Hinterbein der operierten Seite, wie wir in einem Falle sahen, gestreckt und abduziert sein. Diese scheinbare Ausnahme erklärt sich in einfacher Weise. Sie ist nämlich durch die sehr starke Wendung des Tieres bedingt und verschwindet, wenn man die Wendung korrigiert. Durch die Wendung werden nämlich die Gliedmaßen der operierten Seite zu „Kieferbeinen" und erhalten größeren Strecktonus; dieser Effekt wirkt also der Halsdrehung und der direkten Wirkung des Labyrinthausfalles entgegen. An den Vorderbeinen sind diese letzteren Einflüsse so stark, daß sie nicht überkompensiert werden können; an den Hinterbeinen bekommt dagegen die Wendung manchmal die Überhand. Korrigiert man aber die Wendung, so wird auch das Hinterbein der gesunden Seite gestreckt und das der operierten Seite gebeugt.

Durch Drehung des Kopfes nach der anderen Seite kann man es meistens schon in diesem Stadium erreichen, daß das Vorderbein der operierten Seite gestreckt und abduziert, das der gesunden Seite gebeugt wird, und daß das Tier eine Haltung annimmt, als ob ihm das andere Labyrinth exstirpiert worden wäre.

Untersucht man ein Meerschweinchen einige Tage oder Wochen nach der Operation, so sitzt es mit seiner Längsachse in einer geraden Linie, die Wendung ist verschwunden (nach 2—5 Tagen). Dagegen bleibt die Drehung des Kopfes bestehen. Sie beträgt im Mittel 45°, kann auch an einzelnen Tagen bis zu 80° erreichen. Der Thorax hängt etwas nach der operierten Seite über. Dieses kommt teilweise durch die Drehung des Rumpfes, teilweise durch den Tonusunterschied der Vorderbeine zustande. Die Neigung der vorderen Thoraxapertur beträgt gewöhnlich 20—30°, seltener bis zu 45°, auch die hintere Thoraxapertur kann etwas (bis zu 15°) nach der operierten Seite überhängen.

Durch Geradesetzen des Kopfes wird dieses Überhängen des Thorax sofort beseitigt, indem dann sowohl die Rumpfdrehung als auch der Tonusunterschied der Glieder rückgängig gemacht werden. Dieser letztere ist beim freisitzenden Tiere in diesem Stadium noch sehr deutlich. Besonders sieht man die Streckung und Abduction des Vorderbeines der gesunden Seite. An den Hinterbeinen ist der Unterschied geringer. Durch Geradesetzen des Kopfes verschwindet die Differenz, die beiden Vorderbeine werden völlig symmetrisch gehalten. Dreht man den Kopf nach der anderen Seite, so tritt die umgekehrte Stellung der Vorderbeine auf, das der operierten Seite wird gestreckt, das andere mehr gebeugt gehalten. Setzt man das Tier auf eine rauhe Unterlage, z. B. eine Strohmatte, so läßt es sich infolge der Streckung des Vorderbeines der normalen Seite schwerer nach dieser als nach der Seite des Labyrinthverlustes verschieben. Wird aber der Kopf geradegesetzt, so ist auch die Verschieblichkeit nach beiden Seiten gleich. In diesem Stadium sind also alle Haltungsanomalien des Rumpfes und der Glieder ausschließlich veranlaßt durch die Drehung des Halses.

Nach einiger Zeit korrigiert das Meerschweinchen, geradeso, wie es beim Kaninchen beschrieben wurde, die abnorme Haltung seiner Vorderbeine beim Sitzen. Untersucht man ein Tier einige Monate nach der Operation, so hält es beim Sitzen seinen Kopf noch etwa 45° gedreht, auch der Thorax hängt noch etwas nach der operierten Seite über, infolge der durch die Halsdrehung veranlaßten Rumpfdrehung, aber die Vorderbeine werden jetzt symmetrisch gehalten. An dieser Kompensation sind wie beim Kaninchen die Augen beteiligt; schließt man nämlich dem Tiere die Augen, so tritt die Streckung und Abduction des Vorderbeines der gesunden Seite wieder hervor, läßt man die Augen wieder frei, so wird das rechte Vorderbein angezogen, und das Tier sitzt wieder wie ein normales. Da beim Sitzen mit offenen Augen in diesem Stadium die Vorderbeine symmetrisch gehalten werden, so ist auch die Verschieblichkeit des freisitzenden Tieres nach rechts und links nicht mehr so stark voneinander verschieden, wie in den früheren Stadien.

Demnach ergibt sich, daß die Drehung des Kopfes, welche das einseitig labyrinthlose Meerschweinchen beim Sitzen zeigt, abhängt von dem Zusammenwirken von Grunddrehung, einseitigem Labyrinthstellreflex und Körperstellreflex auf den Kopf. Die Haltung des Körpers ist so gut wie ausschließlich abhängig von dem Einfluß, welchen die Kopfdrehung ihrerseits auf den Tonus der Rumpf- und Extremitätenmuskeln ausübt; dieser Einfluß wird durch den Körperstellreflex auf den Körper vermindert. Geradesetzen des Kopfes bewirkt daher eine normale Haltung des Tieres. Von geringerem und vorübergehendem Einfluß ist die Kopfwendung, welche in den ersten Stadien nach der Operation zu sehen ist, dagegen ist die geringe Differenz im Gliedertonus, welche als direkte Folge des einseitigen Labyrinthverlustes unmittelbar nach der Operation auftritt und nach wenigen Tagen verschwindet, zu schwach, um einen nachweisbaren Einfluß auf die Haltung beim Sitzen auszuüben.

Die Rollbewegungen.

Die Rollbewegungen beim Meerschweinchen stimmen in allen wesentlichen Punkten mit den Befunden beim Kaninchen überein. Die Intensität und Dauer des Rollens wechseln beim Meerschweinchen sehr stark, manche Tiere rollen während zweier Tage, andere nur direkt nach der Operation, manche rollen spontan durch das ganze Zimmer, andere führen auf Reizung nur ein oder zwei Rollbewegungen aus. Das Rollen tritt wie beim Kaninchen anfallsweise auf, und ein Tier kann ganz ruhig zwischendurch in Hockstellung sitzen, um, wenn es gereizt wird, in heftiges Rollen zu verfallen.

Kinematographische Aufnahmen von einem Meerschweinchen von vier verschiedenen Seiten her ergaben, daß es sich ebenfalls um Laufbewegungen des spiralig gedrehten Tieres handelt, und daß für eine ganze Rollung zwei Sprünge nötig sind, einer über den Bauch, der zweite über den Rücken. Zwischendurch ist dann jedesmal in der Seitenlage die Wirbelsäule ventralwärts gekrümmt, die Pfoten sind gebeugt, und die Drehung des Vorderkörpers gegen das Becken wird wieder hergestellt. Bei jedem der beiden Sprünge wird die Wirbelsäule gestreckt, die Vorderpfoten gehen nach vorne, die Hinterpfoten nach hinten, und das Tier wirft sich gerade wie das Kaninchen nach der anderen Seite hinüber. Gegenüber dem Kaninchen ergeben sich beim Meerschweinchen folgende Unterschiede beim Rollen: der Körper des Meerschweinchens ist kürzer und gedrungener, die Extremitäten kürzer. Aus dem letzteren Grunde ist es für das Tier nicht so schwierig wie für das Kaninchen, beim Rollen über den Bauch seine Hinterbeine von der einen Seite auf die andere zu bringen. Infolgedessen braucht die Streckung der Hinterbeine nach hinten auch nicht so exzessiv zu sein wie beim Kaninchen. Doch ist sie stets vorhanden. Diejenige Phase der Bewegung, welche beim Meerschweinchen mit der größten Kraft und Schnelligkeit erfolgt, ist nicht wie beim Kaninchen der Sprung über den Bauch, sondern der über den Rücken. Dieser erfolgt mit einem schnellen „Ruck". Offenbar hängt das mit der Körperform zusammen, welche diese Bewegung am schwierigsten zustande kommen läßt. Daß der hauptsächliche Reiz für die Anfälle von Lauf- und Sprungbewegungen, welche bei der spiraligen Drehung des Tierkörpers zum Rollen führen, von der Operationswunde selber, hauptsächlich vom Oktavusstamm, ausgeht, wird unter anderem dadurch wahrscheinlich gemacht, daß in den Versuchen van Rossems, der das Labyrinth nicht chirurgisch, sondern mit Hilfe einer Ätzpaste entfernte, die Tiere bis zum Tode rollten.

Die Augensymptome.

Die Augensymptome sind beim Meerschweinchen genau die gleichen wie beim Kaninchen und brauchen daher nicht im einzelnen geschildert zu werden. Die vertikale Augenabweichung hat genau die gleiche Richtung und kommt auf dieselbe Weise zustande wie beim Kaninchen. Untersucht man ein Meerschweinchen nach Wochen oder Monaten bei derjenigen Seitenlage des Kopfes, bei welcher das intakte Labyrinth sich oben befindet, so findet man bei dieser Stellung des Kopfes das nach unten gerichtete Auge. der operierten Seite meistens gar nicht mehr abgelenkt, während das nach oben gerichtete Auge der normalen Seite etwas dorsalwärts abgelenkt ist, so daß noch ein schmaler Rand der weißen Sclera am Rande des unteren Augenlides zum Vorschein kommt. Bringt man dagegen den Kopf in die umgekehrte Seitenlage (intaktes Labyrinth nach unten), so ist das nach oben gerichtete Auge der operierten Seite maximal ventralwärts und nach vorne deviiert, und zwar so stark, daß manchmal überhaupt nur das Weiße in der Lidspalte zu sehen ist. Das nach unten gerichtete Auge der nichtoperierten Seite ist ebenfalls abgelenkt, aber nicht ganz so hochgradig wie das andere, es steht dorsalwärts und etwas nach vorne.

Der Nystagmus ist unmittelbar nach der Operation am stärksten, geht aber bald zurück, ist meist am folgenden Tage schon deutlich geringer und am 2.—9. Tage endgültig verschwunden. Er ist in derselben Weise von der Lage des Kopfes im Raume abhängig, wie das beim Kaninchen beschrieben wurde.

Im Anschluß hieran sei noch eine merkwürdige Beobachtung (*82b*) berichtet:

Schaltet man einem Meerschweinchen ein Labyrinth durch Einspritzung von 0,1 ccm 5 proz. Cocain ins Mittelohr vorübergehend aus (*61*), so werden die Folgen der Labyrinthlähmung nach etwa 5 bis 8 Minuten deutlich und äußern sich als Kopfdrehung und typische vertikale Augenabweichung (das Auge der injizierten Seite. geht nach unten, das Auge der Gegenseite nach oben). Bei sämtlichen Versuchen dieser Art ergab sich als übereinstimmender Befund, daß zunächst die Deviation rein und ohne jeden Nystagmus auftrat, und daß erst etwa 20 Minuten später stürmischer Nystagmus einsetzte, welcher meistens während des ganzen Tages bis zum Abend bestehen blieb. Am folgenden Morgen waren dann gewöhnlich die Folgen der Cocaineinspritzung ins Mittelohr wieder geschwunden. Eine Deutung dieses Befundes kann erst im neunten Kapitel versucht werden. Nur folgende Schlußfolgerungen seien hier vorweggenommen: Wenn die (vollständige) Cocainlähmung eines Labyrinthes wirklich reizlos ist, wie das nach allen Beobachtungen an Versuchstieren wohl angenommen werden muß, folgt, daß Nystagmus auch nach reizloser Ausschaltung eines Labyrinthes auftreten kann. Ferner macht es der große zeitliche Abstand zwischen dem Auftreten der Deviation und des Nystagmus wahrscheinlich, daß der Nystagmus auf der (reizlosen) Ausschaltung einer anderen Stelle des Labyrinthes beruht als die Deviation. Die Nystagmusrichtung nach einseitiger operativer Labyrinthentfernung spricht ebenfalls dafür, daß eine Reizung höchstens sehr vorübergehend auftritt und daß der Nystagmus als Ausfallserscheinung aufgefaßt werden muß. Die später zu beschreibenden Versuche führen zu der Auffassung, daß einseitige Ausschaltung der Bogengangsapparate Nystagmus bedingt, während einseitige Lähmung der Otolithenendstellen dieses nicht tut. Hiernach würde der Nystagmus als ein Symptom sui generis von der bleibenden Deviation scharf zu trennen sein. Für alles Nähere sei auf die Ausführungen auf S. 534 ff. verwiesen.

Zusammenfassung.

Die Analyse der Folgezustände einseitiger Labyrinthexstirpation beim Meerschweinchen ergibt im wesentlichen dieselben Resultate wie beim Kaninchen. Es sei daher auf die Zusammenfassung Seite 357 verwiesen. Die wesentlichen Unterschiede gegenüber dem Kaninchen sind folgende:

1. Beim Meerschweinchen fehlt die direkte Grunddrehung des Rumpfes durch einseitige tonische Labyrinthreflexe auf die Rumpfmuskulatur.

2. Der durch die Fortnahme eines Labyrinthes direkt bedingte Tonusunterschied der Extremitäten schwindet schon nach wenigen Tagen.

3. Infolgedessen hebt Geradesetzen des Kopfes gegen den Körper die Rumpfdrehung und (schon nach wenigen Tagen) auch den Tonusunterschied der Glieder vollständig auf, so daß die Tiere ganz normal dasitzen. Kopfdrehen nach der anderen Seite ruft die spiegelbildliche Körperstellung hervor.

4. Die unmittelbar nach der Operation auftretende vorübergehende Kopfwendung hat einen stärkeren Einfluß auf die Körperstellung als das beim Kaninchen deutlich wird.

III. Versuche an Katzen.

Labyrinthexstirpationen an Katzen waren schon von verschiedenen Seiten ausgeführt worden [Kreidl (1), Camis (3)], eine eingehende Schilderung der Folgeerscheinungen bei diesem Tiere ist aber von diesen Autoren nicht gegeben worden. Katzen eignen sich wegen der Eleganz ihrer Bewegungen sehr gut zu Beobachtungen über Labyrinthausfalls-

folgen, dagegen kann man an ihnen sehr viel weniger gut eine Analyse der Symptome vornehmen, weil sie sich das Geradesetzen des
Kopfes, die Hängelage mit dem Kopfe nach unten, die Prüfung des
Tonus der Glieder in Rückenlage usw. lange nicht so ruhig gefallen
lassen wie Kaninchen und Meerschweinchen. Selbst zahme und an
das Laboratorium gewöhnte Tiere kratzen gelegentlich. Doch wurden
(15) an 13 Tieren fortlaufende Beobachtungen angestellt und außerdem kürzer dauernde Versuche an über 30 Katzen. Ferner wurde
(41) an einer Katze, bei welcher Dusser de Barenne das Ne.
encephalon exstirpiert hatte, 7 Monate später die einseitige Labyrinthexstirpation ausgeführt und das Tier 3 Tage lang beobachtet,
worauf dann das zweite Labyrinth entfernt wurde. Bei einer zweiten
Katze hatte Dusser de Barenne die totale Großhirnexstirpation
gemacht; über 2¹/₂ Monate danach wurde das eine und 4 Tage später
das zweite Labyrinth entfernt. An diesen beiden Tieren wurde hauptsächlich das Verhalten der Stellreflexe nach einseitiger Labyrinthexstirpation untersucht. Außerdem wurden bei 4 Katzen die Folgezustände der einseitigen Labyrinthexstirpation untersucht (16), nachdem 41, 164, 191 und 233 Tage vorher die 3 obersten cervicalen Hinterwurzelpaare durchtrennt worden waren. Auf diese Weise ist ein ziemlich großes Beobachtungsmaterial gesammelt worden.

Zunächst sei als Beispiel das abgekürzte Protokoll einer einseitig
labyrinthexstirpierten Katze gegeben.

Katze „Labu". 3. Juli 1911. In Atropin-Äther-Narkose Exstirpation des linken
Labyrinthes. Drei Bogengangsmündungen und der Stamm des Nervus octavus
im Porus acusticus internus freigelegt. ¹/₂ Stunde nach der Operation:
Horizontaler Nystagmus nach rechts. Geringe Augendeviation nach links. Uhr-
zeigerbewegungen im umgekehrten Sinne des Uhrzeigers. Kopf nach links gedreht.
Dabei wird die Schnauze manchmal gerade nach vorne gehalten, meistens ist
aber eine Wendung des Kopfes nach links vorhanden. Schwankt beim Sitzen.
Etwas horizontales Kopfpendeln. Sitzt mit dem linken Hinterbein breitbeinig.
Neigung nach links zu fallen.

4. Juli. Sitzt aufrecht im Käfig, nur mit dem linken Hinterbein breitbeinig.
Kopf etwa 45° nach links gedreht, außerdem nach links gewendet. Auch die
Wirbelsäule ist nach links gewendet. Trinkt aus einer Schüssel; dabei schwankt
der ganze Körper nach links und droht nach links umzufallen, was auch manchmal passiert. Beim Vorwärtslaufen stellt sie die Körperachse richtig in die Richtung auf ihr Ziel ein, trotzdem weicht sie etwa 45° nach links ab. Später stützt
sie sich mit der linken Seite an der Mauer. Wenn sie kein festes Ziel hat, macht
sie Uhrzeigerbewegungen nach links, wobei die Wirbelsäule deutlich nach links
konkav ist. Springt vorsichtig vom Schoß und kommt dabei richtig auf die Pfoten,
wackelt aber danach stark. Linke Pupille enger als die rechte. Nystagmus nach
rechts. Die beiden linken Beine haben etwas geringeren Strecktonus als die
rechten Beine. Passive Bewegung des Kopfes nach links ist leicht auszuführen,
nach rechts dagegen nur unter Überwindung eines starken Widerstandes möglich.

5. Juli. Läuft mit ihrer linken Seite an die Wand und darauf an dieser entlang. Kann aber auch frei durch das Zimmer geradeaus laufen, weicht aber dabei

gelegentlich nach links ab. Fällt noch manchmal nach links. Keine Uhrzeigerbewegungen mehr. Leichter horizontaler und rotatorischer Nystagmus nach
rechts. Kopf nach links gedreht, aber nur noch gelegentlich nach links gewendet.
Rumpfwirbelsäule nicht mehr gewendet.

6. Juli. Frißt Fleisch. Kopf nach links gedreht, manchmal auch noch nach
links gewendet. Rumpf nicht mehr gewendet. Fällt beim Laufen manchmal nach
links. Keine Uhrzeiger- und Manegetouren mehr. Linke Pupille etwas enger als
rechte. Die beiden linken Beine setzen der passiven Beugung viel weniger Widerstand entgegen als die rechten. Sitzt manchmal mit dem linken Vorderbein
breitbeinig. Beim Fressen wird die Drehung und Wendung des Kopfes viel stärker.

7. Juli. Kein Nystagmus mehr. Pupillen gleich. Weicht beim Laufen noch
etwas nach links ab. Fällt auch noch gelegentlich nach links. Der Strecktonus
der linken Beine deutlich geringer als der der rechten. Kann die Treppe heruntergehen.

8. Juli. Springt aus dem Käfig. Kopf deutlich nach links gedreht, aber kaum
noch gewendet. Sitzt nicht mehr breitbeinig. Das Tier läßt sich auf der Unterlage viel leichter nach links als nach rechts verschieben. Fällt nicht mehr beim
Laufen.

6. September. Sitzt völlig aufrecht. Kopf kann nach allen Seiten gedreht
werden, wird aber beim ruhigen Sitzen und beim Laufen meist nach links gedreht
gehalten. Sitzt mit dem linken Hinterbein etwas breitbeinig. Ißt und trinkt
gut. Kein Nystagmus, keine Differenz der Pupillen und Lidspalten. Läuft nach
einem Ziele sicher geradeaus. Manchmal weicht sie aber beim Laufen noch etwa
30° nach links ab. Beim Trinken nimmt die Drehung und Wendung des Kopfes
deutlich zu, ebenso sitzt sie dann breitbeiniger. Springt mit Sicherheit von einer
Höhe von 1,30 m herunter, springt dabei aber immer noch deutlich nach links.
Während sie aus der Schüssel trinkt, läßt sich der Körper auf der Unterlage
leichter nach links als nach rechts verschieben.

24. Oktober. Kopf nach links gedreht, nicht gewendet. Drehung nimmt
beim Fressen, beim Trinken und beim Sehen nach vorgehaltenem Fleisch deutlich zu. Kann den Kopf nach allen Richtungen wenden. Springt vom 2 m hohen
Schrank, dabei ist außer der Kopfdrehung keine weitere Anomalie zu bemerken.
Läuft die Treppe ganz gerade herunter. Springt vom Boden auf einen Stuhl.
Nur beim sehr schnellen Laufen weicht sie gelegentlich noch nach links ab. Auf
der Unterlage ist der Körper des sitzenden Tieres leichter nach links als nach
rechts zu verschieben.

25. Oktober. Zum Versuche decerebriert (siehe Seite 61). Sektion ergibt
vollständige Entfernung des linken Labyrinthes; linke Bulla leer; linker Octavusstamm sehr viel dünner als der rechte. Gehirn und Meningen reizlos.

Wie man sieht, sind anfangs nach der Operation sehr deutliche
Erscheinungen vorhanden; ein großer Teil derselben bildet sich jedoch
zurück, und nach einigen Monaten benimmt sich das Tier fast wieder
wie ein normales, so daß es besonderer Aufmerksamkeit bedarf, um noch
Labyrinthsausfallsfolgen bei ihm festzustellen. Das obige Protokoll
gibt eine gute Vorstellung, wie sich dieser Vorgang allmählich abspielt.
Weiter unten S. 385 ist noch das Protokoll einer anderen Katze gegeben,
aus dem man zur Ergänzung das Verhalten an den ersten Tagen sehen
kann.

Der Verlauf des ganzen Symptomenbildes ist bei den verschiedenen
Katzen ziemlich derselbe. Es zeigen sich nur geringe individuelle

Unterschiede. Das Zustandekommen und die gegenseitige Abhängigkeit dieser Folgezustände sollen im nachstehenden kurz untersucht werden.

Die Augensymptome.

a) Sympathicuslähmung.

Die von Camis (3) bei Katzen nach Labyrinthexstirpation am Auge der operierten Seite beobachtete vorübergehende Sympathicuslähmung (vorgezogene Nickhaut, enge Lidspalte und enge Pupille) beruht nach den Untersuchungen von d e Kleyn, Socin und d e Burlet (11, 20, 21) darauf, daß die postganglionären Sympathicusbahnen für das Auge bei der Katze durch das Mittelohr verlaufen und bei der Operation daher in mehr oder weniger großem Umfange mitverletzt werden. Diese Symptome haben daher mit dem Ausfall der Labyrinthfunktion als solcher nichts zu tun, sondern sind als Folge einer Nebenverletzung bei der Operation zu betrachten.

b) Augenablenkung und Nystagmus.

Während beim Kaninchen und Meerschweinchen die Augendeviation zu den auffallendsten Dauersymptomen des Ausfalls eines Labyrinthes gehört, tritt dieselbe bei der Katze durchaus zurück. Erstens ist sie sehr geringgradig und zweitens nur von kurzer Dauer. Es bedarf besonderer Aufmerksamkeit, um überhaupt das Vorhandensein einer Augenablenkung festzustellen. Unmittelbar nach der Operation sieht man, daß beide Bulbi seitlich (horizontal) nach der Seite des fehlenden Labyrinthes abgelenkt sind, und daß außerdem eine rotatorische Deviation besteht, indem der Oberrand der Pupille beiderseits nach der Seite der Operation verdreht ist. Außerdem ist das Auge der operierten Seite ventralwärts, das andere etwas dorsalwärts deviiert. Die Ablenkung ist auf der Seite der Operation stärker, aber auch hier nur so weit vorhanden, daß man infolge der horizontalen Deviation eben den weißen Sclerarand auf der nichtoperierten Seite erscheinen sieht. Schon am zweiten Tage nach der Operation ist die Deviation minimal und verschwindet nach einigen weiteren Tagen ganz.

Direkt nach der Operation ist ein deutlicher Nystagmus zu sehen. Auf den ersten Blick scheint derselbe keine bestimmte Richtung zu haben; indem sowohl die Hin- wie die Herbewegung mit nicht sehr verschiedener Geschwindigkeit erfolgen. Erst bei näherer Beobachtung kann man auch hier erkennen, daß die Bewegung in der einen Richtung schneller erfolgt als in der entgegengesetzten. Der Nystagmus schlägt, wie auch beim Kaninchen und Meerschweinchen, in der der Deviation entgegengesetzten Richtung, er ist horizontal mit seiner schnellen Komponente nach der gesunden Seite gerichtet, rotatorisch schlägt der Oberrand der Pupille ebenfalls nach der gesunden Seite. Dieser Nystagmus ist gewöhnlich nur in den ersten 24 Stunden nach der Operation gut ausgebildet, am zweiten Tage ist er vollständig verschwunden. Nur in einem Falle waren am sechsten und siebenten Tage noch geringe Spuren von Nystagmus zu sehen. Wenn der Nystagmus geschwunden ist, ist auch gewöhnlich keine Deviation der Augen mehr nachzuweisen. Auch bei der Katze ist ein Einfluß der Kopfstellung auf die Augendeviation und den Nystagmus vorhanden. Wird beim stehenden Tier der Kopf nach der Seite der Operation (Ohr der operierten Seite ventralwärts) gedreht, bis die Mundspalte vertikal steht und das intakte Labyrinth sich oben befindet, so nimmt die Augendeviation ab, und der Nystagmus wird maximal. Bei der umgekehrten Kopfdrehung (intaktes Labyrinth befindet sich unten) erreicht die Augenabweichung den höchsten Grad, und der Nystagmus nimmt sehr stark ab oder schwindet ganz. In der Mittelstellung des Kopfes (und ebenso bei Rückenlage) sind Augendeviation und Nystagmus mittelstark entwickelt.

Schon in den ersten Tagen nach der Operation, wenn also die Augenabweichung noch vorhanden ist, kann das Tier seine Bulbi nach allen Seiten und auch nach der der Deviation entgegengesetzten Seite bewegen. Gerade dadurch wird der Nachweis der Abweichung so erschwert. Nach wenigen Tagen sind die Augenbewegungen, soweit sich das wenigstens ohne besondere feinere Meßmethoden feststellen läßt, von denen einer normalen Katze nicht zu unterscheiden.

Die Haltung von Kopf, Hals und Rumpf.

Unmittelbar nach der Operation ist der Kopf nach der operierten Seite gedreht und gewendet. Anfangs überwiegt meist die Wendung. Macht man die einseitige Labyrinthexstirpation bei decerebrierten Katzen, so tritt ebenfalls Wendung oder Wendung kombiniert mit Drehung nach der operierten Seite ein.

An die Wendung des Kopfes schließt sich häufig infolge des Halsstellreflexes am ersten Tage nach der Operation deutliche Rumpfwendung nach der operierten Seite an, die am folgenden Tage schwindet. Auch die Kopfwendung wird nach 2—3 Tagen geringer und schwindet allmählich. Sie tritt dann aber in der Folge noch zeitweise wieder auf, besonders bei Ablenkung der Aufmerksamkeit (beim Fressen und Trinken). An dieser allmählichen Abnahme der Wendung beteiligt sich vermutlich das Wirksamwerden der Körperstellreflexe auf den Kopf.

Dagegen bleibt die Kopfdrehung bestehen. Sie ist eine Dauerfolge der Operation und beruht auf der Grunddrehung infolge der einseitigen tonischen Labyrinthreflexe auf die Halsmuskeln. Beim sitzenden Tier beträgt sie nicht mehr als 45°, meistens 20—30°. Im Laufe der Zeit nimmt sie allmählich auf 10—30° ab. Auch die

Drehung wird beim Fressen deutlicher, oder wenn das Tier irgend etwas unternimmt, was seine Aufmerksamkeit fesselt, z. B. ist sie meistens vor der Ausführung eines Sprunges deutlicher zu sehen.

Ebenso wie beim Kaninchen und Meerschweinchen schließt sich an die Drehung des Halses eine entsprechende Drehung des ganzes Rumpfes an. Man sieht daher beim stehenden oder laufenden Tiere ein Überhängen des Körpers nach der Seite der Operation; da diese aber nicht nur allein durch die Drehung des Rumpfes, sondern auch durch den Tonusunterschied der Extremitäten bedingt ist, kann man die Drehung des Körpers am besten bei Hängelage mit dem Kopfe nach unten feststellen. Das ist aber nur bei jungen oder besonders zahmen Katzen möglich. So fand sich beispielsweise direkt nach der Operation der Thorax 45°, der Kopf 90° gegen das Becken gedreht. Bei einer anderen Katze war 3 Tage nach der Operation die untere Thoraxapertur 45°, die obere 90°, der Kopf 135° gegen das Becken gedreht.

Diese Rumpfdrehung kommt geradeso wie beim Kaninchen durch das Zusammenwirken von zwei Einflüssen zustande: 1. einer direkten Grunddrehung des Rumpfes, 2. des Halsstellreflexes. Die direkte Grunddrehung des Rumpfes ist bei Katzen besonders deutlich ausgesprochen; setzt man z. B. bei Hängelage mit Kopf unten den Kopf gegen den Körper gerade, so ist fast stets noch eine deutliche Rumpfdrehung vorhanden. Diese schwand in einem Falle erst, als der Kopf um 45° nach der anderen Seite gedreht worden war; sie war in diesem Falle durch den entgegengesetzt gerichteten Halsstellreflex gerade kompensiert worden. Die direkte Grunddrehung des Rumpfes ließ sich am besten isoliert untersuchen bei denjenigen Katzen, bei welchen vorher die drei obersten cervicalen Hinterwurzelpaare durchtrennt worden waren. Bei einem dieser Tiere fand sich direkt nach der Operation die untere Thoraxapertur 20°, die obere 30°, der Kopf 90° nach der Seite der Operation gedreht und 20° gewendet. Nach 11 Tagen war die untere Thoraxapertur 20°, die obere 45°, der Kopf 70—90° gedreht. Bei einer anderen derartigen Katze fand sich Drehung der unteren Thoraxapertur um 45°, der oberen um 90°, des Kopfes um 135°. Die spiralige Drehung des ganzen Körpers ist also bei der Katze sehr hochgradig, auch wenn der Halsstellreflex vollständig ausgeschaltet ist. Bei der einen großhirnlosen Katze von Dusser de Barenne fand sich am Tage nach der einseitigen Labyrinthexstirpation eine Drehung des Kopfes um 90°, des Thorax um 45°. Nachdem der Kopf gegen den Rumpf geradegesetzt war, blieb noch eine Thoraxdrehung von 15° bestehen. Aus letzterer Beobachtung ergibt sich, daß außer der direkten Grunddrehung noch der Halsstellreflex wirksam ist. Das gleiche folgt aus der Möglichkeit, die spiralige Grunddrehung durch Kopfdrehen nach der umgekehrten Seite zu kompensieren. Auch bei der Katze ist also, wie beim Kaninchen, Drehung des Rumpfes durch zwei zusammenwirkende Einflüsse bedingt: die Grunddrehung und den Halsstellreflex.

Auf die Grunddrehung superponiert sich, geradeso wie beim Kaninchen, der Labyrinthstellreflex auf den Kopf von dem intaktgebliebenen Labyrinthe. Dieser Einfluß wurde genauer bei den beiden großhirnlosen Katzen von Barenne nach rechtsseitiger Labyrinthexstirpation untersucht, welche sich leicht in die verschiedenen Lagen im Raume bringen ließen. Das Ergebnis der Untersuchung war ziemlich das gleiche wie beim Kaninchen. Der einseitige Labyrinthreflex sucht den Kopf in diejenige Seitenlage zu bringen, bei welcher das intakte Labyrinth sich oben befindet, und wird infolgedessen bei den verschiedenen Lagen im Raume die Grunddrehung entweder verstärken oder abschwächen. Beispielsweise fand sich ein verschiedener Grad von Kopfdrehung bei rechter und linker Seitenlage in der Luft. Bei rechter Seitenlage stand auch der Kopf in rechter Seitenlage, war also gegen den Rumpf nicht gedreht, während in linker Seitenlage der Kopf in die Normalstellung gedreht war. Im ersteren Falle wirken sich Stellreflex und Grunddrehung entgegen, im letzteren verstärken sie einander. Dieselbe Beobachtung ergibt sich, wenn man das Tier in Seitenlage auf den Tisch legt und den Einfluß der Körperstellreflexe auf den Kopf durch ein beschwertes Brett auf der oberen Körperseite kompensiert. In Rückenlage waren die Tiere unruhig und kamen erst zu Ruhe, wenn sie durch eine komplizierte Bewegung den Kopf in rechte Seitenlage auf den Bauch gebracht hatten, geradeso wie das auf Abb. 141, S. 297 für das Kaninchen abgebildet wurde. Bei Hängelage mit dem Kopf nach unten ist infolge der Grunddrehung der Kopf nach rechts gedreht und außerdem nach rechts gewendet. Hierdurch kommt der Kopf in diejenige Seitenlage, in welcher die Stellreflexe am stärksten ausgelöst werden. Das eine Tier befreite sich aus dieser unbequemen Lage durch Linkswenden, das andere durch so starke Rechtswendung des Halses und Thorax, daß der Kopf ganz oder nahezu in Normalstellung kam. Diese Beispiele mögen genügen, um die Wirksamkeit der Labyrinthstellreflexe bei der einseitig labyrinthlosen Katze zu zeigen. Eine nähere Schilderung in den übrigen Lagen braucht nicht gegeben zu werden, da sie den beim Kaninchen entsprechen.

Sobald nun der Körper des Tieres sich nicht in der Luft, sondern auf dem Boden befindet, wirken die Körperstellreflexe auf den Kopf mit ein. Auch diese ließen sich am besten an den beiden großhirnlosen Katzen von Barenne nach rechtsseitiger Labyrinthexstirpation studieren. Wie oben erwähnt, hielten die Tiere in rechter Seitenlage in der Luft ihren Kopf ebenfalls in rechter Seitenlage (Grunddrehung minus Labyrinthstellreflex auf den Kopf). Sobald man sie aber in rechter Seitenlage auf den Tisch legte, drehten sie den Kopf in Normalstand. Dieses ist weder durch die Grunddrehung noch durch den Labyrinthstellreflex möglich. Es handelt sich hier allein um den Körperstellreflex auf den Kopf, der seine Wirkung sowohl gegen die Grunddrehung als auch gegen den Labyrinthstellreflex äußern muß. An dieses Drehen des Kopfes in Normalstand schloß sich dann das Aufsitzen des Körpers an (Zusammenwirken von Halsstellreflex und Körperstellreflex auf den Körper).

Daß die Halsstellreflexe bei der einseitig labyrinthlosen Katze mitwirken, wurde bereits oben bei der Besprechung der Rumpfdrehung gezeigt. Man kann sie am sitzenden Tiere leicht dadurch nachweisen, daß es gelingt, durch Drehen des Kopfes nach rechts oder nach links den Körper in rechte oder linke Seitenlage umzulegen.

Daß beim Sitzen auf dem Boden die Körperstellreflexe auf den Körper ebenfalls mitspielen, ließ sich an den großhirnlosen Katzen leicht dadurch zeigen, daß, wenn man den Kopf in rechter oder linker Seitenlage festhielt und dann den Körper leicht schüttelnd gegen die Unterlage bewegte, der Körper in Normalstellung aufsaß, trotzdem der Kopf in Seitenlage festgehalten wurde (Wirksamkeit des Körperstellreflexes auf den Körper gegen den Halsstellreflex).

Zusammenfassend ergibt sich, daß nach einseitiger Labyrinthexstirpation vom intakten Labyrinth ausgehen:

1. Tonische Labyrinthreflexe auf die Halsmuskeln. Diese bewirken die Grunddrehung (und -wendung) des Kopfes.

2. Sehr deutliche tonische Labyrinthreflexe auf die Rumpfmuskeln. Diese bewirken die Grunddrehung des Rumpfes.

3. Labyrinthstellreflexe auf den Kopf. Diese verstärken oder vermindern, je nach der Lage im Raume, die Grunddrehung.

Infolge der Halsdrehung werden asymmetrische Halsstellreflexe ausgelöst, welche die Grunddrehung des Rumpfes verstärken und den Körper zwingen, in gesetzmäßiger Weise dem Kopfe zu folgen.

Diesen asymmetrischen Einflüssen wirken bei Berühren mit dem Boden entgegen:

1. der Körperstellreflex auf den Kopf;

2. der Körperstellreflex auf den Rumpf.

Der Tonus der Extremitäten.

Über den Strecktonus der Beine kann man sich bei einseitig labyrinthlosen Katzen am besten ein Urteil verschaffen, wenn man die Verschieblichkeit des Körpers nach rechts oder links bei dem auf einer rauhen Unterlage (Strohmatte) sitzendem Tiere prüft. Dieses sucht der Verschiebung durch Streckung der Beine auf der Seite, nach welcher die Bewegung gerichtet ist, entgegenzuwirken.

Man fühlt diese Streckung als Widerstand gegen die seitliche Verschiebung und bekommt auf diese Weise ein gutes Urteil über etwa vorhandene Tonusunterschiede. Man kann dabei dann den Kopf geradesetzen oder ihm die umgekehrte Drehung geben und den Einfluß dieser Maßnahmen auf den Gliedertonus leicht feststellen. Ein anderes brauchbares Verfahren ist die vergleichende Prüfung des Widerstandes gegen passive Beugung in den beiden Ellbogengelenken. Dagegen lassen es sich die meisten Katzen nicht gefallen, wenn man sie auf den Rücken legt und den Tonus ihrer Beine direkt vergleicht. Doch läßt sich auch dieses letztere Verfahren gelegentlich anwenden.

Direkt nach dem Erwachen aus der Narkose ist bei manchen Tieren, wenn man den Kopf gegen den Thorax geradesetzt, der Tonus der Gliedmaßen beiderseits gleich. Bei ihnen läßt sich ein direkter Einfluß des Labyrinthausfalles auf den Gliedertonus nicht nachweisen. In der Mehrzahl der Fälle dagegen sind direkt nach der Operation die Beine auf der Seite des Labyrinthverlustes schlaffer als auf der anderen (bei geradegesetztem Kopfe). Fast stets ist dieser Unterschied bereits am folgenden Tage verschwunden, und nur einmal ließ sich noch nach 24 Stunden ein deutlicher, am zweiten bis vierten Tage noch ein minimaler Tonusunterschied der Glieder bei Korrektion der Kopfabweichung nachweisen. Nach dieser Zeit war ein direkter Einfluß des Labyrinthausfalles auf den Gliedertonus nicht mehr zu finden. Ein solcher ist also stets nur von geringer Dauer, ist meistens nur sehr wenig ausgesprochen und kann auch ganz fehlen.

Wenn man normale Katzen decerebriert und ihnen darauf ein Labyrinth exstirpiert oder mit Cocain ausschaltet, läßt sich ähnliches nachweisen. In 14 unter 17 Fällen war danach bei geradegesetztem Kopfe der Strecktonus der Glieder auf der Seite des Labyrinthverlustes geringer als auf der anderen, in den drei übrigen Fällen dagegen war er beiderseits gleich. Bei decerebrierten Tieren läßt sich der Gliedertonus leichter prüfen als bei normalen, weil erstere gewöhnlich keine Spontanbewegungen machen.

Während der direkte Einfluß des Labyrinthausfalles auf den Gliedertonus gering und vorübergehend ist, ist der Einfluß der Halsreflexe um so deutlicher. Auch hier wieder sind die durch die Drehung des Halses ausgelösten tonischen Reflexe auf die Glieder bei weitem die wichtigsten. Denn erstens ist die Drehung des Halses eine Dauerfolge der Operation, und zweitens hat Drehung einen stärkeren Einfluß auf die Extremitäten als Wendung.

Da nach einseitigem Labyrinthverlust der Kopf nach der Seite der Operation gedreht wird, so sind die Beine auf dieser Körperseite „Schädelbeine" und erfahren eine Abnahme ihres Strecktonus, die Beine der gekreuzten Seite sind „Kieferbeine" und werden stärker gestreckt. Infolgedessen findet man zu jeder Zeit nach der Operation, wenn das Tier frei dasitzt, einen stärkeren Strecktonus der Beine auf der gesunden Seite. Sobald man aber den Kopf gegen den Thorax geradesetzt, verschwindet dieser Unterschied (wenigstens wenn man die Untersuchung nicht.in den allerersten Tagen nach der Operation anstellt, wo der obenerwähnte direkte Labyrintheinfluß noch vorhanden sein kann). Dreht man dann den Kopf nach der anderen Seite, so läßt sich das Tier nach der gesunden Seite leichter verschieben, verhält sich also so, als ob ihm das andere Labyrinth herausgenommen wäre. Bei einer kleinen Katze ließ sich dieser Einfluß der Kopfdrehung auf den Tonus der Beine mit demselben Ergebnis in Rückenlage direkt untersuchen. Es zeigte sich, daß die Vorderbeine stärker beeinflußt wurden als die Hinterbeine. Das geschilderte Verhalten des Gliedertonus ließ sich bis zu 115 Tagen nach der Operation nachweisen. Längere Beobachtungen wurden nicht angestellt.

Die Wendung des Kopfes ist nur in den ersten Tagen nach der Operation stärker ausgesprochen und kann daher auch nur anfangs den Gliedertonus beeinflussen. Da die Wirkung geringgradiger ist als die der Kopfdrehung, so kann man ihren Einfluß häufiger vernachlässigen. Gerade bei der Katze kann aber doch gelegentlich der Einfluß der Kopfwendung auf den Gliedertonus direkt nach der Operation deutlich werden. Da der Kopf nach der Seite des Labyrinthverlustes gewendet wird und dadurch die Beine der operierten Seite zu „Kieferbeinen" werden, so bekommen bei hochgradiger Kopfwendung die Extremitäten auf der Seite des fehlenden Labyrinthes mehr Tonus, und es muß daher die Kopfwendung im entgegengesetzten Sinne auf die Glieder wirken, als die Kopfdrehung und der direkte Einfluß des Labyrinthausfalles. In einem Falle waren sogar direkt nach der Operation die Beine der operierten Seite stärker gestreckt als die der gesunden, wobei zugleich eine starke Wendung des Kopfes nachzuweisen war:

Katze „La-ce". 23. September 1911. 9$^1/_2$ Uhr. Exstirpation des linken Labyrinthes. Drei Bogengangsöffnungen und Octavusstamm freigelegt. Facialis intakt. Direkt nach der Operation ist der Kopf stark nach links gewendet, nicht deutlich gedreht, die beiden linken Beine haben stärkeren Strecktonus als die rechten.

10$^1/_2$ Uhr. Tier sitzt auf. Kopf nach links gedreht, linke Vorderpfote schlaffer als rechte. Wird der Kopf genau geradegesetzt, so wird der Unterschied geringer, aber die linke Vorderpfote ist immer noch deutlich schlaffer als die rechte. Bei Drehung des Kopfes nach links nimmt der Unterschied zu, bei Drehen nach rechts nimmt er ab bis zur Gleichheit. Wird aus der symmetrischen Stellung der Kopf nach links gewendet, so verliert das rechte Bein an Tonus; wird er nach rechts gewendet, was nur gegen starken Widerstand möglich ist, so verliert das linke Bein an Tonus. Die Kombination von Drehen und Wenden hat deutlich gegensinnigen Effekt.

24. September. Kopf nach links gedreht und gewendet. Beide linken Beine haben weniger Strecktonus als die rechten. Bei Geradesetzen des Kopfes verschwindet der Unterschied im Gliedertonus zwischen rechts und links fast vollständig.

Wie man sieht, handelt es sich nur um einen bald vorübergehenden Einfluß. Das gleiche kann man gelegentlich bei decerebrierten Tieren feststellen, bei denen nach der Exstirpation eines Labyrinthes die Kopfwendung häufig stärker ausgesprochen ist als die Drehung.

So ließ sich in vier Versuchen an decerebrierten Katzen nachweisen, daß nach Fortnahme eines Labyrinthes der Tonus der gleichseitigen Extremitäten bei geradegesetztem Kopfe geringer war als der der gekreuzten Seite. Durch die starke Wendung des Kopfes wurde dieser Einfluß gerade überkompensiert, so daß der Strecktonus beiderseits gleich wurde. In zwei anderen Versuchen wurde der Tonusunterschied der Glieder, der bei geradegesetztem Kopfe vorhanden war, durch die starke Kopfwendung sogar überkompensiert, so daß die Beine der operierten Seite stärker gestreckt waren als die der normalen Seite.

Der Einfluß der tonischen Halsreflexe ließ sich besonders gut erkennen durch Vergleich mit den vier Katzen, bei welchen vorher die doppelseitige Durchschneidung der drei obersten cervicalen Hinterwurzelpaare vorgenommen war. Direkt nach der Labyrinthexstirpation war bei drei von diesen vier Katzen der Strecktonus der Beine auf der operierten Seite geringer als auf der normalen Seite. Dieser Unterschied war bei dem einen Tiere bereits am folgenden Tage, bei einem zweiten nach 2, und bei dem dritten nach 5 Tagen verschwunden. Nach dieser Zeit war der Tonus der Gliedmaßen an den beiden Körperseiten genau gleich. Weder in den ersten noch den späteren Tagen hatte Drehung oder Wendung des Kopfes nach der einen oder der anderen Seite irgendeinen Einfluß auf den Gliedertonus. Nachdem der Tonusunterschied der Gliedmaßen direkt nach der Operation vorübergegangen war, ließ sich ein Unterschied in der Verschieblichkeit nach rechts und links nicht mehr feststellen, und auch bei Drehen des Kopfes nach beiden Seiten ließ sich ein solcher Unterschied nicht hervorrufen. Bei Katzen ohne tonische Halsreflexe ist also direkt nach der Operation ein inkonstanter und vorübergehender Tonusunterschied der beiderseitigen Gliedmaßen nachweisbar; nachdem dieser geschwunden ist, bleibt der Gliedertonus dauernd beiderseits gleich.

Die Einflüsse, welche nach einseitiger Labyrinthexstirpation den Strecktonus der Gliedmaßen bedingen, sind also nach dem Vorhergehenden folgende: Die Drehung des Kopfes bewirkt durch einen tonischen Halsreflex, daß die Glieder auf der operierten Seite weniger, auf der normalen Seite mehr Strecktonus bekommen. Da die Halsdrehung eine Dauerfolge der Operation ist, so ist auch dieser Halsreflex ein dauernder. Unmittelbar nach der Operation wird dieser Unterschied bei der Mehrzahl der Tiere verstärkt durch einen direkten Einfluß des Labyrinthausfalles, der aber nur einen oder wenige Tage dauert. Wenn der Kopf nach der Operation stark gewendet ist, so wirkt dieses dem geschilderten Tonusunterschied entgegen, kann ihn sogar vorübergehend überkompensieren. Auch hierbei handelt es sich um einen schnell vorübergehenden Einfluß.

Körperhaltung und Bewegung.

Schon.eine oder wenige Stunden nach der Operation sitzt eine einseitig labyrinthlose Katze aufrecht da. Auch die großhirnlose Katze kann bereits eine halbe Stunde nach der Entfernung eines Labyrinthes aufrecht sitzen. Nach rechtsseitigem Labyrinthverlust wird das Aufsitzen aus linker Seitenlage durch das Zusammenwirken von Grunddrehung und sämtlichen Stellreflexen ermöglicht. Aus rechter Seitenlage wirken dagegen die Grunddrehung und der Labyrinthstellreflex auf den Kopf nicht mit bzw. hindern das Aufsitzen. Dieses kommt durch den Körperstellreflex auf den Kopf mit anschließendem Halsstellreflex, vor allem aber durch den Körperstellreflex auf den Körper zustande. Anfangs fallen die Tiere noch gelegentlich nach der Seite der Operation um, setzen sich dann aber sofort wieder auf. Auch das Laufen ist schon bald nach dem Erwachen aus der Narkose möglich.

Die Drehung und Wendung des Kopfes nach der operierten Seite, die Wendung des Rumpfes nach derselben Seite und der Tonusverlust der Beine auf dieser Körperseite sind bereits geschildert. Beim Sitzen äußert sich der Tonusverlust der betreffenden Beine dadurch, daß das Tier mit denselben breitbeinig dasitzt. Während also das Kaninchen die Extremitäten der gekreuzten Seite, welche mehr Strecktonus haben, abduziert, stehen bei der Katze die schlafferen Beine der operierten Seite etwas mehr seitlich. Dieses ist häufig am Vorder- und Hinterbein, manchmal auch nur am Hinterbein deutlich. In der ersten Woche nach der Operation ist das fast stets zu sehen. Später korrigieren die Tiere diese Stellung, und man kann dann das breitbeinige Sitzen nur gelegentlich beobachten. In den ersten Tagen nach der Operation schwanken die Tiere beim Sitzen und Laufen seitlich hin und her, nach 1—5 Tagen sitzen sie wieder ruhig.

Solange die Wendung des Kopfes und des Rumpfes stark ausgebildet ist, beschreibt das Tier, wenn es läuft, Uhrzeigerbewegungen nach der operierten Seite oder, wenn auch die Hinterbeine sich beim Laufen besser mitbeteiligen, Manegetouren. Da die Wendung aber sehr bald geringer wird, so hören auch diese von ihr abhängigen Bewegungsanomalien bald auf. Nur bei drei Tieren waren Uhrzeigerbewegungen noch nach 24 Stunden, bei einem Tiere noch nach 2 Tagen vorhanden. Manegebewegungen waren häufig noch nach 24 Stunden, in zwei Fällen nach 2 Tagen, in einem Falle noch nach 5 Tagen vorhanden. Nach dieser Zeit kamen sie nicht mehr zur Beobachtung.

Dagegen ist eine andere Bewegungsstörung konstant und von viel längerer Dauer. Es ist das Abweichen nach der operierten Seite beim Vorwärtslaufen. Dieses erfolgt in sehr eigenartiger Weise. Wenn nämlich das Tier auf irgendein Ziel zuläuft, so stellt es seine Körper-

achse ganz richtig in der Richtung auf dieses Ziel ein. Wenn es aber
vorwärts läuft, so weicht der Körper seitlich nach der operierten Seite
ab, ohne daß sich die Richtung der Körperachse dabei ändert. Wenn
z. B. der Körper einer rechtsseitig operierten Katze in Richtung *a b*
steht und das Tier nach *b* hinlaufen will, so verschiebt sich beim Laufen

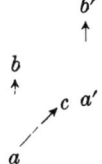

der Körper in der Richtung *a c*, so daß er nachher in die Stellung *a' b'*
gelangt, und so geht es weiter. Die Ursache für dieses Verhalten ist
unschwer zu erkennen. Dadurch, daß die Beine auf der operierten
Seite einen geringeren Strecktonus haben, vermögen sie beim Laufen
das Gewicht des Körpers weniger gut zu stützen und der Körper fällt
daher nach dieser Seite. Meistens halten aber die Glieder den Sturz
noch auf und laufen ruhig weiter. Nach dieser Auffassung beruht also
das seitliche Abweichen beim Laufen auf dem geringeren Strecktonus
der Beine auf der operierten Seite. Da nun dieser nach Ablauf der ersten
Tage nach der Operation ausschließlich bedingt ist durch die Drehung
des Halses, so folgt daraus, daß auch das Abweichen beim Laufen als
eine Folge der Halsdrehung anzusehen ist.

Daß dieses tatsächlich der Fall ist, ergibt sich aus den Beobachtungen an den vier Katzen, bei welchen zur Ausschaltung der Halsreflexe die drei obersten cervicalen Hinterwurzelpaare durchtrennt
und danach das rechte Labyrinth exstirpiert worden war. Umfallen
beim Laufen kam nur bei einer dieser Katzen direkt nach der Operation
(als noch ein Tonusunterschied der Glieder nachzuweisen war) zur
Beobachtung. Am folgenden Tage fiel das Tier bereits nicht mehr
nach der Seite um. Eine andere dieser Katzen konnte bereits 6 Stunden
nach der Operation ohne deutliche Abweichung nach rechts durch das
Zimmer gehen. Ebenso wurde bei allen vier Katzen niemals das Abweichen nach der Seite gesehen. Die Tiere konnten bereits am ersten
Tage mit ihrem starkgedrehten Kopf genau geradeaus laufen. Wenn
sie taumelten, so taten sie dieses nach beiden Seiten gleichmäßig. Bei
einer Katze wurde das Straucheln nach rechts nur am ersten Tage nach
der Operation (als die rechten Beine noch schlaffer waren als die linken)
beobachtet und danach nur noch einmal. Beim Laufen hing allerdings
infolge der Rumpfdrehung der Thorax deutlich nach der operierten
Seite über. Trotzdem fehlte aber die seitliche Abweichung beim Laufen.
Aus diesem Grunde wurde oben der Rumpfdrehung nur eine sekundäre
Bedeutung für die Entstehung des seitlichen Abweichens und des Um-

fallens zugeschrieben. Eine Katze konnte schon am ersten Tage nach
der rechtsseitigen Operation etwas nach links laufen, nach einer Woche
machte sie sogar Zirkeltouren nach links. Beim Sitzen fehlte die charakteristische breitbeinige Stellung der Glieder auf der operierten Seite.
Nur bei einer der Katzen war sie am ersten Tage nach der Operation
zu sehen, als noch ein Tonusunterschied als direkte Labyrinthausfallsfolge vorhanden war.

Bei Katzen mit intakten cervicalen Hinterwurzeln wechselt der
Winkel, in welchem das seitliche Abweichen erfolgt, sehr. Manchmal
beträgt er nur 20—30°, häufig 45°, er kann aber auch 90° erreichen.
In diesem letzteren Falle kommt also eine rein seitliche Bewegung
zustande. Gewöhnlich findet dann die Fortbewegung in der Weise
statt, daß das Tier zunächst einige Schritte mehr oder weniger gut
vorwärts macht, dann 90° nach der operierten Seite stolpert, darauf
wieder vorwärts geht, wieder stolpert usw. So kommt es zu einer Art
Zickzackbewegung nach dem Ziele hin. Aus dieser Schilderung ergibt
sich, daß ein solches Tier häufig zwischendurch auch einige normale
Schritte vorwärts zustande bringt. Dieses wird nun im Laufe der Zeit
immer häufiger, während zugleich der Winkel, um welchen das Tier
beim Laufen seitlich abweicht, geringer wird. Auf diese Weise wird
das Laufen allmählich immer besser, bis schließlich das seitliche Abweichen nur noch gelegentlich und bei besonders schnellem Laufen zu
sehen ist. Es ließ sich aber selbst noch 115 Tage nach der Operation
beobachten. Zu dieser Zeit ist, wie oben gezeigt wurde, der Einfluß der
Kopfdrehung auf den Gliedertonus ebenfalls noch vorhanden.

Solange dieses seitliche Stolpern noch stark ausgesprochen ist,
kommt es nun auch beim Laufen gelegentlich zum wirklichen Umfallen
nach der operierten Seite, worauf sich das Tier dann sofort wieder aufrichtet. In den ersten 4 Tagen nach der Operation fallen Katzen (mit
intakten Hinterwurzeln) sehr häufig beim Laufen nach der Seite um.
Später erfolgt dieses immer seltener und gewöhnlich nur beim schnellen
Laufen, und schließlich kommt es nicht mehr zur Beobachtung. Auch
das Umfallen ist in der Hauptsache auf die Schwäche der Streckmuskeln
in den Gliedern der operierten Seite zurückzuführen und daher von der
Halsdrehung abhängig. Nur in geringerem Grade wirkt die Drehung
des Thorax hierbei mit, doch ist sie nur von sekundärer Bedeutung,
wie sich aus den Beobachtungen an Tieren mit durchschnittenen cervicalen Hinterwurzeln ergibt.

Allmählich lernen die Tiere auch wieder zu springen. Anfangs fallen
sie dabei nach der operierten Seite um, später weichen sie beim Aufspringen auf den Boden nach der operierten Seite ab, schließlich wird
der Sprung wieder nahezu normal, und nur ein gelegentliches Abweichen verrät, daß es sich um Tiere mit nur einem Labyrinth handelt.

Schon nach 24 Stunden versuchen die Katzen gewöhnlich vom Schoß herunterzuspringen, fallen dann aber noch regelmäßig. Nach einem Monat hatten 3 Katzen bereits gelernt, ohne zu fallen von einem 2 m hohen Schrank herunterzuspringen. Um diese Zeit, manchmal auch schon früher, sind sie imstande, vom Boden auf einen Stuhl zu springen. Treppenlaufen ist anfangs mit Schwierigkeiten verbunden, doch können die Tiere meistens nach 4—11 Tagen die Treppe herunterlaufen, wobei sie gelegentlich stolpern und sich an die Treppenwand der Seite halten, auf welcher ihnen das Labyrinth fehlt; sie schützen sich auf diese Weise gegen das seitliche Abweichen und Umfallen. Schließlich lernen sie aber die Treppe wieder ganz wie eine normale Katze herunterzulaufen.

Sehr viel geringer sind diese Störungen nach dem Fortfall der tonischen Halsreflexe. Eine der Katzen mit durchschnittenen cervicalen Hinterwurzeln sprang bereits am Tage nach der Operation ohne zu fallen vom Tisch auf den Fußboden, kam beiderseits breitbeinig auf den Boden, schwankte hin und her, aber wich nicht nach einer Seite ab. Kurz darauf sprang sie vom Tisch $^1/_2$ m weit in den Käfig, ohne zu fallen oder abzuweichen, am dritten Tage sprang sie einen Meter weit. Eine andere Katze sprang schon am ersten Tage von einem schräggehaltenen Stuhl, ohne zu fallen, am zweiten Tage von einem gewöhnlichen Stuhl, am siebenten Tage von einem 1 m hohen Tisch auf den Boden, am elften Tage vom Boden auf den Stuhl und konnte an diesem Tage auch die Treppe herauf- und heruntergehen.

Einseitig labyrinthlose Katzen mit erhaltenen Halsreflexen suchen in den ersten Tagen nach der Operation, solange das seitliche Abweichen und besonders das Umfallen nach der operierten Seite noch stark ausgesprochen ist, wenn sie im Zimmer auf den Boden gesetzt werden, sehr bald die Zimmerwand auf und laufen dann, mit der operierten Seite der Mauer zugekehrt, an ihr entlang. Wie beim Treppenlaufen, suchen sie sich auf diese Weise gegen das seitliche Umfallen zu schützen. Nach Ablauf der ersten Woche haben sie diesen Schutz dann nicht mehr nötig.

Richtige Rollbewegungen, wie sie beim Kaninchen und Meerschweinchen beschrieben wurden, kommen bei Katzen nach einer schonend ausgeführten Fortnahme eines Labyrinthes nicht vor. Dagegen rollte eine Katze, bei welcher de Kleyn von der Bulla aus die Schädelhöhle eröffnet und den Octavus intrakraniell durchtrennt hatte, wobei es ziemlich stark blutete, 4 Tage lang in typischer Weise nach der Seite der Operation hin. Auch hier traten die Rollbewegungen anfallsweise auf. Es muß also bei der Katze zu der spiraligen Drehung des Körpers ein sehr starker Reiz durch die Operation hinzukommen, um das Tier zu typischen Rollungen zu veranlassen.

In wie entscheidender Weise die Richtung, nach welcher die Tiere sich drehen und nach welcher sie abweichen, von der Kopfstellung

beherrscht wird, läßt sich in sehr einfacher Weise zeigen. Man kann
nämlich jede einseitig labyrinthlose Katze, welche noch beim Laufen
stark nach der Seite der Operation abweicht oder selbst noch nach dieser
Seite fällt, und welche mit Leichtigkeit imstande ist, Uhrzeiger- und
Manegebewegungen nach der operierten Seite zu machen, zwingen,
Drehbewegungen nach der gesunden Seite auszuführen. Zu diesem
Zwecke hält man über den Kopf des hungrigen Tieres in der Luft ein
Stück Fleisch. Dreht man dieses nun in der Luft kreisförmig nach der
Seite der Operation, so ist die Katze nicht imstande, dieser Bewegung
zu folgen, sie fällt entweder um oder springt ohne Erfolg nach dem
Fleisch in die Höhe oder läuft einfach fort. Dreht man das Fleisch
dagegen nach der gesunden Seite (d. h. bei linksseitiger Labyrinthexstirpation von oben gesehen im Sinne des Uhrzeigers), so folgt das
Tier der Bewegung und beschreibt dabei Uhrzeigerbewegungen oder
ganz enge Manegetouren nach der gesunden Seite. Die Erklärung
für dieses zunächst paradox erscheinende Verhalten liegt in der Stellung
des Kopfes. Dieser wird nämlich nach dem Fleisch in der Luft gehoben
(dabei strecken sich beide Vorderbeine) und zugleich in der durch den
Labyrinthausfall bedingten Weise gedreht. Nach linksseitiger Operation
steht also die Schnauze fast vertikal nach oben, das linke Ohr nach
vorne, das rechte caudalwärts. Der Hinterkopf sieht also nach links,
d. h. nach der operierten Seite. Das Tier kann nun nicht nach der Seite
des Hinterkopfes drehen, sondern immer nur nach der anderen Seite.
Versucht es nach der Seite des Hinterkopfes zu drehen, so fällt es um
oder stolpert und gibt daher den Versuch bald auf. Dagegen kann es
nach der anderen Seite ohne Schwierigkeiten drehen, besonders da infolge der Hebung des Kopfes beide Vorderbeine starken Strecktonus
bekommen haben und daher keine Gefahr besteht, daß das Tier nach
der operierten Seite umfällt. — In umgekehrter Richtung gedreht kann
aber das linksseitig operierte Tier seinen Kopf mit erhobener Schnauze
nicht halten. Sobald man aber das Fleisch weniger hoch hält und der
Kopf des Tieres nicht mehr so weit dorsalwärts gehoben wird, kann
es denselben nach der operierten Seite wenden und nunmehr auch
dem Fleisch folgen, wenn es in umgekehrtem Sinne in der Luft gedreht
wird. Dieses Verhalten ist noch monatelang nach der Operation nachzuweisen, und es gewährt einen eigentümlichen Anblick, wenn ein Tier,
welches fast gar keine Bewegungsstörungen mehr zeigt, die verzweifeltsten
Anstrengungen macht, um einem in der Luft gedrehten Stück Fleisch
zu folgen, ohne dazu imstande zu sein[1]). Eine normale Katze kann

---

[1]) Vgl. hierzu das oben S. 297 beschriebene Verhalten einseitig labyrinthloser
Kaninchen, welche auf den Boden gesetzt nach der Seite des Labyrinthverlustes
rollen, in Rückenlage in der Luft dagegen mit dem Vorderkörper kreisende Bewegungen im umgekehrten Sinne beschreiben.

natürlich dem Drehen des Fleisches in jeder Richtung folgen, dabei hebt sie die Schnauze nach oben und wendet dann den Kopf in der Drehrichtung. Dieses ist aber der einseitig labyrinthlosen Katze nicht möglich. Die ganze Bewegungsstörung ist allein abhängig von der Zwangsstellung des Kopfes.

Folgen des einseitigen Labyrinthverlustes bei Katzen ohne Halsreflexe.

In den letzten Abschnitten wurden schon mehrfach Beobachtungen an den vier Katzen herangezogen, bei welchen durch Durchschneidung der drei obersten cervicalen Hinterwurzelpaare die Halsreflexe aufgehoben waren. Bei ihnen fallen alle Folgen der Kopfdrehung und -wendung auf die Haltung des Körpers, die Drehung des Rumpfes, den Tonus der Extremitäten, die Störungen beim Laufen und Springen usw. fort. Trotzdem also bei diesen Tieren zwei schwere Eingriffe gemacht worden sind, von denen jeder für sich allein Störungen der Bewegung hervorruft, sind die Symptome nach einseitiger Labyrinthexstirpation bei Tieren mit durchschnittenen cervicalen Hinterwurzeln nicht größer, sondern geringer als bei normalen Tieren. Diese Feststellung ist seinerzeit eine gewichtige Stütze für die Auffassung gewesen, daß tatsächlich die Halsreflexe einen großen Anteil an dem Symptomenbild nach einseitiger Labyrinthexstirpation besitzen. Wenn auch nach dem jetzt vorliegenden Tatsachenmaterial hieran kein Zweifel mehr ist, und wenn auch die wichtigsten Beobachtungen bereits oben im einzelnen mitgeteilt wurden, so sollen doch im nachfolgenden zur Verdeutlichung des ganzen Bildes nebeneinander die Protokolle (16) abgedruckt werden von einer Normalkatze und einer Katze mit durchschnittenen drei obersten cervicalen Hinterwurzelpaaren, denen am gleichen Tage von de Kleyn das rechte Labyrinth exstirpiert wurde. Das Verhalten der beiden Tiere wurde darauf fortlaufend miteinander verglichen:

Belial (Hinterwurzeloperation am 23. März und 5. April 1913).

16. September 1913. Typische rechtsseitige Labyrinthexstirpation. — Porus acusticus internus und Bogengangsöffnungen freigelegt, Octavusstamm mit der Pinzette umgangen. Facialis intakt. (Schonende Operation.) ³/₄ Stunden nach der Operation: Tier sitzt. Kopf etwas nach rechts gewendet, etwas nach rechts gedreht; Uhrzeigerbewegung nach rechts. — Hängelage mit Kopf nach unten: Thorax etwa 30°, Kopf 70° gegen das

Schwarze (Normalkatze).

16. September 1913. Typische rechtsseitige Labyrinthexstirpation. — Porus acusticus internus und Bogengangsmündungen freigelegt. Octavusstumpf mit der Pinzette umgangen. Facialis intakt. (Schonende Operation.) ¹/₄ Stunde nach der Operation: Narkose abgeklungen. Kopf nach rechts gedreht und gewendet, Augendeviation nach rechts, Nystagmus nach links, Oberrand der rechten Pupille weicht etwas nach rechts ab. In Hängelage

Becken gedreht. Bei Geradesetzen des Kopfes und bei starkem Überdrehen des Kopfes nach der anderen Seite ändert sich die Drehung des Thorax nicht. — In Rückenlage bei geradegesetztem Kopfe haben die beiden rechten Beine weniger Strecktonus als die beiden linken Beine; der Unterschied ist besonders an den Vorderbeinen deutlich. Durch Drehen des Kopfes ist kein Halsreflex auf die Vorderbeine auszulösen. Auf einer rauhen Unterlage ist die Katze nach rechts leichter verschieblich als nach links; bei geradegesetztem Kopfe ändert sich das nicht. Deutliche Augenabweichung nach rechts, Nystagmus nach links. Oberrand der rechten Pupille nach rechts gedreht. Etwas Kopfnystagmus.

mit Kopf unten ist der Thorax 45° der Kopf 90° nach rechts gedreht, wechselnd gewendet. Beim Geradesetzen des Kopfes gegen den Thorax geht die Thoraxdrehung zum Teil zurück (bis auf 30°); zum Geradesetzen des Thorax muß der Kopf 45° überdreht werden. In Rückenlage bei geradegesetztem Kopf ist der Strecktonus des rechten Vorderbeines viel geringer als der des linken, hinten weniger Unterschied. Bei der spontanen Rechtsdrehung des Kopfes wird der Tonusunterschied der Vorderbeine größer, bei Drehen des Kopfes nach links bekommt das rechte Vorderbein mehr Strecktonus als das linke. — Das Tier läßt sich auf der Unterlage viel leichter nach rechts verschieben als nach links. Bei Geradesetzen des Kopfes bleibt der Unterschied noch deutlich, wird aber viel geringer.

6 Stunden nach der Operation: Geht durch das Zimmer ohne zu fallen und ohne deutliche Abweichung nach rechts. Nur als sie einmal mit dem Kopf stark schüttelt, strauchelt sie dabei nach rechts. In Fußstellung ist sowohl bei gedrehtem als bei geradegesetztem Kopfe der Strecktonus des rechten Vorderbeines geringer als der des linken. Sitzt mit symmetrischen Beinen.

6 Stunden nach der Operation: Fällt beim Laufen einige Male nach rechts. Rumpf hängt beim Sitzen stark nach rechts über; Beine symmetrisch.

17. September. Sitzt aufrecht. Kopf etwas gedreht und wechselnd gewendet. Kopf kann auch nach links gewendet werden. Manchmal Uhrzeiger- und Manegebewegungen nach rechts. Beim Sitzen hängt der Thorax deutlich nach rechts über. Läuft geradeaus durchs Zimmer, geht dabei manchmal sogar etwas nach links. Noch etwas Kopfschwanken. Springt vom schief gehaltenen Stuhl, ohne zu fallen; kann auch einige Schritte nach links gehen. Körperhaltung in Hängelage mit Kopf unten wie gestern. Tonusunterschied der Beine, Verschieblichkeit und Augensymptome wie gestern.

17. September. Sitzt aufrecht. Kopf 30° gedreht und wechselnd gewendet. Beine beim Sitzen symmetrisch. Läuft rückwärts, fällt mehrmals auf die rechte Seite. Thorax hängt nach rechts über. Noch etwas Kopfschwanken. Rutscht vom schräggestellten Stuhl nach vorn herunter, strauchelt dabei stark nach rechts. — Körperhaltung in Hängelage mit Kopf unten wie gestern. Tonusunterschied der Beine, Verschieblichkeit und Augensymptome wie gestern.

18. September. Läuft vorsichtig geradeaus durch das ganze Zimmer, kann auch nach links herumlaufen, strauchelt nicht nach rechts. Läuft noch etwas knickbeinig (wie auch schon vor der Labyrinthoperation), aber nicht breitbeinig. Beim Sitzen kein Tonusunterschied der Vorderbeine. Springt vom Stuhl, macht dann eine Zirkeltour nach rechts und läuft geradeaus weg. Kein deutlicher Unterschied in der Verschieblichkeit nach rechts und nach links, auch nicht bei spontan gedrehter Kopfhaltung. Hat zweifellos viel weniger Störungen als die „Schwarze" Katze.

21. September. Läuft viel besser, etwas breit- und knickebeinig, geradeaus durch das ganze Zimmer. Weicht beim Laufen ab und zu nach rechts ab, aber ebensooft nach links. Klettert vom Boden auf einen Kaninchenkäfig und von da auf die Fensterbank.

23. September. Läuft gut geradeaus, strauchelt einmal nach rechts. Kann eine ganze Zirkeltour nach links machen. Sucht manchmal mit der linken Seite die Mauer. Kopf etwa 20° nach rechts gedreht, manchmal gewendet; kann auch nach links gewendet werden. Beim Springen vom Stuhl und vom Tisch weicht sie manchmal etwas nach rechts ab.

24. September. Keine Augenablenkung, kein Nystagmus. Laufen wie gestern.

18. September. Beim Sitzen mit geradegesetztem Kopf kein Tonusunterschied der Beine. Beim Drehen des Kopfes bekommt das Kieferbein mehr, Schädelbein weniger Strecktonus. Verschieblichkeit nach rechts größer als nach links, bei geradegesetztem Kopf Unterschied in der Verschieblichkeit verschwunden. Strauchelt bei der Untersuchung häufig nach rechts. Springt vom Stuhl, ohne zu fallen, strauchelt dann nach rechts, macht einige Uhrzeigerbewegungen, strauchelt dann wieder nach rechts.

21. September. Läuft sehr wenig und fällt wiederholt dabei nach rechts. Häufig Uhrzeigerbewegungen nach rechts.

23. September. Laufen wie am 21. September. Pfoten beim Sitzen symmetrisch. Wenn man sie vorwärts treibt, läuft sie manchmal halbschräg nach rechts vorwärts. Keine Augenablenkung, kein Nystagmus. Beim Sitzen Tonusunterschied der Beine und Verschieblichkeit wie am 18. September. In Hängelage mit Kopf unten ist der Thorax etwa 20° gedreht. Beim Geradesetzen des Kopfes wird die Drehung geringer. Vom schräggestellten Stuhl springt bzw. fällt sie herunter und strauchelt dabei nach rechts. Geht sehr vorsichtig vorwärts und stützt sich wiederholt mit der rechten Seite an der Mauer.

24. September. Stolpert beim Laufen nach rechts. Läuft mit der rechten Seite an der Mauer entlang. Läuft halbschief nach rechts durch das Zimmer. Springt vom schiefgestellten Stuhl gut herunter.

27. September. Springt vom Boden auf den Stuhl, vom Tisch auf die Fensterbank und vom Tisch auf den Boden, ohne zu straucheln oder zu fallen. Läuft die Treppe gut und ohne zu fallen herauf und herunter. Schief auf eine Treppenstufe gesetzt, fällt sie aber und rollt herunter.

4. Oktober. Keine Änderung.

13. Oktober. Galoppiert mit großer Sicherheit die Treppe herauf, und läuft danach schnell geradeaus durchs Zimmer; strauchelt dabei ein- bis zweimal.

20. Oktober. Holt sich Fleisch vom Gitterdach des Käfigs, klettert an der Seitenwand in die Höhe, hält sich mit zwei Vorderpfoten an einem Stabe des Gitterdaches und packt das Fleisch mit dem Maul.

27. Oktober. Kopf nach rechts gedreht, manchmal bis zu 45°. Kann sich frei auf den Hinterbeinen aufstellen. Springt vom Gitterdach des fast 2 m hohen Käfigs herunter, fällt einen Augenblick auf die Seite und läuft dann schnell fort. Außer der Rechtsdrehung des Kopfes hat sie keine direkt sichtbaren Folgen der einseitigen Labyrinthexstirpation mehr.

18. Dezember. Kopf 30—45° nach rechts gedreht. Läuft geradeaus. Auf vorgehaltenes Fleisch hebt sie den Kopf, ohne die Vorderbeine zu strecken. Man kann den Kopf 90° nach oben heben ohne Reaktion der Vorderbeine. In Hängelage mit Kopf unten ist der Kopf 45°, der Thorax etwas gedreht. Läuft die Treppen gut herauf und herunter.
Nachmittags: Exstirpation des zweiten Labyrinthes.

27. September. Läuft jetzt gut geradeaus. Auf vorgehaltenes Fleisch strauchelt sie einmal nach rechts.

4. Oktober. Läuft gut, strauchelt aber dabei noch einmal nach rechts. Springt vom Stuhl, strauchelt aber auch dabei nach rechts. Läuft sehr vorsichtig die Treppe herunter.

13. Oktober. Springt gut vom Tisch.

20. Oktober. Springt gut vom Stuhl.

27. Oktober. Zustand unverändert.

18. Dezember. Kopf nach rechts gedreht. Springt mit Sicherheit vom Stuhl und der Fensterbank herunter. Läuft gut durchs Zimmer. Auf Heben und Senken des Kopfes reagieren die Vorderbeine prompt mit.

Nachmittags: Exstirpation des zweiten Labyrinthes.

Aus diesen Protokollen und den Beobachtungen an den übrigen vier Katzen ergibt sich, daß die einseitige Labyrinthexstirpation bei Katzen ohne Halsreflexe weniger Symptome macht als bei normalen Katzen.

Wohl treten bei ihnen alle direkten Folgen des Labyrinthausfalles (vorübergehende Augendeviation und Nystagmus, vorübergehende Wendung
und dauernde Drehung des Halses, dauernde Drehung des Rumpfes
und schnell vorübergehende Schlaffheit der Beine auf der operierten
Seite) genau so wie bei den Normalkatzen ein. Dagegen fehlen bei
ihnen alle durch die vorübergehende Wendung und dauernde Drehung
des Kopfes ausgelösten tonischen Halsreflexe. Infolgedessen ist der
dauernde Tonusunterschied der beiderseitigen Gliedmaßen, welcher bei
den Normaltieren durch die Halsdrehung hervorgerufen wird, nicht
vorhanden. Die Katzen ohne Halsreflexe zeigen daher nach einseitigem
Labyrinthverlust nicht die Neigung nach der operierten Seite umzufallen, nach dieser Seite abzuweichen; sie sitzen mit den Beinen der
operierten Seite nicht breitbeinig und springen sicherer als die Normalkatzen. Die Verschieblichkeit auf der Unterlage ist (wenn die ersten
Tage nach der Operation vorüber sind) nach beiden Seiten gleich. Durch
Drehen und Wenden des Kopfes läßt sich nicht der mindeste Einfluß
auf den Tonus der Gliedmaßen und die Drehung (und Wendung) des
Rumpfes ausüben, und infolgedessen ist es auch bei diesen Tieren nicht
möglich, durch Geradesetzen des Kopfes die Folgeerscheinungen der
Labyrinthexstirpation zu vermindern. Da auch die Halsstellreflexe
aufgehoben sind, so beruht das Aufrichten und Geradesitzen des Rumpfes
ausschließlich auf den Körperstellreflexen auf den Körper, deren sichere
Wirksamkeit sich bei diesen Experimenten auf das deutlichste zeigt.

Kompensationsvorgänge.

Bei der Beobachtung einseitig labyrinthloser Katzen ist eine der
auffallendsten Erscheinungen, daß sich ein so großer Teil der unmittelbar nach der Operation vorhandenen Störungen nach einigen
Wochen ausgeglichen hat und schließlich nur geringe Ausfallserscheinungen übrigbleiben. Die Tiere „lernen" allmählich wieder geradeaus
zu laufen, nicht seitlich umzufallen, ihren Kopf nicht mehr gewendet
und weniger gedreht zu tragen, gut zu sitzen, große Sprünge auszuführen, Treppen zu laufen usw.

Die Analyse dieser Kompensationsvorgänge ist bisher noch nicht
vollständig durchgeführt worden. Zum Teil beruht das darauf, daß
zu der Zeit, als wir die Beobachtungen an einseitig labyrinthlosen
Katzen ausführten (1911—1913), die Stellreflexe noch nicht bekannt
waren, zum Teil deshalb, weil auch jetzt noch nicht aufgeklärt ist, wie
das Großhirn in seiner Gesamtheit und mit seinen einzelnen Rinden-
feldern auf die verschiedenen Zentren für die Körperstellung im Hirnstamm einwirkt. Ein derartiger Einfluß ist bisher nur bei den optischen
Stellreflexen zutage getreten. Vorläufig hat sich nur feststellen lassen,
daß sich an den Kompensationsvorgängen beteiligen: 1. die Körperstell-

reflexe, 2. die optischen Stellreflexe, 3. zentrale subcorticale Kompensationen.

Den Körperstellreflexen auf den Kopf ist es zu danken, daß das Tier, wenn es auf der Seite der Labyrinthexstirpation liegt, imstande ist, seinen Kopf nach der Normalstellung hin zu bewegen und im Anschluß hieran aufzusitzen. Die Körperstellreflexe auf den Körper ermöglichen es dem Tiere, seinen Körper mehr oder weniger gerade zu halten, trotzdem der Kopf gedreht ist. Sie erleichtern ferner das Aufsitzen des Körpers, wenn der Kopf in derselben Richtung vorangegangen ist, und vor allen Dingen auch dann, wenn der Kopf nicht in Normalstellung steht. Die große Bedeutung, welche die Körperstellreflexe auf den Körper besitzen, wurde besonders deutlich bei den Tieren mit durchschnittenen cervicalen Hinterwurzeln, bei denen die Halsstellreflexe fehlen; bei ihnen beruht das Aufsitzen und das Geradehalten des Körpers allein auf diesen Reflexen. Bei den beiden großhirnlosen Katzen von Barenne ließ sich besonders schön beobachten, wie in den ersten 3 Tagen nach der Operation die Körperstellreflexe allmählich an Bedeutung und Sicherheit zunahmen. Während z. B. bei der einen Katze in rechter Seitenlage auf dem Tisch 17 Stunden nach der Operation der Kopf langsam in Normalstellung gebracht wurde, worauf Aufsitzen erfolgte, saß das Tier nach 66 Stunden aus rechter Seitenlage sofort prompt auf, wobei der Kopf voranging. Auch die Abnahme der Kopfwendung in den ersten Tagen nach der Operation beruht höchstwahrscheinlich zum Teil auf dem Körperstellreflex auf den Kopf.

Bei unseren älteren Beobachtungen an einseitig labyrinthlosen Katzen ist uns ein wesentlicher Einfluß der Augen auf die Körperstellung und -haltung nicht aufgefallen. Die Haltung der Extremitäten wird anscheinend von der Katze nicht mit Hilfe ihrer Augen korrigiert. In den ersten Tagen nach der Operation ist der Einfluß der Augen offenbar sogar ein schädlicher, denn es ergab sich, daß etwa vorhandenes Kopfpendeln nach Anlegen einer Kopfkappe abnahm und häufig ganz schwand, so daß also höchstwahrscheinlich das Kopfpendeln durch den Augennystagmus mitbedingt wird. Da aber nach doppelseitiger Labyrinthexstirpation Katzen schon nach wenigen Tagen lernen, die Stellung ihres Kopfes mit Hilfe der Augen zu kontrollieren, so wird dieses wohl auch zweiffellos nach einseitiger Labyrinthexstirpation der Fall sein können. Spezielle Beobachtungen hierüber sind noch nicht angestellt worden, doch läßt sich immerhin mit Sicherheit sagen, daß z. B. vor dem Springen das Tier seine Augen zur Richtung und Orientierung des Körpers benutzt. Systematische Beobachtungen an einseitig labyrinthlosen Katzen mit und ohne Kopfkappe bei den verschiedenen Lagen des Körpers in der Luft und auf dem Boden müssen noch angestellt werden.

Eine wichtige Rolle scheinen bei den Kompensationsvorgängen Änderungen der zentralen Innervation zu besitzen. Bechterew (1) hat diese Dinge beim Hunde zuerst festgestellt. Nach einzeitiger doppelseitiger Labyrinthexstirpation sind die auftretenden Störungen, wie zu erwarten ist, genau symmetrisch. Exstirpiert man jedoch einem Hunde zuerst das Labyrinth einer Körperseite, wartet bis die Ausfallserscheinungen sich zum Teil zurückgebildet haben und entfernt nunmehr das zweite Labyrinth, so zeigt das Tier darauf die spiegelbildlich entgegengesetzten Störungen, wie nach der ersten Operation: Augendeviation, Nystagmus, Kopfdrehung, Rollungen usw. erfolgen, als ob das erste Labyrinth gar nicht exstirpiert worden wäre. Da die Kopfdrehung und die Augenabweichung (schon wegen ihrer Richtung) nicht auf Labyrinthreizung bezogen werden können, so muß in der Zeit zwischen den beiden Operationen das einseitig labyrinthlose Tier seine Innervation so geändert haben, daß die Fortnahme des zweiten Labyrinthes (also die Herstellung der Symmetrie in der Labyrinthinnervation) eine asymmetrische Störung hervorruft. Das ist auch die Deutung, die Ewald (a. a. O. S. 201) diesem Phänomene gibt:

„Nach einseitiger Entfernung des Labyrinthes (beim Hunde) entstehen nämlich asymmetrische Störungen, welche größtenteils durch Ersatzerscheinungen kompensiert werden. Letztere sind daher auch asymmetrisch, und wenn das zweite Labyrinth entfernt wird, wodurch die Asymmetrie der ursprünglichen Störungen nach der ersten Operation aufgehoben werden würde, so bleibt infolge der asymmetrischen Ersatzerscheinungen eine Ungleichheit in der Funktion beider Körperhälften bestehen, welche bei einzeitiger Entfernung des Labyrinthes nie zu beobachten ist."

Hieraus ergibt sich, daß, wenn man das Zustandekommen dieser Ersatzerscheinungen untersuchen will, man zu verschiedenen Zeiten nach der Exstirpation des einen Labyrinthes das zweite entfernen und nun beobachten muß, ob, in welchem Grade und an welchen Körperteilen asymmetrische Störungen auftreten. Im Laufe unserer früheren Versuche ergab sich bei 9 Katzen die Gelegenheit, das zweite Labyrinth 4, 11, 17, 21, 22, 25, 31, 114 und 164 Tage nach der Entfernung des ersten zu exstirpieren. Vier von diesen Katzen wurden längere Zeit weiter beobachtet, die fünf anderen waren kurz vor der zweiten Operation decerebriert, so daß an ihnen nur die unmittelbar danach auftretenden Erscheinungen festgestellt werden konnten. Das Ergebnis war folgendes: 4 Tage nach der Entfernung des ersten Labyrinthes wirkte die Exstirpation des zweiten nicht anders, als ob beide gleichzeitig exstirpiert wären. Betrug der Zwischenraum zwischen beiden Operationen 11 Tage, so erfolgte nach der zweiten typischer Nystagmus (nach der Seite der ersten Operation), dagegen keine Drehung oder Wendung des Kopfes. Betrug der Zwischenraum jedoch 3 Wochen und mehr, so wurde stets (7 Beobachtungen) der Kopf nach der Seite der zweiten Operation

gedreht oder gewendet. Außerdem tritt natürlich auch Nystagmus auf
(bei den nichtdecerebrierten Tieren). Ein Tonusunterschied der Extremitäten bei geradegesetztem Kopfe ließ sich dagegen nach der
zweiten Operation nicht mit Sicherheit feststellen, wenn auch in 2 Fällen
nach 31 und 114 Tagen eine Andeutung davon vorhanden war. Das
Auftreten von Rumpfdrehung wurde niemals beobachtet. Hieraus
würde zu schließen sein, daß zuerst die veränderte Innervation an den
Augen eintritt, daß darauf dasselbe für die Kopfabweichung erfolgt,
während die Extremitäten und der Rumpf viel weniger oder gar nicht
in Mitleidenschaft gezogen werden.

Bei den beiden großhirnlosen Katzen von Barenne wurde das
zweite Labyrinth 3 bzw. 4 Tage nach der Exstirpation des ersten entfernt. Bei beiden Tieren trat sowohl Augenabweichung mit Nystagmus
wie Kopfdrehung mit Kopfnystagmus auf. Die Deviation von Kopf
und Augen ist nach der Seite des zuletzt operierten, der Nystagmus
nach der Seite des zuerst exstirpierten Labyrinthes gerichtet. Es sieht
also so aus, als ob die beschriebene zentrale Kompensation nach Entfernung des Großhirns schneller eintritt als bei intaktem Gehirn.
Doch ist die Zahl der Beobachtungen zu klein, um mit Sicherheit Schlüsse
ziehen zu können. Hierzu sind noch weitere Beobachtungen an normalen Tieren nötig, bei welchen beide Labyrinthe im Abstand von
wenigen Tagen nacheinander exstirpiert werden.

Der nach der zweiten Operation auftretende Augennystagmus dauert
nur 1—2 Tage. Bei einer Katze ließ sich beobachten, daß die nach
der zweiten Operation aufgetretene Kopfdrehung nach der Seite der
zweiten Operation sich im Laufe von 2—3 Monaten langsam zurück-
bildete und daß danach der Kopf wieder ganz symmetrisch gehalten
wurde.

Was nun das Zustandekommen dieser Kompensation anbetrifft,
so lehren die Versuche an den beiden großhirnlosen Katzen, daß bei ihrer
Ausbildung weder die Großhirnrinde noch die Augen eine Rolle spielen.
Bei den obenerwähnten Katzen, denen die drei ersten cervicalen Hinterwurzelpaare durchtrennt waren, wurde ebenfalls später das zweite
Labyrinth exstirpiert. Nystagmus und Kopfabweichung verhielten sich
dabei genau so wie soeben geschildert. Also auch die Durchtrennung
der betreffenden cervicalen Hinterwurzeln hindert das Zustandekommen
der Kompensation der Kopfabweichung, welche hauptsächlich durch
die Muskulatur der ersten Halssegmente bedingt ist, nicht.

Wenn man einseitig labyrinthlose Katzen längere Zeit nachher
decerebriert und ihnen darauf das andere Labyrinth herausnimmt,
so tritt die Kopfwendung (und -drehung) nach der Seite der zweiten
Operation mit größter Sicherheit auf. Das Zentralnervensystem muß
also abwärts von den Vierhügeln eine Dauerveränderung erlitten haben,

durch welche nach Entfernung des zweiten Labyrinthes eine Kopfabweichung zustande gebracht wird.

Die veränderte zentrale Innervation kann also eintreten nach Entfernung des Großhirns, nach Ausschaltung optischer Eindrücke und nach
Durchtrennung der oberen cervicalen Hinterwurzeln. Sie kann sich
noch äußern nach Entfernung des Großhirns, nach Ausschaltung der
Augen, nach Exstirpation beider Labyrinthe und nach Durchtrennung
der oberen cervicalen Hinterwurzeln. Ihre Entstehung ist zweifellos
abhängig von den einseitigen Erregungen, welche von dem intakten
Labyrinth ausgehen und denen dann durch nichtlabyrinthäre Erregungen der anderen Seite mehr oder weniger vollständig das Gleichgewicht gehalten wird.

Wenn durch diese zentrale Umschaltung eine teilweise Kompensation
der Kopfstellung eintritt, so muß natürlich auch der Tonusunterschied
der Extremitäten hierdurch geringer werden und damit auch die hiervon
abhängigen Störungen der Bewegung und Haltung. Daß tatsächlich
der Tonusunterschied der Glieder längere Zeit nach der Operation durch
die Abnahme der Kopfdrehung geringer wird, ließ sich durch Untersuchung der seitlichen Verschieblichkeit feststellen, ebenso daß der
Unterschied sofort wieder stärker wurde, wenn die ursprüngliche Kopfdrehung wiederhergestellt wurde. Hierdurch wird verständlich, daß
diejenigen Störungen, welche bei der Katze auf dem Tonusunterschied
der Extremitäten beruhen, auf diesem Wege allmählich verringert
bzw. kompensiert werden können, wie das Laufen, Springen, Sitzen usw.

Zum Schlusse sei nochmals betont, daß ich nicht glaube, hiermit
sämtliche Kompensationsmöglichkeiten erschöpft zu haben, zweifellos
liegen die Dinge noch wesentlich verwickelter, als sie sich bisher darstellen.

Zusammenfassung.

Bei der Katze ließen sich aus dem Symptomenkomplex nach ein-
seitiger Labyrinthexstirpation folgende Einzelfaktoren herausschälen:
I. Dauerwirkungen, welche von dem übrigbleibenden
  Labyrinth ausgehen:
  A. Symmetrische Wirkungen:
      Die tonischen Labyrinthreflexe auf die Glieder-
      muskeln sind auf beiden Körperseiten gleichmäßig vor-
      handen.
  B. Asymmetrische Wirkungen:
      1. Die tonischen Labyrinthreflexe auf die Hals-
          muskeln führen zur „Grunddrehung" des Halses,
          welche von der Stellung des Kopfes im Raume abhängig
          ist und ihr Maximum hat, wenn der Scheitel nach unten
          gerichtet ist. Kurze Zeit nach der Operation ist der Kopf

auch nach der Seite der Operation gewendet, was im Laufe
der Zeit abnimmt.

2. Der Labyrinthstellreflex auf den Kopf vermehrt
   oder vermindert die Grunddrehung, indem er den Kopf
   immer in Seitenlage mit dem intakten Labyrinth nach oben
   zu bringen sucht.

3. Die tonischen Labyrinthreflexe auf die Rumpfmuskeln führen zur „Grunddrehung" des Rumpfes nach
   der Seite des Labyrinthverlustes.

II. Vorübergehende Folgen des einseitigen Labyrinthverlustes:

1. Augendeviation nach der Seite der Operation mit
   Nystagmus in entgegengesetzter Richtung. Steht das
   intakte Labyrinth unten, so ist die Deviation groß und der
   Nystagmus schwach, steht es oben, so ist die Deviation
   klein und der Nystagmus stark. Beide schwinden in
   einigen Tagen.

2. Inkonstante, in wenigen Tagen vorübergehende Erschlaffung
   der Glieder auf der operierten Seite, die sich (wie
   beim Kaninchen) bisher nicht auf einen bestimmten Labyrinthreflex zurückführen läßt.

III. Folgen der Halsdrehung. Diese fehlen bei Tieren, denen
vorher die drei obersten cervicalen Hinterwurzelpaare durchtrennt sind.

A. Dauerfolgen:

1. Durch den Halsstellreflex wird die Rumpfdrehung verstärkt.

2. Die tonischen Halsreflexe auf die Gliedermuskeln
   bewirken einen dauernden Tonusunterschied der beiderseitigen Gliedmaßen, wodurch die Beine auf der operierten
   Seite verminderten, die auf der gekreuzten Seite vermehrten Strecktonus bekommen. Mit Ausnahme der allerersten
   Tage, wo die direkten Labyrinthausfallsfolgen (vgl. II, 2)
   und der Einfluß der Kopfwendung (vgl. III, B. 1) sich
   geltend machen können, beruht der Tonusunterschied der
   Glieder ausschließlich auf diesem Halsreflex.

3. Auf diesen Tonusunterschied lassen sich eine Reihe von
   Bewegungsstörungen beziehen, wie das breitbeinige Sitzen
   mit den Beinen der operierten Seite, das seitliche Umfallen
   und Abweichen nach der operierten Seite beim Laufen und
   Springen u. a. m. Daher fehlen diese Symptome bei Tieren
   mit durchschnittenen cervicalen Hinterwurzeln.

B. Vorübergehende Folgen:

1. Die vorübergehende Wendung des Halses kann, wenn sie sehr hochgradig ist, unmittelbar nach der Operation dem geschilderten Tonusunterschied der Beine entgegenwirken und denselben in seltenen Fällen sogar zeitweise überkompensieren.

2. Die Wendung des Halses bewirkt durch Halsstellreflex Wendung des Rumpfes im selben Sinne. Beides zusammen ist Ursache von bald vorübergehenden Uhrzeiger- und Manegebewegungen nach der operierten Seite.

C. Geradesetzen des Kopfes hebt die genannten Folgen der Halsdrehung auf. Infolgedessen wird

1. die Rumpfdrehung vermindert,

2. der Tonus der Gliedmaßen (außer in den allerersten Tagen) beiderseits gleich.

Bei Tieren mit durchschnittenen cervicalen Hinterwurzeln tritt auf Geradesetzen des Kopfes keine Veränderung ein.

IV. Kompensationen:

A. Beim Sitzen auf dem Boden.

1. Durch den Körperstellreflex auf den Kopf. Hierdurch wird die Kopfdrehung vermindert.

2. Durch den Körperstellreflex auf den Körper. Dieser bewirkt Aufsitzen des Rumpfes trotz der Drehung des Kopfes. Bei Tieren mit aufgehobenen Halsreflexen wird allein durch diesen Reflex der Körper in Normalstand gebracht.

B. Durch die Augen. Wie groß der Einfluß der optischen Stellreflexe nach einseitiger Labyrinthexstirpation ist, bedarf noch näherer Untersuchung.

C. Durch zentrale Kompensationen. Diese betreffen hauptsächlich eine veränderte Innervation der Augen- und Halsmuskeln. Durch letzteres werden sekundär dann auch diejenigen Labyrinthausfallsfolgen vermindert, welche auf dem Tonusunterschied der Gliedmaßen beruhen. Die Kompensation tritt auch ein nach Exstirpation des Großhirns, Ausschaltung der optischen Eindrücke und Durchschneidung der drei obersten cervicalen Hinterwurzelpaare. Sie tritt nach Entfernung des zweiten Labyrinths zutage.

V. Lidspaltenverengerung, Vortreten der Nickhaut und Miose auf der Seite der Operation beruhen auf Durchtrennung postganglionärer Sympathicusbahnen im Mittelohr und haben mit der Labyrinthzerstörung nichts zu tun.

IV. Versuche an Hunden.

Eine Beschreibung der Folgezustände einseitiger Labyrinthausschaltung beim Hunde ist unter anderem von Bechterew (1) und von Camis (2) gegeben. Bechterew durchschnitt den Nervus acusticus, zu dem er sich den Weg von der Hinterhauptsschuppe her bahnte. Auch Camis (1) ging vom Planum occipitale aus vor (an der Basis der Apophysis jugularis) und zerstörte von hier aus die Bogengänge, in einigen Fällen auch die Schnecke. Beide Autoren haben direkt nach der Operation stürmischere Erscheinungen gesehen, als wir sie bei der Labyrinthexstirpation von der Bulla aus beobachtet haben.

Im ganzen wurde bei zehn Hunden die einseitige Labyrinthexstirpation von de Kleyn ausgeführt (15). Fünf von diesen Tieren wurden vor oder nach der Operation decerebriert, drei andere wurden 42, 56 und 67 Tage lang beobachtet, zweien von ihnen wurde danach das andere Labyrinth herausgenommen. Bei diesen Versuchshunden entwickelten sich die Symptome in ganz gleichartiger Weise. Tatsächlich ist der Verlauf ganz ähnlich wie bei der Katze, nur erfolgt die Rückbildung der zuerst starken Ausfallserscheinungen noch schneller als bei jener. Ferner wurde bei zwei Hunden, bei denen Dusser de Barenne das Kleinhirn nicht ganz vollständig exstirpiert hatte, zuerst das eine, dann das andere Labyrinth entfernt. Bei diesen Hunden wurde hauptsächlich auf das Verhalten der Stellreflexe geachtet.

Zunächst sei hier ein typisches Protokoll im Auszuge mitgeteilt, um den allgemeinen Ablauf der Erscheinungen zu verdeutlichen.

Braunschwarzer Hund. 13. Dezember 1912. In Äthernarkose Exstirpation des rechten Labyrinthes, Vestibulum ausgeräumt, Bogengangsöffnungen freigelegt und ausgeputzt, Porus acusticus internus vorsichtig mit dem Meißel geöffnet; Nervus octavus mit der Pinzette umgangen.

11 Uhr (¹/₂ Stunde nach der Operation). Liegt im Käfig, rollt nach rechts (noch halb in Narkose). Kopf 30° nach rechts gedreht, linkes Vorderbein gestreckt abduziert. Auf den Boden gesetzt, fällt er mehrmals nach rechts um. Sehr starke Augendeviation, linkes Auge nach oben-nasal, rechtes Auge nach unten-außen. Sehr starker Nystagmus. In Rückenlage bei geradegesetztem Kopfe Tonus der beiden rechten Beine geringer als der der linken. Nach dem völligen Erwachen aus der Narkose rollt der Hund nicht mehr.

12 Uhr. Rollt nicht. Kopf 30° nach rechts gedreht. Uhrzeigerbewegungen nach beiden Seiten. Rechte Beine stärker gestreckt als linke.

4 Uhr 30 Min. Augenabweichung nach rechts, Nystagmus nach links, Kopf 10° nach rechts gedreht, kann auch nach links gewendet werden. Läuft breitbeinig und unsicher im Zimmer umher, fällt manchmal nach rechts um. Andeutung von Uhrzeiger- und Manegebewegungen nach rechts, kann aber nach allen Richtungen laufen. Manchmal läuft er einige Schritte schräg nach vornerechts. Schwankt etwas beim Stehen. Kein Kopfpendeln. In Rückenlage bei geradem Kopfe kein Tonusunterschied zwischen den rechten und linken Beinen. In Hängelage mit Kopf unten ist die untere Thoraxapertur nicht, wohl aber der Kopf 90° gegen das Becken gedreht.

14. Dezember. Läuft unruhig, noch etwas breitbeinig im Zimmer umher, strauchelt dabei manchmal nach rechts und weicht etwas nach dieser Seite ab. Kopf 30° nach rechts gedreht, kann nach allen Seiten gewendet werden. Als ihm Fleisch vorgehalten wird, kann er sich nicht auf den Hinterbeinen aufstellen. Frißt aber nachher das Fleisch gut. Augendeviation nach rechts, Nystagmus geringer als gestern. Springt vom Stuhl, fällt dabei nicht, weicht aber etwas nach rechts ab.

16. Dezember. Geringe Augenabweichung, kein Nystagmus. Kann die Augen nach allen Seiten bewegen. Springt aus dem Käfig (Tischhöhe), kommt dabei mit dem Bauch auf den Boden, fällt aber nicht. Läuft viel besser und nur noch wenig unsicher. Strauchelt manchmal noch etwas nach rechts, aber fällt nicht Kann sich gut auf den Hinterbeinen aufstellen.

17. Dezember. Läuft sicher ohne zu straucheln, noch etwas breitbeinig. Springt vom Tisch, knickt dabei mit den Vorderbeinen ein, fällt aber nicht. Augendeviation verschwunden.

20. Dezember. Kopf deutlich nach rechts gedreht. Läuft sehr sicher, nur beim schnellen Laufen noch manchmal leichtes Straucheln nach rechts. Springt vom Tisch, ohne zu fallen, knickt dabei nur etwas mit den Vorderbeinen ein. Beim Versuch, die Treppe herunter zu laufen, fällt er nach rechts und danach Hals über Kopf die Treppe herunter. Kann auch die Treppe nicht herauflaufen.

14. Januar 1913. Sehr lebhaft. Kopf 30—45° nach rechts gedreht, kann nach allen Seiten gewendet werden. Keine Augenabweichung. Steht auf den Hinterbeinen, springt vom Tisch ohne zu fallen, fürchtet sich, die Treppe herunterzulaufen. In Hängelage mit dem Kopfe nach unten ist die untere Thoraxapertur 20° die obere 30—45°, der Kopf 90° nach rechts gedreht.

21. Januar. Läuft die Treppe vorsichtig langsam, aber ohne zu fallen herunter. Kann auch treppauf laufen. Kopf beim Stehen 45° nach rechts gedreht, Thorax hängt etwas nach der rechten Seite über.

28. Januar. Springt gut vom Tisch, wackelt danach aber etwas nach rechts. Auf vorgehaltenes Fleisch stellt er sich auf den Hinterbeinen auf, dabei sind Kopf und Thorax schraubenförmig nach rechts gedreht (Kopf bis zu 90°).

7. Februar. Läuft mit Sicherheit die Treppe herunter. Es sind noch folgende Ausfallserscheinungen an ihm nachweisbar: Beim Stehen ist der Kopf 30° nach rechts gedreht, der Thorax hängt mit seinem vorderen Teil noch etwas nach rechts über. In Hängelage mit dem Kopfe nach unten ist die untere Thoraxapertur 20°, die obere 30°, der Kopf 80° nach rechts gedreht. Das linke Vorderbein ist an diesem Tage nicht, wohl aber an anderen Tagen deutlich stärker gestreckt als das rechte.

12. Februar (56 Tage nach der Exstirpation des rechten Labyrinthes). Exstirpation des linken Labyrinthes. Darauf Linkswendung des Kopfes, Augendeviation nach links. Nystagmus nach rechts. Keine Drehung des Thorax.

Bei den beiden anderen Hunden war der Verlauf der Symptome im wesentlichen der gleiche, nur waren bei ihnen überhaupt keine Rollbewegungen zu beobachten.

Die Augensymptome.

Die Augendeviation ist beim Hunde deutlicher als bei der Katze. Beide Augen sind dabei nach der Seite des fehlenden Labyrinthes abgelenkt, und zwar das Auge der operierten Seite stärker als das andere; das Auge der operierten Seite ist außerdem nach unten, das der ge-

sunden Seite nach oben deviiert. Schon am folgenden Tage nach der
Operation ist die Augenabweichung geringer und verschwindet nach
3—4 Tagen ganz. Der Nystagmus schlägt mit seiner schnellen Komponente in der umgekehrten Richtung als die Augendeviation. Er
ist direkt nach der Operation sehr stark ausgesprochen, nach 24 Stunden
bereits deutlich vermindert und nach 2—3 Tagen ganz verschwunden. Einmal glückte es am vierten Tage, den fehlenden Nystagmus
während der Untersuchung des Tieres wieder zum Vorschein zu bringen.
Die Augendeviation ist stark, wenn sich der Kopf in Seitenlage mit
dem intakten Labyrinth unten, schwach, wenn es sich oben befindet.
Der Nystagmus verhält sich umgekehrt.

Am ersten oder zweiten Tage nach der Operation ist das Tier meist
schon imstande, seine Bulbi aktiv nach allen Richtungen zu bewegen.
Nach 3—4 Tagen sind überhaupt bei der gewöhnlichen Untersuchung
keine Störungen der Augenbewegungen zu erkennen.

Im Gegensatz zum Kaninchen und Meerschweinchen und in Übereinstimmung mit der Katze ist also die Augendeviation beim Hunde
keine Dauerfolge der einseitigen Labyrinthexstirpation.

Die Haltung von Kopf, Hals und Rumpf.

Direkt nach der Operation ist der Kopf nach der Seite des Labyrinthverlustes gedreht und gewendet. Manchmal überwiegt die Drehung,
manchmal die Wendung. Diese Kopfabweichung ist unabhängig von
den Augen.

Die Wendung nimmt bald nach der Operation an Intensität ab,
schwindet nach einigen Tagen vollständig und kommt danach nur
gelegentlich, besonders wenn das Tier in abnorme Körperlagen gerät,
zur Beobachtung. Kurz nach der Operation kann der Kopf auch aktiv
nach der anderen Seite gewendet werden.

Die Drehung des Kopfes nimmt in den ersten Tagen nach der Operation an Stärke zu und bleibt danach unverändert bestehen. Sie beträgt
beim Stehen zwischen 20° und 45°. Nach einiger Zeit ist der Hund
imstande, seinen Kopf auch willkürlich nach der anderen Seite zu drehen.
Beim ruhigen Stehen und beim Laufen kommt aber stets die Kopf-
deviation wieder zum Vorschein.

Auch beim Hunde schließt sich an diese Kopfdrehung eine entsprechende Drehung des ganzen Rumpfes an. Diese ist beim stehenden
Tiere daran zu erkennen, daß der Thorax etwas nach der Seite der
Operation überhängt, was besonders beim schnellen Laufen deutlich
wird. Besser aber lassen sich diese Dinge bei Hängelage mit dem Kopfe
nach unten untersuchen. Die Rumpfdrehung ist in den ersten Tagen
nach der Operation noch gering, wird aber dann hochgradiger und
bleibt danach dauernd bestehen. Z. B. war bei dem Hunde, dessen

Protokoll oben wiedergegeben worden ist, in den ersten 4 Tagen nach der Operation die untere Thoraxapertur überhaupt noch nicht gegen das Becken gedreht, die Drehung der oberen Thoraxapertur schwankte zwischen 0° und 20°. Nach Ablauf der ersten Woche dagegen war die untere Thoraxapertur 20—30°, die obere 30—45°, der Kopf 70—90° gegen das Becken gedreht, und diese Drehung blieb bis zum Ende der Beobachtung bestehen (56 Tage). Bei einem anderen Hunde war am ersten Tage bei Hängelage mit dem Kopfe nach unten überhaupt noch keine Drehung des Thorax gegen das Becken nachweisbar; nach 3 Tagen war sie aber bereits voll entwickelt und betrug bis zum 62. Tage für die untere Thoraxapertur 20—30°, für die obere 35—45°, für den Kopf 70—90°. Während die Rumpfdrehung bei der Katze hauptsächlich auf einer vom intakten Labyrinth abhängigen Grunddrehung beruht, finden wir beim Hunde ein anderes Verhalten. In bezug auf seine Rumpfdrehung verhält sich der Hund ähnlich wie das Meerschweinchen. Setzt man seinen Kopf gegen den Thorax gerade, so steht auch der Thorax gegen das Becken gerade. Die Rumpfdrehung ist also im wesentlichen durch den Halsstellreflex bedingt, und eine direkte Labyrinthwirkung ist, wenn überhaupt vorhanden, so nur äußerst gering. Nachweisen ließ sie sich jedenfalls nicht. Unter zahlreichen Prüfungen schien nur ein einziges Mal bei einem Hunde bei geradegesetztem Kopfe eine geringe Rumpfdrehung zurückzubleiben. An den anderen Tagen stand bei demselben Tiere bei gerade gesetztem Kopf auch das Becken gegen den Thorax gerade. — Das gleiche Ergebnis hatte die Untersuchung der Rumpfdrehung in Rückenlage. Dieselbe war bei unkorrigierter Kopfdrehung deutlich und schwand beim Geradesetzen des Kopfes.

Drehen des Kopfes nach rechts oder links bei Rückenlage des Tieres hatte, wenn dasselbe nicht starke Abwehrbewegungen machte, denselben Erfolg, wie er oben beim Kaninchen beschrieben wurde. Linksdrehen des Kopfes (linkes Ohr ventralwärts) bewirkte z. B. entweder eine Drehung des Beckens mit der linken Hinterbacke nach unten oder eine Konkavität der Lendenwirbelsäule nach rechts. Rechtsdrehen hatte den spiegelbildlich entgegengesetzten Effekt. — Kopfwenden in Rückenlage führte ebenfalls zu Konkavität der Lendenwirbelsäule nach der Seite, nach welcher die Schnauze gerichtet war.

Beim Hunde sind sehr starke Labyrinthstellreflexe auf den Kopf vorhanden, welche je nach der Lage im Raume die Grunddrehung verstärken oder abschwächen. Die Gesetzmäßigkeiten sind genau die gleichen, wie bei Kaninchen und Katze, so daß sich eine genauere Schilderung erübrigt. Bei der Untersuchung muß man dem Tier eine Kopfkappe anlegen, um optische Stellreflexe auszuschalten. Z. B. findet man nach rechtsseitiger Labyrinthexstirpation sowohl bei rechter als bei linker Seitenlage in der Luft den Kopf in rechter Seitenlage.

Kopfpendeln und Kopfnystagmus wurde nur bei einem Hunde, und zwar nur direkt nach dem Erwachen aus der Narkose beobachtet.

Als Dauerfolge der Operation tritt demnach beim Hunde eine Drehung des Kopfes nach der operierten Seite ein. Diese hat ihrerseits durch tonischen Halsreflex eine gleichgerichtete Drehung des Rumpfes zur Folge. Eine direkt vom übrigbleibenden Labyrinth abhängige Grunddrehung des Rumpfes konnte nicht festgestellt werden. Vorübergehend tritt nach der Operation eine Wendung des Kopfes nach der operierten Seite auf. Die Kopfabweichung ist unabhängig von den Augen. Die Labyrinthstellreflexe beeinflussen die Kopfstellung in derselben Weise, wie bei einseitig labyrinthlosen Katzen und Kaninchen.

Der Tonus der Extremitäten.

Bei einem Hunde war bereits direkt nach dem Erwachen aus der Narkose bei geradegesetztem Kopfe der Tonus der beiderseitigen Extremitäten gleich (Prüfung in Rückenlage). Hier war also von Anfang an ein direkter Einfluß des Labyrinthausfalles auf den Gliedertonus nicht nachweisbar. In allen anderen Fällen, und zwar sowohl bei den normalen, als auch bei den decerebrierten Hunden, hatten bei geradegesetztem Kopfe die Glieder auf der Seite der Operation einen geringeren Strecktonus, als auf der anderen Seite. Dieser Unterschied dauerte aber immer nur kurze Zeit. In dem oben genauer beschriebenen Falle war er bereits nach 6 Stunden verschwunden, nur einmal war er noch nach 24 Stunden vorhanden. Der direkte Einfluß des Labyrinthausfalles auf den Gliedertonus ist also, wie bei der Katze, inkonstant und nur von geringer Dauer.

Nach dieser Zeit sind Tonusunterschiede an den beiderseitigen Gliedmaßen ausschließlich durch die Kopfabweichung bedingt. Schon Bechterew hat eine sehr anschauliche Beschreibung von der starken Streckung und Abduction der gekreuzten und der Beugung und Schlaffheit der gleichseitigen Beine gegeben, welche er kurze Zeit nach der Operation beobachten konnte. Wenn die Hunde sich so weit erholt haben, daß sie frei im Zimmer umherlaufen, ist der Tonusunterschied gewöhnlich nicht mehr unmittelbar zu erkennen, tritt aber in Rücken- oder Hängelage meistens sehr deutlich hervor.

Die Wendung des Kopfes ist gewöhnlich nur direkt nach der Operation stark ausgebildet. Daher kann sie auch nur in diesem Stadium einen deutlichen Einfluß auf den Gliedertonus ausüben. Dieser Einfluß wirkt, wie oben, S. 378, auseinandergesetzt ist, dem der Kopfdrehung entgegen und kann ihn unter Umständen überkompensieren. Dieses wurde beim Hunde in 2 Fällen gesehen, in denen direkt nach der Operation eine starke Wendung und fast keine Drehung des Kopfes vorhanden war. Hierdurch geriet das Vorderbein der operierten Seite in starke tonische Streckung, während das gekreuzte Vorderbein aktiv gebeugt war. Geradesetzen des Kopfes ließ diesen Unterschied alsbald verschwinden. Wenige Stunden später war in dem einen Falle der Kopf mehr gedreht, und infolgedessen war nunmehr auch das Bein der gekreuzten Seite das tonisch gestreckte.

Beim Hunde wirken also nach einseitiger Labyrinthexstirpation folgende Einflüsse bei der Erzeugung von Tonusunterschieden der Glieder zusammen: Die Drehung des Halses ruft durch einen tonischen Halsreflex eine Zunahme des Strecktonus auf der gekreuzten und eine Abnahme desselben auf der operierten Seite hervor. Es handelt sich um eine Dauerwirkung. In den ersten Stunden nach der Operation kommen hierzu noch zwei Einflüsse: erstens eine inkonstante Einwirkung des Labyrinthausfalles selber (dieser wirkt in demselben Sinne); zweitens eine inkonstante Einwirkung der Kopfwendung (diese wirkt im entgegengesetzten Sinne als der erstgenannte Halsreflex). Als Gesamtresultat ergibt sich, daß nur in der Minderzahl der Fälle und nur für kurze Zeit die Beine auf der Seite der Operation stärker gestreckt sind, während sonst stets die Beine auf der gekreuzten Seite mehr Strecktonus haben.

Kompensation.

An den Kompensationsvorgängen beteiligen sich beim Hunde zunächst die Körperstellreflexe. Von diesen sind die Körperstellreflexe auf den Kopf sehr deutlich. Sie vermindern beim Sitzen und Laufen die Kopfdrehung. Demonstrieren lassen sie sich auf verschiedene Weise. Hält man z. B. ein rechtsseitig labyrinthloses Tier mit Kopfkappe in rechter Seitenlage in der Luft, so steht der Kopf in rechter Seitenlage oder (bei starker Grunddrehung) in Rückenlage. Legt man das Tier nunmehr in rechter Seitenlage auf den Tisch, so wird der Kopf ganz oder teilweise (durch Linksdrehen und -wenden) in Normalstand gebracht. Legt man dann auf die obere Körperseite ein beschwertes Brett, so geht der Kopf wieder in die ursprüngliche Stellung zurück.

Die Körperstellreflexe auf den Körper ermöglichen dem Körper das Aufsitzen, wenn der Kopf in Seitenlage gedreht ist. Über die Stärke ihrer Ausbildung beim Hunde fehlen mir nach einseitiger Labyrinthexstirpation genügende Erfahrungen. Doch sind sie beim normalen Hunde so lebhaft, daß sie wahrscheinlich auch beim Ausgleich der Labyrinthstörungen bedeutend mitwirken.

Sehr lebhaft sind die optischen Stellreflexe bei den Kompensationsvorgängen beteiligt. Häufig kann man beobachten, daß wenn man den einseitig labyrinthlosen Hund mit Kopfkappe in Hängelage mit Kopf oben hält, der Kopf in Seitenlage gehalten wird. Nimmt man die Kopfkappe ab, so geht der Kopf sofort ganz oder teilweise in Normalstand. Entsprechendes ist auch in anderen Körperlagen festzustellen, so z. B. bei Seitenlage in der Luft mit intaktem Labyrinth oben, oder bei Normalstand in der Luft. Auch beim Laufen und Springen braucht der Hund seine Augen als Korrektionsmittel.

Die zentralen Kompensationen sind, wie erwähnt, von Bechterew beim Hunde entdeckt worden. Bei dem einen der beiden von uns beobachteten Hunde, welchem 56 Tage nach der Entfernung des ersten auch das zweite Labyrinth exstirpiert wurde, trat direkt nach der Operation Kopfwendung, Augenabweichung und Nystagmus in der umgekehrten Richtung wie nach der ersten Operation auf. Bei dem anderen Hunde war der Zwischenraum zwischen beiden Operationen 67 Tage. Nach der zweiten Operation war Augendeviation, Nystagmus und geringe Kopfdrehung im umgekehrten Sinne zu beobachten. Auch diese zentrale Kompensation wird wohl beim Hunde am schnellen Ausgleich der Störungen mitbeteiligt sein.

Körperhaltung und Bewegungen.

Die Stellungs- und Bewegungsanomalien nach einseitiger Labyrinthexstirpation beim Hunde sind denen sehr ähnlich, welche im vorigen Abschnitt bei der Katze eingehend geschildert wurden. Nur ist der Ausgleich der Störungen ein noch schnellerer und vollständigerer.

Rollbewegungen wurden nur einmal gesehen, als das betreffende Tier noch nicht vollständig aus der Narkose erwacht war, in allen andern Fällen fehlten sie. Die Stellungsanomalien des Kopfes, Rumpfes und der Glieder direkt nach der Operation sind bereits geschildert. Wenn der Hund nach der Operation sich aufstellt und beginnt umherzulaufen, was schon nach einer Stunde erfolgen kann, so steht er breitbeinig und schwankend, fällt gelegentlich nach der Seite des Labyrinthverlustes und weicht beim Laufen etwas seitlich ab. Uhrzeiger- und Manegebewegungen wurden nur bei einem Tiere in den ersten Stunden nach der Operation andeutungsweise gesehen, solange die Wendung des Kopfes und die daran anschließende des Rumpfes noch deutlich waren.

Das seitliche Abweichen beim Laufen, das bei der Katze so markant ist, war bei den Hunden am ersten Tage nach der Operation gewöhnlich noch angedeutet, am zweiten Tage dagegen nicht mehr zu sehen. Dann wird auch der breitbeinige Stand weniger deutlich und das Schwanken beim Stehen verschwindet.

Beim Laufen strauchelt der Hund in den ersten Tagen noch häufig nach der Seite der Operation. Aber schon nach 4—6 Tagen sieht man es sehr viel seltener und meist nur beim schnellen Laufen. Später schwindet es ganz. Umfallen nach der operierten Seite erfolgt (auch beim Laufen) gewöhnlich schon am Tage nach der Operation nicht mehr. Nimmt man dazu, daß die Hunde schon nach $1/2$—1 Woche imstande sind, auf den Hinterbeinen zu stehen und zu tanzen, so sieht man, daß alle diejenigen Störungen beim Laufen und Stehen, welche, wie oben gezeigt wurde, bei der Katze hauptsächlich durch die Schwäche der Beine auf der operierten Seite verursacht werden, beim Hunde schnell abnehmen. Mit anderen Worten, der Tonusunterschied der Glieder, welcher, wie erwähnt, sich in Hängelage oder in Rückenlage, also in abnormen Körperstellungen, beim Hunde noch nach mehreren Monaten nachweisen läßt, ist beim Stehen und Laufen nicht stark genug, um hochgradige Bewegungsstörungen herbeizuführen. Auch die Beine der operierten Seite sind nicht so tonusarm, daß sie nicht das Körpergewicht tragen könnten.

Damit stimmen auch die Beobachtungen über das Springen der Tiere. Ein Hund sprang bereits am ersten Tage nach der Entfernung des rechten Labyrinthes gut vom Stuhl und wich dabei etwas nach rechts ab. Am dritten Tage sprang er aus dem Käfig, am vierten vom Tisch, wobei er noch etwas einknickte. Nach 14 Tagen sprang er ohne jede Störung vom Tisch und wackelte nur nachher etwas nach der operierten Seite. Ein anderer Hund sprang nach 10 Tagen vorsichtig, aber gut vom Tisch auf den Boden. — Die größten Schwierigkeiten haben die Hunde beim Treppenlaufen. Bei dem einen dauerte es 21 Tage, bei dem anderen 10 Tage, bis er es wieder gut gelernt hatte. Wie auch Ewald beobachtete, sind die Hunde, wenn sie einmal bei einer dieser Übungen heftig gefallen sind, gewöhnlich in der nächsten Zeit nicht dazu zu bekommen, sie zu wiederholen. Das ist beim Springen und Treppenlaufen besonders deutlich.

Nach Ablauf von einigen Monaten ist bei den Tieren außer der Kopfdrehung und vielleicht einem geringen Überhängen des Thorax nach der operierten Seite überhaupt bei der gewöhnlichen Beobachtung keine Anomalie zu entdecken, und man muß sie erst in Hängelage mit dem Kopf nach unten bringen, um an der starken Drehung des ganzen Rumpfes und eventuell der Streckung des gekreuzten Vorderbeines zu erkennen, daß es sich um den Verlust eines Labyrinthes handelt. Daß beim Stehen und Laufen die Abweichungen so sehr viel geringer sind, darf wohl auf besonders wirksame Stellreflexe bezogen werden.

Zusammenfassung.

Das Symptomenbild nach einseitiger Labyrinthexstirpation beim Hunde ähnelt in den wesentlichen Punkten dem bei der Katze beobachteten. Die hauptsächlichsten Unterschiede sind:

1. Eine vom übrigbleibenden Labyrinth ausgehende Grunddrehung

des Rumpfes läßt sich nicht nachweisen. Die Rumpfdrehung beruht allein auf dem durch die Halsdrehung ausgelösten Halsstellreflex.

2. Die durch den einseitigen Labyrinthverlust bedingte Schlaffheit der Glieder auf der operierten Seite ist inkonstant und geht, wenn vorhanden, in wenigen Stunden vorüber.

3. Der Ausgleich der Störungen erfolgt beim Hunde besonders schnell. Hierbei beteiligen sich, außer zentralen Innervationsänderungen und den Körperstellreflexen, auch die optischen Stellreflexe sehr deutlich.

V. Versuche an Affen (59).

Das Verhalten nach einseitiger Labyrinthexstirpation wurde an 2 Makaken untersucht, denen das linke Labyrinth durch de Kleyn vom Mastoid aus exstirpiert worden war. Das eine Tier wurde danach 22, das andere 38 Tage lang beobachtet. Danach wurde bei beiden das andere Labyrinth entfernt.

Als Beispiel für das allgemeine Verhalten der Tiere sei das abgekürzte Protokoll von dem Affen gegeben, der die stärksten Erscheinungen zeigte, während das andere Tier, bei welchem die Operation schonend ausgeführt wurde, diese Symptome sehr viel weniger aufwies.

28. Februar 1921. Der Affe (Macacus Rhesus) wurde nach dem Erwachen aus der Narkose auf den Boden gelegt und rollte unter starken Laufbewegungen nach links (der Seite der Operation), wobei er in der Richtung seines Kopfes nach vorwärts kam, aber zwischendurch imstande war, aus linker Seitenlage auf-zusitzen (Wechsel zwischen Rollbewegungen und normalen Körperstellreflexen auf den Kopf). Auch beim Affen war deutlich, daß, wie das oben für das Kaninchen gezeigt wurde, Rollbewegungen nur dann auftreten, wenn das Tier den Versuch macht zu laufen. Beim Aufsitzen und bei Bewegungen ist die Schlaffheit der linken Extremitäten und die Streckung und Abduction der rechten sehr deutlich. Wird der Kopf gegen den Körper geradegesetzt so steht der Thorax beim Sitzen auf der Erde gerade, das linke Vorderbein ist aber etwas schlaffer. Bei Drehung des Kopfes nach links wird der Tonusunterschied der Beine sehr deutlich. In den Käfig gesetzt, treten heftigste Rollbewegungen auf, danach Körperstellreflexe auf den Kopf mit Aufsitzen und heftigem Schwanken des Kopfes. Der Affe stößt darauf dauernd mit dem Schädel gegen die Glaswand des Käfigs und wird daher in einen kleinen Käfig gesetzt. Hier sitzt er breitbeinig schwankend, der Kopf ist etwa 45° gedreht und gewendet.

Am folgenden Morgen sitzt der Affe ruhig im Käfig, der Kopf ist stark gedreht, weniger gewendet. Zwischendurch kann der Kopf auch kurze Zeit in Normalstand gehen beim Fixieren von Gegenständen (optisch). Sitzt mit den Vorderbeinen breitbeinig, kann aber auch auf den Hinterbeinen allein sitzen, rollt danach einmal nach links, sitzt dann wiederholt aus linker Seitenlage auf, danach mehrfaches Rollen nach links. Beim Springen aus dem Käfig fällt er mit hörbarem Knall auf den Boden, rollt darauf längere Zeit durchs Zimmer, wobei er abwechselnd rollt oder sich aus linker Seitenlage aufsetzt. Er kann mehrere Sprünge durchs Zimmer machen, fällt dabei dann aber nach links. Beim Laufen neigt der Körper stark nach links. Er springt auf ein etwa 40 cm hohes Brett, fällt dann nach links herunter, klettert darauf, ohne zu fallen, auf das etwa 2 m hohe Dach des Käfigs, ist auch imstande, etwa I m weit zu springen. Er ist auf dem Gitterdach noch deutlich ungeschickt, fällt aber nicht; schwankt beim Sitzen, strauchelt, aber hält sich dann an den Stäben des Daches gut fest. Er kann im großen Käfig gut sitzen, klettert von unten an das Gitterdach, kann aus der Schüssel trinken, wobei er erst den ganzen Kopf ins Wasser steckt, aber danach ruhig trinkt. Kurz darauf ißt er im Käfig Rüben, sitzt dabei in normaler Weise frei, unter deutlichem Schwanken des Oberkörpers.

Am folgenden Tage kann er bereits geschickt klettern, fällt nur einmal beim Springen nach links, läuft gerade, beim Sitzen hängt sein Körper nach links über. Hierauf geht die Besserung der Bewegungen sehr schnell vorwärts. Bereits nach 6 Tagen ist er durchaus geschickt. Nach etwa einem Monat sind die meisten Bewegungen tadellos und nach Ablauf der Beobachtungszeit anscheinend ganz normal; nur gibt der Diener an, daß er noch in einigen Ausnahmefällen beim Sprunge verkehrt springt und nach links fällt.

Beim anderen Affen war 14 Tage nach der Operation noch manchmal ein Fallen nach links zu beobachten. Das Tier kletterte aber mit großer Geschicklichkeit auf das Dach des Käfigs, nach 3 Tagen sprang er vom Tisch durch die Luft in den Käfig, ohne dabei zu fallen.

Im einzelnen ergab sich folgendes:

Die Augensymptome.

Bei dem einen Tiere schlug kurz nach dem Erwachen aus der Narkose kurze Zeit ein Nystagmus der Augen nach links (Reizungssymptom), um dann nach kurzer Zeit umzuschlagen. Bei dem anderen Tier trat gleich direkt eine deutliche Augenabweichung nach links auf mit einem sehr starken Nystagmus nach rechts. Der Nystagmus ist rein horizontal. Augenabweichung und Nystagmus sind am folgenden Tage noch vorhanden, um nach 2—3 Tagen zu schwinden. Von da an stehen die Augen normal, und es werden normale Bewegungen nach allen Seiten ausgeführt.

Bei einem Tiere schien am 2. und 3. Tage nach der Operation das Auge der linken Seite etwas tiefer zu stehen, also vertikal nach unten abgelenkt zu sein, doch läßt sich das nicht ganz leicht beurteilen, da infolge der linksseitigen Facialislähmung die beiden Lidspalten ungleich weit sind. Bei dem anderen Affen war eine derartige Vertikalabweichung nicht wahrzunehmen. Es läßt sich also nicht mit Sicherheit sagen, ob dieselbe ein regelmäßiges Vorkommnis ist.

Die Augendeviation ist also beim Affen, geradeso wie bei Hund und Katze, ein schnell vorübergehendes Symptom. Dieses entspricht der früher gemachten Feststellung, daß bei diesen Tieren die kompensatorischen Augenstellungen an Bedeutung gegenüber der optischen Einstellung der Augen zurückbleiben.

Die Haltung von Kopf, Hals und Rumpf.

Infolge der vom intakten Labyrinth ausgehenden tonischen Labyrinthreflexe auf die Halsmuskeln kommt es zur Grunddrehung und zur Wendung des Kopfes nach der operierten Seite. Hierauf superponiert sich der Labyrinthstellreflex, welcher den Kopf in Seitenlage mit dem erhaltenen Labyrinth nach oben zu bringen sucht. Hieraus ergibt sich folgendes Verhalten:

In Normalstellung in der Luft wurde bei offenen Augen der Kopf entweder nach der Seite des fehlenden Labyrinthes gewendet oder so gedreht, daß das Ohr mit dem fehlenden Labyrinthe ventralwärts gerichtet wurde. Meistens wurde der Kopf infolge der optischen Stellreflexe mehr oder weniger gerade gehalten. In Seitenlage des Tieres kommt es durch verschiedene Kombination der Grunddrehung und des Labyrinthstellreflexes zu einseitig verschiedenem Verhalten. Nach linksseitiger Labyrinthexstirpation findet bei rechter Seitenlage des Tieres in der Luft eine Addition der Grunddrehung und des Labyrinthstellreflexes statt, wodurch der Kopf aus der Seitenlage in die Normalstellung gedreht wird. Dieses ließ sich auch nach Verschluß der Augen bei beiden Affen nachweisen. Bei linker Seitenlage in der Luft wirken sich dagegen Grunddrehung und Labyrinthstellreflex entgegen, und infolgedessen wird der Kopf bei verschlossenen Augen in linker Seitenlage, d. h. nicht gedreht, gehalten. Dieses Verhalten war auch noch einen Monat nach der Operation deutlich nachzuweisen. Bei offenen Augen findet natürlich häufig eine Drehung des Kopfes gegen die Normalstellung auch aus linker Seitenlage statt, dieselbe ist aber immer nur vorübergehend. Bei aufrechter Körperstellung mit dem Kopfe nach oben wird der Kopf bei offenen Augen nicht gedreht gehalten mit mehr oder weniger starker Neigung nach der Schulter. Bei Hängelage mit dem Kopfe nach unten ist das Verhalten sehr verschieden. Man kann meistens feststellen, daß die Grunddrehung, gerade wie das auch bei Kaninchen und Katzen zu sehen ist, im Laufe der Zeit zunimmt, so daß sie nach 2—3 Wochen 70—90° beträgt. Da nun infolge des linksseitigen Labyrinthverlustes durch die Grunddrehung der Kopf im allgemeinen mehr Neigung hat, sich nach der linken Schulter zu neigen, würde bei Hängelage mit dem Kopfe nach unten der Kopf dadurch in rechte Seitenlage kommen. Das ist aber genau die umgekehrte Seitenlage als die, in welche der Labyrinthstellreflex den Kopf zu bringen trachtet. Das Ergebnis ist ein Wettstreit, in welchem beim Affen häufig der Labyrinthstellreflex gewinnt, so daß bei Hängelage mit dem Kopfe nach unten wohl eine Drehung im richtigen Sinne, dagegen eine Wendung des Kopfes (Neigung zur Schulter) in umgekehrtem Sinne erfolgt, so daß der Kopf sich in linker Seitenlage in der Luft befindet. In Rückenlage in der Luft findet zunächst ein Wettstreit zwischen der Grunddrehung und dem Labyrinthstellreflex statt. Nach den Untersuchungen beim Kaninchen hat sich aber ergeben, daß es eine Lage gibt, in welcher die beiden Reflexe zusammenwirken: das ist, wenn der Kopf durch Ventralbeugung auf den Bauch des Tieres gelagert wird und dabei die Seite des fehlenden Labyrinthes nach unten liegt. Diese eigentümliche Zwangsstellung, welche auf Abb. 141 (S. 297) beim Kaninchen stereoskopisch abgebildet ist, wird auch gelegentlich vom Affen eingenommen. In anderen Fällen führt die Grunddrehung zu rechter Seitenlage des Kopfes im Raume. Beide Lagen sind aber dem Tiere offenbar unbequem und führen zu Unruhe, Kopfkreisen usw. Kommt dann unter irgendeinem Einfluß noch ein optischer Stellreflex dazu, dann kann vorübergehend der Kopf auch durch Ventralbeugen in die Normalstellung gebracht werden.

Bei einem Tier war am Tage nach der Operation deutlicher Kopfnystagmus nach rechts nachzuweisen, der am zweiten Tage verschwand. Die Kopfwendung nach links, d. h. die Neigung des Kopfes zur linken Schulter, war bei dem einen Tier noch längere Zeit sehr deutlich ausgesprochen, so daß sie nach beinahe einem Monat noch 45° betrug.

Bei dem anderen war sie von Anfang an sehr gering, weil sie beim freien Sitzen durch die Körperstellreflexe auf den Kopf und die optischen Stellreflexe sehr bald korrigiert wurde.

Eine Rumpfdrehung als direkte Labyrinthausfallsfolge läßt sich beim Affen nicht nachweisen. Hängt man das Tier senkrecht mit dem Kopf nach unten und korrigiert die Kopfdrehung vollständig, so steht auch der Thorax ganz symmetrisch. Läßt man den Kopf los, so daß die Kopfdrehung wieder auftritt, so folgt der Thorax dem Kopfe; hier handelt es sich um einen vom Halse ausgelösten Reflex. Tatsächlich kann man bei jedem normalen Affen durch Halsdrehung eine spiralige Drehung des ganzen Körpers (einschließlich des Schwanzes) hervorrufen. Hieraus folgt, daß alle kompensierenden Einflüsse, welche die Kopfdrehung vermindern, auch die Drehung des Rumpfes abnehmen lassen.

Der Tonus der Extremitäten.

Sehr deutlich war bei beiden Tieren als direkte Labyrinthausfallsfolge ein einseitiger Tonusverlust der Extremitäten auf der operierten Seite nachzuweisen. Zu diesem Zwecke hält man das Tier in Rückenlage in der Luft und setzt den Kopf gegen den Körper gerade. Bei dem einen Tier war das linke Vorderbein deutlich schlaffer und blieb so etwa einen Monat lang, während an den Hinterbeinen der Unterschied weniger gut zu sehen war. Bei dem anderen Tier war dieser Unterschied 38 Tage lang an den Vorderbeinen mit großer Deutlichkeit vorhanden und war am letzten Beobachtungstage auch in Narkose stark ausgesprochen. Bei diesem Tier ließ sich ein entsprechender Unterschied auch an den Hinterbeinen nachweisen, dieser wurde nach 10 Tagen inkonstant, war aber doch von Zeit zu Zeit zu sehen und nach 38 Tagen in Narkose noch sehr deutlich vorhanden.

Wird der Kopf nicht absichtlich vom Experimentator gegen den Rumpf geradegesetzt, sondern läßt man ihn die natürliche, nach Labyrinthexstirpation auftretende Drehung einnehmen, so wird durch den tonischen Halsreflex der Tonusunterschied der Extremitäten noch mehr verstärkt, so daß dieser bei gedrehtem Kopfe viel stärker ist als wenn man den Kopf gegen den Rumpf geradesetzt.

Kompensationsvorgänge.

Auffallend ist, wie schnell und vollständig sich beim Affen die Störungen nach einseitigem Labyrinthverlust ausgleichen. Hierbei beteiligen sich folgende Mechanismen:

1. Der Körperstellreflex auf den Kopf. Dieser ist beim Affen verhältnismäßig schwach entwickelt. Doch kann man gelegentlich seine Wirksamkeit feststellen. Hält man z. B. einen Affen nach linksseitiger Labyrinthexstirpation in linker Seitenlage in der Luft, so steht (durch

entgegengesetzte Wirkung von Grunddrehung und Labyrinthstellreflex) der Kopf in linker Seitenlage. Legt man das Tier dann auf den
Tisch, so wird der Kopf gegen den Normalstand gedreht (am ersten Tage
nach der Operation), und wenige Tage darauf kommt er sogar völlig
in Normalstellung. (Allerdings waren bei diesen Versuchen die optischen
Reflexe nicht ausgeschlossen. Da aber die optischen Eindrücke in der
Luft und auf dem Tisch in gleicher Stärke wirken, läßt sich die Beobachtung doch verwerten.)

2. Die Körperstellreflexe auf den Körper. Diese sind beim
Affen sehr stark entwickelt und spielen bei der Kompensation eine sehr
große Rolle. Ihr allmähliches Stärkerwerden erkennt man aus folgender
Beobachtung:

Nach linksseitiger Labyrinthexstirpation tritt eine Kopfdrehung ein; infolgedessen kommt es, daß in den ersten Tagen nach
der Operation das Aufsitzen aus Seitenlage, wenn der Kopf in Seitenlage festgehalten wird, bei rechter Seitenlage besser möglich ist als
bei linker Seitenlage, weil eben die Kopfdrehung das Aufsitzen aus der
einen Seitenlage hindert, aus der anderen befördert. Der Unterschied
ist aber bereits nach 2 Tagen geringer und nach etwa 11 Tagen vollständig verschwunden.

Die Körperstellreflexe werden beim Affen nicht nur bei Berührung
des Bodens mit dem Rumpf, sondern vor allem auch von den Händen
ausgelöst. Daher kommt es, daß die Tiere sehr schnell nach der Operation
wieder eine große Sicherheit beim Klettern entfalten.

3. Die optischen Stellreflexe. Auch diese sind beim Affen sehr
stark ausgeprägt und werden in ausgedehntem Maße zur Korrektion
der Kopfstellung benutzt. Durch ihre Wirksamkeit hält der Affe, in
Normalstand in der Luft gehalten, den Kopf häufig ganz gerade und
dreht den Kopf bei linker Seitenlage in der Luft gegen den Normalstand
(nach linksseitiger Labyrinthexstirpation). Auch bei anderen Lagen
und beim ruhigen Sitzen läßt sich feststellen, daß, sobald die Aufmerksamkeit des Tieres erregt und irgendein Gegenstand mit den Augen
fixiert wird, der Kopf mehr oder weniger in Normalstand kommt, um
wieder in die ursprüngliche Stellung zurückzusinken, sobald die optische
Fixation aufhört.

4. Änderungen der zentralen Innervation. Nach 22 bis
38 Tagen wurde das übriggebliebene rechte Labyrinth exstirpiert.
Nach dem Erwachen aus der Narkose fand sich eine deutliche Augenabweichung nach rechts mit einem sehr starken Nystagmus nach links.
Bei einem Tiere war dieser bereits am Nachmittag geschwunden, bei
dem anderen war am folgenden Tage noch schwacher Nystagmus
nach links vorhanden, während nach 3 Tagen Augenstellung und
Augenbewegungen wieder ganz normal geworden waren. Auch der

Kopf wurde unmittelbar nach der Operation nach rechts gewendet;
bei dem einen Tiere war dieses am Nachmittag noch deutlich, bei dem
anderen am folgenden Tage bereits nicht mehr nachzuweisen. Auch
bei Hängelage mit dem Kopfe nach unten war die Wendung nach rechts
am Tage der Operation ausgesprochen. Bei einem Tiere fand sich auch
Kopfnystagmus nach links.

Der Tonusunterschied der Extremitäten schlug ebenfalls um. Bei
dem einen Tiere war beim Erwachen aus der Narkose das rechte Vorderbein deutlich schlaffer als das linke, der Unterschied ließ sich am Nachmittage noch nachweisen. Bei dem anderen Tiere war am Tage der
Operation noch kein Unterschied vorhanden, dagegen vom zweiten bis
zum fünften Tage an den Vorderbeinen und am fünften Tage auch an
den Hinterbeinen deutlich zu sehen. Später dagegen waren die rechtsseitigen Extremitäten nicht mehr schlaffer.

Hieraus ergibt sich, daß auch beim Affen die von Bechterew beschriebene zentrale Kompensation eintrat, und zwar sowohl an den
Augen als am Kopfe (und den Extremitäten [?])[1].

Die beschriebenen Kompensationen werden teils durch die Großhirnrinde, teils durch den Hirnstamm bewirkt. Cortical sind die optischen Stellreflexe, während die Körperstellreflexe im Mittelhirn lokalisiert sind. Nach den Experimenten an Katzen wird man es auch beim
Affen für wahrscheinlich halten, daß die zentrale Bechterew-Kompensation subcortical erfolgt.

Zusammenfassung.

Im allgemeinen ergibt sich, daß die Folgen des Labyrinthverlustes
sich beim Affen ungefähr in derselben Weise äußern wie beim Hunde,
nur dauert der einseitige Tonusverlust der Gliedmaßen als direkte
Labyrinthausfallsfolge sehr viel länger an. Die Kompensation ist eine
sehr vollständige und schnelle. Hierbei beteiligen sich vor allem die
Körperstellreflexe auf den Körper und die optischen Stellreflexe.

Von der Katze unterscheidet sich der einseitig labyrinthlose Affe
außerdem durch das Fehlen der Grunddrehung des Rumpfes, so daß
die Rumpfdrehung allein durch Halsstellreflexe bedingt wird.

VI. Gesamtergebnis.

Die Untersuchung der Folgezustände einseitiger Labyrinthexstirpation bei fünf verschiedenen Warmblüterarten hat ergeben, daß die
Faktoren, aus welchen sich das Symptomenbild zusammensetzt, bei

---

[1] Letzteres läßt sich erst dann mit Sicherheit entscheiden, wenn die Ursache
der einseitigen Gliedererschlaffung nach Fortnahme eines Labyrinthes aufgeklärt ist.

allen im Prinzip die gleichen sind. Trotzdem ist das Ergebnis bei jeder Tierart ein anderes.

Zuerst sollen die Übereinstimmungen besprochen werden.

In allen Fällen ließen sich aus dem verwickelten Symptomenkomplex herausschälen:

a) Direkte Folgen der Entfernung des einen Labyrinthes bzw. einseitige Reflexe, welche von dem intakten Labyrinth ausgehen. Hierunter ist das konstanteste und folgenreichste Symptom die Kopfdrehung.

b) Sekundäre Folgen der Kopfdrehung.

c) Symmetrische, nichtlabyrinthäre Reflexe, welche sich insofern abnorm äußern, als sie an einem gedrehten Körper angreifen.

d) Reizerscheinungen infolge der Operation.

Die Labyrinthausfallsfolgen sind bei den verschiedenen Tieren nicht gleich. Dagegen zeigen die Halsreflexe, durch welche die sekundären Folgen der Kopfdrehung hervorgerufen werden, größere Übereinstimmung. Bei ihrem Studium ergab sich folgendes:

Ausschaltung der Halsreflexe vermindert die Folgen der einseitigen Labyrinthexstirpation. Es ergab sich dieses vor allem in den Versuchen an Katzen, bei welchen die drei obersten cervicalen Hinterwurzelpaare durchschnitten waren. Man kann aber jederzeit bei sämtlichen Tieren die Halsreflexe vorübergehend aufheben, wenn man den Kopf gegen den Rumpf gerade setzt. Dann behält man von den asymmetrischen Einflüssen nur diejenigen übrig, welche von direkt labyrinthärem Ursprung sind. Durch dieses Verfahren ist überhaupt erst eine richtige Analyse der Folgezustände des einseitigen Labyrinthverlustes möglich geworden.

Eine der vornehmsten Eigenschaften der Halsreflexe ist ihre lange Dauer. Sie bleiben wochen- und monatelang unvermindert bestehen, das lehren unter anderem Beobachtungen am Kaninchen, das allerdings nach mehreren Monaten die durch die Halsreflexe bedingte Stellungsanomalie der Beine korrigiert, aber nach Verschluß der Augen sofort die ursprüngliche Zwangsstellung wieder einnimmt und damit zeigt, daß die Impulse vom Halse aus noch unvermindert wirksam sind. Meerschweinchen, Hunde und Affen, bei welchen eine labyrinthäre Grunddrehung des Rumpfes nicht vorhanden ist, zeigen bei der Untersuchung in Hängelage mit dem Kopfe nach unten, daß auch nach Monaten der Einfluß der Halsdrehung auf die Rumpfmuskulatur ungeschwächt andauert. Es ist wohl seit langem bekannt, daß die proprioceptiven Impulse, welche nach Brondgeest eine wichtige Quelle des Muskeltonus ausmachen, während der ganzen Dauer des Lebens bestehen. Daß aber durch afferente Erregungen, welche durch eine bestimmte Stellung eines Körperteiles ausgelöst werden, abnorme Körperhaltungen von einer derartigen Dauer zustande kommen können, ist überraschend. Die Bedeutung dieses Befundes für die Physiologie und die Pathologie der Körperstellung liegt auf der Hand. Es handelt sich um tonische Reflexe von praktisch unbegrenzter Dauer, welche als unermüdbar angesehen werden müssen.

Daß es sich bei den Halsreflexen, soweit sie bei den Folgezuständen der einseitigen Labyrinthexstirpation in Wirksamkeit treten, für alle fünf untersuchten Tierarten um im wesentlichen gleichartige Einflüsse handelt, ersieht man aus folgender Tabelle I.

Tabelle I.

	Kaninchen	Meer-schweinchen	Katze	Hund	Affe
Kopfdrehen wirkt auf den Rumpf (Halsstellreflexe)	sehr deutlich	sehr deutlich	wirkt	sehr deutlich	sehr deutlich
Kopfdrehen wirkt auf die Glieder	sehr deutlich	sehr deutlich (besonders Vorderbeine)	sehr deutlich	deutlich	deutlich
Kopfwenden wirkt auf die Glieder	gering	gering	gering	gering	gering

Die Beeinflussung des Muskeltonus durch diese Reflexe ist bei allen bisher untersuchten Tieren identisch. Stets tritt auf Kopfdrehen und -wenden Zunahme des Strecktonus in den „Kieferbeinen" und Abnahme des Strecktonus in den „Schädelbeinen" ein. Der Tonus der Beugemuskeln verhält sich gerade umgekehrt, er steigt in den „Schädelbeinen" und sinkt in den „Kieferbeinen". In den Muskeln von Schulter, Ellbogen, Hüfte und Knie sind diese Veränderungen stärker ausgesprochen als in den Fußgelenken. Außerdem wird die Rumpfwirbelsäule beim Drehen und Wenden des Kopfes nach der „Kieferseite" konkav oder dreht sich so, daß der Rumpf die Drehung des Halses fortsetzt. Die Halsstellreflexe, welche beim normalen Tiere die Aufgabe haben, den Körper in symmetrische Stellung zum Rumpfe zu bringen, führen nach einseitigem Labyrinthverlust infolge der Zwangshaltung des Halses dazu, dem Rumpfe eine Drehung oder Wendung aufzuzwingen.

Die übrigen Halsreflexe, z. B. die Beeinflussung des Gliedertonus durch Heben und Senken des Kopfes, sind natürlich bei den einseitig labyrinthlosen Tieren ebenfalls vorhanden und lassen sich an ihnen jederzeit hervorrufen, aber sie wirken nicht mit beim Zustandekommen der charakteristischen Symptome des einseitigen Labyrinthverlustes.

Die Bedeutung, welche diese durch den abnormen Kopfstand ausgelösten und bei allen untersuchten Tieren ganz gleichartigen Halsreflexe für die Körperstellung und die Bewegungsmöglichkeiten nach

der Fortnahme des einen Labyrinthes bei den verschiedenen Tierarten
haben, ist trotzdem außerordentlich verschieden. Man braucht nur
ein Kaninchen und einen Hund wenige Wochen nach der Operation
miteinander zu vergleichen. Das Kaninchen sitzt in einer höchst auffallenden Zwangsstellung mit Abduction des gekreuzten Vorderbeines;
der Hund dagegen läuft fast immer wie ein normaler umher, und es
bedarf aufmerksamer Untersuchung, um nachzuweisen, daß dieselben
Halsreflexe auch bei ihm noch wirksam sind. Aufhebung der Halsreflexe durch Geradesetzen des Kopfes verändert dieses Bild beim
Kaninchen wie mit einem Zauberschlage und läßt das Tier fast völlig
wie ein normales dasitzen, während der schon vorher sich fast normal
bewegende Hund in Stellung und Bewegungen kaum mehr verbessert
wird. Der Hund hat die Möglichkeit, trotz des vorhandenen Tonusunterschiedes der Glieder und trotz der Drehung des Rumpfes zu
laufen, zu springen, Treppen zu steigen usw., das Kaninchen kom
pensiert sehr langsam und unvollständig nach Monaten nur einen
Teil der Störungen.

Da nach der Entfernung eines Labyrinthes die Kopfdrehung eine
Dauerfolge darstellt, die Wendung dagegen, wenigstens bei Meerschweinchen, Katze und Hund schnell zurückgeht, so ist begreiflich,
daß die durch die Kopfwendung ausgelösten Halsreflexe bei den letztgenannten Tieren nur vorübergehend deutlich werden, während die Hals-
drehreflexe Dauerfolgen der Operation geworden sind.

Diejenigen Störungen, welche nach Geradesetzen des Kopfes gegen
den Hals noch vorhanden sind, müssen zum größten Teil als direkte
Folgen der Fortnahme des einen Labyrinthes aufgefaßt werden. Unter
ihnen lassen sich bei jedem der untersuchten Tiere zwei Gruppen unterscheiden. Ein Teil derselben stellt Dauerfolgen der Operation dar,
welche nicht zurückgebildet werden können. Ein anderer Teil tritt
nur vorübergehend auf und ist nach Stunden, Tagen oder Wochen
nicht mehr nachzuweisen (s. Tabelle II, S. 414 und 415).

Bei der Besprechung der direkten Labyrinthausfallsfolgen ist nun
zu erörtern, inwieweit die von dem intakten Labyrinth ausgehenden
bisher bekannten tonischen Labyrinthreflexe bei den operierten Tieren
sich äußern, und umgekehrt, wie die bei den Tieren beobachteten Symptome sich auf bekannte Labyrinthreflexe zurückführen lassen.

1. Die tonischen Labyrinthreflexe auf die Gliedermuskeln.
Da diese von einem Labyrinthe aus sich auf die Extremitäten beider
Körperseiten in gleicher Stärke äußern, kann nach einseitiger Labyrinth-
exstirpation keine asymmetrische Wirkung auftreten.

2. Tonische Labyrinthreflexe auf die Halsmuskeln. Diese
sind einseitig. Ihre Folge ist die Grunddrehung des Halses, welche

bei allen untersuchten Tierarten vorhanden ist (Ohr der operierten Seite ventralwärts gedreht). Sie ist eine Dauerfolge. Beim Kaninchen ließ sich zeigen, daß sie im Laufe der Zeit an Stärke zunimmt, gerade wie das Ewald bei Tauben gefunden hat.

Bei allen Tierarten ist ferner kurze Zeit nach der Operation Wendung des Kopfes nach der Seite der Operation nachzuweisen. Diese ist beim Kaninchen und Affen auch längere Zeit nach der Operation wenigstens in abnormen Körperlagen zu sehen, geht bei Meerschweinchen, Katze und Hund bald vorüber, wobei nachweislich teils die Labyrinthstellreflexe, teils beim Sitzen auf dem Boden die Körperstellreflexe auf den Kopf, ferner beim Affen auch die optischen Stellreflexe mitwirken.

Es wäre möglich, daß es sich bei der Drehung und Wendung des Kopfes gar nicht um zwei wesensverschiedene Reaktionen der Halsmuskulatur handelt, sondern daß derselbe Tonusunterschied der Halsmuskeln, je nach dem Gesamttonus der Halsmuskeln, den Kopf das eine Mal mehr in die gedrehte, das andere Mal mehr in die gewendete Stellung bringt. Doch wäre es andererseits auch möglich, daß die Labyrinthe einen stärkeren und dauernderen Einfluß auf die Muskeln des Atlas-Epistropheus-Gelenkes als auf die der übrigen Halsgelenke ausüben. Eine Entscheidung wäre nur durch schwierige Detailversuche an den sehr kompliziert angeordneten Halsmuskeln zu erbringen. Sie sind bisher nicht zum Abschluß gekommen. Eine weitere Möglichkeit ist, daß die Wendung des Halses von anderen Teilen des Labyrinthes (Bogengänge) ausgelöst wird als die Drehung. Hierauf wird im neunten Kapitel nochmals einzugehen sein.

3. Labyrinthstellreflexe auf den Kopf. Diese sind ebenfalls bei allen untersuchten Tierarten vorhanden. Sie wirken in der Richtung, daß sie den Kopf in diejenige Seitenlage zu bringen suchen, in welcher sich das intakte Labyrinth oben befindet. Je nach der Lage des Tieres im Raume ergibt sich hieraus eine Verstärkung oder Verminderung der Grunddrehung. Die Einzelheiten wurden beim Kaninchen genau geschildert, das gleiche gilt auch für die übrigen Tiere. Es handelt sich um eine Dauerfolge der Operation.

4. Tonische Labyrinthreflexe auf die Rumpfmuskeln. Diese sind einseitig. Ihre Folge ist die Grunddrehung des Rumpfes, welche auch nach Geradesetzen des Kopfes gegen den Brustkorb bestehen bleibt. Sie hat sich nur beim Kaninchen und bei der Katze nachweisen lassen, ist beim Meerschweinchen schwach, inkonstant und dauert höchstens nur kurze Zeit. Beim Hunde und Affen konnte sie überhaupt nicht festgestellt werden. Beim Hund, Affen und Meerschweinchen beruht also die auch bei ihnen deutlich ausgebildete Rumpfdrehung ausschließlich (bzw. überwiegend) auf dem Halsstellreflex, bei der Katze überwiegend auf direktem tonischen Labyrinthreflex, beim Kaninchen auf gleichmäßiger Wirkung beider Reflexgruppen.

5. Kompensatorische Augenstellungen: Beim Studium der Augenabweichungen ergeben sich große Unterschiede zwischen Kaninchen und Meerschweinchen einerseits und Katze, Hund und Affe andererseits.

Tabelle II.   **Direkte Labyrinthausfallsfolgen**

Erfolgsorgan	Reflex		Kaninchen
Hals	Tonische Lab.-Reflexe auf die Halsmuskeln (Maximum, wenn Scheitel unten)		*Grunddrehung, operierte Seite ventralwärts* Wendung nach der operierten Seite
	Labyrinthstellreflex (Minimum, wenn intaktes Lab. bei Seitenlage des Kopfes oben steht)		*Kopf möglichst in Seitenlage mit intaktem Lab. oben*
Rumpf	Tonische Lab.-Reflexe auf die Rumpfmuskeln		*Grunddrehung*
Beine	Tonische Lab.-Reflexe auf die Gliedermuskeln (*ein* Lab. wirkt auf beide Körperseiten gleich)		O
	?		Erschlaffung der Beine auf der operierten Seite (8 Wochen)
Augen	Tonische Labyrinthreflexe auf die Augen	rotatorisch	O
		vertikal (Maximum, wenn intaktes Lab. bei Seitenlage des Kopfes unten steht)	*Auge der intakten Seite nach oben, der operierten Seite nach unten*
	Deviation (von den Bogengangsnerven??)	horizontal	inkonstant
	Nystagmus		entgegen der Deviation (manchmal mit horizontaler Komponente)

Dauerfolgen sind *kursiv*, vorübergehende

---

¹) Nicht sicher von tonischen Labyrinthreflexen auf die Augen abhängig.

bei den verschiedenen Tierarten.

Meerschwein	Katze	Hund	Affe
Grunddrehung, operierte Seite ventralwärts Wendung nach der operierten Seite	*Grunddrehung, operierte Seite ventralwärts* Wendung nach der operierten Seite	*Grunddrehung, operierte Seite ventralwärts* Wendung nach der operierten Seite	*Grunddrehung, operierte Seite ventralwärts* *Wendung nach der operierten Seite*
Kopf möglichst in Seitenlage mit intaktem Lab. oben	*Kopf möglichst in Seitenlage mit intaktem Lab. oben*	*Kopf möglichst in Seitenlage mit intaktem Lab. oben*	*Kopf möglichst in Seitenlage mit intaktem Lab. oben*
O (inkonstant, höchstens kurze Zeit)	*Grunddrehung*	O	O
O	O	O	O
Erschlaffung der Beine auf der operierten Seite (einige Tage, nach Cocain fehlend)	Erschlaffung der Beine auf der operierten Seite (inkonstant, am folgenden Tage verschwunden)	Erschlaffung der Beine auf der operierten Seite (inkonstant und nur wenige Stunden)	Erschlaffung der Beine auf der operierten Seite (über 1 Monat)
O	Oberer Hornhautrand beiders. nach d. Operationsseite[1])	?	?
Auge der intakten Seite nach oben, der operierten Seite nach unten	Auge der intakten Seite nach oben, der operierten Seite nach unten	Auge der intakten Seite nach oben, der operierten Seite nach unten	?
inkonstant	nach der Operationsseite	nach der Operationsseite	nach der Operationsseite
entgegen der Deviation (manchmal mit horizontaler Komponente)	entgegen der Deviation	entgegen der Deviation	entgegen der Deviation

Folgen in gewöhnlicher Schrift gedruckt.

a) Bei Kaninchen und Meerschweinchen bewirken beide Labyrinthe, wenn sie intakt sind, gleichsinnige Raddrehungen beider Augen. Fortnahme eines Labyrinthes ruft also keine rotatorischen Abweichungen durch tonischen Labyrinthreflex hervor.

Dagegen bewirkt das intakte Labyrinth dauernde Vertikalabweichungen beider Augen. Das gleichseitige Auge wird dorsalwärts, das gekreuzte (d. h. das Auge der Operationsseite) ventralwärts abgelenkt. Diese Augendeviation ist maximal, wenn sich bei Seitenlage des Kopfes das intakte Labyrinth unten befindet. Sie ist Null bzw. minimal bei der umgekehrten Seitenlage. Es handelt sich um eine Dauerfolge der Operation.

Die tonischen Halsreflexe auf die Augen sind (wenigstens bei nicht künstlich übertriebenen Halsdrehungen) ohne wesentlichen Einfluß auf die Augendeviation.

Kurze Zeit nach der Operation tritt vorübergehend Nystagmus auf, welcher entweder vertikal im umgekehrten Sinne wie die oben beschriebene Deviation schlägt oder mehr horizontal nach dem intakten Labyrinthe hin. Letzteres läßt an die Möglichkeit denken, daß hierbei die operative Ausschaltung der Bogengänge ursächlich beteiligt ist. In demselben Sinne spricht die Beobachtung, daß nach Ausschaltung eines Labyrinthes beim Meerschweinchen durch Cocain der Nystagmus stets deutlich später einsetzt als die Deviation. Auch hierauf soll im neunten Kapitel nochmals eingegangen werden.

b) Bei Katzen, Hunden und Affen treten keine dauernden Augendeviationen ein. Es ist deshalb auch nicht mit derselben Sicherheit zu entscheiden, inwieweit bei diesen Tieren nach einseitiger Labyrinthexstirpation überhaupt tonische Labyrinthreflexe auf die Augen von wesentlichem Einfluß auf die Augenstellung sind.

Bei allen drei Tierarten ist zunächst vorübergehende horizontale Augendeviation nach der Seite des fehlenden Labyrinthes mit Nystagmus in umgekehrter Richtung zu sehen. Tonische Labyrinthreflexe als Ursache hierfür sind nicht bekannt. Die durch die Halsdrehung (Affe) bzw. -wendung (Katze, Hund) hervorgerufenen tonischen Halsreflexe auf die Augen müßten im umgekehrten Sinne wirken. Es scheint also, daß es sich um die Folge der einseitigen Durchtrennung von Bogengangsnerven handelt.

Außerdem ist bei Katze und Hund das Auge auf der Seite des intakten Labyrinthes nach oben, das Auge der Operationsseite nach unten abgelenkt. Diese Deviation hat ihr Maximum, wenn sich bei Seitenlage des Kopfes das intakte Labyrinth unten befindet (in dieser Lage ist der Nystagmus minimal). Hierbei kann es sich möglicherweise um tonische Labyrinthreflexe auf die Augen, ausgehend vom intakten Labyrinth, handeln. Man müßte dann annehmen, daß nach einigen

Tagen die Deviation entweder optisch oder durch zentrale Innervations-änderung (Bechterew) kompensiert wird.

Über die Entstehung der rotatorischen Deviation (bei der Katze) fehlen noch nähere Daten.

c) Der stürmische vorübergehende Nystagmus bei allen untersuchten Tierarten und die vorübergehende Augendeviation bei Katze, Hund und Affe legten natürlich die Annahme nahe, daß es sich hierbei um vorübergehende Reizungssymptome handelt, welche durch die Operation veranlaßt sind; um so mehr, als der Nystagmus um so heftiger ist, je roher operiert wird. Demgegenüber ist zu betonen, daß die Richtung der Deviation und des Nystagmus dem Ausfall der Tätigkeit des entfernten Labyrinthes entspricht. Nur ausnahmsweise beobachtet man kurze Zeit nach der Operation Deviation und Nystagmus in der der Reizung des entfernten Labyrinthes entsprechenden Richtung. Auch bei Cocaineinspritzung kann gelegentlich ein solches Reizstadium der Lähmung vorhergehen. Nachher erfolgt dann eine Umkehr in der Richtung von Deviation und Nystagmus. (In den Fällen von vorübergehender Octavusreizung tritt dann zugleich auch Kopfdrehung und -wendung im umgekehrten Sinne als oben beschrieben auf.)

6. Völlig dunkel ist vorläufig noch die Ursache des vorübergehenden Tonusverlustes der Extremitäten auf der Seite des exstirpierten Labyrinthes. Der einseitige Ausfall der tonischen Labyrinthreflexe auf die Extremitäten kann hierfür (siehe oben) nicht verantwortlich gemacht werden, da jedes Labyrinth hierbei die beiderseitigen Extremitäten gleichsinnig und gleichstark beeinflußt. Die Erschlaffung dauert bei Kaninchen etwa 2 Monate, bei Affen über einen Monat, beim Meerschweinchen einige Tage, bei Katzen und Hunden ist sie inkonstant und dauert meist nur Stunden an. Nach Cocainausschaltung beim Meerschwein wird sie meistens nicht beobachtet. Es ist noch nicht einmal ganz sicher, ob es sich hierbei überhaupt um vestibuläre Einflüsse handelt, und, wenn dieses der Fall ist, ob sie von der operierten oder der intakten Seite ausgehen.

7. Sicher ist, daß die am Auge der operierten Seite auftretende Sympathicustrias (Miose, enge Lidspalte, vorgezogene Nickhaut) unabhängig vom Labyrinth ist und vielmehr auf Zerstörung sympathischer Bahnen im Mittelohr beruht.

Übersieht man die Tabelle S. 414—415, so ergibt sich, daß das Kaninchen die meisten, der Hund (und der Affe) die wenigsten direkt von den Labyrinthen abhängigen Dauerfolgen nach einseitiger Labyrinthexstirpation zeigen. Hiermit steht im Einklang, daß die letztgenannten Tiere den einseitigen Labyrinthausfall viel vollständiger kompensieren können.

Ferner sieht man, daß auf der Stufenleiter der Säugetiere die Labyrinthe immer mehr an Bedeutung für die Körperstellung zurücktreten. Beim Kaninchen beherrschen sie abgesehen von den tonischen Labyrinthreflexen auf die Gliedermuskeln, die bei den Symptomen nach einseitiger Labyrinthexstirpation keine Rolle spielen) Hals, Rumpf und Augen. Bei Hund und Affe geht der Einfluß nicht mehr auf den Rumpf, die tonischen Labyrinthreflexe auf die Augen verlieren ihre herrschende Rolle und es bleibt als direkte Dauerfolge nur die Grunddrehung des Halses über. Es scheint sich also um einen fortschreitenden Rückbildungsprozeß des vestibulären Mechanismus mit zunehmender Ausbildung des Gehirnes zu handeln.

Bei sämtlichen untersuchten T.erarten haben sich Kompensationsvorgänge nachweisen lassen, welche die Störungen nach einseitigem Labyrinthverlust vermindern und mehr oder weniger ausgleichen können. Ihre Wirksamkeit ist aber nicht die gleiche. Sie nimmt mit höherer Gehirnentwicklung zu.

Hieran beteiligen sich zunächst die im Mittelhirn gelegenen Apparate für die Stellreflexe.

Bei gewissen Körperlagen können schon die vom intakten Labyrinth ausgehenden Labyrinthstellreflexe die Grunddrehung des Halses vermindern, so bei Seitenlage mit der operierten Seite nach unten. Bei Hängelage mit Kopf unten wird häufig die Wendung des Kopfes durch den Labyrinthstellreflex aufgehoben.

Sehr viel wirksamer sind aber die Körperstellreflexe. Beim sitzenden Tiere gehen normale Erregungen von beiden Körperseiten (besonders den Extremitäten) aus. Diese wirken auf einen Körper, der infolge des einseitigen Labyrinthverlustes gedreht ist, und bei welchem daher bestimmte Muskelgruppen gedehnt sind. Ihre Zentren befinden sich in gesteigerter Erregbarkeit. So kommt es z. B., daß beim Sitzen auf dem Boden die Kopfdrehung gegen den Thorax geringer ist als bei Normalstand in der Luft (Körperstellreflex auf den Kopf).

Ebenso treten sie in Wirksamkeit, wenn das Tier umgefallen ist (in Seitenlage). Dann wird (Körperstellreflex auf den Kopf) der Kopf nach der Normalstellung hin gedreht, und zwar auch, wenn dieses der Grunddrehung entgegen erfolgen muß, und zweitens (Körperstellreflex auf den Körper) sitzt der Körper auf, auch wenn der Kopf nicht in Normalstellung gebracht werden kann.

Die Körperstellreflexe treten jedesmal in Tätigkeit, wenn das Tier den Boden berührt. Beim Affen kann man ihre Wirksamkeit auch beim Klettern beobachten, wenn die Hände die Gitterstangen u. dgl. ergreifen.

Unabhängig vom Boden treten die optischen Stellreflexe in Wirkung, bei denen die Großhirnrinde mitspielt. Sie richten den Kopf während des optischen Fixierens und spielen beim Affen und Hunde eine so hervorragende Rolle, daß manche Störungen überhaupt erst beim Anlegen der Kopfkappe deutlich werden. Weniger wichtig sind sie anscheinend bei der Katze und fehlen bei Kaninchen und Meerschweinchen.

Letztere beiden Tierarten können die Augen zur Korrektion ihrer abnormen Beinstellungen benutzen.

Außerdem entwickeln sich bei allen Säugetieren die von Bechterew entdeckten Änderungen der zentralen Innervation, welche sich darin äußern, daß nach einiger Zeit Entfernung des zweiten Labyrinthes Kopfdrehung und Augendeviation nach der anderen Seite veranlaßt. Ob auch die Extremitätenzentren beeinflußt werden, steht noch nicht sicher fest. Diese Kompensation erfolgt subcortical, unabhängig von den Augen und (wenigstens bei den Halsmuskeln) unabhängig von den afferenten proprioceptiven Nerven der beteiligten Muskeln.

Abgesehen von den genannten direkten Folgen aller dieser Kompensationen kommt noch ein sehr wichtiger sekundärer Einfluß hinzu. In dem Maße nämlich, in welchem durch die Stellreflexe und die zentrale Kompensation die Drehung und Wendung des Kopfes vermindert wird, nehmen auch die hierdurch ausgelösten tonischen Halsreflexe und Halsstellreflexe ab, so daß die Rumpfdrehung, der Tonusunterschied der Glieder, Uhrzeiger- und Manegebewegungen, Umfallen und seitliches Abweichen beim Laufen, Rollbewegungen usw. schon aus diesem Grunde vermindert werden oder ganz schwinden.

Die schon erwähnte Tatsache, daß die Kompensation bei Affe und Hund so viel vollständiger ist als bei Kaninchen und Meerschweinchen, erklärt sich erstens daraus, daß bei den höheren Säugern die direkten Labyrinthausfallsfolgen, wie erwähnt, geringer sind und daher leichter überwunden werden können. Zweitens sind allein bei den höheren Säugern, besonders bei Affen und Hunden, aber auch bei der Katze, optische Stellreflexe vorhanden, welche bei Kaninchen und Meerschweinchen fehlen. Drittens nehmen, entsprechend dem Zurücktreten der Labyrintheinflüsse, die Körperstellreflexe an Bedeutung zu. Alles dieses läßt es verständlich erscheinen, daß Affe und Hund auf die Dauer so viel weniger Störungen zeigen als das Kaninchen.

Die früheren Autoren haben die einseitige Labyrinthexstirpation dazu benutzt, um die Funktion des Labyrinthes zu untersuchen. Die in diesem Kapitel gegebene Analyse lehrt, daß das ohne vorherige Kenntnis der normalen Labyrinthreflexe zu schweren Täuschungen Anlaß geben muß, und daß ein großer Teil der Symptome sekundär, teils durch tonische Halsreflexe, teils durch kompensierende Mecha-

27*

nismen verursacht wird. Dieses Ergebnis mahnt auch auf anderen Ge-
bieten der Physiologie des Zentralnervensystems und der Sinnesorgane
zu Vorsicht.

Kurz muß hier noch der von Ewald aufgestellte Begriff des „Labyrinthtonus" gestreift werden. Ewald hat das große Verdienst, die
Abhängigkeit des Muskeltonus von den Labyrinthen betont und mit
zahlreichen experimentellen Beispielen belegt zu haben. Wir wissen
heute, daß der Ewaldsche Labyrinthtonus, soweit er sich nach einseitiger Labyrinthexstirpation äußert, auf drei vollständig voneinander
zu trennenden Einflüssen beruht:

1. Auf den tonischen Labyrinthreflexen vom intakten Labyrinthe auf
Hals-, Rumpf- und Augenmuskeln, welche bei den verschiedenen Tierarten
in sehr verschiedenem Grade entwickelt sind (s. Tabelle S. 414—415.)

2. Auf den durch die Halsdrehung sekundär ausgelösten tonischen
Halsreflexen auf die Extremitäten und Halsstellreflexen. Diese sehr
hochgradigen Einflüsse sind also nicht direkt von den Labyrinthen abhängig. Sie können bei zunehmender Grunddrehung im Laufe der Zeit
sogar an Bedeutung gewinnen.

3. Auf der vorübergehenden gleichseitigen Erschlaffung der
Glieder, welche bei einigen Tierarten inkonstant ist und nur wenige
Stunden, bei anderen einige Wochen andauert. Ihr Zusammenhang
mit den Labyrinthen ist noch dunkel.

Ich glaube daher, daß es jetzt an der Zeit ist, den Sammelbegriff
„Labyrinthtonus" fallen zu lassen und jeweils durch seine Einzel-
elemente zu ersetzen, um so mehr, als nichtlabyrinthäre Einflüsse dabei
eine so bedeutende Rolle spielen.

Von den akuten und bald vorübergehenden Folgen der Labyrinthexstirpation wurde der Nystagmus bereits besprochen. Die Uhrzeiger-
und Manegebewegungen sind hauptsächlich durch die Wendung von
Hals und Rumpf bedingt und schwinden bei deren Kompensation. Das
seitliche Abweichen beim Laufen beruht großenteils auf dem einseitigen
Tonusverlust der Glieder und ist daher ebenfalls vorübergehend. Das
Rollen ist eine Folge der spiraligen Drehung des ganzen Körpers und
wird nur beobachtet, wenn das Tier Lauf- und Sprungbewegungen ausführt (zwei Sprünge für eine Umdrehung). Die Rollungen erfolgen um
so heftiger, je schlechter operiert wird. Bei schonender Operation kann
man sie bei Kaninchen auf ein Minimum beschränken, bei Katzen,
Hunden und Affen vollständig vermeiden. Selbst bei Kaninchen kann
man nach sehr schonender Operation das Rollen ganz ausbleiben sehen.
Die vollständige Analyse der Rollbewegungen wurde durch Bewegungsphotographien ermöglicht.

Siebentes Kapitel.

Folgen der doppelseitigen Labyrinthexstirpation.

Im dritten bis fünften Kapitel ist für die Reflexe der Haltung, für die kompensatorischen Augenstellungen und für die Stellreflexe gezeigt worden, daß die Labyrinthe sich als Auslösungsstätte für Erregungen an diesen Funktionen beteiligen, daß aber daneben noch andere Receptoren mitwirken, welche ebenfalls Reflexe in allen drei genannten Gruppen entstehen lassen. Die Labyrinthe sind also niemals die einzigen Ursprungsstätten dieser Reflexe. Auf diese Weise kommt es, daß nach doppelseitiger Labyrinthexstirpation keine der genannten Funktionen vollständig aufgehoben ist, und daß von den erhaltenen nichtlabyrinthären Sinnesorganen Erregungen ausgehen, welche den Labyrinthausfall verdecken und im Laufe der Zeit mehr oder weniger unschädlich machen können. So lang diese nichtlabyrinthären Reflexe nicht bekannt waren, war daher das Symptomenbild des doppelseitigen Labyrinthverlustes nicht vollständig zu begreifen, und vor allem ließen sich aus dem Verhalten labyrinthloser Tiere keine irgendwie sicheren Schlüsse auf die normale Tätigkeit des Vestibularapparates ziehen. Durch Fortnahme beider Labyrinthe erfährt man direkt nur, was die übrigen Receptoren in Verbindung mit dem Zentralnervensystem leisten und nicht die Labyrinthfunktion.

Wenngleich in den vorhergehenden Abschnitten nun auch bei den einzelnen Reflexgruppen jedesmal der Zustand nach doppelseitiger Labyrinthexstirpation beschrieben worden ist, soll hier doch noch einmal im Zusammenhang das Gesamtbild kurz beschrieben und gedeutet werden.

Genaue Beschreibungen des Verhaltens nach doppelseitigem Labyrinthausfall sind früher von Breuer [2] und Ewald für Tauben und von Bechterew [1] und Ewald für Hunde gegeben worden. Längerdauernde eigene Beobachtungen liegen an Katzen, Hunden und Affen vor; kürzerdauernde auch an Kaninchen und Meerschweinchen. Im nachstehenden soll vor allen Dingen auf das Verhalten der Katzen und Affen eingegangen werden.

Beobachtungen an Katzen.

Zu diesem Zwecke können zunächst Beobachtungen an zwölf Katzen herangezogen werden (*16*), von denen bei acht die beiden Labyrinthe einzeitig, bei vier zweizeitig entfernt wurden. Bei den einzeitig operierten Tieren sind die Störungen sehr viel stärker, doch sitzen sie bereits kurze Zeit nach der Operation meist aufrecht im Käfig, der Bauch liegt flach auf dem Boden, der Kopf wird gerade gehalten. Es

besteht starkes Kopfschwanken und horizontales und vertikales Kopfpendeln. Oft hämmern sie mit der Schnauze laut hörbar auf die Unterlage. Zwischendurch kann aber der Kopf ruhig gehalten werden. Nimmt
man die Tiere aus dem Käfig und setzt sie auf den Fußboden, so sitzen
sie manchmal aufrecht, manchmal fallen sie auf die Seite, um sich dann
wieder aufzusetzen. Auf irgendeinen Reiz oder scheinbar spontan kommt
es dann oft zu sehr charakteristischen Anfällen, wobei die Tiere plötzlich
wild herumspringen, sich gelegentlich überschlagen, mit dem Kopf
auf den Boden hämmern, herumrollen usw. In den ersten Tagen nach
der Operation können die Katzen nicht laufen, wohl aber schon am
ersten Tage vorwärts und rückwärts kriechen. Besonders auffallend ist,
daß fast alle Tiere in der allerersten Zeit nur nach rückwärts kriechen,
manchmal durch die ganze Breite des Zimmers. Nach 1—3 Tagen
fangen sie dann auch an vorwärts zu kriechen, und etwas später versuchen sie zu laufen. Hierbei helfen sie sich anfangs in der Weise, daß
sie sich mit einer Seite an der Mauer stützen. Sie laufen dann breitbeinig und mit dem Bauche dicht am Boden (knickebeinig), und es berührt ein größerer Teil der Sohle der Hinterfüße den Boden als bei einer
normalen Katze (Bärengang). Überdies ist der Gang schwankend und
ungeschickt. Auch beim Sitzen und Stehen schwanken die Tiere in
diesem Stadium mit dem Rumpfe. Sie suchen sich dagegen durch
starke Abduction besonders der Vorderbeine zu schützen.

Erst nach etwa einer Woche wird das Laufen etwas besser; die
Tiere können dann wenigstens einige Schritte frei durch das Zimmer
gehen, ohne zu fallen. Sobald das Laufen besser wird, zeigt sich ein
sehr charakteristisches Symptom, das bei allen doppelseitig labyrinthlosen Katzen festzustellen war und noch länger als ein Jahr nach der
Operation beobachtet werden konnte. Die Tiere sehen sich beim Laufen
fortwährend nach links und rechts um. Meist wird bei jedem Schritt
der Kopf nach einer anderen Seite gewendet. Im Anfang ist dieses so
stark, daß die Tiere hierdurch zu ganzen oder halben Zirkeltouren
veranlaßt werden, indem sich an die Wendung des Kopfes die entsprechende Wendung des Rumpfes (durch Halsstellreflex) anschließt.
Anfangs laufen die Katzen daher auch fast niemals geradeaus, sondern
im Zickzack durch das Zimmer. Nur wenn sie auf ein bestimmtes Ziel
losgehen, wird die Direktion etwas besser eingehalten. Es macht den
Eindruck, als ob sie die nach der Operation fehlenden akustischen Eindrücke durch optische zu ersetzen suchten.

Das unmittelbar nach der Operation auftretende Schwanken, Pendeln und Hämmern des Kopfes nimmt schon in den ersten Tagen an
Intensität ab. Das Hämmern hört gewöhnlich zuerst auf. Diese starken
Kop bewegungen sind größtenteils als Folge fehlerhafter Eindrücke
von seiten der Augen aufzufassen; denn man kann auch das

stärkste Kopfpendeln und -schwanken vollständig oder wenigstens größtenteils zum Verschwinden bringen, wenn man die
Augen durch eine Kopfkappe verschließt (während Mund und
Nasenlöcher freibleiben). Entfernt man die Kopfkappe, so tritt das
Kopfschwanken und Kopfpendeln sofort wieder in derselben Intensität
auf. Dieser Versuch ist so deutlich und überzeugend, daß eine kinematographische Aufnahme davon gemacht werden konnte. Das Aufhören des Kopfschwankens beim Verschluß der Augen beruht nicht
etwa darauf, daß durch die (unbequeme) Kopfkappe irgendeine allgemeine Reflexhemmung hervorgerufen wird, denn wenn die Kappe
schlecht sitzt und die Augen nicht vollständig verschließt, so dauert
das Kopfschwanken unverändert an. Ferner gelang es einigemal bei
zahmen Katzen mit starkem Kopfschwanken die Augenlider mit zwei
Fingern zu schließen und dadurch das Schwanken sofort zum Verschwinden zu bringen. Dieses ist also offenbar von optischen Eindrücken abhängig (der gleiche Versuch gelingt auch beim Hunde).
Nach wenigen Tagen wird das Kopfpendeln geringer. Man kann aber
in diesem Stadium mit größter Sicherheit jedesmal einen Anfall von
deutlichem Kopfschwanken auslösen, wenn man den Tieren Fleisch
oder Milch vorhält. Sie fahren dann wie wild in horizontaler oder vertikaler Richtung mit dem Kopfe durch die Luft, stoßen mit der Schnauze
in die Milch und verspritzen diese durchs Zimmer. Erst nach Verschluß
der Augen können sie gut trinken.

Durch diese abnormen Kopfbewegungen werden manche Tiere in
ihrer Nahrungsaufnahme sehr gehindert; sie müssen daher in den
ersten Tagen mit der Sonde gefüttert werden oder es wird ihnen fein-
gehacktes Fleisch in den Rachen geschoben, das sie dann gut schlucken
können. Zwei Katzen konnten jedoch schon nach 48 Stunden unter
deutlichem Kopfschwanken Milch trinken und Fleischstücke fressen.

In der zweiten Woche ist das spontane Kopfpendeln nur noch gering,
man kann es aber noch längere Zeit hindurch dadurch wieder zum
Vorschein bringen, daß man den Tieren Fleisch oder Milch vorhält.
Auch bei spontanen Eßversuchen tritt es auf. Um diese Zeit sind dann
auch die sonstigen Reizerscheinungen, das wilde Herumspringen usw.
abgeklungen, und die Tiere können, wenn auch ungeschickt, einige
Schritte laufen, ohne zu fallen. Setzt man ihnen aber kleine Hindernisse in den Weg, so können sie dieselben meistens nicht überwinden.
Wird eine Katze in der ersten Woche nach der Operation auf ein 15 bis
25 cm hohes horizontales Brett gesetzt, so ist sie nicht imstande, auf
gewöhnliche Weise herunterzuklettern. Sie kriecht nach rückwärts
bis an den Rand und läßt sich nach hinten herunterfallen. Seltener
versucht sie nach vorne herunterzukommen, doch gelingt dieses
häufig nicht. Die labyrinthlosen Katzen kriechen überhaupt fast immer

nach rückwärts, wenn sie in eine abnorme Lage gebracht werden. Stellt man ein Tier so hin, daß die Vorderbeine auf dem Boden, die Hinterbeine auf dem Brett stehen, so bleibt es manchmal bis zu 10 Minuten in dieser abnormen Lage, ohne sich daraus zu befreien. Auch von der untersten Stufe einer Treppe können sie in den ersten Tagen nicht herunterklettern, erst 13 Tage nach der Operation konnte eine unserer Katzen einige Stufen der Treppe herunterlaufen. Danach aber fiel sie herunter.

Katzen, bei denen die doppelseitige Labyrinthexstirpation zweizeitig ausgeführt wird, zeigen nach der zweiten Operation im Prinzip die gleichen Erscheinungen. Nur sind die Reizerscheinungen weniger intensiv, die Anfälle des wilden Herumspringens fehlen vollständig, das Kopfschwanken und -pendeln ist etwas weniger stark und dauert kürzer, und auch beim Laufen, Springen und Treppenlaufen sind weniger Störungen wahrzunehmen.

Die nach zweizeitiger Operation zutage tretende Änderung der zentralen Innervation, welche zu vorübergehendem Nystagmus und Kopfdrehung führt, ist im vorigen Kapitel (S. 391) beschrieben worden.

Die bisher geschilderten Symptome des doppelseitigen Labyrinthverlustes bilden sich nun im Laufe der Zeit allmählich zurück. Die Augen- und Kopfsymptome schwinden vollkommen. Das Kopfpendeln auf vorgehaltenes Fleisch hält allerdings noch ziemlich lange an, um dann aber auch ganz zu schwinden. Das Laufen auf ebenem Boden wird allmählich wieder ganz normal, nur durch das häufige Umsehen nach rechts und links, an das sich gelegentlich eine Zirkeltour anschließt, und durch das Zickzacklaufen unterscheiden sich die Tiere schließlich von normalen Katzen. Das Fehlen der Labyrinthreflexe hatte nach Ablauf einer gewissen Zeit keinen wahrnehmbaren Einfluß auf die Eleganz und Geschmeidigkeit der Bewegungen.

Über das Verhalten der einzelnen Reflexe kann man besonders in der ersten Zeit nach der Operation folgende Feststellungen machen:

Nach dem Decerebrieren fehlen von den Haltungsreflexen die tonischen Labyrinthreflexe auf die Glieder und die Hals- und Rumpfmuskeln. Infolgedessen ist der Tonus der Körpermuskulatur unabhängig von der Lage des Kopfes im Raume. Dagegen sind die tonischen Halsreflexe auf die Gliedermuskeln unverändert erhalten, und man kann daher durch Änderung der Stellung des Kopfes zum Rumpfe typische Haltungsänderungen hervorrufen.

Bei labyrinthlosen Katzen mit intaktem Großhirn und bei Thalamuskatzen lassen sich ebenfalls tonische Halsreflexe auf die Glieder mit großer Deutlichkeit nachweisen, so z. B. der Tonusunterschied der rechten und linken Extremitäten auf Kopfdrehen, die Streckung der Vorderbeine auf Kopfheben und ihre Erschlaffung auf Kopfsenken. Besonders die beiden letzteren Reaktionen sind bei freisitzendem Tiere mit erhaltenem Großhirn durch Vorhalten von Fleisch (siehe Abb. 32 und 33) leicht auszulösen und erfolgen mit großer Präzision und Schnelligkeit. Man erhält den Eindruck, daß nach Verlust der Labyrinthreflexe die tonischen Halsreflexe nach einiger Zeit kompensatorisch verstärkt werden (das Umgekehrte ist nach Aufhebung der tonischen Halsreflexe durch Hinterwurzeldurchschneidung der Fall, siehe unten S. 430).

Das Verhalten der Stellreflexe nach Labyrinthverlust ist bereits in Kapitel V für Thalamuskaninchen geschildert worden. Diese sind in der Luft vollkommen desorientiert. Legt man sie auf den Tisch, so bleiben sie direkt nach der Operation in Seitenlage liegen. Nach einiger Zeit wird der Körperstellreflex auf den Kopf deutlich. Derselbe wird in Normalstellung gedreht, woran sich dann bald (durch Halsstellreflex und Körperstellreflex auf den Körper) Aufsitzen des Vorderkörpers und später auch des Hinterkörpers anschließt. Häufig fällt dann das Tier nach der anderen Seite um, und es tritt dann dieselbe Reaktion in umgekehrter Richtung ein. So kommt es, daß das Tier eine Zeitlang über den Bauch (niemals über den Rücken) von der einen Seite auf die andere hin und her rollt. Schließlich erfolgt jedesmal richtiges Aufsitzen aus Seitenlage, wonach Kopf und Körper zunächst noch hin und her schwanken, bis auch dieses unterbleibt. Durch Auflegen eines beschwerten Brettes auf die obere Körperseite läßt sich das Aufsitzen aus Seitenlage unterdrücken.

Genau dasselbe Verhalten zeigten die beiden labyrinthlosen Thalamuskatzen (41), wie bereits auf S. 236 geschildert wurde. In der Luft waren sie völlig desorientiert, auf dem Boden wurde zunächst der Kopf in Normalstellung gebracht, nach einiger Zeit auch der Körper. Auch hier war vorübergehend das Rollen über den Bauch aus einer Seitenlage in die andere deutlich ausgesprochen. Durch isolierte Prüfung ließen sich Körperstellreflexe auf Kopf und Körper und Halsstellreflexe nachweisen. Die eine Thalamuskatze setzte sich bereits 5 Stunden nach der Entfernung des zweiten Labyrinthes auf und konnte nach 72 Stunden längere Zeit auf ihren Beinen stehen, ohne umzufallen.

Auf diese Weise wird dem Tiere durch die Berührung mit dem Boden das Stehen und Gehen wieder ermöglicht, und man kann in der ersten Zeit nach der Operation beobachten, wie die Körperstellreflexe allmählich immer mehr an Wirksamkeit zunehmen. Die Versuche an den Thalamuskatzen zeigen, daß für dieses „Lernen" das Großhirn nicht erforderlich ist, sondern daß der Prozeß sich (teilweise) im Mittelhirn abspielt.

Im Anfang wird die Körperruhe (bei Tieren mit normalem Großhirn) durch die Augen gestört. Daher die starken Anfälle von horizontalem und vertikalem Kopfschwanken und -hämmern, welche nach Anlegen der Kopfkappe oder einfachem Verschluß der Augen aufhören. Beim Thalamustier ist das Kopfschwanken viel geringer, weil hier die optischen Eindrücke fehlen.

Nach kurzer Zeit jedoch nehmen die Augen bei Katzen nach doppelseitiger Labyrinthexstirpation einen wichtigen Anteil an der Orientierung. Bereits auf S. 261 ist das Auftreten von optischen Stellreflexen unter Beteiligung des Großhirns geschildert (s. Abb. 131 und 132 auf S. 267). Während die Tiere mit verschlossenen Augen in der Luft nach wie vor völlig desorientiert bleiben, wird der Kopf nach Entfernung der Kopfkappe bei allen möglichen Lagen des Körpers im Raume in Normalstellung gebracht, vor allem dann, wenn irgendein Gegenstand mit den Augen fixiert wird. Dieselbe Beobachtung ließ sich an Hunden machen (S. 261). Bei ihnen war besonders deutlich, daß die optische Orientierung allmahlich erlernt wird und am ersten Tage nach der Operation fehlte, am dritten Tage zuerst festgestellt werden konnte und in etwa 14 Tagen sich voll ausgebildet hatte.

Durch das Zusammenwirken der Körperstellreflexe und optischen Stellreflexe kommt die so weitgehende Kompensation des Labyrinthausfalles zustande. Kopf und Körper werden dabei durch die tonischen Reflexe auf die Glieder und die Halsstellreflexe zu einer funktionellen Einheit zusammengeschlossen.

Der Ausfall der tonischen Labyrinthreflexe auf die Augenmuskeln und dessen etwaige Kompensation durch die tonischen Halsreflexe auf die Augen läßt sich bei den Katzen nicht untersuchen, weil bei ihnen überhaupt die kompensatorischen Augenstellungen keine große Rolle spielen.

Daß auch die Bogengangsreflexe bei labyrinthlosen Tieren fehlen, ist selbstverständlich. Das gilt zunächst für die Drehreaktionen auf Kopf und Augen nebst dem zugehörigen Nystagmus. Von sehr viel größerer Bedeutung für die Tiere ist der Verlust der Reaktionen auf Progressivbewegungen, vor allem des Reflexes der „Sprungbereitschaft". Springt eine normale Katze nach unten, so strecken sich ihre Vorderbeine tonisch und werden nach vorne bewegt, so daß sie beim Auftreffen auf den Boden das Gewicht des Körpers elastisch abfangen. Nach Labyrinthexstirpation fehlt dieser Reflex, das Tier schlägt mit Körper und Kopf ungebremst hart auf den Boden und kann sich dabei unter Umständen verletzen. Daher die ängstliche Scheu der Tiere vor dem Fallen.

Ebenso ist nach Labyrinthexstirpation das Vermögen der Tiere erloschen, sich beim freien Fall in der Luft umzudrehen und stets richtig mit den Pfoten auf den Boden zu kommen. Dieses Vermögen beruht (siehe S. 228) auf dem Labyrinthstellreflex auf den Kopf (mit anschließendem Halsstellreflex), wobei sich auch die Progressivreaktionen auf die Beine geltend machen.

Nach dem Gesagten ist nun das Verhalten der Tiere in der Luft verständlich. Sie lernen das Springen allmählich wieder. Drei der labyrinthlosen Katzen sprangen frei durch die Luft $^1/_2$—2 m weit vom Tisch in den Käfig. Vorher wurde genau mit den Augen die Orientierung vorgenommen. Anfangs sprangen sie gewöhnlich zu kurz und fielen auf den Boden, später sprangen sie zu weit und schlugen sich mit dem Kopf an der gegenüberstehenden Glaswand des Käfigs. Dabei handelt es sich um horizontalen Sprung. Beim Sprung nach unten tritt dagegen die Störung sehr viel deutlicher zutage. Hier macht sich das Fehlen des Reflexes der Sprungbereitschaft geltend und die Tiere tun sich daher weh. Deshalb sieht man, sobald sie auf eine Erhöhung gesetzt werden (Stuhl, Tisch, Treppe), eine auffallende Unruhe: sie fangen an zu miauen, machen Zirkeltouren oder kriechen nach rückwärts und fallen häufig nach rückwärts herunter. Aber selbst das Herunterspringen von Stuhl oder Tisch kann schließlich nach längerer Übung wieder erlernt werden, wobei sie dann allerdings nicht so lautlos aufspringen wie normale Tiere; auch das Treppablaufen wird wieder möglich. Aber selbst wenn die Tiere diese Bewegungen in der Mehrzahl der Fälle tadellos ausführen, kommt es doch immer zwischendurch vor, daß sie vom Tisch herunterplumpsen oder von der Treppe herunterrollen.

Sobald die Tiere wirklich von einer Erhöhung herunterfallen, tritt infolge des Fehlens des Umdrehreflexes die Störung rein zutage. Zur optischen Orientierung ist die Zeit zu kurz, und sie plumpsen daher einfach auf den Boden, schlagen mit dem Rücken oder Kopfe hart auf, stehen dann aber sofort wieder auf und laufen weg.

Sehr wichtig ist die Feststellung, daß auf die Dauer die Kraft der Muskulatur zweifellos nicht leidet. Große Kraftleistungen, weite Sprünge usw. werden ausgeführt, der Körper beim Stehen und Laufen ganz aufrecht getragen. Von einem allgemeinen Tonusverlust der Muskulatur, wie man ihn besonders nach der Darstellung von Ewald erwarten sollte, ist nichts mehr nachzuweisen. Hierauf wird weiter unten in anderem Zusammenhange nochmals einzugehen sein.

Durch fortgesetztes Üben gelingt es also schließlich, die Tiere soweit zu bringen, daß sie sich unter gewöhnlichen Umständen und bei der Ausführung bestimmter erlernter Kunststücke kaum noch von normalen Tieren unterscheiden. Sobald man ihnen dann aber irgendeine ungewohnte Aufgabe zumutet oder sie in eine ungewohnte Situation bringt, sind sie wieder ganz desorientiert, bis sie nach längerer Übung auch die neue Aufgabe zu überwinden lernen. Stellt man ihnen dann eine neue, gleichschwierige Aufgabe, so wird die Störung alsbald wieder manifest.

So konnte eine der Katzen gut treppauf und -ab laufen, sprang elegant vom Tisch auf den Boden sowie frei durch die Luft vom Tisch in den Käfig, tanzte auf den gestreckten Hinterbeinen, führte aber sofort wilde Tänze auf, sowie sie auf das Gitterdach des Hans Meyerschen Stoffwechselkäfigs gesetzt wurde, und fiel von da rücklings herunter auf den Rücken.

Eine andere Katze hatte sogar gelernt, auf den gestreckten Hinterbeinen frei zu stehen und mit den Vorderpfoten nach hochgehaltenem Fleisch zu greifen.

Das Lehrreiche dieser Beobachtungen besteht darin, daß man sieht, wie durch größtenteils bekannte Reflexmechanismen der Ausfall der Labyrinthtätigkeit allmählich bis zu einem Grade kompensiert wird, daß die Tiere sich fast wie normale verhalten.

Folgen der doppelseitigen Labyrinthexstirpation bei Katzen, bei welchen vorher die drei obersten cervicalen Hinterwurzelpaare durchtrennt waren (16).

Nach doppelseitiger Labyrinthexstirpation sind unter anderen auch die vom Halse ausgelösten Reflexe erhalten, also die tonischen Halsreflexe auf die Glieder und die Halsstellreflexe. Schaltet man auch diese letzteren aus, so bleiben von den hier besprochenen Reflexgruppen nur die Körperstellreflexe und die optischen Stellreflexe übrig. Daher sind Beobachtungen an derartig operierten Tieren nicht ohne Interesse. Das Ergebnis soll hier in Kürze mitgeteilt werden.

Durchtrennung der drei obersten Hinterwurzelpaare hebt bei Katzen die tonischen Halsreflexe auf die Gliedermuskeln auf Heben, Senken, Drehen und Wenden des Kopfes auf, läßt aber den Vertebra-prominens-Reflex, der an der Halsbasis ausgelöst wird, intakt. Die Vorderbeine werden erst von C 5 (C 4) ab innerviert. Sie bleiben also von der Operation unberührt.

Bei 5 Katzen wurden zuerst die drei obersten cervicalen Hinterwurzelpaare durchtrennt. Nach 41—203 Tagen wurde das eine Labyrinth, einige Zeit danach das andere Labyrinth entfernt. Die Tiere wurden darauf noch verschieden lange Zeit (bis zu einem Jahr) beobachtet. Bei einer Katze wurde die doppelseitige Labyrinthexstirpation einzeitig ausgeführt und das Tier direkt danach decerebriert. Über die Beobachtungen an vier dieser Tiere nach einseitiger Labyrinthexstirpation ist bereits im vorigen Kapitel berichtet.

Zunächst muß natürlich geschildert werden, welche Folgen die cervicale Hinterwurzeldurchschneidung für sich allein veranlaßt:

Schon am ersten Tage sitzen die Tiere aufrecht und können den Kopf nach allen Seiten ohne jede Ataxie bewegen. Auch fehlt jedes Kopfschwanken.

Während also die Extremitätenmuskeln nach Durchtrennung ihrer Hinterwurzeln ataktische Bewegungen ausführen, ist das bei den Halsmuskeln anders. Vermutlich deshalb, weil bei ihnen außerdem noch die Labyrinthe zur Kontrolle der Halsbewegungen benutzt werden. Hiermit steht im Einklang, daß gerade nach Labyrinthexstirpation Kopfschwanken auftritt, welches nachweislich von den Augen beeinflußt wird.

Die Bewegungen der Vorderbeine sind nur in den ersten Tagen etwas ungeschickt und werden dann wieder ganz normal. Dagegen ist eine Störung der Hinterbeine deutlich. Diese werden beim Stehen und vor allem auch beim Laufen gebeugt gehalten (knickebeiniger Gang), so daß der Bauch nahe am Boden ist und der Gang schleichend wird. Anfangs schwankt auch der Hinterkörper (Aufhebung der Halsstellreflexe), und die Tiere straucheln beim Springen und Treppenlaufen mit den Hinterbeinen. Dieses gleicht sich allmählich aus (Körperstellreflex auf den Körper), und es bleibt dann nur der knickebeinige Gang der Hinterextremitäten.

Dieser beruht wohl sicher auf dem Fortfall der tonischen Halsreflexe auf die Hinterbeine, welche bei der normalen Kopfhaltung beim Laufen mit gesenkter Schnauze (entgegen der Wirkung der Labyrinthe) die Hinterbeine strecken. Nach ihrer Aufhebung bleibt bei Normalstellung des Kopfes nur der tonische Labyrinthreflex auf die Hinterbeine (und unter Umständen vom hinteren nichtdesensibilisierten Halsteil aus der Vertebra-prominens-Reflex) übrig, welcher die Hinterbeine beugt.

Der Einfluß der tonischen Halsreflexe auf die Vorderbeine läßt sich am besten untersuchen, wenn man das Tier durch Vorhalten von Fleisch seinen Kopf heben oder senken läßt. Bei normalen Katzen (Abb. 32 und 33 auf S. 88) werden dabei durch Zusammenwirken von Hals- und Labyrinthreflexen im ersteren Falle die Vorderbeine gestreckt und im letzteren Falle gebeugt. Diese Reaktion ist in den ersten Tagen bzw. Wochen nach der Hinterwurzeldurchschneidung ganz oder fast ganz aufgehoben (Abb. 166), stellt sich aber (vor allem durch kompensatorische Verstärkung der tonischen Labyrinthreflexe) allmählich wieder mehr oder weniger ein und kann bei einem Teil der Tiere wieder ganz normal werden, während sie bei anderen dauernd gestört bleibt. Diese Unterschiede beruhen wahrscheinlich darauf, daß bei einigen Katzen die Hals-, bei anderen die Labyrinthreflexe stärker ausgebildet sind.

Das Verhalten dieser Reaktionen bei den fünf Katzen ersieht man aus folgender Tabelle:

	Die Reaktion war		
	vollständig aufgehoben	teilweise aufgehoben	vollständig normal
Weiße	?	?	vom 69.—186. Tag
Labach	bis zum 187. Tag	vom 187.—198. Tag	—
Achmed	„ „ 11. „	„ 11.— 40. „	—
Belial	„ „ 49. „	, 49.—143. „	—
Schwarzweiße .	—	„ 12.— 20. „	vom 20.—184. Tag

In allen Fällen ist also das Auftreten von Kompensationserscheinungen deutlich. Daß diese größtenteils von den Labyrinthen ausgehen, ergibt sich daraus, daß bereits Fortnahme eines Labyrinthes genügt, um die Reaktion wieder verschwinden zu lassen.

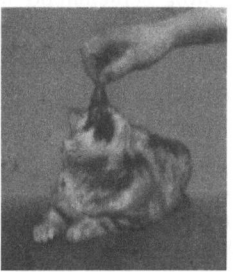 

Abb. 166. „Belial." Durchschneidung des ersten und zweiten cervicalen Hinterwurzelpaares am 23. März 1913 und des dritten cervicalen Hinterwurzelpaares am 3. April 1913. Stereoskopische Aufnahme am 26. April 1913: Mit Hilfe von Fleisch wird das Tier zum Heben des Kopfes veranlaßt, wobei die Vorberbeine gebeugt bleiben (zu vergleichen mit Abb. 33, S. 88).

Je nachdem es sich nun um Tiere mit überwiegenden Hals- oder Labyrinthreflexen handelt, bleiben die dauernden Ausfallserscheinungen, welche stets sehr gering sind, mehr oder weniger deutlich. Eine Katze mit überwiegenden Labyrinthreflexen (Achmed) zeigte beim Laufen, Springen, Treppensteigen schließlich keine Störungen mehr und war höchstens beim Sprung aus $2^1/_2$ m Höhe etwas weniger elegant und sicher als normale Katzen. Eine andere Katze mit überwiegenden Halsreflexen (Belial) lief dagegen dauernd knickebeinig und mit dem Bauche dicht am Boden, konnte aber ebenfalls Treppen laufen, vom Tisch springen usw.

In jedem Falle sind also die dauernden Störungen nach Hinterwurzeldurchschneidung am oberen Cervicalmark außerordentlich gering und werden weitgehend kompensiert.

Nunmehr können die Störungen besprochen werden, welche bei drei Katzen (Labach, Achmed und Belial) nach zweizeitiger Entfernung beider Labyrinthe auftraten. Labach wurde danach über 10 Monate, Achmed 4 Monate, Belial 5 Wochen beobachtet. Die Störungen in den ersten Tagen nach der Entfernung des zweiten Labyrinthes waren nicht wesentlich von denen verschieden, welche bei Normalkatzen nach zweizeitiger Labyrinthexstirpation gefunden werden.

Längere Zeit nach der Operation unterscheiden sich jedoch die labyrinthlosen Katzen ohne Halsreflexe von den Kontrolltieren. Es wird bei ihnen nach Abklingen der ersten stürmischen Erscheinungen nämlich deutlich, daß bei ihnen jeder Einfluß der Kopfstellung auf den Gliedertonus fehlt (nur der Vertebra-prominens-Reflex ist bei ihnen noch vorhanden). Daher ist, besonders wenn sie aus irgendeinem Grunde unruhig werden, eine sehr deutliche Ungeschicklichkeit wahrzunehmen. Während bei den normalen zweizeitig labyrinthexstirpierten Katzen die häufigen Kopfbewegungen stets von den zugehörigen Tonusänderungen der Extremitäten gefolgt wurden, war das bei den Tieren ohne Halsreflexe keineswegs der Fall. Selbst die exzessivsten Kopfbewegungen, die stets eintraten, wenn die Tiere in eine ungewohnte Lage (z. B. auf eine Treppenstufe) gebracht wurden, hatten nicht die entsprechenden Änderungen der Gliederstellung zur Folge. Besonders Labach saß dann mit maximal gehobenem und stark gedrehtem Kopf, während die Vorderbeine gebeugt blieben. Eine derartige Stellung sieht man bei normalen Katzen nie. Wie sich aus den vorhergehenden Schilderungen ergibt, ist der Einfluß der Kopfstellung auf den Gliedertonus nach Entfernung beider Labyrinthe bei den Normalkatzen stets sehr deutlich nachzuweisen; hier funktionieren die Halsreflexe besonders deutlich. Andererseits wird nach Ausschaltung der Halsreflexe der Ausfall nach einiger Zeit mehr oder weniger vollständig durch die Labyrinthe kompensiert. Sobald aber sowohl die oberen cervicalen Hinterwurzeln als auch beide Labyrinthe entfernt sind, fehlt dauernd jeder direkte Einfluß der Kopfstellung auf den Gliedertonus. Das läßt sich, wie oben geschildert, am besten beobachten, wenn man die Tiere durch vorgehaltenes Fleisch zu Heben und Senken des Kopfes veranlaßt. Dann reagieren die Vorderbeine nicht mit, sie bleiben bei gehobenem Kopfe gebeugt (Abb. 167) oder bei gesenktem Kopfe gestreckt, trotzdem die Tiere sehr gut ihre Extremitäten beugen und strecken können. Manchmal wird dann erst der Kopf gehoben und die Vorderbeine bleiben gebeugt. Einige Zeit danach werden dann, ohne daß sich die Stellung des Kopfes ändert, die Vorderbeine gestreckt, so daß das Tier mit der Schnauze das Fleisch packen kann. Auch bei der Prüfung des Extremitätentonus bei Kopfdrehen in Rückenlage fehlen die entsprechenden Tonusänderungen der Glieder.

Es war nun sehr interessant zu beobachten, daß die Tiere trotz dieser dauernden Störung vorzüglich s t e h e n, s i t z e n u n d l a u f e n k o n n t e n. Hierdurch wird die überragende Bedeutung der nicht-labyrinthären Stellreflexe deutlich. Den Tieren fehlen alle Labyrinth-reflexe, ferner die tonischen Halsreflexe auf die Glieder und die Hals-stellreflexe. Sie haben aber noch die Körperstellreflexe auf Kopf und Körper und die optischen Stellreflexe. D i e s e g e n ü g e n, u m S t e h e n u n d L a u f e n m ö g l i c h z u m a c h e n. Leider waren zur Zeit der da-maligen Versuche (1913) die einzelnen Stellreflexe noch nicht bekannt, und es konnte daher nicht festgestellt werden, welcher A n t e i l den beiden Gruppen von Körperstellreflexen und den optischen Stell-reflexen an der Gesamtfunktion zukommt.

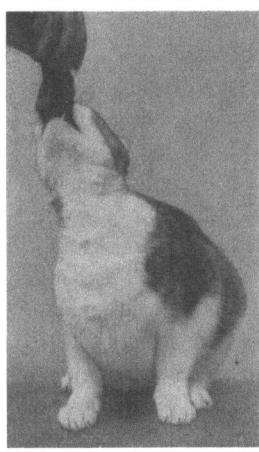

Daß sie aber z u s a m m e n ein großes Maß von Stellungsleistung zustande bringen, steht fest. Interessant ist ferner, daß trotz des Fehlens der Halsstellreflexe das Zusammen-arbeiten von Kopf und Körper doch schließ-lich immer noch so gut möglich ist.

Auch bei schwierigen Leistungen (Springen, Treppensteigen) bleiben diese Tiere nicht wesentlich hinter den normalen labyrinthlosen Tieren zurück. Wie die Normaltiere müssen sie nach der Entfernung beider Labyrinthe erst alle komplizierteren Bewegungen wieder neu erlernen. Dabei verhalten sich die einzelnen Katzen natürlich nicht ganz gleich. So konnte Labach bis zuletzt nicht die Treppe herauf- und herunterlaufen, nur gelegentlich lief sie zögernd eine Stufe herunter. Dagegen konnte diese Katze 2 m w e i t d u r c h d i e L u f t v o m T i s c h i n d e n o f f e n e n K ä f i g springen (weiter als irgendeine der von uns beobach-teten labyrinthlosen Normalkatzen). Achmed

Abb. 167. „Labach." Auf-nahme am 21. April 1913, 10 Wochen nach der Ex-stirpation des zweiten La-byrinthes. Die Vorderbeine bleiben bei starkem Kopf-heben gebeugt.

sprang schlechter durch die Luft, konnte aber sehr gut Treppen laufen. Jedenfalls ist sicher, daß, wiewohl die Tiere ohne Hals- und Labyrinth-reflexe sich weniger elegant und geschmeidig bewegten, sie doch ungefähr dieselben komplizierten Bewegungen lernen konnten wie die labyrinth-losen Normalkatzen.

Nur e i n e Ausnahme gibt es in dieser Beziehung. In der ersten Zeit nach der zweiten Labyrinthexstirpation war es allen untersuchten Katzen unmöglich, frei auf den Hinterbeinen zu stehen. Es wurde ver-sucht, auch dieses den Tieren wieder beizubringen. Dabei stellte sich heraus, daß die Katzen mit intakten Halsreflexen dieses schließlich wieder gut lernten, die Katzen ohne Halsreflexe dagegen nicht. Die ersteren (mit Halsreflexen) richteten sich anfangs nur auf den gebeugten Hinterbeinen auf, wenn ihnen Fleisch hoch in der Luft über den Kopf gehalten wurde. Später gelang es ihnen, die Hinterbeine dabei vollständig zu strecken. Eines unserer Tiere konnte sogar trotz des Fehlens beider Labyrinthe frei auf den Hinterbeinen tanzen. Das Aufrichten auf gebeugten Hinterbeinen konnten Labach und Achmed (ohne Halsreflexe) schließlich auch fertigbringen. Ebenso konnten sie auf den gestreckten Hinterbeinen stehen, wenn sie sich mit den Vorderbeinen an einer Wand stützen konnten, aber niemals gelang es diesen Tieren, sich frei auf den gestreckten Hinterbeinen aufzurichten. Besonders deutlich trat dieser Unterschied im Verhalten der Tiere hervor, wenn sie im Hans Meyerschen Stoffwechselkäfig saßen und ein Stück Fleisch in der Mitte des Gitterdaches befestigt wurde. Das Dach war so hoch, daß eine Katze das Fleisch nur erreichen konnte, wenn sie sich in der Mitte des Käfigs frei auf den gestreckten Hinterbeinen aufrichtete. Den labyrinthlosen Normalkatzen gelang dieses, nachdem sie es einige Tage geübt hatten, stets sofort, so daß sie in wenigen Sekunden im Besitz des Fleisches waren. „Labach" und „Achmed" dagegen konnten auch nach monatelanger Übung das Fleisch nicht in dieser Weise erreichen. Sie lernten schließlich in einer anderen Weise vorzugehen. Sie kletterten mit den Vorderpforten an der Seitenwand des Käfigs in die Höhe und standen dann auf gestreckten Hinterbeinen, indem sie sich mit den Vorderbeinen an der Seitenwand stützten. Dann suchten sie mit den Augen die Richtung, in der das Fleisch hing, und ließen sich dann einfach in diese Richtung fallen. Dabei schlugen sie mit den Vorderbeinen durch die Luft. Gewöhnlich gelang es ihnen zunächst nicht, das Fleisch dabei zu treffen und herunterzuschlagen, aber sie versuchten es immer wieder, bis es ihnen auf diese Weise oft nach mehr als viertelstündiger Anstrengung gelang, sich in den Besitz des Bissens zu setzen. Dieses Unvermögen, auf den Hinterbeinen zu stehen, steht im Einklang mit der Beobachtung, daß Durchschneidung der cervicalen Hinterwurzeln schon für sich allein knickebeiniges Stehen und Laufen auf den Hinterbeinen bedingt.

Entsprechend dem, was oben über den allgemeinen Muskeltonus nach doppelseitiger Labyrinthexstirpation gesagt wurde, erleiden nun aber die Tiere, auch wenn außerdem die obersten cervicalen Hinterwurzeln durchtrennt sind, keinen allgemeinen Tonusverlust der Körpermuskulatur. Im Gegenteil, sie führen ihre Bewegungen mit großer Kraft aus, und schon die Tatsache, daß eines unserer Tiere 2 m weit sprang, wobei es sich allein mit den Hinterbeinen den Schwung gab, zeigt, daß große Kraftleistungen möglich sind. Auch bei Belastung war eine Schwäche der Beine, des Rückens und des Nackens nicht zu spüren. Daß die Streckmuskalutur der Beine zu großen Kraftleistungen befähigt war, ließ sich jederzeit dadurch demonstrieren, daß man den Rücken kraute; geschah das zwischen den Schulterblättern, so erfolgte eine starke tonische Streckung der Vorderbeine, geschah es in der Beckengegend, so streckten sich die Hinterbeine. Man konnte dann kräftig auf den Rücken drücken, ohne einen geringeren Widerstand als bei Normalkatzen zu fühlen. Daß auch die Enthirnungsstarre nach dem Decerebrieren in sehr kräftiger Weise bei den Katzen ohne Halsreflexe und ohne Labyrinthe eintriat, wird unten gezeigt werden.

Katzen, denen die oberen ceryicalen Hinterwurzeln durchtrennt und außerdem beide Labyrinthe exstirpiert sind, zeigen erstens dieselben Erscheinungen wie sie auch normale Katzen nach doppeltem Labyrinthverlust haben. Außerdem führen sie ihre Bewegungen mit geringerer Eleganz aus als labyrirthlose Normalkatzen und können sich nicht frei auf den Hinterbeinen aufstellen. Die direkte Abhängigkeit des Tonus der Gliedermuskeln von der Kopfstellung ist bei ihnen (abgesehen vom Vertebra-prominens-Reflex) vollständig und dauernd aufgehoben. Trotzdem können sie eine ganze Reihe auch komplizierterer Bewegungen (Weitspringen, Treppenlaufen usw.) ausführen. Hierzu verfügen sie allein über die Körperstellreflexe auf Kopf und Körper und die optischen Stellreflexe, während die Halsstellreflexe ebenfalls fehlen. Von einem allgemeinen Tonusverlust der Körpermuskulatur ist bei ihnen nichts nachzuweisen.

Die Versuchsreihe wurde bei drei Tieren (Labach, Achmed, Schwarzweiße) dadurch zum Abschluß gebracht, daß sie decerebriert wurden, um zu kontrollieren, ob wirklich durch die Labyrinth- und Hinterwurzeloperationen die tonischen Reflexe, welche sich durch Änderung der Kopfstellung auf den Gliedertonus auslösen lassen, vollständig beseitigt waren. Bei allen entwickelte sich eine vorzügliche Enthirnungsstarre. Bei allen war der Vertebra-prominens-Reflex in deutlichster Weise vorhanden: durch Druck auf die Wirbelsäule an der Grenze von Hals- und Brustteil erfolgte starke Abnahme des Strecktonus der Vorderbeine. Damit ist bewiesen, daß sich bei den Tieren der Gliedertonus reflektorisch beeinflussen ließ von Stellen, welche außerhalb des Bereiches der Hinterwurzeloperation agen.

Nunmehr wurde in Fußstellung, Seiten- und Rückenlage der Einfluß von Heben, Senken, Drehen und Wenden des Kopfes auf den Strecktonus der Vorderbeine untersucht. Dieses wurde im Laufe der nächsten Stunden mehrfach wiederholt. Das Ergebnis war folgendes:

Bei Labach war bei der Prüfung in Fußstellung, Rückenlage, rechter und linker Seitenlage sowie in Härgelage mit dem Kopfe nach unten weder durch Heben und Senken, noch durch Drehen und Wenden des

Kopfes der geringste Einfluß auf den Strecktonus der Vorderbeine auszuüben, trotzdem das Tier eine vorzüglich entwickelte Starre hatte und
beim Vertebra-prominens-Reflex eine prompte Reaktion der Vorderbeine erfolgte. Das Tier wurde im Laufe von 4 Stunden nach der Operation dreimal genau untersucht, stets mit demselben Ergebnis. Da die
Reflexe am decerebrierten Tiere mit großer Sicherheit und Deutlichkeit
einzutreten pflegen, läßt sich behaupten, daß bei Labach nicht die
geringste Spur eines Einflusses der Kopfstellung auf den Gliedertonus
mehr vorhanden war.

In demselben Sinne verlief die Prüfung bei Achmed und der Schwarzweißen. In den verschiedenen Körperlagen war durch Heben, Senken
und Wenden des Kopfes keine Reaktion der Vorderbeine auszulösen.
Auch Kopfdrehen war in den meisten Lagen wirkungslos. Nur in Seitenlage war eine unsichere minimale Grenzreaktion (Halsreflex), und zwar
nur bei einem Teil der Prüfungen, festzustellen. Während des Versuches
war nicht mit Sicherheit zu entscheiden, ob noch eine geringe Spur
von Halsreflex vorhanden war oder nicht. Bei der Sektion fand sich bei
Achmed an der rechten Hinterwurzel von C 2, bei der Schwarzweißen
an der rechten Hinterwurzel von C 3 je ein dünnes, leicht zerreißliches
Fädchen; es wäre möglich, daß diese für die genannte zweifelhafte Reaktion verantwortlich zu machen sind. Bei der Sektion von Labach
fanden sich dagegen keine undurchtrennten Hinterwurzelfäden.

Die Enthirnungsstarre war, wie erwähnt, bei allen 3 Tieren besonders kräftig. Abb. 168 zeigt, daß Labach, dem das Rückenmark
am 12. Brustwirbel nach dem Decerebrieren durchtrennt war, sehr gut
auf seinen Vorderbeinen „steht" und sein Körpergewicht trägt.

Auch der Kopf wird frei gehalten, so daß also auch der Tonus der
Nackenmuskeln ein vorzüglicher ist. Letzteres ist um so bemerkens-
werter, als ja nicht nur die Labyrinthe entfernt, sondern auch die
eigenen proprioceptiven afferenten Nerven für die Nackenmuskeln
durchtrennt sind. Auch bei Prüfung durch Druck mit der Hand konnte
man sich von dem kräftigen Tonus der Nackenmuskeln überzeugen.
Es ist das wieder ein Hinweis darauf, daß der Tonus eines Muskels auch
von anderen Körperstellen aus als von dem zugehörigen Körperteile
selber unterhalten werden kann, auch dann, wenn die Labyrinthe
fehlen.

In der Beschreibung dieser Versuche ist auf Grund der bisherigen
Ergebnisse angenommen, daß die Kompensation des Ausfalles der
Labyrinth- und Halsreflexe bei Stehen und Laufen durch die Körper-
stellreflexe und die optischen Stellreflexe erfolgt. Erstere haben ihren
Sitz im Mittelhirn, letztere in der Großhirnrinde. Es ist natürlich nicht
ausgeschlossen, daß auch andere Teile der Großhirnrinde (motorische

Zone?) dabei mitwirken. Doch haben wir bisher hierfür keine Beweise. Man wird aber auf Grund der Beobachtungen an labyrinthlosen Thalamustieren annehmen müssen, daß den genannten Stellreflexen die Hauptrolle bei der Kompensation zukommt.

Zum Schluß sei als Beleg das abgekürzte Protokoll des am längsten (im ganzen 1¹/₂ Jahre) beobachteten Tieres gegeben.

„Labach." 8. Juli 1912. Meltzer-Narkose mit Äther. Durchschneidung der Hinterwurzeln von C. 2 beiderseits außerhalb des Wirbelkanals, von C. 3 und C. 1 beiderseits intradural. Dauer der Operation 50 Min. Unmittelbar nach der Operation ist der Patellarreflex auszulösen.

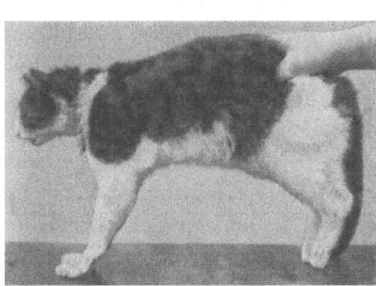

Abb. 168. „Labach." 8. Juli 1912. Durchschneidung der drei obersten cervicalen Hinterwurzelpaare. 27. Januar 1913. Rechtsseitige Labyrinthexstirpation. 10. Februar 1913. Linksseitige Labyrinthexstirpation. 22. Dezember 1913. Decerebriert. Durchschneidung des Rückenmarks am 11. Brustwirbel. Infolgedessen ist der Hinterkörper des Tieres an der Enthirnungsstarre nicht beteiligt und wird daher mit der Hand gehalten. Der Vorderkörper des Tieres steht völlig frei auf den stark gestreckten Vorderbeinen. Der Kopf wird aufrecht durch die tonisch kontrahierten Nackenmuskeln getragen.

5 Min. post operationem. Tier atmet spontan. Beugereflex der Extremitäten deutlich.

25 Min. post op. Richtet sich spontan auf den vier Beinen auf. Bewegt den Hals frei nach links und nach rechts. Hält den Kopf gesenkt, Nase am Boden.

50 Min. post op. Sitzt wie eine normale Katze im Käfig mit aufgerichtetem Kopf. Bewegt den Kopf frei nach allen Richtungen.

9. Juli 1912. Trinkt spontan. Sitzt mit gehobenem Kopfe und stark gebeugten Beinen. Richtet sich aus dieser Haltung ganz auf den Vorderbeinen auf, schwankt dabei auf den Hinterbeinen. Läuft gut, aber mit gebeugten Hinterbeinen (knickebeinig). Der Hinterkörper schwankt beim Gehen. Vorderbeine gut koordiniert. keine Ataxie des Halses. Abnorme Stellungen eines Hinterbeines werden nicht sofort korrigiert. Tier läuft über eine 5 cm hohe Schwelle ohne Störungen. Trinkt spontan Milch, aber frißt nicht.

10. Juli 1912. Sitzt mit aufgerichtetem Kopf und gebeugten Hinterbeinen; auch beim Laufen sind die Hinterbeine stark gebeugt. Macht sonst einen ganz normalen Eindruck. Geht über ein 10 cm hohes Gasrohr ohne Störung. Sitzt auf dem 25 cm hohen Brett eines Tisches, mit schwankendem Hinterkörper, aber springt gut und koordiniert herunter. Später dasselbe von 50 cm hohem Tisch.

Nachmittags ist das Tier, das nach der Operation sehr ängstlich war, verschwunden.

12. Juli 1912. Tier wiedergefunden auf dem Speicher, ist also die ganze Treppe hinaufgelaufen. Sitzt normal. Läuft schnell durchs Zimmer, hinten knickebeinig.

13. Juli 1912. Springt vom Tisch 1 m hoch herab. Vorderbeine fangen hierbei das Körpergewicht gut auf, die Hinterbeine knicken aber beim Berühren des

Bodens noch ein, so daß die Flanke den Boden streift, das Tier fällt aber nicht. Trinkt spontan wenig und frißt nicht, Sondenfütterung.

15. Juli 1912. Beim Laufen schwankt noch immer der Hinterkörper etwas; frißt spontan.

17. Juli 1912. Springt von der Schulter eines stehenden Mannes.

2. August 1912. Beim Laufen sind die Hinterbeine immer noch mehr gebeugt als bei einer normalen Katze. Hinterkörper schwankt beim Laufen noch etwas. Läuft und springt sonst mit Leichtigkeit. Springt vom Boden auf ein $1/_2$ m hohes Brett. Klimmt auf ein schmales Brett. Kann sich auf den Hinterbeinen frei aufrichten.

19. September 1912. Beim Heben und Senken, beim Drehen und Wenden des Kopfes erfolgen die zugehörigen Bewegungen der Vorderbeine nicht. Das Tier kann die Vorderbeine vorzüglich strecken, aber man sieht nicht, daß dieser Streckung eine entsprechende Kopfbewegung vorangeht. Das Tier hat offenbar Jucken am Kopf, reibt mit dem Hinterkopf fortwährend am Boden, wobei der Kopf maximal gedreht und gewendet wird, ohne daß entsprechende Bewegungen der Vorderbeine folgen.

Nach hochgehaltenem Fleisch richtet sie sich frei auf den Hinterbeinen auf, wobei die gebeugten Vorderbeine in die Luft gehoben werden. Springt vom Tisch durch die Luft in den Käfig (1 m weit), springt dabei mit den Hinterbeinen vom Tisch ab.

30. September 1912. Beim Heben des Kopfes auf vorgehaltenes Fleisch bleiben die Vorderbeine gebeugt; aber als das Fleisch noch höher gehalten wird, richtet sich das Tier auf den Hinterbeinen auf, hält aber die Vorderbeine gebeugt („Känguruhstellung"). Richtet sich ganz auf den gestreckten Hinterbeinen auf.

19. Oktober 1912. Tier hat sich seit einigen Wochen an beiden Seiten des Hinterkopfes die Haut ganz wund gekratzt[1]). Am Kopfe ist diese Wunde jetzt größtenteils geheilt. Aber an der rechten Seite des Halses befindet sich noch eine große Wundfläche und eine kleinere links dorsal am Halse. Tier kratzt sich noch fortwährend am Kopfe und am Halse. Beim Kriechen unter einen Schrank zeigt sie deutlichen Vertebra-prominens-Reflex. Keine Reaktion der Vorderbeine auf Heben und Senken des Kopfes. Beim Nach-oben-Sehen nimmt das Tier häufig Känguruhstellung ein.

15. Januar 1913. Beim Vergleiche mit einer normalen Katze ergibt sich, daß **bei Heben und Senken des Kopfes die zugehörige Streckung und Beugung der Vorderbeine schwächer und weniger prompt stattfindet**; doch scheint sie nicht ganz abwesend zu sein. Letzteres ist schwer mit Sicherheit zu entscheiden. Tier kann sich ganz frei auf den maximal gestreckten Hinterbeinen aufstellen.

26. Januar 1913. Beim Heben und Senken des Kopfes werden die Vorderbeine zweifellos gestreckt und gebeugt, aber die Reaktion scheint wie am 15. Januar schwächer und weniger prompt zu erfolgen als bei der normalen Katze.

27. Januar 1913. Rechtsseitige Labyrinthexstirpation (de Kleyn). Bogengänge und Porus acusticus internus freigelegt.

Kurz nach der Operation: Deutlich Nystagmus nach links. Bei Hängelage (Kopf unten): Thorax 20°, obere Thoraxapertur 30°, Kopf 90° gegen das Becken gedreht und 20° gewendet. Linkes Vorderbein etwas stärker gestreckt als rechtes.

28. Januar 1913. Nystagmus nach links. Geringe Augendeviation nach rechts. Beim Sitzen keine deutliche Abduction der linken Beine. Kein Kopf-

---

[1]) Hyperästhesien und Parästhesien infolge der cervicalen Hinterwurzeldurchschneidung. S. Arbeit *16*, S. 184.

pendeln. Läuft breitbeinig, ohne zu fallen, durch das Zimmer, kann geradeaus laufen und auch nach rechts und nach links. Stolpert einmal nach rechts,
ohne zu fallen. Kann den Kopf nach beiden Seiten wenden. Springt vom Tisch
in den Käfig ($^1/_2$ m weit), im Käfig schwankt sie etwas, aber fällt nicht. Springt
vom Tisch herunter, kommt breitbeinig und schwankend auf den Boden, aber
fällt nicht.

Beim Versuch zu trinken und auf vorgehaltenes Fleisch kein Schwanken des
Kopfes und Körpers. Beim Sitzen hängt der Thorax etwas nach rechts über.
Verschiebbarkeit nach rechts größer als nach links.

31. Januar 1913. Sitzt ruhig im Käfig. Kopf 30—45° nach rechts gedreht.
Nystagmus nach links nicht mehr konstant vorhanden. Springt vom Tisch in
den Käfig mehr als 1 m weit. Läuft noch breitbeinig und schwankend, stolpert
dabei einige Male nach rechts.

Hängelage (Kopf unten): Thorax 45°, Kopf 90° gedreht und wechselnd gewendet. Beim Geradesetzen des Kopfes ändert sich die Drehung des Thorax
absolut nicht. Rückenlage bei geradegesetztem Kopfe: Tonus des rechten
Vorderbeines etwas geringer als des linken; hinten ist der Tonus beiderseits gleich.
Drehen des Kopfes hat keinen Einfluß auf den Tonus der Vorderbeine.

1. Februar 1913. Kein Nystagmus mehr. Läuft nur noch etwas breitbeinig.
Stolpert ab und zu nach rechts, aber nur wenn Kopfschütteln vorangeht.

5. Februar 1913. Läuft kaum noch breitbeinig, schwankt nur, wenn sie den
Kopf bewegt.

7. Februar 1913. Kopf 30° nach rechts gedreht. Keine Augendeviation,
kein Nystagmus.

Hängelage (Kopf unten): Thorax 45°, Kopf 70° gedreht. Kein Unterschied im Tonus des linken und des rechten Vorderbeines. In Rückenlage bei
geradegesetztem Kopfe ist der Tonus der Vorderbeine beiderseits gleich. Drehen
des Kopfes hat keinen Einfluß auf den Tonus der Extremitäten und auf die Beckendrehung. Klettert und springt mit Sicherheit. Läuft nicht mehr breitbeinig.

10. Februar 1913. Typische linksseitige Labyrinthexstirpation. Bogengänge
und Porus gut freigelegt.

5 Stunden post op. Starkes Kopfschwanken, besonders vertikal. Augenabweichung nach links (gering, aber deutlich). Nystagmus nach rechts. Linksseitige Facialisparese. Kopf steht gerade.

Hängelage (Kopf unten): Keine Drehung von Kopf und Thorax.

Rückenlage (Kopf gerade): Kein Tonusunterschied der Vorderbeine. Sitzt
vorn und hinten breitbeinig. Beim Kopfpendeln stößt sie mit der Schnauze auf
den Boden. Auf den Boden gesetzt macht sie Uhrzeigerbewegungen nach links
und rechts; kriecht nach rückwärts durch das ganze Zimmer, Bauch vom Boden,
aber doch knickebeinig.

Nach Anbringen einer Kopfkappe (die die Augen verschließt, aber die Nasenlöcher freiläßt) hört das Kopfpendeln sofort auf und fängt nach Abnehmen der
Kappe sofort wieder an.

Etwas später. Läuft durchs ganze Zimmer, breitbeinig und knickebeinig mit
starkem Kopfpendeln, fällt aber nicht.

11. Februar 1913. Kopfpendeln geringer, aber noch deutlich. Auf Vorhalten
von Milch wird das Pendeln verstärkt, aber nicht hochgradig. Trinkt und frißt
nicht spontan. Gehacktes Fleisch in den Mund gebracht wird aber verschluckt.

12. Februar 1913. Sitzt ruhig im Käfig ohne Schwanken oder Kopfpendeln.
Kann den Kopf nach allen Seiten wenden. Keine deutliche Augendeviation mehr,
kein Nystagmus. Sitzt und läuft noch breitbeinig und knickebeinig, mit Bauch
vom Boden. Auf vorgehaltenes Fleisch noch etwas Kopfpendeln. Springt nicht

vom Stuhl. Beim Heben und Senken des Kopfes werden die Extremitäten nicht in entsprechender Weise gestreckt und gebeugt.

17. Februar 1913. Springt kopfüber vom Stuhl, kommt aber richtig mit den Pfoten auf den Boden. Läuft noch knickebeinig und etwas schwankend. Beim Laufen berührt ein größerer Teil der Hinterpfoten den Boden als bei einer normalen Katze (Bärengang). Korrigiert ohne Mühe abnorme Stellungen der Vorderbeine. Versucht vom Tisch in den Käfig zu springen (30 cm), springt zu kurz und fällt, hält sich aber an den Stäben des Käfigs mit den Vorderbeinen fest.

21. Februar 1913. Die Kratzwunden am Hals sind, nachdem die Krallen der vier Füße regelmäßig geschnitten werden, geheilt. Bei Heben und Senken des Kopfes reagieren die Vorderbeine zweifellos nicht mit. Springt vom Tisch in den Käfig ($^1/_2$ m weit).

26. Februar 1913. Beim Fressen kein Kopfschwanken mehr. Kann sich nicht auf den Hinterbeinen aufrichten.

5. März 1913. Linksseitige Facialisparese noch vorhanden. Läuft sehr viel besser, noch etwas breitbeinig hinten. Bärengang hinten kaum noch angedeutet. Heben und Senken des Kopfes und Drehen des Kopfes in Rückenlage hat keinen Einfluß auf den Tonus der Extremitäten.

7. März 1913. Läuft sehr viel besser. kaum noch Bärengang, noch etwas knickebeinig. Wagt es nicht, vom Stuhl zu springen, fällt herunter auf den Rücken.

9. April 1913. Beim Laufen durch das Zimmer häufiges Umsehen nach rechts und links. Häufig werden Zirkeltouren gemacht. Bei diesen Bewegungen des Kopfes reagieren die Extremitäten gar nicht mit. Kann 1 m weit vom Tisch in den Käfig springen, aber kann den Abstand offenbar nicht gut abschätzen und springt manchmal zu kurz oder zu weit. Sie kann sich nicht frei auf den Hinterbeinen aufrichten. Wird aber in die Mitte des Gitterdaches des (H. Meyerschen) Käfigs Fleisch gehalten, so weiß sie das nach einigen vergeblichen Versuchen doch in folgender Weise zu erlangen: erst klettert sie mit den Vorderbeinen an der Glaswand des Käfigs in die Höhe, läßt sich dann — einen Augenblick frei auf den Hinterbeinen stehend — niederfallen und versucht während des Fallens das Fleisch mit einer Vorderpfote herunterzuschlagen, was meistens nach einigen Versuchen gelingt. Kann nicht die Treppe herunterlaufen. Auf die Treppe gesetzt, nimmt sie oft eine besonders charakteristische Stellung ein. Sie sitzt dann manchmal mit maximal gehobenem Kopfe, wobei die Vorderbeine ganz gebeugt bleiben, in einer Weise, wie man das bei einer normalen Katze niemals sieht.

21. April 1913. Photographie dieser abnormen Stellung (Abb. 167, S. 432).

23. April 1913. Läuft sehr viel besser, schnell und sicher, etwas breitbeinig.

26. April 1913. Stereoskopische Aufnahme: Kopf stark gehoben nach Fleisch, ohne entsprechende Streckung der Vorderbeine.

13. Mai 1913. Springt $1^1/_2$ m weit vom Tisch in den Käfig. Springt dabei zu weit. Linker Facialis noch immer paretisch. Auf die Treppe gesetzt, wagt oder kann sie nicht herauf oder herunterlaufen, aber sie holt sich ein Stück Fleisch, welches eine Stufe niedriger liegt. Wird sie auf einen Stuhl gesetzt, so fängt sie an sich zu drehen und zu tanzen und fällt dann kopfüber herunter.

7. Juni 1913. Beim Laufen sieht sie sich immer noch nach rechts und links um, sonst Störungen kaum noch sichtbar.

25. Juni 1913. Auf Fleisch stellt sie sich einen Augenblick auf den gebeugten Hinterbeinen auf.

Von diesem Stadium an ändert sich der Zustand relativ wenig.

18. Dezember 1913 (4 Tage bevor sie getötet wurde). Sitzt gelegentlich in der beschriebenen abnormen Stellung (Abb. 167), ebenso steht sie manchmal mit gehobenem Kopf und gebeugten Vorderbeinen. Mehrmals wurde beobachtet,

daß bei Heben des Kopfes die Vorderbeine unverändert bleiben; kann die Vorderbeine vorzüglich willkürlich strecken und beugen. Manchmal koinzidieren Streckungen der Vorderbeine mit Heburgen des Kopfes und Beugungen der Vorderbeine mit Senkungen des Kopfes; doch erfolgt die Reaktion niemals so prompt, wie bei einer normalen Katze, und in zwei Tempi (Großhirnreaktion?). Bei Reiben des Rückens zwischen den Schulterblättern streckt sie tonisch die Vorderbeine und bei Reiben des Rückens hinten die Hinterbeine. Von einem allgemeinen Tonusverlust der Körpermuskulatur ist jedenfalls nichts zu sehen. Kann nicht vom Stuhl springen. Fällt kopfüber herunter. Auf den Boden gesetzt, läuft sie normal, aber sieht sich fortwährend nach rechts und nach links um. Holt sich in der beschriebenen Weise Fleisch vom Gitterdach des Käfigs. Auf das Gitterdach des Käfigs gesetzt, balanciert sie sich ziemlich gut, aber nicht so gut wie eine normale Katze, tritt niemals mit den Pfoten zwischen die Stäbe, gleitet schließlich mit den Vorderbeinen längs der Seitenwand des Käfigs nach unten, wobei sie sich mit den Hinterbeinen festhält, läßt sich dann los und fällt mit dem Rücken auf den Boden.

22. Dezember 1913. Äther-Chloroform-Narkose, Tracheotomie. Carotiden abgebunden, Vagi durchschnitten. Freilegnng des Rückenmarkes am 11. Brustwirbel. Decerebrieren unter temporärem Abklemmen der Art. vertebrales. Das ganze Gehirn vor den Vierhügeln ausgeräumt. Sofort Spontanatmung mit beginnender Starre.

11 Uhr 45 Min.: Operation vollendet.

11 Uhr 55 Min.: Starke Starre der Vorderbeine, Ohrreflex schwach. Patellarreflex vorhanden.

12 Uhr: Vorzügliche Starre der Vorderbeine, nicht der Hinterbeine. Beugereflex hinten. Tier steht frei auf den Vorderbeinen, wenn der Hinterkörper gehalten wird. Hebt den Kopf frei. Photographie dieser Stellung (Abb. 168).

Untersuchung in

| Fußstellung: | Heben und Senken des Kopfes | ohne Einfluß auf den Tonus der Vorderbeine |
| | Drehen des Kopfes | |

Vertebra-prominens-Reflex schwach positiv.

Rechter Seitenlage:	Kopfdrehen	keine Reaktion der Vorderbeine.
	Heben und Senken	
	Wenden	

Vertebra-prominens-Reflex schwach vorhanden.

Linker Seitenlage:	Kopfdrehen	keine Reaktion.
	Heben und Senken	
	Wenden	

Vertebra-prominens-Reflex deutlich.

Rückenlage:	Kopfdrehen	keine Reaktion.
	Heben und Senken	
	Wenden	

Eine wiederholte Untersuchung um 2 Uhr 10 Min. und um 3 Uhr 35 Min. ergab genau dasselbe Resultat; nur konnte jetzt der Vertebra-prominens-Reflex in allen Stellungen tadellos ausgelöst werden.

Tier getötet.

Sektion: Zentralnervensystem vollkommen reizlos. Vorderwurzeln C. 1 und C. 3 stehen noch. Vorderwurzeln C. 2 fraglich. Hinterwurzeln C. 1 und C. 2 sind durchschnitten. Hinterwurzeln C. 3 wegen Verwachsungen nicht zu entscheiden. Beide Labyrinthe sind ganz ausgeräumt.

Folgen der doppelseitigen Labyrinthexstirpation beim Affen (59).

Bei zwei Affen wurde 22 bzw. 38 Tage nach der Entfernung des linken, die Exstirpation des rechten Labyrinthes von de Kleyn vorgenommen. Das eine Tier wurde am folgenden Morgen tot gefunden, das andere konnte dagegen über 2 Monate beobachtet werden, worauf dann der Versuch durch Großhirnexstirpation (Thalamusaffe) beendet wurde.

Die Ergebnisse sind grundsätzlich die gleichen, wie bei den Katzen, nur wurde beim Affen das Verhalten der Stellreflexe bei intakter Großhirntätigkeit gründlich untersucht, während diese Reflexe bei der labyrinthlosen Katze bisher nur nach Großhirnexstirpation analysiert worden sind. Ein Teil der Beobachtungen ist bereits an früheren Stellen dieses Buches bei Besprechung der einzelnen Reflexe erwähnt, doch ist eine kurze Übersicht über das Gesamtergebnis nicht überflüssig.

Da die Entfernung des rechten Labyrinthes längere Zeit nach der des linken erfolgte, trat die Bechterewkompensation in Erscheinung: Eine wenige Tage dauernde Kopfwendung und horizontale Augendeviation nach rechts mit Nystagmus nach links und vorübergehende Erschlaffung der rechten Extremitäten. Das Tier, das nur am Tage der Operation beobachtet werden konnte, zeigte Kopfschwanken, fiel, wenn es auf den Boden gesetzt wurde, hin, konnte danach wieder aufsitzen, kroch breitbeinig, wobei der Körper nach rechts überhing. Beim Laufen strauchelte es und fiel nach rechts, um dann wieder aufzusitzen, es lehnte sich dann mit der rechten Körperseite gegen die Wand, zeigte Neigung zum Rückwärtskriechen. Bei dem anderen Tiere ließ sich das Allgemeinverhalten 2 Monate lang gut beobachten. Am Tage der Operation saß es breitbeinig, schwankend, rollte zweimal, am Nachmittage war es bereits imstande, Brot mit der Hand zu greifen und zu essen. Es trank unter Kopfschwanken, fiel beim Springen hin, zeigte Uhrzeigerbewegungen nach rechts, und strauchelte am Nachmittag beim Laufen nach rechts. Dagegen war es imstande, am Gitterdach des Käfigs ruhig und sicher zu hängen. Am folgenden Tage sitzt es schwankend, unter lebhaftem Umsehen nach rechts und links, kriecht rückwärts, zeigt Uhrzeigerbewegungen nach rechts, sitzt breitbeinig mit den Vorder- und Hinterbeinen, klettert noch ungeschickt, aber ohne zu fallen. Auf dem Gitterdach des Käfigs sitzend, schwankt es noch stark. Schon an diesem Tage kann man die starke Entwicklung der optischen Reflexe erkennen, das Tier benutzt seine Augen, um sich zu orientieren und aufrecht zu erhalten. Auch die Körperstellreflexe auf den Körper spielen zweifellos eine sehr große Rolle. Nach 5 Tagen ist der Affe bereits imstande, geschickt am Gitterdach des Käfigs zu klettern und, an dem Dach hängend, hin und her zu schaukeln, wobei

der Kopf in allen möglichen Lagen steht. Beim Springen strauchelt das
Tier noch. Einmal fällt es vom Gitterdach des Käfigs 2 m herunter,
kommt dabei nicht mit den Pfoten auf die Erde, sondern mit dem
Kopf, wobei der Schädel hart auf dem Grunde aufschlägt. Am sechsten
Tage klettert das Tier noch etwas ungeschickt und fällt mit einem
Knall vom Dache herunter, läuft breitbeinig mit dem Bauch am Boden
kriechend. Nach 19 Tagen ist das Klettervermögen sehr viel besser
geworden, dagegen ist das Tier auf dem Boden noch immer wenig ge-
schickt, fällt nach rechts und einmal sogar hintenüber auf den Rücken.
Beim Fallen vom Dache kommt es auf die eine Seite.

In der Folge wird nun immer deutlicher, daß das Klettern dem
Tiere sehr viel leichter wird als das Laufen auf dem Boden.
Nach einem Monat klettert es vom Boden auf das Dach und springt
auch auf ein hochstehendes Brett ohne zu straucheln, dagegen wird
es ungeschickt, sobald es aufgeregt wird, und springt vom Tisch auf den
Boden, wobei es mit hörbarem Knall auf den Kopf fällt. Nach 36 Tagen
ist es imstande, 50 cm durch die Luft vom Dach des einen Käfigs zum
anderen zu springen, ohne zu fallen. Auf dem Boden läuft es noch
manchmal rückwärts, beim Springen fällt es einmal auf den Bauch.
Auf dem Gitterdach des Käfigs ist es sehr viel sicherer, weil es sich
hier mit den vier Händen festhält. Vom Dache fällt es, als es gejagt wird,
auf den Rücken, später einmal auch auf den Kopf. Nach 50 Tagen
läuft es schnell, aber breitbeinig, durch das Zimmer, immer noch etwas
schwankend, springt 40 cm weit von Dach zu Dach, fällt dabei zweimal,
weiß sich dabei immer noch festzuhalten. Beim Sitzen sieht es sich
lebhaft nach beiden Seiten um, so daß es sich fortwährend optische
Eindrücke verschafft. Nach 58 Tagen fällt es beim Springen vom Tisch
immer noch auf die Seite, läuft auf dem Boden mit den Vorderbeinen
noch breitbeinig; als es vom Boden auf das Dach des Käfigs klettert,
rutscht es, aber ohne zu fallen, und hält sich danach oben am Dache
mit den vier Händen sorgfältig fest.

Es ist dem Tiere also in dieser Zeit möglich geworden, wieder sehr
ausgiebige Bewegungsfähigkeit zu bekommen. Selbst das Springen
geht wieder, wenn der Affe vor dem Sprunge sich sorgfältig optisch
orientiert. Das geschieht in der Weise, daß er vor einem Sprunge genau
mit den Augen die Entfernung und die Richtung abschätzt, und dann
die Bewegung ausführt, was ihm nach längerer Übung auch mit ziemlich
großer Sicherheit gelingt. Dagegen ist das Tier nicht imstande, sich
im Raume zu orientieren, wenn plötzlich eine unerwartete Bewegung
durch die Luft ausgeführt wird, wie z. B. beim freien Falle eintritt.
Für optische Orientierung bleibt dann keine Zeit. Das Tier fällt, da
ihm die Labyrinthstellreflexe auf den Kopf und infolgedessen auch der
anschließende Halsreflex fehlen, in beliebigen Stellungen nach unten

und kann sich in der Luft nicht richtig umdrehen. Außerdem fehlt
ihm auch der Reflex der Sprungbereitschaft, wodurch, wenn der Körper
zufällig einmal in der richtigen Lage auf dem Boden ankommen sollte,
das Gewicht abgefangen werden kann. Infolgedessen schlägt das Tier
wie eine tote Masse mit dem Kopf oder dem Körper auf dem Boden auf.
Beim Klettern ist er außerordentlich geschickt, wenn er auch gelegentlich
einmal strauchelt oder abgleitet. Auf dem Boden dagegen ist die Bewegungsstörung immer noch deutlicher zu sehen als beim Klettern.
Schwanken ist hier bis zum Schlusse vorhanden gewesen.

Bei den wiederholten Beobachtungen fiel es auf, daß der labyrinthlose Affe über eine sehr große Muskelkraft verfügte und
sich mit großer Energie aus den Händen des Experimentators zu befreien wußte. Er war imstande, sehr weite Sprünge auszuführen, und
zeigte sehr starken Widerstand in den Armen und Beinen. Nur die von
den Labyrinthen abhängigen Änderungen des Tonus blieben aus. Es
kann also wie bei der Katze so auch für den Affen die Meinung, daß nach
doppelseitigem Labyrinthverlust eine dauernde allgemeine Schlaffheit
der Muskulatur eintritt, ruhig in das Gebiet der Fabel verwiesen werden.

An dem gleichen Tiere wurde 13 und 48 Tage nach der Exstirpation
des zweiten Labyrinthes der Verschluß der Augen vorgenommen.
Hierdurch wurden die Bewegungsstörungen sehr viel deutlicher. Das
Tier war auch sehr viel vorsichtiger und hing am liebsten regungslos
am Gitterdach des Käfigs in Rückenlage, wobei sich der Kopf in Rückenlage befand. Auf dem Boden zeigte er ein breitbeiniges tastendes Laufen
mit Manegebewegungen, die durch Kopfdrehen eingeleitet wurden.
Wenn er bei diesem Laufen mit der Schnauze an einen Widerstand
stieß, dann kroch er rückwärts. Weitere Beobachtungen beim freien
Laufen und Klettern wurden nicht vorgenommen, weil ich fürchtete,
daß das Tier sich dabei verletzen würde.

Affen mit intakten Labyrinthen, denen die Augen verschlossen
wurden, zeigten nur sehr geringe Störungen; sie liefen lebhaft durch das
Zimmer und stießen überall an; sobald sie an einen senkrecht stehenden
Gegenstand kamen, kletterten sie mit großer Geschicklichkeit in die
Höhe, ohne dabei zu fallen.

Die große Bedeutung der optischen Stellreflexe beim Affen wurde
schon auf S. 267 geschildert. Der Kopf wird zu den gesehenen Gegenständen optisch orientiert und hieran schließen sich dann die zugehörigen
Stellungsänderungen des übrigen Körpers an. Das läßt sich besonders
schön bei Untersuchung labyrinthloser Affen frei in der Luft beobachten,
wobei die Körperstellreflexe nicht mitwirken können. Die Reaktion
dauert aber immer nur so lange, als die optische Aufmerksamkeit der
Tiere erregt ist. Hört diese auf, dann geht der Kopf in die indifferente
Ausgangslage zurück.

Die Augen werden vom Affen nicht nur benutzt, um die Körperstellung zu beeinflussen und zu korrigieren, sondern auch zur Kontrolle der Körperbewegungen. Dieses läßt sich z. B. deutlich beim
Springen labyrinthloser Affen verfolgen.

Die starke Entwicklung der optischen Einflüsse beim Affen erkennt
man auch, wenn man nach doppelseitiger Labyrinthexstirpation das
Fehlen der von den Bogengängen ausgehenden Drehreaktionen auf
Kopf und Augen demonstrieren will. Häufig sieht man dann beim
Drehen trotz des Fehlens der Labyrinthe eine Reaktion des Kopfes eintreten, meist in der umgekehrten Richtung, als der Labyrinthdreh-
reaktion entsprechen würde. Auch Augenabweichung mit Nystagmus
ist zu beobachten. Die Ursache hierfür liegt darin, daß der Affe sich
während des Drehens bemüht, bestimmte Gegenstände im Raume
fixiert zu halten und dann von Zeit zu Zeit die Augen wieder mit einer
schnellen Nystagmusbewegung in die Ausgangsstellung zurückbringt
(Eisenbahnnystagmus). Man kann dieses dadurch nachweisen, daß
man den Tieren das Fixieren unmöglich macht, z. B. indem man sich
selbst und dem Affen ein großes Tuch über den Kopf breitet wie einen
Baldachin. Dann tritt nach Labyrinthexstirpation bei Rotationen
niemals Drehung des Kopfes und der Augen mit Nystagmus ein. Auch
nach Großhirnexstirpation und in leichter Narkose fehlt diese optische
Drehreaktion.

Die Körperstellreflexe auf den Kopf treten beim Affen an Bedeutung
zurück, doch läßt sich ihr Vorhandensein beim labyrinthlosen Affen
mit verschlossenen Augen in der Weise demonstrieren, daß man das
Tier an den hinter dem Rücken gehaltenen Unterarmen packt und
in Seitenlage in der Luft hält. Dann steht auch der Kopf in Seitenlage.
Sowie man aber das Tier in dieser Lage auf den Tisch legt, geht der Kopf
gegen die Normalstellung hin (Versuch 3 Wochen und $1^1/_2$ Monate
nach der Labyrinthexstirpation).

Eine sehr viel größere Bedeutung besitzen beim Affen die Körperstellreflexe auf den Körper. Diese sind auf S. 243 bereits eingehend
beschrieben. Beim labyrinthlosen Tiere genügt leichte Berührung des
Bodens oder (beim Klettern) des Gitters, um den Körper zu richten.
Die Entwicklung dieses Reflexes läßt sich in den ersten Stunden nach
Großhirnexstirpation und beim Erwachen aus der Narkose vorzüglich
verfolgen. Bei Seitenlage des Körpers auf dem Boden gehen die Erregungen von der Rumpfseite und der Außenfläche des Oberschenkels
aus. Das Aufsitzen beginnt mit dem Hinterkörper, das eine Hinterbein
wird gestreckt, das andere gebeugt, das Becken kommt dadurch zuerst
in Normalstand, danach der Vorderkörper. Berührt das Tier bei Hängelage mit dem Kopf nach unten die Erde zuerst mit dem Scheitel, so
wird eine Hand nach vorne gestreckt. Sobald diese den Boden berührt,

erfolgt Dorsalflexion des Kopfes mit Drehung und Wendung nach der Seite des Standarmes, während der andere Arm den ersten Schritt macht.

Beim Klettern am Gitterdach des Käfigs (auch mit verschlossenen Augen) wird der Körper durch die von den vier Händen ausgehenden Erregungen genau symmetrisch zum Gitter gerichtet. Das Tier befindet sich dann in Rückenlage, bewegt sich aber sicher und fällt, wenn es nicht gejagt wird, niemals. Dieser Reflex ermöglicht auch dem normalen Affen mit erhaltenen Labyrinthen und offenen Augen das Hängen und Klettern in Rückenlage. Läßt die eine Hand los, so bewirkt der Stellreflex von der andern Hand, daß der Körper gegen die Kletterfläche hingedreht wird.

Auch die Halsstellreflexe lassen sich bei den labyrinthlosen Thalamusaffen mit großer Deutlichkeit nachweisen.

64 Tage nach der Exstirpation des zweiten Labyrinthes wurde bei dem einen Affen die Großhirnexstirpation ausgeführt. Er war darauf imstande, wenn er an ein oder beiden Händen gehalten wurde, auf den Hinterbeinen in guter Haltung zu stehen. Der Greifreflex war deutlich. Das Tier konnte an den Vorderhänden frei hängen, wobei es eine normale Körperhaltung einnahm. Der Gliedertonus war (da die Enthirnungsstarre bald nach der Operation vorüberging) normal.

Diese Beobachtungen am Affen zeigen, bis zu welchem Grade der Ausfall der Labyrinthfunktion kompensiert werden kann und wie hierbei vor allem die Körperstellreflexe, die Halsstellreflexe und die optischen Stellreflexe benutzt werden. Nicht nur beim Sitzen, sondern auch beim Springen und Klettern werden hierdurch erstaunliche Leistungen erreicht. Nur in einem Falle versagt die Regulation vollständig, das ist beim freien (nicht vom Tiere absichtlich herbeigeführten) Fall durch die Luft.

Zusammenfassung.

Aus der in diesem Abschnitt gegebenen Schilderung ergibt sich deutlich, daß das Symptomenbild, wie es sich nach doppelseitiger Labyrinthexstirpation ausbildet, nicht ohne vorherige genaue Kenntnis der Labyrinthreflexe dazu benutzt werden kann, um etwas über die normale Tätigkeit des Vestibularapparates zu erfahren. Wohl ist es bei der Untersuchung jedes einzelnen Labyrinthreflexes nötig, seine labyrinthäre Genese dadurch zu beweisen, daß man ihn durch Labyrinthausschaltung aufhebt. Aber die Leistungen eines labyrinthlosen Tieres sind bedingt durch die Tätigkeit der nichtlabyrinthären Reflexe, deren Wirksamkeit man bei derartigen Tieren isoliert untersuchen kann. Da nun nach Labyrinthverlust sowohl Haltungsreflexe

als kompensatorische Augenstellungen und Stellreflexe in gewissem
Maße erhalten bleiben, kann man den Wirkungsbereich der entsprechenden Labyrinthreflexe nicht sicher abgrenzen. Das ist für die Haltungsreflexe nur möglich, wenn man vorher die tonischen Halsreflexe (durch
Hinterwurzeldurchschneidung oder Eingipsen) aufhebt; für die kompensatorischen Augenstellungen nach Ausschaltung der tonischen Halsreflexe auf die Augen und den optischen Einstellungsmechanismus; für
die Stellreflexe nach Beseitigung der Körperstellreflexe, Halsstellreflexe
und optischen Stellreflexe. Erst wenn man unter diesen Bedingungen
die Tiere mit und ohne Labyrinthe vergleicht, erfährt man etwas
Sicheres über die Leistungsfähigkeit der letzteren.

Eigentlich gibt es nur zwei Bedingungen, unter welchen die Tiere
ausschließlich auf ihre Labyrinthe angewiesen sind. Das ist erstens
beim freien Fall durch die Luft. Bei diesem können die optischen
Stellreflexe in der Schnelligkeit nicht zur Wirkung kommen, die Körperstellreflexe fehlen, das Umdrehen in der Luft bleibt aus (Fehlen der
Labyrinthstellreflexe), die Glieder fangen das Gewicht beim Auftreffen
auf dem Boden nicht ab (Fehlen der „Sprungbereitschaft"), und infolgedessen ist auch lange Zeit nach der Operation das Tier beim Fall
noch ebenso ungeschickt als am ersten Tage und ist schmerzhaften
Stößen und unter Umständen Verletzungen beim Auftreffen auf dem
Boden ausgesetzt.

Etwas Ähnliches ist zweitens beim Baden der Fall. Zu diesen Beobachtungen eigen sich am besten Hunde. Das Wasser trägt das Gewicht
des Körpers und verhindert dadurch das Zustandekommen der Körperstellreflexe. Die optischen Stellreflexe können unter Wasser nicht zur
Geltung kommen, und wenn die Labyrinthe fehlen, ertrinkt das Tier
rettungslos. Ob es möglich ist, einen labyrinthlosen Hund allmählich
so zu dressieren, daß er allein mit Hilfe seiner optischen Stellreflexe
ruhig und sicher, ohne wie wild um sich zu schlagen, schwimmt, wäre
noch zu versuchen.

Unter allen übrigen Bedingungen stehen aber dem Tiere nach Aufhebung der Labyrinthtätigkeit alle die anderen Mechanismen zur Ver-
fügung, um den Ausfall zu ersetzen. Bis zu welchem hohen Grade dieses
gelingt, lehren die angeführten Beobachtungen an Katzen und Affen.
Dabei wird die Funktion im Laufe der Zeit allmählich immer besser.
Bei den Versuchen an Thalamuskatzen wurde deutlich, daß ein großer
Teil dieser Anpassung („lernen") subcortical geschieht, wobei besonders die Körperstellreflexe an Wirksamkeit zunahmen. Auch die
tonischen Halsreflexe auf die Glieder werden allmählich kräftiger. Ein
anderer Teil der Kompensation geschieht mit Hilfe der Großhirnrinde.
Das erkennt man erstens an der allmählichen Ausbildung der optischen
Stellreflexe, die sich besonders beim Hunde verfolgen läßt. Zweitens

werden die Tiere, wie schon Ewald beschrieben hat, wenn sie einige Male gefallen sind, besonders vorsichtig in ihren Bewegungen. Wahrscheinlich wirken auch noch andere Rindenkompensationen mit.

Sowohl in den Versuchen mit durchschnittenen cervicalen Hinterwurzeln bei Katzen, wie bei den Beobachtungen an Affen trat die große Bedeutung der Körperstellreflexe und der optischen Stellreflexe zutage. Schaltet man letztere durch Verschluß der Augen aus, so bleiben im wesentlichen nur die Körperstellreflexe über.

Schon im vorigen Kapitel wurde darauf hingewiesen, daß, je höher man in der Säugetierreihe nach oben geht, um so mehr die Labyrinthstellreflexe an Bedeutung gegenüber den anderen Stellreflexen zurücktreten. Auch in den Versuchen an doppelseitig labyrinthlosen Katzen und Affen erkennt man deutlich, wie weitgehend der Ausfall der Labyrinthe durch die Körperstellreflexe ersetzt werden kann. Dadurch wird auch verständlich, daß labyrinthlose taubstumme Menschen so verhältnismäßig geringgradige Störungen ihrer Stellung und Bewegungen zeigen (außer wenn sie unter Wasser kommen).

Die Versuche an Katzen und Affen haben übereinstimmend gelehrt, daß Fortnahme beider Labyrinthe keine dauernde Herabsetzung des Muskeltonus bedingt. Auch beim Hunde läßt sich die gleiche Feststellung machen. Sowohl die statischen Leistungen, als die Kraft der Bewegungen des Stammes und der Glieder sind nicht geringer als bei normalen Tieren. Es braucht das nicht wunderzunehmen. Wissen wir doch seit Brondgeest, daß der Muskeltonus im wesentlichen durch die afferenten Nerven aus der gleichen Körpergegend, und seit Sherrington (5), daß er hauptsächlich durch die proprioceptiven Impulse aus den betreffenden Muskeln selber unterhalten wird (34). Außerdem wirken Erregungen aus der Haut und aus den entsprechenden Bezirken der anderen Körperseite mit (Sherrington, Trendelenburg, eigene Versuche). Der Einfluß der tonischen Halsreflexe auf den Gliedertonus ist im dritten Kapitel ausführlich geschildert. Wenn also auch in der Norm tonische Reflexe von den Labyrinthen auf einen großen Teil der Muskulatur ausgeübt werden, so ist es doch ohne weiteres begreiflich, daß nach ihrem Fortfall die anderen Tonusquellen genügen, um die Muskeln vor einer Erschlaffung zu bewahren. Im Einklang hiermit fanden Köllner und Hoffmann, daß bei Kaninchen die Aktionsströme der Augenmuskeln durch doppelseitigen Labyrinthverlust keine Abschwächung oder Verlangsamung des Ruhetetanus zeigen. Interessant ist in diesem Zusammenhang die Feststellung, daß auch die Halsmuskeln keine Tonusabnahme erleiden, wenn außer beiden Labyrinthen auch die afferenten Halsnerven in den drei obersten cervicalen Hinterwurzelpaaren ausgeschaltet sind. Auch bei decerebrierten Tieren (Katzen, Kaninchen, Hunden) hebt Exstirpation beider Labyrinthe die Ent-

hirnungsstarre nicht auf, einerlei, ob die Labyrinthentfernung nach
oder mehr oder weniger lange Zeit vor dem Decerebrieren vorgenommen
wird. Alle diese Tatsachen beweisen, daß auch ohne Labyrinthe ein
kräftiger Tonus der gesamten Muskulatur vorhanden ist.

Sogar unmittelbar nach der einzeitigen Entfernung beider Labyrinthe ist bei Katzen keine erhebliche Abnahme des Muskeltonus
festzustellen. Die Beine können kräftig gestreckt werden und die verschiedenen Bewegungen (Kopfhämmern, etwaiges Rollen usw.) werden
mit großer Kraft ausgeführt.

Alles in allem ergibt sich, daß der Ausfall beider Labyrinthe durch
das Eingreifen bekannter und im Versuche ziemlich weitgehend isolier-
barer Mechanismen beträchtlich kompensiert werden kann.

Achtes Kapitel.
Labyrinthreflexe auf Progressivbewegungen (51).

Im neunten Kapitel soll gezeigt werden, daß die für die Körperstellung in Betracht kommenden, von den Labyrinthen ausgehenden
Reflexe der Lage von den Otolithenmaculae ausgelöst werden,
während die Labyrinthreflexe auf Bewegungen überwiegend Bogengangsreaktionen sind. Trotzdem die Bewegungsreflexe für die Körperstellung als Ruhelage nur von untergeordneter Bedeutung sind, und
daher in diesem Buche nur nebenbei Berücksichtigung finden, muß
doch auf eine Gruppe von labyrinthären Bewegungsreflexen näher eingegangen werden, ehe die Frage der Abhängigkeit der Labyrinthreflexe
von den Otolithen erörtert werden kann. Das sind die Reaktionen auf
(geradlinige) Progressivbewegungen.

Der Grund hierfür liegt darin, daß man bisher allgemein die Otolithenapparate als ausschließliche Ursprungsstätte der hierbei ausgelösten Erregungen angesehen hat. Man hatte bisher fast nur die
bei Progressivbewegungen auftretenden Empfindungen analysiert.
Mach (1—3), Breuer (3) u. a. zeigten, daß in den Labyrinthen bei
Progressivbewegungen nur Geschwindigkeitsänderungen wahrgenommen werden. Da nun die Bogengänge zur Wahrnehmung von Winkelbeschleunigungen dienen und da in ihnen, wegen ihres (schematisch
vorgestellten) Baues, aus physikalischen Gründen bei geradlinigen
Verschiebungen keine Flüssigkeitsströme oder Druckdifferenzen auftreten sollten, hielt man es für unmöglich, daß sie bei Progressivbewegungen erregt werden und schloß per exclusionem, daß die Otolithen
als die Auslösungsorte der labyrinthären Progressivempfindungen anzusehen sind. Breuer hat dieses in seiner letzten großen Arbeit 1891

noch in aller Schärfe ausgesprochen, und alle anderen Untersucher sind ihm hierin gefolgt. Es wird im weiteren Verlauf dieser Darstellung gezeigt werden, daß die anatomisch-physikalische Voraussetzung dieser Überlegung nicht richtig ist, und daß die Bogengangsapparate sehr wohl auf geradlinige Bewegungen reagieren können. Daher ist eine experimentelle Prüfung der Frage notwendig.

Während über die anderen von den Labyrinthen ausgelösten Reaktionen und Empfindungen eine außerordentlich große Literatur mit einem kaum zu übersehenden Tatsachenmaterial vorhanden ist, waren unsere Kenntnisse über die von den Labyrinthen ausgehenden Reaktionen auf geradlinige Bewegungen bisher ziemlich beschränkt, wie die Zusammenfassungen von W. Nagel (2), Kreidl (2), Bárány (2) lehren. Vor allem sind die Angaben über objektive Reaktionsbewegungen, welche bei Versuchstieren durch Progressivbewegungen ausgelöst werden, sehr spärlich.

N. Ach gibt (aus dem Ewaldschen Laboratorium) an, daß Frösche, welche auf einer Glasplatte sitzend schnell aufwärts oder abwärts bewegt werden, danach Retraktion der Bulbi und Lidschluß zeigen. Die Reaktion erfolgt auch bei Bewegungen nach vorne und nach hinten, nach rechts und links, und zwar in diesen Fällen nach dem Aufhören der Bewegung. Sie fehlt nach doppelseitiger Labyrinthexstirpation. Wurden beiderseits die Otolithen entfernt, „während der übrige Teil des häutigen Labyrinthes erhalten blieb", indem der Sacculus mit einer Uhrmacherpinzette eröffnet und die Otolithenmasse entfernt wurde, wenn nötig, unter Zuhilfenahme eines feinen Wasserstrahles, so waren nach 1—2 Wochen die Drehreaktionen wieder ganz oder nahezu normal, während der Lidreflex verschwunden war oder eine sehr bedeutende Abschwächung (!) erfuhr. Ach schloß hieraus, daß der Lidschluß nach Progressivbewegungen von den Otolithen ausgelöst wird und sah in seinen Versuchen eine experimentelle Bestätigung der Breuerschen Theorie. Leider fehlt die anatomische Kontrolle, so daß einerseits die Vollständigkeit der Otolithenentfernung nicht feststeht, und andererseits eine eventuelle Regeneration derselben (nach 1—2 Wochen) nicht ausgeschlossen werden kann. Eine Wiederholung dieser Versuche mit nachfolgender mikroskopischer Kontrolle erscheint dringend erwünscht.

W. Mulder hat dann im Laboratorium von Zwaardemaker folgende Beobachtung gemacht: Setzt man ein Meerschweinchen in einen Kasten, und läßt den Kopf des Tieres durch eine Öffnung nach außen heraussehen, so sieht man auf vertikale Abwärtsbewegung Kopfheben, auf Aufwärtsbewegung Kopfsenken eintreten. Die Latenz bei diesen Reflexen wurde gemessen, doch wurde nicht durch Labyrinthentfernung der Beweis geliefert, daß es sich hierbei um einen Labyrinthreflex handelt. (Es wird weiter unten gezeigt werden, daß dieses tatsächlich der Fall ist.)

Graham Brown (1) hat im Laboratorium von Ewald Frösche am Ende eines Hebels von 2,70 m befestigt und durch Drehung desselben auf und ab bewegt. Er beobachtete Änderungen der Lungenatmung, die nach doppelseitiger Labyrinthexstirpation ausblieben, dagegen nach alleiniger Fortnahme der Otolithensäckchen noch auftraten, wenn danach die Drehreaktionen erhalten geblieben waren. Leider fehlt die anatomische Kontrolle der (wahrscheinlich unvollständigen) Otolithenentfernung und ferner der Nachweis, daß Drehung auf dem langen Hebel als geradliniger Progressivreiz und nicht als Drehreiz wirkt. Graham Brown kommt aber zu dem richtigen Schluß, daß auch die Bogengänge durch Progressivbewegungen erregt werden können. Derselbe Autor (2) beschrieb später bei Meerschweinchen eine Reaktion der Hinterbeine, wenn dieselben bei Hängelage mit Kopf oben in verschiedenen Richtungen geradlinig bewegt werden. Es fehlt jedoch der Nachweis, daß es sich dabei um Labyrinthreflexe handelt.

Dieses sind meines Wissens die einzigen objektiven Beobachtungen über Reflexe auf die Körpermuskeln, welche (von den Labyrinthen ausgehend?) bei Tieren auf Progressivbewegungen eintreten. Will man über Labyrinthreflexe auf Progressivbewegungen an Tieren experimentieren, so ist es daher zunächst erforderlich, Reaktionen zu finden, welche sich leicht auslösen lassen, konstant eintreten und nachweislich von den Labyrinthen ausgehen.

A. Labyrinthreflexe auf Progressivbewegungen bei Meerschweinchen.

a) Liftreaktion. Das Tier sitzt in Normalstellung auf einem horizontal gehaltenen Brett. Wird letzteres nun vertikal nach oben bewegt, so gehen im Anfang der Bewegung die Vorderbeine in stärkere Beugestellung über und der Kopf nähert sich der Unterlage. Nach Aufhören der Liftbewegung nach oben werden dagegen die Vorderbeine stark tonisch gestreckt, manchmal mit deutlichem Muskelzittern, der Vorderkörper wird gehoben, manchmal auch der Kopf dorsalwärts gebeugt. Wenn die Reaktion voll entwickelt ist, beteiligen sich auch die Hinterbeine daran, und das Tier steht schließlich auf den tonisch gestreckten vier Extremitäten, um nach einiger Zeit wieder in die Ruhelage zurückzusinken.

Die umgekehrte Reaktion erfolgt bei Liftbewegung nach unten. Beim Beginn der Bewegung werden die Extremitäten, vor allem die Vorderbeine, gestreckt, der Vorderkörper gehoben. Nach dem Aufhören der Bewegung gehen die Vorderbeine in Beugestellung, und Kopf und Vorderkörper werden auf den Boden gelegt. Nach einiger Zeit stellt sich wieder die normale Haltung des Tieres her.

Die Liftreaktion ist bei verschiedenen Meerschweinchen sehr verschieden stark ausgeprägt, bei manchen Exemplaren kommt es zu stärkster tonischer Beugung und Streckung der vier Extremitäten, bei anderen dagegen ist die Reaktion auf die Vorderbeine beschränkt, Hinterbeine und Kopf machen nicht mit. Vollständig fehlt die Liftreaktion bei normalen Tieren aber niemals. Manchmal genügt zum Auslösen eine ganz langsame Bewegung des Brettes nach oben und unten, in anderen Fällen muß dagegen die Bewegung schneller ausgeführt werden. Sie fehlt dagegen nach doppelseitiger Labyrinthexstirpation völlig. Allerdings kann man bei derartigen Tieren durch sehr schnelle Bewegung des Brettes die Tiere gewissermaßen in die Höhe schleudern oder bei sehr schneller Bewegung den Kopf passiv gegen die Unterlage anprallen lassen. Setzt man aber ein normales Meerschweinchen und ein solches mit exstirpierten Labyrinthen nebeneinander auf 'das Brett und führt danach die Liftbewegung aus, so erkennt man ohne weiteres, daß bei dem einen Tier die beschriebene aktive Liftreaktion eintritt, bei dem anderen dagegen nicht. Schon die einfache Beobachtung lehrt, daß die Reaktion nicht erfolgt auf Bewegung, sondern auf Änderung der Bewegung. Sie tritt im Beginn und nach dem Aufhören der Liftbewegung nach oben und unten ein.

Die Tonusänderungen der Extremitäten bei der Liftreaktion sind nicht abhängig von den dabei auftretenden Kopfbewegungen. Das folgt erstens daraus, daß die Reaktion der Extremitäten stets sehr viel stärker ist, als die des Halses, und daß sie auch eintritt, wenn jede Reaktion des Kopfes fehlt. Zweitens erfolgt stets eine sehr deutliche Reaktion der Extremitäten, wenn der Kopf mit der Hand festgehalten und dadurch jede Stellungsänderung des Kopfes gegen den Körper verhindert wird. Ferner ist das Eintreten der Liftreaktion unabhängig von optischen Erregungen; sie erfolgt unverändert, wenn die Augen des Tieres geschlossen werden.

Die Reaktion ist abhängig von der Bewegung des Kopfes in dorsoventraler Richtung. Sie tritt auch bei anderen Lagen des Tieres im Raume ein, wenn der Kopf in dorsoventraler Richtung mit einer gewissen Geschwindigkeit verschoben wird.

Bringt man z. B. das Tier in Hängelage mit dem Kopf nach oben und richtet die Schnauze vertikal nach oben (Kopfstellung $+ 90°$), so wird nun die Reaktion ausgelöst durch Bewegen des Tieres in einer horizontalen Ebene nach seiner Ventral- oder Dorsalseite hin. Bei Ventralbewegung erfolgt Streckung im Beginn und Beugung nach Aufhören der Bewegung, bei Dorsalverschiebung dagegen erfolgt die Beugung im Beginn und die Streckung der Extremitäten nach Aufhören der Bewegung.

Wird das Tier in Rückenlage gebracht, so tritt auf Bewegung nach der Dorsalseite (also nach abwärts) die Beugung im Beginn und die Streckung nach Aufhören der Bewegung ein, bei Verschieben des Tieres ventralwärts (also nach oben) die Streckung im Beginn und die Beugung nach Aufhören der Bewegung. Auch hieraus ergibt sich, daß es sich um Labyrinthreaktionen handeln muß, und nicht etwa um passive Schleuderungen, die der Experimentator mit dem Tiere ausführt.

Im allgemeinen läßt sich sagen, daß die Reaktion am stärksten ist, wenn das Tier in normaler Weise auf einem horizontalen Brette sitzt, daß sie dagegen schwächer ausfällt bei Hängelage mit Kopf nach oben und bei Rückenlage, vermutlich weil dieses für das Tier unbequeme Stellungen sind, in welchen der Reflex mehr oder weniger gehemmt wird. Daher wird es wohl auch kommen, daß sich die Reaktion nur sehr schwer auslösen läßt, wenn sich das Tier in Seitenlage befindet.

Eine sehr viel schwächere Reaktion erhält man, wenn man den Kopf nicht in ventro-dorsaler Richtung, sondern in occipito-nasaler Richtung im Raume verschiebt. Hält man z. B. das Tier in Hänge-lage mit dem Kopf nach oben und bringt seinen Kopf in Normal-stellung (180°), so erfolgt auf Ventrodorsalverschiebung des Tieres (also in horizontaler Ebene) nur eine inkonstante Reaktion, und zwar so, daß im Beginn der Dorsalverschiebung eine Streckung der Ex-tremitäten eintritt; doch ist der Reflex jedenfalls sehr viel schwächer als bei Verschiebung des Kopfes in dorsoventraler Richtung.

b) Zehenspreizen. Das Meerschweinchen wird mit der rechten Hand vom Rücken her unter den Achseln gefaßt, so daß es in Hänge-lage mit Kopf oben frei hängt. Der Kopf befindet sich dann in Normal-stellung. Die Zehen beider Hinterpfoten werden durch sanftes Streichen aneinandergelegt. Macht man nunmehr eine ganz leichte Bewegung nach unten, so fahren die Zehen sofort auseinander. Die Reaktion ist nicht bei allen Tieren vorhanden, läßt sich aber doch bei den meisten nachweisen. Gewöhnlich ist eine ganz geringe Bewegung ausreichend, um die Reaktion hervorzurufen, welche bereits von Graham Brown (2) beschrieben wurde.

Das Zehenspreizen tritt bei Beginn der Bewegung ein. Bewegt man das Tier in derselben Lage vertikal nach oben, so erfolgt ebenfalls Spreizen der Zehen. Dieses tritt, je nach der Empfindlichkeit des Tieres, entweder schon im Beginn der Bewegung oder erst nach Aufhören derselben ein.

Nach Exstirpation beider Labyrinthe fehlt das Zehen-spreizen. Bewegt man solche labyrinthlosen Tiere sehr brüsk nach unten, so kann bei empfindlichen Tieren am Ende der Bewegung ein Beugereflex der Hinterbeine eintreten, welcher also nicht von den Labyrinthen abhängig ist, sondern irgendwie von dem plötzlichen Stoß hervorgerufen werden muß, vielleicht von den Bauchorganen aus.

Das geschilderte Zehenspreizen tritt auch bei fixiertem Kopf ein, also unter Ausschluß von Halsbewegungen.

c) **Sprungbereitschaft.** Hält man das Tier am Becken in Hängelage mit dem Kopf nach unten, so wird der Kopf infolge des Labyrinthstellreflexes dorsalwärts gebeugt, so daß er mit der Mundspalte halb schräg nach unten steht. Wird nunmehr das Tier vertikal nach unten bewegt, so gehen die Vorderbeine im Schultergelenk nach vorne, und die vorderen Extremitäten werden als Ganzes gestreckt, manchmal tritt auch Spreizen der Zehen auf. Diese Reaktion muß dazu führen, daß das Tier imstande ist, beim Sprung nach unten das Gewicht des Körpers mit den Vorderbeinen aufzufangen, daher der Name: Sprungbereitschaft. Dieser Reflex ist außerordentlich empfindlich und tritt schon bei sehr geringen Abwärtsbewegungen deutlich auf. **Er fehlt nach Exstirpation beider Labyrinthe.** Wenn daher ein labyrinthloses Tier von einem Stuhl oder Schrank nach unten springt und dabei laut hörbar auf den Boden aufschlägt, und nicht wie ein normales Tier den Sprung elastisch mit den Vorderbeinen auffängt, so beruht das nicht auf einem allgemeinen Tonusverlust der Muskulatur, wie frühere Untersucher annahmen, sondern auf dem Fehlen dieses Reflexes, welcher auf Progressivbewegung nach unten eintritt.

Die Reaktion erfolgt auch, wenn der Kopf fixiert und dadurch Halsbewegungen ausgeschlossen werden, und wenn die Augen geschlossen sind.

Die umgekehrte Bewegung der Vorderbeine erfolgt, wenn das Tier in derselben Stellung vertikal nach oben bewegt wird; dann gehen die Vorderbeine im Schultergelenk nach hinten und die vorderen Extremitäten werden mehr oder weniger gebeugt.

Deutlich läßt sich feststellen, daß die Sprungbereitschaft bei Vertikalbewegung nach unten bereits im Beginn der Bewegung eintritt. Es handelt sich wohl um dieselbe Reaktion, wie bei der Liftbewegung nach unten, welche sich infolge der Haltung des Tieres in Hängelage mit Kopf unten hauptsächlich an den Vorderbeinen äußert.

d) **Sonstige Reflexe auf Progressivbewegungen.** Auch sonst lassen sich bei empfindlichen Meerschweinchen noch verschiedene Reaktionen auf Progressivbewegungen in verschiedenen Richtungen nachweisen. Dieselben sind aber entweder nicht deutlich genug, um sich zu genauerer Untersuchung zu eignen, oder sie sind nicht konstant, oder es läßt sich im Einzelfalle nicht mit Sicherheit entscheiden, ob sie von den Labyrinthen oder von anderen Rezeptionsorganen ausgelöst werden.

Aus diesem Grunde ist auch eine von Graham Brown demonstrierte Reaktion für unsere Zwecke nicht verwendbar. Hält man ein Tier unter den Achseln in Hängelage mit dem Kopf nach oben und bewegt es dann horizontal nach rechts oder links, so erfolgt eine asymmetrische Reaktion der Hinterbeine. Meistens wird das vorangehende Hinterbein gestreckt, das zurückbleibende gebeugt. Diese Reaktion ist aber keineswegs konstant, und außerdem wird sie stark gehemmt, wenn man dabei das Becken fixiert und dadurch Schleuderbewegungen des Hinterkörpers verhindert, welche ihrerseits Reflexe auslösen können; doch zweifele ich nicht daran, daß auch diese Reaktion von den Labyrinthen ausgelöst wird.

Die bei der Liftreaktion auftretende Bewegung der Schultermuskulatur fühlt man sehr deutlich mit den aufgelegten Fingern als Muskelschwirren (51). Labyrinthlose Tiere zeigen dasselbe meist nicht. Doch gibt es sehr erregbare Meerschweinchen ohne Labyrinthe, welche bei Liftbewegungen durch Reflexe von anderen Receptoren Muskelschwirren bekommen, so daß sich diese sehr empfindliche Reaktion für entscheidende Versuche nicht eignet.

Augenbewegungen lassen sich bei einfacher Betrachtung ohne genauere instrumentelle Messungen bei Meerschweinchen auf Progressivbewegungen nicht nachweisen.

Zusammenfassend läßt sich sagen, daß die stärksten Reaktionen auf Progressivbewegungen erfolgen, wenn der Kopf in dorsoventraler Richtung bewegt wird. Es ist das sowohl bei der Liftreaktion, wie beim Zehenspreizen und dem Reflex der Sprungbereitschaft deutlich, während Verschiebungen des Kopfes in occipitonasaler Richtung nur schwächere Reflexe hervorrufen. Welcher der beschriebenen Reflexe im Einzelfalle eintritt, hängt von äußeren Bedingungen ab: Liftreaktion, wenn das Tier auf der Unterlage sitzt, Sprungbereitschaft bei freier Bewegung durch die Luft, hauptsächlich bei Hängelage mit dem Kopf nach unten, Zehenspreizen bei Hängelage mit dem Kopf nach oben.

B. Kaninchen.

Sehr deutlich ist die Liftreaktion beim Kaninchen. Setzt man das Tier in Normalstellung auf ein Brett, so tritt bei Bewegung nach oben Beugung der vier Extremitäten im Beginn und sehr starke tonische Streckung mit Muskelschwirren nach dem Ende der Bewegung auf. Das Tier wird dabei häufig hoch von der Unterlage aufgehoben und steht eine Zeitlang auf stark gestreckten Extremitäten, bis es schließlich wieder zusammensinkt. Bei Liftbewegung nach unten erfolgt die tonische Streckung im Beginn, die Beugung am Ende der Progressivbewegung. Man kann die Reaktion auch an den Vorderbeinen nachweisen, wenn man das Tier freischwebend in der Luft hält, wobei es am Bauche unterstützt wird. Dann erfolgt im Beginn der Progressivbewegung nach unten Streckung der Vorderbeine (Sprungbereitschaft), im Beginn der Progressivbewegung nach oben Beugung der Vorderbeine.

Wird das Kaninchen am Becken frei in der Luft mit dem Kopfe nach unten gehalten, so erfolgt bei Vertikalbewegung nach unten außerdem noch eine eigenartige Reaktion der Hinterbeine. Dieselben werden im Anfang der Bewegung im Hüftgelenk nach hinten (caudalwärts) gestreckt, so daß ein Sprungreflex zustande kommt. Bei Vertikalbewegung nach oben tritt dagegen dieser Sprungreflex erst nach dem Aufhören der Bewegung ein.

Alle diese Reflexe fehlen bei Kaninchen nach doppelseitiger Labyrinthexstirpation vollständig. Sie treten auch ein, wenn der Kopf gegen den Körper fixiert wird, so daß Halsbewegungen ausgeschlossen sind, und wenn die Augen geschlossen werden.

Zur Demonstration der Liftreaktion eignet sich das Kaninchen am besten.

Reflexe auf die Augen ließen sich auch bei Kaninchen nach Progressivbewegungen bei einfacher Betrachtung ohne besondere Kautelen nicht nachweisen. Dagegen hat Fleisch mit Spiegelregistrierung bei Kaninchen, bei welchen durch Festnähen einer Pelotte auf die Cornea optische Eindrücke ausgeschlossen waren, nachgewiesen, daß bei geradliniger seitlicher Verschiebung in Bauchlage aufgebundener Tiere in der Horizontalebene das vorangehende Auge am Anfang der Bewegung nach unten, nach dem Aufhören der Bewegung nach oben abgelenkt wird, während das andere Auge sich gegensinnig bewegt. Die Exkursionen sind so klein, daß sie sich nur auf diese Weise feststellen ließen, und werden durch optische Fixation (Leuchtmarke) unterdrückt.

C. Katze.

Zur Untersuchung eignen sich zahme Katzen, denen die Augen mit einer Kopfkappe geschlossen sind. Sehr deutlich erfolgt bei diesen Tieren die Liftreaktion, und zwar genau in der gleichen Weise, wie es bei Meerschweinchen und Kaninchen geschildert worden ist. Stets beteiligen sich alle vier Extremitäten an der Reaktion. Diese tritt auch ein, wenn der Kopf fixiert und Halsbewegungen dadurch ausgeschlossen werden.

Wird das Tier (evtl. mit fixiertem Kopf) am Becken in Hängelage mit dem Kopf nach unten gehalten, so erfolgt auf Vertikalbewegung nach unten ein sehr starker Reflex der Sprungbereitschaft. Die Zehen werden gespreizt, die vorderen Extremitäten im Schultergelenk nach vorn bewegt und gleichzeitig die Ellenbogen in Beugestand gebracht, so daß die Arme bereit sind, das Gewicht des Körpers beim Sprunge nach unten aufzufangen. Die Reaktion erfolgt im Beginn der Bewegung.

Wird das Tier in Hängelage mit dem Kopf nach oben oder in Normalstellung in der Luft gehalten, so tritt auf Vertikalbewegung nach unten
Spreizen der Zehen an den vier Extremitäten ein.

Beim freien Fall in der Luft werden die geschilderten Reflexe sehr
deutlich. Abb. 112, S. 230, läßt nach einer Bewegungsphotographie
sehen, daß, solange das Tier mit dem Scheitel nach unten fällt, die Beine
gebeugt werden, daß sie sich aber strecken, wenn der Kopf sich so gedreht
hat, daß der Unterkiefer nach unten steht. Dabei gehen die Vorderbeine in Sprungbereitschaft, so daß sie das Gewicht des Körpers beim
Auftreffen auf dem Boden abfangen, während beim Fehlen dieser Reflexe
das Tier mit dem Kopf auf dem Boden aufschlägt (s. S. 443).

D. Hund.

Beim Hunde treten außer den bisher geschilderten Reaktionen an
den Extremitäten auch deutliche Bewegungen des Kopfes ein. Es ist
jedoch zu betonen, daß die Reaktionen, welche beim Hunde an den
Extremitäten auftreten, ebenfalls direkte Folgen von Labyrintherregungen sind. Denn sie lassen sich unverändert beobachten, wenn der
Kopf gegen den Rumpf fixiert ist, und dadurch Halsbewegungen ausgeschlossen werden. Alle Reaktionen auf Progressivbewegungen erfolgen beim Hunde auch nach Verschluß der Augen mit der Kopfkappe.
Sie fehlen nach doppelseitiger Labyrinthexstirpation vollständig.

Liftreaktion: Wird der Hund in Normalstellung auf ein Brett
gesetzt, und die Liftbewegung nach oben ausgeführt, so werden im
Beginn der Bewegung die Pfoten gebeugt, und der Kopf ventralwärts
bewegt, am Ende der Bewegung erfolgt Streckung der Pfoten und
Dorsalbewegung des Kopfes. Wird die Liftbewegung nach unten ausgeführt, so tritt im Beginn der Bewegung Streckung der Pfoten und
Dorsalbeugung des Kopfes, am Ende der Bewegung Beugung der
Pfoten und Ventralbeugung des Kopfes auf. Stets ist die Reaktion
an den Vorderbeinen stärker als an den Hinterbeinen.

Wird der Hund in Hängelage mit dem Kopf nach oben frei in der
Luft gehalten, so erfolgt auf Vertikalbewegung nach oben im Beginn
der Bewegung Ventralbeugung des Kopfes, am Ende der Bewegung
Dorsalbeugung des Kopfes. Die Extremitäten werden im Beginn der
Bewegung gebeugt, die Hinterbeine außerdem adduziert. Wird der
Hund vertikal nach unten bewegt, so erfolgt im Beginn Dorsalbeugung
des Kopfes, am Ende der Bewegung Ventralbeugung des Kopfes. Die
Extremitäten werden im Beginn der Bewegung gestreckt, die Zehen
gespreizt, die Hinterbeine außerdem abduziert. Wird bei Hängelage
mit dem Kopf nach oben der Hund seitlich verschoben, so erfolgt
Kopfwenden in der Bewegungsrichtung, welche vor allem nach Auf-

hören der Bewegung deutlich wird. Wird der Hund bei Hängelage mit dem Kopf nach oben in der Richtung nach vorne (ventralwärts) bewegt, so wird im Beginn der Kopf nach vorne gestoßen, am Ende der Bewegung nach hinten gebeugt.

E. Affe (59).

Zur Untersuchung dieser Reaktionen beim Affen eignet sich die Liftreaktion weniger gut, weil die Tiere, wenn man sie auf ein Brett stellt und auf diesem vertikal in der Luft auf und ab bewegt, gewöhnlich Fluchtversuche machen. Doch läßt sich bei zahmen Tieren nachweisen, daß bei Liftbewegung nach oben am Ende der Bewegung eine schwache Streckung der Extremitäten erfolgt, während bei Liftbewegung nach unten Streckung im Beginn der Bewegung eintritt und an den Vorderbeinen sehr viel deutlicher als an den Hinterbeinen wahrzunehmen ist. Sehr viel besser kann man die Reaktion auf Progressivbewegungen untersuchen, wenn man das Tier frei schwebend in der Luft hält (Sprungbereitschaft). Hält man das Tier in Normalstellung mit horizontaler Wirbelsäule an der Rückenhaut in der Luft und führt nunmehr eine Progressivbewegung nach unten aus, so werden die vier Extremitäten gestreckt und die Zehen häufig gespreizt. Hierbei reagieren also alle vier Beine. Hält man dagegen das Tier in aufrechter Körperstellung mit dem Kopf nach oben, so reagieren bei Vertikalbewegung nach unten nur die Hinterbeine, und zwar werden diese in Hüfte, Knie- und Fußgelenken gestreckt und gleichzeitig die Zehen gespreizt, so daß die Hinterbeine in eine Bereitschaftstellung kommen, um das Gewicht des fallenden Körpers bei Berührung mit der Unterlage abzufangen. Genau das Umgekehrte erfolgt, wenn man das Tier mit dem Kopf nach unten hängen läßt und nunmehr eine Vertikalbewegung nach unten ausführt. In diesem Falle reagieren nur die Vorderbeine. Sie gehen dabei ebenfalls in Streckstellung, wobei sie in der Richtung nach dem Boden zu bewegt werden; die Hände werden gespreizt. Auch in diesem Falle machen sich also die Arme gewissermaßen bereit, das Gewicht des Körpers am Ende des Sprunges aufzufangen.

Diese Reaktion tritt auch in sehr deutlicher Weise ein, wenn die Augenlider vernäht sind, und ist daher von optischen Eindrücken unabhängig. Es handelt sich um einen außerordentlich empfindlichen Reflex, zu dessen Auslösung eine nur sehr geringe Vertikalbewegung des Tieres genügt.

Auch nach Großhirnexstirpation ist diese Reaktion vorhanden, sie ließ sich bei einem Thalamusaffen 7 Stunden nach der Operation nachweisen.

Nach einseitiger Labyrinthexstirpation sind die Reaktionen auf Progressivbewegungen unverändert erhalten und treten, soweit sich wenigstens an zwei Tieren feststellen ließ, an den rechts- und links-seitigen Extremitäten mit gleicher Intensität auf, und zwar auch dann, wenn die Augen durch Knopfnähte verschlossen sind. Dagegen fehlen die Reaktionen auf Progressivbewegungen nach doppelseitiger Labyrinthexstirpation. Dieses läßt sich bei labyrinthlosen Affen mit verschlossenen Augen deutlich nachweisen. Ebenfalls ist nach Großhirnexstirpation bei labyrinthlosen Tieren die Reaktion auf Progressivbewegungen aufgehoben. Bei intakten labyrinthlosen Tieren mit offenen Augen erfolgt bei Progressivbewegungen in der Mehrzahl der Fälle ebenfalls keine Reaktion, nur zweimal wurde bei einem Tier gesehen, daß unmittelbar vor dem Erreichen des Bodens eine Spreizung der Hände auftrat, welche nachweislich optisch bedingt war, denn sie blieb nach Verschluß der Augen fort.

Beobachtungen an einem freilaufenden und springenden labyrinth-losen Affen, der über 2 Monate dauernd beobachtet wurde, lehrten, daß das Fehlen der Reaktionen auf Progressivbewegungen nach dem La-byrinthverlust sich dauernd sehr störend für das Tier geltend macht, und daß ein Ersatz dieser Reaktionen mit Hilfe optischer Eindrücke nicht erreicht wird. Daher kommt es, daß, wenn es dem labyrinthlosen Affen auch wirklich einmal gelingt, in normaler Stellung beim Springen auf dem Boden anzulangen, er doch immer mit einem hörbaren Knall auffällt, weil die Extremitäten nicht in die richtige Auffangsstellung für das Gewicht des fallenden Körpers gelangen. Schon hieraus sieht man, von wie großer Bedeutung die geschilderten Reflexe auf Pro-gressivbewegungen bei freilebenden Affen sind.

Aus dieser Übersicht ergibt sich, daß bei den fünf unter-suchten Tierarten sehr deutliche Reaktionen auf Progres-sivbewegungen auftreten, welche nachweislich von den Labyrinthen ausgelöst werden und sich sehr gut zur wei-teren Analyse eignen.

Nach Durchschneidung der zu der betreffenden Extremi-tät gehörigen Hinterwurzeln (34, 51) treten die Reflexe auf Progressivbewegung noch deutlich und, entsprechend der dabei vor-handenen Ataxie, mit übertriebenen Exkursionen auf. Dieses ließ sich bei Katzen (Liftreaktion, Sprungbereitschaft) nach einseitiger Durch-trennung von C 7 bis Th 2 und C 6 bis Th 2 deutlich erkennen. Da der Biceps hauptsächlich von C 8, der Triceps hauptsächlich von Th 1 versorgt wird, sind die den Ellenbogen bewegenden Muskeln sicher desensibilisiert, und das Auftreten von ausgiebigen Ellenbogenbewe-gungen bei den Reaktionen besonders beweisend.

Nach Großhirnexstirpation (51) sind bei Kaninchen, Katzen, Hunden und Affen die Progressivreaktionen unvermindert erhalten.

Auch nach (nicht ganz vollständiger) Kleinhirnexstirpation (*51*) beim Hunde (Dusser de Barenne) sind die Progressivreaktionen auf Kopf und Extremitäten sehr stark positiv. Sie treten noch nach Verschluß der Augen auf. Die Reaktion der Vorderbeine ist auch unter diesen Umständen unabhängig von den Kopfbewegungen.

Das Verhalten nach einseitiger Labyrinthexstirpation bedarf noch genaueren Studiums. Sicher ist, daß gelegentlich von einem Labyrinthe aus Liftreaktion und Sprungbereitschaft an den beiderseitigen Gliedmaßen ausgelöst werden können. Ob die Reaktionen abgeschwächt oder vorübergehend asymmetrisch werden, ist noch näher festzustellen. Da das Ergebnis der Untersuchung großes theoretisches Interesse besitzt, sollen vor dem Ziehen endgültiger Schlüsse erst ausgedehntere Erfahrungen abgewartet werden.

Die Labyrinthreflexe auf Progressivbewegungen nach Ausschaltung der Otolithen.

Im folgenden Kapitel wird bei der Besprechung der Funktion der Otolithen gezeigt werden, daß bei Meerschweinchen nach kräftigem Zentrifugieren die Drehreaktionen auf den Kopf und die Augen unverändert erhalten bleiben, während direkt nach dem Eingriff sämtliche tonischen Labyrinthreflexe verschwunden sind: die tonischen Labyrinthreflexe auf die Extremitäten, die Labyrinthstellreflexe und die kompensatorischen Augenstellungen.

In denjenigen Fällen, in welchen auch nach mehreren Tagen die tonischen Labyrinthreflexe dauernd fortgeblieben waren, während die Drehreaktionen unverändert auftraten, ergab die mikroskopische Untersuchung der Labyrinthe, daß die Otolithen meistens abgeschleudert, in einzelnen Fällen durch Blutungen außer Funktion gestellt waren. Hieraus läßt sich schließen, daß die Drehreaktionen in Übereinstimmung mit der allgemein gültigen Auffassung Bogengangsreflexe sind, während die tonischen Labyrinthreflexe von den Otolithen ausgelöst werden.

Die bei diesen Tieren vorgenommene Untersuchung der Labyrinthreflexe auf Progressivbewegungen hat nun ergeben, daß diese Reflexe sich gerade so verhalten, wie die Drehreaktionen und nicht so wie die tonischen Labyrinthreflexe. Hieraus muß der Schluß gezogen werden, daß die Labyrinthreflexe auf Progressiv bewegungen Bogengangsreaktionen sind, und auch nach Ausschaltung der Otolithenfunktion zustandekommen.

Zunächst sind direkt nach dem Zentrifugieren die Reflexe auf Progressivbewegungen gerade so erhalten, wie die Drehreaktionen. Beobachtungen an einer ganzen Reihe von Meerschweinchen haben überein-

stimmend gezeigt, daß direkt nach dem Zentrifugieren die tonischen
Labyrinthreflexe vollständig fehlten, während sowohl die Drehreaktionen wie auch die Reaktionen auf Progressivbewegungen erhalten
waren. Als Beispiel mögen folgende zwei Versuchsprotokolle dienen.

Meerschweinchen Nr. 38. 6. Mai 1920. 10 Uhr. Vor dem Zentrifugieren
sämtliche Labyrinthreflexe normal: sowohl die Drehreaktionen wie auch die
Reflexe auf Progressivbewegungen (Liftreaktion, Zehenspreizen und Sprungbereitschaft), ebenso die tonischen Reflexe auf die Extremitäten, die Labyrinthstellreflexe und die kompensatorischen Augenstellungen.

10 Uhr 30 Min. Zentrifugieren 11/₂ Minuten lang mit einer Geschwindigkeit
von 990 m in der Minute.

11 Uhr. Sämtliche tonischen Labyrinthreflexe sind verschwunden:
die tonischen Labyrinthreflexe auf die Extremitäten, die Labyrinthstellreflexe
und die kompensatorischen Augenstellungen. Dagegen sind die Drehreaktionen auf Kopf und Augen erhalten und ebenso läßt sich durch Progressivbewegungen Zehenspreizen bei Vertikalbewegung nach unten und der
Reflex der Sprungbereitschaft mit großer Deutlichkeit nachweisen.

Die Untersuchung wird 11 Uhr 30 Min. mit demselben Ergebnis wiederholt.
Jetzt ist auch die Liftreaktion deutlich positiv, und zwar auch, wenn der Kopf
fixiert wird und die Augen geschlossen gehalten werden. Darauf wird das Tier
decerebriert und gezeigt, daß die tonischen Labyrinthreflexe auf die Extremitäten vollständig fehlen.

Ergebnis: Nach dem Zentrifugieren sind die tonischen Labyrinthreflexe sämtlich verschwunden, die Drehreaktionen und die Reaktionen auf Progressivbewegungen dagegen unverändert erhalten.

Meerschweinchen Nr. 41. Untersuchung am 7. Mai ergibt, daß sämtliche
Labyrinthreflexe nachweisbar sind. 8. Mai, 9 Uhr 30 Min. Zentrifugieren. 12 Uhr.
Die Drehreaktionen auf den Kopf und die Augen sind vorhanden, Liftreaktion
und Spreizen der Zehen bei Liftbewegung nach unten sind deutlich nachweisbar,
der Reflex der Sprungbereitschaft fehlt, sämtliche tonischen Labyrinthreflexe
fehlen, die Hörreaktion ist positiv. Nach dem Decerebrieren ergibt sich, daß die
tonischen Labyrinthreflexe auf die Extremitäten fehlen.

Ergebnis: Nach dem Decerebrieren sind die Drehreaktionen und
die Reflexe auf Progressivbewegungen erhalten, die tonischen Labyrinthreflexe fehlen.

Aus diesen Versuchen ergibt sich, daß nach dem Zentrifugieren die
Reflexe auf Progressivbewegungen sich gerade so verhalten, wie die
Drehreaktionen, und nicht so wie die tonischen Labyrinthreflexe.

Wie im folgenden Kapitel gezeigt werden wird, stellen sich bei einer
Reihe von Tieren nach einigen Tagen die tonischen Labyrinthreflexe
wieder ein. Die mikroskopische Untersuchung der Labyrinthe ergibt
dann, daß die Otolithen sich an ihrem Platze befinden und die Maculae
also nach dem Zentrifugieren nur vorübergehend durch die Erschütterung
der spezifisch schwereren Otolithen funktionell ausgeschaltet worden
sind. Bei anderen Tieren dagegen bleiben die tonischen Labyrinthreflexe dauernd weg. Bei der mikroskopischen Untersuchung dieser
Fälle ergibt sich, daß die Otolithen entweder abgeschleudert oder wenigstens zerrissen worden sind, oder daß Blutungen an den Stellen vor-

handen waren, daß also auch anatomisch die Tätigkeit der Otolithen
aufgehoben sein mußte. In denjenigen Fällen, in denen nun anatomisch nachgewiesen werden konnte, daß die Otolithen beseitigt waren,
ergab sich, daß die Reaktionen auf Progressivbewegungen
erhalten blieben. Als Beispiel möge Meerschweinchen Nr. 8 dienen,
bei welchem das Ergebnis besonders deutlich ist. Für die Einzelheiten
sei auf das folgende Kapitel verwiesen.

Meerschweinchen Nr. 8 zeigt vor dem Zentrifugieren am 10. Februar 1919 alle
Labyrinthreflexe positiv. Nach dem Zentrifugieren an demselben Tage waren die
Drehreaktionen auf Kopf und Augen positiv, die Reflexe auf Progressivbewegungen
(nämlich Liftreaktion und Zehenspreizen) deutlich positiv (der Reflex der Sprungbereitschaft wurde damals noch nicht mituntersucht), dagegen waren sämtliche
tonischen Reflexe verschwunden. Am folgenden Tage (11. Februar) ist die Reaktion auf Drehen sowohl am Kopf wie an den Augen positiv, die Reflexe auf Progressivbewegungen sind schwach, die tonischen Labyrinthreflexe fehlen vollständig. Am 12. Februar sind die Drehreaktionen positiv, die Reaktionen auf
Progressivbewegungen (nämlich Liftbewegung und Zehenspreizen) sehr stark
positiv, die tonischen Reflexe fehlen. Auch nach dem Decerebrieren läßt sich
das Fehlen der tonischen Labyrinthreflexe auf die Extremitäten nachweisen.
Die mikroskopische Untersuchung ergibt, daß sämtliche Otolithen abgeschleudert sind, und daß der Bogengangsapparat beiderseits intakt ist (siehe die Abbildungen 201—207, S. 522—525).
Ergebnis: Nach dem Zentrifugieren sind die Otolithen nachweislich entfernt, die Bogengänge intakt. Die Labyrinthreflexe auf
Progressivbewegungen sind bei diesem Tier erhalten.
Auch der Versuch am Meerschweinchen Nr. 35 lehrt das gleiche. Nach dem
Zentrifugieren sind die Drehreaktionen erhalten, es lassen sich aber Bogengangs-
störungen diagnostizieren. Die Reflexe auf Progressivbewegungen sind positiv,
die tonischen Reflexe fehlen. Zwei Tage nach dem Zentrifugieren sind die Reaktionen auf Progressivbewegungen vorhanden, nur die Liftreaktion ist negativ,
die tonischen Reflexe fehlen, auch nach dem Decerebrieren lassen sich keine
tonischen Labyrinthreflexe auf die Extremitäten nachweisen.
Die mikroskopische Untersuchung ergibt, daß die Otolithen rechts fehlen,
daß sie links teils fehlen, teils zerrissen und durch Blutungen ausgeschaltet sind.
Ergebnis: Nach Zerstörung der Otolithen lassen sich noch Reflexe
auf Progressivbewegungen nachweisen.

Aus diesen und anderen Versuchen ergibt sich mit aller Deutlichkeit,
daß die Labyrinthreflexe auf Progressivbewegungen, und zwar sowohl
die Liftreaktion, wie der Reflex der Sprungbereitschaft und das Zehenspreizen beim Meerschweinchen Bogengangsreflexe sind und sich nach
Entfernung der Otolithen nachweisen lassen. Da alle diese Reflexe nach
Labyrinthexstirpation fehlen, ergibt sich der sichere Schluß, daß es sich
hier um Bogengangsreaktionen handeln muß.

Eine andere Frage ist, ob nicht auch von den Otolithen Erregungen
bei den Progressivbewegungen ausgehen, welche diese Labyrinthreflexe
auf Progressivbewegungen unterstützen. Wir finden auch sonst die
Erscheinung, daß bei einer bestimmten Bewegung sowohl Bogengangs-

wie Otolithenreflexe zu dem gleichen Endziel zusammenarbeiten. Bringt man z. B. den Kopf eines Tieres aus der Normalstellung in Seitenlage, so wird durch diese Bewegung zunächst eine Bogengangsreaktion ausgelöst, durch welche die Augen in dieselbe Stellung kommen, in welcher sie auch durch die tonischen kompensatorischen Augenstellungen von den Otolithen aus festgehalten werden. Etwas Ähnliches ist natürlich bei den Progressivbewegungen denkbar.

Befindet sich z. B. der Kopf in Normalstellung, so stehen die Utriculusotolithen horizontal und drücken auf die Macula. Wird nun eine Liftbewegung nach unten ausgeführt, so müssen die Otolithen zunächst im Anfang der Bewegung einen leichten Zug an der Macula ausüben und dadurch, wie im nächsten Kapitel gezeigt werden wird, zu einer Streckung der vorderen Extremitäten führen. Am Ende der Bewegung werden die Otolithen dagegen auf die Macula stärker drücken und dadurch zu einem Nachlaß des Strecktonus der vorderen Extremitäten führen. Genau das Umgekehrte erfolgt bei Liftbewegung nach oben.

Hieraus ergibt sich, daß es sehr wohl möglich ist, daß bei den Progressivbewegungen ebenfalls die Otolithen in der einen oder anderen Weise mitwirken können. Aber daran ist kein Zweifel, daß nach völliger Ausschaltung der Otolithentätigkeit beim Meerschweinchen die beschriebenen Reaktionen unverändert erhalten sind, daß es sich also zu einem wesentlichen Teil um Bogengangsreaktionen handeln muß.

Fleisch hat die von ihm bei horizontalen Progressivbewegungen beobachteten vertikalen Augenabweichungen ohne weiteres als Otolithenreflexe angesprochen, ohne hierfür den Beweis zu erbringen. Er hätte zeigen müssen, daß diese Reflexe nach Otolithenabschleuderung fehlen.

Kann der Bogengangsapparat durch Progressivbewegungen erregt werden?

Bekanntlich ist die allgemein herrschende Auffassung, welche auf Mach und Breuer zurückgeht, daß es physikalisch unmöglich ist, den Bogengangsapparat durch Progressivbewegungen zu erregen. Wenn man einen zirkelförmigen Hohlraum, der mit Flüssigkeit gefüllt ist, geradlinig im Raume verschiebt, so können tatsächlich keine Flüssigkeitsströmungen zustande kommen. Man hat bei den bisherigen Überlegungen immer angenommen, daß die Labyrinthe bzw. die Bogengangsapparate tatsächlich diesem einfachen Modell entsprechen. Dieses ist aber keineswegs der Fall: der Bogengangsapparat stellt ein verwickeltes System von mit Flüssigkeit gefüllten Röhren dar, in welchem das häutige Labyrinth sich befindet, das innen mit Flüssigkeit gefüllt und außen in Flüssigkeit gelagert ist (vgl. das folgende Kapitel). Der häutige Bogengangsapparat ist an der starren Wand des knöchernen

Labyrinthes durch ein sehr verwickeltes System von Fäden und Membranen aufgehängt, und der perilymphatische Raum desselben durch eine Grenzmembran vom perilymphatischen Raum der Schnecke und des Sacculus geschieden [de Burlet (*86*)]. Das für unsere Zwecke wichtigste scheint zu sein, daß weder der perilymphatische, noch der endolymphatische Raum von der Außenwelt starr abgeschlossen ist. Der perilymphatische Raum steht mit dem Mittelohr erstens durch die Grenzmembran, und zweitens durch die Fenestra ovalis und rotunda in Verbindung, elastische Fenster, welche mehr oder weniger nachgeben können. Der endolymphatische Raum aber ist durch den Ductus endolymphaticus mit dem Saccus endolymphaticus in der Schädelhöhle in Verbindung, welcher ein mehr oder weniger elastisches Reservoir bildet, das mit dem Innenraum der Bogengänge und des übrigen Labyrinthes kommuniziert. Wir haben also einen mit Flüssigkeit gefüllten Raum mit starren Wänden, bei dem die Perilymphe durch die elastischen Fenster, die Endolymphen durch den Saccus endolymphaticus mit der Außenwelt in Verbindung stehen.

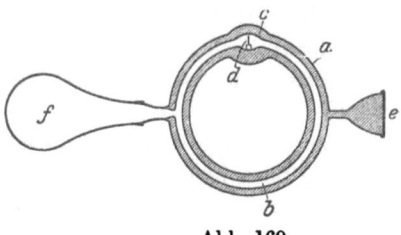

Abb. 169.

Prof. Ornstein und Dr. Burger in Utrecht haben Untersuchungen über diese Frage angestellt und ein Modell (Abb. 169) gebaut. Das Ergebnis war folgendes: Macht man sich ein Modell eines knöchernen Bogenganges (*a*) aus Glasrohr, hängt in demselben das Modell des häutigen Bogenganges (*b*) aus Gummi auf, in welchem man eine Ampulle (*c*) aus Glas angebracht hat, worin sich eine elastische Cupula (*d*) befindet; bringt man den perilymphatischen Raum dieses Modelles durch ein mit einer elastischen Gummimembran geschlossenes Fenster (*e*) mit der Außenwelt in Verbindung, während man den Innenraum des häutigen Labyrinthes mit einem außerhalb des Glasrohres angebrachten Gummisack (*f*) kommunizieren läßt, so reagiert dieses Modell außerordentlich deutlich auf Progressivbewegungen mit Ausschlägen der Cupula, welche sowohl im Beginn, wie am Ende der Bewegung auftreten. Außerdem sieht man, daß bei diesen Progressivbewegungen das ganze häutige Labyrinth sich im knöchernen Bogengang verschiebt, Derartige Verschiebungen werden natürlich bei dem wirklichen Bogengangsapparat durch die Aufhängung des häutigen Labyrinthes an den erwähnten Fäden und Membranen verhindert, wodurch unter Umständen die Ausschläge der Cupula noch stärker ausfallen müssen.

Dieses Modell muß natürlich noch weiter ausgearbeitet werden. Die tatsächlichen Formen des Vestibularapparates und seine richtigen

Dimensionen müssen genau wiedergegeben und die Elastizitätskoeffi-
zienten und die übrigen physikalischen Konstanten der einzelnen Teile
des inneren Ohres genau berücksichtigt werden. Ebenso muß natürlich
die physikalische Theorie der hierbei auftretenden Bewegungen und
Kräfte ausgearbeitet werden. Soviel ist aber immerhin jetzt schon
mit Sicherheit zu sagen, daß, wenn man die Voraussetzung macht,
daß der perilymphatische Raum durch die Grenzmembran und die
elastischen Fenster mit dem Mittelohr und der endolymphatische Raum
durch den Saccus endolymphaticus mit der Schädelhöhle in Verbindung
steht, dann sehr wohl die physikalischen Vorbedingungen gegeben sind,
welche die Reaktion des Bogengangsapparates auf Progressivbewegungen
möglich machen.

Außer diesen Modellversuchen sind zu einem völligen Verständnis
der Progressivreaktionen vor allem noch Beobachtungen an einseitig
labyrinthlosen Tieren erforderlich, und außerdem noch genauere Versuche über Drehreaktionen auf die Extremitäten, um letztere zu
den Progressivreaktionen auf die Extremitäten in Beziehung setzen
zu können. Hier ist noch viel experimentelle Arbeit zu verrichten.

Schon jetzt aber lehren die Beobachtungen, daß sich bei den verwendeten Versuchstieren eine Reihe von objektiven Reflexen auf geradlinige Beschleunigungen hervorrufen lassen, welche von den Labyrinthen ausgehen und auch nach Abschleudern der Otolithenmembranen erhalten bleiben, so daß die Bogengänge an ihrer Auslösung
ursächlich beteiligt sind.

Neuntes Kapitel.
Die Funktion der Otolithen.
A. Anatomische Vorbemerkungen.

Abb. 170 zeigt ein von de Burlet und de Kleijn angefertigtes
Wachsmodell des häutigen Labyrinthes beim Kaninchen in 20facher
Vergrößerung (23), welches in bezug auf den mitphotographierten Ka-
ninchenschädel, dessen Mundspalte 40° unter die Horizontale gesenkt
ist, in den richtigen Stand eingestellt worden ist [entsprechend den
Angaben von de Burlet und Koster (84)]. Man erkennt bei stereo-
skopischer Betrachtung die drei Bogengänge in ihrer gegenseitigen Lage.
Sie münden sämtlich in den Utriculus. Der horizontale Bogengang
liegt ungefähr horizontal, seine Ampulle ist vorne. Der vordere vertikale
Bogengang hat seine Ampulle ebenfalls vorne, der hintere vertikale
Bogengang dagegen hinten (hinter der Mitte des horizontalen Bogenganges). Die beiden vertikalen Bogengänge vereinigen sich hinten im

Crus commune, welches von obenher ebenfalls in den Utriculus ein-
mündet und keine Ampulle trägt. Neben dem Crus commune sieht man
den Ductus endolymphaticus aufsteigen. Unterhalb des Utriculus
hängt (als schwarze Masse) der Sacculus nach unten.

Auf Abb. 171 sieht man eine schematische Darstellung des häutigen
Labyrinthes und seiner Innervation nach de Burlet. Der Utriculus liegt
horizontal in der Mitte, auf seinem Boden der (kreuzweise schraffierte)
Utriculusotolith. Am Vorderende (links) münden die Ampullen des
horizontalen und vorderen vertikalen Bogenganges, hinten (rechts) die
Ampulle des hinteren vertikalen Bogenganges. In den Ampullen ist
die Crista mit der Cupula schematisch angedeutet. In der Mitte des
Utriculus mündet das Crus commune der beiden vertikalen Bogengänge.
Unter dem Utriculus liegt der Sacculus. Die Verbindung zwischen

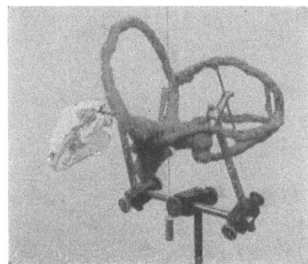 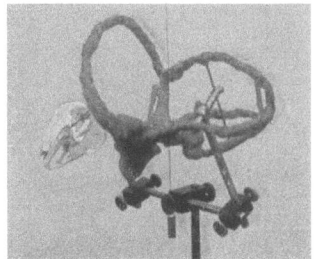

Abb. 170

beiden wird gebildet durch die sich vereinigenden Ursprungsschenkel
des Ductus endolymphaticus und ist daher sehr schmal. Der Ductus
endolymphaticus durchbohrt das Felsenbein und endet im Saccus endolymphaticus, welcher an der Hinterfläche der Felsenbeinpyramide unter
der Dura mater in der Schädelhöhle liegt. Er stellt ein außerhalb des
knöchernen Labyrinthes gelegenes elastisches Kissen dar, welches mit
den Endolymphräumen von Sacculus und Utriculus in freier Verbindung
steht. Auf die physiologische Bedeutung dieser Anordnung wurde oben,
S. 463, hingewiesen. Der Sacculusotolith liegt an der medialen Wand
des Sacculus. Er besteht aus einem (heller schraffierten) Hauptstück
und dem oral und dorsal gelegenen (dunkel schraffierten) Dorsallappen.
Vom Sacculus führt der enge Ductus reuniens zur (aufgerollt gezeichneten) Schnecke.

Die Innervation der Sinnesendstellen geschieht in folgender Weise:
Die proximale Octavuswurzel (gestreift) passiert das Ganglion proximale
Scarpae (1), verzweigt sich als Ramus superior zu den Sinnesepithelien
in den Ampullen des horizontalen und des vorderen vertikalen Bogenganges, ferner zur Macula des Utriculus und gibt außerdem noch einen

Seitenzweig (4) zum Sinnesepithel des Dorsallappens im Sacculus ab.
Der Dorsallappen [de Burlet (88)] sowie seine Innervation durch einen
Seitenzweig des N. utricularis [Voit, Oort (85)] hat sich bei allen bisher
daraufhin untersuchten Säugetierarten gefunden. — Die distale Octavuswurzel besteht erstens aus dem Ramus inferior (schwarz), welcher nach
Passieren des Ganglion distale Scarpae (2) die Macula des Sacculushauptstückes und die Ampulle des hinteren vertikalen Bogenganges
innerviert und einen Verbindungszweig (5) zum Ramus cochlearis
schickt, und zweitens aus dem (gestrichelten) Ramus cochlearis (3),
dem Hörnerv, welcher zur Schnecke geht. Der N. vestibularis besteht

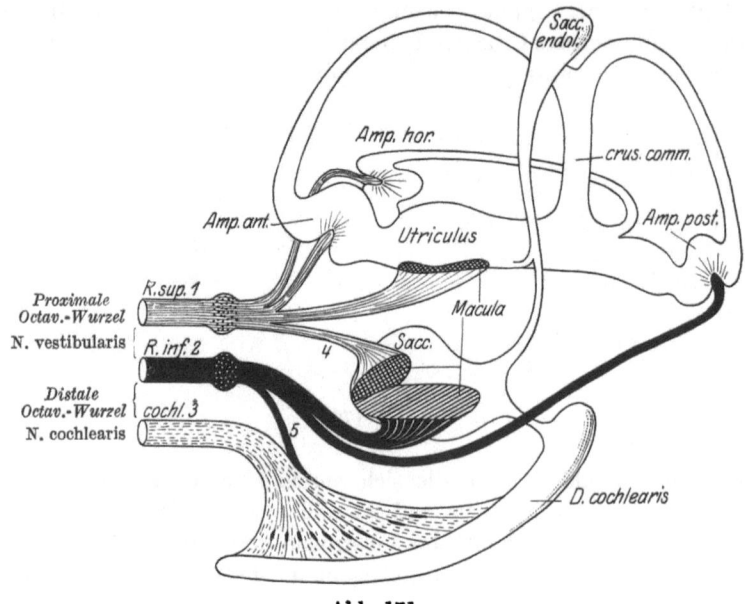

Abb. 171.

also aus der proximalen Octavuswurzel und dem Ramus inferior der
distalen Wurzel.

Das häutige Labyrinth liegt, mit Ausnahme des Saccus endolymphaticus, in dem Hohlraum des knöchernen Labyrinthes, welchen es
aber nicht ausfüllt. Die Zwischenräume zwischen beiden sind durch
Perilymphe erfüllt. Der perilymphatische Raum steht mit der Außenwelt in elastischer Verbindung: 1. durch feine Ductus perilymphatici,
welche in die Subarachnoidealräume des Gehirnes münden; 2. durch
die Fenestra ovalis des Vorhofs, welche gerade dem Sacculus gegenüberliegt
und durch die (bewegliche) Steigbügelplatte verschlossen wird; 3. durch
die Fenestra cochleae (s. rotunda), welche durch die Membrana tympani
secundaria verschlossen wird und die Scala tympani vom Mittelohr trennt.

Untersuchungen von de Burlet (86) am Meerschweinchenohr haben gezeigt, daß der perilymphatische Raum in eine obere und untere Hälfte geschieden ist. In dem unteren Teil liegen der Sacculus und die Schnecke. Hier ist der perilymphatische Raum im wesentlichen nur mit Flüssigkeit gefüllt. Der obere Teil wird von dem unteren geschieden durch eine elastische Grenzmembran und einen Teil der Unterfläche des Utriculus. Oberhalb dieser Scheidewand ist der perilymphatische Raum von einem Netz von Gewebsbalken durchsetzt, welche die Bogengänge und den Utriculus an der Wand des knöchernen Labyrinthes befestigen und gröbere Verschiebungen verhindern. Es handelt sich vermutlich um eine Einrichtung, welche für die Tätigkeit des Vestibularapparates bei Bewegungen (und verschiedenen Lagen?) von Bedeutung ist. Abb. 172 gibt eine schematische Darstellung von dieser Anordnung.

Die gegenseitige Anordnung von Utriculus und Sacculus mit ihrem Sinnesepithel erkennt man u. a. aus einem Frontalschnitt durch das linke Meerschweinchenlabyrinth (Abb. 203, siehe unten S. 523). Der Schnitt ist von vorne gesehen, links ist die Medial-

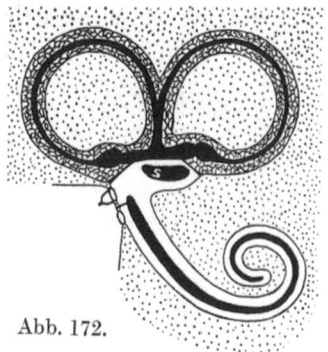

Abb. 172. (Nach de Burlet.) Schema des rechten Labyrinths vom Meerschweinchen. Vereinfacht. Endolymphraum schwarz. Perilymphatischer Raum um die Bogengänge und den größten Teil des Utriculus von zahlreichen Bindegewebsbalken durchsetzt und durch die Grenzmembran vom unteren perilymphatischen Raum getrennt, welcher keine Bindegewebsbalken enthält. Ovales und rundes Fenster sind im unteren perilymphatischen Raum eingelassen.

wand des Vorhofs, rechts gegenüber die Steigbügelplatte. Zwischen beiden der (leere) perilymphatische Raum des Vorhofs. An der Medialwand liegt der auf dem Schnitte dreieckige Sacculus, dessen untere mediale Wand das Sinnesepithel der Macula trägt. Das Präparat wird horizontal durchschnitten von der Grenzmembran, auf welcher der Utriculus als annähernd ovaler Hohlraum ruht. Die Macula liegt nahezu horizontal auf der Unterfläche des Utriculus. Die Bindegewebsbalken des oberen perilymphatischen Raumes sind oberhalb und rechts vom Utriculus sichtbar.

Die Form der Otolithen wechselt bei den verschiedenen Säugetierarten.

Abb. 173 zeigt die rechte Macula utriculi vom Meerschweinchen (88 von oben gesehen in 40facher Vergrößerung. In Wirklichkeit beträgt die Größe der Oberfläche nur $^1/_2$ qmm. Sie ist flach, nur der vordere und der anschließende Teil des medialen Randes sind aufgebogen, wie durch die Schattierung hervorgehoben.

Abb. 174 zeigt die rechte Macula sacculi vom Meerschweinchen von der lateralen Seite gesehen (*88*), ebenfalls in 40facher Vergrößerung. Die Größe der wirklichen Oberfläche beträgt ebenfalls nur $^1/_2$ qmm. Die Macula ist von vorne nach hinten langgestreckt, am vorderen Ende in einem Winkel von etwa 160° lateralwärts umgebogen und trägt oben den Dorsallappen, welcher halb nach unten gewendet ist und mit dem übrigen Sacculus vorne einen Winkel von 155°, in der Mitte von 140° bildet.

Neuerdings ist es cand. med. Hoffmann unter Leitung von de Burlet gelungen, unter der Zeissschen Lupe die Otolithen von verschiedenen Säugetieren in situ zu präparieren. Abb. 175 gibt die stereoskopische Photographie eines derartigen Präparates. Man sieht den rechten Sacculusotolithen in situ und erkennt am Vorderende den nach oben umgebogenen Dorsallappen.

Für die Zwecke der Untersuchung der tonischen Labyrinthreflexe ist es nötig, Form und Lage der Otolithenmaculae im Schädel möglichst genau zu kennen. de Burlet hat seit einer Reihe von Jahren mit seinen Mitarbeitern diese Verhältnisse studiert. Die Untersuchungen sind noch nicht abgeschlossen, haben aber bereits eine Reihe wichtiger Ergebnisse gezeigt. Die Technik hat sich im Laufe der Arbeit allmählich entwickelt. Hier sollen nur die Hauptsachen mitgeteilt werden. Für alle Einzelheiten sei auf die Originalarbeiten verwiesen (*83—90*).

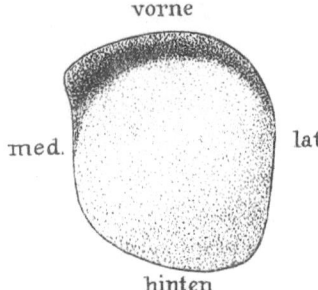

vorne

med.　　　lat

hinten

Abb. 173. (Nach de Burlet.) Rechte Macula utriculi des Meerschweinchens, von oben gesehen. Vergr. 40 mal.

Das wichtigste bei derartigen topographisch-mikroskopischen Arbeiten ist, daß bei der Vorbehandlung der Objekte keine Verlagerungen erfolgen. Ein günstiger Umstand hierfür ist, daß die Sacculusmacula gegen die mediale knöcherne Labyrinthwand, die Utriculusmacula auf der Grenzmembran liegt.

Der Kopf des Tieres wird in der Frontalebene vor den Schläfenbeinen durchgesägt. Man erhält so einen knöchernen Ring, der unten durch die Schädelbasis, oben durch das Schädeldach geschlossen ist, wodurch Verschiebungen der beiden Schläfenbeine gegeneinander vermieden werden[1]). Die Fixation und weitere Behandlung erfolgt nach

---

[1]) Bei größeren Tieren mit hartem Schädel genügt die Schädelbasis zur festen Verbindung beider Felsenbeine.

dem Verfahren von Wittmaack, wobei der Aufenthalt in den verschiedenen Flüssigkeiten bei kleinen Objekten (Meerschweinchen) gegenüber der ursprünglichen Vorschrift abgekürzt werden kann. Das wichtigste ist, daß die Präparate vor dem Entkalken in Celloidin eingebettet werden, damit, wenn die Knochen ihre Festigkeit verlieren, die richtige Topographie nicht geändert wird.

Nunmehr muß dafür gesorgt werden, daß nach dem Schneiden alle Präparate der lückenlosen Serie in der richtigen Weise gegen-

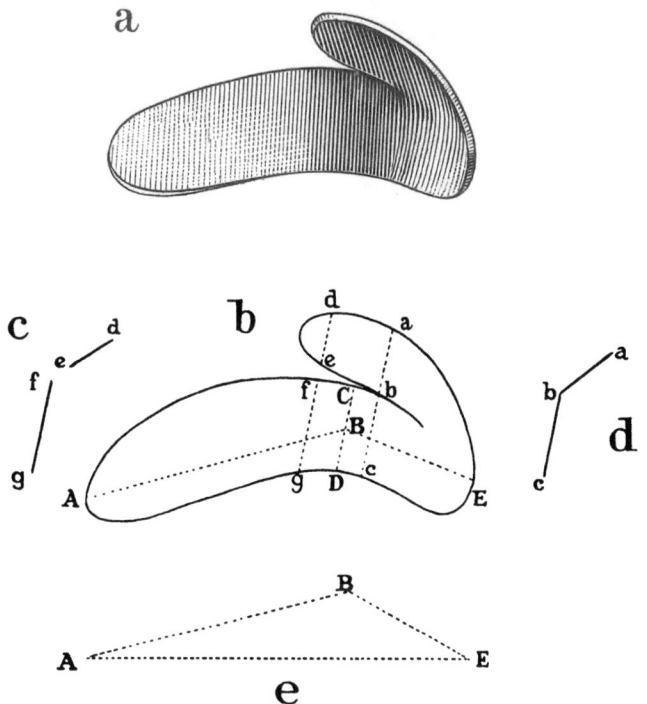

Abb. 174. (Nach de Burlet.) Rechte Macula sacculi des Meerschweinchens (Vergr. 40 mal). a) Lateralansicht. b) In einer Fläche ausgebreitet gedacht: $ACDE$ = Das untere Stück der Macula. ACD = Sacculushauptstück. CDE = Der in frontaler Richtung von der Medianebene abgebogene Teil. $a\,b\,d\,e$ = Dorsallappen. c) Frontalschnitt $d\,e{-}f\,g$. Zur Demonstration des Winkels zwischen Dorsallappen und Hauptstück. d) Frontalschnitt $a\,b\,c$. e) Wirkliche Distanzen der Punkte A, B und E bei 40 mal. Vergr. zur Demonstration des Winkels ABE.

einander orientiert werden können. Hierzu dienen Richtungskanäle, welche vor dem Schneiden im Celloidinblock angebracht werden und welche zum Zwecke der späteren Ausmessung genau senkrecht zur Schnittebene stehen müssen. Der Block wird in der gewünschten Stellung (meistens war die Schnittrichtung möglichst genau frontal) im Mikrotom befestigt und darauf mit dem Schneiden begonnen, aber vorläufig nur durch das Celloidin. Sobald hier eine glatte Schnittfläche gebildet ist, wird auf dieselbe ein planparalleler Kupferblock von $1^1/_2$ cm Dicke

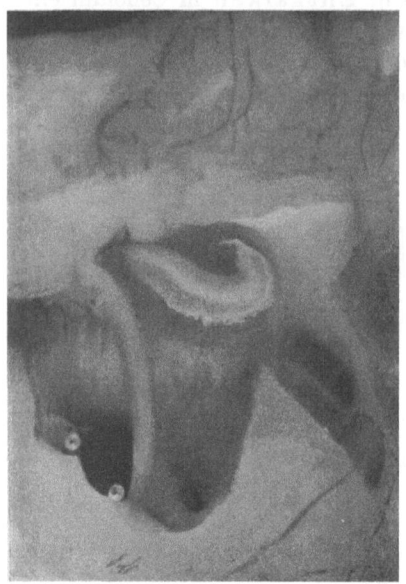 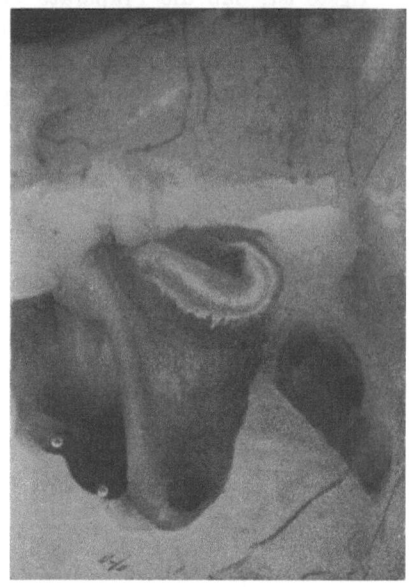

Abb. 175.

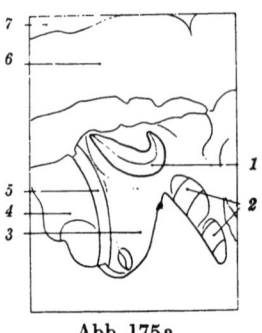

Abb. 175a.

Abb. 175. (Nach Hoff-mann.) Rechtes Labyrinth des Kaninchens von lateral eröffnet. — 1 Sacculusoto-lithenmembran gegen die mediale knöcherne Wand anliegend. — 2 Ductus cochlearis. — 3 Scala vesti-buli. — 4 Scala tympani. — 5 Lamina spiralis ossea. — 6 Knöcherne Wand des Canalis horizontalis. — 7 Flocculushöhle.

gelegt, welcher mehrere Leitkanäle senkrecht zur Grundfläche enthält, in welche eine Hohlnadel mit scharfem unteren Rande paßt. Sticht man jetzt mit der Nadel durch die Kanäle und durch den Celloidin-block, wobei man das eingebettete Präparat natürlich vermeidet, so erhält man Richtungskanäle genau senkrecht zur Schnittfläche, welche später in jedem Schnitte als kreisrunde Öffnungen erscheinen und es ermöglichen, die verschiedenen Schnitte richtig gegeneinander zu orientieren. Theoretisch genügen zwei Richtungskanäle, meist wurden mehrere angebracht, was eine weitere Kontrolle bedeutet.

Da es sich nicht um das Studium von histologischen Feinheiten, sondern um topographische Genauigkeit handelt, werden die Schnitte möglichst dick gemacht, beim Kaninchen 50—100 μ, beim Meer-schweinchen 50—60 μ. Die Schnitte lassen sich dann leicht ganz glatt und ohne Falten ausbreiten, die Otolithenmembranen ruhen unverletzt auf dem wohlerhaltenen Sinnesepithel. Projiziert man die Präparate nacheinander auf eine Zeichenfläche, so müssen sich die den Richtungskanälen entsprechenden Kreise genau zur Deckung bringen lassen.

Diese Schnittserien lassen sich zunächst direkt zur Konstruktion von Wachsplattenmodellen verwenden, wobei die Richtungskanäle zu vertikalen Säulen aufgebaut werden. Ein derartiges Modell ist auf Abb. 170 wiedergegeben. Solche Modelle sind zur Orientierung sehr brauchbar, aber für genauere Messungen nicht zu verwenden. Ebensowenig ist es möglich, direkt in den Schnitten die Winkel zu messen, welche die Otolithenmaculae untereinander und mit der Medianebene bilden. Ein einfaches Beispiel wird das verdeutlichen. Man stelle sich die rechtwinklige Ecke eines Zimmers vor und lege durch dieselbe eine Horizontalebene (d. h. eine Ebene senkrecht zur Schnittlinie der beiden Zimmerwände). Die beiden Zimmerwände bilden in dieser Ebene einen Winkel von 90°. In allen anderen Ebenen aber, welche man durch die Ecke legt, wird dieser Winkel kleiner ausfallen, und wird schließlich 0 werden, wenn die Ebene parallel zur Schnittlinie der beiden Zimmerwände verläuft. Der Winkel zwischen zwei Ebenen im mikroskopischen Präparat wird also nur dann direkt gemessen werden können, wenn das Präparat zufällig genau senkrecht zur Schnittlinie dieser beiden Ebenen geschnitten worden ist, was natürlich niemals genau der Fall ist. Dazu kommt, daß die Schnittlinien der Sacculus- und der Utriculusmaculaflächen nicht parallel laufen, so daß man die zu messenden Winkel auch im günstigsten Falle niemals in einer Schnittserie messen könnte.

Die Aufgabe läßt sich nur mathematisch lösen. De Burlet hat sich zu diesem Zwecke hauptsächlich der darstellenden Geometrie bedient. Eine der Schnittrichtung parallele Ebene dient als erste Projektionsfläche, eine durch die Achsen zweier Richtungskanäle gelegte Ebene steht senkrecht auf der ersten und dient als zweite Projektionsebene, die dritte läßt sich durch einen Richtungskanal senkrecht zu den beiden ersten legen. Auf diese drei Ebenen ist nun zu projizieren:

1. die Medianebene des Schädels mit der in ihr gelegenen „Schädelbasislinie" (beim Kaninchen die Verbindungslinie der Mitte der Incisura intercondyloidea mit einer Knochenspitze am Vorderrande der Pars basilaris oss. occipitalis, welche an der oberen Fläche der Schädelbasis

verläuft; beim Meerschweinchen dieselbe Linie an der Unterfläche der Schädelbasis von der Mitte der Incisura intercondyloidea bis zur Mitte der ventralen Naht des Postsphenoids mit dem Occipitale). Die genannten Punkte sind in den Schnittserien leicht aufzufinden.

2. die Flächen der beiden Utriculusmaculae. Dieselben sind, mit Ausnahme des nach vorne und medial umgebogenen Randes, nahezu plane Flächen. Wenn man also drei gut definierte Punkte auf jeder Macula aussucht und durch dieselbe eine Ebene legt, so darf diese als Utriculusebene angesehen werden[1]).

3. die Flächen der beiden Sacculusmaculae. Wie ein Blick auf Abb. 174 lehrt, ist dieses nicht ohne weiteres möglich. Man kann eine Ebene durch die Punkte ACD legen und so die Lage des Sacculushauptstückes bestimmen. Außerdem muß man aber die Lage des Dorsallappens in der Ebene $abde$ bestimmen und kann außerdem auch noch eine Ebene durch CDE legen. Selbst diese Dreiteilung wird der verwickelten Form der Macula noch nicht ganz gerecht, weil das Hauptstück außerdem noch um seine Längsachse torquiert ist, so daß eine mittlere Neigung gegen die Medianebene in dorsoventraler Richtung der Konstruktion zugrunde gelegt ist. Einzelheiten sind in der Arbeit von de Burlet und de Haas (88) nachzulesen.

4. im Bedarfsfalle auch noch die Flächen durch jeden der sechs Bogengänge. Keiner von ihnen liegt genau in einer Ebene. Drei Punkte lassen sich in den Schnittserien auffinden: die Mittelpunkte der beiden Einmündungsstellen des Bogenganges in den Utriculus und in die Ampulle, und der Mittelpunkt des Bogengangsquerschnittes in der Mitte der Länge des Bogenganges. Durch diese drei Punkte kann man eine Ebene legen.

Mit Hilfe der Projektionen dieser Flächen auf die drei Projektionsebenen lassen sich nun die Winkel konstruieren, welche die Otolithenmaculae und die Bogengänge untereinander und mit der Medianebene bilden, und außerdem die Winkel, welche die Schnittlinien beider Utriculusflächen, beider Sacculusflächen sowie der Flächen gleichnamiger Bogengänge in der Medianebene mit der Schädelbasislinie bilden. Auf diese Weise wird eine vollständige Lagebestimmung der einzelnen Teile des Labyrinthes zueinander und zum Schädel erreicht. Auch die gegenseitige Lage der einzelnen Teile eines bestimmten Otolithen läßt sich auf diese Weise ermitteln.

Daß man nach diesem Verfahren genügend genaue Ergebnisse erhält, ergibt sich unter anderem aus folgendem: de Burlet und de Haas (89) haben bei einem Affen das linke Felsenbein sagittal, das rechte (mit der Schädelbasis) frontal geschnitten. Aus der Tabelle auf

---

[1]) Nötigenfalls können durch die vorne und medial umgebogenen Ränder noch besondere Ebenen gelegt werden.

S. 478 sieht man (Macacus C), daß die Winkelbestimmungen, welche auf Grund dieser in ganz verschiedenen Richtungen geschnittenen Serien ausgeführt wurden, in befriedigender Weise übereinstimmen und keine größeren Abweichungen zeigen, als sie auch sonst zwischen der rechten und linken Seite gefunden werden.

Prof. Ornstein hat darauf aufmerksam gemacht, daß sich die zeichnerische Konstruktion umgehen und durch ein rechnerisches Verfahren ersetzen läßt, welches de Burlet bei drei Serien vom Kaninchen zur Kontrolle der geometrischen Ergebnisse benutzt hat. Es handelt sich um ein System von Formeln, das in der Arbeit von de Burlet und Koster (84) ausführlich mitgeteilt ist. Die Übereinstimmung in den nach beiden Methoden an den gleichen Serien erzielten Resultaten ist sehr befriedigend (siehe unten die Tabelle der Messungsergebnisse beim Kaninchen).

Das Ergebnis der Messungen, soweit sie bisher abgeschlossen sind, ist in den nachstehenden Tabellen zusammengefaßt (S. 474—479).

Um das Ergebnis dieser ausgedehnten topographischen Studien anschaulich zu machen, sind im Laufe der Jahre eine Reihe von verschiedenen Modellen im anatomischen Laboratorium von de Burlet und seinen Mitarbeitern angefertigt worden. Ein Teil von diesen hat bereits als Grundlage zu physiologischen Untersuchungen gedient; die neuesten Modelle sollen bei der Fortsetzung dieser Arbeiten benutzt werden.

Das oben, S. 465, abgebildete Modell ist eine gewöhnliche Wachsplattenrekonstruktion des häutigen Labyrinths vom Kaninchen, welches sich nicht zu Studien über die Lage der Otolithen im Raume eignet, weil die Stellung der Maculae daran nicht zu erkennen ist.

Oort hat dann das auf Abb. 176 (S. 477) wiedergegebene Modell gebaut (87). Auf diesem sieht man den Kaninchenschädel in Normalstellung, befestigt an einer langen Nadel, welche die Lage der Schädelbasislinie wiedergibt. Rechts befindet sich ein Wachsplattenmodell des Utriculus, Sacculus und der anschließenden Endstücke der Bogengänge samt den Ampullen und dem Ductus endolymphaticus in 30facher Vergrößerung. An der Außenseite des Sacculus und Utriculus ist die Lage der betr. Macula farbig angedeutet. Dieses Wachsmodell ist nach einer der in Tabelle I ausgemessenen Serien konstruiert und in die richtige Lage zum Schädel und zur Schädelbasislinie gebracht. Hierbei wurden auch die Messungsergebnisse der beiden anderen Serien mitbenutzt. An der linken Seite sind die Maculae Utriculi und Sacculi isoliert wiedergegeben. Die beiden in 30facher Vergrößerung hergestellten Teilstücke sind in 30 mal ihrer wahren Entfernung symmetrisch gegeneinander montiert. Dieses Modell diente als Grundlage für ein kleines handliches Versuchsmodell, welches zu den ersten Studien über die Funktion der

Tabelle I. Kaninchen.

Die Größe des Winkels beträgt zwischen	Serie I — Gezeichnet	Serie I — Berechnet	Serie II — Gezeichnet	Serie II — Berechnet	Serie III — Gezeichnet	Serie III — Berechnet
Hinterer Vertikalfläche links[1] — Hinterer Vertikalfläche rechts	96,5°	96°	102°	103°36'	99°	97°25'
Vorderer Vertikalfläche links[2] — Vorderer Vertikalfläche rechts	78°	77°54'	81°	81°31'	88°	86°50'
Horizontalfläche links[3] — Horizontalfläche rechts	176°	176°3'	174°	173°33'	171,5°	170°43'
Vorderer Vertikalfläche rechts — Horizontalfläche rechts	95°	95°48'	91°	90°44'	92°	91°35'
Vorderer Vertikalfläche links — Horizontalfläche links	95°	95°35'	95°	96°30'	94,5°	94°54'
Hinterer Vertikalfläche rechts — Horizontalfläche rechts	92,5°	91°10'	95,5°	97°4'	81°	80°44'
Hinterer Vertikalfläche links — Horizontalfläche links	93,5°	93°56'	91°	91°7'	87,5°	89°23'
Hinterer Vertikalfläche rechts — Vorderer Vertikalfläche rechts	93°	94°23'	87°	87°2'	88°	89°14'
Hinterer Vertikalfläche links — Vorderer Vertikalfläche links	94°	93°56'	87°	87°47'	87°	86°36'
Medianebene[1] — Hinterer Vertikalfläche	48,25°	48°	51°	51°48'	49,5°	48°42'
Medianebene[2] — Vorderer Vertikalfläche	39°	38°57'	40,5°	40°45'	44°	43°25'
Medianebene[3] — Horizontalfläche	88°	88°2'	87°	86°46'	85,75°	85°21'
Schädelbasislinie[4] — Schnittlinie d. hinteren vert. Fläche	86°	—	89°	—	88°	—
Schädelbasislinie[5] — Schnittlinie d. vorderen vert. Fläche	78°	—	82°	—	85,5°	—
Schädelbasislinie[6] — Schnittlinie der Horizontalfläche	15,5°	—		—	1°	—
Macula sacculi links — Macula utriculi links	107°	107°18'	102°	97°24'	98°	104°51'
Macula sacculi rechts — Macula utriculi rechts	103°	103°14'	99°	96°33'	100°	96°50'
Macula sacculi links — Macula sacculi rechts	46,5°	47°9'	54°	53°31'	63°	63°56'
Macula utriculi rechts[3] — Macula utriculi links	174°	174°56'	173°	166°17'	176°	172°21'
Medianebene[7] — Macula sacculi	23,25°	23°34'	27°	26°45'	31,5°	31°58'
Medianebene[3] — Macula utriculi	87°	87°28'	86,5°	83°8'	88°	86°11'
Schädelbasislinie[5] — Schnittlinie der Maculae sacculi	35°	—	44°	—	68,5°	—
Schädelbasislinie[4] — Schnittlinie der Maculae utriculi	39°	—	31°	—	63°	—

[1] Dieser Winkel ist nach hinten offen.   [2] Dieser Winkel ist nach vorne offen.   [3] Dieser Winkel ist nach oben offen.   [4] Dieser Winkel ist nach hinten offen; er wird oberhalb der Schädelbasislinie gemessen.   [5] Dieser Winkel ist nach vorne offen; er wird oberhalb der Schädelbasislinie gemessen.   [6] Dieser Winkel ist nach hinten offen; er wird oberhalb der Schädelbasislinie gemessen.   [7] Dieser Winkel ist nach vorne und nach unten offen.

Für jede Serie ist das Ergebnis der Konstruktion nach dem Verfahren der darstellenden Geometrie und nach dem Ornsteinschen Rechnungsverfahren nebeneinander angeführt. Die Abweichungen zwischen beiden Reihen sind außerordentlich gering und können zur Beurteilung der Genauigkeit der Methode benutzt werden.

Folgende vorläufige Zahlen hat de Burlet der Konstruktion eines Modelles zugrunde gelegt:

Tabelle Ia. **Kaninchen.**

Die Größe des Winkels beträgt zwischen		
Sacculus-Hauptstück rechts	— Sacculus-Hauptstück links	55°
Utriculus-Hauptstück rechts	— Utriculus-Hauptstück links	175°
Sacculus-Hauptstück	— Utriculus-Hauptstück	94°
Medianebene	— Sacculus-Hauptstück	27,5°
Medianebene	— Utriculus-Hauptstück	87,5°
Schädelbasislinie	— Schnittlinie $\dfrac{\text{Medianebene}}{\text{Sacculus-Hauptstück}}$	56°
Schädelbasislinie	— Schnittlinie $\dfrac{\text{Medianebene}}{\text{Utriculus-Hauptstück}}$	9°
Schnittlinie $\dfrac{\text{Medianebene}}{\text{Sacculus-Hauptstück}}$	— Schnittlinie $\dfrac{\text{Medianebene}}{\text{Utriculus-Hauptstück}}$	65°
Sacculus-Hauptstück	— Sacculus-Vorderstück	131°
Sacculus-Hauptstück	— Sacculus-Dorsallappen	121°
Sacculus-Vorderstück	— Sacculus-Dorsallappen	165°
Utriculus-Hauptstück	— Utriculus-Vorderstück	127°
Schnittlinie $\dfrac{\text{Sacculus-Hauptstück}}{\text{Sacculus-Dorsallappen}}$	Schnittlinie $\dfrac{\text{Sacculus-Hauptstück}}{\text{Utriculus-Hauptstück}}$	48°
Schnittlinie $\dfrac{\text{Sacculus-Hauptstück}}{\text{Sacculus-Dorsallappen}}$	Schnittlinie $\dfrac{\text{Sacculus-Hauptstück}}{\text{Sacculus-Vorderstück}}$	167°
Schnittlinie $\dfrac{\text{Utriculus-Hauptstück}}{\text{Sacculus-Hauptstück}}$	Schnittlinie $\dfrac{\text{Utriculus-Hauptstück}}{\text{Utriculus-Vorderstück}}$	55°

Otolithen benutzt wurde, und von welchem weiter unten (S. 482—492) eine Reihe von Abbildungen wiedergegeben werden. Hierbei ist die Form und die genaue Lage des Dorsallappens vom Sacculus noch nicht berücksichtigt.

Abb. 177 (S. 480) zeigt eines der neueren Modelle von de Burlet und de Haas, welches die Verhältnisse beim Meerschweinchen wiedergibt. In der Mitte steht der Schädel in Normalstellung. Die schräg aufwärts stehenden Flächen, unten aus Blech, oben aus Glas, welche sich oberhalb des Schädels schneiden, entsprechen den Ebenen der Sacculushauptstücke. Auf ihnen ist rechts und links die Sacculusmacula in ihrer richtigen Form und Lage zum Schädel angebracht. Der heller gefärbte Teil ist der vom Ramus utricularis innervierte Dorsallappen. Nahezu horizontal sind rechts und links die Ebenen der Utriculushauptstücke aus Blech dargestellt. Auf ihnen ruhen oben Modelle der Utriculusmaculae in richtiger Form und Orientierung. Die Ebenen sind nach den in Tabelle II (letztes Feld) angegebenen Mittelzahlen gerichtet. An dem Modell können die Winkel, in welchen sich die genannten Hauptebenen untereinander schneiden, ohne weiteres gemessen werden.

Tabelle II. Meerschweinchen.

	Die Größe des Winkels beträgt zwischen	Cavia E links	Cavia E rechts	Cavia D links	Cavia D rechts	Cavia L links	Cavia L rechts	Modell
1.	Sacculus-Hauptstück links — Sacculus-Hauptstück rechts	50°			52°	69°		60°
2.	Utriculus-Hauptstück links — Utriculus-Hauptstück rechts	158°			156°	160°		160°
3.	Sacculus-Hauptstück — Utriculus-Hauptstück	94°	92°	100°	99°	98°	99°	97°
4.	Medianebene — Sacculus-Hauptstück	23°	26°			34°	35°	30°
5.	Medianebene — Utriculus-Hauptstück	79°	77°			81°	81°	80°
6.	Schnittlinie Sacculus-Hauptstück/Medianebene — Utriculus-Hauptstück	54°	59°			58°	60°	58°
7.	Schnittlinie Sacculus-Hauptstück/Medianebene — Schädelbasislinie	58°	61°			51°	60°	58°
8.	Schnittlinie Utriculus-Hauptstück/Medianebene — Schädelbasislinie	4°	2°			7°	0°	0°
9.	Sacculus-Hauptstück — Sacculus-Vorderstück	159°	151°					160°
10.	Sacculus-Hauptstück — Sacculus-Dorsallappen	138°	133°					139°
11.	Sacculus-Vorderstück — Sacculus-Dorsallappen	154°	158°					154°
12.	Schnittlinie Sacculus-Hauptstück/Sacculus-Dorsallappen — Sacculus-Hauptstück	51°	64°			44°	43°	50°
13.	Schnittlinie Sacculus-Hauptstück/Sacculus-Vorderstück — Sacculus-Hauptstück	152°	157°			165°	167°	152°
14.	Schnittlinie Sacculus-Vorderstück/Sacculus-Dorsallappen — Sacculus-Vorderstück	47°	49°			39°	34°	47°
15.	Schnittlinie Sacculus-Hauptstück/Sacculus-Dorsallappen — Sacculus-Dorsallappen	157°	150°			152°	157°	157°
16.	Schnittlinie Sacculus-Hauptstück/Utriculus-Hauptstück — Sacculus-Vorderstück	148°	151°			134°	148°	145°
17.	Schnittlinie Sacculus-Hauptstück/Utriculus-Hauptstück — Utriculus-Vorderstück	69°	68°			66°	63°	67°
18.	Schnittlinie Utriculus-Hauptstück/Medianebene — Sacculus-Hauptstück	27°	22°			28°	30°	26°

Nach vorne offen: 1, 4, 6, 7, 8, 12, 15, 17, 18; — nach hinten offen: 13; — nach oben offen: 2, 5, 16; — nach oben lateral offen: 3, 5; — nach unten offen: 14; — nach unten lateral offen: 10, 11; — nach lateral offen: 9.
Das letzte Feld dieser Tabelle enthält die zur Konstruktion des Modelles benutzten Mittelwerte.

In letzter Zeit hat de Burlet Modelle für Meerschweinchen, Kaninchen, Affe und Mensch angefertigt, bei welchen die Otolithenmaculae
fehlen, dafür aber die Ebenen für Sacculushauptstück, -vorderstück
und -dorsallappen, sowie für Utriculushauptstück, -vorderstück und
mediale Ecke getrennt angegeben sind. Abb. 178 gibt das Modell für
den Affen (Macacus) wieder (89). Der Schädel steht in Normalstellung.
Die großen, nahezu horizontalen Flächen entsprechen den Utriculus-
hauptstücken. Vorne daran ist die Ebene des Vorderrandes und der
medialen Ecke zu sehen. Schräg nach oben konvergierend stehen die
Ebenen der Sacculushauptstücke, vorne daran unten die Ebene des
Sacculusvorderstückes, darüber die des Dorsallappens. Alle diese Ebe-

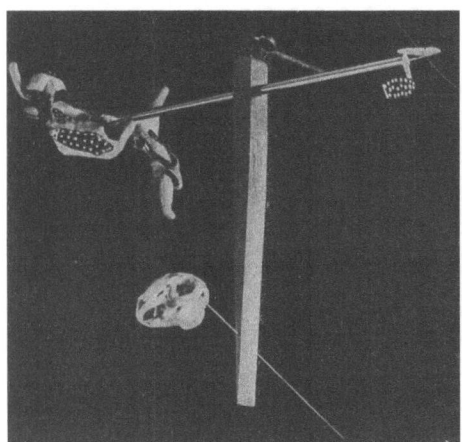

Abb. 176. Modell von Sacculus, Utriculus und den Anfangsstücken der Bogengänge beim Kaninchen sowie der Otolithenmaculae in 30facher Vergrößerung,
richtig zum Schädel und zur Schädelbasislinie orientiert (nach Oort) (87).

nen geben nur die Richtungen, nicht aber die Größe der dargestellten
Teile der Maculae wieder. Sie sind also hauptsächlich für genauere
wissenschaftliche Untersuchungen bestimmt, während das Modell von
Abb. 176 sich mehr zur Demonstration eignet. Sämtliche Winkel
können direkt am Modell gemessen werden, weil jeder Winkel mindestens an einer Seite senkrecht zur Schnittlinie der beiden beteiligten
Ebenen abgeschnitten worden ist. Ein Handgriff erlaubt, das Modell
in jede beliebige Lage im Raume zu bringen. In den Originalarbeiten
von de Burlet und de Haas sind für Meerschweinchen und Affe die
Schnittmuster für diese Modelle nebst allen nötigen Zahlen angegeben,
so daß man sie sich aus Karton selbst herstellen kann[1]).

---

[1]) Die Modelle sind außerdem vom Diener des Utrechter Anatomischen
Laboratoriums zu beziehen.

Tabelle III. Affe (Macacus).

Die Größe des Winkels beträgt zwischen	Macacus B links	Macacus B rechts	Macacus C sagittal links	Macacus C frontal rechts
1. Sacculus-Hauptstück links — Sacculus-Hauptstück rechts	47°			
2. Utriculus-Hauptstück links — Utriculus-Hauptstück rechts	162°			
3. Sacculus-Hauptstück — Utriculus-Hauptstück	91°	94°	97°	93°
4. Medianebene — Sacculus-Hauptstück	22°	26°		17°
5. Medianebene — Utriculus-Hauptstück	80°	82°		86°
6. Schädelbasislinie — Schnittlinie Medianebene/Sacculus-Hauptstück	51°	58°		66°
7. Schädelbasislinie — Schnittlinie Medianebene/Utriculus-Hauptstück	12°	8°		7°
8. Schnittlinie Medianebene/Sacculus-Hauptstück — Schnittlinie Medianebene/Utriculus-Hauptstück	63°	66°		59°
9. Sacculus-Hauptstück — Sacculus-Vorderstück	143°	153°	150°	140°
10. Sacculus-Hauptstück — Sacculus-Dorsallappen	131°	139°	133°	129°
11. Sacculus-Vorderstück — Sacculus-Dorsallappen	158°	156°	154°	159°
12. Utriculus-Hauptstück — Utriculus-Medialstück	104°	107°		116°
13. Utriculus-Vorderstück — Utriculus-Vorderstück	124°	127°	140°	140°
14. Utriculus-Medialstück — Utriculus-Vorderstück	105°	100°		110°
15. Schnittlinie Sacculus-Hauptstück/Utriculus-Hauptstück — Schnittlinie Sacculus-Hauptstück/Utriculus-Hauptstück	48°	58°	59°	59°
16. Schnittlinie Sacculus-Dorsallappen/Sacculus-Vorderstück — Schnittlinie Sacculus-Dorsallappen/Sacculus-Hauptstück	133°	140°	141°	134°

	Die Größe des Winkels beträgt zwischen	Macacus B links	Macacus B rechts	Macacus C sagittal links	Macacus C frontal rechts
17.	Schnittlinie — $\dfrac{\text{Sacculus-Vorderstück}}{\text{Sacculus-Hauptstück}}$			64°	65°
18.	Schnittlinie — $\dfrac{\text{Sacculus-Hauptstück}}{\text{Sacculus-Dorsallappen}}$			147°	155°
19.	Schnittlinie — $\dfrac{\text{Utriculus-Hauptstück}}{\text{Medianebene}}$	19°	24°		15°
20.	Schnittlinie — $\dfrac{\text{Utriculus-Hauptstück}}{\text{Sacculus-Hauptstück}}$			84°	76°
21.	Schnittlinie — $\dfrac{\text{Utriculus-Vorderstück}}{\text{Utriculus-Medialstück}}$				88°
22.	Schnittlinie — $\dfrac{\text{Utriculus-Medialstück}}{\text{Utriculus-Hauptstück}}$	128°	130°		133°
23.	Schnittlinie — $\dfrac{\text{Utriculus-Vorderstück}}{\text{Utriculus-Hauptstück}}$				109°

Nach vorne offen: 1, 4, 6, 7, 19, 20; — nach oben offen: 2, 22; — nach oben und lateral offen: 3, 5, 12, 14, 16, 23; — nach lateral und hinten offen: 9, 21; — nach lateral und unten offen: 10, 11; — nach oben und hinten offen: 13; — nach vorn und unten offen: 15; — nach lateral offen: 17; — nach hinten offen: 18.

Bei Macacus C ist das linke Felsenbein sagittal, das rechte frontal geschnitten. Die Konstruktion der Winkel nach dem geometrischen Verfahren ergab keine größeren Unterschiede zwischen rechts und links, als sie auch bei Macacus B gefunden wurden.

Aus dem Obigen ergibt sich, daß man sich jetzt eine ziemlich gute Vorstellung von der Form und Lage der Otolithenmaculae im Schädel machen kann, so daß für physiologische Untersuchungen eine hinreichend breite anatomische Basis geschaffen worden ist. Diese Studien werden noch in verschiedenen Richtungen im anatomischen Laboratorium in Utrecht fortgesetzt.

Abb. 177. Modell des Meerschweinchenschädels mit den Ebenen der Utriculus- und Sacculushauptstücke und den Utriculus- und Sacculusmaculae in richtiger Form und Orientierung (nach de Burlet und de Haas) (88).

Abb. 178. Modell des Affenschädels mit den Ebenen von Utriculushauptstück, -vorderstück und medialer Ecke, sowie von Sacculushauptstück, -vorderstück und -dorsallappen mit den zugehörigen Winkeln in richtiger Orientierung zum Schädel, ohne Berücksichtigung der wahren Größe der Maculaflächen (nach de Burlet und de Haas).

B. Die Beziehungen der labyrinthären Lagereflexe zur Stellung der Otolithen (50).

Über die Funktion des Vestibularapparates sind in den letzten zwei Jahrzehnten verschiedene zusammenfassende Darstellungen erschienen, von denen an dieser Stelle vor allen die von Kreidl (2) und von Bárány und Wittmaack (2) genannt seien. Aus ihnen und aus den Einzelabhandlungen ergab sich, daß fast allgemeine Übereinstimmung darüber herrscht, daß die Reaktionen auf Winkelbeschleunigungen (Kopfdrehreaktion, Augendrehreaktion, Drehungsempfindung) in den Bogengängen bzw. in den in den Ampullen gelegenen Cristae ausgelöst werden. Über die Bedeutung der Otolithen herrschten dagegen weniger klare Vorstellungen und es bestand keine Einstimmigkeit der Meinungen. Breuer (3) hatte seinerzeit den Otolithen diejenigen labyrinthären Funktionen zugeschrieben, für deren Versorgung ihm der Bogengangsapparat ungeeignet zu sein schien, nämlich die Auslösung der Reaktionen auf Progressivbewegungen und der Empfindungen der Lage des Kopfes im Raume. Ferner hatte Kubo auf Grund von Versuchen an Kaninchen und Fischen die kompensatorischen Augenstellungen als Otolithenreaktionen aufgefaßt. Bárány (2) bezog die Änderung des Vorbeizeigens bei Änderung der Stellung des Kopfes im Raume auf Otolithenwirkung.

Durch die grundlegenden Versuche von Ewald und seinen Schülern war der Einfluß der Labyrinthe auf den Tonus der quergestreiften Muskulatur bekannt geworden. Anfangs wurde von Ewald hierfür der Bogengangsapparat verantwortlich gemacht. Doch wurde später von der Ewaldschen Schule (Ach) auch von einem Otolithentonus als Teil des Labyrinthtonus gesprochen. Kreidl bezeichnete dieses aber noch 1906 als einen unklaren Begriff.

Die Verwicklung wurde dadurch noch größer, daß einzelne Autoren auch noch an die Möglichkeit dachten, daß durch Winkelbeschleunigungen nicht allein der Bogengangsapparat, sondern daneben auch noch die Otolithen erregt werden können [z. B. Bartels (1)].

Bei den in diesem Buche beschriebenen Untersuchungen stellte sich heraus, daß bei der Haltung des Körpers, der Stellfunktion und den kompensatorischen Augenstellungen die Labyrinthe nicht die alleinige, aber doch eine sehr wesentliche Rolle spielen. Aus den z. T. recht verwickelten Erscheinungen gelang es eine Reihe von scharf umschriebenen tonischen Labyrinthreflexen herauszuschälen, welche als primäre Folgen von Labyrintherregung anzusehen sind (im Gegensatz zu anderen Reflexen, welche nur mittelbar mit den Labyrinthen zusammenhängen und sekundär durch veränderte Kopfstellung u. dgl. veranlaßt werden). Alle diese Labyrinthreflexe haben die Eigentümlichkeit, daß sie nicht durch Bewegungen des Kopfes im Raume ausgelöst werden, sondern daß sie abhängig sind von einer bestimmten Lage des Kopfes im Raume. Sie sind tonisch, d. h. dauern so lange an, als der Kopf eine bestimmte Lage im Raume beibehält. Sie lassen sich im Tierversuch leicht isoliert prüfen.

Diese Reflexe sind:

1. Tonische Labyrinthreflexe auf die Körpermuskeln (Haltungsreflexe):

    a) auf die Extremitäten,

    b) auf den Hals (und Rumpf).

2. Labyrinthstellreflexe.

3. Tonische Labyrinthreflexe auf die Augenmuskeln:

    a) Vertikalabweichungen,

    b) Raddrehungen.

Um festzustellen, welche Teile des Labyrinthes für die Auslösung
dieser tonischen Reflexe der Lage in Betracht kommen, wurden zunächst für sämtliche tonischen Labyrinthreflexe diejenigen Lagen des
Kopfes im Raume festgestellt, bei welchen der betreffende Reflex sein
Maximum und sein Minimum hat, und zwar sowohl bei intakten La-

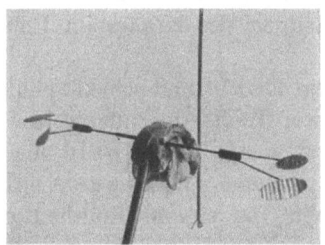 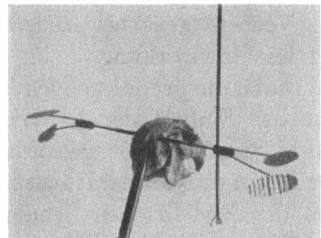

Abb. 179.

byrinthen als auch bei Anwesenheit von nur einem Labyrinth. Im
folgenden soll daher zunächst die Frage erörtert werden, ob bei diesen
empirisch gefundenen Maximum- und Minimumstellungen
die Otolithen bestimmte kennzeichnende Lagen im Raume
einnehmen. Die Erörterung beschränkt sich zunächst hauptsächlich
auf die Verhältnisse beim Kaninchen. Auf die übrigen Tiere wird nur
gelegentlich Bezug genommen werden.

    Für die Zwecke dieser Versuche wurde seinerzeit (1921) das auf S. 473
erwähnte kleine handliche Modell angefertigt, welches in Abb. 179 bei
normaler Kopfstellung wiedergegeben ist. Der Kaninchenschädel, an
welchem die Lage der Lidspalte durch eine schwarzgefärbte Spange angegeben ist, trägt in bitemporaler Richtung eine Stange, an deren
beiden Enden die Otolithen in der richtigen Lage zum Schädel vergrößert angebracht sind. Man sieht, daß die Utriculusotolithen nahezu
in dieselbe Ebene fallen und daß sie bei dieser Kopfstellung horizontal
stehen. Die Seite, auf welcher der Otolith auf der Macula aufsitzt,
das ist bei dieser Kopfstellung die Oberseite, ist durch weiße Punkte
auf schwarzem Grunde kenntlich gemacht. Bei dieser Kopfstellung

drückt also der Otolith senkrecht auf seine Unterlage. Der Sacculusotolith befindet sich unter und medial von dem Utriculusotolith. Der Otolith sitzt lateral seiner Macula auf. Diese Seite ist am Modell durch weiße Linien auf schwarzem Grunde markiert. Der Sacculusotolith steht nicht parallel zur Medianebene des Schädels. Er verläuft vielmehr von vorne lateral nach hinten medial, so daß die beiden Sacculusotolithen miteinander einen Winkel von $46^{1}/_{2}$—$64°$ bilden. Ferner ist der Sacculusotolith von oben medial nach unten lateral geneigt um 23—$32°$.

An diesem Modell ist die vordere Ecke des Sacculusotolithen lateralwärts umgebogen, so daß sie sich der Frontalebene nähert. Diese Ecke ist auf dem Modell weiß gefärbt. Die genaue Lage des Vorderstückes der Sacculusotolithen und vor allen Dingen des Dorsallappens war damals noch nicht festgestellt. Da hierüber in absehbarer Zeit noch eingehendere physiologische Versuche ausgeführt werden sollen, deren endgültiges Ergebnis für das Ziehen weiterer Schlüsse abgewartet werden muß, habe ich die alten Abbildungen unverändert wieder abgedruckt. Man muß also im folgenden stets daran denken, daß die Verhältnisse des Dorsallappens in den Abb. 179—189 nicht genau wiedergegeben werden.

An dem Modell kann man Sacculus und Utriculus jederzeit zusammen entfernen und sich so die Verhältnisse nach einseitiger Labyrinthexstirpation anschaulich machen.

Ein ähnliches Modell wurde auch für die Lage der Bogengänge im Kaninchenschädel angefertigt.

1. Tonische Labyrinthreflexe auf die Körpermuskeln.

a) Tonische Labyrinthreflexe auf die Extremitäten. Im dritten Kapitel wurde gezeigt, daß sich diese Reflexe am besten an decerebrierten Tieren untersuchen lassen, bei denen sich die Streckmuskeln der Gliedmaßen im Zustande der Enthirnungsstarre befinden. Der Tonus dieser Streckmuskeln ist in gesetzmäßiger Weise von den Labyrinthen abhängig. Es gibt eine und nur eine Lage des Kopfes im Raume, in welcher dieser Tonus sein Maximum hat, und nur eine Lage, bei welcher er sein Minimum hat. Beide Lagen sind um $180°$ voneinander verschieden. Bei allen anderen Lagen des Kopfes im Raume nimmt der Tonus der Streckmuskeln Werte an, welche zwischen beiden Extremen liegen. Der Tonus in den Streckmuskeln der vier Gliedmaßen ändert sich bei Änderungen der Lage des Kopfes im Raume stets gleichsinnig. Wird die Lage des Kopfes (bzw. der Labyrinthe) zur Horizontalebene nicht geändert, so erfolgt auch keine Tonusänderung der Gliedermuskeln. Die Tonusänderungen dauern so lange an, als sich der Kopf in der betreffenden Lage befindet. Es handelt sich also um reine „Reflexe der Lage". Durch Progressivbewegungen und durch Winkelbeschleunigungen des Kopfes werden diese Reflexe nicht ausgelöst. Sie fehlen nach doppelseitiger Labyrinthexstirpation.

Die Bezeichnungsweise für die verschiedenen symmetrischen Lagen des Kopfes im Raume ergibt sich aus Abb. 180. Rückenlage des Kopfes mit horizontaler Mundspalte wird als 0°, Normalstand des Kopfes mit horizontaler Mundspalte als 180° bezeichnet. Kopf mit der Schnauze senkrecht nach oben ist + 90°, Kopf mit der Schnauze senkrecht nach unten ist — 90°. Die dazwischenliegenden Kopfstellungen ergeben sich aus der Abbildung.

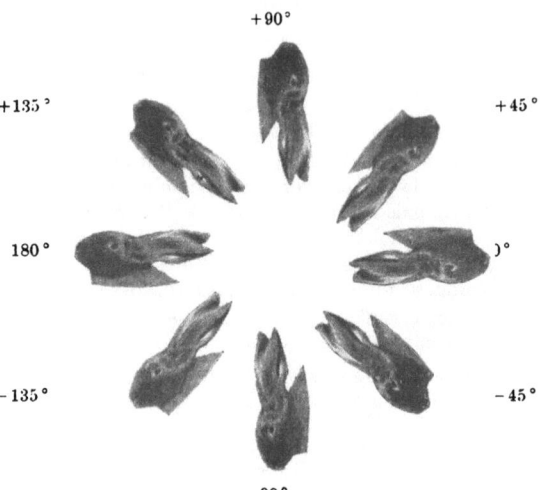

Abb. 180. Schema der Kopfstellungen bei Drehungen um die bitemporale Achse mit den jeder Kopfstellung entsprechenden Winkelbezeichnungen.

Die Maximumstellung für die tonischen Labyrinthreflexe auf die Gliedermuskeln ist beim Kaninchen, wenn sich der Kopf in symmetrischer Rückenlage befindet, individuell schwankend zwischen 0° und + 45°. Die Minimumstellung bei Normalstellung des Kopfes individuell schwankend zwischen 180° und — 135°.

Abb. 181 zeigt das Otolithenmodell in der Maximumstellung für die tonischen Labyrinthreflexe auf die Gliedermuskeln (+ 30°). Die Sacculusotolithen haben keinen besonders charakteristischen Stand. Die beiden Utriculusotolithen stehen horizontal, und zwar so, daß der Otolith an der Macula hängt.

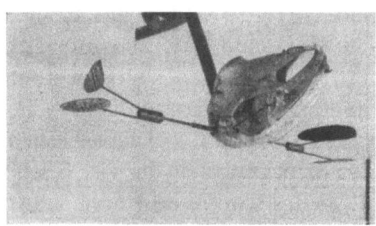

Abb. 181.

Abb. 179 zeigt das Modell in der um 180° davon verschiedenen Minimumstellung. Auch hier steht der Utriculusotolith horizontal, aber der Otolith drückt auf die Macula.

Es ergibt sich also, daß für die hier besprochenen Reflexe das Maximum der Erregung vom Otolithen ausgeht, wenn er an der Macula hängt. Diese Schlußfolgerung steht mit der allgemeinen Annahme in Widerspruch, nach welcher der Otolithendruck das Entscheidende sein soll. Für diese letztere Annahme wurden aber bisher niemals zwingende Beweise beigebracht. Man hat sie meistens a priori aus der Anatomie des Otolithenorganes abgeleitet.

Wenn es sich bei der Untersuchung über die Funktion der Otolithen allein um die tonischen Labyrinthreflexe auf die Gliedermuskeln handelte, so gäbe es allerdings eine Möglichkeit, um die experimentell gefundenen Tatsachen auch mit der früheren Ansicht über die Otolithenfunktion in Einklang zu bringen. Es hat sich herausgestellt, daß sich bei diesen Reflexen nicht nur die Streckmuskeln der Glieder beteiligen, sondern auch die Beugemuskeln, und daß hierbei das Gesetz der reziproken Innervation gilt; wenn der Tonus der Strecker zunimmt, nimmt der der Beuger ab, und umgekehrt (s. oben S. 63). Demnach ist der Tonus der Beugemuskeln an den Gliedmaßen am größten, wenn die Utriculusotolithen drücken, und am geringsten, wenn sie hängen. Diese Reflexe auf die Beugemuskeln spielen aber beim decerebrierten Tier nur eine untergeordnete Rolle, sie lassen sich nur in Ausnahmefällen und unter Anwendung besonderer Versuchsbedingungen[1]) nachweisen, während die Reflexe auf die Strecker außerordentlich kräftig und augenfällig sind. Keiner, der solche Versuche selbst ausgeführt hat, wird wohl daran zweifeln, daß die Reflexe auf die Strecker (die ja auch als „Stehmuskeln" am ehesten unter dem Einfluß des „statischen" Sinnesorganes stehen können) die primären sind. Dieser Wahrscheinlichkeitsschluß, daß für die tonischen Labyrinthreflexe auf die Gliedermuskeln das Maximum der Erregung von den Utriculusotolithen ausgeht, wenn dieselben hängen, wird im weiteren Verlaufe dieses Kapitels noch dadurch gestützt werden, daß sich bei den Labyrinthstellreflexen und den kompensatorischen Augenstellungen (Vertikalabweichungen) beweisen läßt, daß bei ihnen das Maximum der Erregung von den hängenden Otolithen ausgeht.

Unter neun von Weiland (9) untersuchten Kaninchen war die Maximumstellung in drei Fällen bei + 45°, einmal bei + 20°, einmal zwischen 0° und 45°, viermal bei 0°. Die Minimumstellung war in allen Fällen um 180° von der Maximumstellung verschieden. Mit diesen experimentell gefundenen Variationen stimmen nun die Messungen von de Burlet und Koster (S. 474) vortrefflich überein. Diese fanden den Winkel zwischen Schädelbasislinie und Schnittlinie der Maculae utriculi in ihren drei Serien zu 39°, 31° und 63°. In den ersten beiden Fällen steht die Mundspalte bei horizontal liegendem Utriculus etwa + 30 bis + 40°, im dritten Falle dagegen nahezu horizontal[2]).

Ähnliche Variationen fanden sich bei Katzen und Hunden. Unter achtzehn untersuchten Katzen war das Maximum 15 mal bei + 45°, einmal zwischen 0°

---

[1]) Z. B. bei der Pikrotoxinvergiftung (siehe S. 67).

[2]) Daß auch in der Lage der Bogengänge individuelle Unterschiede vorkommen. wird von Schönemann, Rothfeld (4) und anderen angegeben.

und 40°, einmal bei + 10° und einmal zwischen 0° und + 10°. Das Minimum
war auch hier stets um 180° davon verschieden.

Unter vier untersuchten Hunden war das Maximum zweimal bei + 45°, einmal
bei 0° und einmal bei + 90°. Auch hier war das Minimum stets um 180° davon
verschieden. Die Zahl der Beobachtungen am Hunde ist zu klein, um daraus
schließen zu können, daß die Variationsbreite beim Hunde größer ist als bei
Katzen und Kaninchen.

Nach einseitiger Labyrinthexstirpation ändern sich die tonischen
Labyrinthreflexe auf die Gliedermuskeln nicht. Die Lage des Maximums
und Minimums bleibt unverändert. Ein Labyrinth genügt, um die
Tonusänderungen an den Gliedmaßen beider Körperseiten hervorzurufen. Diese Tatsachen werden durch das Otolithenmodell ohne
weiteres verständlich gemacht. Da beide Utriculi nahezu in derselben
Ebene liegen, braucht nach einseitiger Labyrinthexstirpation keine

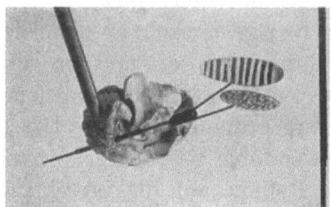

Abb. 182.

Änderung dieser Reflexe einzutreten. Abb. 182 zeigt den Maximumstand nach rechtsseitiger Labyrinthexstirpation, Abb. 183 den Minimum-
stand. Aus dieser Tatsache ergibt sich ferner die Richtigkeit des
Schlusses, daß die Utriculi die Aulösungsstätten für die tonischen
Labyrinthreflexe auf die Gliedermuskeln sind und nicht die Sacculi.
Wäre das letztere der Fall, so müßte, weil die Sacculusmucalae nicht
in einer Ebene liegen, nach einseitiger Labyrinthexstirpation eine Ver-
änderung (Asymmetrie) der Reflexe eintreten, wie dieses später für die
Labyrinthstellreflexe und die kompensatorischen Augenstellungen
(Vertikalabweichungen) geschildert wird. Hieraus folgt weiter, daß
jeder Utriculus mit den Muskeln der Gliedmaßen auf beiden
Körperseiten in funktioneller Verbindung sein muß.

Die Betrachtung dieser ersten Gruppe von Reflexen hat demnach
zu einer Reihe von grundsätzlich wichtigen Folgerungen über Otolithenfunktion geführt. Die tonischen Labyrinthreflexe auf die Gliedermuskeln sind Utriculusreflexe. Jedem Stande des Utriculus im Raume
entspricht ein bestimmter Tonusgrad in der Streckmuskulatur der
Beine, und zwar vor allem in den Streckern der proximalen Glieder-
abschnitte. Der Tonus der Beuger wird (am unvergifteten decerebrierten Tier) sehr viel weniger beeinflußt, verhält sich aber umgekehrt

wie der der Strecker. Das Maximum des Strecktonus in allen vier Extremitäten wird erreicht, wenn die Utriculusotolithen horizontal stehen, und zwar wenn die Otolithen an der Macula hängen. Das Minimum des Strecktonus ist vorhanden, wenn die Otolithen auf ihre Unterlage drücken. Zug und Druck der Otolithen an den Haaren der Sinneszellen in den Maculae bedingen demnach die tonischen Erregungen, nicht aber Gleitungen. Jeder Utriculusotolith steht mit den Muskeln der Gliedmaßen auf beiden Körperseiten in funktioneller Verbindung. Hieraus und aus dem Befunde, daß die beiden Utriculusotolithen nahezu in einer Ebene liegen, erklärt sich die Tatsache, daß nach einseitiger Labyrinthexstirpation die tonischen Labyrinthreflexe auf die Glieder beider Körperseiten unverändert bleiben. Den experimentell gefundenen Variationen in den Maximum- und Minimumstellungen für die ge-

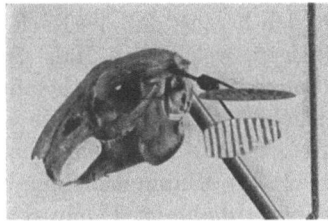 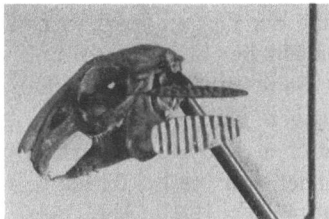

Abb. 183.

schilderten Labyrinthreflexe entsprechen anatomisch gefundene Variationen in der Lage der Utriculusotolithen.

In den folgenden Abschnitten ist zu untersuchen, inwieweit sich diese Schlußfolgerungen durch die Untersuchung der Otolithenstellungen bei den übrigen Labyrinthreflexen bestätigen und erweitern lassen.

Bei den übrigen untersuchten Säugetieren finden sich grundsätzlich dieselben Verhältnisse. Ein Blick auf Abb. 177 (Meerschweinchen) und 178 (Affe) zeigt, daß der Stand der Utriculusotolithen im wesentlichen der gleiche ist wie beim Kaninchen. Bei der Untersuchung der tonischen Labyrinthreflexe auf die Gliedermuskeln fand sich ebenfalls dasselbe Verhalten der Maxima und Minima wie beim Kaninchen.

b) Tonische Labyrinthreflexe auf die Halsmuskeln. Die tonischen Labyrinthreflexe auf die Nackenmuskeln haben (ebenso wie die auf die Extremitätenmuskeln) ihre Zentren in der Medulla oblongata hinter der Eintrittsstelle der Octavi und dürfen nicht mit den „Labyrinthstellreflexen auf den Kopf" verwechselt werden, welche ihre Zentren im Mittelhirn haben und ein ganz anderes Verhalten zeigen. Der Tonus der Nackenstrecker (Dorsalbeuger des Kopfes) hat sein Maximum, wenn sich der Kopf in den Stellungen 0° bis + 45° befindet

(Abb. 181), sein Minimum, wenn er sich in Stellungen 180° bis — 135° befindet (Abb. 179). In der Minimumstellung tritt beim decerebrierten Tiere manchmal ein, wenn auch geringer, Tonus der Nackenbeuger auf. Die Maximum- und Minimumstellungen sind also die gleichen wie für die tonischen Labyrinthreflexe auf die Gliedermuskeln. Hieraus folgt, daß es sich auch hier um Utriculusreflexe handeln muß. In der Maximumstellung hängen die Utriculusotolithen, in der Minimumstellung drücken sie.

Während nach einseitiger Labyrinthexstirpation die tonischen Labyrinthreflexe auf die Gliedermuskeln auf beiden Körperseiten unverändert weiter bestehen, ist dieses bei den tonischen Labyrinthreflexen auf die Halsmuskeln nicht der Fall. Nach einseitiger Labyrinthexstirpation erfolgt die bekannte Grunddrehung (und -wendung) des Kopfes nach der Seite des fehlenden Labyrinthes. Dieselbe nimmt im Laufe der Zeit an Stärke zu. Dabei stellt sich heraus, daß die Nackenmuskeln der einen Seite, und zwar diejenigen, welche den Hals nach der Seite des erhaltenen Labyrinthes drehen, dem Labyrintheinfluß entzogen sind, während die Nackenmuskeln der anderen Seite die tonischen Labyrinthreflexe unverändert zeigen. Die Maximumstellung ist nach wie vor bei 0° bis + 45° (Abb. 182), die Minimumstellung bei 180° bis — 135° (Abb. 183). Hieraus folgt, daß ein Utriculusotolith nur mit den Halsmuskeln einer Körperseite in funktioneller Verbindung steht, während er nach den im vorigen Abschnitt mitgeteilten Befunden auf die Extremitätenmuskeln beider Körperseiten einwirkt. Es ist dieses ein prinzipieller Unterschied zwischen den tonischen Labyrinthreflexen auf die Glieder- und die Halsmuskeln.

Aus der Tatsache, daß beide Utriculusotolithen nahezu in einer Ebene liegen, folgt also noch nicht, daß die Entfernung eines Utriculusotolithen stets symptomlos bleiben muß. Dieses ist allerdings bei den tonischen Reflexen auf die Gliedermuskeln der Fall, weil hier ein Utriculusotolith die Extremitätenmuskeln der rechten und linken Körperseiten gleichmäßig beeinflußt, nicht aber bei den tonischen Labyrinthreflexen auf die Halsmuskeln, weil ein Utriculusotolith nur auf die Halsmuskeln der einen Körperseite einwirkt.

Wie auf S. 96 bemerkt, ist es bei der verwickelten Anatomie der Halsmuskeln bisher nicht möglich gewesen, im einzelnen festzustellen, welche Halsmuskeln es sind, die unter dem Einfluß nur eines Labyrinthes ihren Tonus beibehalten. Unter „Halsmuskeln einer Körperseite" werden daher vorläufig diejenigen Halsmuskeln verstanden, welche den Hals nach der einen Seite drehen (und wenden), ohne die Möglichkeit auszuschließen, daß z. B. Rechtsdreher des Halses auch auf der linken Körperseite sitzen, und umgekehrt.

Beim Kaninchen und bei der Katze, nicht aber beim Hund, Affen und wahrscheinlich auch nicht beim Meerschweinchen, erstreckt sich der Einfluß der Labyrinthe auch auf die Rumpfmuskulatur. Auch hier hat sich ergeben, daß ein Labyrinth überwiegend auf die Rumpfmuskeln der einen Körperseite einwirkt.

Durch die Verbindung jedes Utriculusotolithen mit den Hals- (und Rumpf-) Muskeln der einen Körperseite erklärt sich die nach einseitiger Labyrinthexstirpation auftretende „Grunddrehung" von Hals (und Rumpf), welche ihrerseits wieder so ausgesprochene sekundäre Folgezustände durch tonische Halsreflexe hervorruft, die im sechsten Kapitel eingehend analysiert worden sind.

Aus den in diesem Abschnitt erörterten Befunden ergibt sich demnach, daß die tonischen Labyrinthreflexe auf die Halsmuskeln Utriculusreflexe sind. Jedem Stande des Utriculus im Raume entspricht ein bestimmter Tonusgrad in den Halsmuskeln. Das Maximum des Tonus der Nackenheber und -dreher wird erreicht, wenn die Utriculusotolithen horizontal stehen und an der Macula hängen, das Minimum, wenn sie horizontal stehen und auf die Macula drücken. Jeder Utriculusotolith steht mit der Halsmuskulatur nur einer Körperseite in funktioneller Verbindung (wobei der Begriff „Muskulatur einer Körperseite" vorläufig funktionell und nicht anatomisch verstanden werden muß). Hieraus erklärt sich die nach Fortfall eines Labyrinthes auftretende Halsdrehung.

Bei den übrigen untersuchten Säugetieren finden sich dieselben Verhältnisse.

2. Labyrinthstellreflexe.

Unter den Stellreflexen, welche dazu führen, daß das Tier aus abnormen Körperlagen jeweils reflektorisch wieder die Normalstellung einnimmt, nehmen die „Labyrinthstellreflexe auf den Kopf" eine wichtige Rolle ein. Sie sind beim Kaninchen isoliert zu untersuchen, wenn das Tier frei in der Luft gehalten wird und nicht mit der Unterlage in Berührung kommt. Infolge von Labyrintherregungen wird der Kopf aus jeder beliebigen Lage nach der Normalstellung hin bewegt. Man kann dann den Körper um den im Raume feststehenden Kopf nach allen Seiten drehen. Die Labyrinthstellreflexe fehlen nach Exstirpation der Labyrinthe.

Untersuchung der Stellreflexe beim Kaninchen nach einseitiger Labyrinthexstirpation hat gezeigt, daß der Labyrinthstellreflex sich auf die im vorigen Abschnitt geschilderte und als Utriculusreaktion erkannte Grunddrehung des Kopfes in der Weise superponiert, daß dadurch der Kopf im Raume jeweils in diejenige Seitenlage zu bringen gestrebt wird, in welcher das erhaltene Labyrinth sich oben befindet. In dieser Stellung hat der von dem intakten Labyrinth ausgehende Stellreflex sein Minimum. Wenn sich das intakte Labyrinth dagegen unten befindet, hat der Stellreflex sein Maximum.

Diejenigen Labyrinthstellreflexe auf den Kopf, durch welche der Kopf bei Erhaltensein beider Labyrinthe aus asymmetrischen Lagen im Raume in die Symmetriestellung zurückgeführt wird, erklären sich durch das Zusammenwirken der Erregungen aus beiden Labyrinthen. Der Kopf kommt in einer derartigen Lage zur Ruhe, daß die Erregungen aus beiden Labyrinthen gleichstark sind. Sobald sich der Kopf aus der symmetrischen Lage entfernt, gehen von dem nach unten befindlichen Labyrinth stärkere Erregungen aus, welche die Drehung des Kopfes in die Normalstellung bewirken.

Gehen wir für die Erörterung der Rolle der Otolithen bei diesen Reflexen von den Verhältnissen nach rechtsseitiger Labyrinthexstirpa-

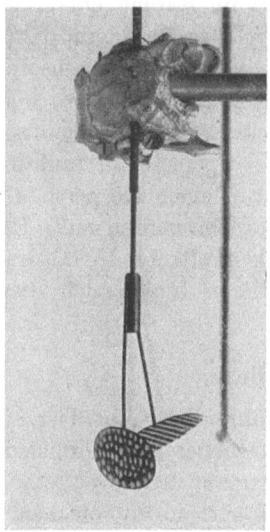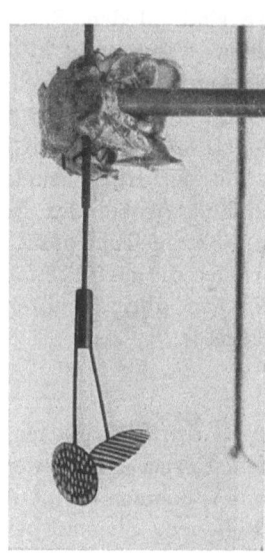

Abb. 184.

tion aus, so ist die Maximumstellung bei linker Seitenlage des Kopfes. Abb. 184 zeigt, daß bei dieser Kopflage der linke Sacculus hängt. Unter diesen Umständen werden kräftige Stellreflexe auf den Kopf ausgelöst, welche dazu führen, daß der Kopf in die Minimumstellung, das ist rechte Seitenlage, zurückgebracht wird. Abb. 185 zeigt, daß in dieser Lage der linke Sacculus drückt. Dieses ist die Ruhelage des Kopfes nach rechtsseitiger Labyrinthexstirpation, in welcher kein Stellreflex auf die Halsdreher ausgelöst wird.

Aus den oben, S. 296—298, für die Kopfstellung des Kaninchens nach rechtsseitiger Labyrinthexstirpation gegebenen stereoskopischen Abbildungen ergibt sich, daß die Ruhelage des Kopfes in Wirklichkeit nicht genau die rechte Seitenlage ist, sondern daß dabei die Schnauze noch etwas nach unten hängt. Bei dieser Kopfstellung steht nun der

linke Sacculus mit seiner Längsachse wirklich horizontal und nicht,
wie auf Abb. 185, etwas schräg. Sehr großen Wert darf man aber auf
diese schöne Übereinstimmung nicht legen, da der Kopf schon durch die
Schwere bei Seitenlage mit der Schnauze etwas nach unten gezogen wird.

Bei den Labyrinthstellreflexen nach einseitiger Labyrinthexstirpation
läßt sich also mit Schärfe beweisen, daß das Maximum der Erregung
vom Otolithen ausgeht, wenn er hängt, und das Minimum, wenn er
drückt. Es wird hierdurch die Richtigkeit des oben, S. 484, gezogenen
Schlusses sichergestellt.

Wenn beide Labyrinthe intakt sind, und es befindet sich der
Kopf in rechter Seitenlage (Abb. 186), so steht der linke Sacculus in

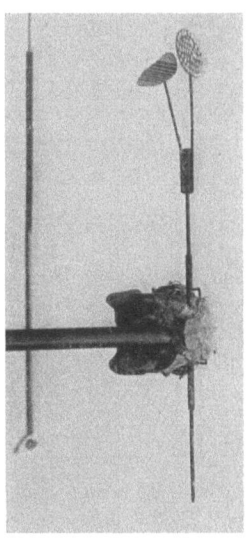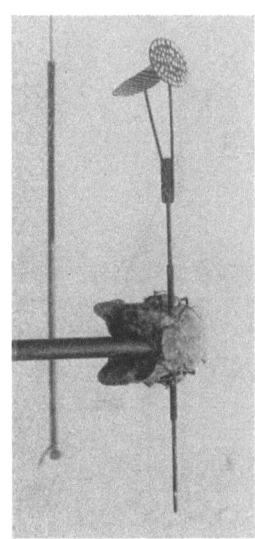

Abb. 185.

Minimumstellung und kann keine Wirkung ausüben. Der rechte Sacculus befindet sich in Maximumstellung, weil er hängt. Er führt zur
Auslösung des Labyrinthstellreflexes, durch welchen, wenn der rechte
Sacculus allein vorhanden wäre, der Kopf in linke Seitenlage hinüber-
gedreht werden würde. Das kann aber nicht erfolgen, weil mit zunehmender Kopfdrehung der linke Sacculus sich immer mehr aus seiner
Minimumstellung entfernt und dadurch die Rechtsdreher des Kopfes
mehr und mehr erregt werden. Sobald der Kopf in Normalstellung
(Abb. 179) gelangt, stehen beide Sacculi symmetrisch, die beiderseitigen
Erregungen halten sich das Gleichgewicht und der Kopf kommt in
dieser Lage zur Ruhe.

Sobald der Kopf sich aus der symmetrischen Lage entfernt, nimmt
die Erregung des nach unten gedrehten Sacculus zu, während die des

nach oben gedrehten Sacculus abnimmt, und der Kopf wird dadurch
wieder in die symmetrische Lage zurückgebracht.

Aus dem Gesagten ergibt sich, daß die Maximumstellung des rechten
und linken Labyrinthes für die geschilderten Labyrinthstellreflexe um
etwa 180° voneinander verschieden sind. Schon hieraus folgt, daß es
sich um Sacculusreflexe handeln muß, und daß es keine Utriculusreflexe sein können, weil die Utriculusotolithen nahezu in derselben
Horizontalebene liegen, während die Sacculusotolithen einen Winkel
von 120—140—150° miteinander bilden.

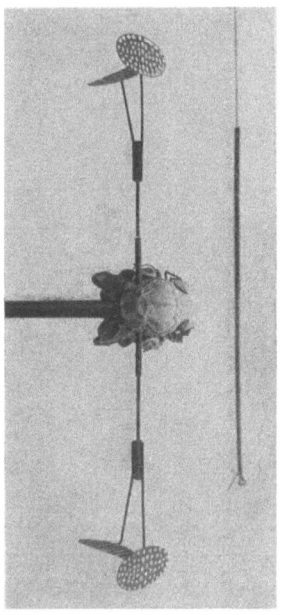 

Abb. 186.

Dieselben Verhältnisse fanden sich bei den anderen untersuchten
Säugetieren. Man vergleiche hierzu den Abschnitt über Labyrinthstellreflexe S. 225—227 und die Abb. 177 und 178 für Meerschweinchen
und Affe.

Außer den bisher geschilderten Sacculusstellreflexen, durch welche der
Kopf aus asymmetrischen Lagen im Raume in symmetrische Stellungen
zurückgeführt wird, könnten möglicherweise aber auch noch Stellreflexe von den Utriculis vorhanden sein, wenn sich deren Wirksamkeit
auch nicht mit derselben Sicherheit demonstrieren läßt. Wie S. 217
auseinandergesetzt wurde, wird nämlich der Kopf durch Labyrintheinfluß nicht nur aus asymmetrischen Lagen in symmetrische Stellungen
gebracht, sondern er wird stets so gestellt, daß er in „Normalstellung"

steht, d. h. Scheitel oben, Kiefer unten, Mundspalte etwas unter die Horizontale gesenkt. Aus dem Otolithenmodell (Abb. 179) ist zu erkennen, daß bei dieser Normalstellung die Sacculi allerdings mit ihrer Längsachse horizontal stehen, und daß infolge der Schrägstellung der Otolith beiderseits etwas auf die Macula drückt, so daß hierdurch eine Art Ruhestellung beider Sacculi bedingt sein könnte, während bei allen anderen symmetrischen Kopfstellungen, welche durch Drehung des Kopfes um die bitemporale Achse aus der Normalstellung hervorgehen, dieser optimale Sacculusstand nicht erreicht wird. Doch sind die Unterschiede in der Sacculusstellung, welche hierbei zustande kommen, verhältnismäßig gering, und es erscheint daher zweifelhaft, ob die Sacculusotolithen für die Aufrechterhaltung der Normalstellung verantwortlich zu machen sind. In der Normalstellung (Abb. 179) stehen nun aber die Utriculusotolithen horizontal und drücken auf die Macula, d. h. sie befinden sich in Minimumstellung; es ist daher möglich, daß auch von den Utriculis Stellreflexe ausgehen, durch welche der Kopf immer so gestellt wird, daß die Utriculi horizontal mit drückenden Otolithen stehen. Dasselbe findet sich bei den anderen untersuchten Tierarten, wie Abb. 177 und 178 für Meerschweinchen und Affe veranschaulichen. Nach dieser Auffassung würden also die Sacculi die Aufgabe haben, den Kopf aus asymmetrischen Lagen in symmetrische Stellungen zu führen, während die Utriculi die Aufrechterhaltung der Normalstellung gewährleisten[1]). Nach der anderen Auffassung würden beide Reaktionen von den Sacculi ausgelöst werden. Welche von beiden richtig ist, kann wohl nur durch vergleichend-anatomische Untersuchungen oder durch Versuche an Tieren mit alleiniger Ausschaltung der Sacculi oder Utriculi entschieden werden. Versuche in dieser Richtung werden unten auf S. 535 mitgeteilt.

Zusammenfassend läßt sich sagen, daß diejenigen Labyrinthstellreflexe, durch welche der Kopf aus asymmetrischen Lagen in einen symmetrischen Stand gebracht wird, Sacculusreflexe sind. Für diese Reflexe läßt es sich beweisen, daß das Maximum der Erregung von der Macula ausgeht, wenn der Otolith hängt, und das Minimum, wenn er drückt. Nach einseitiger Labyrinthexstirpation sucht das Tier seinen Kopf so zu stellen, daß der intakte Sacculusotolith drückt, d. h. der Kopf wird mit der Seite des intakten Labyrinthes nach oben gedreht. Sind beide Labyrinthe intakt, so kommt der Kopf in „Normalstellung" zur Ruhe, in welcher beide Sacculi symmetrisch stehen, und daher die

---

[1]) Gegen eine Beteiligung der Utriculi spricht die Tatsache, daß nach einseitiger Labyrinthexstirpation gar keine Tendenz des Kopfes zur Normalstellung deutlich wird, sondern daß der Kopf in Seitenlage mit etwas gesenkter Schnauze zur Ruhe kommt. Dann ist nur der Sacculus, nicht aber der Utriculus in Minimumstand. Doch ergeben sich hieraus keine unüberwindlichen Schwierigkeiten.

von ihnen ausgehenden Erregungen sich gerade das Gleichgewicht halten. Entfernt sich der Kopf aus der Symmetrielage, so wird der mehr nach unten befindliche Sacculus stärker erregt, und der Kopf dadurch in die Symmetrielage zurückgebracht. Die Verbindung der Sacculi mit den Halsmuskeln läuft für diese Stellreflexe durch Zentren im Mittelhirn. — Ob diejenigen Labyrinthstellreflexe, durch welche der symmetrisch stehende Kopf immer in die „Normalstellung" gebracht wird, von den Sacculis oder Utriculis ausgelöst werden, läßt sich allein an der Hand des Otolithenmodelles nicht mit Sicherheit entscheiden.

3. Tonische Labyrinthreflexe auf die Augenmuskeln.

Die Untersuchungen über kompensatorische Augenstellungen, welche bekanntlich beim Kaninchen außerordentlich ausgesprochen sind, haben zu folgenden Ergebnissen geführt:

Beim Kaninchen entspricht jeder Stellung des Kopfes im Raume ein bestimmter Kontraktionszustand seiner Augenmuskeln und damit eine bestimmte Augenstellung, welche solange andauert, als der Kopf seine Stellung im Raume beibehält.

An diesen tonischen Labyrinthreflexen auf die Augen beteiligen sich beim Kaninchen der Rectus externus und internus nicht in gesetzmäßiger Weise. Im wesentlichen handelt es sich um die Wirkung des Rectus superior und inferior, welche die Vertikalabweichungen der Augen bedingen, und der beiden Obliqui, welche die Raddrehungen veranlassen. Beide Recti verhalten sich hierbei als Antagonisten: wenn der eine sich verkürzt, wird der andere verlängert. Ebenso verhalten sich die Obliqui als Antagonisten. Dagegen können sich Längenänderungen der Recti mit denen der Obliqui in wechselndem Grade kombinieren. Diese beiden Muskelgruppen funktionieren also unabhängig voneinander (wenn auch natürlich zusammen abhängig von den Labyrinthen).

Befindet sich der Kopf anfangs in Normalstellung und wird dann um die bitemporale Achse um 360° gedreht (Drehung I), so reagieren dabei hauptsächlich die Obliqui und die Augen führen (gleichsinnige) Rollungen aus.

Befindet sich der Kopf anfangs in Normalstellung und wird dann um die occipito-nasale Achse um 360° gedreht (Drehung II), so reagieren dabei hauptsächlich die Recti sup. und inf. und die Augen führen (gegensinnige) Vertikalabweichungen aus.

Befindet sich der Kopf anfangs in Seitenlage und wird dann um die ventrodorsale Achse um 360° gedreht (Drehung III), so reagieren beide Muskelgruppen, und die Augenstellungen sind die Resultante von gleichsinnigen Rollungen und gegensinnigen Vertikalabweichungen.

Es gelingt, die Stellungsänderungen der Augen beim normalen Tiere zurückzuführen auf die Summe der Einflüsse, welche vom rechten und linken Labyrinth auf die Recti sup. und inf. und die Obliqui sup. und inf. beider Augen ausgeübt werden.

a) Vertikalabweichungen. Wenn sich der Kopf in linker Seitenlage befindet, so ist der rechte Rectus inferior und der linke Rectus superior im Zustande der größten Verkürzung, der rechte Rectus superior und der linke Rectus inferior im Zustande größter Länge. Das rechte Auge ist dann maximal nach unten, das linke Auge maximal nach oben abgelenkt.

Wenn sich der Kopf in rechter Seitenlage befindet, so ist der linke Rectus inf. und der rechte Rectus sup. im Zustande der größten Verkürzung, der linke Rectus sup. und der rechte Rectus inf. im Zustande größter Länge. Das rechte Auge ist dann maximal nach oben, das linke Auge maximal nach unten abgelenkt.

Bei allen anderen Lagen des Kopfes im Raume nehmen die Recti sup. und inf. Verkürzungsgrade an, welche zwischen diesen Extremen liegen. Stets reagieren beide Augen mit gegensinnigen Vertikalabweichungen. Der Rectus sup. der einen und der Rectus inf. der anderen Seite reagieren dabei gleichsinnig.

Nach einseitiger Labyrinthexstirpation ruft das übrigbleibende Labyrinth an beiden Augen die größte Vertikalabweichung von der Normalstellung hervor, wenn es sich bei Seitenlage des Kopfes unten befindet. Dann ist der Rectus sup. der gleichen und der Rectus inf. der gekreuzten Seite im Zustande der größten Verkürzung (Maximumstellung). Wenn sich das übrigbleibende Labyrinth bei Seitenlage des Kopfes oben befindet, so ist der Rectus sup. der gleichen und der Rectus inf. der gekreuzten Seite im Minimum der Verkürzung (Minimumstellung). Ein tonischer Einfluß des übrigbleibenden Labyrinthes auf den Rectus sup. der gekreuzten und den Rectus inf. der gleichen Seite hat sich nicht nachweisen lassen.

Bei intakten Labyrinthen halten sich bei Normalstellung des Kopfes die Erregungen vom rechten und linken Labyrinth auf die Recti sup. und inf. beider Augen gerade das Gleichgewicht, so daß die Augen dann in Normalstellung stehen.

Auf Grund des Modelles läßt sich über die Rolle der Otolithen bei den Vertikalabweichungen folgendes aussagen:

Da die Maximumstellung der beiden Labyrinthe um nahezu 180° voneinander verschieden ist (Maximumstellung des rechten Labyrinthes ungefähr bei rechter Seitenlage, die des linken ungefähr bei linker Seitenlage), so folgt, daß es sich nicht um Utriculusreflexe handeln kann, da sonst die Maximumstellungen identisch sein müßten. Es müssen also Sacculusreflexe sein. In der Maximumstellung hängt der Sacculusotolith (Abb. 184), in der Minimumstellung drückt er (Abb. 185).

Nach einseitiger Labyrinthexstirpation ist die Vertikalabweichung bei Maximumstellung des intakten Labyrinthes maximal, bei Minimumstellung ist sie Null oder sehr gering. Das ist auch der Fall, wenn die Halsdrehung aufgehoben ist (s. oben S. 349). Jedenfalls ist sicher, daß in Minimumstellung des intakten Labyrinthes keine Vertikalabweichung nach der anderen Seite eintritt. Daraus ergibt sich die zwingende Folgerung, daß wirklich in Minimumstellung vom Sacculusotolithen keine oder sehr geringe Erregungen ausgehen, in Maximumstellung dagegen hochgradige Erregungen. Auch in diesem Falle (wie bei den Labyrinthstellreflexen) läßt sich also wirklich beweisen, daß das Maximum der Erregung von der Macula ausgeht, wenn der Otolith hängt, und das Minimum, wenn er drückt. Die bei den tonischen Labyrinthreflexen auf die Körpermuskulatur für die Tätigkeit der Utriculi gezogene Folgerung läßt sich also bei den Sacculis zu Gewißheit erheben.

Jede Sacculusmacula steht mindestens mit dem Rectus sup. der gleichen und dem Rectus inf. der gekreuzten Seite in funktioneller Verbindung. Durch das Zusammenwirken der Erregungen der beiden Sacculi auf die Recti sup. und inf. beider Augen erklären sich die Vertikalabweichungen bei den verschiedenen Stellungen des Kopfes im Raume.

Bei Seitenlage (Abb. 186) ist der oben befindliche Sacculus in Minimumstand und übt keine oder geringe Wirkungen aus. Der unten befindliche Sacculus zieht das oben befindliche Auge maximal ventralwärts, das unten befindliche Auge maximal dorsalwärts. Bei Normalstellung des Kopfes (Abb. 179) stehen beide Sacculi symmetrisch, es gehen gleiche mittelstarke Erregungen von ihnen aus, die von jedem Sacculusotolithen dem Superior der gleichen und dem Inferior der gekreuzten Seite zufließen, und die Augen stehen daher in Normalstellung. Bei Rückenlage des Kopfes (Abb. 181) ist dasselbe der Fall.

Abb. 187 gibt das Verhalten des Rectus superior des Kaninchens mit erhaltenen beiden Labyrinthen bei den verschiedenen Lagen des Kopfes im Raume wieder.

Drehung I (————————). Ausgangsstellung: Normalstand (Abb. 179). Drehung um die bitemporale Achse. Richtung der Drehung: Schnauze nach unten. Da bei dieser Drehung die beiden Sacculi stets in symmetrischer Lage bleiben, so erfolgen so gut wie keine Vertikalabweichungen.

Drehung II (—·—·—·—). Ausgangsstellung: Normalstand (Abb. 179). Drehung um die occipito-nasale Achse. Richtung der Drehung: Untersuchtes rechtes Auge nach unten. Nach einer Drehung von 90° hat der linke Sacculus die Minimumstellung passiert, der rechte Sacculus nähert sich der Maximumstellung (Abb. 186). Infolgedessen ist der rechte

Superior verkürzt, der rechte Inferior verlängert. Bei weiterer Drehung auf 110—120° kommt der rechte Sacculus in die Maximumstellung und die Augenabweichung nimmt noch etwas zu. Bei Drehung um 180° (Rückenlage) stehen die beiden Sacculi wieder symmetrisch (Abb. 181) und die Augen passieren daher wieder die Normalstellung. Bei Drehung um 240—250° kommt der linke Sacculus in Maximumstellung und der rechte Inferior ist jetzt verkürzt, der Superior verlängert. Bei 290 bis 300° kommt der rechte Sacculus in Minimumstellung. Bei weiterer Drehung geht die Augenabweichung dann allmählich zurück. Die Kurve zeigt eine starke Asymmetrie. Bei Drehung über den Scheitel (180°) erfolgt die Längenänderung der beiden Recti sehr schnell, während sie bei Drehung über den Unterkiefer (0° bzw. 360°) allmählich eintritt. Die Ursache hierfür liegt in der Schrägstellung der Sacculus-

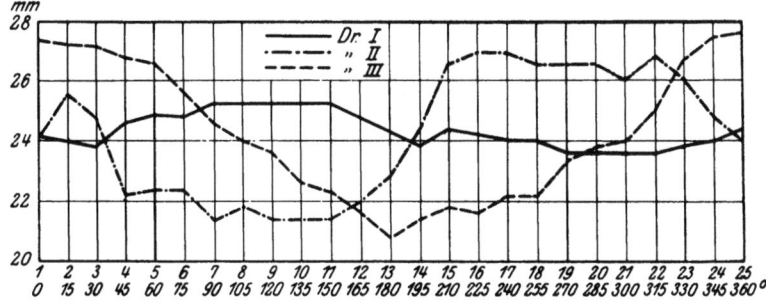

Abb. 187 (Rectus superior).

maculae gegen die Medianebene. In Normalstellung (Abb. 179) wird infolge dieser Neigung durch beide Sacculusotolithen noch etwas Druck auf die Maculae ausgeübt. Man muß die Drehung nach beiden Seiten um 20—30° fortsetzen, bis der eine Sacculus vertikal steht und daher aufhört zu drücken. Erst bei weiterer Drehung kommt es dann zum Hängen des einen Sacculusotolithen und damit zu einem überwiegenden Einfluß desselben, der sich in einer stärkeren Vertikalabweichung der Augen äußert. So wird es verständlich, daß bei Drehung über den Unterkiefer die Augenstellung sich nur allmählich ändert. Anders liegen die Verhältnisse, wenn der Kopf sich in Rückenlage (180°, Abb. 181) befindet. Dann hängen beide Sacculusotolithen noch etwas an ihren schräggestellten Maculae. Jede kleine Drehung nach der einen oder anderen Seite nähert den einen Sacculus der Maximumstellung, den anderen Sacculus der Vertikalstellung, bei der er aufhört zu hängen. Kleine Drehungen bewirken also starke Unterschiede in der Wirkung der beiden Sacculi und dadurch starke Vertikalabweichungen. Man kann sich diese Verhältnisse auch auf folgende Weise klarmachen: Der rechte Sacculus steht bei dieser Drehung II in Maximumstellung bei

110—120°, der linke Sacculus bei 240—250°. Der Drehungsunterschied zwischen den beiden Maximumstellungen beträgt also bei Drehung über den Scheitel nur 130°, während er bei Drehung über den Unterkiefer 230° beträgt. Daher kommt es, daß die Kurven für die beiden Recti bei Drehung über den Scheitel einen sehr steilen Verlauf haben (vgl. besonders die Strecke zwischen 150 und 210°), während sie bei Drehung über den Unterkiefer (vgl. die Strecke von 315° über 360° bis 90°) nur sehr allmählich sich ändern. Es stimmt dieses genau mit der geneigten Lage der Sacculusmaculae überein und ist eine weitere Stütze für die Abhängigkeit der Vertikalabweichungen von den Sacculi.

Drehung III (— — — — — —). Ausgangsstellung: Linke Seitenlage, rechtes Auge nach oben. Drehung um die ventro-dorsale Achse. Richtung der Drehung: Schnauze nach unten. Bei der Ausgangsstellung ist das rechte Auge stark nach unten abgelenkt, der linke

Abb. 188.

Sacculus ist schon über seine Maximumstellung hinaus, der rechte Sacculus hat seine Minimumstellung noch nicht erreicht. Das erfolgt erst bei einer Drehung von 23—32°. Nach einer Drehung von 90° (Schnauze nach unten) stehen beide Sacculi symmetrisch (Abb. 188), die Augen stehen in Normalstellung. Nach einer Drehung von 180° (rechte Seitenlage) hat der linke Sacculus die Minimumstellung passiert, der rechte Sacculus seine Maximumstellung noch nicht ganz erreicht (Abb. 186). Das rechte Auge ist stark nach oben abgelenkt. Bei Drehung von 270° (Schnauze nach oben) stehen beide Sacculi wieder symmetrisch (Abb. 189), die Augen sind in Normalstellung und gehen nun bei weiterer Drehung bis 360° wieder in die bei Ausgang der Drehung vorhandene Abweichung über.

Auch bei dieser Drehung sollte wegen des Schrägstandes der Sacculusotolithen in occipito-nasaler Richtung eine Asymmetrie der Kurven vorhanden sein. Dieselbe ist aber in dem abgebildeten Kurvenbeispiel nicht sehr ausgesprochen. Die Ursache für die geringere Asymmetrie der Kurve liegt vielleicht darin, daß bei Drehung III die Drehungsebene angenähert mit der Längsrichtung der Sacculusotolithen zusammenfällt, und daß daher die Aufhängung des Sacculusotolithen an dem umgebogenen vorderen Sacculusstück sich dämpfend geltend macht. Bei Drehung um 90° (Schnauze nach unten, Abb. 188) wird der Druck des Otolithen teilweise durch dieses Vorderstück mitgetragen, bei Drehung um 270° (Schnauze nach oben, Abb. 189) hängt der Otolith teilweise an demselben. Da das Vorderstück (mit dem Dorsallappen) infolge seiner anatomischen Anordnung auf den Einfluß von Hängen und Drücken des Otolithen mechanisch wirken muß, so wäre ein solcher Einfluß gut verständlich.

Zusammenfassend läßt sich sagen, daß die Vertikalabweichungen der Augen bei den kompensatorischen Augenstellungen Sacculusreflexe sind und daß jede Sacculusmacula mit dem Rectus superior der gleichen und dem Rectus inferior der gekreuzten Seite in funktioneller Verbindung steht. Das Maximum der Erregung geht vom Sinnesepithel aus, wenn der Otolith hängt. Wenn der Otolith auf die Macula drückt, sind die Erregungen Null oder minimal. Bei den symmetrischen Kopfstellungen fließen den beiderseitigen Recti sup. und inf. von beiden Sacculi gleichstarke Erregungen zu; daher stehen die Augen ohne Vertikalabweichungen in der Orbita. Steht der Kopf dagegen nicht symmetrisch, so

Abb. 189.

gewinnt der unten befindliche Sacculus die Oberhand, und das nach unten gerichtete Auge wird dorsalwärts, das nach oben gerichtete Auge ventralwärts abgelenkt. Bei Seitenlage des Kopfes bzw. bei Kopflagen, in denen der unten befindliche Sacculusotolith horizontal steht und an der Macula hängt, ist die Augenabweichung am größten. Letzteres ist vor allem bei Drehung II deutlich. Die bei Kaninchen mit intakten Labyrinthen vorhandenen Vertikalabweichungen bei den verschiedenen Lagen des Kopfes im Raume erklären sich durch das Zusammenwirken der von den beiden Sacculusmaculae ausgehenden Einwirkungen auf die genannten Augenmuskeln. Der besondere Verlauf der Längenänderungen der Recti sup. und inf. bei Lageänderungen des Kopfes im Raume läßt sich aus der anatomischen Anordnung der Sacculi verstehen.

Diese Feststellungen müssen noch ergänzt werden durch genaue quantitative Untersuchungen des Verlaufs der vertikalen Augenabweichungen bei den verschiedenen Drehungen nach einseitiger Labyrinthexstirpation. Da hierbei besonders im Maximumstand des intakten Sacculusotolithen eine starke Vertikalabweichung eintritt, wurde bei den bisher verwendeten photographischen Aufnahmen die Cornea dann in starker Verkürzung abgebildet, so daß der genaue quantitative Verlauf der Deviation nicht befriedigend zu messen war. Die Versuche sollen daher mit verbesserter Technik an einseitig labyrinthlosen Kaninchen wiederholt werden.

Beim Meerschweinchen ist die Abhängigkeit der Vertikalabweichungen vom Otolithenstand im Prinzip dieselbe, wie beim Kaninchen.

Dagegen müssen beim Affen (und beim Menschen) die Verbindungen anders sein. Aus dem auf S. 188 Mitgeteilten ergibt sich, daß bei den beiden Seitenlagen des Kopfes gleichsinnige Raddrehungen der Augen auftreten, wobei der Obliquus inferior des obenliegenden Auges und der Obliquus superior des untenliegenden Auges in Kontraktion geraten. Man wird daher annehmen müssen, daß (gleichen Erregungsmodus der Otolithenmaculae vorausgesetzt) jedes Sacculushauptstück mit dem Obliquus superior des gleichseitigen und dem Obliquus inferior des gekreuzten Auges in funktioneller Verbindung steht, und daß diese Muskeln sich kontrahieren, wenn der Otolith an der Macula hängt. Ein Blick auf das in Abb. 178 wiedergegebene Modell des Otolithenstandes bei Affen lehrt, daß die Lage der Sacculushauptstücke im Schädel mit dem beim Kaninchen und Meerschweinchen gefundenen im wesentlichen übereinstimmt.

b) Raddrehungen. Während bei den bisher besprochenen labyrinthären Lagereflexen sich verhältnismäßig einfache Beziehungen zum Otolithenstand ergaben und daher auch ziemlich sichere Schlüsse über ihre Abhängigkeit von bestimmten Teilen des Otolithenapparates gezogen werden konnten, ist dieses bei den kompensatorischen Raddrehungen noch nicht möglich. Das bisher vorliegende Versuchsmaterial reicht nicht aus, um den Kontraktionszustand der schrägen Augenmuskeln (beim Kaninchen) auf die Lageänderungen einer einzelnen Macula oder eines Maculateiles zurückzuführen.

Im vierten Kapitel wurden folgende Tatsachen festgestellt:

Wenn sich der Kopf ungefähr mit der Schnauze nach oben befindet in einer Zone von $+ 60°$ bis $+ 120°$ (Abb. 189) mit einem relativen Maximum bei $+ 75°$, so sind die beiden Obliqui sup. (rechts und links) im Zustande größter Verkürzung, beide Obliqui inf. im Zustande größter Länge. Beide Augen sind dann mit dem oberen Hornhautrande nach vorne gerollt.

Wenn sich der Kopf ungefähr mit der Schnauze nach unten befindet in einer Zone von $- 90°$ bis $- 15°$ (Abb. 188) mit einem relativen Maximum etwa bei $- 75°$, so sind die beiden Obliqui sup. im Zustande größter Länge, beide Obliqui inf. im Zustande größter Verkürzung. Beide Augen sind dann mit dem oberen Hornhautrande nach hinten gerollt.

Bei allen anderen Lagen des Kopfes im Raume nehmen die schrägen Augenmuskeln Verkürzungsgrade an, welche zwischen diesen Extremen

liegen. Die Ruhelage der Obliqui ist nach Versuchen an drei Kaninchen
(S. 164) bei Normalstellung des Kopfes (— 175°). In dieser Stellung
stehen die Augen gerade so, wie nach doppelseitiger Labyrinthexstirpation.

Beide Augen reagieren bei den kompensatorischen Raddrehungen
mit gleichsinnigen Rollungen.

Der Verlauf der Raddrehungen (bei Drehung I um die bitemporale
Achse) ändert sich nicht wesentlich, wenn man einen Obliquus sup.
oder einen Obliquus inf. durchschneidet (S. 170).

Nach einseitiger Labyrinthexstirpation bleiben die Rollungen
beider Augen qualitativ unverändert bestehen. Ein Labyrinth wirkt
auf die gleichnamigen Obliqui beider Augen und die Rollungen gleichsinnig. Das übriggebliebene Labyrinth ruft an beiden Augen die größte
Rollung durch Kontraktion der beiden Obliqui inferiores hervor, wenn
der Kopf sich ungefähr vertikal mit der Schnauze nach unten befindet. Umgekehrt ruft dieses eine Labyrinth an beiden Augen die
größte Rollung durch Kontraktion beider Obliqui superiores hervor,
wenn sich der Kopf ungefähr mit der Schnauze nach oben befindet.
Das Ausmaß der Rollungen ist beim Vorhandensein nur eines Labyrinthes etwa halb so groß, als wenn beide Labyrinthe intakt sind.

Für die Entscheidung der Frage, welche Otolithenstellen die kompensatorischen Augenrollungen auslösen, ist von Bedeutung, daß nach
einseitiger Labyrinthexstirpation sich die Lage der Maximum- und
Minimumstellungen nicht wesentlich ändert (Gegensatz zu den Vertikalabweichungen), und daß ein Labyrinth auf die gleichnamigen M. obliqui
beider Augen gleichsinnig einwirkt. Daraus ist, wenn man die Gültig-
keit der bisher gefundenen Gesetzmäßigkeiten auch bei den Raddrehungen voraussetzen will, zu schließen, daß die auslösenden Otolithenstellen des rechten und linken Ohres ungefähr in dieselbe Ebene
fallen müssen.

Hierfür kämen zunächst die beiden Utriculusmaculae in Betracht.
Wenn man sich aber auf den bei den anderen tonischen Labyrinthreflexen bewährten Standpunkt stellt, daß in der Maximum- und Minimumstellung die auslösenden Otolithen horizontal stehen müssen, so
können es die Utriculusotolithen nicht sein, denn diese stehen bei
vertikaler Kopfstellung mit Schnauze oben oder unten, nicht horizontal,
sondern angenähert vertikal (Abb. 188 und 189). In der ganzen Zone
der Kopfstellungen, in welcher bei Drehung I (um die bitemporale
Achse) die Augen am stärksten nach vorne oder nach hinten gerollt
sind: von — 90° bis — 15° und von + 60° bis + 120°, stehen sie niemals horizontal. Bei — 75° stehen sie angenähert vertikal, bei + 75°
sehr stark schräg. Daß die Utriculusotolithen für sich allein nicht die
Raddrehung verursachen können, folgt ferner daraus, daß dann das

Maximum der Raddrehungen mit dem Maximum der tonischen Labyrinthreflexe auf die Körpermuskeln zusammenfallen müßte. Das ist
aber nicht der Fall. Nach den Bestimmungen von Weiland (9) liegt
das letztere individuell wechselnd zwischen 0° und + 45°. Ferner
müßten bei Drehung II (um die occipito-nasale Achse), bei welcher
die Utriculusotolithen sehr starke Lageveränderungen erleiden, starke
Raddrehungen auftreten, was nicht der Fall ist (Abb. 190). Auch das
Verhalten der Raddrehung bei Drehung III stimmt nicht zu den Lageänderungen der Utriculusotolithen. Ferner bedenke man folgendes:
Bei Normalstellung des Kopfes ist der Labyrintheinfluß auf die beiden
Obliqui am geringsten. Damit würde stimmen, daß dann die Utriculus-
otolithen horizontal stehen und drücken. Bei der um 180° verschiedenen
Rückenlage des Kopfes stehen aber ebenfalls die Augen in Mittel-

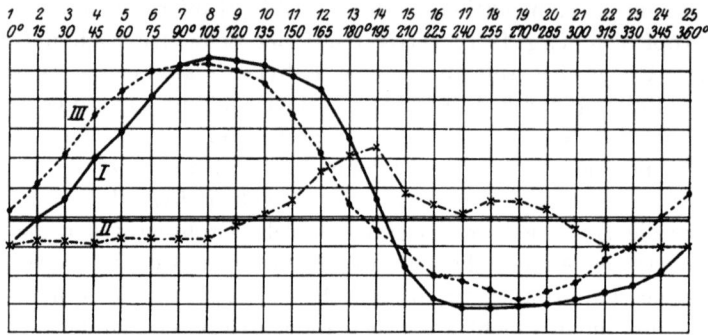

Abb. 190. Kurven der Raddrehungen der Augen beim Kaninchen.

stellung, und daß die Obliqui superior und inferior dann nicht beide
maximal verkürzt sind, ergibt sich daraus, daß bei dieser Kopfstellung
die Augen nicht nasalwärts abgelenkt sind, und ferner mit aller Sicherheit aus den Versuchen an Tieren mit Durchschneidung eines Obliquus
sup. oder inf. (S. 170). Trotzdem aber hängen bei dieser Kopfstellung
die Utriculusotolithen. Nach allen diesen Feststellungen ist es ausgeschlossen, daß die Raddrehungen der Augen durch die Stellungsänderungen der Utriculusmaculae bedingt werden.
    Ebensowenig kommen die Sacculushauptstücke in Betracht, denn
diese liegen nicht in einer Ebene und stehen bei vertikalem Kopfstande
nicht horizontal.
    Abb. 188 veranschaulicht die Lage der Utriculusmaculae und der
Sacculushauptstücke beim Kopfstande − 75°, wenn beide Augen
maximal nach hinten gerollt sind.
    Um diesen Schwierigkeiten zu entgehen, haben wir in unserer ersten
Veröffentlichung (50) die Hypothese erörtert, daß die Raddrehungen
von den Sacculusdorsallappen ausgelöst werden, welche eine getrennte

Innervation durch den N. utricularis besitzen und beim Kaninchen so umgebogen sind, daß sie nahezu in eine Ebene fallen. Allerdings ergab sich hierbei sofort die Besonderheit, daß dann der Erregungsmodus ein anderer sein müßte, als in den bisher studierten Fällen; es müßten dann nicht nur vom hängenden, sondern auch vom drückenden Otolithen Erregungen bewirkt werden, von welchen bei der hängenden Stellung die Obliqui superiores, bei der drückenden Stellung die Obliqui inferiores in größte Verkürzung versetzt würden. Schon dieses erleichtert die Annahme der Hypothese nicht. Nun war zur Zeit der damaligen Erörterungen die genaue Lage der Dorsallappen noch nicht bekannt. Dieselbe ist jetzt durch de Burlet ermittelt worden. Das Ergebnis widerspricht unserer früheren Vermutung. Allerdings liegen die beiden Dorsallappen nahezu in einer Ebene. Aber sie stehen horizontal bei Kopfstellungen von ungefähr $+ 345°$ und $- 15°$ und nicht bei $+ 75°$ oder $- 75°$. Das heißt, daß sie bei dem bisher angenommenen Erregungsmodus nicht für sich allein die Raddrehungen auslösen können.

Da also weder die Utriculusmaculae, noch die Sacculushauptstücke, noch die Dorsallappen so liegen, daß sie jeder für sich allein genügen, um die kompensatorischen Augenrollungen zu veranlassen, muß man entweder (was unwahrscheinlich ist) an andere Teile der Otolithenmaculae, wie Utriculusvorderstück oder Sacculusvorderstück, denken. Aber auch hiermit kommt man nicht zum Ziele. Oder man muß darauf verzichten, die Raddrehungen von einer einzelnen Stelle abhängig sein zu lassen, und das Zusammenwirken mehrerer Teile des Otolithenapparates ins Auge fassen. In unserer früheren Arbeit war bereits auf die Möglichkeit hingewiesen, daß Utriculusmaculae und Sacculusdorsallappen, welche beide vom Ramus utricularis innerviert werden, sich bei den Augenrollungen gemeinsam beteiligen, doch schien damals diese Annahme die weniger wahrscheinliche. Nachdem jetzt aber die Dorsallappen allein nicht mehr herangezogen werden können, muß wieder an diese Möglichkeit gedacht werden.

Das bisher vorliegende experimentelle Tatsachenmaterial reicht nicht aus, um unter Zuhilfenahme der Daten über die Lage der Otolithenmaculae bzw. deren einzelnen Teile die Frage zu entscheiden. Hierzu sind neue Versuche erforderlich, bei welchen erstens die bisher ermittelten Gesetzmäßigkeiten mit veränderter Methode bestätigt, zweitens die Abhängigkeit der Länge jedes einzelnen Obliquus von jedem der beiden Labyrinthe bei den verschiedenen Kopfstellungen untersucht, drittens an der Hand der Otolithenmodelle der Kopf in alle diejenigen Stellungen gebracht, in welchen die bisher gemessenen Otolithenflächen charakteristische (horizontale) Lagen einnehmen, viertens einzelne Teile des Otolithenapparates außer Funktion gesetzt, andere in Tätigkeit gelassen werden sollen. Es ist zu erwarten, daß es auf diese Weise möglich sein wird, das Zustandekommen der Raddrehungen aufzuklären. Bei dem derzeitigen Stand unserer Kenntnisse ist es aber besser, das Ergebnis der neuen Versuche abzuwarten, als sich in eine Erörterung der verschiedenen Möglichkeiten zu verlieren.

Beim Meerschweinchen sind die Schwierigkeiten für die Augenrollungen die gleichen wie beim Kaninchen; beim Affen (und Menschen) dagegen sind es die Vertikalabweichungen, für welche noch der Auslösungsmechanismus im Labyrinth aufgeklärt werden muß.

4. Schlußfolgerungen über die Funktion der Otolithenapparate.

In diesem Abschnitt ist zunächst ausschließlich untersucht, welche Lage die Otolithen im Kaninchenschädel und im Raume einnehmen, wenn die verschiedenen tonischen Labyrinthreflexe ihr Maximum und ihr Minimum haben. Daher kann auch an dieser Stelle nur erörtert werden, zu welchen Schlußfolgerungen und Vermutungen diese Betrachtungsweise führt.

Danach kommt man zu folgender Vorstellung: Die tonischen Labyrinthreflexe auf die Körpermuskulatur (Extremitäten, Hals und Rumpf) werden ausgelöst von den Utriculi. Die asymmetrischen Labyrinthstellreflexe jedenfalls von den Sacculi, wobei es noch unsicher bleibt, ob die symmetrischen Labyrinthstellreflexe von den Utriculi oder den Sacculi ausgehen. Von den kompensatorischen Augenstellungen sind die Vertikalabweichungen jedenfalls abhängig von dem Hauptteil der Sacculusotolithen. Für die Raddrehungen müssen die Auslösungsstellen noch festgestellt werden.

Über die Funktionsweise der Otolithenapparate läßt sich vorläufig nur folgendes sagen:

Von den Maculae gehen Dauererregungen aus, welche je nach der Stellung der Otolithen im Raume von verschiedener Intensität sind und solange ihre Stärke nicht ändern, als der Otolith die gleiche Lage zur Horizontalebene beibehält. Bei den Labyrinthstellreflexen und den Vertikalabweichungen der Augen läßt sich für die Sacculushauptstücke beweisen, daß das Maximum der Erregung dann vorhanden ist, wenn der Otolith horizontal steht und an der Macula hängt. Bei den tonischen Labyrinthreflexen auf die Glieder- und Halsmuskeln ließ sich das gleiche für die Utriculi wahrscheinlich machen.

Andererseits ließ sich bei den Labyrinthstellreflexen und den Vertikalabweichungen der Augen für die Sacculushauptstücke beweisen, daß das Minimum der Erregung von der Macula ausgeht, wenn der Otolith horizontal steht und auf die Macula drückt. Bei den tonischen Labyrinthreflexen auf die Hals- und Gliedmuskeln ließ sich das gleiche für die Utriculi wahrscheinlich machen. Dabei läßt sich bisher nicht mit Sicherheit entscheiden, ob in der Minimumstellung von den Maculae überhaupt Erregungen ausgehen, welche nur geringer sind als in der Maximumstellung und den intermediären Stellungen, oder ob das Organ in der Minimumstellung zur Ruhe kommt und keine Erregungen ausgehen läßt. Die Beobachtungen über die Vertikalabweichungen der Augen nach einseitiger Labyrinthexstirpation sprechen für die letztere Möglichkeit (Sacculushauptstücke). Dagegen machen es die Feststellungen über tonische Reflexe auf die Halsmuskeln nach einseitiger Labyrinthexstirpation wahrscheinlich, daß von den Utriculi auch in der Minimumstellung Erregungen ausgehen; denn die Kopfdrehung bleibt auch in der Minimumstellung bestehen.

Wenn man daher die tonischen Labyrinthreflexe auf die Körpermuskeln, die Labyrinthstellreflexe und die vertikalen Augenabweichungen allein betrachtet, kommt man zu folgender Auffassung der Otolithentätigkeit: Die Maculae sind Sinnesorgane, welche auf Zug reagieren, und zwar gehen von ihnen nervöse Erregungen aus, welche solange von unveränderter Stärke sind, als der Otolith seine Lage zum Horizonte nicht ändert. Das Maximum der Erregung erfolgt, wenn der Otolith an der Macula hängt. Bei den anderen Lagen im Raume sind diese Erregungen um so geringer, je mehr sich der Otolith aus der „hängenden" Lage entfernt und sich der „drückenden" nähert. Wenn der Otolith drückt, hat die Erregung ihr Minimum oder kann selbst Null werden.

Während diese Anschauung über die Otolithentätigkeit die übrigen tonischen Labyrinthreflexe in befriedigender Weise erklärt, haben sich bei den kompensatorischen Raddrehungen Schwierigkeiten ergeben, deren endgültige Lösung weiterer experimenteller Untersuchung überlassen werden muß.

Die oben gezogenen Schlußfolgerungen über die Verteilung der Funktion auf die Utriculi und Sacculi und über die zentralen Verbindungen dieser Sinnesorgane gelten zunächst für das Kaninchen. Beim Meerschweinchen liegen die Verhältnisse im wesentlichen geradeso. Bei den übrigen untersuchten Säugetieren haben sich für die tonischen Labyrinthreflexe auf die Körpermuskulatur und für die Labyrinthstellreflexe grundsätzlich die gleichen Verhältnisse gefunden. Die kompensatorischen Augenstellungen verhalten sich beim Affen anders als beim Kaninchen. Beim Affen sind die Raddrehungen von den Sacculushauptstücken abhängig, während die Erklärung der Vertikalabweichungen hier auf die gleichen Schwierigkeiten stößt, wie die der kompensatorischen Raddrehungen beim Kaninchen. Die Abhängigkeit der kompensatorischen Augenstellungen von den Labyrinthen bei Hund und Katze muß noch näher untersucht werden. Demgegenüber ist zu betonen, daß bei den übrigen Wirbeltierklassen, bei welchen jederseits drei Otolithen vorhanden sind, eine andere Verteilung der Funktion vorhanden sein muß, falls man nicht annehmen will, daß von den Lagenaotolithen Reflexe ausgehen, welche den Säugetieren fehlen. Schlüsse über Otolithenfunktion von anderen Wirbeltierklassen auf Säugetiere und umgekehrt sind daher vorläufig nicht erlaubt. Versuche, die Funktion der einzelnen Otolithen bei Fischen aufzuklären, sind bisher von Kubo, von Benjamins und in jüngster Zeit von Maxwell (1, 2) unternommen worden. Dieselben haben noch nicht zu einer völlig ausgearbeiteten und widerspruchslosen Theorie der Otolithentätigkeit geführt. Eine ausführliche Besprechung kann daher vorläufig unterbleiben. Doch stehen die Ergebnisse von Benjamins in der Hauptsache mit den hier entwickelten Anschauungen im Einklang.

Schließlich sei noch erwähnt, daß die verschiedenen Maximum- und Minimumstellungen für die einzelnen Labyrinthreflexe nicht nur mit den verschiedenen Otolithenmodellen, sondern auch mit dem Bogengangsmodell durchgeprüft worden sind, ohne daß es gelungen ist, irgendeinen gesetzmäßigen Zusammenhang zwischen den Maximum- und Minimumstellungen der tonischen Labyrinthreflexe und der Lage der Bogengänge bzw. ihrer Ampullen und Cristae aufzufinden. Für eine Beteiligung der Bogengangsapparate an diesen Reflexen haben sich demnach keine Anhaltspunkte ergeben.

Eine von der hier entwickelten abweichende Anschauung über die Funktion der Otolithen ist ohne experimentelle Grundlage auf Grund theoretischer Überlegungen und Berechnungen von Quix (2) aufgestellt worden. Die Unhaltbarkeit dieser Theorie, welche zu zahlreichen Widersprüchen mit den Tatsachen führt, ist in einer ausführlichen kritischen Arbeit (60) dargelegt worden.

C. Isolierte Otolithenausschaltung beim Meerschweinchen (52).

Bei den Erörterungen des vorigen Abschnittes wurde vorausgesetzt, daß die labyrinthären Lagereflexe von den Otolithenmaculae ausgehen, und auf Grund dieser Annahme erörtert, ob ein Zusammenhang zwischen der Lage der Otolithen im Raume und den experimentell festgestellten Maxima und Minima dieser Reflexe gefunden werden kann.

Nunmehr erhebt sich die Frage, ob sich diese Annahme experimentell beweisen läßt. Die Untersuchung der Labyrinthreflexe ergab, daß man zwei Gruppen unterscheiden kann: 1. Reflexe der Lage, 2. Reflexe auf Bewegung. Wenn diese wirklich von verschiedenen Teilen des Labyrinthes ausgelöst werden, so müßte sich zeigen lassen, daß nach Ausschaltung des Bogengangsapparates die Bewegungsreflexe fehlen und die Lagereflexe erhalten sind, während umgekehrt nach Ausschaltung der Otolithen die Lagereflexe fehlen und die Bewegungsreflexe erhalten sein müßten. Das stößt aber bei Warmblütern auf sehr große technische Schwierigkeiten[1]). Ein Blick auf Abb. 171 zeigt, daß die Endolymphräume des Bogengangsapparates mit dem Utriculus und dieser wieder mit dem Sacculus in offener Verbindung stehen, und daß sich daher bei operativer Zerstörung der Bogengangscristae eine Eröffnung von Utriculus und Sacculus kaum vermeiden läßt, während umgekehrt bei Exstirpation der Otolithenmaculae Abfluß der Endolymphe aus den Bogengängen unvermeidlich ist. In beiden Fällen wird man also keine reinen experimentellen Ergebnisse erzielen.

Eine weitere Möglichkeit wäre die isolierte Durchtrennung der zu den Cristae oder den Maculae führenden Nerven im Felsenbein ohne Eröffnung des Labyrinthes. Auch dieses ist eine schwierige, bisher nicht gelöste Aufgabe, wofür allerdings zur Zeit Vorarbeiten von de Kleyn, Hoffmann und Versteegh ausgeführt werden.

Während nun die isolierte Ausschaltung der Bogengangscristae bei Warmblütern bisher nicht ausgeführt ist, hat es sich als möglich herausgestellt, ohne Eröffnung des Labyrinthes die Otolithen auszuschalten und die Bogengangsapparate intakt zu lassen.

Eine hierfür brauchbare Methode hat Wittmaack 1909 (2) kurz mitgeteilt. Durch wiederholtes kurzdauerndes sehr schnelles Zentrifugieren (etwa 2000 Umdrehungen pro Minute $1/2-3/4$ Minute lang) glückte es ihm, beim Meerschweinchen die Otolithen abzuschleudern, während die Bogengangscristae vollständig intakt blieben. Eine ausführliche physiologische Untersuchung der Versuchstiere wurde jedoch von ihm nicht vorgenommen, weil die damalige Untersuchungstechnik hierfür nicht ausreichte. Wittmaack gibt nur an, daß bei der calorischen Untersuchung seiner Tiere an Stelle des schnellen rhythmischen Nystagmus nur ein Nystagmus mit groben und unregelmäßigen Ausschlägen auftrat, während die zugehörige Augendeviation normal oder verstärkt war. Außer diesen wenig charakteristischen Ausfallserscheinungen ließen die behandelten Tiere keinerlei Störungen im Orientierungsvermögen und den Lageempfindungen erkennen. Die Erklärung, welche Wittmaack für diesen unerwarteten Befund gibt, braucht nicht besprochen zu werden, da sich weiter unten herausstellen wird, daß sich bei genauerer Untersuchung solcher Tiere ganz andere Störungen nachweisen lassen. Auch gibt Wittmaack an, daß ein

---

[1]) Bei Fischen liegen die Verhältnisse anscheinend günstiger, wie aus den Mitteilungen von Lee, Kubo, Benjamins und Maxwell hervorgeht. Doch haben die bisher veröffentlichten Versuche noch nicht zu einem endgültigen Resultat geführt. Und selbst, wenn die Analyse bei Fischen vollständig durchgeführt wäre, ließen sich die Ergebnisse nicht ohne weiteres auf die Säugetiere mit ihrer ganz verschiedenen anatomischen Anordnung des Vestibularapparates übertragen. Auch sind die labyrinthären Lagereflexe bei Fischen mit Ausnahme der kompensatorischen Augenstellungen (Benjamins) kaum in großen Zügen bekannt.

Teil der Tiere Mittelohreiterungen bekam, wodurch es unmöglich wurde, bindende Schlüsse zu ziehen.

Es war eine sehr glückliche Idee von de Kleyn, daß sich die Witt-maacksche Versuchstechnik zur Beantwortung der hier aufgeworfenen Fragen heranziehen ließe. Wir haben daher Wittmaacks Versuche zur isolierten Otolithenausschaltung bei Meerschweinchen wieder auf-genommen.

Wenn die im vorigen Abschnitt über die Otolithenfunktion ent-wickelte Auffassung richtig ist, dann darf in denjenigen Versuchen, in welchen bei der histologischen Untersuchung die Otolithen abgeschleu-dert gefunden werden, klinisch nichts von einer Otolithenfunktion nachweisbar sein. Umgekehrt ist es dagegen sehr gut möglich, daß klinisch keine Otolithenfunktion mehr gefunden wird, während die histologische Untersuchung zeigt, daß die Otolithenmembranen nicht oder nicht vollständig abgeschleudert worden sind. Die histologische Intaktheit der Otolithenmembranen schließt keineswegs aus, daß die Maculae funktionell durch das Zentrifugieren schwer beschädigt sind.

Die Untersuchung wurde nun folgendermaßen ausgeführt: Normale Meerschweinchen wurden nach einem festen Schema auf alle bisher bekannten Labyrinthreflexe sorgfältig untersucht. Ein solches Schema, welches sich auch für zahlreiche andere einschlägige Untersuchungen gut bewährt hat, sei im folgenden wiedergegeben:

Schema.

Meerschweinchen Nr.	Datum
Gezeichnet	
Untersuchung vor — nach — Zentri-fugieren	Dauer
Lage des Kopfes beim Zentrifugieren	Geschwindigkeit des Zentrifugierens
Lage des Rückens beim Zentrifugieren	

Untersuchung.

A. Reflexe auf Bewegung:
  1. Drehreaktionen:
    a) auf den Kopf:
Drehen nach rechts	Nystagmus
Drehen nach links	,,
Nachreaktion nach Drehen nach rechts	,,
Nachreaktion nach Drehen nach links	,,
    b) auf die Augen[1]):
Drehen nach rechts	Nystagmus
Drehen nach links	,,
Nachreaktion nach Drehen nach rechts	,,
Nachreaktion nach Drehen nach links	,,

---

[1]) In dieser Versuchsreihe wurde regelmäßig nur die horizontale Drehreak-tion geprüft, und zwar nur qualitativ. Auf stärkere quantitative Abweichungen wurde natürlich geachtet.

2. Progressivbewegungen:
    a) Liftreaktion nach oben
       Liftreaktion nach unten
    b) Zehenspreizen bei Bewegung nach unten
    c) Sprungbereitschaft

B. Lagereflexe:
    1. Tonische Reflexe auf die Extremitäten[1]):
    Umlegen aus Bauch- in Rückenlage
    Kopfdrehen in Seitenlage

    2. Labyrinthstellreflexe (in der Luft):
    Normalstellung
    Rechte Seitenlage
    Linke Seitenlage
    Hängelage Kopf oben
    Hängelage Kopf unten
    Rückenlage

    3. Kompensatorische Augenstellungen (das Abklingen der Drehreaktionen abwarten!):
    a) Vertikal
       rechte Seitenlage
       linke Seitenlage
    b) Raddrehung
       Kopf mit Schnauze nach oben
       Kopf mit Schnauze nach unten

C. Eventuell zu untersuchen:
    1. Augenabweichung (mit Nystagmus ...) vertikal
    Ist dabei Raddrehung vorhanden?
    2. Kopfdrehung (mit vorübergehender Wendung)?
    Dabei „Grunddrehung" (bei Hängelage mit Kopf unten)?
    Einseitige Labyrinthstellreflexe (Vergleich beider Seitenlagen)?
    3. Einseitiger Tonusverlust der Extremitäten (nur einige Tage lang)?
    Hörreaktion.

Darauf wurden die Tiere in Äthernarkose zentrifugiert. Narkose
wurde aus verschiedenen Gründen verwendet. Erstens aus humanitären
Gründen, um die Tiere zu schonen; zweitens, weil sich herausstellte,
daß hierbei die Versuche wahrscheinlich mit geringeren Störungen ver
liefen als ohne Äthernarkose. Im Beginn des Zentrifugierens hat die
Zentrifuge nur eine geringe Geschwindigkeit, und die Tiere werden sich
dann ohne Narkose gegen die Bewegung zu sträuben versuchen; hierdurch könnten sie sich dann leicht unnötig verwunden.

Als Zentrifuge diente eine große Fabrikzentrifuge, in welcher in genau gleichem
Abstande vom Mittelpunkt einander gegenüber zwei Kästchen fest angebracht
waren. In diese wurden die zu untersuchenden Tiere in tiefer Äthernarkose in

---

[1]) Mit Sicherheit nur an decerebrierten Meerschweinchen prüfbar.

Watte eingewickelt gebracht. Durch Veränderung des Abstandes der Kästchen vom Mittelpunkt konnte jede gewünschte Geschwindigkeit des Zentrifugierens erreicht werden.

Im Laufe der Untersuchung stellte sich heraus, daß bei einem Radius von ca. $16^1/_2$ cm eine Umfangsgeschwindigkeit von ungefähr 900—1000 m pro Minute $1^1/_2$—$2^1/_2$ Minuten lang das erwartete Resultat lieferte. Im Gegensatz zu Wittmaack wurde in den meisten Fällen nur einmal zentrifugiert.

Nach dem Zentrifugieren war es häufig nötig, kurze Zeit künstliche Atmung auszuführen. Nur in sehr wenigen Fällen waren die Tiere nach dem Zentrifugieren tot oder zeigten Blutungen, wodurch sie dann für die weiteren Versuche unbrauchbar wurden.

Direkt nach dem Zentrifugieren wurden die Tiere nun wieder sorgfältig auf alle Labyrinthreflexe genau nach dem oben angeführten Schema untersucht, und diese Prüfung an den folgenden Tagen wiederholt. Man bekommt auf diese Weise gewissermaßen eine fortlaufende Krankengeschichte der Versuchstiere.

Indem wir von der schon lange bekannten klinischen Diagnostik der Bogengänge ausgingen und außerdem annahmen, daß die Funktion der verschiedenen Otolithen so ist, wie sie in dem vorigen Abschnitt begründet wurde, ließ sich eine klinische Diagnose über den Zustand der Bogengänge, der Utriculi und Sacculi an der rechten und linken Seite machen.

Darauf wurden die Tiere in Äthernarkose decerebriert, um die tonischen Reflexe auf die Extremitäten genau zu untersuchen. Diese sind bei nichtdecerebrierten Meerschweinchen meist nicht mit Sicherheit zu beurteilen, während sich herausgestellt hat, daß bei decerebrierten Meerschweinchen in allen Fällen außerordentlich kräftige tonische Labyrinthreflexe auf die Extremitäten vorhanden sind, so daß deren Fortfall nach Otolithenbeschädigung sich mit Sicherheit experimentell feststellen läßt. Darauf wurden die Tiere getötet.

Das Labyrinth wurde nun sofort nach der Methode von Wittmaack fixiert. Eine genaue pathologisch-anatomische Kontrolle der in vollständige Serien geschnittenen Labyrinthe vollendete die Untersuchung.

Die histologische Prüfung wurde im Anatomischen Institut in Utrecht teils durch de Burlet selber, teils mit seiner Unterstützung vorgenommen.

Für die Beurteilung der Ergebnisse der anatomischen Untersuchung ist folgendes zu berücksichtigen: Wenn man an Serienschnitten sicherstellen will, daß die Otolithen sich entweder unverändert an ihrem Platze befinden oder abgeschleudert worden sind, muß man die Gewißheit haben, daß die Otolithenmembranen nicht beim Schneiden oder sonst beim Anfertigen der Präparate disloziert worden sind. Hierfür liegen jetzt genügend zahlreiche Erfahrungen an normalen Serien vor. Diese lehren, daß wenn man in der angegebenen Weise gut fixiert und die Schnitte (was für das Ergebnis sehr wichtig ist) nicht dünner als 50 μ macht, die Otolithen ausnahmslos an Ort und Stelle sitzen. In seltenen Fällen sind die äußersten Ränder etwas abgehoben. Vollständige Abreißungen kamen bei nichtzentrifugierten Meerschweinchen nicht zur Beobachtung. Das Entscheidende ist aber, daß die Diagnose des Abschleuderns der Otolithen sich überhaupt nicht ausschließlich auf das Fehlen der Otolithenmembranen auf den Maculae gründet, sondern **auf deren Nachweis an anderen Stellen im Innern des häutigen Labyrinthes.** Zu allem übrigen sind kürzlich einige Versuche angestellt, in welchen Meerschweinchenköpfe in verschiedenen Stellungen in der Zentrifuge befestigt und rotiert wurden, um auf Grund der Kenntnis des Otolithenstandes vorher zu sagen, welche Otolithen abgeschleudert sein und in welche Richtung sie sich bewegt haben mußten (Einzelheiten finden sich in der Arbeit von de Burlet und de Haas (*88*). Das Ergebnis war folgendes:

Versuch 1. Kopf in der Zentrifuge in Normalstellung (—135°) mit der Längsachse radiär, Nasenspitze nach innen. Achse der Zentrifuge vertikal. Ergebnis: Otolithenmembranen in situ, nur die Sacculusdorsallappen abgeschleudert. Erklärung: Bei dieser Kopfstellung stehen nur die Dorsallappen so, daß die Zentrifugalkraft voll auf sie einwirkt (siehe Abb. 179).

Versuch 2. Kopf mit der Längsachse radiär. Nasenspitze nach innen. Kopfstellung + 120°. Bei dieser Kopfstellung stehen die Utriculusotolithen sehr günstig für das Abschleudern, sie müssen in der Richtung nach der vorderen vertikalen Ampulle abgeschleudert werden, in welcher sie sich tatsächlich beiderseits fanden. Auch die Sacculusotolithen waren abgeschleudert, was ihrer Schrägstellung entspricht.

Versuch 3. Kopfstellung + 120°. Kopf tangential, linkes Ohr nach außen, Schnauzenspitze 15° nach innen. Zentrifuge dreht im Sinne des Uhrzeigers. Ergebnis: Linke Utriculusmembran entsprechend der Zentrifugalrichtung in die Ampulle des horizontalen Bogenganges geschleudert. Rechte Utriculusmembran entsprechend der Zentrifugalrichtung etwas medialwärts verschoben, wo sie dann durch die Utriculuswand aufgehalten wird. Beide Sacculusotolithen in situ. Dieses entspricht auf der rechten Seite der Erwartung, da die Membran beim Zentrifugieren angedrückt sein mußte. Links wurde Abschleudern erwartet, was aber nicht eintrat.

Versuch 4. Kopf zweimal zentrifugiert, zuerst, wie in Versuch 3, danach wie in Versuch 2. Ergebnis: Beide Sacculusmembranen abgeschleudert wie in Versuch 2. Linke Utriculusmembran abgeschleudert, und zwar in der Richtung wie in Versuch 3 in die Ampulle des horizontalen Bogenganges, also beim ersten Zentrifugieren. Rechte Utriculusmembran nicht vollständig abgelöst, ist am lateralen Rand der Macula befestigt geblieben, der obere Rand des abgelösten Teiles reicht bis zum Eingang der vorderen vertikalen Ampulle. Dieses entspricht der Nichtloslösung beim ersten Zentrifugieren (= Versuch 3) und dem Abschleudern nach der vorderen vertikalen Ampulle beim zweiten Zentrifugieren (= Versuch 2).

Hieraus ergibt sich, daß sich der Erfolg des Zentrifugierens bei gegebener Kopfstellung bis zu einem gewissen Grade vorhersagen läßt. Dabei läßt sich nicht nur prophezeien, was **nicht** eintreffen wird, sondern mit einiger Sicherheit auch, ob, welche und wohin die Otolithenmembranen abgeschleudert werden. Derartige Versuche sind wichtig als Grundlage zu künftigen Experimenten, in denen nur ein Teil der Otolithen abgeschleudert werden soll. An dieser Stelle, wo es sich nur um die Entfernung aller oder gar keiner Otolithen handelt, kann die Übereinstimmung von Erwartung und Erfolg als Stütze für die Zuverlässigkeit der histologischen Untersuchung verwendet werden.

Das Ergebnis der Experimente ist folgendes:

1. Direkt nach dem Zentrifugieren findet man in den meisten Fällen ein sehr typisches Bild, nämlich daß alle tonischen Reflexe der Lage verschwunden sind, während die Bewegungsreflexe (Drehreaktionen und -nachreaktionen und die Reaktionen auf Progressivbewegungen) noch vorhanden, ja meistens sogar verstärkt sind. Dieses Bild fand sich in neun besonders sorgfältig untersuchten Fällen übereinstimmend.

2. An den folgenden Tagen kann man sehr verschiedene Zustände finden:

A. Bei manchen Tieren stellt sich allmählich die Funktion der Labyrinthe wieder vollständig her, so daß man schließlich keine Unterschiede gegenüber normalen Tieren mehr findet.

B. Bei anderen Tieren kehren die Lagereflexe dagegen nicht zurück. Man findet dann stets wieder das Bild, wie es soeben als typisch für die Untersuchung direkt nach dem Zentrifugieren beschrieben wurde. Es sind dann also alle Lagereflexe verschwunden und die Bewegungsreflexe unverändert erhalten.

C. Bei anderen Tieren findet man nur eine teilweise Rückkehr der Funktion. Man sieht dann sehr komplizierte Bilder auftreten, wobei die klinische Diagnose auf das Funktionieren oder Nichtfunktionieren der einzelnen Otolithen gestellt werden muß. Derartige Bilder kann man, wie oben auseinandergesetzt, willkürlich hervorrufen.

Im nachstehenden sollen allein die Fälle A und B besprochen werden, die Fälle unter C befinden sich noch in Bearbeitung; über sie wird später berichtet.

Die nachstehenden Beispiele entstammen der ersten zu diesem Zwecke ausgeführten Versuchsreihe.

A. Tiere, welche nach dem Zentrifugieren normale Labyrinthreflexe behielten oder sie wiederbekamen.

Aus dieser Gruppe sei ein genau anatomisch untersuchter Fall angeführt. Mit Ausnahme einer teilweisen Beschädigung des einen Utriculus, worauf weiter unten zurückzukommen ist, wurden sowohl die Bogengänge als die Otolithen anatomisch normal gefunden.

Meerschweinchen 2. 3. Februar 1919. Direkt vor dem Zentrifugieren: Alle Labyrinthreflexe sind normal. Nur wird bei Hängen mit dem Kopfe nach unten eine Grunddrehung von 30° nach links festgestellt.

Klinische Diagnose: Bogengänge normal; Otolithen normal, nur ein Überwiegen des rechten Utriculus gegenüber dem linken.

3. Februar. 4 Uhr. Zentrifugieren mit einer Geschwindigkeit von 900 m
pro Minute, Dauer des Zentrifugierens $1^{1}/_{2}$ Minuten, Kopf horizontal, Bauch nach
innen.

Direkt nach dem Zentrifugieren sitzt das Tier ruhig, Kopf gerade, kein
Kopfpendeln, kein spontaner Nystagmus.

Kopf- und Augendrehreaktionen und -nachreaktionen: normal.

Reaktionen auf Progressivbewegungen: alle deutlich.

Tonische Labyrinthreflexe auf die Extremitäten: nicht deutlich.

Labyrinthstellreflexe fehlen. Bei Hängelage mit dem Kopf nach unten steht
der Kopf 45—90° nach links gedreht, später dagegen nach rechts gewendet,
manchmal auch gerade.

Kompensatorische Augenstellungen: Vertikalabweichungen fehlen, Raddrehungen ungefähr 60°.

4. Februar. 10 Uhr. Alle Labyrinthreflexe vollkommen normal.
Beim Sitzen und bei Hängelage mit Kopf nach unten steht der Kopf vollständig
symmetrisch.

Klinische Diagnose: Bogengänge intakt, Sacculi intakt. — Da
vor dem Zentrifugieren eine Grunddrehung nach links vorhanden war,
aus welchem Grunde auf ein Überwiegen der Funktion des rechten
Utriculus geschlossen werden mußte, und da nach dem Zentrifugieren
die Grunddrehung verschwunden war, so daß die Utriculusfunktionen
nunmehr gleich sein mußten, wurde eine teilweise Beschädigung
des rechten Utriculus für wahrscheinlich erachtet.

Ergebnis der anatomischen Untersuchung:

Bogengangsapparat intakt.

Beide Sacculi intakt. Abb 191 zeigt den rechten Sacculus bei
starker Vergrößerung, man sieht das Sinnesepithel und darauf die intakte Otolithenmembran.

Abb. 192 zeigt die ebenfalls intakte Otolithenmembran des linken
Sacculus bei schwächerer Vergrößerung.

Rechter Utriculus: Dieser erweist sich tatsächlich als teilweise
beschädigt. Auf einigen Schnitten findet man die Otolithenmembran
nahezu normal, auf anderen Schnitten dagegen mehr oder weniger
beschädigt; der Teil der Membran, der den Bogengängen zugekehrt ist,
liegt normal auf dem Sinnesepithel, das andere Stück ist von der Unterlage abgeschleudert. Abb. 193 gibt das Bild eines Schnittes im Gebiet
der stärksten Beschädigung.

Linker Utriculus: Vollkommen normal. Abb. 194 zeigt den linken
Utriculus bei stärkerer Vergrößerung; das Sinnesepithel ist durch eine
normale Otolithenmembran bedeckt.

In diesem Falle decken sich also die klinische Diagnose und der
anatomische Befund vollkommen.

B. Tiere, bei welchen nach dem Zentrifugieren die Lagereflexe verschwanden und dauernd verschwunden blieben,

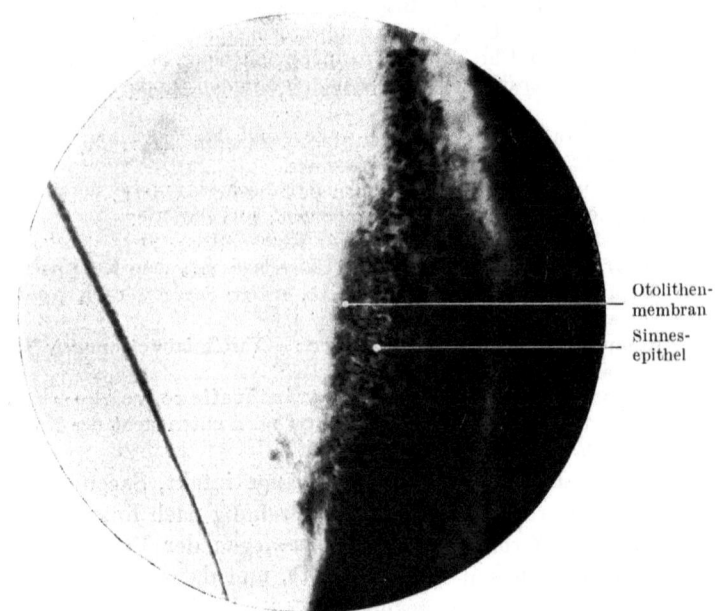

Otolithen-
membran

Sinnes-
epithel

Abb. 191. Meerschwein 2. Rechter Sacculus.

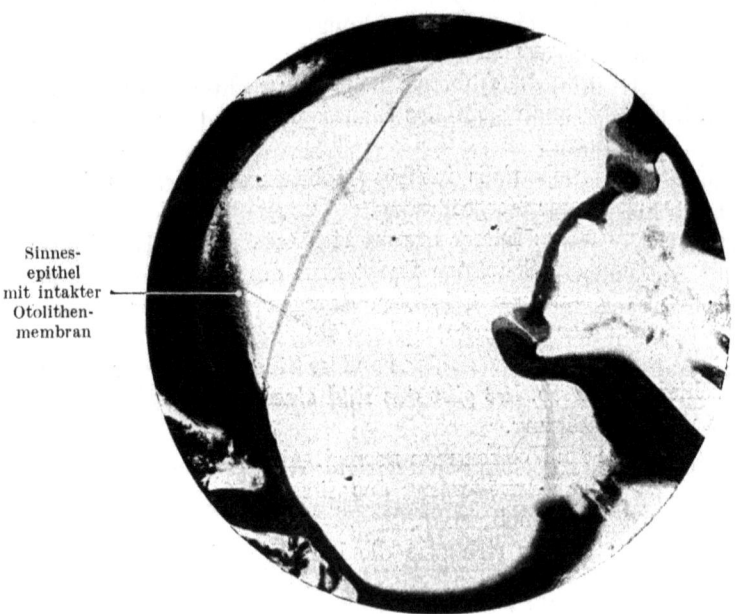

Sinnes-
epithel
mit intakter
Otolithen-
membran

Abb. 192. Meerschwein 2. Linker Sacculus.

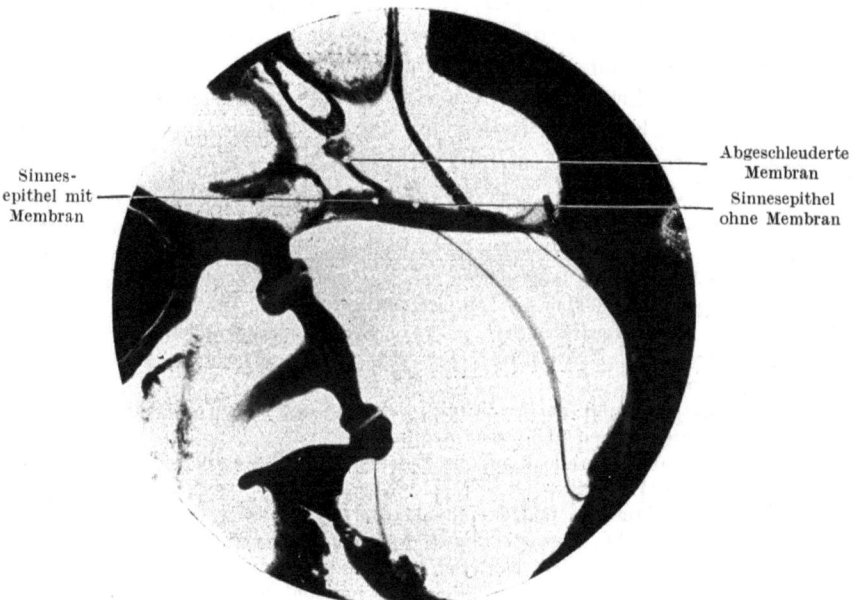

Sinnes-
epithel mit
Membran

Abgeschleuderte
Membran

Sinnesepithel
ohne Membran

Abb. 193. Meerschwein 2. Rechter Utriculus.

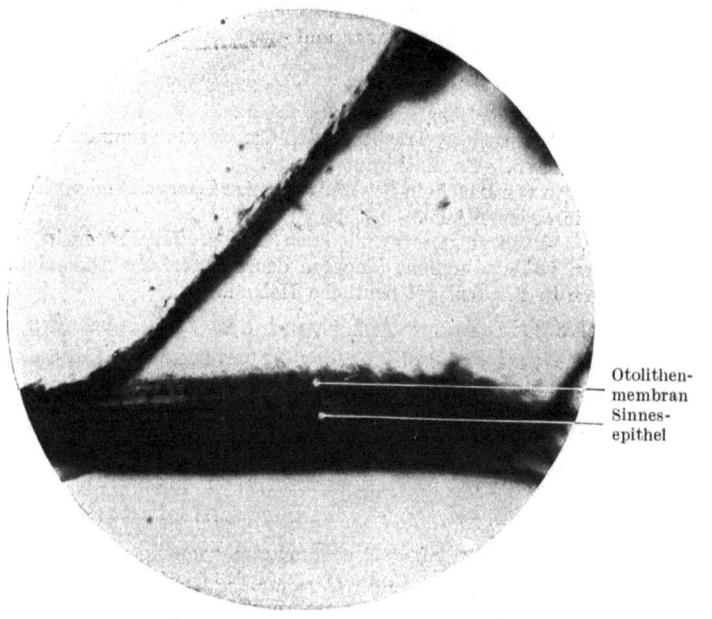

Otolithen-
membran

Sinnes-
epithel

Abb. 194. Meerschwein 2. Linker Utriculus.

33*

während Bewegungsreflexe (Drehreaktionen und -nach-
reaktionen und Progressivreaktionen) vorhanden waren.
   Im Nachstehenden sind die Protokolle der drei ersten Tiere dieser
Gruppe angeführt. Eines dieser Tiere (Meerschweinchen 1) wurde
zentrifugiert, als uns die Reflexe auf Progressivbewegungen noch nicht
bekannt waren.

   Meerschweinchen 1. 23. Mai 1918. Untersuchung vor dem Zentri-
fugieren: Alle Labyrinthreflexe normal (Progressivreaktionen nicht untersucht).
   23. Mai. $3^{1}/_{2}$ Uhr. Zentrifugieren mit einer Geschwindigkeit von 660 m
pro Minute $1^{1}/_{2}$ Minuten lang, darauf sofort noch einmal Zentrifugieren mit einer
Geschwindigkeit von 900 m $1^{1}/_{2}$ Minuten lang.
   Direkt nach dem Zentrifugieren: horizontales Kopfpendeln.
   $4^{1}/_{2}$ Uhr. Der Kopf wird beim Sitzen ruhig und gerade gehalten, kein spontaner
Augennystagmus.
   Drehreaktionen und -nachreaktionen auf Kopf und Augen vorhanden, nur die
Kopfdrehnachreaktionen nicht sehr deutlich.
   Tonische Labyrinthreflexe auf die Extremitäten: keine tonischen Labyrinth-
reflexe (dagegen Halsreflexe).
   Labyrinthstellreflexe: fehlen vollkommen.
   Kompensatorische Augenstellungen: fehlen vollkommen.
   24. Mai. $11^{1}/_{2}$ Uhr. Das Tier sitzt vollkommen symmetrisch, kein spontaner
Nystagmus. Nach Herumlaufen einige Male horizontales Kopfpendeln.
   Status genau wie am 24. Mai, $4^{1}/_{2}$ Uhr.
   2 Uhr. Photographiert, um das Fehlen der Labyrinthstellreflexe in Seitenlage
zu zeigen. Siehe Abb. 195.
   4 Uhr. Drehreaktionen und -nachreaktionen auf Kopf und Augen schwach.
   25. Mai. $9^{3}/_{4}$ Uhr. Drehreaktionen und -nachreaktionen auf Kopf und Augen
deutlich.
   Tonische Labyrinthreflexe auf die Extremitäten fehlen, Labyrinthstellreflexe
fehlen, kompensatorische Augenstellungen fehlen.
   $10^{3}/_{4}$ Uhr. Äthernarkose, Tracheotomie, Carotiden abgebunden. Vagi durchtrennt, Decerebrieren, gute Enthirnungsstarre.
   Beim Umlegen von Bauch- in Rückenlage: keine Spur von tonischen Labyrinthreflexen auf die Extremitäten.
   $11^{1}/_{4}$ Uhr. Enthirnungsstarre mittleren Grades. Kopfdrehen in Seitenlage:
keine tonischen Labyrinthreflexe (dagegen deutlich tonische Halsreflexe).
   Kopfdrehen in Rückenlage: deutliche Halsreflexe.

   Klinische Diagnose: Auf Grund des Vorhandenseins der Be-
wegungsreflexe und des Fehlens der Lagereflexe wird diagnostiziert:
Bogengänge intakt, Otolithen sämtlich ausgeschaltet.
   Ergebnis der anatomischen Untersuchung: Bogengänge
und Cristae intakt.
   Rechter Sacculus: Otolithenmembran pathologisch verändert
und teilweise schlecht gefärbt, aber nicht abgeschleudert (siehe Abb. 196).
   Linker Sacculus: Otolithenmembran vollständig abgeschleudert,
die Membran findet sich in einem Winkel des Sacculus (siehe Abb. 197).
   Rechter Utriculus: Otolithenmembran vollständig abgeschleudert,
die Membran liegt in der Ampulle des horizontalen Bogenganges (Abb. 196).

Linker Utriculus: Otolithenmembran vollständig abgeschleudert, die Membran liegt in einer Ecke des Utriculus (siehe Abb. 197).

In diesem Falle ergab die anatomische Untersuchung Veränderungen, wie sie nach der klinischen Untersuchung zu erwarten waren. Nur war

Abb. 195. Links normales Meerschwein. Rechts Meerschwein 1.

aus der klinischen Untersuchung zu schließen, daß auch die rechte Sacculusmembran abgeschleudert sei, während in Wirklichkeit diese Membran allerdings nicht normal war, aber doch auf ihrem Platz ge-

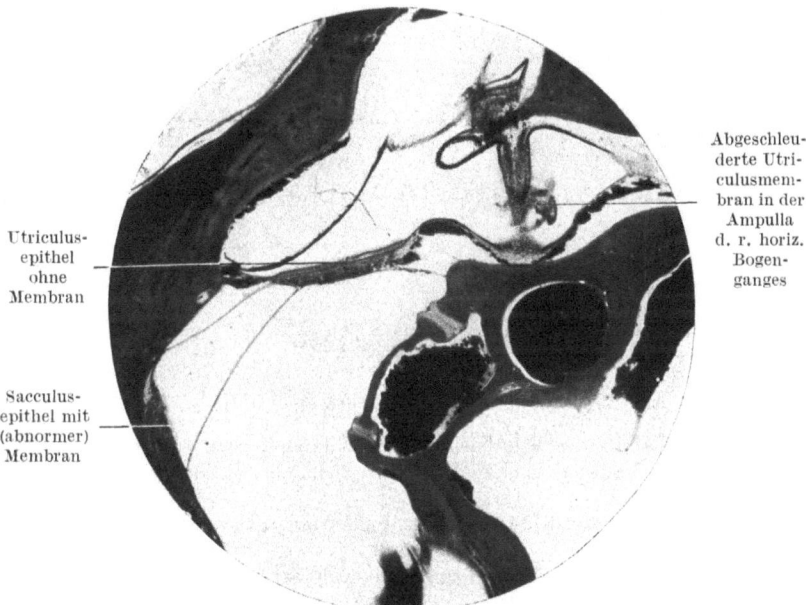

Abb. 196. Meerschwein 1. Rechtes Labyrinth.

funden wurde. Es ist nun natürlich möglich, daß das Tier zu früh ge-tötet wurde, und die Funktion des rechten Sacculus sich in den folgenden Tagen mehr oder weniger wiederhergestellt hätte. Wie oben bereits gesagt, findet man direkt nach dem Zentrifugieren eine vorübergehende

Ausschaltung der Lagereflexe, während diese sich später in einer Reihe von Fällen wiederherstellen.

Es ist aber auch möglich, daß die Membran durch das Zentrifugieren bleibend geschädigt wurde, ohne daß sich dieses histologisch nachweisen ließ.

Meerschweinchen 35. 31. März 1919. Untersuchung vor dem Zentrifugieren: Alle Labyrinthreflexe normal vorhanden.

4 Uhr. Zentrifugieren mit einer Geschwindigkeit von 960 m pro Minute $2^1/_2$ Minuten lang. Kopf horizontal. Bauch nach innen.

1. April. 11 Uhr. Drehreaktionen und -nachreaktionen auf Kopf und Augen sämtlich deutlich vorhanden. Progressivreflexe sämtlich deutlich vorhanden.

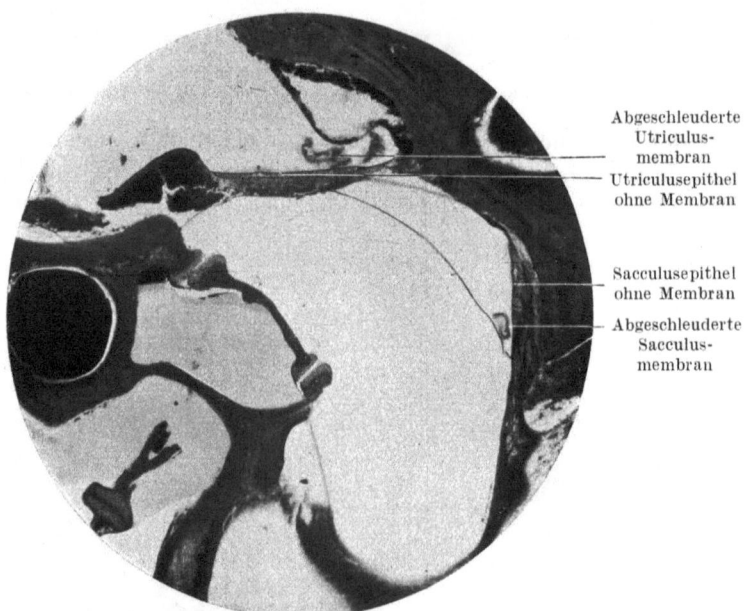

Abbildung labels:
Abgeschleuderte Utriculus-membran
Utriculusepithel ohne Membran

Sacculusepithel ohne Membran
Abgeschleuderte Sacculus-membran

Abb. 197. Meerschwein 1. Linkes Labyrinth.

Tonische Labyrinthreflexe auf die Extremitäten fehlen.

Labyrinthstellreflexe: fehlen höchstwahrscheinlich vollständig, höchstens eine Spur vorhanden.

Bei dem ruhig sitzenden Tiere ist das linke Auge nach unten, das rechte Auge nach oben abgelenkt.

2. April. 11 Uhr. Drehreaktionen und -nachreaktionen vorhanden.

Progressivreflexe vorhanden.

Tonische Labyrinthreflexe auf die Extremitäten fehlen, dagegen sind deutliche tonische Halsreflexe vorhanden.

Labyrinthstellreflexe fehlen vollständig; geringe Grunddrehung nach links.

Kompensatorische Augenstellungen fehlen vollständig.

Augenabweichung beim sitzenden Tier wie gestern.

4. April. 11 Uhr. Drehreaktionen und -nachreaktionen auf Kopf und Augen vorhanden, es besteht jedoch ein deutlicher Unterschied beim Drehen nach rechts

und links. Das Bild stimmt überein mit dem, was man bei Tieren nach linksseitiger Labyrinthexstirpation findet.

Progressivreflexe sehr deutlich, nur die Liftreaktion ist nicht auszulösen. Tonische Labyrinthreflexe auf die Extremitäten fehlen.

Labyrinthstellreflexe fehlen vollständig. Grunddrehung ist verschwunden. Kompensatorische Augenstellungen fehlen vollkommen.

Beim sitzenden Tier ist das linke Auge noch etwas nach unten, das rechte noch etwas nach oben abgelenkt.

Darauf Äthernarkose, Tracheotomie, Carotiden abgebunden, Vagi durchtrennt, Decerebrieren, danach gute Enthirnungsstarre.

Umlegen aus Bauch- in Rückenlage: keine Spur von tonischen Labyrinthreflexen auf die Extremitäten. Kopfdrehen in Seitenlage: keine Spur von tonischen Labyrinthreflexen, dagegen deutliche Halsreflexe.

Klinische Diagnose: Bogengänge. Infolge des Unterschiedes in der Reaktion auf Drehen nach rechts und links, wobei ein Bild gefunden wird wie nach linksseitiger Labyrinthexstirpation, wird eine wahrscheinliche Beschädigung des linken Bogengangssystems angenommen.

Sacculi und Utriculi: Auf Grund des Fehlens aller tonischen Labyrinthreflexe muß eine Ausschaltung sämtlicher Otolithen angenommen werden. Die vorübergehende Grunddrehung nach links und die Augenabweichung wie nach linksseitiger Labyrinthexstirpation machen es wahrscheinlich, daß der linke Sacculus und Utriculus gar keinen Einfluß mehr ausüben, während die rechten Otolithenmembranen allerdings nicht mehr funktionieren, aber doch leicht gereizt sind.

Ergebnis der anatomischen Untersuchung:

Bogengänge rechts geringere Blutungen, links ausgedehnte Blutungen in den perilymphatischen Raum und in die Bogengänge selbst.

Rechter Sacculus: Otolithenmembran abgeschleudert (siehe Abb. 198). Die Otolithenmembran befindet sich in der äußersten Ecke des Sacculus (siehe Abb. 199).

Linker Sacculus: Ausgedehnte Blutung in den Sacculus, Otolithenmembran abgeschleudert, befindet sich in dem Winkel des Sacculus (siehe Abb. 200).

Rechter Utriculus: Otolithenmembran abgeschleudert (siehe Abb. 198). Die Membran findet sich im hinteren vertikalen Bogengang (Photographie ist nicht geeignet zur Reproduktion).

Linker Utriculus: Starke Blutungen im Utriculus und in seiner Umgebung. Otolithenmembran vollständig zerrissen, aber nicht ganz abgeschleudert (siehe Abb. 200).

Auch hier findet sich also eine gute Übereinstimmung des klinischen und des anatomischen Bildes. Abgesehen von der Zerstörung der Otolithenmembranen sind die ausgedehnten Blutungen schon genügend, um zu erklären, daß das ganze linke Labyrinth ausgeschaltet war und klinisch keine Funktion der Bogengänge und der Otolithen der linken Seite gefunden werden konnte.

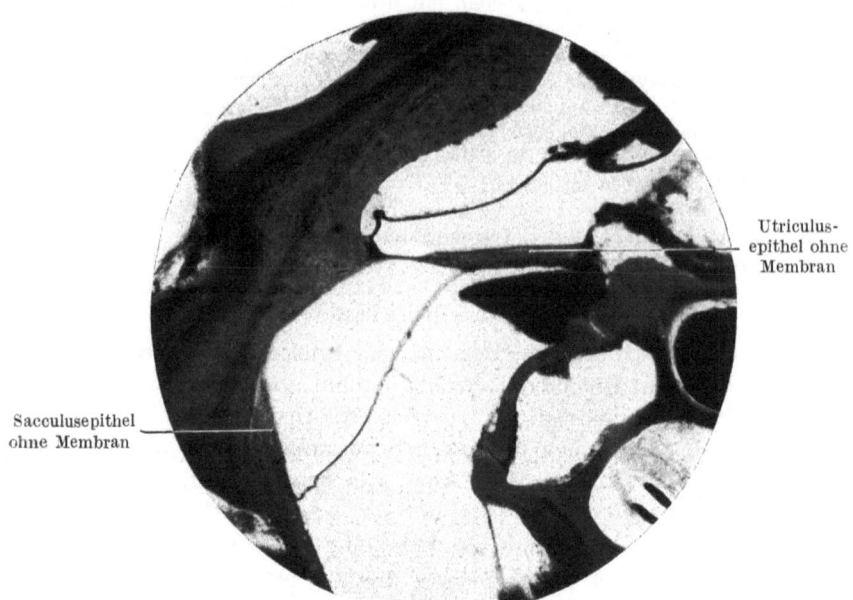

Utriculus-
epithel ohne
Membran

Sacculusepithel
ohne Membran

Abb. 198. Meerschwein 35. Rechtes Labyrinth.

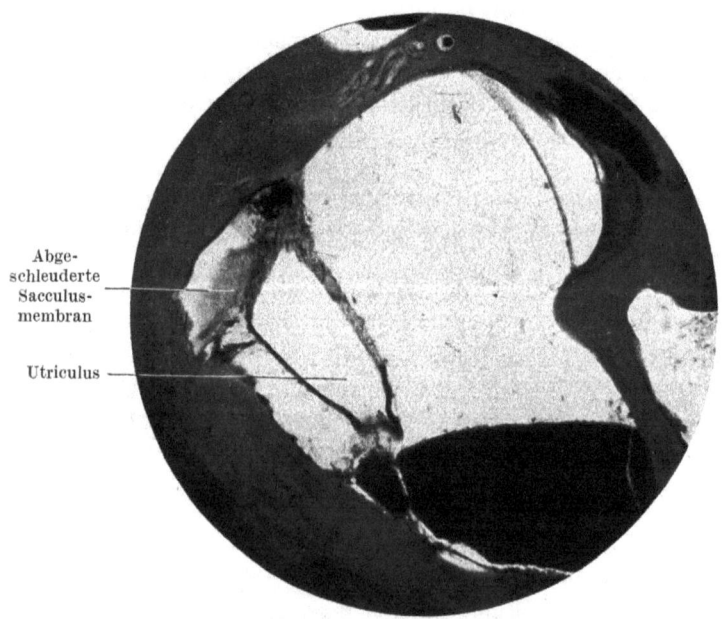

Abge-
schleuderte
Sacculus-
membran

Utriculus

Abb. 199. Meerschwein 35. Rechtes Labyrinth.

Rechts waren die Otolithenmembranen abgeschleudert, die intakten Bogengänge erklären die klinisch gefundenen Bewegungsreflexe.

Meerschweinchen 8. 10. Februar 1919. Untersuchung vor dem Zentrifugieren: Alle Labyrinthreflexe normal vorhanden.

4 Uhr. Zentrifugieren mit einer Geschwindigkeit von 900 m pro Minute 2 Minuten lang. Kopf horizontal, Bauch nach innen.

Direkt nach dem Zentrifugieren: Drehreaktionen und -nachreaktionen auf Kopf und Augen deutlich vorhanden.

Progressivreflexe deutlich vorhanden.

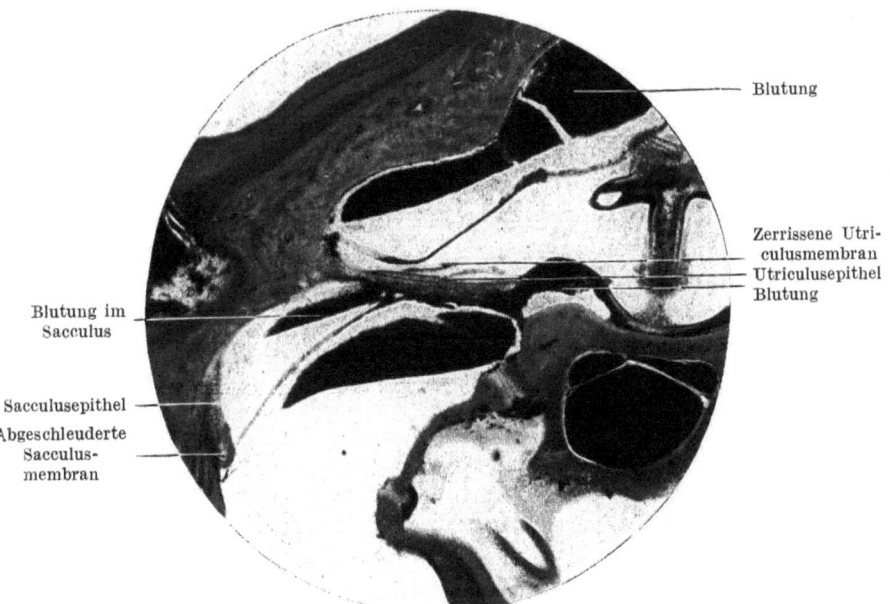

Abb. 200. Meerschwein 35. Linkes Labyrinth.

Tonische Labyrinthreflexe auf die Extremitäten fehlen vollständig (tonische Halsreflexe sind vorhanden).

Labyrinthstellreflexe fehlen.

Kompensatorische Augenstellungen fehlen.

Das Tier sitzt vollständig symmetrisch, kein spontaner Nystagmus.

11. Februar. 10 Uhr. Status genau wie gestern, nur die Progressivreaktionen schwach.

12. Februar. 10 Uhr. Status idem, heute sind jedoch die Progressivreaktionen sehr stark.

11 Uhr. Äthernarkose, Tracheotomie, Carotiden abgebunden, Vagi durchtrennt. Decerebrieren, sehr gute Enthirnungsstarre.

Umlegen aus Bauch- in Rückenlage: keine Spur von tonischen Labyrinthreflexen auf die Extremitäten.

Kopfdrehen in Seitenlage: keine Spur von tonischen Labyrinthreflexen, dagegen starke Halsreflexe.

Klinische Diagnose: Bogengänge intakt.

Sacculus- und Utriculusotolithen ausgeschaltet.

Ergebnis der anatomischen Untersuchung: Bogengänge und Cristae intakt.

Rechter Sacculus: Otolithenmembran abgeschleudert. Die Membran liegt in der Ecke des Sacculus (siehe Abb. 201).

Linker Sacculus: Otolithenmembran abgeschleudert. Die Membran liegt in der Ecke des Sacculus. Abb. 202 zeigt den linken Sacculus. Man sieht das Sinnesepithel, die Otolithenmembran fehlt vollständig, man findet nur

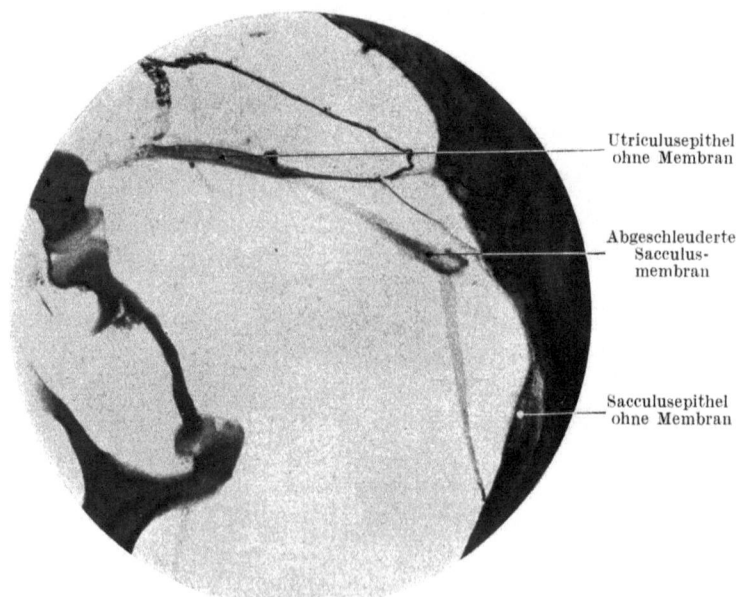

Abb. 201.   Meerschwein 8.   Rechtes Labyrinth.

einzelne Körnchen als Reste der Membran (vgl. Abb. 191, welche eine normale Membran zeigt). Abb. 203 zeigt den linken Sacculus bei schwächerer Vergrößerung. Man sieht die abgeschleuderte Membran in der Sacculusecke.

Rechter Utriculus: Otolithenmembran abgeschleudert. Die Membran findet sich im hinteren vertikalen Bogengang. Abb. 204 zeigt das Sinnesepithel; darauf liegen einzelne Körnchen, von einer normalen Membran ist jedoch nichts zu sehen (vgl. die normale Abb. 194). Die abgeschleuderte Membran findet sich im hinteren vertikalen Bogengang (Abb. 205).

Linker Utriculus: Otolithenmembran abgeschleudert (Abb. 206), die Membran findet sich im hinteren vertikalen Bogengang.

Abb. 207 zeigt die abgeschleuderte Membran im hinteren vertikalen Bogengang.

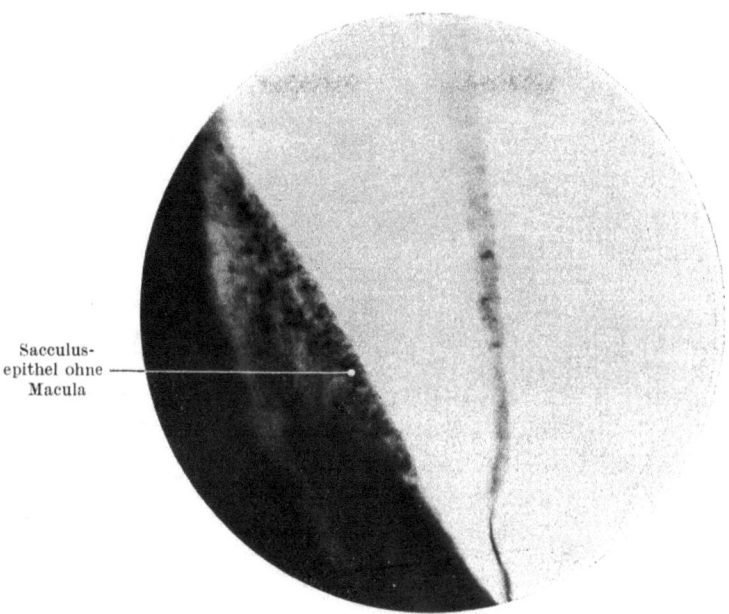

Sacculus-
epithel ohne
Macula

Abb. 202. Meerschwein 8. Linker Sacculus.

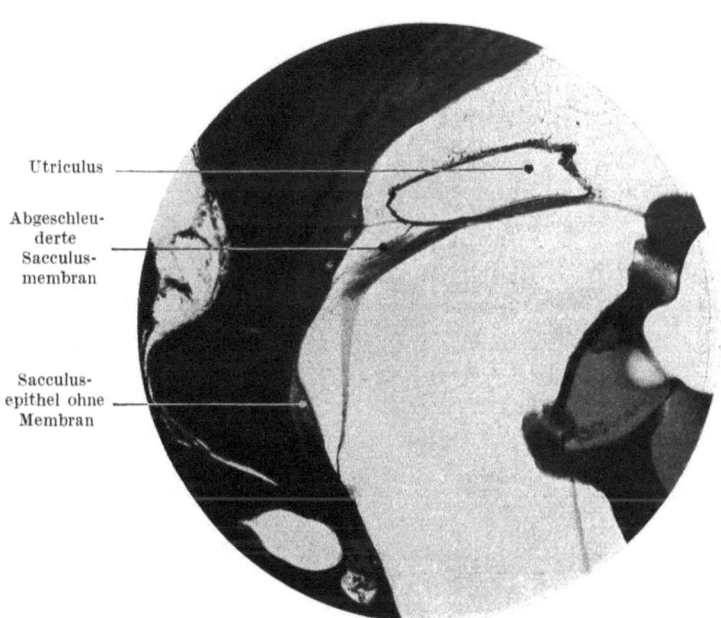

Utriculus

Abgeschleu-
derte
Sacculus-
membran

Sacculus-
epithel ohne
Membran

Abb. 203. Meerschwein 8. Linkes Labyrinth.

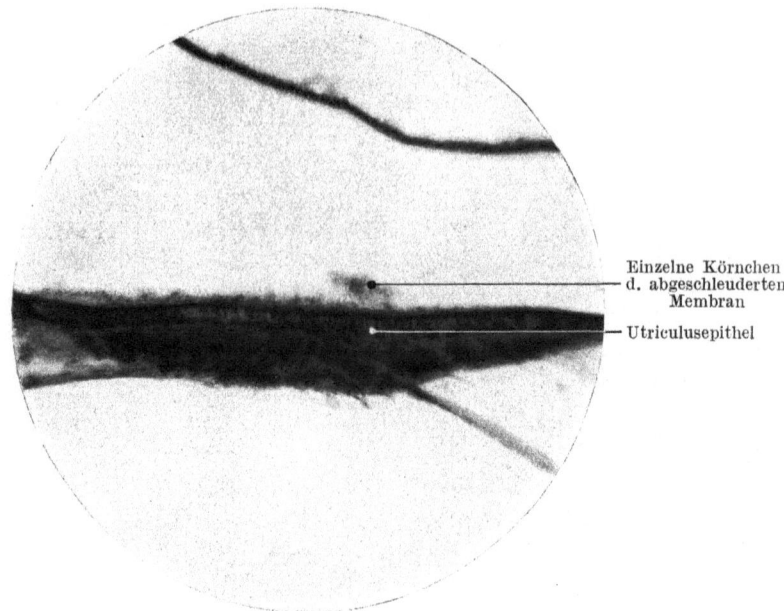

Einzelne Körnchen
d. abgeschleuderten
Membran

Utriculusepithel

Abb. 204. Meerschwein 8. Rechter Utriculus.

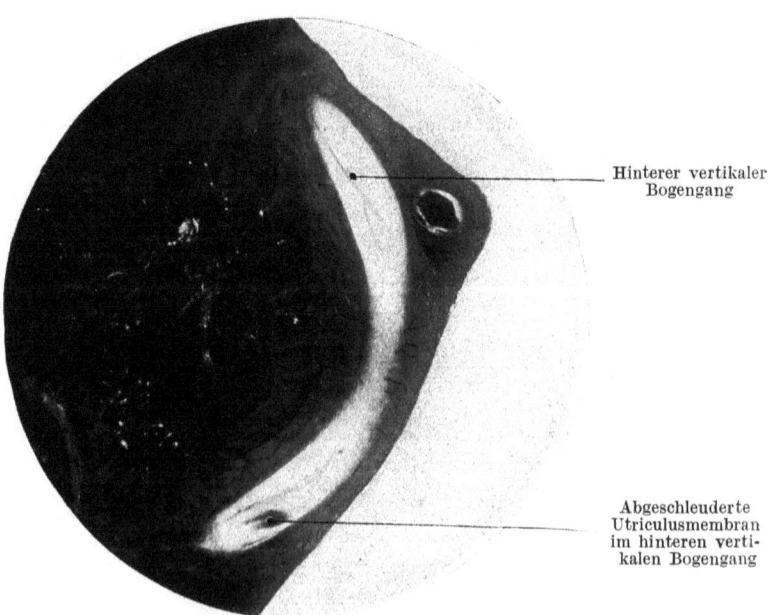

Hinterer vertikaler
Bogengang

Abgeschleuderte
Utriculusmembran
im hinteren verti-
kalen Bogengang

Abb. 205. Meerschwein 8. Rechter hinterer vertikaler Bogengang.

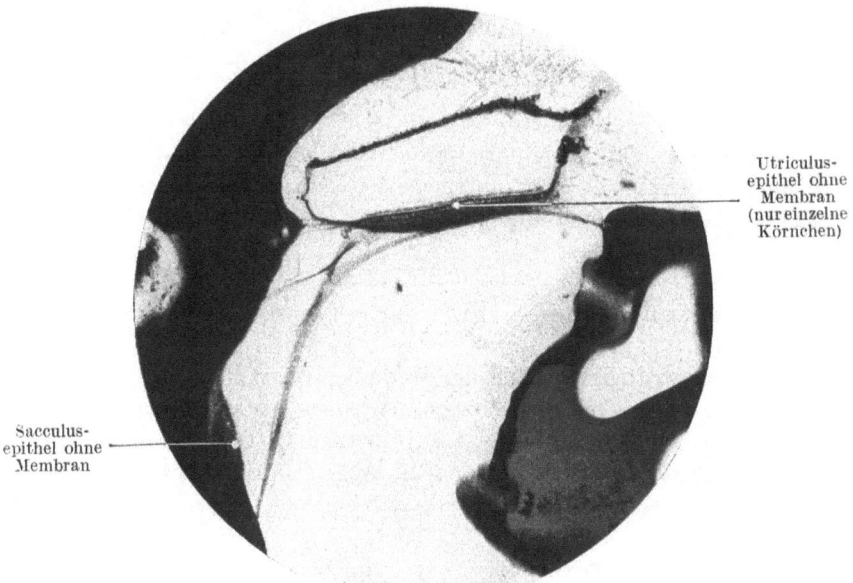

Utriculus-
epithel ohne
Membran
(nur einzelne
Körnchen)

Sacculus-
epithel ohne
Membran

Abb. 206. Meerschwein 8. Linkes Labyrinth.

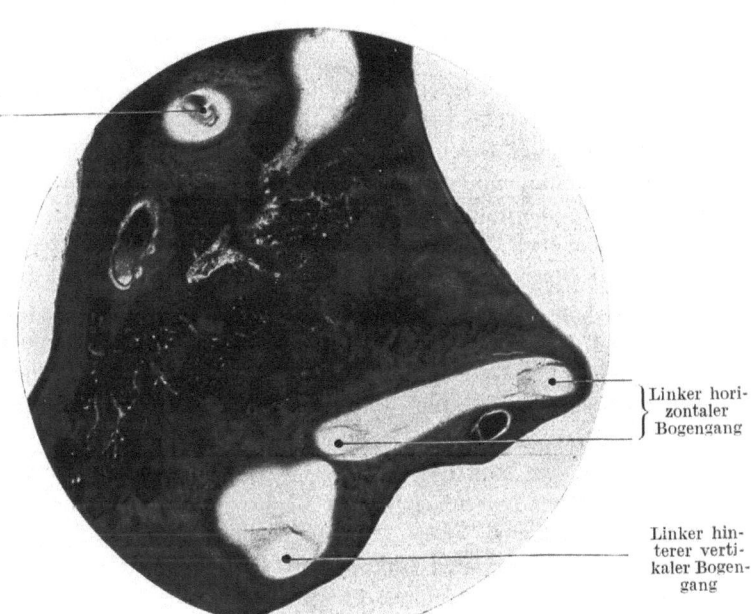

Abgeschleu-
derte Utricu-
lusmembran
im linken
hinteren
vertikalen
Bogengang

Linker hori-
zontaler
Bogengang

Linker hin-
terer verti-
kaler Bogen-
gang

Abb. 207. Meerschwein 8. Bogengänge links.

In diesem ganz unkomplizierten Falle findet sich eine vollständige Übereinstimmung zwischen der klinischen und anatomischen Diagnose, wie sie besser nicht gedacht werden kann.

Im weiteren Verlauf dieses Kapitels (S. 531) wird noch ein ähnlicher unkomplizierter Fall aufgeführt werden, welcher sich von dem zuletztgenannten Beispiel dadurch unterscheidet, daß er im ganzen 11 Tage nach dem Zentrifugieren untersucht wurde, ohne daß sich das Resultat änderte.

Zusammenfassend ergibt sich aus diesen Versuchen folgendes:

Durch Zentrifugieren nach der Methode von Wittmaack glückte es in vielen Fällen, bei Meerschweinchen einen Zustand hervorzurufen, in welchem die Labyrinthreflexe auf Bewegung (Drehreaktionen und -nachreaktionen auf den Kopf und die Augen und die Reaktionen auf Progressivbewegungen) normal sind, während die Labyrinthreflexe der Lage fehlen.

Läßt man die Tiere einige Tage am Leben und untersucht sie täglich auf ihre Labyrinthreflexe, so ergibt sich, daß bei einer Reihe von Tieren dieser Zustand unverändert bestehen bleibt, während bei anderen die tonischen Lagereflexe teilweise, manchmal sogar vollständig zurückkehren.

Die histologische Untersuchung ergab in dem Falle, in welchem die Labyrinthfunktion wieder vollständig normal geworden war, daß alle Otolithen auf ihrem Platze waren, mit Ausnahme eines Utriculusotolithen, welcher beschädigt war; dieser Befund war vollkommen in Übereinstimmung mit den klinischen Erscheinungen. Der Bogengangsapparat war ebenfalls intakt.

Bei einem Meerschweinchen, welches nach 2 Tagen intakte Labyrinthreflexe auf Bewegung (Drehreaktionen und Progressivreaktionen), dagegen gar keine Labyrinthreflexe der Lage zeigte, wurde bei der histologischen Untersuchung gefunden, daß alle vier Otolithenmembranen abgeschleudert waren und an anderer Stelle des Labyrinthes wiedergefunden werden konnten, während die Cristae der Bogengänge sich als intakt erwiesen. Dasselbe fand sich bei einem anderen Tier, bei welchem die Beobachtung auf 11 Tage nach dem Zentrifugieren ausgedehnt werden konnte.

In zwei anderen Fällen, in denen die Labyrinthreflexe der Lage nach dem Zentrifugieren fortblieben, wurden ebenfalls die Otolithenmembranen teils abgeschleudert gefunden, teils zerrissen und durch Blutungen außer Wirkung gestellt. Nur ein Sacculusotolith war auf seinem Platze, zeigte jedoch histologische Abweichungen. Der Bogengangsapparat war bei dem einen Tiere intakt, bei dem anderen an einer Seite durch Blutung stark beschädigt, was mit den klinischen Erscheinungen in Übereinstimmung war.

Aus diesen Tatsachen folgt:

1. Die Drehreaktionen und -nachreaktionen auf Kopf und Augen sind Bogengangsreflexe und können beim Fehlen der Otolithenmembran normal zustande kommen.

2. Dasselbe gilt für die Reaktionen auf Progressivbewegungen.

3. Dagegen sind die Labyrinthreflexe der Lage (tonische Labyrinthreflexe auf die Körpermuskeln, Labyrinthstellreflexe und kompensatorische Augenstellungen) Otolithenreflexe, welche nach Vernichtung der Otolithenmembranen nicht mehr auszulösen sind.

4. Direkt nach dem Zentrifugieren wird in vielen Fällen der Otolithenapparat durch die starke mechanische Einwirkung auf die spezifisch schwereren Otolithenmembranen vorübergehend so weit ausgeschaltet, daß keine Otolithenreflexe mehr zustande kommen, auch wenn die Membranen auf ihrem Platz liegen bleiben. Die Funktion stellt sich dann nach verschieden langer Zeit wieder her.

5. Hieraus folgt, daß durch den Bogengangsapparat die Reflexe auf Bewegung (Drehreaktionen und -nachreaktionen auf Kopf und Augen und Progressivreaktionen) ausgelöst werden, während der Otolithenapparat für die Reflexe der Lage verantwortlich gemacht werden muß (tonische Labyrinthreflexe auf die Körpermuskeln, Stellreflexe und kompensatorische Augenstellungen).

6. Hierdurch wird natürlich nicht ausgeschlossen, daß auch der Otolithenapparat durch bestimmte Bewegungsformen (Zentrifugalkraft, Trägheit bei schnellen Progressivbewegungen) erregt werden kann, z. B. ist die Beteiligung der Utriculusotolithen bei der Liftreaktion nach oben oder unten durchaus wahrscheinlich.

D. Der Erregungszustand der Otolithenmaculae (61, 64).

Da die labyrinthären Lagereflexe sich nach Abschleudern der Otolithenmembranen nicht mehr auslösen lassen, sind sie als Otolithenreflexe anzusehen. Durch Änderung der Stellung des Kopfes (und damit der Otolithen) zum Raume gelingt es bei erfolgreich zentrifugierten Tieren nicht mehr, den Erregungszustand im Sinnesepithel der Otolithenmaculae zu verändern. Hieraus folgt aber keineswegs, daß das Maculaepithel sich unter diesen Umständen nicht in einem dauernden und konstanten Erregungszustand befindet. A priori ist dieses durchaus möglich, geradeso wie auch die Netzhaut ohne Belichtung Dauererregungen produziert, welche das Eigenlicht der Retina veranlassen. Nach Entfernung der Otolithenmembranen kann sich dann

aber dieser supponierte Erregungszustand bei Änderung der Stellung
des Kopfes im Raume nicht mehr ändern.

Wenn man sich die Frage vorlegt, in welcher Weise die Otolithen
Änderungen der Erregung in den Maculae zustande bringen, muß
man zunächst wissen, in welchem Erregungszustand sich das Sinnesepithel befindet, wenn die Otolithen nicht mehr auf dasselbe einwirken.
A priori gibt es zwei Möglichkeiten: entweder ist dann das Sinnesepithel in Ruhe und seine Tätigkeit wird erst durch Druck oder Zug
der Otolithenmembranen ausgelöst, oder das Sinnesepithel kann
von sich aus Dauererregungen erzeugen, deren Stärke dann, je
nach der Lage der Otolithen zur Richtung der Schwerkraft, zu- oder
abnimmt.

Zur Entscheidung dieser Frage kann man von folgendem Gedanken-
gang ausgehen:

Exstirpiert man bei einem normalen Meerschweinchen ein La-
byrinth, dann tritt der im sechsten Kapitel beschriebene verwickelte
Zustand auf, bei dessen näherer Analyse sich u. a. folgende Symptome
als direkte Folgen der einseitigen Entfernung des Otolithenapparates
(Maculaepithel + Otolith) oder richtiger als Folgen des einseitigen
Intaktbleibens der Otolithenorgane ergaben:

a) Grunddrehung des Kopfes nach der Seite des entfernten Labyrinthes.

b) Vertikale Augenabweichung, wobei das Auge der Operationsseite nach unten, das andere Auge nach oben abgelenkt ist.

Infolge der Grunddrehung (und -wendung) des Kopfes treten sekundär Stellungsänderungen des ganzen Körpers, Tonusunterschiede der
Gliedmaßen, Rollbewegungen usw. auf.

(Welcher Teil des Labyrinthes für den vorübergehenden Tonusunterschied der
Extremitäten verantwortlich ist, der noch bei geradegesetztem Kopfe bestehen
bleibt, ist bisher nicht bekannt. Dieses Symptom bleibt daher im folgenden un-
berücksichtigt.)

Auf Grund dieser Tatsachen wurden nun folgende Versuche angestellt:

Meerschweinchen wurden nach Wittmaack zentrifugiert und danach allein diejenigen Tiere für die weiteren Beobachtungen verwendet,
bei welchen alle labyrinthären Lagereflexe dauernd fehlten, während alle
Bewegungsreflexe vorhanden waren, oder mit anderen Worten Tiere,
bei denen man annehmen konnte, daß alle Otolithen auf beiden
Seiten abgeschleudert waren.

Um eine durch den Vorgang des Abzentrifugierens selbst hervorgerufene etwaige Reizung oder Lähmung des Sinnesepithels nach Möglichkeit auszuschließen, wurden die Tiere regelmäßig untersucht.
Schon sehr bald hörten etwaige Reizungssymptome nach dem Ab-

schleudern auf. Um ganz sicher zu sein, wurde aber der eigentliche Versuch erst 7—9 Tage nach dem Zentrifugieren vorgenommen.

Nach Ablauf dieser Frist wird dann an einer Seite durch das Trommelfell ungefähr 0,1 ccm einer 5 proz. Cocainlösung ins Mittelohr eingespritzt, um das Labyrinth an dieser Seite vollständig zu lähmen.

Ist nun das Sinnesepithel der Maculae auf der nichtinjizierten Seite ohne Erregung, dann dürfen nach der Ausschaltung des anderen Labyrinthes durch Cocain keine von den Otolithenmaculae ausgehenden Symptome auftreten (mit Ausnahme höchstens von etwaigem Nystagmus und Kopfwendung als Folge einer einseitigen Bogengangsausschaltung).

Befinden sich dagegen die Maculae auch nach der Entfernung der Otolithen in Dauererregung, so muß die Ausschaltung des einen Labyrinthes die Folgen dieser einseitigen Maculaerregung hervortreten lassen. Es müssen dann die gleichen, von den Otolithenorganen ausgehenden Symptome auftreten, wie nach einseitiger Labyrinthexstirpation bei nichtzentrifugierten Tieren, also vor allem die vom Utriculus ausgehende Grunddrehung des Kopfes nach der injizierten Seite und die vom Sacculus bedingte vertikale Augenabweichung (an der injizierten Seite nach unten, an der anderen Seite nach oben): Nur mit dem Unterschied, daß bei den zentrifugierten Tieren diese Symptome nicht wie bei normalen Tieren nach einseitiger Labyrinthexstirpation, je nach dem Stande des Kopfes im Raume, durch den verschiedenen Einfluß der Otolithen der nichtinjizierten Seite wechseln, sondern daß diese Symptome unverändert bleiben, in welchen Stand im Raume man den Kopf der Tiere auch bringt.

Das letztere ist nun tatsächlich der Fall.

Im ganzen wurden 5 Versuche mit übereinstimmendem Ergebnis angestellt. Als Beispiel sollen die drei folgenden Protokolle gegeben werden.

Meerschweinchen R. 28. Juni 1921. Alle Labyrinthreflexe normal.

Zentrifugieren: Kopf oben, Bauch nach innen, Dauer 2 Minuten, Geschwindigkeit 1000 m pro Minute.

2. Juli 1921. Tonische Labyrinthreflexe fehlen vollständig.

4. Juli 1921. Bogengangsreflexe: Drehreaktionen nach rechts positiv, nach links schwach.

Progressivreaktionen zweifelhaft oder fehlen.

Tonische Reflexe fehlen vollständig.

5. Juli 1921. Bogengangsreflexe (auch die Progressivreaktionen) alle vorhanden und symmetrisch.

Tonische Labyrinthreflexe: alle fehlen.

Tier sitzt symmetrisch. Keine Augendeviation. In Rückenlage mit geradegesetztem Kopf: kein deutlicher Tonusunterschied der Extremitäten.

11 Uhr 39 Min. 0,1 ccm 5 proz. Cocain ins linke Mittelohr injiziert.

11 Uhr 41 Min. Hängelage in der Luft mit Kopf unten: Kopf 90° nach rechts gedreht, beim Sitzen rechtes Auge nach unten, linkes Auge nach oben abgelenkt (also Reizung des linken Labyrinths!).

11 Uhr 43 Min. Hängelage Kopf unten: Kopf steht wieder symmetrisch.

11 Uhr 47 Min. Hängelage Kopf unten: Kopf 20—30° nach links gedreht, etwas nach links gewendet. Beim Sitzen etwas Linksdrehung des Kopfes, keine deutliche Augenabweichung.

11 Uhr 49 Min. Hängelage Kopf unten: Kopf 45° nach links gedreht, Tier fällt beim Sitzen auf die linke Seite. Bei Geradesetzen des Kopfes kein deutlicher Tonusunterschied der Extremitäten. Bei spontaner Kopfhaltung Verschieblichkeit nach links viel größer als nach rechts, das Tier hängt stark nach links über (beginnende Lähmung des linken Labyrinthes).

11 Uhr 51 Min. Hängelage Kopf unten: Kopf 70° nach links gedreht, beim Sitzen Kopfnystagmus nach rechts. Durch Verschieben auf dem Boden wird Rollen nach links ausgelöst. Keine deutliche Augenabweichung.

11 Uhr 54 Min. Hängelage Kopf unten: Kopf 90° nach links gedreht, linkes Auge etwas nach unten, rechtes Auge nach oben abgelenkt.

12 Uhr. Am linken Auge schwache Nystagmusschläge nach vorn oben, am rechten Auge nach hinten unten. Keine Änderung der Symptome bei Veränderung der Stellung des Kopfes im Raume (r. und l. Seitenlage).

12 Uhr 3 Min. Starker spontaner Nystagmus in derselben Richtung wie um 12 Uhr.

12 Uhr 6 Min. Starke Augendeviation und Nystagmus, die sich bei verschiedenem Stande des Kopfes im Raume nicht ändern.

6. Juli 1921. Bogengangsreflexe alle vorhanden und symmetrisch.

Tonische Reflexe fehlen alle. Die Asymmetrie infolge der Cocaineinspritzung ist vollständig verschwunden.

12 Uhr. Decerebrieren. Gute Starre.

Beim Umlegen aus Bauch- in Rückenlage keine Spur von tonischen Labyrinthreflexen. Auf Kopfdrehen in Seitenlage typische Halsreflexe, keine tonischen Labyrinthreflexe.

Meerschweinchen S. 28. Juni 1921. Alle Labyrinthreflexe normal vorhanden.

Zentrifugieren mit Kopf oben, Bauch nach innen. Dauer 2 Minuten. Geschwindigkeit 1000 m pro Minute.

4. Juli 1921. Bogengangsreflexe: asymmetrische Reflexe. Drehreaktionen auf Kopf und Augen bei Drehen nach rechts schwach, bei Drehen nach links stark.

Progressivreaktionen schwach. Zehenspreizen fehlt.

Lagereflexe fehlen. Nur geringe Grunddrehung nach links.

7. Juli 1921. Bogengangsreflexe: vorhanden und symmetrisch. Progressivreaktionen schwach, aber sicher vorhanden.

Lagereflexe: fehlen. Keine Grunddrehung mehr. Sitzt symmetrisch, keine Augendeviation.

In Rückenlage bei geradegesetztem Kopf: kein Tonusunterschied der Extremitäten.

Einspritzung von 0,1 ccm 5proz. Cocain ins linke Mittelohr.

12 Uhr 30 Min. Hängelage Kopf unten: Rechtsdrehung des Kopfes (Reizung des linken Labyrinthes!).

12 Uhr 30¹/₂ Min. Hängelage Kopf unten: Kopf gerade, nicht mehr gedreht.

12 Uhr 31 Min. Hängelage Kopf unten: Kopf nach links gedreht (beginnende Lähmung des linken Labyrinthes).

12 Uhr 31½ Min. Hängelage Kopf unten: Kopf 60° nach links gedreht.

12 Uhr 33 Min. Beim Sitzen Kopf nach links gedreht und gewendet: beim Sitzen Uhrzeigerbewegungen nach links, kein Nystagmus.

12 Uhr 34 Min. Linkes Auge nach unten, rechtes Auge nach oben abgelenkt. Kein Nystagmus.

12 Uhr 34½ Min. Starke Augendeviation, kein Nystagmus. Kein Unterschied der Augendeviation bei Änderung der Stellung des Kopfes im Raume. Bei Hängelage Kopf unten: Kopf 90° nach links gedreht.

12 Uhr 36 Min. Rechte Seitenlage: Kopf in Normalstand.

Linke Seitenlage: Kopf in Rückenlage.

Rückenlage: Kopf in rechter Seitenlage.

Hängelage Kopf oben: Kopf in linker Seitenlage.

} Keine Veränderung der Kopfdrehung bei verschiedener Stellung des Kopfes im Raume.

12 Uhr 38 Min. Kein Nystagmus.

12 Uhr 40 Min. Beim Drehen nach rechts und links: Augendrehreaktion und Nystagmus, Kopfdrehreaktion positiv. Auf dem Boden: Uhrzeigerbewegungen nach links; auf Stoßen mit dem Fuß rollt das Tier einmal nach links.

12 Uhr 52 Min. Deutliche Augendeviation; jetzt zuerst sehr starker spontaner Nystagmus am linken Auge nach vorn oben, am rechten Auge nach hinten unten.

4 Uhr. Beim Sitzen Kopf maximal nach links gedreht und gewendet, starke Rollbewegungen, starker spontaner Nystagmus.

8. Juli 1921. Labyrinthäre Lagereflexe fehlen vollständig. Die Asymmetrie von gestern ist total geschwunden.

9. Juli 1921. Das Tier ist dyspnoisch. Decerebrieren. Keine gute Starre. Tonische Labyrinthreflexe auf die Extremitäten sind sicher abwesend.

Meerschweinchen F. 28. Mai 1921. Alle Labyrinthreflexe positiv.

Zentrifugiert mit Kopf oben, Bauch nach innen. Dauer 2 Minuten. Geschwindigkeit 1000 m pro Minute.

31. Mai 1921. Bogengangsreflexe: Drehreaktionen und -nachreaktionen: positiv.

Progressivreaktionen: Liftreaktion positiv, die übrigen Progressivreaktionen schwach.

Otolithenreflexe: fehlen.

2. Juni 1921. Bogengangsreflexe: alle positiv, nur das Zehenspreizen noch schwach.

Otolithenreflexe: negativ.

6. Juni 1921. Bogengangsreflexe: alle positiv.

Otolithenreflexe· fehlen.

5 Uhr 52 Min. 0,05 ccm 10 proz. Cocain durchs linke Trommelfell ins Mittelohr eingespritzt.

6 Uhr. Beim Sitzen mit geradegesetztem Kopf: rechtes Auge nach oben, linkes Auge nach unten abgelenkt (beginnende Lähmung des linken Labyrinthes).

6 Uhr 2 Min. Beim Sitzen Kopf etwas nach links gedreht, das ganze Tier hängt nach links über. Hängelage mit Kopf unten: Grunddrehung 90° nach links.

6 Uhr 6 Min. Beim Drehen nach links: schwache Kopfdrehreaktion, deutliche Nachreaktion. Beim Drehen nach rechts: starke Kopfdrehreaktion und keine Nachreaktion.

6 Uhr 7 Min. Augendrehreaktionen: Beim Drehen nach rechts: deutliche Reaktion mit Nystagmus, keine Nachreaktion. Beim Drehen nach links: Drehreaktion und -nachreaktion vorhanden.

6 Uhr 10 Min. Progressivreaktionen: Liftreaktion nicht deutlich. Sprungbereitschaft positiv.

Otolithenreflexe: negativ.

Kopfstand in der Luft bei:

Rechter Seitenlage: Kopf in Normalstand durch Grunddrehung, hängt manchmal nach unten.

Linker Seitenlage: Kopf in Rückenlage durch Grunddrehung.

Hängelage Kopf oben: Kopf in linker Seitenlage, das Tier wird jetzt unruhig (Cocainwirkung).

Hängelage Kopf unten: Kopf 90° nach links gedreht.

Rückenlage: Kopf durch Linksdrehung in rechte Seitenlage, manchmal auch in Rückenlage mit Linkswendung.

Also konstante Kopfdrehung, die sich bei Veränderung der Stellung des Kopfes im Raume nicht ändert.

6 Uhr 18 Min. Beim Sitzen mit geradegesetztem Kopf: rechtes Auge nach vorn oben, linkes Auge nach hinten unten abgelenkt. Nystagmus schlägt dabei in umgekehrter Richtung.

6 Uhr 33 Min. In rechter Seitenlage ist das linke Auge nach hinten unten abgelenkt. Nystagmus in umgekehrter Richtung. Die Augenabweichung und der Nystagmus des linken Auges sind bei rechter und linker Seitenlage des Kopfes gleich stark, dasselbe gilt für das rechte Auge.

7. Juni 1921. Tier sitzt symmetrisch, keine Augenablenkung.

Bogengangsreaktionen: alle positiv.

Otolithenreflexe: alle fehlen. Die asymmetrischen Erscheinungen nach der Cocaineinspritzung sind vollkommen verschwunden.

8. Juni 1921. Wie am vorherigen Tage. Beim Sitzen ist der Kopf eine Spur nach rechts gedreht. Übrigens sitzt das Tier symmetrisch, Augenabweichungen fehlen.

Anatomische Untersuchung durch de Burlet: Alle Otolithenmembranen abgeschleudert.

Rechter Sacculus: Sinnesepithel ohne Membran: die Otolithenmembran liegt frei in der Sacculushöhle zwischen Ductus endolymphaticus und dem Hinterende des Sinnesepithels.

Rechter Utriculus: Sinnesepithel ohne Membran: die Otolithenmembran liegt zwischen dem Hinterende der Macula und dem Eingang des Crus commune, ganz medial.

Linker Sacculus: Sinnesepithel ohne Membran: die Otolithenmembran liegt gegen die laterale Wand des Sacculus an und ist in bezug auf die Macula nach oben verlagert.

Linker Utriculus: Sinnesepithel ohne Membran; die Otolithenmembran ist in bezug auf die Macula nach medial und oben verlagert, liegt frei in der Utriculushöhle.

Diese Versuche beweisen, daß das Sinnesepithel der Maculae sich nach länger als einer Woche nach dem Abschleudern der Otolithen in einem dauernden Erregungszustand befindet. Schaltet man das eine Labyrinth durch Cocain vorübergehend aus, dann treten infolge der vom nichtinjizierten Labyrinth ausgehenden Maculaerregungen asymmetrische Symptome auf in derselben Weise wie bei normalen Tieren nach einseitiger operativer Labyrinthexstirpation, jedoch mit dem

Unterschiede, daß diese Symptome bei den zentrifugierten und einseitig mit Cocain injizierten Tieren sich nicht ändern bei Veränderung der Stellung des Kopfes im Raume.

Berücksichtigt man, daß nach dem Zentrifugieren länger als eine Woche gewartet wurde, so wird es zum mindesten sehr wahrscheinlich, daß dieser Erregungszustand des Maculaepithels nicht mehr vom Zentrifugieren abhängig ist, und daß daher dem Sinnesepithel der Maculae die Eigenschaft zugeschrieben werden muß, von sich aus Erregungen zu erzeugen, welche, wenn die Otolithenmembranen fehlen, von konstanter Stärke sind. Die Funktion der Otolithenmembranen muß dann darin bestehen, daß sie die Stärke dieses Erregungszustandes im Epithel verändern, je nachdem sie an der Macula ziehen oder auf sie drücken.

Für das vom R. saccularis innervierte Sacculushauptstück konnte oben der Beweis geliefert werden, daß die Erregung beim Zug durch den Otolithen zu- und bei Druck abnimmt. Für die Utriculusmaculae wurde der gleiche Mechanismus wahrscheinlich gemacht. Für diejenigen Teile der Labyrinthe, welche die kompensatorischen Raddrehungen der Augen veranlassen, ist die Wirkungsweise noch festzustellen. Falls also hierbei keine neuen Tatsachen zutage treten, wird man folgern können, daß die Aufgabe der Otolithen darin besteht, je nach ihrer Lage im Raume die Erregungen im Maculaepithel durch Zug zu verstärken und durch Druck zu dämpfen.

Auf diese Weise ist wenigstens ein erster Einblick in die Tätigkeitsweise des Otolithenapparates gewonnen.

Wenn die hier entwickelte Auffassung richtig ist, so nähern wir uns damit wieder der von Ewald aufgestellten Lehre vom Labyrinthtonus[1]. Es würden dann von den Maculae, solange ihre Tätigkeit nicht durch den Druck der Otolithen gedämpft wird, dauernde Erregungen zu den Muskeln des Körpers und der Augen[2]) fließen, insofern wenigstens nicht die vom rechten und linken Labyrinth ausgehenden Reize sich gegenseitig im Zentralnervensystem aufheben bzw. vernichten. Im Anschluß hieran muß deshalb nochmals an die Tatsache erinnert werden, daß nach doppelseitiger Labyrinthexstirpation keine allgemeine Muskelerschlaffung beim Säugetier eintritt, und daß sowohl der Tonus wie die Fähigkeit zu Kraftleistungen auf

---

[1]) Dabei darf man natürlich nicht vergessen, daß in dem alten Ewaldschen Labyrinthtonus sehr viele nicht labyrinthäre Elemente stecken (siehe S. 420). Es ist deshalb wohl zweckmäßig, um Verwirrung zu vermeiden, den Namen selber fallen zu lassen.

[2]) In den beschriebenen Versuchen traten solche Dauereinflüsse auf die Halsmuskeln und die vertikalen Augenmuskeln zutage. Es wäre zu prüfen, ob das gleiche auch für die übrigen Körpermuskeln gilt.

die Dauer nicht vermindert werden. Die Labyrinthe sind eben nur
eine von vielen Tonusquellen und sicher nicht die wichtigste. Daher
wird ihr Ausfall durch andere Einrichtungen ersetzt. Bis zu welchem
Grade das möglich ist, zeigt die Beobachtung, daß guter Dauertonus
der Halsmuskeln nach doppelter Labyrinthexstirpation und Durchschneidung der drei obersten cervicalen Hinterwurzelpaare vorhanden ist.

E. Weitere Analyse der Labyrinthtätigkeit durch Cocain.
Erregungszustand der Bogengangscristae (82b).

An die zuletzt mitgeteilten Beobachtungen schlossen sich weitere
Experimente mit Cocainausschaltung eines Labyrinthes an, welche zu
interessanten Ergebnissen geführt haben.

Wie schon auf S. 368 erwähnt wurde, läßt sich bei den Versuchen mit
Cocaineinspritzung ins Mittelohr von normalen und zentrifugierten Meerschweinchen immer wieder beobachten, daß (nachdem eine etwaige
Reizung des injizierten Labyrinthes abgeklungen ist und die Lähmungserscheinungen deutlich werden) zunächst eine vertikale Augendeviation
ohne jeden Nystagmus eintritt, und daß dieser letztere erst später,
manchmal erst nach 20 Minuten oder länger, beginnt. Da nach den
früheren Erörterungen die Deviation als Folge der Sacculusausschal-
tung anzusehen ist und die ebenfalls eintretende Grunddrehung auf
Utriculuslähmung bezogen werden muß, so ergibt sich die Vermutung,
daß der zeitlich so viel spätere Nystagmus durch Ausschaltung der Bogengangsapparate bedingt wird. Die Richtigkeit dieser Annahme läßt sich
experimentell prüfen. Man muß nachweisen, daß im ersten Stadium,
wenn noch kein Nystagmus vorhanden ist, die Bogengangsapparate
auf der injizierten Seite noch (durch Drehung und calorisch) erregbar
sind, während sie nach Eintritt des Nystagmus unerregbar werden.
Dieses ist tatsächlich der Fall.

Bei diesen Versuchen hat sich nun aber weiter gezeigt, daß auch die
Sacculus- und Utriculusmacula nicht gleichzeitig gelähmt werden, so
daß man ein Stadium erhält, in welchem der Utriculus noch funktioniert,
während der Sacculus bereits gelähmt ist.

Die im folgenden beschriebenen Ergebnisse stützen sich auf 19 gelungene Versuche an Meerschweinchen. 9 derselben waren intakt, bei
5 war das eine Labyrinth wenige Stunden, bei 5 anderen 5 Tage vor dem
Versuche exstirpiert worden.

Spritzt man einem normalen Meerschweinchen, bei welchem man sich
vorher nach dem auf S. 508 angegebenen Untersuchungsschema von der
Intaktheit der Labyrinthreflexe überzeugt hat, 0,1 ccm 5proz. Cocain
vom Gehörgang aus durch das Trommelfell ins (beispielsweise linke)
Mittelohr, so wird nach einigen (durchschnittlich nach 4—6 Minuten)

zunächst der Labyrinthstellreflex auf den Kopf bei linker
Seitenlage in der Luft abgeschwächt und kurz darauf negativ. Das
Tier hält dann also den Kopf in linker Seitenlage, während aus rechter
Seitenlage des Tieres der Kopf in Normalstellung gebracht wird. Gleichzeitig oder unmittelbar danach tritt eine vertikale Augendeviation
(ohne Nystagmus) auf; das linke Auge ist ventralwärts, das rechte
dorsalwärts abgelenkt; die Deviation ist bei rechter Seitenlage des Kopfes
maximal, bei Normalstellung geringer, bei linker Seitenlage minimal
oder fehlt; sie verhält sich also wie nach linksseitiger Labyrinthexstirpation. Nach den früheren Erörterungen ist die einseitige Aufhebung
des Labyrinthstellreflexes aus Seitenlage und die vertikale Augendeviation auf Sacculuslähmung an der injizierten Seite zu beziehen.

In diesem Stadium ist noch keine Spur von Grunddrehung
vorhanden, wie sich vor allem in Hängelage mit Kopf unten feststellen
läßt. Das Tier sitzt normal und läuft ohne Störungen geradeaus. Der
Utriculus ist also noch unbeeinflußt. Interessant ist, daß die Labyrinthstellreflexe aus symmetrischen Körperlagen jetzt noch normal sind. Bei
Hängelage mit Kopf oben wird der Kopf durch Ventralbeugen, bei
Hängelage mit Kopf unten durch Dorsalbeugen in Normalstand gebracht.
Bei Rückenlage klappt das Tier seinen Vorderkörper ventralwärts und
bringt so den Kopf in die Normalstellung. Dieser Befund spricht dafür,
daß, wie oben S. 492 schon als möglich angenommen wurde, die symmetrischen Labyrinthstellreflexe von den Utriculis ausgelöst werden. In
diesem Stadium sind noch alle Drehreaktionen auf Kopf und Augen mit
den zugehörigen Nystagmen unverändert und symmetrisch erhalten.

Nach verschieden langer Zeit (manchmal nach 7—14 Minuten,
manchmal früher) beginnt nun bei Hängelage mit Kopf unten die Grund-
drehung nach der injizierten (linken) Seite aufzutreten, anfangs gering,
bald aber maximal, und erreicht Werte von 90° und darüber. Es kommt
also jetzt zur Utriculuslähmung. Beim Sitzen sieht man ebenfalls
Linksdrehung des Kopfes und Überhängen des Körpers nach der linken
Seite. Dagegen ist keine Spur von Linkswendung des Kopfes und
Körpers vorhanden und das Tier läuft geradeaus, wobei es bei starker
Grunddrehung auf die linke Seite fallen kann, um dann wieder aufzusitzen.
Beim freisitzenden Tier ist kein spontaner Kopf- oder Augennystagmus
zu sehen.

In diesem Stadium läßt sich das Intaktsein des Bogengangsapparates durch folgende Versuche beweisen: Die Kopfdrehreaktion
ist bei Rechts- und Linksdrehen vorhanden und vollständig symmetrisch.
Ebenso ist die Augendrehreaktion mit zugehörigem Nystagmus beim
Drehen nach beiden Seiten in gleicher Stärke auszulösen; das läßt sich
für die horizontalen, vertikalen und rotatorischen Drehreaktionen zeigen.
Beim Ausspritzen des Gehörganges an der mit Cocain injizierten (linken)

Seite mit kaltem Wasser tritt der typische calorische Nystagmus auf, der mit der schnellen Phase am linken Auge nach vorne, am rechten nach hinten schlägt. Als Bogengangsnystagmus ist er durch das von Bárány beschriebene Verhalten zu erkennen, daß seine Richtung in die entgegengesetzte umschlägt, wenn man den Kopf mit der Schnauze nach unten hängen läßt. Die Versuche mit calorischem Nystagmus sind natürlich nur dann beweisend, wenn nach dem Aufhören der Spülung der Nystagmus wieder aufhört (und nicht direkt in den im nächsten Stadium eintretenden Spontannystagmus übergeht), was mehrfach mit Sicherheit beobachtet werden konnte.

Die unten zu schildernden Versuche, in denen zuerst das rechte Labyrinth exstirpiert und danach das linke mit Cocain ausgeschaltet wurde, erlaubten die erhaltene Erregbarkeit der Bogengänge für Drehreize in diesem Stadium mit noch größerer Sicherheit zu beweisen, weil dann sicher ist, daß das rechte Labyrinth nicht miterregt werden kann.

Nach einer verschieden langen Zeit, manchmal sehr schnell, manchmal nach 7—18 Minuten, schließt sich hieran die Lähmung der Bogengänge an. Der Kopf wird anfangs leicht, später immer stärker nach links gewendet, woran sich Linkswendung des Körpers anschließt. Die Kopfdrehreaktion wird unsymmetrisch, sie ist in der Richtung der Kopfwendung unverändert stark, in umgekehrter Richtung (Linksdrehen, wenn das Tier mit Schnauze nach innen auf einem Brett sitzt) anfangs abgeschwächt, später erloschen. Der Spontannystagmus der Augen tritt anfangs nur in einzelnen Schlägen von wechselnder Richtung auf, wird aber bald regelmäßig, kräftig und schlägt am linken Auge nach vorne oben, am rechten nach hinten unten. Als Lähmungsnystagmus kennzeichnet er sich dadurch, daß er im Gegensatz zum calorischen Nystagmus nicht umschlägt, wenn der Kopf mit der Schnauze nach unten hängt. Drehen nach rechts oder links beeinflußt diesen Spontannystagmus in ungleicher Weise, also asymmetrisch. Auch typischer spontaner Kopfnystagmus tritt jetzt auf. Infolge der starken Wendung kommt es zu Uhrzeigerbewegungen, die Tiere können nicht mehr geradeaus laufen.

Bei diesen Versuchen entwickelt sich also das Bild der typischen Labyrinthausschaltung, wie es im sechsten Kapitel geschildert wurde, in drei Stadien. Zuerst kommt es zur Sacculuslähmung mit einseitiger Aufhebung der Labyrinthstellreflexe aus Seitenlage und mit vertikaler Augendeviation, dann zur Utriculuslähmung mit Grunddrehung (ohne Wendung), dann zur Bogengangslähmung mit Kopfwendung und spontanem Nystagmus von Kopf und Augen.

Nur ein einziges Symptom der einseitigen Labyrinthausschaltung war bei allen diesen Versuchen am Meerschweinchen niemals zu sehen: der einseitige Tonusverlust der Extremitäten. Auch nach vollständiger Cocainlähmung des Labyrinthes, woran sich in einem Falle sogar der

Facialis beteiligte, kam es niemals zur Erschlaffung der linksseitigen Gliedmaßen, wenn der Kopf gegen den Thorax geradegesetzt wurde. Dieses Symptom, welches nach chirurgischer Labyrinthentfernung nahezu konstant auftritt, bleibt also nach wie vor unerklärt.

Im einzelnen ergaben sich bei den Versuchen folgende Besonderheiten: Es kann vorkommen, daß der Cocainlähmung eine kurz vorübergehende Erregung vorangeht, die aber nur wenige Minuten dauert. In diesen Fällen tritt dann, ehe der Dauerzustand erreicht ist, Augendeviation (Sacculus) oder Grunddrehung (Utriculus) nach der anderen Seite auf. — In einem Versuche kam es nur zur Sacculuslähmung, während Utriculus und Bogengänge nicht ausgeschaltet wurden. Der zeitliche Abstand zwischen den einzelnen Stadien wechselt sehr. Ein Versuch konnte nicht verwendet werden, weil dieselben sich so schnell folgten, daß die Untersuchung der verschiedenen Reflexe nicht möglich war. In anderen Fällen dauerte es eine halbe Stunde bis zur Entwicklung der vollen Labyrinthlähmung, so daß dann sehr genaue Beobachtungen möglich waren. Einmal begann die Grunddrehung schon sehr früh (nach 4 Min.), so daß das erste und zweite Stadium nicht zu unterscheiden waren. In allen anderen Fällen waren die Stadien scharf geschieden.

Wie erwähnt, schlägt der Spontannystagmus nach Bogengangslähmung bei Änderung der Kopfstellung nicht um. Hingewiesen sei aber darauf, daß, wenn man vom Normalstand des Kopfes ausgehend den Kopf in die Stellung mit der Schnauze nach unten bringt, eine kompensatorische Raddrehung der Augen mit dem oberen Corneapol nach hinten erfolgt (ausgehend vom intakten Labyrinth der anderen Seite), wodurch die Nystagmusrichtung sich etwas ändert; das ist aber nicht mit einem Umschlag der Richtung zu verwechseln.

In allen Fällen ist am folgenden Tage das Verhalten des injizierten Ohres wieder normal.

Bei einzelnen Tieren trat nach Cocaineinspritzung ins Mittelohr keine Labyrinthausschaltung ein. Die Sektion ergab dann stets Mittelohrentzündung mit Exsudat, wodurch die erwartete Wirkung verhindert worden war.

Schon diese erste Versuchsreihe führt zu einer Reihe interessanter Schlußfolgerungen, von welchen folgende hervorgehoben seien:

1. Die Gliederung der Labyrinthausfallsfolgen in drei scharf geschiedene Gruppen. In die erste gehören die asymmetrischen Labyrinthstellreflexe und die vertikalen Augenabweichungen, wodurch die oben gezogene Schlußfolgerung, daß sie von ein und derselben Macula (vom Sacculus) ausgelöst werden, bestätigt wird. In die zweite gehören die Grunddrehung und die symmetrischen Stellreflexe. Da die Grunddrehung aus den früher angegebenen Gründen auf die Utriculi zu beziehen ist, wird es wahrscheinlich, daß letztere auch bei den symmetrischen Stellreflexen in entscheidender Weise mitwirken. Die dritte Gruppe: Nystagmus von Kopf und Augen sowie Kopfwendung werden beim Meerschweinchen von den Bogengängen ausgelöst. Dadurch wird die im sechsten Kapitel durchgeführte Analyse der Folgen einseitiger Labyrinthexstirpation ergänzt. Während bei Kaninchen und Affe die Kopfwendung eine Dauerfolge der Operation darstellt, woran sich vielleicht die Otolithenapparate beteiligen, ist dieselbe bei Meerschweinchen, Katze und Hund nur

vorübergehend. Nach den Versuchen am Meerschweinchen ist sie nunmehr als Bogengangssymptom aufzufassen.

Was den Kopf- und Augennystagmus nach reizlosem Labyrinthausfall betrifft, so ergeben die Versuche, daß reizlose Ausschaltung der Otolithenmaculae keinen Nystagmus macht, und daß dieses Symptom daher ausschließlich von den Bogengängen abgeleitet werden muß.

2. Wenn der spontane Nystagmus von den Otolithenmaculae unabhängig ist und nach reizloser Ausschaltung der Bogengangsapparate einer Seite auftritt, so folgt hieraus, daß seine Ursache in Erregungen liegt, welche vom Bogengangsapparat der intakten Seite ausgehen. Der Nystagmus ist (in den ersten Tagen nach einseitiger Labyrinthausschaltung) ununterbrochen vorhanden, auch wenn sich der Kopf in völliger Ruhe befindet. Hierdurch wird man zu dem Schlusse genötigt, daß die Sinnesepithelien der Cristae in den Bogengängen Dauererregungen produzieren und daß die Aufgabe der Cupulae, wenn sie durch die Endolymphe der Bogengänge bewegt oder gedrückt werden, darin besteht, die Dauererregungen des Cristaepithels zu verstärken oder abzuschwächen. Wir kommen somit für die Bogengangsapparate zu derselben Vorstellung, wie sie oben für die Otolithenmaculae entwickelt wurde; ein Epithel, welches dauernde Erregungen hervorbringt, deren Stärke durch aufgelagerte mechanische Apparate verändert werden kann. Vielleicht beruht hierauf die außerordentlich große Empfindlichkeit der Labyrinth-Sinnesendstellen. Die mechanische Anordnung in den Bogengängen ist derart, daß Änderungen des Erregungszustandes in den Sinneszellen stets nur vorübergehend auftreten, während an den Otolithenmaculae Daueränderungen möglich sind. Reflexe von den Bogengängen sind stets nur vorübergehend, während dem Zentrum von diesem Sinnesorgan konstante Erregungen zufließen. Auch in diesem Falle nähern wir uns also wieder den Ewaldschen Vorstellungen vom Tonuslabyrinth.

3. Auffallend ist ferner, daß die beim Meerschweinchen von den Bogengängen ausgelösten Symptome der einseitigen Labyrinthexstirpation sämtlich vorübergehend sind, während die Otolithensymptome dauernd bestehen bleiben. Sowohl der Nystagmus von Kopf und Augen, als die Kopf- und Körperwendung, sowie die Uhrzeigerbewegungen schwinden nach einigen Tagen.

4. Die Reihenfolge, in welcher die Sinnesendstellen durch Cocain vom Mittelohr aus gelähmt werden, entspricht der anatomischen Anordnung. Auf Abb. 193 sieht man links unten den Mittelohrraum, der durch eine verhältnismäßige dünne Wand mit Foramen ovale und Steigbügelplatte vom Vestibulum getrennt ist, auf dessen medialer Wand der Sacculus liegt. Utriculus und Bogengänge sind durch die Grenzmembran (Abb. 172) hiervon geschieden und dadurch besser geschützt. Vielleicht beruht die Tatsache, daß die Utriculusmacula vor den Bogen-

gangsampullen von der Cocainwirkung betroffen wird, darauf, daß der Utriculus gerade der Grenzmembran aufliegt.

Die bisher gezogenen Schlußfolgerungen werden durch folgende Versuchsreihen bestätigt und in einigen Punkten erweitert.

Bei 5 Meerschweinchen wurde das rechte Labyrinth exstirpiert und nach 5 Tagen das typische Symptomenbild festgestellt.

Der Kopf ist nach rechts gedreht, beim Sitzen entweder nach rechts gewendet oder geradeaus gerichtet, kann auch nach links gewendet werden. Die Kopfdrehreaktion ist asymmetrisch, ebenso die horizontale Augendrehreaktion mit dem Drehnystagmus. Vertikale und rotatorische Augendrehreaktion sind vorhanden. Spontannystagmus fehlt (oder ist in einigen Fällen noch schwach vorhanden). Progressivreaktionen sind positiv. Grunddrehung 90° nach rechts. Labyrinthstellreflexe zeigen das typische Verhalten: bei rechter Seitenlage steht der Kopf in rechter Seitenlage, bei linker Seitenlage wird er in Normalstand gebracht. Das rechte Auge steht nach unten (evtl. etwas nach hinten), das linke Auge nach oben (evtl. etwas nach vorne). Die Augendeviation ist in linker Seitenlage maximal, in Normalstand geringer, in rechter Seitenlage minimal. Das rechte Vorderbein ist nach Geradesetzen des Kopfes schlaffer als das linke.

Spritzt man nunmehr 0,1 ccm 5 proz. Cocain ins linke Mittelohr, so sieht man die Folgen der rechtsseitigen Labyrinthexstirpation in gesetzmäßiger Reihenfolge verschwinden, entsprechend der schrittweisen Lähmung der Sinnesendstellen im linken Labyrinth.

Zuerst erfolgt auch hier die Sacculuslähmung. Infolgedessen wird bei rechter Seitenlage des Tieres in der Luft der Kopf nicht mehr in Seitenlage gehalten (Labyrinthstellreflex), sondern in Rückenlage (Grunddrehung). Gleichzeitig oder kurz danach nimmt der Unterschied der vertikalen Augendeviation in rechter und linker Seitenlage ab und schwindet bald darauf ganz. Die Augen stehen nunmehr in Normalstellung, manchmal ist noch eine sehr geringe Augendeviation in ursprünglicher Richtung übriggeblieben (Wirkung der linken Bogengangsapparate). In diesem Stadium ist die Grunddrehung noch unverändert 90°, Spontannystagmus fehlt, Drehreaktionen und Kopfwendung zeigen das ursprüngliche Verhalten. Nunmehr beginnt die Grunddrehung abzunehmen und schwindet schließlich ganz. Infolgedessen wird jetzt, da beiderseits sowohl Sacculi als Utriculi ausgeschaltet sind, in beiden Seitenlagen des Tieres in der Luft der Kopf in Seitenlage gehalten. Dagegen sind die linksseitigen Bogengänge noch intakt. Daher ist der Kopf (bei fehlender Grunddrehung) nach rechts gewendet, die Kopfdrehreaktion ist typisch asymmetrisch, horizontale, vertikale und rotatorische Augendrehreaktionen mit Nystagmus sind wie vor der Cocaineinspritzung auszulösen. Schließlich werden auch die Bogengänge gelähmt. Dieses geschieht aber interessanterweise in zwei Etappen. Zunächst schwindet die Kopfwendung nach rechts (und kann infolge von Bechterew-Kompensation in Linkswendung übergehen), die horizontale Kopfdrehreaktion läßt

sich nicht mehr auslösen, und es tritt in der Mehrzahl der Fälle ein spontaner Bechterew-Nystagmus in entgegengesetzter Richtung auf. In
diesem Stadium ist aber die vertikale Augendrehreaktion noch deutlich und meistens sogar sehr stark vorhanden. Da an der horizontalen
Drehreaktion nach allgemeiner Annahme jedenfalls der horizontale
Bogengang beteiligt ist, läßt sich dieser Befund wohl nur so deuten, daß
anfangs die Sinnesendstelle des horizontalen Bogenganges gelähmt wird,
während ein oder beide vertikale Bogengänge erst später betroffen
werden. Die heutigen physiologischen Kenntnisse reichen nicht aus, um
zwischen den letztgenannten Möglichkeiten zu entscheiden. Schließlich
wird dann der ganze Bogengangsapparat gelähmt und das Tier verhält
sich wie ein Meerschweinchen nach zweizeitiger totaler Labyrinthexstirpation, nur mit dem Unterschiede, daß die Erschlaffung des rechten
Vorderbeines nicht schwindet.

Der schrittweisen Lähmung des Bogengangsapparates entspricht ein
typisches Verhalten des (Bechterew-) Nystagmus. Im ersten Stadium
schlägt er mehr horizontal, im zweiten mehr vertikal. Beispielsweise
schlug bei mehreren Tieren der Nystagmus im ersten Stadium rechts:
nach hinten-unten, links: horizontal nach vorne; im zweiten Stadium
rechts: vertikal nach unten, links: nach oben-vorne.

In einem Versuche trat nur ein Bechterew-Umschlag der Grunddrehung ein,
während kein umgekehrter Nystagmus und kein Umschlag der Kopfwendung
zu sehen war. In diesem Falle schwand im ersten Stadium der Bogengangslähmung die horizontale Drehreaktion und die Rechtswendung des Kopfes, während die vertikale Augendrehreaktion stark positiv blieb, um erst im zweiten
Stadium zu schwinden. — In einem anderen Falle kam es zum Umschlag der Grunddrehung in einem Stadium, in welchem überhaupt noch keine Symptome von
Bogengangslähmung zu sehen waren. — Dagegen trat in einem Versuch kein
Umschlag der Grunddrehung, wohl aber der Kopfwendung auf sowie spontaner
Bechterew-Nystagmus der Augen. Auch dieses spricht für die Selbständigkeit
der Bogengangs- und der Utriculussymptome, wie denn überhaupt die Kopfwendung und die Grunddrehung in diesen Versuchen sich ganz unabhängig voneinander verhielten. Am folgenden Tage war in allen Fällen die Cocainwirkung
vollständig verschwunden und das linke Labyrinth funktionierte wieder normal.

Bei den Versuchen, in welchen die Cocainisierung des linken Labyrinthes der chirurgischen Exstirpation des rechten schon nach 4—5 Stunden folgte, ließ sich das schrittweise Schwinden der akuten Symptome
sehr gut verfolgen.

Die Tiere saßen zunächst mit stärkster Rechtswendung von Kopf und Körper,
hatten Kopfnystagmus nach links, starke Grunddrehung nach rechts, typische
Augendeviation (links nach oben-vorne, rechts nach unten, mit Nystagmus links
nach unten-hinten, rechts nach oben-vorne), die bei linker Seitenlage maximal,
bei rechter Seitenlage minimal war. In linker Seitenlage in der Luft stand der Kopf
in Normalstand, in rechter Seitenlage in der Luft dagegen in rechter Seitenlage.
Starke Asymmetrie der Kopfdrehreaktion und des Nystagmus. Rollbewegungen
nach rechts.

Nach der Cocaineinspritzung ins linke Mittelohr verschwanden in einem typischen als Beispiel brauchbaren Versuche zuerst die einseitigen Labyrinthstellreflexe, so daß jetzt bei rechter Seitenlage des Körpers der Kopf in Rückenlage gehalten wurde, und zugleich nahm der Unterschied in der Größe der Augendeviation in rechter und linker Seitenlage ab, um bald darauf ganz zu schwinden. In diesem Stadium der Sacculuslähmung war dann noch die Grunddrehung, der Spontannystagmus, die Kopfwendung, die einseitige asymmetrische Kopfdrehreaktion und eine sehr geringe Augendeviation in normaler Richtung vorhanden. Danach begann die Lähmung des Utriculus, die sich in Abnahme der Grunddrehung äußerte. Darauf erfolgte die Bogengangslähmung: die Kopfdrehreaktion schwand, ebenso die Kopfwendung, es erfolgte Umschlag des Nystagmus, alles dieses zunächst bei ganz gerade gehaltenem Kopf (ohne Drehung und Wendung). Erst etwa 10 Minuten später trat Umschlag der Grunddrehung auf, worauf das Tier nach links rollte.

Interessant war das Verhalten des Nystagmus beim Eintritt der Bogengangslähmung:

Derselbe schlug vorher	rechts nach	vorne-oben,	links nach	hinten-unten.
Kurz vor dem Schwinden der Kopfdrehreaktion	„ „	oben (vertik.),	„ „	unten (vertik.).
Nach Schwinden der Kopfdrehreaktion (Umschlag)	„ „	hinten (horiz.),	„ „	vorne (horiz.).
6 Minuten danach	„ „	hinten-unten,	„ „	vorne-oben.

Beim Eintritt der Lähmung des horizontalen Bogenganges wird also der vorher schräge Nystagmus rein vertikal. Nach vollendeter Lähmung des horizontalen Bogenganges ist die Richtung des Umschlagnystagmus rein horizontal und wird bei totaler Labyrinthlähmung schräg in umgekehrter Richtung als vor der Cocaininjektion.

Ob der Umschlag des Nystagmus, der Grunddrehung usw. in diesen Versuchen mit Labyrinthausschaltung in 4—5stündigem Abstand bereits auf beginnender zentraler Bechterew-Kompensation beruht oder auf einer noch fortbestehenden operativen Reizung des rechten Octavusstammes, läßt sich nicht entscheiden. Beides müßte in demselben Sinne wirken.

Die Richtungsänderung des Spontannystagmus erfolgte in drei von fünf Versuchen beim Eintritt der Bogengangslähmung im oben geschilderten Sinne. Zweimal trat nur ganz schwacher Umschlagnystagmus auf, der aber in dem einen Versuche auch rein horizontal begann. Auffallend war, daß in dieser letzten Versuchsreihe das Stadium der Utriculuslähmung und der Bogengangsausschaltung mehr ineinander übergingen, als in den anderen Experimenten, wo sie scharf geschieden waren. Es gibt verschiedene Möglichkeiten, dieses zu erklären, zwischen denen noch nicht experimentell entschieden worden ist.

———

Die geschilderten Versuche mit Cocaininjektion ins Mittelohr am Meerschweinchen zeigen, daß, sowohl wenn das andere Labyrinth intakt

ist als wenn es vorher operativ entfernt wurde, die Symptome der Cocainlähmung sich gesetzmäßig und schrittweise entwickeln, und daß die Sym-
ptomengruppen, welche dabei beobachtet werden, für die Otolithenreflexe
den früher abgeleiteten Vorstellungen entsprechen. Außerdem läßt sich
noch eine weitere Symptomengruppe abgliedern und auf die Bogengänge
zurückführen.

Ist das Labyrinth der anderen Seite intakt, so werden durch Cocain
die betreffenden Symptome zum Vorschein gerufen, ist es vorher entfernt worden, so werden dieselben zum Verschwinden gebracht. Beide
Versuchsreihen ergänzen sich also spiegelbildlich.

Lähmung des Sacculus bewirkt bei intaktem zweiten Labyrinth einseitige Aufhebung der asymmetrischen Labyrinthstellreflexe
und vertikale Augendeviation ohne Nystagmus. Die symmetrischen
Labyrinthstellreflexe bleiben erhalten und sind daher vermutlich von
den Utriculis abhängig. Ist das zweite Labyrinth vorher entfernt,
so hat die Sacculuslähmung den Verlust aller asymmetrischen
Stellreflexe und das Verschwinden der vertikalen Augendeviation
zur Folge (bis auf einen kleinen von den Bogengängen abhängigen
Rest).

Lähmung des Utriculus bewirkt bei intaktem anderen Labyrinth Grunddrehung nach der injizierten Seite, bei fehlendem anderen
Labyrinthe Aufhebung einer bestehenden Grunddrehung und unter
Umständen Umschlag nach der anderen Seite (Bechterew, bei kurz-
fristigen Versuchen evtl. Operationsreiz von der anderen Seite).

Bei intaktem anderen Labyrinth tritt, solange die Bogengänge intakt
sind und sich durch Drehung oder calorisch reizen lassen, weder Nystagmus an Kopf und Augen noch Kopfwendung auf. Beim Eintritt der
Bogengangslähmung kommt es zu Kopfwendung und Spontannystagmus von Kopf und Augen, während gleichzeitig die Drehreaktionen
asymmetrisch werden. Bei fehlendem anderen Labyrinth schwindet die
Kopfwendung sowie eine evtl. noch vorhandene geringe vertikale Augendeviation, die Drehreaktionen auf Kopf und Augen werden negativ und
es tritt spontaner Nystagmus der Augen in umgekehrter Richtung auf.
Beim Eintritt der Bogengangslähmung läßt sich feststellen, daß zuerst
die horizontalen Drehreaktionen von Kopf und Augen erlöschen, während
die vertikale Augendrehreaktion länger erhalten bleibt. Auch die Richtung der Augenbewegungen beim Nystagmusumschlag spricht dafür,
daß zuerst der horizontale Bogengang, zuletzt ein vertikaler Bogengang
gelähmt wird.

Die früher beschriebenen Versuche mit Cocainlähmung an zentrifugierten Meerschweinchen hatten zu dem Schlusse geführt, daß das
Sinnesepithel der Maculae Dauererregungen produziert, deren Stärke
durch Zug oder Druck der Otolithen verändert wird. Die zuletzt beschrie-

benen Experimente machen es in höchstem Grade wahrscheinlich, daß auch das Sinnesepithel der Cristae Dauererregungen hervorbringt, deren Stärke durch Reizung der Cupulae verändert wird. Bogengangsreflexe würden dann nur durch Änderungen der Stärke der im Cristaepithel gebildeten Erregungen ausgelöst werden, wie sie bei Bewegungen bzw. Beschleunigungen des Kopfes eintreten müssen.

Während in den früheren Kapiteln in der Hauptsache mehr oder weniger abschließende Ergebnisse mitgeteilt werden konnten, ist die Erforschung der Otolithentätigkeit noch lange nicht am Ende, und es ist möglich, daß manche der im vorstehenden entwickelten Ansichten bei fortschreitender Erkenntnis modifiziert werden müssen. Aber auch wenn dieses der Fall sein sollte, halte ich die bisherigen Resultate nicht für überflüssig, denn sie geben uns die Grundlage für eine weitere experimentelle Untersuchung dieses bisher so rätselvollen und darum so anziehenden Gebietes.

Zehntes Kapitel.
Die Zentren der Körperstellung.

In den vorhergehenden Abschnitten sind die Reflexe, welche bei der Körperstellung mitwirken, nach dem derzeitigen Stande unserer Kenntnisse geschildert worden. So weit das bisher möglich ist, wurden die Muskeln, welche sich an diesen Reflexen beteiligen, die Receptoren, welche sie auslösen, die afferenten Bahnen, die die Impulse dem Zentralnervensystem zuführen, die Gesetze, nach denen sich die verschiedenen Reflexe und Reflexgruppen addieren, superponieren und gegenseitig beeinflussen, die Rolle, welche sie bei den normalen und pathologischen Stellungen und Bewegungen der Tiere spielen, beschrieben. Es erübrigt noch, diejenigen Teile des Zentralnervensystems zu ermitteln, deren Anwesenheit für das Zustandekommen dieser Reflexe unumgänglich nötig ist. Wenn auch in früheren Kapiteln Einzelheiten hierüber bereits erwähnt wurden, so ist doch eine zusammenfassende Darstellung der bisher ermittelten Tatsachen erforderlich.

Schon a priori läßt sich vermuten, daß für eine derartige Gruppe von Funktionen, bei welcher eine große Anzahl verschiedener Reflexe in fein abgestimmter Weise automatisch zusammenarbeiten, ein verwickelter Zentralapparat vorhanden sein muß. Wenn es auch nun bisher keineswegs gelungen ist, diesen zentralen Mechanismus in allen Einzelheiten zu entwirren, so konnte doch die Lage und gegenseitige räumliche Anordnung der Hauptgruppen von Zentren ermittelt und wenigstens der Anfang damit gemacht werden, einzelne anatomisch bekannte Kerne in Beziehung zur Körperstellung zu bringen. Die

Hauptarbeit ist noch zu leisten. Aber das bisher Festgestellte kann als Grundlage zu weiteren experimentellen Untersuchungen dienen.

Läßt man die optischen Stellreflexe, für deren Zustandekommen die Großhirnrinde erforderlich ist, zunächst außer Betracht, so ergibt sich, daß sämtliche anderen in diesem Buche beschriebenen Reflexe der Körperstellung beim Thalamustier ungestört vorhanden sind. Für die von den Labyrinthen ausgehenden Reflexe und für einige andere Körperstellungsreaktionen wird in diesem Kapitel bewiesen werden, daß sie auch nach vollständiger Entfernung des Kleinhirns erhalten bleiben. Hieraus folgt, daß die Zentren für diese Reflexe im Hirnstamm liegen. Tatsächlich hat sich ergeben, daß der zentrale Körperstellungsapparat vom obersten Halsmark bis in das vorderste Mittelhirn reicht. In diesem Bezirke sind die Zentren für die verschiedenen Reflexgruppen örtlich getrennt angeordnet.

Geht man vom Thalamustier aus, so gliedert sich also die Untersuchung in folgende Teile:

1. ist festzustellen, welche Reflexe nach vollständiger Wegnahme des Kleinhirns erhalten sind und daher ihre Zentren im Hirnstamm haben.

2. ist durch schrittweise Abtrennung der einzelnen Teile des Hirnstammes von vorn nach hinten zu ermitteln, bis zu welchem Niveau man den Hirnstamm fortnehmen kann, ohne einen bestimmten Reflex aufzuheben. Die Zentren müssen dann hinter dem betreffenden Schnitt liegen. Diese Untersuchung ist für jeden einzelnen Reflex durchzuführen.

3. Kennt man auf diese Weise das Niveau, in welchem das gesuchte Zentrum liegen muß, so kann man hier verschiedene örtliche Zerstörungen vornehmen und feststellen, ob danach der Reflex erhalten bleibt oder fehlt, und aus dem Ergebnis Schlüsse auf die Abhängigkeit des Reflexes von bestimmten anatomisch bekannten Kernen und Bahnen machen.

4. Ziel der Untersuchung ist, für jeden Reflex das oder die Zentren und die Gesamtheit der afferenten und efferenten Bahnen kennenzulernen.

Die unter 1. und 2. umschriebenen Aufgaben sind in den Hauptpunkten gelöst. Das 3. Problem ist in Angriff genommen. Die Erreichung des unter 4. genannten Zieles ist natürlich noch in weiter Ferne.

Über die Sicherheit, mit welcher man aus Versuchen mit operativen Eingriffen und Exstirpationen am Zentralnervensystem Schlüsse auf die Lokalisation von Funktionen in bestimmten Zentren machen kann, läßt sich folgendes sagen:

Wenn man bei einem Versuchstier nach Fortnahme eines Hirnteiles (z. B. des Klein- oder Großhirnes) oder nach einem Querschnitt durch den Hirnstamm einen bestimmten Reflex vollständig unverändert nachweisen kann, so ergibt sich hieraus mit absoluter Sicherheit, daß die weggeschnittenen Hirnteile für das Zustandekommen dieses Reflexes nicht notwendig sind, und daß die erforderlichen Zentren in dem erhaltenen Hirnteile liegen. Wenn die physiologische Beobachtung nur genau gemacht wird, genügen in diesem Falle ein oder wenige Versuche, um sichere Schlüsse zu ziehen.

Wenn dagegen nach einem Querschnitt oder einer Exstirpation ein bestimmter Reflex fehlt, so kann man nicht mit absoluter Sicherheit daraus schließen, daß die für diesen Reflex notwendigen Zentren fortgeschnitten worden sind. Es bleibt immer möglich, daß die Zentren in dem erhaltenen Hirnteil liegen, aber durch den operativen Eingriff so geschädigt worden sind, daß sie nicht mehr funktionieren. Falls dieses durch Blutungen u. dgl. geschehen ist, wird es durch die nachfolgende anatomische Untersuchung aufgedeckt. Wesentlich störender sind aber Schock- oder Diaschisiserscheinungen: nach einem operativen Eingriff wird ein Teil der zurückgebliebenen Zentren auch ohne nachweisbare anatomische Veränderung funktionell beeinträchtigt. Fehlt dann ein bestimmter Reflex, so weiß man nicht, ob der Grund hierfür die Entfernung oder Schock des erhaltenen Zentrums ist. Diese Unsicherheit wird man zunächst durch eine größere Anzahl von Einzelversuchen vermeiden können, dann aber vor allem dadurch, daß man sich zu diesen Versuchen Tierarten aussucht, bei welchen erfahrungsgemäß die Schockerscheinungen gering sind. Aus diesem Grunde scheiden leider Affen für einen großen Teil derartiger Experimente aus, weil schon das Ausgangspräparat (der Thalamusaffe) bisher nicht schockfrei erhalten werden konnte. Das ist weder Karplus und Kreidl noch mir selber (siehe oben S. 210) einwandfrei gelungen. Man wird daher beim Affen nur aus solchen Versuchen sichere Schlüsse ziehen können, in welchen nach dem experimentellen Eingriff der zu untersuchende Reflex ungestört erhalten war. In den anderen Fällen muß man zu niederen Säugetieren heruntergehen (Katzen und Kaninchen). Die Ergebnisse sind in akuten Versuchen bei Kaninchen noch etwas besser als bei Katzen. Man kann bei ersteren häufig schon direkt nach der Operation beim Erwachen aus der Narkose die meisten Reflexe nachweisen. Bis zu welchem Grade das möglich ist, möge folgendes Beispiel zeigen: Im Oculomotoriuskern liegen oral die Zentren für Pupille und Akkomodation, caudal davon die Zentren für die äußeren Augenmuskeln. Rademaker hat in einzelnen Versuchen Querschnitte angelegt, durch welche gerade die Spitze des Oculomotoriuskernes abgetrennt wurde. Bei diesen Tieren fand sich die Pupillenreaktion auf

Belichtung erloschen, während die kompensatorischen Augenstellungen und die Drehreaktionen auf die Augen unverändert erhalten waren, und zwar nicht nur die horizontalen und rotatorischen Bewegungen der Augen, welche auch vom Trochlearis- und vom Abducenskern verursacht sein könnten, sondern auch die Vertikalbewegungen, welche allein vom Oculomotoriuskern abhängig sind. Man sieht hieraus, daß ein Kern, von dem der vordere Teil weggeschnitten ist, mit seinem hinteren Teil beim Kaninchen noch unveränderte Reflexe zeigen kann.

Andererseits sind Katzen (und Hunde) leichter nach größeren Eingriffen am Zentralnervensystem am Leben zu erhalten, so daß man bei ihnen das Abklingen der Schockerscheinungen abwarten kann.

Von großer Wichtigkeit ist, daß nach Querdurchtrennung hinter dem Mittelhirn die Schockerscheinungen überhaupt sehr gering sind, und daß man, wie schon Sherrington (5) beobachtet hat, nach operativen Eingriffen am Zentralnervensystem decerebrierter Tiere überhaupt sehr geringen Schock bekommt.

Aus diesen Tatsachen folgt, daß man mit allen Schlußfolgerungen vorsichtig sein muß, die sich auf das Fehlen eines bestimmten Reflexes nach Operationen am Gehirn gründen. Auch wenn man an Präparaten arbeitet, bei welchen die Schockerscheinungen erfahrungsgemäß gering sind, kann man immer nur zu Wahrscheinlichkeitsschlüssen kommen.

Bei allen in diesem Kapitel zu schildernden Versuchen ist es sorgfältig vermieden worden, einseitige Durchschneidungen und Exstirpationen zu machen. Die Operationen wurden stets bilateral ausgeführt und möglichst nur solche Tiere verwendet, welche nach dem Eingriff keine asymmetrischen Erscheinungen zeigten. Dieses ist außerordentlich wichtig. Jede asymmetrische Haltung des Tieres löst durch Halsreflexe usw. so viele verwickelte sekundäre Reflexe aus, daß eine Deutung der Folgen des primären Eingriffes dadurch erschwert bzw. unmöglich wird.

Die Versuche haben sich im Laufe des letzten Jahrzehntes folgendermaßen entwickelt:

Zunächst wurde an decerebrierten Katzen das Kleinhirn exstirpiert und gefunden, daß die tonischen Hals- und Labyrinthreflexe auf die Körpermuskeln unverändert erhalten blieben (18). An denselben Tieren wurden dann Querschnitte durch den Hirnstamm angelegt und ermittelt, in welchen Niveaus der Medulla oblongata und des Halsmarkes die Zentren für die genannten Haltungsreflexe liegen.

Hieran schlossen sich größere Versuchsreihen (37), in welchen gezeigt wurde, daß sämtliche bis dahin bekannten Labyrinthreflexe nach vollständiger Kleinhirnexstirpation erhalten bleiben. Die Versuche

über Drehreaktionen und kompensatorische Augenstellungen sind von
de Kleyn ausgeführt.

Zur Ergänzung dieser Befunde dienen Beobachtungen an zwei Hunden,
bei denen Dusser de Barenne das Kleinhirn unvollständig exstirpierte.
Bei diesen wurden außer den anderen Reflexen auch die Progressivreaktionen (51) und die Körperstellreflexe untersucht.

Über die Niveaus, bis zu denen man den Hirnstamm durchtrennen
kann, ohne die verschiedenen Labyrinth- und Körperstellungsreflexe
aufheben, hatte sich im Laufe der Jahre ein beträchtliches Beobachtungsmaterial angehäuft. Über das Verhalten der verschiedenen Formen
des labyrinthären Augennystagmus liegen genaue Experimente von
de Kleyn (63) vor. In Anschluß hieran hat Rademaker zwei große
Versuchsreihen an Katzen und Kaninchen angestellt, in welchen der
Hirnstamm in verschiedener Höhe quer durchtrennt und danach zunächst rein klinisch festgestellt wurde, welche Reflexe vorhanden waren
und welche fehlten. Hieran schloß sich die anatomische Untersuchung
an Schnittserien, so daß sich für jeden Reflex der Querschnitt ermitteln
ließ, nach welchem der Reflex gerade noch erhalten und nach welchem
er aufgehoben ist.

Unter anderem wurde auf diese Weise das Niveau für die Labyrinthstellreflexe vermittelt. In diesem Niveau wurde nun durch Rademaker
die Lokalisation des Zentrums für diese Reflexe (und andere Stellreflexe)
genauer untersucht. Ebenso fand sich hier das Zentrum für das Entstehen der normalen Tonusverteilung in der Muskulatur (Aufhebung
der Enthirnungsstarre).

Die nachfolgende Darstellung wird sich diesem Gange der Untersuchungen im großen ganzen anschließen.

I. Labyrinth- und Körperstellungsreflexe nach Fortnahme des Kleinhirns (18, 37).

A. Versuchsmethoden und anatomische Kontrollen.

Im ganzen liegen 21 Versuche an Katzen und 17 an Kaninchen vor.
Sämtliche Versuche an Katzen sind von mir, sämtliche an Kaninchen
(mit Ausnahme von drei) von de Kleyn ausgeführt. Beide Untersuchungsreihen ergänzen sich gegenseitig.

1. Operationsmethoden.

a) Kleinhirnexstirpation bei decerebrierten Katzen. In tiefer Äthernarkose wird tracheotomiert und die Narkose dann mit der künstlichen Atmung
fortgesetzt, beide Carotiden unterbunden, die Vagi durchtrennt. Darauf wird das
Rückenmark am 12. Brustwirbel provisorisch freigelegt und die Wunde durch
Klammern geschlossen. Dieses ermöglicht im späteren Verlaufe des Versuches

35*

schnelle Rückenmarksdurchtrennung, falls dieselbe zur Verstärkung der Haltungsreflexe auf die Vorderbeine erforderlich ist.

Der Schädel wird freigelegt, beide Temporalmuskeln zurückpräpariert und die
Muskelansätze am Planum occipitale bis herunter an die Membrana obturatoria
abgelöst, so daß das ganze Schädeldach vom Hinterhauptsloch bis zu den Augen
frei liegt. Nach Trepanation wird das ganze Schädeldach über dem Großhirn mit
der Knochenzange entfernt, wobei ein Assistent mit Daumen und Zeigefinger die
Vertebralarterien zwischen Atlas und Epistropheus gegen die Wirbelsäule drückt,
so daß die ganze folgende intrakranielle Operation (wenigstens bei nicht gar zu
großen Katzen) ohne Blutung vorgenommen werden kann. Nach Eröffnung der
Dura wird der Hirnstamm in der Ebene des Tentorium cerebelli mit dem Spatel
quer durchtrennt und das ganze Gehirn vor den hinteren Vierhügeln in toto ausgeräumt. Dabei tut man gut, die Dura an der Schädelbasis nicht abzulösen, da
sonst leicht nach Beendigung der Operation eine Nachblutung aus den durch-
rissenen arteriellen Gefäßen erfolgt.

Die Narkose wird jetzt abgestellt und bei fortdauernder Kompression der
Vertebrales das Tentorium cerebelli und die Schädeldecke über dem Kleinhirn bis
zum Hinterhauptsloch abgetragen. Seitlich geht man dabei bis zur Felsenbeinpyramide. Das Kleinhirn liegt jetzt vollständig frei. Der vordere Pol des Wurmes
wird durch vorsichtiges Zerreißen der Pia-Arachnoides von den hinteren Vierhügeln abgelöst und ein stumpfer Finder unter dem Kleinhirn nach hinten geschoben, bis derselbe am Calamus scriptorius dorsal von der Medulla oblongata
wieder zum Vorschein kommt.

Zur Entfernung des Kleinhirns bin ich auf verschiedene Weise vorgegangen.
Entweder man geht neben dem Finder mit einem schmalen Messer ein und trägt
durch zwei horizontale Schnitte nach rechts und links den Wurm und die dorsalen
Partien der Seitenteile ab. Danach werden dann die übrigbleibenden ventralen
Partien der Seitenteile entfernt. Dieses Verfahren ist sehr schonend; man läßt aber
dabei gewöhnlich mehr von den Kleinhirnstielen stehen als bei den anderen
Methoden. — Daher wurde in einer Reihe von Versuchen das Kleinhirn auf dem
untergeschobenen Finder in die Höhe gehoben, bis man die Kleinhirnstiele sich
anspannen sieht. Diese werden dann vom 4. Ventrikel aus mit dem Messer durchtrennt. Hierbei entfernt man also das Kleinhirn in einem Stück und erhält daher
anatomisch das beste Resultat. Beim Anheben des Kleinhirns werden aber die
Stiele mehr oder weniger gezerrt, und es ist dieses wahrscheinlich der Grund, weshalb bei den in dieser Weise operierten Tieren die Enthirnungsstarre sich nicht so
kräftig entwickelte und die tonischen Reflexe nicht so lebhaft waren wie in den
übrigen Experimenten. — Daher wurde in den späteren Versuchen zunächst auf
dem Finder eine Längsspaltung des Cerebellum vorgenommen, die beiden Hälften
nach rechts und links herübergeklappt und darauf die gut sichtbaren Stiele von
der Medialseite her mit dem Messer durchtrennt. Dieses Verfahren ist schonend
und gibt anatomisch sehr gute Resultate.

Bei diesem Vorgehen bleiben beide Octavi sowie die Trigemini und Faciales
unberührt. Die lateralen Teile der Felsenbeinpyramiden liegen frei. Der Boden
des 4. Ventrikels ist vollständig zu übersehen.

Abb. 208 gibt eine stereoskopische Aufnahme des nach der Decerebrierung
stehenbleibenden Hirnstammes mit intaktem Kleinhirn, Abb. 214 (S. 566) das bei Versuch 23 gewonnene Präparat samt dem in zwei Teilen exstirpierten Kleinhirn wieder.

Die Dauer der ganzen Operation vom ersten Hautschnitt an beträgt 15 bis
20 Minuten, die der eigentlichen Kleinhirnexstirpation 5—8 Minuten.

Die temporäre Kompression der Vertebralarterien wird nun beendet. Die nachfolgende Blutung wird dadurch vermindert, daß man das Tier für 15—20 Minuten

mit hocherhobenem Kopf lagert. Da die ganze Schädelhöhle leer ist, führen Blutgerinnsel nicht leicht zu Kompressionserscheinungen. Tatsächlich war nur in einem
Versuche eine geringe Kompression durch Blutkoagula eingetreten.

Erstaunlich ist, daß nach der eingreifenden Operation in der un
mittelbaren Nähe der Medulla oblongata der Schock sehr gering ist.
In der Mehrzahl der Fälle atmen die Tiere bereits am Ende der Operation
spontan. Die Enthirnungsstarre der Vorder- und oft auch
der Hinterbeine beginnt sich sofort zu entwickeln und ist
nach ¼ Stunde gewöhnlich sehr kräftig ausgesprochen.
Gleichseitige und gekreuzte Reflexe an den Extremitäten sind stets,

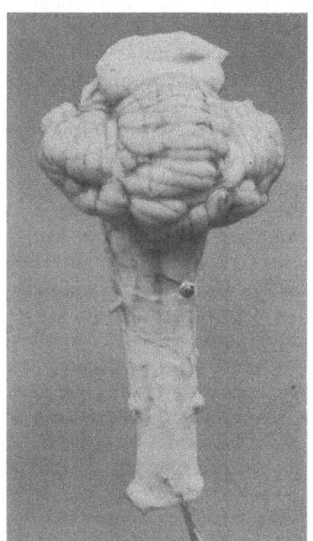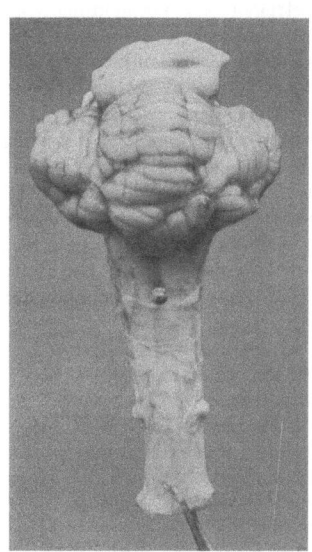

Abb. 208.

Corneal- und Ohrreflex häufig nach wenigen Minuten auszulösen. —
Es gilt also auch für Operationen in der Nähe der Medulla oblongata
die von Sherrington gefundene Regel, daß wenn sie nach dem
Decerebrieren vorgenommen werden, kein oder nur ein minimaler
Schock erfolgt.

In einer Reihe von Versuchen wurde danach der Hirnstamm durch
sukzessive Frontalschnitte von vorn nach hinten abgetragen. Dabei
wurden jedesmal wieder die Vertebrales temporär abgeklemmt und
etwaige Blutkoagula vorsichtig entfernt. Man kann sich dann mit
Leichtigkeit anatomisch orientieren, die Entfernung des Schnittes von
den Vierhügeln, dem Calamus scriptorius usw. mit dem Millimeter-
maßstab abmessen, die Vollständigkeit der Durchschneidung kontrollieren usw. Auch der Octavus läßt sich unter Leitung des Auges

durchschneiden. Für die Frontalschnitte im Bereiche des Halsmarkes werden die Dorsalteile der obersten Halswirbel mit der Knochenzange entfernt.

b) Bei Thalamuskaninchen und decerebrierten Kaninchen. Bei Kaninchen wurde in Äthernarkose tracheotomiert, künstliche Atmung eingeleitet, beide Carotiden unterbunden, die Vagi durchtrennt und dann nach der Trepanation das Schädeldach fortgenommen. Darauf wurde entweder decerebriert, wobei der Querschnitt durch den Hirnstamm zwischen die vorderen und hinteren Vierhügel fiel, oder nur das Großhirn vor den Thalamis exstirpiert. Die hierbei befolgte Technik ist ausführlich oben S. 195 beschrieben worden. Darauf wurde die Äthernarkose beendet, die Hinterhauptschuppe bis zur Membrana atlanto-occipitalis abgetragen, zur Vermeidung von Blutung die Vertebralarterien von einem Assistenten zwischen Atlas und Epistropheus mit zwei Fingern vorübergehend abgeklemmt, das Kleinhirn von hinten her in der Medialebene unter Leitung eines Finders gespalten, wobei auf Schonung der Vierhügel geachtet werden muß, beide Kleinhirnhälften seitlich etwas auseinandergelegt und die Kleinhirnstiele in der Ebene des 4. Ventrikels mit einem schmalen, in der Ebene gekrümmten spatelartigen Instrument durchtrennt. Beide Kleinhirnhälften lassen sich dann (einschließlich der Lobuli petrosi) leicht herausnehmen und die Vollständigkeit der Operation mit dem Auge sicherstellen. Die Abklemmung des Vertebrales, die nur wenige Minuten gedauert hat, wird nun beendet und die Wunde durch Muskel- und Hautnähte geschlossen. Die Blutung ist meistens sehr gering. Von großer Bedeutung für das tadellose Gelingen der Operation ist die Verwendung einer guten Stirnlampe.

c) Bei intakten Katzen. Um bei Katzen mit erhaltenem Großhirn, die man nach der Operation am Leben halten will, das Kleinhirn zu entfernen, wurde folgendermaßen vorgegangen: Nach subcutaner Einspritzung von $^{1}/_{4}$ mg Atropin wird Meltzer-Narkose mit Äther (intratracheale Insufflation) eingeleitet, beide Carotiden abgebunden und nunmehr die Narkose mit Chloroform fortgesetzt. Man erreicht hierdurch, daß die Blutung aus dem Knochen geringer ist. Darauf wird das Planum occipitale vom Atlas bis zur Crista occipitalis freigelegt und letztere mit der Knochenzange fortgenommen. Nach Durchtrennung der Membrana atlanto-occipitalis wird mit der Knochenzange und der Hohlmeißelzange („Papageienschnabel") das Mittelstück des Planum occipitale etwa in der Breite des Kleinhirnwurmes fortgenommen. Man kann hierbei bis zur Crista occipitalis nach vorne gehen, ohne Sinusblutung befürchten zu müssen, da der Sinus transversus bei der Katze weiter nach vorn liegt als beim Hunde. Hat man dafür gesorgt, daß der Kopf des Tieres etwas hoch gelagert ist, so ist die Blutung aus dem Knochen meistens gering. Falls sie stärker ist, so komprimiert ein Assistent die Vertebralarterien zwischen Atlas und Epistropheus mit zwei Fingern. Letzteres ist fast immer während der eigentlichen Kleinhirnexstirpation erforderlich, damit man diese ohne jede Blutung unter genauer Leitung des Auges vornehmen kann, was für die anatomische Genauigkeit der Operation von entscheidender Bedeutung ist. Man hebt nun unter fokaler Beleuchtung durch die Stirnlampe vorsichtig den hinteren Kleinhirnpol von der Medulla oblongata ab, geht mit einem schmalen, leicht über die Fläche gekrümmten spatelähnlichen Instrument unter das Kleinhirn ein, schiebt dasselbe seitlich der Mittellinie nach vorn, bis es an das (knöcherne) Tentorium cerebelli stößt, und schneidet zunächst an der einen Seite, etwa an der Grenze zwischen Kleinhirnmittelstück und Seitenteil, in dorsaler Richtung das Kleinhirn durch. Darauf führt man den Spatel nochmals ein und macht denselben Schnitt an der anderen Seite. Man kann nun unschwer das ganze Mittelstück des

Kleinhirns, etwa entsprechend dem Wurm, im Zusammenhang herausnehmen und sieht nun den Boden des 4. Ventrikels und die hinteren Vierhügel, von deren Unverletztheit man sich überzeugt, vor sich liegen. Man sieht jederseits die Kleinhirnstiele, die man nunmehr unter Leitung des Auges ungefähr in der Ebene des Bodens des 4. Ventrikels durchtrennt. Die Seitenteile des Kleinhirns lassen sich dann leicht, meistens sogar in einem Stück, entfernen, und man kann sich nun davon überzeugen, ob die Exstirpation vollständig ausgeführt wurde, ob die Eintrittsstelle der Octavi unverletzt geblieben ist und ob sonstige Nebenverletzungen vermieden wurden. Nunmehr wird die Kompression der Vertebrales, die bei einiger Übung in der Entfernung des Kleinhirns nur wenige Minuten zu dauern braucht, beendet. Die Blutung ist in der Mehrzahl der Fälle auch danach überraschend gering. Nunmehr erfolgt eine sehr sorgfältige Naht der Halsmuskeln, die auch nach vorn zu oberhalb des Vorderrandes der Knochenwunde gut befestigt werden, um möglichst normale Kopfbewegungen zu gewährleisten, was auch tatsächlich eintritt. Nach Verschluß der Hautwunde wird die Narkose abgestellt, das Tier bleibt aber noch einige Zeit unter Trachealinsufflation und gut erwärmt liegen, bis die Atmung wieder ganz kräftig geworden ist.

Der Vorteil dieses Verfahrens liegt darin, daß man unter Blutleere und unter Leitung des Auges operiert, daß man von etwaigem Atemstillstand ganz unabhängig ist, der bei der Nähe des Atemzentrums gelegentlich (aber durchaus nicht immer) eintritt, und daß auch Vaguseinflüsse auf das Herz ausgeschaltet sind.

Man kann die Operation bei einiger Übung in 15 Minuten ausführen. Die eigentliche Kleinhirnentfernung dauert nur wenige Minuten.

d) Dasselbe Verfahren wurde auch einmal mit Erfolg beim Kaninchen angewendet. Hierbei muß man bei dem Vorschieben des Spatels unter dem Kleinhirn nach vorn vorsichtig sein, weil das Tentorium beim Kaninchen nicht knöchern ist wie bei der Katze. Nach Durchtrennung der Kleinhirnstiele bleiben bei der Entfernung der Seitenteile gewöhnlich die Lobuli petrosi (die „Flocculi" der früheren Autoren) in einer Nische des Felsenbeines sitzen, sie haben aber nach Durchtrennung der Kleinhirnstiele keinen Zusammenhang mehr mit dem Hirnstamm. Ihre Entfernung ist möglich, aber nicht notwendig.

2. Anatomische Kontrollen.

a) Vorbemerkungen. Über die feinere Anatomie des Hirnstammes bei der Katze und beim Kaninchen kann man sich jetzt leicht und eindeutig verständigen, weil für beide Tierarten die vorzüglichen Atlanten von Winkler und Potter (2, 3) vorhanden sind. Diese Atlanten sind den nachfolgenden Beschreibungen zugrunde gelegt. Für alle feineren Einzelheiten sei auf dieselben verwiesen. In Abb. 209 ist eine verkleinerte Wiedergabe von Tafel 24 des Katzenatlas (3) und in Abb. 210 und 211 von Tafel 29 und 30 des Kaninchenatlas (2) gegeben. Für das Kleinhirn ist von Winkler und Potter die Einteilung von Bolk angenommen worden.

Nur ein Punkt bedarf besonderer Erwähnung, das ist die Bedeutung der Bezeichnung „Flocculus". Als Flocculus wird von den früheren Autoren, zuletzt noch von Bárány (4, 5), derjenige Kleinhirnteil beim Kaninchen bezeichnet, welcher „innerhalb der von den drei knöchernen Bogengängen gebildeten knöchernen Kapsel gelegen ist und mit dem

übrigen Kleinhirn nur durch einen dünnen Stiel zusammenhängt;
zum Flocculus gehört allerdings noch ein kleines Läppchen, das bereits
außerhalb dieser Flocculuskapsel gelegen, der Brücke angelagert ist"
(Bárány). Von diesem Läppchen ist in der Arbeit Báránys und
anderer nicht die Rede. Dieses letztere Läppchen, welches auf
Abb. 210 mit einem + bezeichnet ist und welches dem Octavuseintritt
bzw. dem Nucl. ventralis nervi VIII unmittelbar anliegt, wird in
dieser Arbeit ausschließlich als Flocculus bezeichnet, während
der in die erwähnte Knochenkapsel eingeschlossene Hirnlappen (++

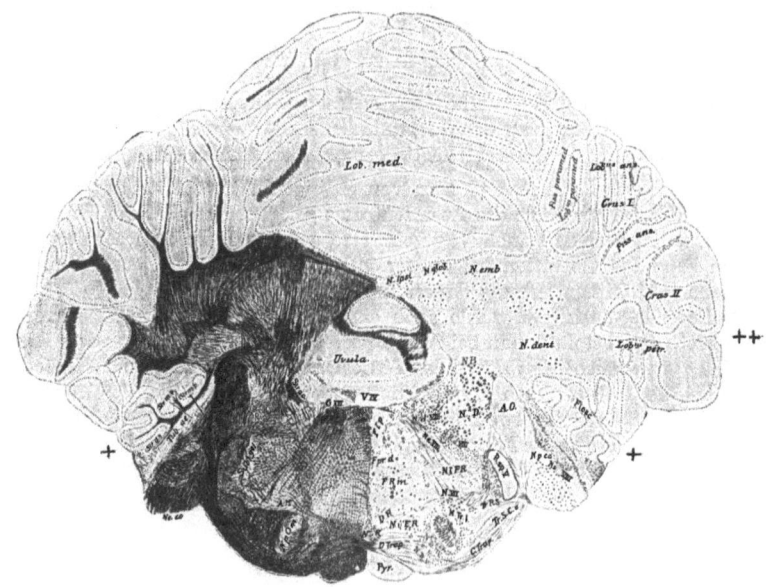

Abb. 209.

auf Abb. 210 und 211) als Lobulus petrosus bezeichnet ist. Ebenso
benennen wir mit Winkler - Potter bei der Katze als Flocculus ausschließlich das kleine Läppchen (+ auf Abb. 209), welches dem Nucleus
ventralis VIII und dem Tuberculum acusticum dicht aufliegt, während
die weiter seitlich gelegenen Lappen als Lobulus petrosus und Lobulus
ansatus benannt werden.

Wenn also im folgenden die Rede davon ist, daß bei der Kleinhirnexstirpation der Flocculus in mehr oder weniger großer Ausdehnung
stehengeblieben ist, so bezieht sich das ausschließlich auf diese
kleine, häufig überhaupt nur mikroskopisch sichtbare, dem Octavuseintritt dicht angelagerte Lamelle, welche ohne Nebenverletzung von
Octavusteilen nicht mit Sicherheit entfernt werden kann und daher nur
gelegentlich und als Zufallsergebnis mit exstirpiert wird. Dagegen ist

in allen Versuchen beim Kaninchen der Lobulus petrosus und bei der Katze Lobulus petrosus und Lobulus ansatus vollständig abgetrennt. Der Flocculus bezieht beim Kaninchen seine markhaltigen Fasern, wie Abb. 210 lehrt, von oben aus den Kleinhirnstielen. Wenn diese Stiele in der Ebene des vierten Ventrikels abgetragen sind, so ist mit Sicherheit anzunehmen, daß die anatomische Verbindung der stehengebliebenen Flocculuslamelle mit der Oblongata durchtrennt ist. Bei der Katze ist das (Abb. 209) ebenfalls der Fall. Für die lateralwärts liegenden Flocculuswindungen ist das direkt zu sehen. Aber auch die

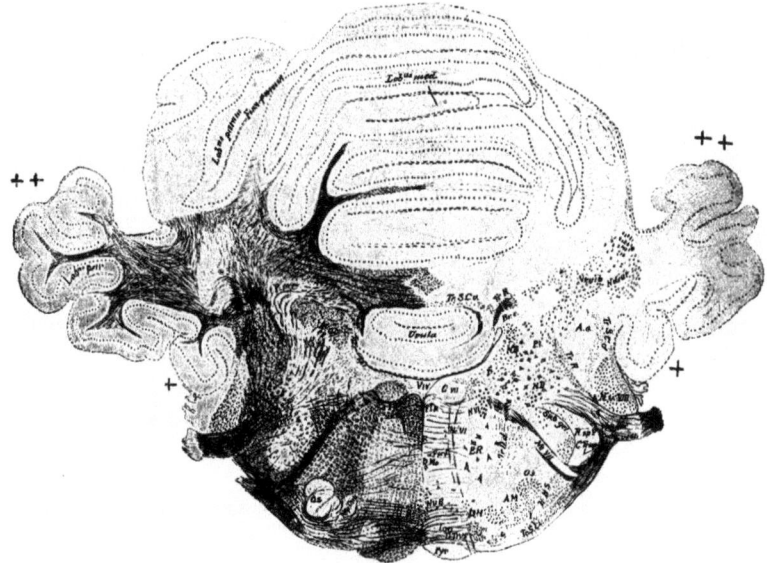

Abb. 210.

mediale Flocculuslamelle, welche bei der Operation gewöhnlich stehenbleibt, hat ihre Verbindungen mit der Oblongata verhältnismäßig dorsal längs des Flocculusstieles, welcher sich dorsal auf die Stria acustica legt. Ein Blick auf die Tafeln 24—26 des Katzenatlas lehrt, daß, wenn der Operationsschnitt so läuft, daß dadurch der Nucleus dentatus fortgenommen wird, dann auch mit der größten Wahrscheinlichkeit die Verbindung des Flocculusstieles mit der Oblongata durchtrennt ist.

In sechs genau an Serienschnitten oder Folgen von Frontalschnitten untersuchten Präparaten (drei von der Katze und drei vom Kaninchen) waren die stehengebliebenen Flocculuslamellen nicht mehr in anatomischer Verbindung mit der Oblongata. Auch bei den meisten übrigen, nur makroskopisch untersuchten Präparaten vom Kaninchen und der Katze ist mit an Sicherheit grenzender Wahrscheinlichkeit anzunehmen, daß die kleinen stehengebliebenen Flocculusreste nicht mehr in funktioneller Verbindung mit dem verlängerten Mark waren.

Man kann deshalb zusammenfassend sagen, daß bei der Kleinhirnoperation gewöhnlich ein kleiner Teil des Flocculus dicht neben dem Octavuseintritt stehenbleibt. Die vollständige und sichere operative Entfernung dieses letzteren ohne Nebenverletzung des Octavuseintrittes ist eine recht schwierige Aufgabe und gelingt jedenfalls nur gelegentlich innerhalb großer Versuchsreihen. Daß diese Flocculuslamellen nicht mehr in funktioneller Verbindung mit der Oblongata standen, ließ sich

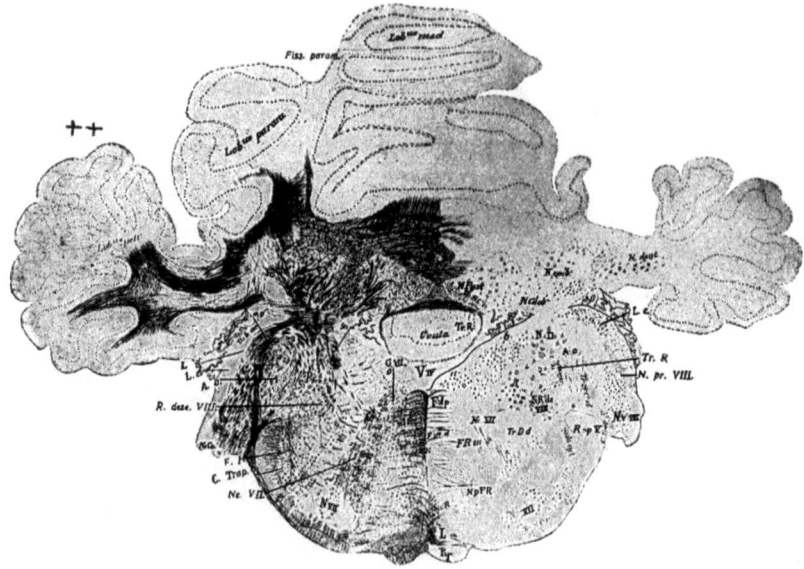

Abb. 211.

in sechs anatomisch genau untersuchten Fällen beweisen, aber auch in den übrigen Versuchen, bei denen die Präparate nur makroskopisch untersucht wurden, ist es so gut als sicher, daß wenn die Operation die Kleinhirnstiele richtig durchtrennte, so daß die Kleinhirnkerne mit fortgenommen wurden, dann auch die Verbindung der Flocculusreste mit der Oblongata aufgehoben war.

Die sechs genau untersuchten Präparate erlauben uns übrigens, für die Mehrzahl der geprüften Labyrinthreflexe[1]) die These, daß sie

---

[1]) Die Kopfdrehreaktion und -nachreaktion, die Augendrehreaktion und -nachreaktion, der Augendrehnystagmus und -nachnystagmus, die tonischen Labyrinthreflexe auf die Glieder, die Labyrinthstellreflexe, die kompensatorischen Augenstellungen, die calorischen Reaktionen sowie die nach einseitiger Octavusdurchschneidung auftretende veränderte Stellung des Kopfes und der Augen.

nach totaler Kleinhirnentfernung unvermindert erhalten sind, auch
anatomisch vollständig (d. h. einschließlich des Flocculusanteiles des
Kleinhirns) zu beweisen.

b) Anatomische Untersuchungen. Von der Versuchsreihe an
decerebrierten Katzen sind von zwei Präparaten (Nr. I und II, Versuch 22
und 23) vollständige Schnittserien durch Prof. Winkler angefertigt
und gezeichnet. Das Ergebnis wird auf S. 556 und S. 565 mitgeteilt.
Drei Präparate derselben Versuchsreihe wurden Winkler zur makroskopischen Besichtigung vorgelegt.

Von der Versuchsreihe an intakten Katzen ist ein Präparat (Nr. III,
Versuch 12), das einem besonders gut gelungenen Experiment entstammt, von Winkler in Serien geschnitten und gezeichnet. Das Ergebnis wird auf S. 571 mitgeteilt.

Ein Präparat (Nr. IV) vom Kaninchen, dem das Kleinhirn exstirpiert
und darauf die Medulla oblongata dicht vor dem Eintritt der Octavi
quer durchtrennt war, wurde von Winkler in Serien geschnitten und
genau durchuntersucht, zwei Durchschnitte davon gezeichnet. Das
Ergebnis wird unten S. 577 mitgeteilt.

Die Präparate von drei Kaninchen, bei welchen das Großhirn vor den
Thalamis und außerdem das Kleinhirn exstirpiert war, wurden in
dünne Scheiben geschnitten und von Winkler beschrieben. Das Ergebnis wird unten zugleich mit der Schilderung der Experimente mitgeteilt werden.

Ferner ist das Zentralnervensystem eines Hundes, dem Dusser
de Barenne (3) das Kleinhirn nicht ganz vollständig fortgenommen
hat, durch Winkler (4) in Serienschnitten untersucht. Das Ergebnis
wird auf S. 580 mitgeteilt.

Im ganzen sind also elf Präparate dieser Reihe dem Urteile von
Winkler unterworfen. Fünf davon sind in Serien geschnitten und
gezeichnet, drei weitere an Frontalschnitten untersucht worden. Ich
brauche wohl nicht zu betonen, eine wie große Hilfe für diese Untersuchungen die mühevolle Bearbeitung des anatomischen Materiales
von sachkundigster Hand gewesen ist.

Außerdem ist noch das Präparat eines Hundes mit unvollständiger
Kleinhirnexstirpation durch Dusser de Barenne von Prof. B. Brouwer in Amsterdam untersucht worden (siehe S. 579).

Nunmehr soll die Beschreibung der Schnittserien gegeben werden.

Präparat I (Versuchsreihe I, Nr. 22; siehe unten S. 583).
Versuch XXII. 24. Februar 1914. Katze. Äthernarkose, Carotiden abgebunden, Vagi durchtrennt. Freilegung des Rückenmarkes am 12. Brustwirbel. Temporäre Abklemmung der Vertebralarterien, Decerebrierung. Totalexstirpation des Kleinhirns nach vorheriger Längsspaltung. Ende der Operation
9 Uhr 55 Min. Darauf sofort gute Starre der vier Beine, Spontanatmung,
Lidreflex.

10 Uhr 29 Min. Untersuchung auf Haltungsreflexe ergibt das Vorhandensein von kräftigen tonischen Hals- und Labyrinthreflexen auf die Vorderbeine.

10 Uhr 45 Min. Frontalschnitt dicht vor dem Eintritt der Octavi.

10 Uhr 55 Min. Durchschneidung des Rückenmarkes am 12. Brustwirbel Vortreffliche Starre der Vorderbeine.

Seitenlage, Kopfdrehen: Wenn Scheitel unten, werden beide Beine gestreckt, wenn Scheitel oben, werden beide Beine gebeugt (Labyrinthreflexe).

Rückenlage, Kopfheben und -senken: Der Strecktonus der Vorderbeine ist maximal, wenn die Schnauze 45° über die Horizontale gehoben ist; er nimmt bei Dorsalbeugung des Kopfes (Schnauze nach unten) und bei starker Ventralbeugung des Kopfes (Schnauze zwischen den Vorderbeinen) ab (Labyrinthreflexe).

Beim Umlegen des Tieres aus der Fußstellung in Rückenlage, wobei die Stellung des Kopfes zum Rumpfe nicht geändert wird, erfolgt starke Tonuszunahme der Vorderbeine (Labyrinthreflex).

Rückenlage, Kopfwenden: Tonuszunahme im Kieferbein, Abnahme im Schädelbein (Halsreflex).

Fußstellung, Kopfdrehen bei erhobener Schnauze: Tonuszunahme im Kieferbein, Abnahme im Schädelbein (Halsreflex).

Fußstellung, Kopfwenden bei horizontaler Mundspalte: Tonuszunahme im Kieferbein, Abnahme im Schädelbein (Halsreflex).

Sektion: Beide Octavi intakt. Das exstirpierte Kleinhirn, das abgetrennte Stück, welches die hinteren Vierhügel, den vorderen Teil des 4. Ventrikels und die Stümpfe der Kleinhirnstiele umfaßt, sowie das übrigbleibende Stück des Hirnstammes, welches zum Zustandekommen der Hals- und Labyrinthreflexe genügte, werden stereoskopisch photographiert (Abb. 212). Man sieht die hintere Hälfte des Bodens vom 4. Ventrikel, die Ursprungsstelle der Octavi, den Stamm des rechten Octavus, beide Tubercula acustica, soweit sie nicht abgetrennt sind, und die Schnittfläche des Frontalschnittes.

Der Bericht von Prof. Winkler über die mikroskopische Untersuchung des Präparates lautet folgendermaßen:

Das Präparat besteht aus vier Stücken. *a* und *b* = linke und rechte Hälfte des während des Lebens exstirpierten Cerebellums.

c: Ein langes Stück Rückenmark mit Oblongata und einem Stück der Brücke. Der orale Schnitt läuft makroskopisch folgendermaßen: Er ist links und rechts nicht gleichhoch, ebensowenig ventral und dorsal.

1. Rechts läuft der Schnitt *aa* ventral $2^1/_2$—3 mm oral vom Corpus trapezoides durch die Brücke hin; der N. abducens hängt am Präparat. — *bb* lateral hängen deutlich erkennbar an diesem Stück der N. facialis, beide Octavuswurzeln und der N. trigeminus. — *cc* dorsal ist das Tuberculum acusticum erkennbar; der Schnitt liegt sicher 1 mm oral vor diesem, biegt dann etwas nach innen und kreuzt die basale Wand des 4. Ventrikels nahezu senkrecht auf die Raphe.

2. Links: *aa* ventral liegt der Schnitt $2^1/_2$—3 mm oral vom Corpus trapezoides (der N. abducens ist abgerissen), biegt etwas distal um und geht *bb* lateral durch den N. trigeminus hin. Dagegen hängen der N. facialis und beide Octavuswurzeln am Präparat. Der Schnitt liegt also hier links etwa 1 mm distaler als rechts und erreicht *cc* dorsal gerade eben das Tuberculum acusticum, geht an diesem entlang, biegt dann wieder etwas oral um und durchtrennt die basale Wand des 4. Ventrikels senkrecht auf die Raphe. Augenscheinlich liegt demnach der Schnitt gegen die dorsale Raphe links und rechts gleichhoch. Dagegen weicht

er lateral links mehr distalwärts aus. Besonders die linke laterale Ponsfläche liegt mehr caudal (distal) als die laterale rechte Ponsfläche.

d: Ein Stück oral von dem obigen Stück, enthaltend Pons, Hirnschenkel und einen Teil des Mittelhirns. Es ist durch zwei Schnittflächen begrenzt:

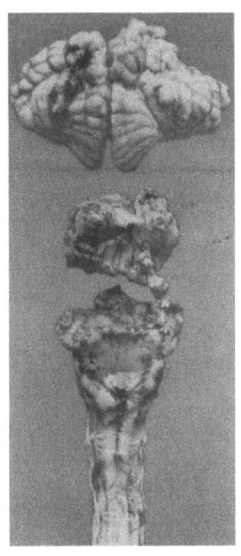 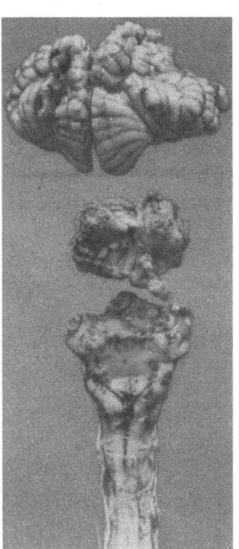

Abb. 212.

1 Kleinhirn, längsgespalten, exstirpiert. *2* Schnittfläche des Frontalschnittes vor dem Octavusursprung. *3* Hintere Vierhügel. *4, 4* Schnittflächen der abgetrennten Kleinhirnstiele. *5* Nervus octavus. *6, 6* Tubercula acustica. *7* Striae acusticae. *8, 8* Boden des 4. Ventrikels. *9* Calamus scriptorius. *10* Nerv. cervic. I. *11* Nerv. cervic. II.

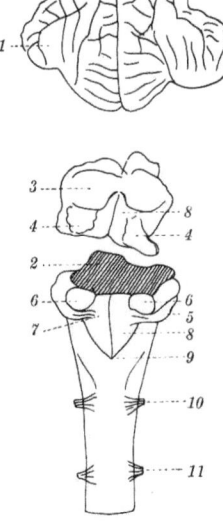

Abb. 212a.

der distale Schnitt ist identisch mit der oralen Schnittfläche von Stück *c*. Der proximale Schnitt liegt schief.

1. **Rechts** geht er *aa* **ventral** durch den Hirnschenkel, biegt dann *bb* **lateral** durch das Laquear Reillii so weit nach hinten, daß er *cc* **dorsal** ungefähr 1¹/₂ bis 2 mm oral vom Corpus quadrigeminum posticum durch das Corp. quadr. anticum geht.

2. **Links** kreuzt er dann *aa* **dorsal** das Präparat schief, so daß er dicht oralwärts vom Corp. quadr. posticum die *bb* **laterale** Fläche erreicht. Er kreuzt das Laquear viel mehr gegen den Hirnschenkel zu als rechts und erreicht *cc* die **Ventralseite**, d. h. den Hirnschenkel, wieder in gleicher Höhe oder selbst noch etwas mehr oral als rechts. An der Basis läuft er etwa in gleicher Höhe.

Die beiden Stücke *c* und *d* werden nun aneinander gepaßt, das Rückenmark abgeschnitten und das ganze Stück *c + d* zusammen eingeschmolzen.

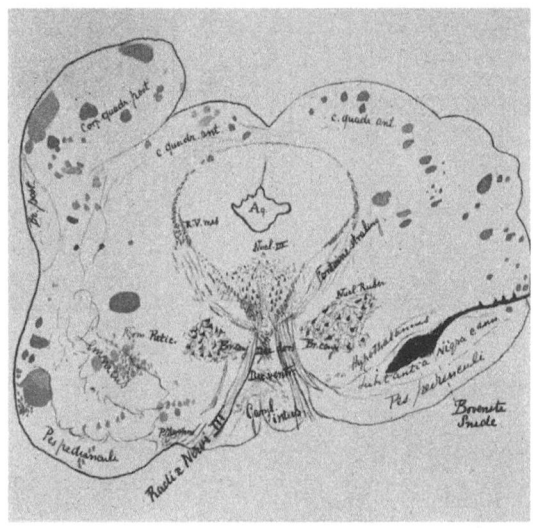

Abb. 213 a.

Links hängen oral vom Tuberculum acusticum einige Fetzen, welche evtl. Cerebellum sein können (die Untersuchung ergibt aber, daß sie es nicht sind, vgl. unten Schnitt V).

Die Serie wird sorgfältig, soweit möglich, senkrecht auf die Raphe geschnitten. Doch ist es selbstverständlich, daß auch dann nicht zu erwarten ist, daß die linke und rechte Hälfte in gleicher Höhe getroffen werden. Auch das Aneinanderkleben des oralen und caudalen Stückes kann natürlich nicht derartig ausgeführt werden, daß genau gegenüber kommt, was vorher gegenüberlag. Färbung nach Nissl.

Bei folgender Beschreibung der Schnitte kommt es für die Zwecke dieser Arbeit hauptsächlich auf das distale Stück an, da nach dem Schnitt dicht vor dem Octavuseintritt die tonischen Hals- und Labyrinthreflexe auf die Extremitäten noch unvermindert erhalten waren.

Schnitt I (Abb. 213 a) ist mit einer der ersten Schnitte (aus Platte 1 der Serie).

An der rechten Seite, die höher getroffen ist (links ist schon das Corp. quadr. post. getroffen, rechts allein nur das Corp. quadr. ant.), ist durch den Decerebrierungsschnitt, der hier durch den Hirnschenkel geht, ein Einschnitt gemacht Der großzellige Anteil des roten Kerns ist ohne jede Blutung im Präparat erhalten. Auch der Ursprung der Nn. oculomotorii ist intakt.

Schnitt II (Abb. 213b) aus Platte 2 der Serie.

Hier beginnt der distale Schnitt, der demnach so hoch kommt, daß der Übergang des Pes pedunculi in die Brücke berührt wird. Es hängt, was auch makroskopisch zu sehen war, ein Stück Brücke am oralen Stück. Die Corp. quadr. post. sind oberhalb des Aquädukts durch ihre Commissur verbunden. In den Corp. quadr. post. sind viele Blutungen.

Schnitt III (Abb. 213c) aus Platte 4 der Serie.

Der Lobus anticus des Cerebellums zwischen den beiden Corp. quadr. post. ist vollkommen und ohne jede Verletzung des darunterliegenden Tegmentumgrau

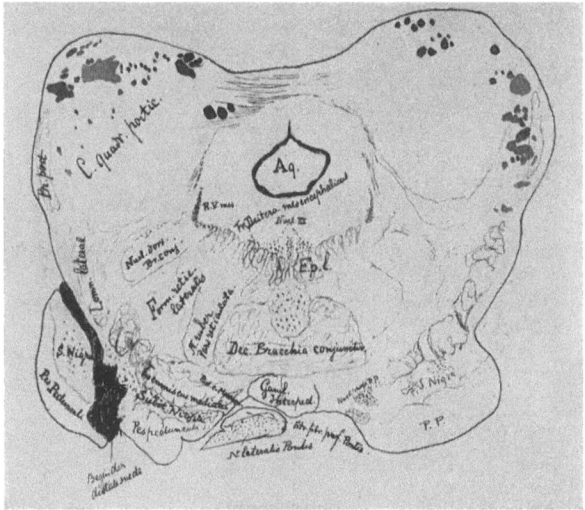

Abb. 213b.

fortgenommen. Der Operationsschnitt geht hier quer durch die Brücke. Am proximalen Stück hängt noch ein Stück Brücke ventral vom Ganglion interpedunculare. Das proximale und distale Stück grenzen zweifellos nicht ganz richtig aneinander, denn in dem oberen Stück sieht man, daß die linke Seite distaler getroffen ist als die rechte, während dieses in dem unteren Stück nicht der Fall ist.

Das an dem proximalen Teil links anhängende Stück ist nicht ganz leicht zu deuten. Sicherlich sind es Reste der Brückenarme, aber ich (Winkler) möchte nicht mit Sicherheit behaupten, daß, was hier als Pes pedunculi bezeichnet ist, nicht bereits ein Stück der Portio major N. V. ist; es ist zu sehr beschädigt.

Schnitt IV (Abb. 213d) aus Platte 6 der Serie.

Im oberen Stück ist der Unterschied zwischen rechts und links verschwunden. Es scheint, daß jetzt die linke Seite etwas mehr proximal getroffen ist als die rechte. Dies kommt jedoch daher, daß das linke Corp. quadr. post. größer ist als das rechte. Der Lemniscus lateralis mit den dorsalen und medialen Kernen sind beiderseits im proximalen Stück erhalten (siehe auch Schnitt III). Die Nervi trochleares treten aus; auch ihre Kerne sitzen in dem proximalen Stück (in einem nichtgezeichneten Schnitt zwischen II und III).

Der Operationsschnitt geht durch den ventralen Kern des Lemniscus lateralis. Das untere (distale) Stück ist so getroffen, daß links in einem distaleren Niveau liegt als rechts; dieses bleibt ferner so.

Schnitt V (Abb. 213e) aus Platte 7 der Serie.

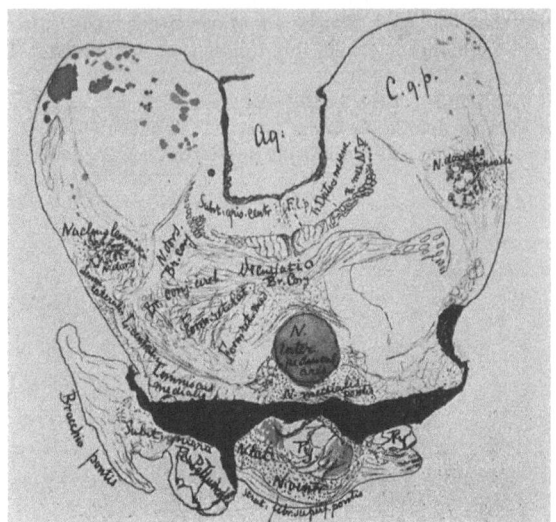

Abb. 213c.

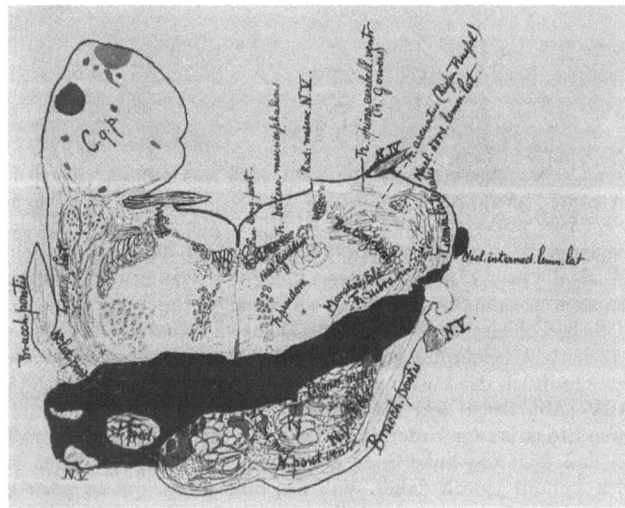

Abb. 213d.

Das obere Stück ist links etwas proximaler getroffen als rechts. Das untere Stück ist links etwas distaler getroffen als rechts.

Der Operationsschnitt durch die Oblongata geht links über in den Schnitt, durch welchen bei der Kleinhirnexstirpation die Brückenarme abgeschnitten wurden. Der Brückenarm links war der Fetzen, welcher bei der makroskopischen Besichtigung (siehe oben S. 558) als Kleinhirnrest imponierte. Bei x beginnt der Schnitt, welcher den Bindearm rechts abtrennt.

Am unteren (distalen) Stück sitzt links der N. VIII, beginnt der Nucleus ventralis octavi, der Schnitt geht durch den Ramus spinalis N. V. Rechts tritt der N. V. aus. Links liegt die obere Nebenolive intakt im unteren Stück.

Schnitt VI (Abb. 213f) aus Platte 12 der Serie.

Der Operationsschnitt geht beiderseits in die Schnitte über, durch welche

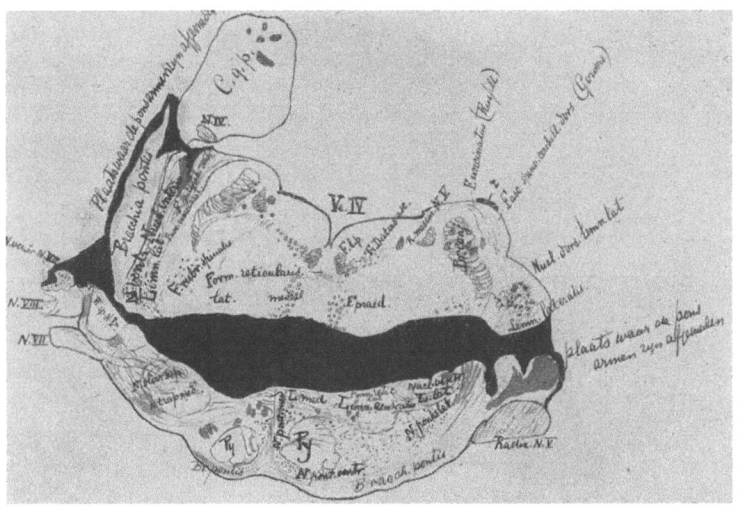

Abb. 213e.

bei der Kleinhirnoperation die Brückenarme, die Corpora restiformia und die Brachia conjunctiva cerebelli durchtrennt wurden.

Links hat der Schnitt, an dem intakten Nucleus ventralis octavi entlang gehend, selbst den Flocculus vollständig weggenommen. Rechts dagegen ist (siehe Schnitt VII, Abb. 213g) ein kleines Stückchen Flocculus stehengeblieben.

In dem unteren (distalen) Oblongatastück liegen beiderseits vollkommen intakt der Nucl. oliv. superior, der Nucl. paraolivaris medialis superior, der Nucl. trapezoides medialis, ventralis und lateralis.

Am oberen Stück sind rechts die Brachia conjunctiva kurz abgeschnitten (geradeso wie die Ponsarme in Schnitt V), aber es hängt noch ein Fetzen des Corpus restiforme daran, in welchem (wie auch in Schnitt VII) ein paar Zellen des Nucleus dentatus zu finden sind.

Der motorische Trigeminuskern liegt links teils im oberen, teils im unteren Stück. Der Operationsschnitt geht also links gerade durch diesen Kern.

Schnitt VII (Abb. 213g) aus Platte 14 der Serie.

Der Operationsschnitt durch die Oblongata geht links noch über in den

Schnitt, der bei der Kleinhirnexstirpation die Corpora restiformia und Brachia conjunctiva durchtrennt.

Am unteren (distalen) Stück sitzt rechts ein kleines Stückchen Flocculus

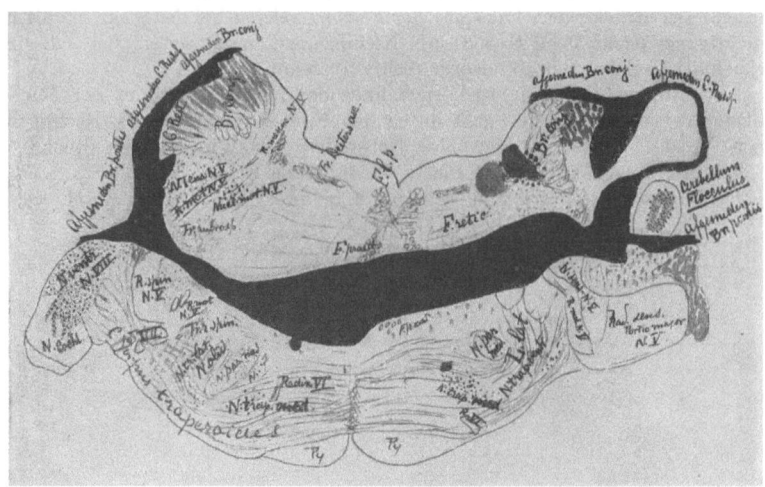

Abb. 213f.

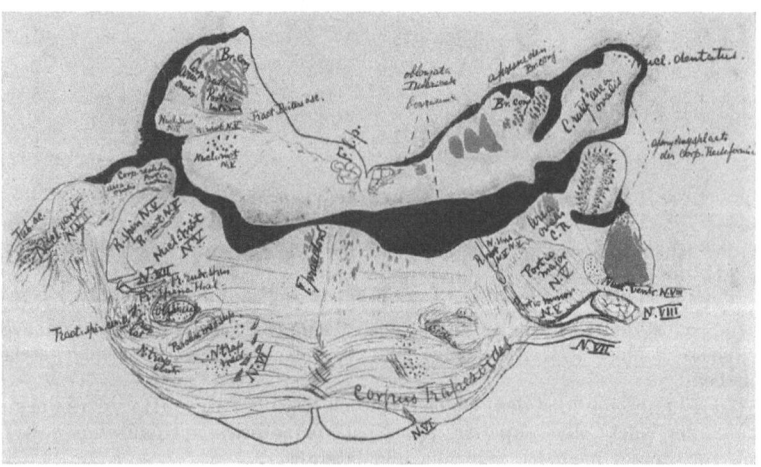

Abb. 213g.

(siehe auch Schnitt VI und VIII). Die Facialis- und Abducenswurzeln treten aus. Rechts beginnt nun auch der Octavuseintritt und ebenso der Trigeminus.

Am oberen Stück hängt rechts ein Stückchen der weißen Substanz des Kleinhirns als Ausläufer des Corpus restiforme gegen den Nucleus dentatus.

Schnitt VIII (Abb. 213h) aus Platte 17 der Serie.

Auf diesem Durchschnitt ist links der Operationsschnitt durch die Oblongata zu Ende. Dagegen sieht man, daß der Schnitt, welcher bei der Kleinhirnexstirpation die Corpora restiformia und Brachia conjunctiva durchtrennte, durch den Nucleus dorsalis N. VIII gegangen ist und diesen zum Teil zerstört hat. Auch geht er durch den obersten Teil des Deittersschen Kernes.

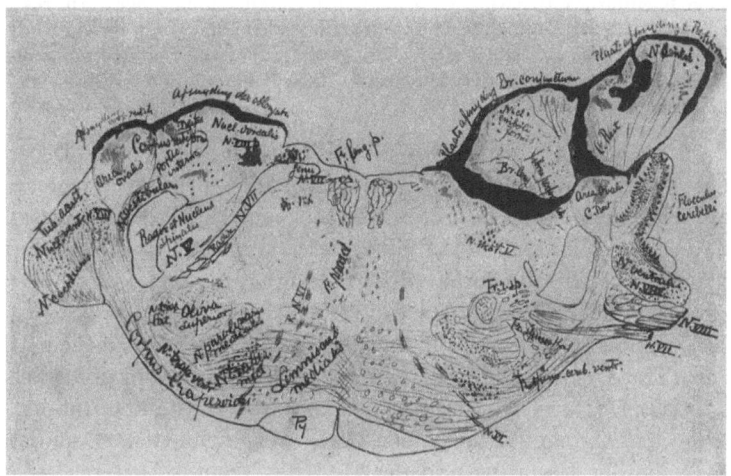

Abb. 213h.

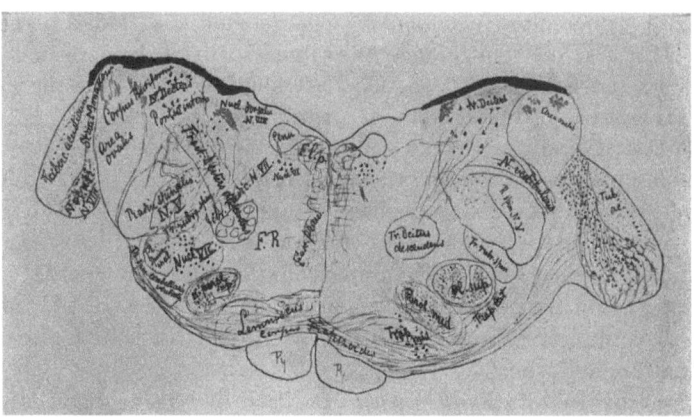

Abb. 213i.

Rechts sieht man am unteren (distalen) Stück ein kleines Stückchen Flocculus dem Nucleus ventralis VIII aufsitzen. Die Verbindungsbahn desselben mit der Oblongata ist, wie auch auf Schnitt VI und VII, durchtrennt.

Rechts ist am unteren Stück der Nucleus ventralis VIII, links der Nucleus ventralis VIII und das Tuberculum acusticum unverletzt zu sehen.

Vom oberen proximalen Stück ist rechts das Ende zu sehen. Es enthält ein paar Zellen des Nucleus dentatus und ein Stückchen des Nucleus emboliformis, durch

36*

welchen die Fibrae perforantes Brach. conj. deutlich sichtbar hindurchtreten. Es ist dieses das größte Kleinhirnstück, das überhaupt in der ganzen Serie zu finden ist. Es liegt aber im oberen Stück.

Schnitt IX (Abb. 213i) aus Platte 22 der Serie.

Der Operationsschnitt durch die Oblongata ist beiderseits zu Ende. Die bei der Kleinhirnexstirpation vorgenommene Durchtrennung der Corp. restiformia hat links den Nucl. dors. N. VIII und den Deiterskern lädiert, während beide rechts vollständig intakt geblieben sind. Der gesamte Tractus Deiters descendens liegt beiderseits unversehrt im distalen Stück. Das Tuberculum acusticum ist beiderseits unverletzt zu sehen.

Anatomische Zusammenfassung: A. Der erste Decerebrierungsschnitt durch die Corpora quadrigemina liegt proximal von der großzelligen Abteilung des roten Kerns, so daß der Tractus rubrospinalis bis 10 Uhr 45 Min. ungestört funktionieren konnte. Der Bechterewsche Kern liegt beiderseits intakt im proximalen Stück.

B. Der mehr distal fallende zweite Schnitt liegt:

1. Proximal vom Trapezoid und allen darin liegenden Kernen (Olivenkerne, Trapezoidkerne). Diese können ungestört funktioniert haben.

2. Die Deitersschen Kerne sind rechts vollständig intakt, links ist von dem oberen Teil derselben etwas weggeschnitten. Doch ist links und rechts der Ursprung und der Rest des Tractus Deiters descendens vollständig intakt. Auch diese konnten ungestört funktionieren.

3. Völlig intakt sind links und rechts der Nucleus ventralis octavi und das Tuberculum acusticum. Ebenso sind die Radix descendens N. VIII und die eintretende Vestibulariswurzel beiderseits intakt. Links ist ein Stückchen von dem lateralen Teil des Nucleus dorsalis N. VIII abgeschnitten, rechts ist dieser Kern unverletzt.

C. Das Kleinhirn ist links vollständig bis auf die letzten Reste entfernt. Rechts ist am distalen Stück ein kleines Stückchen Flocculus am Octavuseintritt stehengeblieben. Dieses steht aber nicht mehr in funktionellem Zusammenhang mit der Oblongata, weil die dorsal ausbiegende Verbindungsbahn durchtrennt wurde. — An dem proximalen Stück sitzt ein Ausläufer der Corp. restiformia und Brachia conjunctiva in der Richtung nach dem Nucleus dentatus und Nucleus emboliformis.

Physiologische Folgerung. Da nach dem mehr distal fallenden zweiten Schnitt dicht vor dem Eintritt der Octavi die tonischen Hals- und Labyrinthreflexe auf beide Vorderbeine unvermindert erhalten waren, so folgt, daß diese Reflexe nach völliger Abtrennung des Kleinhirns einschließlich der Kleinhirnkerne noch zustande kommen können. Ferner folgt, daß für diese Reflexe alle oralwärts von dem zweiten Schnitt liegenden Zentralteile (darunter der Bechterewsche Kern) nicht erforderlich sind.

Präparat II (Versuchsreihe I, Nr. 23; siehe unten S. 583).

Versuch XXIII. 27. Februar 1914. Katze. Äthernarkose, Carotiden abgebunden, doppelseitige Vagotomie, Freilegung des Rückenmarkes am 12. Brustwirbel. Temporäre Abklemmung der Vertebralarterien. Decerebrierung. Totalexstirpation des Kleinhirns nach vorheriger Längsspaltung. Kleinhirnstiele von der Medialseite her durchtrennt.

10 Uhr 30 Min. Ende der Operation. Beginnende Starre.

11 Uhr. Seitenlage, Kopfdrehen: Bei Scheitel unten werden beide Vorderbeine gestreckt, das obere viel kräftiger als das untere. Bei Scheitel oben erschlaffen beide Vorderbeine, das obere stärker (Hals- und Labyrinthreflexe, letztere überwiegen).

Seitenlage, Kopfwenden: Dasselbe (Hals- und Labyrinthreflexe, letztere überwiegen).

Seitenlage, Kopfheben und -senken: Wirkungslos (keine Halsreflexe bei symmetrischen Kopfbewegungen).

Rückenlage, Kopfheben und -senken: Die Vorderbeine haben maximalen Strecktonus, wenn die Schnauze 45° über die Horizontale gehoben ist. Der Tonus sinkt, wenn die Schnauze durch Ventralbeugen des Kopfes zwischen den Vorderpfoten steht und wenn sie durch Dorsalbeugen des Kopfes nach unten gerichtet ist (starke Labyrinthreflexe).

Rückenlage, Kopfdrehen: Tonusabnahme in beiden Vorderbeinen, im Schädelbein mehr (Hals- und Labyrinthreflexe, letztere überwiegen).

Rückenlage, Kopfwenden: Tonusabnahme im Schädelbein, Zunahme im Kieferbein (Halsreflex).

Fußstellung, Kopfheben und -senken: Bei gehobenem Kopf Tonuszunahme, bei gesenktem Kopf Tonusabnahme der Vorderbeinstrecker (überwiegend Labyrinthreflex).

Beim Umlegen des ganzen Tieres aus der Bauch- in Rückenlage, wobei die Stellung des Kopfes zum Rumpfe nicht geändert wird, erfolgt eine kräftige Streckung der Vorderbeine (Labyrinthreflex).

Nach Durchschneidung des Rückenmarkes am 12. Brustwirbel wird die ganze Untersuchungsreihe nochmals mit demselben Ergebnis wiederholt. Da sich in diesem Versuche besonders lebhafte Labyrinthreflexe ergeben hatten, werden keine weiteren Frontalschnitte durch den Hirnstamm angelegt, sondern das Tier getötet, der Hirnstamm herausgenommen und stereoskopisch photographiert (Abb. 214).

Man sieht oben das längsgespaltene exstirpierte Kleinhirn, unten den Hirnstamm. Der Decerebrierungsschnitt geht durch die Mitte der vorderen Vierhügel. Die Rautengrube liegt in ganzer Ausdehnung von den hinteren Vierhügeln bis zum Calamus scriptorius frei. Rechts sieht man von oben auf die durchschnittenen rechten Kleinhirnstiele. Die Schnittfläche liegt $1\frac{1}{2}$ mm über dem Niveau des Bodens des 4. Ventrikels. Caudalwärts vom rechten Kleinhirnstiel schlingt sich der rechte Octavus nach der Ventralseite hinüber. Die linken Kleinhirnstiele sind innerhalb der Substanz der Medulla oblongata abgetragen. Der linke Octavusstamm war ebenfalls intakt, ist aber wegen der leichten Drehung des Präparates auf der Photographie nicht sichtbar.

Der Bericht von Prof. Winkler lautet folgendermaßen:

Die Serie durch den Hirnstamm von Katze 23 umfaßt 16 Platten mit einer lückenlosen Schnittfolge von 30 μ Dicke von der Gegend des Facialiskernes bis zu den vorderen Vierhügeln. Die Schnitte wurden teils nach Weigert, teils mit Carmin-Hämatoxylin gefärbt.

Die Beschreibung der Schnitte erfolgt in der Reihenfolge von hinten nach vorne. Die Präparate sind so gezeichnet, wie sie im Mikroskop zu sehen waren. Daher ist rechts und links vertauscht. Was auf den Abbildungen rechts iegt, war im Präparat links, und umgekehrt.

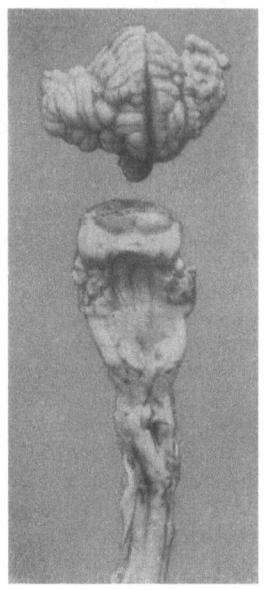

Abb. 214.

1 Kleinhirn, längsge-
spalten,   exstirpiert.
2 Schnittfläche. 3 Hin-
tere Vierhügel.
4, 4 Schnittflächen der
abgetrennten Kleinhirn-
stiele. 5 Nervus octavus.
7 Striae acust. 8 Boden
des 4. Ventrikels. 9 Calamus scriptorius. 10 Nerv.
cervic. I. 11 Nerv. cervic.
II. 12 Nerv. cervic. III.

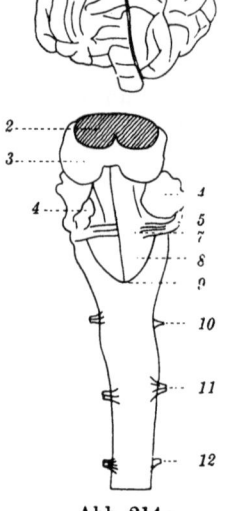

Abb. 214a.

Schnitt I (Abb. 215a) aus Platte **16**, Nr. **12**.

Der distale Durchschnitt der Serie trifft die Oblongata durch das distale Ende des Facialiskerns. An der linken Seite ist das Tuberculum acusticum noch gerade eben getroffen.

Dieser Durchschnitt ist durch die Operation nirgends berührt. Die ersten Anzeichen davon beginnen auf Schnitt XVIII von Platte 15.

Schnitt II (Abb. 215b) aus Platte **15**, Nr. **26**.

Dieser Schnitt trifft die Oblongata durch die Mitte des Facialiskerns und durch das distale Ende der Nuclei olivares superiores. An der rechten Seite

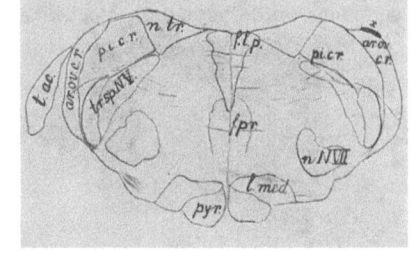

Abb. 215a.

(links auf der Abbildung) tritt der Nervus cochlearis ein und sind das Tuberculum acusticum und der Nucleus ventralis Nervi VIII zu sehen. Aus ihnen entspringt mit zwei Stielen die Stria acustica Monakow. Alles dieses ist **auf der linken Seite**, entsprechend der dick gezeichneten Linie, **abgeschnitten**.

Schnitt III (Abb. 215c) aus Platte **14**, Nr. **37**.

Dieser Durchschnitt geht durch die Mitte der Nuclei olivares superiores und durch die austretenden Wurzeln des N. abducens; das proximale Ende des Facialis wird berührt.

An der rechten Seite (links auf der Abbildung)

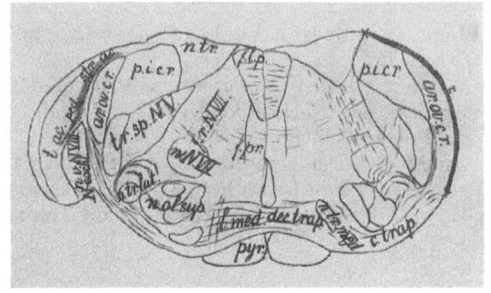

Abb. 215b.

tritt der Nervus vestibularis ein; das Tuberculum acusticum, der Nucleus ventralis Nerv. VIII sowie die Stria acustica sind sichtbar. Der bei der Kleinhirnexstirpation geführte Schnitt ist rechts gerade längs der Stria acustica hingegangen.

Links dagegen sind alle diese Kerne sowie die peripheren eintretenden Vestibularisfasern (bei *y*) weggeschnitten. Der Schnitt geht quer durch das ovale Feld des Corpus restiforme hin.

Schnitt IV (Abb. 215d) aus Platte **13**, Nr. **42**.

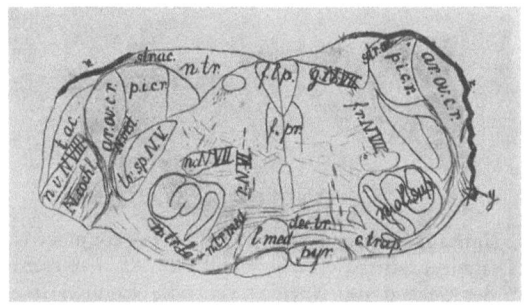

Abb. 215c.

Dieser Durchschnitt geht durch den Facialis- und Abducensaustritt hin und liegt nur wenig proximal von dem vorigen Schnitt.

An der rechten Seite berührt der Operationsschnitt gerade das ovale Feld des Corpus restiforme, wo es sich zum Cerebellum hinwendet.

An der linken Seite sind alle lateralen Octavuskerne abgeschnitten, aber man sieht, daß der Nervus vestibularis nach seinem Eintritt vom Operationsschnitt verschont wurde, so daß die Möglichkeit offen bleibt, daß einige proximale Vestibularisfasern nicht durchtrennt werden.

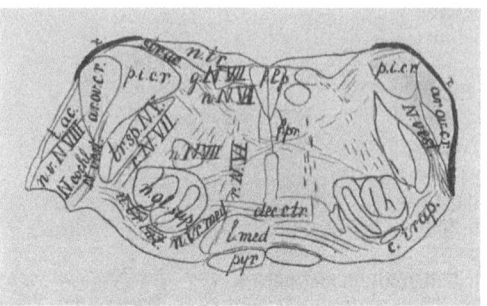

Schnitt V (Abb. 215e) aus Platte 12, Nr. 67.

Dieser Durchschnitt trifft das proximale Ende der Nuclei olivares superiores und die austretende Facialiswurzel.

Rechts ist bei der Kleinhirnexstirpation das Corpus restiforme abgeschnitten.

Rechts (links auf der Abbildung) steht neben dem Nucleus ventralis Nervi VIII ein kleines Stückchen

Abb. 215d.

Flocculus, dessen Verbindungsbahn mit der Oblongata aber durchtrennt ist.

Links geht der Operationsschnitt durch das Corpus restiforme, hat den Flocculus und den Nucleus ventralis N. VIII entfernt, die demnach nicht mehr in dem Präparat zu finden sind.

Auf dem Durchschnitte selbst findet man an beiden Seiten große Blutungen. Rechts liegen diese (schraffiertes Feld) im Tractus spinalis Nervi V und im lateralen oberen Olivenkern. Links liegen sie im Tractus spinalis Nervi V. Das Corpus trapezoides und seine Kreuzung, die Monakowsche Kreuzung und das Feld dorsal von den Olivenkernen werden durch die Blutungen nicht beschädigt.

Der Bechterewsche Kern ist beiderseits intakt (er liegt hauptsächlich zwischen Schnitt V und VI).

Schnitt VI (Abb. 215f) aus Platte 8, Nr. 109.

Dieser Durchschnitt trifft den Hirnstamm da, wo das Brachium conjunctivum frei an die Oberfläche zu kommen

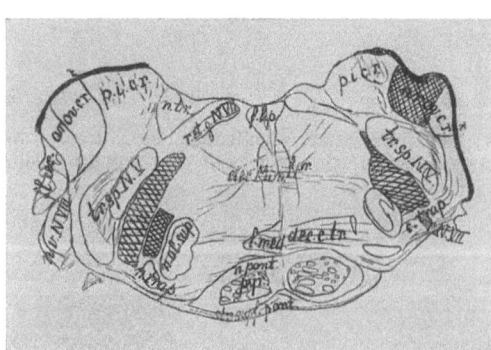

Abb. 215e.

beginnt. Beiderseits sind die Brachia conjunctiva und die Ponsarme bei der Kleinhirnexstirpation abgeschnitten. An der rechten Seite ist eine Blutung, die in der Gegend des Nucleus ventralis lemnisci lateralis den Lemniscus lateralis trifft. Im übrigen ist dieser Durchschnitt unbeschädigt.

Schnitt VII (Abb. 215g) aus Platte 5, Nr. 150.

Dieser Durchschnitt liegt bereits außerhalb der Operationswunde. Er ist etwas schief, so daß rechts das Corp. quadr. post. bereits getroffen ist, links dagegen noch nicht. Beiderseits findet man im Lemniscus lateralis den dorsalen

Kern. Außer geringen Resten einer Blutung in der Raphe ist dieser Durchschnitt unbeschädigt.

Anatomische Zusammenfassung: A. Das Cerebellum ist an der linken Seite vollständig entfernt, an der rechten

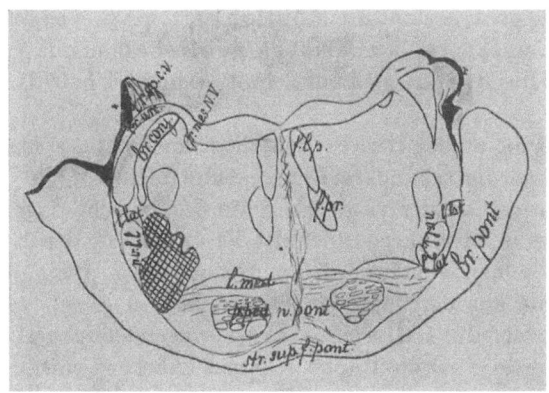

Abb. 215f.

Seite steht noch ein kleines Stückchen Flocculus, das auf dem Nucleus ventralis Nervi VIII ruht (Schnitt V), aber keine Verbindung mehr mit dem Oblongata besitzt.

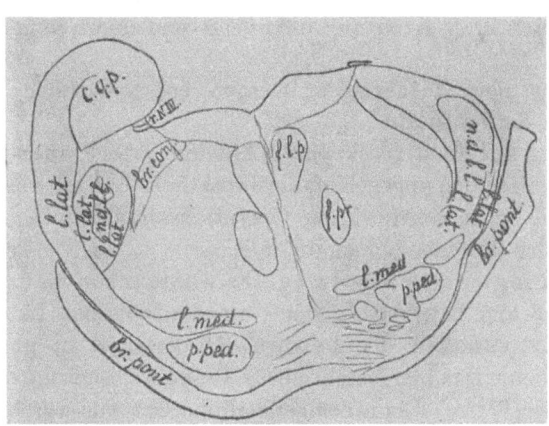

Abb. 215g.

B. Die Kerne des Cerebellums sind vollständig fortgenommen.

C. Rechts sind die beiden Octavuswurzeln und die Octavuskerne durch die Operation nicht verletzt.

D. Links ist der Nervus cochlearis, der Nucleus ventralis Nervi VIII und das Tuberculum acusticum vollständig entfernt. Vom Nervus vestibularis ist der distale Teil vor dem Eintritt (d. h. die periphere Wurzel) durchgeschnitten, mehr proximal ist aber die bereits eingetretene Wurzel erhalten, und da der Schnitt hier gerade entlang geht, besteht die Möglichkeit, daß einige proximale Vestibularisfasern unverletzt geblieben sind.

E. Was die Blutungen auf Schnitt V und VI betrifft, ist folgendes zu sagen:

Die Blutung an der linken Seite liegt im Tractus spinalis N. V. und beeinträchtigt die sekundäre Octavusbahn nicht.

Die Blutung an der rechten Seite durchbricht dagegen das Trapezoid und die Olivenkerne (Schnitt V) und selbst den lateralen Lemniscus und seinen ventralen Kern (Schnitt VI). Diese Blutung trifft demnach die aus den lateralen Octavuskernen (Nucl. ventr. N. VIII und Tub. acust.) der linken Seite entspringenden sekundären Octavusfasern, nachdem sie die Raphe gekreuzt haben, in einem proximaleren Niveau und zerstört sie.

Hieraus ergibt sich also, daß links der Nucleus ventralis N. VIII, das Tuberculum acusticum vollständig entfernt sind, und daß in einem höheren Niveau die hieraus entspringenden sekundären Bahnen nach ihrer Kreuzung auf der rechten Seite durch eine Blutung vernichtet sind. Dagegen sind der gesamte rechte Octavuseintritt mit allen zugehörigen Kernen und die aus ihnen entspringenden sekundären Bahnen sowohl vor wie nach ihrer Kreuzung unverletzt und durch keine Blutung getroffen.

Die aus den Deiterschen Kernen entspringenden Bahnen sind auf beiden Seiten intakt.

Ein Blick auf die stereoskopische Abbildung des Präparates (Abb. 214) zeigt auch, wie oben angegeben, die Intaktheit des Octavuseintrittes auf der rechten Seite, während der Operationsschnitt links innerhalb der Substanz der Medulla oblongata fällt.

Physiologische Folgerung. Es wurde schon im dritten Kapitel gezeigt, daß ein Labyrinth genügt, um die tonischen Labyrinthreflexe auf die Extremitäten der beiden Körperseiten in gleicher Stärke hervorzurufen. Das hier beschriebene Präparat bestätigt diesen Befund in deutlicher Weise. Denn der ganze linke Octavus war bis auf wenige eintretende Vestibularisfasern vernichtet, während der ganze rechte Octavus unverletzt geblieben war. Trotzdem waren die tonischen Labyrinthreflexe auf beide Vorderbeine unvermindert und gleichstark vorhanden. Außerdem zeigt dieser Versuch, daß bei der decerebrierten Katze nach vollständiger Abtrennung des Kleinhirnes, einschließlich der Kleinhirnkerne, gute Enthirnungsstarre vorhanden ist, und durch

Änderung der Kopfstellung sich deutliche Halsreflexe und sehr starke Labyrinthreflexe auf die Muskulatur der Vorderbeine nachweisen lassen.

Präparat III (Versuchsreihe V, Nr. 12, siehe unten S. 591). 3. Mai 1918. Katze, 1 mg Atropin subcutan. Äthernarkose mit Trachealinsufflation nach Meltzer. Carotiden abgebunden. Danach Fortsetzung der Narkose mit Chloroform. Freilegung des Planum occipitale, Fortnahme der Crista occipitalis, Eröffnung des Planum occipitale ungefähr in der Breite des Kleinhirnwurmes. Kompression der Vertebralarterien. Ohne Blutung Entfernung des Kleinhirnmittelstückes bis zu den Vierhügeln. Horizontale Durchtrennung der Kleinhirnstiele, Fortnahme der Kleinhirnseitenteile. Glatter Operationsverlauf. Sorgfältige Muskel- und Hautnaht.

Das Tier bleibt von 11—4 Uhr unter Meltzer-Insufflation liegen. Danach gute Spontanatmung, kräftiger Puls, deutliche Patellarreflexe, leichter Strecktonus der Vorderbeine.

4. Mai 1918. Vormittags. Wird das Tier in rechter oder linker Seitenlage auf den Boden gelegt, so setzt es den Kopf im Raume gerade. Hat ganz zweifellos Labyrinthstellreflexe auf den Kopf. In Seitenlage in der Luft gehalten, sucht es den Kopf recht zu setzen, was gewöhnlich gelingt. In Rückenlage in der Luft dreht es den Kopf nach rechts oder links. In Hängelage mit dem Kopf nach oben steht der Kopf im Raume richtig. Nur in Hängelage mit dem Kopf nach unten hängt der Scheitel nach unten wegen der Operation an den Nackenmuskeln. Beim Brettversuch auf dem Tisch in Seitenlage (beiderseits) wird der Kopf im Raume richtig gesetzt. Wird dann das obere Vorderbein gekniffen, so bleibt der Kopf richtig stehen.

Kopfdrehreaktion, Augendrehreaktion, Augendrehnachreaktion deutlich positiv beiderseits.

Kopfdrehen in Seitenlage bewirkt deutliche tonische Labyrinthreflexe auf die Vorderbeine.

4. Mai 1918. Nachmittags. Labyrinthstellreflexe in der Luft in beiden Seitenlagen, in Hängelage mit Kopf oben, und besonders in Rückenlage sehr deutlich; stets wird der Kopf im Raume vollkommen richtig gesetzt. Ebenso beim Brettversuch auf dem Tisch.

Deutliche Kopfdrehreaktion.

5. Mai 1918. Labyrinthstellreflexe in der Luft: In beiden Seitenlagen und in Hängelage mit Kopf oben wird der Kopf im Raume recht gesetzt. In Rückenlage in der Luft wird der Kopf erst um 90° seitwärts gedreht und dann ventral geklappt, bis er unter Beugung der Brustwirbelsäule im Raume richtig steht. In Hängelage mit Kopf unten keine deutliche Reaktion.

Beim Brettversuch wird der Kopf recht gesetzt.

Beim Umlegen aus Bauch- in Rückenlage deutliche tonische Labyrinthreflexe auf die Vorderbeine.

Deutliche tonische Halsreflexe auf Vorder- und Hinterbeine.

Kopfdrehreaktion und -nachreaktion, Augendrehreaktion und -nachreaktion deutlich positiv.

Macht aus rechter Seitenlage vergebliche Aufsitzversuche, sitzt aus linker Seitenlage gut auf und bleibt ruhig sitzen.

Korrigiert abnormen Pfotenstand nicht (an allen vier Beinen).

Wird in Normalstellung auf dem Boden die Haut an der einen Körperseite gekniffen, so erfolgt kein Kopfwenden nach der anderen Seite.

Auffallend ist das völlige Fehlen von allen Reizerscheinungen, wie sie nach doppelseitiger Labyrinthexstirpation die Regel sind.

Darauf werden die Augen mit der Kopfbinde verbunden. Auch jetzt sind alle Labyrinthstellreflexe in der Luft genau so tadellos vorhanden wie bei offenen Augen; der Brettversuch ist beiderseits deutlich positiv.

6. Mai 1918. Morgens tot aufgefunden.

Sektion: Todesursache rechtsseitige Pneumonie. Auf dem Boden des 4. Ventrikels liegt ein Blutkoagulum. Hintere Schädelgrube größtenteils leer, also keine Kompression. Kein Blut an der Schädelbasis und im Rückenmarkskanal. Keine Meningitis. Wunde ganz reizlos. Octavi beiderseits intakt. Gehirn in toto in Formol, unverändert an Prof. Winkler übergeben.

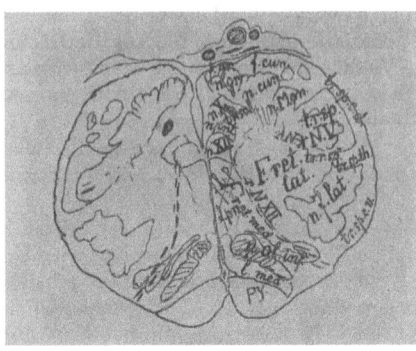

Abb. 216a.

Bericht von Prof. Winkler: Das mir übergebene Präparat wurde in Serien geschnitten und zählt etwa 700 Durchschnitte. Färbungen mit Weigert-Pal, Carmin und Hämatoxylin. Der erste Schnitt, in welchem die Operation merkbar wird, ist Nr. 524.

Schnitt I (Abb. 216a), Nr. 524.

Dieser Schnitt trifft die Medulla oblongata da, wo der Zentralkanal sich zum 4. Ventrikel erweitert, durch die übereinander gelegenen Kerne der 12. und 10. Hirnnerven. Auf dem intakt gebliebenen Dach des 4. Ventrikels liegt, vor allem rechts, ein dünnes Häutchen, welches aus Fibrin und weißen Blutkörperchen besteht und worin zahlreiche Blutlacunen anzutreffen sind.

Schnitt II (Abb. 216b), Nr. 406.

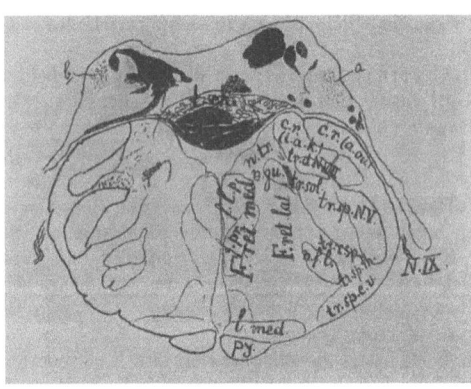

Abb. 216b.

Dieser Schnitt trifft die Oblongata ungefähr in der Höhe des Austrittes des N. glossopharyngeus. Auf dem Dach des 4. Ventrikels liegt die Tela chorioidea noch unverletzt. Im 4. Ventrikel findet sich ein Koagulum, das aus Blut, Fibrin und weißen Blutkörperchen besteht. Wenn dieses auch ungefähr die Form einer Uvula hat, so ist es doch nur ein Koagulum, sowohl wegen seines Baues, als auch weil es innerhalb des 4. Ventrikels liegt. Oben auf der Oblongata liegen, in ein Koagulum eingebettet, einige Bröckchen (bei a und b), worin sich mit Weigert-Pal noch Reste von Nervenfasern feststellen lassen. Diese Kleinhirnbrocken liegen lose im Koagulum verteilt. Dieser Schnitt entspricht ungefähr der Tafel 27 des Katzenatlas.

Schnitt III (Abb. 216c), Nr. 331.

Dieser Schnitt trifft die Oblongata durch den Eintritt der distalen Octavuswurzel, den Nervus cochlearis und geht durch den Recessus lateralis. Der 4. Ventrikel ist überall (auch der Recessus lateralis) durch die Tela chorioidea abgeschlossen. Man findet darin dasselbe kleine Gerinnsel wieder. Auf dem 4. Ventrikel liegt ein großes Gerinnsel mit Kleinhirnbröckchen, welche vollständig lose darin liegen. Größtenteils besteht dieses Gerinnsel jedoch aus Blut, Fibrin und Leukocyten. Der Schnitt liegt etwas distaler als Tafel 24 des Katzenatlas.

Schnitt IV (Abb. 216 d), Nr. 233.

Der Schnitt trifft die Oblongata durch den Austritt der Nerven VI und VII und durch den N. vestibularis. Der 4. Ventrikel ist durch das Velum medullare anticum bedeckt. Darauf liegt die Lingula, welche durch starke Blutungen vollständig unkenntlich geworden ist. Ferner liegt das Koagulum auf den abgeschnittenen oberen, unteren und mittleren Kleinhirnstielen.

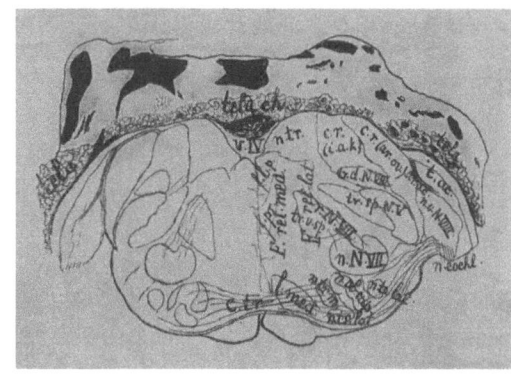

Abb. 216 c.

An der rechten Seite hängen noch ein paar Lamellen vom Flocculus. Beim Abschneiden der Kleinhirnstiele ist ein Spalt durch das proximale Ende des Nucleus ventralis N. VIII entstanden, der mit Blut und Fibrin gefüllt ist. Dieser Spalt dringt zwischen das

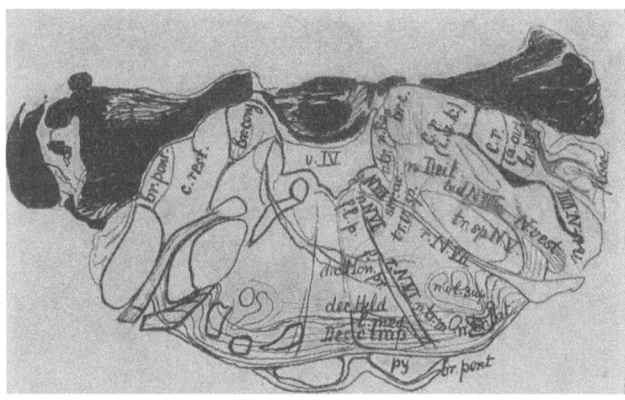

Abb. 216 d.

Markfeld und die innerste Abteilung des Corpus restiforme ein, geht quer dadurch und setzt sich in den ventralen Octavuskern fort. Durch diesen Spalt wird der stehengebliebene Flocculusanteil von der Oblongata abgetrennt (siehe auch Schnitt V).

An der linken Seite ist nur eine Flocculuslamelle stehengeblieben, aber diese ist vollkommen ihrer Verbindungen mit der Oblongata beraubt.

Dieser Schnitt entspricht der Tafel 23 des Katzenatlas. Zur Verdeutlichung ist hier noch ein Durchschnitt von einer normalen Katze wiedergegeben (Abb. 216 e).

der nicht vollständig, aber ungefähr dieselbe Schnittrichtung hat und zwischen Nr. 406 und 233 liegt, aber näher bei Nr. 233. Die ungefähre Richtung des Operationsschnittes ist eingezeichnet.

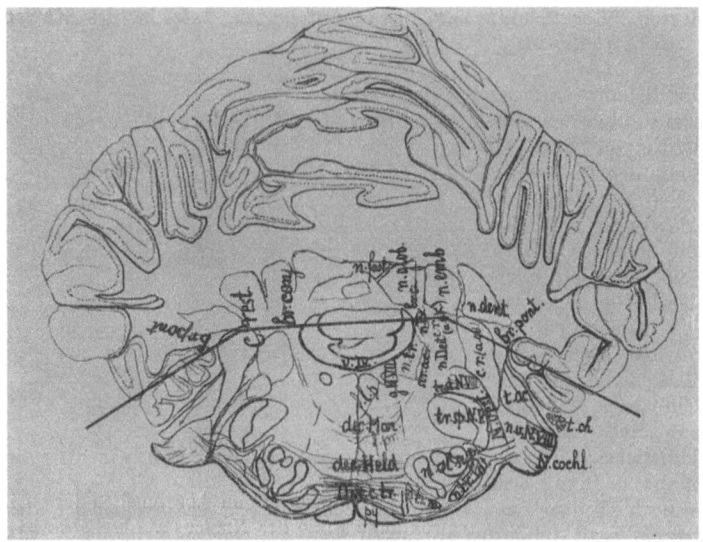

Abb. 216e.

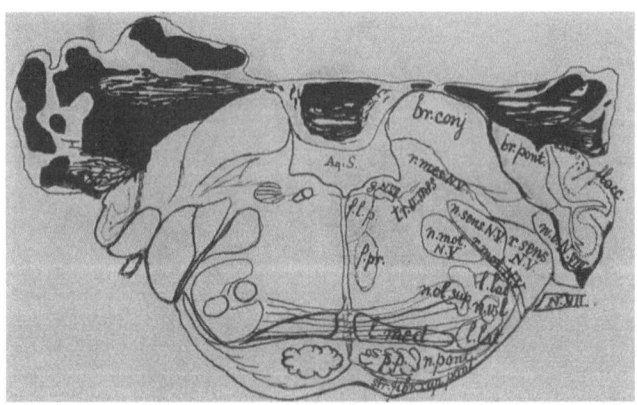

Abb. 216f.

Schnitt V (Abb. 216f), Nr. 211.
Der Schnitt trifft den Trigeminusursprung. Auch hier ist der Anfang des Aquaeductus Sylvii durch das Velum medullare bedeckt, worauf das Blutgerinnsel ruht, welches die Form der Lingula hat. Die Stiele sind abgeschnitten. Rechts stehen ein paar Flocculuslamellen. Der obenerwähnte Spalt geht hier aber zwischen Brachium conjunctivum und Brachium pontis durch und durchtrennt den Nucleus

ventralis N. VIII. Links ist nur eine einzige Flocculuslamelle stehengeblieben. Beiderseits ist jeder Zusammenhang dieser Flocculusstückchen mit dem Hirnstamm aufgehoben. Alles, was auf den Stielen liegt, ist Blutkoagulum mit losen Kleinhirnbröckchen. Der Bechterewsche Kern ist beiderseits intakt.

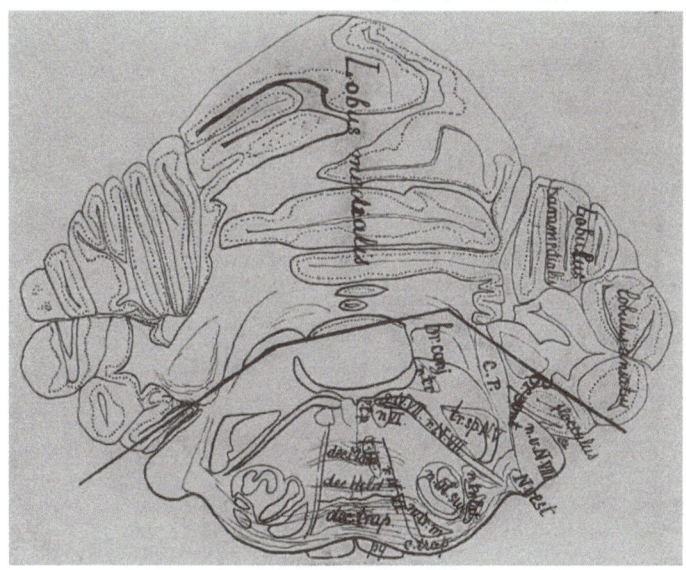

Abb. 216g.

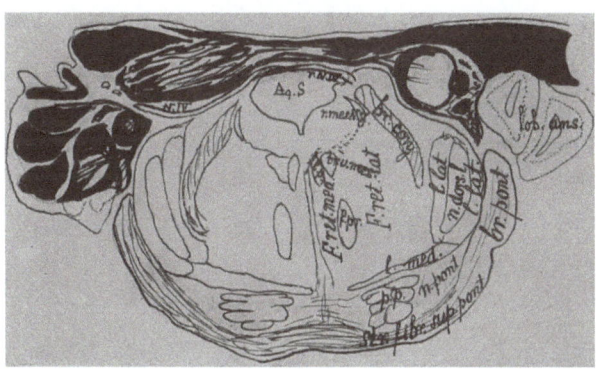

Abb. 216h.

Der Schnitt liegt zwischen Tafel 23 und 22 des Katzenatlas. Zur Verdeutlichung ist eine Zeichnung einer normalen Katze beigefügt, die zwischen Nr. 211 und 233 liegt, aber dichter bei Nr. 233, worin ungefähr die Schnittlinie angegeben ist (Abb. 216g).

Schnitt VI (Abb. 216h), Nr. 117.

Der Schnitt trifft die Mitte der Varolsbrücke durch die Kreuzung Nervi IV im Velum medullare. Diese Kreuzung ist unter dem Koagulum intakt sichtbar.

Vollständig los liegt rechts ein kleines Stückchen des Lobulus ansatus cerebelli. Links ist ein ähnliches Stück vollständig durch Blutkoagula in Bröckchen verteilt. Beiderseits ist jeder Zusammenhang dieser Stücke mit dem Hirnstamm aufgehoben.

Schnitt VII (Abb. 216i), Nr. 93.

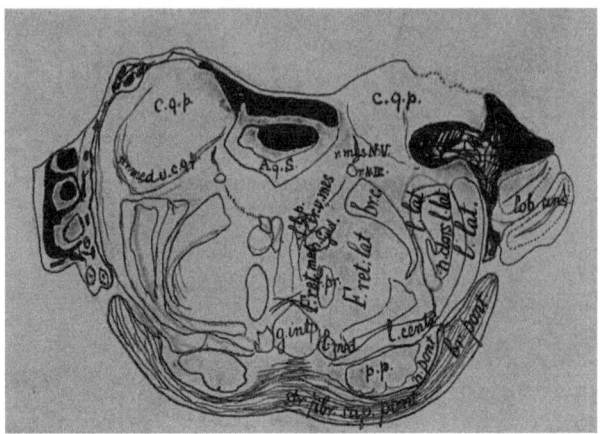

Abb. 216i.

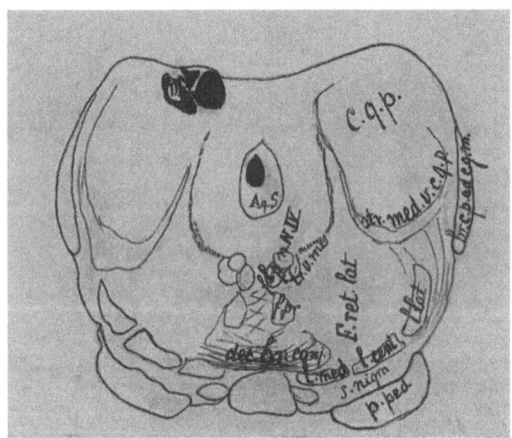

Abb. 216k.

Der Schnitt trifft das distale Ende der hinteren Vierhügel. Das rechts Corp. quadr. post. ist durch den Operationsschnitt getroffen. Rechts liegen völlig lose und ohne Zusammenhang mit dem Hirnstamm 2 Lamellen des Lobulus ansatus.

Ganz unbeschädigt ist beiderseits der Lemniscus lateralis mit den darin befindlichen Kernen.

Dieser Schnitt liegt eben oberhalb von dem auf Tafel 22 des Katzenatlas abgebildeten.

Schnitt VIII (Abb. 216 k), Nr. 15, ist der letzte Schnitt, in welchem etwas von der Operation sichtbar ist, nämlich eine kleine Blutung im linken Corpus quadrigeminum posticum. In Schnitt VII und VIII liegt eine Blutung im Aquädukt, welche hier ganz frei liegt. Der Schnitt entspricht ungefähr der Tafel 20 des Atlas. (Alle Schnitte liegen übrigens in einer anderen Richtung als die der Abbildungen des Atlas, und zwar derart, daß die Schnittrichtung des Atlas schiefer ist, so daß die ventralen Teile distaler gefunden werden als auf den hier abgebildeten Zeichnungen von der operierten Katze.)

Anatomische Zusammenfassung. Alles zusammengenommen, ist das Kleinhirn, entsprechend den in Abb. 216 e und g eingezeichneten Schnittlinien, einschließlich der Kleinhirnkerne, vollständig exstirpiert. Die losen Stückchen, wie Flocculus und Lobulus ansatus, die noch wiederzufinden waren, entbehren jeden Zusammenhang mit der Medulla oblongata. Außerdem ist in der Medulla oblongata keine einzige Blutung, die Einfluß hat auf die sekundären Octavusbahnen und -kerne, so wie wir sie uns zur Zeit denken.

Die einzige Abweichung ist der Spalt, der rechts durch den proximalsten Teil des ventralen Octavuskernes geht (Schnitt IV und V). Das distale Ende dieses Kernes und der Ursprung des Corpus trapezoides werden dadurch aber nicht lädiert.

Physiologische Folgerung. Nach vollständiger Kleinhirnexstirpation lassen sich bei der Katze die Labyrinthstellreflexe auf den Kopf, die tonischen Hals- und Labyrinthreflexe auf die Gliedermuskeln, die Kopfdrehreaktion und -nachreaktion sowie die Augendrehreaktion und -nachreaktion mit großer Deutlichkeit feststellen.

Präparat IV (Versuchsreihe III, Nr. 3; siehe unten S. 586).

Kaninchen, Äthernarkose, Carotiden abgebunden, Vagi durchtrennt. Decerebrierung, Kleinhirnexstirpation unter Abklemmung der Vertebralarterien, darauf Frontalschnitt durch die Medulla oblongata dicht vor dem Eintritt der Octavi.

Das Tier zeigt danach deutliche tonische Labyrinthreflexe auf die Extremitäten, Kopfdrehreaktion und Kopfdrehnachreaktion, sowie nach Durchschneidung des rechten Octavus schwache, aber deutliche Kopfdrehung nach rechts.

Das Präparat wurde von Prof. Winkler in Serien geschnitten. Färbungen mit Carmin und mit Hämatoxylin.

Das Ergebnis der Untersuchungen und der Zeichnungen wird von Prof. Winkler folgendermaßen zusammengefaßt:

An der linken Seite fällt der Operationsschnitt dicht proximal vor der austretenden Facialiswurzel. Der Deitcrssche Kern ist an dieser Seite völlig erhalten. An der rechten Seite fällt der Operationsschnitt mehr proximal, ungefähr durch die austretende Trigeminuswurzel. Die Facialiswurzel wird erst 48 Schnitte der Serie tiefer getroffen, so daß auch auf dieser Seite der Deiterskern völlig intakt ist. Der Operationsschnitt geht also etwas schief fast genau zwischen Brücke und Corpus trapezoides durch, und an der linken Seite unter, an der rechten Seite durch den Trigeminusaustritt hin.

An der rechten Seite sind einige kleine Flocculuslamellen stehenge blieben, diese stehen aber nicht mehr in funktioneller Verbindung mit dem Hirnstamm. Abgesehen davon, fehlt das ganze Kleinhirn einschließlich der Kleinhirnkerne.

Die Kerne von Deiters und Bechterew sind beiderseits intakt.

Rechts ist bei der operativen Durchtrennung des Octavus der Nucleus ventralis VIII verletzt. Links ist der Nucleus ventralis intakt, nur sind einige unbedeutende kleine Blutungen darin zu sehen. Der linke Vestibulariseintritt ist nicht beschädigt.

Blutungen finden sich: Beiderseits von der Raphe im Fasciculus longitudinalis posterior, die aber den dorsalen Anteil derselben frei lassen.

Rechts einige Blutungen, die bis zu den oberen Olivenkernen reichen, diese selbst aber frei lassen.

Links eine große Blutung im Tractus spinalis Nervi V, die aber auch die obere Olive frei läßt. Ferner links eine kleine Blutung in der dorsalen Lage des Corpus trapezoides, die aber die ventrale Lage desselben frei läßt.

Anatomische Zusammenfassung. Der Schnitt durch die Medulla oblongata geht zwischen Trapezkörper und Brücke beiderseits vor den intakten Deitersschen und Bechterewschen Kernen und vor dem Octavuseintritt, der links intakt ist, rechts während des Versuches unter Verletzung des Nucleus ventralis VIII durchtrennt wurde. Das Kleinhirn samt den Kleinhirnkernen ist vollständig abgetrennt. Beide oberen Oliven und der ventrale Teil des Trapezoid sind intakt, der Fasciculus longitudinalis posterior beiderseits teilweise zerstört.

Physiologische Folgerung. Die tonischen Labyrinthreflexe auf die Glieder, die Kopfdrehreaktion und Kopfdrehnachreaktion sowie die Kopfdrehung nach einseitiger Octavusdurchschneidung sind beim Kaninchen nach völliger Abtrennung des Kleinhirns samt den Kleinhirnkernen erhalten. Zu ihrem Zustandekommen genügen die Zentren, welche distal von dem Operationsschnitte gelegen sind.

Die in diesem Abschnitt wiedergegebenen anatomischen Untersuchungen zeigen, daß nach dem verwendeten Operationsverfahren die völlige Exstirpation des Kleinhirns samt den Kleinhirnkernen bei Katzen und Kaninchen ohne Schwierigkeiten gelingt bis auf einige kleine Flocculuslamellen dicht neben dem Octavuseintritt, deren sichere Entfernung nicht leicht möglich ist, sondern nur gelegentlich und als Zufallsergebnis gelingt, deren anatomische Verbindungen mit der Oblongata aber soweit dorsal verlaufen, daß sie in allen vier hier beschriebenen Fällen und noch bei zwei weiteren Versuchen vollständig durchtrennt wurden, und auch in der Mehrzahl der übrigen Versuche mit größter Wahrscheinlichkeit durchschnitten worden sind. Auf die physiologischen Ergebnisse soll erst im Zusammenhang mit den anderen Experimenten eingegangen werden.

Anhangsweise seien hier noch die Befunde an den beiden Hunden wiedergegeben, bei welchen Dusser de Barenne (3) die nicht ganz vollständige Kleinhirnexstirpation ausgeführt hat.

Präparat V. 4. Dezember 1918. Kleiner Hund. Kleinhirnexstirpation durch Dusser de Barenne.

Das Tier wurde zunächst bis zum 20. März im Laboratorium beobachtet. An diesem Tage führte de Kleyn die rechtsseitige Labyrinthexstirpation aus. Am 14. April wurde das linke Labyrinth exstirpiert. Am 27. Mai 1919 wurde das Tier getötet.

Dasselbe zeigte die typischen Symptome der Kleinhirnexstirpation übereinstimmend mit den klassischen Beschreibungen von Luciani und anderen. Von Labyrinthreflexen ließen sich nachweisen: Kopfdrehreaktion und -nachreaktion, Kopfdrehnystagmus und -nachnystagmus, Augendrehreaktion und -nachreaktion, Augendrehnystagmus und -nachnystagmus; Progressivreaktionen: Liftreaktion auf den Kopf und die Extremitäten (auch bei Untersuchung mit Kopfkappe), Sprungbereitschaft, tonische Labyrinthreflexe auf die Extremitäten (bei Kopfdrehen in Seitenlage und beim Umlegen aus Bauch- in Rückenlage), tonische Halsreflexe auf die Extremitäten; Stellreflexe: Labyrinthstellreflexe (mit Kopfkappe) sehr stark. Halsstellreflexe sehr stark; kompensatorische Augenstellungen (in Seitenlage). Körperstellreflexe auf den Kopf wurden erst nach der ein- und doppelseitigen Labyrinthexstirpation deutlich. Nach der doppelseitigen Labyrinthexstirpation waren sie anfangs träge, dagegen nach 12 und 18 Tagen vollständig entwickelt. Das Tier war mit Kopfkappe im Raume vollständig desorientiert, bei Berühren mit der Unterlage wurde dagegen der Kopf geradegesetzt, und hieran schloß sich durch Halsstellreflexe das Aufsitzen des Körpers an. Optische Stellreflexe waren deutlich vorhanden, dagegen fehlten die Körperstellreflexe auf den Körper. Lag das Tier in Seitenlage auf dem Tisch und wurde der Kopf in Seitenlage festgehalten, so gelang es auch durch starkes Hin- und Herschütteln des Körpers auf der Unterlage nicht, diesen letzteren zum Aufsitzen zu bringen.

Die anatomische Untersuchung des Gehirns dieses Tieres durch Prof. Brouwer in Amsterdam ergab folgendes (51):

Makroskopisch. Der größte Teil des Cerebellums ist entfernt. An der rechten Seite steht noch ein Gewebe, das so aussieht wie Formatio vermicularis. Ferner stehen noch einige Lamellen des Lobus anterior direkt oberhalb der hinteren Vierhügel. An der Brücke und den übrigen Hirnteilen ist nichts Besonderes zu sehen.

Mikroskopisch. Nach Einbetten in Paraffin werden Serienschnitte durch das verlängerte Mark und den Cerebellumrest angefertigt. Färbung mit Thionin. Die Serie reicht vom Halsmark bis in das Gebiet der Trochleariskerne. Es ergibt sich, daß vom Cerebellum folgende Teile stehengeblieben sind:

a) Ein großes Stück des rechten Flocculus und Paraflocculus.

b) Einige Teile des rechten Lobus ansiformis (Lamellen der Hemisphäre, Neocerebellum).

c) Im Wurm verschiedene Lamellen des Nodulus.

d) Im Wurm verschiedene Lamellen des Lobus anterior, Lobus simplex und noch einige Lamellen des Lobus medius.

e) Ein ganz kleines Stück des linken Flocculus.

f) Ein Teil des rechten Nucleus globosus.

37*

g) Ein ganz kleines Stückchen des linken Nucleus globosus.

h) An beiden Seiten Stücke des tiefen Markes des Cerebellum.

In diesen Lamellen ist der normale Bau überall gut zu erkennen; die Lamina molecularis, die Lamina granulosa und die Lage der Purkinjezellen ist erhalten.

An beiden Seiten hängen die Cerebellumreste mit der Medulla oblongata zusammen, so daß ohne Zweifel Erregungen von der Medulla oblongata nach dem Cerebellumrest geleitet werden konnten.

In der Medulla oblongata findet sich eine beträchtliche, aber nicht vollständige Zelldegeneration im Komplex der unteren Oliven, den Kerngruppen der Varolsbrücke und der Nuclei laterales.

Die Gebiete der Octavuskerne zeigen keine deutliche Zelldegeneration.

Es finden sich keine Blutextravasate oder Entzündungsherde in der ganzen Serie.

Ergebnis: Nach Entfernung des größten Teils vom Kleinhirn sind sämtliche Labyrinthreflexe sowie die tonischen Halsreflexe auf die Extremitäten, die Halsstellreflexe und die Körperstellreflexe auf den Kopf deutlich vorhanden, dagegen fehlen die Körperstellreflexe auf den Körper. Da jedoch bei diesem Tiere nicht unbeträchtliche Cerebellumreste stehengeblieben sind, so kann dieser Versuch für sich allein nicht als vollgültiger Beweis für die Unabhängigkeit der genannten Reflexe vom Kleinhirn verwendet werden.

Präparat VI. 25. Februar 1919. Brauner Hund. Kleinhirnexstirpation durch Dusser de Barenne. Das Tier wird zunächst im Laboratorium bis zum 6. November 1919 fortlaufend untersucht. An diesem Tage wird das linke Labyrinth durch de Kleyn exstirpiert. Am 17. November stirbt das Tier bei dem Versuch, das rechte Labyrinth zu exstirpieren.

Bei diesem Tiere ließen sich die folgenden Labyrinth- und Körperstellungsreflexe nachweisen: Kopfdrehreaktion und -nachreaktion, Augendrehreaktion und -nachreaktion, Augendrehnystagmus und -nachnystagmus, Liftreaktion auf den Kopf und die Vorderbeine (mit Kopfkappe), Sprungbereitschaft, tonische Labyrinthreflexe auf die Extremitäten beim Umlegen in Rückenlage und bei Kopfdrehen in Seitenlage, Labyrinthstellreflexe (mit Kopfkappe), Halsstellreflexe, optische Stellreflexe, kompensatorische Augenstellungen in Seitenlage. Nach der linksseitigen Labyrinthexstirpation war außerdem der Körperstellreflex auf den Kopf bei linker Seitenlage des Tieres (mit Kopfkappe) außerordentlich stark entwickelt. Dagegen fehlten die Körperstellreflexe auf den Körper bis zum Tode des Tieres oder waren höchstens angedeutet vorhanden. Bei diesem und dem vorhergehenden Tiere traten außerdem die Symptome nach einseitiger Labyrinthexstirpation: Kopfdrehung und -wendung, Rollen, Augendeviation und Nystagmus, Tonusabnahme der Extremitäten auf der Seite der Operation auf das deutlichste hervor. Auch die Bechterewkompensation nach der Exstirpation des zweiten Labyrinths ließ sich bei dem ersten Hunde mit großer Deutlichkeit nachweisen.

Die anatomische Untersuchung durch Prof. Winkler hatte folgendes Ergebnis (51):

Das Nervensystem des Hundes, bei welchem Dr. Dusser de Barenne das Kleinhirn exstirpiert hatte, wurde von mir (Winkler) in Serien an Thioninpräparaten untersucht.

Es findet sich eine ziemlich beträchtliche Erweiterung des Zentralkanales im Rückenmark. Im 3. und 4. Segment des Halsmarks ist infolgedessen eine ziemlich große Höhle zustande gekommen. Außerdem findet sich ein beträchtlicher Hydrocephalus internus.

Bei makroskopischer Betrachtung ist anscheinend auf der linken Seite auch die laterale und die basale Abteilung des Kleinhirns vollständig weggenommen. Rechts dagegen sieht man mit bloßem Auge, daß ein ziemlich beträchtliches Stück des lateralen und basalen Kleinhirnteiles stehengeblieben ist.

Bei der Durchsicht der Serienschnitte kann nun festgestellt werden, daß tatsächlich das ganze Cerebellum entfernt ist mit Ausnahme eines Teiles rechts basal und lateral. Links ist dagegen das Messer auf ideale Weise zwischen dem Tuberculum acusticum und Nucleus ventralis N. VIII einerseits und Flocculus andererseits durchgegangen, ohne die zwei erstgenannten Kerne zu verletzen.

Ferner ist in der Medulla oblongata und der Brücke nichts von akzidentellen Blutungen zu sehen.

Rechts dagegen ist ein Stück Kleinhirn stehengeblieben, das in Zusammenhang mit Pons und Medulla oblongata steht.

Das erste daranhängende Stück des Flocculus wird angetroffen da, wo das Tuberculum acusticum erscheint. Mit dem Pedunculus flocculi liegt es oben auf dem Tuberculum acusticum und dem Nucleus ventralis N. VIII, seitlich an dem darüber abgeschnittenen Corpus restiforme. Die anhängenden Octavuswurzeln (N. cochlearis und N. vestibularis) sind vollständig unverletzt, ohne Zeichen von Degeneration oder Atrophie und strahlen auf normale Weise aus. Dasselbe ist natürlich auch links der Fall.

Das Tuberculum acusticum ist beiderseits vollständig unverändert.

Der Nucleus ventralis ist an seinem distalen und ventralen Ende normal. Es entspringt aus ihm ein kräftiges Corpus trapezoides, in welchem die Kerngruppen der oberen Olivenkerne ganz normal sind. Auch der laterale Lemniscus und die darin gelegenen Kerne sind normal (auch links ist dieses natürlich der Fall).

Im proximalen und dorsalen Teile des Nucleus ventralis N. VIII sind dagegen in einem scharf umschri benen Stück die Zellen verschwunden (Kleinhirnanteil des ventralen Kerns). Links ist dieses etwas stärker.

Der Nucleus triangularis ist klein. Daraus sind, im Zusammenhang mit der beinahe vollständigen Atrophie der Längsfasern in den S. A. K. (Monakow), viele große Zellen weggefallen (links noch mehr als rechts). Die sekundären Fasern (Fibrae perforantes) aus dem Nucleus triangularis nach den Kleinhirnkernen sind mit ihren Ursprungszellen in diesem Kerne zugrunde gegangen.

Der Nucleus Deiters ist beiderseits vollständig gut entwickelt. Die großen Zellen in demselben sind in keiner Weise verändert.

Das an der Medulla oblongata hängende Stück des rechten Flocculus cerebelli wird schnell größer in dem Niveau, wo der N. facialis und der Nucleus N. VI gefunden werden, und es erreicht seinen größten Umfang gegenüber dem distalen Ende des motorischen Nucleus N. V.

Dort ist außer Flocculus und Paraflocculus auch der basale Teil des Lobulus ansatus stehengeblieben. Außerdem vereinigt ein ziemlich kräftiger Verbindungsstreifen das anhängende Kleinhirnstück sowohl mit dem inneren Stiel des Corpus restiforme als mit dem Brückenarm.

Mehr proximalwärts nimmt das anhängende Kleinhirnstück schnell in Umfang ab.

Anatomische Zusammenfassung. Das Kleinhirn ist an der linken Seite vollständig exstirpiert, auf der rechten Seite ist nichts übriggeblieben als der Flocculus, Paraflocculus und die basalen Lamellen des Lobulus ansatus, die ihre Verbindungen mit dem

Tabelle I.   **Versuche an decerebrierten Katzen**

Nr.	Zusatzoperation	Tonische Labyrinthreflexe auf die Extremitäten	Ein Labyrinth genügt für die beiderseitigen Extremitäten	Tonische Labyrinthreflexe auf Hals	Rumpf	Nach einseitiger Labyrinthexstirpation Kopfdrehung und -wendung	einseitige Abnahme des Gliedertonus
1	2	3	4	5	6	7	8
5		+					
6		+					
8		+					
		+					
10	Linker Octavus durchtrennt						+
		+					
14	Querschnitt dicht vor dem Octavuseintritt	+					
		+		+			
17	Linker Octavus durchtrennt	+	+	+	+	+	+
	Querschnitt dicht vor dem Octavuseintritt	+	+	+		+	+
22	Querschnitt dicht vor dem Octavuseintritt	+					
23		+	(+) Siehe Sektion				

mit nachfolgender Kleinhirnexstirpation.

Tonische Halsreflexe auf die Extremitäten	Sektion
9	10
+	Decerebriert durch das hintere Drittel der vorderen Vierhügel. Rechts ist etwas vom Hirrscherkel stehengebbeben. Der vierte Ventrikel liegt vollkommen frei. Kleinhirn einschließlich der Seitenteile entfernt. Die Kleinhirnstiele sind als Stümpfe so weit stehengeblieben, daß ein Teil der Nuclei dentati vielleicht noch erhalten ist. Beide Octavi intakt. Makroskopische Kontrolle durch Winkler.
+	Decerebrierung vor den hinteren Vierhügeln. Der vierte Ventrikel liegt vollständig frei. Das Kleinhirn ist einschließlich der Seitenteile entfernt. Links sind auch die Kleinhirnstiele vollständig fortgenommen, rechts steht von den Stielen noch ein Stumpf, so daß auf der rechten Seite der Nucleus dentatus vielleicht teilweise erhalten ist. Beide Octavi intakt. Makroskopische Kontrolle durch Winkler.
+	Kleinhirn vollständig entfernt, so daß an den beiden Seiten nur noch die Stümpfe der Kleinhirnstiele vorhanden sind. Rautengrube liegt in ganzer Ausdehnung frei (Magnus).
+	Kleinhirn fehlt vollständig. Nucleus dentatus fehlt beiderseits. Deiterskern beiderseits intakt. Decerebrierung hinter den hinteren Vierhügeln. Makroskopische Kontrolle durch Winkler.
+	
+	Kleinhirn vollständig exstirpiert. Kleinhirnstiele genau im Niveau der Rautengrube durchtrennt. Der Frontalschnitt geht rechts 2 mm, links 1 mm vor dem Octavuseintritt durch das Tuberculum acusticum (Magnus).
+	
+	Kleinhirn vollständig entfernt. Extramedulläre Anteile der Kleinhirnstiele abgetragen.
+	Frontalschnitt geht beiderseits hinter den Stümpfen der Kleinhirnstiele, links 2 mm vor dem Octavuseintritt, rechts 1 mm vor dem Octavuseintritt durch das Tuberculum acusticum hindurch (Magnus).
+	Abb. 212, S. 557. Vollständige Untersuchung an Schnittserien durch Winkler (s. oben S. 556): Präp. I. Octavuseintritt, Tuberculum acusticum, Nucleus ventralis N. VIII, Radix descendens N. VIII, Tractus Deiters descendens samt seinem Ursprung, Trapezoid- und Olivenkerne beiderseits intakt. Nucleus Deiters rechts ganz intakt, links ist vom obersten Teil etwas weggeschnitten. Nucleus dorsalis VIII rechts intakt, links ist etwas vom lateralen Teil weggeschnitten. Nucleus Bechterew weggeschnitten. Kleinhirn vollständig abgetrennt.
+	Abb. 214, S. 566. Vollständige Untersuchung an Schnittserien durch Winkler (s. oben S. 565): Präp. II. Decerebrierung durch die vorderen Vierhügel. Rechter Octavus mit allen zentralen Bahnen und Kernen intakt. Linker Octavuseintritt vollständig (vielleicht mit Ausnahme weniger proximaler Vestibularisfasern) weggenommen, die zugehörigen oralen sekundären Bahnen zum Teil durch Blutung zerstört. Die aus den Deiters-Kernen entspringenden Bahnen beiderseits intakt. Kleinhirn vollständig abgetrennt.

Hirnstamm behalten haben. Die primären Octavuswurzeln sind unverletzt. Die primären Octavuskerne sind nur insoweit verändert, daß die darin gelegenen Ursprungszellen für sekundäre Kleinhirnsysteme verschwunden sind. Aber die sekundären Octavussysteme nach dem Mittelhirn sind ebenso wie die Deitersschen Kerne ganz unverändert.

Physiologisches Ergebnis: Nach einer links vollständigen, rechts unvollständigen Kleinhirnexstirpation ließen sich beim Hunde sämtliche bekannten Labyrinthreflexe, außerdem die Halsstellreflexe und die Körperstellreflexe auf den Kopf nachweisen, während die Körperstellreflexe auf den Körper fehlten. Die Symptome der einseitigen Labyrinthexstirpation traten unverändert auf.

B. Versuchsergebnisse.

Nachdem im vorhergehenden Abschnitt die Operationsverfahren, einige Versuchsprotokolle und die anatomischen Ergebnisse und Kontrollen ausführlich wiedergegeben worden sind, können die Versuchsergebnisse selber kurz in Tabellenform mitgeteilt werden.

In den Tabellen bedeutet +, daß der Reflex vorhanden war, —, daß er nicht nachzuweisen war.

Erste Versuchsreihe.

Decerebrierte Katzen. (Tabelle I, S. 582.)

Die Tabelle umfaßt 9 Versuche. Die Protokolle von Versuch 22 und 23 finden sich auf S. 555 und 565. Zwei Präparate (von Versuch 22 u. 23) sind als vollständige Schnittserien untersucht (siehe S. 558 und 567). Drei weitere Präparate wurden von Prof. Winkler makroskopisch kontrolliert.

Zusammenfassung: Bei decerebrierten Katzen lassen sich nach Exstirpation des Kleinhirns einschließlich der Kleinhirnkerne und nach einem Frontalschnitt durch die Oblongata dicht vor dem Eintritt der Octavi die tonischen Hals- und Labyrinthreflexe auf die Extremitäten und die tonischen Labyrinthreflexe auf die Halsmuskeln noch unvermindert nachweisen. An derartigen Präparaten erfolgt nach einseitiger Octavusdurchschneidung (genau wie bei intakten Tieren nach einseitiger Labyrinthexstirpation) Kopfdrehung und -wendung nach der operierten Seite und einseitige Abnahme des Gliedertonus (auch bei geradegesetztem Kopf). Ein Labyrinth genügt auch bei den so operierten Tieren zur Auslösung der tonischen Labyrinthreflexe auf die Gliedermuskeln der beiden Körperseiten. Der Bechterewsche Kern ist für die tonischen Labyrinthreflexe auf die Gliedermuskeln nicht erforderlich.

Zweite Versuchsreihe.

Decerebrierte Kaninchen (Versuche von de Kleyn).

Bei drei Kaninchen wurde nach dem Decerebrieren das Kleinhirn exstirpiert. Bei einem dieser Tiere wurde außerdem noch der rechte Octavus durchschnitten. Das Ergebnis war folgendes:

Tabelle II.
Versuche an decerebrierten Kaninchen mit nachfolgender Kleinhirnexstirpation.

Nr.	Zusatz- operation	Kopfdrehung und -wendung nach einseitiger Octavus- durchschneidung	Kopfdreh- reaktion	Kopfdreh- nachreaktion	Sektion
1			+	+	Decerebrierung zwischen vorderen und hinteren Vier- hügeln. Kleinhirn völlig entfernt, außer ganz kleinen Flocculusstückchen an den Octavis. Octavi intakt.
2			+	+	Wie bei Nr. 1.
3	Rechts- seitige Octavus- durch- schnei- dung	+	Nicht geprüft	Nicht geprüft	Wie bei Nr. 1. Links ein kleines Stückchen Flocculus am Octavusein- tritt. Rechts ist der Octa- vus dicht an der Medulla abgeschnitten.

Zusammenfassung: Bei decerebrierten Kaninchen läßt sich nach der Exstirpation des Kleinhirns (wobei die stehengebliebenen Flocculus- reste wahrscheinlich nicht mehr in funktioneller Verbindung mit der Oblongata geblieben sind) die Kopfdrehreaktion, die Kopfdrehnachreak- tion und die nach einseitiger Octavusdurchschneidung auftretende Kopfdrehung und -wendung unverändert nachweisen.

Dritte Versuchsreihe.

Decerebrierte Kaninchen, Querschnitt dicht vor dem Octavuseintritt (Versuche von de Kleyn).

Bei 3 Kaninchen wurde nach dem Decerebrieren das Kleinhirn exstirpiert und darauf ein Frontalschnitt durch die Oblongata dicht vor dem Eintritt der Octavi gemacht. In Versuch 1 und 2 wurde außer- dem gleich der rechte Octavus durchgeschnitten, während in Versuch 3 erst die tonischen Labyrinthreflexe und die Drehreaktionen des Kopfes untersucht wurden und erst am Schluß des Versuches der rechte Octavus durchtrennt wurde. Das Präparat von Versuch 3 wurde von Prof. Winkler an Schnittserien untersucht (vgl. oben, S. 577, Präparat IV).

Tabelle III.

Versuche an Kaninchen, denen nach Kleinhirnexstirpation die Oblongata dicht vor dem Octavuseintritt quer durchtrennt wurde.

Nr.	Zusatz-operation	Tonische Labyrinth-reflexe auf die Ex-tremitäten	Kopfdreh-reaktion	Kopf-dreh-nach-reaktion	Kopfdrehung und -wendung nach einseitiger Octavusdurch-schneidung	Sektion
1	Durch-schneidung des rechten Octavus im Beginn des Versuches	+ (beider-seits)	Bei Drehen nach links + Bei Drehen nach rechts — Das ist typi-sches Verhal-ten nach rechtsseitiger Octavus-durchschnei-dung	Zwei-felhaft	+	Frontalschnitt durch die Oblongata dicht vor dem Octavus-eintritt. Kleinhirn vollständig exstir-piert bis auf ein klei-nes Flocculusstück-chen am linken Octavus.
2	Durch-schneidung des rechten Octavus im Beginn des Versuches	+ (beider-seits)	Nicht geprüft	Nicht ge-prüft	+	Wie bei Nr. 1.
3	Rechtsseitige Octavus-durchschnei-dung am Ende des Versuches	+	+ (beiderseits)	+ (bei-der-seits)	Schwach +	Untersuchung an Schnittserien durch Winkler (siehe oben S. 577, Präparat IV).

Frontalschnitt durch die Oblongata zwischen Trapezoid und Brücke. Deiterssche und Bechterewsche Kerne beiderseits in-takt. Linker Octavuseintritt intakt. Fasciculus longitudinalis posterior beiderseits teilweise durch Blutung zerstört. Kleinhirn samt Kleinhirnkernen vollständig abgetrennt.

Zusammenfassung: Bei decerebrierten Kaninchen lassen sich nach Exstirpation des Kleinhirns, einschließlich der Kleinhirnkerne, und nach einem Frontalschnitt durch die Oblongata dicht vor dem Eintritt der Octavi die tonischen Labyrinthreflexe auf die Extremitäten sowie die Kopfdrehreaktion und Kopfdrehnachreaktion nachweisen. Nach einseitiger Octavusdurchschneidung erfolgt die typische Kopf-drehung und -wendung nach der operierten Seite, die tonischen Laby-rinthreflexe sind an den Gliedmaßen beider Körperseiten noch nach-weisbar, und die Kopfdrehreaktion verhält sich bei Drehen nach rechts und links wie bei intakten Tieren nach einseitiger Labyrinth-exstirpation. Die tonischen Labyrinthreflexe auf die Glieder und die

Tabelle IV.

Versuche an Kaninchen, denen das Großhirn vor den Thalamus und darauf das Kleinhirn exstirpiert wurde.

Nr.	Zusatzoperation	Kompensatorische Augenstellungen		Kalor. Augenabweichung und Nystagmus	Augendreh-		Kopfdreh-		Nach einseitiger Octavusdurchschneidung			Sektion
		Raddrehung	Vertikalabweichung		reaktion und Nystagmus	nachreaktion und -nachnystagmus	reaktion	nachreaktion	Kopfdrehung und -wendung	Augendeviation	Nystagmus	
1	Durchschneidung des r. Octavus am Ende des Versuches	Rechts 70°, links 65°	Beiderseits +	Beiderseits +	Nicht untersucht	+	+	+	+	+	+	Siehe Seite 588.
2	Am Ende des Versuches Durchschneidung des l. Octavus und Frontalschnitt dicht vor dem Octavuseintritt	Beiderseits 30°	Beiderseits +	Beiderseits +	+	+	+		+ (Frontalschnitt vor den Octavis)			
3	Durchschneidung des l. Octavus am Ende des Versuches	Rechts 45°, links 30°. Später beiderseits 35°	Beiderseits +	Beiderseits +, links schwächer	+	+	+		+	+		
4	—	Beiderseits 20°	Beiderseits +	Beiderseits +, rechts schwächer	+	+	+	+				

Kopfdrehreaktion und Kopfdrehnachreaktion sind auch nach teil-
weiser Zerstörung des hinteren Längsbündels noch erhalten.

Vierte Versuchsreihe.

Thalamuskaninchen (Versuche von de Kleyn). S. Tab. IV, S. 587.

Bei vier Kaninchen wurden die Großhirnhemisphären vor den Thalamis exstirpiert, um die Labyrinthreflexe auf die Augen untersuchen zu
können, und darauf das Kleinhirn fortgenommen. Am Schluß des Versuches wurde bei drei Kaninchen ein Octavus durchtrennt, bei einem
Kaninchen wurde außerdem ein Frontalschnitt durch die Oblongata
dicht vor dem Octavuseintritt gemacht. Drei Präparate dieser Versuchsreihe wurden durch Prof. Winkler untersucht, der dieselben in dünne
Scheiben geschnitten und beschrieben hat.

Sektionsergebnisse der Versuche von Tabelle IV.

Nr. 1 (Bericht von Prof. Winkler): Links steht am Octavuseintritt ein
kleines Stückchen Flocculus, das möglicherweise noch in physiolo-
gischer Verbindung mit der Oblongata steht. Rechts ist der Flocculus
vollständig entfernt. Links, oberhalb des Bindearmes, liegt ein kleines Stückchen
Cerebellum vollständig lose und in keinerlei Verbindung mit dem Hirnstamm.
Beiderseits sind die Corpora quadrigemina postica abgeschnitten, rechts ist das
Tegmentum blutig imbibiert; die Corpora quadrigemina anteriora sind durch
Blutungen zerstört. Die Großhirnhemisphären sind beiderseits völlig exstirpiert.
An beiden Seiten geht der Schnitt durch den Thalamus. Rechts findet sich im
Thalamus eine große Blutung.

Nr. 2: Das Kleinhirn ist vollständig entfernt, nur links ist ein Stück Flocculus
stehengeblieben, das größer ist als bei den anderen Präparaten.

Nr. 3 (Bericht von Prof. Winkler): An der Basis des distalen Endes des
4. Ventrikels ist der Boden zerstört, rechts bis in die Formatio reticularis durch-
dringend. Auf dem zerstörten Boden liegen einige Kleinhirnlamellen ganz frei
und nicht mit dem Hirnstamm verbunden. Links und rechts stehen am
Octavuseintritt einige kleine Flocculuslamellen. Die physiologische Verbindung derselben mit der Oblongata ist aber völlig aufgehoben. Links ist das Corpus restiforme und der Lemniscus lateralis weggeschnitten. Links ist das Corpus quadrigeminum posticum durch Blutung, rechts
durch das Messer oberflächlich zerstört. Das linke Corpus quadrigeminum anticum
ist vernichtet, der Aquädukt mit Blut gefüllt; das rechte Corpus quadrigeminum
ant. enthält einige Blutungen. Links und rechts sind die mittleren Thalamus-
kerne durch Blutung vernichtet, links auch der Nucleus lateralis vollständig und
der Nucleus ventralis teilweise.

Links geht der Schnitt durch das Striatum. Die Großhirnhemisphäre ist
entfernt; es ist nur das orale Ende der Ammonshornformation, durch Blutungen
beschädigt, stehengeblieben. Die rechte Hemisphäre ist nur teilweise entfernt.
Hinten ist ein basolaterales Stück stehengeblieben, fast das ganze Ammonshorn,
von dem nur das dorsale Stück fehlt. Auch vorne steht ein großes Stück; sowohl
die mediale Wand, dorsal und ventral von der Commissur, als auch die basale
Wand ganz; nur ein Stück der dorsalen Oberfläche ist entfernt.

Nr. 4 (Bericht von Prof. Winkler): Am rechten Octavuseintritt
steht ein kleines Stückchen Flocculus, dessen physiologische Ver-

bindung mit der Oblongata aber völlig aufgehoben ist. Links ist auch der Flocculus ganz entfernt. Im übrigen ist vom Kleinhirn kein einziger Rest mehr vorhanden. Blutungen im rechten Corpus quadrigeminum posticum und in den beiden vorderen Vierhügeln. Beide Großhirnhemisphären fehlen, links steht nur noch basal-medial vorne ein kleines Stückchen, rechts außerdem noch ein Teil der Ammonshornformation. Der Schnitt der Großhirnexstirpation geht beiderseits durch Thalamus und Striatum.

Zusammenfassung: Bei Thalamuskaninchen sind nach völliger Abtrennung des Kleinhirns die kompensatorischen Augenstellungen (Vertikalabweichung und Raddrehung), die Augendrehreaktion und -nachreaktion, der Augendrehnystagmus und -nachnystagmus, die calorische Augenabweichung nebst Nystagmus, die Kopfdrehreaktion und -nachreaktion erhalten. Nach einseitiger Octavusdurchschneidung erfolgt, wie beim normalen Tiere, Drehung und Wendung des Kopfes und Ablenkung der Augen (nebst Nystagmus). Die Augenreaktionen erfolgen auch noch, wenn die Vierhügel (das Mittelhirndach) operativ oder durch Blutungen in weitgehendem Maße zerstört sind.

Die kompensatorischen Raddrehungen, welche beim normalen Kaninchen (siehe oben S. 154) ein Ausmaß von etwa 90—100° haben, können, wie Versuch 1 zeigt, selbst nach der eingreifenden Operation der Großhirnexstirpation und der Kleinhirnentfernung noch in fast normaler Stärke auftreten. Meist (Versuch 2—4) ist die Größe der Exkursionen herabgesetzt (20—45°). Da wir wissen, daß die Größe der kompensatorischen Raddrehungen bei der Einwirkung aller möglicher hemmender Einflüsse beträchtlich vermindert wird, ist dieses nicht weiter verwunderlich.

Als Ergänzung dieser Versuchsreihe kann noch eine eigene Beobachtung an einem Kaninchen angeführt werden, dem unter Erhaltung des Großhirns das Kleinhirn exstirpiert wurde, und bei dem sich die tonischen Labyrinthreflexe auf die Extremitäten, Kopfdrehreaktion und -nystagmus, Kopfdrehnachreaktion, Augendrehreaktion und -nystagmus, Augendrehnachreaktion und -nystagmus, kompensatorische Augenstellungen mit voller Deutlichkeit nachweisen ließen. Bei der (makroskopischen) Sektion fand sich das Kleinhirn völlig entfernt, Flocculusreste ließen sich mit bloßem Auge nicht erkennen, die Vierhügel waren unverletzt. — Ferner war bei einer Thalamuskatze nach Kleinhirnentfernung die Kopfdrehreaktion und -nachreaktion sowie die Augendrehreaktion und -nachreaktion vorhanden.

Fünfte Versuchsreihe.

Normale Katzen.

Wie bereits oben erwähnt wurde, sind bei Kaninchen unmittelbar nach der Kleinhirnexstirpation die Labyrinthstellreflexe wegen des Schocks höchstens andeutungsweise vorhanden. In der vorhergehenden vierten Versuchsreihe von de Kleyn war nur bei zwei Tieren eine schwache Spur dieser Reflexe vorhanden. Ebenfalls war bei einem Kaninchen, bei welchem ich Groß- und Kleinhirn exstirpiert hatte, von den Stellreflexen höchstens eine Andeutung vorhanden, während Augendrehreaktion und -nystagmus, kompensatorische Augenstellungen und Kopfdrehreaktion und -nachreaktion deutlich vorhanden waren. Die Sektion ergab bei diesem Tiere makroskopisch die völlige Entfernung des Groß- und Kleinhirns und die Intaktheit der Vierhügel.

Daher wurde eine weitere Versuchsreihe an Katzen angestellt, bei denen ohne gleichzeitige Entfernung des Großhirns das Kleinhirn exstirpiert und die Tiere danach einige Tage am Leben erhalten wurden. Über das Ergebnis unterrichtet nebenstehende Tabelle. Das ausführliche Versuchsprotokoll des anatomisch genau kontrollierten Versuches Nr. 12 ist oben auf S. 571 abgedruckt.

Zusammenfassung: Bei Katzen mit erhaltenem Großhirn lassen sich nach völliger Abtrennung des Kleinhirns samt den Kleinhirnkernen sämtliche Labyrinthstellreflexe unverändert nachweisen, auch wenn der Einfluß der Augen durch Verbinden ausgeschaltet ist. In Bestätigung der früheren Versuchsreihen ergab sich außerdem, daß die tonischen Labyrinthreflexe auf die Extremitäten, die Kopfdrehreaktion und -nachreaktion, die Augendrehreaktion und -nachreaktion, der Augendrehnystagmus und -nachnystagmus bei diesen Tieren unverändert erhalten sind.

Gesamtergebnis.

Die im vorstehenden geschilderten Versuche zeigen, daß sämtliche Labyrinthreflexe nach Entfernung des Kleinhirns samt den Kleinhirnkernen erhalten sind.

Für fast alle Reflexe ist auch der anatomische Nachweis geführt worden, daß das Kleinhirn vollständig, d. h. einschließlich der dem Octavuseintritt anliegenden kleinen Flocculuslamellen, abgetrennt worden ist. In der nachfolgenden Zusammenstellung sind diejenigen Reflexe und Reaktionen, für welche dieser Beweis geliefert ist, gesperrt gedruckt (unter Anführung des beweisenden Versuches). Für die wenigen übrigen Reaktionen liegt nur die makroskopische Kontrolle vor, so daß die allerdings unwahrscheinliche Möglichkeit übrigbleibt, daß hier kleine Flocculusanteile in Verbindung mit der Oblongata geblieben sind.

Die Reaktionen auf Progressivbewegungen waren zur Zeit der Anstellung dieser Versuche noch nicht bekannt. Sie wurden daher nur bei den beiden Hunden mit Kleinhirnexstirpation von Dusser de Barenne untersucht. Da hierbei einzelne Kleinhirnreste stehengeblieben sind, läßt sich streng genommen aus diesen Versuchen nur folgern, daß die Progressivreaktionen nach Entfernung des größten Teils des Kleinhirns,

Tabelle V.

Nr.	Versuchs-dauer Tage	Tonische Laby-rinthreflexe auf die Extremi-täten	Kopfdreh- reak-tion	Kopfdreh- nach-reak-tion	Augendreh- reak-tion	Augendreh- nach-reak-tion	Augendreh- nystag-mus	Augendreh- nach-nystag-mus	Labyrinth-stellreflexe	Sektion
8	3	+	+	+	+	+	+	+	+	Kleinhirn makroskopisch völlig exstirpiert. Vierhügel intakt. Mäßige Blutung auf dem vierten Ventrikel aufliegend.
10	1	+	+	+	+	+	+	+	Schwach +	Kleinhirnstiele makroskopisch völlig exstirpiert. Oblongata und Vierhügel intakt. Auf dem vierten Ventrikel nur ganz geringe Blutung aufliegend.
12	3	+	+	+	+	+			+ (auch mit verbund. Augen)	Versuchsprotokoll s. S. 571. Blutkoagulum auf dem Boden des vierten Ventrikels, keine Kompression. Kein Blut an der Schädelbasis und im Rückenmarkskanal. Vollständige Untersuchung an Schnittserien durch Prof. Winkler (s. oben S. 572): Präp. III. Kleinhirn samt Kleinhirnkernen vollständig exstirpiert. Einige lose Stückchen Flocculus und Lobul. ansatus entbehren jeden Zusammenhanges mit der Oblongata. Keine Blutungen in den zentralen Octavusbahnen. Durch den proximalsten Teil des rechten ventralen Octavuskernes geht ein Spalt, der aber das distale Ende desselben und die Ursprünge des Trapezkörpers nicht lädiert.
14	6	+	+	+	+	+	+	+	+	Halsstellreflexe bei diesem Tiere vorhanden! Links ventral ist ein Rest des Kleinhirnseitenteiles stehengeblieben. Sonst fehlt das Kleinhirn völlig. Hintere Vierhügel oberflächlich erweicht. Tod an Staupe.
15	2								Schwach +	Kleinhirnstiele im Niveau des vierten Ventrikels durchtrennt. Kleinhirn makroskopisch völlig exstirpiert. Vierhügel und Oblongata intakt. Kein Blut in der hinteren Schädelgrube.
16	1		+	+	+	+	+		+	Kleinhirn makroskopisch völlig exstirpiert. Keine Blutung in der hinteren Schädelgrube. Vierhügel u. Oblongata intakt.

einschließlich der Kleinhirnkerne, erhalten sind. Im Zusammenhang mit den übrigen in diesem Kapitel gemachten Erfahrungen läßt sich aber wohl mit großer Sicherheit annehmen, daß auch die Progressivreaktionen nicht über das Kleinhirn verlaufen und nach Entfernung des Kleinhirns unverändert erhalten sind. Der exakte Beweis hierfür muß allerdings noch geliefert werden.

Im einzelnen ließ sich nach Kleinhirnentfernung das Vorhandensein folgender Labyrinthreflexe und Reaktionen nachweisen:

A. Bewegungsreflexe.
1. Drehreaktionen.
   a) auf den Hals: Kopfdrehreaktion und -nachreaktion (Versuchsreihe III, Versuch 3. — Versuchsreihe IV, Versuch 4 [in Versuch 3 allein Kopfdrehreaktion]. — Versuchsreihe V, Versuch 12).
   Kopfdrehnystagmus.
   b) auf die Augen: Augendrehreaktion und -nachreaktion (Versuchsreihe IV, Versuch 3 und 4. — Versuchsreihe V, Versuch 12). Augendrehnystagmus und -nachnystagmus (Versuchsreihe IV, Versuch 3 und 4).
2. Progressivreaktionen (bisher nur am Hunde mit unvollständiger Kleinhirnexstirpation beobachtet).
B. Reflexe der Lage.
1. Tonische Reflexe auf die Körpermuskeln:
   a) auf die Extremitäten (Versuchsreihe I, Versuch 22 und 23. — Versuchsreihe III, Versuch 3. — Versuchsreihe V, Versuch 12). Dabei genügt ein Labyrinth für die beiderseitigen Extremitäten (Versuchsreihe I, Versuch 23).
   b) auf Hals und Rumpf.
2. Labyrinthstellreflexe (Versuchsreihe V, Versuch 12).
3. Kompensatorische Augenstellungen:
   a) Vertikalabweichungen (Versuchsreihe IV, Versuch 3 und 4).
   b) Raddrehungen (Versuchsreihe IV, Versuch 3 und 4).
C. Folgen der einseitigen Octavusdurchschneidung.
1. Kopfdrehung und -wendung (Versuchsreihe III, Versuch 3. — Versuchsreihe IV, Versuch 3).
2. Tonusverlust der gleichseitigen Extremitäten (makroskopische Kontrolle durch Prof. Winkler in Versuchsreihe I, Versuch 10).
3. Veränderte Augenstellung nebst Nystagmus (Versuchsreihe IV, Versuch 3).
D. Calorische Reaktionen: Augenabweichung und Nystagmus (Versuchsreihe IV, Versuch 3 und 4).

Von den übrigen bei der Körperstellung in Betracht kommenden Reflexen waren nach Kleinhirnexstirpation vorhanden:

Tonische Halsreflexe auf die Extremitäten.

Halsstellreflexe.

Körperstellreflexe auf den Kopf (bisher nur bei unvollständiger Kleinhirnexstirpation beobachtet).

Optische Stellreflexe (bisher nur bei unvollständiger Kleinhirnexstirpation).

Dagegen fehlten bei den beiden Hunden mit unvollständiger Kleinhirnexstirpation bei monatelanger Beobachtung die **Körperstellreflexe auf den Körper**, oder waren wenigstens so stark gestört, daß sie sich nicht mit Sicherheit nachweisen ließen. Dieser Punkt bedarf natürlich noch weiterer Sicherstellung.

Über das Verhalten der **Enthirnungsstarre** nach Kleinhirnexstirpation ist folgendes zu sagen. Sherrington (1) hat bereits 1898 angegeben, daß die Enthirnungsstarre manchmal nach Entfernung des Kleinhirns bestehenbleibt, wenn dieselbe ohne starke Blutung vorgenommen wird. 1914 erschien jedoch aus Sherringtons Laboratorium eine Arbeit von Weed, welcher zum entgegengesetzten Ergebnis kam. Weed exstirpierte bei decerebrierten Katzen nachträglich das Kleinhirn, indem er es vom Boden des vierten Ventrikels abhob und die Stiele durchtrennte. Danach schwand die Enthirnungsstarre durchschnittlich innerhalb von 20 Minuten, nur in einem Versuche blieb die Starre erhalten. In einem anderen Versuche wurde das Kleinhirn zuerst exstirpiert und danach decerebriert. Auch hierbei kam es nur für 1—2 Minuten zur Starre und das Tier wurde danach schlaff. Bei einer Katze wurde außerdem das Kleinhirn 4 Wochen vor der Decerebrierung exstirpiert, an welche sich anfangs Starre anschloß, die im Verlaufe von $2^1/_2$ Stunden schwand. Weed gibt ferner an, daß die Durchtrennung des Hirnstammes direkt hinter den hinteren Vierhügeln spätestens nach 5 Minuten vom **völligen** Verluste der Enthirnungsstarre gefolgt sei. Aus diesen Versuchen schließt Weed, daß das Hauptzentrum für die Enthirnungsstarre im Mittelhirn und höchstwahrscheinlich im Nucleus ruber liegt, und daß das Kleinhirn ein sehr wichtiges, wenn nicht sogar absolut notwendiges Bindeglied für die Entstehung der Enthirnungsstarre bildet.

Diese Beobachtungen und Schlußfolgerungen von Weed werden durch die oben angeführten Versuche mit Kleinhirnexstirpation an decerebrierten Katzen nicht bestätigt. Vielmehr ergibt sich aus ihnen, daß **sowohl nach vollständiger Entfernung des Kleinhirns als auch nach Abtragung des Hirnstammes bis hinter die Vierhügel noch eine kräftige Enthirnungsstarre auftreten kann**, und daß daher **weder das Kleinhirn noch der rote Kern** zu den für das Entstehen der Enthirnungsstarre **notwendigen** Zentralteilen gerechnet werden können. Der Unterschied in den Versuchsergebnissen beruht vielleicht darauf, daß Weed außer in zwei Versuchen die Kleinhirnexstirpation längere Zeit nach dem Decerebrieren vorgenommen hat und eine weniger schonende Technik verwendete.

Da in einem Teil der oben angeführten Versuche nach einiger Zeit weitere Abtragungen des Hirnstammes vorgenommen wurden, bei denen dann schließlich die Starre schwand, so sei hier noch über Versuche von Beritoff (*18 a*) berichtet, welche 1914 in meinem Institut angestellt wurden. In diesen ergab sich, daß selbst 8 Stunden nach Decerebrierung und vollständiger Kleinhirnexstirpation noch eine gute Starre vorhanden sein kann. In einem anderen Versuche war fünf und eine halbe Stunde nach Entfernung des Kleinhirns und Abtragung des Hirnstammes bis hinter die hinteren Vierhügel noch eine gute Starre vorhanden.

Aus diesen Beobachtungen folgt auch, daß das Kleinhirn nicht die Rolle für die Entstehung des „Statotonus" spielen kann, die ihm von Edinger zugeschrieben wurde.

Es ergibt sich also in Übereinstimmung mit den ursprünglichen Angaben von Sherrington, daß nach schonender Kleinhirnexstirpation die Enthirnungsstarre andauert.

Durch die mitgeteilten Untersuchungen ist auf Grund eingehender physiologischer Beobachtung und sachkundiger anatomischer Kontrolle der Nachweis geführt worden, daß sämtliche untersuchten Labyrinthreflexe und -reaktionen nach völliger Abtrennung des Kleinhirns einschließlich der Kleinhirnkerne erhalten sind, und daß die bei den Labyrinthreflexen beanspruchten Leitungsbahnen nicht über das Kleinhirn laufen.

Damit ist natürlich nicht gesagt, daß nicht irgendwelche von den Labyrinthen ausgehenden Erregungen bei intaktem Zentralnervensystem auch ins Kleinhirn gelangen können, und an den immer noch unbekannten Funktionen dieses Hirnteiles sich in der einen oder anderen Weise beteiligen. Das kann erst untersucht werden, wenn die normale Funktion des Kleinhirns dem physiologischen Experimente besser zugänglich gemacht ist, wozu vorläufig trotz der von zahlreichen Forschern aufgewendeten Mühe noch wenig Aussicht vorhanden ist.

Andererseits bleibt es durchaus möglich, daß vom Kleinhirn ausgehende Impulse zu den im Hirnstamm liegenden Zentren für die Labyrinthreflexe gelangen und dort eine verstärkende oder hemmende Einwirkung auf den Ablauf der Labyrinthreflexe ausüben. Dafür sprechen zum Beispiel die Beobachtungen von Bauer und Leidler, welche nach Verletzungen des Kleinhirnwurmes beträchtliche Verstärkungen der Augendrehreaktionen gefunden haben.

Alle derartigen Möglichkeiten beeinträchtigen aber die Schlußfolgerung nicht, daß die Zentren für die Labyrinthreflexe außerhalb
des Kleinhirns gelegen sind, und daß man daher endgültig mit der
noch immer sehr verbreiteten Vorstellung brechen muß,
nach welcher das Kleinhirn der Zentralapparat für die
Labyrinthe sein soll.

Schon Flourens hatte die nach Bogengangsverletzungen auftretenden Symptome als Kleinhirnerscheinungen gedeutet, und viele
Forscher sind ihm hierin gefolgt, weil sie eine große Ähnlichkeit zwischen
den durch Reizung und Exstirpation des Kleinhirns und der Labyrinthe
bedingten Erscheinungen fanden. Nach Ferrier liegt die anatomische
Grundlage des Einflusses der Labyrinthe auf das Gleichgewicht in ihrer
Verbindung mit dem Cerebellum. Luciani nimmt an, daß das Labyrinth
seine tonische Wirkung auf die Muskeln durch Vermittelung des Kleinhirns ausübt. Stefani folgert, daß die Tätigkeit des Kleinhirns in
überwiegendem, wenn auch nicht ausschließlichem Maße von den Im-
pulsen veranlaßt wird, welche von den Labyrinthen übermittelt werden,
und daß der von Luciani nachgewiesene Cerebellartonus von dem
nichtakustischen Labyrinth erzeugt werde. Bechterew (2) sieht im
Kleinhirn das Organ der Gleichgewichtserhaltung, das seine peripheren
Erregungen zum Teil aus den Bogengängen bezieht. Nach Sherrington (3, 5) ist das Kleinhirn das Kopfganglion aller Proprioceptoren und
bezieht wichtige Erregungen aus den Labyrinthen. Lewandowsky
hält es für sicher, daß „die Art der Orientierung durch das Labyrinth
der Art und dem Sinne nach durchaus entspricht der durch das Kleinhirn"; die Verbindungen des Kleinhirns zum Endgebiet des Vestibularis bleiben jedoch noch unklar. Bárány (2) nahm an, daß das
gesamte Kleinhirn unter dem Einfluß eines bestimmten vestibularen
Reizes stehe, daß jedoch beim Menschen der Einfluß des Vestibularis
auf das Kleinhirn nur gering sei. Später folgerten Bárány (3), Reich
und Rothfeld aus einem Versuch an einem decerebrierten Tier mit
(nach Rothfeld) unvollständiger Kleinhirnentfernung, daß das Kleinhirn sicherlich etwas mit den labyrinthären Drehreaktionen zu tun habe,
daß aber zum mindesten die Reaktionsbewegungen nach vorne und
rückwärts schon in der Medulla lokalisiert seien. Rothfeld (4, 5) gibt
an, daß beim Kaninchen die Kleinhirnrihde ohne wesentlichen Einfluß
auf die Drehreaktionen sei, glaubt aber, daß die Kleinhirnkerne, besonders der Nucleus tecti, sich wesentlich daran beteiligen.

Allen diesen Vermutungen wird durch die in diesem Abschnitt
mitgeteilten Experimente die tatsächliche Grundlage entzogen. Ebenso
wie hier nachgewiesen werden konnte, daß die Tätigkeit der Labyrinthe
sich unabhängig von der Mitwirkung des Kleinhirns abspielt, so muß
auch jetzt zunächst die Tätigkeit des Kleinhirns ohne Mitwirkung aller

Labyrintheinflüsse untersucht werden. Erst wenn diese Aufgabe gelöst ist, kann man sich mit Aussicht auf Erfolg die Frage vorlegen, in welcher Wechselbeziehung die Tätigkeit des Kleinhirns und der Zentren für die Labyrinthreflexe untereinander stehen.

In diesem Zusammenhang sei nun darauf hingewiesen, daß bereits in der Literatur eine Reihe von Angaben vorliegen, welche auf die weitgehende gegenseitige Unabhängigkeit der Labyrinthreflexe vom Kleinhirn hinweisen. 1873 gab Löwenberg an, daß bei Tauben die Bogengangsreaktionen (Kopfbewegungen bei Labyrinthreizung) nach Kleinhirnexstirpation bestehenbleiben. 1880 sah Spamer nach nahezu vollständiger Kleinhirnexstirpation bei Tauben auf lokale galvanische Labyrinthreizung noch die typische Reaktion auftreten. 1881 fand Högyes nach unvollständiger Kleinhirnexstirpation bei Kaninchen die Augendrehreaktionen und den Augendrehnystagmus erhalten und äußerte darauf die Ansicht, daß diese Labyrinthreflexe nichts mit dem Kleinhirn zu tun haben. Vor allen ist hier aber die Arbeit von Bogumil Lange (1891) aus dem Laboratorium von Goltz und Ewald zu erwähnen, der bei Tauben bis über zwei Drittel des Kleinhirns exstirpierte und ein- oder doppelseitige Labyrinthzerstörung oder Bogengangsplombierungen vornahm. Nach Lange sind die Symptome der Kleinhirnexstirpation und der Labyrinthausschaltung vollständig voneinander verschieden. Nach Entfernung des Kleinhirns bewirkt einseitige Labyrinthexstirpation dieselben typischen Folgeerscheinungen wie bei normalen Tieren, andererseits macht nach doppelter Labyrinthentfernung die Kleinhirnexstirpation die dafür typischen Symptome. Exstirpation des einen Organes verhindert also nicht das Entstehen der Symptome nach Verlust des anderen. Kleinhirn und Labyrinthe können sich gegenseitig kompensieren. Auch in den obenbeschriebenen Versuchen fiel es auf, daß nach alleiniger Kleinhirnexstirpation (bei Tieren mit erhaltenem Großhirn, Versuchsreihe V) niemals die gewöhnlichen Folgeerscheinungen der doppelseitigen Labyrinthentfernung zu sehen waren: bei Katzen und Kaninchen traten keine Augenabweichungen, kein Nystagmus, überhaupt keine Reizerscheinungen irgendwelcher Art wie nach Labyrinthoperationen auf, es fehlte das Kopfschwanken und -pendeln, das Hämmern mit der Schnauze auf den Grund, die Anfälle von wilden Bewegungen, das Rückwärtskriechen und alle anderen Symptome, wie sie im siebenten Kapitel als Anfangsfolgen des doppelseitigen Labyrinthverlustes bei Katzen beschrieben worden sind.

Ferner fanden Beyer und Lewandowsky nach doppelseitiger Labyrinthexstirpation, daß durch Verletzung des Kleinhirns noch die typischen Zwangsbewegungen zu erzeugen sind. Schließlich haben Wilson und Pike nach Kleinhirnexstirpation beim Hunde durch

Reizung der Bogengänge mit heißem Wasser und durch einseitige Labyrinthexstirpation Augendeviation und Nystagmus hervorgerufen. Sie weisen ebenso wie Lange auf die Verschiedenheit der Symptome des Kleinhirnverlustes und der Labyrinthausschaltung hin. Ob die Vollständigkeit der Kleinhirnentfernung mikroskopisch sichergestellt wurde, ist meines Wissens bisher nicht mitgeteilt worden.

Sehr wichtig ist auch die Angabe von Luciani, daß kleinhirnlose Hunde gut schwimmen, und von Lange, daß kleinhirnlose Tauben gut fliegen. Beides können diese Tiere nach Entfernung der Labyrinthe nicht. Der Grund liegt (wenigtsen für Hunde, an Tauben habe ich keine eigenen Erfahrungen) darin, daß der Hund beim Schwimmen zur Orientierung ausschließlich auf die Labyrinthstellreflexe angewiesen ist, während die Körperstellreflexe nicht mehr zustande kommen können (siehe S. 597). Wenn also kleinhirnlose Hunde schwimmen, so beweist das, daß die Labyrinthstellreflexe bei ihnen vorzüglich funktionieren.

Schließlich haben verschiedene Forscher nach partiellen Kleinhirnverletzungen das Erhaltenbleiben einzelner Labyrinthreaktionen festgestellt. So fand Kubo nach partieller Abtragung des Kleinhirns, besonders des Flocculus (Lobulus petrosus?), den calorischen Nystagmus erhalten. Bauer und Leidler sahen nach Entfernung der Kleinhirnhemisphären den Augendrehnystagmus unverändert, nach Exstirpation des Wurmes sogar gesteigert. Bárány, Reich und Rothfeld exstirpierten das Kleinhirn größtenteils, jedoch wahrscheinlich mit Ausschluß der Kleinhirnkerne, und beobachteten das Erhaltensein der labyrinthären Kopfdrehreaktion nach vorne und hinten.

Trotz dieser verschiedenen Mitteilungen ist aber, wie oben zusammengestellt wurde, der Glaube an die direkte funktionelle Verknüpfung der Labyrinthe mit dem Kleinhirn sehr weitgehend verbreitet geblieben. Für die Labyrinthreflexe und einige andere bei der Körperstellung mitwirkenden Reflexe hat sich nunmehr, im Gegensatz hierzu, herausgestellt, daß sie vom Kleinhirn unabhängig sind.

II. Die Lage der Zentren für die Körperstellung und die Labyrinthreflexe im Hirnstamm.

Durch die Versuche von Magendie, Longet, Schiff, Vulpian, Christiani, H. Munk, Ferrier, Gudden, Morita u. a. am Kaninchen und von Goltz, H. Munk und Rothmann am Hunde sowie durch die im fünften Kapitel beschriebenen Beobachtungen an Thalamustieren wissen wir, daß die Fähigkeit zum Stehen und zum Laufen nach Exstirpation des Großhirns und der Stammganglien erhalten bleibt. Die nähere Analyse hat ergeben, daß sämtliche in diesem Buche

beschriebenen Reaktionen und Reflexe mit alleiniger Ausnahme der
optischen Stellreflexe, welche über das Großhirn laufen, beim Thalamustier vorhanden sind. Die im vorigen Abschnitte beschriebenen Experimente lehren, daß Fortnahme des Kleinhirns nur die Körperstellreflexe auf den Körper beeinträchtigt, während alle übrigen Körperstellungsreflexe und alle Labyrinthreflexe ohne Beteiligung des Kleinhirns zustande kommen können. Hieraus ergibt sich die notwendige
Schlußfolgerung, daß die Zentren und Bahnen für sämtliche
hier besprochenen Reaktionen, außer vielleicht den für
die Körperstellreflexe auf den Körper (siehe unten) im Hirnstamme liegen.

Nunmehr soll im folgenden zusammengefaßt werden, was wir nach
den bisherigen, im Laufe der Jahre gemachten experimentellen Erfahrungen und den in der Literatur vorliegenden Angaben über die
genauere Lage der Zentren für die einzelnen Reflexe im Hirnstamme
wissen.

1861 zeigte Flourens, daß nach Großhirnexstirpation bei Tauben und
Kaninchen die nach Durchschneidung einzelner Bogengänge auftretenden Erscheinungen bestehenbleiben. 1873 gab Löwenberg an, daß bei Tauben nach
Großhirnexstirpation die Kopfbewegungen auf Bogengangsreizung bestehen bleiben,
daß sie aber nach Fortnahme der Thalami verschwinden sollen. 1881 teilte Högyes
mit, daß die Augendrehreaktion und -nachreaktion und der Augendrehnystagmus
und -nachnystagmus bei Kaninchen nach Abtragung des Großhirnes und der
Thalami unverändert bestehenbleiben. Auch nach querer Durchtrennung der
Medulla oblongata ungefähr in der Höhe der unteren Grenze der Octavuskerne
fand er die labyrinthären Augendrehreaktionen mit Nystagmus erhalten. 1884
fand Luchsinger, daß beim Frosch die Kopfdrehreaktion nach Exstirpation
des Groß- und Mittelhirnes vorhanden ist, und 1887 zeigte Schrader, daß die
Kopfdrehreaktion beim Frosche nach einem Schnitte im vorderen Teil der Medulla oblongata erhaltenbleibt und nach einem Schnitt hinter dem Eintritt der
Trigemini verschwindet.

Die im folgenden beschriebenen Ergebnisse stützen sich zum Teil
auf zahlreiche eigene Beobachtungen an Thalamus- und Mittelhirntieren (24), an decerebrierten Tieren mit und ohne Kleinhirn (18, 37),
an Tieren, bei welchen die Medulla oblongata und das oberste Halsmark in verschiedenen Höhen quer durchtrennt wurde (18), ferner auf
die oben (S. 585) angeführte 2. und 3. Versuchsreihe von de Kleyn
und auf Versuche von de Kleyn über das Verhalten der calorischen
Augenreaktionen nach Querschnitten durch den Hirnstamm (63). Ferner
auf zwei große Versuchsreihen von Rademaker, der bei Kaninchen
und Katzen Querschnitte in verschiedener Höhe des Hirnstammes
zwischen der hinteren Thalamus- und vorderen Oblongatagegend an-
legte. Von Wichtigkeit ist, daß in einer nunmehr beträchtlichen Zahl
dieser Versuche die anatomische Untersuchung an Schnittserien vorliegt, so daß mit Sicherheit festgestellt ist, was fortgenommen wurde,

und was erhalten blieb, und ob Nebenverletzungen oder Blutungen vorhanden waren.

Vernachlässigt man einige Einzelheiten, welche unten genauer umschrieben werden, so kann man als **Hauptergebnis der Untersuchung zusammenfassen, daß die Zentren für die Körperstellung und die Labyrinthreflexe in drei großen funktionellen Gruppen im Hirnstamm angeordnet sind:**

1. Von der Gegend des Vestibulariseintrittes nach hinten bis ins oberste Halsmark: die Zentren für die Labyrinth- und Halsreflexe auf die gesamte Körpermuskulatur mit Ausnahme der Stellreflexe.

2. Zwischen Octavuseintritt und Augenmuskelkernen: die Zentren für sämtliche Labyrinthreflexe auf die Augen.

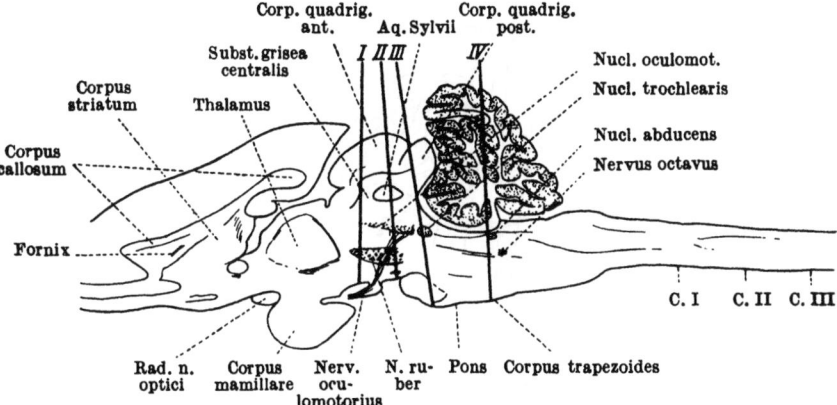

Abb. 217. **Kaninchen.** Schema der Querschnitte durch den Hirnstamm, nach welchen die einzelnen Reflexe noch gerade erhalten sind.

Linie I: Normale Tonusverteilung, Labyrinthstellreflexe, Körperstellreflexe auf den Körper.

Linie II: Enthirnungsstarre (Aufhebung der normalen Tonusverteilung, der Labyrinthstellreflexe und Körperstellreflexe).

Linie III: Progressivreaktionen, Halsstellreflexe.

Linie IV: Tonische Labyrinthreflexe auf die Körpermuskulatur, Kopfdrehreaktion und -nachreaktion. — Kopfdrehnachnystagmus (Schnitt etwas mehr oral).

3. Im Mittelhirn: die Stellzentren (nur die Zentren für die Halsstellreflexe reichen bis in die vordere Medulla oblongata).

Nunmehr sollen die Einzelheiten beschrieben werden. Zur Verdeutlichung diene die Abb. 217 und 218 (vom Kaninchen) und Abb. 219 (von der Katze), welche Sagittalschnitte durch das Gehirn darstellen, in welche einzelne Gebilde (Octavuseintritt, Oculomotoriusursprung, Augenmuskelkerne, Nucleus ruber, Kleinhirnstiele usw.) eingezeichnet worden sind. Die Lage der einzelnen Querschnitte läßt sich auf diese Weise am leichtesten verdeutlichen.

A. Enthirnungsstarre und normale Tonusverteilung.

Nach der ursprünglichen Feststellung von Sherrington (1) tritt
die Enthirnungsstarre nach einem Querschnitt durch das Mittelhirn
zwischen vorderen und hinteren Vierhügeln in der Ebene des Tentorium
cerebelli auf. Bazett und Penfield konnten decerebrierte Katzen
3 Wochen am Leben halten und so beweisen, daß der Zustand nicht
auf der Reizwirkung des Operationsschnittes beruht, da die gereizten
Bahnen inzwischen degeneriert sind, sondern durch die Tätigkeit von
Zentren bedingt sind, welche in dem erhaltenen Hirnteile liegen.
Daß die Enthirnungsstarre vom Kleinhirn unabhängig ist, wurde
oben (S. 593) gezeigt.

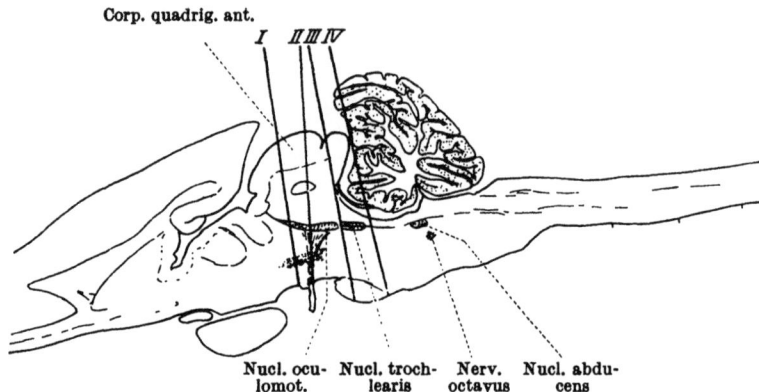

Corp. quadrig. ant.

Nucl. ocu- Nucl. troch- Nerv. Nucl. abdu-
lomot.   learis   octavus   cens

Abb. 218. Kaninchen (Augenreaktionen). Linie I: Kompensatorische Vertikal-
abweichung, vertikale Augendrehreaktion und -nachreaktion. — Vertikaler
Augendrehnystagmus (Schnitt etwas mehr oral).
Linie II: Rotatorischer Augendrehnystagmus und -nachnystagmus.
Linie III: Kompensatorische Raddrehung.
Linie IV: Horizontale Bogengangsreaktion mit Nystagmus (calorisch).

Alle Untersucher sind darüber einig, daß das Thalamustier keine
Enthirnungsstarre besitzt. Ich kann dieses durch eigene Beobachtungen
an Kaninchen, Katzen, Hunden und Affen belegen. Über die Lage
derjenigen Zentren, deren Abtrennung die Starre hervortreten läßt,
gehen die Meinungen auseinander. Die meisten Autoren verlegen sie,
den Angaben von Thiele folgend, in die caudalen Abschnitte des Thalamus. Demgegenüber wurde oben im fünften Kapitel nachgewiesen,
daß das Mittelhirnkaninchen, bei welchem durch einen Schnitt
vor den Corpora quadrigemina die ganzen Thalami entfernt worden sind,
noch normale Tonusverteilung besitzt.

Genaue Grenzbestimmungen von Rademaker haben folgendes
ergeben:

Bei der Katze (Abb. 219) ist nach Schnitten dorsal durch den hin-
tersten Thalamus, ventral durch den Vorderrand des Corpus mamillare
(Linie I) niemals Starre, sondern stets normale Tonusverteilung in der
Körpermuskulatur vorhanden. Nach einem Schnitte dorsal am Vorderrand der vorderen Vierhügel, ventral durch den vorderen Teil der
Hirnschenkel vor dem Oculomotoriusaustritt (Linie II) ist in der Hälfte
der Fälle normale Tonusverteilung, in der anderen Hälfte schwache
Starre vorhanden. Wie oben, S. 545, ausgeführt wurde, ist, wenn eine
Reaktion (hier die normale Tonusverteilung) vorhanden ist, diese auf
die Tätigkeit von Zentren hinter dem gelegten Querschnitte zu beziehen. Die Zentren für die normale Tonusverteilung liegen also bei

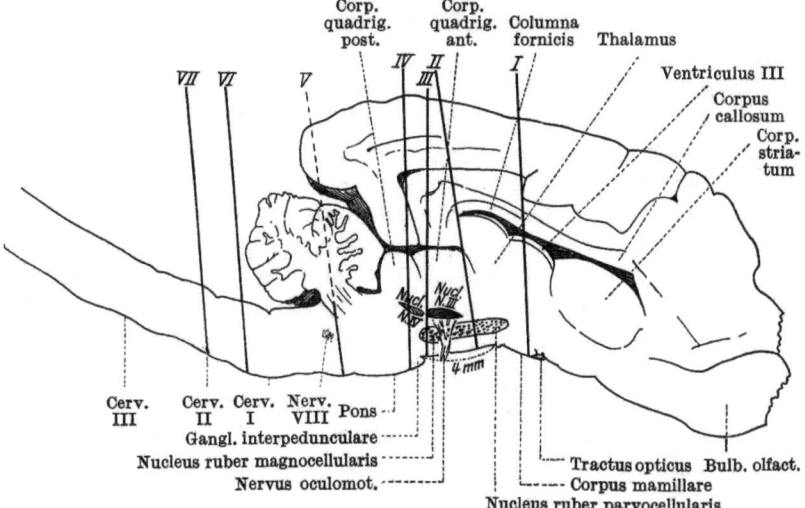

Abb. 219. Katze. Linie I: Sprungbereitschaft, Körperstellreflexe auf den
Körper.
Linie II: Normale Tonusverteilung, Labyrinthstellreflexe, Liftreaktion.
Linie III: Enthirnungsstarre (Aufhebung der normalen Tonusverteilung und
der Labyrinthstellreflexe).
Linie IV: Halsstellreflexe.
Linie V: Tonische Labyrinthreflexe auf die Körpermuskulatur, Kopfdreh-
reaktion und -nachreaktion, einseitiger Tonusverlust der Glieder nach einseitiger
Octavusdurchschneidung.
Linie VI: Tonische Halsreflexe auf die Extremitäten.
Linie VII: (Aufhebung der tonischen Halsreflexe auf die Extremitäten).

der Katze hinter der Linie II. Dagegen war in allen Fällen nach
Querschnitten dorsal vor dem hinteren Drittel der vorderen Vierhügel,
ventral vor dem Vorderrande der Brücke (Linie III) die normale Tonusverteilung verschwunden, und es trat stets starke Enthirnungsstarre
auf. Ein Blick auf Abb. 219 lehrt, daß bei der Katze die Enthirnungs-

starre einsetzt, sobald im Hirnstamme Zentren abgetrennt werden, welche im Niveau des großzelligen Anteiles des roten Kernes und des Oculomotoriuskernes liegen.

Noch schärfer ließ sich die Grenze beim Kaninchen bestimmen (Abb. 217). Nach einem Schnitte dorsal durch die Mitte der vorderen Vierhügel, ventral durch die Mitte der Hirnschenkel, hinter dem Corpus mamillare und vor dem Oculomotoriusaustritt (Linie I), war in allen Fällen normale Tonusverteilung vorhanden. Dagegen trat in allen Fällen nach einem Schnitte dorsal durch den hinteren Teil der vorderen Vierhügel, ventral vor der Brücke und hinter dem Oculomotoriusaustritt (Linie II) Enthirnungsstarre auf. Die Enthirnungsstarre beruht also beim Kaninchen auf der Abtrennung von Zentren im Hirnstamm, welche im Niveau des roten Kernes und der Mitte der vorderen Vierhügel liegen.

Strenggenommen ist nur die Lage des vorderen Schnittes (Linie II, Abb. 219 bei der Katze, Linie I, Abb. 217 beim Kaninchen) absolut sicher festgestellt. Es wäre a priori nicht ganz unmöglich, daß der hintere Schnitt (Linie III bei der Katze, Linie II beim Kaninchen) etwas weiter caudal liegt; wenn man nämlich an die Möglichkeit denkt, daß diese letzteren Schnitte in dem unmittelbar angrenzenden Niveau des hinter ihnen stehengebliebenen Hirnstammes Schock hervorgerufen und dadurch nicht weggeschnittene Zentren ausgeschaltet haben können. Dieses ist aber unwahrscheinlich, weil erstens die Enthirnungsstarre und die normale Tonusverteilung, besonders bei Katzen und Kaninchen, Zustände sind, welche vom Schock wenig beeinflußt werden, zweitens der beschriebene Erfolg ausnahmslos in zahlreichen Versuchen auftrat, und drittens, weil, wie unten mitgeteilt werden wird, Rademaker tatsächlich in dem angegebenen Niveau das Zentrum anatomisch hat auffinden können, dessen Vorhandensein die normale Tonusverteilung, dessen Fehlen die Enthirnungsstarre bedingt.

Wir wissen also, daß die Zentren, deren Vorhandensein die Enthirnungsstarre auftreten lassen, hinter den bisher besprochenen Niveaus im Hirnstamm (nicht im Kleinhirn) gesucht werden müssen. Ihre genaue Lage ist noch nicht festgestellt. Sherrington selbst hat zu verschiedenen Zeiten wechselnde Ansichten geäußert. 1910 lokalisierte er (9) sie zwischen vorderen Vierhügeln und Hinterrand der Brücke.

In dem obenerwähnten Versuche von Beritoff (S. 594) war bei der Katze nach Entfernung des Kleinhirns und Abtragung des Hirnstamms bis hinter die hinteren Vierhügel 5$^1/_2$ Stunden lang gute Enthirnungsstarre zu sehen. In eigenen Versuchen an Kaninchen war nach einem Querschnitt dorsal hinter den hinteren Vierhügeln, ventral rechts

1 mm, links 3 mm vor dem Corpus trapezoides 2 Stunden lang gute
Starre (bis zum Ende des Versuches) vorhanden; in einem anderen
Falle nach einem Schnitt dorsal hinter den hinteren Vierhügeln und ca. 2 mm vor den Tubercula acustica, ventral
hinter der Brücke am Vorderrand des Corpus trapezoides
1¹/₂ Stunden lang (bis zu Ende des Versuches) kräftige Starre.
In diesem Versuche war mindestens das vordere Viertel der Medulla
oblongata fortgeschnitten.

Hieraus ergibt sich, daß die Zentren für die Enthirnungsstarre in der Medulla oblongata liegen. Die genauere Lokalisation ist noch zu ermitteln, vorerst das Niveau, bis zu welchem man
das verlängerte Mark abtragen kann und doch noch längere Zeit
andauernde Starre erhält.

Durchtrennt man bei decerebrierten Katzen nach vorheriger Kleinhirnexstirpation die Medulla oblongata durch eine Reihe sich von vorne
nach hinten folgender Frontalschnitte, so nimmt allmählich die Enthirnungsstarre an Intensität ab. Derartige Versuche habe ich bisher
(zur Bestimmung der Lage der Zentren für die Haltungsreflexe) nur
in der Weise vorgenommen, daß sich die Schnitte in Abständen von
5—10 Minuten folgten, weil dann jeder Frontalschnitt selbst als Reiz
wirkt und für einige Zeit eine Zunahme des Tonus der Gliedermuskeln
veranlaßt, worauf man dann schnell auf das Vorhandensein der tonischen
Hals- und Labyrinthreflexe prüfen kann; denn derartige Frontalschnitte am decerebrierten Tiere bewirken so gut wie gar keinen Schock.
Bei diesen Versuchen war nach einem Querschnitt dicht vor dem Octavuseintritt die Starre noch gut, selbst nach einem Schnitt durch den Calamus
scriptorius noch deutlich, ein Schnitt 5¹/₂ mm dahinter gab geringen,
11 mm dahinter sehr geringen Strecktonus der Gliedmaßen. Da bei dem
nach Sherrington dekapitierten Tier, bei welchem der Schnitt etwa
durch den Calamus scriptorius geht, nach kurzer Zeit keine Starre vorhanden ist, so wird man die Zentren für die Enthirnungsstarre bisher
nur in die Medulla oblongata ohne nähere Ortsbestimmung lokalisieren
können. Alle Hypothesen, um welche Kerne es sich dabei handelt, wie
sie von verschiedenen Seiten (z. B. Deitersscher Kern) aufgestellt
worden sind, erscheinen verfrüht.

B. Zentren für die Haltungsreflexe und für die Labyrinthreflexe auf die Körpermuskulatur.

1. Haltungsreflexe.

Das Protokoll eines derartigen Versuches mit stereoskopischen Abbildungen des Präparates und vollständiger Untersuchung in Schnittserien ist oben, S. 555 (Präparat I, Versuch 22), gegeben. Nach einem

Querschnitt durch die Medulla oblongata dicht vor dem Eintritt der Octavi, der den Deitersschen Kern vollständig intakt ließ, links vom obersten Teile desselben etwas weggenommen hatte, ließen sich durch Änderung der Kopfstellung noch kräftige Hals- und Labyrinthreflexe auf die Vorderbeine auslösen.

Ein weiteres Beispiel liefert:

Versuch 14. 6. Februar 1914. Katze, 1300 g. Äthernarkose. Abbinden der Carotiden, Durchtrennung der Vagi, Freilegung des Rückenmarkes am 12. Brustwirbel, Decerebrieren unter temporärer Abklemmung der Vertebralarterien, Totalexstirpation des Kleinhirns und der Seitenteile in einem Stück. Dauer der ganzen Operation 15 Minuten, der Kleinhirnexstirpation 5 Minuten. Direkt danach, 10 Uhr 20 Min., beginnende Enthirnungsstarre.

10 Uhr 30 Min. Starke Starre aller vier Beine. Die Prüfung der Reaktionen auf Veränderung der Kopfstellung ergibt, daß das Tier an den Vorder- und Hinterbeinen überwiegende Halsreflexe hat, daß daneben aber sichere Labyrinthreflexe nachweisbar sind.

11 Uhr 15 Min. wird ein Frontalschnitt direkt hinter den Vierhügeln ausgeführt. Danach sind deutliche Hals- und Labyrinthreflexe vorhanden.

11 Uhr 25 Min. wird ein Frontalschnitt direkt oralwärts vor der Eintrittsstelle der Nervi octavi geführt, welcher rechts 2 mm, links 1 mm vor dem Octavuseintritt durch die Tubercula acustica verläuft. Beide Octavi sind intakt. Die Prüfung auf tonische Haltungsreflexe ergibt folgendes:

Seitenlage, Kopfdrehen; Tonuszunahme im Kieferbein, Abnahme im Schädelbein, unteres Bein reagiert etwas schwächer (überwiegend Halsreflexe, geringere Labyrinthreflexe).

Rückenlage, Heben und Senken: Stärkster Strecktonus der Vorderbeine, wenn Schnauze 45° über die Horizontale gehoben. Tonus sinkt deutlich, wenn der Kopf dorsal gebeugt wird, bis die Schnauze nach unten sieht; er sinkt maximal, wenn der Kopf stark ventral gebeugt wird, bis die Schnauze zwischen den Vorderbeinen steht (Labyrinthreflexe).

Rückenlage, Kopfdrehen: Tonusabnahme in beiden Vorderbeinen, im Schädelbein stärker (Labyrinth- und Halsreflexe).

Hängelage mit Kopf unten, Kopfheben und -senken: Der Vorderbeintonus ist am geringsten, wenn die Schnauze senkrecht nach unten hängt; er nimmt zu, wenn durch Ventral- oder Dorsalbeugen die Mundspalte über die Horizontale gehoben wird. Die stärkere Tonuszunahme erfolgt beim Ventralbeugen (Labyrinthreflexe).

11 Uhr 35 Min. Frontalschnitt hinter dem Octavus, 2½ mm vor dem Calamus scriptorius. Danach sind alle Labyrinthreflexe erloschen. Weder bei Kopfdrehen in Seitenlage noch bei Heben, Senken und Kopfdrehen in Rückenlage läßt sich eine Spur von Labyrinthreflexen nachweisen. Auf Kopfdrehen und Kopfwenden in Seitenlage treten vielmehr reine Halsreflexe (Tonuszunahme im Kieferbein und Abnahme im Schädelbein) ein. In Rückenlage lassen sich durch Heben und Senken des Kopfes ebenfalls nur Halsreflexe auslösen (Zunahme des Strecktonus der Vorderbeine bei Dorsalbeugen des Kopfes, Abnahme bei Ventralbeugen). Auch bei Kopfdrehen in Rückenlage erfolgen nur Halsreflexe (Tonuszunahme im Kieferbein und Abnahme im Schädelbein). Aus diesem Grunde wird bei der Fortsetzung des Versuches die Untersuchung der Kopfreflexe nur in Seitenlage vorgenommen.

11 Uhr 45 Min. Frontalschnitt durch den Calamus scriptorius. Danach noch deutliche Starre der Vorderbeine. In Seitenlage treten auf Drehen und Wenden

des Kopfes noch sehr deutliche Halsreflexe an den Vorderbeinen auf (Tonuszunahme im Kieferbein und Abnahme im Schädelbein). Auch der Vertebra-prominens-Reflex (Tonusabnahme der Vorderbeine bei Ventralverschiebung der untersten Halswirbel) ist sehr lebhaft.

11 Uhr 50 Min. Frontalschnitt $5^1/_2$ mm hinter dem Calamus scriptorius, gerade hinter dem Ursprung der ersten Cervicalwurzel. Danach ist die Starre der Vorderbeine gering. Auf Kopfdrehen in Seitenlage erfolgen aber noch vollständig deutliche, wenn auch nicht sehr starke Halsreflexe (Tonuszunahme im Kieferbein, Abnahme im Schädelbein). Ebenso treten auf Kopfwenden noch deutliche Halsreflexe ein.

11 Uhr 55 Min. Frontalschnitt $5^1/_2$ mm weiter nach hinten, also 11 mm hinter dem Calamus scriptorius. Der Schnitt liegt noch $5^1/_2$ mm vor dem Ursprung der zweiten Cervicalwurzel. Danach ist die Extensorstarre der Vorderbeine sehr gering. Auf Kopfdrehen und Kopfwenden in Seitenlage erfolgen schwache, aber doch ganz deutliche und zweifellose Halsreflexe.

12 Uhr 2 Min. Frontalschnitt 5 mm weiter nach hinten, $^1/_2$ mm vor dem Ursprung der zweiten Cervicalwurzel. Danach ist die Starre der Vorderbeine sehr gering. Durch Kopfdrehen und Kopfwenden lassen sich keine Reflexe mehr auf die Vorderbeine auslösen.

Ergebnis: Bei einer decerebrierten Katze wird das Kleinhirn total exstirpiert und der Hirnstamm dicht vor dem Eintritt der Octavi quer durchtrennt. Danach sind tonische Hals- und Labyrinthreflexe auf die Vorderbeine auszulösen. Nach Durchtrennung hinter den Octavis erlöschen alle Labyrinthreflexe, dagegen bleiben die Halsreflexe auf die Vorderbeine sehr gut erhalten. Speziell wird dieses für die Reaktionen auf Drehen, Wenden, Heben und Senken des Kopfes und für den „Vertebra-prominens-Reflex" nachgewiesen. Nach einem Querschnitt durch den Calamus sind die Halsreflexe noch sehr deutlich, nach einem Schnitt durch das Halsmark hinter dem Ursprung des ersten Cervicalnerven ist die Reaktion der Vorderbeine auf Drehen und Wenden des Kopfes abgeschwächt, aber noch deutlich vorhanden, und erlischt erst nach einem Schnitte, der $^1/_2$ mm vor dem Ursprung von C. 2 verläuft.

a) Tonische Halsreflexe auf die Extremitäten.

Die afferenten Bahnen verlaufen, wenn man vom Vertebra-prominens-Reflex absieht, bei der Katze durch die drei, beim Kaninchen durch die vier obersten cervicalen Hinterwurzelpaare. Die efferenten Bahnen gehen zu den beiderseitigen Zentren der Extremitätenmuskulatur in der Hals- und Lendenanschwellung des Rückenmarkes.

Über die Lage der Zentren für diese Reflexe ergab sich in sieben Versuchen an Katzen folgendes:

In allen sieben Versuchen konnte das Cervicalmark bis an den Ursprung von C. 1 abgetrennt werden, ohne daß die Halsreflexe auf Kopfdrehen erloschen. Wurde das Halsmark zwischen C. 1 und C. 2 durchtrennt, so wurde in einem Versuche die Reaktion der Vorderbeine aufgehoben; in drei Versuchen dagegen war sie noch deutlich, wenn auch abgeschwächt erhalten. Durchtrennung im Niveau von C. 2 oder hinter C. 2 hob die Halsreflexe auf Drehen und Wenden des Kopfes auf. Nur in einem Versuche war es nicht mit absoluter Sicherheit zu entscheiden, ob nach einem gerade hinter dem Ursprung von C. 2 geführten Querschnitt noch eine minimale Grenzreaktion vorhanden war, die dann erst nach einem Schnitt hinter C. 3 schwand. Jedenfalls ist nach meinen Erfahrungen in der großen Mehrzahl der Fälle ein Querschnitt hinter C. 2 hinreichend, um die Halsreflexe auf Kopfdrehen und -wenden zum Verschwinden zu bringen.

Hiernach liegen also die Zentren für die tonischen Halsreflexe auf die Gliedermuskeln bei der Katze in den beiden obersten Cervicalsegmenten.

b) Tonische Labyrinthreflexe auf die Extremitäten.

Diese Reflexe werden in den Utriculusmaculae ausgelöst. Die afferenten Bahnen laufen durch den Ramus utricularis zur Medulla oblongata. Jede Utriculusmacula steht mit den Zentren der Extremitätenmuskulatur in der Hals- und Lendenanschwellung auf beiden Körperseiten in funktioneller Verbindung.

Die tonischen Labyrinthreflexe auf die Glieder sind erhalten nach einem Querschnitt dicht vor dem Eintritt der Octavi in die Medulla oblongata. Die Schnitte lagen in den verschiedenen Versuchen 1—2 mm vor dem Octavuseintritt und gingen teilweise durch die Tubercula acustica durch. In dem anatomisch genau untersuchten Versuch 22 (S. 555) war der Bechterewsche Kern beiderseits weggeschnitten, die Deitersschen Kerne waren rechts intakt, links war etwas vom obersten Teile weggeschnitten. Ursprung und Rest des Tractus Deiters descendens waren beiderseits intakt, ebenso der Nucleus ventralis octavi und das Tuberculum acusticum. Links war ein Stückchen vom lateralen Teil des Nucleus dorsalis VIII weggeschnitten. Kleinhirn und Kleinhirnkerne fehlten.

In Versuch 23 (S. 565) an einer decerebrierten Katze ohne Querdurchtrennung der Medulla oblongata war bei der Kleinhirnexstirpation auf der linken Seite der Nervus cochlearis, der Nucleus ventralis VIII und das Tuberculum acusticum vollständig entfernt, nur einige proximale Vestibularisfasern waren möglicherweise unverletzt geblieben. Auf der rechten Seite waren die beiden Octavuswurzeln und die Octavuskerne nicht verletzt. Die aus den Deitersschen Kernen entspringenden Bahnen waren beiderseits intakt. Dieses Tier hatte kräftige tonische Labyrinthreflexe auf die Extremitäten beider Körperseiten.

In Versuch 17 (16. Februar 1914) ging der Querschnitt links 2 mm, rechts 1 mm vor dem Octavuseintritt; außerdem war der linke Octavus durchtrennt. Das Tier hatte deutliche tonische Labyrinthreflexe auf beide Vorderbeine.

Hieraus ergibt sich, daß die Zentren für die tonischen Labyrinthreflexe auf die Gliedermuskeln hinter einem dicht vor dem Octavuseintritt durch die Medulla oblongata geführten Querschnitte liegen (Abb. 219, Linie V), und daß die Eintrittsstelle des Octavus samt Nucleus ventralis, Nervi octavi und Tuberculum acusticum an einer Seite vollständig fortgeschnitten werden kann, ohne den Übergang der Erregungen von einem Octavus nach beiden Körperseiten aufzuheben. Der Nucleus Bechterew ist für die genannten Reflexe nicht nötig.

Die Ergebnisse an Katzen werden bestätigt durch die Befunde an Kaninchen (Abb. 217, Linie IV). Versuchsreihe III (S. 585) lehrt, daß nach einem Querschnitt dicht vor dem Octavuseintritt die tonischen Labyrinthreflexe auf die Glieder erhalten sind. In dem anatomisch genau untersuchten Präparat IV, S. 577, waren die Kerne von Deiters und Bechterew beiderseits intakt, die hinteren Längsbündel beiderseits durch Blutungen teilweise zerstört. Auch beim Kaninchen sind die Reflexe auf beide Körperseiten erhalten, wenn man nach dem Querschnitt dicht vor dem Octavuseintritt den einen Octavusstamm durchtrennt.

c) Tonische Labyrinthreflexe auf die Halsmuskeln.

Auch diese Reflexe gehen von den Utriculusmaculae aus und verlaufen durch die Rami utriculares zur Medulla oblongata. Jede Utriculusmacula ist mit den Halsmuskeln nur einer Körperseite (in dem S. 488 umschriebenen physiologischen Sinne) in funktioneller Verbindung. Bei Kaninchen und Katzen reichen die efferenten Verbindungen über das Halsmark hinaus bis zu den Zentren für die Rumpfmuskulatur.

Die Lage der Zentren für diese Reflexe ist im gleichen Niveau wie die für die tonischen Labyrinthreflexe auf die Gliedermuskeln. Sie sind bei der Katze (Versuch 17) erhalten nach einem Querschnitt 1—2 mm vor dem Octavuseintritt, beim Kaninchen fand sich dasselbe nach einem Schnitt dorsal dicht vor den mittleren Kleinhirnstielen und ventral hinter der Brücke.

Die auf der einseitigen Wirkung dieser Reflexe beruhende Kopfdrehung (Grunddrehung) und -wendung nach einseitiger Octavusdurchschneidung erfolgt bei der Katze noch nach dem soeben genannten Schnitt (Versuch 17) vor den Octavi, beim Kaninchen ebenfalls nach einem Querschnitt dicht vor dem Octavuseintritt (siehe oben Tabelle III, S. 586).

Hiernach liegen also auch diese Zentren hinter einer dicht vor dem Octavuseintritt gelegten Ebene (Abb. 217, Linie IV, Abb. 219, Linie V).

d) Einseitiger Tonusverlust nach einseitiger Octavusdurchschneidung.
Diese bisher nicht auf den Ausfall eines bestimmten Labyrinthreflexes zurückgeführte Erscheinung, die bei den verschiedenen Tierarten in verschiedener Stärke und Dauer auftritt, ist bei der Katze noch nach einem Querschnitt 1—2 mm vor dem Octavuseintritt nachweisbar (Versuch 17, Abb. 219, Linie V).

2. Kopfdrehreaktionen und -nachreaktionen.

Diese Reflexe werden in den Cristae der Bogengänge ausgelöst und gehen durch die Rami ampullares zur Medulla oblongata. Die efferenten Bahnen gehen von hier zu den Zentren der Halsmuskulatur, beim Menschen und Affen außerdem noch zur Rumpfmuskulatur. Nach Versuchsreihe III (siehe oben S. 585) liegen die Zentren für diese Reflexe bei Kaninchen ebenfalls caudal von einem dicht vor dem Octavuseintritt durch die Medulla oblongata gelegten Querschnitt. Auch die Kopfdrehnachreaktion ist nach dieser Operation erhalten. Das hintere Längsbündel kann teilweise zerstört sein, ohne daß diese Reflexe aufgehoben werden.

Diese Feststellungen stehen im Einklang mit früheren Ergebnissen, wonach beim Kaninchen nach einem Frontalschnitt dicht vor den mittleren Kleinhirnstielen, hinter der Brücke und vor dem Corpus trapezoides die Drehreaktionen erhalten sind. Beim Drehen in Normalstellung erfolgte Seitwärtswenden des Kopfes, bei Drehen mit senkrecht erhobener Schnauze erfolgte, je nach der Drehrichtung, Rechts- oder Linkswenden oder Dorsal- oder Ventralbeugen des Kopfes.

Der Kopfnystagmus ist nach Operationen am Zentralnervensystem, bei der Narkose, bei Vergiftungen usw. viel leichter zum Verschwinden zu bringen als die Drehreaktion. Man wird daher bei allen Schlußfolgerungen über die Lokalisation von Nystagmus besonders vorsichtig sein müssen, solange es sich um Experimente handelt, in welchen der Nystagmus fehlte. Am Kaninchen hat sich Kopfdrehnystagmus nach einem Schnitt vor den Kleinhirnstielen hinter den hinteren Vierhügeln und vor der Brücke nachweisen lassen. Besonders schöner Kopfdrehnystagmus fand sich bei dem soeben erwähnten Tier, bei welchem der Schnitt gerade vor den mittleren Kleinhirnstielen, hinter der Brücke und vor dem Corpus trapezoides verlief. Das Kleinhirn kann fehlen. Hiernach wird es wahrscheinlich, daß man für den Kopfnystagmus keine besonderen Zentren anzunehmen hat, sondern daß auch hierfür die Apparate genügen, welche hinter der Eintrittsebene der Octavi liegen.

Durch die obigen Feststellungen werden die Angaben von Rothfeld (7), nach denen die Zentren für die Kopfdrehreaktion bei Kaninchen im Zwischenhirn, für den Nystagmus im Stirnhirn (!) liegen sollten, widerlegt. Ebenso die spätere Mitteilung desselben Autors (8), nach welcher die Zentren für die Kopfdreh nach reaktion im Mittelhirn, für Kopfdreh nach nystagmus im Thalamus liegen sollen. Rothfeld hat selbst getrennte Zentren für die Drehreaktion und Drehnachreaktion des Kopfes angenommen. Hierzu fehlt jede Veranlassung. Man sieht aber in diesem Falle deutlich, welchen Fehlschlüssen man ausgesetzt ist, wenn man seine Schlußfolgerungen auf Versuche gründet, in denen ein bestimmter Reflex aufgehoben ist.

Bei der Katze ist der Schock ausgesprochener. Hier ließ sich Kopfdrehnystagmus nur nach einem Schnitt oberhalb der Corpora quadrigemina posteriora und vor der Brücke nachweisen.

Wir haben also hier das noch mehrfach festgestellte Verhalten vor uns, daß bei Reflexen, welche für Schock empfindlich sind, das Niveau bei der Katze viel weiter oral gefunden wird als beim Kaninchen, während umgekehrt bei Reflexen, welche gegen Schock resistent sind, die Niveaus bei beiden Tierarten in nahezu gleicher Höhe liegen. Wenn letzteres der Fall ist, kann man dieses als ein Argument für die Richtigkeit des ermittelten Niveaus benutzen, während wenn bei der Katze der Schnitt vielmehr oralwärts gefunden wird als beim Kaninchen, Schock wahrscheinlich ist, und die wirkliche Lage der Zentren daher mehr caudal angenommen werden kann, als sich nach der experimentellen Ermittelung der Querschnitte ergibt.

3. Reaktionen auf Progressivbewegungen.

Die zuletzt gemachte Bemerkung gilt besonders auch für die Progressivreaktionen. Diese sind bei allen Tierarten sehr empfindlich gegen Schock nach Operationen, gegen Narkose, Vergiftungen usw.

Sie werden nach den Ergebnissen der Zentrifugierversuche jedenfalls in den Bogengangscristae ausgelöst, möglicherweise außerdem auch vom Otolithenapparat.

An den Reaktionen beteiligen sich die Muskeln der Extremitäten und des Halses.

Nach den Feststellungen über die Lage der Zentren für die bisher besprochenen Labyrinthreflexe auf die Körpermuskeln ist es a priori wahrscheinlich, daß die Zentren für die Progressivreaktionen ebenfalls hinter einem Querschnitt vor dem Octavuseintritt liegen.

Tatsächlich findet man aber mehr oral gelegene Niveaus.

Beim Kaninchen sah Rademaker positive Liftreaktion und Sprungbereitschaft nach einem 'Frontalschnitt (Abb. 217, Linie III) dorsal hinter den hinteren Vierhügeln, durch die mittleren Kleinhirnstiele (Brückenarme) und mitten durch die Brücke, wobei der hintere Pol des Trochleariskernes stehengeblieben war.

Bei der Katze dagegen war die Liftreaktion erst bei einem Schnitt (Abb. 219, Linie II) vom Vorderrand der vorderen Vierhügel zum vorderen Viertel der Hirnschenkel vorhanden, die Sprungbereitschaft sogar erst nach einem Schnitt dorsal durch den hintersten Teil des Thalamus opticus, ventral durch den Vorderrand des Corpus mamillare (Abb. 219, Linie I).

Da bei der Katze also sehr viel mehr oral gelegene Niveaus gefunden werden, wird man mit den Schlußfolgerungen über die Lage der Zentren sehr zurückhaltend sein müssen. Es ist mindestens wahrscheinlich, daß sie auch beim Kaninchen caudaler liegen, als die Experimente ergeben, und es erscheint immerhin möglich, daß sie mit den anderen Zentren für die Labyrinthreflexe auf die Körpermuskeln in der hinteren Hälfte der Medulla oblongata gelegen sind.

C. Zentren der Reflexe auf die Augen.

Die im folgenden zu beschreibenden Befunde sind sämtlich beim Kaninchen erhoben worden, bei welchem die Augenreaktionen am deutlichsten auftreten, die Verhältnisse daher am gründlichsten untersucht worden sind.

1. Kompensatorische Augenstellungen.

a) Tonische Labyrinthreflexe auf die Augen.

α) Vertikalabweichungen. Diese werden beim Kaninchen durch die Hauptstücke der Sacculusmaculae ausgelöst. Die afferente Bahn verläuft durch den Ramus saccularis. Jede Sacculusmacula steht mit beiden Oculomotoriuskernen in Verbindung, und zwar mit dem Zentrum für den Rectus superior der gleichen und für den Rectus inferior der gekreuzten Seite. Es ist also schon von vornherein sicher, daß zum Zustandkommen dieser Reflexe das Gebiet zwischen Octavuseintritt und Oculomotoriuskernen notwendig ist.

Rademaker fand die kompensatorischen Vertikalabweichungen beim Kaninchen erhalten nach einem Frontalschnitt, welcher dorsal durch die Mitte der vorderen Vierhügel, ventral durch die Mitte der Hirnschenkel gerade vor dem Oculomotoriusaustritt verlief (Abb. 218, Linie I). Der Schnitt hatte die Spitze des Oculomotoriuskernes abgetrennt. Weitgehende Beschädigung der Corpora quadrigemina ist ohne Einfluß. Die Vertikalabweichung der Augen nach einseitiger Octavusdurchschneidung tritt beim Thalamustier deutlich ein. Es ist zu erwarten, daß sie auch beim Mittelhirntier vorhanden ist.

β) Raddrehungen. Die Auslösungsstellen dieses Reflexes im Otolithenapparat sind noch nicht bekannt. Jedes Labyrinth steht beim Kaninchen mit den beiderseitigen Kernen des Obliquus inferior im Oculomotoriuskern und des Obliquus superior im Trochleariskern in Verbindung. Kompensatorische Raddrehungen sind nach Durchschneidung des Musculus obliquus inferior noch nachweisbar, also allein durch die Tätigkeit des vom Trochleariskern innervierten Musc. obliquus superior.

Hiermit steht im Einklang, daß nach einem Schnitte, welcher (Abb. 218, Linie III) dorsal zwischen vorderen und hinteren Vierhügeln begann, an der einen Seite gerade durch die Grenze zwischen Oculomotoriuskern und Trochleariskern verlief, an der anderen Seite den Trochleariskern größtenteils entfernt hatte und ventral durch die Mitte der Brücke austrat, an dem vom erhaltenen Trochleariskern innervierten (gekreuzten) Auge noch sichere kompensatorische Raddrehung vorhanden war (Rademaker). Der Schnitt muß natürlich so geführt werden, daß die Trochleariskreuzung unverletzt bleibt.

Diese Beobachtungen über die vertikalen und rotatorischen kompensatorischen Augenstellungen zeigen, daß zu ihrem Zustandekommen nicht mehr erhalten zu sein braucht als das Niveau, in welchem der betreffende Augenmuskelkern liegt. Der Schock durch den Operationsschnitt ist bei diesen Reflexen minimal. Der zuletzt beschriebene Versuch am Trochleariskern lehrt ferner, daß für die (rotatorischen) kompensatorischen Augenstellungen eines Auges der beteiligte Kern einer Seite genügt, und daß die Reaktion auch noch zustande kommt, wenn der Kern für den Antagonisten (hier den Obliquus inferior) weggeschnitten ist. Der Zentralapparat ist also sehr einfach gebaut.

b) Tonische Halsreflexe auf die Augen.

Die afferenten Bahnen laufen beim Kaninchen hauptsächlich durch die beiden obersten, in geringerem Grade noch durch das dritte cervicale Hinterwurzelpaar. Die Bahnen gehen bis zu sämtlichen Augenmuskelkernen vom Abducenskern bis zum Kern für den Obliquus inferior im Oculomotoriuskern. Während also von den Labyrinthen aus jederseits nur 4 Kerne beansprucht werden, werden vom Halse aus alle 6 Augenmuskelkerne bei den kompensatorischen Augenstellungen in Tätigkeit versetzt.

Die tonischen Halsreflexe sind nach Beobachtungen von de Kleyn beim Thalamustier erhalten. Weitere Versuche mit mehr caudal gelegenen Querschnitten liegen bisher noch nicht vor.

2. Bogengangsreaktionen auf die Augen.

(Drehreaktionen und -nachreaktionen, Drehnystagmus und -nachnystagmus, calorische Reaktion und calorischer Nystagmus.)

Diese Reflexe werden in den Bogengangscristae ausgelöst. Die Erregungen verlaufen durch die Rami ampullares. Die Zentren liegen zwischen dem Octavuseintritt (Högyes durchschnitt die Medulla oblongata im caudalen Teile) und den beteiligten Augenmuskelkernen. Im Gegensatz zu den Otolithenreaktionen können von den Bogengängen aus sämtliche 6 Augenmuskelpaare in Tätigkeit versetzt werden.

Daß die Augendrehreaktion und -nachreaktion, der Augendrehnystagmus und -nachnystagmus nach Abtragung des Großhirns und der Thalami unverändert bestehen bleiben, hat bereits Högyes festgestellt. Bauer und Leidler sowie Bárány, Reich und Rothfeld konnten diesen Befund bestätigen. Kubo hat angegeben, daß der calorische Nystagmus nach Abtragung des Großhirnes erhalten bleibt. Tatsächlich findet man beim Mittelhirnkaninchen vertikale, rotatorische und horizontale Drehreaktionen und -nachreaktionen, Nystagmen und -nachnystagmen. Genauere Lokalisationen sind durch Rademaker vorgenommen.

Die vertikale Augendrehreaktion und -nachreaktion ist beim Kaninchen (Abb. 218), Linie I) erhalten[1]) nach einem Frontalschnitt, der dorsal durch die Mitte der vorderen Vierhügel, ventral durch die Mitte der Hirnschenkel vor dem Oculomotoriusaustritt geht und die Spitze des Oculomotoriuskernes abtrennt.

Vertikaler Augendrehnystagmus fand sich noch[1]) nach einem Schnitte, der dorsal durch den Vorderrand der vorderen Vierhügel, ventral durch den hintersten Teil des Corpus mamillare ging, also etwas vor der Spitze des Oculomotoriuskernes (Abb. 218, etwas oral von Linie I).

Rotatorische Augendrehreaktion war bei demselben Tier (siehe oben, S. 611) vorhanden, bei welchem auch rotatorische kompensatorische Augenstellung an einem Auge vorhanden war. Der Schnitt (Abb. 218, Linie III) verlief an der einen Seite genau zwischen Oculomotorius- und Trochleariskern und hatte auf der anderen Seite den Trochleariskern größtenteils entfernt.

Rotatorischer Augendrehnystagmus und -nachnystagmus waren vorhanden nach einem Schnitt (Abb. 218, Linie II), welcher dorsal durch den hinteren Teil der vorderen Vierhügel, ventral gerade durch den Oculomotoriusaustritt ging und den Oculomotoriuskern durchschnitt.

Alle bisher genannten Reaktionen sind nach weitgehender Beschädigung der Corpora quadrigemina erhalten.

Daß nach Abtrennung der Oculomotorius- und Trochleariskerne noch Bogengangsreaktionen mit Nystagmus durch alleinige Erregung des Abducenskernes zustande kommen können, beweisen Versuche von de Kleyn mit calorischer Reizung.

In diesen Experimenten wurde der Bulbus auf einer Seite exstirpiert, der M. rectus externus isoliert und mit dem Schreibhebel verbunden. Danach das Schädeldach eröffnet, das Großhirn exstirpiert und der Hirnstamm gerade hinter den hinteren Vierhügeln quer durchschnitten, wobei der zum isolierten M. rectus externus gehörige N. abducens sorgfältig geschont wurde. Nunmehr wurden die beiden Gehörgänge abwechselnd mit kaltem Wasser ausgespritzt, um Nystagmus nach beiden Richtungen auszulösen.

---

[1]) Da in diesen Experimenten die Tiere mit vertikal nach oben oder unten gerichteter Schnauze gedreht wurden, müssen noch Kontrollversuche angestellt werden, um auszuschließen, daß es sich nicht infolge kompensatorischer Raddrehungen um Reaktionen des Externus gehandelt hat.

Kaninchen F. Isolierung des linken M. externus, Exstirpation des Großhirns durch den Hirnstamm hinter den Corpora quadrigemina. Ausspülung des linken Gehörganges mit kaltem Wasser: Sehr deutlicher Nystagmus (langsame Kontraktionen und schnelle Erschlaffungen), Ausspülung des rechten Gehörganges mit kaltem Wasser: geringe Kontraktion des Muskels ohne Nystagmus (paradoxe Reaktion, statt einer primären Erschlaffung trat in diesem Fall eine Kontraktion auf).

Anatomische Untersuchung Prof. Winklers: Der Querschnitt durch den Hirnstamm befindet sich hinter den Corpora quadrigemina; die beiden Trochleariskerne und die beiden Oculomotoriuskerne sind vollständig entfernt worden.

Kaninchen G.: Isolierung des linken M. externus, Exstirpation des Großhirns, Querschnitt durch den Hirnstamm ganz im hinteren Teile der Corpora quadrigemina. Ausspülung des linken Gehörganges mit kaltem Wasser, deutlicher Nystagmus (langsame Kontraktionen und schnelle Erschlaffungen): Abb. 220a.

Ausspülung des rechten Gehörganges mit kaltem Wasser, ebenfalls Nystagmus (langsame Erschlaffungen und schnelle Kontraktionen): Abb. 220b.

Anatomische Untersuchung Prof. Winklers: Der Schnitt durch den Hirnstamm geht durch den hintersten Teil der Corpora quadrigemina, die Trochlearis- und Oculomotoriuskerne sind jedoch an beiden Seiten entfernt.

de Kleyn hat weiter gezeigt, daß beim Mittelhirntier sowohl die Deviation wie der Nystagmus nach calorischer Reizung des rechten und linken Ohres am isolierten M. rectus externus auftritt, wenn sämtliche übrigen Augenmuskelnerven mit Ausnahme des zugehörigen N. abducens sowie die Trigemini beiderseits durchschnitten werden. Ebenso hebt Lähmung der proprioceptiven Nervenenden im isolierten Externus durch Novocain den calorischen Nystagmus (schnelle und langsame Phase) nicht auf. Es handelt sich also um einen rein zentralen Vorgang, für den als efferenter Nerv ein einzelner Augenmuskelnerv und als Kern (vgl. auch den Versuch von Rademaker am Trochleariskern) der Augenmuskelkern einer Seite genügt.

Es ergibt sich demnach, daß auch für die Bogengangsreaktionen auf die Augen-

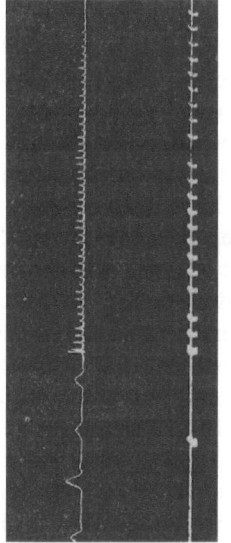

Abb. 220 b.

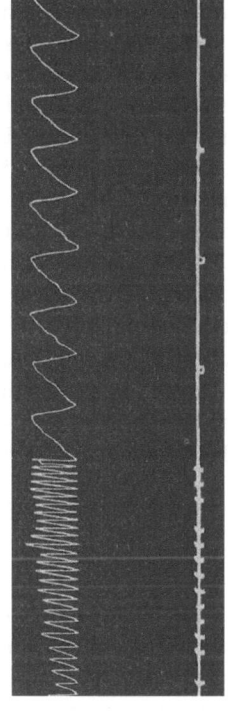

Abb. 220 a.

muskeln ein verhältnismäßig einfach angeordneter Zentralapparat
vorhanden ist, und daß man die einzelnen Augenmuskelkerne
vom Labyrinth aus so lange ansprechen lassen kann, als sie jeder für
sich allein noch in Verbindung mit der Stelle des Octavuseintrittes
stehen. Für den Oculomotoriuskern und den Trochleariskern läßt sich
zeigen, daß bei den einfachen Drehreaktionen keine oral von dem
beanspruchten Augenmuskelkern gelegenen Apparate mitwirken. Dasselbe ist für die schnelle Phase des Nystagmus mit großer Wahrscheinlichkeit anzunehmen. Bedenkt man, daß nach allgemeiner Erfahrung
der Nystagmus empfindlicher gegen Narkose und Operationsschock
ist als die Drehreaktion, so ist es schon ziemlich überraschend, daß
rotatorischer Nystagmus nach einem Schnitt quer durch den Oculomotoriuskern, horizontaler Nystagmus sogar kurze Zeit nach Abtrennung des Oculomotorius- und Trochleariskernes erhalten werden
kann. Hierdurch wird nicht nur die alte von Bartels (1) und Rosenfeld aufgestellte, noch neuerdings von Ohm wieder herangezogene Ansicht, daß zum Zustandekommen der schnellen Phase des Nystagmus
das Großhirn nötig sei, zum soundsovielsten Male widerlegt, sondern es
wird auch die von Bárány vertretene Lehre vom „supranucleären
Blickzentrum", welches die schnelle Phase des Nystagmus machen soll,
mindestens unwahrscheinlich gemacht. Wenn, wie hier gezeigt wird,
die schnelle Phase des Nystagmus an jeden der drei Augenmuskelkerne
(zum mindesten an die unmittelbare Umgebung jedes der drei Augenmuskelkerne) geknüpft ist, dann kann man die experimentelle und
klinische Erfahrung, daß durch Erkrankungen, Operationsschock, Narkose usw. Drehreaktion und die calorische Reaktion der Augen
erhalten bleibt, während der schnelle Nystagmus verschwindet,
besser durch eine funktionelle Beschädigung der beteiligten Zentren
als durch die Annahme der genannten „supranucleären Blickzentren"
erklären, welche nach den hier mitgeteilten experimentellen Ergebnissen
dann jedenfalls jedem einzelnen Augenmuskelkerne gewissermaßen auf-
gepfropft sein müßten, wofür jeder anatomische Anhaltspunkt fehlt.

Durch die beschriebenen Resultate wird jedenfalls die spätere genaue
anatomisch-physiologische Durchforschung der labyrinthären Augenreflexe wesentlich vereinfacht.

D. Stellreflexe.

1. Labyrinthstellreflexe.

Diejenigen Labyrinthstellreflexe, welche den Kopf aus asymmetrischen Stellungen in die Symmetriestellung zurückbringen, gehen
jederseits von dem Sacculushauptstück aus und werden durch den
Ramus saccularis dem Zentralnervensystem übermittelt. Bei den

Labyrinthstellreflexen wirken wahrscheinlich Erregungen mit, welche von den Utriculusmaculae ausgehen und durch die Rami utriculares in den Hirnstamm gelangen, und welche dazu führen, daß der Kopf von allen möglichen Symmetriestellungen gerade die Normalstellung mit horizontal stehenden Utriculusotolithen annimmt.

Da die Labyrinthstellreflexe (siehe fünftes Kapitel) beim Mittelhirntier vorhanden sind und dem decerebrierten Tiere fehlen, so müssen ihre Zentren im Mittelhirn liegen. Die afferenten Bahnen laufen im Hirnstamm und. nicht über das Kleinhirn. Die efferenten Bahnen gehen vom Mittelhirn aus durch den Hirnstamm ins Halsmark zu den Zentren der Halsmuskeln, welche Heben, Senken, Drehen und Wenden des Kopfes bewirken.

Die genauere Lage der Zentren für die Labyrinthstellreflexe ergibt sich aus zahlreichen Versuchen von Rademaker.

Beim Kaninchen (Abb. 217) sind die Stellreflexe erhalten nach einem Schnitt, welcher dorsal durch die Mitte der vorderen Vierhügel, ventral durch die Mitte der Hirnschenkel gerade vor dem Austritt der Nervi oculomotorii verläuft und gerade durch die Spitze des kleinzelligen Nucleus ruber geht (Linie I). In einem eigenen Versuche (55a) war nach einem Schnitte, der auf der Dorsalseite rechts durch die Mitte, links durch das hintere Drittel des vorderen Vierhügels, auf der Ventralseite gerade am Hinterrand des Corpus mamillare ging, der Labyrinthstellreflex auf den Kopf in Seitenlage (nicht aber in Rückenlage und den beiden Hängelagen) noch vorhanden. Auch dieser Schnitt muß durch die Spitze des roten Kernes gegangen sein.

Dagegen fehlten die Labyrinthstellreflexe nach Schnitten (Linie II), welche dorsal durch den hinteren Teil der vorderen Vierhügel, ventral vor dem Vorderrande der Brücke hinter dem Oculomotoriusaustritt verliefen. Diese Schnitte gehen gerade am Hinterrande des roten Kernes und durch den Oculomotoriuskern.

Die Zentren für die Labyrinthstellreflexe liegen also beim Kaninchen im Mittelhirne im Niveau des roten Kernes. Der vordere Schnitt (Stellreflexe erhalten) ist absolut beweisend, der hintere Schnitt (Stellreflexe fehlen) nur mit den auf S. 545 erörterten Einschränkungen. Es wird weiter unten gezeigt werden, daß die Zentren der Labyrinthstellreflexe wirklich in diesem Niveau liegen.

Bei der Katze (Abb. 219) waren die Labyrinthstellreflexe in 50% der Versuche vorhanden nach einem Schnitt (Linie II), welcher dorsal am Vorderrand der vorderen Vierhügel verlief, ventral $^3/_4$ der Hirnschenkel intakt ließ, vor dem Oculomotoriuskern und dem großzelligen Nucleus ruber lag und den kleinzelligen Nucleus ruber teilweise entfernt hatte.

Dagegen fehlten die Labyrinthstellreflexe stets nach Schnitten
(Linie III) dorsal durch das hintere Drittel der vorderen Vierhügel, ventral vor dem Vorderrande der Brücke und hinter dem Oculomotoriusaustritt; dieser Schnitt geht durch den Hinterrand des roten Kernes.
Bei der Katze liegen also die Zentren für die Labyrinthstellreflexe
im Mittelhirn im Niveau des Oculomotoriuskernes und des (großzelligen)
Nucleus ruber.

Vergleicht man diese Ergebnisse über die Lage der Zentren für die
Labyrinthstellreflexe bei Katzen und Kaninchen mit denjenigen,
welche oben für die Lage derjenigen Zentren mitgeteilt worden sind,
an deren Vorhandensein die Aufhebung der Enthirnungsstarre und das
Auftreten der normalen Tonusverteilung in der Körpermuskulatur gebunden ist, so ergibt sich, daß die Niveaus für diese
Funktionen zusammenfallen. Es wird später gezeigt werden, daß tatsächlich für beide Leistungen derselbe Kern verantwortlich gemacht
werden muß.

2. Körperstellreflexe auf den Kopf.

Die afferenten Erregungen für diese Reflexe werden durch Berührung des Körpers mit der Unterlage ausgelöst. Dieses wurde nachgewiesen für die Seitenfläche des Rumpfes, die Extremitäten (vor allem
die Sohlen- und Handflächen) und die Oberfläche des Kopfes. Die
Bahnen steigen im Rückenmark auf, laufen (mindestens teilweise) nicht
über das Kleinhirn, sondern direkt durch den Hirnstamm nach vorne
zu den Zentren, von wo die efferenten Bahnen durch den Hirnstamm
ins Halsmark zu den Kernen der Halsmuskelnerven ziehen.

Zur Zeit der Niederschrift dieses Abschnittes sind die Versuche
Rademakers zur genauen Ortsbestimmung der Zentren für diese
Reflexe noch nicht abgeschlossen. Die Experimente ziehen sich längere
Zeit hin, weil sie an labyrinthlosen Tieren ausgeführt werden müssen,
welche keine Labyrinthstellreflexe besitzen.

Bisher steht folgendes fest: Die Körperstellreflexe auf den Kopf
sind beim labyrinthlosen Thalamustier (Kaninchen, Katze) vorhanden
und sehr lebhaft entwickelt. Sie fehlen nach allen Querschnitten,
welche auch die Labyrinthstellreflexe aufheben (Abb. 217, Linie II,
beim Kaninchen; Abb. 219, Linie III, bei Katzen). Hiernach würde
man also die Zentren entweder im gleichen Niveau suchen, wie die
der Labyrinthstellreflexe, oder oral davon im Thalamus.

Daß die Zentren ungefähr im gleichen Niveau liegen, wie die für die
Labyrinthstellreflexe, wird dadurch wahrscheinlich gemacht, daß,
wenn man beim Mittelhirnkaninchen nach Abtrennung des Thalamus
kurze Zeit nach der Operation, wenn die Labyrinthstellreflexe sich
noch nicht wiederhergestellt haben, das Tier in Seitenlage auf den

Tisch legt, Kneifen des unteren Vorderbeines Rechtsetzen des Kopfes bedingt (drei Versuche). In einem Falle genügte sogar Kneifen des oberen Vorderbeines.

Hieraus würde zu schließen sein, daß die gesuchten Zentren im Mittelhirn vor Linie II (Kaninchen) und Linie III (Katze) liegen. Doch ist für die endgültige Festsetzung des Niveaus das Ergebnis der Experimente an labyrinthlosen Tieren abzuwarten, bei denen man den Operationsschock abklingen lassen und danach auf das Vorhandensein der Körperstellreflexe auf den Kopf prüfen kann.

3. Körperstellreflexe auf den Körper.

Die Ursprungsstellen dieser Reflexe sind die sensiblen Endorgane des Rumpfes und der Extremitäten. Nach den Beobachtungen an zwei Hunden mit fast vollständiger Kleinhirnexstirpation (siehe oben S. 579) wird es wahrscheinlich, daß die Bahnen über das Kleinhirn laufen. Vermutlich handelt es sich hier dabei um die afferenten Bahnen. Die efferenten Bahnen gehen durch den Hirnstamm ins Rückenmark zu den Zentren der Extremitäten und des Rumpfes.

Nach den Versuchen von Rademaker sind die Körperstellreflexe auf den Körper beim Kaninchen (Abb. 217) erhalten nach einem Schnitte (Linie I), der dorsal durch die Grenze des vorderen und mittleren Drittels der vorderen Vierhügel, ventral am hintersten Pol des Corpus mamillare verläuft. Aufgehoben sind sie nach Schnitten entsprechend Linie II.

Bei der Katze (Abb. 219) sind sie erhalten nach einem Schnitte (Linie I) dorsal am Hinterrand der Thalami, ventral durch das Chiasma opticum.

Die Zentren für die Körperstellreflexe auf den Körper müssen also bei beiden Tierarten im Niveau des Nucleus ruber gesucht werden.

4. Halsstellreflexe.

Die Reflexe nehmen ihren Ursprung in den Proprioceptoren der Muskeln oder Gelenke des Halses; und da es sich um Kettenreflexe handelt, auch in den Proprioceptoren des Rumpfes, besonders der Lendengegend. Die Bahnen verlaufen durch das Rückenmark aufwärts direkt in den Hirnstamm. Sie gehen nicht über das Kleinhirn. Die efferenten Wege gehen ins Rückenmark, besonders zu den Zentren der Muskulatur des Stammes vom Hals bis zum Becken.

Die Zentren für diese Reflexe liegen weiter caudal als die übrigen Stellzentren.

Beim Kaninchen fand Rademaker Aufsitzen des Vorderkörpers aus Seitenlage, wenn der Kopf passiv in Normalstellung gedreht wird, und außerdem Beckendrehung in Rückenlage, wenn der Kopf gedreht wird, noch nach einem Schnitte, welcher dorsal hinter den hinteren Vierhügeln, ventral durch die Mitte der Brücke verläuft (Abb. 217, Linie III). Ich selbst fand nach Schnitten hinter den hinteren Vierhügeln und vor dem Corpus trapezoides die Halsstellreflexe aufgehoben. Bei der Katze war das Beckendrehen in Rückenlage, wenn der Kopf passiv gedreht wird, noch nachweisbar nach einem Schnitte, der dorsal durch die Grenze zwischen vorderen und hinteren Vierhügeln, ventral durch den vorderen Teil der Brücke ging (Abb. 219, Schnitt IV). Das Aufsitzen des Körpers aus Seitenlage ist bei Katzen nach Schnitten in dieser Gegend nicht prüfbar, da die Streckung der Vorderbeine infolge der starken Enthirnungsstarre diese Reaktion schon rein mechanisch unmöglich macht.

Hiernach liegen also die Zentren für die Halsstellreflexe in der Brückengegend. Funktionell gehören sie mit den übrigen Stellzentren im vorderen Mittelhirn zusammen. Von den Zentren für die von Halsreceptoren ausgelösten Haltungsreflexe, die tonischen Halsreflexe auf die Gliedermuskeln, sind sie auch anatomisch getrennt.

Anhangsweise mag hier noch darauf hingewiesen werden, daß das Mittelhirntier, bei welchem der Querschnitt durch den Hirnstamm am Vorderrande der Corpora quadrigemina anteriora und hinter dem Corpus mamillare verläuft, nichts mehr von den Stammganglien, weder vom Striatum noch vom Pallidum besitzt. Ein solches Tier zeigt keine Contracturen, keine Steifheit, keine Tremoren, keine Chorea und Athetose. Es hat normale Tonusverteilung, normalen Sitz, läuft und springt auf Reiz in normaler Weise. Irgendwelche Symptome, wie sie zur Zeit von vielen Klinikern auf den Ausfall der Funktion der Stammganglien bezogen werden, fehlen vollkommen. Es ist hier nicht der Ort, um die Frage zu erörtern, worauf dieser scheinbare Gegensatz zwischen den Beobachtungen am operierten Tier mit Fortnahme aller Hirnteile vor dem Mittelhirn und am erkrankten Menschen mit mehr oder weniger erhaltenem Gehirn und mit Ausfall der Stammganglien und unter Umständen noch anderer Zentren im Hirnstamm und anderen Teilen des Zentralnervensystems beruht.

E. Zusammenfassung.

Das Ergebnis der bisherigen Untersuchungen ist, daß im Hirnstamme vom obersten Halsmark bis zum Mittelhirn ein verwickelt aufgebauter nervöser Zentralapparat liegt, der die gesamte Körperstellung in einheitlicher Weise regelt. Er faßt die Muskulatur des ganzen Körpers zu gemeinschaftlicher Leistung zusammen.

Die verschiedenen Segmente des Zentralnervensystems regieren für jeden einzelnen Körperabschnitt dessen Teilreaktionen. Aber schon das Rückenmark als Ganzes ist zu verwickelten zusammengesetzten Leistungen befähigt. Der Rückenmarkshund kann mit den beiden Hinterbeinen geordnete Laufbewegungen ausführen. Beim Kratzreflex beteiligt sich nicht nur das kratzende Bein, sondern die Wirbelsäule krümmt sich, und das andere Bein nimmt eine passende Ruhestellung an. Bei den Defäkationsbewegungen geraten die Beine und der Schwanz in koordinierte Bewegungen usw.

Sherrington hat uns durch seine Untersuchungen über die Enthirnungsstarre, welche er als „reflektorisches Stehen" auffaßt (9), gelehrt, daß der distale Teil des Hirnstammes die „Stehmuskulatur" als eine bestimmte funktionelle Gruppe zusammenwirken läßt.

Hierauf baut sich nun der Apparat im Hirnstamme auf, der alles regelt, was mit der Körperstellung zusammenhängt. Welche vollendete Gesamtleistung hierdurch zustande kommt, ist durch die Beobachtungen am großhirnlosen Hunde bekannt, welche Goltz in klassischer Weise geschildert hat.

Das ist die Grundlage, auf welcher die Großhirnrinde wie auf einem Klavier die verwickelsten Melodien spielt nach Gesetzen, welche zum Teil bekannt sind, und welche nunmehr mit neuen Fragestellungen erforscht werden können.

Der Zentralapparat im Hirnstamm ist in drei großen funktionellen Gruppen angeordnet und ist dadurch in anderer Weise gegliedert, als den Rezeptionsorganen entspricht, deren Erregungen auf die Körperstellung einwirken. Diese Receptoren sind erstens die Otolithenmaculae, welche die Lage des Kopfes im Raume angeben, ferner die Bogengangsapparate, welche auf Beschleunigung im Raume ansprechen, die Proprioceptoren, die Nachrichten von der gegenseitigen Lage der verschiedenen Körperteile vermitteln, die Exteroceptoren, welche die Lage des Körpers und seiner einzelnen Teile zur unmittelbaren Umgebung melden, und schließlich die Telereceptoren, welche das Verhältnis des Körpers, vor allem des Kopfes, zu entfernten Reizquellen übermitteln. Alle diese Beziehungen, die Lage und die Bewegung im Raume, die gegenseitige Lagerung der Körperteile zueinander, die Stellung des Körpers zur näheren und entfernteren Umgebung (Umwelt) üben durch Vermittelung der afferenten Nerven ihren dauernden Einfluß auf die Körperstellung nach bekannten Gesetzen aus. Die Reaktionen erfolgen zwangsläufig und unabhängig vom Willen.

Im Zentrum sind die folgenden Gruppen des Körperstellungsmechanismus örtlich zusammengefaßt:

1. Alle Reflexe auf die Körpermuskeln: die Proprioceptoren, vor allem des Halses, und die Otolithen regeln die Haltung. Die Bogengangsapparate beherrschen die Reaktionen auf geradlinige und rotatorische Beschleunigungen.

2. Alle Reflexe auf die Augen: Die Otolithen und die Proprioceptoren des Halses geben den Augen ihre gesetzmäßige Ruhestellungen in bezug auf den Raum und in Abhängigkeit von der Haltung des Kopfes zum Körper. Die Bogengangsapparate veranlassen bei Drehbewegungen des Kopfes im Raume Augenbewegungen im umgekehrten Sinne. Der erstgenannte Mechanismus tritt an Bedeutung zurück, sobald eine optische Orientierung der Augen zur Umgebung möglich wird.

3. Alle Stellreflexe: Die Normalstellung des Körpers wird gewährleistet durch Erregungen, welche von den Otolithen, den Exteroceptoren des Körpers und den Proprioceptoren ausgehen. Die Telereceptoren (Augen) wirken im gleichen Sinne durch Vermittelung der Großhirnrinde.

Neben diesen bisher in ihrer Wirkungsweise wenigstens in den Grundlagen aufgeklärten Mechanismen wirken noch andere Apparate im Zentralnervensystem mit, deren Tätigkeit sich noch nicht hinreichend begreifen läßt. Das ist in erster Linie das Kleinhirn, von dem wir wissen, daß sein Ausfall so charakteristische, aber um so schwerer zu entwirrende Störungen hervorruft, dessen positive Leistungen aber bisher so gut wie unerkannt sind; ferner die Stammganglien, deren Erkrankungen und ihre Beziehungen zu pathologischen Symptomen die Kliniker und Anatomen gerade in der letzten Zeit stark beschäftigen, und sicherlich noch manche anderen Systeme.

Daß es möglich war, die Tätigkeit des Körperstellungsapparates im Hirnstamm so weit zu entwirren, wie bisher geschehen ist, beruht nicht zum kleinsten Teil auf der Forschungsrichtung, welche dabei eingeschlagen wurde, und die von der gebräuchlichen abweicht. Seit den Tagen von Fritsch und Hitzig ist man bei der Erforschung der Gehirntätigkeit meistens so vorgegangen, daß man, von der Großhirnrinde ausgehend, durch partielle und totale Exstirpationen die Rindentätigkeit aufhob und sich auf diese Weise allmählich bis zum Hirnstamm herunterarbeitete, wobei noch vielfach Exstirpationsversuche zu dem Zwecke vorgenommen wurden, um etwas über die Funktion des exstirpierten Hirnteiles zu erfahren. Wird doch selbst der großhirnlose Hund vielfach dazu benutzt, um die physiologische Tätigkeit der Großhirnrinde zu erörtern. In den Untersuchungen, über welche dieses Buch berichtet, wurde planmäßig der umgekehrte Weg eingeschlagen. Die bekannten Funktionen des isolierten Rückenmarkes dienten als Ausgangspunkt. Darauf wurde festgestellt, welche Leistungen das Rückenmark neu dazubekommt, wenn es mit der Medulla oblongata in Verbindung ist. Nachdem dieses aufgeklärt war, konnte nunmehr das Mittelhirn mit dazugenommen werden, wobei sich dann die normale Tonusverteilung und die Stellfunktion als neuer funktioneller Gewinn ergab. Schließlich wurde das Erhaltensein der hauptsächlichsten gefundenen Leistungen bei Fortnahme des Kleinhirnes bewiesen und so ihre Lokalisation im Hirnstamme sichergestellt. Ich glaube, daß dieser Weg allerdings zeitraubender und mühseliger, dafür aber auch um so sicherer ist. Wenn gleichzeitig mit dem Dazutreten eines neuen Hirnteiles auch eine neue Funktion auftritt, so wird man mit großer Wahrscheinlichkeit diese Funktion in den betreffenden Hirnteil lokalisieren dürfen, während, wenn man von oben nach unten fortschreitet, man niemals weiß, ob der Fortfall einer Funktion durch die Wegnahme eines bestimmten Hirnteiles oder durch andere Operationsschädigungen bedingt ist.

Das bisher über die Zentren und ihre Lage in bestimmten Hirnteilen, über die afferenten und efferenten Bahnen, über die Rezeptionsorgane und die effektorischen Apparate Ermittelte läßt sich in Form von einfachen Schemata bildlich darstellen, wie dieses im vierten Kapitel, S. 179, Abb. 86, für die kompensatorischen Augenstellungen wiedergegeben ist. Ähnliche Schemata habe ich auch zum Laboratoriumsgebrauch für die Reflexe auf die Körpermuskeln und die Stellreflexe angefertigt und von Zeit zu Zeit auf Grund fortgeschrittener Erfahrung verbessert. Auf ihre Wiedergabe sei hier verzichtet, sie haben nur heuristischen Wert als Grundlage für weitere experimentelle Untersuchungen, und jeder kann sie sich im Bedarfsfalle selber zeichnen. Für die Mehrzahl der Reflexe läßt sich noch nicht angeben, welchen anatomisch bekannten Strukturen (Kernen) die physiologischen, in bestimmten Niveaus lokalisierten Zentren entsprechen, auf welchen anatomisch bekannten Bahnen die afferenten und efferenten Erregungen im Zentralnervensystem verlaufen, und aus welchen Neuronen diese Bahnen aufgebaut sind. Für manche Reflexe ist auch noch nicht einmal bekannt, ob die Bahnen ein- oder doppelseitig verlaufen, ob und wo sie sich kreuzen usw.

Es ist also noch viel Arbeit zu leisten, bis der Aufbau des zentralen Körperstellungsapparates in allen Einzelheiten bekannt ist. Hierbei haben physiologische Experimente und genaue anatomische Untersuchung Hand in Hand zu gehen. Als ein erster Schritt auf diesem mühevollen, aber aussichtsreichen Wege ist eine Untersuchungsreihe Rademakers über die Zentren für die normale Tonusverteilung und die Stellreflexe zu betrachten, welche zur Zeit der Niederschrift allerdings noch nicht abgeschlossen ist, aber doch schon eine Anzahl wichtiger Ergebnisse zutage gefördert hat. Einige hiervon können im folgenden mitgeteilt werden.

III. Die Bedeutung des roten Kernes für die normale Tonusverteilung und die Stellreflexe (80, 81, 82a).

Im vorigen Abschnitte ist bewiesen worden, daß diejenigen Zentren, deren Vorhandensein die „normale Tonusverteilung" und die Aufhebung der Enthirnungsstarre bedingt, und welche für das Zustande-

kommen der Labyrinthstellreflexe notwendig sind, im Mittelhirn zum
mindesten mit ihrem wesentlichen Teil hinter einer Ebene liegen, welche
beim Kaninchen der Linie I von Abb. 217 und bei der Katze der Linie II
von Abb. 219 entspricht. Ferner hatte sich mit großer Wahrscheinlichkeit ergeben, daß die Zentren für diese Funktionen vor einer Ebene
im Mittelhirne liegen, welche beim Kaninchen der Linie II von Abb. 217,
bei der Katze der Linie III von Abb. 219 entspricht. Auf diese Weise
läßt sich die Scheibe des Mittelhirnes, in welcher die betreffenden Zentren
gesucht werden müssen, einengen auf eine Dicke von $1^1/_2$ mm beim
Kaninchen und höchstens 3 mm bei der Katze. Sie liegt in einem Niveau, welches die vorderen Vierhügel, den roten Kern (bei der Katze
dessen großzelligen Anteil) und den Oculomotoriusaustritt enthält.
Zunächst war festzustellen, in welchem Teile des Querschnittes die
genannten Funktionen lokalisiert sind. Die Versuche hierüber sind von
Rademaker an Thalamuskaninchen angestellt worden.

Abb. 221.

Abb. 221 zeigt zwei Thalamuskaninchen, von welchen das links
befindliche normal dasitzt. Es zeigte alle Labyrinthstellreflexe, besaß
normale Tonusverteilung und keine Spur von Enthirnungsstarre. Das
rechts befindliche liegt auf der Seite. Es zeigte deutliche Enthirnungsstarre, besonders im rechten Vorderbein und in beiden Hinterbeinen,
hatte keine Spur von Labyrinthstellreflexen und von Körperstellreflexen auf den Körper. Die Körperstellreflexe auf den Kopf waren
schwach angedeutet: auf Reizung drehte das auf dem Tisch liegende
Tier seinen Kopf aus beiden Seitenlagen etwas gegen den Normalstand.

Bei diesen beiden Thalamustieren waren partielle Durchschneidungen
des Mittelhirns vorgenommen worden. Nach Einstich mit einem feinen
schmalen Messerchen von der Seitenfläche her war bei dem einen Tiere
(auf der Abbildung links) die dorsale, bei dem anderen (auf der Abbildung rechts) die ventrale Hälfte durchtrennt. Der genaue Verlauf
der Schnitte (Abb. 222) wurde an Schnittserien festgestellt.

Bei dem links befindlichen Tier mit erhaltenen Stellreflexen und
normaler Tonusverteilung ging der Schnitt von der Gegend des Troch-

leariskernes dorsalwärts und trat im hintersten Drittel der vorderen
Vierhügel aus (Linie I). Bei dem rechts befindlichen Tier mit deutlicher
Enthirnungsstarre und aufgehobenen Labyrinthstellreflexen und Kör-
perstellreflexen auf den Körper ging der Schnitt (Linie II) von der

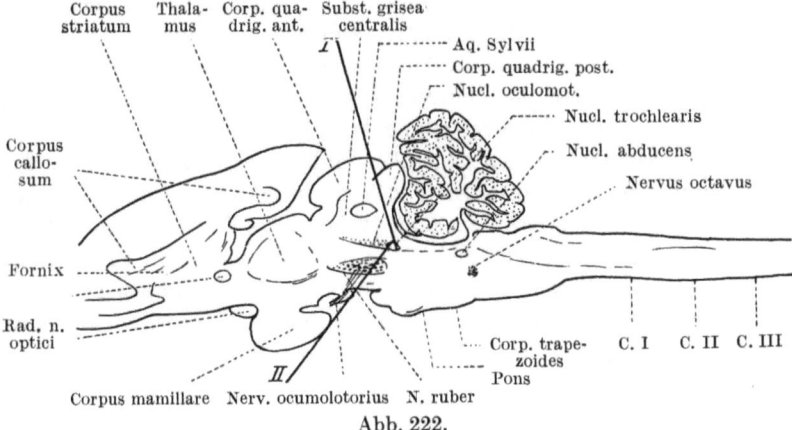

Abb. 222.

Spitze des Trochleariskernes ventralwärts durch den hinteren Teil des
großzelligen Nucleus ruber und durch den Oculomotoriusaustritt.

Nach dem Ergebnis dieses Doppelversuches, welches durch zahlreiche
andere Experimente bestätigt werden konnte, müssen also die Zentren
in der ventralen Hälfte des Mittelhirnes liegen.

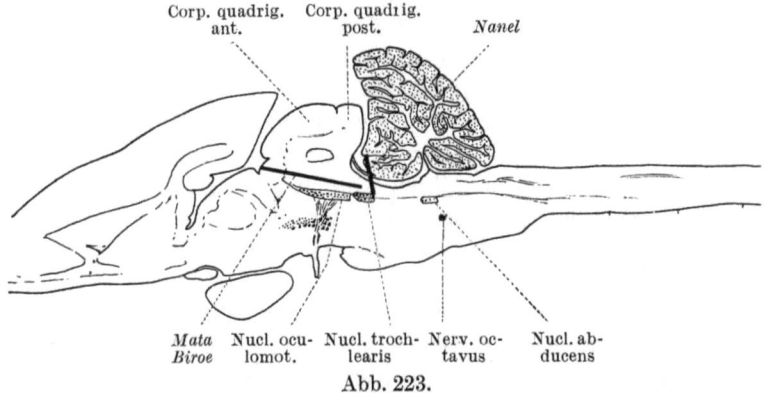

Abb. 223.

Daß die dorsale Hälfte für die normale Tonusverteilung und die
Labyrinthstellreflexe nicht von wesentlicher Bedeutung ist, ergibt sich
noch aus folgenden Versuchen (Abb. 223):

Ein Thalamuskaninchen, bei welchem („Nanel") die dorsale Hälfte
des Mittelhirns durch einen Schnitt durchtrennt war, welcher hinter

den hinteren Vierhügeln austrat, zeigte normale Tonusverteilung, keine Enthirnungsstarre, alle Labyrinthstellreflexe, nur die Körperstellreflexe auf den Körper fehlten. Ein anderes Thalamuskaninchen, bei welchem („Mata Biroe") durch einen horizontal verlaufenden Schnitt das ganze Mittelhirndach abgetragen war, verhielt sich in bezug auf Tonusverteilung, Stellreflexe und sämtliche geprüften Labyrinthreflexe ganz wie ein normales Thalamustier.

Hieraus folgt, daß die Zentren, welche die Enthirnungsstarre aufheben, die normale Tonusverteilung bedingen und die Labyrinthstellreflexe beherrschen, in der ventralen Hälfte des Mittelhirnes in dem oben umschriebenen Bezirke (Abb. 217, zwischen Linie I und II) liegen.

Wie ein Blick auf Tafel XIX des Winkler - Potterschen Atlasses vom Kaninchen sowie auf Abb. 213a (S. 558) und Abb. 224 (S. 625) lehrt, liegen in diesem Niveau außer dem Oculomotoriuskern: der Nucleus ruber, die Substantia nigra, das Ganglion interpedunculare und verschiedene andere Kerne. Der bedeutendste ist jedenfalls der rote Kern.

Die nächste Aufgabe war demnach, den roten Kern beiderseits auszuschalten und danach Tonusverteilung und Stellreflexe zu prüfen. Da der Nucleus ruber beiderseits im Inneren des Mittelhirnes liegt und eine länglich ovale Form besitzt mit der langen Achse in nasooccipitaler Richtung, so ist seine isolierte doppelseitige Zerstörung ohne wesentliche Nebenverletzungen schwierig und dieser Eingriff daher zu orientierenden Versuchen weniger geeignet. Dagegen erschien es möglich, die efferente Bahn dieses Kernes zu durchtrennen[1]) und die Folgen hiervon auf die Reflexe zu untersuchen. Die efferente Bahn ist der Tractus rubrospinalis, welcher unmittelbar nach dem Verlassen des Kernes in der Decussatio ventralis tegmenti (Forel) die Mittellinie kreuzt (Abb. 213a). Diese Forelsche Kreuzung enthält mindestens den größten Teil der rubrospinalen Bahn, vielleicht sogar alle rubrospinalen Fasern. Ihren Durchtrennung in der Höhe des caudalen Endes der beiderseitigen roten Kerne hebt also die Verbindung derselben mit dem Rückenmark ganz oder zum größten Teil auf.

Die Lagebeziehungen ergeben sich aus Abb. 224, auf welcher man beiderseits die vorderen Vierhügel, darunter die Meynertsche Fontänenstrahlung, den Aquaeductus Sylvii, den Oculomotoriuskern und -wurzeln, das hintere Längsbündel, den Tractus Gudden, den Nucleus ruber, die Forelsche Kreuzung, Lemniscus medialis, Substantia nigra, Pes pedunculi, Corpus interpedunculare erkennt. Die Ausmessung

---

[1]) Den ersten Hinweis auf die Zweckmäßigkeit dieses Vorgehens verdanke ich Prof. H. Held in Leipzig.

lehrt, daß der Nucleus ruber beim Kaninchen 3 mm von der Ventral-
fläche und 7 mm von der Dorsalfläche (zwischen den Vierhügeln) entfernt liegt.

Ein Symptom (Ausfall eines Reflexes) kann nur dann auf die
Durchtrennung der rubrospinalen Bahn bezogen werden, wenn Einstiche in der Medianlinie von der dorsalen oder ventralen Seite her,
welche gerade bis zur Forelschen Kreuzung gehen, diese aber intakt lassen, das Symptom nicht hervorrufen, während dasselbe auf-

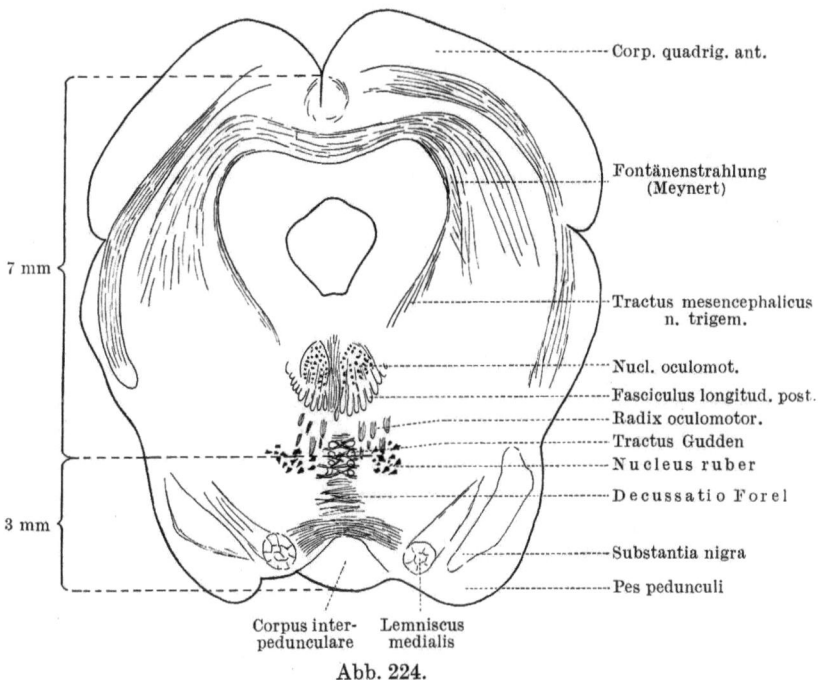

Abb. 224.

tritt, wenn der Stich etwas tiefer erfolgt, so daß die Kreuzung durchtrennt wird.

Berücksichtigt man, daß man bei Einstichen ins Zentralnervensystem mit der Messerspitze das gegenstehende Gewebe immer etwas
vor sich herschiebt, so wird man erwarten können, nach Einstichen
von der ventralen Seite $2^1/_2$ mm tief die Forelsche Kreuzung intakt
zu lassen, $3^1/_2$ mm tief sie zu durchtrennen.

Das Ergebnis von neun derartigen Versuchen, in welchen bei Thalamuskaninchen mit passend geformten und geschützten Messerchen von
der Ventralseite her möglichst genau medial $2^1/_2$ und $3^1/_2$ mm tief ins
Mittelhirn im Niveau des caudalen Endes des roten Kernes eingestochen
wurde, sieht man aus folgender Tabelle:

Kaninchen	Tiefe des Einschnittes mm	Labyrinth-stellreflexe	Körper-stellreflexe auf den Körper	Ent-hirnungs-starre
F	2½	+		−
G	2½	+		−
H	2½	+	+	−
I	2½	+	+	−
P	2½	+		−
Q	3½	−	−	+
B	3½	−	−	+
S	3½	−	−	+
T	3½	−	−	+

Bei Kaninchen F, G und P wurden die Körperstellreflexe auf den Körper nicht untersucht. Halsstellreflexe waren bei allen Tieren vorhanden.

Die Tabelle umfaßt sämtliche Versuche, in welchen das Operationsfeld bei der Operation gut zu übersehen war und nachher keine starken asymmetrischen Erscheinungen auftraten. Die „Tiefe des Einschnittes" ist angegeben nach der beabsichtigten Tiefe, d. h. nach der Wahl des verwendeten Messers.

Die Ergebnisse dieser Versuche lassen an Deutlichkeit nichts zu wünschen übrig. In allen Fällen war nach Einstichen von 2¹/₂ mm Tiefe normale Tonusverteilung und keine Enthirnungs-starre vorhanden. Die Labyrinthstellreflexe waren un-vermindert, in den 2 Fällen, welche darauf untersucht wurden, waren auch Körperstellreflexe auf den Körper vorhanden. — Dagegen war nach Einstichen von 3¹/₂ mm Tiefe in allen Fällen die normale Tonusverteilung aufgehoben, deutliche Enthirnungsstarre eingetreten, die Labyrinth-stellreflexe und die Körperstellreflexe auf den Körper waren verschwunden.

Bisher sind die Präparate von sechs Tieren: G, H, I (2¹/₂ mm) und Q, B, S (3¹/₂ mm) an vollständigen Schnittserien untersucht. Das Er-gebnis wird durch folgende drei Beispiele veranschaulicht. Die übrigen drei Fälle zeigten übereinstimmende Befunde.

Kaninchen I. Thalamustier. Beabsichtigte Tiefe des Einschnittes 2¹/₂ mm. Das Tier hatte keine Spur von Starre, sondern vollständig normale Tonusverteilung, saß, lief und sprang normal, zeigte alle Labyrinthstellreflexe auf den Kopf und die Körperstellreflexe auf den Körper (natürlich auch Halsstellreflexe) und wurde über 4 Stunden nach der Operation getötet.

Abb. 225 zeigt, daß der Stich ¹/₂ mm neben der Medianlinie verläuft und mit seiner Spitze den ventralen Rand der Forelschen Kreuzung berührt, in welche er gerade eben eindringt. Der Oculomotoriusaustritt ist beiderseits intakt, ebenso, wie sich aus der ganzen Serie ergibt, die Bindearmkreuzung, die Meynertsche Kreuzung, die beiden roten Kerne, die Oculomotiuskerne, die Substantia nigra beiderseits und die Pyramidenbahnen. Letztere sind natürlich, da es sich um ein Thalamustier handelt, bei der Großhirnexstirpation in einem höheren Niveau durchtrennt.

Kaninchen B. Thalamustier. Beabsichtigte Tiefe des Einstiches $3^1/_2$ mm. Das Tier zeigte dauernd starke Starre und lag in Seitenlage.

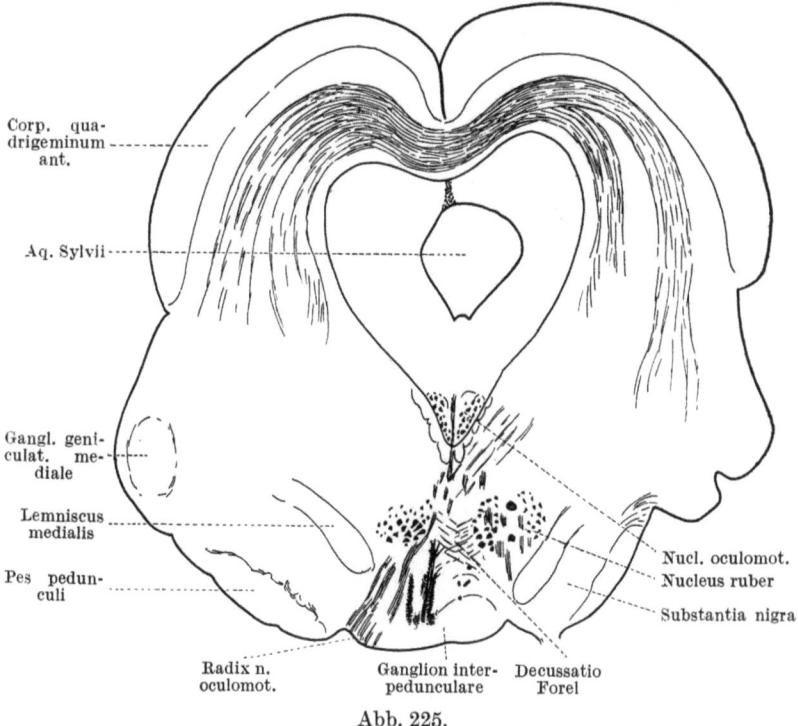

Corp. qua-
drigeminum
ant.

Aq. Sylvii

Gangl. geni-
culat. me-
diale

Lemniscus
medialis

Pes pedun-
culi

Nucl. oculomot.

Nucleus ruber

Substantia nigra

Radix n.
oculomot.

Ganglion inter-
pedunculare

Decussatio
Forel

Abb. 225.

Alle Stellreflexe (natürlich mit Ausnahme der Halsstellreflexe) waren aufgehoben. Das Tier wurde $2^1/_2$ Stunden nach der Operation getötet.

Abb. 226 zeigt, daß der Stich genau medial liegt. Er durchtrennt die Forelsche Kreuzung. Durchsicht der ganzen Serie ergibt, daß die Bindearmkreuzung durch den Stich gerade am Rande berührt wird und fast vollständig intakt geblieben ist. Auch die Meynertsche Kreuzung ist unverletzt. Intakt sind ferner beiderseits: der Nucleus ruber, der Oculomotoriuskern, die Substantia nigra, die Pyramidenbahn (letztere in höherem Niveau bei der Großhirnexstirpation durchtrennt).

Auch bei Kaninchen S, bei welchem der Einstich $3^1/_2$ mm tief beabsichtigt war, und welches danach Aufhebung der normalen Tonus-

40*

verteilung, starke Enthirnungsstarre, Fehlen der Labyrinthstellreflexe auf den Körper gezeigt hatte, fand sich ein genau medialer Schnitt durch das Ganglion interpedunculare, welcher die Forelsche Kreuzung gerade durchtrennt hatte.

Die Befunde bei Kaninchen G und H entsprachen denen bei Tier I, die Befunde bei Kaninchen Q denen bei B und S.

Diese klaren Resultate werden ergänzt durch die Erfolge der Einstiche ins Mittelhirn von der dorsalen Seite. Da der Abstand bis zur Forelschen Kreuzung hier größer ist, wird leichter ein seitliches Ab-

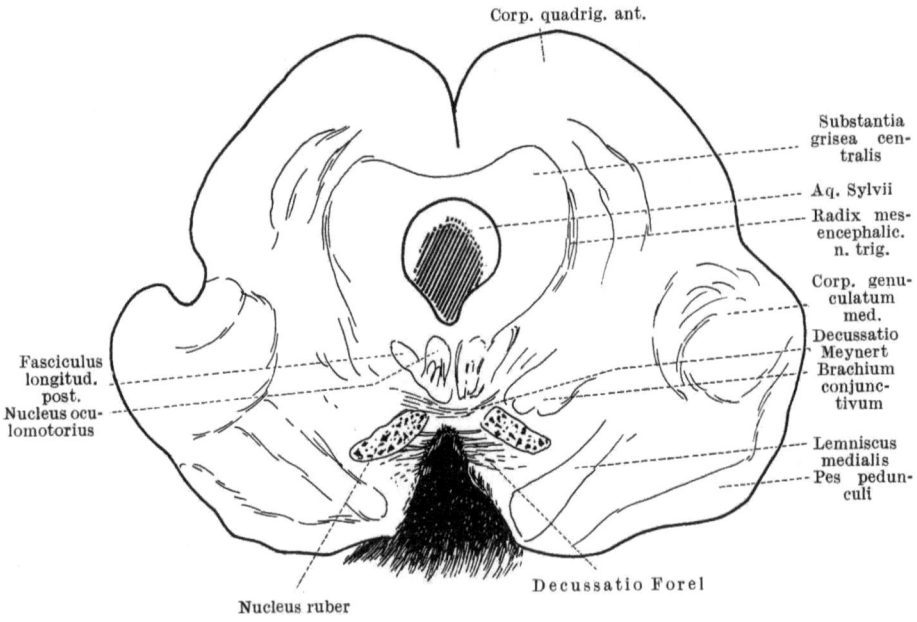

Abb. 226.

weichen eintreten können. Daher darf man hier nur diejenigen Versuche heranziehen, in welchen die Untersuchung der Schnittserien bereits vorliegt.

Kaninchen Z. Thalamustier. Tiefe des Einstiches 6 mm. Das Tier hat keine Starre, sondern normale Tonusverteilung. Sitzt, läuft und springt ganz normal. Labyrinthstellreflexe sämtlich positiv, ebenso die Körperstellreflexe auf den Körper und die Halsstellreflexe. Getötet nach einer Stunde.

Der Schnitt (Abb. 227) geht rechts von der Mittellinie durch den Aquädukt, in welchem Blut; danach etwas rechts von der Mittellinie am lateralen Rande des Oculomotoriuskernes, in welchem einige Blutungen. Er endet genau an der dorsomedialen Ecke des rechten Nucleus

ruber, welcher ganz intakt ist (vgl. das Mikrophotogramm des Stich-
endes Abb. 228). Die Forelsche Kreuzung ist intakt, ebenso
die Bindearmkreuzung (in einem mehr caudalen Schnitt zu sehen).
Die Meynertsche Kreuzung ist durchtrennt.

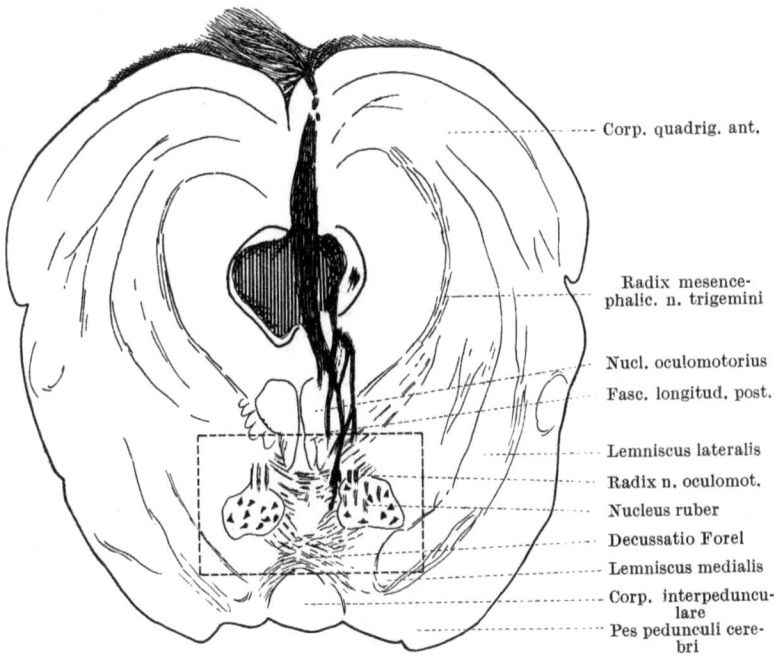

Corp. quadrig. ant.

Radix mesence-
phalic. n. trigemini

Nucl. oculomotorius
Fasc. longitud. post.

Lemniscus lateralis
Radix n. oculomot.
Nucleus ruber
Decussatio Forel
Lemniscus medialis
Corp. interpeduncu-
lare
Pes pedunculi cere-
bri

Abb. 227.

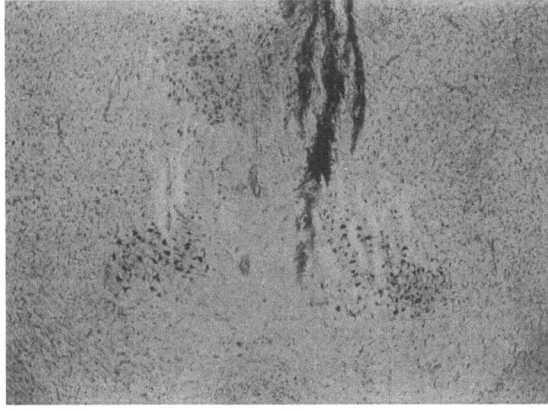

Abb. 228.

Kaninchen X. Thalamustier. Beabsichtigte Tiefe des Einstiches 9 mm. Das Tier zeigte sehr starke Enthirnungsstarre: Die Labyrinthstellreflexe und die Körperstellreflexe auf den Körper fehlten völlig. Körperstellreflexe auf den Kopf dagegen in beiden Seitenlagen (rechte Seitenlage spontan, linke Seitenlage auf Reiz) positiv. Halsstellreflexe positiv. Kompensatorische Augenstellungen und Drehreaktionen der Augen positiv. Getötet nach 3 Stunden.

Der Schnitt (Abb. 229) geht genau medial zwischen den beiden Oculomotoriuskernen und zwischen den beiden roten Kernen durch

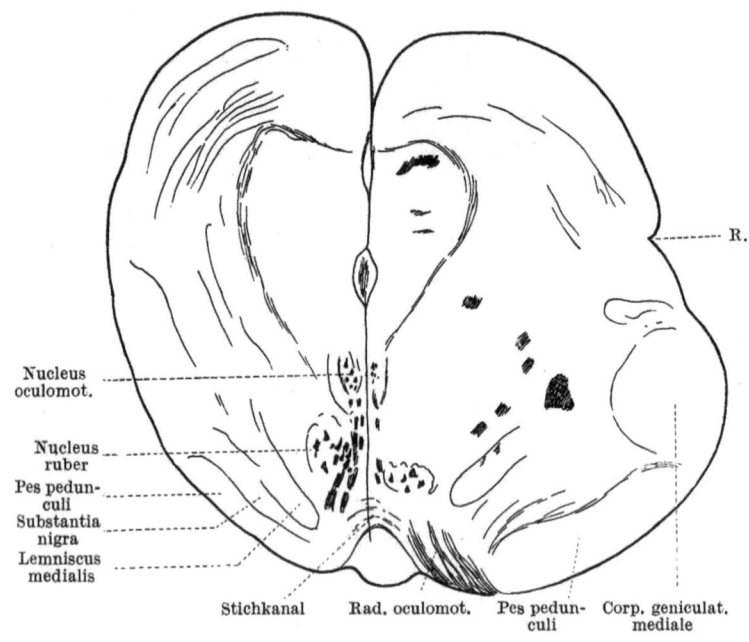

Abb. 229.

die Forelsche Kreuzung und endet im Ganglion interpedunculare. Bindearmkreuzung durchtrennt, ebenso die Meynertsche Kreuzung. Fasciculus longitudinalis posterior beiderseits intakt. Alle nicht in der Medianebene gelegenen Strukturen vollständig unverletzt.

Nimmt man alle diese Versuche zusammen, so ergibt sich, daß Einschnitte ins Mittelhirn im Niveau des caudalen Endes des Nucleus ruber, welche in der Medianebene oder dicht neben ihr von der ventralen oder dorsalen Seite aus bis in verschiedene Tiefe die dort liegenden Kreuzungen oral von der Bindearmkreuzung durchtrennen, die normale Tonusverteilung, die Labyrinthstellreflexe und die Körperstellreflexe auf den Körper so lange nicht stören, als die Forelsche Kreuzung (und damit die rubrospinale Bahn) unverletzt bleibt. Wird dagegen die Forelsche Kreuzung in diesem Niveau durchtrennt, so tritt Enthirnungsstarre auf, und die Labyrinthstellreflexe auf den Kopf sowie die Körperstellreflexe auf den Körper werden aufgehoben.

Diese Tatsache ließ sich sehr deutlich in folgendem akutem Versuch demonstrieren:

Bei einem Kaninchen wurde das Großhirn beiderseits exstirpiert. Von der vorderen Schnittfläche vor dem Thalamus aus wurde in der Medianebene mit einer Nadel ein feiner Seidenfaden nach hinten dorsal von den roten Kernen eingeführt. Caudal vom Niveau der roten Kerne

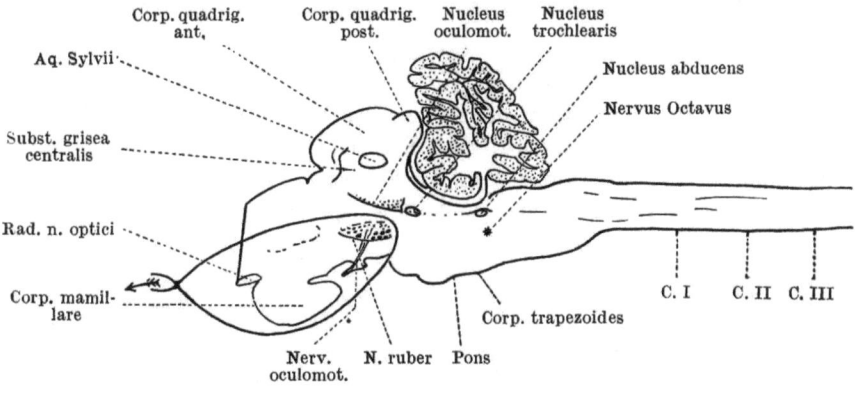

Abb. 230.

bog der Faden in ventraler Richtung um und trat am Vorderrande der Brücke aus. Beide Fadenenden wurden zu einer Schlinge vereinigt. Die Lage des Fadens ist auf Abb. 230 angedeutet.

Das Tier zeigte das Verhalten der gewöhnlichen Thalamustiere. Es hatte normale Tonusverteilung, keine Enthirnungsstarre, saß normal, hatte vorzügliche Labyrinthstellreflexe, Körperstellreflexe auf den Körper und Halsstellreflexe. Abb. 231 zeigt das Tier in diesem Zustande.

Nunmehr wurde die Klemme an der Hautwunde vorübergehend geöffnet und (65 Minuten nach Ende der Operation) der Faden gerade so viel in der Richtung nach vorne angezogen, daß die Forelsche Kreuzung durhtrennt werden mußte. Das Ergebnis war außerordentlich anschaulich (Abb. 232): Das Tier fiel sofort in Seitenlage, bekam stärkste Enthirnungsstarre, von den Labyrinthstellreflexen und den Körperstellreflexen auf den Körper war keine Spur mehr nachzuweisen. Die photographische Aufnahme (von oben) ist $2^1/_4$ Stunde später gemacht.

Hieran schlossen sich, nachdem die Bedeutung der Forelschen Kreuzung sichergestellt war, nunmehr Versuche zur beiderseitigen Zerstörung des Nucleus ruber durch Einstiche von den beiden Seitenflächen des Mittelhirnes an. Zu diesem Zwecke wurde beim Thalamus-

Abb. 231.

kaninchen der Hirnstamm etwas von der Seite her gehoben, bis der Oculomotorius sichtbar wird. Die Einstichstelle liegt im Niveau des Oculomotorius etwas dorsal vom Pes pedunculi. Das Messerchen wurde etwa 4 mm tief eingestochen und seine Spitze darauf etwas in naso-

Abb. 232.

occipitaler Richtung hin und her bewegt. Diese Operation wurde doppelseitig ausgeführt.

Aus einer größeren Versuchsreihe fielen zunächst zwei Tiere auf, bei welchen die Operation als besonders gut gelungen betrachtet wurde. Überraschenderweise zeigte das eine Tier ganz normales Verhalten, während das andere Tier steif war und auf der Seite liegen blieb. Daher

wurden die Präparate dieser beiden Kaninchen zuerst in Serien geschnitten. Das Ergebnis war folgendes:

Kaninchen M. Verhalten nach der Operation: Absolut keine
Starre. Normale Tonusverteilung. Labyrinthstellreflexe in allen Lagen
positiv. Körperstellreflexe auf den Körper fehlen. Halsstellreflexe
(auf den Vorderkörper und das Becken) positiv. Das Tier sitzt mit

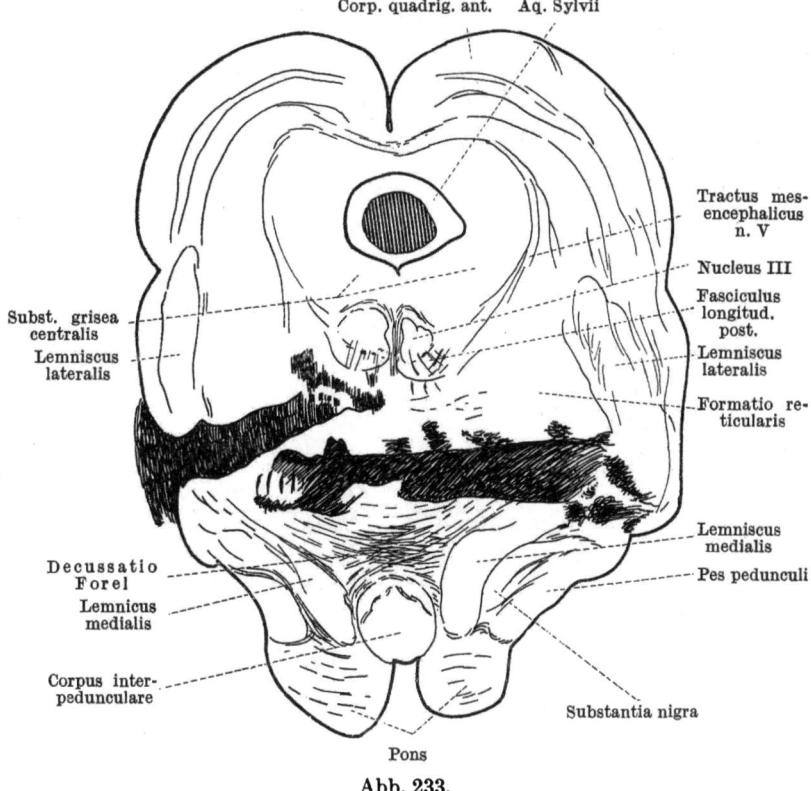

Abb. 233.

dem Vorderkörper aufrecht; versucht von Zeit zu Zeit mit dem Hinterkörper aufzusitzen, fällt aber hinten bald wieder um. Getötet nach
etwa 3 Stunden.

Mikroskopische Untersuchung.

Auf Abb. 233 sieht man, daß die Stichkanäle im Niveau der Forelschen Kreuzung, caudal von dem roten Kerne, liegen. Der Stich auf der
linken Seite der Abbildung geht schräg dorsalwärts gegen den Unterrand
des Oculomotoriukernes und überschreitet die Mittellinie nicht. Der
Stich auf der rechten Seite der Abbildung geht in horizontaler Richtung
dorsal von der Forelschen Kreuzung und überschreitet die Mittellinie.

Der Schnitt verletzt beiderseits die cerebello-rubrale Bahn oral von der Bindearmkreuzung.

Abb. 234 zeigt einen Schnitt, welcher mehr nasalwärts als Abb. 233 liegt. In diesem Schnitt ist das Maximum der Verletzung des Nucleus ruber zu sehen. Auf der rechten Seite geht der Stichkanal bis in die Gegend der Bahn des Lemniscus medialis und bleibt lateral vom roten

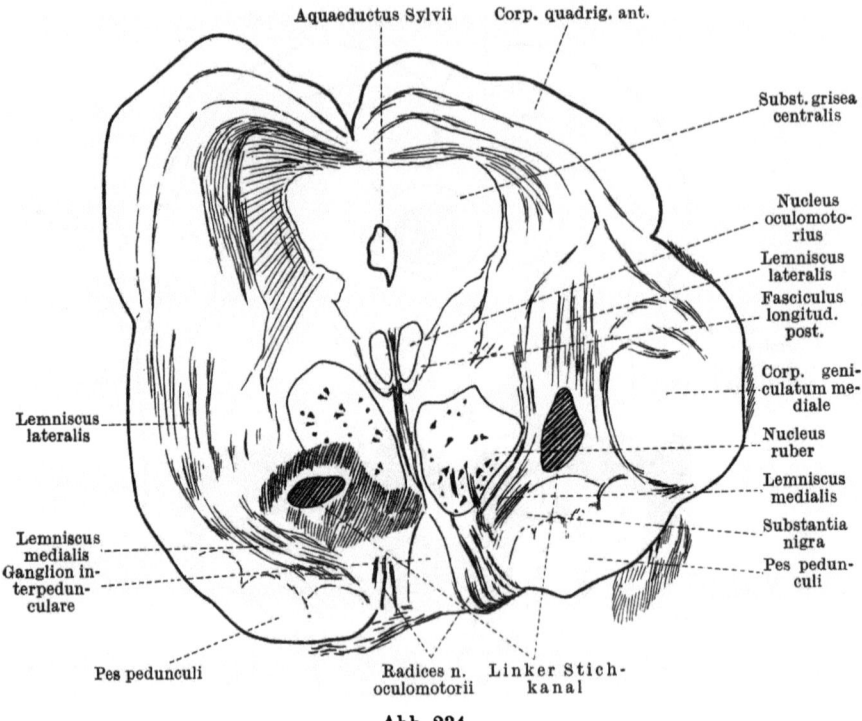

Aquaeductus Sylvii   Corp. quadrig. ant.

Subst. grisea
centralis

Nucleus
oculomoto-
rius

Lemniscus
lateralis

Fasciculus
longitud.
post.

Corp. geni-
culatum me-
diale

Nucleus
ruber

Lemniscus
medialis

Substantia
nigra

Pes pedun-
culi

Lemniscus
lateralis

Lemniscus
medialis
Ganglion in-
terpedun-
culare

Pes pedunculi   Radices n.   Linker Stich-
                       oculomotorii   kanal

Abb. 234.

Kern. Links ist der Stichkanal lateral vom Nucleus ruber. Eine Blutung hat aber den ventrolateralen Teil des roten Kernes (großzelliger Teil) angefressen. Dieser Kern ist jedoch zum größten Teil intakt. Substantia nigra links lädiert. Die Pyramidenbahnen sind im Bereiche des Mittelhirnes nicht berührt.

In diesem Falle sind also die roten Kerne auf der einen Seite ganz, auf der anderen größtenteils intakt geblieben, und auch die rubrospinale Bahn ist unverletzt.

Kaninchen O. Verhalten nach der Operation: Enthirnungsstarre an den Hinterbeinen stark und den Vorderbeinen mäßig. Labyrinthstellreflexe absolut negativ. Körperstellreflexe auf den Körper fehlen. Körperstellreflexe auf den Kopf in beiden Seitenlagen (ohne Reizung)

schwach vorhanden. Halsstellreflexe positiv. Getötet nach etwa
3 Stunden.

Mikroskopische Untersuchung:

Abb. 235 zeigt den Schnitt, in welchem das Maximum vom roten
Kern stehengeblieben ist. Der Stich auf der linken Seite der Abbildung
geht in den roten Kern, zerstört diesen fast ganz und läßt nur eine
kleine ventrolaterale Kerngruppe (des großzelligen Anteiles) intakt.
Auf der rechten Seite ist der rote Kern vollständig zerstört. Blutung

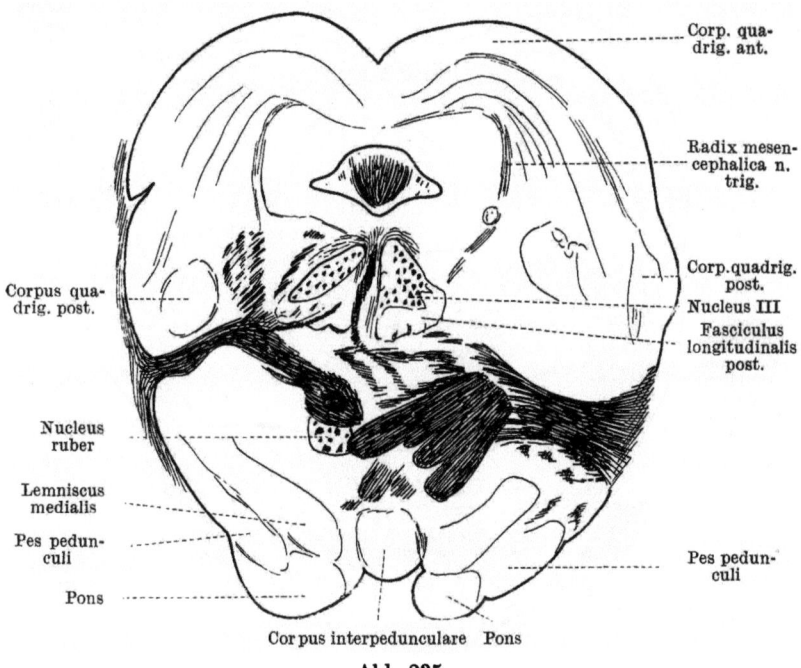

Abb. 235.

an der Stelle der Forelschen Kreuzung, welche auch in mehr caudal
gelegenen Niveaus ganz durch Blutungen zerstört ist.

Intakt ist beiderseits: die Substantia nigra, der Lemniscus medialis
die Bindearmkreuzung (in letzterer nur rechts eine ganz geringe Blutung).
Die Pyramidenbahn ist innerhalb des Mittelhirnes nicht berührt. In
der Meynertschen Kreuzung ist eine große Blutung.

In diesem Falle ist also der rote Kern auf der einen
Seite vollständig, auf der anderen Seite bis auf einen kleinen Rest und die Forelsche Kreuzung zerstört worden.

Diese beiden Versuche ergänzen sich spiegelbildlich und zeigen, daß
bei erhaltenen roten Kernen normale Tonusverteilung,
Labyrinthstellreflexe und Körperstellreflexe auf den Kör-

per vorhanden sind, während diese Reaktionen nach Zerstörung der roten Kerne und der Forelschen Kreuzung fehlen.

Zur Vervollständigung sei hier noch folgendes Experiment angeführt:

Kaninchen „Urotropin". Großhirn intakt gelassen. Nach Eröffnung des Schädels wird der hintere Großhirnpol in die Höhe gehoben und von der einen

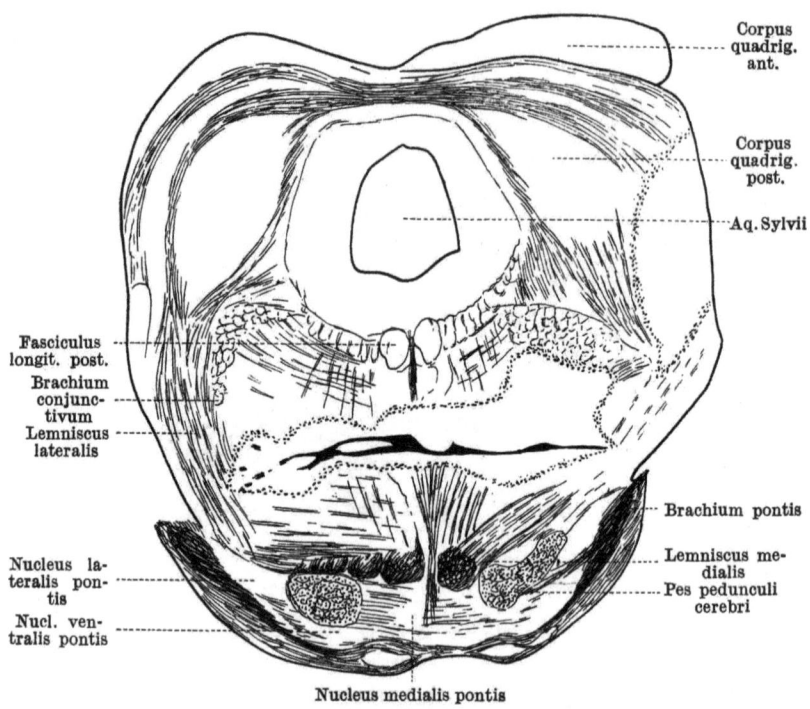

Abb. 236.

Seite caudal vom Niveau der roten Kerne ein lateraler Einstich ins Mittelhirn über die Mittellinie hinaus gemacht. Das Tier bleibt 9 Tage leben und wird dann getötet. Da das Großhirn und die Pyramidenbahnen unverletzt geblieben sind, zeigt es nur geringe Enthirnungsstarre (siehe unten S. 640). Es hat etwas asymmetrische Erscheinungen: Grunddrehung nach rechts, liegt stets auf der rechten Seite.

Labyrinthstellreflexe negativ. Körperstellreflexe auf den Körper negativ. Körperstellreflexe auf den Kopf in rechter Seitenlage negativ, in linker Seitenlage nicht prüfbar, da der Kopf schon infolge der Grunddrehung in Normalstand geht. Halsstellreflexe positiv.

Histologische Untersuchung: Stich liegt caudal von den roten Kernen.

Abb. 236 zeigt das Maximum der Verletzung etwas caudal vom Einstich. Die rubrospinale Bahn ist beiderseits caudal von der Forelschen Kreuzung vollständig durchtrennt. Formatio reticularis degeneriert. Intakt sind beiderseits:

die Meynertsche Fontänenbahn und -kreuzung, die Bindearmkreuzung (nur an der linken Seite etwas lädiert), die Substantia nigra, die Pyramidenbahn, der Lemniscus medialis, der Fasciculus longitudinalis posterior. **Auch in diesem Versuche findet sich Aufhebung der Labyrinthstellreflexe und der Körperstellreflexe auf den Körper zusammen mit Zerstörung der rubrospinalen Bahnen. Das Niveau der Verletzung liegt mehr caudal als in den früheren Experimenten.**

Fassen wir nunmehr das Ergebnis aller dieser und noch einer Anzahl hier nicht beschriebener Experimente zusammen, so können wir die Schluß-folgerungen für die Lage der Zentren der Labyrinthstellreflexe und der normalen Tonusverteilung zusammen besprechen, denn es hat sich stets nach allen Eingriffen am Mittelhirne von Thalamus-tieren herausgestellt, daß Tiere mit normaler Tonusverteilung und ohne Enthirnungsstarre auch intakte Labyrinthstellreflexe hatten, während Enthirnungsstarre stets mit Aufhebung der Labyrinthstell-reflexe gepaart ging. Die Niveaubestimmung ergab, daß die Zentren für die Labyrinthstellreflexe und die normale Tonusverteilung in einem Mittelhirnquerschnitt liegen, in welchem sich der (großzellige) rote Kern befindet, und daß sie in der ventralen Hälfte (ventral vom Oculomo-toriuskern) gesucht werden müssen. Ventrale und dorsale Einstiche in der Medianebene des Mittelhirnes heben die genannten Funktionen nicht auf, solange die Forelsche Kreuzung intakt bleibt, selbst wenn die Schnitte bis dicht an diese Kreuzung reichen. Wird dagegen die Forelsche Kreuzung im Niveau des Hinterendes der roten Kerne, da, wo die rubrospinalen Bahnen kreuzen, durchtrennt, so erfolgt Ent-hirnungsstarre und die Labyrinthstellreflexe verschwinden. Seitliche Einstiche ins Mittelhirn, welche gerade dorsal von den roten Kernen verlaufen und dieselben sowie die Forelsche Kreuzung intakt lassen, beeinträchtigen die normale Tonusverteilung und die Labyrinthstell-reflexe nicht.

Hieraus folgt mit Sicherheit, daß die Bahn für diese Reflexe in der Forelschen Kreuzung in der Höhe des Hinterendes der roten Kerne die Mittellinie kreuzt und daß die Zentren dieser Reflexe im Niveau des roten Kernes im ventralen Mittelhirnquerschnitt liegen. Die Bahnen, welche in diesem Niveau in der Decussatio Forel[1]) kreuzen, stammen aus dem roten Kern. Es ergibt sich daraus die Folgerung, daß der **rote Kern das Zentrum für die Labyrinthstellreflexe und die normale Tonusverteilung in der Körpermuskulatur ist,**

---

[1]) Ich halte mich hier, wie überhaupt in diesem ganzen Abschnitt, streng an die Beschreibungsweise und die Abbildungen der Winkler - Potterschen Atlanten.

durch dessen Tätigkeit die Enthirnungsstarre aufgehoben wird. Damit sind für diese ebengenannten Funktionen der Kern und die efferente Bahn ermittelt, und andererseits für ein anatomisch so scharf ausgeprägtes Gebilde[1]) wie den Nucleus ruber physiologisch bestimmte Funktionen gefunden. Die Niveaubestimmungen an der Katze machen es wahrscheinlich, daß der großzellige Anteil des roten Kernes für die besprochenen Reaktionen genügt.

Anderseits ergab sich aus Versuchen an Thalamustieren mit erhaltenen Labyrinthstellreflexen und normaler Tonusverteilung, daß die Zerstörung der folgenden Kerne und Bahnen das normale Zustandekommen der beiden genannten Funktionen nicht stört und daß dieselben daher für Labyrinthstellreflexe und normale Tonusverteilung nicht notwendig sind:

Die Pyramidenbahn (ist beim Thalamustier durchschnitten).

Die Bindearmkreuzungen (siehe z. B. Kaninchen M).

Alle Kreuzungen (außer der Decussatio Forel) im Niveau des großzelligen roten Kernes (dorsale und ventrale Einstiche ins Mittelhirn).

Das ganze Tegmentum mit den Corpora quadrigemina anteriora und posteriora (Abb. 223).

Alle Bahnen aus dem Tegmentum: die Fontänenstrahlung mit der Meynertschen Kreuzung, die tektopontinen und tektobulbären Bahnen (Abb. 222 und 223).

Der Lemniscus medialis (z. B. Kaninchen M).

Wahrscheinlich auch die Substantia nigra (Rademaker hat bei mehreren Thalamustieren beiderseits ventrolaterale Einschnitte ins Mittelhirn gemacht, welche die Substantia nigra zerstören, die roten Kerne und die rubrospinale Bahn intakt lassen sollten. Die Tiere hatten normale Tonusverteilung und intakte Labyrinthstellreflexe. Die anatomische Untersuchung steht noch aus. Ferner läßt sich hier für heranziehen, daß bei dem großhirnlosen Hund von Goltz, welcher keine Enthirnungsstarre hatte, die Substantia nigra degeneriert war (Gordon Holmes), und daß bei einer Katze eigener Beobachtung, welche nach halbseitiger Großhirnexstirpation keine Spur von Starre, keine Störung der Tonusverteilung und durchaus symmetrische Labyrinthstellreflexe gezeigt hatte, sich nach der Feststellung von Winkler an der Seite der Operation völliges Zugrundegehen aller Zellen der Substantia nigra fand).

Hierzu ist natürlich zu bemerken, daß aus der Tatsache, daß alle die genannten anatomischen Strukturen für die genannten Funktionen nicht notwendig sind, nicht gefolgert werden darf, daß sie nicht

---

[1]) Für die Anatomie des roten Kernes vgl. hier vor allem die große Monographie von v. Monakow.

unter Umständen (z. B. als afferente Bahnen) auf den roten Kern einwirken und so einen Einfluß z. B. auf die Tonusverteilung bekommen können.

Denn man darf nicht vergessen, daß bisher für normale Tonusverteilung und Labyrinthstellreflexe nur der Kern und die efferente Bahn ermittelt ist. Was die afferenten Bahnen angeht, so wissen wir, daß die Bahn für die Labyrinthstellreflexe jedenfalls vom Octavuseintritt durch den Hirnstamm zum roten Kern läuft, und daß sie keine Umwege durch mehr oral gelegene Teile des Hirnstammes macht. Der spezielle Verlauf dieser Bahn ist aber noch unbekannt.

Ob der rote Kern für die Aufhebung der Enthirnungsstarre und das Hervorrufen der normalen Tonusverteilung überhaupt afferente Bahnen nötig hat, oder ob er „automatisch" arbeiten kann, läßt sich noch nicht sagen. Da das labyrinthlose Thalamustier nicht starr ist, kann der rote Kern jedenfalls die normale Tonusverteilung noch nach Ausfall der afferenten labyrinthären Erregungen zustande bringen. Die Rolle der übrigen afferenten Reize ist noch festzustellen.

Ebenso ist noch zu untersuchen, in welcher Weise und an welcher Stelle der rote Kern durch Vermittelung der rubrospinalen Bahn die Enthirnungstarre aufhebt. A priori gibt es hier zwei Möglichkeiten. Entweder geht eine direkte Bahn vom roten Kern zum „Starrezentrum" in der Medulla oblongata, durch welche das Starrezentrum gehemmt wird. Hiergegen spricht, daß nach persönlicher Mitteilung von Winkler seiner Ansicht nach die rubrospinale Bahn auf ihrem Wege durch die Medulla oblongata keine oder jedenfalls nur sehr wenige Kollateralen abgibt. Collier und Buzzard beschreiben allerdings Kollateralen zum Kleinhirn, welche aber für die hier besprochene Funktion nicht in Betracht kommen können. Vollständig könnte jedenfalls die supponierte Hemmung des Starrezentrums durch den roten Kern nicht sein, denn sonst müßte sich das Thalamustier in bezug auf den Tonus der Körpermuskulatur wie ein Rückenmarkstier verhalten, was nicht der Fall ist.

Dadurch wird es wahrscheinlicher, daß der Einfluß durch die rubrospinale Bahn direkt zu den Zentren in den verschiedenen Niveaus des Rückenmarkes geht, wozu die anatomische Voraussetzung bei der Länge der rubrospinalen Bahn gegeben ist. Wir würden uns dann die Sache so vorstellen müssen, daß beispielsweise die Rückenmarkszentren für eine Extremität zunächst reflektorisch erregt werden durch die im gleichen Niveau eintretenden Hinterwurzeln, welche Impulse zu den Zentren der Beuge- und Streckmuskeln senden. Außerdem mündet in diesem Niveau die Bahn von den Zentren in der Medulla oblongata, welche, wenn sie allein auf das Rückenmark einwirkt, Enthirnungsstarre auftreten läßt. Diese Bahn wird also die Tonusverteilung in dem betreffenden Rückenmarksniveau zugunsten der Streckmuskeln verschieben. Kommen nun aber außerdem durch die rubrospinale Bahn Impulse vom roten Kern im gleichen Rückenmarksniveau an, so wird nach dieser Vorstellung die Tonusverteilung wieder mehr nach der Beugeseite hin verschoben. Gewissermaßen stehen die Zentren im Rückenmark unter zwei Zügeln: einem Streckzügel, beeinflußt von der Medulla oblongata, und einem Beugezügel, beeinflußt vom roten Kern. Das Ergebnis dieser beiden Einflüsse ist (beim Thalamustier) die gleichmäßige Tonusverteilung in dem innervierten Gliede.

Beim Tier mit intaktem Großhirn gelangen nun aber außerdem in das gleiche Niveau noch Erregungen auf dem Wege der Pyramidenbahn, welche, wie die Versuche mit Großhirnrindenreizung ergeben, überwiegend Beugeeinflüsse übermittelt. Hierdurch wird ein interessanter Gegensatz zwischen dem Verhalten von intakten und von Thalamustieren nach Unterbrechung der rubrospinalen Bahn verständlich. Bei beiden sind nach diesem Eingriff die Labyrinthstellreflexe und die Körperstellreflexe auf den Körper vollständig aufgehoben. Beim Thalamustier tritt, wie beschrieben, stärkste Enthirnungsstarre auf. Dagegen ist beim Tier mit erhaltenem Großhirn (Kaninchen, Katze) nach Durchtrennung der Forelschen Kreuzung oder der rubrospinalen Bahnen sowohl direkt als auch tagelang nach der Operation allerdings auch Steifheit vorhanden, aber die Starre ist lange nicht so hochgradig wie beim Thalamustier; offenbar deshalb, weil die Verbindung der Rinde mit dem Rückenmark durch die Pyramidenbahn erhalten geblieben ist und diese letztere auch als eine Art von „Beugezügel" auf die Niveauzentren des Rückenmarkes einwirkt, so daß nach Ausschaltung der rubrospinalen Einflüsse immer noch eine Innervation da ist, welche den Einfluß der Zentren in der Medulla oblongata, wenn auch nicht vollständig, so doch teilweise paralysieren kann.

Die rubrospinale Bahn allein genügt also, um die Starre aufzuheben und normale Tonusverteilung hervorzurufen. Die Pyramidenbahn allein hebt die Starre nur unvollständig auf. Beide zusammen bedingen beim Tier mit intaktem Zentralnervensystem normale Tonusverteilung. Fehlen beide (Durchschneidung der Forelschen Kreuzung beim Thalamustier), so erfolgt maximale Starre. Fallen beide zusammen bei erhaltenem Großhirn fort, so tritt ebenfalls maximale Starre auf, wie aus einer Arbeit von v. Economo und Karplus hervorgeht, wenn man folgende drei Beobachtungen zusammennimmt: Katzen waren nach doppelseitiger Durchschneidung des Pes pedunculi (Pyramidenbahn) und der Substantia nigra am folgenden Tage imstande, normal zu laufen. Ein Macacus konnte nach derselben Operation nach 5 Tagen aufsitzen. Dagegen lag eine Katze nach demselben Eingriff

und dazu Durchschneidung der Decussatio rubrospinalis (Forel)
13 Tage lang steif in Seitenlage. — Unterbrechung der Pyramidenbahn allein bewirkt keine Starre, wie die Beobachtungen an Thalamustieren lehren. Auch für den Anthropoiden ergibt sich dieses aus den
Versuchen von Leyton und Sherrington.

Alle diese Beobachtungen zusammengenommen lassen es verständlich
erscheinen, daß Durchschneidung der rubrospinalen Bahn bei erhaltenem
Großhirn nicht so starke Starre bedingt wie beim Thalamustier. Ob
die hier entwickelte Vorstellung von dem Zusammenwirken der verschiedenen im Rückenmark absteigenden Bahnen für das Zustandekommen der Enthirnungsstarre und der normalen Tonusverteilung
wirklich richtig ist, muß natürlich experimentell untersucht werden;
vorläufig ist sie nur als Arbeitshypothese zu betrachten.

Die Körperstellreflexe auf den Körper haben nach den
früheren Darlegungen (siehe S. 617) ihre Zentren im Niveau des roten
Kernes. Sie werden sowohl beim Thalamustier als auch bei erhaltenem
Großhirn in allen Fällen aufgehoben durch Durchtrennung der rubrospinalen Bahn in der Forelschen Kreuzung oder caudal davon.

Demnach ist der rote Kern auch als das Zentrum für
die Körperstellreflexe auf den Körper anzusehen. Nach
den Niveaubestimmungen an der Katze (Abb. 219, Linie I) muß man an
die Möglichkeit denken, daß die Begrenzung nach vorne (oral) nicht
so scharf ist wie bei den Labyrinthstellreflexen, und daß vielleicht
der kleinzellige Anteil des roten Kernes mitwirkt. Die Beobachtungen
an zwei Hunden mit fast vollständiger Kleinhirnexstirpation machen
es wahrscheinlich, daß der afferente Weg für diese Reflexe über das
Kleinhirn läuft. Hiermit steht in Einklang, daß bei Kaninchen M, bei
welchem die cerebello-rubrale Bahn oral von der Bindearmkreuzung
verletzt war, die Körperstellreflexe auf den Körper (bei erhaltenen
Labyrinthstellreflexen) fehlten. Auch andere Versuche sprechen im
gleichen Sinne. Doch sind weitere Experimente und vor allem die Ergebnisse von zahlreicheren Schnittserien abzuwarten, ehe wir etwas
Sicheres über den Verlauf der afferenten Bahnen für die Körperstellreflexe auf den Körper wissen.

Überraschenderweise hat sich ergeben, daß die Körperstellreflexe auf den Kopf andere Zentren haben, als einerseits die Labyrinthstellreflexe auf den Kopf und andererseits die Körperstellreflexe
auf den Körper. Durchtrennung der Forelschen Kreuzung, ja sogar
vollständige mediane Durchtrennung des Mittelhirnes im Niveau des
Hinterrandes der roten Kerne hebt diese Reflexe nicht auf. Selbst bei
Kaninchen O (siehe S. 635, Abb. 235), bei welchem die roten Kerne

und die Forelsche Kreuzung durch seitliche Einstiche und Blutungen so gut wie völlig zerstört waren, wurde der Kopf aus beiden Seitenlagen auf dem Tisch noch schwach gegen die Normalstellung gedreht.

Demnach sind die roten Kerne für die Körperstellreflexe auf den Kopf nicht notwendig. Die Zentren liegen entweder im selben Niveau wie die roten Kerne oder vielleicht etwas caudal davon. Es muß noch festgestellt werden, welcher Kern die Zentralstelle für diese Reflexe ist.

Nach allen in diesem Abschnitt geschilderten Eingriffen waren die Halsstellreflexe, wie nach den früheren Niveaubestimmungen zu erwarten war, erhalten. Sie haben nichts mit den roten Kernen zu tun.

————

Die in diesem Kapitel beschriebenen Versuche zeigen, daß wenigstens ein erster Anfang mit der anatomisch-physiologischen Entwirrung des Zentralapparates für die Körperstellung gemacht worden ist. Neben den Feststellungen über die allgemeinere Anordnung der Zentren und Bahnen in den einzelnen Abschnitten des Hirnstammes konnte wenigstens für einen anatomisch bekannten Kern die Funktion (oder ein Teil seiner Funktion) und für einige physiologisch festgestellte Funktionen die anatomische Lage des Zentrums ermittelt werden. Das hierbei eingeschlagene Verfahren hat sich als brauchbar erwiesen; es ist zu hoffen, daß die Ergebnisse sicher genug fundiert sind, um als Grundlage für die weiteren Experimente zu dienen, und daß sie durch die späteren Versuche wohl erweitert, aber nicht aufgehoben werden.

Zum Schlusse nur noch eine methodische Bemerkung. Sämtliche Schlußfolgerungen dieses Kapitels gründen sich auf symmetrische Eingriffe am Zentralnervensystem. Ich halte dieses für außerordentlich wichtig. Sobald man einseitige Exstirpationen, Durchschneidungen, Einstiche (oder Reizungen) vornimmt, schafft man unübersichtliche und häufig kaum zu entwirrende Komplikationen. Man bedenke, daß schon die einseitige Fortnahme eines außerhalb des Zentralnervensystems gelegenen Rezeptionsorganes wie des Labyrinthes ein Symptomenbild hervorruft, in welchem die direkten Folgen des Labyrinthverlustes durch sekundäre Halsreflexe und durch die Einwirkung symmetrischer Reflexe auf einen gedrehten Körper so verdeckt und verwickelt werden, daß ohne eine Analyse auf Grund vorheriger Kenntnis aller in Betracht kommenden Reflexe ein Verständnis unmöglich wird. Um wieviel mehr muß dieses nach einseitigen Operationen am Zentralnervensystem der Fall sein, wo die gesetzten funktionellen Störungen vorher nicht bekannt sind, und außerdem die Verhältnisse soviel verwickelter liegen. Man kann sich leicht davon überzeugen, wie schwierig es ist, nach einseitigen Durchschneidungen im Mittelhirn, welche

Drehungen und Verbiegungen von Hals und Rumpf hervorrufen, selbst nach Geradesetzen des Kopfes die verschiedenen Stellreflexe zu untersuchen und über ihr einseitiges Vorhandensein oder Fehlen sichere Schlüsse zu ziehen. Zum Beispiel sind nach doppelseitiger Fortnahme des ganzen Mittelhirndaches alle Labyrinthstellreflexe sowie Laufen und Sitzen unverändert normal. Macht man aber diese Exstirpation nur einseitig, so erfolgen Kopfdrehung, Krümmung der Wirbelsäule und starke Störungen des Laufens und Sitzens, und es wird selbst einem mit allen in Betracht kommenden Reflexen vertrauten Untersucher unmöglich festzustellen, ob das Tier ein- oder doppelseitige Labyrinthstellreflexe hat. Wenn man grundsätzlich nur symmetrische Eingriffe macht und alle Tiere, welche danach asymmetrische Symptome zeigen, für die entscheidenden Schlußfolgerungen ausschaltet, wird man allerdings mehr Versuche anstellen müssen und nur langsamer vorwärts kommen, dafür aber um so sicherer gehen. Der Grund, weshalb trotz der zahllosen, in allen Hirnteilen in den letzten Jahrzehnten vorgenommenen Einstiche und Einschnitte das physiologische Ergebnis bisher nicht entfernt der aufgewendeten Mühe entspricht, liegt großenteils daran, daß man meistens einseitige Eingriffe am übrigens intakten Zentralorgan gemacht hat[1]).

Elftes Kapitel.

Die Wirkung von Giften.

In den bisherigen Kapiteln ist sorgfältig vermieden, über die Wirkung von Giften auf Körperstellung und Labyrinthreflexe zu sprechen. Es hat das seinen guten Grund. Wenn man die Wirkungsweise eines so verwickelt ineinandergreifenden Getriebes von verschiedenen Reflexen untersuchen will, so eignen sich Gifte und Arzneimittel nicht zur Analyse. Denn die durch Gifte hervorgerufenen Symptome sind von zwei Unbekannten abhängig: erstens von dem unbekannten Reflexmechanismus, und zweitens von der unbekannten Wirkung des Giftes auf denselben. Man kann also niemals zu eindeutigen Ergebnissen gelangen. Die Anwendung der Gifte zur Analyse unbekannter physiologischer Erscheinungen ist ein Fehler, der in letzter Zeit vielfach gemacht wurde und sich stets gerächt hat.

Erst nachdem nunmehr der Mechanismus der Körperstellung wenigstens in den wesentlichen Zügen aufgeklärt wurde, ist es möglich, auch die Wirkung von Giften auf diesen Funktionskreis zu untersuchen.

---

[1]) Diese Bemerkung gilt nur für physiologische Untersuchungen. Zur anatomischen Feststellung von Bahnen und Kernen sind einseitige Eingriffe natürlich von großem Nutzen.

Denn erst jetzt stehen wir auf festem Boden und können im Einzelfalle entscheiden, welche Reflexgruppe, welche Zentren, welcher Teil des peripheren Sinnesorganes usw. der Giftwirkung unterliegt.

Hierbei wurde auf zwei verschiedene Weisen vorgegangen:

Erstens wurde der allgemeine Verlauf der Giftwirkung untersucht und dabei vor allem die Reihenfolge festgestellt, in welcher die verschiedenen, der Körperstellung dienenden Reflexe durch schrittweise zunehmende Vergiftung angetastet werden. Derartige Beobachtungsreihen wurden von Versteegh für Narkotica und von Jonkhoff für verschiedene Erregungsmittel angestellt.

Zweitens wurde die Analyse der einzelnen Komponenten der Giftwirkung nicht vernachlässigt. So wurden Beobachtungen über Strychninwirkung gemeinsam mit Wolf und von Jonkhoff, über Chinaketone von Bylsma und Versteegh und eine eingehendere Analyse der Angriffspunkte der recht verwickelten Nicotinwirkung auf Augenreaktionen und Nystagmus von de Kleyn und Versteegh durchgeführt.

Auf diese Weise liegt bereits ein ziemlich großes Tatsachenmaterial vor. Als Hauptergebnis kann vorweg angeführt werden, daß sich eine ganz außerordentliche Spezifität der untersuchten Gifte auf das System der Körperstellungs- und Labyrinthreflexe ergeben hat. Die verschiedenen Reflexe und Zentren werden durch jedes einzelne Gift in einer ganz bestimmten gesetzmäßigen Reihenfolge angegriffen, welche für jede einzelne Gruppe von Giften wieder eine andere ist, so daß sich außerordentlich wechselnde Krankheits- und Vergiftungsbilder ergeben. Es gibt kaum ein besseres Beispiel für die scharfe Lokalisation der Wirkung jedes einzelnen Giftes in den verschiedenen Zentren des Zentralnervensystems als gerade die Gruppe der Körperstellungs- und Labyrinthreflexe.

Während man früher bei Vergiftungsbildern (und auch bei Krankheiten) nur im allgemeinen von Koordinationsstörungen, von Einnahme der Seitenlage durch das Tier, von Krämpfen u. dgl. sprechen konnte, ist jetzt eine genauere Analyse möglich. Wie die nachfolgenden Seiten zeigen werden, läßt sich in vielen Fällen angeben, welche bestimmte Gruppe von Reflexen beeinträchtigt oder gesteigert ist, so daß wir die wechselnden Zustandsbilder der Körperstellung bei Vergiftungen jetzt einigermaßen verstehen können.

Ich vermute, daß sich hierbei auch wohl die eine oder andere Parallele mit natürlich vorkommenden Krankheitszuständen ergeben wird, und daß sich der hier eingeschlagene Weg der Untersuchung auch bei der Analyse von Störungen der Körperstellung und des Gleichgewichtes beim Menschen als fruchtbar erweisen wird, sobald erst einmal die normalen Körperstellungsreflexe bei Menschen so vollständig bekannt sein werden, wie das beim Tiere der Fall ist.

Bei den im nachstehenden zu schildernden Beobachtungen über Giftwirkung wurden nicht nur die eigentlichen Körperstellungsreflexe berücksichtigt, sondern auch auf die Bogengangsreaktionen geachtet. Trotzdem letzteres eigentlich den Rahmen dieses Buches überschreitet, soll doch das Wichtigste hiervon mitgeteilt werden, weil dadurch die Spezifität der verschiedenen Gifte in ein besseres Licht gerückt wird.

A. Narkotica der Fettreihe.

(Äther, Chloroform, Urethan, Paraldehyd, Alkohol.)

Das Verhalten der verschiedenen Reflexe und die Reihenfolge ihres Auftretens wurde beim Erwachen aus tiefer Äther- oder Chloroformnarkose an Kaninchen und Affen verfolgt. Bei Kaninchen wurde Urethan in Dosen von 0,25—1,75 g pro Kilogramm intravenös eingespritzt, Paraldehyd in Dosen von 1—4 ccm pro Kilogramm per os, Alkohol in Dosen von 3—8 ccm pro Kilogramm in 10 proz. Verdünnung per os gegeben.

Ganz im allgemeinen läßt sich sagen, daß die Reaktionen auf Progressivbewegungen am empfindlichsten sind (ebenso bei Affen die Drehreaktionen auf Extremitäten und Becken), daß danach die Stellreflexe schwinden, während die kompensatorischen Augenstellungen und die Drehreaktionen auf Kopf und Augen resistenter sind. Kopf- und Augennystagmus schwinden stets früher als Kopf- und Augendrehreaktionen. Beim Affen sind in tiefer Narkose bei vorhandener Narkosestarre deutliche Haltungsreflexe (tonische Hals- und Labyrinthreflexe auf die Glieder) auszulösen.

Im einzelnen ergeben sich Unterschiede zwischen den verschiedenen Narkotica.

Beim Affen (59) in tiefer Äther- und Chloroformnarkose lassen sich, wenn gute Narkosestarre entwickelt ist, meistens deutliche tonische Labyrinthreflexe auf die Körpermuskeln bei Änderung der Stellung des Kopfes im Raume und tonische Halsreflexe auf die Gliedermuskeln bei Änderung der Stellung des Kopfes zum Körper nachweisen. Ebenso sind dann die labyrinthären Drehreaktionen auf den Kopf und die Augen (Bogengangsreflexe) kräftig entwickelt, während zunächst der Nystagmus noch fehlt. Kopf- und Augendrehnystagmus treten erst bei weiterem Abklingen der Narkose auf. Auch die kompensatorischen Augenstellungen (tonische Labyrinth- und Halsreflexe auf die Augenmuskeln) sind in tiefer Narkose vorhanden und manchmal schon vor dem Auftreten von Drehnystagmus nachweisbar. Mit dem Drehnystagmus darf nicht verwechselt werden der sogenannte Narkosenystagmus (horizontal und vertikal), der auch in der Ruhe auftritt und von den Labyrinthen unabhängig ist, denn er läßt sich auch bei labyrinthlosen Affen beobachten. Er kommt durch Einwirkung des Narkoticums auf das Zentralnervensystem zustande und hört bei weiterem Erwachen aus der Narkose auf.

Wenn man einen normalen Affen so tief narkotisiert, daß die Drehreaktionen auf Glieder und Becken nicht eintreten, dagegen die Drehreaktionen auf den Kopf und die Haltungsreflexe vorhanden sind und das Tier in der Luft dreht, so tritt die Kopfdrehreaktion auf. Diese löst den zugehörigen tonischen Halsreflex aus, wodurch der vorangehende (Kiefer-) Arm gestreckt, aber infolge des Fehlens der Armdrehreaktion nicht abduziert wird. Die Narkose bedingt also auf diese Weise eine Modifikation der Drehreaktion beim Affen.

Alle diese Dinge lassen sich in einem Stadium feststellen, in welchem von Stellreflexen noch nichts zu sehen ist. Diese kommen erst beim weiteren Erwachen allmählich zurück, und zwar in der Weise, daß die Stellreflexe auf den Kopf zuerst auftreten. Manchmal sind die Körperstellreflexe auf den Kopf vor den Labyrinthstellreflexen nachweisbar. Es ist dann der Kopf in der Luft (z. B. bei Seitenlage) desorientiert, während er in Normalstand gedreht wird, sobald man das Tier auf den Tisch legt. Bei labyrinthlosen Tieren tritt der Körperstellreflex auf den Kopf ebenfalls vor den Halsstellreflexen und den Körperstellreflexen auf den Körper auf. Die Labyrinthstellreflexe (bei Affen mit intakten Labyrinthen) kommen nur wenig später und entwickeln sich beim Erwachen schnell zu deutlicher Wirksamkeit, so daß dann das Tier in der Luft den Kopf aus allen Lagen in die Normalstellung bringt. Die Halsstellreflexe fehlen zunächst noch, und der Körper folgt dem Kopf noch nicht. Bald darauf ist dann auch diese Reaktion entwickelt. Zuletzt werden die Körperstellreflexe auf den Körper allmählich wieder normal. Allerdings ist meist bei Seitenlage auf dem Tisch Streckung des einen und Beugung des anderen Hinterbeines, eventuell auch leichte Drehung des Beckens vor dem Auftreten der Stellreflexe auf den Kopf zu sehen, aber es kommt nicht zu Aufsitzen des Körpers. Das allmähliche schrittweise Auftreten der Körperstellreflexe auf den Körper und die Vervollkommnung des Aufsitzens beim Erwachen aus der Narkose ist auf S. 244 genauer geschildert, worauf hier verwiesen sei.

Nach völliger Entwickelung der Stellreflexe sind die Reaktionen auf Progressivbewegungen, vor allem die „Sprungbereitschaft", noch nicht auszulösen. Es kann dann vorkommen, daß ein Tier, das anscheinend kaum noch Störungen zeigt, beim Sprung vom Tisch heftig mit dem Kopf auf dem Boden aufschlägt. Progressivreaktionen und die Drehreaktion auf Arme und Becken kommen erst längere Zeit nach den Stellreflexen wieder zurück.

a) Äther und Chloroform.

Am Kaninchen hat Versteegh beim Erwachen aus der Äthernarkose folgende Reihenfolge für das Wiederauftreten der Reflexe gefunden:

1. Patellar- und Beugereflexe.
2. Augendrehdeviation (horizontal, rotatorisch und vertikal).
3. Augendrehnachdeviation.
4. Horizontaler Augendrehnystagmus.
5. Kompensatorische Raddrehungen der Augen.
6. Vertikaler und rotatorischer Augendrehnystagmus.
7. Augendrehnachnystagmus.
8. Kompensatorische Vertikalabweichungen der Augen.
9. Labyrinthstellreflexe auf den Kopf.
10. Körperstellreflexe auf den Kopf.
11. Halsstellreflexe auf den Vorderkörper.
12. Körperstellreflexe auf den Körper.
13. Liftreaktion.
14. Sprungbereitschaft.
15. Halsstellreflexe auf den Hinterkörper.

Mehrmals wurden tonische Hals- und Labyrinthreflexe in Stadien gefunden, in welchen alle Stellreflexe fehlten. Narkosenystagmus ließ sich mehrfach nachweisen.

Im allgemeinen läßt sich sagen, daß die Reflexe sich in Chloroformnarkose ungefähr in derselben Weise verhalten.

Bei diesen Beobachtungen ist bemerkenswert, daß von den kompensatorischen labyrinthären Augenstellungen die Raddrehungen früher zurückkommen als die Vertikalabweichungen, und daß der horizontale Augendrehnystagmus früher auftritt als der vertikale und rotatorische. Letzteres ist schon von Rothfeld (2) beobachtet worden. Ferner sind die Halsstellreflexe auf den Vorderkörper früher ausgebildet als die auf den Hinterkörper. Tonische Halsreflexe auf die Extremitäten in tiefer Chloroformnarkose hat Rothfeld (1) beim Kaninchen beschrieben.

b) Urethan.

Für Urethan fand Versteegh folgende Reihenfolge für das Verschwinden der Reflexe, fortschreitend von leichter zu tieferer Narkose[1]):

1. Progressivreaktionen.
2. Halsstellreflexe auf den Hinterkörper.
3. Körperstellreflexe auf den Körper.

---

[1]) Die Reflexe ordnen sich also umgekehrt wie bei Äther, wo das Verhalten beim Erwachen aus der Narkose untersucht wurde.

4. Rotatorischer und vertikaler Augendrehnystagmus.
5. Halsstellreflexe auf den Vorderkörper.
6. Kopfdrehreaktion.
7. Körperstellreflexe auf den Kopf.
8. Horizontaler Augendrehnystagmus.
9. Labyrinthstellreflexe auf den Kopf.
10. Augendrehreaktion (horizontal, rotatorisch und vertikal).
11. Kompensatorische Augenstellungen (vertikal und rotatorisch).
12. Cornealreflex.
13. Patellar- und Beugereflex.

Manchmal fanden sich tonische Hals- und Labyrinthreflexe auf die Körpermuskeln in Stadien, in welchen die Stellreflexe verschwunden waren. Spontaner Narkosenystagmus wurde nicht wahrgenommen.

Auffallend ist hierbei, daß wieder, wie bei Äther, der horizontale Augendrehnystagmus resistenter ist als der rotatorische und vertikale. Letztere beiden Nystagmusformen verschwinden, im Gegensatz zu Äther, früher als die Labyrinthstellreflexe. Auch die Kopfdrehdeviation erlischt relativ früh.

c) Paraldehyd.

Nach Paraldehyd findet sich bei zunehmender Narkosetiefe folgende Reihenfolge für das Verschwinden der Reflexe (Versteegh):

1. Halsstellreflexe auf den Hinterkörper.
2. Progressivreaktionen.
3. Körperstellreflexe auf den Körper.
4. Halsstellreflexe auf den Vorderkörper.
5. Vertikaler Augendrehnystagmus (Drehreaktion erhalten).
6. Rotatorischer Augendrehnystagmus (Drehreaktion erhalten).
7. Labyrinthstellreflexe auf den Kopf.
8. Körperstellreflexe auf den Kopf.
9. Kopfdrehreaktion.
10. Kompensatorische Augenstellungen (vertikal).
11. Horizontaler Augendrehnystagmus.
12. Cornealreflex.
13. Augendrehreaktionen (horizontal, vertikal und rotatorisch).
14. Kompensatorische Raddrehungen der Augen.
15. Patellar- und Beugereflex.

Sichere tonische Hals- und Labyrinthreflexe auf die Körpermuskeln ließen sich in den untersuchten Stadien der Paraldehydnarkose bisher nicht feststellen.

Mehrmals war spontaner Narkosenystagmus vorhanden.

Bemerkenswert ist, daß (wie bei Äther) die kompensatorischen Raddrehungen resistenter sind als die Vertikalabweichungen der Augen,

während umgekehrt von den verschiedenen Formen des Drehnystagmus, wie schon Rothfeld (2) feststellte, der vertikale zuerst erlischt,
danach der rotatorische und zuletzt der horizontale. Die Augendrehreaktionen bleiben dabei erhalten. Die Kopfdrehreaktion erlischt dagegen schon früher. Die Stellreflexe auf den Kopf erlöschen nach dem
vertikalen und rotatorischen, aber vor dem horizontalen Drehnystagmus.

d) Alkohol.

Die gangbare Erklärung für die Störungen des Gleichgewichtes, der
Stellung und Bewegungen durch Alkohol ist die einer Beeinträchtigung
der Funktion des Kleinhirns. Jedoch fehlen meines Wissens hinreichende
Grundlagen für diese Meinung.

Rothfeld (3) stellte bei der akuten Alkoholvergiftung des Kaninchens folgende Störungen im Augenmuskelapparat fest:

1. Verschwinden der vertikalen kompensatorischen Augenstellungen
bei erhaltener vertikaler Augendrehreaktion.

2. Schwinden des vertikalen und rotatorischen Drehnystagmus
vor dem horizontalen, während die zugehörigen vertikalen und rotatorischen Augendrehreaktionen erhalten bleiben.

3. Horizontaler Narkosenystagmus in der Ruhe bei Seitenlage des
Kopfes.

Versteegh fand bei Kaninchen im wesentlichen das gleiche Verhalten der von ihm untersuchten Reflexe wie nach den übrigen Narkotica der Fettreihe. Im einzelnen konnte er folgendes feststellen:

Kleine Dosen (3 ccm Alkohol pro Kilogramm in 10 proz. Verdünnung
per os) lassen alle Labyrinth- und Körperstellungsreflexe intakt und
beeinträchtigen das äußere Verhalten der Tiere nicht. Nur die Reaktionen auf Progressivbewegungen (Liftreaktion, Sprungbereitschaft)
sind aufgehoben.

Dosen von 5 ccm pro Kilogramm rufen bereits deutliche Erscheinungen hervor, die Tiere erholen sich aber vollkommen:

Versuch VIII. Kaninchen 1,2 kg.
9 Uhr 55 Min. 5 ccm Alkohol pro Kilogramm per os.
10 Uhr 45 Min. Das Tier sitzt etwas schlaff in Normalstellung, auf Schwanzkneifen macht es einige unsichere, übrigens normale Sprungbewegungen und fällt
dabei mehrfach auf die Seite.
Bei Untersuchung ergibt sich folgendes:
Körperstellreflexe auf den Körper stark +.
Labyrinthstellreflexe auf den Kopf stark |.
Die Halsstellreflexe auf den Körper sind jedoch vollständig
verschwunden.
Die Intensität der Liftreaktion ist stark herabgesetzt. Alle weiteren Reflexe
normal auslösbar.
Versuch VII. Kaninchen 1,45 kg.
10 Uhr 15 Min. 5 ccm pro Kilogramm Alkohol per os.

11 Uhr. Das Tier sitzt ruhig und normal da. Normale Sprungbewegungen.
Bei·Untersuchung der Stellreflexe zeigt sich, daß keine Spur von Halsstell-
reflexen, welche früher deutlich vorhanden waren, zu finden ist. Die übrigen
Stellreflexe sind positiv.

Außer den Progressivreaktionen sind alle weiteren Reflexe vorhanden.

In beiden Versuchen fand sich, wie in einer Reihe von anderen Experimenten, daß die Halsstellreflexe elektiv gelähmt werden
zu einer Zeit, wo die übrigen Stellreflexe noch unverändert erhalten sind.
Während also sowohl der Kopf wie der Körper jeder für sich allein
richtig gestellt werden, fehlt das verbindende Zwischenglied, welches
den Körper veranlaßt, immer in der richtigen Weise dem Kopfe zu
folgen. Jeder der beiden Körperteile geht dann gewissermaßen seinen
eigenen Weg. Wie dem leichtbetrunkenen Menschen ist es dem Tiere
manchmal noch möglich normal zu laufen (Versuch VII), wobei die
Stellreflexe auf Kopf und Körper das Gleichgewicht erhalten; meistens
aber treten dann, wie in Versuch VIII, bereits die Gangstörungen des
Rausches deutlich zutage.

In seltenen Fällen ist bereits in diesem Stadium auch eine Störung
der Körperstellreflexe auf den Körper nachzuweisen.

Versuch VI. Kaninchen 1,42 kg.

10 Uhr. 5 ccm pro Kilogramm Alkohol per os.

10 Uhr 30 Min. Das Tier beginnt zu wackeln und liegt meistens mit dem
Hinterkörper auf der Seite. Manchmal werden Lauf- und Sprungbewegungen gemacht, jedoch alles unkoodiniert.

Liftreaktion verschwunden, Patellar- und Beugereflex +.

Labyrinthstellreflexe auf den Kopf +.

Hält man den Kopf in Seitenlage und schüttelt den Körper auf der Unterlage,
so wird der Körper nur mit Mühe aufgerichtet; Körperstellreflexe auf den Körper
zwar schwach, aber noch vorhanden.

Halsstellreflex auf den Hinterkörper durch Drehen des Kopfes in Rückenlage
mit fixiertem Oberkörper nicht mehr auszulösen.

Hält man das Tier jedoch am Becken in Seitenlage in der Luft, so stellt sich
der Kopf durch den Labyrinthstellreflex gerade und der Vorderkörper folgt dieser
Bewegung. Aus diesen beiden Beobachtungen ist zu schließen, daß der Halsstellreflex nur noch auf der Vorderkörper vorhanden ist.

Bei diesem Tiere waren also die Labyrinthstellreflexe auf den Kopf
normal, die Halsstellreflexe stark gestört, indem dieser Kettenreflex
sich nur noch auf den Vorderkörper und nicht mehr auf den Hinterkörper ausdehnte, aber dabei schon die Körperstellreflexe auf den
Körper deutlich beeinträchtigt. Aus beidem ergab sich eine besonders
starke Gleichgewichtsstörung des Hinterkörpers.

Häufig läßt sich dann beobachten, daß das Tier in der Ruhe mit
dem Hinterkörper auf der Seite liegt, während Kopf und Vorderkörper
sich in Normalstellung befinden. Reizt man jetzt das Tier (durch
Schwanzkneifen), so sitzt auch der Hinterkörper auf, um nach einiger
Zeit wieder umzusinken. Beim weiteren Fortschreiten der Narkose

liegt der ganze Körper in Seitenlage, nur der Kopf wird noch mehr oder weniger in Normalstand gedreht. Untersuchung in der Luft ergibt dann, daß die Labyrinthstellreflexe auf den Kopf noch intakt sind. Schließlich liegt auch der Kopf in Seitenlage, und alle Stellreflexe sind erloschen. Manchmal ist beim Schwinden der Labyrinthstellreflexe noch der Körperstellreflex auf den Kopf schwach nachzuweisen. Nachfolgendes Beispiel mit etwas größerer Dosis zeigt, daß der letztere Reflex manchmal die Labyrinthstellreflexe überdauern kann.

Versuch XV. Kaninchen 2 kg.

2 Uhr 48 Min. 7 ccm pro Kilogramm Alkohol per os.

3 Uhr 5 Min. Tier in Seitenlage, auch der Kopf befindet sich in Seitenlage, wobei das obenbefindliche Auge nach unten deviiert ist (kompensatorische Augenstellung).

Halsstellreflex —; Labyrinthstellreflex —; Körperstellreflex auf den Körper —; Sprungbereitschaft —.

Körperstellreflex auf den Kopf ist schwach positiv; wenn das Tier ruhig ist, befindet sich der Kopf in Seitenlage, schüttelt man das Tier aber energisch über den Boden, so erfolgt Geradesetzen des Kopfes. Reizt man das Tier durch Schwanzkneifen, während es ruhig in Seitenlage liegt, so erfolgt ebenfalls Geradestellen des Kopfes.

3 Uhr 15 Min. Lage des Tieres wie um 3 Uhr 5 Min.

Der Körperstellreflex auf den Kopf ist jetzt vollkommen verschwunden. Kompensatorische Augenstellung +. Patellarreflex +, Beugereflex +. Augendrehreaktion und Nystagmus +.

3 Uhr 45 Min. Keine wesentliche Veränderung.

4 Uhr 20 Min. Dasselbe. Drehnystagmus stark +.

4 Uhr 25 Min. Das Tier zeigt Opisthotonus und macht Laufbewegungen in Seitenlage. Übrigens unverändert.

4 Uhr 45 Min. Dasselbe.

Am folgenden Tage ist das Tier wieder ganz normal.

An einem anderen Kaninchen mit Aufhebung der Labyrinthstellreflexe nach doppelseitiger Labyrinthoperation wurde noch besonders festgestellt, daß tatsächlich der Körperstellreflex auf den Kopf gegen Alkohol resistenter ist als die Halsstellreflexe und die Körperstellreflexe auf den Körper. Das Tier lag schließlich völlig in Seitenlage; schüttelte man es in Seitenlage auf dem Boden, so richtete es nur den Kopf auf.

Wenn alle Stellreflexe erloschen sind, findet man noch intakte kompensatorische Augenstellungen, Augendrehreaktion und -nystagmus sowie Cornea-, Beuge- und Patellarreflex.

Bei der Alkoholvergiftung des Kaninchens läßt sich also das allmähliche Zustandekommen der Stellungs- und Bewegungsstörungen analysieren und zu dem Verhalten der einzelnen Stellreflexe in Beziehung bringen.

Im ersten Stadium sind alle Stellreflexe normal vorhanden, von den übrigen untersuchten Reflexen fehlen nur die Progressivreaktionen.

Die Versuchstiere zeigen dann in Ruhe und bei Bewegung auf dem Boden keine wesentlichen Störungen.

Im zweiten Stadium verschwinden die Halsstellreflexe, und zwar erst auf den Hinter-, dann auf den Vorderkörper. Dann werden Kopf und Körper unabhängig voneinander gestellt, der Sitz ist noch normal, beim Laufen werden aber meistens die Bewegungen bereits unsicher, und die Tiere fallen öfters auf die Seite (Gang des Betrunkenen).

Im dritten Stadium verschwindet der Körperstellreflex auf den Körper, und das Tier ist nicht mehr imstande, den Körper in Normalstellung zu halten. Nur der Kopf steht noch gerade durch das Zusammenwirken von Labyrinth- und Körperstellreflexe auf den Kopf. Von beiden letzteren schwindet der Labyrinthstellreflex manchmal vor dem Körperstellreflex auf den Kopf, der zuletzt schwach positiv bleibt.

Im vierten Stadium sind alle Stellreflexe erloschen. Das Tier liegt hilflos auf der Seite und kann auch auf Reiz keinen einzigen Körperteil mehr in Normalstellung bringen.

_____

Schon das Studium dieser ersten Gruppe von Giftwirkungen lehrt eine Reihe interessanter Tatsachen.

Die verschiedenen Reflexe werden in streng gleichmäßiger Reihenfolge gelähmt. Bei den verschiedenen Narkotica finden wir im großen ganzen das gleiche Verhalten, in Einzelheiten aber charakteristische Unterschiede. Es werden von den labyrinthären Reflexen nicht etwa erst Bogengangs- und dann Otolithenreflexe (oder umgekehrt) gelähmt, wie es bei einer Wirkung auf das periphere Sinnesorgan der Fall sein müßte, sondern die Gifte greifen im Zentralnervensystem an und lähmen die einzelnen Zentren elektiv.

Die Reihenfolge ist im großen ganzen: 1. Progressivreaktionen (und beim Affen Drehreaktion auf Becken und Arme), 2. Stellreflexe und dann 3. in verschiedener Reihenfolge kompensatorische Augenstellungen, Drehreaktionen auf Kopf und Augen, tonische Hals- und Labyrinthreflexe auf die Körpermuskeln.

Stets erlischt der Drehnystagmus vor der Drehreaktion, so daß in einem gewissen Stadium nur die langsame Phase der Drehreaktion von Kopf und Augen übrigbleibt.

Von den Augendrehnystagmen ist der horizontale am resistentesten, der vertikale am empfindlichsten.

Von dem kompensatorischen Augenstellungen sind die rotatorischen resistenter als die vertikalen (Paraldehyd, Äther).

Von den Stellreflexen sind die auf den Kopf resistenter als die auf den Körper.

Beim Alkohol findet sich eine besonders leichte Aufhebbarkeit der Halsstellreflexe, deren Beziehung zu den Bewegungsstörungen der Betrunkenen erörtert wurde.

B. Strychnin.

Ein ganz anderes Bild ergibt sich bei Vergiftung mit einem so heftigen Erregungsmittel wie dem Strychnin. Jonkhoff (*69*) hat das allgemeine Verhalten der Labyrinthreflexe bei Kaninchen nach intravenöser Injektion untersucht.

Dosen von 0,01 mg pro Kilogramm bewirken eine leichte, 0,02 mg eine deutliche Steigerung der Labyrinthreflexe. Nach 0,05 mg ist allgemein gesteigerte Reflexerregbarkeit und Zunahme der Sehnenreflexe deutlich. Dosen von 0,15—0,5 mg rufen Unruhe und leichte Krämpfe, 0,7—1 mg schwere allgemeine Krämpfe in Seitenlage mit Atemstillstand hervor.

Es empfiehlt sich, die Tiere vorher mit einer Trachealkanüle zu versehen, um sie jederzeit durch künstliche Atmung über die mit Atemstillstand einhergehenden Krampfanfälle hinwegbringen zu können.

Allgemeiner Verlauf der Strychninvergiftung.

Das Verhalten der Labyrinthreflexe bei zunehmender Strychninvergiftung ergibt sich aus folgenden beiden Protokollen und Tabellen, von denen das erste von einem Thalamustier, das zweite von einem intakten Kaninchen stammt[1]).

Versuch I. 1. April 1919. (Siehe Tabelle I.)

Kaninchen 1,76 kg. Die vorherige Untersuchung ergibt das Vorhandensein sämtlicher Labyrinthreflexe.

9 Uhr 15 Min. Äthernarkose, Trachealkanüle, Unterbindung der Carotiden, Vagotomie, Exstirpation des Großhirns vor den Thalamis, geringer Blutverlust.

9 Uhr 40 Min. Ende der Operation. Äthernarkose abgestellt. Spontanatmung.

10 Uhr 40 Min. Untersuchung der Labyrinthreflexe. Die Reflexe der Lage sind vorhanden. Die Labyrinthstellreflexe sind allerdings nicht sehr lebhaft, bei Hängelage mit Kopf unten steht der Kopf — 90°. Die Labyrinthreflexe auf Bewegung sind vorhanden, nur Kopfdrehnystagmus und Nachnystagmus lassen sich nicht wahrnehmen.

Einspritzung von 0,01 mg Strychninum nitricum intravenös.

10 Uhr 50 Min. Bei Hängelage mit Kopf unten wird der Kopf etwas dorsal flektiert gegen die Normalstellung zu. Auch die anderen Labyrinthstellreflexe und die kompensatorischen Augenstellungen sind lebhafter als vor der Strychnineinspritzung. Die Reflexe auf Bewegung sind unverändert, nur die Augendrehreaktionen scheinen etwas lebhafter zu sein.

Nochmals 0,01 mg Strychnin pro Kilogramm eingespritzt.

---

[1]) In diesen und den folgenden Protokollen und Tabellen ist, wenn nicht anderes bemerkt wird, unter „kompensatorischen Augenstellungen" nur das Verhalten der Vertikalabweichungen angegeben.

Tabelle I.

Thalamuskaninchen 1,76 kg	Strychnindosen intravenös mg pro kg	Lagereflexe		Kompensatorische Augenstellungen (vertikal)	Reflexe auf Bewegung						Bemerkungen
					Drehreaktionen				Reaktionen auf Progressivbewegungen		
		Labyrinthstellreflexe	Tonische Reflexe auf die Extremitäten		Kopfdrehreaktionen		Augendrehreaktionen		Littreaktion	Sprungbereitschaft	
					Reaktion	Nystagmus	Reaktion	Nystagmus			
1. IV. 1919		+	Lab.-Refl. überwiegen	+	+	+	+	+	+	+	Hörreaktion +
9 Uhr 45 Min. vorm.		Ende der Operation. Äthernarkose beendet. Das Tier atmet spontan.									
10 „ 40 „ „	0,01	+	Lab.-Refl. überwiegen	+	+	−	+	+	+	+	? „
10 „ 50 „ „	0,01	+	„	+ +	+	−	+	+	+	+	+ „
10 „ 55 „ „	0,05	+	„	+ +	++	+	++	++	+	?	+ „
11 „ 05 „ „	0,1	+	„	+ +	++	+	++	++	+	−	+ „
11 „ 10 „ „	0,2	+	„	+ +	++	+	++	++	+	−	+ „
11 „ 20 „ „	0,3	+	„	+ +	++	∓	++	+	+	−	+ „
11 „ 30 „ „		+	„	+ +	+	−	++	−	+	−	? „
11 „ 40 „ „		−	∓ ?	+ +	∓	−	∓	−	−	−	Allgemeine Krampfanfälle. Kompensatorische Raddrehung vorhanden
12 „ 20 „ nachm.		−	−	+ +	∓	−	∓	−	−	−	Hörreaktion −
12 „ 40 „ „		−	−	+ +	−	−	−	−	−	−	− „
1 „ — „ „											Exitus. Sektion: keine makroskopischen Abweichungen.

+ bedeutet normale Labyrinthreflexe, ∓ verminderte Labyrinthreflexe, + gesteigerte Labyrinthreflexe, + sehr stark gesteigerte Labyrinthreflexe, − bedeutet Fehlen der Labyrinthreflexe. Das Untersuchungsergebnis in den verschiedenen Reihen, in welchen eine Einspritzung von Strychnin vermeldet wird, ist jeweils vor der Einspritzung festgestellt.

10 Uhr 55 Min. Die Labyrinthreflexe sind jetzt bereits deutlich gesteigert. Die Labyrinthstellreflexe sind sehr deutlich, die kompensatorischen Augenstellungen außerordentlich stark ausgesprochen.

Kopfdrehreaktion und -nachreaktion lebhaft, auch Kopfdrehnystagmus und -nachnystagmus sind jetzt vorhanden.

Sämtliche Augendrehreaktionen sind lebhaft. Die Liftreaktion ist vorhanden, der Reflex der Sprungbereitschaft dagegen undeutlich.

Nochmals 0,05 mg pro Kilogramm intravenös.

11 Uhr 5 Min. Das Verhalten der Labyrinthreflexe ist dasselbe, wie um 10 Uhr 55 Min, nur fehlt die Sprungbereitschaft.

Einspritzung von 0,1 mg pro Kilogramm Strychnin.

11 Uhr 10 Min. Status idem. Einspritzung von 0,2 mg Strychnin pro Kilogramm.

11 Uhr 20 Min. Kopfdrehnystagmus weniger lebhaft, Kopfdrehnachnystagmus verschwunden. Auch der Augendrehnystagmus und -nachnystagmus sind nicht mehr lebhaft.

Einspritzung von 0,3 mg Strychnin pro Kilogramm.

11 Uhr 30 Min. Die labyrinthären Lagereflexe sind noch sämtlich vorhanden. Kompensatorische Augenstellungen selbst ganz besonders deutlich ausgesprochen.

Kopf- und Augendrehreaktionen und -nachreaktionen sind nicht mehr sehr lebhaft, Kopf- und Augendrehnystagmus und -nachnystagmus verschwunden. Liftreaktion ist noch vorhanden, der Reflex der Sprungbereitschaft nicht mehr auszulösen. Krämpfe sind noch nicht aufgetreten.

11 Uhr 40 Min. Der erste heftige allgemeine Krampfanfall mit Atemstillstand tritt auf.

Während desselben sind sämtliche Labyrinthreflexe verschwunden mit alleiniger Ausnahme der kompensatorischen Augenstellungen (vertikal und rotatorisch), welche sogar sehr lebhaft vorhanden sind.

Kurz danach sind Kopf- und Augendrehreaktionen schwach auszulösen, Kopf- und Augendrehnystagmus fehlen dagegen, ebenso die Liftreaktion. Tonische Labyrinthreflexe auf die Extremitäten undeutlich.

12 Uhr 20 Min. Kompensatorische Augenstellungen sind noch sehr lebhaft, Kopf- und Augendrehreaktionen und -nachreaktionen nur noch schwach vorhanden, alle anderen Labyrinthreflexe verschwunden.

12 Uhr 40 Min. Kompensatorische Augenstellungen noch deutlich ausgesprochen, alle anderen Labyrinthreflexe verschwunden.

Das Tier zeigt dauernd heftige Krämpfe bis zum Tode um 1 Uhr.

Sektion: Das Großhirn fehlt vollständig. Thalamus und Corpora quadrigemina sind intakt, im Pons und an der Basis keine Blutungen.

Versuch II. 5. April 1919. (Siehe Tabelle II.)

Kaninchen 1,62 kg. Sämtliche Labyrinthreflexe normal vorhanden.

9 Uhr 30 Min. Äthernarkose. Trachealkanüle, darauf Äthernarkose beendet.

11 Uhr 30 Min. Alle Labyrinthreflexe wieder normal nachweisbar.

11 Uhr 40 Min. 0,05 mg Strychninum nitricum pro Kilogramm intravenös eingespritzt.

11 Uhr 10 Min. Labyrinthstellreflexe gut vorhanden. Tonische Labyrinthreflexe auf die Extremitäten fühlbar. Kompensatorische Augenstellungen sehr deutlich. Drehreaktionen sehr lebhaft. Reaktionen auf Progressivbewegungen nicht sehr deutlich. Das Tier ist sehr empfindlich für sensibele Reize, die Sehnenreflexe sind lebhafter als vor der Einspritzung.

11 Uhr 45 Min. 0,05 mg Strychninum nitricum pro Kilogramm intravenös. Status idem.

Tabelle II.

Thalamuskaninchen 1,62 kg	Strychnindosen intravenös mg	Labyrinthstellreflex	Lagereflexe: Tonische Reflexe auf die Extremitäten	Kompensatorische Augenstellungen (vertikal)	Reflexe auf Bewegung — Drehreaktionen — Kopfdrehreaktionen: Reaktion	Kopfdrehreaktionen: Nystagmus	Augendrehreaktionen: Reaktion	Augendrehreaktionen: Nystagmus	Reaktionen auf Progressivbewegungen: Liftreaktion	Sprungbereitschaft	Bemerkungen
5. IV. 1919 9 Uhr vorm.		+	Lab.-Refl. überwiegen	+	+	+	+	+	+	+	Hörreaktion +
10 „ 30 Min. „ „		+	„	+	+	+	+	+	+	+	Nach der Narkose Hörreaktion +
10 „ 40 „ „ „	0,05			+ +	+ +	+ +	+ +	+ +	+	+	
11 „ 10 „ „ „		+	„	+ +	+ +	+ +	+ +	+ +	+	+	Lebhafte Abwehrbewegungen
11 „ 45 „ „ „	0,05	+	„	+ +	+ +	+ +	+ +	+ +	+	+	„
12 „ 30 „ nachm.	0,05	+	„	+ +	+ +	+ +	+ +	+ +	+	+	„
2 „ 15 „ „ „	0,4	+	„	+ +	+	+	+	+	+	+	Leichte Krämpfe
2 „ 30 „ „ „	0,4	+	„	+ +	+	+	+	+	+	+	„
2 „ 45 „ „ „	0,4	+	„	+ +	+	+	+	++	++	+	„
2 „ 55 „ „ „		++	−	+ +	+	++	+	++	−	−	Heftige Krämpfe
3 „ 00 „ „ „		−	−	−	−	−	−	−	−	−	Atemstillstand
3 „ 02 „ „ „		−	−	+	−	−	−	−	−	−	Künstliche Atmung
3 „ 04 „ „ „		−	−	+ +	+	+	++	+	−	−	Das Tier atmet wieder spontan
3 „ 10 „ „ „		++	−	+ +	+	+	+	−	−	?	
3 „ 40 „ „ „		−	?	+ +	−	−	−	−	−	?	
3 „ 45 „ „ „		−	−	+	−				−		Heftige allgemeine Krämpfe

Exitus.   Sektion: Makroskopisch keine Abweichungen.

12 Uhr 30 Min. 0,05 mg Strychninum nitricum pro Kilogramm intravenös.
Status idem.

2 Uhr. Unverändert.

2 Uhr 15 Min. Das Tier zeigt leichte Krämpfe und Muskelunruhe. Verhalten der Labyrinthreflexe wie um 11 Uhr 10 Min.

0,4 mg pro Kilogramm intravenös injiziert.

2 Uhr 30 Min. Das Tier ist unruhig und zeigt leichte Krämpfe. Alle Labyrinthreflexe der Lage und auf Bewegung sind vorhanden. Die kompensatorischen Augenstellungen sind die einzigen Labyrinthreflexe, welche deutlich gesteigert sind.

Nochmals 0,4 mg Strychnin pro Kilogramm intravenös.

2 Uhr 45 Min. Status idem. Nochmals 0,4 mg intravenös.

2 Uhr 55 Min. Die Labyrinthstellreflexe nur noch schwach vorhanden. Die tonischen Labyrinthreflexe auf die Extremitäten nicht mehr zu fühlen. Die kompensatorischen Augenstellungen sind außerordentlich lebhaft. Kopf- und Augendrehreaktionen und -nachreaktionen sind noch vorhanden. Augendrehnachreaktion schwach. Kopf- und Augendrehnystagmus manchmal noch sehr schwach vorhanden, die Nystagmen sind jetzt nicht mehr sehr deutlich zu erkennen. Reflexe auf Progressivbewegungen erloschen. Das Tier zeigt dauernde Muskelunruhe.

Aus diesem Zustande heraus erfolgt ein großer Krampfanfall mit Atemstillstand.

3 Uhr. Krampf. Alle Labyrinthreflexe sind verschwunden, Atemstillstand. Nach einigen Minuten künstlicher Atmung beginnt das Tier wieder spontan zu atmen, und gleichzeitig kommen auch die kompensatorischen Augenstellungen zurück. Einige Minuten später lassen sich Kopf- und Augendrehreaktionen und -nachreaktionen, allerdings sehr schwach, wieder nachweisen. Die Augendrehnachreaktion fehlt.

3 Uhr 10 Min. Nur in Seitenlage in der Luft ist eine geringe Kopfwendung gegen den Normalstand zu sehen. Die übrigen Labyrinthstellreflexe fehlen, ebenso fehlen die Körperstellreflexe auf den Kopf. Die tonischen Labyrinthreflexe auf die Körpermuskeln lassen sich nicht deutlich auslösen, dagegen sind die kompensatorischen Augenstellungen sehr deutlich. Kopf- und Augendrehreaktionen sind wieder vorhanden, Reaktionen auf Progressivbewegungen fehlen oder sind höchstens angedeutet.

Das Tier atmet spontan, dauerndes Muskelschwirren ist fühlbar sowohl bei ruhiger Lage des Tieres als bei Bewegungen.

3 Uhr 40 Min. Kurz vor einem allgemeinen Krampfanfall sind alle Labyrinthreflexe verschwunden außer den kompensatorischen Augenstellungen. In diesem Krampfanfall stirbt das Tier.

In einem weiteren Versuche, der hier nicht genauer geschildert werden soll, erhielt ein Kaninchen 0,9 mg Strychnin pro Kilgramm intravenös. Darauf trat allgemeiner Krampfanfall mit Atemstillstand auf. Während dieses Krampfanfalls fehlten alle Labyrinthreflexe. Sofort mit Beginn der Spontanatmung waren sehr starke kompensatorische Augenstellungen (vertikal) vorhanden, während die übrigen Labyrinthreflexe noch fehlten. Darauf traten als nächste Reflexe die Kopfdrehreaktionen auf, während die Augendrehreaktionen nur schwach vorhanden waren. Kopfnystagmus und Augennystagmus fehlten. Ebenso Stellreflexe und Reaktionen auf Progressivbewegungen. In dem nächsten Stadium wurden die Augendrehreaktionen deutlicher, und die Labyrinthstellreflexe ließen sich nachweisen. Kurze Zeit darauf kamen auch die tonischen Labyrinthreflexe auf die Körpermuskulatur zurück, die Kopf- und Augendrehreaktionen wurden abnorm lebhaft, und Kopf-

und Augennystagmus ließen sich nachweisen. Gleichzeitig waren auch die Reaktionen auf Progressivbewegungen wieder vorhanden. 1—2 Stunden später
wurden noch 3 Dosen von 0,2, 0,3 und 0,4 mg Strychnin intravenös eingespritzt.
Darauf erfolgte wieder ein allgemeiner Krampfanfall, nach welchem das Wieder-
kehren der Labyrinthreflexe in ungefähr derselben Reihenfolge, wie sie oben
geschildert war, sich nachweisen ließ.

Zusammenfassend ergibt sich aus diesen Versuchen, daß das
Strychnin in einer ganz bestimmten Reihenfolge auf die verschiedenen
Labyrinthreflexe einwirkt. Bereits so kleine Dosen wie $^1/_{100}$—$^1/_{50}$ mg
pro Kilogramm steigern beim Kaninchen die Labyrinthreflexe deutlich.
Nur bei den Reaktionen auf Progressivbewegung ließ sich keine Stei-
gerung durch die Strychninvergiftung nachweisen. Nach 0,4—0,5 mg
pro Kilogramm ist die Steigerung der Drehreaktionen (Augen- und
Kopfdrehreaktion) verschwunden. Bei etwas höheren Dosen können
Kopfdrehnystagmus und Augendrehnystagmus und die zugehörigen
Nachnystagmi bereits fehlen, während die Kopf- und Augendrehreaktionen ebenso wie die Stellreflexe noch vorhanden sind.

Die Stellreflexe bleiben erhalten bis zum allgemeinen Krampfanfall.
Dieser erfolgt beim Kaninchen durchschnittlich nach Dosen von 0,7 mg
oder etwas höheren Dosen. Dann fällt das Tier in Seitenlage, und die
Stellreflexe sind verschwunden. Kopf- und Augennystagmus fehlt,
Progressivreaktionen lassen sich nicht nachweisen. Nach diesen Dosen
können aber die tonischen Labyrinthreflexe auf die Extremitäten und
die Kopf- und Augendrehreaktionen noch schwach vorhanden sein,
die kompensatorischen Augenstellungen dagegen sind noch sehr
lebhaft.

Bei der Untersuchung der einzelnen Stellreflexe ergibt sich, daß die
Körperstellreflexe auf den Kopf meistens etwas resistenter bei der
Strychninvergiftung sind als die Labyrinthstellreflexe. Es handelt sich
aber um keinen sehr großen Unterschied.

In einem der Versuche ließ sich außerdem feststellen, daß die tonischen Halsreflexe auf die Augenmuskeln etwa ebenso lange
andauern als die Kopf- und Augendrehreaktionen.

Am auffallendsten bei der Strychninvergiftung ist, daß an der allgemeinen Steigerung der Labyrinthreflexe, welche nach den kleinsten
Strychnindosen eintritt, die Reaktionen auf Progressivbewegungen sich
nicht oder nur sehr wenig beteiligen; daß Kopf- und Augennystagmus
zu einer Zeit schwinden, wo Kopf- und Augendrehreaktionen noch sehr
lebhaft vorhanden sind; daß die Stellreflexe gleichzeitig mit den großen
Krampfanfällen erlöschen, und daß schließlich nach größeren Dosen
alle Labyrinthreflexe verschwunden sind mit alleiniger Ausnahme
der kompensatorischen Augenstellungen, welche bis zum
Schluß unvermindert und mit großer Lebhaftigkeit vorhanden bleiben
und nur, wenn Atemstillstand eintritt, infolge der Erstickung ver-

schwinden. Abb. 247 auf S. 676 zeigt das Vorhandensein der vertikalen kompensatorischen Augenstellungen bei einem Kaninchen im Krampfstadium bei Seitenlage des Kopfes.

Wir haben also hier wieder ein charakteristisches Beispiel dafür, daß eine einzelne Gruppe von Labyrinthreflexen eine elektive Widerstandsfähigkeit gegen ein bestimmtes Gift zeigt.

Der Einfluß des Strychnins auf die Haltungsreflexe.

Im Anschluß an diese allgemeinen Feststellungen soll nun noch über einige Beobachtungen berichtet werden, welche sich auf das besondere Verhalten einzelner Labyrinthreflexe bei der Strychninvergiftung beziehen; zunächst der tonischen Hals- und Labyrinthreflexe auf die Gliedermuskeln.

Wir verdanken Sherrington (4—6) die wichtige Feststellung, daß Strychnin die Koordination der Rückenmarksreflexe in eingreifender Weise stört. Es werden nämlich schon durch Strychnindosen, welche noch keine Krämpfe hervorrufen (0,08—0,1 mg pro Kilogramm bei der Katze), eine ganze Reihe von Hemmungsreflexen in Erregungsreflexe verwandelt. Je höher man die Strychnindosis steigert, um so mehr Hemmungsreflexe werden in der angegebenen Weise „umgekehrt". Zum Beispiel erhält man am Vastocrureuspräparat eines normalen decerebrierten Tieres auf Reizung irgendeines afferenten gleichseitigen Hinterbeinnerven Hemmung des Quadricepstonus. Bei der Strychninvergiftung kehrt sich der Reizeffekt um, und man erhält eine Kontraktion des Muskels. Bei Reizung des Oberschenkelastes des Ischiadicus tritt die „Umkehr" erst nach etwas größeren Dosen Strychnin ein als bei Reizung der anderen afferenten Beinnerven. Um von der Hirnrinde aus diese Umkehr zu erhalten (Streckung statt Beugung des Beines), sind noch größere Strychninmengen nötig, welche bei den Tieren schon gelegentlich Krampfanfälle hervorrufen. Noch mehr muß man die Dosis steigern, wenn man von bestimmten Rindenstellen aus statt Öffnung des Mundes Schließung erhalten will. Auch bei Reizung eines und desselben sensiblen Nerven fand Sherrington Unterschiede, wenn er verschiedene Reizarten anwandte. So fand sich bei brüsker mechanischer Reizung manchmal schon Umkehr, wenn auf langsame Reizung noch Hemmung erfolgte. Zugleich stellte sich die interessante Tatsache heraus, daß bei der Strychninvergiftung die reziproke Innervation aufgehoben ist, und daß man bei der Auslösung eines der genannten Reflexe gleichzeitige Kontraktion antagonistischer Muskeln erhält, während in der Norm dabei immer der eine Muskel erschlafft, wenn sich sein Antagonist verkürzt. Eine entsprechende Umkehr der vasomotorischen Reflexe durch Strychnin wurde von Bayliss, der Atemreflexe von Seemann gefunden.

42*

Bei einem Vorlesungsversuch zur Demonstration der Strychninumkehr an der Katze machte ich die gelegentliche Beobachtung, daß nach einer Strychnindosis, welche den Erfolg der Peroneusreizung auf den gleichseitigen Vastocrureus bereits deutlich umgekehrt hatte, die tonischen Reflexe vom Labyrinth und Hals auf die Vorderbeine vollständig ungeändert geblieben waren und besonders noch alle Hemmungen sich gut demonstrieren ließen. Anknüpfend an diesen Befund habe ich gemeinsam mit Wolf (*13*) untersucht, wie sich die tonischen Hals- und Labyrinthreflexe bei der Strychninvergiftung verhalten. Im ganzen wurden 11 Versuche an decerebrierten Katzen angestellt. Bei einem Teil von ihnen war in der auf S. 98 beschriebenen Weise entweder der Vastocrureus oder der Triceps isoliert worden. Das Ergebnis dieser Versuche war, daß es nicht gelingt, selbst durch krampfmachende Dosen Strychnin die Hals- und Labyrinthreflexe „umzukehren".

Das Strychninum nitricum wurde intravenös injiziert. Eine Dosis von 0,08 mg pro Kilogramm bewirkt meist eine beträchtliche Zunahme der Enthirnungsstarre der decerebrierten Katzen, nach 0,13 mg war gesteigerte Reflexerregbarkeit nachweisbar, nach 0,16 mg traten „scheinbar spontane" Zuckungen des Tieres auf, 0,3 mg rief in allen Fällen heftige Krampfanfälle hervor. Gelegentlich waren schon geringere Dosen wirksam. So haben wir einmal nach 0,8 mg schon einen typischen Krampfanfall beobachtet.

In den Versuchen, in welchen das Verhalten des isolierten Vastocrureus untersucht wurde, haben wir stets auch Reizungen des zentralen Stumpfes des N. peroneus vorgenommen, um das Auftreten der „Umkehr" bei dem hierdurch ausgelösten Reflex festzustellen. Bei Versuchen am isolierten Triceps diente zu diesem Zwecke der zentrale Stumpf des N. radialis. In Übereinstimmung mit den Angaben von Sherrington und Sowton (10) fanden wir, daß bei der Verwendung minimaler faradischer Reize gelegentlich auch ohne Strychninvergiftung reflektorische Erregung (statt Hemmung) vom gleichseitigen Peroneus bzw. Radialis aus erzielt wurde. Etwas stärkere faradische Reize bewirkten dagegen stets reflektorische Hemmung der untersuchten isolierten Streckmuskeln. In allen Fällen genügte eine Dosis von 0,08 mg pro Kilogramm Strychnin, um den Effekt der faradischen Reizung der genannten Nerven umzukehren und in Erregung zu verwandeln. Dagegen waren zur Umkehr des Reflexes nach mechanischer Reizung der Nerven größere Strychnindosen erforderlich (0,18—0,23 mg pro Kilogramm). Nach Dosen zwischen 0,09 und 0,15 mg konnten wir gelegentlich sehen, daß auf Ziehen des Nerven Erregung, auf Abbinden desselben dagegen Hemmung des isolierten Streckmuskels erfolgte.

In allen unseren Versuchen ist es uns niemals gelungen, irgendeine Umkehr der Hals- und Labyrinthreflexe zu erhalten, trotzdem wir die Dosen bis 0,44 mg pro Kilogramm steigerten, wonach so heftige allgemeine Krämpfe auftraten, daß eine Prüfung der Reflexe gerade eben noch möglich war.

Einige Versuchsprotokolle und Kurven mögen das Gesagte veranschaulichen.

Katze. 1800 g. Chloroformnarkose, Unterbindung der Carotiden, Durchschneidung der Vagi, Venenkanüle zur Injektion in die Jugularis.

10 Uhr 20 Min. Decerebrierung in tiefer Narkose. Chloroformnarkose abgestellt.

10 Uhr 25 Min. Beginnende Enthirnungsstarre.

10 Uhr 45 Min. Seitenlage. Wird der Kopf mit dem Scheitel nach unten gedreht, so nimmt der Strecktonus beider Vorderbeine zu, besonders der des oben befindlichen Beines. Wird der Kopf mit dem Scheitel nach oben gedreht, so nimmt der Strecktonus beider Vorderbeine ab, der des oberen Beines stärker (Kombination von Hals- und Labyrinthreflexen).

Heben und Senken des Kopfes in Seitenlage ist wirkungslos.

Druck auf die Dornfortsätze des letzten Hals- und ersten Brustwirbels bewirkt Erschlaffung beider Vorderbeine: Halsreflex.

11 Uhr 16 Min. 0,2 mg Strychnin (0,11 mg pro Kilogramm). Darauf sofortige Zunahme des Strecktonus der Vorderbeine. Kopfdrehen in Seitenlage wirkt in derselben Weise wie vorher, nur ist sowohl die Tonuszunahme als die Erschlaffung viel deutlicher. Druck auf die Dornfortsätze des letzten Hals- und obersten Brustwirbels bewirkt starke Erschlaffung der Vorderbeine. Wird das ganze Tier, ohne die Stellung des Kopfes gegen den Rumpf zu ändern, aus der Seitenlage in die Rückenlage gebracht, so nimmt der Strecktonus der Vorderbeine zu; wird das Tier in derselben Weise wieder in die Seitenlage gebracht, so nimmt der Strecktonus wieder ab (Labyrinthreflexe). Heben und Senken des Kopfes in Rückenlage hat starken Einfluß. Der Strecktonus der Vorderbeine ist am größten, wenn die Mundspalte 45° über die Horizontale gehoben wird; er nimmt ab, wenn die Mundspalte unter die Horizontale gesenkt wird oder wenn der Kopf so stark gegen den Rumpf gebeugt wird, daß sich die Schnauze zwischen den Pfoten befindet (Kombination von Hals- und Labyrinthreflexen), Kopfwenden in Rückenlage bewirkt Tonuszunahme im „Schädelbein" und Erschlaffung im „Kieferbein" (Halsreflexe). In Fußstellung bewirkt Kopfsenken Erschlaffung, Kopfheben Streckung der Vorderbeine (Kombination von Hals- und Labyrinthreflexen).

11 Uhr 32 Min. 0,2 mg Strychnin intravenös (im ganzen 0,22 mg pro Kilogramm). Danach starke „spontane" Zuckungen des Tieres.

11 Uhr 35 Min. Die Hals- und Labyrinthreflexe auf die Vorderbeine werden alle nochmals genau durchgeprüft. Sie sind alle ganz unverändert erhalten, nur noch deutlicher ausgesprochen. Insbesondere sind auch die Tonushemmungen und Erschlaffungen mit größter Deutlichkeit nachweisbar. Nunmehr bewirkt auch Kopfheben in Seitenlage Streckung, Kopfsenken Erschlaffung der Vorderbeine (Halsreflex).

11 Uhr 43 Min. 0,2 mg Strychnin intravenös (im ganzen 0,33 mg pro Kilogramm).

11 Uhr 44 Min. Allgemeiner Strychninkrampf.

11 Uhr 50 Min. Tier liegt fortwährend in heftigen Zuckungen. In allen Lagen des Tieres bestehen die Hals- und Labyrinthreflexe in der oben geschilderten

Weise unverändert fort. Die Hemmungen treten mit derselben Deutlichkeit auf wie die Erregungen.

11 Uhr 55 Min. 0,2 mg Strychnin intravenös (im ganzen 0,44 mg pro Kilogramm).

11 Uhr 56 Min. Tier in heftigsten Krämpfen.

12 Uhr 10 Min. Hals- und Labyrinthreflexe sind schwächer geworden, eine Änderung ihres Charakters ist aber nicht eingetreten. Heben und Senken in Fußstellung und Kopfdrehen in Seitenlage haben noch genau die gleiche Wirkung wie 11 Uhr 16 Min. Beim Kopfdrehen in Seitenlage fühlt man deutlich, wie beim Drehen des Kopfes mit dem Scheitel nach oben die Streckmuskeln des oberen Beines erschlaffen.

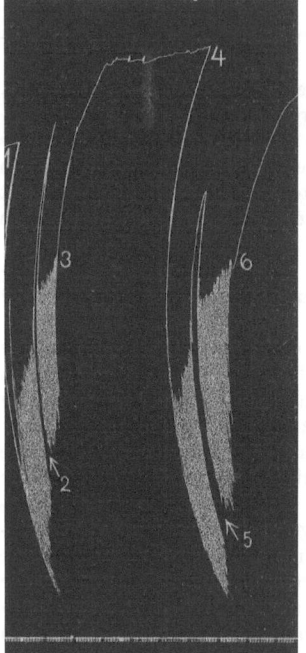

Dieser Versuch zeigt, daß Strychnindosen, welche die heftigsten Krämpfe hervorrufen, eine Umkehr der Hals- und Labyrinthreflexe nicht veranlassen, und daß insbesondere alle Hemmungen noch unverändert fortbestehen. Nach diesem und anderen Versuchen ist das Strychnin sogar ein vorzügliches Mittel, um in kleinen Dosen (0,08 bis 0,1 mg pro Kilogramm) die Hals- und Labyrinthreflexe bei Tieren, bei denen sie aus irgendwelchen Gründen nur schwach entwickelt sind, zu Demonstrationszwecken deutlich hervorzurufen.

Abb. 237 zeigt, daß es unter Umständen gelingt, einen heftigen Strychninkrampf vorübergehend dadurch zu hemmen, daß man den Kopf in eine andere Lage bringt.

Katze, 1360 g. Isolierung des linken Vastocrureus. Kontraktion des Muskels bewirkt Abwärtsbewegung des Schreibhebels. Im Beginn des Versuches bewirkt faradische Reizung des linken Peroneus Erschlaffung des Vastocrureus.

Abb. 237. (Auf ¹/₂ verkleinert.)

Nach 0,15 mg pro Kilogramm Strychnin intravenös bewirkt Reizung des linken Peroneus Kontraktion des Vastocrureus. Die Strychnindosis wird danach auf 0,34 mg pro Kilogramm gesteigert, worauf heftige Krämpfe auftreten. Der Oberkörper des Tieres liegt in Seitenlage. Die Kurve (1) zeigt einen der Krampfanfälle, bei welchem der Vastocrureus eine starke Tonuszunahme und schnelle Bewegungen, umgekehrt wie beim Kratzreflex, zeigt. Bei (2) wird der Kopf mit dem Scheitel nach oben gedreht, sofort hören die Krampfbewegungen auf, und der Muskel erschlafft. Gleich darauf wird der Kopf wieder in seine alte Lage zurückgedreht, und sofort setzt der Krampf wieder ein, um bei (3) spontan zu erlöschen. Bei (4) beginnt ein neuer Krampfanfall, der bei (5) wieder unterbrochen wird, weil hier der Kopf wieder mit dem Scheitel nach oben gedreht wurde. Der Krampf hört auf, der Muskel erschlafft. Darauf wird der Kopf wieder in seine alte Lage zurückgebracht; der Krampf geht darauf weiter, als ob er gar nicht unterbrochen gewesen wäre, um bei (6) spontan zu erlöschen.

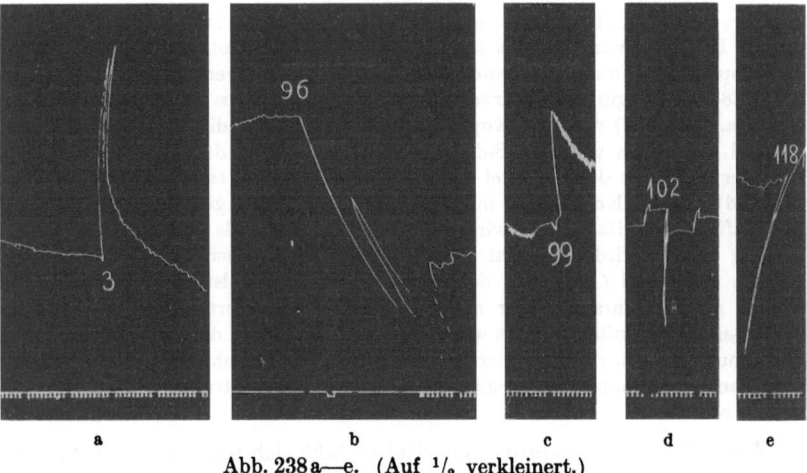

a　　　　　　　b　　　　　　c　　　　d　　　　e

Abb. 238a—e. (Auf $^1/_2$ verkleinert.)

Abb. 238 lehrt, daß nach einer Strychnindosis, welche starke Krämpfe hervorruft und die Wirkung der Radialisreizung (faradisch und mecha-nisch) auf den isolierten Triceps „umkehrt", die Hals- und Labyrinthreflexe unverändert bleiben.

Katze, 3950 g. Isolierung des rechten Triceps. Präparation des rechten N. radialis am Ellenbogen zur Reizung. Danach decerebriert. Bei der graphischen Registrierung liegt das Tier in linker Seitenlage; die rechte Pfote ist mit 50 g be-lastet, welche den Ellenbogen zu beugen streben. Streckung des Ellenbogens bewirkt Abwärtsbe-wegung des Hebels. Zeit in Se-kunden.

Abb. 238a. Bei (3) faradische Reizung des zentralen Radialis-stumpfes. Es erfolgt Erschlaffung des Triceps. Das Tier erhält darauf 0,13 mg pro Kilogramm Strychnin. nitr. intravenös. Spontane Zuckungen werden sichtbar. — Abb. 238b. Auf faradischen Reiz (96) des Radialis erfolgt Kontraktion des Triceps. — Abb. 238c. Dagegen bewirkt mechanische Reizung des Triceps

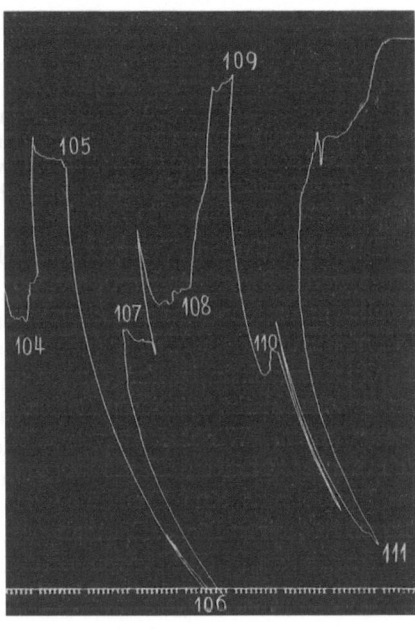

Abb. 238f.

durch Ziehen des Nervenstammes (99) noch Erschlaffung des Muskels. Das Tier erhält nunmehr im ganzen 0,23 mg pro Kilogramm Strychnin. Danach treten starke Krämpfe auf. — Abb. 238d Abbinden des Nerven bei (102) und Abb. 238e Ziehen des Nerven bei (*118*) bewirken nunmehr Kontraktion des Triceps. Es ist also jetzt für alle Reizarten vom Radialis aus „Umkehr" erfolgt. Trotzdem ist die Wirkung des Kopfdrehens auf den Tonus des Triceps ganz unverändert geblieben. — Abb. 238f. Zu Beginn der Kurve befindet sich der Triceps in „spontaner" Kontraktion. Bei (*104*) wird der Kopf des in Seitenlage befindlichen Tieres mit dem Scheitel nach oben gedreht. Sofort erfolgt Erschlaffung des Triceps. Bei (*105*) wird der Kopf mit dem Scheitel nach unten gedreht und es erfolgt Kontraktion. Bei (*106*) wird der Kopf wieder mit dem Scheitel nach oben gedreht, worauf alsbald Erschlaffung eintritt. Diese wird unterbrochen (*107*), als der Kopf in Mittelstellung geführt wird, und geht weiter, als (*108*) der Scheitel wieder nach oben gedreht wird. Bei (*109*) wird der Kopf wieder in Mittelstellung gebracht; der Triceps gewinnt darauf wieder mittleren Tonus, der sofort zunimmt (*110*), als der Scheitel nach unten gedreht wird. Bei (*111*) sieht man dann starke Hemmung des Tonus erfolgen, nachdem der Scheitel nach oben gedreht war. Kurz vor und kurz nach der graphischen Registrierung dieser Reflexe traten heftige Krampfanfälle auf.

Auch der Vertebra-prominens-Reflex läßt sich nicht umkehren. Beispielsweise war bei einem Tiere nach Einspritzung von 0,3 mg pro Kilogramm Strychnin intravenös, worauf hettige Krämpfe erfolgten, durch Druck auf die Grenze von Hals und Brustwirbelsäule geradeso starke Erschlaffung des Vastocrureus auszulösen, wie vor der Vergiftung. Sobald der Druck nachließ, endete auch die Erschlaffung.

Bei der Auslösung aller dieser Reflexe während der Strychninkrämpfe muß man vorsichtig verfahren und die Kopfbewegungen langsam und ruhig ausführen. Durch abrupte Bewegungen erschüttert man das ganze Tier und löst dadurch unkontrollierbare Reflexe aus. Auch tut man gut, zunächst einmal den Kopf des Tieres anzufassen und danach erst abzuwarten, bis die hierdurch ausgelösten Reflexe vorüber sind, und dann erst den Kopf zu bewegen oder zu drehen. Nur so bekommt man eindeutige Resultate.

Die angeführten Versuchsbeispiele zeigen, daß es nicht gelingt, selbst durch Strychnindosen, welche heftige Krämpfe hervorrufen und welche zahlreiche andere Hemmungsreflexe „umkehren", die vom Labyrinth und dem Hals ausgehenden tonischen Hemmungsreflexe auf die Gliedermuskeln in Erregungen zu verwandeln. Auch die reziproke Innervation bleibt bei diesen Reflexen während der Strychninvergiftung unangetastet. Wir haben verschiedentlich beobachten können, daß sich bei bestimmten Kopfbewegungen zugleich mit einer Hemmung des Strecktonus eine Zunahme des Beugetonus an der untersuchten Extremität einstellte. Hiernach ergibt sich bei Berücksichtigung der oben zitierten Feststellungen Sherringtons ein sehr merkwürdiges Bild der durch Strychnin im Zentralnervensystem hervorgerufenen Koordinationsstörung. Bei bestimmten mittleren Strychnindosen werden die bei Reizung bestimmter Nerven normal auftretenden Hemmungen in Erregungen verwandelt, während die Hemmungsreflexe von anderen efferenten Nerven aus bestehen bleiben. Je mehr man die Strychnindosis steigert, desto mehr Hemmungen werden in Erregungen verwandelt. Es gibt aber reflektorische Hemmungen, welche auch nach den größten Strychnindosen bestehen bleiben. Dabei kann ein und derselbe Muskel auf den einen Reiz mit Erregung (statt normaler Hemmung), auf einen anderen Reiz mit unveränderter Hemmung reagieren. Bei bestimmten Reflexen ist durch die Strychninvergiftung die reziproke Innervation der Gliedermuskeln aufgehoben, bei anderen Reflexen zeigen dieselben Gliedermuskeln ungestörte reziproke Innervation.

Eine Erklärung dieser Tatsachen stößt bei dem gegenwärtigen Stande unseres Wissens über die Wirkungsweise und den Angriffspunkt des Strychnins im Zentralnervensystem noch auf große Schwierigkeiten. Cushny hat versucht, die von Sherrington beobachtete Aufhebung der reziproken Innervation darauf zurückzuführen, daß durch die Strychninvergiftung schwache Reize zu maximalen bzw. übermaximalen werden. Diese Erklärung dürfte jedoch für die soeben geschilderten Beobachtungen kaum anzuwenden sein. Wenn man schon vor der Strychninvergiftung die außerordentlich kräftigen tonischen Reaktionen der Extremitäten auf Änderung der Kopfstellung sieht, wird man die ausgelösten Reflexe kaum als „schwache" hinstellen können. Es ist zum mindesten sehr unwahrscheinlich, daß das geschilderte Verhalten auf einfache quantitative Unterschiede zurückzuführen ist.

Einfluß des Strychnins auf die Augenreflexe.

Ähnliche Feststellungen können auch für die Augenmuskeln gemacht werden (*69*). Das ergibt sich schon aus dem Verhalten der kompensatorischen Augenstellungen. Wie erwähnt, bleiben diese auch nach den allergrößten Strychnindosen bis zum Tode vorhanden und sind auch dann noch außerordentlich lebhaft. Bringt man ein Kaninchen bei maximaler Vergiftung in beispielsweise linke Seitenlage (siehe Abb. 247, S. 676), so ist das obenbefindliche rechte Auge maximal nach unten, d. h. ventralwärts abgelenkt. Es muß dieses geradeso wie beim unvergifteten Tier durch Kontraktion des Rectus inferior mit gleichzeitiger Erschlaffung des Rectus superior verursacht sein. Würde bei diesen Muskeln die reziproke Innervation aufgehoben und beide Muskeln demnach in Kontraktion geraten sein, so würde das Auge in Mittelstellung und nicht in maximaler Deviation stehen.

Dasselbe ließ sich beim Auslösen der calorischen Reaktion auf die Augenmuskeln feststellen. Ein Beispiel gibt der folgende Versuch (Abb. 239).

5. Mai 1919. Kaninchen, 3,1 kg. Die Labyrinthe sind calorisch gut erregbar.

9 Uhr. Einbinden einer Trachealkanüle, Präparation der Musc. recti int. und ext. des linken Auges. Die Muskelansätze am Bulbus werden frei präpariert und durchschnitten, die Enden der Muskeln durch Fäden an zwei Schreibhebeln befestigt. Das Auge wird exstirpiert. Während des ganzen Versuches leichte

Äthernarkose ($^1/_{10}$). Der Musc. rectus internus schreibt die obere, der M. rectus externus die untere Kurve.

10 Uhr 30 Min. Ausspritzen des linken Gehörganges mit Wasser von 14°. Der Musc. rectus ext. zeigt deutliche Kontraktion mit gutem regelmäßigem Nystagmus. Der Musc. rectus int. erschlafft nur sehr wenig und zeigt kaum angedeuteten Nystagmus.

10 Uhr 30 Min. (Abb. 239). Bei dem Zeichen + wird 0,34 mg Strychnin nitr. pro Kilogramm intravenös eingespritzt.

Nach etwa 50 Sekunden erfolgt ein allgemeiner Krampfanfall. Die beiden Augenmuskeln zeigen zunächst eine gleichzeitige blitzähnliche Kontraktion (a), welche vielleicht auch durch die starke allgemeine Krampfbewegung des Tieres vorgetäuscht sein kann. Darauf geht der Internus in Erschlaffung, der Externus in Kontraktion. Beim Pfeil ↑ beginnt Ausspritzen des linken Gehörganges mit Wasser von 14°. Darauf erfolgt langsame maximale Kontraktion des Externus, wobei im aufsteigenden Teil der Kurve einige träge Nystagmusschläge zu sehen sind. Gleichzeitig erschlafft der Musc. rectus internus. Die beiden Kurven

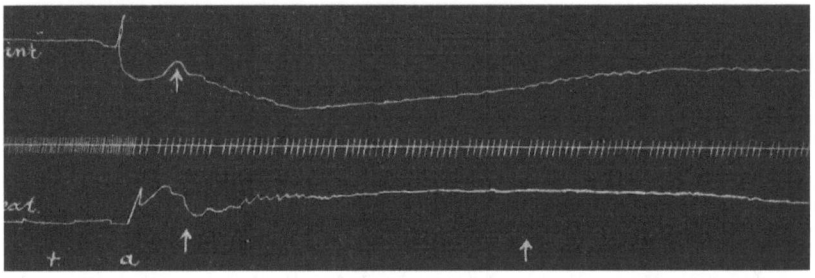

Abb. 239.

verlaufen vollständig spiegelbildlich. Bei dem zweiten ↑ wird mit Ausspritzen aufgehört. Die Kurven kehren darauf allmählich in die Ausgangsstellung zurück.

Man sieht also, wenn man von der ersten blitzschnellen Kontraktion absieht, daß sowohl beim allgemeinen Krampf, als bei der calorischen Reaktion der Augenmuskeln die reziproke Innervation vollständig erhalten bleibt und die Kontraktion des Externus mit der spiegelbildlichen Erschlaffung des Internus einhergeht.

Dasselbe ließ sich 20 Minuten später bei erneutem Ausspritzen des Ohres nachweisen.

Auf der Kurve ist weiter zu sehen, daß in einem bestimmten Stadium der Strychninvergiftung die von den Bogengängen ausgelöste Augendeviation noch vorhanden ist, während der Nystagmus (in diesem Fall wenigstens zum größten Teil) geschwunden ist.

In einem anderen Versuch ließ sich das gleiche nach intravenöser Einspritzung von $^1/_5$ mg Strychnin. nitr. pro Kilogramm mehrmals feststellen.

Der nächste Versuch gibt ein Beispiel für die außerordentlich langen Nachwirkungen bei der calorischen Reizung des Vestibular-

apparates und außerdem für das allmähliche Zurücktreten des Nystagmus, so daß schließlich nur die
Augendeviation übrigbleibt.

Versuch 4. 15. April 1919. Abb. 240—243.

Kaninchen, 1,6 kg. Labyrinthe calorisch gut erregbar.
9 Uhr 5 Min. Äthernarkose. Einbinden der Trachealkanüle. Die Augenmuskeln werden nicht frei präpariert,
sondern nur die Horizontalbewegung des Bulbus als Ganzes
registriert. An der cocainisierten linken Cornea wird in der
Mitte ein Faden befestigt und mit dem Schreibhebel verbunden. Die Aufwärtsbewegung des Hebels entspricht einer
Horizontalbewegung des Auges in temporaler Richtung. Narkose beendet. Die künstliche Atmung bleibt während des
ganzen Versuches im Gange.

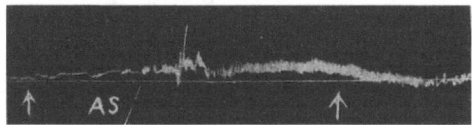

Abb. 240.

10 Uhr 5 Min. Ausspritzen des linken Gehörganges (↑).
Die Deviation des linken Auges geht temporalwärts mit
Nystagmus in umgekehrter Richtung (siehe Normalkurve
Abb. 240). Zu beachten ist, daß unmittelbar nach Schluß der
Ausspritzung beim zweiten ↑ die Deviation wieder zurück-
geht und das Auge schnell in die Ausgangsstellung zurück-
kehrt.

10 Uhr 10 Min. Ausspritzen des rechten Gehörgangs,
normale Augenabweichung in nasaler Richtung mit Nystagmus.

10 Uhr 18 Min. 0,5 mg pro Kilogramm Strychnin. nitr.
intravenös. Direkt nach der Einspritzung treten Krämpfe
der Augenmuskeln auf.

10 Uhr 20 Min. Ausspritzen des linken Gehörganges.
Keine Deviation. Nach einer Minute treten kleine schnelle
nystagmusähnliche Bewegungen des Auges auf. Nach dem
Ende des Ausspritzens erfolgt dagegen alsbald eine
maximale Augenabweichung in temporaler Richtung ohne
eine Spur von Nystagmus. Diese starke Deviation dauert
etwa eine Minute und geht dann langsam unter Augenmus-
kelkrämpfen und Zittern wieder zurück.

10 Uhr 41 Min. Dasselbe. Auch jetzt erfolgt die Deviation nicht während, sondern erst nach dem Aufhören der
calorischen Reizung.

11 Uhr. Ausspritzen des linken Gehörganges. Zuerst keine
Deviation, kein Nystagmus; nach etwa eine Minute langem
Ausspritzen entsteht ein krampfartiger Nystagmusanfall,
währenddessen die Deviation langsam zunimmt. Diese nimmt noch weiter zu, nachdem mit Ausspritzen aufgehört wurde. Die Deviation dauert etwa 3 Minuten und
geht dann unter Nystagmusanfällen von wechselnder Heftigkeit allmählich zurück.

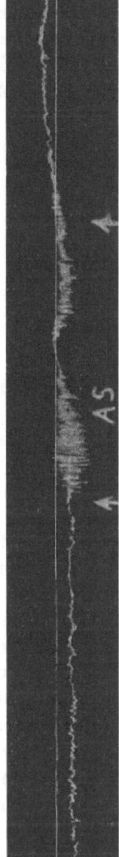

Abb. 241.

11 Uhr 10 Min. 0,4 mg Strychnin. nitr. pro Kilogramm intravenös.

11 Uhr 25 Min. Ausspritzen des linken Gehörganges (siehe Abb. 241). Die Kurve war schon vorher ziemlich unruhig. Bei dem ersten ↑ wird mit Ausspritzen begonnen. Das Auge geht alsbald in Deviation (temporalwärts) und gleichzeitig tritt ein sehr starker Nystagmus auf. Dieser ist aber nur vorübergehend, und es erfolgt darauf eine sehr starke Deviation ohne Nystagmus. Dann beginnen wieder die Nystagmusschläge, wobei die Deviation etwas geringer wird. Nach dem Aufhören des Ausspritzens beim zweiten ↑ erfolgt nun nicht wie in der Normalkurve ein Zurückgehen der Deviation zur Norm, sondern es setzt nunmehr eine außerordentlich starke, nicht mehr von Nystagmus unterbrochene Augenabweichung ein. Die Kurve ist unregelmäßig durch dauernde Muskelunruhe. Die Deviation dauert etwa 3 Minuten und geht dann unter dem Auftreten heftiger Nystagmusanfälle wieder zur Norm zurück.

11 Uhr 34 Min. Labyrinthstellreflexe und Körperstellreflexe auf den Kopf fehlen, ebenso die tonischen Labyrinthreflexe auf die Extremitäten und die Reaktionen auf Progressivbewegung. Die kompensatorischen Augenstellungen sind noch sehr lebhaft, alle Drehreaktionen, mit Ausnahme des Nachnystagmus, sind vorhanden.

11 Uhr 48 Min. 0,3 mg Strychnin. nitr. pro Kilogramm intravenös.

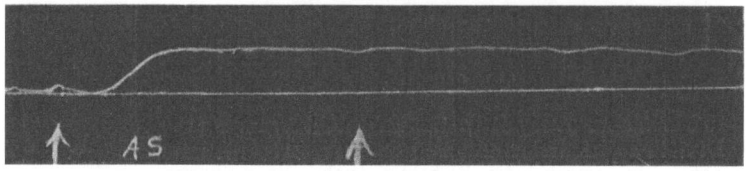

Abb. 242.

11 Uhr 50 Min. Ausspritzen des rechten Gehörgangs. Es entsteht Deviation, aber kein Nystagmus.

12 Uhr. Ausspritzen des rechten Gehörgangs. Keine Deviation und kein Nystagmus.

12 Uhr 5 Min. Ausspritzen des linken Gehörgangs. Keine Deviation und kein Nystagmus.

12 Uhr 45 Min. Ausspritzen des rechten Gehörgangs. Deviation und Nystagmus sind vorhanden. Der Nystagmus hört schnell wieder auf, während die Deviation lange bestehen bleibt.

12 Uhr 55 Min. Ausspritzen des linken Gehörgangs. Erst nach einer Minute langem Ausspritzen tritt Deviation ohne Nystagmus auf. Diese Deviation dauert sehr lange und wird von Zeit zu Zeit durch Muskelkrämpfe in entgegengesetzter Richtung unterbrochen.

In der folgenden Zeit stellt sich ein wechselndes Bild heraus. Manchmal entsteht weder Deviation, noch Nystagmus, manchmal allein Deviation und dann wieder Deviation mit starkem Nystagmus.

1 Uhr 40 Min. Von den Labyrinthreflexen sind nur noch die kompensatorischen Augenstellungen und die Kopf- und Augendrehreaktionen vorhanden.

2 Uhr 10 Min. Ausspritzen des linken Gehörgangs (↑) (siehe Abb. 242). Es tritt jetzt eine sehr starke Deviation ohne eine Spur von Nystagmus auf, welche nach dem Aufhören des Ausspritzens (beim zweiten ↑) noch lange Zeit andauert.

2 Uhr 30 Min. Ausspritzung des linken Gehörgangs (siehe Abb. 243). Es tritt eine starke Deviation auf. Gerade auf der Höhe derselben erfolgt der Tod des Tieres.

Sektion: Keine Abweichungen.

In einer Reihe von Fällen ließ sich nun außerdem nach Strychnin eine deutliche Reflexumkehr beobachten. Es trat dann auf Ausspritzung des Gehörgangs eine Deviation in der umgekehrten Richtung auf mit dem zugehörigen Nystagmus. Beispiel hierfür gibt Abb. 244 nach Versuch V vom 29. April 1919.

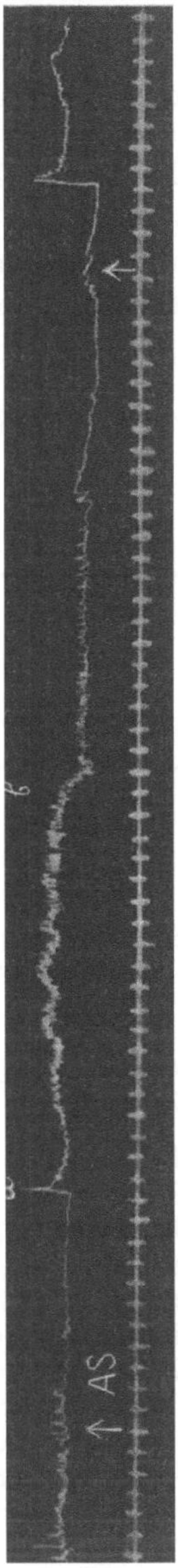

Kaninchen, 1,3 kg. Die Labyrinthe sind calorisch gut erregbar.

2 Uhr 30 Min. Äthernarkose. Einbinden einer Trachealkanüle. Cocainisieren der linken Cornea, in deren Mitte ein Faden befestigt und mit dem Schreibhebel verbunden wird. Aufwärtsbewegung des Hebels entspricht einer horizontalen Deviation des Auges in temporaler Richtung. Die künstliche Atmung bleibt während des ganzen Versuches im Gange. Leichte Äthernarkose $^1/_{10}$, welche nach Kontrollversuchen weder auf die calorische Reaktion der Augen, noch auf den Verlauf der Strychninvergiftung beeinträchtigend einwirkt.

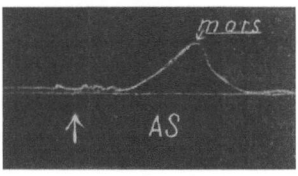

Abb. 243.

Das Tier erhält 3 Uhr 40 Min. 0,5 mg und 4 Uhr 0,3 mg Strychnin. nitr. pro Kilogramm intravenös.

5 Uhr 16 Min. (Abb. 244). Die Kurve zeigt schon vor dem Ausspritzen deutliche Muskelunruhe. Die Ausspritzung des linken Ohres beginnt beim ersten ↑. Direkt nach dem Anfang des Ausspritzens hören die Muskelkontraktionen auf. Zwischen den Buchstaben a und b geht die Kurvenlinie nach oben, entsprechend einer Deviation des Auges in temporaler Richtung, wie das nach Ausspritzung des linken Ohres normaliter der Fall ist. Gleichzeitig tritt unregelmäßiger Nystagmus in entgegengesetzter Richtung auf. Bei b geht die Kurvenlinie jedoch plötzlich ohne erkennbaren Grund nach unten, das heißt das Auge wird in nasaler Richtung abgelenkt, was auch mit bloßem Auge in diesem Versuche deutlich zu erkennen war. Jetzt schlägt der Nystagmus in temporaler Richtung. Es ist also eine Umkehr sowohl der Deviation als des Nystagmus eingetreten. Beim zweiten ↑ wird mit Ausspritzen aufgehört. Darauf geht die abnorme Deviation wieder zurück.

Eine derartige Reflexumkehr wurde noch mehrmals beobachtet.

Beispielsweise in einem Versuch vom 6. Mai 1919, in welchem die Bewegungen des Rectus externus und internus vom linken Auge mit zwei Schreibhebeln getrennt registriert wurden. Nach Einspritzung von $^1/_2$ mg Strychnin. nitr. intravenös trat anfangs der normale Reizerfolg ein, nach Ausspritzung des rechten Ohres zeigte der Rectus internus eine deutliche Kontraktion, der R. externus die zu-

Abb. 244.

gehörige reziproke Hemmung. Gleichzeitig war Nystagmus in umgekehrter Richtung zu sehen. 80 Minuten nach der Strychnineinspritzung trat jedoch der umgekehrte Erfolg auf. Nach Ausspritzung des rechten Gehörgangs war Hemmung des Internus und Kontraktion des Externus zu sehen, entsprechend einer Deviation des Auges in temporaler Richtung, also gerade umgekehrt, als es nach Ausspritzen des rechten Gehörgangs sein müßte. Gleichzeitig waren nystagmusähnliche Kontraktionen beider Muskeln in der der Deviation entgegengesetzten Richtung zu sehen.

In diesem Falle ließ sich also durch getrennte Aufzeichnung der Bewegung von beiden antagonistischen Muskeln zeigen, daß es sich wirklich um eine Reflexumkehr handelte, bei welcher die reziproke Innervation der Antagonisten unverändert erhalten war.

Rect. ext. sin.

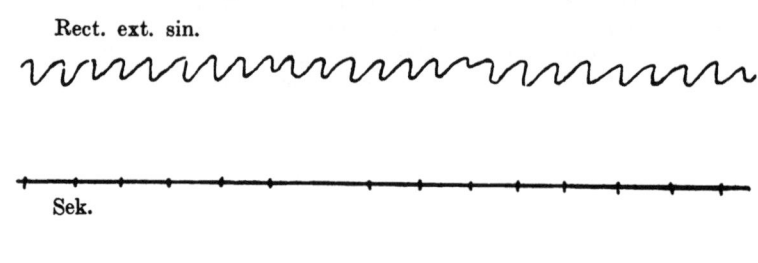

Sek.

Rect. int. sin.

Abb. 245.

Ein weiteres interessantes Beispiel für Reflexumkehr nach Strychninvergiftung gibt der folgende Versuch, in welchem der nach einseitiger Labyrinthexstirpation eintretende horizontale Nystagmus umgekehrt wurde.

Versuch VI. 13. Mai (Abb. 245 und 246).

Kaninchen, 1,6 kg. Alle Labyrinthreflexe sind normal.

9 Uhr 30 Min. Äthernarkose. Einbinden einer Trachealkanüle, Venenkanüle in die V. jugularis. Die Musc. rectus internus und rectus externus des linken Auges werden am distalen Ansatz freipräpariert und durch Fäden mit Schreibhebeln verbunden. Das Auge wird exstirpiert. Der Musc. rectus externus schreibt die obere, der Musc. internus sin. die untere Linie. Subcutane Einspritzung von 20 mg Atropin.

Darauf Exstirpation des linken Labyrinthes durch de Kleyn.

Das Kaninchen wird auf einem erwärmten Versuchstische befestigt, der Kopf steht in Normalstellung.

Bei dem Tier tritt, entsprechend der linksseitigen Labyrinthexstirpation, horizontale Deviation nach links mit Nystagmus nach rechts auf (Abb. 245). Auf der Kurve sieht man, daß der Rectus externus sin. langsame Kontraktionen mit schnellen nystagmoiden Erschlaffungen zeigt, während umgekehrt der Rectus internus langsame Erschlaffung mit schnellen Kontraktionen ausführt. Nunmehr wird 0,6 mg Strychnin. nitr. pro Kilogramm intravenös eingespritzt. Darauf

erfolgen allgemeine Krampfanfälle. Um 11 Uhr 15 Min. tritt nach einem dieser
Krampfanfälle Umkehr des Nystagmus auf (Abb. 246). Es zeigt nunmehr der
Rectus externus langsame Erschlaffungen und schnelle Kontraktionen, während
der Rectus internus langsame Kontraktionen und schnelle Erschlaffungen ausführt.
Es entspricht das einem horizontalen Nystagmus nach links.

Zusammenfassung. 1. Kleine, sonst unwirksame Strychnindosen rufen eine Steigerung aller Labyrinthreflexe, mit Ausnahme der
Reaktionen auf Progressivbewegungen, hervor.

2. Bei steigenden Strychnindosen schwinden der Kopf- und Augendrehnystagmus zu einer Zeit, wenn Kopf- und Augendrehreaktionen
noch vorhanden und unter Umständen sehr lebhaft sind.

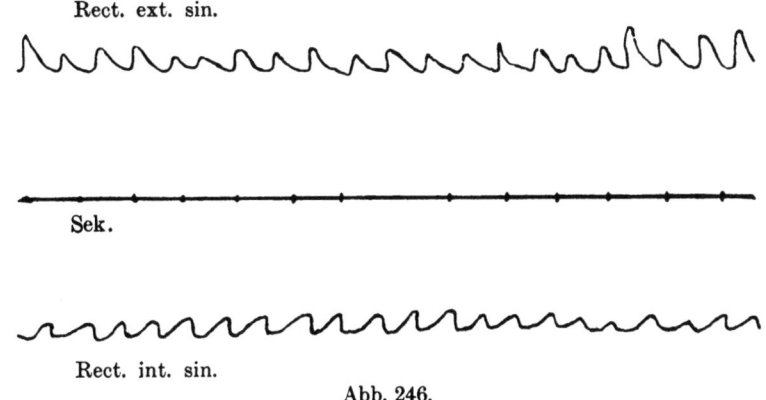

Rect. ext. sin.

Sek.

Rect. int. sin.

Abb. 246.

3. Die Stellreflexe verschwinden beim Auftreten allgemeiner Krämpfe.
Die Körperstellreflexe auf den Kopf sind dabei etwas resistenter als
die Labyrinthstellreflexe. In diesem Stadium fehlen auch die Progressiv-
reaktionen, dagegen sind die Drehreaktionen, die tonischen Hals- und
Labyrinthreflexe auf die Gliedermuskeln und die kompensatorischen
Augenstellungen noch erhalten.

4. Von allen Labyrinthreflexen sind die kompensatorischen Augenstellungen am resistentesten gegen die Strychninvergiftung. Sie lassen
sich mit großer Deutlichkeit bis zum Ende nachweisen, solange keine
Erstickung erfolgt.

5. Während zunehmender Strychninvergiftung tritt bis in das
Krampfstadium hinein bei den tonischen Hals- und Labyrinthreflexen
auf die Körpermuskeln keine Aufhebung der reziproken Innervation
antagonistischer Muskeln ein. Die gleichen Muskeln zeigen dann aber
bei anderen Reflexen diese Aufhebung der reziproken Innervation
deutlich.

6. Auch bei den kompensatorischen Augenstellungen und den
calorischen Labyrinthreflexen auf die Augenmuskeln bleibt im

Krampfstadium der Strychninvergiftung die reziproke Innervation erhalten.

7. Bei den calorischen Labyrinthreflexen auf die Augen läßt sich im Krampfstadium eine auffallend lange Nachwirkung in Form eines mehrere Minuten langen Bestehenbleibens der normalen Deviation beobachten.

8. Reflexumkehr ließ sich nicht bei den tonischen Hals- und Labyrinthreflexen auf die Körpermuskeln und den kompensatorischen Augenstellungen, wohl aber im Krampfstadium bei den calorischen Labyrinthreflexen auf die Augen und beim Nystagmus nach einseitiger Labyrinthexstirpation feststellen.

9. Auch dieses Beispiel zeigt also, wie außerordentlich elektiv Gifte in das System der Körperstellung und Labyrinthreflexe eingreifen.

C. Pikrotoxin.

Die Wirkung des Pikrotoxins auf die Körperstellung und die Labyrinthreflexe unterscheidet sich deutlich vor der des Strychnins.

Das Pikrotoxin ist ein typisches Krampfgift, dessen Hauptangriffspunkt beim Kaninchen im Hirnstamm liegt, aber nach den Untersuchungen von Luchsinger (1) und Gottlieb ist auch das Rückenmark beteiligt. Gleichzeitig mit den Krämpfen tritt eine Steigerung der Reflexerregbarkeit ein. Morita (2) fand, daß Kaninchen nach Exstirpation des Großhirns gerade solche Pikrotoxinkrämpfe bekommen wie normale Kaninchen. Roeber und Pollok und Holmes fanden eine starke Wirkung auf das Vaguszentrum, Pollok und Treadway Erregung des Atemzentrums noch vor Beginn der Krämpfe. Alle diese Beobachtungen beziehen sich auf das Kaninchen.

Für weitere Einzelheiten aus der Literatur sei auf die zusammenfassende Bearbeitung von P. Trendelenburg verwiesen.

Die im folgenden zu schildernden Versuche wurden an Kaninchen und Katzen angestellt [Jonkhoff (70)].

Allgemeiner Verlauf der Pikrotoxinvergiftung bei Kaninchen.

Zunächst sei ein Versuch geschildert, in welchem, an aufeinanderfolgenden Tagen mit kleinsten Dosen beginnend, allmählich steigende Pikrotoxinmengen intravenös eingespritzt wurden.

Kaninchen, 1,3 kg. Alle Labyrinthreflexe normal vorhanden, nur die tonischen Labyrinthreflexe auf die Gliedermuskeln nicht deutlich zu fühlen.

5. Juni 1919. 10 Uhr. 0,05 mg pro Kilogramm Pikrotoxin intravenös.

Eine Stunde später ist eine Steigerung der Labyrinthreflexe nachweisbar. Diese ist jedoch noch nicht maximal. Hauptsächlich an den kompensatorischen Augenstellungen und an den Drehreaktionen ist die Reflexsteigerung deutlich, aber auch die Reaktionen auf Progressivbewegungen und die Labyrinthstellreflexe auf den Kopf sind deutlicher geworden. Die tonischen Labyrinthreflexe auf die Körpermuskulatur sind jedoch noch nicht deutlich zu erkennen.

Am Nachmittag und Abend desselben Tages läßt sich die Reflexsteigerung noch nachweisen.

6. Juni 10 Uhr. Wieder 0,05 mg Pikrotoxin pro Kilogramm intravenös. Eine Stunde später ist die Steigerung der Labyrinthreflexe viel deutlicher als am vorigen Tage. Zum Vergleich wird bei den Drehversuchen neben dem Pikrotoxintier stets ein normales Tier mitgedreht. Die Labyrinthstellreflexe auf den Kopf und die kompensatorischen Augenstellungen sind sehr lebhaft. Kopf- und Augendrehreaktionen und -nystagmus sind sehr viel stärker als vor den Einspritzungen. Auch die Reaktionen auf Progressivbewegungen sind bei dem Pikrotoxintier deutlicher als bei dem normalen Vergleichstier. Diese beträchtliche Steigerung der Reflexe bleibt den ganzen Tag über bestehen.

7. Juni 10 Uhr. Das Tier hat immer noch gesteigerte Labyrinthreflexe. Nochmals wird 0,05 mg Pikrotoxin pro Kilogramm intravenös eingespritzt. Auch hiernach läßt sich wieder gesteigerte Erregbarkeit der Labyrinthreflexe nachweisen, vor allem ist der Kopfnystagmus jetzt sehr stark. Die tonischen Labyrinthreflexe auf die Extremitäten sind jetzt zum erstenmal deutlich zu fühlen.

8. Juni. Status idem. 0,05 mg Pikrotoxin.

9. Juni. Auf Einspritzung von 0,1 mg Pikrotoxin läßt sich dieselbe Reflexsteigerung nachweisen, vor allem sind die Kopf- und Augendrehnystagmen sehr deutlich.

11. Juni. 0,2 mg pro Kilogramm Status idem.

12. Juni. 0,6 mg pro Kilogramm Status idem.

13. Juni. 0,6 mg pro Kilogramm Status idem.

14. Juni. 0,6 mg pro Kilogramm Status idem.

16. Juni. Um 10 Uhr wird 1 mg Pikrotoxin intravenös eingespritzt.

10 Uhr 30 Min. Das Tier hat beschleunigte Atmung, macht dauernd hin- und hergehende Kopfbewegungen, spreizt die Vorderbeine, so daß es mit dem Bauch auf dem Boden liegt. Fluchtbewegungen sind nicht mehr auszulösen, so daß sich Gang- und Gleichgewichtsstörungen nicht mehr beobachten lassen. Krampfanfälle treten aber noch nicht auf.

Die Labyrinthstellreflexe auf den Kopf sind in rechter und linker Seitenlage in der Luft noch vorhanden, aber bereits schwächer als beim Normaltier. Bei Hängelage mit Kopf oben geht der Kopf noch in den Normalstand. In Rückenlage hängt er jedoch nach unten. Bei Hängelage mit Kopf unten steht die Mundspalte vertikal. Diese letzteren Stellreflexe sind also nicht mehr vorhanden.

Körperstellreflexe auf den Kopf sind noch deutlich nachweisbar, ebenso die Halsstellreflexe. Die kompensatorischen Augenstellungen sind noch vorhanden, aber nicht mehr gesteigert. Die tonischen Labyrinthreflexe auf die Körpermuskeln sind nicht mehr zu fühlen, dagegen sind Kopf- und Augendrehreaktionen und -nachreaktionen noch gut vorhanden, Kopf- und Augendrehnystagmus und -nachnystagmus sind bereits abgeschwächt. Die Liftreaktionen sind undeutlich geworden, ebenso der Reflex der Sprungbereitschaft.

17. Juni. 10 Uhr. Alle Labyrinthreflexe sind wieder deutlich vorhanden, ja sogar gesteigert, nur die tonischen Labyrinthreflexe auf die Gliedermuskeln sind nicht nachweisbar. Das Tier hat sich anscheinend vollständig erholt und springt beim Annähern fort.

10 Uhr 30 Min. 1 mg Pikrotoxin pro Kilogramm intravenös.

10 Uhr 45 Min. Das Tier sitzt in der Ecke, die Vorderbeine weit auseinander, Kopf und Bauch auf dem Boden, die Atmung ist sehr beschleunigt. Von Zeit zu Zeit Kopfwackeln.

10 Uhr 50 Min. Die Labyrinthstellreflexe auf den Kopf sind bei Rückenlage und Hängelage mit Kopf unten vollständig verschwunden, bei Hängelage Kopf oben, und in rechter und linker Seitenlage lassen sie sich manchmal noch andeutungsweise nachweisen. Dagegen sind die Körperstellreflexe auf den Kopf noch sehr deutlich vorhanden, ebenso wie die Halsstellreflexe.

Die kompensatorischen Augenstellungen fehlen, Kopfdrehreaktionen und -nachreaktionen sind vorhanden, Kopfdrehnystagmus und -nachnystagmus sehr schwach oder fehlen.

Die Augendrehreaktionen und -nachreaktionen sind schwach nachweisbar, Augendrehnystagmus und -nachnystagmus fehlt oder ist nur andeutungsweise vorhanden.

Liftreaktionen und Sprungbereitschaft lassen sich nicht mehr nachweisen.

12 Uhr. Die kompensatorischen Augenstellungen sind wieder sehr schwach vorhanden. Die Drehreaktionen dagegen sind noch schwächer geworden. Übrigens ist das Vergiftungsbild das gleiche, das Tier macht einen kranken Eindruck, hat Diarrhöe und sitzt zusammengekauert in der Ecke.

3 Uhr. Da das Tier bereits krank ist, wird es durch eine nochmalige Einspritzung von 2 mg Pikrotoxin intravenös getötet. Es treten Krampfanfälle auf, die Labyrinthreflexe werden bald vollständig gelähmt, die Kopfdrehreaktionen bleiben hierbei am längsten nachweisbar. Calorische Labyrinthreflexe lassen sich in diesem Stadium nicht mehr auslösen.

Exitus. Bei der Sektion werden keine Abweichungen gefunden.

Auf die beschriebene Weise wurden noch fünf Versuche mit dem gleichen Ergebnis angestellt.

Das folgende Versuchsbeispiel veranschaulicht den akuten Verlauf der Vergiftung nach einer großen Pikrotoxindosis. Hierbei treten die lähmenden Wirkungen mehr in den Vordergrund.

5. Juni 1919. Kaninchen, 1,3 kg. Alle Labyrinthreflexe normal vorhanden, nur die tonischen Labyrinthreflexe auf die Körpermuskeln undeutlich.

10 Uhr. 2 mg pro Kilogramm Pikrotoxin intravenös.

10 Uhr 10 Min. Das Tier sitzt still und zusammengekauert da, macht bei Annäherungen keine Fluchtbewegungen, die Atmung ist stark beschleunigt, so daß man sie kaum zählen kann. Kopfwackeln, Spreizen der Vorderbeine, so daß Kopf und Bauch auf dem Boden liegen.

Die Labyrinthstellreflexe auf den Kopf fehlen bei Rückenlage und bei Hängelage Kopf unten. Bei Hängelage mit Kopf oben wird der Kopf in den Normalstand gebracht, jedoch nur schwach. In rechter und linker Seitenlage sind die Labyrinthstellreflexe noch vorhanden.

Die tonischen Labyrinthreflexe auf die Körpermuskeln sind undeutlich, die kompensatorischen Augenstellungen noch sehr lebhaft.

Die Kopfdrehreaktionen sind lebhaft, die -nachreaktionen noch vorhanden. Der Kopfdrehnystagmus und -nachnystagmus sind sehr schwach oder fehlen.

Die Augendrehreaktionen und -nachreaktionen sind vorhanden, der Augendrehnystagmus und -nachnystagmus ist sehr schwach oder fehlt.

Die Reaktionen auf Progressivbewegungen sind sehr schwach oder fehlen.

Beim Aufheben des Tieres vom Boden entstehen leicht tonische und klonische Krämpfe.

10 Uhr 15 Min. Die Labyrinthstellreflexe auf den Kopf fehlen vollständig. Die Halsstellreflexe sind noch vorhanden (Aufsitzen des Körpers aus Seitenlage, wenn man den Kopf in den Normalstand bringt). Die Körperstellreflexe auf Kopf und Körper sind noch vorhanden, aber bereits abgeschwächt. Die tonischen La-

byrinthreflexe auf die Körpermuskeln sind undeutlich, die kompensatorischen Augenstellungen noch schwach nachweisbar.

Kopf- und Augendrehreaktionen und -nachreaktionen sind noch deutlich vorhanden. Kopf- und Augendrehnystagmus und -nachnystagmus fehlen jedoch. Die Reaktionen auf Progressivbewegungen sind nicht mehr auszulösen.

Das Tier hat tonische und klonische Krämpfe, aber noch keinen großen allgemeinen epileptiformen Krampfanfall gehabt.

10 Uhr 20 Min. Die Labyrinthstellreflexe fehlen völlig, während die anderen Stellreflexe noch vorhanden sind. Die kompensatorischen Augenstellungen fehlen oder sind sehr schwach, die tonischen Labyrinthreflexe auf die Körpermuskeln sind undeutlich.

Kopf- und Augendrehreaktionen und -nachreaktionen sind deutlich, Kopf- und Augendrehnystagmus und -nachnystagmus dagegen nicht mehr nachweisbar. Die Reaktionen auf Progressivbewegungen sind nicht mehr auszulösen, nur die Liftreaktion ist manchmal noch andeutungsweise vorhanden.

10 Uhr 30 Min. und 10 Uhr 40 Min. Im wesentlichen dasselbe Bild.

10 Uhr 50 Min. Alle Labyrinthreflexe fehlen, mit Ausnahme der Kopfdrehreaktionen, welche noch schwach vorhanden sind.

Das Tier hat andauernd tonische und klonische Krämpfe, auch in den Kaumuskeln und der Zunge, mit starker Speichelabsonderung. Abwechselnd tritt Opisthotonus und Emprosthotonus auf. Um 11 Uhr erfolgt während dieser Krämpfe Atemstillstand. Bei der Sektion schlägt das Herz noch. Die Därme zeigen auffallend lebhafte Peristaltik. Abweichungen wurden bei der Sektion nicht gefunden.

Der auffälligste Befund bei der Pikrotoxinvergiftung ist die sehr starke Steigerung der Labyrinthreflexe bereits durch sehr kleine Pikrotoxindosen ($^1/_{20}$ mg), welche sonst an den Tieren gar keine Veränderungen hervorrufen. Diese Steigerung der Labyrinthreflexe geht sehr langsam zurück, sie läßt sich selbst auf Dosen von $^1/_{20}$ mg pro Kilogramm noch nach 24 Stunden deutlich nachweisen.

Zwei Tiere bekamen an vier aufeinanderfolgenden Tagen $^1/_{20}$ mg Pikrotoxin und danach noch einmal eine Dosis von 1 mg pro Kilogramm und wurden danach beobachtet. Sie genasen vollständig, aber sehr langsam, und noch tagelang nach den Einspritzungen war die Steigerung der Labyrinthreflexe ohne irgendwelche sonstige Symptome deutlich wahrzunehmen.

Dosen von 1 mg pro Kilogramm riefen bei diesen chronischen Pikrotoxinvergiftungen manchmal leichte Krämpfe hervor, manchmal nicht. Das erste Symptom der schweren Vergiftung ist Atmungsbeschleunigung. Das Tier sitzt dann zusammengekauert in einer Ecke und ist nicht mehr zu Fluchtbewegungen zu veranlassen. Die Vorderbeine werden weit auseinandergesetzt, um eine größere Unterstützungsfläche zu bekommen, Kopf und Bauch liegen auf dem Boden. Mit dem Kopf werden manchmal hin- und hergehende Bewegungen ausgeführt.

Die elektive Wirkung des Pikrotoxins auf die Labyrinthreflexe wird auch bei der Untersuchung der Stellreflexe deutlich. Zu einer Zeit, wo die Labyrinthstellreflexe auf den Kopf bereits fehlen, lassen sich Körperstellreflexe auf den Kopf und auf den Körper und die Hals-stellreflexe noch sehr deutlich nachweisen.

Nach 1 mg Pikrotoxin dauert dieser Zustand, in welchem manche Labyrinthreflexe gelähmt sind, unter leichten Krämpfen ungefähr eine halbe bis anderthalb Stunden an; darauf erholen sich die Tiere langsam, und die Labyrinthreflexe bleiben danach viele Tage lang gesteigert.

Bei schrittweise zunehmender Vergiftung werden die Labyrinth-stellreflexe gleichzeitig mit den kompensatorischen Augen-stellungen schwächer, sie werden aber etwas früher vollständig ge-lähmt. Gleichzeitig verschwinden auch die Reaktionen auf Progressiv-bewegungen und der Kopf- und Augendrehnystagmus. Danach hören die (vertikalen) kompensatorischen Augenstellungen auf. Die Dreh-reaktionen auf Kopf und Augen bleiben am längsten nachweis-bar; erst ganz am Ende sind die Augendrehreak-tionen aufgehoben, während die Kopfdrehreaktionen, wenn auch abgeschwächt, bis zum Tode nachweisbar bleiben.

Über das Verhalten der tonischen Labyrinthreflexe auf die Körpermuskeln, die

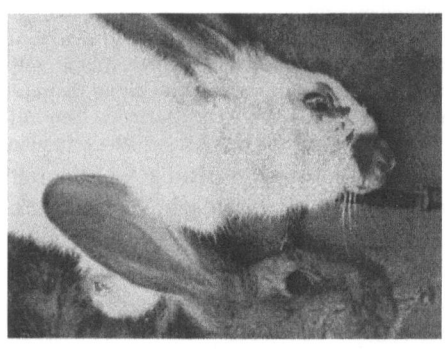

Abb. 247.

Abb. 247. Einfluß von Strychnin und Pikrotoxin auf die kom-pensatorischen Augenstellungen (Vertikalabweichung). Die Ab-bildung zeigt zwei gleichschwere Kaninchen, ein weißes und ein graues. Um 12 Uhr erhält das weiße 0,4 mg pro Kilogramm Strychninum nitricum, das graue 2 mg Pikrotoxin pro Kilogramm intravenös. Dieses sind Dosen von ungefähr gleichstarker Krampfwirkung.

Beide Tiere werden darauf fortdauernd, auch während des Photographierens, künstlich geatmet und liegen nebeneinander in Seitenlage auf dem Tisch (Stell-reflexe gelähmt). Zwei Stunden nach der Einspritzung werden sie von oben photo-graphiert, wobei sie ungefähr gleichstarke Krämpfe hatten. Das weiße (Strychnin-) Kaninchen zeigt sehr deutliche kompensatorische Vertikalabweichung, die weiße Sclera ist in der oberen Hälfte der Lidspalte gut zu erkennen, das Auge ist nach unten abgelenkt. Bei dem grauen (Pikrotoxin-) Tier sind dagegen die kompensa-torischen Augenstellungen gelähmt. Das Auge steht in Mittelstellung, trotzdem sich das Tier in Seitenlage befindet.

sich bei dem intakten Tier nicht so scharf untersuchen lassen, wird unten bei Besprechung von Versuchen an decerebrierten Tieren berichtet.

Einen auffallenden Unterschied gegen den Verlauf der Strychnin-vergiftung bildet das Verhalten der kompensatorischen Augenstellungen. Während diese bei der Strychninvergiftung bis zum Tode erhalten bleiben, werden sie nach Pikrotoxin bereits viel früher gelähmt (siehe Abb. 247).

Die erregende Wirkung des Pikrotoxins läßt sich bei der Untersuchung des calorischen Nystagmus sehr gut graphisch aufzeichnen, wie Abb. 248 veranschaulicht.

Der Einfluß des Pikrotoxins auf die Enthirnungsstarre und die Haltungsreflexe.

Schon im dritten Kapitel (S. 67) wurde mitgeteilt, daß man bei decerebrierten Tieren durch Pikrotoxin die Streckstarre in eine Beugestarre verwandeln kann (siehe Abb. 21), und daß dann die tonischen Labyrinthreflexe auf die Gliedermuskeln sich nicht mehr an den Streckern, sondern an den Beugern äußern. Abb. 22 und 23 zeigten dieses für den isolierten Triceps und Biceps der decerebrierten Katze. Dabei reagiert auf Änderung der Kopfstellung der Strecker (Triceps) überhaupt nicht mehr, während der Beuger (Biceps) stärkste Tonusänderungen zeigt, und zwar erschlafft er bei „Maxi-

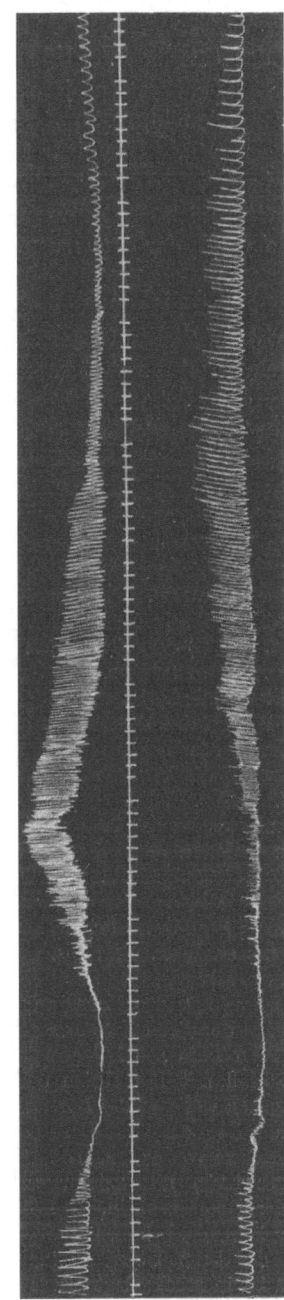

Abb. 248. Kaninchen. Aufzeichnung der Bewegungen des Musculus rectus internus (oben) und Rectus externus (unten) vom linken Auge in leichter Äthernarkose nach Exstirpation des Bulbus. Dauernde Ausspritzung des rechten Gehörganges mit kaltem Wasser von 14°. Der Internus ist kontrahiert und zeigt rhythmische Erschlaffungen, der Externus ist erschlafft und zeigt rhythmische Kontraktionen. Auf intravenöse Einspritzung von 0,7 mg Pikrotoxin pro Kilogramm erschlaffen zunächst beide Muskeln etwa 10 Sekunden lang. Darauf geht der Internus in stärkste Kontraktion und führt sehr schnelle und große Nystagmusschläge nach unten (Erschlaffungen) aus. Der Externus kehrt auf sein ursprüngliches Niveau zurück und zeigt zunächst sehr schnelle, dann an Größe zunehmende Nystagmusschläge nach oben (Kontraktionen). Allmählich kommen beide Kurven auf das Niveau vor der Injektion zurück (auf der Kurve nicht mehr abgebildet). Muskelkrämpfe sind noch nicht aufgetreten, Beschleunigung der Atmung fehlt.

An dem Tiere lassen sich außerdem keine abnormen Symptome erkennen:

mumstellung" des Kopfes (+ 45°), während er bei „Minimumstellung" des
Kopfes (— 135°) in größte Verkürzung gerät. Bei den Haltungsreflexen
ändert sich die Stellung der Glieder im gleichen Sinne, wie vor der
Vergiftung, da aber statt der Strecker jetzt die Beuger reagieren,
treten die größten Verkürzungen und Erschlaffungen bei den um -
gekehrten Kopfstellungen ein. Das Primäre ist also die durch
Pikrotoxin bewirkte Umänderung der Streck- in Beugestarre. Das
Verhalten der Haltungsreflexe ist die notwendige Folge hiervon, die
Tätigkeit der Labyrinthe (und der Halsreceptoren) dabei bleibt ungeändert.

Auch bei den spontanen Krampfanfällen nach Pikrotoxin zeigt sich,
daß die Krämpfe sich im wesentlichen in den Beugemuskeln abspielen,
während die Streckmuskeln in Ruhe verharren (Abb. 23).

Folgendes Protokoll verdeutlicht den Verlauf der Erscheinungen
an einer decerebrierten Katze, bei welcher die Muskeln der Extremitäten
nicht präpariert wurden.

20. Juni 1919. Katze, 2 kg.

10 Uhr vormittags. Äthernarkose, Trachealkanüle, künstliche Atmung, Carotiden abgebunden, Vagi durchschnitten, Decerebrierung ohne Entfernung des
Großhirns aus der Schädelhöhle, geringe Blutung.

10 Uhr 15 Min. Ende der Operation.

10 Uhr 40 Min. Sehr deutliche Enthirnungsstarre. In Seitenlage ist der Kopf
maximal dorsalwärts gebeugt, die Vorderpfoten stark gestreckt, in den Hinterpfoten ist deutlicher Quadricepstonus fühlbar.

Beim Normalstand des Tieres mit horizontaler Mundspalte ist der Tonus der
Vorderbeine gering, der der Hinterbeine deutlicher als der der Vorderbeine.

In Rückenlage ist der Tonus von Hals und Vorderbeinen maximal. Es sind
also tonische Labyrinthreflexe auf die Vorderbeine vorhanden. Die Hinterbeine
sind nicht gestreckt (siehe Abb. 21 a, S. 68).

Bei Kopfdrehen in Seitenlage wird der Tonus beider Vorderbeine maximal,
wenn sich der Schädel unten befindet, er wird minimal, wenn sich der Schädel
oben befindet. Also überwiegen die Labyrinthreflexe über die Halsreflexe.

An den Hinterbeinen sind die Halsreflexe stärker als die Labyrinthreflexe.

Bei Hängelage mit dem Kopf nach unten lassen sich bei Kopfdrehen deutliche
Halsreflexe auf die Vorderbeine auslösen.

11 Uhr 5 Min. Status idem.

11 Uhr 10 Min. 0,8 mg Pikrotoxin pro Kilogramm intravenös.

11 Uhr 15 Min. Noch keine deutliche Zunahme der Labyrinthreflexe.

11 Uhr 20 Min. 0,4 mg Pikrotoxin pro Kilogramm intravenös.

11 Uhr 21 Min. Krampfanfall mit Retraktion des Kopfes in den Nacken.
Die Vorder- und Hinterbeine gehen während des Krampfes beide in Beugestellung.
In Rückenlage ist der Tonus der Streckmuskeln stärker als in Normalstellung,
also sind deutliche Labyrinthreflexe vorhanden. In Seitenlage läßt sich ein deutlicher Tonus der Beugemuskeln nachweisen, welcher stärker ist als der
ebenfalls vorhandene Tonus der Streckmuskeln. In Rückenlage überwiegt gleichfalls der Tonus der Beugemuskeln, doch haben hierbei die Streckmuskeln auch
noch ziemlich guten Tonus, der beim Übergang in Normalstellung abnimmt.
Der Tonus der Beugemuskeln ist in Rückenlage etwas schwächer als in Normalstellung.

Es tritt demnach nach der Pikrotoxinvergiftung ein aktiver Tonus der Beugemuskeln auf, welcher vorher nicht vorhanden war.

Bei Kopfdrehen in Seitenlage ergibt sich, daß die Labyrinthreflexe auf die Vorderbeine noch deutlich vorhanden sind. Dabei ist der Tonus der Streckmuskeln bei Drehen mit dem Schädel nach unten maximal, bei Drehen mit dem Schädel nach oben minimal. Das umgekehrte Verhalten zeigen die Beugemuskeln, aber der Unterschied ist weniger deutlich als an den Streckmuskeln.

Während der Untersuchung hat das Tier Krämpfe. Diese äußern sich in Streckung der Extremitäten, Laufbewegungen, Spreizen der Zehen und Retraktion des Nackens, wobei das Tier abwechselnd Opisthotonus und Emprosthotonus zeigt. In Rückenlage zeigt das Tier vor allem starke Laufbewegungen. Die tonischen Labyrinthreflexe auf die Vorderbeine sind noch sehr deutlich, ebenso die tonischen Halsreflexe.

11 Uhr 40 Min. Heftige Krämpfe und Atemstillstand.

11 Uhr 50 Min. Das Tier hat sehr deutliche Labyrinth- und Halsreflexe auf die Vorderbeine. In Rückenlage haben sowohl die Beuger als die Strecker Tonus. Erstere haben bei dieser Lage das Minimum, letztere das Maximum ihres Tonus. Die Vorderbeine sind als Ganzes gestreckt. In Bauchlage ist der Tonus der Strecker sehr gering, der der Beuger maximal. Die Vorderbeine werden krampfhaft in Beugestellung gehalten. Beim Umlegen aus Bauch- in Rückenlage tritt infolgedessen ein sehr starker Unterschied in der Haltung der Vorderbeine zutage.

12 Uhr 30 Min. Das Tier hat heftige Krämpfe, der aktive Strecktonus ist vollständig verschwunden und hat einem aktiven Beugetonus Platz gemacht. Die Enthirnungsstarre als solche ist noch vorhanden, aber ist von den Streckmuskeln auf die Beugemuskeln übergegangen, so daß das Tier dauernd in äußerster Emprosthotonusstellung liegt. In Seitenlage sind die Beine maximal gebeugt, die Zehen ebenfalls stark eingezogen, der Kopf liegt ventralwärts gebeugt. Opisthotonus, der anfangs noch mit dem Emprosthotonus abwechselte, kommt jetzt nicht mehr vor, nur nimmt der dauernd vorhandene Beugetonus abwechselnd etwas mehr zu und ab. In Rückenlage läßt sich jetzt kein Strecktonus mehr nachweisen, die Beine bleiben gebeugt. Der Tonus der Beugemuskeln ist jedoch in Rückenlage geringer als in Bauchlage. In Bauchlage (Abb. 21 b) sind die Vorderbeine und der Kopf stark gebeugt. Der Tonus der Beugemuskeln ist hierbei stärker als in Rückenlage. Dagegen ist die Tonussteigerung an den Hinterbeinen nicht stark genug, um sie bei Bauchlage des Tieres in die Höhe zu heben.

Der Einfluß der tonischen Labyrinthreflexe auf die Extremitätenmuskeln äußert sich demnach auf eine ganz andere Weise. Während beim normalen decerebrierten Tier durch den Einfluß der Labyrinthe eine aktive Zunahme des Strecktonus auftritt, wenn der Schädel sich in Rückenlage befindet (Abb. 21 a), wird jetzt, nach der Pikrotoxinvergiftung umgekehrt eine aktive Zunahme des Beugetonus wahrgenommen, wenn der Kopf sich mit dem Scheitel nach oben befindet (Abb. 21 b).

1 Uhr 30 Min. Das Tier ist völlig schlaff und zeigt keine Reflexe mehr.

Sektion: Der Enthirnungsschnitt geht zwischen den vorderen und hinteren Vierhügeln durch. Es ist keine Blutung an der Schädelbasis vorhanden. Weitere Abweichungen fehlen.

Dieser Versuch wurde noch oft mit dem gleichen Resultat wiederholt. Bei den Tieren, bei welchen vor der Pikrotoxineinspritzung nur schwache tonische Labyrinthreflexe auf die Gliedermuskeln nachzuweisen waren, wurden diese nach der Einspritzung sehr viel deutlicher.

Zusammenfassung.

Intravenöse Pikrotoxineinspritzungen haben auf sämtliche Labyrinthreflexe eine sehr spezifische Wirkung.

Schon kleine Pikrotoxindosen (von $1/_{20}$ mg pro Kilogramm an) bewirken eine deutliche und auffallend langandauernde Steigerung der Labyrinthreflexe, während übrigens an dem Tiere keine sonstigen Symptome zu sehen sind.

Vergiftet man ein Tier mit täglich steigenden Pikrotoxindosen bis zu 1 mg pro Kilogramm, so treten bereits Krämpfe und vorübergehende Lähmungen auf. Wenn man aber dann mit den Einspritzungen aufhört, so gehen diese Symptome bald zurück, aber es bleibt noch viele Tage lang eine stark gesteigerte Erregbarkeit der Labyrinthreflexe bestehen, ohne daß an dem Tiere sonstige Erscheinungen zu sehen sind. Es erfolgt völlige Wiederherstellung.

Die erregende Wirkung des Pikrotoxins läßt sich auch sehr deutlich bei den calorischen Labyrinthreflexen nachweisen. An den freipräparierten isolierten Augenmuskeln ist nach vorübergehender Erschlaffung eine außerordentliche Steigerung der Deviation und des Nystagmus bei calorischer Reizung zu sehen. Auch in diesem Falle zeigt das Tier keine sonstigen Vergiftungszeichen.

Nach größeren Pikrotoxindosen (1—2 mg pro Kilogramm und mehr) tritt die lähmende Wirkung des Pikrotoxins auf die Labyrinthreflexe in den Vordergrund.

Hierbei bleibt die Kopfdrehreaktion und -nachreaktion am längsten bestehen, manchmal bis zum Tode. Auch die Augendrehreaktion und -nachreaktion bleiben sehr lange nachweisbar. Dagegen werden die übrigen Labyrinthreflexe bereits früher gelähmt, so der Kopf- und Augendrehnystagmus und -nachnystagmus, die Reaktionen auf Progressivbewegungen, die tonischen Labyrinthreflexe auf die Extremitäten, die kompensatorischen Augenstellungen und die Labyrinthstellreflexe. Diese letzteren gehören zu den zuerst gelähmten Labyrinthreflexen und sind auch früher verschwunden als die übrigen Stellreflexe. Während die kompensatorischen Augenstellungen nach der Strychninvergiftung bis zum Tode unvermindert bestehen bleiben, werden diese also bei der Pikrotoxinvergiftung verhältnismäßig früh gelähmt.

Sehr auffallend ist, daß bei der Pikrotoxinvergiftung das Bild der Enthirnungsstarre sich ändert. An Stelle des maximalen Strecktonus decerebrierter Tiere kann ein maximaler Beugetonus der Extremitäten, des Nackens und des Rumpfes treten. An den Krämpfen beteiligen sich dann ebenfalls überwiegend die Beugemuskeln. Diese auffallende Beugestellung läßt sich auch bei Tieren mit erhaltenem Großhirn nachweisen.

Während bei normalen enthirnten Tieren mit maximaler Streckstarre der Gliedermuskeln sich überwiegend die Streckmuskeln an den tonischen Hals- und Labyrinthreflexen beteiligen, wobei die Beugemuskeln entweder vollständig schlaff bleiben oder nur geringe reziproke Tonusänderungen zeigen, wird dieses nach Pikrotoxineinspritzung umgekehrt. Bei der nunmehr auftretenden überwiegenden Beugestarre beteiligen sich ausschließlich die Beugemuskeln an den tonischen Hals- und Labyrinthreflexen und die Streckmuskeln verharren in Ruhe. Dabei geraten die Beugemuskeln in maximale Kontraktion, wenn der Kopf in derartige Stellungen gebracht wird, bei welchen bei normalen decerebrierten Tieren die Streckmuskulatur den minimalen Tonus zeigen würde.

Die geschilderte Wirkung des Pikrotoxins auf die Tonusverteilung in der Körpermuskulatur und die hierdurch bedingte veränderte Reaktion auf wechselnde Kopfstellungen erklärt, zusammen mit dem lähmenden Einfluß des Pikrotoxins auf die Stellreflexe und der Steigerung der sonstigen Reflexe im Krampfstadium, das eigenartige Vergiftungsbild, wie es nach krampfmachenden Dosen von Pikrotoxin zur Beobachtung kommt.

D. Campher.

Hoffmann und Wiedemann zeigten, daß Campher bei Kaltblütern lähmend wirkt, bei Warmblütern dagegen epileptiforme Krämpfe hervorruft, welche sie von einer Erregung eines Krampfzentrums in der Medulla oblongata ableiten. Gottlieb sah am isolierten Rückenmark der Katze Steigerung der Reflexerregbarkeit, Krämpfe dagegen nur bei Verbindung mit dem Gehirn eintreten. Morita (2) konstatierte das Ausbleiben der Campherkrämpfe nach Großhirnexstirpation beim Kaninchen.

Stross und Wiechowski haben im Anschluß an ältere Angaben von Harnack und Witkowski in letzter Zeit wieder auf narkotische Eigenschaften des Camphers hingewiesen.

Leo und Isaak zeigten, daß man die erregenden Campherwirkungen, besonders auch die Krämpfe, schnell und deutlich durch intravenöse Einspritzung von camphergesättigter Ringerlösung (1 : 600) hervorrufen kann.

Campher ist gegen Seekrankheit angewendet. Auerbach leitet die Wirkung von Gefäßerweiterung im Gehirn ab und empfahl ein aus Campher, Coffeinum-Natrium benzoicum und Diuretin bestehendes Gemisch unter dem Namen Euthalattin. Auch in Geheimmitteln gegen Seekrankheit kommt Campher vor, so in „Mothersills seasick remedy", welches außerdem noch Coffein und KBr enthält.

Für das Folgende ist noch von Wichtigkeit, daß Campher im Organismus leicht oxydiert, an Glucuronsäure gepaart ausgeschieden und auf diese Weise schnell unwirksam gemacht wird.

In den Versuchen von Jonkhoff erhielten Kaninchen 10% Campheröl subcutan oder camphergesättigte Ringerlösung intravenös. Bei täglicher subcutaner Einspritzung von 500 mg tritt ein deutlicher Einfluß auf die Labyrinthreflexe zutage, ohne daß das Leben gefährdet wird. Akute Camphervergiftungen lassen sich durch 1 g subcutan, oder durch intravenöse Einspritzung von 10—40 mg in Ringer hervorrufen. Bei Versuchen mit krampfmachenden Dosen erhalten die Tiere vorher eine Trachealkanüle, um sie schnell mit der künstlichen Atmung verbinden zu können.

Folgende Versuchsprotokolle veranschaulichen den Verlauf der Campherwirkung [Jonkhoff (72)].

Wiederholte subcutane Vergiftung (Tabelle III).

Kaninchen, 1,95 kg. Sämtliche Labyrinthreflexe deutlich vorhanden.

23. September 1919. 2 Uhr. 500 mg pro Kilogramm Campher in Öl subcutan.

4 Uhr. Starke allgemeine Steigerung der Reflexerregbarkeit. Keine Krämpfe. Labyrinthstellreflexe abgeschwächt. Kopfdrehreaktion und Progressivreaktionen gesteigert. Die anderen Labyrinthreflexe deutlich vorhanden.

24. September. Kopfdrehreaktionen sehr lebhaft. Alle anderen Labyrinthreflexe deutlich vorhanden.

2 Uhr. 500 mg pro Kilogramm Campher subcutan.

4 Uhr. Erhöhte Reflexerregbarkeit. Alle Labyrinthreflexe sehr lebhaft.

25. September. Sehr lebhafte Labyrinthreflexe.

10 Uhr. 500 mg pro Kilogramm Campher subcutan.

11 Uhr. Steigerung aller Labyrinthreflexe mit Ausnahme von Kopf-˙ und Augendrehnystagmus.

3 Uhr. Nochmals 500 mg pro Kilogramm Campher subcutan. Danach dasselbe Bild.

26. September. Noch starke allgemein erhöhte Reflexerregbarkeit. Labyrinthreflexe noch ebenso lebhaft wie am Tage vorher.

10 Uhr. 500 mg pro Kilogramm Campher subcutan.

2 Uhr. Alle Labyrinthreflexe gesteigert, mit Ausnahme von Kopf- und Augendrehnachnystagmus.

27. September. Tier krank. Diarrhöe. Nur die Kopf- und Augendrehreaktion und der Augendrehnystagmus sind noch gesteigert. Alle anderen Labyrinthreflexe normal vorhanden.

9 Uhr. 500 mg pro Kilogramm Campher subcutan.

10 Uhr. Labyrinthstellreflexe nur noch schwach. Tonische Labyrinthreflexe auf die Glieder kaum zu fühlen. Kopf- und Augendrehnystagmus nicht sehr deutlich. Andere Labyrinthreflexe normal.

11 Uhr. 500 mg pro Kilogramm Campher subcutan. Sehr bald darauf erlöschen sämtliche Labyrinthreflexe, wobei jedoch die kompensatorischen Augenstellungen und die Kopf- und Augendrehreaktionen zuletzt verschwinden.

12 Uhr. Exitus. Sektion: Zwischen den Pleurablättern schleimige Massen. Trübung der Niere. Herz groß.

4 Weitere Versuche hatten im großen ganzen das gleiche Ergebnis.

Tabelle III.

Thalamuskaninchen 1,95 kg	Campherdos. in Ringerlös. intravenös mg	Lagereflexe			Reflexe auf Bewegung						Bemerkungen
					Drehreaktionen				Reaktionen auf Progressivbewegungen		
		Labyrinth-stellreflexe	Tonische Reflexe auf die Extremitäten	Kompensa-torische Augen-stellungen (vertikal)	Kopfdreh-reaktionen		Augendreh-reaktionen		Lift-reaktion	Sprung-bereitschaft	
					Reaktion	Nystag-mus	Reaktion	Nystag-mus			
23. IX. 1919											
2 Uhr nachm.	500	+	+	+	+	+	+	+	+	+	
4 ,, ,,		(+)	+	+	++	+	+	+	++	++	
24. IX. 1919	500	+	++	+	++	+	+	+	+	+	Allgemein erhöhte Reflexerregbarkeit
2 Uhr nachm.		++	++	++	++	++	++	++	++	++	
4 ,, ,,		++	++	++	++	++	++	++	++	++	
25. IX. 1919	500	++	++	++	++	++	++	++	++	++	
10 Uhr vorm.		++	++	++	++	++	++	++	++	++	
11 ,, ,,	500	++	++	++	++	++	++	++	++	++	
3 ,, nachm.		++	++	++	++	++	++	++	++	++	
5 ,, ,,	500	+	+	+	++	+	++	++	++	++	
10 ,, vorm.	500	+	+	+	+	+	+	++	++	++	
26. IX. 1919											
27. IX. 1919											
9 Uhr vorm.	500	+	+	+	+	+	+	+	+	+	
10 ,, ,,	500	(+)	(+)	+	+	(+)	+	(+)	+	+	
11 ,, ,,	500	−	−	(+)	(+)	−	(+)	−	−	−	
11 ,, 30 Min.											
12 ,,											

Tod durch Atemstillstand. ¼ Stunde vorher waren alle Labyrinthreflexe gelähmt.

Akute intravenöse Camphervergiftung.

30. September 1919. Kaninchen, 1,5 kg. Alle Labyrinthreflexe normal (vgl. Tab. IV).

10 Uhr 11 Min. 20 mg pro Kilogramm Campher in Ringer intravenös. Sofort danach Seitenlage, leichte Krämpfe der Glieder- und Augenmuskeln. Labyrinthstellreflexe nebst den anderen Stellreflexen stark abgeschwächt. Kompensatorische Augenstellungen vorhanden. Tonische Labyrinthstellreflexe auf die Glieder nicht deutlich nachweisbar. Alle Drehreaktionen verschwunden, von den Progressivreaktionen nur Sprungbereitschaft schwach auszulösen.

10 Uhr 20 Min. Erholung. Tier sitzt. Seitenlage nicht vertragen. Alle Labyrinthreflexe wieder vorhanden, nur die Drehnystagmen auf Kopf und Augen abgeschwächt.

10 Uhr 58 Min. Stellreflexe schwach, ebenso Kopfdrehnystagmus. Tonische Labyrinthreflexe auf die Glieder fehlen. Übrige Labyrinthreflexe vorhanden. Augendrehnystagmus lebhaft.

11 Uhr 10 Min. 10 mg intravenös. Labyrinthstellreflexe wieder deutlich. Tonische Labyrinthreflexe auf die Glieder, Kopfdrehnystagmus und Progressivreaktionen schwach. Übrige Labyrinthreflexe vorhanden.

11 Uhr 20 Min. 10 mg intravenös. Progressivreaktionen und Drehnystagmen aufgehoben. Kopf- und Augendrehreaktionen normal. Alle Otolithenreflexe schwach.

11 Uhr 25 Min. Alle Labyrinthreflexe fehlen, mit Ausnahme der noch schwach vorhandenen Kopf- und Augendrehreaktionen. Körperstellreflexe und Halsstellreflexe sind bei fehlenden Labyrinthstellreflexen schwach vorhanden. Die kompensatorischen Augenstellungen bleiben nur kurze Zeit fort und treten dann wieder auf. Spontane Zuckungen in den Augenmuskeln, die nystagmoide Bewegungen der Augen vortäuschen.

Danach allmähliche Erholung.

Die Kopf- und Augendrehreaktionen werden wieder deutlich (11 Uhr 30 Min.). Otolithenreflexe schwach positiv (11 Uhr 40 Min.), Drehnystagmen nachweisbar (11 Uhr 40 Min.). Progressivreaktionen sind 11 Uhr 30 Min. deutlich, 11 Uhr 40 Min. schwach.

2 Uhr. Alle Labyrinthreflexe wieder vorhanden. Undeutlich nur tonische Labyrinthreflexe auf die Extremitäten und Liftreaktion.

2 Uhr 35 Min. 10 mg pro Kilogramm. Direkt danach wieder Lähmungserscheinungen. Nur die Kopf- und Augendrehreaktion noch deutlich. Stellreflexe, kompensatorische Augenstellungen, Augendrehnystagmus, Sprungbereitschaft schwach, andere Labyrinthreflexe aufgehoben.

4 Uhr. 20 mg pro Kilogramm. Schwach vorhanden sind noch Kopf- und Augendrehreaktionen und Augendrehnystagmus, kompensatorische Augenstellungen und Sprungbereitschaft. Alle anderen Labyrinthreflexe fehlen.

4 Uhr 20 Min. Heftige Krämpfe. Schwach vorhanden sind: kompensatorische Augenstellungen und Drehreaktionen auf Kopf und Augen. Alle anderen Labyrinthreflexe fehlen völlig.

4 Uhr 24 Min. Tod durch Atemstillstand.

Der Versuch wurde mehrfach mit dem gleichen Ergebnis wiederholt.

Graphische Aufzeichnung des calorischen Nystagmus.

Einige Besonderheiten lassen sich noch auf folgenden Kurven des calorischen Nystagmus erkennen.

Tabelle IV.

Thalamuskaninchen 1,5 kg.	Campherdosen in Ringerlösung intravenös mg	Lagereflexe			Reflexe auf Bewegung							Bemerkungen
					Drehreaktionen				Reaktionen auf Progressivbewegungen		
					Kopfdrehreaktionen		Augendrehreaktionen				
		Labyrinthstellreflexe	Tonische Reflexe auf die Extremitäten	Kompensatorische Augenstellungen (vertikal)	Reaktion	Nystagmus	Reaktion	Nystagmus	Liftreaktion	Sprungbereitschaft	
10 Uhr – Min. vorm.		+	+	+	+	+	+	+	+	+	
10 ,, 11 ,, ,,	20	⧺	⧺?	+	−	−	−	+	−	⧺	
10 ,, 20 ,, ,,		+	+	+	+	⧺	+	+	+	+	
10 ,, 58 ,, ,,		⧺	−	+	+	⧺	+	++	⧺	+	
11 ,, 10 ,, ,,	10	+	⧺	+	+	⧺	+	+	−	⧺	
11 ,, 20 ,, ,,	10	⧺	⧺	⧺	+	−	+	−	−	−	
11 ,, 25 ,, ,,		−	−	−	⧺	−	⧺	−	−	+	
11 ,, 30 ,, ,,		⧺	−	⧺	+	−	+	−	+	+	
11 ,, 40 ,, ,,		⧺	⧺	⧺	+	⧺	+	⧺	⧺	−	
2 ,, — ,, nachm.		+	−	+	+	+	+	+	⧺	+	
2 ,, 35 ,, ,,	10	⧺	⧺	⧺	+	−	+	⧺	−	⧺	
4 ,, — ,, ,,	20	−	−	⧺	⧺	−	⧺	⧺	−	⧺	Krämpfe
4 ,, 20 ,, ,,		−	−	⧺	⧺	−	⧺	−	−	−	
4 ,, 24 ,, ,,											

Tod durch Atemstillstand. Bei der Sektion keine Abweichungen.

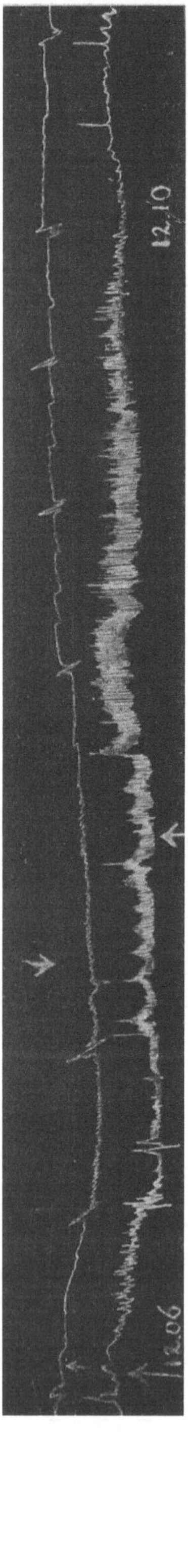

Abb. 249.

Abb. 250. (Kurve ca. $^1/_2$ verkleinert.)

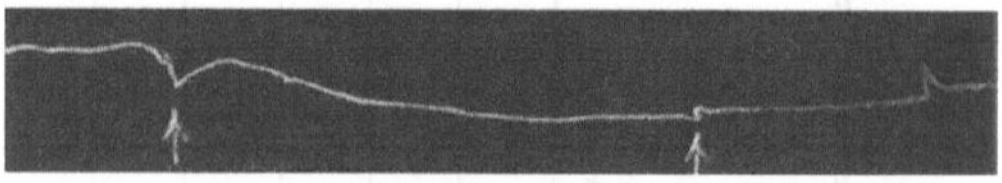

Abb. 251.

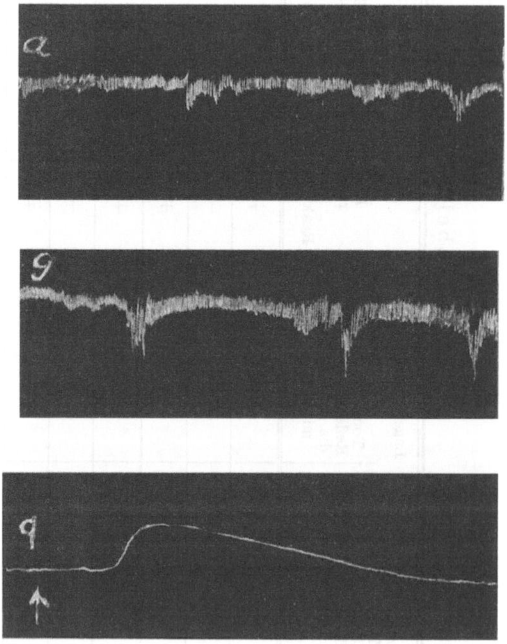

Abb. 252.

Kaninchen, 1,7 kg. Trachealkanüle, künstliche Atmung. Bewegungen des linken Bulbus mit einem Faden, der an der cocainisierten Hornhaut befestigt ist, auf den Schreibhebel übertragen. Horizontalbewegung des Auges temporalwärts bewirkt Ansteigen der Kurve. Periodisches Ausspritzen des Gehörganges mit kaltem Wasser von 12°.

Abb. 249. Untere Kurve 12 Uhr 6 Min. Um 10 Uhr 58 Min. und 11 Uhr 35 Min. sind je 500 mg pro Kilogramm Campher in Öl subcutan injiziert. Beim ersten Pfeil Beginn der Ausspritzung. Die Deviation (Kurve nach unten) ist viel stärker als in der Normalperiode. Dabei Nystagmus. Dieser ist besonders nach dem zweiten Pfeil, bei welchem mit Ausspritzen aufgehört wird, sehr deutlich und lange gesteigert. (Steigerung der Deviation und des Nystagmus, lange Nachwirkung.)

Obere Kurve 2 Uhr 30 Min. Inzwischen ist um 2 Uhr 10 Min. nochmals 500 mg pro Kilogramm subcutan injiziert. Beim ersten Pfeil Beginn der Ausspritzung. Starke Deviation, kleiner und langsamer Nystagmus, der am Auge selber kaum noch zu erkennen war. (Deutliche Deviation, Abschwächung des Nystagmus.)

Abb. 250. 3 Uhr ($^1/_2$ Stunde später). Ausspritzung zwischen dem ersten und zweiten Pfeil. Deviation und Nystagmus jetzt wieder sehr lebhaft. Nach dem Ende der Ausspritzung erlischt der Nystagmus allmählich. Eine Minute später (bei +) tritt Deviation und Nystagmus in umgekehrter Richtung auf. (Steigerung von Deviation und Nystagmus mit Nachreaktion in umgekehrtem Sinne.)

Abb. 251. 4 Uhr 50 Min. Inzwischen ist um 3 Uhr 30 Min. und 4 Uhr 20 Min. noch je 500 mg pro Kilogramm Campher eingespritzt. Ausspritzung zwischen den beiden Pfeilen: starke Deviation, Fehlen des Nystagmus.

Bei der Untersuchung direkt nachher fehlen alle Labyrinthreflexe, nur die Kopf- und Augendrehreaktionen sind noch vorhanden.

Die folgenden Kurven stammen aus einem ähnlichen Versuche mit dauerndem Ausspritzen des linken Gehörganges mit Wasser von 12°. Bewegung des linken Bulbus temporalwärts macht Aufwärtsbewegung des Schreibhebels.

Abb. 252. Kurve a. Vor der Camphereinspritzung. Die Deviation ist infolge des fortwährenden Ausspritzens nicht zu sehen. Nur die Größe und Schnelligkeit des Nystagmus ist zu erkennen.

Kurve g. Nach zweimaliger intravenöser Einspritzung von 8 mg pro Kilogramm Campher. Deutliche Steigerung des Nystagmus. (Im übrigen war das Bild sehr wechselnd. Direkt nach den intravenösen Einspritzungen traten jedesmal Lähmungserscheinungen auf, welche danach wieder in Erregungen übergingen.)

Kurve q. Vorher war mit dem Ausspritzen aufgehört. Bei dem Pfeil wird von neuem mit kaltem Wasser ausgespritzt. Darauf erfolgt starke Deviation ohne jeden Nystagmus.

Zusammenfassung.

Kleine Campherdosen steigern sämtliche Labyrinthreflexe beträchtlich, wobei manchmal die eine, manchmal die andere funktionelle Gruppe mehr beeinflußt wird. Diese Wirkung ist nach 10 mg intravenös kurz vorübergehend, nach 500 mg subcutan von längerer Dauer. Aber auch nach täglich wiederholten subcutanen Injektionen ist die Erregung nach 48 Stunden abgeklungen.

Die Erregung der Stellreflexe durch Campher trat bereits in älteren Versuchen von Gottlieb zutage, welcher Kaninchen in tiefer Paraldehydnarkose durch Campher per os wieder zum Aufsitzen bringen konnte, wobei zuerst der Kopf, dann der Körper in Normalstellung gelangte.

Bei der graphischen Aufzeichnung der calorischen Reflexe auf die Augen läßt sich die Verstärkung der Deviation und des Nystagmus, längere Nachwirkung nach Aufhören des calorischen Reizes, sowie eine nach vorhergehender Pause auftretende Nachwirkung im umgekehrten Sinne[1]) nachweisen.

Große Campherdosen wirken lähmend. Nach 1 g subcutan treten die Lähmungserscheinungen nur vorübergehend auf, woran sich dann bei zunehmender Entgiftung das Erregungsstadium anschließt. $2^1/_2$ mg subcutan wirken dauernd lähmend auf die Labyrinthreflexe. 20 mg intravenös rufen anfangs Lähmung der Labyrinthreflexe hervor, danach ein Durcheinander von Lähmungs- und Erregungserscheinungen, schließlich allein Erregung. 40 mg wirken stark lähmend und verursachen den Tod durch Atemstillstand.

Auch die Lähmung erstreckt sich auf alle Labyrinthreflexe. Manchmal wird die eine, dann die andere Gruppe derselben stärker betroffen. Meistens verschwinden Kopf- und Augendrehnystagmus zuerst, danach die Progressivreaktionen, während die kompensatorischen Augenstellungen (vertikal) und vor allem Kopf- und Augendrehreaktionen am widerstandsfähigsten gegen die Vergiftung sind. Die Stellreflexe stehen ungefähr in der Mitte. Die Labyrinthstellreflexe erlöschen häufig vor den anderen Stellreflexen. Es läßt sich keine Reflexgruppe finden, welche, wie z. B. die kompensatorischen Augenstellungen bei der Strychninvergiftung, bis zum Tode sehr lebhaft bleibt.

Bei der calorischen Reaktion der Augen läßt sich das Verschwinden des Nystagmus bei erhaltener lebhafter Deviation graphisch aufzeichnen.

E. Chenopodiumöl (74, 76).

Bei Vergiftungen mit dem gegen Ankylostomum und Necator verwendeten Wurmmittel Oleum Chenopodii sind unter anderen Symptomen Schwindel, schwankender Gang, Taubheit, Ohrensausen, Übelkeit und Erbrechen beobachtet worden. Dies war der Anlaß, daß Jonkhoff

---

[1]) Etwas Derartiges ist beim unvergifteten Tier nur nach sehr lang dauernder ermüdender Ausspritzung zu sehen (de Kleyn und Versteegh). Nach Campher dagegen schon nach kurzer Spülung.

den Einfluß subcutaner und intravenöser Einspritzungen von Chenopodiumöl auf die Labyrinthreflexe von Kaninchen, Katzen und Meerschweinchen untersuchte.

Verhalten der Labyrinthreflexe bei akuter Vergiftung.

Diese Versuchsreihe wurde an Kaninchen angestellt, welche vorher sämtliche Labyrinthreflexe normal zeigten, und darauf 0,3 ccm pro Kilogramm Oleum Chenopodii subcutan erhielten.

Der Gang der in 3—5 Stunden ablaufenden Vergiftung ist danach auf Grund von dreizehn Versuchen etwa folgender:

Nach etwa $^1/_2$ Stunde ist das Tier unruhig, sämtliche Labyrinthreflexe, mit Ausnahme der tonischen Labyrinthreflexe auf die Gliedermuskeln, sind deutlich gesteigert. Die tonischen Labyrinthreflexe auf die Glieder erlöschen zuerst. Danach werden die Labyrinthstellreflexe schwächer und schwinden schließlich, während die übrigen Stellreflexe noch abgeschwächt nachweisbar bleiben. Das Tier liegt dann in Seitenlage, setzt sich aber auf sensible Reize auf. Schließlich erlöschen alle Stellreflexe. Wenn die Labyrinthstellreflexe aufgehoben sind, lassen sich die kompensatorischen Augenstellungen noch nachweisen. Von ihnen werden zuerst die Vertikalabweichungen schwächer, bleiben aber noch eine Zeitlang auslösbar. Wenn sie dann aufgehoben sind, sind die kompensatorischen Raddrehungen zunächst noch deutlich erhalten. Sie erlöschen erst kurz vor dem Tode unmittelbar vor den Drehreaktionen auf Kopf und Augen. Der Reflex der Sprungbereitschaft nimmt nach anfänglicher Steigerung allmählich ab und erlischt ungefähr gleichzeitig mit den kompensatorischen Vertikalabweichungen. Resistenter ist die Liftreaktion. Diese ist anfangs sehr lebhaft, nimmt dann ab, wird aber im Krampfstadium wieder stark gesteigert und erlischt erst kurz vor den kompensatorischen Raddrehungen. Die Drehreaktionen auf Kopf und Augen samt den zugehörigen Nystagmen werden stark und lange gesteigert. Sie sind beim Erlöschen der kompensatorischen Vertikalabweichungen noch lebhaft auslösbar. Kopf- und Augennystagmus sind manchmal nach dem Schwinden der Stellreflexe noch besonders lebhaft. Erst im letzten Stadium der Vergiftung werden sie schwächer. Schließlich bleiben beim Drehen nur maximale krampfartige Deviationen des Kopfes und der Augen (mit Nachreaktion) über. Kurz vor dem Tode erlöschen zuerst die Nystagmen und die Liftreaktion, dann die kompensatorischen Raddrehungen der Augen, während Kopf- und Augendrehreaktionen lebhaft bleiben und oft bis zum Tode nachweisbar sind.

Die allgemeinen Erregungserscheinungen nehmen allmählich an Stärke zu. Beim Erlöschen der Stellreflexe treten Kaubewegungen auf, beim Schwächerwerden der kompensatorischen Augenbewegungen

Zuckungen der Glieder- und Augenmuskeln. Schließlich kommt es zu allgemeinen Krampfanfällen mit Opisthotonus und vorübergehenden Atemstillständen.

Kennzeichnend für die Chenopodiumvergiftung ist die große Widerstandsfähigkeit der Bogengangsreflexe. Stets ist ein Stadium nachweisbar, in welchem die Drehreaktionen auf Kopf und Augen (häufig auch die Nystagmen) sowie die Liftreaktion deutlich erhalten bzw. gesteigert sind, während die tonischen Labyrinthreflexe auf die Glieder, die Labyrinthstellreflexe und die kompensatorischen Vertikalabweichungen der Augen erloschen sind, so daß dann von den Otolithenreflexen einzig und allein die kompensatorischen Raddrehungen der Augen übrigbleiben.

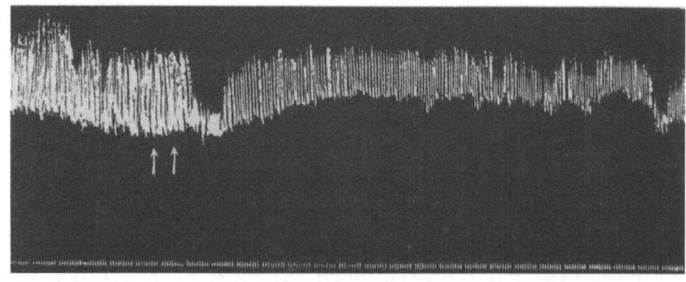

Abb. 253.

Graphische Aufzeichnung der calorischen Reaktionen.

Die große Resistenz der Bogengangsreflexe gegen Chenopodiumöl tritt auch bei der Untersuchung der calorischen Labyrinthreflexe auf die Augen zutage. Folgendes Beispiel diene zur Veranschaulichung.

19. Oktober 1919. Kaninchen. Graphische Registrierung der Bewegungen des linken Musculus rectus externus nach Exstirpation des Bulbus bei dauernder Ausspritzung des linken Gehörganges mit Wasser von 10°. Kontraktion des Muskels bewirkt Steigen des Schreibhebels.

Abb. 253. 10 Uhr 25 Min. Der erste Teil der Kurve vor den Pfeilen zeigt normalen Nystagmus bei dauernder Ausspritzung. Der Muskel ist in Kontraktion, die schnelle Phase des Nystagmus ist nach unten. Zwischen den zwei Pfeilen wird 0,07 ccm pro Kilogramm Oleum Chenopodii (5 proz. Emulsion) intravenös eingespritzt. Kurz nach der Injektion nimmt die Deviation ab, der Nystagmus hat nur noch ein Drittel seiner ursprünglichen Größe. Darauf kehrt die Deviation schnell wieder auf das frühere Niveau zurück mit vorübergehenden unregelmäßigen Verminderungen.

Der Nystagmus bleibt nach der Einspritzung kleiner und langsamer.

Abb. 254. Im Anfang dieser Kurve sieht man den Nystagmus des Musc. rectus externus sin. 20 Minuten nach der ersten Chenopodiumeinspritzung. Wenn man diesen Nystagmus mit dem auf Abb. 253 vergleicht, dann erkennt man deutlich die Größenabnahme und außerdem das Auftreten von ähnlichen vorübergehenden

Verminderungen von Deviation und Nystagmus wie direkt nach der ersten Einspritzung. Nach der zweiten Chenopodiumeinspritzung (0,07 ccm pro Kilogramm)
zwischen den zwei Pfeilen entsteht eine noch stärkere vorübergehende Abnahme der
Deviation als nach der ersten Einspritzung. Die schnelle Phase des Nystagmus
bleibt hierauf kleiner und langsamer, während die Deviation unvermindert ist.

Um 12 Uhr und 12 Uhr 30 Min. werden noch zwei Einspritzungen von 0,07 ccm
pro Kilogramm gemacht.

Abb. 255, 1 Uhr, zeigt das Endstadium des Versuches. Der Nystagmus ist
am Anfang der Abbildung bereits sehr unregelmäßig. Bei dem ersten Pfeil wird die

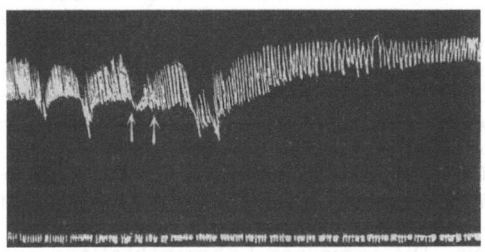

Abb. 254.

dauernde Ausspritzung des Ohres unterbrochen. Man erkennt deutlich, wie lebhaft
die Deviation gewesen war, die Kurve geht langsam nach unten, der Nystagmus
hört sofort auf.

Beim zweiten Pfeil wird von neuem Wasser von 10° C in den linken Gehörgang
gespritzt. Sofort tritt wieder starke calorische Deviation mit langsamem Nystag-

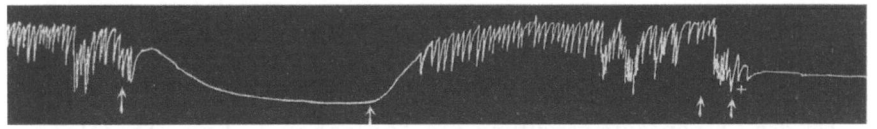

Abb. 255.

mus auf. Zwischen den zwei letzten Pfeilen wird die fünfte Chenopodiumdosis gegeben, unmittelbar darauf ist das Tier tot. Man erkennt also, daß die calorische
Deviation und der Nystagmus bis zum Tode nachweisbar bleiben.

Dieser Versuch wurde mehrmals mit dem gleichen Ergebnis wiederholt.

Einfluß von Chenopodiumöl auf die tonischen Labyrinthreflexe auf die Gliedermuskeln bei decerebrierten Katzen.

Als Beispiel von vier übereinstimmenden Versuchen soll das folgende
Protokoll gegeben werden:

Versuch III. 14. Oktober 1919. Kaninchen, 1,5 kg.

9 Uhr 30 Min. Äthernarkose, Trachealkanüle, künstliche Atmung, Durchschneidung der Vagi, Abbindung der Carotiden. Decerebrieren in der Ebene des
Tentorium cerebelli.

10 Uhr. Ende der Operation. Narkose beendet. Das Tier liegt auf dem erwärmten Operationstisch.

44*

11 Uhr. Sehr gute Enthirnungsstarre. Tonische Labyrinth- und Halsreflexe sehr deutlich vorhanden. Kopfdrehreaktion gut auszulösen. Corneareflex und Patellarreflex lebhaft.

11 Uhr 20 Min. Intravenös 0,07 ccm pro Kilogramm Ol. chenopodii in 5 proz. Emulsion.

11 Uhr 25 Min. Tonische Labyrinth- und Halsreflexe nunmehr außerordentlich lebhaft, ebenfalls die Kopfdrehreaktion.

11 Uhr 35 Min. Nochmals 0,07 ccm Ol. chenopodii.

11 Uhr 40 Min. Die tonischen Labyrinth- und Halsreflexe auf die Extremitäten sind sowohl beim Umlegen aus Bauch- in Rückenlage wie beim Kopfdrehenin Seitenlage nur noch schwach fühlbar. Die Kopfdrehreaktion ist dagegen noch sehr lebhaft.

Die Enthirnungsstarre des Tieres ist noch gut, der Patellarreflex und Beugereflex auf Kneifen der Zehen lebhaft. Das Tier reagiert stark auf sensible Reize. Beim Kneifen in das Ohr treten kräftige Streck- und Beugebewegungen der Beine auf.

12 Uhr. Tonische Hals- und Labyrinthreflexe nur noch schwach nachweisbar. Kopfdrehreaktion dagegen deutlich.

12 Uhr 15 Min. Nochmals 0,07 ccm Ol. chenopodii pro Kilogramm intravenös.

12 Uhr 20 Min. Tonische Labyrinthreflexe auf die Extremitäten nicht mehr zu fühlen. Kopfdrehreaktion dagegen deutlich vorhanden.

12 Uhr 35 Min. Die tonischen Labyrinthreflexe auf die Extremitäten sind sowohl beim Umlegen aus Bauch- in Rückenlage wie beim Kopfdrehen in Seitenlage vollständig verschwunden. Auch die tonischen Halsreflexe auf die Extremitäten sind nicht mehr auszulösen. Die Kopfdrehreaktionen sind dagegen noch sehr deutlich vorhanden. Der Allgemeinzustand, die Reflexe und der Tonus sind geradeso wie 11 Uhr 40 Min. Gute Enthirnungsstarre.

2 Uhr. Tonische Hals- und Labyrinthreflexe verschwunden. Kopfdrehreaktion läßt sich nur noch beim schnellen Drehen des Tieres auslösen.

Das Herz schlägt schwach und unregelmäßig. Getötet.

Sektion: Der Enthirnungsschnitt geht durch die vorderen Corpora quadrigemina. Medulla oblongata intakt. Keine weiteren Abweichungen.

Alle Versuche dieser Versuchsreihe zeigten übereinstimmend, daß bei der Chenopodiumvergiftung die tonischen Labyrinthreflexe auf die Extremitäten viel früher verschwinden als die Bogengangsreaktionen (in diesem Falle die Kopfdrehreaktion), was mit dem Ergebnis der ersten Versuchsreihe übereinstimmt.

Wirkung von Chenopodium auf die Folgezustände der einseitigen Labyrinthexstirpation bei Kaninchen und Meerschweinchen.

Von den Symptomen, welche nach einseitiger Labyrinthexstirpation auftreten, ist nach der im sechsten Kapitel durchgeführten Analyse nur ein Teil als direkte Labyrinthausfallsfolge aufzufassen, während andere Symptome sekundärer Natur und teilweise Halsreflexe sind, welche infolge der Kopfdrehung ausgelöst werden. Als direkte Labyrinthausfallsfolgen sind bei Kaninchen und Meerschweinchen zu betrachten die vertikale Augendeviation, die Drehung (und Wendung) des Kopfes nach der Seite des fehlenden Labyrinthes und beim Kaninchen außerdem ein Teil der Rumpfdrehung, und zwar beruhen diese auf der einseitigen

Wirkung der von dem intakten Labyrinth ausgehenden Otolithenreflexe. Nun haben die oben angeführten Versuche ergeben, daß man durch Chenopodium die Otolithenreflexe mit Ausnahme der kompensatorischen Raddrehungen lähmen kann, während die Bogengangsreflexe erhalten bleiben. Nach einseitiger Labyrinthexstirpation treten aber (siehe S. 348) keine rotatorischen Zwangsstellungen der Augen ein. Es war daher zu erwarten, daß man durch Chenopodium die Folgezustände der einseitigen Labyrinthexstirpation beseitigen kann, zu einer Zeit, wo die Bogengangsreflexe noch erhalten sind. Versuche an Kaninchen und Meerschweinchen nach einseitiger Labyrinthexstirpation ergaben, daß dieses tatsächlich der Fall ist.

Bei Kaninchen wurde mehr als 8 Tage vorher die einseitige Labyrinthexstirpation ausgeführt, so daß die akuten Folgen der Exstirpation (Rollbewegungen, Kopf- und Augennystagmus) abgeklungen waren, während Kopfdrehung, Rumpfdrehung, gleichseitiger Tonusverlust der Extremitäten und Augendeviation stark entwickelt und die Tiere im übrigen vollständig gesund waren.

Bei Meerschweinchen wurden die Folgen der einseitigen Labyrinthexstirpation dadurch hervorgerufen, daß einige Wochen vorher Chloroform in den Gehörgang eingeträufelt wurde. Hiernach traten Kopfdrehung, Rumpfdrehung, gleichseitiger Tonusverlust der Extremitäten und Deviation der Augen auf. Die Chenopodiumvergiftung wurde durch subcutane Einspritzung von 0,4 ccm pro Kilogramm Ol. chenopodii hervorgerufen.

Das Ergebnis der Versuche am Kaninchen wird durch Abb. 256 verdeutlicht.

Kaninchen, 1,5 kg, und ein Kontrollkaninchen. Das Versuchstier wird in der rechten, das Kontrolltier in der linken Hand gehalten. Bei beiden Tieren war am 17. Oktober 1919 das rechte Labyrinth durch de Kleyn exstirpiert. Sie bekamen danach ganz gleichstarke Symptome, von denen die Rollbewegungen, Kopf- und Augennystagmus schnell vorübergingen, während Kopfdrehung und -wendung, Rumpfdrehung, Tonusverlust der gleichseitigen Extremitäten und Augendeviation sehr deutlich waren und bestehenblieben.

Am 22. Oktober bekam das Versuchstier um 1 Uhr 34 Min. 0,4 ccm Ol. chenopodii pro Kilogramm subcutan. Danach traten wieder heftige Reizerscheinungen: Rollbewegungen, Kopf- und Augennystagmus, auf. Um 3 Uhr 15 Min. wurde noch 0,04 ccm pro Kilogramm intravenös eingespritzt.

Um 3 Uhr 45 Min. (Abb. 256a) wird die Kopfdrehung des injizierten Tieres, welches in der rechten Hand gehalten wird, bei Hängelage mit Kopf unten deutlich geringer (Kopfdrehung wechselnd zwischen 70 und 45°).

Um 4 Uhr 15 Min. wurde Abb. 256b aufgenommen, die Kopfdrehung hat weiter abgenommen (etwa 30°).

Um 4 Uhr 45 Min. wurde Abb. 256c aufgenommen. Der Kopf steht nunmehr so gut wie gerade. Das Kontrolltier zeigt dagegen die unveränderte Drehung.

Die Augenabweichung ist zu dieser Zeit ebenfalls fast ganz zurückgegangen. Die Otolithenreflexe von dem intakten Labyrinth (mit Ausnahme der tonischen Raddrehungen) sind aufgehoben bzw. minimal.

Dagegen sind die Drehreaktionen und Nachreaktionen auf Kopf und Augen und die Liftreaktion noch sehr lebhaft, die übrigen Reflexe auf Progressivbewegungen deutlich nachzuweisen. Krämpfe sind in diesem Stadium noch nicht aufgetreten.

Man sieht also aus diesen Abbildungen, wie die Kopfdrehung nach einseitiger Labyrinthexstirpation nach Einspritzung von Oleum chenopodii langsam aufgehoben werden.

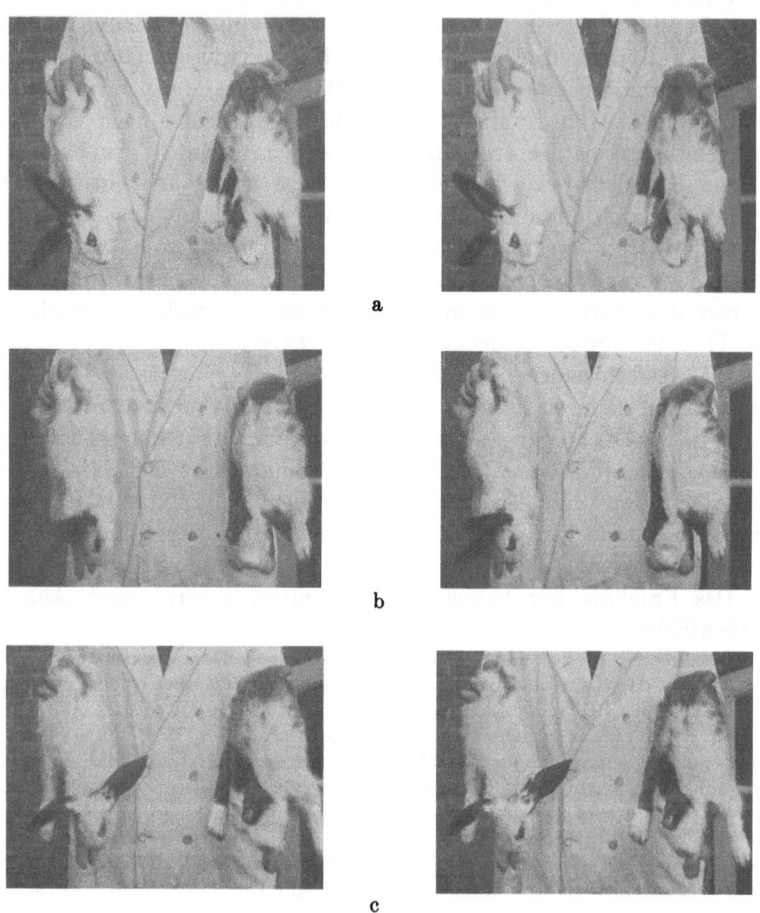

a

b

c

Abb. 256a—c.

Noch deutlicher glückt dieser Versuch beim Meerschweinchen:
Versuch V. 23. Oktober 1919 (vgl. Abb. 257).

3 Meerschweinchen im Gewichte von 275—310 g.

3 Wochen vor dem Versuche waren bei diesen Tieren durch Chloroformeinträufelung in einen Gehörgang die Symptome der einseitigen Labyrinthausschaltung hervorgerufen. Die Tiere zeigen jetzt kein Rollen und keinen Nystagmus an Kopf und Augen mehr, dagegen noch deutliche bleibende Symptome: Kopfdrehung, Rumpfdrehung, Tonusverlust der gleichseitigen Extremitäten und Augendeviation.

1 Uhr. Subcutane Einspritzung von 0,4 ccm pro Kilogramm Oleum chenopodii.

1 Uhr 30 Min. Direkt nach der Einspritzung und auch jetzt noch fort-
dauernde Rollbewegungen, Nystagmus von Kopf und Augen.

Von den Erscheinungen nach einseitiger Labyrinthexstirpation hat die Kopfdrehung bei Hängelage Kopf unten bereits deutlich abgenommen. Die Drehreaktionen und die Reflexe auf Progressivbewegungen sind alle sehr lebhaft.

2 Uhr. Die Tiere sitzen, Kopf und Rumpf sind kaum noch nach der Seite
der Operation gedreht. Bei Annäherung laufen die Tiere weg. Sie führen keine
Manegebewegungen mehr aus wie vor der Einspritzung.

Bei Hängelage mit Kopf unten ist keine Kopfdrehung mehr nachzuweisen.
Der Kopf hängt gerade nach unten (Abb. 257 zeigt eines dieser Tiere — in der
linken Hand — im Vergleich mit einem normalen Kontrolltier — in der rechten
Hand, welches kein Chenopodium erhalten hat und daher die Erscheinungen der
einseitigen Labyrinthexstirpation noch unverändert zeigt).

Die Rumpfdrehung fehlt gleichfalls, ebenso der Tonusunterschied der Extremitäten, die Deviation beider Augen fehlt bzw. ist minimal.

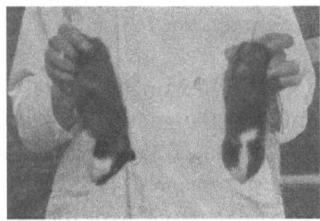 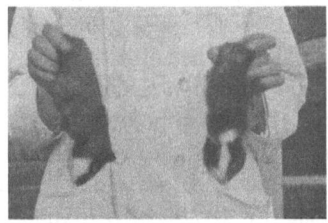

Abb. 257.

Kopf- und Augendrehreaktionen und die Reflexe auf Progressivbewegung
sind noch deutlich vorhanden.

2 Uhr 30 Min. Die Tiere sitzen zusammengekauert auf dem Boden. Die
Haare sind gesträubt; beim Sitzen ist der Kopf noch minimal nach der Seite des
fehlenden Labyrinthes gedreht. Das Verhalten der Labyrinthreflexe und der Folgezustände der einseitigen Labyrinthexstirpation sind wie um 2 Uhr.

3 Uhr. Beim Sitzen steht der Kopf vollständig gerade, das Tier verträgt
jedoch Seitenlage auf dem Tische. Sowohl in rechter wie in linker Seitenlage bleibt
es einige Zeit liegen. Hierbei macht es dauernde Laufbewegungen mit den vier
Extremitäten. Diese Laufbewegungen lassen sich durch Drehen auf der Drehscheibe stark beeinflussen, indem sie entweder aufhören oder beträchtlich verstärkt werden.

Bei Hängelage mit Kopf unten ist keine Kopfdrehung mehr zu sehen. Die
sämtlichen Folgezustände der einseitigen Labyrinthexstirpation
sind jetzt geschwunden, dagegen sind die Drehreaktionen und die
Reaktionen auf Progressivbewegungen deutlich vorhanden.

In diesem Zustande bleiben die Tiere ungefähr 3 Stunden lang, erst darauf
traten allgemeine Krampfanfälle mit Atemstillstand auf. Selbst hiernach kehrten
die Bogengangsreflexe (Kopf- und Augendrehreaktion und Liftreaktion) wieder
deutlich zurück, während keine Folgezustände der einseitigen Labyrinthexstirpation
mehr wahrzunehmen waren. Tonische Labyrinthreflexe auf die Extremitäten,
Labyrinthstellreflexe und Vertikalabweichungen der Augen waren nicht mehr
nachzuweisen. Dieser Zustand blieb bis zum Tode (7 Uhr abends) bestehen.

Diese Versuche lehren, daß bei Kaninchen und noch deutlicher bei Meerschweinchen durch subcutane Einspritzung von 0,4 ccm pro Kilogramm Chenopodiumöl die Folgezustände einseitiger Labyrinthexstirpation sich bereits in einem frühen Vergiftungsstadium (2 Stunden nach der Einspritzung) aufheben lassen, während die Bogengangsreflexe noch 5—6 Stunden nach der Einspritzung erhalten bleiben. Die Tiere können noch auf ihren Pfoten stehen und bei Annäherung Fluchtbewegungen machen, während die Grunddrehung bei Hängelage Kopf unten nicht mehr vorhanden ist.

In der ersten halben Stunde nach der Einspritzung ließen sich deutliche Reizerscheinungen (Rollbewegungen, Nystagmus usw.) wahrnehmen.

Zusammenfassung.

Direkt nach der Chenopodiumeinspritzung ist meistens eine Erregung der Labyrinthreflexe nachzuweisen. Diese ist am stärksten bei den Bogengangsreaktionen und den Folgezuständen einseitiger Labyrinthexstirpation.

Die Reaktionen auf Bewegung und calorische Reizung sind im Verlaufe der Chenopodiumvergiftung höchstens vorübergehend (während der Krampfanfälle) aufgehoben und bleiben bis zum Tode nachweisbar. In den letzten Stadien der Vergiftung sind sie sogar meistens sehr lebhaft. Selbst die Nystagmen können bis zum Tode oder wenigstens bis kurz vor dem Tode erhalten bleiben, werden dann aber klein und unregelmäßig.

Unter den Otolithenreflexen werden die tonischen Labyrinthreflexe auf die Extremitäten zuerst, danach die Labyrinthstellreflexe gelähmt. Dann folgen die kompensatorischen Vertikalabweichungen der Augen, während die kompensatorischen Raddrehungen elektiv bis kurz vor dem Tode erhalten bleiben.

Die Labyrinthstellreflexe auf den Kopf werden früher gelähmt als die Halsstellreflexe und die Körperstellreflexe auf Kopf und Körper.

Beim Kaninchen glückte es, die Dauerfolgen der einseitigen Labyrinthexstirpation (Augendeviation, Kopfdrehung und -wendung) zum Verschwinden zu bringen, während die Bogengangsreaktionen noch erhalten waren. Sehr schön läßt sich dabei verfolgen, wie die Kopfdrehung und -wendung bei zunehmender Vergiftung langsam abnimmt, um schließlich ganz zu verschwinden. Beim Meerschweinchen lassen sich die Folgen einseitiger Labyrinthausschaltung (nach Chloroformeinträufelung in den Gehörgang) noch schneller zum Verschwinden bringen als beim Kaninchen.

In den späteren Vergiftungsstadien bekommen Kopf- und Augendrehreaktionen und Liftreaktion den Charakter von Krämpfen der beteiligten Muskeln, so daß die Reaktionen maximal und längerdauernd werden als in der Norm.

F. Chinin.

Charcot hat Chinin gegen die Menièresche Krankheit empfohlen. Über den Nutzen dieser Medikation wird sehr verschieden geurteilt (vgl. Voss). Corning fand in Selbstversuchen keine Wirkung gegen den Drehschwindel. Dreyfuss (2) untersuchte den Einfluß von Chinin auf die Drehreaktionen und die Symptome, welche bei Meerschweinchen nach einseitiger Labyrinthausschaltung durch Chloroform auftreten, und fand eine deutliche lähmende Wirkung. Wittmaack (1) sah bei der histologischen Untersuchung sorgfältig vorbehandelter Labyrinthe chininvergifteter Tiere degenerative Veränderungen der Ganglienzellen, welche im Ganglion spirale stärker sind als in den Vestibularisganglien. Auch in den Cristae und den Otolithenmaculae fanden sich Degenerationen.

Jonkhoff untersuchte den Einfluß des Chinins auf die Labyrinthreflexe bei Meerschweinchen, Kaninchen und Katzen. Seine Ergebnisse sollen hier nur kurz wiedergegeben werden. Einzelheiten sind in der Dissertation von Jonkhoff (57) nachzusehen.

Bei Meerschweinchen machen Dosen von 30—100 mg pro Kilogramm, selbst wenn sie längere Zeit täglich subcutan eingespritzt werden, auffallend wenig Erscheinungen. Die Tiere zeigen keine Gang- und Gleichgewichtsstörungen. Die Otolithenreflexe bleiben unbeeinflußt. Die Liftreaktion wird nach einiger Zeit etwas schwächer. Der Augendrehnystagmus wird nach den kleineren Dosen verstärkt, nach den höheren abgeschwächt. Auffällig ist eine beträchtliche Verstärkung des Kopfdrehnystagmus. Die schnelle Phase beginnt schon, wenn geringe Deviation (langsame Phase) erfolgt ist, und schlägt oft über die Mittellinie hinaus, so daß ein ungeübter Beobachter fälschlich eine Umkehr der Drehreaktion zu sehen meint. Die Hörreaktion wird durch diese Dosen sehr inkonstant beeinflußt. Bei einigen Tieren wird sie durch wiederholte Einspritzungen von 30 mg aufgehoben, bei anderen bleibt sie nach 100 mg bestehen.

Größere Dosen (200—400 mg pro Kilogramm subcutan) machen schon schwere Vergiftungserscheinungen. 200 mg werden überlebt, 400 mg sind tödlich. Dabei werden die Labyrinthreflexe allmählich gelähmt. Die Labyrinthstellreflexe verschwinden dabei eher als die Körperstellreflexe. Schließlich bleiben nur die Kopf- und Augendrehreaktionen übrig und sind bis zum Tode nachweisbar.

An decerebrierten Katzen werden durch intramuskuläre Einspritzung von 100 mg pro Kilogramm Chinin-HCl die tonischen Labyrinthreflexe auf die Extremitäten anfangs gesteigert, danach schwindet die Enthirnungsstarre und es lassen sich weder tonische Hals- noch Labyrinthreflexe auf die Gliedermuskeln mehr nachweisen.

Bei Kaninchen sind 20 mg pro Kilogramm ohne Einfluß auf die calorischen Reaktionen. 100 mg pro Kilogramm subcutan oder intramuskulär bewirken zuerst eine deutliche Verstärkung der calorischen Deviation der Augen und des Nystagmus. Nach größeren Dosen erfolgt Lähmung, wobei der Nystagmus nicht wesentlich früher erlischt als die Deviation.

Die nach Einträufeln von Chloroform in einen Gehörgang beim Meerschweinchen auftretenden Erscheinungen der einseitigen Labyrinthausschaltung (Kopfdrehung und -wendung, Rumpfdrehung, Tonusverlust der gleichseitigen Extremitäten, Augendeviation mit Nystagmus, Rollbewegungen) werden, wie auch Dreyfuss gefunden hatte, durch subcutane Einspritzung von 200 mg pro Kilogramm aufgehoben bzw. ihr Auftreten verhindert. 40 mg pro Kilogramm sind wirkungslos.

In diesen Versuchen hat sich also herausgestellt, daß bei den verwendeten Tierarten erst sehr große Chinindosen, welche Vergiftungserscheinungen hervorrufen, einen starken Einfluß auf die untersuchten Labyrinthreflexe ausüben, und daß nichtgiftige Dosen eigentlich nur den Kopfdrehnystagmus verstärken. Eine experimentelle Grundlage für die therapeutische Anwendung des Chinins bei labyrinthären Reizzuständen hat sich durch die bisherigen Tierexperimente also nicht ergeben.

G. Chinaketone.

Chinaketone entstehen aus den Chinaalkaloiden durch Ersatz der Gruppe HOH am Verbindungskohlenstoff zwischen der Chinolin- und Loipongruppe durch O (Rabe).

Morgenroth[1]) hatte bei der Prüfung des Hydrochininons an Mäusen gesehen, daß diese sich nach Dosen von 375 mg pro Kilogramm auf den krampfhaft gestreckten Extremitäten aufrichten, dann auf die Seite fallen und bis zur Erschöpfung auf dem Boden fortrollen. Diese Anfälle von Rollbewegungen wiederholen sich von Zeit zu Zeit. Manchmal schießen die Tiere in weiten Sprüngen geradeaus. Später liegen sie auf der Seite oder dem Rücken. Bei der intravenösen Injektion sind 25 mg pro Kilogramm letal nach Krämpfen und Rollbewegungen. Chininon besitzt nach Morgenroth ungefähr die gleiche intravenöse Giftigkeit.

Im Anschluß an diese Beobachtungen ist dann die weitere Untersuchung des Einflusses der Ketone auf die Körperstellung durch Bylsma und Versteegh (75) ausgeführt worden. Chininon und Hydrochininon wirken qualitativ gleich. Bei subcutaner Vergiftung werden von der Maus 230—400 mg pro Kilogramm Chininon und 750 mg pro Kilogramm

---

[1]) Persönliche Mitteilung.

Hydrochininon überlebt. Rollbewegungen traten nach 350 mg Chininon und 500 mg Hydrochininon und höheren Dosen auf.

Als erstes Symptom wurde immer ein Versagen der Hinterbeine beobachtet. Dieses äußerte sich in breitbeinigem Gang und Nachschleppen der Hinterbeine. Während eine normale Maus imstande ist, sich auf einem horizontalen Bleistift festzuhalten, wenn dieser gedreht wird, fällt ein vergiftetes Tier in diesem Stadium herunter. Gleichzeitig oder kurz nach dem Versagen der Hinterbeine werden die Tiere sehr unruhig; danach treten unkoordinierte Bewegungen des Kopfes und einige Zeit danach tonische Krämpfe der Extremitäten auf, die dabei in Streckstellung geraten. Zugleich kommt es zu Opisthotonus und Kaubewegungen. Die Krämpfe werden dann klonisch, zeitweise treten heftige periodische Laufbewegungen auf. Dabei rollt das Tier abwechselnd nach rechts und links. Bald nach Beginn der Krämpfe ist das Tier nicht mehr imstande die Normalstellung einzunehmen. Es liegt auf der Seite. Manchmal fangen die Krämpfe mit einem großen Sprung an, wie ihn normale Mäuse nie machen. Die Krampfanfälle treten entweder spontan oder auf Reizung (Schwanzkneifen, Schlag auf den Tisch) auf.

Zur besseren Untersuchung der Rollbewegungen wurden darauf Meerschweinchen vergiftet. Folgendes Beispiel veranschaulicht das Ergebnis:

Meerschweinchen IV. Gewicht 0,57 kg.

Vor der Einspritzung wurden folgende Reflexe untersucht, welche alle anwesend waren:

Labyrinthstellreflexe, Halsstellreflexe, Körperstellreflexe auf den Körper, Augendrehreaktionen, Kopfdrehreaktionen, kompensatorische Augenstellungen, Gehörreaktion.

11 Uhr 35 Min. Subcutane Injektion von 240 mg $2^1/_2$ proz. Hydrochininon-HCl (420 mg pro Kilogramm Tier).

11 Uhr 45 Min. Tier vollkommen normal. Alle obengenannten Reflexe positiv.

11 Uhr 55 Min. Tonische Streckkrämpfe der Extremitäten und Opisthotonus, mit Laufbewegungen abwechselnd.

Während dieser Laufbewegungen rollt das Tier einige Male nach rechts. Wird das Tier gleich nach den Rollungen in Hängelage mit Kopf unten untersucht, so stellt sich heraus, daß der Kopf nach rechts gedreht ist.

Kein spontaner Nystagmus. Keine vertikalen kompensatorischen Augenstellungen mehr. Bei Drehung nach rechts tritt Nystagmus der Augen, bei Drehung nach links nur Deviation auf.

Körperstellreflexe auf den Körper und Halsstellreflexe sind verschwunden. Die Labyrinthstellreflexe, welche noch positiv sind, verschwinden auch bald, so daß um

12 Uhr 10 Min. das Tier ganz in rechter Seitenlage liegt. Die Extremitäten sind tonisch gestreckt und das Tier hat starken Opisthotonus. Die Zehen sind gespreizt. Das Tier reagiert auf Haut- und Gehörreize. Bei Hängelage mit Kopf unten ist dieser ein wenig nach rechts gedreht.

12 Uhr 20 Min. Bei Hängelage mit Kopf unten ist dieser nach links gedreht. Wird das Tier jetzt in Normalstellung auf den Boden gelegt, so treten plötzlich Laufbewegungen auf, wobei das Tier einige Male nach links rollt. Danach liegt es wieder erschöpft auf der Seite,

12 Uhr 30 Min. Keine wesentlichen Veränderungen.

2 Uhr 15 Min. Das Tier sitzt wieder in Normalstellung, im ganzen etwas unsicher. Augendrehnystagmus schwach. Alle Reflexe positiv.

Fünf weitere Versuchstiere zeigten ungefähr dieselben Erscheinungen. Die Liftreaktion wird schon vor dem Auftreten der Krämpfe abgeschwächt. Die Stellreflexe werden bald nach dem Beginn des Krampfstadiums schwächer und schwinden dann, ebenso die kompensatorischen Augenstellungen. Die Kopf- und Augendrehreaktionen sind dagegen dann noch deutlich positiv und auch die zugehörigen Nystagmen bleiben lange bestehen.

Auffallend ist, daß die Rollbewegungen stets im Krampfstadium mit den Laufbewegungen auftreten, und daß das Rollen stets nach derjenigen Seite erfolgt, nach welcher zufällig der Kopf gedreht ist. Auch nach dem Aufhören des Rollens findet man den Kopf nach der Seite gedreht, nach welcher das Rollen erfolgt ist. Man kommt also zu der Folgerung, daß ebenso wie bei den Rollungen nach einseitiger Labyrinthexstirpation die Kopfdrehung das Wesentliche ist. Die Frage bleibt dann noch offen, wie diese Kopfdrehungen zu erklären sind. Es wäre natürlich möglich, daß hierbei die Labyrinthe eine Rolle spielen.

Um diese Frage zu entscheiden, wurden die Erscheinungen, welche nach Hydrochininoneinspritzung auftreten, noch bei doppelseitig labyrinthektomierten Meerschweinchen beobachtet. Hier folgt das Protokoll eines Versuchstieres.

Meerschweinchen VII, Gewicht 0,58 kg.
Alle früher genannten Reflexe positiv.
12 Uhr. Beiderseitige Labyrinthexstirpation.
5 Uhr. Die Labyrinthreflexe (Labyrinthstellreflexe, kompensatorische Augenstellungen, Augendrehreaktion und -nystagmus, Kopfdrehreaktion und -nystagmus) sind negativ.
5 Uhr 8 Min. Subcutane Einspritzung von 490 mg pro Kilogramm Hydrochininon-HCl.
5 Uhr 16 Min. Das Tier sitzt ruhig und symmetrisch. Mäßiges Kopfschütteln, wie es nach doppelseitiger Labyrinthexstirpation fast immer beobachtet wird. Die Beine sind gebeugt, so daß der Körper des Tieres auf dem Boden liegt.
5 Uhr 19 Min. Das Tier beginnt unruhig zu werden und kriecht nach verschiedenen Richtungen auf dem Boden herum, wobei der Kopf in Normalstellung bleibt, ebenso der Körper.
5 Uhr 20 Min. Beginn der Krämpfe (Opisthotonus, Streckstellung der Extremitäten, besonders der vorderen, und Kaubewegungen). Danach macht das Tier heftige Laufbewegungen, wobei es öfters auf die Seite fällt, sich aber sogleich wieder aufrichtet.

5 Uhr 24 Min. Beim Sitzen ist der Kopf etwas nach links gedreht. Das Tier fällt einige Male nach links um, richtet sich aber sofort wieder auf, so daß man schließen kann, daß die Körperstellreflexe noch intakt sind.

5 Uhr 25 Min. Starker Opisthotonus mit darauffolgendem Sprungreflex, wobei das Tier in der Luft eine Rollung nach links macht. Danach sitzt das Tier wieder symmetrisch da.

5 Uhr 26 Min. Das Tier macht Rollungen nach links; einmal rollt es nach rechts. (Bei diesen Rollungen dreht sich das Tier stets nur einmal um seine Längsachse.) In den Ruhepausen kann das Tier noch aufrecht sitzen, was auf intakte Stellreflexe hinweist. Allmählich werden diese Reflexe schwächer.

5 Uhr 40 Min. Das Tier liegt jetzt in rechter oder linker Seitenlage und hat hin und wieder Anfälle von Laufbewegungen; zwischen diesen Anfällen liegt es mit Opisthotonus und Streckstellung der Extremitäten.

6 Uhr 7 Min. Nach starker Reizung rollt das Tier dreimal hintereinander nach links, wonach es erschöpft liegenbleibt.

7 Uhr 10 Min. Schwache Laufbewegungen in Seitenlage.

Den folgenden Tag liegt das Tier tot im Käfig.

Aus diesem Versuche ergibt sich also, daß das Vorhandensein der Labyrinthe für das Auftreten der Rollbewegungen nach Hydrochininon nicht erforderlich ist, und daß überhaupt die Erscheinungen der Hydrochininonvergiftung bei den labyrinthlosen Tieren geradeso eintreten wie bei intakten Labyrinthen.

Die untersuchten Chinaketone verursachen also bei Mäusen und Meerschweinchen durch Vergiftung des Zentralnervensystems heftige motorische Reizerscheinungen, welche sich in Krämpfen, Opisthotonus, Streckstellungen und Laufbewegungen äußern. Dabei kommt es von Zeit zu Zeit zu Rollbewegungen, und zwar nur dann, wenn vorher eine Kopfdrehung besteht. Geradeso wie nach einseitiger Labyrinthexstirpation beruhen also auch bei Chinaketonvergiftung (und z. B. auch bei Stovainvergiftung) die Rollungen auf Anfällen von Laufbewegungen bei gedrehtem Kopf. Hierfür ist das Vorhandensein der Labyrinthe nicht erforderlich. Im Gegensatz zu den Rollungen nach einseitiger Labyrinthexstirpation wechselt die Rollrichtung, je nachdem der Kopf nach rechts oder nach links gedreht ist.

H. Nicotin.

In den bisher wiedergegebenen Untersuchungsreihen handelte es sich im wesentlichen um die Feststellung der Reihenfolge, in welcher die verschiedenen, bei der Körperstellung und den Labyrinthreflexen mitwirkenden Apparate durch die verwendeten Gifte erregt oder gelähmt werden. Dabei läßt sich das „klinische Krankheitsbild" mehr oder weniger vollständig auf den Ausfall oder die Steigerung bestimmter Reflexgruppen bei intakten anderen Reflexen zurückführen. Damit ist natürlich die Aufgabe nicht erschöpft. Man muß für jede einzelne Wirkung eines bestimmten Giftes auf einen bestimmten Reflex auch seinen genauen Angriffspunkt kennen. Eine derartige Analyse setzt wenigstens eine angenäherte Kenntnis der anatomischen Lage der Zentren der einzelnen Reflexe voraus. Diese Aufgabe ist eine recht verwickelte, wie sich aus dem zehnten Kapitel ergibt. Wie kompliziert die Verhältnisse liegen und welche Methoden zur Lösung der Fragen verwendet werden können, läßt sich an dem Beispiel der Nicotinwirkung auf den vestibulären Nystagmus zeigen, welche von de Kleyn und Versteegh (73) einer experimentellen Analyse unterzogen worden ist.

Zweck dieser Untersuchung war, eine Methode auszuarbeiten, welche eine genaue Lokalisation einer Giftwirkung im Reflexbogen des vestibulären Nystagmus (Labyrinth — vestibuläres Kerngebiet — Augenmuskelkerne — Augenmuskeln) erlaubt. Die Experimente wurden an vagotomierten und künstlich geatmeten Thalamuskaninchen angestellt, bei denen nach Exstirpation eines Bulbus die Musc. rectus externus und internus mit zwei feinen Schreibhebeln verbunden waren.

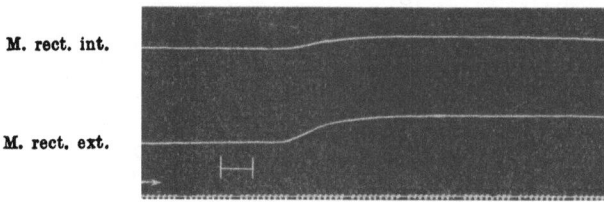

M. rect. int.

M. rect. ext.

Abb. 258. Thalamuskaninchen, 1,5 kg. Carotiden offen. Linker Oculomotorius intrakraniell durchtrennt. Obere Kurve: linker Musc. rectus internus. — Untere Kurve: linker Musc. rectus externus. Einspritzung von 0,3 mg pro Kilogramm Nicotin intravenös. Kontraktion beider Muskeln.

a) Wirkung auf die Augenmuskeln.

An der Seite der präparierten Augenmuskeln wird der N. oculomotorius an der Schädelbasis durchschnitten, so daß der Musc. rectus internus (im Gegensatz zum Externus) vom Zentralnervensystem getrennt ist. Eine Reaktion dieses Muskels nach Gifteinspritzung muß also auf einer peripheren Giftwirkung beruhen.

Abb. 258 zeigt, daß nach intravenöser Einspritzung von 0,3 mg pro Kilogramm sich beide Muskeln, auch der vom Zentrum abgetrennte Internus, kontrahieren. In einer Reihe von 11 Versuchen ergab sich, daß die untere Grenze für diese Wirkung bei 0,25 mg pro Kilogramm liegt, und daß die Kontraktion mit steigender Dosis stärker wird. Nicotin besitzt also eine periphere Wirkung auf die Augenmuskeln.

b) Wirkung auf die Augenmuskelkerne.

Wessely (1) hat gezeigt, daß die Blutversorgung der Orbita beim Kaninchen so gut wie ausschließlich durch die Carotiden erfolgt. Carotisunterbindung verhindert also den Zutritt von intravenös eingespritzten

Giften zu den Augenmuskeln. Die Versuche wurden wie in der ersten
Versuchsreihe mit Durchschneidung des zugehörigen N. oculomotorius
ausgeführt. Außerdem wurden die Carotiden abgebunden. Kontrahiert
sich nach der Einspritzung der Externus, während der Internus in Ruhe
verharrt, so beweist das eine zentrale Erregung durch Nicotin. Kontrahiert sich der Internus mit, so ist die Ausschaltung der Orbita aus
dem Kreislauf nicht gelungen, und der Versuch muß verworfen
werden.

Abb. 259 zeigt, daß nach Einspritzung von 1,5 mg pro Kilogramm
tatsächlich sich der Externus kontrahiert, während der Internus ruhig
bleibt. Diese Dosis besitzt also eine direkt erregende Wirkung auf die
zentralen Ursprünge der Augenmuskelnerven. Schneidet man den
Oculomotorius nicht durch, so kontrahiert sich unter diesen Umständen
auch der Internus.

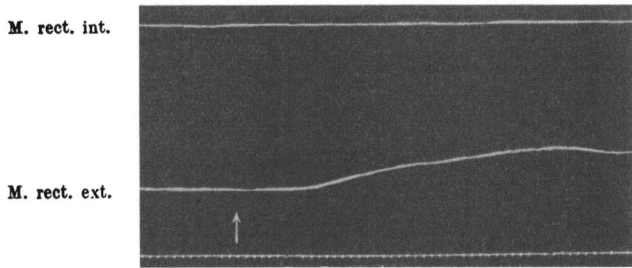

Abb. 259. Thalamuskaninchen, 1,9 kg. Carotiden abgebunden. Linker N. oculomotorius intrakraniell durchtrennt. Obere Kurve: linker Rectus internus. — Untere
Kurve: linker Rectus externus. Beim Pfeil intravenöse Einspritzung von 1,5 mg
pro Kilogramm Nicotin.

Nach einer Reihe von 17 Versuchen beginnt diese Wirkung erst
bei 1 mg pro Kilogramm. Die Zentren sind also weniger empfindlich
als die Augenmuskeln selbst. Die beste Dosis ist 1,5 mg pro Kilogramm.
Bei 3 mg war keine Wirkung mehr zu sehen, vermutlich weil diese
Dosis bereits die Augenmuskelkerne lähmt.

c) Wirkung auf das Vestibularsystem
(Labyrinth und vestibuläres Kerngebiet).

Die bisher geschilderten Wirkungen traten an den in Ruhe befindlichen Augenmuskeln auf. Um aber den Einfluß eines Giftes, das selbst
keinen Nystagmus verursacht, auf das Vestibularisgebiet mit Hilfe der
Reaktion der Augenmuskeln zu untersuchen, muß man zunächst an
diesen einen labyrinthären Nystagmus hervorrufen.

Auf eine isolierte Beeinflussung des Vestibularissystems durch
das Gift kann man nur dann schließen, wenn dasselbe entweder über-

haupt keine Wirkung auf die Augenmuskelkerne besitzt oder erst in größeren Dosen auf letztere wirkt als auf das Vestibularisgebiet. Eine periphere Wirkung auf die Augenmuskeln selber kann man durch Carotisunterbindung ausschließen.

Daher mußten die Versuche an Thalamuskaninchen mit unterbundenen Carotiden angestellt werden, bei denen durch dauerndes Ausspritzen eines Gehörganges mit kaltem oder warmem Wasser vestibulärer Nystagmus hervorgerufen wurde. Die verwendeten Nicotindosen mußten unter 1 mg pro Kilogramm liegen, um die Wirkung auf die Augenmuskelkerne auszuschalten.

Das Ergebnis war folgendes:

Dosen von 0,025 mg pro Kilogramm Nicotin sind wirkungslos.

Dosen von 0,05—0,1 mg bewirken eine Verkleinerung der schnellen Phase des Nystagmus.

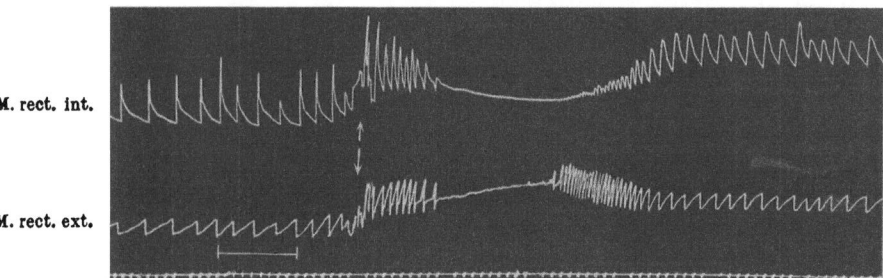

Abb. 260. Thalamuskaninchen, 4,2 kg. Carotiden abgebunden. Obere Kurve: Bewegung des linken Internus, untere Kurve des Externus. Die Hebel gehen bei Verkürzung des Muskels nach oben. Nystagmus durch dauerndes Ausspritzen des rechten Gehörgangs mit warmem Wasser: der Internus macht langsame Erschlaffungen mit schnellen Kontraktionen, der Externus langsame Kontraktionen mit schnellen Erschlaffungen. Bei ⊢ wird 0,3 mg pro Kilogramm Nicotin intravenös eingespritzt. Durch allgemeine Zuckung des Tieres werden beide Kurvenlinien nach aufwärts verschoben. Kurz danach hört in beiden Muskeln die schnelle Phase auf und der Externus steht in kontrahiertem, der Internus in erschlafftem Zustande still. Nach kurzer Zeit beginnt der Nystagmus wieder.

Dosen von 0,2—0,75 mg lassen beide Augenmuskeln in Deviationsstellung stillstehen: den durch den labyrinthären Reiz primär kontrahierten Muskel in Kontraktion, den durch den labyrinthären Reiz primär erschlafften Muskel in Erschlaffung. Die schnelle Phase schwindet. (Siehe Abb. 260.)

Hieraus ist also eine direkte Wirkung des Nicotins auf das Vestibularisgebiet zu schließen.

Unterläßt man die Abbindung der Carotiden, so erfolgt durch die direkte periphere Wirkung des Nicotins (auch in den kleinen Dosen von 0,3 mg) Kontraktion beider Muskeln, und die Wirkung auf das Vestibularisgebiet kommt nicht zum Ausdruck (Abb. 261).

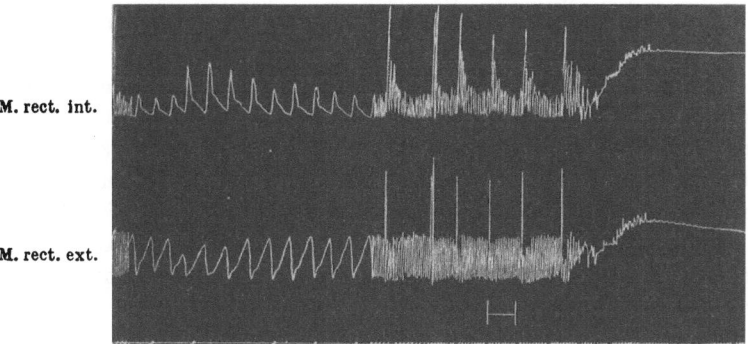

Abb. 261. Thalamuskaninchen, 1,46 kg. Carotiden offen. Obere Linie linker Internus, untere Linie linker Externus. Nystagmus durch Ausspritzen des linken Gehörganges mit kaltem Wasser. ⊢ Einspritzung von 0,3 mg pro Kilogramm Nicotin bewirkt glatte Kontraktion beider Augenmuskeln infolge der peripheren Nicotinwirkung.

Dosen von 1 mg pro Kilogramm erregen, wie unter b) gezeigt wurde, die Augenmuskelkerne. Wenn man diese Dosis bei ab-

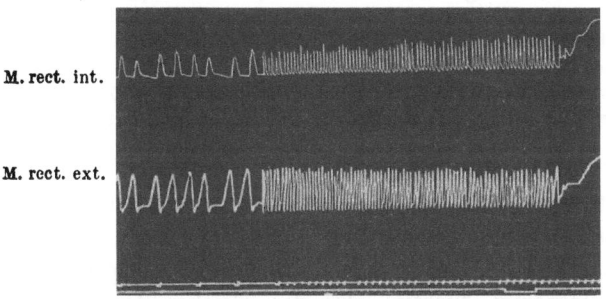

Abb. 262. Thalamuskaninchen, 1,53 kg. Carotiden abgebunden. Oben linker Internus, unten linker Externus. Nystagmus durch Ausspritzen des linken Gehörganges mit kaltem Wasser. Einspritzung von 1,5 mg pro Kilogramm Nicotin bewirkt Kontraktion beider Augenmuskeln infolge von Erregung der Augenmuskelkerne mit Aufhören des Nystagmus.

gebundenen Carotiden während des vestibulären Nystagmus einspritzt[1]), so stehen beide Muskeln in Kontraktion still und die Wirkung des Nicotins auf das Vestibularissystem kann sich nicht äußern (Abb. 262).

---

[1]) In einigen Versuchen genügten hierzu 0,75 mg pro Kilogramm.

Magnus, Körperstellung.   45

d) Wirkung auf das vestibuläre Kerngebiet allein.

Zur Entscheidung der Frage, ob das Gift im vestibulären Kerngebiet oder im Labyrinth angreift, kann man außerdem noch seinen Einfluß auf den kompensatorischen Nystagmus von Bechterew untersuchen (siehe S. 352), welcher eintritt, wenn man einige Zeit nach dem ersten auch das zweite Labyrinth exstirpiert. Dann ist kein Labyrinth mehr vorhanden und die Giftwirkung muß zentral im Kerngebiet angreifen. Tritt dagegen die Wirkung wohl beim calorischen, nicht aber beim Bechterewschen Nystagmus auf, so ist eine direkte Beeinflussung des peripheren Sinnesorganes anzunehmen. Findet man, daß beide Nystagmusformen auf sehr verschiedene Giftdosen ansprechen, so wird eine Beeinflussung sowohl der Labyrinthe wie der Kerne wahrscheinlich.

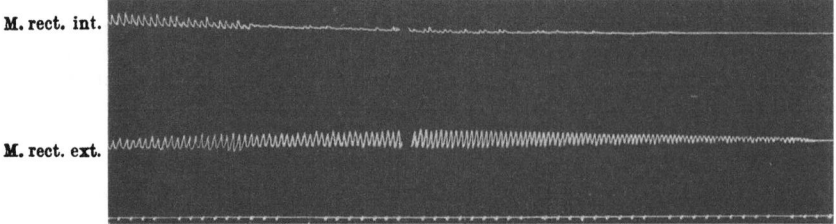

Abb. 263. Kaninchen, 1,8 kg. Rechtsseitige Labyrinthexstirpation am 19. November 1921. — Am 24. November 1921. Thalamustier. Carotiden abgebunden. Linksseitige Labyrinthexstirpation. Obere Kurve Rectus internus, untere Kurve Rectus externus. Der Externus ist kontrahiert und zeigt schnelle Erschlaffungen, der Internus ist erschlafft und zeigt schnelle Kontraktionen. — 50 Sekunden vor Beginn der Kurve ist 0,3 mg pro Kilogramm Nicotin eingespritzt. Der Internus kommt in Erschlaffung, der Externus in Kontraktion zum Stillstand.

Tatsächlich ergab sich in vier Versuchen an zweizeitig labyrinthektomierten Kaninchen, welche den Bechterewschen kompensatorischen Nystagmus zeigten, daß intravenöse Einspritzung von 0,1 mg pro Kilogramm Nicotin, also der gleichen Dosis, die auch bei calorischem Nystagmus wirkt, die schnelle Phase des Nystagmus aufhebt und die Augenmuskeln in Deviationsstellung stillstehen läßt (Abb. 263).

Hieraus ist also zu schließen, daß die verwendeten Nicotindosen direkt im vestibulären Kerngebiet angreifen. De Kleyn und Versteegh glauben, daß es sich hierbei um eine starke Erregungswirkung handelt. Eine genauere Lokalisation in diesem Kerngebiet ist vorläufig noch nicht möglich. Eine isolierte periphere Wirkung auf das Labyrinth konnte bisher nicht festgestellt werden.

Die Analyse der Wirkung des Nicotins auf den beim vestibulären Nystagmus in Tätigkeit tretenden Reflexbogen hat also ergeben:
Dosen von 0,25 mg pro Kilogramm und darüber bringen die Augenmuskeln selber zur Kontraktion. Diese Wirkung überdeckt im allgemeinen die übrigen Effekte.

Verhindert man das Zustandekommen der peripheren Muskelwirkung, so sieht man nach Dosen von 0,05—0,75 mg eine Beeinflussung des vestibulären Kerngebietes, die sich nach den kleinen Dosen in Abnahme, nach den größeren in Verschwinden der schnellen Phase des Nystagmus und Stillstand in Deviationsstellung (Verkürzung des einen Muskels mit Erschlaffung seines Antagonisten) äußert, wenn vorher auf irgendeine Weise vestibulärer Nystagmus erregt worden ist. Sonst tritt keine Wirkung ein.

Große Nicotindosen (0,75—2 mg), die man von den peripheren Augenmuskeln fernhält, erregen die Augenmuskelkerne, so daß die Augenmuskeln in Kontraktion geraten. Sobald diese Wirkung eintritt, kann sich der Einfluß des Nicotins auf das vestibuläre Kerngebiet nicht mehr äußern. Noch größere Dosen lähmen die Augenmuskelkerne.

Die angegebene Dosierung gilt nur für das untersuchte Nicotinpräparat, da die käuflichen Nicotinsorten verschiedene Wirksamkeit besitzen.

J. Zusammenfassung.

Die in diesem Kapitel mitgeteilten Beobachtungen haben, trotzdem bisher nur eine beschränkte Zahl von Giften untersucht wurde, bereits eine verwirrende Fülle der verschiedensten Wirkungsbilder ergeben. Die weitere Bearbeitung dieses Gebietes wird voraussichtlich noch sehr merkwürdige Tatsachen zutage fördern. Trotzdem lassen sich jetzt schon einige allgemeinere Ergebnisse feststellen.

Die bei den Labyrinthreflexen und der Körperstellung in Tätigkeit tretenden Apparate zeigen den verschiedenen Giften gegenüber außerordentlich verschiedene Empfindlichkeit. Dabei läßt sich keine allgemeine Reihenfolge der Empfindlichkeit allen Giften gegenüber aufstellen, sondern jedes Gift greift in eigenartiger Weise in das Getriebe ein.

Während z. B. die Progressivreaktionen im allgemeinen sehr empfindlich gegen Narkotica sind, bleiben sie bei der Chenopodiumvergiftung bis kurz vor dem Tode bestehen.

Die kompensatorischen vertikalen Augenstellungen sind nach Pikrotoxin im Krampfstadium erloschen, nach Strychnin bleiben sie bis zum Tode erhalten, länger als irgendein anderer Labyrinthreflex.

Der Kopf- und Augendrehnystagmus kann nach Campher in einem Stadium fehlen, wenn die Stellreflexe noch erhalten sind, während sie nach den Narkoticis erst längere Zeit nach den Stellreflexen erlöschen und nach Chenopodium sogar bis kurz vor dem Tode nachweisbar bleiben.

Am merkwürdigsten ist, daß innerhalb der gleichen Reflexgruppe die verschiedenen Teilfunktionen sehr verschieden empfindlich gegen das gleiche Gift sind. So werden durch die einzelnen Narkotica von den verschiedenen Formen des Drehnystagmus der Augen zuerst der vertikale, danach der rotatorische und erst sehr viel später der horizontale aufgehoben, während die zugehörigen Deviationen bestehen bleiben.

Von den kompensatorischen Augenstellungen werden durch Chenopodium die vertikalen relativ früh, die rotatorischen dagegen erst kurz vor dem Tode gelähmt, während, wie erwähnt, bei der Strychninvergiftung umgekehrt die vertikalen bis zum Tode bestehenbleiben. Aus dem Komplex der Stellreflexe werden häufig die Labyrinthstellreflexe zuerst gelähmt (z. B. durch Pikrotoxin), während der Alkohol elektiv die Halsstellreflexe angreift und dadurch sehr eigenartige Bewegungsstörungen hervorruft.

Nimmt man nun noch dazu, daß einzelne Gifte, wie Pikrotoxin, bereits in Dosen die Labyrinthreflexe beeinflussen, welche sonst noch keine anderen Wirkungen hervorrufen, so erkennt man, daß schwerlich eine andere funktionelle Gruppe gefunden werden kann, in welcher sich die Elektivität und Spezifität verschiedener Gifte so gut demonstrieren läßt wie in dieser.

Ehe man diese Elektivität der Giftwirkungen genügend kannte, hat man aus gelegentlichen Einzelbeobachtungen unter Umständen falsche Schlüsse gezogen. So glaubten Bartels (1) und Rosenfeld aus der Tatsache, daß der Nystagmus der Augen in Narkose früher schwindet als die Deviation, folgern zu müssen, daß der Nystagmus von anderen Hirnteilen (der Großhirnrinde) abhängig sei als die Deviation, eine Ansicht, die durch die Erfolge der Großhirnexstirpation, nach welcher der Nystagmus bestehenbleibt, widerlegt werden konnte: wieder eines der zahlreichen Beispiele dafür, daß sich Gifte nicht zur Analyse unbekannter physiologischer Mechanismen eignen.

Früher hat man sich damit begnügen müssen, im allgemeinen festzustellen, daß ein bestimmtes Gift Krämpfe, zentrale Lähmungen, Gleichgewichtsstörungen usw. hervorrief. Die in diesem Kapitel gegebenen Beispiele zeigen, daß man jetzt hierin weiterkommen und die Teilmechanismen anzeigen kann, welche gestört sind. Hierdurch gewinnt das Studium derartiger Störungen neues Interesse, und es ist nicht zweifelhaft, daß auch die Klinik der menschlichen Krampfzustände hieraus Nutzen ziehen wird. Jedenfalls läßt uns das Studium der Vergiftungsbilder beim Tier einen näheren Einblick in verwickelte Zusammenhänge gewinnen. Die Chinaketone erregen krampfhafte

Laufbewegungen, welche nur dann zu den auffallenden Rollungen führen, wenn dabei zufällig der Kopf nach der einen oder anderen Seite gedreht wird. Das charakteristische Bild des Pikrotoxinkrampfes wird beherrscht durch die dabei auftretende Beugestarre, welche sogar nach dem Decerebrieren die Streckstarre ersetzt und den Ablauf der Haltungsreflexe in gesetzmäßiger Weise verändert. Bei der Strychninvergiftung dagegen nehmen gerade die Haltungsreflexe an der Aufhebung der Koordination im Krampfstadium nicht Teil, so daß die tonischen Hals- und Labyrinthreflexe auf die Körpermuskeln noch zu einer Zeit die typischen Reflexerfolge bewirken, wenn bereits die Koordination zahlreicher anderer Reflexe aufgehoben ist. Das plötzliche Umsinken der Tiere in bestimmten Stadien zahlreicher Vergiftungen beruht auf dem Versagen der Stellreflexe, welche in verschiedener, aber für jedes Gift bestimmter Reihenfolge gelähmt werden, worauf dann sehr verschiedene Zustandsbilder auftreten, je nachdem das Tier schlaff, steif oder in klonischer mehr oder weniger geordneter Erregung daliegt.

Da nun die Zentren für die hier behandelten Reflexe fast ausschließlich im Hirnstamm liegen, so erhellt die große Bedeutung, welche derselbe für das Zustandekommen der beobachteten Symptome besitzt. Vor allem handelt es sich hier um die Zentren, welche im Mittelhirn und der Medulla oblongata liegen und welche nun auch für die Erklärung der Pathologie der verschiedenen Vergiftungsbilder herangezogen werden müssen. Es ist dem Kenner der einschlägigen Literatur deutlich, daß hier vor allem manche dem Kleinhirn fälschlich zugeschriebenen Abhängigkeiten nicht aufrecht erhalten werden können. Beispielsweise steht die große Rolle, die dem Kleinhirn bei der Erklärung der alkoholischen Bewegungsstörungen noch vielfach zugeschrieben wird, in umgekehrtem Verhältnis zu unserer geringen Kenntnis von der normalen Tätigkeit dieses Organes. Kennzeichnend ist auch folgendes: Forssmann hatte die interessante Tatsache gefunden, daß Einspritzung kleiner Dosen von hammelhämolytischem Kaninchenserum bei Meerschweinchen in die Carotis (aortenwärts) eigenartige Gleichgewichtsstörungen: Kopfdrehung, Manegebewegungen, Rollungen, vertikale Augenabweichungen hervorruft, welche nach unseren jetzigen Kenntnissen wahrscheinlich von Wirkungen auf Zentren in der Medulla oblongata (eventuell im Mittelhirn) abzuleiten sind. Forssmann hat sie auf Kleinhirnstörungen bezogen. Friedberger und Schröder haben nun die Hirne derartiger Tiere histologisch untersucht und tatsächlich Herde nur in der Medulla oblongata, nicht aber in Groß- und Kleinhirn gefunden. Trotzdem machen sie die Schlußfolgerung: „Klinisch erklärt dieser Sitz der Veränderungen bei den engen und zahlreichen Verbindungen der Medulla oblongata mit dem Kleinhirn (!) die Symptome während des Lebens ausreichend."

In Wirklichkeit hat ihre anatomische Untersuchung den richtigen Sitz der Läsion aufgedeckt.

Wir stehen natürlich auch hier noch im ersten Anfang der Erkenntnis. Jeder Fortschritt unseres Wissens über die Anordnung der zentralen Apparate wird auch der Einsicht in das toxikologische und pathologische Geschehen zugute kommen. Aber es ist doch jetzt eine Menge von neuen Fragestellungen gewonnen und in einer ganzen Reihe von Einzelfällen ein tieferes Verständnis für das Ineinandergreifen der Störungen zu sehr verwickelten Symptomenkomplexen angebahnt worden.

Zwölftes Kapitel.
Die Körperstellungsreflexe bei neugeborenen Tieren (79).

Wenn im Laboratorium zufällig Tiere geboren wurden, wurde bei ihnen das Verhalten der wichtigsten Labyrinthreflexe und einiger anderer für die Körperstellung in Betracht kommenden Reaktionen geprüft. Im ganzen liegen Notizen vor über 15 Kaninchen (2 Würfe), 18 Katzen (6 Würfe), 3 Hunde und 2 Meerschweinchen.

Das Versuchsmaterial ist für Kaninchen und Katzen groß genug, um die Verhältnisse ziemlich zuverlässig zu schildern, am Hunde und besonders am Meerschweinchen, für welches nur eine Beobachtung vorliegt, müssen noch mehr Untersuchungen gemacht werden.

Eine Übersicht über die bisherigen Ergebnisse findet sich in nachstehender Tabelle.

Auffallend ist, daß, obwohl sämtliche Neugeborenen deutliche Kopfdrehreaktionen und, soweit sich das prüfen ließ, auch Augendrehreaktionen besaßen (Meerschweinchen unmittelbar nach der Geburt, Katzen am Ende der Schwangerschaft), bei allen Kopfdrehnystagmus und Augendrehnystagmus fehlte. Beim Kaninchen fehlten beide Nystagmen 8 Tage lang und waren nach 18 Tagen positiv, bei der Katze fehlten sie 6 Tage lang, am 7. Tage war deutlicher Augendrehnystagmus vorhanden. Diese Beobachtung stimmt zu der Erfahrung, daß auch beim Erwachen aus der Narkose und aus dem Schock nach Operationen der Drehnystagmus später zurückkommt als die Drehreaktion. Auch bei der Entwickelung ist also ein Stadium vorhanden, in welchem auf Bogengangsreizung nur die Deviation ohne jeden Nystagmus eintritt. Nach Bartels (2) haben menschliche Frühgeburten Augendrehreaktionen, aber keinen Nystagmus; ausgetragene Neugeborene dagegen auch Drehnystagmus.

Eine weitere Gruppe von Reaktionen, welche sich verhältnismäßig spät entwickeln, sind die Reaktionen auf Progressivbewegung.

Nur beim neugeborenen Meerschweinchen waren sie bereits alle vorhanden, fehlten dagegen bei neugeborenen Kaninchen und Katzen. Bei diesen trat die Liftreaktion früher auf als der Reflex der Sprungbereitschaft. Die Liftreaktion entwickelte sich beim Kaninchen innerhalb 8, bei der Katze innerhalb 1—3 Tagen. Der Reflex der Sprungbereitschaft beim Kaninchen innerhalb 18, bei der Katze innerhalb (6?) 20 Tagen. Bei den Hunden war nach 2 Tagen die Sprungbereitschaft noch nicht, die Liftreaktion dagegen einmal zweifelhaft nachweisbar[1].

Die tonischen Labyrinthreflexe auf die Extremitäten lassen sich am nichtdecerebrierten Tiere nicht konstant hervorrufen, daher muß man immer eine größere Anzahl Beobachtungen anstellen. Dabei ergab sich, daß diese Reflexe bei Kaninchen, Katzen und Meerschweinchen direkt nach der Geburt vorhanden sind. Bei einzelnen Katzen waren sie außerordentlich stark ausgesprochen; der am 2. Tage nach der Geburt untersuchte Hund hatte diese Reflexe ebenfalls.

Tonische Halsreflexe auf die Extremitäten waren bei Katzen und Kaninchen direkt nach der Geburt, beim Hunde nach 2 Tagen vorhanden. Frühere Beobachtungen wurden an Hunden nicht angestellt, doch ist es mindestens sehr wahrscheinlich, daß sie auch hier direkt nach der Geburt vorhanden sind.

Die Stellreflexe sind bei Neugeborenen der hier untersuchten Tierarten auffallend gut entwickelt[2]. Bei dem einen Meerschweinchen und den ex utero entnommenen ziemlich ausgetragenen Katzenföten (Wurf 6) fehlten zunächst die Labyrinthstellreflexe auf den Kopf, während die Körperstellreflexe auf den Kopf bereits deutlich vorhanden waren. Die Tiere konnten also bei Berührung mit dem Boden den Kopf in die Normalstellung bringen. Auch bei 2 Katzenföten von 91 und 97 g, welche während einer Digitaliswertbestimmung am Muttertier frühzeitig geboren wurden, ließen sich Körperstellreflexe auf den Kopf nachweisen. Halsstellreflexe waren in allen geprüften Fällen vorhanden. Die Labyrinthstellreflexe auf den Kopf entwickelten sich bei den erwähnten Katzenföten (Wurf 6) schon nach 6 Stunden und waren am folgenden Tage sehr lebhaft. Sie fanden sich bei allen spontan geborenen Kaninchen und Katzen direkt nach der Geburt und waren

---

[1] M. Minkowski (2) beschreibt bei menschlichen Föten verschiedenen Alters Drehreaktionen und Progressivreaktionen auf die Extremitäten. Van der Hoven v. Genderen beschreibt einen Fall von Encephalocele mit erhaltenem distalem Mittelhirn einschl. Zellen des Nucleus ruber, bei welchem sich in den ersten Lebenstagen starke Drehreaktionen auf Kopf und Augen, schwacher Augendrehnystagmus und deutliche Progressivreaktionen auf die Arme fanden.
[2] Landau hat kürzlich beim menschlichen Säugling Labyrinthstellreflexe mit anschließendem Halsstellreflex beschrieben.

Nummer des Wurfes	Tierart — Zahl	Alter	Körperstellreflexe auf Kopf	Körperstellreflexe auf Körper	Halsstellreflexe	Labyrinthstellreflexe	Otolithenreflexe: Kompensatorische Augenstellungen vertikal	Otolithenreflexe: rotat.	Tonische Labyrinthreflexe auf die Glieder
1	1 Meerschwein.	4 Stunden	+	+	+	0[1]	+	+	+
2	6 Kaninchen	neugeboren		+	+	+			+
3	9 „	—		?	±	±			?
2	6 „	1 Tag		+[2]	+	+			?
3	9 „	—							
3	9 „	2 Tage		+					+
3	9 „	8 „		+	+	+	+		0
3	9 „	18 „		+	+		+	+	
4	2 Hunde	2 Tage		±	±	+			+[3]
5	1 Hund	4—5 Wochen		+	+	+	+		
6a	4 Katzenföten, lebend ex utero 82—90 g	sofort	+	0	+	0			+
		nach 4 Stunden	±	(+)[8]	±	0			
		1 Tag	+	+	+	(+)			+
		2 Tage	+	+	+				+
6b	3 Katzenföten, lebend ex utero 108—122 g	sofort	+	0	+	0	0	0	0
		nach 6 Stunden		+	±	(+)	+		?
		1 Tag				+			+
		2 Tage				±			+
7	2 Katzen	neugeboren		+	+	+			+
8	3 „	„				±			±
8	3 „	1 Tag				+			+
9	4 „	ca. 1 „		+	+	±			±
10	2 „	1 „				±			0
10	2 „	2 Tage				+			+[3]
10	2 „	3 „				+			±[5]
10	2 „	4 „				+			+
10	2 „	6 „							+
10	2 „	7 „							
10	2 „	20 „							

[1] In Seitenlage negativ.   [2] Bei einem kleinen Exemplar negativ.   [3] Bei einem Exemplar schwach positiv, beim anderen noch negativ.   [7] Horizontal, vertikal und rota-
Zeichenerklärung: ± = sehr stark.   + = deutlich.   (+) = schwach.

Tonische Hals-reflexe auf die Glieder	Bogengangsreflexe bei							Tonische Hals-reflexe auf die Augen	Fallumdreh-reflexe	Zustand der Augen
	Drehen auf Kopf		Drehen auf Augen		Progressivbewegungen					
	Reaktion	Nystagmus	Reaktion	Nystagmus	Liftreaktion	Sprungbereitschaft	Zehenspreizen			
	+	0	+	0	+	+	+			offen
+	0	0			0	0				geschlossen
∓	+	0			0	0				—
	+	0			?	0	0			—
∓	+	0			?	0				—
		0			?	0				—
+	+	0	±	0	+	0		+		bei 4 offen
+	+	+	+	+	+	+			+	offen
+	+	0			?	0				geschlossen
+	+	+	+	+	+	+				offen
+	+	0			0	0				geschlossen
	+	0								—
+	+	0			0	0				—
+										—
+	+	0	(+)	0	0	0	0			operativ geöffn.
	+	0	+[7]	0[7]	0	0	0			—
?										—
+										—
	+	0			0	0	0			geschlossen
	+[4]	0								—
	∓	0								—
+	∓	0			+	(+)[4]				—
	+	0			0	0				—
	+	0	+	0	(+)[4]	0				Bei 1 Tier
	∓	0	+	0	+	0	0			1. Auge ope-
	+	0	+	0	+	0	0			rativ geöffnet
	+	0	+	0	+	(+)[6]				
					+					
					+	+	+	+		

Exemplar negativ. [4]) Schwach. [5]) Bei einem Exemplar zweifelhaft. [6]) Bei einem torisch. [8]) Hinterkörper positiv, Vorderkörper negativ. ? = zweifelhaft. 0 = negativ.

auch bei den nach 2 Tagen untersuchten Hunden vorhanden. Körperstellreflexe auf den Körper waren ebenfalls in den meisten Fällen direkt
nach der Geburt nachweisbar. Bei den Katzenföten fehlten sie direkt
nach der Entnahme, waren aber bereits nach 6 Stunden positiv. Bei
dem aus 9 Kaninchen bestehenden Wurf waren sie unmittelbar nach
der Geburt zweifelhaft, am folgenden Tage deutlich vorhanden, nur
bei einem kleinen Exemplar fehlten sie. Bei diesem waren sie dann
nach weiteren 24 Stunden ebenfalls deutlich. Ein Kaninchen von
18 Tagen zeigte den Fallumdrehreflex in der Luft sehr
deutlich.

Bei dem Wurf von 9 Kaninchen wurde die Entwickelung des
Laufens beobachtet. Am Tage der Geburt krochen die Tiere mit dem
Bauche auf der Erde ungeschickt und wackelnd vorwärts, fielen ab
und zu auf die Seite, saßen aber sofort wieder auf. Nach 24 Stunden
liefen sie noch mit dem Bauch auf dem Boden, fielen auch noch ab
und zu auf die Seite, um sofort wieder aufzusitzen. Einmal rollte ein
Tier nach dem Umfallen über den Rücken. Nach 2 Tagen lief das Tier
noch immer mit dem Bauch auf dem Boden. Der Körper fiel noch
manchmal auf die Seite, während der Kopf in Normalstand blieb;
der Körper saß dann sofort wieder auf. Im Alter von 8 Tagen wurde
der Bauch frei oberhalb des Bodens getragen. Der Gang war noch unsicher, aber die Tiere fielen nicht mehr. 18 Tage nach der Geburt
konnten die Tiere normal laufen.

Die Katzenföten von Wurf 6a konnten direkt nach der Entnahme
auf Schwanzkneifen aus Seitenlage ungeschickt, aber doch sowohl
mit dem Vorder- wie Hinterkörper aufsitzen. Nach 6 Stunden krochen
sie in Normalstand ungeschickt auf dem Bauche, kamen aber dabei
kaum vorwärts. Nach 24 Stunden konnten sie den Kopf etwas heben,
hatten Kopfschwanken, kamen beim Kriechen mit Bauch am Boden
vorwärts, aber noch nicht in gerader Richtung. Die Beine führten
dabei noch keine richtig alternierenden Laufbewegungen aus. Die Tiere
fielen dabei nur selten auf die Seite. Nach 48 Stunden krochen sie
auf dem Bauche vorwärts, ohne auf die Seite zu fallen, und konnten
auch übereinander wegkriechen. Nach 72 Stunden war das Kriechen
besser, aber noch nicht geradeaus, sondern wechselnd nach rechts und
links, wobei der Kopf die Richtung angab. Sie fielen noch einige Male
mit dem Becken auf die Seite, saßen dann aber wieder auf. Der Kopf
konnte jetzt aktiv gehoben werden. Die Tiere ließen sich leider nicht
länger am Leben halten.

Die kompensatorischen Augenstellungen waren bei Meerschweinchen direkt nach der Geburt vorhanden. Beim Kaninchen
ließen sie sich erst nach dem Öffnen der Augen untersuchen, was nach
8 Tagen möglich war. Zu diesem Zeitpunkt ließen sich dann sowohl

tonische Labyrinthreflexe als auch tonische Halsreflexe auf die Augen nachweisen.

———————

Zusammenfassend läßt sich sagen, daß von den untersuchten Tierarten das Meerschweinchen, welches mit offenen Augen geboren wird, die geprüften Reflexe am vollständigsten besitzt; bei ihm sind schon Reaktionen auf Progressivbewegungen vorhanden, nur der Drehnystagmus fehlt. Ob die Labyrinthstellreflexe auf den Kopf bei allen neugeborenen Meerschweinchen fehlen, muß noch sichergestellt werden. Bei den übrigen Tieren fehlen von den untersuchten Reflexen der Drehnystagmus von Kopf und Augen und die Reaktionen auf Progressivbewegungen. Von letzteren tritt die Liftreaktion früher auf als der Reflex der Sprungbereitschaft. Im übrigen besitzen Kaninchen, Katzen und Hunde die für die Körperstellung erforderlichen Labyrinthreflexe und die übrigen Reaktionen mit großer Vollständigkeit. Die Beobachtungen über das Laufenlernen der Kaninchen und Katzen zeigen aber, daß die Tiere in den ersten Tagen ihres Lebens es erst lernen müssen, diese Reflexe zu einer so verwickelten Gesamtleistung zu verwenden. Bei ziemlich ausgetragenen Katzenföten fehlen die Labyrinthstellreflexe und die Körperstellreflexe auf den Körper, während die Körperstellreflexe auf den Kopf und die Halsstellreflexe bereits gut ausgebildet sind.

Arbeiten aus dem pharmakologischen Institut der Reichsuniversität Utrecht.

1. R. Magnus: Zur Regelung der Bewegungen durch das Zentralnervensystem. I. Mitteilung. Pflügers Arch. f. d. ges. Physiol. Bd. 130, S. 219. 1909. (Aus dem physiologischen Institut der Universität Liverpool.)
2. R. Magnus: Zur Regelung der Bewegungen durch das Zentralnervensystem. II. Mitteilung. Pflügers Arch. f. d. ges. Physiol. Bd. 130, S. 253. 1909.
3. R. Magnus: Zur Regelung der Bewegungen durch das Zentralnervensystem. III. Mitteilung. Pflügers Arch. f. d. ges. Physiol. Bd. 134, S. 545. 1910.
4. R. Magnus: Zur Regelung der Bewegungen durch das Zentralnervensystem. IV. Mitteilung. Pflügers Arch. f. d. ges. Physiol. Bd. 134, S. 584. 1910.
5. R. Magnus: Experimentelles und Klinisches über tonische Reflexe. Handelingen van het XIII. Ned. Natuur-en Geneeskundig Congres. 20.—22. April 1911. S. 317.
6. R. Magnus: Über die Beziehungen des Kopfes zu den Gliedern. (Festvortrag, gehalten am 25. November 1911 in der medizinischen Gesellschaft in Leiden.) — Münch. med. Wochenschr. 1912, S. 681.
7. R. Magnus und A. de Kleyn: Die Abhängigkeit des Tonus der Extremitätenmuskeln von der Kopfstellung. Pflügers Arch. f. d. ges. Physiol. Bd. 145, S. 455. 1912.
8. A. de Kleyn: Zur Technik der Labyrinthexstirpation und Labyrinthausschaltung bei Katzen. Pflügers Arch. f. d. ges. Physiol. Bd. 145, S. 549. 1912.
9. W. Weiland: Hals- und Labyrinthreflexe beim Kaninchen; ihr Einfluß auf den Muskeltonus und die Stellung der Extremitäten. Pflügers Arch. f. d. ges. Physiol. Bd. 147, S. 1. 1912.
10. R. Magnus und A. de Kleyn: Die Abhängigkeit des Tonus der Nackenmuskeln von der Kopfstellung. Pflügers Arch. f. d. ges. Physiol. Bd. 147, S. 403. 1912.
11. A. de Kleyn: Zur Kenntnis des Verlaufs der postganglionären Sympathicusbahnen für Pupillenerweiterung, Lidspaltöffnung und Retraktion der Nickhaut bei der Katze. Zentralbl. f. Physiol. Bd. 26, S. 4. 1912.
12. R. Magnus und A. de Kleyn: Ein weiterer Fall von tonischen „Halsreflexen" beim Menschen. Münch. med. Wochenschr. 1913, S. 2566.
13. R. Magnus und C. G. L. Wolf: Weitere Mitteilungen über den Einfluß der Kopfstellung auf den Gliedertonus. Pflügers Arch. f. d. ges. Physiol. Bd. 149, S. 447. 1913.
14. R. Magnus und A. de Kleyn: Die Abhängigkeit der Körperstellung vom Kopfstande beim normalen Kaninchen. Pflügers Arch. f. d. ges. Physiol. Bd. 154, S. 163. 1913.
15. R. Magnus und A. de Kleyn: Analyse der Folgezustände einseitiger Labyrinthexstirpation mit besonderer Berücksichtigung der Rolle der tonischen Halsreflexe. Pflügers Arch. f. d. ges. Physiol. Bd. 154, S. 178. 1913.
16. R. Magnus und W. Storm van Leeuwen: Die akuten und die dauernden Folgen des Ausfalles der tonischen Hals- und Labyrinthreflexe. Pflügers Arch. f. d. ges. Physiol. Bd. 159, S. 157. 1914.
17. A. de Kleyn: Zur Analyse der Folgezustände einseitiger Labyrinthexstirpation beim Frosch. Pflügers Arch. f. d. ges. Physiol. Bd. 159, S. 218. 1914.

18. R. **Magnus:** Welche Teile des Zentralnervensystems müssen für das Zustandekommen der tonischen Hals- und Labyrinthreflexe auf die Körpermuskulatur vorhanden sein? Pflügers Arch. f. d. ges. Physiol. Bd. 159, S. 224. 1914.

18a. J. S. **Beritoff** und R. **Magnus:** Zusatz bei der Korrektur. Ebenda, S. 249.

19. Ch. **Socin** und W. **Storm van Leeuwen:** Über den Einfluß der Kopfstellung auf phasische Extremitätenreflexe. Pflügers Arch. f. d. ges. Physiol. Bd. 159, S. 251. 1914.

20. A. **de Kleyn** und Ch. **Socin:** Zur näheren Kenntnis des Verlaufs der postganglionären Sympathicusbahnen für Pupillenerweiterung, Lidspaltenöffnung und Nickhautretraktion bei der Katze. Pflügers Arch. f. d. ges. Physiol. Bd. 160, S. 407. 1915.

21. H. M. **de Burlet:** Anatomische Bemerkungen zur vorhergehenden Arbeit von A. de Kleyn und Ch. Socin. Pflügers Arch. f. d. ges. Physiol. Bd. 160, S. 416. 1915.

22. R. **Magnus** und A. **de Kleyn:** Weitere Beobachtungen über Hals- und Labyrinthreflexe auf die Gliedermuskeln des Menschen. Pflügers Arch. f. d. ges. Physiol. Bd. 160, S. 429. 1915.

23. H. M. **de Burlet** und A. **de Kleyn:** Über den Stand der Otolithenmembranen beim Kaninchen. Pflügers Arch. f. d. ges. Physiol. Bd. 163, S. 321. 1916. (Aus dem anatomischen und dem pharmakologischen Institut der Reichsuniversität Utrecht.)

24. R. **Magnus:** Beiträge zum Problem der Körperstellung. I. Mitteilung. Stellreflexe beim Zwischenhirn- und Mittelhirnkaninchen. Pflügers Arch. f. d. ges. Physiol. Bd. 163, S. 405. 1916.

25. A. **de Kleyn** en W. **Storm van Leeuwen:** Over vestibulaire oogreflexen. I. Over de oorzaak van het ontstaan van den calorischen nystagmus. Verslagen koninklyke Akademie van Wetenschappen Amsterdam. Wis-en natuurkundige afdeeling Bd. 26, S. 381. 1917. — Concerning vestibular Eye-reflexes. I. On the origin of caloric nystagmus. Koninklyke Akademie van Wetenschappen Amsterdam. Proceedings Bd. 20, S. 622. 1917.

26. A. **de Kleyn** und W. **Storm van Leeuwen:** Über vestibuläre Augenreflexe. I. Über die Entstehungsursache des calorischen Nystagmus nach Versuchen an Katzen und Kaninchen. v. Graefes Arch. f. Ophth. Bd. 94, S. 316. 1917.

27. J. **van der Hoeve** und A. **de Kleyn:** Tonische Labyrinthreflexe auf die Augen. Pflügers Arch. f. d. ges. Physiol. Bd. 169, S. 241. 1917.

28. A. **de Kleyn** und R. **Tumbelaka:** Über vestibuläre Augenreflexe. II. Vestibuläre Augenreflexe bei totaler einseitiger Oculomotoriuslähmung. v. Graefes Arch. f. Ophth. Bd. 95, S. 314. 1918.

29. A. **de Kleyn** und R. **Magnus:** Sympathicuslähmung durch Abkühlung des Mittelohres beim Ausspritzen des Gehörganges der Katze mit kaltem Wasser. v. Graefes Arch. f. Ophth. Bd. 96, S. 368. 1918.

30. R. **Magnus:** Tonische Hals- und Labyrinthreflexe auf die Körpermuskeln beim decerebrierten Affen. Arch. néerland. de physiol. de l'homme et des anim. Bd. 2, S. 484. 1018.

31. A. **de Kleyn:** Actions réflexes du labyrinthe et du cou sur les muscles de l'oeil. Arch. néerland. de physiol. de l'homme et des anim. Bd. 2, S. 644. 1918.

32. R. **Magnus:** Beiträge zum Problem der Körperstellung. II. Mitteilung. Stellreflexe beim Kaninchen nach einseitiger Labyrinthexstirpation. Pflügers Arch. f. d. ges. Physiol. Bd. 174, S. 134. 1919.

33. G. Liljestrand und R. Magnus: Warum wird die lokale Muskelstarre beim Wundstarrkrampf durch Novokain aufgehoben? Münch. med. Wochenschr. 1919, S. 551.

34. G. Liljestrand und R. Magnus: Über die Wirkung des Novocains auf den normalen und den tetanusstarren Skelettmuskel und über die Entstehung der lokalen Muskelstarre beim Wundstarrkrampf. Pflügers Arch. f. d. ges. Physiol. Bd. 176, S. 168. 1919.

35. A. de Kleyn und R. Magnus: Kleinhirn, Hirnstamm und Labyrinthreflexe. Münch. med. Wochenschr. 1919, S. 523.

36. R. Magnus en A. de Kleyn: Tonische Labyrinthreflexen op de oogspieren. Verslagen koninklyke Akademie van Wetenschappen Amsterdam. Wis- en natuurkundige afdeeling Bd. 28, S. 129. 1919. — Tonic reflexes of the labyrinth on the eye-muscles. Koninklyke Akademie van Wetenschappen Amsterdam. Proceedings Bd. 22, S. 242. 1919.

37. A. de Kleyn und R. Magnus: Über die Unabhängigkeit der Labyrinthreflexe vom Kleinhirn und über die Lage der Zentren für die Labyrinthreflexe im Hirnstamm. Pflügers Arch. f. d. ges. Physiol. Bd. 178, S. 124. 1920.

38. A. de Kleyn und R. Magnus: Tonische Labyrinthreflexe auf die Augenmuskeln. Pflügers Arch. f. d. ges. Physiol. Bd. 178, S. 179. 1920.

39. A. de Kleyn en C. R. J. Versteegh: Over de al of niet labyrinthaire genese van den donkernystagmus by honden. Verslagen koninklyke Akademie van Wetenschappen Amsterdam. Wis- en natuurkundige afdeeling Bd. 28, S. 253. 1919. — On the question whether or no darkness-nystagmus in dogs originates in the labyrinth. Koninklyke Akademie van Wetenschappen Amsterdam. Proceedings Bd. 22, S. 393. 1919.

40. A. de Kleyn und C. Versteegh: Über die Unabhängigkeit des Dunkelnystagmus der Hunde vom Labyrinth. v. Graefes Arch. f. Ophth. Bd. 101, S. 228. 1920.

41. J. G. Dusser de Barenne und R. Magnus: Beiträge zum Problem der Körperstellung. III. Mitteilung. Die Stellreflexe bei der großhirnlosen Katze und dem großhirnlosen Hunde. Pflügers Arch. f. d. ges. Physiol. Bd. 180, S. 75. 1920.

42. R. Magnus en A. de Kleyn: Optische „Stellreflexe" by den hond en by de kat. Verslagen Koninklyke Akademie van Wetenschappen. Amsterdam. Wis- en natuurkundige afdeeling Bd. 28, S. 670. 1920. — On optic „Stellreflexe" in the dog and in the cat. Koninklyke Akademie van Wetenschappen Amsterdam. Proceedings Bd. 22, S. 948. 1920.

43. A. de Kleyn und R. Magnus: Beiträge zum Problem der Körperstellung. IV. Mitteilung. Optische Stellreflexe bei Hund und Katze. Pflügers Arch. f. d. ges. Physiol. Bd. 180, S. 291. 1920.

44. A. de Kleyn: Tonische Labyrinth- en halsreflexen op de oogen. Verslagen Koninklyke Akademie van Wetenschappen Amsterdam. Wis- en natuurkundige afdeeling Bd. 28, S. 1223. 1920. — On the effect of tonic labyrinthine and cervical reflexes upon the eye-muscles. Koninklyke Akademie van Wetenschappen Amsterdam. Proceedings Bd. 23, S. 509. 1920.

45. A. de Kleyn en W. Storm van Leeuwen: Vestibulaire oogreflexen. II. De genese van den koudwaternystagmus by konynen. Verslagen Koninklyke Akademie van Wetenschappen Amsterdam. Wis- en natuurkundige afdeeling. Bd. 28, S. 721. 1920. — Concerning vestibular eye-reflexes. II. The genesis of coldwater nystagmus in rabbits. Koninklyke Akademie van Wetenschappen Amsterdam. Proceedings Bd. 22, S. 713. 1920.

46. A. de Kleyn und C. R. J. Versteegh: Über den Einfluß der Reizung der Nasenschleimhaut auf den vestibulären Nystagmus beim Kaninchen. Arch. f. Laryngol. u. Rhinol. Bd. 33, S. 437. 1920.

47. R. Magnus: Die Funktion der Otolithen. Ber. über d. ges. Physiol. Bd. 2, S. 174. Aus dem Bericht über die Tagung der deutschen physiologischen Gesellschaft in Hamburg 26.—28. Mai 1920.

48. A. de Kleyn: Folgen der isolierten Otolithenausschaltung. Ber. über d. ges. Physiol. Bd. 2, S. 175. Aus dem Bericht über die Tagung der deutschen physiologischen Gesellschaft in Hamburg 26.—28. Mai 1920.

49. R. Magnus en A. de Kleyn: De functie der otolithen. Verslagen koninklyke Akademie van Wetenschappen Amsterdam. Wis- en natuurkundige afdeeling- Bd. 29, S. 375. 1920. — The function of the otolithes. Koninklyke Akademie van Wetenschappen Amsterdam. Proceedings Bd. 23, S. 907. 1920.

50. A. de Kleyn und R. Magnus: Über die Funktion der Otolithen. I. Mitteilung. Otolithenstand bei den tonischen Labyrinthreflexen. Pflügers Arch. f. d. ges. Physiol. Bd. 186, S. 6. 1921.

51. A. de Kleyn und R. Magnus: Labyrinthreflexe auf die Progressivbewegungen. Pflügers Arch. f. d. ges. Physiol. Bd. 186, S. 39. 1921.

52. A. de Kleyn und R. Magnus: Über die Funktion der Otolithen. II. Mitteilung. Isolierte Otolithenausschaltung bei Meerschweinchen. Pflügers Arch. f. d. ges. Physiol. Bd. 186, S. 61. 1921.

53. A. de Kleyn: Tonische Labyrinth- und Halsreflexe auf die Augen. Pflügers Arch. f. d. ges. Physiol. Bd. 186, S. 82. 1921.

54. C. Versteegh: Über eine Methode zur Lokalisierung der Angriffspunkte verschiedener Arzneimittel auf das Vestibularsystem. Verhandl. d. Gesellsch. dtsch. Hals-, Nasen- und Ohrenärzte Bd. 1, S. 350. 1921.

55. A. de Kleyn: Experimente über die schnelle Phase des vestibulären Nystagmus. Verhandl. d. Ges. dtsch. Hals-, Nasen- u. Ohrenärzte Bd. 1, S. 353. 1921.

56. A. de Kleyn: Experimenten over de snelle phase van den vestibulairen nystagmus by het konyn. Verslagen koninklyke Akademie van Wetenschappen Amsterdam. Wis- en natuurkundige afdeeling Bd. 29, S. 1230. 1921. — Experiments on the quick component phase of vestibular nystagmus in the rabbit. Koninklyke Akademie van Wetenschappen Amsterdam. Proceedings Bd. 23, S. 1357. 1921.

57. D. J. Jonkhoff: De invloed van eenige geneesmiddelen op de labyrinthreflexen van konynen, caviae en katten. Diss. Utrecht 1921.

58. R. Magnus: Zur Pharmakologie der Körperstellung und der Labyrinthreflexe. Verhandl. d. dtsch. pharmakolog. Ges. Bd. 2, S. 8. 1921. — Siehe Schmiedebergs Archiv Bd. 92. 1922.

59. R. Magnus: Körperstellung und Labyrinthreflexe beim Affen. Pflügers Arch. f. d. ges. Physiol. Bd. 193, S. 396. 1922.

60. A. de Kleyn und R. Magnus: Über die Funktion der Otolithen. III. Mitteilung. Kritische Bemerkungen zur Otolithentheorie von Herrn F. H. Quix. Pflügers Arch. f. d. ges. Physiol. Bd. 194, S. 407. 1922.

61. R. Magnus en A. de Kleyn: Nadere bydrage tot de functie der otolithenapparaten. Verslagen Koninklyke Akademie van Wetenschappen Amsterdam. Bd. 31, S. 184. 1922. — A further contribution concerning the function of the otolithic apparatus. Koninklyke Akademie van Wetenschappen Amsterdam. Proceedings Bd. 25, S. 256. 1922.

62. A. de Kleyn und W. Storm van Leeuwen: Über vestibuläre Augenreflexe. III. Über die Genese des Kaltwassernystagmus bei Kaninchen. v. Graefes Arch. f. Ophth. Bd. 107, S. 109. 1922.

63. A. de Kleyn: Über vestibuläre Augenreflexe. IV. Experimentelle Untersuchungen über die schnelle Phase des vestibulären Nystagmus beim Kaninchen. v. Graefes Arch. f. Ophth. Bd. 107, S. 480. 1922.

64. R. Magnus: Otolithenfunktion und Körperstellung. Referatvortrag auf der Leipziger Naturforscherversammlung 1922. Naturwissenschaften 1922, S. 927.

65. A. de Kleyn: Recherches quantitatives sur les positions compensatoires de l'oeil chez le lapin. Arch. néerland. de physiol. de l'homme et des anim. Bd. 7, S. 138. 1922.

66. R. Magnus: Wie sich die fallende Katze in der Luft umdreht. Arch. néerland. de physiol. de l'homme et des anim. Bd. 7, S. 218. 1922.

67. A. de Kleyn en H. Stenvers: Tonische labyrinthreflexen op de oogen bij menschen. Nederlandsch tijdschr. v. geneesk. 1922, I, S. 486.

68. R. Magnus: Beiträge zur Pharmakologie der Körperstellung und der Labyrinthreflexe. I. Mitteilung. Vorbemerkungen. — Acta oto-laryngologica Bd. 4, S. 21. 1922.

69. D. J. Jonkhoff: Beiträge zur Pharmakologie der Körperstellung und der Labyrinthreflexe. II. Mitteilung. Strychnin. — Acta oto-laryngologica Bd. 4, S. 174. 1922.

70. D. J. Jonkhoff: Beiträge zur Pharmakologie der Körperstellung und der Labyrinthreflexe. III. Mitteilung. Pikrotoxin. Acta oto-laryngologica Bd. 4, S. 265. 1922.

71. C. Versteegh: Beiträge zur Pharmakologie der Körperstellung und der Labyrinthreflexe. IV. Mitteilung. Der Einfluß des Alkohols auf die Stellreflexe. Acta oto-laryngologica Bd. 4, S. 394. 1922.

72. D. J. Jonkhoff: Beiträge zur Pharmakologie der Körperstellung und der Labyrinthreflexe. V. Mitteilung. Campher. Acta oto-laryngologica Bd. 4, S. 450. 1922.

73. A. de Kleyn und C. Versteegh: Beiträge zur Pharmakologie der Körperstellung und der Labyrinthreflexe. VI. Mitteilung. Über eine Methode zur Lokalisierung der Angriffspunkte verschiedener Arzneimittel auf den vestibulären Nystagmus, mit besonderer Berücksichtigung der Wirkung von Nicotin. Pflügers Arch. f. d. ges. Physiol. Bd. 196, S. 331. 1922.

74. D. J. Jonkhoff: Beiträge zur Pharmakologie der Körperstellung und der Labyrinthreflexe. VII. Mitteilung. Oleum Chenopodii. Pflügers Arch. f. d. ges. Physiol. Bd. 196, S. 571. 1922.

75. U. G. Bylsma und C. Versteegh: Beiträge zur Pharmakologie der Körperstellung und der Labyrinthreflexe. VIII. Mitteilung. Vergiftung mit Chinaketonen mit besonderer Berücksichtigung der Rollbewegungen. Pflügers Arch. f. d. ges. Physiol. Bd. 197, S. 415. 1922.

76. R. Magnus: Beiträge zur Pharmakologie der Körperstellung und der Labyrinthreflexe. IX. Mitteilung. Weitere Erfahrungen mit Oleum chenopodii. Pflügers Arch. f. d. ges. Physiol. Bd. 198, S. 427. 1923.

77. A. de Kleyn: Statischer Sinn. Jahresbericht über die gesamte Physiologie 1920. Berlin 1923, S. 300.

78. J. G. Dusser de Barenne und A. de Kleyn: Über vestibuläre Augenreflexe. V. Vestibularuntersuchungen nach Ausschaltung einer Großhirnhemisphäre beim Kaninchen. v. Graefes Arch. f. Ophth. Bd. 111, S. 374. 1923.

79. R. Magnus: Körperstellungsreflexe bei neugeborenen Tieren. Skandin. Arch. f. Physiol. Bd. 63, S. 39. 1923.

80. G. G. J. Rademaker: Der rote Kern, die normale Tonusverteilung und die Stellfunktion. Klin. Wochenschr. Bd. 1, S. 404. 1923.

80a. R. Magnus und G. G. J. Rademaker: Die Bedeutung des roten Kernes für die Körperstellung. (Vorl. Mitt.) Schweiz. Arch. f. Neurol. u. Psych. Bd. 13, S. 408. 1923.

81. R. Magnus: Die Bedeutung des Hirnstammes für Muskeltonus und Körperstellung. Leyden-Vorlesung des Vereins für innere Medizin und Kinderheilkunde in Berlin am 19. März 1923. Dtsch. med. Wochenschr. 1923, S. 501.
82. R. Magnus und A. de Kleyn: Experimentelle Physiologie des Vestibularapparates bei Säugetieren mit Ausschluß des Menschen. Alexander-Marburg, Handbuch d. Neurologie des Ohres. Bd. I, 1. S. 465. Berlin u. Wien. 1923.
82a. G. G. J. Rademaker: De beteekenis der roode kernen en van het overige mesencephalon voor spiertonus, lichaamshouding en labyrinthaire reflexen. Diss. Utrecht 1924.
82b. R. Magnus und A. de Kleijn: Bydrage tot de functie van het vestibulaire apparaat. Verslagen Koninklyke Akademie van Wetenschappen Amsterdam. Wis-en natuurkundige afdeeling Bd. 32, S. 961. 1923.

Arbeiten aus dem Anatomischen Institut der Reichsuniversität Utrecht.

(Direktor: Prof. A. J. P. v. d. Broek.)

83. H. M. de Burlet en J. J. Koster: Over de bepaling van den stand van booggangs- en maculavlakken in den schedel. Verslagen Koninklyke Akademie van Wetenschappen Amsterdam. Wis- en natuurkundige afdeeling Bd. 24, S. 1828. 1916.
84. H. M. de Burlet und J. J. Koster: Zur Bestimmung des Standes der Bogengänge und der Maculae acusticae im Kaninchenschädel. Arch. f. Anat. (u. Physiol.) 1916, S. 59.
85. H. Oort: Über die Verästelung des Nervus octavus bei Säugetieren. (Modell des Utriculus und Sacculus des Kaninchens.) Anat. Anz. Bd. 51, S. 272. 1918.
86. H. M. de Burlet: Der perilymphatische Raum des Meerschweinchenohres. Anat. Anz. Bd. 53, S. 302. 1920.
87. H. Oort: Über ein Modell zur Demonstration der Stellung der Maculae acusticae im Kaninchenschädel. Pflügers Arch. f. d. ges. Physiol. Bd. 186, S. 1. 1921.
88. H. M. de Burlet und J. H. de Haas: Die Stellung der Maculae acusticae im Meerschweinchenschädel. Zeitschr. f. Anat. u. Entwicklungsgesch. Bd. 68, S. 177. 1923.
89. H. M. de Burlet und J. H. de Haas: Die Stellung der Maculae acusticae im Macacus-Schädel. Zeitschr. f. Anat. u. Entwicklungsgesch. Bd. 71, S. 233. 1924.
90. H. M. de Burlet: Zur Innervation der Maculae sacculi bei Säugetieren. Anatomischer Anzeiger. 1924.

Literaturverzeichnis.

Dieses Verzeichnis umfaßt — in alphabetischer Ordnung — nur die Nachweise für die in diesem Buche erwähnten Arbeiten. Falls mehrere Arbeiten desselben Verfassers angeführt wurden, sind sie sowohl hier wie im Text durch Numerierung zwischen ( ) voneinander unterschieden.

Ach, N.: Über die Otholithenfunktion und den Labyrinthtonus. Pflügers Arch. f. d. ges. Physiol. Bd. 86, S. 122. 1901.

Auerbach: Therapie d. Gegenw. 1913, S. 358. (Zit. nach Jonkhoff.)

Augier: Zeitschr. f. Psychol. u. Physiol. d. Sinnesorg. Bd. 37. 1905. (Zit. nach W. Nagel [60].)

Bárány, R. (1): Augenbewegungen durch Thoraxbewegungen ausgelöst. Zentralbl. f. Physiol. Bd. 20, S. 298. 1907.

— und K. Witmaak (2): Funktionelle Prüfung des Vestibularapparates. Verhandl. d. dtsch. otol. Ges. Bd. 20. 1911.

—, Z. Reich und J. Rothfeld (3): Experimentelle Untersuchungen über die vestibularen Reaktionsbewegungen an Tieren, insbesondere im Zustand der decerebrate rigidity (vorl. Mitt.). Neurol. Zentralbl. Bd. 31, S. 1139. 1912.

— (4): Untersuchungen über die Funktion des Flocculus beim Kaninchen. Jahrb. d. Psychiatrie u. Neurol. Bd. 36, S. 1. 1914.

— (5): Theoretisches zur Funktion der Bogengänge und speziell des Flocculus beim Kaninchen. Nordisk tidskrift för Oto-Rhino-Laryngologi Bd. 2, S. 458. 1917.

— (6): Über einige Augen- und Halsmuskelreflexe bei Neugeborenen. Acta Otolaryngologica Bd. 1, S. 97. 1918.

Dusser de Barenne, J. G. (1): Nachweis, daß die Magnus- de Kleynschen Reflexe bei der erwachsenen Katze mit intaktem Zentralnervensystem bei passiven und aktiven Kopf- resp. Halsbewegungen auftreten, und somit im normalen Leben der Tiere eine Rolle spielen. Fol. Neuro-Biol. Bd. 8, S. 413. 1914.

— (2): Recherches expér. sur les functions du système nerveux central, faites en particulier sur deux chats, dont le neopallium a été enlevé. Arch. néerland. de physiol. de l'homme et des anim. Bd. 4, S. 31. 1920.

— (3): Proefondervindelyke physiologie van het zenuwstelsel. In Bouman-Brouwers Leerboek der zenuwziekten Bd. 1, S. 402. 1923.

Bartels, M. (1): Über Regulierung der Augenstellung durch den Ohrapparat. Mitt. 1—4. v. Graefes Arch. f. Ophth. Bd. 76, S. 1. 1910; Bd. 77, S. 531. 1910; Bd. 78, S. 129. 1911; Bd. 80, S. 207. 1911. (Mitt. 1 u. 4 mit Shin-Jzi-Ziba.) Siehe besonders Mitt. 3: Kurven des Spannungszustandes einiger Augenmuskeln unter dem Einfluß der Ohrreflexe.

— (2): Über willkürliche und unwillkürliche Augenbewegungen. (Nystagmus der Blinden, Proprioreflexe, Blickbewegungen der Tiere.) Klin. Monatsbl. f. Augenheilk. Bd. 53, S. 358. 1914.

— (3): Aufgaben der vergleichenden Physiologie der Augenbewegungen. v. Graefes Arch. f. Ophth. Bd. 101, S. 299. 1920.

Bauer, J. und R. Leidler: Über den Einfluß der Ausschaltung verschiedener Hirnabschnitte auf die vestibulären Augenreflexe. Arb. a. d. Wiener neurol. Inst. Bd. 19, S. 155. 1911.

Bayliss, W. M.: On reciprocal innervation in vasomotor reflexes and the action of strychnine and of chloroform thereupon. Proc. of the roy. soc. of London B. Bd. 80, S. 359. 1908.

Bazett, H. C. und W. G. Penfield: A study of the Sherrington decerebrate animal in the chronic as well as the acute condition. Brain Bd. 45, S. 185. 1922.

Bechterew, W. (1): Ergebnisse der Durchschneidung des N. acusticus nebst Erörterung der Bedeutung der semicirculären Kanäle für das Körpergleichgewicht. Pflügers Arch. f. d. ges. Physiol. Bd. 30, S. 312. 1883.

— (2): Über die Verbindung der sog. peripheren Gleichgewichtsorgane mit dem Kleinhirn. Versuche mit Durchschneidung der Kleinhirnstiele. Pflügers Arch. f. d. ges. Physiol. Bd. 34, S. 362. 1884. Arch. f. Physiol. 1896, S. 105.

Benjamins, C. E.: Contribution à la connaissance des reflexes toniques des muscles de l'oeil. Arch. néerland. de physiol. de l'homme et des anim. B. 2, S. 536. 1918. Siehe auch Nederlandsch tijdschr. v. geneesk. 1918, I, S. 1036.

Beritoff, J. S. (1): On the reciprocal innervation in tonic reflexes from the labyrinths and the neck. Journ. of physiol. Bd. 49, S. 147. 1915.

— (2): On the mode of origination of labyrinthine and cervical tonic reflexes and on their part in the reflex reactions of the decerebrate preparation. Quart. journ. of exp. physiol. Bd. 9, S. 199. 1915.

Bethe, A.: Über die Erhaltung des Gleichgewichts. Biol. Zentralbl. Jg. 14, Nr. 3. 1894.

Beyer, H. und M. Lewandowsky: Experimentelle Untersuchungen am Vestibularapparat von Säugetieren. Pflügers Arch. f. d. ges. Physiol 1906, S. 451.

Biehl, K.: Über die intrakranielle Durchtrennung des Nervus vestibuli und deren Folgen. Wien. akad. Sitzungsber. math.-nat. Kl. Bd. 109, III, S. 324. 1900.

Böhme, A. und W. Weiland: Einige Beobachtungen über die Magnusschen Hals- und Labyrinthreflexe beim Menschen. Zeitschr. f. d. ges. Neurol. u. Psychiatr. Bd. 44, S. 94. 1918.

Bondi, S.: Über reflektorische Bewegungen bei Kopfwendung in cerebralen Affektionen. Wien. klin. Wochenschr. 1912, Nr. 41.

Brand, B.: Lichaamshouding en wervelkolom. Nederlandsch tijdschr. v. geneesk. 1922, II, 2011.

Breuer, J. (1): Über die Funktion der Bogengänge des Ohrlabyrinths. Wien. med. Jahrb. 1874, Heft 1.

— (2): Beitrag zur Lehre vom statischen Sinn (Gleichgewichtsorgan. Vestibularapparat des Ohrlabyrinths). 2. Mitt. Wien. med. Jahrb. 1875, Heft 1.

— (3): Über die Funktion der Otolithenapparate. Pflügers Arch. f. die ges. Physiol. Bd. 48, S. 195. 1891.

Brondgeest, P. Q.: Onderzoekingen over den tonus der willekeurige spieren. Diss. Utrecht 1860.

Brown, T. Graham (1): Die Atembewegungen des Frosches und ihre Beeinflussung durch die nervösen Zentren und durch das Labyrinth. Pflügers Arch. f. d. ges. Physiol. Bd. 130, S. 193. 1909.

— (2): Studies in the reflexes of the guinea-pig. III. The effect of removal of the cortex of one cerebral hemisphere. Quart. journ. of exp. physiol. Bd. 3, S. 139. 1910.

— (3): The intrinsic factors in the act of progression in the mammal. Proc. of the roy soc. of London B. Bd. 84, S. 308. 1911.

— (4): Reflex orientation of the optical axes and the influence upon it of the cerebral cortex. Arch. néerland. de physiol. de l'homme et des anim. Bd. 7, S. 571. 1922.

Brown-Séquard, C. E.: Nouveaux faits relatifs à l'action du chloroforme appliquée a la peripherie du système nerveux (peau et conduit auditif externe). Cpt. rend des séances de la soc. de biol. Bd. 32, S. 383. 1881.

Brouwer, B. (1): Über Meningo-Encephalitis und die Magnus-de Kleynschen
Reflexe. Zeitschr. f. d. ges. Neurol. u. Psychiatrie, Origin. Bd. 36, S. 161.
1917.
— (2): Examen anatomique du système nerveux central des deux chats décrits
par J. G. Dusser de Barenne. Arch. néerland. de physiol. de l'homme et des
anim. Bd. 4, S. 124. 1919.
Brudzinski, J.: Un signe nouveau sur les membres inférieures dans les méningites
chez les enfants (signe de la nuque). Arch. de méd. des enfants Bd. 12, S. 745.
1909.
Bruin, J. de: Enkele neurologische gevallen uit de kinderpraktyk. II. Een
geoompliceerd geval van idiotia amaurotica progressiva familiaris infantilis
(Tay-Sachs). Nederlandsch maandschr. v. verloskunde, vrouwenziekten en
kindergeneeskunde Bd. 3, S. 593. 1914.
Brunner, H.: Zur Pathogenese der labyrinthär bedingten Stellungsanomalien
des Kopfes und der Augen. (Ein Beitrag zur Pathologie des Statolithenapparates
beim Menschen.) Monatsschr. f. Ohrenheilk. u. Laryngo-Rhinol. Bd. 55,
H. 4/5. 1921.
Camis, M. (1): Contribution à la physiologie du labyrinthe. II. Une methode
opératoire pour la destruction des canaux demi-circulaires du chien. Arch.
ital. de biologie Bd. 55, S. 180. 1911.
— (2): Contributi alla fisiologia del labirinto. III. Effetti della labirintectomia
nel cane particolarmente sulla innervazione vasomotoria. Folia neurobiologica
Bd. 6, S. 138. 1912.
— (3): Contributi alla fisiologia del labirinto. Nota VI. Sulla miosi e sulla mi-
driasi paradossa nel gatto labirintectomizzato. Arch. di farmacol. sperim. e
scienze aff. Bd. 12. 1911.
Charcot, J. M.: Guérison de la maladie de Menière par le sulfate de quinine.
Gaz. des hôp. civ. et milit. 1875, S. 753.
Christiani, A.: Zur Physiologie des Gehirns. Berlin 1885. (Siehe auch Pflügers
Arch. f. d. ges. Physiol. 1884, S. 465.)
Codivilla: Zit. nach O. Vulpius. Die Behandlung der spinalen Kinderlähmung.
Leipzig 1910.
Collier, J. und F. Buzzard: Descending mesencephalic tracts in cat, monkey
and man. Brain Bd. 2, S. 178. 1901.
Corning, I. L.: The nature and treatment of vertigo. Journ. Americ. med.
assoc. 1901, S. 722. — The suppression of rotatory vertigo, its bearing on the
prevention and cure of seasickness. New York med. journ. a. med. record
Bd. 2, S. 297. 1904. Zitiert nach Bárány in Lewandowskis Handbuch der
Neurologie. Bd. 3, II, S. 845 u. 872. Berlin 1910.
Cushny, A. R.: Note on strychnine tetanus. Quart. journ. of exp. physiol. Bd. 12,
S. 153. 1919.
Dollinger, A.: Zur Klinik der infantilen Form der familiären amaurotischen
Idiotie (Tay-Sachs). Zeitschr. f. Kinderheilk. Bd. 22, S. 167. 1919.
Dreyfuss, R. (1): Experimenteller Beitrag zur Lehre von den nichtakustischen
Funktionen des Ohrlabyrinths. Pflügers Arch. f. d. ges. Physiol. Bd. 81, S. 604.
1900.
— (2): Über den Einfluß des Chinins auf das Tonuslabyrinth. Arch. f. Ohren-
heilk. Bd. 64, S. 49. 1905; Zeitschr. f. Ohrenheilk. Bd. 49, S. 343. 1905.
v. Economo, C. J. und J. P. Karplus: Zur Physiologie und Anatomie des Mittelhirns. Arch. f. Psychiatrie u. Nervenkrankh. Bd. 46, S. 275. 1910.
Edinger, L.: Über das Kleinhirn und den Statotonus. Zentralbl. f. Physiol. Bd. 26,
S. 618. 1912.

Ewald, J. R.: Physiologische Untersuchungen über das Endorgan des Nervus octavus. Wiesbaden 1892.

Ferrier, D.: The functions of the brain. 2. Edit. London 1886.

Fleisch, A.: Das Labyrinth als beschleunigungsempfindendes Organ. Pflügers Arch. f. d. ges. Physiol. Bd. 195, S. 499. 1922.

Flourens, P.: Recherches expérimentales sur les propriétés et les fonctions du système nerveux. 2. ed. Paris 1842.

Forssman, J.: Ein neues Krankheitsbild nach Seruminjektion. Biochem. Zeitschr. Bd. 110, S. 164. 1920.

Freusberg, A.: Reflexbewegungen beim Hunde. Pflügers Arch. f. d. ges. Physiol. Bd. 9, S. 358. 1874.

Friedberger, E. und P. Schroeder: Histologische Veränderungen im Gehirn von Meerschweinchen und Kaninchen bei primärer Antiserumgiftigkeit und bei Einspritzung giftiger Normalsera (carotal-zentraler Einspritzung des Serums). Zeitschr. f. d. ges. exp. Med. Bd. 26, S. 287. 1922.

Gergens, E.: Über gekreuzte Reflexe. Pflügers Arch. f. d. ges. Physiol. Bd. 14, S. 340. 1877 [Goltz].

Goltz, F. (1): Über die physiologische Bedeutung der Bogengänge des Ohr-labyrinthes. Pflügers Arch. f. d. ges. Physiol. Bd. 3, S. 172. 1870.

— und Freusberg (2): Über die Funktionen des Lendenmarkes des Hundes. Pflügers Arch. f. d. ges. Physiol. Bd. 8, S. 460. 1874.

— (3): Der Hund ohne Großhirn. Pflügers Arch. f. d. ges. Physiol. Bd. 51, S. 570. 1892.

Gottlieb, R.: Studien über die Wirkung des Pikrotoxins. Schmiedebergs Arch. Bd. 30, S. 21. 1892.

v. Graefe, A.: Beiträge zur Physiologie und Pathologie der schiefen Augen-muskeln. v. Graefes Arch. f. Ophth. Bd. 1, S. 1. 1854.

v. Gudden, B.: Über die Frage der Lokalisation der Funktionen der Großhirn-rinde. Allg. Zeitschr. f. Psychiatrie u. psych.-gerichtl. Med. Bd. 42, S. 478. 1886 und Ges. Abhandl. S. 42. Würzburg 1889.

Harnack, E. und L. Witkowski: Pharmakologische Untersuchungen über das Physostigmin. Schmiedebergs Arch. Bd. 5, S. 401. 1876.

Held, H.: Die anatomische Grundlage der Vestibularisfunktionen. Beitr. z. Anat., Physiol., Pathol. u. Ther. d. Ohres usw. Bd. 19, S. 305. 1923.

Högyes, A.: Über den Nervenmechanismus der assoziierten Augenbewegungen. Ann. d. Akad. d. Wiss. Budapest Bd. 10, 11, 14. 1881 ff. (übers. in Monatsschr. f. Ohrenheilk. Bd. 46, S. 809. 1912).

Hoffmann, Beitrag zur Kenntnis der physiologischen Wirkungen der Carbol-säure und des Camphers. Diss. Dorpat 1866. Schmiedebergs Arch. Bd. 67, S. 50. 1912.

Holmes, G. M.: The nervous system of the dog without a forebrain. Journ. of physiol. Bd. 27, S. 1. 1901.

Hoven van Genderen, W. J. v. d.: Een geval van encephalocele posterior. Diss. Utrecht 1920.

Hunter, J.: Observations on certain parts of the animal oeconomy. London 1786. S. 209.

Huxley, F. M.: On the reflex nature of apnoea in the duck in diving. II. Reflex postural apnoea. Quart. journ. of exp. physiol. Bd. 6. S. 159. 1913.

Joachimsthal: Artikel „Torticollis" in Eulenburgs Realenzyklopädie d. ges. Heilkunde. 4. Aufl. Berlin 1913. Bd. 14, S. 538.

Jonkhoff, D. J.: Een geval van halsreflexen van Magnus en De Kleijn bij een mensch en haar belangiijkheid voor de prognose. Nederlandsch tijdschr. v. geneesk. 1920, I, S. 307.

Jordan, H.: Untersuchungen zur Physiologie des Nervensystems bei Pulmonaten. II. Tonus und Erregbarkeit. Pflügers Arch. f. d. ges. Physiol. Bd. 110. S. 533. 1905.

Isaak, J.: Untersuchungen zur Wirkung gesättigter wässeriger Campherlösung. Pflügers Arch. f. d. ges. Physiol. Bd. 153, S. 491. 1913.

Isenschmidt, R. und L. Krehl: Über den Einfluß des Gehirns auf die Wärmeregulation. Schmiedebergs Arch. Bd. 70, S. 109. 1912.

Isenschmidt, R. und W. Schnitzler: Beiträge zur Lokalisation des der Wärmeregulation vorstehenden Zentralapparates im Zwischenhirn. Schmiedebergs Arch. Bd. 76, S. 202. 1914.

Karplus, J. P. und A. Kreidl: Über Totalexstirpation einer oder beider Großhirnhemisphären an Affen (Macacus Resus). Arch. f. [Anat. u.] Physiol. 1914, S. 155.

Köllner, H. und P. Hoffmann: Der Einfluß des Vestibularapparates auf die Innervation der Augenmuskeln. Arch. f. Augenheilk. Bd. 90, S. 170. 1922.

König, Ch. J.: Contribution à l'étude expérimentale des canaux semicirculaires. Thèse. Paris 1897.

Kreidl, A. (1): Gesellsch. d. Ärzte in Wien 21. Dezember 1895. (Vgl. Wien. klin. Wochenschr. 1896.)

— (2): Die Funktion des Vestibularapparates. Ergebn. d. Physiol. Bd. 5, S. 572. 1906.

Kubo, J.: Über die vom N. acusticus ausgelösten Augenbewegungen. Pflügers Arch. f. d. ges. Physiol. Bd. 114, S. 143. 1906 und Bd. 115, S. 457. 1906.

Landau, A.: Über einen tonischen Lagereflex beim älteren Säugling. Klin. Wochenschr. Bd. 2, S. 1253. 1923.

Lange, Bogumil: Inwieweit sind die Symptome, welche nach Zerstörung des Kleinhirns beobachtet werden, auf Verletzungen des Acusticus zurückzuführen. Pflügers Arch. f. d. ges. Physiol. Bd. 50, S. 615. 1891.

Lee, F. S.: A study of the sense of equilibrium in fishes I. Journ. of physiol. Bd. 15, S. 311. 1894.

Leidler, R.: Experimentelle Untersuchungen über das Endigungsgebiet des Nervus vestibularis. II. Arb. a. d. neurol. Inst. d. Wiener Univ. Bd. 21, S. 151. 1914.

Leo, H. siehe J. Isaak.

Lewandowsky, M.: Die Funktionen des zentralen Nervensystems. S. 164. Jena 1907.

Leyton, A. S. F. und C. S. Sherrington: Observations on the excitable cortex of the chimpanzee, orang-utan and gorilla. Quart. journ. of exp. physiol. Bd. 11, S. 135. 1917.

Löwenberg: Über die nach Durchschneidung der Bogengänge des Ohrlabyrinthes auftretenden Bewegungsstörungen. Arch. f. Augen- u. Ohrenheilk. Bd. 3, S. 1. 1873.

Longet, F. A.: Anatomie und Physiologie des Nervensystems. Übersetzt von Hein. Bd. 1, S. 349—420. Leipzig 1847.

Luchsinger, B. (1): Zur Kenntnis der Funktionen des Rückenmarks. Pflügers Arch. f. d. ges. Physiol. Bd. 16, S. 310. 1878. Siehe auch ebenda Bd. 22, S. 158. 1880.

— (2): Zur Lage der Gleichgewichtszentren. Pflügers Arch. f. d. ges. Physiol. Bd. 34, S. 289. 1884.

Luciani, L.: Das Kleinhirn. Ergebn. d. Physiol. Bd. III, 2, S. 318. 1904.

Lyon, P.: Compensatory motions in fishes. Americ. journ. of. physiol. Bd. 4, S. 77. 1901.

Magendie, F.: Physiologie. Übersetzt von Hofacker. Bd. 2, S. 246. Tübingen 1826.

Mach, E. (1): Physikalische Versuche über den Gleichgewichtssinn des Menschen. Wien. akad. Sitzungsberichte III. Bd. 68, S. 124. 1873.

— (2): Grundlinien der Lehre von den Bewegungsempfindungen. Leipzig 1875.

— (3): Beitrag zur Analyse der Empfindungen. Jena 1886.

Marey, E. J.: Des mouvements que certains animaux exécutent pour retomber sur leurs pieds lorsqu'ils sont précipités d'un lieu élevé. Cpt. rend. hebdom. des séances de l'acad. des sciences Bd. 119, S. 714. 1894. (Kinematogramme der fallenden Katze.) Abbildungen des fallenden Kaninchens nach Marey bei Liesegang. Wissenschaftliche Photographie. Düsseldorf 1920.

Marina, A.: Die Theorien über den Mechanismus der assoziierten Konvergenz- und Seitwärtsbewegungen, studiert auf der Grundlage experimenteller Forschungsergebnisse mittels Augenmuskeltransplantation beim Affen. Dtsch. Zeitschr. f. Nervenheilk. Bd. 44, S. 138. 1912.

Maxwell, S. S. (1): Labyrinth and equilibrium. I. u. II. Journ. of general physiol. Bd. 2, S. 123 u. 349. 1919—20.

— (2): The equilibrium functions of the internal ear. Science Bd. 53, S. 423. 1921.

Merzbacher, L.: Die Folgen der Durchschneidung der sensibeln Wurzeln im unteren Lendenmarke, im Sakralmark und in der Cauda equina des Hundes. Pflügers Arch. f. d. ges. Physiol. Bd. 92, S. 585. 1902.

Minkowski, M. (1): Etude sur la physiologie des circonvolutions rolandiques et pariétales. Schweiz. Arch. f. Neurol. u. Psychiatrie Bd. 1, S. 389. 1917.

— (2): Sur les mouvements, les réflexes et les réactions musculaires du fœtus humain de 2 à 5 mois et leurs relations avec le système nerveux fœtal. Rev. neurol. Bd. 37, S. 1105. 1922.

Morita, S. (1): Untersuchungen an großhirnlosen Kaninchen. Schmiedebergs Arch. Bd. 78, S. 188. 1915.

— (2): Untersuchungen an großhirnlosen Kaninchen. 2. Mitt. Die Wirkung verschiedener Krampfgifte. Schmiedebergs Arch. Bd. 78, S. 208. 1915.

Monakow, C. v.: Der rote Kern, die Haube und die Regio hypothalamica. Wiesbaden 1910.

Moro, E.: Das erste Trimenon. Münch. med. Wochenschr. 1918, S. 1147. — Freudenberg, E.: Der Morosche Umklammerungsreflex und das Brudzinskische Nackenzeichen als Reflexe des Säuglingsalters. Münch. med. Wochenschr. 1921, S. 1646.

Mulder, M. E.: Arch. f. vergl. Ophth. Bd. 21, S. 68. 1875.

Mulder, W.: Quantitative betrekking tusschen prikkel en effect by het statisch orgaan. Diss. Utrecht 1908.

Munk, H. (1): Über die zentralen Organe für das Sehen und Hören bei den Wirbeltieren. V. Sitzungsber. d. preuß. Akad. d. Wiss. 1884, S. 549.

— (2): Über Großhirnexstirpation beim Kaninchen. Pflügers Arch. f. Physiol. 1884, S. 470.

Nagel, A.: Arch. f. vergl. Ophth. Bd. 17, S. 247. 1871.

Nagel, W. A. (1): Über kompensatorische Raddrehungen der Augen. Zeitschr. f. Psychol. u. Physiol. d. Sinnesorg. Bd. 12, S. 331. 1896.

— (2): Die Lage-, Bewegungs- und Widerstandsempfindungen. Nagels Handb. d. Physiol. Bd. 3, S. 771. 1905.

Ohm, J.: Klin. Monatsbl. f. Augenheilk. Bd. 59, S. 538. 1917.

Paton, D. Noel (1): The relative influence of the labyrinthine and cervical elements in the production of postural apnoea in the duck. Quart. journ. of exp. physiol. Bd. 6, S. 197. 1913.

Paton, D. Noel (2): Studies of the breathing mechanism of the duck in submergence. Proc. roy. philos. soc. of Glasgow 1914.

Philippson, M.: L'autonomie et la centralisation dans le système nerveux des animaux. Bruxelles 1905.

Pollok, L. J. und W. H. Holmes, Arch. of int. med. Bd. 16, S. 213. 1915. (Zit. nach Jonkhoff.)

Pollok, L. J. und Treadway: Arch. of int. med. Bd. 12, S. 445. 1913. (Zit. nach Jonkhoff.)

Quix, F. H. (1): Metingen en beschouwingen over de otolithenfunctie. Nederlandsch tijdschr. v. geneesk. 1919, I, S. 912.

— (2): Examen fonctionel de l'appareil otolithique. Verhandl. d. 10. internat. Otologenkongresses 1922. (Dort Verzeichnis aller Arbeiten des Verfassers.)

Röber, H.: Über die physiologische Wirkung des Pikrotoxins. Arch. f. Anat. u. Physiol. 1869, S. 38.

Rosenfeld, M.: Über calorischen Nystagmus bei Gehirnkranken mit Bewußtseinsstörungen. Verhandl. d. Ges. dtsch. Naturforsch. u. Ärzte 82, Bd. 2, S. 278. 1911. — Das Verhalten des calorischen Nystagmus in der Chloroform-Äther-Narkose und im Morphiumscopolaminschlaf. Neurol. Zentralbl. Bd. 30, S. 238. 1911.

Rossem, A. v.: Gewaarwordingen en reflexen, opgewekt vanuit de halfcirkelvormige kanalen. Onderzoekingen in het physiol. laborat. d. Utrechtsche hoogeschool V. Bd. 9, S. 151. 1908.

Rothfeld, J. (1): Beitrag zur Kenntnis der Abhängigkeit des Tonus der Extremitätenmuskeln von der Kopfstellung. Versuche mit Narkose. Pflügers Arch. f. d. ges. Physiol. Bd. 148, S. 564. 1912.

— (2): Über die Wirkung einiger Körper aus der Gruppe des Chloroforms auf die vestibulären Augenreflexe. Pflügers Arch. f. d. ges. Physiol. Bd. 149, S. 435. 1913.

— (3): Über den Einfluß akuter und chronischer Alkoholvergiftung auf die vestibulären Reaktionen. Arb. a. d. neurol. Inst. d. Wiener Univ. Bd. 20, S. 89. 1913.

— (4): Die Physiologie des Bogengangsapparates. Verhandl. d. Ges. dtsch. Naturforsch. u. Ärzte Bd. 1, S. 30. 1913.

— (5): Über die Beeinflussung der vestibulären Reaktionsbewegungen durch experimentelle Verletzungen der Medulla oblongata. Bull. de l'acad. des sciences S. 74. Krakau 1914.

— (6): Über den Einfluß der Kopfstellung auf die vestibulären Reaktionsbewegungen der Tiere. Pflügers Arch. f. d. ges. Physiol. Bd. 159, S. 607. 1914.

— (7): Über den Einfluß des Stirnhirns auf die vestibulären Reaktionsbewegungen. Autoreferat: Ronas Berichte Bd. 5, S. 86. 1920.

— (8): Experimentelle Untersuchungen über den Einfluß der Großhirnhemisphären, des Mittel- und Zwischenhirns auf die vestibulären Reaktionsbewegungen. Pflügers Arch. f. d. ges. Physiol. Bd. 192, S. 272. 1921.

Rothmann, M.: Der Hund ohne Großhirn. Neurol. Zentralbl. Bd. 28, S. 1045. 1909 und Bd. 31, S. 867. 1912.

Sassa, K.: On the effects of constant galvanic currents upon the mammalian nervemuscle and reflex preparations. Proc. of the roy. soc. of London B. Bd. 92, S. 341. 1921.

Schiff, J. M.: Lehrbuch der Physiologie des Menschen Bd. I, S. 331ff. Lahr 1858—59.

Schönemann, A.: Schläfenbein und Schädelbasis. Neue Denkschr. d. allg. schweiz. Ges. f. d. ges. Naturwiss. Bd. 40, Abh. 3. 1906 (zit. nach Bárány-Wittmaack).

Schrader, M.: Zur Physiologie des Froschgehirns. (Vorl. Mitt.) Pflügers Arch.
f. d. ges. Physiol. Bd. 41, S. 75. 1887.

Seemann, J.: Über die durch Strychnin hervorgerufene „Reflexumkehr" bei
Atemreflexen. Zeitschr. f. Biol. Bd. 54, S. 153. 1910.

Sherrington, C. S. (1): Decerebrate rigidity and reflex coordination of movements. Journ. of physiol. Bd. 22, S. 327. 1898.

— (2): On the innervation of antagonistic muscles. 6 th. note. Proc. of the
roy. soc. of London Bd. 66, S. 66. 1899.

— (3): In Schäfers Textbook of Physiol. Bd. 2, S. 905—909. 1900.

— (4): On reciprocal innervation of antagonistic muscles. 7. note. Proc. of the
roy. soc. of London B. Bd. 76, S. 291. 1905.

— (5): The integrative action of the nervous system. London 1906.

— (6): Strychnine and reflex inhibition of sceletal muscle. Journ. of physiol.
Bd. 36, S. 196. 1907.

— (7): Observations on the scratch reflex in the spinal dog. Journ. of physiol.
Bd. 34, S. 1. 1908.

— (8): On plastic tonus and proprioceptic reflexes. Quart. journ. of exp. physiol.
Bd. 2, S. 190. ·1909.

— (9): Flexion-reflex of the limb, crossed extension-reflex, and reflex stepping
and standing. Journ. of physiol. Bd. 40, S. 28. 1910.

— und S. C. M. Sowton (10): Reversal of reflex effect of an afferent nerve
by altering the character of the electric stimulus applied. Proc. of the roy.
soc. of London B. Bd. 83, S. 435. 1911.

— (11): Further observations on the production of reflex stepping by combination
of reflex excitation with reflex inhibition. Journ. of physiol. Bd. 47, S. 196. 1913.

— (12): Notes on the arrangement of some motor fibres in the lumbosacral
plexus. Journ. of physiol. Bd. 13, S. 621. 1892.

Simonelli, G. (1): Sulla funzione dei lobi medi del cerveletto. Nota I. Il lobo
posteriore etc. Arch. di fisiol. Bd. 19, S. 447. 1921.

— (2): Ricerche sui rapporti funzionali tra cerveletto e labirinto. Lo sperimentale
76, fasc. 4. 1922.

Simons, A. (1): Kopfhaltung und Muskeltonus. Sitzungsber. d. Berl. Ges. f.
Psychiatrie u. Nervenkrankh. 3. Dez. 1919 und 12. Jan. 1920. Ref. Zentralbl.
f. Neurol. Bd. 39, S. 132 u. 256. 1920.

— (2): Kopfhaltung und Muskeltonus. Zeitschr. f. d. ges. Neurol. u. Psychiatrie
Bd. 80, S. 499. 1923.

Spamer, C.: Experimenteller und kritischer Beitrag zur Physiologie der halbkreis-
förmigen Kanäle. Pflügers Arch. f. d. ges. Physiol. Bd. 21, S. 479. 1880.

Stefani, zit. nach Luciani.

Stenvers, H. W.: Un „Stellreflex" du bassin chez l'homme. Arch. néerland. de
physiol. de l'homme et des anim. Bd. 2, S. 669. 1918 (Pekelharingfestschrift).

Stross, W.: Beitrag zur Pharmakologie des Camphers. Schmiedebergs Arch. Bd. 95,
S. 304. 1922. Siehe auch Verhandl. d. Dtsch. pharmakol. Ges. 1921, S. XXII.

Thiele, F. H.: On the afferent relationship of the optic thalamus and Deiters
nucleus to the spinal cord with special reference to the cerebellar influx of
Dr. Hughlings Jackson and the genesis of the decerebrate rigidity of Ord
and Sherrington. Journ. of physiol. Bd. 32, S. 358. 1905.

Topolanski, A.: Das Verhalten der Augenmuskeln bei zentraler Reizung. Das
Koordinationszentrum und die Bahnen für koordinierte Augenbewegungen.
v. Graefes Arch. f. Ophth. Bd. 46, S. 452. 1898.

Trendelenburg, P.: Pikrotoxin. In Heffters Handbuch der experimentellen
Pharmakologie Bd. II, 1, S. 406. 1920.

Trendelenburg, W. und A. Kühn: Zur Physiologie des Ohrlabyrinthes der Reptilien. Pflügers Arch. f. d. ges. Physiol. 1908, S. 160.

v. Uexküll, J. (1): Die ersten Ursachen des Rhythmus in der Tierreihe. Ergebn. d. Physiol. Bd. 3 (2), S. 1. 1904.

— (2): Ein Wort über die Schlangensterne. Zentralbl. f. Physiol. Bd. 23, S. 1. 1909.

Voit, M.: Zur Frage der Verästelung des N. acusticus bei den Säugetieren. Anat. Anz. Bd. 31, S. 635. 1907.

Voss, O.: Artikel „Menièresche Krankheit" in Eulenburgs Realenzyklopädie. 4. Aufl. Bd. 9, S. 385. 1910.

Vulpian, A.: Leçons sur la Physiologie du système nerveux. S. 532—538. Paris 1866.

Walshe, F. M. R. (1): On certain tonic or postural reflexes in hemiplegia with special reference to the so-called „associated movements". Brain Bd. 46, S. 1. 1923.

— (2): A case of complete decerebrate rigidity in man. Lancet 1923, II, S. 644.

— (3): On variations in the form of reflex movements, notably the Babinski plantar response under different degrees of spasticity and under the influence of Magnus and De Kleijn's tonic neck reflex. Brain Bd. 46, S. 281. 1923.

Weed, L. H.: Observations upon decerebrate rigidity. Journ. of physiol. Bd. 48, S. 205. 1914.

Weiland, W.: Münch. med. Wochenschr. 1912, S. 2539.

Wessely, K. (1): Über den Einfluß der Carotisunterbindung auf die Blutversorgung des Auges; nach gemeinsam mit Herrn Wolf ausgeführten Untersuchungen. Verhandl. d. Ges. dtsch. Naturforsch. u. Ärzte 1908 (siehe auch Münch. med. Wochenschr. 1909, S. 688).

— (2): Über den Einfluß der Augenbewegungen auf den Augendruck. Arch. f. Augenheilk. Bd. 81, S. 111. 1916.

Wiedemann, C.: Beitrag zur Pharmakologie des Camphers. Schmiedebergs Arch. Bd. 6, S. 216. 1877.

Wilson, T. G. und F. H. Pike: The effects of stimulation and exstirpation of the labyrinth of the ear and their relation to the motor system. Philosoph. Transactions roy. soc. B. Bd. 203, S. 127. 1913.

Winkler, C. (1): The central course of the nervus octavus and its influence on motility. Verhandel. d. koninkl. akad. v. wetensch. te Amsterdam II, Bd. 14, Nr. 1. 1907.

— und A. Potter (2): An anatomical guide to experimental researches on the rabbits brain. A series of 40 frontal sections. Amsterdam 1911.

— und A. Potter (3): An anatomical guide to experimental researches on the cats brain. A series of 35 frontal sections. Amsterdam 1914.

— (4): Anatomische aanteekeningen by de hersenen van een hond, by wien voor vyf maanden het cerebellum is verwyderd. Nederlandsch tijdschr. v. geneesk. 1920, II, S. 958.

— und G. A. van Rijnberk (5): Experim. onderzoekingen over segmenteel-innervatie van de huid van den hond. VI. Verslagen d. koninkl. akad. v. wetensch. te Amsterdam. Wis- en natuurk. afdeeling Bd. 19, S. 307. 1910.

Wittmaack, K. (1): Beitrag zur Kenntnis des Chinins auf das Gehörorgan. II. Der Angriffspunkt des Chinins im Nervensystem des Gehörorgans. Pflügers Arch. f. d. ges. Physiol. Bd. 95, S. 234. 1903.

— (2): Über Veränderungen im inneren Ohr nach Rotationen. Verhandl. d. Dtsch. otol. Ges. Bd. 18, S. 150. 1909.

Zoth, O.: Augenbewegungen und Gesichtswahrnehmungen. Nagels Handb. d. Physiol. Bd. 3, S. 318. 1905.

Sachverzeichnis.

Äther, Wirkung auf die Körperstellung 645, 647.

Afferente Bahnen für die tonischen Halsreflexe 53.

Aktive Kopfbewegungen machen tonische Halsreflexe 54.

Alkohol, Wirkung auf die Körperstellung 649.

Amaurotische Idiotie, tonische Halsreflexe bei 124, 129.

— —, tonische Labyrinthreflexe bei 135.

Atmung, tonische Hals- und Labyrinthreflexe auf die — bei Enten 91.

Augen, Einfluß auf die Körperstellung nach einseitiger Labyrinthexstirpation 321, 350, 390, 399, 401, 408, 419.

—, — nach doppelseitiger Labyrinthexstirpation 422, 426, 441, 443.

—, Progressivreaktionen nach Verschluß der 451—457.

Augenbewegungen bei Thalamus- und Mittelhirntieren 203, 208—210.

Augendrehreaktionen 20.

—, Lage der Zentren und Bahnen 611.

Augendrehnystagmus 20.

Augenmuskeln, tonische Labyrinthreflexe auf die einzelnen 156.

—, Länge beim Kaninchen 157.

—, Modell der 158.

—, proprioceptive Reflexe von den — nicht nachweisbar bei Thalamustieren 203, 209.

—, Wirkung von Nicotin auf die 702.

Augenmuskelkerne, Wirkung von Nicotin auf die 702.

Augenmuskeltransplantation, Schaltung nach 44.

Augenstellungen, kompensatorische 11, 147.

—, —, abhängig von den Otolithen 494, 500, 526, 535, 542.

—, —, Lage der Zentren und Bahnen 610.

Augenstellung nach einseitiger Labyrinthexstirpation 166, 346, 368, 372, 397, 405, 413, 535, 542.

— nach doppelseitiger Labyrinthexstirpation 164.

— bei intakten Labyrinthen 167.

Bahnen, afferente — für die tonischen Halsreflexe auf die Augen 177.

—, —, für tonische Halsreflexe auf die Glieder 53.

—, —, für Schaltungen 40, 47.

— der Labyrinthreflexe laufen nicht durch das Kleinhirn 594.

—, Schema der zentralen — für die kompensatorischen Augenstellungen beim Kaninchen 179; beim Affen 189.

—, Schema der zentralen — für die tonischen Labyrinthreflexe auf die Augen beim Kaninchen 171.

Bechterewsche Kompensation nach einseitiger Labyrinthexstirpation 352, 391, 402, 408, 419, 441, 539, 706.

Bechterewscher Kern 584, 586, 606, 607.

Beschleunigungen als Reiz 20.

Beugemuskeln, Beteiligung der — bei den Haltungsreflexen 63.

Beugereflex und Haltungsreflexe 66.

Beugetendenz durch Haltungsreflexe 103, 133.

— und Schaltung, Entgegenwirken von 104.

Beugestarre, Haltungsreflexe bei 67.

Bewegungen, Einfluß der Körperstellung auf die 98.

— von Körperteilen, statische Reaktionen auf 22.

Bewegungsreflexe, labyrinthäre — abhängig von den Bogengängen 527.

Blickzentrum, supranukleäres — als Ursprungsort des Nystagmus unwahrscheinlich 614.

Bindearme 627, 629, 630, 634, 635, 637, 638, 641.

Bogengänge als Auslösungsstätte der Progressivreaktionen 459, 518, 526.

—, Erregungsweise der — bei Progressivbewegungen 462.

Bogengangsapparate als Auslösungsstätten der Drehreaktionen 527, 534, 542.

—, Bedeutung für die Kopfwendung nach Labyrinthausschaltung 537, 542.

—, Bedeutung für den Nystagmus nach Labyrinthausschaltung 534, 542.

—, Erregungszustand des Sinnesepithels 538, 542.

Bogengangserregung durch Progressivbewegungen 448.

Bogengangsmodell reagiert auf Progressivbewegungen 463.

Bogengangsreaktionen auf die Augen, Lage der Zentren und Bahnen 611.

—, Zusammenwirken von — mit kompensatorischen Augenstellungen 184.

Bogengangsreflexe erhalten nach Abzentrifugieren der Otolithen 514, 526.

Brettversuch 233, 242.

Brudzinskisches Nackenzeichen, Rolle der Halsreflexe (?) bei 129.

Bulla, Labyrinthexstirpation von der 50, 275.

Campher, Wirkung auf die Körperstellung 681.

Chenopodiumöl, Wirkung auf die Körperstellung 688.

Chinaketone, Wirkung auf die Körperstellung 698.

Chinin, Wirkung auf die Körperstellung 697.

Chloroform, Labyrinthausschaltung durch 282, 693.

—, Wirkung auf die Körperstellung 645, 647.

Cristae der Bogengänge, Erregungsmechanismus 538, 543.

Cocain, Labyrinthausschaltung durch 50, 281.

—, Lähmung der Otolithenmaculae 529.

Cocain, schrittweise Lähmung von Sacculus, Utriculus und Bogengängen 534.

Cupula der Bogengangscristae 538.

Dauerreaktionen bei den Haltungsreflexen 73.

Dehnungsgesetz, v. Uexkülls 26, 45.

Deitersscher Kern und Enthirnungsstarre 603.

— —, tonische Haltungsreflexe 604, 606, 607.

Decerebriertes Tier 3, 49.

— —, Achtung auf Haltungsreflexe bei Versuchen am 112.

— —, Fehlen der Stellreflexe beim 253.

Drehreaktionen 20.

— auf Glieder und Rumpf 21, 113, 116.

— auf Kopf und Augen abhängig von den Bogengängen 527.

—, Bedeutung für die Stellfunktion 260.

Drucksinn, Bedeutung für die Schaltung 47.

Eisenbahnnystagmus nach doppelseitiger Labyrinthexstirpation 444.

Enten, tonische Hals- und Labyrinthreflexe auf die Atmung bei 91.

Enthirnungsstarre 3, 49.

—, Fehlen beim Thalamustier 205, 210, 220.

—, — beim Mittelhirntier 208, 249.

— bei Katzen ohne Hals- und Labyrinthreflexe 434.

—, Verhalten der Halsmuskeln 435.

—, unabhängig vom Kleinhirn 549, 593.

—, Einfluß der rubrospinalen Bahn und Pyramidenbahn 640.

—, Umkehr der — durch Pikrotoxin 67, 677.

—, Zustandekommen und Aufhebung 639.

—, Lage der Zentren 600, 602; in der Medulla oblongata 603.

Epileptischer Anfall, Einfluß der tonischen Halsreflexe beim 130.

Ewalds Labyrinthtonus 420, 427, 433, 443, 533, 538.

Facialis, Verhalten bei der Labyrinthexstirpation 279.

Fasciculus longitudinalis post. 578, 586, 608, 630, 637.

Fall, Umdrehen beim freien — in der Luft 228, 426, 442, 446.

Foetus, Bogengangsreflexe auf die Extremitäten beim 113.

—, tonische Halsreflexe beim 113.

Forelsche Kreuzung, Durchtrennung 624, 627, 630, 631, 635, 640, 641.

Flocculus des Kleinhirns 551.

Gelenksensibilität, Bedeutung der — für die Schaltung 42.

Gifte, Wirkung von — auf die Körperstellung 643.

Gleichgewicht, mechanisches 1.

Grenzmembran 467.

Großhirn, Haltungsreflexe bei erhaltenem 86.

—, — fehlen meistens bei Affen 90.

Großhirnexstirpation beim Kaninchen 195.

Grunddrehung nach einseitiger Labyrinthexstirpation 94, 284, 362, 373, 398, 405, 412, 535, 542.

Grundstellung, reflektorische Einnahme der 19.

Halbtierversuch von Jordan 29.

Halsmark, Zentren der tonischen Halsreflexe im 54.

Halsmarktier 202.

Halsmuskeln, Enthirnungsstarre der — nach Labyrinthexstirpation und Hinterwurzeldurchschneidung 435.

—, tonische Labyrinthreflexe auf die 92, 143.

Halsreflexe, tonische — beim Menschen 114.

—, —, auf die Augen beim Affen 189.

—, —, — — — beim Hund 173, 187.

—, —, — — — beim Kaninchen 173.

—, —, — — — bei labyrinthlosen Tieren 174.

—, —, — — — bei intakten Labyrinthen 174.

—, —, — — — beim Menschen 193.

—, —, — — —, Zusammenwirken mit tonischen Labyrinthreflexen 175, 179, 190, 349.

—, —, auf die Glieder 7, 49.

—, Ausschaltung der tonischen 55.

—, Lage der Zentren für die tonischen — auf die Extremitäten 605.

Halsstellreflexe 18, 237.

— elektiv gelähmt durch Alkohol 650.

— beim freien Fall 229.

—, Bedeutung für die Rollbewegungen 338.

—, Lage der Zentren 241, 252, 258, 617.

Haltung 7, 49.

Haltungsreflexe aufgehoben durch Chenopodiumöl 692.

— beim freien Fall 229.

— beim Thalamuskaninchen 206.

— beim Mittelhirnkaninchen 208, 250.

—, labyrinthäre — abhängig von den Otolithen 483, 526.

— nach doppelseitiger Labyrinthexstirpation 424.

— nach Pikrotoxin 67, 677.

— und Stellreflexe, Zusammenwirken der 270.

—, Lage der Zentren 603.

Hängelage mit Kopf oben, Haltungsreflexe bei 84.

— mit **Kopf unten**, Haltungsreflexe bei 83.

Hautsensibilität, Bedeutung der — für die Schaltung 42, 47.

Hemiplegische Mitbewegungen, Einfluß der tonischen Halsreflexe auf 129.

— —, Einfluß der tonischen Labyrinthreflexe auf 143.

Hinterwurzeln, Folgen der Durchschneidung der 3 obersten cervicalen 428.

—, Folgen der einseitigen Labyrinthexstirpation nach Durchschneidung der cervicalen 287, 374, 379, 381, 383, 385, 392, 410.

—, Folgen der doppelseitigen Labyrinthexstirpation nach Durchschneidung der cervicalen 431.

—, Progressivreaktionen nach Durchschneidung der 458.

—, Fehlen der Rollbewegungen nach Durchschneidung der cervicalen 343.

Hinterwurzeldurchschneidung und tonische Halsreflexe 114.

— — — — auf die Augen 177, 181.

— und Haltungsreflexe 69, 96.

— und Schaltungen 40, 47.

Hirnstamm, Zentren der Körperstellung im 544, 597, 618.

Horizontalabweichungen der Augen 14.
— — —, kompensatorische, beim Affen 190.
— — —, —, beim Hund 187.
— — —, —, beim Kaninchen 173.
— — —, —, beim Menschen 193.
— — —, —, Kompensation der Kopfbewegungen durch 183; zusammen mit Bogengangsreaktionen 184.
Hüftgelenk, Bedeutung für die Schaltung 34.
Hydrocephalus, tonische Halsreflexe bei 114, 116.

Jordans Halbtierversuch 29.

Katze, fallende 228, 426.
Katzenschwanz, Schaltung beim 35.
Kernigsches Zeichen unabhängig von tonischen Halsreflexen 129.
Kieferbein 51.
Kleinhirn, Beziehung zu den Labyrinthen 594.
— nicht Zentrum der Labyrinthreflexe 595.
Kleinhirn - Brücken - Tier 202.
Kleinhirnexstirpation, anatomische Kontrollen 551, 578.
—, Enthirnungsstarre nach 549, 593.
—, Versuchsprotokolle 555.
—, alle Labyrinthreflexe erhalten nach 584, 590, 594.
—, Folgen der einseitigen Labyrinthexstirpation nach 579, 580, 584, 585, 586, 589.
—, Progressivreaktionen nach 459.
—, Fehlen der Körperstellreflexe auf den Körper 579, 580.
—, optische Stellreflexe nach 265.
—, Technik 547.
Kleinhirn - Oblongata - Tier 202.
Klettern nach doppelseitiger Labyrinthexstirpation 442, 445.
Kombination von Hals- und Labyrinthreflexen bei den Haltungsreflexen 74.
Kompensatorische Augenstellungen 11, 147.
— — bei Affen 187.
— — bei Blinden 147, 192.
— — bei Hunden 186.
— — bei Kaninchen 147.

Kompensatorische Augenstellungen bei Katzen 185.
— — bei Meerschweinchen 185.
— — bei Menschen 191.
— — resistent gegen Strychninvergiftung 658, 676.
— — Lage der Zentren und Bahnen 610.
Kompensation von Kopfbewegungen durch kompensatorische Augenstellungen 180, 191, 192.
—, — zusammen mit Bogengangsreaktionen 184.
Kopf, Einfluß des — auf die Haltung 7, 49.
Kopfdrehen, tonische Halsreflexe bei 50.
Kopfdrehnystagmus 20.
—, Lage der Zentren und Bahnen 608.
Kopfdrehreaktionen 20.
—, Lage der Zentren und Bahnen 608.
Kopfheben und -senken, tonische Halsreflexe bei 53.
Kopfschwanken nach doppelseitiger Labyrinthexstirpation 422, 441.
Kopfstellungen, Bezeichnung der 56, 484.
Kopfwenden, tonische Halsreflexe bei 51, 128.
— nach Labyrinthausschaltung abhängig von den Bogengängen 537, 542.
Körperhaltung nach einseitiger Labyrinthexstirpation 314, 364, 380, 398, 402, 405.
Körperstellreflexe auf den Kopf 17.
— — — — bei Affen 237, 444.
— — — —, Fehlen beim decerebrierten Tier 237.
— — — — bei Katzen 236.
— — — — nach einseitiger Labyrinthexstirpation 303, 364, 373, 375, 390, 401, 407, 418; Schaltung durch die Kopfdrehung 305, 418.
— — — — bei Mittelhirnkaninchen 252.
— — — — im Schock 234.
— — — — beim labyrinthlosen Thalamuskaninchen 231.
— — — —, Lage der Zentren und Bahnen 253, 257, 616, 617, 641.

Körperstellreflexe auf den Körper 18, 241.
— — — — bei Affen 243.
— — — —, Fehlen beim decerebrierten Tier 258.
— — — —, Fehlen nach Kleinhirnexstirpation 579, 580, 641.
— — — — beim Klettern 246.
— — — — nach einseitiger Labyrinthexstirpation 314, 364, 376, 389, 390, 401, 408, 418.
— — — — nach doppelseitiger Labyrinthexstirpation 243, 425, 444.
— — — — beim Mittelhirntier 252.
— — — — in Narkose 244, 646.
— — — — Lage der Zentren 244, 253, 258.
Körperstellung wirkt schaltend 49, 271.
Kratzreflex, Schaltung beim 34, 45.

Labyrinth, Anatomie 464.
Labyrinthausschaltung durch Chloroform 282.
— durch Cocain 50, 281.
—, Einfluß der einseitigen — auf die tonischen Labyrinthreflexe auf die Halsmuskeln 94, 285; auf die Glieder 61, 570.
Labyrintheinfluß, Abnahme des — in der Säugetierreihe 418, 447.
Labyrinthexstirpation, Fehlen der Labyrinthreflexe nach 221, 224, 225, 227.
—, Technik 50, 274.
—, einseitige, Folgezustände 273.
—, —, —, beseitigt durch Oleum Chenopodii 692.
—, —, —, nach Fortnahme des Kleinhirns 579—589.
—, —, —, erklärt durch die Lage der Otolithenmaculae 486—542.
—, —, — bei Affen 189, 404—409.
—, —, — bei Hunden 187, 396—404.
—, —, — bei Kaninchen 166, 282 bis 360.
—, —, — bei Katzen 186, 369—395.
—, —, — bei Meerschweinchen 361 bis 369, 534.
—, —, — Gesamtergebnis 409—421.
—, doppelseitige, Folgezustände 231, 235, 245, 421, 425.
—, —, — bei Affen 441—445.

Labyrinthexstirpation, doppelseitige, Folgezustände bei Kaninchen 164.
—, —, — bei Katzen 421—434.
—, —, —, Zusammenfassung 445—447, 539, 542.
Labyrinthreflexe, tonische, auf die Augen 12, 148; Zusammenwirken mit tonischen Halsreflexen 175, 179, 190.
—, —, nach einseitiger Labyrinthausschaltung 61, 94, 570.
—, —, beim Menschen 134.
—, —, auf die Muskeln der Glieder 8; des Halses 8, 92, 143; des Körpers 7, 54; des Rumpfes 8, 96.
—, —, Lage der Zentren und Bahnen: auf die Extremitäten 606; auf die Halsmuskeln 607.
Labyrinthstellreflexe 16.
— bei Affen 226.
— beim decerebrierten Tier 254.
— bei freiem Fall 228.
— bei Hunden und Katzen 225.
— beim Kaninchen mit intaktem Großhirn 224.
— nach einseitiger Labyrinthexstirpation 294, 364, 375, 399, 405, 413, 418, 535, 542.
— beim Meerschweinchen 224.
— bei Mittelhirnkaninchen 252.
— beim Thalamuskaninchen 214.
—, Fehlen beim labyrinthlosen Thalamuskaninchen 221.
—, Lage der Zentren und Bahnen 257, 614, 626, 637, 639.
Labyrinthtonus von Ewald 420, 427, 433, 443, 533, 538.
Lagegefühl, Störungen bei Thalamus- und Mittelhirntieren 208, 210.
Lagereflexe, labyrinthäre, abhängig von den Otolithen 527.
Laufbewegungen, Einfluß der Haltungsreflexe auf die 73, 80.
—, Einfluß der Körperstellung auf die 111.
Laufen, unmöglich beim decerebrierten Tier 253, 260.
— ohne Hals- und Labyrinthreflexe 432.
— nach einseitiger Labyrinthexstirpation 380, 402, 535, 536.
— nach doppelseitiger Labyrinthexstirpation 422, 432, 442.

Laufen der Mittelhirntiere 251.
— der Thalamustiere 204, 207, 210.
Laufenlernen der Neugeborenen 714.
Lemniscus medialis 638.
Lidkneifen auf Belichtung beim Thalamustier 202, 209.
—, Fehlen beim Mittelhirntier 208.
Linsenkerne, tonische Halsreflexe bei Herden in den 117.
Liftreaktion 22, 450, 454, 455, 456.
Lokalisation von Zentren im Gehirn auf Grund symmetrischer oder asymmetrischer Eingriffe 642; durch Exstirpationsversuche 544, 620.

Manegebewegungen nach einseitiger Labyrinthexstirpation 362, 380, 384, 402, 419.
Mastoid, Labyrinthexstirpation vom 50, 281.
Maximum- und Minimumstand bei den tonischen Labyrinthreflexen auf die Augenmuskeln 163, 168, 495. 500.
— — — bei den Labyrinthstellreflexen 302, 490, 493.
Meynertsche Kreuzung 627, 629, 630, 635, 637, 638.
Mitbewegungen, Einfluß der tonischen Halsreflexe auf hemiplegische 129.
—, Einfluß der tonischen Labyrinthreflexe auf 143.
Mittelhirn, Lage der Zentren im 624.
Mittelhirndurchschneidungen, partielle, Bedeutung für Tonusverteilung und Stellfunktion 622, 626, 630.
Mittelhirnkaninchen, Anatomie 199.
— allgemeines Verhalten 248.
—, Stellreflexe 252.
Mittelhirntier 4.
Modell der Augenmuskeln 158.
Muskeltonus nach doppelseitiger Labyrinthexstirpation 427, 433, 443, 447, 533.
—, Quellen des 447.

Nahrungsaufnahme bei Thalamus- und Mittelhirntieren 204, 208—210, 249.

Narkose, kompensatorische Augenstellungen bei Affen in 188, 645.
—, Änderung der Drehreaktion beim Affen in 646.
—, Haltungsreflexe beim Affen in 90, 645.
—, Körperstellreflexe auf den Körper in 244, 646.
Narkosenystagmus 645.
Narkotica der Fettreihe, Wirkung auf die Körperstellung 645.
Neugeborene, Körperstellungsreflexe bei 710.
Nicotin, Analyse der Wirkung auf den vestibulären Nystagmus 701.
Normalstellung, Haltungsreflexe bei 79.
Nucleus ruber s. roter Kern.
Nystagmus und Ruhestellung der Augen 184.
— der Augen, rotatorischer und calorischer, Lage der Zentren und Bahnen 611.
—, Eisenbahn- 184.
— von Kopf und Augen: unabhängig vom Großhirn 207.
— nach einseitiger Labyrinthexstirpation 346, 368, 372, 398, 405, 416, 534, 542.
— nach partieller Labyrinthausschaltung abhängig von den Bogengängen 534, 542; unabhängig von den Otolithenmaculae 538.
—, Fehlen beim Neugeborenen 710.
—, Einfluß von Nicotin auf den labyrinthären 703.
Nystagmusrichtung abhängig von einzelnen Bogengängen 540, 541.

Obliquus superior und inferior, tonische Halsreflexe auf 173.
— — — —, tonische Labyrinthreflexe auf 160, 168.
Octavusäste 460.
Oculomotoriuskern, Augenreflexe nach Schnitt durch den 545.
Optische Einflüsse auf die Körperstellung nach einseitiger Labyrinthexstirpation 321, 350, 390, 399, 401, 408, 419.
— Reaktionen beim Thalamustier 202, 209, 210.
— Stellreflexe 19.

Optische Stellreflexe bei Affen 267.
— — bei Hund und Katze 261.
— — Fehlen beim Kaninchen 224.
— — nach Kleinhirnexstirpation 265.
— —, Fehlen bei Thalamuskatze und Thalamushund 225.
— —, Lage der Zentren 269.
Otolithen, Abzentrifugieren der 507, 509.
—, —, mikroskopische Kontrolle 510.
—, —, physiologische Ergebnisse 512, 526, 528, 533, 534.
— als mögliche Auslösungsstätte der Progressivreaktionen 462.
—, Zentrifugieren bei verschiedener Kopfstellung 511.
Otolithenausschaltung durch Zentrifugieren 459.
Otolithenfunktion 462, 464, 480.
— durch Abzentrifugieren aufgehoben 508, 526.
— bei den Haltungsreflexen 483, 487.
—, Bedeutung für die Folgezustände einseitiger Labyrinthexstirpation 534, 542.
— bei den Labyrinthstellreflexen 490.
— bei den tonischen Labyrinthreflexen auf die Augenmuskeln 494.
—, Einfluß auf den Erregungszustand des Maculaepithels 533.
Otolithenmaculae, Erregungszustand beim Hängen und beim Drücken 484, 490, 496, 499, 504, 533.
— Ursprungsstätte tonischer Erregungen 533.
—, Innervation 466.
—, Lähmung durch Cocain 529, 534.
— nach Abschleudern der Otolithen 527.
Otolithenmodelle 473—480, 482.

Pallidumsyndrom, Fehlen beim Mittelhirntier 618.
Paraldehyd, Wirkung auf die Körperstellung 648.
Patellarreflex, Schaltung beim gekreuzten 29.
Perilymphatischer Raum 466.
Pikrotoxin, Beugestarre nach 67, 677.
—, Haltungsreflexe nach 67, 677.
—, Wirkung auf die Körperstellung 672.

Progressivbewegungen bei decerebrierten Tieren 59.
Progressivreaktionen 21.
— bei Affen 457.
— der Augen 449, 455.
—, Abhängigkeit von den Bogengängen 459, 527.
—, Erregungsweise der Bogengangsapparate 462.
— beim freien Fall 229, 443, 456.
— bei Fröschen 449, 450.
— nach Großhirnexstirpation 458.
— nach Kleinhirnexstirpation 459, 577, 591.
— nach Hinterwurzeldurchschneidung 458.
— bei Hunden 456.
— bei Kaninchen 454.
— bei Katzen 455.
— nach einseitiger Labyrinthexstirpation 457, 459.
— bei Meerschweinchen 450.
— in der Narkose 646.
— mögliche Abhängigkeit von den Otolithen 462, 527.
— nach Otolithenausschaltung 459, 518, 526.
—, Lage der Zentren und Bahnen 609.
Proprioceptoren, Bedeutung für die Schaltung 43, 45, 47.
Pseudoaffektive Reflexe beim Thalamus- und Mittelhirntier 204, 208 bis 210, 249.
Pupillenreaktion, Fehlen beim Mittelhirntier 208.
— beim Thalamustier 202, 209, 210.
Pyramidenbahn 636, 638, 640.
—, Einfluß der tonischen Halsreflexe auf Mitbewegungen nach Läsion der 130.

Raddrehung der Augen, kompensatorische 12, 14, 150, 168, 173, 180.
— — —, —, bei Affen 188, 190.
— — —, —, bei Menschen 192.
— — —, —, abhängig von den Otolithen 500, 526.
— — —, —, nach Durchschneidung der geraden Augenmuskeln 147; bei Blinden 147, 192.
— — —, Kompensation der Kopfbewegungen durch kompensatorische 180; zusammen mit Bogengangsreaktionen 184.

Receptionsapparate für die Körperstellung 619.

Rectus externus und internus, tonische Halsreflexe auf 173.

— superior und inferior, tonische Halsreflexe auf 174.

— — — —, tonische Labyrinthreflexe auf 161, 167.

Reflexe, Einfluß der Körperstellung auf phasische 98.

Reflexnachwirkung bei Streck- und Beugetendenz 108.

Reflexumkehr bei tonischen Hals- und Labyrinthreflexen 145.

— durch Haltungsreflexe 101, 134.

— beim Katzenschwanz 35.

— beim Rückenmarkshund 29.

— durch Strychnin, Fehlen bei den Haltungsreflexen 660; nachweisbar bei den calorischen Labyrinthreflexen auf die Augenmuskeln 669.

Reizausbreitung im Zentralnervensystem 25.

Reziproke Innervation bei Haltungsreflexen 63, 206.

— — bei tonischen Halsreflexen auf die Augen 177.

— — antagonistischer Muskeln bei den Haltungsreflexen nach Strychnin 664; bei den Labyrinthreflexen auf die Augenmuskeln 665.

Rollbewegung nach Chinaketonen 698.

— unabhängig von den Labyrinthen 701.

— nach einseitiger Labyrinthexstirpation 287, 324, 362, 367, 374, 383, 399, 402, 407, 413.

— nach doppelseitiger Labyrinthexstirpation 425, 441.

— nach Stovain 701.

Roter Kern und Enthirnungsstarre 593, 594, 602, 624, 635, 638, 639.

— — und Körperstellreflexe auf den Körper 617, 635, 641.

— — nicht Zentrum für Körperstellreflexe auf den Kopf 641; und Halsstellreflexe 642.

— — und Labyrinthstellreflexe 615, 624, 635, 637.

— —, Intaktheit beim Mittelhirnkaninchen 200.

Roter Kern, Operationen am 627, 629, 632, 633, 634, 635, 637.

— —, Bedeutung für normale Tonusverteilung und Stellreflexe 621, 624, 635, 637.

Rubrospinale Bahn, Durchtrennung 624, 627, 630, 631, 635, 636, 640, 641.

— —, — bei erhaltenem Großhirn 636, 640; dazu Durchtrennung der Pyramidenbahn 640.

— —, Bedeutung für normale Tonusverteilung, Labyrinthstellreflexe und Körperstellreflexe 626, 630, 636, 639.

Rückenmarkshund, Schaltung beim 29.

Rückenmarkstier 1.

Rückenlage, Haltungsreflexe bei 76.

Ruhestellungen der Augen durch tonische Labyrinth- und Halsreflexe 183.

Rumpfdrehung nach einseitiger Labyrinthexstirpation 287, 362, 374, 399, 407, 413.

Rumpfmuskeln, tonische Labyrinthreflexe auf die 96, 291.

Sacculusmacula, Form beim Meerschwein 469, 470.

Sacculusotolithen, Funktion 490, 495, 504, 535, 537, 542.

Saccus endolymphaticus 463, 465.

Schallreaktionen bei Thalamus- und Mittelhirntieren 203, 208—210.

Schaltung 24.

— nach Augenmuskeltransplantation 44.

—, Entgegenwirken von — und Beugetendenz 104.

— als Dauerreaktion 43, 48.

—, Mitwirkung bei Gleichgewichtsreaktionen 44.

— durch tonische Hals- und Labyrinthreflexe 99.

— beim Katzenschwanz 35.

—, Konkurrenz verschiedener schaltender Einflüsse 48.

—, keine — bei Kopfdrehen in Seitenlage 82.

— bei verschiedenen Körperstellungen 49.

— beim Kratzreflex 45.

—, Ungültigkeit des Dehnungsgesetzes bei der — des Kratzreflexes 45.

Schaltung, Rolle des Drucksinnes bei der — des Kratzreflexes 47.
— bei Mitbewegungen 131.
—, Mitwirkung bei Laufbewegungen 43.
— Bedeutung der Proprioceptoren 43, 45, 47.
—, Reizschwellen bei 47.
— bei den gekreuzten Reflexen beim Rückenmarkshund 29.
— beim Schlangenstern 26.
— beim Seeigelstachel 27.
— nach Sehnenverpflanzungen 44.
— der Stellreflexe nach einseitiger Labyrinthexstirpation 305, 418.
— beim Thalamus- und Mittelhirntier 271.
— reflektorischer Ursprung der 40.
Schiefhals, mögliche Abhängigkeit von tonischen Labyrinthreflexen 143.
Schiefhals - Skoliose 355.
Schlangenstern, Schaltung beim 26.
Schock, Einfluß von — bei Lokalisationsversuchen im Zentralnervensystem 545.
— Stellreflexe im 211, 234.
Schwimmen, Stellreflexe beim 247.
— nach doppelseitiger Labyrinthexstirpation 446.
Seeigelstachel, Schaltung beim 27.
Sehnenverpflanzung, Schaltung nach 44.
Seitenlage, Haltungsreflexe bei 81.
Sicherung der Körperstellung, mehrfache 23.
Skoliose nach einseitiger Labyrinthexstirpation 353.
Springen, Unmöglichkeit beim decerebrierten Tier 253, 260.
— nach einseitiger Labyrinthexstirpation 382, 403.
— nach doppelseitiger Labyrinthexstirpation 426, 432, 442, 453, 456, 458.
— ohne Hals- und Labyrinthreflexe 432.
— der Mittelhirntiere 251.
— der Thalamustiere 204, 207, 219.
Sprungbereitschaft 22, 231, 443, 453, 454, 457.
Sprungreflex beim Thalamus- und Mittelhirntier 206, 208, 210, 220.
Stammganglien, Folgen der Fortnahme 618.

Statische Reflexe 6, 7.
Statischer Tonus fehlt beim Rückenmarkstier 2; vorhanden beim decerebrierten Tier 3.
Stato-kinetische Reflexe 6, 19.
Stehen ohne Hals- und Labyrinthreflexe 432.
Stehmuskeln 3, 69.
Stehreflexe 7, 49.
Stellbereitschaft 272.
Stellfunktion beim Mittelhirntier 4.
Stellreflexe 16, 195.
—, Analyse der 211.
— nach doppelseitiger Labyrinthexstirpation 231, 234, 245, 425, 432, 441.
—, labyrinthäre — abhängig von den Otolithen 490, 526, 535, 542.
— in Narkose 646, 651.
—, Auslösung durch indifferente Reize 271.
—, Lage der Zentren und Bahnen 614.
— und Drehreaktionen, Zusammenwirken der 260.
— und Haltungsreflexe, Zusammenwirken der 270.
Stovain, Rollbewegungen nach 701.
Streckmuskeln, Beteiligung der — bei den Haltungsreflexen 68.
Streckreflex, Schaltung beim gekreuzten 34.
Strecktendenz durch Haltungsreflexe 103, 133.
Striatumsyndrom fehlt beim Mittelhirntier 618.
Strychnin, Wirkung auf die Körperstellung 653.
Subjektive Analyse der Statik 5.
Substantia nigra 627, 634, 635, 637, 638.
Sympathicus, Unabhängigkeit der Haltungsreflexe vom 70.
Sympathicuslähmung nach einseitiger Labyrinthexstirpation 356, 372.

Thalamusaffe, allgemeines Verhalten 210.
Thalamuskaninchen, allgemeines Verhalten 202.
—, Anatomie 196.
Thalamuskatze und -hund, allgemeines Verhalten 208.
Thalamustier 5.

Tonus, reflektorische Entstehung des 2, 3.
— der Gliedmaßen nach einseitiger Labyrinthexstirpation 305, 363, 376, 400, 417, 536.
Tonusänderungen bei Haltungsreflexen 62, 70.
Tonusverlust, einseitiger — nach Exstirpation eines Labyrinthes 62, 417.
Tonusverteilung normal beim Mittelhirntier 4; abnorm beim decerebrierten Tier 3, 4.
—, Lage der Zentren für die normale — 600, 626, 630, 637.

Überwiegen der tonischen Hals- und Labyrinthreflexe, Prüfungsmethode 83, 84, 85.
Uhrzeigerbewegungen nach einseitiger Labyrinthexstirpation 380, 384, 402, 419, 536.
Unermüdbarkeit der Haltungsreflexe 73, 410.
Untersuchungsschema der Labyrinthreflexe 508.
Urethan, Wirkung auf die Körperstellung 647.
Utriculusotolithen, Funktion 484, 488, 492, 504, 535, 537, 542.
Utriculusmacula, Form beim Meerschwein 468.
v. Uexkülls Dehnungsgesetz 26.

Variationen bei den tonischen Labyrinthreflexen 59, 485.
Vertebra-prominens-Reflex 53.
Vertikalabweichungen der Augen, kompensatorische 12, 14, 154, 167, 174, 182.
Vertikalabweichungen der Augen, kompensatorische, beim Affen 188, 189.
— — —, —, beim Hunde 187.
— — —, —, bei der Katze 186.
— — —, —, beim Menschen 192.
— — —, —, Kompensation der Kopfbewegung durch 182; zusammen mit Bogengangsreaktionen 184.
— — —, —, abhängig von den Otolithen 495, 526, 535, 542.
Vestibularapparat, Anatomie 464.
Vestibulariszentren, Wirkung von Nicotin auf die — beim Nystagmus 706.
Vierhügeltier siehe Mittelhirntier.

Wärmeregulation beim Thalamustier 202, 209, 210; Fehlen beim Mittelhirntier 208.
Wendung des Kopfes nach einseitiger Labyrinthexstirpation 289, 362, 373, 398, 405, 413, 536, 542.

Zehenspreizen bei Progressivbewegungen 452.
Zeigeversuch 21.
Zentrale Kompensationen nach einseitiger Labyrinthexstirpation 352, 391, 402, 408, 419, 441.
Zentren der kompensatorischen Augenstellungen 171.
— der tonischen Halsreflexe 54, 127.
— der Körperstellung 543, 597.
— der tonischen Labyrinthreflexe 60, 96.
— der Stellreflexe 237, 244, 248, 253.
Zusammenwirken der tonischen Reflexe auf die Augen 14, 179; — und mit statokinetischen Augenreflexen 15, 184.
— der Haltungsreflexe 8.

Spamersche Buchdruckerei in Leipzig.

MIX
Papier aus verantwortungsvollen Quellen
Paper from responsible sources
FSC® C105338

If you have any concerns about our products,
you can contact us on
ProductSafety@springernature.com

In case Publisher is established outside the EU,
the EU authorized representative is:
Springer Nature Customer Service Center GmbH
Europaplatz 3, 69115 Heidelberg, Germany

Printed by Libri Plureos GmbH
in Hamburg, Germany